计算机科学丛书

原书第6版

计算机组成与设计
硬件/软件接口

[美] 戴维·A. 帕特森（David A. Patterson） 著
约翰·L. 亨尼斯（John L. Hennessy）

王党辉 安建峰 张萌 王继禾 译

Computer Organization and Design
The Hardware/Software Interface, MIPS Edition, Sixth Edition

机械工业出版社
China Machine Press

图书在版编目（CIP）数据

计算机组成与设计：硬件 / 软件接口：MIPS 版：原书第 6 版 /（美）戴维·A. 帕特森（David A. Patterson），（美）约翰·L. 亨尼斯（John L. Hennessy）著；王党辉等译 . -- 北京：机械工业出版社，2022.6（2024.11 重印）
（计算机科学丛书）
书名原文：Computer Organization and Design: The Hardware/Software Interface, MIPS Edition, Sixth Edition
ISBN 978-7-111-70886-5

I. ①计⋯ II. ①戴⋯ ②约⋯ ③王⋯ III. ①计算机组成原理 IV. ①TP301

中国版本图书馆 CIP 数据核字（2022）第 092626 号

北京市版权局著作权合同登记　图字：01-2021-2551 号。

Computer Organization and Design: The Hardware/Software Interface, MIPS Edition, Sixth Edition
David A. Patterson, John L. Hennessy
ISBN: 9780128201091
Copyright © 2021 Elsevier Inc. All rights reserved. Authorized Chinese translation published by China Machine Press.

计算机组成与设计：硬件 / 软件接口 MIPS 版（原书第 6 版）(王党辉 安建峰 张萌 王继禾 译）
ISBN: 9787111708865
Copyright © Elsevier Inc. and China Machine Press. All rights reserved.

No part of this publication may be reproduced or transmitted in any form or by any means, electronic or mechanical, including photocopying, recording, or any information storage and retrieval system, without permission in writing from Elsevier (Singapore) Pte Ltd. Details on how to seek permission, further information about the Elsevier's permissions policies and arrangements with organizations such as the Copyright Clearance Center and the Copyright Licensing Agency, can be found at our website: www.elsevier.com/permissions.

This book and the individual contributions contained in it are protected under copyright by Elsevier Inc. and China Machine Press (other than as may be noted herein).

This edition of Computer Organization and Design: The Hardware/Software Interface, MIPS Edition, Sixth Edition is published by China Machine Press under arrangement with ELSEVIER INC.

This edition is authorized for sale in Chinese mainland (excluding Hong Kong SAR, Macao SAR and Taiwan). Unauthorized export of this edition is a violation of the Copyright Act. Violation of this Law is subject to Civil and Criminal Penalties.

本版由 ELSEVIER INC. 授权机械工业出版社在中国大陆地区（不包括香港、澳门特别行政区及台湾地区）出版发行。
本版仅限在中国大陆地区（不包括香港、澳门特别行政区及台湾地区）出版及标价销售。未经许可之出口，视为违反著作权法，将受民事及刑事法律之制裁。
本书封底贴有 Elsevier 防伪标签，无标签者不得销售。

注意

本书涉及领域的知识和实践标准在不断变化。新的研究和经验拓展我们的理解，因此须对研究方法、专业实践或医疗方法作出调整。从业者和研究人员必须始终依靠自身经验和知识来评估和使用本书中提到的所有信息、方法、化合物或本书中描述的实验。在使用这些信息或方法时，他们应注意自身和他人的安全，包括注意他们负有专业责任的当事人的安全。在法律允许的最大范围内，爱思唯尔、译文的原文作者、原文编辑及原文内容提供者均不对因产品责任、疏忽或其他人身或财产伤害及 / 或损失承担责任，亦不对由于使用或操作文中提到的方法、产品、说明或思想而导致的人身或财产伤害及 / 或损失承担责任。

出版发行：机械工业出版社（北京市西城区百万庄大街 22 号　邮政编码：100037）
责任编辑：曲　熠　　　　　　　　　　　　　责任校对：殷　虹
印　　刷：北京捷迅佳彩印刷有限公司　　　　版　　次：2024 年 11 月第 1 版第 6 次印刷
开　　本：185mm×260mm　1/16　　　　　　印　　张：37.25
书　　号：ISBN 978-7-111-70886-5　　　　　定　　价：149.00 元

客服电话：(010) 88361066　68326294

版权所有·侵权必究
封底无防伪标均为盗版

译者序

Computer Organization and Design: The Hardware/Software Interface, MIPS Edition, Sixth Edition

Patterson 和 Hennessy 是计算机领域的知名学者，为计算机学科和产业的发展做出了巨大贡献。两位学者共同获得了 2017 年度图灵奖，以表彰他们在计算机体系结构设计和评估方面开创了一套系统的、量化的方法，该方法对微处理器行业产生了深远的影响。他们合著的 *Computer Organization and Design: The Hardware/Software Interface* 一书现已更新至第 6 版，对计算机组成的研究和设计实践进行了全面系统的总结。该书具有 MIPS、ARM 和 RISC-V 三个版本，无论哪个版本，都深入系统地阐述了计算机组成与设计中的不变要素，使读者能够掌握相关的基本原理和设计技术。目前，国际上许多大学都采用该书作为教材，国内采用该书作为"计算机组成原理"或"计算机组成与系统结构"等课程教材的高校也越来越多。

第 6 版在保留计算机组成方面传统论题并延续前 5 版特点的基础上，引入了许多近几年计算机领域发展中的新论题，如领域专用体系结构（DSA）、硬件安全攻击等。另外，在实例方面也与时俱进地采用新的 ARM Cortex-A53 微体系结构和 Intel Core i7 6700 Skylake 微体系结构等现代设计对计算机组成的基本原理进行说明。在关于处理器的一章中，在单周期处理器和流水线处理器之间增加了对多周期处理器的介绍，使读者更易理解流水线处理器产生的必然性。

感谢清华大学郑纬民教授对前 3 版中译本所做的工作，是他使这本重要教材在国内有了广泛的读者。感谢西北工业大学康继昌教授、樊晓桠教授和安建峰副教授对第 4 版中译本所做的工作。特别感谢国防科技大学陈微老师和北京大学易江芳老师，两位老师分别翻译的 ARM 版和 RISC-V 版对本书的翻译工作起到了非常重要的参考作用。

西北工业大学计算机学院的魏天昊、申世东、杨益滔、张博、聂子铭、江嘉熙、马瑞阳、杨士欣、董玉博、杨一帆、占硕、王典、王翰墨、王玉佳、陈树炎、吴奇、吕柏璇、杨凯裕等学生参与了本书的文字校对工作。

由于译者水平有限，书中难免存在一些翻译不当或理解欠妥的地方，希望读者批评指正。

王党辉
2022 年 3 月于西北工业大学

前 言
Computer Organization and Design: The Hardware/Software Interface, MIPS Edition, Sixth Edition

> 神秘是我们能体验的最美好的事物,它是所有真正的艺术和科学的源泉。
> ——阿尔伯特·爱因斯坦,《我的信仰》,1930

关于本书

在学习计算机科学与工程时,除了掌握计算的基本原理外,还应该了解该领域的最新进展。计算领域中各个方向的读者都应学习计算机系统的组成理论,因为这是决定计算机系统的功能、性能甚至成功的关键。

要推动现代计算机技术的发展,需要对硬件和软件都有深入理解的专业人士。硬件和软件在多个层次上的相互影响成为理解计算基本原理的框架。无论你的主要兴趣是硬件还是软件,是计算机科学还是电气工程,计算机组成与设计的基本思想都是相同的。因此,本书着重展示硬件与软件的关系,并重点介绍当今计算机中的基础概念。

处理器已经由单核发展为多核,且近年来更强调领域专用体系结构,该趋势印证了本书自第1版就提出的观点。过去,程序员可以忽略这一发展趋势,并希望计算机体系结构专家、编译器设计者和芯片工程师能够帮助他们,让程序不做任何修改就可以更快、更高效地在新型处理器上运行。但是,这样的时代已经一去不复返了。我们认为,至少在下一个十年里,大多数程序员只有理解硬件/软件接口,才能编写出在现代计算机上高效运行的程序。

本书适合以下读者阅读:在汇编语言或逻辑设计方面只有少许经验,需要理解计算机组成的基本原理的读者;具有汇编语言或逻辑设计的基础,需要学习如何设计计算机,或者要进一步理解计算机系统如何工作的读者。

与本书相关的另一本书

有些读者可能已经熟悉我们的另一本书——《计算机体系结构:量化研究方法》,该书已广为流传,经常以作者姓名命名,称为"Hennessy and Patterson"(本书则常称为"Patterson and Hennessy")。该书的目的是用坚实的工程基础和量化的性价比权衡来描述计算机体系结构的原理。该书基于商用系统,将案例与测量方法相结合,帮助读者理解实际的设计。该书的目标是通过量化分析方法讲解计算机体系结构,而不是仅仅对相关知识进行描述。因此,该书主要面向希望深入理解计算机系统的计算机专业人士。

本书的大多数读者并不一定要成为计算机体系结构的设计者。软件设计人员对系统中基本硬件技术的理解,将显著影响未来软件系统的性能和能效。因此,编译器设计者、操作系统设计者、数据库程序员以及其他大多数软件工程师对本书所述的原理都应当有充分的了解。同样,硬件设计者也必须清楚自己的工作对软件的影响。

所以,本书的内容绝不仅仅是"Hennessy and Patterson"的子集,而是进行了大量的扩展和修订,以满足不同读者的需求。我们对再版"Hennessy and Patterson"时删除大量介绍性材料的效果感到满意,与第1版相比,这两本书的内容重叠度已大大降低。

第 6 版的变化

相比于前 5 版之间的变化，自本书第 5 版出版至今，计算机体系结构技术和商业模式发生了更大的变化。

- **摩尔定律放缓**：Gordon Moore 预测单芯片上集成的晶体管数量每 18~24 个月翻一番，但是半导体加工工艺按照此趋势发展了 50 年之后，该预测将不再有效。虽然半导体加工工艺仍然在进步，但进步速度比以前慢了很多，且越来越不可预测。
- **领域专用体系结构（DSA）的出现**：由于摩尔定律的放缓以及 Dennard 按比例缩小定律的终结，通用处理器的性能每年只有百分之几的提升。另外，Amdahl 定律限制了单芯片上处理器核数目增加所能够带来的收益。2020 年，DSA 被公认为最有发展前途的技术。与通用处理器能够运行所有的应用程序不同，DSA 能够更高效地运行特定领域的程序。
- **微体系结构是安全攻击的直接对象**：Spectre（幽灵）能够针对"推测乱序执行"和"硬件多线程"进行时间旁路攻击。这些并不属于任何一类可被修复的 bug，从而为处理器设计提出了根本性的挑战。
- **开放指令集和开源实现**：开源软件给计算机体系结构领域带来了机遇和影响。任何组织机构都能够在不签署版权协议的情况下，使用 RISC-V 等开放指令集设计自己的处理器，并可以将设计实现进行开源。开源的设计实现既可被共享并自由下载，也可以作为有知识产权的 RISC-V 以供使用。开源软件和硬件对于大学的研究、教学很有益处，可以帮助学生理解理论知识并提升产业技术能力。
- **信息技术产业的再次整合（re-virticalization）**：云计算使得不超过 6 家公司便可为所有用户提供计算基础设施，与 20 世纪六七十年代的 IBM 非常类似，这些公司决定软件栈和硬件的部署。上述变化导致这些大型公司开发自己的 DSA 和 RISC-V 芯片，并将其部署到自己的云中。

本书第 6 版反映了这些变化，更新了所有的实例和图。针对用书教师提出的需求，我们对教学方法也做了进一步改进，这些改进的灵感来自给我的孙子辅导数学课时使用的教科书。

在详细介绍第 6 版的修订情况之前，首先看下表。该表给出了本书的主要内容，并为关注硬件和关注软件的两种读者分别进行了导读。

章 / 附录	节	关注软件	关注硬件
第 1 章 计算机抽象及相关技术	1.1~1.12	👓	👓
	🌐 1.13（历史）	👓	👓
第 2 章 指令：计算机的语言	2.1~2.14	👓	👓
	🌐 2.15（编译器和 Java）	👓	
	2.16~2.22	👓	👓
	🌐 2.23（历史）	👓	👓
附录 E 指令集体系结构综述	🌐 E.1~E.6		👓
第 3 章 计算机的算术运算	3.1~3.5		👓
	3.6~3.8（子字并行）		👓
	3.9~3.10（谬误）	👓	👓
	🌐 3.11（历史）	👓	👓
附录 B 逻辑设计基础	B.1~B.13		👓

(续)

章/附录	节	关注软件	关注硬件
第4章 处理器	4.1（引言）	👓	👓
	4.2（逻辑设计的一般方法）		👓
	4.3～4.4（简单实现）	👓	👓
	4.5（多周期实现）		
	4.6（流水线概述）	👓	👓
	4.7（流水线数据通路）	👓	👓
	4.8～4.10（冒险和异常）	👓	👓
	4.11～4.13（并行和实例）	👓	👓
	🌐 4.14（Verilog 流水线控制）		👓
	4.15～4.16（谬误）	👓	👓
	🌐 4.17（历史）	👓	👓
附录 D 将控制映射至硬件	🌐 D.1～D.6		👓
第5章 大容量和高速度：开发存储器层次结构	5.1～5.10	👓	👓
	🌐 5.11（廉价冗余磁盘阵列）	👓	👓
	🌐 5.12（Verilog cache 控制器）		👓
	5.13～5.16	👓	👓
	🌐 5.17（历史）	👓	👓
第6章 从客户端到云的并行处理器	6.1～6.9	👓	👓
	🌐 6.10（集群）	👓	👓
	6.11～6.15	👓	👓
	🌐 6.16（历史）	👓	👓
附录 A 汇编器、链接器和 SPIM 仿真器	A.1～A.11	👓	
附录 C 图形与计算 GPU	🌐 C.1～C.11	👓	👓

仔细阅读 👓　　有时间则阅读 👓　　作为参考 👓　　复习或阅读 👓　　拓展阅读 👓

- 现在每章都有"加速"一节。第1章中给出了实现矩阵乘法运算的 Python 版本，但是性能较为低下，这激发了我们对 C 语言的学习，第2章使用 C 语言重写该程序。后续章节分别采用数据级并行、指令级并行、线程级并行以及调整存储器访问以匹配现代服务器的存储层次等方法对矩阵乘法运算进行加速。我们使用的计算机支持 512 位 SIMD 操作、推测乱序执行、三级高速缓存，并包含 48 个处理器核。四种优化方法的实现加起来虽然只有 21 行 C 语言代码，但可以将矩阵乘法运算加速近 50 000 倍，将运行时间从 Python 版本的接近 6 小时减少到优化的 C 语言版本的不到 1 秒。如果我重新当一次学生，该例子将激励我使用 C 语言，并学习本书中硬件概念之下的相关知识。
- 本书的每一章都增加了"自学"一节，在该节中会提出一些启发思考的问题，然后提供答案，以帮助读者评估自己对章节内容的掌握情况。
- 除了解释摩尔定律和 Dennard 按比例缩小定律不再持续之外，第 6 版中的一个重要变化就是不再强调摩尔定律。
- 第 2 章中使用更多的篇幅强调二进制数据没有实质性的含义（因为程序决定数据类型），并且这对于初学者来说不太容易理解。
- 为了与 MIPS 指令集进行比较，除了 ARMv7、ARMv8 和 x86 之外，第 2 章还对 RISC-V 进行了简要介绍。(本书的 RISC-V 版本也做了这样的比较，并且更新了其他相关内容。）
- 第 1 章中基准测试程序的例子从 SPEC2006 升级到 SPEC2017。
- 第 4 章中，根据教师的需求，在 MIPS 的单周期实现和流水线实现之间，将多周期实现作为一节线上内容。一些教师认为使用单周期 – 多周期 – 流水线的三步教学法可使流水线更容易理解。
- 第 4 章和第 5 章的"实例"一节都更新为新的 ARM Cortex-A53 微体系结构和 Intel Core i7 6700 Skylake 微体系结构。
- 第 5 章和第 6 章的"谬误与陷阱"一节分别增加了使用 Row Hammer 和 Spectre 进行硬件安全攻击的内容。
- 第 6 章新增一节，使用 Google 的张量处理单元（TPU）(v1) 对 DSA 进行介绍。第 6 章的"实例"一节更新为将 Google 的 TPUv3 超级计算机与 NVIDIA Volta GPU 集群进行比较。

最后，本书更新了所有的练习题。

在对内容进行修订的同时，第 6 版保留了以往版本中有用的元素。为使本书更好地作为参考书，我们仍在新术语第一次出现时给出定义供读者参考。书中标题为"理解程序性能"的部分有助于读者理解程序的性能，以及了解如何提高性能。"硬件 / 软件接口"部分帮助读者理解有关接口的权衡问题。"重点"部分仍然保留，以防止读者在学习过程中"只见树木而不见森林"。"小测验"及每章最后的"小测验答案"可帮助读者在第一时间强化对内容的理解。本书同样提供 MIPS 参考数据卡[⊖]（这是从 IBM System/360"绿卡"得到的灵感），并对数据进行了更新，在编写 MIPS 汇编语言程序时，这应该是很好的参考。

教学支持[⊖]

我们收集了大量材料供使用本书的教师授课时使用，包括练习题答案、书中的图表、幻灯片等。如需更多信息，请访问 https://textbooks.elsevier.com/web/manuals.aspx?isbn=9780128201091。

结束语

从下面的致谢中，读者可以发现我们花费了大量精力去修改本书的错误。由于本书印刷了多次，因此我们有机会做更多的校正。如果读者发现还有遗留的错误，请通过电子邮件与出版社联系。

本书标志着 Hennessy 和 Patterson 自 1989 年以来长期合作的第三次中止。由于要管理一所世界知名的大学，Hennessy 校长无法继续承担新版本的实际编写工作，留下 Patterson 一人感觉自己像是在没有安全保护措施的情况下走钢丝。在致谢名单中列出的人和 UC Berkeley（加州大学伯克利分校）的同行在本书的撰写过程中起了更大的作用。当然，如果读者对新内容不满意，抱怨的对象应该只有我一人。

致谢

在本书的每一版中，我们都非常幸运地得到了来自许多读者、评审者和其他人员的帮

⊖ 参考数据卡见本书封面和封底的背面。——编辑注
⊖ 关于本书教辅资源，只有使用本书作为教材的教师才可以申请，需要的教师请访问爱思唯尔的教材网站 https://textbooks.elsevier.com/ 进行申请。——编辑注

助。每个人的帮助都使本书更加完美。

特别感谢 Rimas Avizenis 博士，他开发了不同版本的矩阵乘法程序，并提供了相应的性能数据。我们对他从 UC Berkeley 毕业之后还长期提供帮助深表谢意。我在 UCLA（加州大学洛杉矶分校）读研究生时，曾与他的父亲一起工作，能够与他一起在 UC Berkeley 共事是一件美好的事情。

还要感谢我的长期合作伙伴——UC Berkeley 的 Randy Katz。我们讲授本科生的"计算机体系结构"课程时，一起提炼出计算机体系结构的伟大思想。

感谢 David Kirk、John Nickolls 和他们在 NVIDIA 的同事（Michael Garland、John Montrym、Doug Voorhies、Lars Nyland、Erik Lindholm、Paulius Micikevicius、Massimiliano Fatica、Stuart Oberman、Vasily Volkov），他们编写了深入介绍 GPU 的附录 C。再次感谢 Jim Larus，他现在是 EPFL 计算机与通信科学学院的院长，他发挥了在汇编语言方面的专长，欢迎读者使用他开发和维护的模拟器。

非常感谢 Jason Bakos（University of South Carolina），他再次为本书更新了练习题。前面几版的练习题由以下人员编写：Perry Alexander（University of Kansas），Javier Bruguera（Universidade de Santiago de Compostela），Matthew Farrens（University of California, Davis），David Kaeli（Northeastern University），Nicole Kaiyan（University of Adelaide），John Oliver（Cal Poly，San Luis Obispo），Milos Prvulovic（Georgia Tech），Jichuan Chang、Jacob Leverich、Kevin Lim、Partha Ranganathan（Hewlett-Packard）。感谢 Peter J. Ashenden（Ashenden Design Pty Ltd）对前面几版做出的贡献。

特别感谢 Jason Bakos 开发了新的幻灯片。

感谢许多教师的贡献，他们回答出版社的调查问卷，评审我们的提议，出席小组会议，并对本版以及前面版本的计划进行分析和反馈。详细名单如下。

专题小组：Bruce Barton（Suffolk County Community College），Jeff Braun（Montana Tech），Ed Gehringer（North Carolina State），Michael Goldweber（Xavier University），Ed Harcourt（St. Lawrence University），Mark Hill（University of Wisconsin, Madison），Patrick Homer（University of Arizona），Norm Jouppi（HP Labs），Dave Kaeli（Northeastern University），Christos Kozyrakis（Stanford University），Zachary Kurmas（Grand Valley State University），Jae C. Oh（Syracuse University），Lu Peng（LSU），Milos Prvulovic（Georgia Tech），Partha Ranganathan（HP Labs），David Wood（University of Wisconsin），Craig Zilles（University of Illinois at Urbana-Champaign）。

调查问卷和评审：Mahmoud Abou-Nasr（Wayne State University），Perry Alexander（The University of Kansas），Hakan Aydin（George Mason University），Hussein Badr（State University of New York at Stony Brook），Mac Baker（Virginia Military Institute），Ron Barnes（George Mason University），Douglas Blough（Georgia Institute of Technology），Kevin Bolding（Seattle Pacific University），Miodrag Bolic（University of Ottawa），John Bonomo（Westminster College），Jeff Braun（Montana Tech），Tom Briggs（Shippensburg University），Scott Burgess（Humboldt State University），Fazli Can（Bilkent University），Warren R. Carithers（Rochester Institute of Technology），Bruce Carlton（Mesa Community College），Nicholas Carter（University of Illinois at Urbana-Champaign），Anthony Cocchi（The City University of New York），Don Cooley（Utah State University），Robert D. Cupper（Allegheny College），Edward W. Davis

(North Carolina State University), Nathaniel J. Davis (Air Force Institute of Technology), Molisa Derk (Oklahoma City University), Nathan B. Dodge (The University of Texas at Dallas), Derek Eager (University of Saskatchewan), Ernest Ferguson (Northwest Missouri State University), Rhonda Kay Gaede(The University of Alabama), Etienne M. Gagnon(UQAM), Costa Gerousis (Christopher Newport University), Paul Gillard (Memorial University of Newfoundland), Michael Goldweber (Xavier University), Georgia Grant (College of San Mateo), Merrill Hall (The Master's College), Tyson Hall (Southern Adventist University), Ed Harcourt (St. Lawrence University), Justin E. Harlow (University of South Florida), Paul F. Hemler (Hampden-Sydney College), Martin Herbordt (Boston University), Steve J. Hodges (Cabrillo College), Kenneth Hopkinson (Cornell University), Dalton Hunkins (St. Bonaventure University), Baback Izadi (State University of New York—New Paltz), Reza Jafari, Robert W. Johnson (Colorado Technical University), Bharat Joshi (University of North Carolina, Charlotte), Nagarajan Kandasamy (Drexel University), Rajiv Kapadia, Ryan Kastner (University of California, Santa Barbara), E. J. Kim (Texas A&M University), Jihong Kim (Seoul National University), Jim Kirk (Union University), Geoffrey S. Knauth (Lycoming College), Manish M. Kochhal (Wayne State), Suzan Koknar-Tezel (Saint Joseph's University), Angkul Kongmunvattana (Columbus State University), April Kontostathis (Ursinus College), Christos Kozyrakis (Stanford University), Danny Krizanc (Wesleyan University), Ashok Kumar, S. Kumar (The University of Texas), Zachary Kurmas (Grand Valley State University), Robert N. Lea (University of Houston), Baoxin Li (Arizona State University), Li Liao (University of Delaware), Gary Livingston (University of Massachusetts), Michael Lyle, Douglas W. Lynn (Oregon Institute of Technology), Yashwant K. Malaiya (Colorado State University), Bill Mark (University of Texas at Austin), Ananda Mondal (Claflin University), Euripides Montagne (University of Central Florida), Tali Moreshet (Boston University), Alvin Moser (Seattle University), Walid Najjar (University of California, Riverside), Danial J. Neebel(Loras College), John Nestor(Lafayette College), Jae C. Oh(Syracuse University), Joe Oldham (Centre College), Timour Paltashev, James Parkerson (University of Arkansas), Shaunak Pawagi (SUNY at Stony Brook), Steve Pearce, Ted Pedersen (University of Minnesota), Lu Peng (Louisiana State University), Gregory D Peterson (The University of Tennessee), Milos Prvulovic (Georgia Tech), Partha Ranganathan (HP Labs), Dejan Raskovic (University of Alaska, Fairbanks), Brad Richards (University of Puget Sound), Roman Rozanov, Louis Rubinfield (Villanova University), Md Abdus Salam (Southern University), Augustine Samba (Kent State University), Robert Schaefer (Daniel Webster College), Carolyn J. C. Schauble (Colorado State University), Keith Schubert (CSU San Bernardino), William L. Schultz, Kelly Shaw (University of Richmond), Shahram Shirani (McMaster University), Scott Sigman (Drury University), Bruce Smith, David Smith, Jeff W. Smith (University of Georgia, Athens), Mark Smotherman (Clemson University), Philip Snyder (Johns Hopkins University), Alex Sprintson (Texas A&M), Timothy D. Stanley (Brigham Young University), Dean Stevens (Morningside College), Nozar Tabrizi (Kettering University), Yuval Tamir (UCLA), Alexander Taubin (Boston University), Will Thacker

(Winthrop University)、Mithuna Thottethodi（Purdue University）、Manghui Tu（Southern Utah University）、Dean Tullsen（UC San Diego）、Rama Viswanathan（Beloit College）、Ken Vollmar（Missouri State University）、Guoping Wang（Indiana-Purdue University）、Patricia Wenner（Bucknell University）、Kent Wilken（University of California，Davis）、David Wolfe（Gustavus Adolphus College）、David Wood（University of Wisconsin，Madison）、Ki Hwan Yum（University of Texas，San Antonio）、Mohamed Zahran（City College of New York）、Amr Zaky（Santa Clara University）、Gerald D. Zarnett（Ryerson University）、Nian Zhang（South Dakota School of Mines & Technology）、Xiaoyu Zhang（California State University San Marcos）、Jiling Zhong（Troy University）、Huiyang Zhou（The University of Central Florida）、Weiyu Zhu（Illinois Wesleyan University）。

特别感谢 Mark Smotherman 一遍又一遍地查找本书中的技术错误和文字错误，他的工作显著改进了这一版的质量。

还要感谢 Morgan Kaufmann 公司同意在 Steve Merken 和 Beth LoGiudice 的领导下对本书进行再版，没有他们的工作，我不可能完成本书。我们还要感谢 Beula Christopher 对出版过程的管理，感谢 Patrick Ferguson 设计了新的封面。

以上提到的近150人为本书提供了大量帮助，使之成为我们期望的最好的书。希望读者能够喜欢本书！

David A. Patterson

作者简介

Computer Organization and Design: The Hardware/Software Interface, MIPS Edition, Sixth Edition

戴维·A. 帕特森（David A. Patterson） 从1977年在加州大学伯克利分校任职开始一直讲授计算机体系结构课程，曾任计算机科学系的Pardee主席。他的教学工作获得了加州大学杰出教学奖、ACM Karlstrom奖、IEEE Mulligan教育奖章和本科生教学奖。因对RISC的贡献，他获得了IEEE技术进步奖和ACM Eckert-Mauchly奖；因对RAID的贡献，他与合作者分享了IEEE Johnson信息存储奖。他和John Hennessy分享了IEEE John von Neumann奖章与C&C奖励。他是美国艺术与科学院、美国国家工程院、美国国家科学院和计算机历史博物馆院士，ACM和IEEE会士，并且入选了硅谷工程名人堂。他曾任伯克利EECS系CS部门主席、计算研究学会主席和ACM主席。这些贡献使他获得了ACM和CRA的杰出服务奖。他因关于公民科学和计算多样化的研究而获得了Tapia成就奖，并于2017年与Hennessy分享了图灵奖。

在伯克利，Patterson领导了RISC I的设计与实现，这是第一款VLSI精简指令系统计算机，并且是商用SPARC体系结构的基础。他是廉价磁盘冗余阵列（RAID）项目的负责人，许多公司利用RAID技术开发出高可靠存储系统。他也参与了工作站网络（NOW）项目，该项目先引导了互联网公司对集群技术的使用，之后又引导了云计算的应用。这些项目获得了三项ACM最佳论文奖。2016年，他成为伯克利荣休教授和Google杰出工程师，目前，他在Google从事机器学习领域专用体系结构的研究。他也是RISC-V国际协会副主席和RISC-V国际开源实验室主任。

约翰·L. 亨尼斯（John L. Hennessy） 从1977年开始任职于斯坦福大学电气工程与计算机科学系，是斯坦福大学第十任校长。Hennessy是ACM和IEEE会士，美国国家工程院、美国国家科学院、美国艺术与科学院院士。他获得了许多奖项，其中包括：因对RISC的贡献获得的2001年ACM Eckert-Mauchly奖，2001年Seymour Cray计算机工程奖，与Patterson分享的2000年John von Neumann奖章，与Patterson分享的2017年图灵奖。他还获得了七个荣誉博士学位。

1981年，他在斯坦福大学与几个研究生开始了MIPS项目。在1984年完成该项目后，他离开大学，与他人共同创建了MIPS计算机系统公司（现在的MIPS技术公司），该公司开发了第一款商用RISC微处理器。2006年，MIPS微处理器销售了20亿片，应用范围从视频游戏和掌上计算机到激光打印机和网络交换机。后来，Hennessy领导了DASH（共享存储器的体系结构）项目，该项目建立了第一个可扩展cache一致性多处理器的原型系统，其许多关键思想已经应用在先进的多处理器中。除了技术活动与大学工作外，他还是多家创业公司的早期顾问和投资者。

他目前是Knight-Hennessy学者奖学金项目的主管，并担任Alphabet的非执行董事长。

目 录

Computer Organization and Design: The Hardware/Software Interface, MIPS Edition, Sixth Edition

译者序
前言
作者简介

第 1 章 计算机抽象及相关技术 ⋯⋯ 1
1.1 引言 ⋯⋯ 1
1.1.1 计算应用的分类及其特性 ⋯⋯ 2
1.1.2 欢迎来到后 PC 时代 ⋯⋯ 3
1.1.3 你能从本书学到什么 ⋯⋯ 4
1.2 计算机体系结构的 7 个伟大思想 ⋯⋯ 6
1.2.1 使用抽象简化设计 ⋯⋯ 6
1.2.2 加速大概率事件 ⋯⋯ 6
1.2.3 通过并行提高性能 ⋯⋯ 6
1.2.4 通过流水线提高性能 ⋯⋯ 6
1.2.5 通过预测提高性能 ⋯⋯ 7
1.2.6 存储层次 ⋯⋯ 7
1.2.7 通过冗余提高可靠性 ⋯⋯ 7
1.3 程序表象之下 ⋯⋯ 8
1.4 机箱之内的硬件 ⋯⋯ 10
1.4.1 显示器 ⋯⋯ 11
1.4.2 触摸屏 ⋯⋯ 12
1.4.3 打开机箱 ⋯⋯ 13
1.4.4 数据安全 ⋯⋯ 15
1.4.5 与其他计算机通信 ⋯⋯ 16
1.5 处理器和存储器制造技术 ⋯⋯ 17
1.6 性能 ⋯⋯ 20
1.6.1 性能的定义 ⋯⋯ 21
1.6.2 性能的度量 ⋯⋯ 23
1.6.3 CPU 性能及其因素 ⋯⋯ 24
1.6.4 指令的性能 ⋯⋯ 25
1.6.5 经典的 CPU 性能公式 ⋯⋯ 26
1.7 功耗墙 ⋯⋯ 28
1.8 沧海巨变：从单处理器向多处理器转变 ⋯⋯ 30
1.9 实例：Intel Core i7 基准 ⋯⋯ 32
1.9.1 SPEC CPU 基准测试程序 ⋯⋯ 32
1.9.2 SPEC 功耗基准测试程序 ⋯⋯ 34
1.10 加速：使用 Python 语言编写矩阵乘法程序 ⋯⋯ 35
1.11 谬误与陷阱 ⋯⋯ 36
1.12 本章小结 ⋯⋯ 38
1.13 历史观点和拓展阅读 ⋯⋯ 39
1.14 自学 ⋯⋯ 39
1.15 练习题 ⋯⋯ 42

第 2 章 指令：计算机的语言 ⋯⋯ 46
2.1 引言 ⋯⋯ 46
2.2 计算机硬件的操作 ⋯⋯ 48
2.3 计算机硬件的操作数 ⋯⋯ 50
2.3.1 存储器操作数 ⋯⋯ 51
2.3.2 常数或立即数操作数 ⋯⋯ 53
2.4 有符号数和无符号数 ⋯⋯ 54
2.5 计算机中指令的表示 ⋯⋯ 59
2.6 逻辑操作 ⋯⋯ 65
2.7 决策指令 ⋯⋯ 67
2.7.1 循环 ⋯⋯ 68
2.7.2 case/switch 语句 ⋯⋯ 70
2.8 计算机硬件对过程的支持 ⋯⋯ 71
2.8.1 使用更多寄存器 ⋯⋯ 72
2.8.2 嵌套过程 ⋯⋯ 74
2.8.3 在栈中为新数据分配空间 ⋯⋯ 76
2.8.4 在堆中为新数据分配空间 ⋯⋯ 76
2.9 人机交互 ⋯⋯ 78
2.10 MIPS 中 32 位立即数和地址的寻址 ⋯⋯ 82
2.10.1 32 位立即数 ⋯⋯ 83
2.10.2 分支和跳转中的寻址 ⋯⋯ 83
2.10.3 MIPS 寻址模式总结 ⋯⋯ 85
2.10.4 机器语言解码 ⋯⋯ 87
2.11 并行与指令：同步 ⋯⋯ 89
2.12 翻译并执行程序 ⋯⋯ 91
2.12.1 编译器 ⋯⋯ 91

2.12.2 汇编器 …… 91	3.3.3 更快速的乘法 …… 139
2.12.3 链接器 …… 93	3.3.4 MIPS 中的乘法 …… 140
2.12.4 加载器 …… 95	3.3.5 小结 …… 140
2.12.5 动态链接库 …… 95	3.4 除法 …… 140
2.12.6 启动一个 Java 程序 …… 97	3.4.1 除法算法和硬件 …… 141
2.13 综合实例：C 排序程序 …… 98	3.4.2 有符号除法 …… 143
2.13.1 swap 过程 …… 98	3.4.3 更快速的除法 …… 144
2.13.2 sort 过程 …… 100	3.4.4 MIPS 中的除法 …… 144
2.14 数组与指针 …… 104	3.4.5 小结 …… 145
2.14.1 用数组实现 clear …… 104	3.5 浮点运算 …… 146
2.14.2 用指针实现 clear …… 106	3.5.1 浮点表示 …… 147
2.14.3 比较两个版本的 clear …… 106	3.5.2 浮点加法 …… 151
◉ 2.15 高级内容：编译 C 语言和解释 Java 语言 …… 107	3.5.3 浮点乘法 …… 154
	3.5.4 MIPS 中的浮点指令 …… 156
2.16 实例：ARMv7（32 位）指令集 …… 107	3.5.5 算术精确性 …… 161
2.16.1 寻址模式 …… 108	3.5.6 小结 …… 163
2.16.2 比较和条件分支 …… 108	3.6 并行性和计算机算术：子字并行 …… 164
2.16.3 ARM 的特色 …… 109	3.7 实例：x86 中的流处理 SIMD 扩展和高级向量扩展 …… 166
2.17 实例：ARMv8（64 位）指令集 …… 111	3.8 加速：子字并行和矩阵乘法 …… 167
2.18 实例：RISC-V 指令集 …… 112	3.9 谬误与陷阱 …… 168
2.19 实例：x86 指令集 …… 112	3.10 本章小结 …… 171
2.19.1 Intel x86 的演进 …… 112	◉ 3.11 历史观点和拓展阅读 …… 174
2.19.2 x86 寄存器和数据寻址模式 …… 114	3.12 自学 …… 174
2.19.3 x86 整数操作 …… 115	3.13 练习题 …… 176
2.19.4 x86 指令编码 …… 117	**第 4 章 处理器** …… 181
2.19.5 x86 总结 …… 119	4.1 引言 …… 181
2.20 加速：使用 C 语言编写矩阵乘法程序 …… 119	4.1.1 一个基本的 MIPS 实现 …… 182
2.21 谬误与陷阱 …… 120	4.1.2 实现方式概述 …… 182
2.22 本章小结 …… 122	4.2 逻辑设计的一般方法 …… 184
◉ 2.23 历史观点和拓展阅读 …… 124	4.3 建立数据通路 …… 187
2.24 自学 …… 124	4.4 一个简单的实现机制 …… 193
2.25 练习题 …… 126	4.4.1 ALU 控制 …… 193
第 3 章 计算机的算术运算 …… 132	4.4.2 主控制单元的设计 …… 195
3.1 引言 …… 132	4.4.3 为什么不使用单周期实现方式 …… 201
3.2 加法和减法 …… 132	◉ 4.5 多周期实现 …… 202
3.3 乘法 …… 136	4.6 流水线概述 …… 203
3.3.1 顺序的乘法算法和硬件 …… 137	4.6.1 面向流水线的指令集设计 …… 206
3.3.2 有符号乘法 …… 139	4.6.2 流水线冒险 …… 207

	4.6.3	小结 ·················· 212
4.7	流水线数据通路与控制 ············ 213
	4.7.1	图形化表示的流水线 ········ 221
	4.7.2	流水线控制 ·············· 224
4.8	数据冒险：旁路与阻塞 ············ 227
4.9	控制冒险 ························ 237
	4.9.1	假定分支不发生 ············ 238
	4.9.2	缩短分支的延迟 ············ 238
	4.9.3	动态分支预测 ············· 241
	4.9.4	小结 ·················· 244
4.10	异常 ···························· 245
	4.10.1	MIPS体系结构中的异常处理 ··· 245
	4.10.2	流水线实现中的异常 ········ 246
4.11	指令级并行 ······················ 249
	4.11.1	推测的概念 ·············· 250
	4.11.2	静态多发射处理器 ·········· 251
	4.11.3	动态多发射处理器 ·········· 255
	4.11.4	能耗效率与高级流水线 ······ 258
4.12	实例：Intel Core i7 6700 和 ARM Cortex-A53 ······· 259
	4.12.1	ARM Cortex-A53 ············ 259
	4.12.2	A53 流水线的性能 ············ 261
	4.12.3	Intel Core i7 6700 ············ 263
	4.12.4	Intel Core i7 的性能 ·········· 265
4.13	加速：指令级并行和矩阵乘法 ··· 266
4.14	高级主题：数字设计概述——使用硬件设计语言进行流水线建模以及更多流水线示例 ········ 268
4.15	谬误与陷阱 ······················ 268
4.16	本章小结 ························ 269
4.17	历史观点和拓展阅读 ············· 269
4.18	自学 ···························· 269
4.19	练习题 ·························· 270

第5章 大容量和高速度：开发存储器层次结构 ·········· 281

5.1	引言 ···························· 281
5.2	存储器技术 ······················ 285
	5.2.1	SRAM 技术 ··············· 285
	5.2.2	DRAM 技术 ··············· 285
	5.2.3	闪存 ·················· 287
	5.2.4	磁盘存储器 ·············· 287
5.3	cache 的基本原理 ················ 289
	5.3.1	cache 访问 ··············· 291
	5.3.2	cache 缺失处理 ············ 295
	5.3.3	写操作处理 ·············· 296
	5.3.4	cache 实例：Intrinsity FastMATH 处理器 ·········· 297
	5.3.5	小结 ·················· 299
5.4	cache 性能的评估和改进 ··········· 299
	5.4.1	通过更灵活地放置块来减少 cache 缺失 ············· 302
	5.4.2	在 cache 中查找块 ·········· 305
	5.4.3	替换块的选择 ············· 306
	5.4.4	使用多级 cache 结构减少缺失代价 ·············· 307
	5.4.5	通过分块进行软件优化 ······· 309
	5.4.6	小结 ·················· 312
5.5	可信存储器层次 ·················· 312
	5.5.1	失效的定义 ·············· 313
	5.5.2	纠正一位错、检测两位错的汉明编码（SEC/DED）········ 314
5.6	虚拟机 ·························· 317
	5.6.1	虚拟机监视器的必备条件 ····· 318
	5.6.2	指令集体系结构（缺乏）对虚拟机的支持 ············ 319
	5.6.3	保护和指令集体系结构 ······· 319
5.7	虚拟存储器 ······················ 320
	5.7.1	页的存放和查找 ············ 323
	5.7.2	缺页故障 ··············· 324
	5.7.3	关于写 ················ 327
	5.7.4	加快地址转换：TLB ·········· 327
	5.7.5	集成虚拟存储器、TLB 和 cache ················· 331
	5.7.6	虚拟存储器中的保护 ········· 332
	5.7.7	处理 TLB 缺失和缺页 ········ 333
	5.7.8	小结 ·················· 337
5.8	存储器层次结构的一般框架 ······ 338
	5.8.1	问题1：块放在何处 ·········· 339

5.8.2 问题 2：如何找到块 ………… 340
5.8.3 问题 3：cache 缺失时替换哪一块 ………… 340
5.8.4 问题 4：写操作如何处理 ………… 341
5.8.5 3C：一种理解存储器层次结构行为的直观模型 ………… 342
5.9 使用有限状态机来控制简单的 cache ………… 343
  5.9.1 一个简单的 cache ………… 343
  5.9.2 有限状态机 ………… 344
  5.9.3 一个简单 cache 控制器的有限状态机 ………… 346
5.10 并行与存储器层次结构：cache 一致性 ………… 347
  5.10.1 实现一致性的基本方案 ………… 348
  5.10.2 监听协议 ………… 348
5.11 并行与存储器层次结构：廉价冗余磁盘阵列 ………… 350
5.12 高级内容：实现 cache 控制器 ………… 350
5.13 实例：ARM Cortex-A53 和 Intel Core i7 的存储器层次结构 ………… 350
5.14 加速：cache 分块和矩阵乘法 ………… 354
5.15 谬误与陷阱 ………… 355
5.16 本章小结 ………… 359
5.17 历史观点和拓展阅读 ………… 359
5.18 自学 ………… 359
5.19 练习题 ………… 362

第 6 章 从客户端到云的并行处理器 374

6.1 引言 ………… 374
6.2 创建并行处理程序的难点 ………… 376
6.3 SISD、MIMD、SIMD、SPMD 和向量机 ………… 379
  6.3.1 x86 中的 SIMD：多媒体扩展 ………… 380
  6.3.2 向量机 ………… 380
  6.3.3 向量与标量 ………… 382
  6.3.4 向量与多媒体扩展 ………… 382
6.4 硬件多线程 ………… 385
6.5 多核和其他共享内存多处理器 ………… 387
6.6 图形处理单元 ………… 390
  6.6.1 NVIDIA GPU 体系结构简介 ………… 391
  6.6.2 NVIDIA GPU 存储结构 ………… 393
  6.6.3 GPU 展望 ………… 394
6.7 领域专用体系结构 ………… 396
6.8 集群、仓储级计算机和其他消息传递多处理器 ………… 398
6.9 多处理器网络拓扑简介 ………… 402
6.10 与外界通信：集群网络 ………… 404
6.11 多处理器基准测试程序和性能模型 ………… 405
  6.11.1 性能模型 ………… 407
  6.11.2 Roofline 模型 ………… 408
  6.11.3 两代 Opteron 的比较 ………… 409
6.12 实例：Google TPUv3 超级计算机和 NVIDIA Volta GPU 的评测 ………… 413
  6.12.1 DNN 的训练和推理 ………… 413
  6.12.2 DSA 超级计算机网络 ………… 414
  6.12.3 DSA 超级计算机节点 ………… 414
  6.12.4 DSA 算术运算 ………… 416
  6.12.5 TPUv3 与 Volta GPU 的比较 ………… 417
  6.12.6 性能 ………… 418
6.13 加速：多处理器和矩阵乘法 ………… 419
6.14 谬误与陷阱 ………… 421
6.15 本章小结 ………… 423
6.16 历史观点和拓展阅读 ………… 425
6.17 自学 ………… 425
6.18 练习题 ………… 426

附录 A 汇编器、链接器和 SPIM 仿真器 ………… 435

附录 B 逻辑设计基础 ………… 486

索引 ………… 544

网络内容⊖

附录 C 图形与计算 GPU
附录 D 将控制映射至硬件
附录 E 指令集体系结构综述

⊖ 网络内容请访问原书配套网站 https://textbooks.elsevier.com/web/manuals.aspx?isbn=9780128201091 下载。
——编辑注

第 1 章

Computer Organization and Design: The Hardware/Software Interface, MIPS Edition, Sixth Edition

计算机抽象及相关技术

1.1 引言

欢迎阅读本书！非常高兴有机会与大家一起分享令人兴奋的计算机系统世界。这是一个进步飞快、新思想层出不穷、非常有趣的领域。事实上，计算机是极度充满生气的信息技术工业的产物，其相关产品几乎占全美国民生产总值的 10%。美国的经济已经与信息技术密不可分。这个不寻常的工业领域具有惊人的发展速度。在过去 40 年里，出现了许多引起计算产业革命的新型计算机，但它们很快就被更好的计算机所取代。

> 在不关注具体过程的情况下完成更多的重要操作，这种方法促进了文明的进步。
> *Alfred North Whitehead, An Introduction to Mathematics, 1911*

电子计算机自 20 世纪 40 年代后期诞生以来，其充满创新性的竞争带来了史无前例的进步。如果运输业能够以计算机工业的速度发展，那么我们只需要花一美分就可以在一秒钟之内从纽约赶到伦敦。想象一下，这样的进步将如何改变社会——在南太平洋的塔希提岛生活，而在旧金山工作，傍晚去莫斯科欣赏波修瓦芭蕾舞团的演出——你能够想象得出这种技术进步的意义。

沿着农业革命、工业革命的发展方向，计算机促进了人类的第三次革命——信息革命。信息革命使人类的能力成倍增长，自然而深刻地影响着人类的日常生活，甚至改变了人类寻求新知识的方法。现在出现了一种科学探索的新方式，即计算科学家联合理论和实验科学家，共同探索天文学、生物学、化学、物理学及其他学科的前沿问题。

计算机革命一直在向前推进。每当计算成本降低为原来的 1/10，计算机的发展机遇就会成倍增长。原本出于经济原因不可实现的应用突然就变得可实现了。例如，下述各项应用在过去都曾是"计算机科学幻想"：

- **车载计算机**：在 20 世纪 80 年代初微处理器的性能和价格得到极大改进之前，用计算机来控制汽车几乎是天方夜谭。而今天，车载计算机不仅能够通过控制汽车发动机降低污染、提高燃油效率，而且能够实现自动驾驶且控制安全气囊在碰撞时展开，从而提升行车的安全性。
- **手机**：谁曾想到计算机系统的发展会使全球半数以上的人口拥有手机，并让人们几乎在全球的各个角落都可以自由通信？
- **人类基因项目**：以前用于匹配和分析人类基因序列的计算机设备价格高达几亿美元。在过去的 15~25 年里，用于该项目的计算机设备的价格降低为原来的 1/100~1/10。随着计算机设备价格的持续下降，人们可以获得自己的基因序列，从而量身定制医疗服务。
- **万维网**：在编写本书第 1 版时，万维网尚不存在，而现在万维网已经改变了整个社会。对许多人来说，网络已取代了传统的图书馆和报纸。

- **搜索引擎**：随着万维网规模的扩大和价值的与日俱增，如何快速精确地找到所需信息变得越来越重要。今天，如果没有搜索引擎，许多人在万维网中将寸步难行。

显而易见，计算机技术的进步几乎影响着社会的每一个方面。硬件的进步使得程序员可以编写出各种优秀的应用软件，进而证实计算机几乎是无所不能的。今天的科学幻想预示着未来的"杀手级"应用，例如增强现实眼镜、无现金社会和无人驾驶汽车等。

1.1.1 计算应用的分类及其特性

从智能家电到手机再到最大型超级计算机，它们虽然使用了一套通用的硬件技术（参见1.4 节和 1.5 节），但这些不同的应用有着不同的设计需求，并以不同的方式通过硬件实现。概括地说，计算机主要包括以下三类应用：

个人计算机（Personal Computer，PC）：这也许是最为人所知的应用方式，本书的读者几乎都在广泛使用。个人计算机强调对单个用户提供良好的性能，且价格低廉，通常运行第三方软件。尽管此类应用的出现只有短短 40 年，但它推动了许多计算技术的革新。

> **个人计算机**：用于个人使用的计算机，通常包含图形显示器、键盘和鼠标等。

服务器（server）：过去被称为大型机，通常借助网络访问。服务器适用于执行大负载任务，可以执行单个复杂应用（科学或工程应用），也可以处理大量的简单作业，如大型 Web 服务器。这些应用通常基于其他来源的软件（例如数据库或仿真软件），并且往往为了特殊的需要而加以修改或定制。服务器的制造技术和桌面计算机的制造技术基本相同，但服务器能够提供更强的计算、存储和 I/O 能力。通常情况下，当发生故障时，服务器比个人计算机恢复的代价高得多，因此服务器更加强调可靠性。

> **服务器**：用于为多用户运行大型程序的计算机，通常由多个用户并行使用，并且一般通过网络访问。

服务器的功能和价格具有很大的伸缩范围。不带显示器和键盘的低端服务器可能比桌面计算机稍微贵些，大约需要 1000 美元，一般用于文档存储、小型商务应用或者简单的 Web 服务（见 6.11 节）。高端服务器称为**超级计算机**（supercomputer），一般由成千上万个处理器组成，内存为 **terabyte** 级，其价格高达数千万甚至上亿美元。它们主要用于高端科学计算和工程计算，如天气预报、石油勘探、蛋白质结构分析等大规模问题。虽然这类超级计算机代表了最高的计算能力，但是它们只占服务器中相对很小的一部分，在整个计算机市场份额中所占比例也很小。

> **超级计算机**：具有最高性能和最高成本的一类计算机，一般配置为服务器，需要花费数千万甚至数亿美元。

> **terabyte**：一般简写作 TB，原始定义为 1 099 511 627 776（2^{40}）字节，但有些通信和辅助存储系统将其重新定义为 1 000 000 000 000（10^{12}）字节。为了避免混淆，使用术语 tebibyte（TiB）表示 2^{40} 字节，而 terabyte 指 10^{12} 字节。图 1-1 给出了十进制和二进制术语的范围。

嵌入式计算机（embedded computer）：这是数量最多的一类计算机，应用和性能范围十分广泛，包括汽车、电视中的微处理器以及用来控制飞机和货船的处理器网络。当今一个流行的术语是物联网（Internet of Things，IoT），指多个小型设备在网络上通过无线方式进行通信。嵌入式计算系统的设计目标是运行单一应用程序或者一组相关的应用程序，并且通常和硬件集成，作为单一系统交付给用户。因此，尽管嵌入式计算机的数量庞大，还是有很多用户从来没有意识到他们正在使用计算机。

> **嵌入式计算机**：嵌入其他设备中的计算机，一般运行预定义的一个或者一组应用程序。

十进制术语	缩写	数值	二进制术语	缩写	数值	数值差别
kilobyte	KB	1000^1	kibibyte	KiB	2^{10}	2%
megabyte	MB	1000^2	mebibyte	MiB	2^{20}	5%
gigabyte	GB	1000^3	gibibyte	GiB	2^{30}	7%
terabyte	TB	1000^4	tebibyte	TiB	2^{40}	10%
petabyte	PB	1000^5	pebibyte	PiB	2^{50}	13%
exabyte	EB	1000^6	exbibyte	EiB	2^{60}	15%
zettabyte	ZB	1000^7	zebibyte	ZiB	2^{70}	18%
yottabyte	YB	1000^8	yobibyte	YiB	2^{80}	21%
ronnabyte	RB	1000^9	robibyte	RiB	2^{90}	24%
queccabyte	QB	1000^{10}	quebibyte	QiB	2^{100}	27%

图 1-1 通过为常用容量加一个二进制标记解决 2^x 与 10^y 字节的模糊性。最后一列表示二进制术语与相应的十进制术语所表示数值之间的差距。在以 bit 为单位时，这些表示方法同样适用，因此 gigabit（Gb）是 10^9 bit，而 gigibit（Gib）是 2^{30} bit。使用公制系统的组织创建了十进制前缀，为了适应存储系统总容量的不断增加，最后两个术语是于 2019 年提出的。所有的术语名称均由拉丁语词源演化而来，表示 1000 的次方

面向单一应用需求的嵌入式应用通常对成本或功耗有严格限制。以音乐播放器为例，处理器运行速度只需满足有限功能的需求，而降低成本和功耗是最重要的设计目标。除了低成本的要求之外，由于故障可能会给用户带来不便（例如，新电视机无法正常收看节目），或引发安全事故（例如，飞机或货船的计算机系统崩溃），因此嵌入式计算机对故障非常敏感。在面向消费者的嵌入式应用中（如数字家电），一般通过简单设计来获得可靠性——其重点在于尽可能保证一项功能的正常运转。而在大型嵌入式系统中，采用了在服务器领域应用的多种冗余技术。尽管本书将重点放在通用计算机上，但是大多数概念可直接或稍做修改后用于嵌入式计算机。

|精解| 本书中的"精解"是正文中的一些段落，主要用来对读者可能感兴趣的内容做深入介绍。由于并不影响后续内容的学习，因此对此不感兴趣的读者可以直接跳过。

许多嵌入式处理器使用处理器核。处理器核是利用硬件描述语言（如 Verilog 或 VHDL，见第 4 章）描述的处理器版本，它使得设计者能够把其他专用硬件与之集成在一块芯片上。

1.1.2 欢迎来到后 PC 时代

技术的持续进步给计算机硬件带来了革命性的变化，对整个信息技术工业产生了震动。就像 40 年前开始出现的个人计算机对产业带来的变化一样，我们已经从本书的第 4 版开始感受到这种变化。替代 PC 的是**个人移动设备**（Personal Mobile Device, PMD）。PMD 使用电池供电，通过无线方式连接到网络，价格通常只有几百美元。另外，与 PC 一样，PMD 可下载软件（App）并运行。与 PC 不同的是，PMD 不再有键盘和鼠标，而是采用触摸屏甚至语音作为输入。当今的 PMD 可以是智能手机或平板电脑，而是明天的 PMD 可能会包括电子眼镜。图 1-2 给出了平板电脑和智能手机的增长速度与 PC 和传统手机的增长速度的对比。

个人移动设备：连接到网络上的小型无线设备。PMD 由电池供电，通过下载 App 的方式安装软件。智能手机和平板电脑是典型的 PMD。

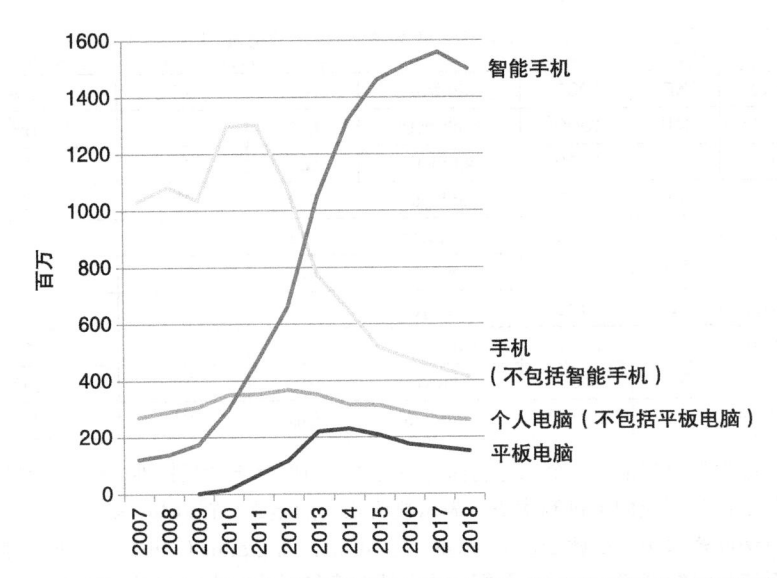

图 1-2 后 PC 时代，平板电脑和智能手机的年产量与 PC 和传统手机的年产量对比。智能手机反映了手机工业的近期增长情况，并且在 2011 年超过了 PC 的产量。PC、平板电脑和传统手机的产量在持续下滑。手机、PC 和平板电脑的峰值出货量分别出现在 2011 年、2013 年和 2014 年。PC 的出货量占所有产品出货量的比率从 2007 年的 20% 降到了 2018 年的 10%

云计算（cloud computing）替代了传统的服务器，它依赖于现在称为仓储级计算机（Warehouse Scale Computer，WSC）的巨型数据中心。像 Amazon 和 Google 这样的公司构建了包含 50 000 台服务器的 WSC，并将其中的一部分租给其他公司使用。这样，租用 WSC 的公司就可以为 PMD 提供软件服务，而不用自己构建 WSC。事实上，与 PMD 和 WSC 是硬件工业的革命类似，通过云计算实现的"**软件即服务**"（Software as a Service，SaaS）是软件工业的革命。当今的软件开发者通常在 PMD 运行一部分应用程序，同时将另一部分应用部署在云上。

> **云计算**：通过网络提供服务的大规模服务器集群，一些运营商根据应用需求出租不同数量的服务器。
>
> **软件即服务**：在网络上以服务的方式提供软件和数据。其运行方式通常不是在本地设备上运行所有的二进制代码，而是通过诸如运行在本地客户端的浏览器等小程序登录到远程服务器上执行。典型的例子是 Web 搜索和社交网络。

1.1.3 你能从本书学到什么

因为让用户快速得到结果对软件的成功至关重要，所以成功的程序员总是关心其程序的性能。在 20 世纪六七十年代，限制计算机性能的主要因素是内存容量。因此那时候程序员经常遵循的信条是：尽量少占用内存空间，以加速程序的运行速度。过去的 20 多年里，计算机设计和内存技术有了长足的进步，除了嵌入式计算系统以外，大多数应用中，内存容量对计算机性能的影响大大降低了。

现在，关心性能的程序员应该十分明确，20 世纪 60 年代的简单存储模型已经不复存在，现代计算机的特征是处理器的并行性和存储的层次性。另外，当今的程序员需要考虑在 PMD 或云上运行程序的能效，这就要求他们了解代码之下的很多细节（见 1.7 节）。因此，程序员为了开发出有竞争力的软件版本，必须加强对计算机组成的理解。

我们很荣幸有机会为读者讲述计算机中这些革命性的知识，阐述程序之下的软件及机箱覆盖之下的硬件是如何工作的。当你读完本书之后，我们相信你将能够回答下面的问题：
- 使用 C 或者 Java 等高级语言编写的程序如何转化为机器语言？硬件如何执行最终的程序？掌握这些概念是全面理解软硬件如何影响程序的基础。
- 什么是软硬件之间的接口？软件如何指导硬件完成所需功能？这些概念对于理解如何编写软件至关重要。
- 哪些因素决定了程序的性能？程序员如何改进程序性能？从本书中我们将知道，程序性能取决于原始程序、将该程序转换为计算机语言的软件以及硬件执行程序的有效性。
- 硬件设计者采用什么技术能够改进性能？本书将介绍现代计算机设计的基本概念。有兴趣的读者可深入阅读我们的另一本进阶教材——《计算机体系结构：量化研究方法》。
- 硬件设计者可使用哪些技术提高能效？程序员可使用哪些技术改变能效？
- 为什么串行处理近来发展为并行处理？这种发展带来的结果是什么？本书给出了解释，并介绍了当今支持并行处理的硬件机制，评述了新一代的**多核微处理器**（multicore microprocessor）（见第 6 章）。
- 自 1951 年第一台商用计算机开始，计算机架构师提出的哪些伟大思想奠定了现代计算机的基础？

多核微处理器：在一块集成电路上包含多个处理器（"核"）的微处理器。

如果无法理解这些问题，那么要在现代计算机上提升程序性能，或者要评估不同计算机解决特定问题的优劣性将会是一个反复实验的复杂过程，而不是一个深入分析的科学过程。

本书第 1 章的目的是为其余各章奠定良好的基础，介绍了各种基本概念和定义，指出如何正确地剖析软硬件，以及如何评价性能与功耗，还介绍了集成电路（推动计算机革命的技术），并在最后解释了向多核转变的原因。

在本章和后面几章里，读者会看到许多新的术语，或者一些曾听过却不知道其含义的术语。但是不用担心，在描述现代计算机时，确实会有很多专业术语，这使我们能够精确描述计算机的功能和性能。另外，计算机设计人员（包括本书作者）喜欢用**首字母缩略词**（acronym），一旦知道了每个字母代表什么，就会很容易理解。为了帮助读者理解和记忆这些术语，在这些术语第一次出现时，我们会给出明确的定义。通过与这些术语的短时间接触，读者将会熟练地正确使用这些术语的缩写，例如 BIOS、CPU、DIMM、DRAM、PCIe、SATA 等。

首字母缩略词：由一串单词中每个单词的首字母相连构成的单词。例如 RAM 是随机访问存储器（Random Access Memory）的缩略词，CPU 是中央处理单元（Central Process Unit）的缩略词。

为了深入理解软件和硬件对程序运行性能的影响，我们在全书中特别安排了"理解程序性能"部分，将对程序性能有重要影响的因素加以概括。下面就是本书中的第一个"理解程序性能"。

| 理解程序性能 | 一个程序的性能取决于以下各因素的组合：程序所用算法的有效性，用来建立程序并将其翻译成机器指令的软件系统，计算机执行机器指令（可能包括 I/O 操作）的有效性。下表总结了硬件和软件是如何影响性能的。

硬件或软件组成部分	对性能的影响	该论题出现的位置
算法	决定了源码级语句的数量和 I/O 操作的数量	其他书
编程语言、编译器和体系结构	决定了每条源码级语句对应的计算机指令数量	第 2、3 章
处理器和存储系统	决定了指令的执行速度	第 4、5、6 章
I/O 系统（硬件和操作系统）	决定了 I/O 操作的执行速度	第 4、5、6 章

> **小测验** "小测验"的目的是帮助读者评估自己是否掌握了所学的概念,以及是否理解了这些概念的内涵。在这些小测验中,有些题目可以简要回答,有些则适合进行小组讨论。有些问题的答案可在章末找到。小测验只出现在节末,如果你确信自己对该部分内容完全理解,则可以跳过。
> 1. 每年嵌入式处理器的售出数量远远超过 PC 处理器甚至后 PC 处理器的数量。根据自己的经验,你是支持还是反对这种看法?列举你家里使用的嵌入式处理器,其数量与家里桌面处理器的数量相比如何?
> 2. 如前所述,软件和硬件都会影响程序的性能。能否举例说明以下各要素是如何成为性能瓶颈的?
>   - 所选算法
>   - 编程语言或编译器
>   - 操作系统
>   - 处理器
>   - I/O 系统和设备

1.2 计算机体系结构的 7 个伟大思想

下面介绍计算机架构师在过去 60 年的计算机设计中提出的 7 个伟大思想。这些思想影响深远,以至于在首次应用它们之后的很长时间里,架构师在设计新的处理器时仍会使用这些思想。这些思想将会贯穿本章和后续章节。为了说明它们的影响,本节将对这些思想的含义以及亮点进行介绍,在本书的后续章节中将会明确使用它们近 100 次。

1.2.1 使用抽象简化设计

计算机架构师和程序员必须发明能够提高效率的技术,否则设计时间也将会随资源规模的增长而加长。提高硬件和软件生产率的主要技术之一是使用 抽象(abstraction)来表示不同的设计层次,通过隐藏底层的实现细节给高层提供一个简化的模型。

1.2.2 加速大概率事件

加速大概率事件(common case fast)远比优化小概率事件更能提高性能。大概率事件通常比小概率事件简单,从而易于优化。大概率事件规则意味着设计者需要知道什么事件是经常发生的,这只有通过细致的实验与评估才能得出(见 1.6 节)。可以把加速大概率事件想象成一辆赛车,由于通常情况下只有一两名乘客,因此提高赛车的速度要比提高小型货车的速度容易。

1.2.3 通过并行提高性能

从计算诞生开始,计算机设计者就通过并行执行操作来提高性能。在本书中将会看到许多并行的例子。

1.2.4 通过流水线提高性能

在计算机体系结构中,一个特别的并行性场景就是流水线(pipelining)。例如在许多西部片中，一些坏人制造了火灾，在消防车出现之前，会有一个"消防队列"来灭火——小镇的居民们排成一排，通过接力快速将水桶从水源传至火场，而不是每个人都在来回奔跑。

1.2.5 通过预测提高性能

正如谚语"求人准许不如求人原谅"，下一个伟大的思想就是预测（prediction）。在某些情况下，如果从错误预测恢复执行的代价不高，并且预测的准确率相对较高，则通过猜测的方式提前开始某些操作，要比等到确切知道这些操作应该启动时才开始要快一些。

1.2.6 存储层次

由于存储器的速度通常影响性能、存储器的容量限制解题的规模、存储器的成本是当今计算机成本的主要部分，因此程序员希望存储器速度更快、容量更大、价格更低。架构师发现可以通过存储器层次（hierarchy of memory）来解决这些相互矛盾的需求。在存储器层次中，速度最快、容量最小并且每位价格最高的存储器处于顶层，而速度最慢、容量最大且每位价格最低的存储器处于最底层。在第 5 章将会看到，高速缓存技术使得程序员看到的主存储器同时具有存储器层次中顶层的高速度和底层的大容量及价格便宜的特征。

1.2.7 通过冗余提高可靠性

计算机不仅需要速度快，还需要工作可靠。由于任何一个物理器件都有可能失效，因此可以通过使用冗余部件的方式提高系统的可靠性（dependable），冗余部件可以替代失效部件并帮助检测错误。我们可以通过牵引式挂车来理解可靠性：牵引式挂车后轴两边具有双轮胎，在一个轮胎出问题时卡车仍然可以继续工作。（当然，在一个轮胎出问题时，卡车司机应立即开往修理厂进行修理，从而恢复其冗余性。）

在本书之前的版本中还给出了第 8 个伟大思想，"面向摩尔定律的设计"。Intel 公司的创始人之一 Gordon Moore 于 1965 年预测：集成在单芯片上的资源（现指晶体管）数目每年翻一番。10 年之后他将其预测修订为每两年翻一番。

事实证明了其预测的准确性，摩尔定律持续推动计算机体系结构发展了 50 年。由于计算机设计通常需要好几年，在设计开始和完成时，单芯片上能够集成的资源（"晶体管"，见 1.5 节）数量经常双倍甚至是三倍增长。像双向飞碟运动员一样，计算机架构师必须预测其设计完成时的工艺水平，而不是设计开始时的工艺水平。

然而，集成电路集成度的指数级增长趋势不可能一直持续，摩尔定律已经不再准确。摩尔定律的放缓为计算机设计者带来了巨大的挑战。一些人不愿相信摩尔定律的终结，不能接受这样的事实。一部分原因是分不清以下两种说法：摩尔预测的每两年翻一番的趋势现在已经不准确了；半导体工艺水平不再提升。事实上，半导体工艺水平仍然在进步，只不过进步速度较之前慢了许多。从本书的这一版开始，我们将讨论摩尔定律放缓带来的问题，该问题将在第 6 章重点讨论。

精解 在集成电路加工工艺随摩尔定律发展的全盛时期，单芯片资源的成本随着加工工艺的进步而降低。在最近几代工艺中，单位资源的成本保持不变甚至有所提升，其原因包括：加工设备成本的提升、在更小的特征尺寸下需要更加精细的加工过程、愿意对新加工工艺进行投资的公司数量减少。越来越少的竞争自然导致更高的价格。

1.3 程序表象之下

一个典型的应用程序，如字处理程序或大型数据库系统，可以由数百万行代码构成，并依靠复杂的软件库来实现异常复杂的功能。众所周知，计算机中的硬件只能执行极为简单的低级指令。从复杂的应用程序到简单的指令，需要经过几个软件层次来将复杂的高层次操作逐步解释或翻译成简单的计算机指令，这可以作为伟大思想 抽象 的一个例子。

图 1-3 给出了这些软件的层次结构，外层是应用软件，中心是硬件，**系统软件**（systems software）位于两者之间。

系统软件有很多种，其中有两种对于现代计算机系统来说是必需的：操作系统和编译器。**操作系统**（operating system）是用户程序和硬件之间的接口，为用户提供各种服务和监控功能。操作系统最为重要的作用是：

- 处理基本的输入和输出操作。
- 分配外存和内存。
- 为多个应用程序提供共享计算机资源的服务。

当前我们使用的操作系统主要有 Linux、iOS、安卓（Android）和 Windows。

> 在巴黎，我对当地人讲法语，他们只是瞪着我看；我从来没能让这些白痴理解他们自己的语言。
> ——马克·吐温，《异国奇遇》，1869

> **系统软件**：提供常用服务的软件，包括操作系统、编译器、加载程序和汇编器等。

> **操作系统**：为了使程序更好地在计算机上运行而管理计算机资源的监控程序。

图 1-3 简化的硬件和软件层次图，将硬件作为同心圆的中心，应用软件作为最外层。在复杂的应用中，通常存在多个应用软件层。例如，一个数据库系统可运行于系统软件之上，而驻留在该系统软件上的某应用又反过来运行在该数据库之上

编译器（compiler）完成另外一项重要功能：把用高级语言（如 C、C++、Java 或 Visual Basic 等）编写的程序翻译成硬件能执行的指令。由于现代编程语言非常复杂，而硬件执行的指令比较简单，因此，这个翻译过程是相当复杂的。这里仅做简要介绍，第 2 章和附录 A 将做深入介绍。

> **编译器**：将高级语言翻译为计算机所能识别的机器语言的程序。

从高级语言到硬件语言

如果要控制电子设备，需要向其发送电信号。对于计算机来说，最简单的信号是"通"和"断"。因此，计算机的字母表中只有 2 个字母。就像英语中 26 个字母的使用次数不受限制一样，计算机中 2 个字母的使用次数也不受限制。计算机中代表两个字母的符号是 0 和 1，我们通常认为

> **二进制位**：也称为位。基数为 2 的数字中的 0 或 1，它是信息的基本组成元素。

计算机语言是基数为 2 的数或二进制数。每个字母就是一个**二进制位**（binary digit）或一位（bit）。我们用于控制计算机的命令是**指令**（instruction），指令是能被计算机识别并执行的位串，可以将其视为数字。例如，位串

> 1000110010100000

告诉计算机将 2 个数相加。第 2 章将解释为什么数字既表述指令又表示数据。我们不希望在此处涉及第 2 章的具体内容，但是使用数字既表述指令又表示数据是计算机的基础。

第一代程序员直接使用二进制数与计算机进行交互，工作起来非常枯燥乏味。因此，人们很快发明了接近于人类思维方式的助记符。最初，助记符是手工翻译成二进制的，其过程显然过于烦琐。随后设计人员开发了一种称为**汇编器**（assembler）的软件，可以将助记符形式的指令自动翻译成对应的二进制。例如，程序员写下

> add A,B

汇编器会将其翻译成如下的二进制形式

> 1000110010100000

该指令告诉计算机将 A 和 B 两个数相加。这种符号语言的名称沿用至今，即**汇编语言**（assembly language）。而机器可以理解的二进制语言是**机器语言**（machine language）。

虽然汇编语言的发明是一个巨大的进步，但它仍然与科学家用来模拟液体流动或会计师用来结算账目所使用的符号相去甚远。汇编语言需要程序员写出计算机执行的每条指令，要求程序员像计算机一样思考。

通过编写一个程序来将更强大的高级语言翻译成计算机指令是计算机发展早期的一个重大突破。**高级编程语言**（high-level programming language）及其编译器大大地提高了软件的生产率。图 1-4 表示了这些程序和编程语言之间的关系，这是抽象思想的另外一个典型应用。

编译器使得程序员可以写出高级语言表达式：

> A + B

编译器将其编译为如下的汇编语言语句：

> add A,B

然后，汇编器将此语句翻译为二进制指令，告诉计算机将 A 和 B 这两个数相加。

使用高级编程语言有以下几个好处：

第一，允许程序员用更自然的语言来思考，用英文和代数符号来表示，这样的程序看起来更像文字，而不是密码表（见图 1-4）。另外，人们可按用途来开发高级语言。例如，Fortran 是为科学计算设计的，Cobol 是为处理商业数据设计的，Lisp 是为处理符号设计的，等等。还有一些特定领域的语言只为少数专业用户设计，例如对机器学习感兴趣的用户。

第二，高级语言提高了程序员的生产率。如果使用较少的语句即可表示出设计意图，则可加速程序的开发，这是软件开发方面少有的共识之一。简明性是高级语言相对汇编语言最为明显的优势。

指令：计算机硬件所能理解并执行的命令。

汇编器：将指令由助记符形式翻译成二进制形式的程序。

汇编语言：以助记符形式表示的机器指令。

机器语言：以二进制形式表示的机器指令。

高级编程语言：如 C、C++、Java、Visual Basic 等可移植的语言，由一些单词和代数符号组成，可以由编译器转换为汇编语言。

高级语言程序
（C语言）

```
swap(int v[], int k)
{int temp;
    temp = v[k];
    v[k] = v[k+1];
    v[k+1] = temp;
}
```

编译器

汇编语言程序
（MIPS指令集）

```
swap:
    multi   $2, $5,4
    add     $2, $4,$2
    lw      $15, 0($2)
    lw      $16, 4($2)
    sw      $16, 0($2)
    sw      $15, 4($2)
    jr      $31
```

汇编器

二进制机器语言程序
（MIPS指令集）

```
00000000101000100000000100011000
00000000100001000010000000100001
10001101111000100000000000000000
10001110000100100000000000000100
10101110000100100000000000000000
10101101111000100000000000000100
00000011111000000000000000001000
```

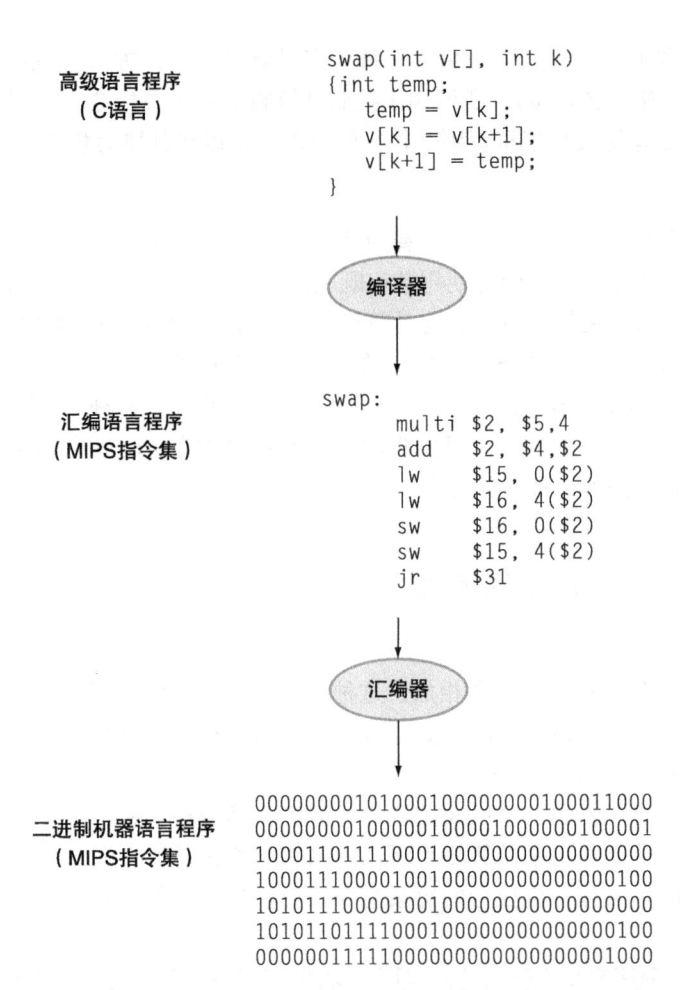

图 1-4　C 程序编译为汇编语言程序，再汇编为二进制机器语言程序。尽管将高级语言翻译成二进制的机器语言仅需要两步，但一些编译器将"中间结果"略去，直接产生二进制的机器语言。这些语言和本图中列举的程序将在第 2 章详细介绍

第三，采用高级语言编写的程序能够独立于开发这些程序的计算机平台，提高了程序的可移植性。因为编译器和汇编器能够把高级语言程序翻译成任何计算机的二进制指令。高级编程语言的这些优势，使其在当今广泛应用，而汇编语言已经很少有人使用了。

1.4　机箱之内的硬件

我们已经在上节通过程序揭示了计算机软件，在本节中我们将打开机箱盖，学习其中的硬件。任何一台计算机的基础硬件都要完成相同的基本功能：输入数据、输出数据、处理数据和存储数据。如何实现这些功能将是本书的主题，后续各章将分别讨论如何实现这 4 项任务。

在遇到重要知识点时，本书都会用"重点"标题加以强调，希望读者对其重点记忆。全书大致有 10 多个重要知识点，这里是第一个，即计算机是由完成输入、输出、处理和存储数据任务的 5 个部件构成的。

计算机的两个关键部件是**输入设备**（input device）和**输出设备**（output device），例如麦克风是输入设备，而扬声器是输出设备。输入为计算机提供数据，输出将计算结果送给用户。像无线网络等设备既是输入设备又是输出设备。

第 5 章和第 6 章将详细介绍 I/O 设备，这里由外部 I/O 设备开始，先对计算机硬件做一些基本的介绍。

| **重点** 组成计算机的 5 个经典部件是输入设备、输出设备、存储器、数据通路（也称运算器）和控制器，其中最后两个部件通常合称为处理器。图 1-5 表示了一台计算机的标准组成。该组成与硬件技术无关，任何计算机（无论是现在的还是过去的）中的任何部件都可归于这 5 种部件之一。为了加深读者对这一重点的印象，我们将在每章开始时都会给出此图。

> **输入设备**：为计算机提供信息的装置，如键盘。
>
> **输出设备**：将计算结果输出给用户（如显示器）或其他计算机的装置。

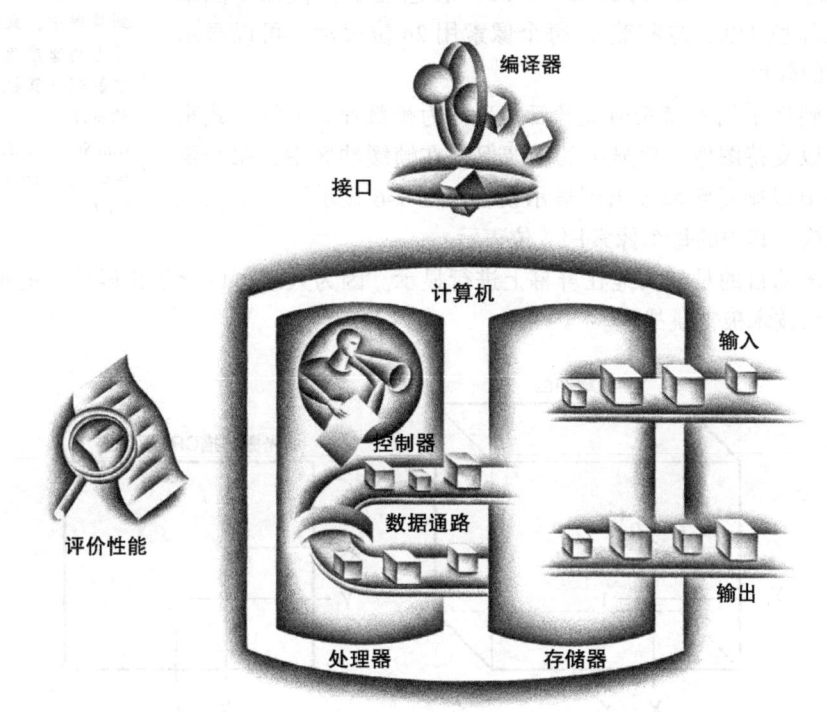

图 1-5 计算机的 5 个经典部件。处理器从存储器中获取指令和数据，输入部件将数据写入存储器，输出部件从存储器中读出数据，控制器向数据通路、存储器、输入设备和输出设备发出命令信号

1.4.1 显示器

最吸引人的 I/O 设备应该是图形显示器了。大多数个人移动设备都通过**液晶显示**（Liquid Crystal Display，LCD）来获得轻巧、低功耗的显示效果。LCD 并非光源，而是控制光的传输。典型的 LCD 内含棒状液态分子团形成的转动螺旋线，用来弯曲来自显示器背后光源产生的光线或者少量的反射光线。当电流通过时，液态分子棒不再弯曲，从而不再使光线弯曲，由于两层相互垂直的偏光板之间充满液晶材料，如果它不弯曲则光线不能通过。

> **液晶显示**：这是通过对一种液态聚合物薄层是否施加电压来控制光线穿透或阻断的显示技术。

（在不施加任何电压的情况下，液晶处于初始状态，并将入射光的方向扭转 90°，让背光源的入射光能够通过整个结构，在显示屏上呈现白色；而当施加电压时，光线不再弯曲，显示屏呈现为黑色。）今天，大多数 LCD 显示器采用**动态矩阵显示**（active matrix display）技术，其每个**像素**（pixel）都由一个晶体管精确地控制电流，使图像更清晰。彩色液晶显示屏中，每个像素由红绿蓝三个液晶共同组成，它们的不同亮度组合决定了最终的画面色彩效果。因此，彩色动态矩阵 LCD 中，每个像素需要使用三个晶体管分别控制三种不同颜色的亮度。

图像由像素矩阵组成，可以表示成二进制位的矩阵，称为位图（bit map）。针对不同的屏幕尺寸及分辨率，典型的屏幕中显示矩阵的大小可以从 1024×768 到 2048×1536。彩色显示器使用 8 位来表示每个三原色（红、绿和蓝），每个像素用 24 位表示，可以显示百万种不同的颜色。

计算机硬件采用光栅刷新缓冲区（又称为帧缓冲区）的方式来保存位图，以支持图像。要显示的图像保存在帧缓冲区中，每个像素的二进制值以刷新频率读出到显示设备。图 1-6 显示了一个简化的缓冲区结构，其中的每个像素用 4 位表示。

使用位图的目的是如实地在屏幕上进行显示。因为人眼可以分辨出屏幕上的细小变化，所以图像显示技术极富挑战性。

> **动态矩阵显示**：一种液晶显示技术，使用晶体管控制单个像素上光线的传输。
>
> **像素**：图像元素的最小单元。屏幕由成千上万的像素按矩阵形式构成。
>
> 通过计算机显示器，我将飞机降落在航空母舰的甲板上，观察到一个原子打到势阱中，乘着火箭以接近光的速度飞翔，同时我了解到计算机最深层的工作原理。
>
> Ivan Sutherland，计算机图形学之父，Scientific American，1984

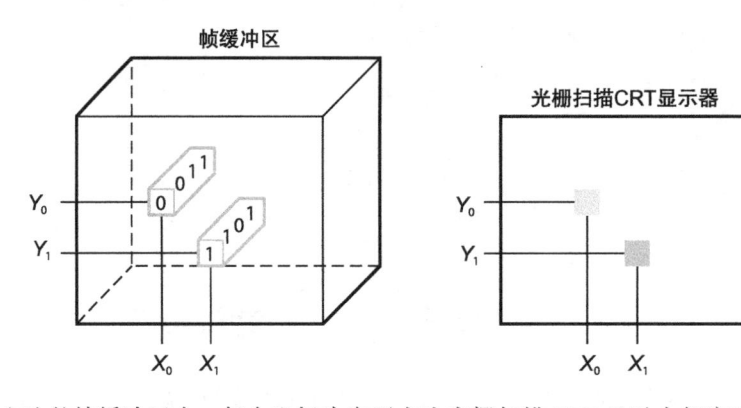

图 1-6 左边的帧缓冲区中，每个坐标决定了右边光栅扫描 CRT 显示中相应坐标的灰度。像素 (X_0, Y_0) 的灰度值是 0011，小于像素 (X_1, Y_1) 的灰度值，(X_1, Y_1) 的灰度值是 1101

1.4.2 触摸屏

PC 使用 LCD 进行显示，而后 PC 时代的平板电脑和智能手机使用触摸屏替代了键盘和鼠标，触摸屏提供了良好的用户界面，用户可以直接指向感兴趣的内容，而不需要使用鼠标。

触摸屏可采用多种方式实现，许多平板电脑采用电容感应式触摸屏。如果绝缘玻璃上覆盖一层透明的导体，人的手指接触到屏幕范围时，由于人是导体，将会使屏幕的电场发生变化，进而导致电容的变化。这种技术允许同时接触多个点，可以识别手势，因此可提供更加吸引人的用户界面。

1.4.3 打开机箱

图 1-7 给出了 Apple iPhone Xs Max 智能手机的内部结构。不难看出，在计算机五大传统部件中的 I/O 是该设备的主要部分。I/O 设备包括一个电容性的多触点 LCD、前置摄像头、后置摄像头、麦克风、耳机插孔、扬声器、加速度计、陀螺仪、Wi-Fi 网络和蓝牙网络。其数据通路、控制器和存储器只占很小一部分。

图 1-8 中的小长方形是**集成电路**（integrated circuit），俗称芯片（chip），是推动计算机发展的关键技术。其中心标有 A12 的芯片中含有两个大 ARM 处理器和四个小 ARM 处理器，它们的运行频率为 2.5GHz。处理器是计算机中最活跃的部分。它严格按照程序中的指令运行，将数据进行运算、测试结果，并按结果发出控制信号使 I/O 设备做出动作。有时候，人们把处理器称为**中央处理单元**（central processor unit），即 CPU。

为进一步理解硬件，图 1-9 展示了一款微处理器的内部细节。处理器从逻辑上包括两个主要部件：数据通路和控制器，分别相当于处理器的肌肉和大脑。**数据通路**（datapath）负责完成算术运算，**控制器**（control）负责指导数据通路、存储器和 I/O 设备按照程序的指令正确执行。第 4 章将进一步详细说明一个高性能设计的数据通路和控制器。

图 1-8 中的 A12 芯片中还有一块容量为 16gigabits（或 2GiB）的存储器芯片。**内存**（memory）是程序运行时的存储空间，它同时也用于保存程序运行时所使用的数据。其内存是一块 DRAM 芯片。DRAM 是 dynamic random access memory（**动态随机访问存储器**）的缩写。DRAM 用来存储程序的指令和数据。与串行访问内存（如磁带）不同的是，DRAM 中的 RAM 是指无论数据存储在什么位置，访问数据所需的时间基本相同。

> **集成电路**：也叫芯片，由几十个甚至数千万个晶体管组成。
>
> **中央处理单元**：也称为处理器，处理器是计算机中最活跃的部分，它包括数据通路和控制器，将数据进行运算、测试结果，并按结果发出控制信号使 I/O 设备做出动作等。
>
> **数据通路**：是处理器中执行算术操作的部分。
>
> **控制器**：处理器中根据程序的指令指挥数据通路、存储器和 I/O 设备协调工作的部分。
>
> **内存**：程序运行时的存储空间，同时还存储程序运行时所需的数据。
>
> **DRAM**：动态随机访问存储器，集成电路形式的存储器，可随机访问任何地址的内存。在 2020 年时，访问时间大约为 50ns，每 gigabyte 售价大约为 3~6 美元。

图 1-7 Apple iPhone Xs Max 智能手机的组成。左边是电容性的多触点触摸屏和 LCD，旁边是电池。它们在金属壳内排布在电池旁边，为了能充分利用空间，它们的形状不是简单的矩形。图 1-8 显示了靠近金属外壳左下部逻辑主板的详细情况，上面集成有处理器和存储器（TechInsights 提供，www.techinsights.com）

图 1-8　图 1-7 中 Apple iPhone Xs Max 的逻辑主板。中部的大集成电路是 Apple A12 芯片，包含了两个大 ARM 处理器和四个小 ARM 处理器，它们的运行频率为 2.5GHz。图 1-19 是 A12 中处理器芯片的照片。背面大小相当的芯片是 64GiB 的非易失性的闪存芯片。图中其他芯片是电源控制和 I/O 控制芯片（TechInsights 提供，www.techinsights.com）

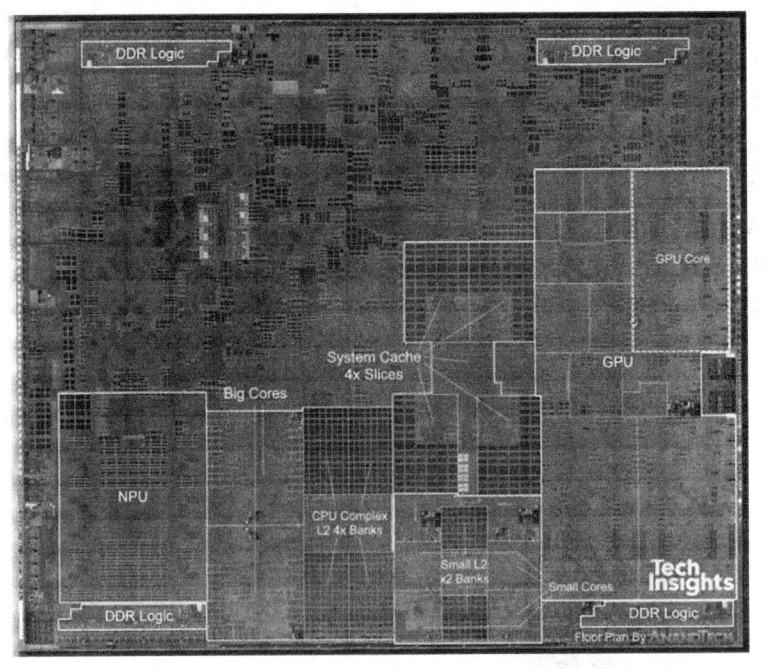

图 1-9　A12 内部的处理器集成电路。芯片尺寸为 8.4mm×9.91mm，采用 7nm 工艺制造（见 1.5 节）。芯片的中间部分是两个相同的 ARM 大核，右下角是四个 ARM 小核，最右端是一个图形处理器单元（Graphic Processor Unit，GPU，见 6.6 节），最左端是用于神经网络的领域专用加速器（见 6.7 节），简称为 NPU。中间部分还包含了大小核的二级高速缓存（L2，见第 5 章）。最顶端和最底端是与主存（DDR DRAM）的接口（TechInsights 提供，www.techIngishts.com，AnandTech 提供，www.anandtech.com）

进一步深入了解任何一个硬件部件都会加深对计算机的理解。在处理器内部使用的是另外一种存储器——缓存。缓存（cache memory）是一种小而快的存储器，一般作为 DRAM 的缓冲（缓存的非技术性定义是一个隐藏事物的安全地方）。cache 采用的是另一种存储技术——**静态随机访问存储器**（Static Random Access Memory，SRAM），其速度更快但单元密度低，因此价格比 DRAM 更高（见第 5 章）。SRAM 和 DRAM 是存储器层次中的两层。

如前所述，抽象是计算机设计中的一个伟大思想。最重要的抽象之一是硬件和底层软件之间的接口。软件通过一个词汇表与硬件进行通信，其中的单词称为指令，因此该词汇表称为**指令集体系结构**（instruction set architecture），简称**体系结构**（architecture）。指令集体系结构包含了程序员正确编写二进制机器语言程序所需的全部信息，如指令、I/O 设备等。一般来说，操作系统将 I/O 操作、存储器分配和其他底层系统功能的细节进行封装，以便应用程序员无须关注这些细节。提供给应用程序员的基本指令集和操作系统接口合称为**应用二进制接口**（Application Binary Interface，ABI）。

指令集体系结构允许计算机设计者独立于硬件讨论功能。例如，我们讨论数字时钟的功能（如计时、显示时间、设置闹钟）时，可以不涉及时钟的硬件（如石英晶体、LED 显示、按钮）。计算机设计者将体系结构与体系结构的**实现**（implementation）分开考虑也是同样的思路：硬件的实现方式必须依照体系结构的抽象。这些概念产生了另一个重点。

重点 无论硬件还是软件都可以抽象成多个层次，每个较低的层次对上层隐藏细节。抽象层次中的一个关键接口是指令集体系结构——硬件和底层软件之间的接口。这一抽象接口使得同一软件可以由成本不同、性能也不同的实现方法来完成。

1.4.4 数据安全

目前为止，我们已经理解了如何输入数据，如何使用这些数据进行计算，以及如何显示结果。然而，一旦关掉电源，所有数据就丢失了，这是因为计算机中的内存是**易失性存储器**（volatile memory）。与之不同的是，如果关掉 DVD 机的电源，所记录的内容将不会丢失，这是因为 DVD 采用的是**非易失性存储器**（nonvolatile memory）。

为了区分易失性存储器与非易失性存储器，我们将前者称为**主存储器**（main memory 或 primary memory），将后者称为**二级存储器**（secondary memory）。二级存储器形成了存储器层次中（主存储器）下面更低的一层。DRAM 自 1975 年起在主存储器中占主导地位，而**磁盘**（magnetic disk）在二级存储器中占主导地位的时间更早。由于尺寸和形状的约束，非易失性半导体存储器——**闪存**（flash memory）在个人移动设备中替代了磁盘。图 1-8 所示的 iPhone Xs 中的芯片上包含了 64GiB 的闪存。虽然比 DRAM 的

缓存：缓存是一种小而快的存储器，一般作为大而慢的存储器的缓冲。

静态随机访问存储器：一种以集成电路形式存在的存储器，访问速度比 DRAM 更快，但集成度比 DRAM 低。

指令集体系结构：也叫体系结构，是底层软件和硬件之间的抽象接口，包含了编写正确运行的机器语言程序所需要的全部信息，包括指令、寄存器、存储访问和 I/O 等。

应用二进制接口：用户部分的指令加上应用程序员调用的操作系统接口，定义了不同计算机之间二进制兼容的标准。

实现：遵循体系结构抽象的硬件。

易失性存储器：仅在加电时保存数据的存储器，例如 DRAM。

非易失性存储器：在掉电时仍可保持数据的存储器，例如 DVD。

主存储器：也叫一级存储器，用来保持运行中的程序，在现代计算机中一般由 DRAM 组成。

访问速度慢，但闪存却便宜很多，并且具有非易失的特点。而与磁盘相比，闪存虽然每位的价格更高，但是尺寸更小，在体积、容量、可靠性等方面都优于磁盘。因此闪存已成为 PMD 中二级存储器的标配。遗憾的是，与硬盘和 DRAM 不同的是，闪存单元在写入 100 000～1 000 000 次后就有可能损坏。因此，文件系统必须记录对闪存写操作的次数，并且具备避免存储器损坏的策略，例如，将经常访问的数据移动到别的区域存储。第 5 章将会详细介绍磁盘和闪存。

二级存储器：非易失性存储器，用来永久保存程序和数据。在个人移动设备中一般由闪存组成，在服务器中由磁盘组成。

磁盘：也叫硬盘（hard disk），是非易失性二级存储设备，由覆盖了磁性材料的旋转盘片构成。因为是旋转的机械设备，所以磁盘的访问时间大约是 5～20ms，2020 年每 gigabyte 的价格大约为 0.01～0.02 美元。

1.4.5 与其他计算机通信

我们已经介绍了如何输入、计算、显示和保存数据，但对于今天的计算机来说，还有一项不可缺少的功能：计算机网络。如图 1-5 所示，处理器与存储器和 I/O 设备连接。通过网络，一台计算机可以与其他计算机通信，从而扩展计算能力。当今网络已经十分普遍，逐步成为计算机系统的主干。一台新型个人移动设备或服务器如果没有网络接口将是十分可笑的。联网的计算机具有如下几个主要优点：

- 通信：在计算机之间高速交换信息。
- 资源共享：有些 I/O 设备可以由网络上的计算机共享，不必每台计算机都配备某些 I/O。
- 远程访问：通过网络，用户可以远程访问计算机。

闪存：一种非易失性半导体内存，单位价格和速度均低于 DRAM，但单位价格比磁盘高，速度比磁盘快。其访问时间大约为 5～50ms，2012 年每 gigabyte 的价格大约为 0.06～0.12 美元。

根据传输距离和性能的不同，网络有多种不同的类型，通信代价随着信息传输速度和传输距离的增加而增长。最为普遍的网络类型是以太网，其传输距离可达到 1000 千米，传输速率可达到 100Gbps。根据以太网的传输距离和速率，可以将一个建筑物中同一层的计算机连接起来，这就形成了通常称为**局域网**（Local Area Network，LAN）的一个例子。局域网通过交换机进行连接，可以提供路由服务和一定的安全保护。**广域网**（Wide Area Network，WAN）能够跨大陆进行连接，作为因特网的骨干网，可支持万维网（World Wide Web）。广域网通常基于光纤实现，由通信公司对外租借运营。

局域网：一种在一定地理区域（例如在同一栋大楼内）使用的传输数据的网络。

广域网：一种可将区域扩展到几百千米范围，并且能够跨大陆进行连接的网络。

在过去的 40 年间，因为应用的普及和性能的大幅度提升，网络已经改变了计算的方式。在 20 世纪 70 年代，个人很难接触到电子邮件，网络和 Web 还不存在，邮寄磁带是两地之间传送大量数据的主要手段。在那个年代，基本上没有局域网，而少数几个广域网容量有限且访问受限。

随着网络技术的进步，网络变得越来越便宜，性能也越来越高。在大约 40 年前，第一个标准局域网（是以太网的一个版本）的最大容量（也称为带宽）为 10Mbps，只能供数十台计算机共享。而今天，局域网已能提供 1～100Gbps 的带宽。光通信技术已经促使广域网有了类似的发展，从几百 Kbps 到 Gbps 的带宽，支持几百台到几百万台计算机与全球网络互连。网络规模的飞速扩大，伴随着带宽的急剧增长，使得网络技术成为最近 30 年来信息革命的核心推动力。

最近 15 年来，另一种创新型网络技术重塑了计算机通信的方式，这种技术就是无线网络。后 PC 时代（PostPC Eva）随着无线技术广泛应用而开启。与此同时，原本用来生产无线电的廉价半导体（CMOS）技术被用来生产存储器和微处理器，使其价格大幅度降低、产量剧增。当前无线通信技术（IEEE 标准 802.11ac）支持从 1Mbps 到 1300Mbps 的传输速率。无线网络和有线网络的不同之处在于，某个区域内所有的无线网络用户可以共享无线电波。

> **小测验** 半导体 DRAM、闪存和磁盘存储有很大差别。试从易失性、访问时间和价格三方面对它们进行比较。

1.5 处理器和存储器制造技术

计算机设计者一直采用最新的电子技术进行设计，以期在竞争中取得优势，所以处理器和存储器以惊人的速度发展。图 1-10 给出了计算机发展过程中采用的各种技术，包括其出现的时间和性价比。这些技术决定了计算机的功能和性能，因此，计算机专业人员都应该熟悉集成电路的基础知识。

年份	计算机中采用的技术	相对性价比
1951	真空管	1
1965	晶体管	35
1975	集成电路	900
1995	超大规模集成电路	2 400 000
2020	甚大规模集成电路	500 000 000 000

图 1-10 随着时间发展，不同计算机实现技术的性价比。来源：波士顿计算机博物馆，其中 2020 年的数据由作者推断得到（见 1.13 节）

晶体管（transistor）是一种受电信号控制的开关。集成电路（IC）是由成千上万个晶体管组成的芯片。戈登·摩尔预测单芯片上晶体管数量将以成倍的速度增长。为了描述这些晶体管从几百个增长到成千上万的情形，形容词"超大规模"被添加到术语中，简写为 VLSI，即**超大规模集成电路**（very large-scale integrated circuit）。

晶体管：一种由电信号控制的简单开关。

集成电路集成度的增长率是相当稳定的。图 1-11 表示自 1977 年以来，DRAM 芯片容量的增长趋势。近几十年以来，DRAM 的容量每隔 3 年就增长 4 倍，累积增长已超过 16 000 倍。从图 1-11 中还可以看出，摩尔定律已逐渐变缓，DRAM 芯片容量在过去 6 年增长了 4 倍。

超大规模集成电路：由数十万到数百万晶体管组成的电路。

为了理解集成电路的制造过程，我们从头开始介绍。芯片的制造从**硅**（silicon）材料开始，硅是沙子中的一种物质。因为硅的导电能力不强，因此称为**半导体**（semiconductor）。用特殊的化学方法对硅添加某些成分，可以获得以下三种合成材料：

硅：一种自然元素，它是一种半导体。

半导体：一种导电性能不好的物质。

- 良好的导电体（类似于细微的铜线或铝线）。

- 良好的绝缘体（类似于塑料或玻璃膜）。
- 可控的导电体或绝缘体（类似开关）。

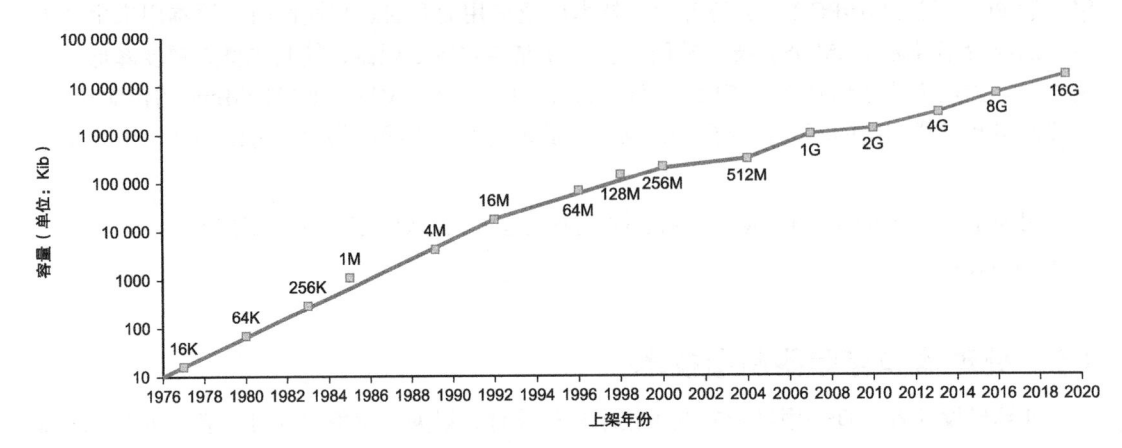

图 1-11 单片 DRAM 容量增长趋势。纵轴单位为 Kib（2^{10} 位）。在近 20 年中，DRAM 容量平均每隔 3 年扩大 4 倍，即每年增长约 60%。在最近几年中，增长速度有所下降，接近每 2～3 年翻一番的水平。随着摩尔定律的变缓，以及制造更小尺寸 DRAM 单元难度增加，DRAM 三维结构的比例成为一个挑战

晶体管属于第三种 VLSI 电路，是由数亿个上述的三种材料（即导体、绝缘体和开关）组合起来并封装在一起所制成的。

集成电路的制造过程对芯片的价格非常关键，因此对计算机设计者十分重要。图 1-12 展示了集成电路制造的整个过程。集成电路的制造是从**硅锭**（silicon crystal ingot）开始的，它像一根巨大的香肠。目前使用的硅锭直径在 8～12 英寸之间，长度为 12～24 英寸。硅锭经切片机切成厚度不超过 0.1 英寸的**晶圆**（wafer）。这些晶圆经过一系列化学加工过程，最终产生之前所讨论的晶体管、导体和绝缘体。目前，集成电路只包含一层晶体管，但是可能具有由绝缘层隔开的 2～8 层金属导体。

在晶圆本身或在芯片加工的几十个步骤中，如果出现一个细微的瑕疵就可能使其附近的电路损坏，这些**瑕疵**（defect）使得制成一个完美的晶圆几乎是不可能的。应对这一问题最简单的策略是在一个晶圆上加工多个彼此独立的芯片，然后将晶圆切分成许多独立的**管芯或芯核**（die），有时也非正式地称为**芯片**（chip）。图 1-13 所示就是切分前的微处理器晶圆，而图 1-9 则是单个微处理器芯片（管芯）。

通过切分，可以只淘汰那些有瑕疵的芯片，而不必淘汰整个晶圆。对这一过程的量化描述可以用**成品率**（yield）来表示，其定义为合格芯片数占总芯片数的百分比。

当管芯尺寸增大时，集成电路的价格会快速上升，因为成品率和晶圆中芯片的总数都下降了。为了降低价格，大芯片常采用下一代工艺压缩芯片（包括晶体管和导线）尺寸，从而改进每晶圆的芯片数和成品率。2020 年的典型工艺尺寸为 7nm，这意味着芯片上的最小特征尺寸是 7nm。

硅锭：一块由硅晶体组成的晶体棒。直径在 8～12 英寸之间，长度约 12～24 英寸。

晶圆：厚度不超过 0.1 英寸的硅锭片，用来制造芯片。

瑕疵：晶圆上一个微小的缺陷，或者在制造过程中因为包含这个缺陷而导致芯片失效。

管芯：从晶圆中切割出来的一个单独的矩形区域，非正式的名称是芯片。

成品率：晶圆上合格芯片数占总芯片数的百分比。

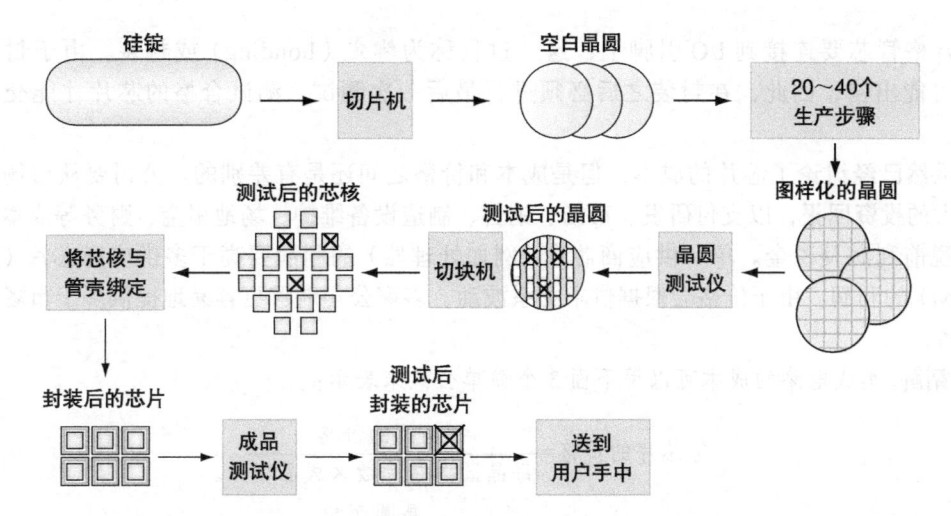

图 1-12　芯片制造的全过程。从硅锭切下来之后，空白的晶圆经过 20～40 步的加工，产生图样化的晶圆（见图 1-13）。晶圆由晶圆测试仪进行测试后，生成一张映射图，表明哪些部分是合格的。之后，这些晶圆被进一步切成芯片（见图 1-9）。在本图中，一个晶圆能生产 20 个芯片，其中有 17 个通过测试（X 意味着这个芯片是坏的）。本例中芯片的良率（又称成品率）是 17/20，也就是 85%。这些合格芯片被封装起来，并且在发布给用户之前经过多次测试。不合格的成品会在最终测试中被发现

图 1-13　第 10 代 Intel Core™（又名 "Ice Lake"）处理器的 12 英寸（300mm）10nm 晶圆（Intel 提供）。成品率为 100% 的晶圆中的管芯数目是 506。根据 Anand Tech[⊖]，每个 Ice Lake 为 11.4mm × 10.7mm。晶圆边缘几十个不完整的管芯是没用的。之所以包含它们，是因为这样给硅片生产掩膜相当容易。芯片使用 10nm 的工艺，这意味着最小的晶体管的尺寸几乎接近 10nm，尽管它们通常比实际的特征尺寸还要小，但这就像 "图纸尺寸" 和最终产品尺寸总有一定的差距一样

[⊖] Ian Cutress, "I Ran Off with Intel's Tiger Lake Wafer. Who Wants a Die Shot?" January 13, 2020, https://www.anandtech.com/show/15380/i-ran-off-with-intels-tiger-lake-wafer-who-wants-a-die-shot.

合格管芯要连接到I/O引脚上,这一过程称为绑定(bonding)或封装。由于封装过程也可能出错,因此,在封装之后必须进行最后一次测试。测试合格的芯片才能交付给用户。

虽然已经讨论了芯片的成本,但是成本和价格之间还是有差别的。公司要从市场上获得最大的投资回报,以支付研发、市场、销售、制造设备维护、场地租金、财务等成本,还要有税前利润及税金。单一供应商芯片(例如处理器)的利润要高于多供应商芯片(例如DRAM)的利润。由于价格会根据供求关系波动,多家公司能够更容易地提供多于市场需求的芯片。

精解 集成电路的成本可以用下面3个简单公式来表示:

$$每芯片的价格 = \frac{每晶圆的价格}{每晶圆的芯片数 \times 成品率}$$

$$每晶圆的芯片数 \approx \frac{晶圆面积}{芯片面积}$$

$$成品率 = \frac{1}{(1+ 单位面积的瑕疵数 \times 芯片面积)^n}$$

第1个公式是直接导出的。第2个公式是近似的,因为没有减去晶圆边上不满足芯片矩形要求的面积(参见图1-13)。第3个公式是基于集成电路工厂的成品率经验,指数 n 与重要加工步骤的数量有关。

因此,芯片的成本取决于成品率以及管芯和晶圆的面积,与芯片面积之间的关系一般不是线性的。

小测验 产量是决定集成电路价格的关键因素。下列哪些理由说明了芯片产量越高成本就越低?

1. 高产量可以采用定制设计的制造过程,从而提高成品率。
2. 设计高产量芯片的工作量比设计低产量芯片小。
3. 制造芯片用的掩膜很贵,产量高时每芯片的掩膜成本就低。
4. 工程开发的成本高,并且基本与产量无关,故产量高时每芯片的开发成本较低。
5. 产量高时,管芯的面积通常比产量低时小,因此成品率较高。

1.6 性能

对计算机的性能进行评价是富有挑战性的。由于现代软件系统的规模及其复杂性,加上硬件设计者采用了大量先进的性能改进方法,使性能评价变得极为困难。

在不同的计算机中挑选合适的产品,性能是极其重要的因素之一。精确地测量和比较不同计算机之间的性能,对于购买者和设计者都很重要。销售计算机的人也需要知道这些,因为销售人员总是希望用户看到所推销产品最好的一面,无论这一面是否能准确地反映购买者的应用需求。因此,理解怎样才能更合理地测量性能,以及这些测量的局限性,对于选择计算机相当重要。

本节将首先介绍性能评价的不同方法,然后分别从计算机用户和设计者的角度描述性能测量的度量标准,最后还要分析这些度量标准之间的内在联系,并提出经典的处理器性能方程式（全书都要使用它进行性能分析）。

1.6.1 性能的定义

当我们说一台计算机比另一台计算机具有更好的性能时，这意味着什么？这个问题看似简单，但实际上却内藏玄机。我们可以先用客机问题类比一下。图1-14给出了若干典型客机的型号、载客量、航程、航速等参数。如果要评价表中哪架客机的性能最好，那么首先要对性能进行定义。不同的评价指标将导致不同的评价结果。例如，巡航速度最高的是Concorde（2003年退役），航程最远的是Boeing 777-200LR，载客量最大的是Airbus A380-800。

飞机	载客量	航程（英里）	航速 （英里/小时）	乘客吞吐率 （载客量×航速）
Boeing 737	240	3 000	564	135 360
BAC/Sud Concorde	132	4 000	1 350	178 200
Boeing 777-200LR	301	9 395	554	166 761
Airbus A380-800	853	8 477	587	500 711

图1-14 若干商用飞机的载客量、航程和航速。最后一列展示的是飞机运载乘客的速度，它等于飞机的载客量乘以其航行速度（忽略距离、起飞和降落次数）

即使假定用速度来定义性能，这里仍然有两种可能的定义。对于单个旅客而言，巡航速度最快的客机性能最好。如果要运送500名旅客，那么如图中最后一列所示，Airbus A380-800的性能是最好的。与此类似，我们可以用若干种不同的方法来定义计算机性能。

如果在两台不同的桌面计算机上运行同一个程序，那么首先完成作业的那台计算机显然更快。如果运行的是一个数据中心，有好多台服务器同时运行很多用户提交的作业，那一天之内完成作业最多的那台计算机更快。个人计算机用户会对降低**响应时间**（response time）感兴趣，响应时间是指一个任务从开始执行到完成的总时间，又称为**执行时间**（execution time）。而数据中心管理员感兴趣的通常是**吞吐率**（throughput）或**带宽**（bandwidth）。因此，在进行性能评测时，对于关注响应时间的个人移动设备和关注吞吐率的服务器，需要使用不同的性能指标和基准测试程序。

> **响应时间**：也叫执行时间（execution time），是计算机完成某任务所需的总时间，包括硬盘访问、内存访问、I/O活动、操作系统开销和CPU执行时间等。
>
> **吞吐率**：也叫带宽，性能的另一种度量参数，表示单位时间内完成的任务数量。

| 例题 | 吞吐率和响应时间 |

下面两种改进计算机系统的方式能否增加其吞吐率，或减少响应时间，或既增加其吞吐率又减少其响应时间？

1. 将计算机中的处理器更换为更高速的型号。
2. 增加多个处理器来分别处理独立的任务，如搜索万维网。

| 答案 | 一般来说，降低响应时间都可以增加吞吐率。因此，方式1同时改进了响应时间和吞吐率。方式2不会降低响应时间，只会增加其吞吐率。

在方式2中，如果需要处理更多的任务使之达到吞吐率上限，系统可能要求后续的任务请求排队等待。在这种情况下，提高吞吐率可同时改进响应时间，因为吞吐率的增加缩短了排队等待时间。因此，在实际的计算机系统中，响应时间和吞吐率往往相互影响。

在讨论计算机性能时，本书前几章将主要考虑响应时间。为了获得最高性能，我们希望任务的响应时间或执行时间最短。对于某个计算机 X，性能和执行时间可以表达为：

$$性能_X = \frac{1}{执行时间_X}$$

如果有两台计算机 X 和 Y，X 比 Y 性能更好，则

$$性能_X > 性能_Y$$
$$\frac{1}{执行时间_X} > \frac{1}{执行时间_Y}$$
$$执行时间_Y > 执行时间_X$$

也就是说，如果 X 比 Y 快，那么 Y 的执行时间比 X 长。

在讨论计算机设计时，经常要定量地比较两台不同计算机的性能。我们将使用 "X 的速度是 Y 的 n 倍" 或 "X 是 Y 的 n 倍快" 的表达方式，即

$$\frac{性能_X}{性能_Y} = n$$

如果 X 比 Y 快 n 倍，那么在 Y 上的执行时间是在 X 上执行时间的 n 倍，即

$$\frac{性能_X}{性能_Y} = \frac{执行时间_Y}{执行时间_X} = n$$

| 例题 | 相对性能

如果计算机 A 运行一个程序只需要 10 秒，而计算机 B 运行同样的程序需要 15 秒，那么计算机 A 比计算机 B 快多少？

| 答案 | 我们知道，A 是 B 的 n 倍快，则

$$\frac{性能_A}{性能_B} = \frac{执行时间_B}{执行时间_A} = n$$

故性能比为

$$\frac{15}{10} = 1.5$$

因此 A 的速度是 B 的 1.5 倍。

在上面的例子中，我们可以说，计算机 B 比计算机 A 慢 1.5 倍，因为

$$\frac{性能_A}{性能_B} = 1.5$$

意味着

$$\frac{性能_A}{1.5} = 性能_B$$

简单而言，当我们试图将计算机的比较结果量化时，我们通常使用术语 "比什么快"。因为性能和执行时间是倒数关系，所以提高性能就需要减少执行时间。为了避免使用术语 "增加" 和 "减少" 时造成混淆，当我们想说 "增加性能" 和 "减少执行时间" 的时候，我

们通常说"改善性能"或者"改善执行时间"。

1.6.2 性能的度量

通常用时间来度量计算机的性能：完成同样的计算任务时，需要时间最少的计算机是最快的。程序的执行时间一般以秒为单位。然而，时间可以根据计量方法的不同而选用不同的表示方法。对时间最直接的定义是墙上时钟时间（wall clock time），也叫响应时间（response time）、消逝时间（elapsed time）等。这些术语均表示完成任务所需的总时间，包括了硬盘访问、内存访问、I/O 活动和操作系统开销等一切时间。

计算机经常被多用户共享，因此一个处理器可能需要同时运行几个程序。在这种情况下，系统可能更侧重于优化吞吐率，而不是最小化一个程序的响应时间。因此，我们往往要把任务执行时间与 CPU 工作时间区别开来。我们可以使用 **CPU 执行时间**（CPU execution time），简称 **CPU 时间**，来表示在 CPU 上花费的时间，而不包括等待 I/O 或运行其他程序的时间。（需要注意的是，用户所感受到的是程序的响应时间，而不是 CPU 时间。）CPU 时间还可进一步分为运行用户程序的时间和操作系统为用户服务花费的时间。前者称为**用户 CPU 时间**（user CPU time），后者称为**系统 CPU 时间**（system CPU time）。精确区分这两种 CPU 时间非常困难，因为通常难以分清哪些操作系统的活动是属于哪个用户程序的，而且不同操作系统的功能也千差万别。

CPU 执行时间：简称 CPU 时间，执行某一任务时在 CPU 上所花费的时间。

用户 CPU 时间：程序本身所花费的 CPU 时间。

系统 CPU 时间：为执行程序而花费在操作系统上的 CPU 时间。

为了一致性，我们保持基于响应时间和基于 CPU 执行时间的性能差异。我们使用术语**系统性能**（system performance）表示空载系统的响应时间，并用术语 **CPU 性能**（CPU performance）表示用户 CPU 时间。本章对如何总结计算机性能的讨论既适用于响应时间的度量，也适用于 CPU 时间的度量，但本章的重点将放在 CPU 性能上。

|理解程序性能| 不同的应用关注计算机系统性能的不同方面。许多应用，特别是那些运行在服务器上的应用，主要关注 I/O 性能，所以此类应用既依赖硬件又依赖软件，对墙上时钟时间最为关注。而在其他一些应用中，用户可能对吞吐率、响应时间或两者的复杂组合更为关注（例如，最差响应时间下的最大吞吐率）。要改进一个程序的性能，必须明确性能的定义，然后通过测量程序执行时间来寻找可能的性能瓶颈。在后面的章节中，将介绍如何在系统的各个部分寻找瓶颈，并改进性能。

作为计算机用户，虽然我们关心的是时间，但当我们深入研究计算机的细节时，使用其他性能指标可能更为方便。对计算机设计者来说，需要考虑如何度量计算机硬件完成基本功能的速度。几乎所有计算机都用时钟作为定时基准来驱动硬件中发生的各种事件。这种离散的时间间隔称为**时钟周期**（clock cycle，tick，clock tick，clock period，clock，cycle）。也可以使用时钟周期的倒数来描述时钟的特性，称为时钟频率（clock rate）。例如，如果时钟周期为 250ps，则对应的时钟频率为 4GHz。在下一节，我们将形式化地定义硬件设计者的"时钟周期"和计算机使用者所指的"秒"之间的关系。

时钟周期：也叫 tick、clock tick、clock period、clock 或 cycle，为计算机一个时钟周期的时间，通常指处理器时钟，一般为常数。

时钟长度：每个时钟周期持续的时间长度。

> **小测验**
> 1. 假设某个使用个人移动设备和云的应用受网络性能限制。那么对于下列 3 种方法，哪种只改进了吞吐率？哪种同时改进了响应时间和吞吐率？哪种对两者都没有改进？
>   a. 在个人移动设备和云之间增加一条额外的网络信道，从而增加总的网络吞吐率，并减少网络访问的延迟（现在已经存在 2 条网络信道）。
>   b. 改进网络软件，从而减少网络通信延迟，但并不增加吞吐率。
>   c. 增加计算机的内存。
> 2. 计算机 B 运行给定的应用需要 28 秒，而计算机 C 的性能是计算机 B 的 4 倍。请问计算机 C 运行同样的应用需要多长时间？

1.6.3 CPU 性能及其因素

用户和设计者往往以不同的指标评价性能。如果我们能掌握这些不同指标之间的关系，就能确定设计中的变化对性能及用户体验的影响。由于我们都关注 CPU 性能，因此性能度量实际上针对的是 CPU 的执行时间。下面用一个简单的公式把最基本的指标（时钟周期数和时钟周期时间）和 CPU 时间联系起来：

$$\text{程序的 CPU 执行时间} = \text{程序的 CPU 时钟周期数} \times \text{时钟周期时间}$$

由于时钟频率和时钟周期时间互为倒数，故

$$\text{程序的 CPU 执行时间} = \frac{\text{程序的 CPU 时钟周期数}}{\text{时钟频率}}$$

这个公式清楚地表明，硬件设计者可以通过减少程序执行的 CPU 时钟周期数，或减少时钟周期时间来改进性能。在后面几章中我们将看到，设计者经常要在这两者之间进行权衡。许多技术在减少时钟周期数的同时也会引起时钟周期时间的增加。

例题 | 性能的改进

某程序在一台时钟频率为 2GHz 的计算机 A 上运行需要 10 秒。现在将设计一台计算机 B，希望将运行时间缩短为 6 秒。计算机设计者采用的方法是提高时钟频率，但这会影响 CPU 其余部分的设计，使计算机 B 运行该程序时需要的时钟周期数约为计算机 A 的 1.2 倍。那么计算机设计者应该将时钟频率提高到多少？

答案 | 首先计算在 A 上运行该程序需要多少时钟周期数：

$$\text{CPU 时间}_A = \frac{\text{CPU 时钟周期数}_A}{\text{时钟频率}_A}$$

$$10\text{秒} = \frac{\text{CPU 时钟周期数}_A}{2 \times 10^9 \frac{\text{周期数}}{\text{秒}}}$$

$$\text{CPU 时钟周期数}_A = 10\text{秒} \times 2 \times 10^9 \frac{\text{周期数}}{\text{秒}} = 20 \times 10^9 \text{周期数}$$

计算机 B 的 CPU 时间为：

$$\text{CPU时间}_B = \frac{1.2 \times \text{CPU时钟周期数}_A}{\text{时钟频率}_B}$$

$$6\text{秒} = \frac{1.2 \times 20 \times 10^9 \text{时钟周期数}}{\text{时钟频率}_B}$$

$$\text{时钟频率}_B = \frac{1.2 \times 20 \times 10^9 \text{时钟周期数}}{6\text{秒}} = \frac{0.2 \times 20 \times 10^9 \text{时钟周期数}}{\text{秒}}$$

$$= \frac{4 \times 10^9 \text{时钟周期数}}{\text{秒}} = 4\text{GHz}$$

因此，要在 6 秒内运行完该程序，B 的时钟频率必须提高为 A 的 2 倍。

1.6.4 指令的性能

上述的性能公式没有涉及程序执行时所需的指令数。编译器生成需要执行的指令，然后，计算机通过执行指令来运行程序，因此执行时间依赖于程序中的指令数。一种计算执行时间的方法是，执行时间等于执行的指令数乘以每条指令的平均时间。所以，一个程序需要的时钟周期数可写为：

$$\text{CPU 时钟周期数} = \text{程序的指令数} \times \text{每条指令的平均时钟周期数}$$

术语 CPI（clock cycle per instruction）表示执行每条指令所需的平均时钟周期数。不同的指令需要的时间可能不同，CPI 是一个程序全部指令所用时钟周期数的平均值。因为一个程序执行的指令数是不变的，所以可以通过 CPI 比较相同指令集的不同实现方式。

> **CPI**：每条指令的时钟周期数，表示执行某个程序或者程序片段时每条指令所需的时钟周期平均数。

例题 | **性能公式的使用**

假设有相同指令集的两种不同实现方式。计算机 A 的时钟周期为 250ps，对某程序的 CPI 为 2.0；计算机 B 的时钟周期为 500ps，对同样程序的 CPI 为 1.2。对于该程序，请问哪台计算机执行的速度更快？快多少？

答案 | 对于固定的程序，每台计算机执行的指令数相同，用 I 表示。首先，求每台计算机执行该程序的 CPU 时钟周期数：

$$\text{CPU 时钟周期数}_A = I \times 2.0$$
$$\text{CPU 时钟周期数}_B = I \times 1.2$$

然后，计算每台计算机的 CPU 时间：

$$\text{CPU 时间}_A = \text{CPU 时钟周期数}_A \times \text{时钟周期时间} = I \times 2.0 \times 250\text{ps} = 500 \times I \text{ ps}$$

同理

$$\text{CPU 时间}_B = I \times 1.2 \times 500\text{ps} = 600 \times I \text{ ps}$$

显然，计算机 A 更快。快多少由执行时间之比来计算：

$$\frac{\text{CPU性能}_A}{\text{CPU性能}_B} = \frac{\text{执行时间}_B}{\text{执行时间}_A} = \frac{600 \times I \text{ ps}}{500 \times I \text{ ps}} = 1.2$$

因此，对于该程序，计算机 A 是计算机 B 的 1.2 倍快（即计算机 A 的性能是计算机 B 的 1.2 倍）。

1.6.5 经典的 CPU 性能公式

下面可以用**指令数**（instruction count）、CPI 和时钟周期时间来写出基本的性能公式：

$$CPU\ 时间 = 指令数 \times CPI \times 时钟周期时间$$

由于时钟频率是时钟周期时间的倒数，因此也可以表示为：

$$CPU时间 = \frac{指令数 \times CPI}{时钟频率}$$

> **指令数**：执行某程序所需的总指令数量。

这些公式特别有用，因为它们把性能分解为三个关键因素。如果知道实现方案或设计如何影响这三个参数，我们可用这些公式对不同的方案进行比较和评估。

例题 | **代码片段的比较**

一个编译器设计者试图在两个代码序列之间进行选择。硬件设计者给出了如下数据：

	每类指令的CPI		
	A	B	C
CPI	1	2	3

对于某行高级语言语句，编译器设计者要在两个代码实现序列间进行选择，两个代码序列所需的指令数量如下：

代码序列	每类指令的数量		
	A	B	C
1	2	1	2
2	4	1	1

哪个代码序列执行的指令数更多？哪个执行速度更快？每个代码序列的 CPI 是多少？

答案 | 代码序列 1 共执行 2+1+2=5 条指令。代码序列 2 共执行 4+1+1=6 条指令。所以，代码序列 1 执行的指令数更少。

基于指令数和 CPI，我们可以用 CPU 时钟周期公式计算出每个代码序列的总时钟周期数为：

$$CPU时钟周期数 = \sum_{i=1}^{n}(CPI_i \times C_i)$$

因此

$$CPU\ 时钟周期数_1 = (2 \times 1) + (1 \times 2) + (2 \times 3) = 2 + 2 + 6 = 10\ 个周期$$
$$CPU\ 时钟周期数_2 = (4 \times 1) + (1 \times 2) + (1 \times 3) = 4 + 2 + 3 = 9\ 个周期$$

故代码序列 2 更快，尽管它多执行了一条指令。由于代码序列 2 总时钟周期数较少，而指令数较多，因此它一定具有较小的 CPI。CPI 的计算公式为：

$$CPI = \frac{CPU时钟周期数}{指令数}$$

$$CPI_1 = \frac{CPU时钟周期数_1}{指令数_1} = \frac{10}{5} = 2$$

$$\text{CPI}_2 = \frac{\text{CPU时钟周期数}_2}{\text{指令数}_2} = \frac{9}{6} = 1.5$$

| 重点 | 图 1-15 给出了计算机在不同层次上的性能测试指标。通过这些指标的组合可以计算出程序的执行时间（单位为秒）：

$$\text{执行时间} = \frac{\text{秒}}{\text{程序}} = \frac{\text{指令数}}{\text{程序}} \times \frac{\text{时钟周期数}}{\text{指令}} \times \frac{\text{秒}}{\text{时钟周期}}$$

需要注意的是，唯一能够完全可靠测量的计算机性能指标是时间。例如，改动指令集以减少指令数目，可能会减少时钟周期时间或提高 CPI，从而抵消了改进的效果。类似地，CPI 与执行的指令类型相关，执行指令数最少的代码未必是执行最快的。

性能要素	测量单位
程序的CPU执行时间	程序的执行时间，以秒为单位
指令数	程序执行的指令数
指令的平均执行时钟周期数（CPI）	每条指令的平均时钟周期数
时钟周期时间	每个时钟周期的时间长度，以秒为单位

图 1-15　基本的性能指标及其测量单位

如何确定性能公式中这些因素的值呢？我们可以通过运行程序来测量 CPU 的执行时间，而时钟周期时间通常是计算机的固有属性，在其说明书中都会有明确的说明。难以测量的是指令数和 CPI。当然，如果确定了时钟频率和 CPU 执行时间，我们只需要知道指令数和 CPI 两者之一，就可以依据性能公式计算出另一个。

可以通过用体系结构仿真器等软件工具分析程序的执行来测量指令数，也可以用大多数处理器中自带的硬件计数器来测量执行的指令数、平均 CPI 和性能损失的来源等。由于指令数量取决于计算机体系结构，并不依赖计算机的具体实现，因此可以在不知道计算机全部实现细节的情况下对指令数进行测量。但是，CPI 与计算机的各种设计细节密切相关，包括存储系统和处理器结构（见第 4、5 章），以及应用程序中不同类型的指令所占的比例。因此，不同的应用程序具有不同的 CPI，对于相同指令集的不同实现方式，它们的 CPI 也不相同。

上述例子表明，只用一种因素（如指令数）去评价性能是不合适的。在比较两台计算机时，应当考虑执行时间相关的全部三个因素。如果某个因素相同（如上例中的时钟频率），则性能由其他不同的因素决定。即使时钟频率相同，但因为 CPI 随着**指令组合**（instruction mix）而变化，所以必须比较指令数和 CPI。在本章最后的练习题中，有几道题目要求对计算机和编译器进行改进，并评价改进对时钟频率、CPI 和指令数的影响。在 1.13 节，我们将讨论一种常见的性能评价方法，该方法因没有全面考虑各种因素而产生了误导。

指令组合：在一个或多个程序中，指令的动态使用频度的评价指标。

| 理解程序性能 | 程序的性能与算法、编程语言、编译器、体系结构以及实际的硬件有关。下表概括了这些方面是如何影响 CPU 性能公式中的各种因素的。

硬件或软件指标	影响对象	如何影响
算法	指令数，可能的CPI	算法决定源程序执行指令的数目，从而也决定了CPU执行指令的数目。算法也可能通过使用较快或较慢的指令影响CPI。例如，当算法使用更多的除法运算时，将会导致CPI增大
编程语言	指令数，CPI	编程语言显然会影响指令数，因为编程语言中的语句必须翻译为指令，从而决定了指令数。编程语言也可影响CPI，例如，Java语言充分支持数据抽象，因此将进行间接调用，需要使用较高的CPI指令
编译器	指令数，CPI	因为编译器决定了源程序到计算机指令的翻译过程，所以编译器的效率既影响指令数又影响CPI。编译器的作用非常复杂，并会以复杂的方式影响CPI
指令集体系结构	指令数，CPI，时钟频率	指令集体系结构影响CPU性能的所有3个方面，因为它影响完成某功能所需的指令数、每条指令的周期数以及处理器的时钟频率

|精解| 也许你认为 CPI 的最小值为 1.0。在第 4 章我们将看到，有些处理器在每个时钟周期可对多条指令取指并执行。为了反映这一点，有些设计者用 IPC（instruction per clock cycle）来代替 CPI。如一个处理器每个时钟周期可执行平均 2 条指令，则它的 IPC=2，CPI=0.5。

|精解| 虽然时钟周期时间传统上是固定的，但是为了节省能量或临时提升性能，当今的处理器可以使用不同的时钟频率，因此我们需要使用平均时钟频率来评估性能。例如，Intel Core i7 处理器在处理器温度升高之前可以暂时将时钟频率提高 10%。Intel 称之为快速模式（Turbo mode）。

小测验 某 Java 程序在桌面处理器上运行需时 15 秒。现发行了一个新版本的 Java 编译器，其编译产生的指令数量是旧版本 Java 编译器的 0.6 倍，不幸的是，CPI 增加为原来的 1.1 倍。请问该程序在新版本的 Java 编译器中运行时间是多少？从以下三个选项中选出正确答案。

a. $\dfrac{15 \times 0.6}{1.1}=8.2$ 秒

b. $15 \times 0.6 \times 1.1=9.9$ 秒

c. $\dfrac{15 \times 1.1}{0.6}=27.5$ 秒

1.7 功耗墙

图 1-16 表示，过去 36 年间 Intel 九代微处理器的时钟频率和功耗的增长趋势。两者的增长几乎保持了几十年，但近几年平缓下来，有时甚至有所下降。其原因在于两者密切相关，而且功耗已经到达了商用处理器能够冷却的极限。

虽然功耗决定了能够冷却的极限，然而在后 PC 时代，能量才是真正关键的资源。对于个人移动设备来说，电池续航时间比性能更为关键。对于具有 50 000 个服务器的仓储级计算机来说，设计者要尽量降低其功耗和冷却所需的开销。就像在评价性能时，使用执行时间比使用 MIPS（见 1.11 节）之类的比率更加可信一样，使用能量单位焦耳比使用功耗单位瓦特更为合理，瓦特定义为焦耳/秒。

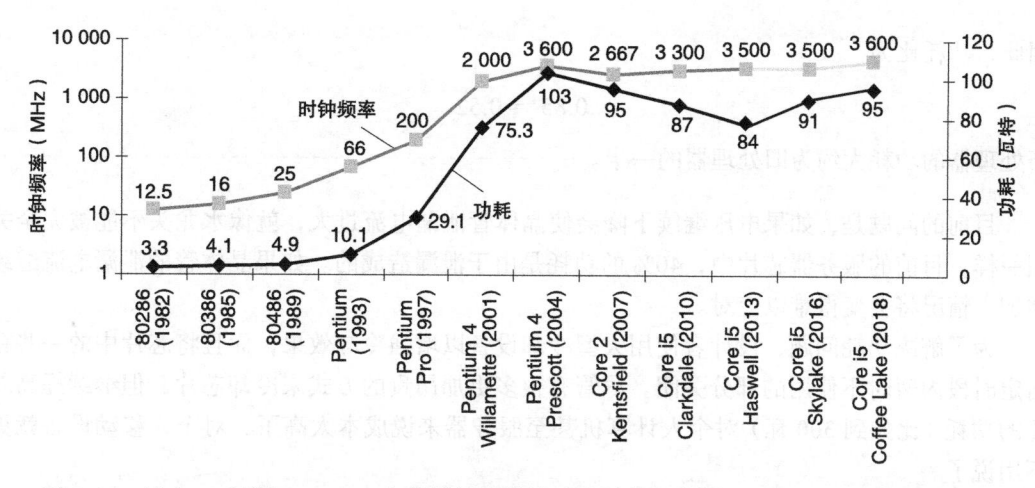

图 1-16 过去 36 年间 Intel x86 九代微处理器的时钟频率和功耗。Pentium 4 处理器的时钟频率和功耗提升很大，但是性能提升不大。Prescott 发热问题导致 Pentium 4 处理器的生产线被放弃。Core 2 生产线恢复使用低时钟频率的简单流水线和片上多处理器。Core i5 采用同样的流水线

当前，占统治地位的集成电路技术是 CMOS（互补型金属氧化半导体），其主要的能耗来源是动态能耗，即在晶体管开关过程中，晶体管的状态从 0 翻转到 1 或从 1 翻转到 0 时消耗的能量。动态能耗取决于每个晶体管的负载电容和工作电压：

$$能耗 \propto 负载电容 \times 电压^2$$

这个等式表示的是 0→1→0 或 1→0→1 的逻辑转换过程中消耗的能量。晶体管一次翻转消耗的能量为：

$$能耗 \propto 1/2 \times 负载电容 \times 电压^2$$

每个晶体管需要的功耗是一次翻转需要的能耗和开关频率的乘积：

$$功耗 \propto 1/2 \times 负载电容 \times 电压^2 \times 开关频率$$

开关频率是时钟频率的函数，晶体管负载电容是连接到输出上的晶体管数量（称为扇出）和工艺的函数，该函数决定了导线和晶体管的电容。

思考一下图 1-16 的趋势，为什么时钟频率增长为 1000 倍，而功耗只增长了 30 倍呢？能耗和功耗是电压平方的函数，所以每次工艺更新换代时，都会通过降低电压来大幅降低能耗和功耗。一般来说，每代的电压降低大约 15%。20 多年来，电压从 5V 降到了 1V。这就是功耗只增长了 30 倍的原因所在。

| 例题 | 相对功耗

假设我们需要开发一种新处理器，其负载电容只有旧处理器的 85%。再假设其电压可以调节，与旧处理器相比电压降低了 15%，进而导致频率也降低了 15%，问这对新处理器的动态功耗有何影响？

| 答案 |

$$\frac{功耗_{新}}{功耗_{旧}} = \frac{(电容负载 \times 0.85) \times (电压 \times 0.85)^2 \times (开关频率 \times 0.85)}{电容负载 \times 电压^2 \times 开关频率}$$

因此，功耗比为

$$0.85^4 = 0.52$$

新处理器的功耗大约为旧处理器的一半。

目前的问题是，如果电压继续下降会使晶体管泄漏电流过大，就像水龙头不能被完全关闭一样。目前的服务器芯片中，40%的功耗是由于泄漏造成的。如果晶体管的泄漏电流继续增加，情况将会变得难以应对。

为了解决功耗问题，设计者使用大型冷却设备以增强冷却效果，而且将芯片中的一些在给定时段内暂时不使用的部分关闭。尽管有很多更加昂贵的方式来冷却芯片，但继续提高芯片的功耗（比如到300瓦）对个人计算机甚至服务器来说成本太高了，对个人移动设备就更不用说了。

由于遇到了功耗墙问题，因此计算机设计者不能再采用过去30年里微处理器设计中使用的方法，而是需要开辟新的路径来推进计算机的发展。

精解 虽然动态能耗是CMOS能耗的主要来源，但静态能耗也不可忽略，因为即使在晶体管关闭的情况下，还是有泄漏电流存在。在服务器中，电流泄漏通常占40%的能耗。因此，增加晶体管的数目，就会增加漏电功耗，即使这些晶体管一直处于关闭状态。人们采用各种各样的设计和工艺创新来控制电流泄漏，但还是难以进一步降低电压。

精解 功耗成为集成电路设计的一个挑战有两个原因。首先，电源必须由外部输入，并且分布到芯片的各个角落。现代微处理器通常使用几百个管脚作为电源和地！同样，芯片的多个互连层级仅仅是为了解决芯片的电源和地的分布比例问题。其次，功耗以热量形式散发，因此必须进行散热处理。服务器芯片的功耗可高达100瓦以上，因此芯片及外围系统的散热是仓储级计算机的主要开销（见第6章）。

1.8 沧海巨变：从单处理器向多处理器转变

功耗的极限迫使微处理器的设计产生巨变。图1-17给出了桌面微处理器的程序响应时间的发展。从2002年起，其每年的增长速率从1.5下降到1.03。

自2006年起，所有桌面和服务器公司都在单片微处理器中集成了多个处理器，以获得更大的吞吐率，而不再继续追求降低单处理器上运行单个程序的响应时间。为了减少处理器（processor）和微处理器（microprocessor）这两个词之间的混淆，一些公司将处理器称为"核"（core），而微处理器则通常称为多核微处理器。因此，一个"四核"微处理器是一个包含了4个处理器或者4个核的芯片。

过去，程序员可以仅依赖于硬件、体系结构和编译器的创新，而无须修改一行代码就能使程序的性能每18个月翻一番。而今天，程序员要想显著改进响应时间，必须重写程序以充分利用多处理器的优势。而且，随着核的数目不断增加，程序员也必须不断改进他们的代码，才能在新的微处理器上获得显著的性能提升。

为了强调软件和硬件系统如何协同工作，本书使用了"硬件/软件接口"模块，对该重要接口的相关概念进行介绍。下面是本书中的第一个该模块。

迄今为止，很多软件很像独唱者所写的音乐；使用当代的芯片，我们对于编写二重唱、四重唱以及小型合奏的经验很少，但是为大型交响乐或者合唱谱曲则是一个不同的挑战。
Brian Hayes, *Computing in a Parallel Universe*, 2007

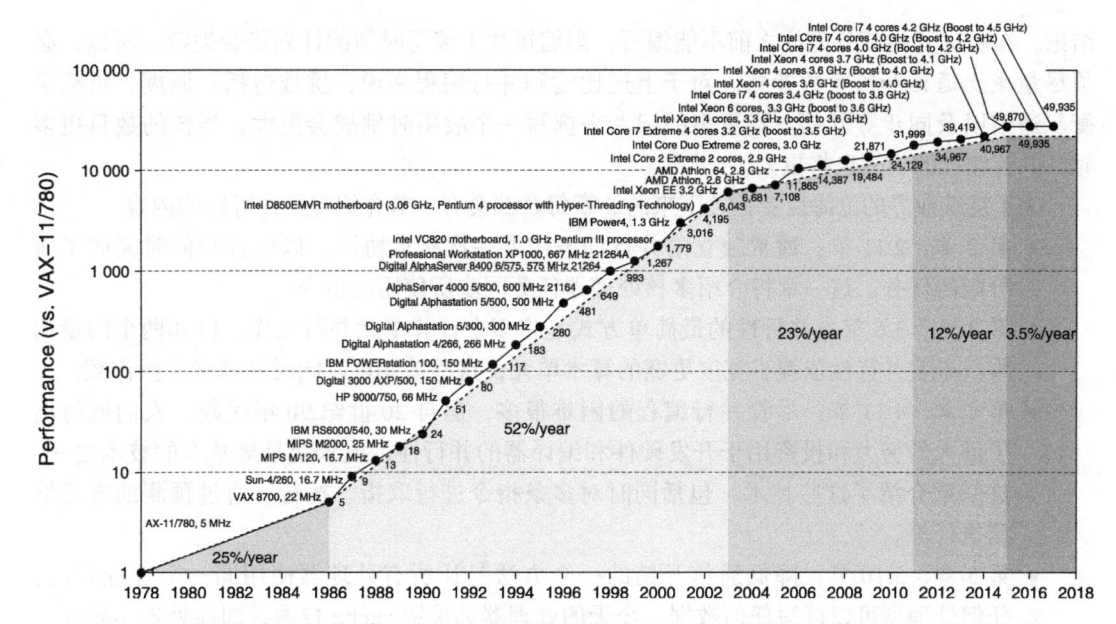

图 1-17 自 20 世纪 80 年代中期以来处理器性能的发展。本图描绘了使用 VAX 11/780 作为基准，采用 SPECint 测试程序得到的性能数据（见 1.11 节）。在 20 世纪 80 年代中期以前，性能的增长主要靠工艺驱动，平均每年增长 25%。在这个阶段之后，增长速度达到 52%，这归功于体系结构和组织方式的创新。从 20 世纪 80 年代中期开始，性能每年大约提高 52%，如果按照原先的 25% 的增长率计算，则到 2002 年的性能只有实际的 1/7。从 2002 年开始，受到功耗、指令级并行程度和存储器长访问延迟的限制，单核处理器的性能增长放缓，大约每年 3.5%（来源：Hennssey J L, Patterson D A. Computer Architecture: A Quantitative Approach, ed 6. Waltham, MA: Elsevier, 2017）

| **硬件/软件接口** | 并行性对计算性能一直十分重要，但它往往是被隐藏起来的。第 4 章将介绍流水线技术，它通过指令重叠执行使程序运行得更快。流水线是一种抽取了硬件并行特征的指令级并行优化技术，程序员或编译器仍可认为指令在硬件中串行执行。

迫使程序员关注硬件的并行性，并显式地按并行方式重写其程序，曾经是计算机体系结构的"烈酒"，以致很多依赖于此种方式的公司都失败了（见 6.16 节）。从历史发展的角度来看，整个 IT 行业已经将未来赌在了程序员最终将成功地跃进到显式并行编程上。

为什么程序员编写显式并行程序如此困难呢？第一个原因是并行编程以提高性能为目的，必然会增加编程的难度。程序不仅必须要正确、能够解决重要问题、能够为用户或其他程序提供接口以供调用，而且运行速度要快。否则，如果不关注性能，那么编写一个串行程序就足够了。

第二个原因是为了发挥并行硬件的优势，程序员必须对应用进行划分，使得每个核上同时执行的任务量大致相同。还要尽可能减小调度的开销，以免浪费并行性能。

打个比方，现在有一个撰写新闻故事的任务，如果由 8 名记者共同来完成，写作速度能否提高 8 倍呢？为了实现这一目标，需要对这个新闻故事进行划分，让每个记者都有事可做。因此，首先要安排子任务。假如某名记者分到的任务比其他 7 名记者加起来的任务还要多，那用 8 名记者的优势就缩水了。因此，任务分配必须平衡才能得到理想的加速。另一个存在的风险是，记者要花费时间互相交流才能完成所分配的任务。如果故事的一部分，例如结论，在所有其他部分完成之前不能编写，则缩短故事编写时间的计划将会失败。所以，必须尽量减少通信和同步的开销。对于上述比喻和并行编程来说，挑战包括：调度、负载平衡、通信以及同步等开销。当更多的记者来撰写一个故事时挑战会更大，当核的数目更多时，并行编程的挑战也将更大。

为了反映业界的沧海巨变，接下来的 5 章每章都会有一节介绍有关并行性的内容：

- 第 2 章，2.11 节：通常独立的并行任务需要一次次地协调，以便告知何时完成了所分配的任务。这一章将介绍多核处理器任务同步所使用的指令。
- 第 3 章，3.6 节：并行性的最简单方式是将多个计算单元并行工作，例如两个向量相乘。子字并行性依赖于宽度更宽的算术单元，这些单元可以同时处理多个操作数。
- 第 4 章，4.11 节：尽管并行编程的困难很多，但自 20 世纪 90 年代起，人们就付出了巨大的努力和投资用于开发硬件和编译器的并行性，流水线是最基本的技术之一。这一章介绍了这些技术，包括同时对多条指令进行取指、执行、通过预测的方式推测执行等。
- 第 5 章，5.10 节：降低通信开销的一个方法是让所有处理器使用同一个地址空间，任何处理器可以读写任何数据。今天的处理器都采用 cache 技术，即在处理器附近更快的存储器中，保持数据的一个临时副本。可以想象，如果多个处理器访问 cache 中的共享数据不一致的话，并行编程将尤为困难。这一章将介绍保持所有 cache 数据一致性的机制。
- 第 5 章，5.11 节：这一节介绍如何使用许多磁盘共同构成一个能够提供更高吞吐率的系统，这就是廉价冗余磁盘阵列（RAID）的初衷。RAID 流行的真正原因是它能够通过采用适当数量的冗余磁盘提供更高的可靠性。这一节将介绍不同 RAID 级别的性能、成本和可靠性。

除了这些章节之外，还有一整章介绍并行处理。第 6 章详细叙述了并行编程面临的挑战，提出了两种方法来处理共享编址通信和显式消息传输，介绍了一种易于编程的并行性模型，讨论了使用基准测试程序对并行处理器进行评测的困难，为多核微处理器引入了一个新的简单性能模型，最后描述和评价了 4 种使用该种模型的多核微处理器。

如上所述，第 3～6 章使用矩阵向量相乘作为采用并行性提高性能的例子。

附录 C 介绍了一种在桌面计算机中越来越普及的硬件——图形处理单元（Graphics Processing Unit，GPU）。它是为加速图像处理而发明的。得益于高度的并行性，GPU 表现出优越的性能，并已发展为完善的编程平台。

附录 C 介绍了 NVIDIA GPU，并重点介绍了其并行编程环境。

1.9 实例：Intel Core i7 基准

本书的每一章都有"实例"一节，将本书中的概念与日常使用的计算机联系起来，这些小节涵盖了现代计算机中使用的技术。下面是本书中的第一个"实例"小节，以 Intel Core i7 为例，说明如何制造集成电路，以及如何测量性能和功耗。

1.9.1 SPEC CPU 基准测试程序

用户每日使用的程序是用于评价新型计算机的最佳选择。所运

> 我想，就像书一样，"计算机"是一个全世界广泛应用的概念。但我没有想到它会发展得如此迅速，因为我完全没有预料到在一块芯片上可以集成如此多的部件。晶体管的进步完全出乎我们的预料。其发展比我们预想的要快得多。
>
> J.Presper Eckert，ENIAC 的创建者之一，1991

行的一组程序构成了**工作负载**（workload）。要对两台计算机系统进行评价，只需简单地比较工作负载在两台计算机上的执行时间。然而大多数用户并不这样做，他们通过其他方法测量计算机的性能，希望这些方法能够反映计算机执行用户工作负载的情况。最常用的测量方法是使用一组专门用于测量性能的**基准测试程序**（benchmark）。通过这些测试程序形成负载，用户可以预测实际负载的性能。我们在前面提到，要加速大概率事件的执行，必须先准确地知道哪些是大概率事件，因此基准测试程序在计算机体系结构中具有非常重要的作用。

工作负载：运行在计算机上的一组程序，可以是一组实际的用户应用程序，也可以从实际程序中抽取构建。一个典型的工作负载必须指明程序和相应的频率。

基准测试程序：用于比较计算机性能的程序。

SPEC（System Performance Evaluation Cooperative）是由许多计算机销售商共同出资赞助并支持的合作组织，目的是为现代计算机系统建立基准测试程序集。1989 年，SPEC 建立了主要面向处理器性能的基准程序集（现在称为 SPEC89）。历经 6 代发展，目前最新的是 SPEC CPU 2017，它包括 10 个整数基准测试程序集（SPECspeed2017 Integer）和 13 个浮点基准测试程序集（SPECspeed2017 Floating Point）。整数基准测试程序集包括 C 编译器、量子计算机仿真、下象棋程序等，浮点基准测试程序集包括有限元模型结构化网格法、分子动力学质点法、流体动力学稀疏线性代数法等。

图 1-18 列举了 SPEC 整数基准测试程序及其在 Intel Core i7 上的执行时间，显示了指令数、CPI 和时钟周期时间等影响执行时间的因素。注意，CPI 的最大值和最小值相差达到 4 倍。

描述	名称	指令数（$\times 10^9$）	CPI	时钟周期时间（$\times 10^{-9}$秒）	执行时间（秒）	参考时间（秒）	SPEC分值
Perl解释器	perlbench	2684	0.42	0.556	627	1774	2.83
GNU C编译器	gcc	2322	0.67	0.556	863	3976	4.61
路径规划	mcf	1786	1.22	0.556	1215	4721	3.89
离散事件模拟-计算机网络	omnetpp	1107	0.82	0.556	507	1630	3.21
使用XSLT进行XML到HTML的转换	xalancbmk	1314	0.75	0.556	549	1417	2.58
视频压缩	x264	4488	0.32	0.556	813	1763	2.17
人工智能：Alpha-Beta树搜索（国际象棋）	deepsjeng	2216	0.57	0.556	698	1432	2.05
人工智能：蒙特卡罗树搜索（围棋）	leela	2236	0.79	0.556	987	1703	1.73
人工智能：递归方案生成（九宫格游戏）	exchange2	6683	0.46	0.556	1718	2939	1.71
通用数据压缩	xz	8533	1.32	0.556	6290	6182	0.98
几何平均							2.36

图 1-18　SPECspeed 2017 Integer 基准测试程序在 1.8 GHz 的 Intel Xeon E5-2650L 上的运行结果。按照经典的 CPU 性能公式，执行时间是本表的三个因素的乘积：以十亿为单位的指令数、每条指令的时钟数（CPI）以及纳秒级的时钟周期时间。SPEC 分值（SPECratio）仅仅是参考时间（由 SPEC 提供）被所测量的执行时间相除得到的比值。SPECspeed 2017 Integer 所列的数字是 SPECratio 的几何平均值。对于 perlbench、gcc、x264 和 xz 等基准测试程序，SPECspeed 2017 有多个输入文件。在图中，执行时间和总的时钟周期数是由这些程序所有输入对应的执行时间之和得到的

为了简化测试结果，SPEC 使用单一的数字来归纳所有 10 种整数基准测试程序。具体方法是将被测计算机的执行时间标准化，即将被测计算机的执行时间除以一个参考处理器的执行时间，结果称为 SPEC 分值（SPECratio）。SPECratio 值越大，表示性能越快（因为 SPECratio

是执行时间的倒数）。SPECspeed2017 的综合测试结果是取 SPECratio 的几何平均值。

精解 使用 SPECratio 比较两台计算机时采用的是几何平均值，这样可以使得无论采用哪台计算机进行标准化都可得到同样的相对值。如果采用的是算术平均值，结果会随选用的参考计算机而变。

求几何平均值的公式是

$$\sqrt[n]{\prod_{i=1}^{n} 执行时间比_i}$$

其中，执行时间比 i 是总共 n 个工作负载中第 i 个程序的执行时间按参照计算机进行标准化的结果，并且

$$\prod_{i=1}^{n} a_i 表示乘积 a_1 \times a_2 \times \cdots \times a_n$$

1.9.2 SPEC 功耗基准测试程序

由于能耗和功耗日益重要，SPEC 增加了一组用于评估功耗的基准测试程序，它可以报告一段时间内服务器在不同负载水平下（以 10% 的比例递增）的功耗。图 1-19 给出了在基于 Intel Nehalem 处理器的服务器上的测试结果。

目标负载%	性能（ssj_ops）	平均功耗（瓦特）
100%	4 864 136	347
90%	4 389 196	312
80%	3 905 724	278
70%	3 418 737	241
60%	2 925 811	212
50%	2 439 017	183
40%	1 951 394	160
30%	1 461 411	141
20%	974 045	128
10%	485 973	115
0%	0	48
合计	26 815 444	2 165
∑ssj_ops / ∑power=		12 385

图 1-19 SPECpower_ssj2008 在服务器上的运行结果。服务器的具体配置为双插槽 2.2GHz Intel Xeon Platinum 8276L 处理器，192GiB DRAM，80GB 固态硬盘

SPECpower 最早来自面向 Java 商业应用的 SPEC 基准程序（SPECJBB2005），它主要测试处理器、cache、主存以及 Java 虚拟机、编译器、垃圾收集器、操作系统片段。性能采用吞吐率来衡量，单位是每秒完成的操作次数。还是为了简化结果，SPEC 采用单个的数字进行归纳，称为"overall ssj_ops per watt"（每瓦执行的服务器端 Java 操作数），其计算公式是：

$$\text{overall ssj\_ops per watt} = \frac{\sum_{i=0}^{10} \text{ssj\_ops}_i}{\sum_{i=0}^{10} \text{power}_i}$$

式中，ssj_ops_i 是工作负载在每 10% 增量处的性能，power_i 是对应的功耗。

1.10 加速：使用 Python 语言编写矩阵乘法程序

为了说明本书中的优化思想对性能的影响，每一章中都有一个"加速"小节，用来说明如何对一个实现矩阵乘法运算的程序的性能进行优化。从下面的 Python 程序开始优化：

```
for i in xrange(n):
    for j in xrange(n):
        for k in xrange(n):
            C[i][j] += A[i][k] * B[k][j]
```

使用谷歌云计算引擎（Google Cloud Engine）中的 n1-stardard-96 服务器，该服务器包含两块 Intel Skylake Xeon 芯片，每块芯片中集成 24 个处理器（或核），运行 Python 3.1。如果矩阵大小为 960×960，使用 Python 2.7 的运行时间大约为 5 分钟。如果矩阵大小为 4096×4096，因为浮点计算次数随着矩阵大小按照立方关系增长，所以运算时间几乎为 6 小时。使用 Python 编写该程序非常简单，但是谁愿意为获得结果而等待这么长时间？

在第 2 章，将 Python 版本的矩阵乘法转换为 C 语言版本，可以获得 200 倍的性能提升。使用 C 语言编程的抽象层次比 Python 更加靠近硬件，因此本书使用 C 作为编程语言的例子。缩小抽象差距也使它比 Python 快得多（Leiserson, 2020）。

- 第 3 章中的数据级并行，通过 C 语言的内联函数使用子字并行将性能大约提升了 8 倍。
- 第 4 章中的指令级并行，使用循环展开开发指令多发射和硬件的乱序执行，将性能提升了 2 倍。
- 第 5 章中的存储层次优化，通过 cache 分块技术将大矩阵乘法的性能提升了 1.5 倍。
- 第 6 章中的线程级并行，在 OpenMP 中使用循环级并行来开发多核硬件将性能提升了 12~17 倍。

后面四个优化步骤基于对现代微处理器内部硬件的工作原理的深入理解，总共只需要 21 行 C 语言代码。图 1-20 使用对数坐标系显示了对初始的 Python 程序加速了近 50 000 倍的情况。经过这些优化，原先需要等待的近 6 小时缩短到不到 1 秒！

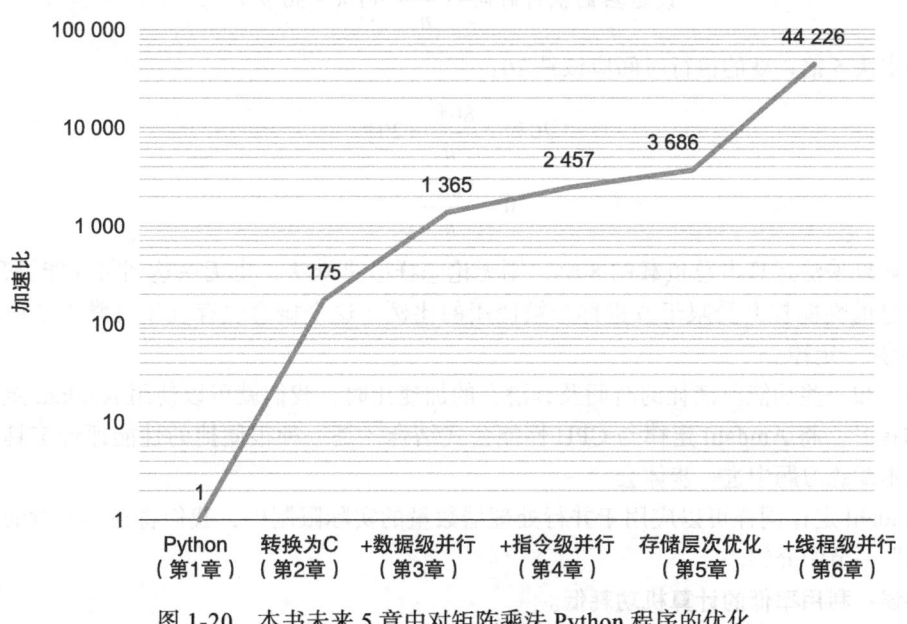

图 1-20 本书未来 5 章中对矩阵乘法 Python 程序的优化

精解 为了加速 Python 程序，程序员通常是调用高度优化后的库，而不是自己编写 Python 代码。由于我们在对 Python 和 C 的内在速度进行对比，因此给出的是自己编写的 Python 程序的速度。如果调用 NumPy 库，则一个 960×960 的矩阵乘法用时将少于 1 秒钟，而不是 5 分钟。

1.11 谬误与陷阱

本书中每一章都会有"谬误与陷阱"一节，其目的是说明在实际中经常遇到的误解，我们称之为谬误。当讨论谬误时，我们会列举出反例。我们也讨论陷阱，即那些容易犯的错误。通常陷阱是指一般原理只在有限的上下文中才是真的。本节旨在帮助你在设计或使用计算机时避免犯同样的错误。价格/性能谬误和陷阱迷惑了许多包括我们在内的计算机架构师。下面开始介绍本书的第一个陷阱，虽然它曾迷惑了许多设计者，但却揭示了计算机设计中的一个重要关系。

> 科学一定开始于神话和对神话的批判。
> *Sir Karl Popper, The Philosophy of Science, 1957*

陷阱：在改进计算机的某个方面时，期望总性能的提高与改进程度成正比。

加速大概率事件的伟大思想有时也会导致令人泄气的结果，这困扰着软件和硬件设计人员。这提醒我们，一个事件需要的时间影响着性能改进的机会。

用一个简单的例子就可以很好地说明这一点。假设一个程序在一台计算机上运行需要 100 秒，其中 80 秒的时间用于乘法操作。如果要把该程序的运行速度提高到 5 倍，乘法操作的速度应该改进多少？

> **Amdahl 定律**：阐述了"对于某种改进的性能提升，受限于改进部分被使用的比例"。它是"收益递减"定律的量化版本。

改进以后的程序执行时间可根据 Amdahl 定律进行计算：

$$改进后的执行时间 = \frac{受改进影响的执行时间}{改进量} + 不受影响的执行时间$$

代入本例的数据进行计算：

$$改进后的执行时间 = \frac{80 秒}{n} + (100 - 80 秒)$$

由于要求快 5 倍，新的执行时间应该是 20：

$$20 秒 = \frac{80 秒}{n} + 20 秒$$

$$0 = \frac{80 秒}{n}$$

可见，如果乘法运算占总负载的 80%，则无论怎样改进乘法，也无法达到将性能提升 5 倍。某种改进的性能提升受限于改进部分被使用的比例。这个概念也存在于日常生活中，称为"收益递减"定律。

当已知一些功能所消耗的时间及其潜在的加速比时，我们就可以使用 Amdahl 定律评估性能的提升。将 Amdahl 定律与 CPU 性能公式结合，是一种很便捷的性能评价工具。读者可以在本章练习题中进一步体会。

Amdahl 定律同样可以应用于并行处理器数量的实际限制中，我们将在第 6 章的"谬误与陷阱"一节中介绍。

谬误：利用率低的计算机功耗低。

服务器的工作负载是变化的，所以在低利用率的情况下功耗很重要。例如，Google 仓储级计算机中，服务器的利用率大多数时间在 10%~50% 之间，只有不到 1% 的时间能达到 100%。即使花费 5 年时间来研究如何更好地运行 SPECpower 基准测试程序，在 2020 年根据最好的结果配置的计算机中，10% 的工作负载就能够消耗 33% 的峰值功耗，这与本书上一版（2012 年）的结果一致。由于没有针对 SPECpower 进行配置，因此实际工作系统的结果将会更加糟糕。

由于服务器的工作负载差异大且消耗了很大比例的峰值功耗，Luiz Barroso 和 Urs Hölzle（2007）提出需要对硬件重新进行设计，以实现"按能量比例计算"。这就是说，在未来的服务器中，10% 的工作负载使用 10% 的峰值功耗，这将减少数据中心的电费和二氧化碳的排放。

谬误：面向性能的设计和面向能量效率的设计是不相关的目标。

由于能耗是功耗和时间的乘积，在通常情况下，对于软硬件的优化而言，虽然在优化的部分起作用时能耗可能高了一些，但是这些优化缩短了系统运行时间，因此整体上还是节约了能量。一个重要的原因是当一个程序运行时，计算机的其他部分同时也在消耗能量，因此，即使优化的部分多消耗了能量，运行时间的减少也可以减少整个系统的能耗。

陷阱：用性能公式的一个子集去度量性能。

我们在前面已经指出，简单地只用时钟频率、指令数和 CPI 之一去预测性能是不合理的。另一种常犯的错误是只用三种因素中的某两个去比较性能。虽然这样做在有些条件下可能正确，但这种方法容易误用。实际上，几乎所有取代用时间去度量性能的方法都会导致歪曲的结果或错误的解释。

有一种用 MIPS（million instructions per second，**每秒百万条指令**）取代时间以度量性能的方法。对于一个给定的程序，MIPS 表示为：

> **MIPS**：程序执行速度的一种度量，以百万条指令作为单位。指令条数除以执行时间与 10^6 之积就得到了 MIPS。

$$\text{MIPS} = \frac{\text{指令数}}{\text{执行时间} \times 10^6}$$

MIPS 是指令执行的速率，它规定性能与执行时间成反比，越快的计算机具有越高的 MIPS 值。从表面看，MIPS 既容易理解，又符合人的直觉。

然而，用 MIPS 作为度量性能的指标存在三个问题。首先，MIPS 规定了指令执行的速率，但没有考虑指令的能力。我们不能使用 MIPS 比较不同指令集的计算机，因为指令数肯定是不同的。其次，在同一计算机上，不同的程序会有不同的 MIPS，因而一台计算机不会只有一个 MIPS 值。例如，通过代换执行时间，我们可以看到 MIPS、CPI 和时钟频率之间的关系：

$$\text{MIPS} = \frac{\text{指令数}}{\frac{\text{指令数} \times \text{CPI}}{\text{时钟频率}} \times 10^6} = \frac{\text{时钟频率}}{\text{CPI} \times 10^6}$$

回顾一下，图 1-18 显示了 SPECspeed 2017 Integer 在 Intel Xeon 计算机上的 CPI 最大值和最小值相差 4 倍，MIPS 也是如此。最后一点也是最重要的一点，如果一个新程序执行的指令数更多，但每条指令的执行速度更快，则 MIPS 的变化是与性能无关的。

小测验 某程序在两台计算机上的性能测量结果为：

测量内容	计算机A	计算机B
指令数	100亿	80亿
时钟频率	4GHz	4GHz
CPI	1.0	1.1

a. 哪台计算机的 MIPS 值更高？
b. 哪台计算机更快？

1.12 本章小结

虽然很难准确预测未来计算机的成本与性能将发展到何种水平，但可以确定的是一定会比现在的计算机更好。计算机性能水平的提高是永无止境的，计算机设计者和程序员必须理解更广泛的问题。

> 那里……ENIAC 配备有 18 000 个真空管，重量达 30 吨，未来的计算机可只具有 1000 个真空管，且仅有 1.5 吨重。
>
> *Popular Mechanics, 1949.3*

硬件和软件设计者都采用分层的方法构建计算机系统，每个下层都对其上层隐藏本层的细节。抽象原理是理解当今计算机系统的基础，但这并不意味着设计者只要懂得抽象原理就足够了。也许最重要的抽象层次是硬件和底层软件之间的接口，称为指令集体系结构。虽然有多种代价和性能不同的实现方法，但只要保持指令集体系结构不变，就能运行相同的软件。这种方法产生的一个负面效应是，可能无法使用那些会引起接口变化的体系结构创新技术。

使用实际程序的执行时间作为指标评测性能是一种可靠的测试方法。该执行时间与能够通过下面公式测量到的其他重要指标相关：

$$\frac{秒数}{程序} = \frac{指令数}{程序} \times \frac{时钟周期数}{指令数} \times \frac{秒数}{时钟周期数}$$

本书将多次使用这一公式及其组成因子。必须明确的是，任何一个独立的因子都不能确定性能，只有三个因子的乘积（即执行时间）才是可靠的性能度量标准。

| 重点 执行时间是唯一有效的性能度量方法。人们曾经提出许多其他度量方法，但均以失败告终。有些从一开始就没有反映执行时间，因而是无效的；还有一些只能在有限条件下有效，超出了限制条件则失效，或者没有清晰地说明有效性的限制条件。

现代处理器的关键硬件技术是硅。在硅技术加快硬件进步的同时，计算机组织的新思想也改进了产品的性价比。其中有两个重要的新思想：第一，在程序中开发并行性，目前的典型方法是通过多处理器实现；第二，开发存储器层次结构的访问局部性，目前的典型方法是通过 cache 实现。

能量效率已经取代芯片面积，成为微处理器设计中最重要的资源。节约功耗并且改进性能的需求已经迫使硬件工业向多核微处理器跃进，从而迫使软件工业向并行硬件编程跃进。并行化已成为提高性能的必要途径。

计算机设计的优劣总是以价格和性能来度量，也包括其他一些重要的因素，如能耗、可靠性、成本和可扩展性等。尽管本章的重点在于价格、性能和能耗，但是最佳的设计应该在给定的应用领域中取得所有因素之间适当的平衡。

本书导读

在抽象的底部是计算机的 5 个经典部件：数据通路、控制器、存储器、输入和输出（见图 1-5）。这 5 个部件也是本书后面几章的框架：

- 数据通路：第 3、4、6 章和附录 C
- 控制器：第 4、6 章和附录 C

- 存储器：第 5 章
- 输入：第 5 章和第 6 章
- 输出：第 5 章和第 6 章

如上所述，第 4 章介绍处理器如何开发隐式并行性，第 6 章介绍并行革命的核心——显式并行多核微处理器，附录 C 介绍高度并行的图形处理器芯片。第 5 章介绍如何开发层次存储结构的访问局部性。第 2 章介绍指令集（编译器和计算机之间的接口），并强调了编译器和编程语言在利用指令集特性方面的作用。附录 A 提供了第 2 章指令集的参考数据。第 3 章介绍计算机如何处理算术运算。附录 B 介绍逻辑设计。

1.13 历史观点和拓展阅读

本书的每一章都有"历史观点和拓展阅读"一节，可在本书配套网站上找到。我们可以通过一系列计算机来追溯某一思想的发展历程，或者叙述一些历史上重要的项目贡献，并提供参考资料供读者进行进一步探究。

> 活跃的科学领域就像一个巨大的蚂蚁窝；人们消失在互相对立的观点中，以光速将信息从一个地方传到另一个地方。
>
> *Lewis Thomas*, *Lives of a cell* 中的"自然科学"，1974

本章的"历史观点"提供了几个关键思想的历史背景，其目的是介绍对技术进步做出贡献的重要历史人物以及他们的事迹。通过理解过去，你可以更好地理解那些推动未来计算技术进步的力量。配套网站中每个历史观点之后都会给出进一步的阅读资料，这部分具体内容见配套网站中的"拓展阅读"部分。在配套网站可下载 1.13 节的剩余部分。

1.14 自学

从第 6 版开始，本书在每一章都增加了"自学"一节，给出了一些希望能够激发读者思考的练习题，并给出了答案，以帮助读者检查他们对相关知识的掌握和理解情况。

体系结构伟大思想与现实世界的映射。以下现实世界中的例子，能够与计算机体系结构 7 个伟大思想中的哪一个进行最佳匹配？

1. 洗衣房中，对上一包衣服进行烘干的同时对下一包衣服进行洗涤，从而减少时间。
2. 藏一把备用钥匙，以防房门钥匙的丢失。
3. 在冬天，当你要进行长途旅行时，通过查看你要穿过的城市的天气预报来确定行进路线。
4. 杂货店中专为 10 件或 10 件以下商品设置的快速结算通道。
5. 城市大型图书馆系统中的地方性分支机构。
6. 电动四驱汽车。
7. 可选的汽车自动驾驶模式，需要购买自动泊车和导航配置。

如何评价速度？考虑执行相同指令集的三个不同处理器 P1、P2 和 P3。P1 的时钟周期为 0.33ns，CPI 为 1.5；P2 的时钟周期为 0.40ns，CPI 为 1.0；P3 的时钟周期为 0.25ns，CPI 为 2.2。

1. 哪个的时钟频率最高？是多少？
2. 哪一个是最快的计算机？如果答案和上一题不一致，请解释原因。哪一个是最慢的计算机？
3. 前两题的答案是如何反映基准测试程序的重要性的？

Amdahl 定律与"兄弟情谊"。Amdahl 定律是收益递减规律，不但适用于投资领域，也适用于计算机体系结构。下面使用一个例子来说明这个定律，你的兄弟加入了一家初创公司，由于他认为"肯定能赚钱"，因此他试图说服你投资。

1. 你决定拿出存款的 10% 来投资。假定该初创公司是你唯一的投资，如果要将你的财富翻倍，你应该从初创公司获得多少回报率？
2. 假设你能从初创公司获得上一题中计算出的回报率，如果你想将财富增长为初创公司回报率的 90%，那么你应将多少存款投入初创公司？如果想将财富增长为初创公司回报率的 95% 呢？
3. 以上结果与计算机中的 Amdahl 定律有何相关性？与"兄弟情谊"有何相关性？

DRAM 的价格与成本。图 1-21 给出了从 1975 年到 2020 年 DRAM 芯片的价格趋势，图 1-11 给出的是同一时间段内 DRAM 芯片容量的趋势。这两幅图显示 DRAM 芯片的容量增加了 1 000 000 倍（从 16Kbit 增加到 16Gbit），而每 gigabyte 的价格减少了 25 000 000 倍（从 1 亿美元减少到 4 美元）。需要注意的是，每 GiB 的价格随着时间会有波动，而单芯片的容量是一条平滑的曲线。

1. 能否从图 1-21 中看出摩尔定律减缓的证据？
2. 为什么单位容量价格的改进是单芯片容量改进的 25 倍？还有什么可能的原因使得价格的降低速度比容量提升的速度快？
3. 为什么每 gigabyte 的价格每 3～5 年就会波动？这是与 1.5 节中芯片成本计算公式相关，还是市场中的其他原因相关？

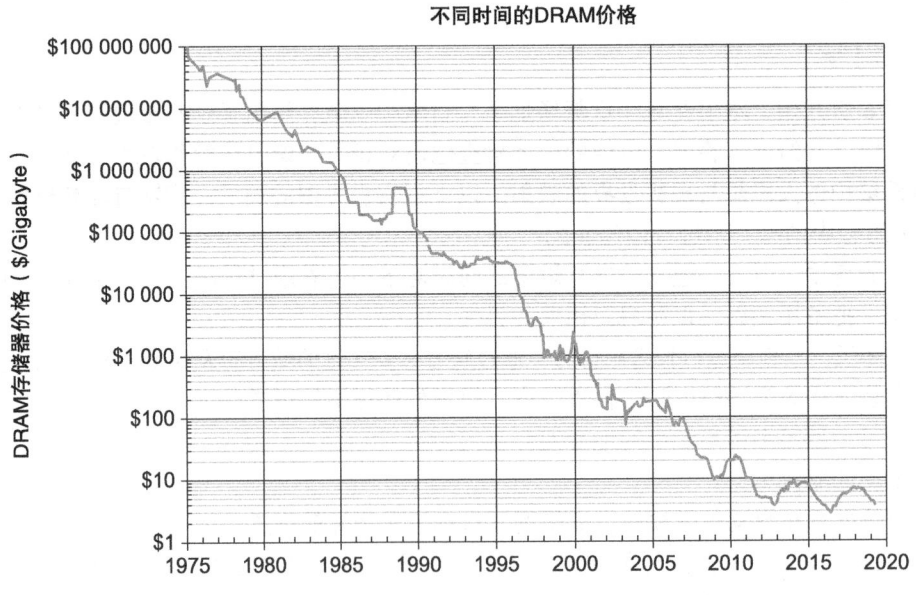

图 1-21　1975～2020 年每 gigabyte DRAM 的价格（数据来源：https://jcmit.net/memoryprice.htm）

自学的答案

体系结构伟大思想与现实世界的映射。

1. 通过流水线提高性能
2. 通过冗余提高可靠性（你可能会认为这也是通过并行提高性能）

3. 通过预测提高性能
4. 加速大概率事件
5. 存储层次
6. 通过并行提升性能（你可能会认为这也是通过冗余提高可靠性）
7. 使用抽象简化设计

最快的计算机。

1. 时钟频率是时钟周期的倒数。P1=1/（0.33×10^{-9} 秒）=3GHz；P2=1/(0.40×10^{-9} 秒)=2.5GHz；P3=1/（0.25×10^{-9} 秒）=4GHz。P3 的时钟频率最高。
2. 由于三个处理器具有相同的指令集体系结构，它们的程序具有相同的指令数，因此可以使用指令的平均执行周期（CPI）与时钟周期的乘积来评估性能：
    a. P1=1.5×0.33ns=0.495ns
    （也可以使用 CPI/ 时钟频率 计算指令的平均执行时间，即 1.5/3.0GHz=0.495ns）
    b. P2=1.0×0.40ns=0.400ns（或 1.0/2.5GHz=0.400ns）
    c. P3=2.2×0.25ns=0.550ns（或 2.2/4.0GHz=0.550ns）
    P2 最快，P3 最慢。虽然 P3 具有最高的时钟频率，但是它的平均 CPI 比较大，从而抵消了高时钟频率带来的收益。
3. CPI 的计算基于运行基准测试程序。如果基准测试程序是实际负载的代表，则以上问题的答案就是正确的。但是如果基准测试程序是不现实的，则以上问题的答案就是错误的。不同事物之间的差别很容易进行比较，例如时钟频率和实际性能，因此，开发高质量的基准测试程序非常重要。

Amdahl 定律与"兄弟情谊"。

1. 11 倍的回报率才能使财富翻倍：90%×1+10%×11=2.0。
2. 必须将存款的 89% 投入初创公司，才能将财富增长为投资回报率的 90%：
    90%×11 倍 =9.9 倍，11%×1+89%×11=9.9
    必须将存款的 94.5% 投入初创公司，才能将财富增长为投资回报率的 95%：
    95%×11 倍 =10.45 倍，5.5%×1+94.5%×11=10.45
3. 即使对于投资回报率很高的成功初创公司来说，未纳入投资的部分资金限制了财富的增长幅度。与之类似，在计算机中，无论优化部分性能提升的幅度有多大，未优化部分限制了整体性能的提升幅度。你对你兄弟判断的信心将会影响你的投资额，因为 90% 的初创公司最终都没有成功。

DRAM 价格与成本。

1. 虽然单位容量的价格总体上持续下降，但从 2013 年开始价格变化幅度似乎平坦了许多，这与摩尔定律放缓一致。例如，2013 年、2016 年和 2019 年每 GB DRAM 的价格都是 4 美元。而在过去，从来没有过这么长时间内保持价格变化几乎平稳。
2. 两幅图都没有提及 DRAM 芯片的产量，这就可以解释为什么单位容量价格比单芯片容量改进的幅度大。典型的制造学习曲线表明，产量每增加 10 倍将导致成本减半。另外，芯片封装技术的进步也会降低成本。以上原因使得 DRAM 单位容量的价格在长时间内持续下降。
3. 有多家公司生产相同的 DRAM 产品，因此他们都会受到市场的压力和价格的波动。供求关系的改变就会引起价格的变化。在历史上有一段时间，DRAM 的利润比较高，

1.15 练习题

完成练习所需的相对时间标示在题号之后的方括号中。平均来说，做标记[10]的练习题花费的时间是做标记[5]的练习题的2倍。做题前应先阅读的章节标示在尖括号中。例如，<1.4>表示你应该在读过1.4节后才能完成本题。

1.1 [2]<1.1> 列举和描述3种类型的计算机。

1.2 [5]<1.2> 计算机体系结构中的7个伟大思想与其他领域的思想有相似之处。将计算机体系结构中的7个伟大思想"使用抽象简化设计""加速大概率事件""通过并行提高性能""通过流水线提高性能""通过预测提高性能""存储层次""通过冗余提高可靠性"与下列其他领域的思想进行匹配：

a. 汽车制造中的组装生产线。

b. 吊桥缆索。

c. 采用风向信息的飞机和船舶导航系统。

d. 高楼中的高速电梯。

e. 图书馆的保留座位。

f. 通过增大CMOS晶体管的栅极面积来减小翻转时间。

g. 制造自动驾驶汽车，其控制系统是安装在汽车上的传感器系统，例如车道偏离检测系统和智能导航控制系统。

1.3 [2]<1.3> 描述高级语言（例如C）编写的程序转化为能够直接在计算机处理器上执行的步骤。

1.4 [2]<1.4> 彩色显示器中的每个像素由三种基色（红、绿、蓝）构成，每种基色用8位表示，分辨率为1280×1024像素。

a. 为了保存一帧图像最少需要多大的缓存（以字节计算）？

b. 在100Mbit/s的网络上传输一帧图像最少需要多长时间？

1.5 [4]<1.6> 有3种不同的处理器P1、P2和P3执行同样的指令集，P1的时钟频率为3GHz，CPI为1.5；P2的时钟频率为2.5GHz，CPI为1.0；P3的时钟频率为4GHz，CPI为2.2。

a. 以每秒钟执行的指令数为标准，哪个处理器性能最高？

b. 如果每个处理器执行一个程序都花费10秒钟时间，求执行的时钟周期数和指令数。

c. 我们试图把执行时间减少30%，但这会引起CPI增加20%。那么，时钟频率应该是多少才能达到时间减少30%的目的？

1.6 [5] 下页的表给出了2010年以来Intel桌面处理器的多项性能指标。其中，"工艺"一列给出了每代处理器使用的加工工艺。假定芯片大小保持不变，而每个处理器中的晶体管数量按照$(1/t)^2$的比例变化，其中t是最小工艺尺寸。计算2010年到2019年之间每种性能指标的平均提升比例，同时计算按照相应的比例，每种性能指标翻倍需要的时间（以年为单位）。

1.7 [20]<1.6> 同一个指令集体系结构有两种不同的实现方式。根据CPI的不同将指令分成4类（A、B、C和D）。P1的时钟频率为2.5GHz，CPI分别为1、2、3和3；P2时钟频率为3GHz，CPI分别为2、2、2和2。给定一个程序，有$1.0×10^6$条动态指令，按如下比例分为4类：A，10%；B，20%；C，50%；D，20%。那么P1和P2哪个更快？

a. 每种实现方式总的CPI是多少？

b. 计算两种情况下的时钟周期数。

桌面计算机	年份	工艺	最高时钟频率（GHz）	整数IPC/核	核数	最大DRAM带宽（GB/s）	SP浮点性能（Gflop/s）	L3 cache（MiB）
Westmere i7-620	2010	32	3.33	4	2	17.1	107	4
Ivy Bridge i7-3770K	2013	22	3.90	6	4	25.6	250	8
Broadwell i7-6700K	2015	14	4.20	8	4	34.1	269	8
Kaby Lake i7-7700K	2017	14	4.50	8	4	38.4	288	8
Coffee Lake i7-9700K	2019	14	4.90	8	8	42.7	627	12
提升比例/年		__%	__%	__%	__%	__%	__%	__%
翻倍需要的年数		__years	__years	__years	__years	__years	__years	__years

1.8 [15] <1.6> 编译器对应用的性能有较大的影响。假定一个程序，如果采用编译器 A，则动态指令数为 1.0×10^9，执行时间为 1.1s；如果采用编译器 B，则动态指令数为 1.2×10^9，执行时间为 1.5s。

   a. 在给定处理器时钟周期为 1ns 时，求每个程序的平均 CPI。

   b. 假定编译器在两个不同的处理器上运行。如果这两个处理器的执行时间相同，求运行编译器 A 产生的代码的处理器时钟，相对于运行编译器 B 产生的代码的处理器时钟快多少？

   c. 假设开发了一种新的编译器，只用 6.0×10^8 条指令，平均 CPI 为 1.1。求使用新编译器相对于使用编译器 A 和 B 的加速比。

1.9 2004 年发布的 Pentium 4 Prescott 处理器时钟频率为 3.6GHz，工作电压为 1.25V。假定平均情况下静态功耗为 10W，动态功耗为 90W。2012 年发布的 Core i5 Ivy Bridge 时钟频率为 3.4GHz，工作电压为 0.9V。假定平均情况下静态功耗为 30W，动态功耗为 40W。

1.9.1 [5] <1.7> 分别求出每个处理器的平均电容负载。

1.9.2 [5] <1.7> 求出静态功耗占总功耗的比例，以及静态功耗相对于动态功耗的比率。

1.9.3 [15] <1.7> 如果要将整体功耗降低 10%，求电压要降低多少才能保持泄漏电流不变？注意：功耗定义为电压与电流的乘积。

1.10 在一个处理器中，假定算术指令、load/store 指令和分支指令的 CPI 分别是 1、12 和 5。另外假定一个程序在单个处理器核上运行时需要执行 2.56×10^9 条算术指令、1.28×10^9 条 load/store 指令和 2.56×10^8 条分支指令，并假定处理器的时钟频率为 2GHz。现假定程序并行运行在多核上，分配到每个处理器核上运行的算术指令和 load/store 指令数为单核情况下相应指令数除以 $0.7 \times p$（p 是处理器的数量），而每个处理器的分支指令的数量保持不变。

1.10.1 [5] <1.7> 求出当该程序分别在 1、2、4 和 8 个处理器核上的执行时间，并求出每种情况下相对于单核处理器的加速比。

1.10.2 [10] <1.6, 1.8> 如果算术指令的 CPI 翻倍，那么在处理器核数分别为 1、2、4 和 8 个时，对程序的执行时间有何影响？

1.10.3 [10] <1.6, 1.8> 如果要使单核处理器的性能与四核处理器相当，单处理器中 load/store 指令的 CPI 应该降低多少？假定四核处理器的 CPI 保持不变。

1.11 假定一个直径 15cm 的晶圆的成本是 12，包含 84 块芯片，其缺陷参数为 0.020 瑕疵 /cm²。而一个直径 20cm 的晶圆的成本是 15，包含 100 块芯片，其缺陷参数为 0.031 瑕疵 /cm²。

1.11.1 ［10］<1.5> 分别求出每种晶圆的成品率。

1.11.2 ［5］<1.5> 分别求出每种芯片的价格。

1.11.3 ［5］<1.5> 当每晶圆的芯片数增加 10% 时，每单位面积的瑕疵数增加 15%，求芯片面积和成品率。

1.11.4 ［5］<1.5> 假设随着电子器件制造技术的进步，成品率从 0.92 上升到 0.95。给定芯片面积为 200mm²，求每一种技术下单位面积的瑕疵数。

1.12 SPEC CPU 2006 的 bzip2 基准测试程序在 AMD Barcelona 处理器上执行的总指令数为 2.389×10^{12}，执行时间为 750s，参考时间为 9650s。

1.12.1 ［5］<1.6, 1.9> 如果时钟周期时间为 0.333ns，求 CPI 值。

1.12.2 ［5］<1.9> 求 SPEC 分值。

1.12.3 ［5］<1.6, 1.9> 如果基准测试程序的指令数增加 10%，CPI 不变，求 CPU 时间增加多少？

1.12.4 ［5］<1.6, 1.9> 如果基准测试程序的指令数增加 10%，CPI 增加 5%，求 CPU 时间增加多少？

1.12.5 ［5］<1.6, 1.9> 根据上题中指令数和 CPI 的变化，求 SPEC 分值的变化。

1.12.6 ［10］<1.6> 假设开发了一款新的 AMD Barcelona 处理器，其工作频率为 4GHz，在其指令集中增加了一些新的指令，从而使程序中指令数目减少了 15%，程序的执行时间减少到了 700s，新的 SPEC 分值为 13.7，求新的 CPI。

1.12.7 ［10］<1.6> 当时钟频率由 3GHz 上升到 4GHz 时，上题算出的 CPI 比练习题 1.12.1 的高。请判断 CPI 的升高是否与频率升高相同？如果不同，为什么？

1.12.8 ［5］<1.6> CPU 时间减少了多少？

1.12.9 ［10］<1.6> 对第二个基准测试程序 libquantum，假定执行时间为 960ns，CPI 为 1.61，时钟频率为 3GHz。在时钟频率为 4GHz 时，在不影响 CPI 的前提下执行时间降低 10%，求指令数。

1.12.10 ［10］<1.6> 在指令数和 CPI 保持不变的前提下，如果要将 CPU 时间进一步减少 10%，求时钟频率。

1.12.11 ［10］<1.6> 在指令数保持不变的前提下，如果要将 CPI 降低 15%，CPU 时间减少 20%，求时钟频率。

1.13 1.11 节讨论过用性能公式的一个子集去计算性能的陷阱。为了进一步说明，考虑下面两种处理器。P1 的时钟频率为 4GHz，平均 CPI 为 0.9，需要执行 5.0×10^9 条指令；P2 的时钟频率为 3GHz，平均 CPI 为 0.75，需要执行 1.0×10^9 条指令。

1.13.1 ［5］<1.6, 1.11> 一个常见的谬误是，时钟频率最高的计算机具有最高的性能。这种说法正确吗？请用 P1 和 P2 来验证这一说法。

1.13.2 ［10］<1.6, 1.11> 另一个谬误是，执行指令最多的处理器需要更多的 CPU 时间。考虑 P1 执行 1.0×10^9 条指令序列所需的时间，P1 和 P2 的 CPI 不变，计算一下 P2 用同样的时间可以执行多少条指令？

1.13.3 ［10］<1.6, 1.11> 一个常见的谬误是用 MIPS（每秒百万条指令）来比较两台不同的处理器的性能，并认为 MIPS 最大的处理器具有最高的性能。这种说法正确吗？请用 P1 和 P2 验证这一说法。

1.13.4 ［10］<1.11> 另一个常见的性能标志是 MFLOPS（每秒百万次浮点操作），其定义为

$$\text{MFLOPS} = \frac{\text{浮点操作的数目}}{\text{执行时间} \times (1 \times 10^6)}$$

它与 MIPS 有同样的问题。假定 P1 和 P2 上执行的指令有 40% 的浮点指令，求出程序的 MFLOPS。

1.14 1.11 节提到的另一个陷阱是，通过只改进计算机的一个方面来改进计算机的总体性能。假如一台计算机上运行一个程序需要 250s，其中 70s 用于执行浮点指令，85s 用于执行 L/S 指令，40s 用于执行分支指令。

1.14.1 ［5］<1.11> 如果浮点操作的时间减少 20%，总时间将减少多少？

1.14.2 ［5］<1.11> 如果总时间要减少 20%，则整数操作的时间需要减少多少？

1.14.3 ［5］<1.11> 如果只减少分支指令时间，总时间能否减少 20%？

1.15 假定一个程序需要执行 $50×10^6$ 条浮点指令、$110×10^6$ 条整数指令、$80×10^6$ 条 L/S 指令和 $16×10^6$ 条分支指令。每种类型指令的 CPI 分别是 1、1、4 和 2。假定处理器的时钟频率为 2GHz。

1.15.1 ［10］<1.11> 如果要将程序运行速度提高至 2 倍，浮点指令的 CPI 需如何改进？

1.15.2 ［10］<1.11> 如果要将程序运行速度提高至 2 倍，L/S 指令的 CPI 需如何改进？

1.15.3 ［5］<1.11> 如果整数和浮点指令的 CPI 减少 40%，L/S 和分支指令的 CPI 减少 30%，程序的执行时间能改进多少？

1.16 ［5］<1.8> 多处理器系统中的执行时间可分成计算时间、临界区加锁的开销以及处理器之间的通信时间。假定一个程序在单处理器上执行时需要 t=100 秒。当它在 p 个处理器上运行时，每个处理器需要 t/p 秒的计算时间，另外还需要 4 秒的开销，且开销与处理器数量无关。在处理器数目分别为 2、4、8、16、32、64 和 128 时，计算每个处理器的执行时间。在每种情况下，列出相对于单处理器的加速比，以及实际加速比与理想加速比的比值（理想加速比是指没有开销情况下的加速比）。

小测验答案

1.1 节　问题讨论：可以有多种答案。

1.3 节　DRAM 存储器：易失性，访问时间短（大约 50~70ns），每 GB 的价格（5~10 美元）。
　　　　磁盘存储器：非易失性，访问时间比 DRAM 慢 100 000~400 000 倍，每 GB 的价格比 DRAM 便宜 100 倍。Flash 存储器：非易失性，访问时间比 DRAM 慢 100~1000 倍，每 GB 的价格比 DRAM 便宜 7~10 倍。

1.5 节　1、3、4 是正确答案，答案 5 一般可认为正确，因为产量高时能促使额外投资来减小芯片面积，例如减小 10%，这是一种经济决策，但并不总是正确。

1.6 节　1.a：两者都改进，b：延迟，c：都不改进；7 秒。

1.6 节　b。

1.10 节　a. 计算机 A 有较高的 MIPS 值；b. 计算机 B 更快。

第 2 章

Computer Organization and Design: The Hardware/Software Interface, MIPS Edition, Sixth Edition

指令：计算机的语言

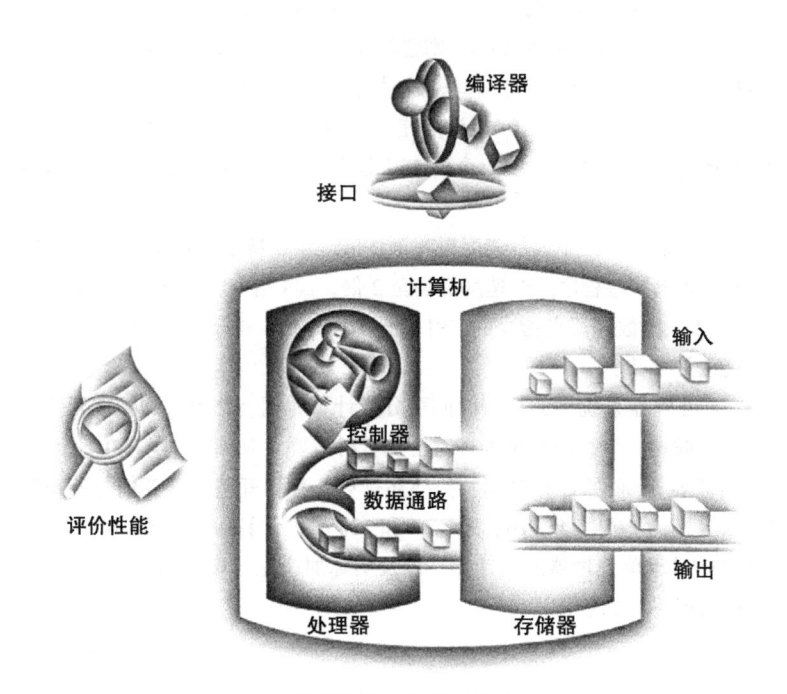

计算机的 5 个经典部件

2.1 引言

要命令计算机硬件，就必须用计算机的语言。计算机语言中的基本词汇称为指令，一台计算机的全部指令称为该计算机的**指令集**（instruction set）。本章将介绍实际计算机指令集的两种形式：人们编程书写的形式和计算机所能识别的形式。我们将以自顶向下的方式介绍，从助记符（看似受限的程序设计语言）开始，逐步精练到实际计算机的真实语言。第 3 章将继续采用这种向下探究的方式，揭示算术运算的硬件以及浮点数的表示方法。

尽管机器语言种类繁多，但它们之间十分类似，其差异性更像人类语言中的"方言"，而非各自独立的语言。因此，理解了一种机器语言，其他种类的机器语言也就容易理解了。

本书选择 MIPS 指令集，它是自 20 世纪 80 年代以来出现的优秀指令集。为了证明掌握一种指令集之后其他的指令集也就容易理解了，我们将同时简单介绍其他三种比较流行的指令集。

1. ARMv7，它与 MIPS 类似。2017 到 2020 年，ARM 处理器芯片的产量超过 1000 亿片，这使得 ARMv7 成为最流行的指令集。

我对上帝说西班牙语，对女人说意大利语，对男人说法语，对我的马说德语。
神圣罗马帝国皇帝
查理五世（1500—1558）

指令集：一个给定的计算机体系结构所包含的指令集合。

2. Intel x86，它在 PC 领域和后 PC 时代的云计算领域处于领先地位。

3. ARMv8，它将 ARMv7 的地址范围由 32 位扩展到 64 位。而具有讽刺意味的是，这个 2013 年产生的指令集更加接近于 MIPS，而非 ARMv7。

指令集之间具有相似性，一方面是因为所有计算机都是基于基本原理相似的硬件技术所构建的，另一方面是因为所有计算机都必须提供一些相似的基本操作。此外，计算机设计者有一个共同的目标：找到一种语言，可方便硬件和编译器的设计，且使之性能最佳，同时使成本和功耗最低。但实现这个目标需要长期的探索。下述引文写于人们尚不能购买计算机的 1946 年，但在今天仍然适用：

> 用形式逻辑的方法可以很容易看到，在理论上存在着某种"指令集"，足以控制任何的操作序列并使之执行……从当前的观点出发，在选择一个"指令集"时，真正的决定性因素是要更多地考虑其实用性："指令集"要求的设备简单性，它的应用对于解决实际重要问题的明确性以及它解决这些问题的处理速度。
>
> Burks、Goldstine 和 von Neumann，1946

无论对 20 世纪 40 年代的计算机，还是对现代的计算机来说，"设备简单性"都是值得考虑的重要因素。本章将讲解符合此原则的一种指令集，介绍它怎样用硬件表示，以及它和高级编程语言之间的关系。我们的示例使用 C 语言编写，2.15 节介绍了在使用像 Java 这样的面向对象的语言时会有何不同。

通过理解如何表述指令，读者也将发现计算机的秘密：**存储程序思想**（stored-program concept）。此外，通过使用机器语言编程，并在本书提供的模拟器中运行，读者将进一步体会到编程语言和编译优化对程序性能的影响。本章最后简要介绍指令集的发展历史和其他的计算机"方言"。

存储程序思想：多种类型的指令和数据均以数字形式存储于存储器中，存储程序型计算机即源于此。

我们结合计算机的结构，逐步讲解 MIPS 指令集。采用自顶向下、循序渐进的方法，并结合各部件及其说明，尽量使机器语言变得不再枯燥。图 2-1 给出了本章将要介绍的指令集的总体情况。

MIPS操作数

名称	示例	注释
32个寄存器	$s0-$s7, $t0-$t9, $zero, $a0-$a3, $v0-$v1, $gp, $fp, $sp, $ra, $at	用于数据的快速存取。在MIPS中，只能对存放在寄存器中的数据执行算术操作，寄存器$zero的值恒为0，寄存器$at被汇编器保留，用于处理大的常数
2^{30}个存储字	Memory[0], Memory[4], …, Memory[4294967292]	只能通过数据传输指令访问。MIPS使用字节地址，所以连续的字地址相差4。存储器用来保存像数组这样的数据结构和在过程调用中换出的寄存器

MIPS汇编语言

类别	指令	示例	含义	注释
算术运算	add	add $s1,$s2,$s3	$s1 = $s2 + $s3	三个寄存器操作数
	subtract	sub $s1,$s2,$s3	$s1 = $s2 − $s3	三个寄存器操作数
	add immediate	addi $s1,$s2,20	$s1 = $s2 + 20	用于加常数

图 2-1 本章中出现的 MIPS 汇编语言。这些信息也可以在 MIPS 参考数据卡[⊖]的第 1 列找到

⊖ 见本书封面和封底的背面。——编辑注

48　第2章

MIPS汇编语言

类别	指令	示例	含义	注释
数据传送	load word	lw $s1,20($s2)	$s1 = Memory[$s2 + 20]	将一个字从存储器取到寄存器
	store word	sw $s1,20($s2)	Memory[$s2 + 20] = $s1	将一个字从寄存器存入存储器
	load half	lh $s1,20($s2)	$s1 = Memory[$s2 + 20]	将半字从存储器取到寄存器
	load half unsigned	lhu $s1,20($s2)	$s1 = Memory[$s2 + 20]	将半字从存储器取到寄存器
	store half	sh $s1,20($s2)	Memory[$s2 + 20] = $s1	将半字从寄存器存入存储器
	load byte	lb $s1,20($s2)	$s1 = Memory[$s2 + 20]	将一个字节从存储器取到寄存器
	load byte unsigned	lbu $s1,20($s2)	$s1 = Memory[$s2 + 20]	将一个字节从存储器取到寄存器
	store byte	sb $s1,20($s2)	Memory[$s2 + 20] = $s1	将一个字节从寄存器存入存储器
	load linked word	ll $s1,20($s2)	$s1 = Memory[$s2 + 20]	取数，原子交换第一部分
	store condition. word	sc $s1,20($s2)	Memory[$s2+20]=$s1;$s1=0 or 1	存数，原子交换第二部分
	load upper immed.	lui $s1,20	$s1 = 20 * 2^{16}	取立即数，并放入高16位
逻辑运算	and	and $s1,$s2,$s3	$s1 = $s2 & $s3	三个寄存器操作数；按位与
	or	or $s1,$s2,$s3	$s1 = $s2 | $s3	三个寄存器操作数；按位或
	nor	nor $s1,$s2,$s3	$s1 = ~($s2 | $s3)	三个寄存器操作数；按位或非
	and immediate	andi $s1,$s2,20	$s1 = $s2 & 20	寄存器和常数按位与
	or immediate	ori $s1,$s2,20	$s1 = $s2 | 20	寄存器和常数按位或
	shift left logical	sll $s1,$s2,10	$s1 = $s2 << 10	根据常数左移相应位
	shift right logical	srl $s1,$s2,10	$s1 = $s2 >> 10	根据常数右移相应位
条件分支	branch on equal	beq $s1,$s2,25	if ($s1 == $s2) go to PC + 4 + 100	相等检测；PC相对跳转
	branch on not equal	bne $s1,$s2,25	if ($s1!= $s2) go to PC + 4 + 100	不相等检测；PC相对跳转
	set on less than	slt $s1,$s2,$s3	if ($s2 < $s3) $s1 = 1; else $s1 = 0	比较是否小于；用于beq和bne指令
	set on less than unsigned	sltu $s1,$s2,$s3	if ($s2 < $s3) $s1 = 1; else $s1 = 0	比较是否小于无符号数
	set less than immediate	slti $s1,$s2,20	if ($s2 < 20) $s1 = 1; else $s1 = 0	比较是否小于常数
	set less than immediate unsigned	sltiu $s1,$s2,20	if ($s2 < 20) $s1 = 1; else $s1 = 0	比较是否小于无符号常数
无条件跳转	jump	j 2500	go to 10000	跳转到目标地址
	jump register	jr $ra	go to $ra	用于switch语句，以及过程调用的返回
	jump and link	jal 2500	$ra = PC + 4; go to 10000	用于过程调用

图 2-1 （续）

2.2　计算机硬件的操作

任何计算机都必须能够执行算术运算。MIPS 汇编语言的符号

add a, b, c

> 毫无疑问，计算机必须有执行基本算术运算的指令。
> Burks、Goldstine 和 von Neumann, 1946

表示将两个变量 b 和 c 相加，并将结果放入变量 a 中。

这种助记符的表示方式是固定的：每条 MIPS 算术指令只执行一个操作，并且有且仅有 3 个变量。例如，将变量 b、c、d、e 之和放入变量 a 中（本节不深究"变量"的含义，下一节将给出其详细说明）。下面的指令序列将完成这 4 个变量的相加：

```
add a, b, c    # The sum of b and c is placed in a
add a, a, d    # The sum of b, c, and d is now in a
add a, a, e    # The sum of b, c, d, and e is now in a
```

因此，对 4 个变量求和需要 3 条指令。

上述每行代码中，符号"#"右边的是注释，用于帮助人们理解程序，而计算机将忽略注释。注意，与其他编程语言不同的是，这种语言的每一行最多只有一条指令。另一个与 C 语言不同的地方是，注释总是在一行的末尾结束。

与加法类似的指令一般都有 3 个操作数：两个用于进行运算，一个用于保存结果。要求

每条指令有且仅有 3 个操作数,这一点符合硬件简单性的设计原则:操作数个数可变将使硬件设计更具复杂性。这种情况反映了硬件设计三条基本原则中的第一条:

设计原则 1:简单源于规整。

下面的两个示例程序展示了用高级编程语言编写的程序和用汇编语言编写的程序之间的关系。

| 例题 | 把 C 语言中两条赋值语句编译成 MIPS 代码

本例中 C 语言程序包含 5 个变量 a、b、c、d 和 e。因为 Java 语言由 C 语言演化而来,所以本例及以后若干例子对这两种高级语言均适用:

```
a = b + c;
d = a - e;
```

将 C 语言程序转换为 MIPS 汇编指令是由编译器完成的。写出由编译器生成的 MIPS 代码。

| 答案 | 一条 MIPS 指令对来自两个源寄存器的操作数进行运算,并将结果存入目的寄存器。因此,上面两条简单的 C 语句可直接编译为如下两条 MIPS 汇编指令:

```
add a, b, c
sub d, a, e
```

| 例题 | 把 C 语言中一条复杂的赋值语句编译成 MIPS 代码

下面一行复杂的 C 语句包含 5 个变量 f、g、h、i 和 j:

```
f = (g + h) - (i + j);
```

C 编译器将产生什么样的 MIPS 汇编语言代码?

| 答案 | 因为一条 MIPS 指令仅执行一个操作,所以编译器必须将这条 C 语句编译成多条汇编指令。第一条指令计算 g 与 h 的和,其结果必须暂存在某一个地方。因此,编译器需创建一个临时变量 t0:

```
add t0,g,h # temporary variable t0 contains g + h
```

虽然下一个操作是减法,但在执行减法操作之前,必须先计算出 i 与 j 的和。因此,第二条指令将 i、j 之和存放在由编译器创建的另一个临时变量 t1 中:

```
add t1,i,j # temporary variable t1 contains i + j
```

最后,用一条减法指令将两个临时变量中的值相减,结果存入变量 f,完成编译:

```
sub f,t0,t1 # f gets t0 - t1, which is (g + h) - (i + j)
```

| 精解 | 为了增强可移植性,Java 最初被设定为依靠软件解释器执行的语言。解释器的指令集称作 Java 字节码(Java bytecode,参见 2.15 节),它与 MIPS 指令集有很大不同。为使性能接近于等效功能的 C 程序,现在 Java 系统的典型做法是将字节码编译成类似 MIPS 这样的本地机器指令。因为通常 Java 完成编译的时间迟于 C,所以 Java 编译器常称为即时编译器(Just In Time,JIT)。2.12 节展示了在程序启动阶段 JIT 是如何迟于 C 编译器的,2.13 节展示了 Java 程序的编译执行和解释执行的性能比较。

| 小测验 | 对于一个给定的功能,用下列哪种编程语言实现的代码行数最多?将下面 3 种语言排序:

1. Java

2. C
3. MIPS 汇编语言

2.3 计算机硬件的操作数

与高级语言程序不同，MIPS 算术运算指令对操作数有严格的限制，它们必须来自寄存器。寄存器由硬件直接构建，且数量有限，是计算机硬件设计的基本元素。当计算机设计完成后，寄存器对程序员是可见的，所以也可以把寄存器想象成构造计算机这座"建筑"的"砖块"。在 MIPS 体系结构中，寄存器大小为 32 位，由于对 32 位数据进行整体操作的情况经常出现，因此在 MIPS 体系结构中将其称为**字**（word）。

字：计算机中的基本访问单位，通常是32位为一组，在 MIPS 体系结构中与寄存器大小相同。

高级语言的变量与寄存器的一个主要区别在于寄存器的数量有限，MIPS 等典型的现代计算机中有 32 个寄存器（参见 2.23 节有关寄存器数目的演变历史）。下面继续以自顶向下的方式介绍新的 MIPS 语言的符号表示。在本节中 MIPS 算术运算指令的 3 个操作数限定为必须从 32 个 32 位寄存器中选取。

寄存器个数限制为 32 的理由可以通过硬件设计三条基本原则中的第二条来理解：

设计原则 2：越小越快。

大量的寄存器可能会使时钟周期变长，因为电信号传输更远的距离必然花费更长的时间。

当然，该原则也不是绝对的，31 个寄存器不见得比 32 个更快，但表象背后的物理事实值得计算机设计者认真对待。在这种情况下，设计者必须在程序期望更多寄存器和缩短时钟周期之间进行权衡。另一个不使用多于 32 个寄存器的原因是受指令格式位数的限制，这在 2.5 节有相应介绍。

第 4 章论证了寄存器在硬件结构中所扮演的核心角色。正如该章所述，有效利用寄存器对于提高程序性能极为关键。

编写程序时，尽管可以简单使用序号 0~31 表示相应的寄存器，但 MIPS 约定书写指令时用一个"$"后面跟两个字符来表示寄存器。2.8 节将解释这一做法的理由。现在，我们使用 $s0, $s1, … 来表示与 C 和 Java 程序中的变量所对应的寄存器，用 $t0, $t1, … 来表示将程序编译为 MIPS 指令时所需的临时寄存器。

| **例题** | 使用寄存器编译 C 赋值语句

将程序变量和寄存器对应起来是编译器的工作之一。以我们前面讲过的 C 赋值语句为例：

```
f=(g + h) - (i + j);
```

变量 f、g、h、i 和 j 依次分配给寄存器 $s0、$s1、$s2、$s3 和 $s4。编译后的 MIPS 代码是什么？

| **答案** | 除了将变量用上述寄存器代替、将两个临时变量用 $t0 和 $t1 代替外，编译后生成的代码与前面例题中的代码非常相似：

```
add $t0,$s1,$s2 # register $t0 contains g + h
add $t1,$s3,$s4 # register $t1 contains i + j
sub $s0,$t0,$t1 # f gets $t0 - $t1, which is (g + h)-(i + j)
```

2.3.1 存储器操作数

在编程语言中，有像上面这些例题中仅含一个数据元素的简单变量，也有像数组或结构体那样的复杂数据结构。这些复杂数据结构中的数据元素可能远多于计算机中寄存器的个数。计算机如何表示和访问这样大的结构呢？

回忆一下第1章和本章开头所描述的计算机的5个部件。处理器只能将少量数据保存在寄存器中，但存储器可以存放数十亿的数据元素。因此，数据结构（如数组和结构）存放在存储器中。

如上所述，MIPS的算术运算指令只对寄存器进行操作，因此，MIPS必须包含在存储器和寄存器之间传送数据的指令。这些指令叫作**数据传送指令**（data transfer instruction）。为了访问存储器中的一个字，指令必须给出存储器**地址**（address）。存储器可以看作一个很大的一维数组，地址就相当于数组的下标，从0开始。例如，在图2-2中，第三个数据元素的地址为2，存放的数据为10。

数据传送指令：在存储器和寄存器之间移动数据的指令。

地址：用于在存储器数组（阵列）中指明某特定数据元素位置的值。

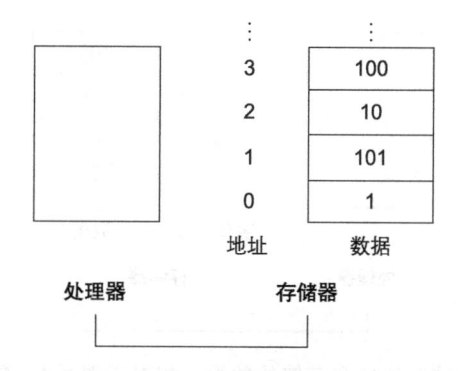

图2-2 存储器地址和存储的数据。如果这些元素是字，那么这些地址就是错误的，因为MIPS实际上是按字节编址的，而一个字是4字节。图2-3给出了顺序字地址的内存寻址

将数据从存储器复制到寄存器的数据传送指令通常叫取数（load）指令。取数指令的格式是操作码后跟着目标寄存器，然后是用来访问存储器的常数和寄存器。常数和第二个寄存器中的值相加即得到存储器地址。实际的MIPS取数指令助记符为lw，它是load word的缩写。

| 例题 | 编译一个操作数在存储器中的赋值语句

设A是一个含有100个字的数组，像前面的例题一样，编译器仍然将寄存器$s1、$s2依次分配给变量g、h。又设数组A的起始地址（或称基址（base address））存放在寄存器$s3中。试编译下面的C赋值语句：

```
g = h + A[8];
```

| 答案 | 虽然该赋值语句只有一个操作，但其中一个操作数在存储器中，所以首先必须将A[8]传送到寄存器中。其地址是$s3中的基址加上该元素序号8。取回的数据应放在一个临时寄存器中，以供下一条指令使用。由图2-2可知，编译后生成的第一条指令为：

```
lw    $t0,8($s3)  # Temporary reg $t0 gets A[8]
```

（这里是一种简化描述，后面会对这条指令进行相关的微调。）因为 A[8] 已取到寄存器 $t0 中，下一条指令就可以对 $t0 进行操作。该指令将 h（在 $s2 中）加上 A[8]（在 $t0 中），并将结果放到对应于 g 的寄存器 $s1 中：

```
add  $s1,$s2,$t0 # g = h + A[8]
```

数据传送指令中的常量（本例中为 8）称为偏移量（offset），存放基址的寄存器（本例中为 $s3）称为基址寄存器（base register）。

硬件/软件接口　除了为变量分配寄存器之外，编译器还在存储器中为像数组和结构体这样的数据结构分配相应的存储空间。然后，编译器可以将它们在存储器中的起始地址放到数据传送指令中。

很多程序经常用到 8bit 的字节类型，事实上当前所有的体系结构都按字节编址。因此，一个字的地址必和它所包括的 4 字节中某个字节的地址相匹配，且连续字的地址相差 4。例如，图 2-3 给出了图 2-2 的实际 MIPS 地址，其中第三个字的字节地址是 8。

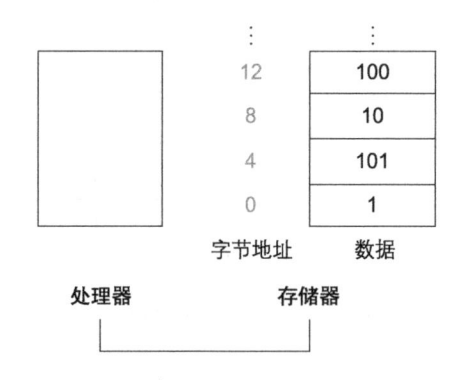

图 2-3　实际的 MIPS 存储器地址和存储的数据。相对于图 2-2，变化的地址用灰色标出。由于 MIPS 按字节编址，而字地址是 4 的倍数，每个字的长度为 4 字节

因为 MIPS 是按字节编址的，所以字的起始地址必须是 4 的倍数。这叫对齐限制（alignment restriction），许多体系结构都有这样的限制（第 4 章说明了对齐能加快数据传送的原因）。

对齐限制：数据地址与存储器的自然边界对齐的要求。

计算机按照字节编址方式可分为两种类型：一种使用最左边或"大端"（big end）字节的地址作为字地址；另一种使用最右边或"小端"（little end）字节的地址作为字地址。MIPS 采用的是大端编址（big-endian）。由于使用相同的地址去访问一个字还是 4 字节时"端"才起作用，因此大多数情况下不需要关注该问题。（附录 A 中给出了在一个字中对字节进行记数的两种方法。）

字节编址也会影响数组下标。在上面的代码中，为了得到正确的字节地址，与基址寄存器 $s3 相加的偏移量必须是 4×8，即 32，这样才能正确读到 A[8]，而不会错读到 A[8/4]。（参见 2.21 节中相关陷阱的介绍。）

与取数指令相对应的指令通常叫作存数（store）指令；它将数据从寄存器复制到存储器中。存数指令的格式和取数指令相似：首先是操作码，接着是包含待存储数据的寄存器，然后是数组元素的偏移量，最后是基址寄存器。同样，MIPS 地址由常数和基址寄存器内容共同决定。实际的 MIPS 存数指令为 sw，即 store word 的缩写。

| 硬件/软件接口 | 由于 load 和 store 指令中的地址是二进制,因此作为主存的 DRAM 的容量使用二进制而非十进制表示。例如,使用 gebibyte(2^{30})或 tebibyte(2^{40})表示,而不用 gigabyte(10^9)或 terabyte(10^{12}),见图 1-1。

| 例题 | 用取数/存数指令进行编译

假设变量 h 存放在寄存器 $s2 中,数组 A 的基址存放在 $s3 中。试编译下面的 C 赋值语句:

```
A[12] = h + A[8];
```

| 答案 | 虽然该 C 语句只有一个操作,但是有两个操作数在存储器中,因此,需要更多 MIPS 指令。前两条指令基本上与上个例题中的相同,除了本例在取数指令中选择 A[8] 时使用了字节编址中正确的偏移量 32,并且加法指令将结果放在临时寄存器 $t0 中:

```
lw   $t0,32($s3)    # Temporary reg $t0 gets A[8]
add  $t0,$s2,$t0    # Temporary reg $t0 gets h + A[8]
```

最后一条指令使用 48(4×12)作为偏移量,寄存器 $s3 作为基址寄存器,将加法结果存放到 A[12] 中。

```
sw   $t0,48($s3)    # Stores h + A[8] back into A[12]
```

lw 和 sw 是 MIPS 体系结构中在存储器和寄存器之间复制字的指令。其他计算机有各自相应的取数/存数指令来传送数据。Intel x86 体系结构中类似的指令见 2.19 节。

| 硬件/软件接口 | 许多程序的变量个数要远多于计算机中的寄存器个数。因此,编译器会尽量将最常用的变量保持在寄存器中,而将其他的变量放在存储器中,方法是使用取数/存数指令在寄存器和存储器之间传送变量。将不常使用的变量(或稍后才使用的变量)存回存储器的过程叫作寄存器换出(spilling)。

根据硬件设计原则 2,存储器一定比寄存器慢,因为寄存器数量更少。事实的确如此,访问寄存器中数据的速度要远快于访问存储器中数据的速度。

另外,寄存器中的数据更容易利用。一条 MIPS 算术运算指令能完成读两个寄存器、对它们进行运算以及写回运算结果的操作。而一条 MIPS 数据传送指令只能完成读一个操作数或写一个操作数的操作,并且不能对它们进行运算。

与存储器相比,寄存器的优点是访问时间短、吞吐率高,这使寄存器中的数据访问速度更快并易于使用。访问寄存器相对于访问存储器功耗更小。因此,为了获得高性能且节约功耗,指令集的体系结构必须拥有足够的寄存器,并且编译器必须高效率地利用这些寄存器。

2.3.2 常数或立即数操作数

程序中经常会在某个操作中用到常数——例如,将数组的下标加 1,用以指向下一个数组元素。实际上,在运行 SPEC CPU2006 基准测试程序集时,有超过一半的 MIPS 算术运算指令会用到将常数作为操作数。

仅从已介绍过的指令看,如果要使用常数必须先将其从存储器中取出。(常数可能是在程序被加载时放入存储器的。)例如,要使寄存器 $s3 加 4,可以使用下面的代码:

```
lw  $t0, AddrConstant4($s1)   # $t0 = constant 4
add $s3,$s3,$t0               # $s3 = $s3 + $t0 ($t0 == 4)
```

假设 `$s1+AddrConstant4` 是常量 4 的存储器地址。

避免使用取数指令的另一方法是，提供其中一个操作数是常数的算术运算指令。这种有一个常数操作数的快速加法指令叫作加立即数（add immediate），或者写成 `addi`。这样，上述操作可写成：

```
addi    $s3,$s3,4           # $s3 = $s3 + 4
```

常数操作数出现频率很高，而且相对于从存储器中取常数，包含常数的算术运算指令执行速度快很多，并且能耗较低。

常数 0 还有另外的作用，有效使用它可以简化指令集。例如，数据传送指令正好可以被视作一个操作数为 0 的加法。因此，MIPS 将寄存器 `$zero` 恒置为 0。（此寄存器编号也为 0。）根据使用频率来确定要定义的常数是加速大概率事件的另一个典型例子。

|精解 虽然本书中讲到的 MIPS 寄存器都是 32 位的，但是也有 64 位版本的 MIPS 指令集，它具有 32 个 64 位的寄存器。为了加以区分，分别将它们称为 MIPS-32 和 MIPS-64。在本章中，使用 MIPS-32 的子集。附录 E 中介绍了 MIPS-32 和 MIPS-64 的区别。2.16 节和 2.17 节介绍了 ARMv7 的 32 位地址和 ARMv8 的 64 位地址之间更多显著的差别。

|精解 数组和结构体非常适合使用 MIPS 中偏移量加基址寄存器的寻址方式，因为基址寄存器可指向结构体的首地址，偏移量可用于选择所需的数据元素。在 2.13 节中我们将看到这样的例子。

|精解 最初设计数据传送指令时，基址寄存器用于保存数组下标，而偏移量用来标识数组的起始地址。因此，基址寄存器也叫作索引寄存器（index register）。现在，存储器容量大大增加，数据分配的软件模型也更为复杂，所以数组的基地址通常放在寄存器中。如同下面将要看到的那样，基地址可能由于过大而不适宜用偏移量表示。

|精解 由于 MIPS 支持负常数，因此 MIPS 中不需要设置减立即数的指令。

小测验 由于寄存器非常重要，芯片中寄存器数目随时间的增长率符合下面哪种情况？
1. 非常快：像摩尔定律一样快，该定律预测，芯片上的晶体管数目每 24 个月翻一番。
2. 非常慢：由于程序是通过计算机语言实现的，而指令集体系结构具有延续性，因此寄存器数目的增长要与新指令集的可行性保持一致。

2.4 有符号数和无符号数

首先让我们快速回顾一下计算机是如何表示数的。由于人有 10 个手指，因此日常习惯使用以 10 为基的数，但数的进制可以是任意的。例如，以 10 为基的数 123 等于以 2 为基的数 1111011。

在计算机硬件中，数是以一串或高或低的电信号来体现的，这恰好可以被认为是基为 2 的数（与基为 10 的数称为十进制数一样，基为 2 的数称为二进制数）。

由于所有信息都由**二进制数位**（binary digit）或位（bit）组成，因此二进制数运算的"原子"单位是单个位数，位的取值可以是两种状态之一：高或低，开或关，真或假，1 或 0。

二进制数位：也称二进制位。二进制状态之一，即 0 或 1，是信息的基本组成单位。

推广到任意进制，第 i 位 d 的值是

$$d \times 基^i$$

这里，i 从 0 开始，并且从右向左递增。显而易见，计算一个数各位数值的方法是使用幂。为了便于区分，我们在十进制数的右下角写上 10，在二进制数的右下角写上 2。例如，

$$1011_2$$

表示

$$(1 \times 2^3) + (0 \times 2^2) + (1 \times 2^1) + (1 \times 2^0)_{10}$$
$$= (1 \times 8) + (0 \times 4) + (1 \times 2) + (1 \times 1)_{10}$$
$$= \quad 8 \quad + \quad 0 \quad + \quad 2 \quad + \quad 1_{10}$$
$$= 11_{10}$$

在一个 32 位的字中，我们从右向左标记各位为 0，1，2，3，…，下面表示了 MIPS 字中每一位的编号和数字 1011_2 的放置情况。

31 30 29 28	27 26 25 24	23 22 21 20	19 18 17 16	15 14 13 12	11 10 9 8	7 6 5 4	3 2 1 0
0 0 0 0	0 0 0 0	0 0 0 0	0 0 0 0	0 0 0 0	0 0 0 0	0 0 0 0	1 0 1 1

（32 位宽）

由于字可以水平书写，也可以垂直书写，用最左边或最右边的表述并不清晰，因此采用**最低有效位**（least significant bit）表示最右边的一位（上例中的第 0 位），**最高有效位**（most significant bit）表示最左边的一位（上例中的第 31 位）。

> **最低有效位**：在 MIPS 字中最右边的一位。
>
> **最高有效位**：在 MIPS 字中最左边的一位。

MIPS 的字有 32 位，可以表示 2^{32} 个不同的 32 位模式。很自然就可以使这些组合表示从 0 到 $2^{32}-1$（$4\,294\,967\,295_{10}$）之间的数：

```
0000 0000 0000 0000 0000 0000 0000 0000₂ = 0₁₀
0000 0000 0000 0000 0000 0000 0000 0001₂ = 1₁₀
0000 0000 0000 0000 0000 0000 0000 0010₂ = 2₁₀
...
1111 1111 1111 1111 1111 1111 1111 1101₂ = 4 294 967 293₁₀
1111 1111 1111 1111 1111 1111 1111 1110₂ = 4 294 967 294₁₀
1111 1111 1111 1111 1111 1111 1111 1111₂ = 4 294 967 295₁₀
```

任意的 32 位二进制数都可以表示成每位的值乘以该位对应的 2 的幂次的形式（这里 x_i 表示 x 的第 i 位）：

$$(x_{31} \times 2^{31}) + (x_{30} \times 2^{30}) + (x_{29} \times 2^{29}) + \cdots + (x_1 \times 2^1) + (x_0 \times 2^0)$$

这些正数被称为无符号数，原因稍后解释。

硬件/软件接口 二进制对人类来说不是自然的记数方法，我们有 10 个手指头，所以自然会采用十进制数。为什么计算机不使用十进制呢？事实上，第一台商用计算机确实提供了十进制算术。问题在于计算机仍然采用开关信号，所以一个十进制数将由几个二进制数来表示。事实证明十进制效率很低，所以后来的计算机都转向了二进制，只有在相对很少发生的 I/O 事件中才将数据转换成十进制。

需要注意的是，以上的二进制数只是数的一般表示。实际上，数是由无穷多的位组成的，其中除了最右边的少数位以外，其余大部分都是 0。正常情况下前面（左边）的 0 不用表示出来。

硬件可以对二进制数进行加、减、乘、除操作。如果操作结果不能被最右端的硬件位所表

示，那么就发生了**溢出**（overflow）。如何处理溢出是由编程语言、操作系统和程序来决定的。

> **溢出**：一个操作的结果太大以至于不能使用一个寄存器表示的情况。

计算机程序对正数和负数都要进行计算，所以需要一种方法来区分正数和负数。显而易见的解决方案是增加一个独立的符号位，这种表示方法称为符号和幅值（sign and magnitude）表示法（即原码表示法）。

符号和幅值表示法有若干缺点。首先，符号位放在哪里不够明确。放在右边还是左边？早期的计算机对两种方法都尝试过。其次，因为不可能在计算时提前得知结果的符号，对于符号和幅值表示的数进行计算需要额外的步骤来设置符号。最后，一个单独的符号位意味着在符号和幅值表示的数中不但有正零而且还有负零，这将给粗心的程序员带来问题。这些缺点导致这种表示方法很快就被放弃了。

在研究更具吸引力的其他方案时产生了这样一个问题：当我们试图用一个较小的数减去一个较大的数时，无符号数表示方法的结果将会是什么？答案是较小的数字将会从前面的 0 中借位，所有结果中前面的位都变成了一串 1。

在没有其他明显的更好选择的情况下，最终的解决方案是选择一种易于硬件实现的表示方式：前导位为 0 表示正数，前导位为 1 表示负数。这种常用的表示有符号二进制数的方法称为二进制补码（two's complement）。例如：

```
0000 0000 0000 0000 0000 0000 0000 0000₂ =  0₁₀
0000 0000 0000 0000 0000 0000 0000 0001₂ =  1₁₀
0000 0000 0000 0000 0000 0000 0000 0010₂ =  2₁₀
...                                         ...
0111 1111 1111 1111 1111 1111 1111 1101₂ =  2 147 483 645₁₀
0111 1111 1111 1111 1111 1111 1111 1110₂ =  2 147 483 646₁₀
0111 1111 1111 1111 1111 1111 1111 1111₂ =  2 147 483 647₁₀
1000 0000 0000 0000 0000 0000 0000 0000₂ = -2 147 483 648₁₀
1000 0000 0000 0000 0000 0000 0000 0001₂ = -2 147 483 647₁₀
1000 0000 0000 0000 0000 0000 0000 0010₂ = -2 147 483 646₁₀
...                                         ...
1111 1111 1111 1111 1111 1111 1111 1101₂ = -3₁₀
1111 1111 1111 1111 1111 1111 1111 1110₂ = -2₁₀
1111 1111 1111 1111 1111 1111 1111 1111₂ = -1₁₀
```

其中一半是正数，从 0～2 147 483 647$_{10}$（$2^{31}-1$），这些数字的表示方式与之前是一样的。紧接着的 1000…0000$_2$ 表示最小的负数 $-2\ 147\ 483\ 648_{10}$（-2^{31}）。后面是按照绝对值递减的负数：从 $-2\ 147\ 483\ 647_{10}$（1000…0001$_2$）到 -1_{10}（1111…1111$_2$）。

二进制补码中的最小负数 $-2\ 147\ 483\ 648_{10}$ 没有相应的正数与之对应。这种不平衡同样也会给粗心的程序员带来烦恼，但相比符号和幅值方法，该方法不会对程序员和硬件设计人员造成困扰。因此，现在所有计算机都采用二进制补码来表示有符号数。

采用二进制补码方法的优点在于所有负数的最高有效位都是 1。硬件只需检测这一位就可以知道一个数是正数还是负数（这一位为 0 表示是正数）。因此，这个位通常叫作符号位。在理解了符号位之后，就可以使用 2 的幂次的方式来表示正的和负的 32 位数：

$$(x_{31} \times (-2^{31})) + (x_{30} \times 2^{30}) + (x_{29} \times 2^{29}) + \cdots + (x_1 \times 2^1) + (x_0 \times 2^0)$$

符号位与 -2^{31} 相乘，其余的位仍按前面的方法计算。

| **例题** | **二进制到十进制的转换**

下面这个用 32 位二进制补码表示的数对应的十进制数是多少？

1111 1111 1111 1111 1111 1111 1111 1100$_2$

| 答案 | 将数的位值代入上面的公式:

$(1 \times (-2^{31})) + (1 \times 2^{30}) + (1 \times 2^{29}) + \cdots + (1 \times 2^2) + (0 \times 2^1) + (0 \times 2^0)$
$= -2^{31} + 2^{30} + 2^{29} + \cdots + 2^2 + 0 + 0$
$= -2\ 147\ 483\ 648_{10} + 2\ 147\ 483\ 644_{10}$
$= -4_{10}$

后面将给出从负数转换为正数的捷径。

就像无符号数的操作结果可能超过硬件允许的范围而发生溢出一样,对二进制补码数的操作也可能发生溢出。对于一个数,采用有限二进制表示和无穷多位表示时,符号位位于最左边,如果两种表示中符号位不同,则该数在有限二进制表示时发生了溢出(即符号位不正确):该数是负数时符号位是 0,该数是正数时符号位是 1。

| 硬件 / 软件接口 | 和算术运算一样,对取数指令来说有符号数和无符号数是有区别的。取回有符号数后需要使用符号位填充寄存器的所有剩余位,称为符号扩展,但其目的是在寄存器中放入数字的正确表示方式。取回无符号数只是简单地用 0 来填充数据左侧的剩余位,因为这种表示形式的数是没有符号的。

当把 32 位的字加载到 32 位的寄存器中时,上面的讨论是没有意义的,因为无符号数和有符号数的加载完全一样。MIPS 提供了两种字节加载的方法:一种是用于字节加载的 lb(load byte),lb 将字节看作有符号数,使用符号扩展来填充寄存器的左侧 24 位;另一种是用于无符号整数加载的 lbu (load byte unsigned)。由于 C 程序几乎都是使用字节来表示字符,很少用来表示有符号短整数(short signed integer),因此实际中几乎所有字节加载都使用 lbu。

| 硬件 / 软件接口 | 与上面所讨论的有符号数不同,存储器地址很自然地从 0 开始一直连续增加到最大的地址。换言之,负地址是没有意义的。因此,程序有时需要处理正数和负数,有时仅需要处理正数。一些编程语言反映了这个区别。例如,C 语言将前者叫作整数(int)而将后者叫作无符号整数(unsigned int)。一些 C 编程风格的指导书甚至推荐用 signed int 来声明前一种数,以使区别更加明显。

下面介绍两种处理二进制补码数的简单方法:

第一种是对二进制补码数取相反数的快速方法。简单对每一位取反,0 变成 1,1 变成 0,然后对结果加 1。这种方法的原理是,一个数和它按位取反的结果相加,和一定是 111…111$_2$,即 -1。因为 $x + \bar{x} = -1$,所以 $\bar{x} + 1 = -x$ 或 $x + \bar{x} + 1 = 0$。(我们使用 $\bar{x}$ 表示将 x 的每位取反)。

| 例题 | 快速求相反数

求 2_{10} 的相反数,然后对 -2_{10} 求相反数,对结果进行检查。

2_{10} = 0000 0000 0000 0000 0000 0000 0000 0010$_2$

| 答案 | 求相反数就是将这个数按位取反再加 1:

```
    1111 1111 1111 1111 1111 1111 1111 1101₂
+                                          1₂
=   1111 1111 1111 1111 1111 1111 1111 1110₂
=   -2₁₀
```

另外，将

$$1111\ 1111\ 1111\ 1111\ 1111\ 1111\ 1111\ 1110_2$$

也按位取反再加 1：

$$\begin{aligned}&\ 0000\ 0000\ 0000\ 0000\ 0000\ 0000\ 0000\ 0001_2\\&+1_2\\&=\ 0000\ 0000\ 0000\ 0000\ 0000\ 0000\ 0000\ 0010_2\\&=\ 2_{10}\end{aligned}$$

第二种方法用于将一个用 n 位表示的二进制数转化成一个用多于 n 位表示的数。例如，在取数、存数、分支、加、小于则置位等指令中，立即数字段包含一个二进制补码表示的 16 位数，表示从 $-32\ 768_{10}$（-2^{15}）到 $32\ 767_{10}$（$2^{15}-1$）。为了将这个立即数字段加到一个 32 位的寄存器，计算机必须将这个 16 位的数转换成数值上相等的 32 位的数。这种方法就是将原有的 16 位数简单复制到 32 位新数的低 16 位，其最高有效位（符号位）则以复制的方式填满新数的高 16 位。这种方法通常叫作符号扩展（sign extension）。

| 例题 | 符号扩展

将 2_{10} 和 -2_{10} 从 16 位二进制数转换为 32 位二进制数。

| 答案 | 2_{10} 的 16 位二进制表示形式是

$$0000\ 0000\ 0000\ 0010_2 = 2_{10}$$

将这个数转换成 32 位数的方法是：将最高有效位（0）复制 16 次放到 32 位字的左半部。右半部的 16 位保持原 16 位的值：

$$0000\ 0000\ 0000\ 0000\ 0000\ 0000\ 0000\ 0010_2 = 2_{10}$$

使用前面介绍的方法对 2 的 16 位二进制数求相反数。于是，

$$0000\ 0000\ 0000\ 0010_2$$

变成

$$\begin{aligned}&\ 1111\ 1111\ 1111\ 1101_2\\&+1_2\\&=\ 1111\ 1111\ 1111\ 1110_2\end{aligned}$$

将该结果转换为 32 位数的方法就是将符号位复制 16 次放到 32 位字的左半部：

$$1111\ 1111\ 1111\ 1111\ 1111\ 1111\ 1111\ 1110_2 = -2_{10}$$

这种方法之所以正确，是因为二进制补码表示的正数实际上在左侧有无限多个 0，而负数在左侧有无限多个 1。为了适应硬件的宽度，数的前导位被隐藏了，符号扩展只是简单地恢复了其中一部分。

小结

本节的主要内容是，如何在给定的计算机字长的情况下表示正整数和负整数。虽然不同的表示方法有各自的优缺点，但从 1965 年以来大多数计算机都采用了二进制补码

方法。

精解 因为带符号十进制数没有长度的限制，所以常用"−"来表示负数。而在给定二进制或十六进制（见图2-4）字长的情况下，可以将符号编码到位串中，因此通常不使用"+"和"−"来表示二进制或十六进制数。

精解 二进制补码的得名来自下述规则：一个 n 位的数与它的 n 位相反数做无符号加法，结果是 2^n，因此，x 的相反数 $-x$ 的二进制补码表示是 2^n-x，或叫作"二进制补码"。

除了"二进制补码"和"符号和幅值"这两种表示法以外，第三种可选的表示法是所谓的"反码"(one's complement)。在反码中，一个数的相反数就是将这个数的每一位按位取反，0变成1，1变成0，这也是这种表示法名字的由来。在反码中 x 的相反数是 2^n-x-1。与符号和幅值表示法相比，反码在某些方面是更好的解决方案，因此早期用于科学计算的一些计算机采用这种表示法。与补码相比，反码除了有两个0以外，其余都是相似的。其中正0是 $00\cdots00_2$，负0是 $11\cdots11_2$。绝对值最大的负数（即最小的负数）是 $10\cdots000_2$，它表示 $-2\,147\,483\,647_{10}$，所以正数和负数的个数是相等的。当采用反码时，加法器需要一个额外的步骤，即减去一个数来修正结果。因此，现在的计算机中补码方法占据了统治地位。

第3章将介绍一种浮点数的表示法。其中，最小的负数用 $00\cdots000_2$ 表示，最大的正数用 $11\cdots11_2$ 表示，0一般用 $10\cdots00_2$ 表示。因为它通过将数加一个偏移量使其具有非负的表示形式，所以称为移码表示法（biased notation）。

反码：使用 $10\cdots000_2$ 表示最小负数，$01\cdots11_2$ 表示最大正数，正数和负数的数量相同，但保留两个0：一个正零（$00\cdots00_2$），一个负零（$11\cdots11_2$）。这种方法也用来表示按位求反，即0变成1，1变成0。

移码表示法：最小的负数用 $00\cdots000_2$ 表示，最大的正数用 $11\cdots11_2$ 表示，0一般用 $10\cdots00_2$ 表示，即通过将数加一个偏移量使其具有非负的表示形式。

小测验 下面这个64位二进制补码数对应的十进制数是多少？

1111 1111 1111 1111 1111 1111 1111 1111 1111 1111 1111 1111 1111 1111 1111 1000$_2$

1. -4_{10}
2. -8_{10}
3. -16_{10}
4. 18 446 744 073 709 551 608$_{10}$

如果这是一个64位无符号数，则对应的十进制数是多少？

2.5 计算机中指令的表示

人命令计算机的方式与计算机看到指令的方式是不同的，本节解释其中的差别。

指令在计算机内部以一系列或高或低的电信号表示，并且形式上和数的表示相同。实际上，指令的各部分都可看成一个独立的数，将这些数拼接在一起就形成了指令。

因为几乎所有的指令中都要用到寄存器，所以必须有一套约定，以将寄存器名字映射成数字。在 MIPS 汇编语言中，寄存器 $s0~$s7 映射到寄存器 16~23，同时，寄存器 $t0~$t7 映射到寄存器 8~15。因此，$s0 表示寄存器 16，$s1 表示寄存器 17，$s2 表示寄存器 18……$t0 表示寄存器 8，$t1 表示寄存器 9，依次类推。在下面几节中，我们将介绍32个寄存器中其余寄存器的映射。

| 例题 | 将一条 MIPS 汇编语言指令翻译成一条机器指令 |

下面以 MIPS 汇编语言为例。对于符号表示为

    add $t0,$s1,$s2

的 MIPS 指令，首先给出其十进制数表示形式，然后给出其二进制数表示形式。

| 答案 | 其十进制表示为

| 0 | 17 | 18 | 8 | 0 | 32 |

机器指令分为若干字段（field）。本例中第一个字段和最后一个字段（0 和 32）组合起来告诉 MIPS 计算机该指令要完成加法运算。第二个字段表示加法的第一个源操作数寄存器号（17=$s1）。第三个字段表示加法的另一个源操作数寄存器号（18=$s2）。第四个字段表示存放运算结果的目的寄存器号（8=$t0）。第五个字段在这条指令中没有用到，故置为 0。这样，这条指令将寄存器 $s1 和寄存器 $s2 的内容相加，并将和放在寄存器 $t0 中。

这条指令也可以表示成二进制的形式：

| 000000 | 10001 | 10010 | 01000 | 00000 | 100000 |
| 6 位 | 5 位 | 5 位 | 5 位 | 5 位 | 6 位 |

指令的布局形式叫作**指令格式**（instruction format）。从二进制位的数目可以看出，MIPS 指令占 32 位，与数据字的位数相等。遵循简单源于规整的原则，所有 MIPS 指令都是 32 位长。

为了与汇编语言区分开来，把指令的数字形式称为**机器语言**（machine language），这样的指令序列叫作机器码（machine code）。

为避免读写冗长乏味的二进制字串，可采用比二进制基数更大但又易转化为二进制的表示形式。由于几乎所有计算机的数据大小都是 4 的整数倍，因此**十六进制**（hexadecimal）表示形式非常流行。16 是 2 的 4 次幂，因此可以很简单地通过将每 4 位二进制数替换为 1 位十六进制数来完成二进制到十六进制的转换，反之亦然。图 2-4 给出了十六进制和二进制之间的转换表。

指令格式：二进制数字段组成的指令表示形式。

机器语言：在计算机系统中用于交流的二进制表示形式。

十六进制：基数为 16 的数。

十六进制	二进制	十六进制	二进制	十六进制	二进制	十六进制	二进制
0_{16}	0000_2	4_{16}	0100_2	8_{16}	1000_2	c_{16}	1100_2
1_{16}	0001_2	5_{16}	0101_2	9_{16}	1001_2	d_{16}	1101_2
2_{16}	0010_2	6_{16}	0110_2	a_{16}	1010_2	e_{16}	1110_2
3_{16}	0011_2	7_{16}	0111_2	b_{16}	1011_2	f_{16}	1111_2

图 2-4 十六进制和二进制转换表。可以简单地把 1 位十六进制数替换为相应的 4 位二进制数，反之亦然。如果二进制数的位数不是 4 的整数倍，转换要从右向左进行

为了避免处理不同进制数时产生混淆，此处约定十进制数加下标 10，二进制数加下标 2，十六进制数加下标 16。（如果没有下标，那么默认为十进制。）顺便说明一下，C 和 Java 中用符号 0x*nnnn* 来表示十六进制数。

| 例题 | 二进制和十六进制之间的转换

将下面的十六进制数转换成二进制数，二进制数转换成十六进制数：

```
eca8  6420₁₆
0001 0011 0101 0111 1001 1011 1101 1111₂
```

| 答案 | 按图 2-4 所示，查表得：

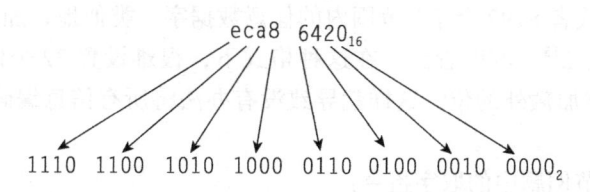

eca8 6420₁₆

↓↓↓↓↓↓↓↓

1110 1100 1010 1000 0110 0100 0010 0000₂

从二进制到十六进制的转换：

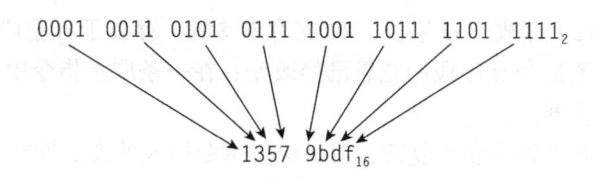

0001 0011 0101 0111 1001 1011 1101 1111₂

↓↓↓↓↓↓↓↓

1357 9bdf₁₆

MIPS 字段

为了使讨论变得简单，给 MIPS 指令中各字段命名如下：

op	rs	rt	rd	shamt	funct
6位	5位	5位	5位	5位	6位

MIPS 指令中各字段名称及含义如下：

- op：指令的基本操作，通常称为**操作码**（opcode）。
- rs：第一个源操作数寄存器。
- rt：第二个源操作数寄存器。
- rd：用于存放操作结果的目的寄存器。
- shamt：位移量。（在 2.6 节中介绍移位指令和该术语。在此之前，指令都不使用这个字段，故此字段的内容为 0。）
- funct：功能。一般称为**功能码**（function code），用于与 op 字段的某些值结合，进行操作码扩展。

操作码：指令中用来表示操作和格式的字段。

当某条指令需要比上述字段更长的字段时，就会发生问题。例如，取字指令必须指定两个寄存器和一个常数。在上述格式中，如果地址使用其中的一个 5 位字段，那么取字指令的常数就被限制在 2^5（即 32）之内。这个常数通常用来从数组或数据结构中选择元素，所以它常常比 32 大得多。5 位字段因太小而很难发挥作用。

因此，既希望所有指令长度相同，又希望具有统一的指令格式，两者之间产生了冲突。这就引出了最后一条硬件设计原则。

设计原则 3：优秀的设计需要好的折中方案。

MIPS 设计者选择的折中方案是：保持所有的指令长度相同，但不同类型的指令采用不同的指令格式。例如，上述格式称为 R 型（用于寄存器）。另一种指令格式称为 I 型（用于立即数），立即数和数据传送指令用的就是这种格式。I 型指令的字段如下所示：

op	rs	rt	constant或address
6位	5位	5位	16位

16 位的地址字段意味着取字指令可以取相对于基址寄存器地址偏移为 $\pm 2^{15}$ 或者 32 768 字节（$\pm 2^{13}$ 或者 8192 个字）范围内的任意数据字。类似地，加立即数指令中的常数也被限制为不超过 $\pm 2^{15}$。可以看到，在这种格式下，很难设置 32 个以上的寄存器，因为 rs 和 rt 字段都必须增加额外的位，这样就导致没有办法将所有信息编码到一个 32 位的指令字里。

分析一下 2.3.1 节例题中的取字指令：

```
lw    $t0,32($s3)    # Temporary reg $t0 gets A[8]
```

这里，19（寄存器 $s3）存放于 rs 字段，8（寄存器 $t0）存放于 rt 字段，32 存放于 address 字段。注意，对于这条指令 rt 字段的意思已经改变：在一条取字指令中，rt 字段用于指明存放取数结果的目的寄存器。

虽然多种指令格式使硬件变得复杂，但是保持指令格式的类似性在一定程度上可降低复杂度。例如，R 型和 I 型格式的前 3 个字段长度相等，并且名称也一样；I 型格式的第四个字段长度和 R 型后 3 个字段的长度之和相等。

指令格式由第一个字段的值来区分：每种格式在第一个字段（op）分配不同的值，以便让计算机硬件知道指令后半部分是三个字段（R 型）还是一个字段（I 型）。图 2-5 给出了到目前为止已使用过的 MIPS 指令的每个字段的值。

指令	格式类型	op	rs	rt	rd	shamt	funct	address
add	R	0	reg	reg	reg	0	32_{10}	n.a.
sub (subtract)	R	0	reg	reg	reg	0	34_{10}	n.a.
add immediate	I	8_{10}	reg	reg	n.a.	n.a.	n.a.	常数
lw (load word)	I	35_{10}	reg	reg	n.a.	n.a.	n.a.	地址
sw (store word)	I	43_{10}	reg	reg	n.a.	n.a.	n.a.	地址

图 2-5　MIPS 指令编码。在上表中，"reg"代表寄存器的标号（0~31），"address"表示 16 位地址，"n.a."（not applicable）表示这个字段在该指令格式中不出现。注意，add 和 sub 指令具有相同的 op 字段值，硬件根据 funct 字段的值来决定所进行的操作：add（32）或 substract（34）

| 例题 | 将 MIPS 汇编语言翻译成机器语言

本例描述从程序员编写的程序到机器执行的指令的整个转换过程。如果数组 A 的基址存放在 $t1 中，h 存放在 $s2 中，下面的 C 赋值语句：

```
A[300] = h + A[300];
```

被编译成如下汇编语言：

```
lw    $t0,1200($t1) # Temporary reg $t0 gets A[300]
add   $t0,$s2,$t0   # Temporary reg $t0 gets h + A[300]
sw    $t0,1200($t1) # Stores h + A[300] back into A[300]
```

这三条 MIPS 指令的机器语言代码是什么？

| 答案 | 为方便起见，先使用十进制数表示机器语言指令。从图 2-5 中可以确定这三条机器

语言指令：

op	rs	rt	rd	address/shamt	funct
35	9	8		1200	
0	18	8	8	0	32
43	9	8		1200	

lw 指令的第一个字段（op）值为 35（见图 2-5）。在第二个字段（rs）中指定基址寄存器 9（$t1），在第三个字段（rt）中指定目的寄存器 8（$t0）。在最后一个字段 address 中存放用于指定 A[300] 的偏移量（1200=300×4）。

下一条 add 指令由第一个字段（op）值 0 和最后一个字段（funct）值 32 共同定义。第二、三、四字段中的三个寄存器（18、8 和 8）分别对应 $s2、$t0 和 $t0。

sw 指令由第一个字段的 43 识别定义。这条指令的其他部分和 lw 指令完全一样。

与上述十进制形式对应的二进制机器指令如下所示（十进制数 1200_{10} 用二进制表示为 $0000\ 0100\ 1011\ 0000_2$）：

100011	01001	01000	0000 0100 1011 0000		
000000	10010	01000	01000	00000	100000
101011	01001	01000	0000 0100 1011 0000		

注意，第一条指令和最后一条指令的二进制表示非常相似，唯一不同的是从左边数第 3 位。

硬件/软件接口 定长指令的需求与设置尽可能多的寄存器的需求矛盾。寄存器数量的增加会导致指令格式中的各个寄存器字段至少增加 1 位。综合考虑这些限制和越小越快的设计原则，当今的大多数指令系统中有 16 个或 32 个通用寄存器。

图 2-6 归纳了本节讲述的 MIPS 机器语言。正如将在第 4 章中讲述的那样，相关指令在二进制表示上的相似性可简化硬件设计。这种相似性也是 MIPS 体系结构规整性的又一佐证。

MIPS 机器语言

名称	格式	示例					注释
add	R	0	18	19	17	0	32	add $s1,$s2,$s3
sub	R	0	18	19	17	0	34	sub $s1,$s2,$s3
addi	I	8	18	17	100			addi $s1,$s2,100
lw	I	35	18	17	100			lw $s1,100($s2)
sw	I	43	18	17	100			sw $s1,100($s2)
字段位数		6位	5位	5位	5位	5位	6位	所有的 MIPS 指令都是32位
R型	R	op	rs	rt	rd	shamt	funct	算术运算指令格式
I型	I	op	rs	rt	address			数据传送指令格式

图 2-6 2.5 节展示的 MIPS 体系结构。到目前为止所见到的 MIPS 指令都是 R 型和 I 型指令。所有指令的前 16 位都是相同的，都包含给出基本操作码的 op 字段、给出第一源操作数的 rs 字段、给出第二源操作数的 rt 字段（取字指令除外，在取字指令中用于指定目的寄存器）。R 型指令将后 16 位划分为 3 个字段：rd 字段指明目的寄存器；shamt 字段将在 2.6 节中介绍；funct 字段是 R 型指令的操作码扩展字段。I 型指令将后 16 位合并为一个 address 字段

重点 当今计算机基于以下两个重要准则构建：
1. 指令用数的形式表示。
2. 和数据一样，程序存储在存储器中，并且可以读写。

这些原则引发了存储程序（stored-program）的概念，这一发明释放了计算机的巨大潜力。图 2-7 显示了存储程序的强大功能。特别地，存储器可以存放编辑器程序的源代码、与之对应的编译后的机器码、编译后的程序需要使用的文本，甚至用于生成机器码的编译器。

```
                    ┌─────────────┐
                    │   存储器     │
                    ├─────────────┤
                    │  记账程序    │
                    │ （机器码）   │
                    ├─────────────┤
                    │ 编辑器程序   │
                    │ （机器码）   │
    ┌─────────┐     ├─────────────┤
    │         │     │  C编译器     │
    │  处理器  │     │ （机器码）   │
    │         │     ├─────────────┤
    └─────────┘     │  工资数据    │
                    ├─────────────┤
                    │  账本文字    │
                    ├─────────────┤
                    │编辑器程序中的│
                    │ C语言源码    │
                    └─────────────┘
```

图 2-7 存储程序概念。各类存储程序允许将一台用于记账的计算机转眼间变成一台可以帮助作者写书的计算机，只要将程序和数据加载到存储器中并告诉计算机从给定的存储器地址开始执行程序即可。将指令和数据以相同的方式处理，极大地简化了计算机系统的存储器硬件和软件。用于数据的存储技术同样适用于程序，如编译器，它能够将那些方便人类使用的符号编写的代码翻译成机器能理解的代码

指令表示为数的好处是程序可以被当成二进制数的文件发布。商业上的意义就是计算机可以沿用那些指令集兼容的现成软件，这种"二进制兼容"使得工业界围绕着几种指令集体系结构形成联盟。

小测验 下面的图表代表的是哪条 MIPS 指令？

op	rs	rt	rd	shamt	funct
0	8	9	10	0	34

1. sub $t0, $t1, $t2
2. add $t2, $t0, $t1
3. sub $t2, $t1, $t0
4. sub $t2, $t0, $t1

如果一个人的年龄是 40_{10} 岁，请使用十六进制表示他的年龄。

2.6 逻辑操作

虽然早期的计算机仅对整字进行操作，但人们很快就发现，对字中由若干位组成的字段甚至单个位进行操作是很有用的。例如，检查字里面每个由8位组成的字符（见2.9节）。于是，编程语言和指令集体系结构中增加了一些指令，用于简化对字中若干位进行打包或者拆包的操作。这些指令被称为逻辑操作。图2-8给出了C、Java和MIPS中的逻辑操作。

"正相反，"叮当弟接着说，"如果那是真的，那它就可能是真的；如果那曾经是真的，它就是真过；但是既然现在它不是真的，那么现在它就是假的。这就是逻辑。"

Lewis Carroll，《爱丽丝漫游仙境》，1865

第一类逻辑操作称为移位（shift）。它们将一个字里面的所有位都向左或向右移动，并在空出来的位上填充0。例如，假设寄存器$s0中的数据是：

0000 0000 0000 0000 0000 0000 0000 1001_2 = 9_{10}

一条左移4位的指令执行后，得到的新值是：

0000 0000 0000 0000 0000 0000 1001 0000_2 = 144_{10}

逻辑操作	C操作符	Java操作符	MIPS指令
左移	<<	<<	sll
右移	>>	>>>	srl
按位与	&	&	and, andi
按位或	|	|	or, ori
按位取反	~	~	nor

图2-8 C和Java的逻辑操作符及相应的MIPS指令。MIPS使用一个操作数为0的NOR指令实现取反操作

与左移相对应的是右移。左移和右移这两条指令在MIPS中的确切名字是逻辑左移（sll）和逻辑右移（srl）。下面的指令完成的就是上述操作，假设源操作数在$s0中，结果存储到$t2中：

sll $t2,$s0,4 # reg $t2 = reg $s0 << 4 bits

前面介绍R型指令格式时没有解释shamt字段，它在移位指令中被用于表示移位量（shift amount）。因此，上述指令对应的机器语言是：

op	rs	rt	rd	shamt	funct
0	0	16	10	4	0

sll指令的编码在op字段和funct字段都为0，rd为10（寄存器$t2），rt为16（寄存器$s0），shamt为4。rs字段没有使用，被置为0。

逻辑左移还有额外的好处，就是左移i位相当于乘以2^i，这就像十进制数左移i位相当于乘以10^i。例如，上面的sll指令左移了4位，就相当于乘以2^4（即16）。所以，原二进制数表示的值是9，而9×16=144，恰好就是移位后的结果。

第二类有用的操作是**按位与**（AND）。该操作仅当两个操作位均为1时结果才为1。例如，如果寄存器$t2的值为：

按位与：按位进行与操作，仅当两个操作位均为1时结果才为1。

0000 0000 0000 0000 0000 1101 1100 0000$_2$

寄存器 $t1 的值为：

0000 0000 0000 0000 0011 1100 0000 0000$_2$

那么，在执行 MIPS 指令

```
and $t0,$t1,$t2    # reg $t0 = reg $t1 & reg $t2
```

后，$t0 中的值将是：

0000 0000 0000 0000 0000 1100 0000 0000$_2$

AND 提供了一种将源操作数中某些位置为 0 的能力，前提是另一个操作数中的对应位为 0。后一个操作数传统上被称为掩码（mask），寓意其可"隐藏"某些位。

与 AND 相对的操作是**按位或**（OR）。该操作在两个操作位中任意一位为 1 时结果就为 1。为详细说明，仍假设 $t1 和 $t2 中的值与上面的例子一样，那么下述 MIPS 指令

```
or $t0,$t1,$t2 # reg $t0 = reg $t1 | reg $t2
```

按位或：按位进行或操作，当两个操作位中任意一位为 1 时结果就为 1。

执行后 $t0 的值是：

0000 0000 0000 0000 0011 1101 1100 0000$_2$

最后一类逻辑操作是**按位取反**（NOT）。该操作仅有一个操作数，将 1 变成 0，0 变成 1。使用前面的符号，它可用来计算 $\bar{x}$。

按位取反：按位进行非操作，仅有一个操作数，将 1 变成 0，0 变成 1。

为了保持三操作数的格式，MIPS 的设计者引入**或非**（NOT OR，NOR）指令来取代 NOT。如果一个操作数是 0，那么对另一个操作数而言，结果就等价于 NOT：A NOR 0=NOT(A OR 0)=NOT(A)。

或非：按位先或后非操作，仅当两个操作位均为 0 时结果才为 1。

如果寄存器 $t1 中的值与上例一样，寄存器 $t3 中的值是 0，那么下面 MIPS 指令

```
nor $t0,$t1,$t3 # reg $t0 = ~ (reg $t1 | reg $t3)
```

在寄存器 $t0 中的执行结果是：

1111 1111 1111 1111 1100 0011 1111 1111$_2$

图 2-8 显示了 C 和 Java 的操作符与 MIPS 指令之间的关系。和在算术运算中一样，常数在 AND 和 OR 这些逻辑操作里也是很有用的，因此 MIPS 也提供了立即数与（andi）和立即数或（ori）指令。常数在 NOR 中出现得很少，因为 NOR 的主要功能就是将单操作数按位取反，因此，MIPS 指令集体系结构没有设计支持 NOR 立即数的指令。

精解 MIPS 指令集中也包括异或（XOR）指令，当两个操作数对应位不同时结果为 1，相同时结果为 0。C 语言允许在字内定义由若干位组成的一个或多个字段，并将其作为对象包装在一个字内，以满足如 I/O 设备等外部接口的需求。所有字段必须放在一个单字之中，并采用无符号整数。C 编译器使用 MIPS 的下列逻辑指令插入和提取字段：and、or、sll 以及 srl。

精解 在与立即数进行逻辑与操作和逻辑或操作时，立即数的高 16 位补 0 后形成 32 位常数进行计算，而与立即数做加法运算时，将立即数进行符号扩展。

小测验 下面哪个操作可以将字中的一部分分离出来？

1. AND
2. 左移后再进行右移

2.7 决策指令

计算机与简单计算器的区别在于决策能力。根据输入数据和计算过程中产生的值，计算机可以执行不同的指令。程序语言通常使用 if 语句描述决策，有时也和 go to 语句及标签组合使用。MIPS 汇编语言中有两条类似于 if 和 go to 语句的指令。第一条是

    beq register1, register2, L1

该指令表示：如果 register1 和 register2 中的数值相等，则转到标签为 L1 的语句执行。助记符 beq 表示，如果相等则分支 (branch if equal)。

第二条指令是

    bne register1, register2, L1

该指令表示：如果 register1 和 register2 中的数值不相等，则转到标签为 L1 的语句执行。助记符 bne 表示，如果不相等则分支 (branch if not equal)。这两条指令传统上称为**条件分支** (conditional branch) 指令。

> 自动化计算机的实用性取决于重复使用给定指令序列的可能性，重复的次数取决于计算的结果……这一选择可以根据数的符号来决定（计算机认为 0 是正数）。因此，我们引入一条"指令"（条件转移"指令"），它根据给定数的符号从两条路径中选择正确的一条来执行。
>
> Burks、Goldstine 和 von Neumann, 1946

条件分支：该指令先比较两个值，然后根据比较的结果决定是否从程序中的一个新地址开始执行指令序列。

| 例题 | 将 if-then-else 语句编译成条件分支指令

在下面这段代码中，f、g、h、i、j 都是变量，设这 5 个变量依次对应于 $s0 到 $s4 的寄存器，请写出这条 C 语言 if 语句编译后形成的 MIPS 代码。

    if (i == j) f = g + h; else f = g -h;

| 答案 | 图 2-9 是 MIPS 代码执行过程的流程图。第一个表达式比较 i 和 j 是否相等，需要一条 beq 指令。通常，通过测试分支的相反条件来跳过 if 语句中后面的 then 部分，代码的效率会更高（标签 Else 将在后面定义），所以我们使用 bne 指令：

    bne $s3,$s4,Else   # go to Else if i ≠ j

下一个赋值语句执行一个单操作，如果所有的操作数都分配给寄存器，那么它只是一条指令：

    add $s0,$s1,$s2   # f = g + h (skipped if i ≠ j)

在 if 语句的结尾部分，需要引入另一种分支指令，通常叫作无条件分支指令 (unconditional branch)。当遇到这种指令时，程序必须跳转。为了区分条件分支和无条件分支，MIPS 将无条件分支指令命名为 jump，简写成 j（标签 Exit 将在后面定义）。

    j Exit   # go to Exit

if 语句中 else 部分的赋值语句也可编译成一条指令。我们只需将标签 Else 加在这条指令前，再将标签 Exit 加在这条指令后面，表示 if-then-else 编译代码结束：

    Else:sub $s0,$s1,$s2 # f = g - h (skipped if i = j)
    Exit:

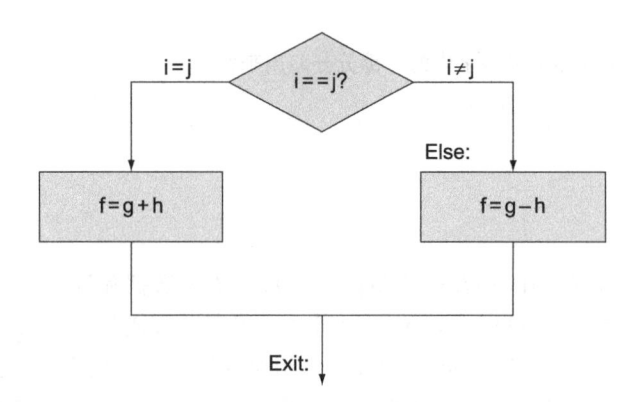

图 2-9　上述 if 语句的程序流程图。左边方框对应 if 语句的 then 部分，右边方框对应 if 语句的 else 部分

注意，就像汇编器完成存数/取数指令的数据地址计算一样，它也完成分支指令的地址计算，这使得编译器和汇编语言程序员摆脱了乏味的地址计算任务（参见 2.12 节）。

| 硬件/软件接口 | 编译器经常创建一些在编程语言中没出现过的分支和标签。避免显式地编写这些标签和分支是使用高级编程语言的好处之一，也是该层次上编码速度快的一个原因。

2.7.1　循环

无论在二选一的 if 语句中，还是在迭代计算的循环语句中，决策都起着重要作用。但这两种情况下，关于决策的汇编语言指令是相同的。

| 例题 | 编译用 C 语言编写的 while 循环语句

下面是用 C 语言编写的传统循环程序：

```
while (save[i] == k)
    i += 1;
```

假设 i 和 k 分别存放在寄存器 $s3 和 $s5 中，数组 save 的基址存放在寄存器 $s6 中。请写出这段 C 程序对应的 MIPS 汇编代码。

| 答案 | 第一步需要将 save[i] 读入一个临时寄存器中。在读入之前，需要计算它的地址。在将 i 加到 save 数组基址以形成访存地址前，由于系统按照字节编址，先要将 i 乘以 4。幸运的是，我们可以使用逻辑左移指令实现这一乘法，因为左移 2 位等价于乘 4。需要在该指令前增加一个标签 Loop，以便在循环末端能够跳回该指令：

```
Loop: sll $t1,$s3,2    # Temp reg $t1 = i * 4
```

为了得到 save[i] 的地址，需要将 $t1 和 $s6 中 save 的基址相加：

```
add $t1,$t1,$s6    # $t1 = address of save[i]
```

现在可用该地址将 save[i] 读入一个临时寄存器中：

```
lw $t0,0($t1)    # Temp reg $t0 = save[i]
```

下一条指令执行循环判断，如果 save[i]≠k 则退出循环：

```
bne $t0,$s5, Exit    # go to Exit if save[i] ≠ k
```

再下一条指令将 i 加 1：

```
        addi $s3,$s3,1      # i = i + 1
```
在循环的末尾，程序跳转到循环的开始。随后增加了一个 Exit 标签，这样就完成了全部编译：
```
        j    Loop           # go to Loop
Exit:
```
(见练习题中对该指令序列的优化。)

硬件/软件接口 以分支指令结束的这类指令序列对编译非常重要，因此它们有对应的专用术语：基本块。基本块 (basic block) 是没有分支 (可能出现在末尾者除外) 并且没有分支目标/分支标签 (可能出现在开始者除外) 的指令序列。编译最初阶段的任务之一就是将程序分解为若干基本块。

基本块：没有分支 (可能出现在末尾者除外) 并且没有分支目标/分支标签 (可能出现在开始者除外) 的指令序列。

最常见的判断语句可能是相等或不等，但有时判断一个变量是否小于另一个变量也非常有用。例如，for 循环就需要判断索引变量是否小于 0。在 MIPS 汇编语言中提供了一条指令来实现这种比较，该指令在比较两个寄存器内容之后，若第一个寄存器小于第二个寄存器，则将第三个寄存器设置为 1，否则设置为 0。该指令称为小于则置位 (set on less than)，即 slt。例如，
```
        slt  $t0, $s3, $s4  # $t0 = 1 if $s3 < $s4
```
表示当寄存器 $s3 的值小于寄存器 $s4 的值时，寄存器 $t0 被置为 1，否则寄存器 $t0 被置为 0。

在比较中经常使用常数操作数，所以有立即数版本的小于则置位指令。例如，为了测试寄存器 $s2 的值是否小于常数 10，可以使用如下指令：
```
        slti $t0,$s2,10     # $t0 = 1 if $s2 < 10
```

硬件/软件接口 MIPS 编译器使用 slt、slti、beq、bne 和固定值 0（可以通过读取寄存器 $zero 来获得）来创建所有的比较条件：相等、不等、小于、小于或等于、大于、大于或等于。

遵循冯·诺依曼等关于"设备"简单性的原则，MIPS 体系结构没有提供"小于则分支"指令，因为这种指令过于复杂，它会延长时钟周期，或增加指令的平均执行周期数 (CPI)。所以两条更快的指令更加有用。

硬件/软件接口 比较指令应该具有分清有符号数和无符号数的能力。有时候最高有效位为 1 的二进制数代表一个负数，它当然应该小于所有最高有效位为 0 的正数。另外，如果是无符号数，最高有效位为 1 的数将大于所有最高有效位为 0 的数。(我们将很快看到最高有效位具有双重意义在减少数组边界检查开销方面的优点。)

MIPS 为这两种情况提供两个版本的小于则置位指令。slt(set on less than) 和 slti(set on less than immediate) 指令用于处理有符号整数，而 sltu (set on less than unsigned) 和 sltiu(set on less than immediate unsigned) 指令则用于处理无符号整数。

| **例题** | **有符号比较和无符号比较** |

假设寄存器 $s0 中的二进制数为

1111 1111 1111 1111 1111 1111 1111 1111₂

而寄存器 $s1 中的二进制数为

0000 0000 0000 0000 0000 0000 0000 0001$_2$

在执行以下两条指令后，寄存器 \$t0 和 \$t1 中的值分别是多少？

```
slt     $t0, $s0, $s1 # signed comparison
sltu    $t1, $s0, $s1 # unsigned comparison
```

答案 如果是有符号数，那么寄存器 \$s0 中的值为 -1_{10}，寄存器 \$s1 中的值为 1_{10}；如果是无符号数，那么寄存器 \$s0 中的值为 $4\ 294\ 967\ 295_{10}$，寄存器 \$s1 中的值仍为 1_{10}。因此，寄存器 \$t0 中的值为 1，因为 $-1_{10}<1_{10}$；寄存器 \$t1 中的值为 0，因为 $4\ 294\ 967\ 295_{10}>1_{10}$。

将有符号数作为无符号数来处理，是检验 $0\leqslant x<y$ 的一种低开销方法，常用于检查数组的下标是否越界。问题的关键是负数在二进制补码表示法中看起来像是无符号表示法中的一个很大的数，因为在有符号数中最高有效位是符号位，而无符号数中最高有效位是具有最大权重的位。所以使用无符号比较 $x<y$，在检查 x 是否小于 y 的同时，也检查了 x 是不是一个负数。

|例题| 边界检查的简便方法

利用这个方法可以减少检验下标是否越界的开销：如果 \$s1⩾\$t2 或者 \$s1 是负数，则跳转到 IndexOutOfBounds。

答案 检查代码仅使用一条 sltu 指令即可同时进行两种检查：

```
sltu $t0,$s1,$t2 # $t0 = 0 if $s1>=length or $s1<0
beq $t0,$zero,IndexOutOfBounds #if bad, goto Error
```

2.7.2 case/switch 语句

大多数程序设计语言中都包括 case 或 switch 语句，使得程序员可以根据某个变量的值选择不同的分支。实现 switch 语句的最简单方法是借助一系列的条件判断，将 switch 语句转化为 if-then-else 语句。

有时候，另一种更有效的方法是将多个分支指令序列的地址编码为一张表，即**转移地址表**（jump address table）或**转移表**（jump table），这样程序只需索引该表即可跳转到正确的指令序列。转移地址表是一个由代码中标签所对应的地址构成的数组。程序需要跳转的时候首先将转移地址表中相应的入口地址加载到寄存器中，然后使用寄存器中的地址值进行跳转。为了支持这种情况，像 MIPS 这样的计算机提供了寄存器跳转（jump register）指令 jr，用来无条件地跳转到寄存器指定的地址。该指令将在下一节中介绍。

转移地址表：又称作转移表，指包含不同指令序列地址的表。

硬件/软件接口 虽然在 C 或 Java 这样的编程语言中有许多决策和循环语句，但是在指令集这一层次实现其功能的基本语句是条件分支。

精解 如果你曾经听说过延迟分支（将在第 4 章中介绍），那么不必对此表示担心：MIPS 汇编器会使它们对汇编语言程序员不可见。

小测验

I. C 语言中有很多决策和循环语句，但是在 MIPS 中很少。下述各项有没有阐明这种不均衡？为什么？

1. 更多的决策语句使得代码更容易阅读和理解。
2. 更少的决策语句简化了负责执行的底层工作。
3. 更多的决策语句意味着更少的代码量,这节约了编程的时间。
4. 更多的决策语句意味着更少的代码量,这意味着执行更少的操作。

II. 为什么 C 语言提供了两种与操作(& 和 &&)和两种或操作(| 和 ||),而 MIPS 没有提供呢?
1. 逻辑操作 AND 和 OR 实现 & 和 |,而条件分支实现 && 和 ||。
2. 第 1 项的描述说反了:&& 和 || 对应于逻辑操作,而 & 和 | 对应于条件分支。
3. 它们是冗余的,并且是一回事。&& 和 || 都是从 B 语言(C 程序设计语言的前身)简单继承而来的。

2.8 计算机硬件对过程的支持

过程(procedure)或函数是程序员进行结构化编程的工具,两者均有助于提高程序的可理解性和代码的可重用性。过程使程序员每次只需将精力集中在任务的一部分,由于参数能传递数值并返回结果,因此参数担任过程与程序其他部分以及数据之间的接口角色。2.15 节描述了 Java 语言中过程的等价表示方法,但 Java 与 C 语言对计算机的要求一致。过程是软件中实现抽象的一种方法。

过程:根据提供的参数执行一定任务的子程序。

可以将过程想象成一个间谍,他离开时带着一项神秘的计划,为了完成该计划,需要获得资源、执行任务并隐匿行踪,最后带着预期的结果返回起点。一旦任务完成将不再对系统产生任何其他干扰。更重要的是,间谍是在"需要知道"的基础上工作的,所以间谍不需要对其上线做任何假定。

同样,在过程运行中,程序必须遵循以下 6 个步骤:
1. 将参数放在过程可以访问的位置。
2. 将控制权转交给过程。
3. 获得过程执行所需的存储资源。
4. 执行需要的任务。
5. 将结果的值放在调用程序可以访问的地方。
6. 将控制返回调用点,因为一个过程可能在一个程序中的多个点被调用。

如上所述,寄存器是计算机中保存数据最快的地方,所以我们希望尽可能多地使用寄存器。MIPS 软件在为过程调用分配 32 个寄存器时遵循以下约定:
- $a0~$a3:用于传递参数的 4 个参数寄存器。
- $v0~$v1:用于返回结果的两个值寄存器。
- $ra:用于返回调用点的返回地址寄存器。

除了分配这些寄存器之外,MIPS 汇编语言还包括一条过程调用指令:在跳转到某个地址的同时,将下一条指令的地址保存在寄存器 $ra 中。这条**跳转和链接指令**(jump-and-link instruction,jal)的格式为:

跳转和链接指令:跳转到某个地址的同时将下一条指令的地址保存到寄存器 $ra 中的指令。

```
jal ProcedureAddress
```

指令中的链接部分表示指向调用点的地址或链接，以允许过程返回到合适的地址。存储在寄存器 $ra（31号寄存器）中的链接部分称为**返回地址**（return address）。因为在一个程序中，可能在多个地方调用同一个过程，所以必须保存返回地址。

为了支持程序调用中的返回，MIPS 等计算机使用了寄存器跳转（jump register）指令 jr，表示无条件跳转到寄存器所指定的地址：

```
jr  $ra
```

寄存器跳转指令跳转到存储在 $ra 寄存器中的地址——这正是我们所希望的。因此，调用程序或称为**调用者**（caller），将参数值放在 $a0 ~ $a3 中，然后使用 jal X 跳转到过程 X（有时称为**被调用者**（callee））。被调用者执行运算，将结果放在 $v0 和 $v1 中，然后使用 jr $ra 指令将控制返回给调用者。

存储程序思想的一个隐含需求，是需要一个寄存器来保存当前要执行指令的地址。尽管这个寄存器更为合理的名字可能应该是指令地址寄存器（instruction address register），但是出于历史原因，这个寄存器通常称为**程序计数器**（program counter），在 MIPS 体系结构中缩写为 PC。jal 指令实际上将 PC+4 保存在寄存器 $ra 中，从而将链接指向下一条指令，为过程返回做好准备。

> **返回地址**：指向调用点的链接，使过程可以返回到合适的地址，在 MIPS 中它存储在寄存器 $ra 中。
>
> **调用者**：发起调用一个过程并为过程提供必要参数值的程序。
>
> **被调用者**：根据调用者提供的参数执行一系列存储的指令，然后将控制权返回调用者的过程。
>
> **程序计数器**（PC）：存放正在被执行指令的地址的寄存器。

2.8.1 使用更多寄存器

假设对于一个过程，编译器需要使用多于 4 个参数寄存器和 2 个返回值寄存器。由于在任务完成后必须消除过程产生的踪迹，因此调用者使用的任何寄存器都必须恢复到过程调用前的状态。这种情况可以看成是需要将寄存器换出到存储器的一个例子，如之前"硬件/软件接口"部分所提到的那样。

存放换出寄存器最理想的数据结构是**栈**（stack）——一种后进先出的队列。栈需要一个指针指向栈中最新分配的地址，以指示下一个过程放置换出寄存器的位置，或寄存器旧值的存放位置。在每次寄存器进行保存或恢复时，**栈指针**（stack pointer）以字为单位进行调整。MIPS 软件为栈指针准备了第 29 号寄存器，并将其命名为 $sp。由于栈的应用十分广泛，因此向栈传递数据或从栈中取出数据都有专用术语：将数据放入栈中称为**压栈**（push），从栈中移除数据称为**弹栈**（pop）。

按照历史惯例，栈"增长"是按照地址从高到低的顺序进行的。这意味着：将数据压栈时，栈指针值减小；而数据弹栈时，栈长度缩短，栈指针增大。

> **栈**：被组织成后进先出队列形式，用于寄存器换出的数据结构。
>
> **栈指针**：指示栈中最近分配的地址的值，它指示寄存器被换出的位置，或寄存器旧值的存放位置。在 MIPS 中，栈指针是寄存器 $sp。
>
> **压栈**：向栈中增加元素。
>
> **弹栈**：从栈中移除元素。

| **例题** | **编译一个不调用其他过程的 C 过程** |

将 2.2 节的例子转化为一个 C 过程：

```
int leaf_example (int g, int h, int i, int j)
{
    int f;
```

```
    f = (g + h) - (i + j);
    return f;
}
```

请写出编译后的 MIPS 汇编代码。

| **答案** | 参数变量 g、h、i 和 j 分别对应参数寄存器 $a0、$a1、$a2 和 $a3，f 对应 $s0。编译后的程序是以如下标号开始的过程：

```
leaf_example:
```

下一步是保存过程中使用的寄存器。过程实体中的 C 赋值语句与 2.2 节的例子相同，使用了两个临时寄存器。因此，需要保存三个寄存器 $s0、$t0 和 $t1。我们将旧值"压栈"，也就是在栈中建立三个字（12 字节）的空间，并将三个寄存器的值存入：

```
addi $sp, $sp, -12   # adjust stack to make room for 3 items
sw   $t1, 8($sp)     # save register $t1 for use afterwards
sw   $t0, 4($sp)     # save register $t0 for use afterwards
sw   $s0, 0($sp)     # save register $s0 for use afterwards
```

图 2-10 给出了在过程调用前、调用中和调用后栈的变化情况。

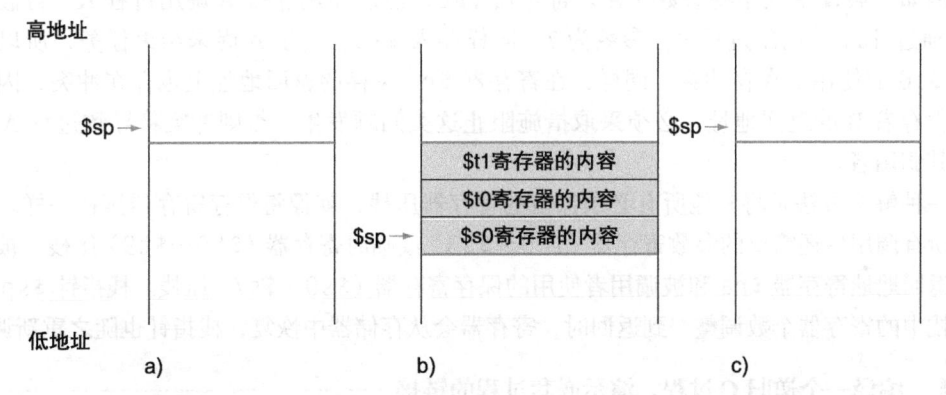

图 2-10 在过程调用前（a）、调用中（b）和调用后（c）栈指针以及栈的状态。栈指针总是指向栈顶，或者图中栈的最后一个字

接着的三条语句对应过程实体，与 2.2 节的例子相同：

```
add $t0,$a0,$a1 # register  $t0 contains g + h
add $t1,$a2,$a3 # register  $t1 contains i + j
sub $s0,$t0,$t1 # f = $t0 - $t1, which is (g + h)-(i + j)
```

为了返回 f 的值，我们将它复制到一个返回值寄存器中：

```
add $v0,$s0,$zero # returns f ($v0 = $s0 + 0)
```

在返回前，我们通过"弹栈"的方式恢复寄存器的三个旧值：

```
lw   $s0, 0($sp)   # restore register $s0 for caller
lw   $t0, 4($sp)   # restore register $t0 for caller
lw   $t1, 8($sp)   # restore register $t1 for caller
addi $sp,$sp,12    # adjust stack to delete 3 items
```

过程最后根据跳转寄存器中的返回地址跳转：

```
jr $ra  # jump back to calling routine
```

前面的例子使用了临时寄存器，并假设它们的旧值必须保存和恢复。为了避免保存和恢复一个其值未被用过的寄存器（通常是临时寄存器），MIPS 软件将 18 个寄存器分为两组：

- $t0～$t9：10 个临时寄存器，在过程调用中不必由被调用者（被调用的过程）保存。
- $s0～$s7：8 个保留寄存器，在过程调用中必须被保存（一旦被使用，由被调用者保存和恢复）。

这一简单约定减少了寄存器换出次数。在上面的例子中，因为调用者不期望在过程调用中能保留寄存器 $t0 和 $t1，所以我们可以去掉相关的两次保存和两次载入的代码。我们需要保存和恢复 $s0，因为被调用者必须假设调用者需要该值。

2.8.2 嵌套过程

不调用其他过程的过程称为叶（leaf）过程。如果所有过程都是叶过程，那么情况就很简单，但实际并非如此。就像一个间谍，其任务的一部分是雇用其他间谍，被雇用的间谍进而雇用更多的间谍，某个过程调用其他过程也是这样。递归过程甚至调用的是自身的"克隆"。就像在过程中使用寄存器需要十分小心一样，在调用非叶过程时需要更加小心。

例如，假设主程序将参数 3 存入寄存器 $a0，然后使用 jal A 调用过程 A。再假设过程 A 通过 jal B 调用过程 B，参数为 7，同样存入 $a0。由于 A 尚未结束任务，所以在寄存器 $a0 的使用上存在冲突。同样，在寄存器 $ra 保存的返回地址上也存在冲突，因为它现在保存着 B 的返回地址。必须采取措施阻止这类问题发生，否则冲突将导致过程 A 无法返回其调用者。

一种解决方法是将其他所有必须保留的寄存器压栈，就像将保存寄存器压栈一样。调用者将所有调用后还需要的参数寄存器（$a0～$a3）或临时寄存器（$t0～$t9）压栈。被调用者将返回地址寄存器 $ra 和被调用者使用的保存寄存器（$s0～$s7）压栈。栈指针 $sp 随着压入栈中的寄存器个数调整。到返回时，寄存器会从存储器中恢复，栈指针也随之重新调整。

| 例题 | 编译一个递归 C 过程，演示嵌套过程的链接

下面是一个计算阶乘的递归过程：

```
int fact (int n)
{
    if (n < 1) return (1);
        else return (n * fact(n - 1));
}
```

请写出该过程的 MIPS 汇编代码。

| 答案 | 参变量 n 对应参数寄存器 $a0。编译后的程序从过程标签开始，然后在栈中保存两个寄存器，一个是返回地址，另一个是 $a0：

```
fact:
    addi  $sp, $sp, -8   # adjust stack for 2 items
    sw    $ra, 4($sp)    # save the return address
    sw    $a0, 0($sp)    # save the argument n
```

第一次调用 fact 时，sw 保存程序中调用 fact 的地址。紧接着的两条指令测试 n 是否小于 1，如果 n≥1 则跳转到 L1。

```
    slti  $t0,$a0,1      # test for n<1
    beq   $t0,$zero,L1   # if n >= 1, go to L1
```

如果 n 小于 1，fact 将 1 置入一个值寄存器并返回。具体做法是在 0 上加 1 再将其和存入 $v0。然后从栈中弹出两个已保存的值并跳转到返回地址：

```
addi    $v0,$zero,1     # return 1
addi    $sp,$sp,8       # pop 2 items off stack
jr      $ra             # return to caller
```

在从栈中弹出两项之前，本应该加载 $a0 和 $ra。但由于 n 小于 1 时，$a0 和 $ra 没有变化，所以就跳过了这些指令。

如果 n 不小于 1，参数 n 减 1 后，使用减 1 后的值再次调用 fact：

```
L1: addi $a0,$a0,-1     # n >= 1: argument gets (n - 1)
    jal fact            # call fact with (n - 1)
```

下一条指令是 fact 的返回位置。现在旧的返回地址和旧的参数以及栈指针都需要恢复：

```
lw      $a0, 0($sp)     # return from jal: restore argument n
lw      $ra, 4($sp)     # restore the return address
addi    $sp, $sp, 8     # adjust stack pointer to pop 2 items
```

接下来，值寄存器 $v0 得到旧参数 $a0 和当前值寄存器的乘积。在这里假设乘法指令是可用的，尽管直到第 3 章才涉及乘法指令。

```
mul     $v0,$a0,$v0     # return n * fact (n - 1)
```

最后，fact 再次跳转到返回地址：

```
jr      $ra             # return to the caller
```

硬件/软件接口 C 语言中的一个变量通常对应存储器中的一个位置，其解释取决于其类型（type）和存储方式（storage class）。这方面的例子包括整型和字符型（见 2.9 节）。C 语言包括两种存储方式：动态的（automatic）和静态的（static）。动态变量位于过程中，当过程退出时失效。静态变量在进入和退出过程时始终存在。在所有过程之外声明的 C 变量，以及声明时使用关键字 static 的变量被视作静态的，其余的变量被视作动态的。为了简化静态数据的访问，MIPS 软件保留了另一个寄存器，称为全局指针（global pointer），即 $gp。

全局指针：指向静态数据区的保留寄存器。

图 2-11 总结了过程调用时所需保存的内容。需要注意的是，一些方案维护了栈，以确保调用者出栈时得到与压栈时相同的数据。只需保证被调用者不在 $sp 之上进行写操作，$sp 之上的栈就可以得到维护。$sp 由被调用者维护，方法是对其加上与减去相同的数值，其他寄存器则通过先将它们保存到栈（如果它们被使用到的话），再从栈中恢复来进行维护。

保留	不保留
保存寄存器：$s0~$s7	临时寄存器：$t0~$t9
栈指针寄存器：$sp	参数寄存器：$a0~$a3
返回地址寄存器：$ra	返回值寄存器：$v0~$v1
栈指针之上的栈	栈指针之下的栈

图 2-11 过程调用时保留和不保留的内容。如果软件依赖于下面将讨论的帧指针寄存器或者全局指针寄存器，那么它们也需要保留

2.8.3 在栈中为新数据分配空间

栈的另外一点复杂性在于，栈还需要存储过程的局部变量，但这些变量不适用于寄存器，例如局部的数组或结构体。栈中包含过程所保存的寄存器和局部变量的片段称为**过程帧**（procedure frame）或**活动记录**（activation record）。图2-12显示了过程调用前、调用中和调用后栈的状态。

> **过程帧**：也称作活动记录，栈中包含过程所保存的寄存器和局部变量的片段。

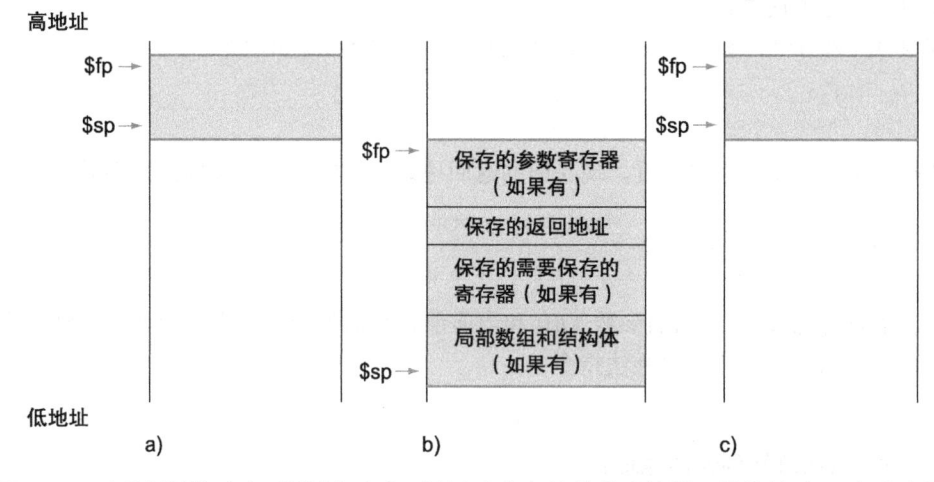

图 2-12　过程调用前（a）、调用中（b）、调用后（c）栈的分配情况。帧指针（$fp）指向该帧的第一个字（一般是保存的参数寄存器），而栈指针（$sp）指向栈顶。栈可调整为有足够的空间，从而容纳所有的保存寄存器和驻留内存的局部变量。因为在程序运行期间栈指针可能会改变，所以对于程序员而言，虽然使用栈指针和少量的地址运算就可能完成对变量的引用，但使用固定的帧指针引用变量会更为简单。如果在一个过程中栈内没有局部变量，编译器将可以不设置和不恢复帧指针以节省时间。当使用帧指针时，在调用中使用$sp的地址进行初始化，而$sp可以使用$fp来恢复。相关内容可以在MIPS参考数据卡的第4列找到

某些MIPS软件使用**帧指针**（frame pointer）$fp指向过程帧的第一个字。在过程中栈指针可能会发生改变，因此存储器中对局部变量的引用在过程中的不同位置可能具有不同的偏移量，这使得过程更加难以理解。另一种方案是，帧指针在一个过程中为局部存储器引用提供一个固定的基址寄存器。注意，无论是否使用显式的帧指针，活动记录都出现在栈中。我们通过避免在过程中修改$sp来避免使用$fp，在我们的例子中，栈只在过程的入口和出口需要调整。

> **帧指针**：指向给定过程中保存的寄存器和局部变量的值。

2.8.4 在堆中为新数据分配空间

除了动态变量对过程是局部有效之外，C程序员还需要在内存中为静态变量和动态数据结构提供空间。图2-13给出了MIPS分配内存的约定。栈由内存高端开始并向下增长。内存低端的第一部分是保留的，接着是MIPS机器代码，通常称为**代码段**（text segment）。代码段之上的代码为静态数据段（static data segment），是存储常量和其他静态变量的空间。尽管数组通常具有固定长度，因而能与静态数据段很好地匹配，但类似链表这样的数据结构通常会在生命期内增长或缩短。这类数据结构对应的段通常称为堆（heap），在内存中一般位于静态数据段之后。注

> **代码段**：UNIX目标文件中的段，包含源文件中例程对应的机器语言代码。

意，这种分配允许栈和堆相互增长，从而在两个段此消彼长的过程中达到内存的高效使用。

```
$sp → 7fff fffc₁₆    ┌─────────┐
                     │   栈    │
                     │    ↓    │
                     │         │
                     │    ↑    │
                     │ 动态数据 │
$gp → 1000 8000₁₆    ├─────────┤
       1000 0000₁₆   │ 静态数据 │
                     ├─────────┤
                     │   代码   │
 pc → 0040 0000₁₆    ├─────────┤
                     │   保留   │
                 0   └─────────┘
```

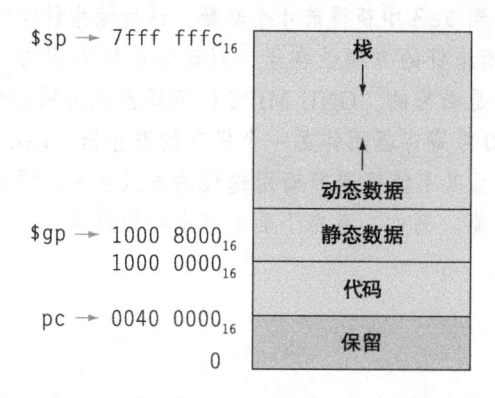

图 2-13 程序和数据的 MIPS 内存分配。这些地址只是一种软件上的约定，并非 MIPS 体系结构的要求。栈指针初始化为 `7fff fffc`₁₆，并朝数据段的方向向下增长。在另一端，程序代码（代码段）从地址 `0040 0000`₁₆ 开始。静态数据从 `1000 0000`₁₆ 开始。然后是动态数据，在 C 中使用 `malloc` 命令分配，在 Java 中使用 `new` 命令分配。动态数据在某一区域中朝着栈的方向向上生长，该区域称为堆。全局指针 `$gp` 应设置为适当地址以便于访问数据。它初始化为 `1000 8000`₁₆，这样通过相对 `$gp` 的正负 16 位的偏移量就可以访问从 `1000 0000`₁₆ 到 `1000 ffff`₁₆ 之间的内存空间。关于这点可参见 MIPS 参考数据卡的第 4 列

C 语言通过显式的函数调用在堆上分配和释放空间。`malloc()` 在堆上分配空间并返回指向它的指针，`free()` 释放指针指向的堆空间。内存分配由 C 程序控制，这是很多错误产生的根源。忘记释放空间会导致"内存泄漏"，它会逐渐消耗大量内存以至于操作系统可能崩溃。过早释放空间会导致"悬摆指针"（dangling pointer），造成指针指向程序不想访问的位置。Java 使用自动的内存分配和垃圾回收机制来防止类似的错误发生。

图 2-14 总结了 MIPS 汇编语言的寄存器约定。这种约定是加速大概率事件的另外一个例子：传递 4 个参数、2 个寄存器用于返回结果、保存 8 个寄存器、10 个临时寄存器对于大多数过程调用来说足够用。

名称	寄存器号	用途	调用时是否保存
$zero	0	常数0	n.a.
$v0~$v1	2~3	计算结果和表达式求值	否
$a0~$a3	4~7	参数	否
$t0~$t7	8~15	临时变量	否
$s0~$s7	16~23	保存的寄存器	是
$t8~$t9	24~25	更多临时变量	否
$gp	28	全局指针	是
$sp	29	栈指针	是
$fp	30	帧指针	是
$ra	31	返回地址	是

图 2-14 MIPS 寄存器约定。称为 `$at` 的 1 号寄存器被汇编器所保留（见 2.12 节），称为 `$k0`~`$k1` 的 26~27 号寄存器被操作系统所保留。关于这点也可见 MIPS 参考数据卡的第 2 列

|精解| 如果参数多于 4 个该怎么办呢？MIPS 约定将额外的参数放在栈中帧指针的上方。这样，过程从寄存器 $a0 到 $a3 中获得前 4 个参数，通过帧指针在内存中寻址获得其余参数。

如图 2-12 中所述，帧指针的方便性在于，对过程中所有栈内的变量引用都具有相同的偏移。然而，帧指针并不是必需的。GNU MIPS C 编译器使用帧指针，而来自 MIPS 的 C 编译器则没有使用，它将 30 号寄存器用作另一个保存的寄存器（$s8）。

|精解| 一些递归过程可以不使用递归而用迭代的方式实现。通过消除过程调用的相关开销，迭代可以显著提高性能。例如，考虑下面用来求和的过程：

```
int sum (int n, int acc) {
  if (n >0)
     return sum(n - 1, acc + n);
  else
     return acc;
}
```

考虑过程调用 sum(3, 0)。这将递归调用 sum(2, 3)、sum(1, 5) 和 sum(0, 6)，然后结果 6 将进行 4 次返回操作。这种求和的递归调用称为尾调用（tail call），这个例子可以使用尾递归（tail recursion）高效地实现（假设 $a0=n 且 $a1=acc）：

```
sum: slti $t0, $a0, 1        # test if n <= 0
     bne $t0, $zero, sum_exit # go to sum_exit if n <= 0
     add $a1, $a1, $a0        # add n to acc
     addi $a0, $a0, -1        # subtract 1 from n
     j sum                    # go to sum
sum_exit:
     add $v0, $a1, $zero      # return value acc
     jr $ra                   # return to caller
```

> **小测验** 下面关于 C 和 Java 的描述哪些是正确的？
> 1. C 程序员显式地管理数据，而在 Java 中一般是自动的。
> 2. C 比 Java 导致更多的指针错误和内存泄漏错误。

2.9 人机交互

发明计算机是为了数字计算，不过计算机很快被用于商业领域的文字处理。今天大多数计算机使用 8 位的字节来表示字符，并遵循美国信息交换标准码（American Standard Code for Information Interchange，ASCII）。图 2-15 给出了 ASCII 编码表。

!(@|=>(wow open tab at bar is great)
键盘诗"Hatless Atlas"的第 4 行，1991（对 ASCII 字符的一些命名："!" 是 wow，"(" 是 open，"|" 是 bar，等等）

|例题| ASCII 与二进制数

我们可以使用一串 ASCII 码而不用整数来表示数字。如果用 ASCII 码表示 10 亿这个数，与用 32 位整数表示相比，存储空间增加多少？

|答案| 10 亿就是 1 000 000 000，需要使用 10 位 ASCII 码表示，每一个 ASCII 码都是 8 位长，所以存储空间将增加到（10×8）/32，即 2.5 倍。除了存储空间要增加外，设计能够对这些十进制数字进行加、减、乘、除的硬件难度较高，并且需要消耗更多的能量。这些困难也解释了为什么计算专家越来越相信使用二进制的计算机是自然的，而偶然出现的十进制计算机则是很怪异的。

可以使用一系列指令从一个字中提取出一个字节，所以字的读取（load）和存储（store）足以完成对字节的传输。然而，由于在某些程序中对文本的操作十分普遍，因此 MIPS 还提供了字节传送指令。字节读取（load byte）指令 lb 从内存中读出一个字节，并将其放在一个寄存器最右边的 8 位。字节存储（store byte）指令 sb 把一个寄存器最右边的 8 位取出来写到内存中。这样，我们可以按下面的指令序列复制一个字节：

```
lb $t0,0($sp)       # Read byte from source
sb $t0,0($gp)       # Write byte to destination
```

ASCII值	字符	ASCII值	字符	ASCII值	字符	ASCII值	字符	ASCII值	字符	ASCII值	字符
32	space	48	0	64	@	80	P	96	`	112	p
33	!	49	1	65	A	81	Q	97	a	113	q
34	"	50	2	66	B	82	R	98	b	114	r
35	#	51	3	67	C	83	S	99	c	115	s
36	$	52	4	68	D	84	T	100	d	116	t
37	%	53	5	69	E	85	U	101	e	117	u
38	&	54	6	70	F	86	V	102	f	118	v
39	'	55	7	71	G	87	W	103	g	119	w
40	(	56	8	72	H	88	X	104	h	120	x
41	)	57	9	73	I	89	Y	105	i	121	y
42	*	58	:	74	J	90	Z	106	j	122	z
43	+	59	;	75	K	91	[	107	k	123	{
44	,	60	<	76	L	92	\	108	l	124	|
45	-	61	=	77	M	93	]	109	m	125	}
46	.	62	>	78	N	94	^	110	n	126	~
47	/	63	?	79	O	95	_	111	o	127	DEL

图 2-15　字符的 ASCII 编码表。注意，所有大写字母和对应小写字母的差均为 32，这个规律可以用于快速检查和切换大小写。表中没有给出格式化字符的 ASCII 值。例如，8 代表退格，9 代表 tab 字符，而 13 代表回车。另外一个有用的值 0 表示 null，C 编程语言用它来标识字符串的结尾。这些内容可以在 MIPS 参考数据卡的第 3 列中找到

字符通常被组合为数目可变的字符串。表示一个字符串的方式有三种：（1）保留字符串的第一个位置用于给出字符串的长度；（2）附加一个带有字符串长度的变量（如在结构体中）；（3）字符串最后的位置用一个字符来标识其结尾。C 语言使用第三种方法，用一个值为 0（ASCII 码中的 null）的字节来结束字符串。所以，字符串 "Cal" 在 C 中用 4 字节表示，用十进制表示分别为 67、97、108、0。（下面即将看到，Java 采用第一种表示方法。）

| 例题 | 通过编译一个字符串复制过程，展示如何使用 C 语言的字符串 |

过程 strcpy 利用 C 语言中字符串以 null 字节结束的约定，将字符串 y 复制到字符串 x：

```
void strcpy (char x[], char y[])
{
    int i;

    i = 0;
    while ((x[i] = y[i]) != '\0') /* copy & test byte */
        i += 1;
}
```

请写出编译后的 MIPS 汇编代码。

| 答案 | 下面是基本的 MIPS 汇编代码段。假定数组 x 和 y 的基地址分别在 $a0 和 $a1 中，

而 i 在 $s0 中。strcpy 调整栈指针，然后将保存的寄存器 $s0 保存在栈中。

```
strcpy:
    addi  $sp,$sp,-4   # adjust stack for 1 more item
    sw    $s0, 0($sp)  # save $s0
```

为了将 i 初始化为 0，下一条指令通过对 0 和 0 做加法并将结果放到 $s0 中，从而将 $s0 置为 0：

```
    add   $s0,$zero,$zero # i = 0 + 0
```

这是循环的开始。y[i] 的地址是通过把 i 加到 y[] 上得到的：

```
L1: add   $t1,$s0,$a1  # address of y[i] in $t1
```

注意，这里不必将 i 乘以 4，因为 y 是字节数组而非字数组。

lb 指令对字节数据进行符号扩展，而 lbu 指令对字节数据进行零扩展。

为了读取 y[i] 中的字符，我们用 lbu 指令将字符放入 $t2 中：

```
    lbu   $t2, 0($t1)  # $t2 = y[i]
```

采用类似的计算方式将 x[i] 的地址放在 $t3 中，然后将 $t2 中的字符保存到该地址中。

```
    add   $t3,$s0,$a0  # address of x[i] in $t3
    sb    $t2, 0($t3)  # x[i] = y[i]
```

接下来，如果字符是 0 则退出循环。也就是说，如果遇到字符串的最后一个字符则退出：

```
    beq   $t2,$zero,L2 # if y[i] == 0, go to L2
```

如果不是，将 i 加 1 继续循环：

```
    addi  $s0, $s0,1   # i = i + 1
    j     L1           # go to L1
```

如果不继续循环，那就是到了字符串的最后一个字符，此时恢复 $s0 和栈指针，然后返回。

```
L2: lw    $s0, 0($sp)  # y[i] == 0: end of string.
                       # Restore old $s0
    addi  $sp,$sp,4    # pop 1 word off stack
    jr    $ra          # return
```

在 C 语言中，字符串复制通常使用指针而非数组，从而避免上面代码中对 i 的操作。详见 2.14 节关于数组和指针的对比。

由于 strcpy 是一个叶过程，编译器可以把 i 放在临时寄存器中，从而避免对 $s0 进行保存和恢复。因此，我们可以不把 $t 寄存器用作临时寄存器，而是将其用作被调用者可以方便使用的寄存器。当编译器遇到一个叶过程时，它会在用完所有临时寄存器之后，才使用那些必须保存的寄存器。

Java 中的字符和字符串

Unicode 提供了大多数人类语言字母表的通用编码。图 2-16 给出了一个 Unicode 字母表。Unicode 中的字母数和 ASCII 编码中有用的字符数一样多。为了更有包容性，Java 对字符使用 Unicode，默认使用 16 位来表示一个字符。

MIPS 指令集包含显式的读取和存储 16 位半字（halfword）的指令。读取半字（load half）指令 `lh` 从存储器中读出一个半字，然后将其放在寄存器的最右边 16 位。与读取字节类似，读取半字指令 `lh` 也将半字看作有符号数并进行符号扩展，以填充寄存器左侧的 16 位。而无符号读半字（load halfword unsigned）指令 `lhu` 将半字看作无符号数，与 `lh` 相比，这条指令更加常用。存储半字（store half）指令 `sh` 将寄存器最右边的 16 位写入存储器。按照下面的序列来复制半字：

```
lhu $t0,0($sp)   # Read halfword (16 bits) from source
sh  $t0,0($gp)   # Write halfword (16 bits) to destination
```

Latin	Malayalam	Tagbanwa	General Punctuation
Greek	Sinhala	Khmer	Spacing Modifier Letters
Cyrillic	Thai	Mongolian	Currency Symbols
Armenian	Lao	Limbu	Combining Diacritical Marks
Hebrew	Tibetan	Tai Le	Combining Marks for Symbols
Arabic	Myanmar	Kangxi Radicals	Superscripts and Subscripts
Syriac	Georgian	Hiragana	Number Forms
Thaana	Hangul Jamo	Katakana	Mathematical Operators
Devanagari	Ethiopic	Bopomofo	Mathematical Alphanumeric Symbols
Bengali	Cherokee	Kanbun	Braille Patterns
Gurmukhi	Unified Canadian Aboriginal Syllabic	Shavian	Optical Character Recognition
Gujarati	Ogham	Osmanya	Byzantine Musical Symbols
Oriya	Runic	Cypriot Syllabary	Musical Symbols
Tamil	Tagalog	Tai Xuan Jing Symbols	Arrows
Telugu	Hanunoo	Yijing Hexagram Symbols	Box Drawing
Kannada	Buhid	Aegean Numbers	Geometric Shapes

图 2-16 Unicode 中的字母表示例。Unicode 4.0 版本有超过 160 个"块"，每个块是一个符号集的名字，且是 16 的整数倍。例如，希腊字符（Greek）从 0370_{16} 开始，西里尔字符（Cyrillic）从 0400_{16} 开始。前三列以 Unicode 的数字顺序粗略地列出了 48 个块对应的 48 种人类语言。最后一列中的 16 个块是多种语言，并没有按照顺序排列。默认的是 16 位编码，称为 UTF-16。一种称为 UTF-8 的变长编码，将 ASCII 子集保持为 8 位，其余字符用 16 或 32 位来表示。UTF-32 使用 32 位表示一个字符。Unicode 的最新版本会在每年 6 月发布，当前的最新版本为 2020 年发布的 13.0。9.0 到 13.0 版本中增加了不同的表情符，而更早的版本增加了新语言块和象形文字。当前大约有 150 000 个字符。更多内容请参见 www.unicode.org

字符串是一个标准的 Java 类，它为连接、比较、转换提供了专门的内建支持和预定义方法。与 C 不同的是，Java 包含一个字来给出字符串长度，这一点上和 Java 数组相似。

精解 MIPS 软件试图保持栈按字地址对齐，这样就允许程序总是使用 `lw` 和 `sw`（要求必须是对齐的）来访问栈。这一约定意味着一个 char 类型变量在栈中被分配 4 字节，尽管它并不需要这么多。然而，一个 C 字符串变量或字节数组会把每 4 字节压缩为 1 个字，而一个 Java 字符串变量或 short 类型数组会把每 2 个半字压缩为 1 个字。

精解 为了反映 Web 的全球性特征，当今的大部分 Web 页面采用 Unicode，而非 ASCII。

重点 计算领域的新人通常会惊异于数据类型不是在数据中进行编码，而是由对数据进行操作的程序决定。

我们使用自然语言的一个例子来说明该问题。单词"won"的意思是什么？如果不清楚上下文关系，特别是在哪种语言的语境中，很难回答该问题。下面有四种可能的选择：

1. 在英语中，"won"是动词"win"的过去式。
2. 在韩语中，"won"是名词，表示韩国货币的单位。
3. 在波兰语中，"won"是形容词，表示好闻的。
4. 在俄语中，"won"是形容词，表示令人厌恶的。

一个二进制数也可以表示多种类型的数据，例如，下面的 32 位位串

01100010 01100001 01010000 00000000

代表的含义可能有如下多种选择：

1. 如果程序按照无符号整数对其进行处理，则是 1 650 544 640。
2. 如果程序按照有符号整数对其进行处理，则是 +1 650 544 640。
3. 如果程序按照 ASCII 位串对其进行处理，则是 "baP"。
4. 如果程序按照潘通（Pantone）颜色匹配系统中的四种基本颜色（蓝绿、洋红、黄色和黑色）来处理，则是深蓝色的颜色。

2.5 节的"重点"提醒我们，指令也是使用数字来表示的，因此，该位串可以表示 MIPS 的机器语言指令

011000   10011   00001   01010   00000   000000

对应的乘法（见第 3 章）汇编语言指令为

mult $t2, $s3, $at

在文字处理程序中，该位串将被解析为文本，并将在屏幕上显示怪异图像；如果将文本数据以图形进行显示，将会发生同样的问题。正是因为存储程序计算机对数据类型的这种无限制的行为，所以文件系统有一个命名约定：为每种类型的文件定义了后缀（例如 .jpg、.pdf、.txt），以便程序能够通过文件名是否匹配来避免这类情况。

> **小测验**
>
> I. 下面关于 C 和 Java 中字符和字符串的陈述，哪些是正确的？
>   1. C 中一个字符串占用的存储空间是 Java 中同样字符串的一半。
>   2. 字符串只是 C 和 Java 中一个一维字符数组的非正规名字。
>   3. C 和 Java 中采用 null（0）来标识字符串的结尾。
>   4. 对字符串的操作，例如求长度，在 C 中比在 Java 中更快。
>
> II. 下面哪种类型的变量存放 1 000 000 000$_{10}$ 占用的内存空间最大？
>   1. C 语言的 int
>   2. C 语言的 string
>   3. Java 语言的 string

2.10 MIPS 中 32 位立即数和地址的寻址

虽然保持所有 MIPS 指令长度为 32 位简化了硬件，但有时使用 32 位常量或 32 位地址更加方便。本节先介绍使用较大常数的一般解决方法，然后描述用于分支和跳转指令寻址的优化措施。

2.10.1 32位立即数

尽管常数往往比较短，能用 16 位的字段表示，但有时也会更大。MIPS 指令集中，读取立即数高位（load upper immediate）指令 lui 专门用于设置寄存器中常数的高 16 位，允许后续指令设置常数的低 16 位。图 2-17 描述了 lui 的操作。

指令lui $t0, 255 #$t0 is register 8对应的机器语言：

| 001111 | 00000 | 01000 | 0000 0000 1111 1111 |

执行lui $t0, 255后寄存器$t0的值：

| 0000 0000 1111 1111 | 0000 0000 0000 0000 |

图 2-17 lui 指令的效果。lui 指令将 16 位立即数常量存放到寄存器的高 16 位，低 16 位用 0 填充

│例题│ 加载 32 位常数

将下面这个 32 位常数加载到寄存器 $s0 的 MIPS 汇编代码是什么？

```
0000 0000 0011 1101 0000 1001 0000 0000
```

│答案│ 首先，使用指令 lui 加载高 16 位，十进制表示是 61：

```
lui $s0, 61   # 61 decimal = 0000 0000 0011 1101 binary
```

执行上面的指令后，寄存器 $s0 的值为

```
0000 0000 0011 1101 0000 0000 0000 0000
```

下一步是插入低 16 位，十进制表示是 2304：

```
ori $s0, $s0, 2304   # 2304 decimal = 0000 1001 0000 0000
```

寄存器 $s0 中的最终值就是所需要的值：

```
0000 0000 0011 1101 0000 1001 0000 0000
```

│硬件/软件接口│ 编译器或汇编程序必须把大的常数分解为若干小的常数，然后再合并到一个寄存器中。正如你想象的那样，立即数字段大小的限制，对于取/存数指令中的存储器地址以及立即数指令中的常数都可能带来问题。如果这项工作由汇编程序来做，如 MIPS 软件，那么汇编程序必须有一个可用的临时寄存器来创建长整数值。这是给汇编程序保留 $at 寄存器的一个原因。

因此，MIPS 机器语言的符号表示不再受到硬件限制，但仍受汇编程序开发者所选择的内容限制（见 2.12 节）。我们以靠近硬件层的方式解释计算机的体系结构，需要注意的是，我们所使用的汇编程序的增强语言，在实际处理器中是不存在的。

│精解│ 构造 32 位常数时必须小心。指令 addi 将 16 位立即数的最左边一位复制到一个字的高 16 位中。2.6 节的立即数逻辑或（logical or immediate）操作把 0 装载到高 16 位中，所以可被汇编程序用于和 lui 一起创建 32 位常数。

2.10.2 分支和跳转中的寻址

MIPS 跳转指令采用最简单的寻址方式，使用 J 型 MIPS 指令格式。除了 6 位操作码之

外，其余位都是地址字段。所以

```
j    10000    # go to location 10000
```

可以汇编为下面的格式（实际中要更加复杂一些，我们将在后面介绍）：

2	10000
6位	26位

其中跳转操作码的值为2，跳转地址为10000。

与跳转指令不同，条件分支指令除了规定分支地址之外还必须指定两个操作数。因此

```
bne  $s0,$s1,Exit  # go to Exit if $s0 ≠ $s1
```

被汇编为下面的指令（其中16位用于指定分支地址）：

5	16	17	Exit
6位	5位	5位	16位

如果让程序地址必须由该16位字段指定，则意味着任何程序都不能大于2^{16}，这在今天来说太小，因此是一种很不现实的选择。另一个办法是指定一个寄存器，该寄存器的值和分支地址的偏移量相加得到转移的目标地址。这样，分支指令的地址可按如下方式计算：

$$程序计数器 = 寄存器 + 分支地址$$

这个求和结果允许程序的大小达到2^{32}，并且仍能使用条件分支，从而解决了分支地址大小的问题。随之而来的问题是，使用哪个寄存器呢？

答案取决于条件分支是如何使用的。条件分支在循环和if语句中都可以找到，它们倾向于转到附近的指令。例如，在SPEC基准测试程序中，大概一半条件分支的跳转范围在16条指令以内。因为程序计数器（Program Counter, PC）包含当前指令的地址，如果我们使用PC来作为计算地址的寄存器，就可转移到离当前指令距离为$\pm 2^{15}$个字的地方。几乎所有循环和if语句都远远小于2^{16}个字，因此PC是一个理想的选择。

这种分支地址的寻址方式称为 **PC 相对寻址**（PC-relative addressing）。正如在第4章中将会看到的那样，提前递增PC来指向下一条指令会对硬件带来很多方便。所以，MIPS寻址实际上是相对于下一条指令的地址（PC+4），而不是相对于当前指令的地址（PC）。寻址附近的指令是加速大概率事件的另外一个例子。

PC 相对寻址：一种寻址方式，它将PC和指令中的常数相加作为寻址结果。

像近期的大多数计算机一样，MIPS对所有条件分支使用PC相对寻址，因为这些指令的跳转目标一般都比较接近分支指令本身。另外，跳转链接指令并非总是调用附近的过程，所以通常使用其他寻址方式。因此，MIPS体系结构通过使用跳转和跳转链接指令的J型格式来为过程调用提供长地址。

因为所有的MIPS指令长度均为4字节，所以在使用PC相对寻址产生下一条指令地址时，所加的地址偏移量的单位为字，而不是字节。相对于16位的字节地址，16位的字地址将转移范围扩大到4倍。同样，跳转指令的26位字段也是字地址，它可以表示28位的字节地址。

|精解| 因为PC是32位，所以有4位必须来自跳转指令之外的其他地方。MIPS跳转指令仅仅代替PC的低28位，而高4位保持不变。装载器和链接器（见2.12节）必须十分小心，以避免程序超过256 MB（6400万条指令）的寻址界限；否则，该跳转必须替换为寄存

器跳转指令，并在执行前使用其他指令将完整的 32 位地址加载到一个寄存器中。

| 例题 | 在机器语言中描述分支偏移

假设 2.7.1 节的 while 循环语句被编译成以下 MIPS 汇编代码：

```
Loop:sll $t1,$s3,2      # Temp reg $t1 = 4 * i
     add $t1,$t1,$s6    # $t1 = address of save[i]
     lw  $t0,0($t1)     # Temp reg $t0 = save[i]
     bne $t0,$s5,Exit   # go to Exit if save[i] ≠ k
     addi $s3,$s3,1     # i = i + 1
     j   Loop           # go to Loop
Exit:
```

如果把 loop 的起始地址放在内存的 80000 处，那么该循环的 MIPS 机器代码是什么？

| 答案 | 汇编指令和它们的地址如下：

80000	0	0	19	9	2	0
80004	0	9	22	9	0	32
80008	35	9	8	0		
80012	5	8	21	2		
80016	8	19	19	1		
80020	2	20000			
80024	...					

注意 MIPS 指令使用字节编址，所以相邻字的地址相差 4，即一个字中的字节数量。第 4 行的 bne 指令将 2 个字（即 8 字节）加到下一条指令地址（80016）上，使用相对下一条指令的偏移（8+80016）指明跳转目标，而不是使用相对该分支指令的偏移（12+80012），也不是使用完整的目的地址（80024）。最后一行的跳转指令采用完整的地址（20000×4=80000），对应于 Loop 标签。

| 硬件/软件接口 | 大多数条件分支都转移到一个附近的位置，但有时也会转移很远，距离超过条件分支指令的 16 位可以表示的范围。汇编器的解决方法就像对大地址或大常数的处理方法一样：插入一个到分支目标的无条件跳转，并将条件取反以便由分支决定是否跳过该无条件跳转指令。

| 例题 | 远距离的分支转移

假设在寄存器 $s0 与寄存器 $s1 值相等时需要跳转，可以使用如下指令：

```
beq  $s0, $s1, L1
```

用两条指令替换上面的指令，以获得更远的转移距离。

| 答案 | 可用下面的指令替换短地址的条件分支指令：

```
     bne  $s0, $s1, L2
     j    L1
L2:
```

2.10.3 MIPS 寻址模式总结

多种不同的寻址方式一般统称为**寻址模式**（addressing mode），图 2-18 给出了每种寻址模式下操作数如何识别。MIPS 寻址模式如下所示：

86 第 2 章

1. 立即数寻址（immediate addressing），操作数是位于指令自身中的常数。

2. 寄存器寻址（register addressing），操作数是寄存器。

3. 基址寻址（base addressing）或偏移寻址（displacement addressing），操作数在存储器中，其地址是指令中基址寄存器与常数的和。

4. PC 相对寻址（PC-relative addressing），地址是 PC 与指令中常数的和。

5. 伪直接寻址（pseudodirect addressing），跳转地址由指令中的 26 位字段和 PC 的高位拼接而成。

> **寻址模式**：根据对操作数或地址的使用不同而加以区分的多种寻址方式之一。

1. 立即数寻址

| op | rs | rt | Immediate |

2. 寄存器寻址

| op | rs | rt | rd | ... | funct | → 寄存器 Register

3. 基址寻址

| op | rs | rt | Address | → Register + → 存储器 Byte | Halfword | Word

4. PC 相对寻址

| op | rs | rt | Address | → PC + → 存储器 Word

5. 伪直接寻址

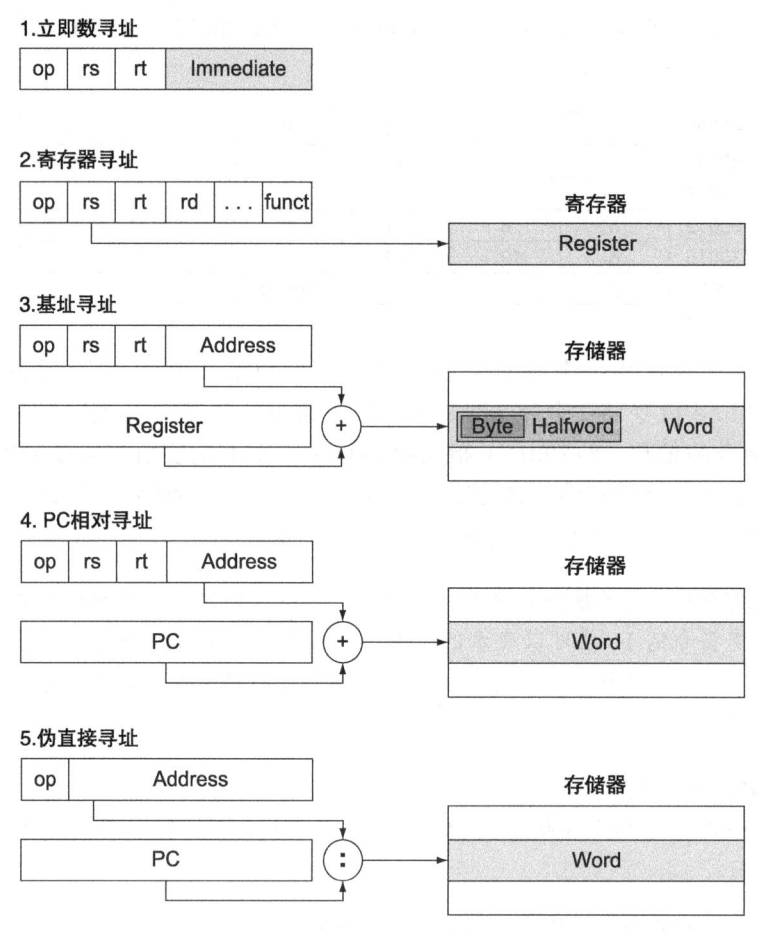

| op | Address | → PC : → 存储器 Word

图 2-18　MIPS 5 种寻址模式的说明。阴影部分为操作数。模式 3 的操作数在存储器中，而模式 2 的操作数是寄存器。注意，取数和存数对字节、半字或字有多种版本。模式 1 的操作数是指令自身的 16 位字段。模式 4 和模式 5 寻址的指令在存储器中，模式 4 把 16 位地址左移 2 位与 PC 相加，而模式 5 把 26 位地址左移 2 位与 PC 的高 4 位拼接。注意，一种操作可以使用多种寻址模式，例如，加法可以使用立即数寻址（addi）和寄存器寻址（add）

| **硬件 / 软件接口**　虽然我们按 32 位地址描述 MIPS，但是几乎所有的微处理器（包括 MIPS）都能进行 64 位地址扩展（见附录 E）。这些扩展主要是为了满足大型程序的需求。指令集的扩展使得体系结构在发展的同时，保持软件和下一代体系结构的向上兼容性。

2.10.4 机器语言解码

有时候必须通过逆向工程将机器语言恢复为原始的汇编语言，比如检查"内核转储"（core dump）时。图 2-19 描述了 MIPS 机器语言对各个字段的编码。该图可用于表示汇编语言和机器语言之间的手动翻译。

31-29 \ 28-26	0(000)	1(001)	2(010)	3(011)	4(100)	5(101)	6(110)	7(111)
0(000)	R-format	Bltz/gez	jump	jump & link	branch eq	branch ne	blez	bgtz
1(001)	add immediate	addiu	set less than imm.	set less than imm. unsigned	andi	ori	xori	load upper immediate
2(010)	TLB	FlPt						
3(011)								
4(100)	load byte	load half	lwl	load word	load byte unsigned	load half unsigned	lwr	
5(101)	store byte	store half	swl	store word			swr	
6(110)	load linked word	lwc1						
7(111)	store cond. word	swc1						

op(31:26)

25-24 \ 23-21	0(000)	1(001)	2(010)	3(011)	4(100)	5(101)	6(110)	7(111)
0(00)	mfc0		cfc0		mtc0		ctc0	
1(01)								
2(10)								
3(11)								

op(31:26)=010000 (TLB), rs(25:21)

5-3 \ 2-0	0(000)	1(001)	2(010)	3(011)	4(100)	5(101)	6(110)	7(111)
0(000)	shift left logical		shift right logical	sra	sllv		srlv	srav
1(001)	jump register	jalr			syscall	break		
2(010)	mfhi	mthi	mflo	mtlo				
3(011)	mult	multu	div	divu				
4(100)	add	addu	subtract	subu	and	or	xor	not or (nor)
5(101)			set l.t.	set l.t. unsigned				
6(110)								
7(111)								

op(31:26)=000000 (R-format), funct(5:0)

图 2-19 MIPS 指令解码。这里的表示方法根据行和列确定字段的值。例如，图的顶部在行编号 4（指令的第 31～29 位为 100_2）列编号 3（指令的第 28～26 位为 011_2）描述了取字指令，因此相应操作码字段（第 31～26 位）的（R 型）值是 100011_2。下划线表示该字段在其他地方被使用。例如，行编号 0 列编号 0（op=000000₂）的 R-format 在图的底部定义。因此，底部行编号 4 列编号 2 的 subtract 意味着指令 funct 字段（第 5～0 位）是 100010_2，而操作码字段（第 31～26 位）是 000000_2。行编号 2 列编号 1 的 floating point 在第 3 章的图 3-18 中定义。Bltz/gez 是附录 A 中 4 条指令 bltz、bgez、bltzal 和 bgezal 的操作码。附录 A 将讨论所有的指令

例题 | 机器码解码

下面这条机器指令对应的汇编语言语句是什么？

```
00af8020hex
```

答案 | 第一步将十六进制转换为二进制，以便找到操作码字段：

```
(Bits: 31 28 26                            5    2 0)
       0000 0000 1010 1111 1000 0000 0010 0000
```

我们查看操作码字段来决定指令的操作类型。参照图 2-19，当第 31~29 位是 000 且第 28~26 位也是 000 时，它是 R 型指令。参照图 2-20，将该二进制指令按照 R 型指令字段重新排列：

```
op        rs      rt      rd      shamt   funct
000000    00101   01111   10000   00000   100000
```

名称	字段						注释
字段大小	6位	5位	5位	5位	5位	6位	所有MIPS指令都是32位
R型	op	rs	rt	rd	shamt	funct	算术指令型
I型	op	rs	rt	地址/立即数			传送、分支和立即数型
J型	op	目标地址					跳转指令型

图 2-20 MIPS 指令的格式

图 2-19 的底部确定了 R 型指令的操作。在本例中，第 5~3 位是 100，第 2~0 位是 000，因此该二进制指令为 add。

下面我们通过查找字段值来解码指令的剩余部分。rs 字段的十进制值是 5，rt 是 15，rd 是 16（shamt 未使用）。图 2-14 说明这些数字分别表示寄存器 $a1、$t7 和 $s0。现在可以给出转换后的汇编指令：

```
add $s0,$a1,$t7
```

图 2-20 给出了所有 MIPS 指令的格式。2.2 节的图 2-1 汇总了本章出现的所有汇编指令。其他 MIPS 指令主要处理算术运算和实数，将在第 3 章介绍。

小测验

I. 在 MIPS 中条件分支的地址范围（K=1024）是多大？

1. 地址在 0~64K-1 之间
2. 地址在 0~256K-1 之间
3. 分支前后地址范围各大约 32K
4. 分支前后地址范围各大约 128K

II. 在 MIPS 中跳转和跳转链接指令的地址范围（M=1024K）是多大？

1. 地址在 0~64M-1 之间
2. 地址在 0~256M-1 之间
3. 分支前后地址范围各大约 32M
4. 分支前后地址范围各大约 128M
5. 由 PC 提供高 6 位地址的 64M 大小的块中任意地址

     6. 由 PC 提供高 4 位地址的 256M 大小的块中任意地址
  III. 机器指令 0000 0000₁₆ 对应的 MIPS 汇编语言指令是什么?
     1. j
     2. R-format
     3. addi
     4. sll
     5. mfc0
     6. 未定义的操作码：没有与 0 对应的合法指令

2.11 并行与指令：同步

当任务之间相互独立的时候，任务的并行执行是比较容易的。但任务之间往往需要相互协作，这种协作通常意味着某些任务写的结果是其他任务需要读取的值。只有确切地知道写操作何时完成，其他任务才能安全地读取数据。因此，任务之间需要同步（synchronize），否则就有可能发生**数据竞争**（data race），从而导致程序运行结果由于这些事件发生的顺序不同而改变。

> **数据竞争**：假如来自不同线程的两个访存操作访问同一个地址，它们连续出现，并且至少其中一个是写操作，那么这两个访存操作形成数据竞争。

例如，回忆第 1 章 1.8 节所提到的 8 个记者合作写作一个故事的例子。假设一个记者要写总结，他需要阅读所有之前的章节。因此，他必须知道其他记者什么时候可以完成各自的章节，然后他再撰写总结，这样他就不用担心写好总结后其他章节还有修改。所以，记者们就需要很好地同步各个章节的撰写和阅读过程，这样总结才能和前面章节中所写的内容相一致。

在计算中，同步机制通常由用户级软件例程使用硬件提供的同步指令建立。本节我们重点讨论加锁（lock）和解锁（unlock）同步操作。采用加锁和解锁可以直接创建一个仅允许单个处理器操作的区域，叫作**互斥**（mutual exclusion）区。更复杂的同步机制的实现也与此类似。

在多处理器中实现同步需要一组硬件原语，能够对存储单元进行原子读和原子写，原子读写之间不允许插入任何其他操作。如果没有这样的硬件原语，那么建立同步机制的代价将会很高，并且随着处理器数量的增加，同步的代价将高得离谱。

建立基本硬件原语有若干可选的方案，这些方案都可以实现原子读和原子写的功能，并能用某种方法识别一个读写操作是否为原子操作。通常，体系结构设计人员并不希望用户直接使用这些基本的硬件原语，而是希望系统程序员用这些原语来建立同步库。建立同步库的过程通常很复杂且难度较大。

下面介绍一种硬件原语以及如何使用这种原语建立基本的同步原语。原子交换（atomic exchange 或 atomic swap）是建立同步操作的一种典型原语，它将寄存器中的一个值和存储器中的一个值相互交换。

为了展示该原语建立同步原语的基本过程，假定使用存储器中某个单元来表示一个锁变量：其数值为 0 时表示解锁，为 1 时表示加锁。处理器尝试对锁单元加锁的方法是，用一个寄存器中的 1 与该锁单元的值进行交换。交换以后该锁单元的新值为 1，返回值（锁单元的原值）如果是 1，表明这个锁已被其他处理器占用；否则返回值为 0，表示锁是空闲的，尝试加锁成功。此时锁单元已被修改成 1，以防止任何其他处理器再来使用。

例如，考虑有两个处理器同时尝试进行交换操作，它们的竞争就会被阻止。因为其中只能有一个处理器先执行交换操作,并且返回 0,所以第二个处理器执行完交换操作的时候返回值就变成了 1。用交换原语实现同步的关键是操作的原子性:交换操作是不可分割的,并且由硬件对两个同时执行的交换操作进行排序。因此,对两个处理器试图同时设置同步变量而言,不可能同时成功设置同步变量。

实现单个的原子存储器操作给处理器的设计者带来了新挑战,因为这要求存储器的读写操作都由单条不可被中断的指令完成。

一种可行的方法是采用指令对,其中第二条指令返回一个值,表明这对指令是否按原子操作执行。假如其他处理器的操作都是在这对指令之前或之后执行,这对指令就是有效的原子操作。因此,若一个指令对是有效的原子操作,其他处理器就不能改变这对指令之间的数据值。

在 MIPS 处理器中,这一指令对包括一条叫作链接取数(load linked)的特殊取数指令和一条叫作条件存数(store conditional)的特殊存数指令。这两条指令按顺序使用:如果链接取数指令所指定的锁单元的内容在相同地址的条件存数指令执行前已被改变,那么条件存数指令就执行失败。条件存数指令完成以下功能:将寄存器的值保存到存储器,并且如果执行成功则将那个寄存器的值修改为 1,如果失败则修改为 0。因为链接取数指令返回锁单元的原始值,条件存数指令执行成功的时候才返回 1,所以下面的指令序列实现了存储器单元的原子交换。存储器单元的地址由 $s1 中的值指出。

```
again: addi  $t0,$zero,1      #copy locked value
       ll    $t1,0($s1)       #load linked
       sc    $t0,0($s1)       #store conditional
       beq   $t0,$zero,again  #branch if store fails(0)
       add   $s4,$zero,$t1    #put load value in $s4
```

任何时候,如果一个处理器在 ll 和 sc 两条指令之间插入了操作,并修改了该锁单元的值,指令 sc 都会将 $t0 置为 0,使得这段指令重新执行。在指令序列的最后,寄存器 $s4 中的值和 $s1 指向的锁单元的值发生了原子交换。

| **精解** 尽管我们在多处理器系统中讨论同步,但是原子操作对于在单个处理器上运行的操作系统在处理多个进程时也是十分有用的。为了确保单处理器中没有任何干扰,如果处理器在这两条之间发生了上下文切换(context switch),条件存数指令也会失败(见第 5 章)。

| **精解** 链接取数/条件存数机制的优点是:可以通过它们来构造同步原语,例如原子比较和交换(atomic compare and swap)或者原子取后递增(atomic fetch-and-increment)等。这些同步原语可以在一些并行编程模型中应用。这些同步原语的实现需要在 ll 指令和 sc 指令之间插入更多的指令,但不需要太多。

因为在链接取数指令执行之后,任何试图修改锁单元值的操作或者任何异常都将导致条件存数指令执行失败,所以在选择 ll 和 sc 之间插入的指令时就要格外注意。特别需要注意的是,只有寄存器-寄存器指令允许被安全地使用,否则,处理器可能由于重复的页错误而导致始终无法完成 sc 指令,从而使处理器处于死锁的状态。另外,链接取数和条件存数之间的指令数一定要尽可能少,这样才可以减少不相关的事件或者竞争资源的处理器所引起的条件存数指令执行失败的频率。

小测验 什么时候才会用到链接取数和条件存数这样的原语?
1. 当一个并行程序中相互协作的线程需要同步,以获得对共享数据的正确读写行为时。
2. 当运行在单处理器上的相互协作的处理过程需要同步,以获得对共享数据的正确读写行为时。

2.12 翻译并执行程序

本节描述了将存储在非易失存储器中的 C 程序翻译为在计算机上可执行程序的 4 个步骤。图 2-21 显示了翻译中的各个层次。尽管某些系统可能合并部分步骤以减少翻译时间，但程序都要经过这 4 个逻辑阶段才能在计算机上执行。本节将对这些翻译层次进行描述。

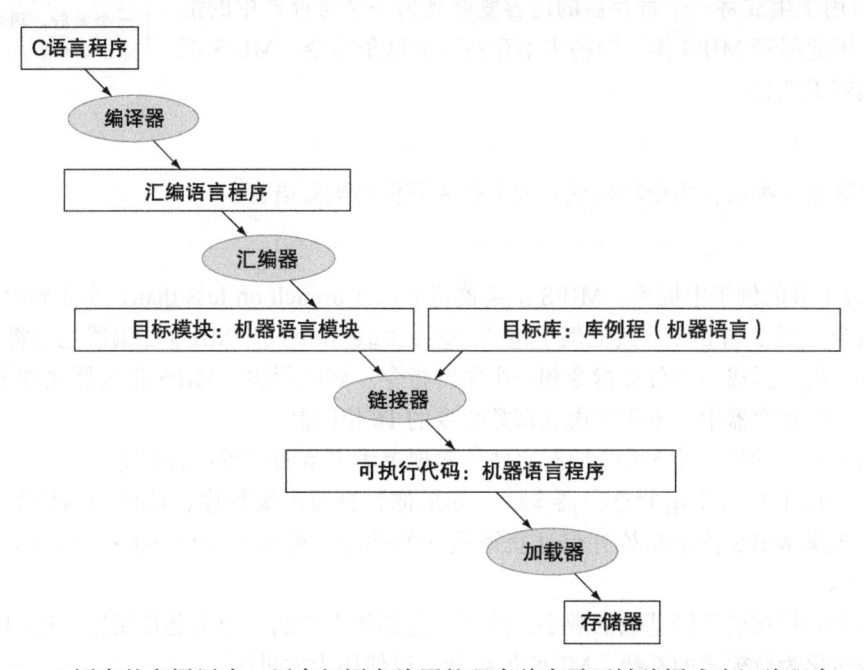

图 2-21 C 语言的翻译层次。用高级语言编写的程序首先需要被编译成为汇编程序，然后被汇编成机器语言组成的目标模块。链接器将多个模块和库程序组合在一起并解析所有的引用。加载器将可执行程序加载到内存的适当位置，然后处理器就可以执行了。为了加快翻译的速度，某些步骤可被跳过或和其他步骤组合在一起。一些编译器直接产生目标模块，一些系统使用带链接功能的加载器直接完成后面两步。为了确定文件的类型，UNIX 使用文件的后缀，x.c 表示 C 源文件，x.s 表示汇编文件，x.o 表示目标文件，x.a 表示静态链接库，x.so 表示动态链接库，默认情况下，a.out 表示可执行文件。MS-DOS 使用后缀 .C、.ASM、.OBJ、.LIB、.DLL 和 .EXE 来完成同样的功能

2.12.1 编译器

编译器将 C 程序转换成一种机器能理解的符号形式的汇编语言程序（assembly language program）。高级语言编写的程序比使用汇编语言编写的代码少得多，所以程序员效率更高。

1975 年，因为存储器容量较小并且编译器效率不高，所以许多操作系统和汇编器都用**汇编语言**（assembly language）编写。如今 DRAM 单芯片容量增长了上百万倍，减轻了人们对程序大小的关注，并且今天优化的编译器能够产生出几乎与一个汇编语言专家所写的程序一样好的汇编程序，对于大型程序有时甚至效果更好。

汇编语言：一种符号语言，能被翻译成二进制的机器语言。

2.12.2 汇编器

因为汇编语言对于高层次软件是一个接口，所以汇编器也能够处理一些机器语言指令的

常见变种，就像这些变种是它自己的指令一样。硬件不需要实现这些指令，然而它们在汇编语言中的出现简化了程序转换和编程。这类指令称为**伪指令**（pseudoinstruction）。

如前所述，MIPS 硬件确保寄存器 $zero 保持 0 值。即任何时候使用寄存器 $zero，它都提供 0 值，而且程序员不能修改寄存器 $zero 的值。寄存器 $zero 可用于生成将一个寄存器的内容复制到另一个寄存器中的汇编指令。因此尽管 MIPS 体系结构中不存在下面这条指令，MIPS 汇编器也能够识别它：

伪指令：汇编语言指令的一个变种，通常被看作一条汇编指令。

```
move $t0,$t1        # register $t0 gets register $t1
```

汇编器将这条汇编语言指令转换成与如下指令等价的机器语言：

```
add $t0,$zero,$t1   # register $t0 gets 0 + register $t1
```

在 2.7.1 节的例子中提到，MIPS 汇编器将 blt（branch on less than，小于则分支）转换成两条指令：slt 和 bne。其他例子包括 bgt、bge 和 ble。MIPS 汇编器也会将一个到远距离的分支指令拆成一个分支指令和一个跳转指令。如前所述，MIPS 汇编器允许将 32 位常量加载到一个寄存器中，不用考虑立即数指令的 16 位限制。

总的来说，伪指令使 MIPS 拥有比硬件实现更为丰富的汇编语言指令集。唯一的代价是保留了一个由汇编器使用的寄存器 $at。如果你打算写汇编程序，请使用伪指令来简化任务。为了理解 MIPS 体系结构并保证获得最好的性能，可以学习图 2-1 和图 2-19 中真正的 MIPS 指令。

汇编器同样接受不同基数的数字。除了二进制和十进制，通常还使用比二进制更为紧凑而又容易转化为位模式的基数。MIPS 汇编器可以使用十六进制。

这种特性相当方便，但是汇编器的主要任务是汇编获得机器代码。汇编器将汇编语言程序转换成目标文件（object file），它包括机器语言指令、数据和指令正确放入内存所需要的信息。

为了产生汇编语言程序中每条指令对应的二进制表示，汇编器必须处理所有标号对应的地址。汇编器将分支和数据传输指令中用到的标号都放入一个**符号表**（symbol table）中。正如你所想的，这个表由标号和地址成对构成。

符号表：一个用来匹配标签和指令所在内存字的地址的列表。

UNIX 系统中的目标文件通常包含以下 6 个不同的部分：
- 目标文件头描述目标文件其他部分的大小和位置。
- 代码段包含机器语言代码。
- 静态数据段包含在程序生命周期内分配的数据。（UNIX 系统允许程序使用静态数据，它存在于整个程序中；也允许使用动态数据，它随程序的需要而增长或缩小。参见图 2-13。）
- 重定位信息标记了一些在程序加载进内存时依赖于绝对地址的指令和数据。
- 符号表包含未定义的剩余标签，如外部引用。
- 调试信息包含一份说明目标模块如何编译的简明描述，这样，调试器能够将机器指令关联到 C 源文件，并使数据结构也变得可读。

下一节描述了如何链接已经汇编完成的子程序，如库程序。

2.12.3 链接器

到目前为止我们所描述的内容表明，对于源程序中一行代码的修改都需要重新编译和汇编整个程序。全部重新翻译是对计算资源的严重浪费。这种重复对于标准库程序尤为浪费，因为程序员要编译和汇编那些在定义后几乎从未改变过的过程。另一种方法是单独编译和汇编每个过程，以使得当某一行代码改变时，只需要编译和汇编一个过程。这种方法需要一个新的系统程序，称为**链接编辑器**（link editor）或**链接器**（linker），把所有独立汇编的机器语言程序"拼接"在一起。

> **链接器**：也称链接编辑器。它是一个系统程序，把各个独立汇编的机器语言程序组合起来并且解决所有未定义的标签，最后生成可执行文件。

链接器的工作分 3 个步骤：
1. 将代码和数据模块放入内存。
2. 决定数据和指令标签的地址。
3. 根据数据和指令标签的地址修补（指填充或更新）内部引用和外部引用。

链接器使用每个目标模块中的重定位信息和符号表，来解析所有未定义标签。这种引用发生在分支指令、跳转指令和数据寻址处，所以这个程序的工作非常像一个编辑器：它寻找所有旧地址并用新地址取代它们。编辑是"链接编辑器"或链接器的原始名称。采用链接器的原因是修补代码比重新编译和汇编要快得多。

如果所有外部引用都解析完成，链接器接着确定每个模块将要占用的内存位置。回忆 2.8.4 节的图 2-13，它描述了 MIPS 在内存中为程序和数据分配空间的方式。因为文件是单独汇编的，所以汇编器不可能知道该模块的指令和数据相对于其他模块将会被放到哪里。当链接器将一个模块放到内存中的时候，所有绝对引用（absolute reference）（与寄存器无关的内存地址）必须重定位以反映其真实地址。

链接器产生一个可在计算机上运行的**可执行文件**（executable file）。通常，这个文件与目标文件具有相同的格式，但是它不包含未决的引用。有一些文件可能是部分链接的，如库程序，其在目标文件中仍含有未解析的地址。

> **可执行文件**：一个具有目标文件格式的功能程序，不包含未决的引用。它可以包含符号表和调试信息。"剥离的可执行程序"不包含这些信息，可能包含加载器所需的重定位信息。

例题	**目标文件的链接**

将下面的两个目标文件链接。给出最终可执行文件中前几条指令更新过的地址。为了便于理解，我们使用汇编语言来表示指令，在实际文件中，这些指令由数字表示。

注意目标文件中，我们已将必须在链接过程中更新的地址和标记高亮显示了，分别是引用过程 A 和过程 B 的地址的指令，以及引用数据字 X 和 Y 的地址的指令。

目标文件头			
	名字	过程 A	
	代码大小	100_{16}	
	数据大小	20_{16}	
代码段	地址	指令	
	0	lw $a0, 0($gp)	
	4	jal 0	
	...	...	

(续)

数据段	0	(X)	
	...	...	
重定位信息	地址	指令类型	依赖
	0	lw	X
	4	jal	B
符号表	标签	地址	
	X	—	
	B	—	
目标文件头			
	名字	过程B	
	代码大小	200_{16}	
	数据大小	30_{16}	
代码段	地址	指令	
	0	sw \$a1,0(\$gp)	
	4	jal 0	
	...	...	
数据段	0	(Y)	
	...	...	
重定位信息	地址	指令类型	依赖
	0	sw	Y
	4	jal	A
符号表	标签	地址	
	Y	—	
	A	—	

答案 过程A需要找到load指令中标号为X的变量的地址和jal指令中过程B的地址。过程B需要找到store指令中标号为Y的变量的地址和jal指令中过程A的地址。

从2.8.4节的图2-13中,我们可以看到代码段从地址 $400\,0000_{16}$ 开始,而数据段从地址 $1000\,0000_{16}$ 开始。过程A的代码被放置在第一个地址,而它的数据被放置在第二个地址。过程A的目标文件头表明其代码段大小是 100_{16} 字节,而数据段大小是 20_{16} 字节,这样过程B的代码段开始地址就是 $400\,0100_{16}$,数据段开始地址是 $1000\,0020_{16}$。

可执行文件头			
		代码大小	300_{16}
		数据大小	50_{16}
代码段		地址	指令
		$0040\,0000_{16}$	lw \$a0,8000_{16}(\$gp)
		$0040\,0004_{16}$	jal $40\,0100_{16}$
		...	...
		$0040\,0100_{16}$	sw \$a1,8020_{16}(\$gp)
		$0040\,0104_{16}$	jal $40\,0000_{16}$

(续)

数据段	...	...
	地址	
	1000 0000₁₆	(X)
	...	...
	1000 0020₁₆	(Y)
	...	...

现在链接器更新了指令的地址字段，使用指令类型字段确定待编辑地址的格式。这里共有两种类型。

- jal 类型比较简单，因为它们使用伪直接寻址。对于地址 40 0004₁₆ 处的 jal，其地址字段是 40 0100₁₆（程序 B 的地址），而地址 40 0104₁₆ 处的 jal 的地址字段是 40 0000₁₆（程序 A 的地址）。
- 存取数指令对应的地址更为复杂，因为它们和基址寄存器有关。本例使用全局指针作为基址寄存器。图 2-13 表明 $gp 的初始值为 1000 8000₁₆。为了得到地址 1000 0000₁₆（字 X 的地址），我们设置位于地址 40 0000₁₆ 处的 lw 的地址字段为 8000₁₆。lw 指令的地址字段进行符号扩展，这样，8000₁₆ 扩展为 FFFF 8000₁₆，或 -32768₁₀。同样，为了得到地址 1000 0020₁₆（字 Y 的地址），可以设置位于地址 40 0100₁₆ 处的 sw 的地址字段为 8020₁₆。

精解 回忆一下，前面讲到 MIPS 指令是按字对齐的。所以 jal 指令丢弃最右侧 2 位来增加指令寻址范围。这样，它就可以使用 26 位来产生一个 28 位的字节地址。因此，本例中两条 jal 指令的低 26 位分别为 100000₁₆ 和 1000040₁₆，而不是 400000₁₆ 和 400100₁₆。

2.12.4 加载器

既然可执行文件已经在磁盘中了，操作系统就可以将其读入内存并启动执行。在 UNIX 系统中，**加载器**（loader）按照如下步骤工作：

加载器：把目标程序装载到内存中以准备运行的系统程序。

1. 读取可执行文件头来确定代码段和数据段的大小。
2. 为代码和数据创建一个足够大的地址空间。
3. 将可执行文件中的指令和数据复制到内存中。
4. 把主程序的参数（如果存在）复制到栈顶。
5. 初始化机器寄存器，将栈指针指向第一个空位置。
6. 跳转到启动例程，该例程将参数复制到参数寄存器并且调用程序的 main 函数。当 main 函数返回时，启动例程通过系统调用 exit 终止程序。

附录 A 中的 A.3 节和附录 B 更加详细地描述了链接器和加载器。

2.12.5 动态链接库

本节的第一部分将描述程序运行前链接库的传统方法。虽然这种静态的方法是调用库例程的最快方式，但有以下缺点：

事实上，计算机科学中的每个问题可以在其他层次上间接地解决。
David Wheeler

- 库例程成为可执行代码的一部分。这样，当新版本的库发布以修正一些错误或支持新的硬件设备时，静态链接的程序中使用的还是旧版本。
- 在程序运行时，尽管可能不会使用库中的所有部分，但它们还是会被全部加载进来。相对程序而言，库可能会很大，例如，标准的 C 库有 2.5MB。

这些不足导致了**动态链接库**（dynamically linked library，DLL）的产生，也就是说，只有在程序运行的时候，这些库例程才会被链接并加载。程序和库例程都会对非局部的过程和名字保存额外的信息。在 DLL 的最初版本中，加载器运行一个动态链接器，使用文件中的额外信息来找到适当的库并且更新所有外部引用。

> **动态链接库**：在程序执行过程中才被链接的库例程。

最初版本 DLL 的缺点是它仍链接所有可能调用的例程，而不是仅仅链接程序运行时实际调用的例程。由此产生 DLL 的惰性过程链接（lazy procedure linkage）版本，该版本中每个例程只有在调用后才被链接。

就像这个领域中的许多创新一样，这个技巧采用了一种间接的方法。图 2-22 展示了该技术。它以一个非局部例程开始，该例程的末尾调用了一组虚拟例程，每个非局部例程都有一个入口。每个虚拟入口都包含一个间接跳转。

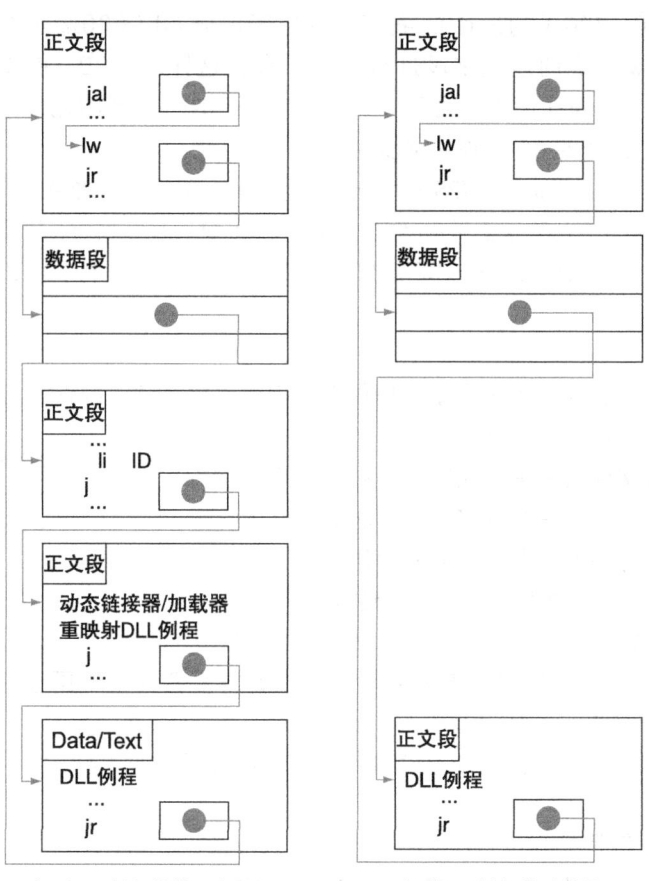

a）对DLL例程的第一次调用　　b）对DLL例程的后续调用

图 2-22　通过惰性过程链接的动态链接库。a）第一次调用 DLL 的步骤。b）在随后的调用中，查找例程、重映射例程和链接例程被跳过。我们将在第 5 章看到，操作系统通过虚拟内存管理方式来重映射例程以避免复制所需例程

第一次调用库例程的时候，程序首先调用虚拟入口，然后执行间接跳转。它通过将一个数字放入寄存器来识别所需的库例程，然后跳转到动态链接器或加载器。链接器或加载器找到所需的例程，将其重映射并改变间接跳转中的地址，使其指向这个例程，然后跳转到这个例程。这个例程完成时，将返回到初始调用点。此后，它都会间接跳转到这个例程而不需要额外的步骤。

总的来说，DLL 需要额外的空间来存储动态链接的信息，但是不需要复制或链接整个库。仅仅在例程的第一次调用时开销较大，此后就只需一个间接跳转。注意，从库返回的操作不需要额外的开销。微软的 Windows 广泛地依赖于动态链接库，如今在 UNIX 系统中程序执行的默认方式也是使用动态链接库。

2.12.6　启动一个 Java 程序

前面讨论了程序执行的传统模式，重点是使一个面向特定的指令集体系结构编写的程序快速执行，该程序甚至是面向该体系结构的特定实现而编写的。实际上，可以像执行 C 程序那样来执行 Java 程序。然而，Java 是为了不同的目标而发明的，其中之一就是能够在任何计算机上安全地运行，尽管这可能延长执行时间。

图 2-23 展示了 Java 翻译和运行的典型步骤。Java 程序会首先被编译成易于解释的指令序列——**Java 字节码**（Java bytecode）指令集（见 2.15 节），而不是编译成目标计算机可识别的汇编语言。这个指令集被设计得非常接近 Java 语言，这样，编译步骤相对简单。事实上它没有做任何优化。就像 C 语言编译器那样，Java 编译器会检查数据类型并且为每种类型生成正确的操作。Java 程序最终将转化成这些字节码的二进制形式。

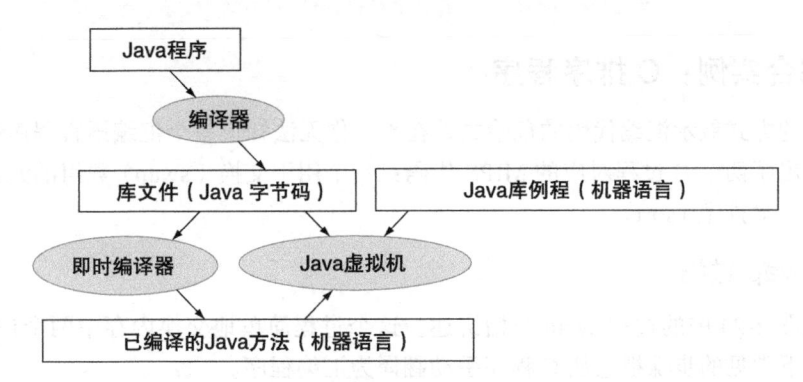

Java 字节码：为了解释 Java 程序而设计的指令集中的指令。

图 2-23　Java 的翻译层次。一个 Java 程序首先被编译成一个 Java 字节码二进制形式，其中由编译器定义所有的地址。此时，Java 程序已可在称为 Java 虚拟机（JVM）的解释器上运行。在程序运行的时候，JVM 链接 Java 库中一些需要调用的方法。为了得到更好的性能，JVM 能够调用即时（Just In Time, JIT）编译器，在运行它的机器上能够选择性地把一些方法编译成宿主机上的本地机器语言

一个称为 **Java 虚拟机**（Java Virtual Machine，JVM）的软件解释器能够执行 Java 字节码。解释器是一个用来模拟指令集体系结构的程序。例如，本书所使用的 MIPS 模拟器就是一个解释器。由于翻译非常简单，因此地址可以由编译器填写或在运行时被 JVM 发现，不需要再单独进行汇编。

Java 虚拟机：解释 Java 字节码的程序。

解释的优势是可移植性。软件实现的 Java 虚拟机的可用性意味着在 Java 公布以后，大部分人都可以立即编写和运行 Java 程序。今天，Java 虚拟机可以用在从手机到网络浏览器等数亿台设备中。

解释的不足是性能较差。在 20 世纪 80 年代和 90 年代，解释执行的性能飞速提高，使其可用于很多重要的应用程序，但是与传统的编译好的 C 程序相比，10 倍的性能差距使 Java 对一些应用程序毫无吸引力。

为了既保持可移植性又提高执行速度，Java 开发的下一阶段目标是实现在程序执行的同时可以进行翻译的编译器。这种**即时编译器**（just in time complier）通过记录运行的程序来找到"热点"，然后将它们直接编译成 Java 虚拟机运行的宿主机上的指令序列。编译过的部分保存起来以便下次程序运行时调用，这样，以后每次运行会更快。解释和编译的平衡随着时间的推移逐步形成，届时，经常运行的 Java 程序的解释开销变得非常小。

> **即时编译器**：一类通用编译器的名称，该类编译器能够在运行时将解释的代码段翻译成宿主计算机上的机器语言。

随着计算机的速度越来越快，编译器能做的事情也越来越多。而随着研究者不断地发明更好的技术来编译 Java 程序，Java 与 C 或 C++ 在性能上的差距越来越小。2.15 节将进一步介绍 Java 程序、Java 字节码、JVM 和 JIT 编译器的实现。

> **小测验** 与翻译器相比，对 Java 设计者来说，解释器的哪些优点是最重要的？
> 1. 解释器便于编写。
> 2. 更准确的错误消息。
> 3. 更少的目标代码。
> 4. 与机器无关。

2.13 综合实例：C 排序程序

以片段的方式展示汇编代码的危险之处在于，你无法知道整个汇编语言程序的全貌。本节，我们给出了两个 C 过程对应的 MIPS 代码：一个用于交换（swap）数组的元素，另一个用于对数组元素排序（sort）。

2.13.1 swap 过程

我们从图 2-24 中的过程 swap 开始讲述。这个过程简单地交换内存中两个位置的内容，我们按照以下常见的步骤把它从 C 程序手动翻译为汇编程序。

```
void swap(int v[], int k)
{
    int temp;
    temp = v[k];
    v[k] = v[k+1];
    v[k+1] = temp;
}
```

图 2-24 一个将内存中两个不同位置的内容进行交换的 C 过程。本节排序的例子中使用这个过程

1. 为程序变量分配寄存器。
2. 为过程体生成汇编代码。

3. 保存过程调用间的寄存器。

本节将按照这三个步骤描述 swap 程序,包括在最后把所有步骤合并在一起。

为 swap 分配寄存器

如 2.8 节所述,在 MIPS 中,通常使用寄存器 $a0、$a1、$a2、$a3 实现参数传递。由于 swap 只需要两个参数 v 和 k,它们被分别分配在寄存器 $a0 和 $a1 中。由于 swap 是一个叶过程(见 2.8.2 节),因此我们为仅剩的变量 temp 分配寄存器 $t0。这些寄存器的分配与图 2-24 中的 swap 过程的第一部分变量的声明相对应。

为 swap 过程体生成代码

swap 剩余部分的 C 代码如下所示:

```
temp = v[k];
v[k] = v[k+1];
v[k+1] = temp;
```

MIPS 的内存按字节编址,字的大小为 4 字节。因此需要把索引 k 乘以 4,再与地址相加。不要忘记连续字之间的地址相差 4 而不是 1,这是汇编语言程序设计中常见的错误。因此,要获得 v[k] 地址的第一步就是通过左移 2 位来使 k 乘以 4:

```
sll   $t1, $a1, 2    # reg $t1 = k * 4
add   $t1, $a0, $t1  # reg $t1 = v + (k * 4)
                     # reg $t1 has the address of v[k]
```

接下来使用 $t1 来取 v[k] 的值,再使 $t1 加 4 得到 v[k+1] 的地址:

```
lw    $t0, 0($t1)    # reg $t0 (temp) = v[k]
lw    $t2, 4($t1)    # reg $t2 = v[k + 1]
                     # refers to next element of v
```

最后将 $t0 和 $t2 存储到需要交换数据的地址中:

```
sw    $t2, 0($t1)    # v[k] = reg $t2
sw    $t0, 4($t1)    # v[k + 1] = reg $t0 (temp)
```

至此,我们已经为该过程分配了寄存器并翻译好了程序体的代码。保存在 swap 中使用的保存寄存器的代码还没有完成。但是,由于这是一个叶过程,并没有使用保存寄存器,因此没有需要保留的东西。

完整的 swap 过程

现在可以得到完整的例程了,包括过程标签和返回的跳转指令。为了方便读者理解,在图 2-25 中标明了过程中每个代码块的作用。

过程体		
swap: sll	$t1, $a1, 2	# reg $t1 = k * 4
add	$t1, $a0, $t1	# reg $t1 = v + (k * 4)
		# reg $t1 has the address of v[k]
lw	$t0, 0($t1)	# reg $t0 (temp) = v[k]
lw	$t2, 4($t1)	# reg $t2 = v[k + 1]
		# refers to next element of v
sw	$t2, 0($t1)	# v[k] = reg $t2
sw	$t0, 4($t1)	# v[k+1] = reg $t0 (temp)
过程返回		
jr	$ra	# return to calling routine

图 2-25 图 2-24 中 swap 过程的 MIPS 汇编代码

2.13.2 sort 过程

为保证读者能够体会到汇编语言编程的严格性，本节提供了第二个更长的例子。在这个例子中，我们将编写一个调用 swap 过程的例程。这个例程对数组中的整数进行排序，使用的是冒泡或交换排序算法，这种排序算法虽然不是最快的，但却是最简单的。图 2-26 给出了该程序的 C 代码。我们再次使用几个步骤来展示翻译的过程，最后再把它们集成到一起。

```
void sort (int v[], int n)
{
    int i, j;
    for (i = 0; i < n; i += 1) {
        for (j = i - 1; j >= 0 && v[j] > v[j + 1]; j-=1) {
            swap(v,j);
        }
    }
}
```

图 2-26 一个对数组 v 中元素进行排序的 C 程序

sort 的寄存器分配

为过程 sort 的两个参数 v 和 n 分别分配参数寄存器 $a0 和 $a1，为变量 i 和 j 分别分配寄存器 $s0 和 $s1。

为 sort 过程体生成代码

过程体包含两个嵌套的 for 循环和一个有参数的 swap 调用。下面从外到内展开代码。

第一步翻译最外面的 for 循环。

```
for (i = 0; i <n; i += 1) {
```

C 语言中 for 的声明有三个参数：初始值、循环判断条件和迭代增量。for 语句的第一部分是将 i 初始化为 0，这需要一条指令，故 for 语句的第一部分为：

```
move  $s0, $zero   # i = 0
```

（注意，move 是为了方便汇编程序员而由汇编器提供的伪指令，见 2.12.2 节。）for 语句的最后部分将 i 递增，同样需要一条语句：

```
addi  $s0, $s0,  1 # i += 1
```

循环要在条件 i<n 非真的时候退出，换句话说，当 i≥n 时循环退出。如果 $s0<$a1，那么 slt 指令将 $t0 置 1，否则置 0。因为要测试 $s0≥$a1，所以当寄存器 $t0 为 0 时，执行分支指令。这需要两条指令：

```
for1tst:slt $t0, $s0, $a1      # reg $t0 = 0 if $s0 ≥ $a1 (i≥n)
        beq $t0, $zero,exit1   # go to exit1 if $s0 ≥ $a1 (i≥n)
```

循环的最后仅仅需要跳回循环判断的地方：

```
        j for1tst         # jump to test of outer loop
exit1:
```

第一个 for 循环的框架代码为：

```
        move  $s0, $zero      # i = 0
for1tst:slt $t0, $s0, $a1 # reg $t0 = 0 if $s0 ≥ $a1 (i≥n)
        beq  $t0, $zero,exit1 # go to exit1 if $s0 ≥ $a1 (i≥n)
        ...
```

```
            (body of first for loop)
            ...
    addi    $s0, $s0, 1    # i += 1
    j       for1tst        # jump to test of outer loop
exit1:
```

(后面的练习将会进一步探索为类似的循环编写更快的代码。)

第二个 for 循环的 C 语句如下：

```
for (j = i -1; j >= 0 && v[j]>v[j + 1]; j -= 1) {
```

这个循环的初始化部分仍然只需一条指令：

```
    addi    $s1, $s0, -1 # j = i - 1
```

循环末尾 j 的自减（减 1）也只需一条指令：

```
    addi    $s1, $s1, -1 # j -= 1
```

循环判断由两个部分组成。任何一个条件为假就退出循环，所以第一个条件如果为假（j<0）就要退出循环：

```
for2tst: slti $t0, $s1, 0 # reg $t0 = 1 if $s1 < 0 (j < 0)
         bne $t0, $zero, exit2 # go to exit2 if $s1 < 0 (j < 0)
```

这个分支跳过第二个条件测试，如果没有跳过，则 j≥0。

第二个测试条件是 v[j]>v[j+1] 非真的时候退出，即 v[j]≤v[j+1] 时退出。为得到地址，首先将 j 乘以 4（需要字节地址），然后将它与 v 的基地址相加：

```
    sll    $t1, $s1, 2    # reg $t1 = j * 4
    add    $t2, $a0, $t1  # reg $t2 = v + (j * 4)
```

现在取 v[j]：

```
    lw     $t3, 0($t2)    # reg $t3 = v[j]
```

因为第二个元素恰好是下一个字，所以将寄存器 $t2 值加 4，得到 v[j+1] 的地址：

```
    lw     $t4, 4($t2)    # reg $t4 = v[j + 1]
```

测试 v[j]≤v[j+1] 与测试 v[j+1]≥v[j] 相同，所以测试退出的两条指令如下：

```
    slt    $t0, $t4, $t3      # reg $t0 = 0 if $t4 ≥ $t3
    beq    $t0, $zero, exit2  # go to exit2 if $t4 ≥ $t3
```

循环末尾跳回到内层循环测试处：

```
    j      for2tst        # jump to test of inner loop
```

将这些片段组合到一起，可得第二个 for 循环的框架如下：

```
        addi $s1, $s0, -1      # j = i - 1
for2tst:slti $t0, $s1, 0       # reg $t0 = 1 if $s1 < 0 (j < 0)
        bne $t0, $zero, exit2  # go to exit2 if $s1 < 0 (j < 0)
        sll $t1, $s1, 2        # reg $t1 = j * 4
        add $t2, $a0, $t1      # reg $t2 = v + (j * 4)
        lw  $t3, 0($t2)        # reg $t3 = v[j]
        lw  $t4, 4($t2)        # reg $t4 = v[j + 1]
        slt $t0, $t4, $t3      # reg $t0 = 0 if $t4 ≥ $t3
        beq $t0, $zero, exit2  # go to exit2 if $t4 ≥ $t3
        ...
```

```
            (body of second for loop)
            . . .
            addi $s1, $s1, -1    # j -= 1
            j    for2tst         # jump to test of inner loop
exit2:
```

sort 中的过程调用

下一步翻译第二个 for 循环的循环体：

swap(v,j);

调用 swap 很容易：

```
        jal     swap
```

sort 中的参数传递

当我们想传递参数时问题出现了，因为 sort 过程需要使用寄存器 $a0 和 $a1 中的值，而 swap 过程需要将它的参数放入这些寄存器。一种解决办法是在过程执行的早期将 sort 的参数复制到其他的寄存器中，使 swap 过程可以使用寄存器 $a0 和寄存器 $a1。（这个复制的过程比在栈中保存后再取回要快得多。）在过程中，首先将寄存器 $a0 和 $a1 的值分别复制到寄存器 $s2 和 $s3。

```
        move    $s2, $a0     # copy parameter $a0 into $s2
        move    $s3, $a1     # copy parameter $a1 into $s3
```

然后用下面两条指令将参数传递给 swap。

```
        move    $a0, $s2     # first swap parameter is v
        move    $a1, $s1     # second swap parameter is j
```

在 sort 中保存寄存器

到目前为止，仅剩保存和恢复寄存器值的代码了。因为 sort 是一个过程并且本身也要被调用，所以需要用寄存器 $ra 保存返回地址。sort 过程还使用了 $s0、$s1、$s2 和 $s3 保存寄存器，它们的值也必须被保存。所以 sort 过程开头如下：

```
        addi    $sp,$sp,-20  # make room on stack for 5 registers
        sw      $ra,16($sp)  # save $ra on stack
        sw      $s3,12($sp)  # save $s3 on stack
        sw      $s2, 8($sp)  # save $s2 on stack
        sw      $s1, 4($sp)  # save $s1 on stack
        sw      $s0, 0($sp)  # save $s0 on stack
```

过程末尾只需反向执行这些指令，最后加上 jr 指令实现返回。

完整的 sort 过程

现将所有片段组合起来，如图 2-27 所示，注意 for 循环中对寄存器 $a0 和 $a1 的引用被替换成对寄存器 $s2 和 $s3 的引用。为了方便阅读，再一次将过程中每一块的用途标了出来。本例中，9 行 C 语言编写的 sort 过程被翻译成 35 行的 MIPS 汇编语言代码。

精解 这个例子可以使用的一种优化方法是过程内联（procedure inlining）。在代码中调用 swap 过程的地方，编译器将 swap 过程体的代码复制过来，而不是通过传递参数并通过 jal 指令来调用这段代码。本例中使用内联可以省掉 4 条指令。使用内联优化的缺点是如果内联过程需要在多个地方调用，编译后产生的代码将会变多。如果这种代码扩展导致 cache 的缺失率上升，将导致性能的下降（见第 5 章）。

				保存寄存器值	
	sort:	addi	$sp,$sp,-20	# make room on stack for 5 registers	
		sw	$ra,16($sp)	# save $ra on stack	
		sw	$s3,12($sp)	# save $s3 on stack	
		sw	$s2,8($sp)	# save $s2 on stack	
		sw	$s1,4($sp)	# save $s1 on stack	
		sw	$s0,0($sp)	# save $s0 on stack	
				过程体	
移动参数		move	$s2,$a0	# copy parameter $a0 into $s2 (save $a0)	
		move	$s3,$a1	# copy parameter $a1 into $s3 (save $a1)	
循环外部		move	$s0,$zero	# i = 0	
	for1tst:	slt	$t0,$s0,$s3	# reg $t0 = 0 if $s0 ≥ $s3 (i ≥ n)	
		beq	$t0,$zero,exit1	# go to exit1 if $s0 ≥ $s3 (i ≥ n)	
		addi	$s1,$s0,-1	# j = i - 1	
	for2tst:	slti	$t0,$s1,0	# reg $t0 = 1 if $s1 < 0 (j < 0)	
		bne	$t0,$zero,exit2	# go to exit2 if $s1 < 0 (j < 0)	
		sll	$t1,$s1,2	# reg $t1 = j * 4	
循环内部		add	$t2,$s2,$t1	# reg $t2 = v + (j * 4)	
		lw	$t3,0($t2)	# reg $t3 = v[j]	
		lw	$t4,4($t2)	# reg $t4 = v[j + 1]	
		slt	$t0,$t4,$t3	# reg $t0 = 0 if $t4 ≥ $t3	
		beq	$t0,$zero,exit2	# go to exit2 if $t4 ≥ $t3	
传递参数和调用		move	$a0,$s2	# 1st parameter of swap is v (old $a0)	
		move	$a1,$s1	# 2nd parameter of swap is j	
		jal	swap	# swap code shown in Figure 2.25	
循环内部		addi	$s1,$s1,-1	# j -= 1	
		j	for2tst	# jump to test of inner loop	
循环外部	exit2:	addi	$s0,$s0,1	# i += 1	
		j	for1tst	# jump to test of outer loop	
				恢复寄存器值	
	exit1:	lw	$s0,0($sp)	# restore $s0 from stack	
		lw	$s1,4($sp)	# restore $s1 from stack	
		lw	$s2,8($sp)	# restore $s2 from stack	
		lw	$s3,12($sp)	# restore $s3 from stack	
		lw	$ra,16($sp)	# restore $ra from stack	
		addi	$sp,$sp,20	# restore stack pointer	
				过程返回	
		jr	$ra	# return to calling routine	

图 2-27 图 2-26 中 sort 过程的 MIPS 汇编版本

理解程序性能 图 2-28 给出了编译器优化对排序程序的性能、编译时间、时钟周期、指令数和 CPI 的影响。注意没有优化的代码具有最好的 CPI，使用 O1 优化的代码具有最少的指令数，但是 O3 优化的执行速度最快，而执行时间是准确衡量程序性能的唯一指标。

图 2-29 比较了编程语言、编译执行或解释执行、算法对排序程序性能的影响。第四列表明，在执行冒泡排序时，没有优化的 C 程序的性能是解释型的 Java 程序的 8.3 倍。使用即时编译器可以使 Java 程序的性能达到没有优化的 C 程序的 2.1 倍，并达到最佳优化的 C 程序性能的 88.4%。（2.15 节将给出关于解释执行和编译执行 Java 的更多细节，以及冒泡排序的 Java 和 MIPS 代码。）在第五列中，快速排序的性能比就没那么接近了，这大概是因为在这样短的执行时间内分摊运行时编译的开销较为困难。最后一列显示了更好的算法带来的影响，当对 100 000 个元素进行排序时，其性能达到了 3 个数量级的提升。即第五列中解释执行的 Java 与第四列中最优化的 C 代码相比，快速排序法是冒泡法的 50 倍

（0.05×2468/2.41，即 123/2.41）。

gcc优化选项	相对性能	时钟周期（百万）	指令数（百万）	CPI
无	1.00	158 615	114 938	1.38
O1（中等）	2.37	66 990	37 470	1.79
O2（完全）	2.38	66 521	39 993	1.66
O3（过程集成）	2.41	65 747	44 993	1.46

图 2-28　冒泡排序中编译器优化对性能、指令数、CPI 的影响比较。程序对含有 100 000 个字数组进行排序，数组被初始化为随机数。程序运行在 3.06GHz 的 Pentium 4 处理器上，前端系统总线是 533MHz，具有 2GB 的 PC2100 DDR SDRAM。操作系统使用 Linux 2.4.20

编程语言	执行方式	优化选项	冒泡排序相对性能	快速排序相对性能	快速排序与冒泡排序的加速比
C	编译器	无	1.00	1.00	2468
	编译器	O1	2.37	1.50	1562
	编译器	O2	2.38	1.50	1555
	编译器	O3	2.41	1.91	1955
Java	解释器	—	0.12	0.05	1050
	即时编译器	—	2.13	0.29	338

图 2-29　两个排序算法的性能比较。算法分别用 C 和 Java 实现，Java 分别使用解释执行和优化编译来与未优化的 C 比较。最后一列是快速排序相对于冒泡排序的性能提升。这些程序运行的系统与图 2-28 相同。JVM 是 Sun 的 1.3.1 版本，JIT 是 Sun Hotspot 的 1.3.1 版本

精解　MIPS 的编译器总是在栈上为参数保留空间，以便它们得以保存。因此，实际上 `$sp` 总是减 16 来给 4 个参数寄存器（16 字节）预留空间。这样做的原因是 C 提供一个 `vararg` 选项，该选项允许选择一个指针，例如过程的第三个参数。当编译器遇到这种少见的 `vararg` 时，它就将 4 个参数寄存器的值都复制到栈上保留的位置中。

2.14　数组与指针

理解指针对任何一个 C 程序新手来说都是一项挑战。通过将使用数组和数组索引的汇编代码与使用指针的汇编代码进行对比，可以从本质上来理解指针。本节分别使用 C 和 MIPS 汇编来展示将内存中连续字清零的过程：一个使用数组索引；另一个使用指针。图 2-30 给出了这两个 C 过程。

本节的目的是展示指针是如何映射到 MIPS 指令的，而不是赞同这种过时的编程风格。我们在本节的末尾将看到现代编译器优化技术对这两个过程的影响。

2.14.1　用数组实现 clear

我们从数组版本的 `clear1` 开始，主要关注循环体，而忽略过程链接相关的代码。假设两个参数 `array` 和 `size` 分别在寄存器 `$a0` 和 `$a1` 中，`i` 保存在 `$t0` 中。

for 循环的第一部分，初始化变量 `i`：

```
clear1(int array[], int size)
{
    int i;
    for (i = 0; i < size; i += 1)
        array[i] = 0;
}
clear2(int *array, int size)
{
    int *p;
    for (p = &array[0]; p < &array[size]; p = p + 1)
        *p = 0;
}
```

图 2-30 两个将数组清零的 C 过程。clear1 使用数组索引，而 clear2 使用指针。对不熟悉 C 的人，第二个过程需要做一些解释。变量的地址使用 & 表示，指针所指向的对象用 * 表示。声明部分说明 array 和 p 都是指向整数的指针。clear2 中 for 循环的第一个部分将 array 的第一个元素的地址赋值给指针 p。for 循环的第二部分判断这个指针是否指向了 array 的最后一个元素之外。for 循环的最后部分，对这个指针每次递增（增 1），意味着将指针移到它声明的空间中的下一个对象。由于 p 是一个指向整数的指针，编译器将会产生 MIPS 指令，让 p 按照 4 递增，4 是 MIPS 中整数的字节数目。循环体中将 0 赋值给 p 所指向的对象

```
move    $t0,$zero    # i = 0 (register $t0 = 0)
```

为了将 array[i] 清 0，首先需要得到它的地址。首先把 i 乘以 4 得到字节地址：

```
loop1: sll $t1,$t0,2    # $t1 = i * 4
```

因为数组的起始地址在寄存器中，所以必须将它与下标（索引）相加以得到 array[i] 的地址，使用下面的加法指令：

```
add    $t2,$a0,$t1  # $t2 = address of array[i]
```

然后，将 0 保存在这个地址：

```
sw  $zero, 0($t2)    # array[i] = 0
```

这条指令是循环体最后一条指令，下一步是增加 i 值（加 1）：

```
addi $t0,$t0,1      # i = i + 1
```

循环测试条件检测 i 是否小于 size：

```
slt  $t3,$t0,$a1      # $t3 = (i < size)
bne  $t3,$zero,loop1  # if (i < size) go to loop1
```

现在，已经得到过程所有的片段。下面则是使用数组下标（索引）对数组清零的 MIPS 汇编码：

```
        move $t0,$zero      # i = 0
loop1:  sll  $t1,$t0,2      # $t1 = i * 4
        add  $t2,$a0,$t1    # $t2 = address of array[i]
        sw   $zero, 0($t2)  # array[i] = 0
        addi $t0,$t0,1      # i = i + 1
        slt  $t3,$t0,$a1    # $t3 = (i < size)
        bne  $t3,$zero,loop1 # if (i < size) go to loop1
```

（只要 size 大于 0，这些代码就能正确工作；ANSI C 需要在循环前测试 size 值，但是此处

我们略过了这个规定。)

2.14.2 用指针实现 clear

第二个过程使用指针将两个参数 array 和 size 分配到寄存器 $a0 和 $a1，将 p 分配到寄存器 $t0。在第二个过程开始时需要将数组的首地址赋值给指针 p：

```
move    $t0,$a0      # p = address of array[0]
```

接下来的代码将是 for 循环体，它仅仅是简单地将 0 存到地址 p：

```
loop2: sw  $zero,0($t0) # Memory[p] = 0
```

这条指令实现了循环体，所以下一条指令是迭代自增，即改变 p 使其指向下一个字：

```
addi    $t0,$t0,4    # p = p + 4
```

在 C 中将指针加 1 意味着将指针指向序列中下一个对象。因为 p 是一个指向整数的指针，整数占用 4 字节，编译器将对 p 加 4。

接着是循环测试。首先计算 array 最后一个元素的地址。先将 size 乘以 4 得到字节地址：

```
sll     $t1,$a1,2    # $t1 = size * 4
```

然后，将乘积与数组的首地址相加，以获得数组后面第一个字的地址：

```
add  $t2,$a0,$t1     # $t2 = address of array[size]
```

循环测试仅仅是简单地判断 p 是否比 array 最后一个元素的地址小：

```
slt  $t3,$t0,$t2       # $t3 = (p<&array[size])
bne  $t3,$zero,loop2   # if (p<&array[size]) go to loop2
```

所有的代码片段都已经完成，现在就可以得到使用指针实现数组清零的代码：

```
        move $t0,$a0         # p = address of array[0]
loop2:  sw $zero,0($t0)      # Memory[p] = 0
        addi $t0,$t0,4       # p = p + 4
        sll  $t1,$a1,2       # $t1 = size * 4
        add  $t2,$a0,$t1     # $t2 = address of array[size]
        slt  $t3,$t0,$t2     # $t3 = (p<&array[size])
        bne  $t3,$zero,loop2 # if (p<&array[size]) go to loop2
```

与第一个例子一样，这段代码也假定 size 大于 0。

注意，虽然数组的末地址一直保持不变，但是这个程序循环的每次迭代都要计算它。一种快速的执行方式是将数组末地址的计算放到循环体外：

```
        move $t0,$a0         # p = address of array[0]
        sll  $t1,$a1,2       # $t1 = size * 4
        add  $t2,$a0,$t1     # $t2 = address of array[size]
loop2:  sw $zero,0($t0)      # Memory[p] = 0
        addi $t0,$t0,4       # p = p + 4
        slt  $t3,$t0,$t2     # $t3 = (p<&array[size])
        bne  $t3,$zero,loop2 # if (p<&array[size]) go to loop2
```

2.14.3 比较两个版本的 clear

将两段代码放在一起比较可以说明数组下标和指针的不同（指针版本带来的变化用灰色显示）：

```
        move  $t0,$zero      # i = 0                    move  $t0,$a0        # p = & array[0]
loop1:  sll   $t1,$t0,2      # $t1 = i * 4              sll   $t1,$a1,2      # $t1 = size * 4
        add   $t2,$a0,$t1    # $t2 = &array[i]          add   $t2,$a0,$t1    # $t2 = &array[size]
        sw    $zero,0($t2)   # array[i] = 0      loop2: sw    $zero,0($t0)   # Memory[p] = 0
        addi  $t0,$t0,1      # i = i + 1                addi  $t0,$t0,4      # p = p + 4
        slt   $t3,$t0,$a1    # $t3 = (i < size)         slt   $t3,$t0,$t2    # $t3=(p<&array[size])
        bne   $t3,$zero,loop1# if () go to loop1        bne   $t3,$zero,loop2# if () go to loop2
```

左边的版本必须在循环中有"乘"和"加"操作，因为 i 值增加了，每个地址都将从新下标开始被重新计算。右边的指针版本的代码直接增加指针 p。指针版本通过把一些操作拿到循环外部，将每次迭代执行的指令从 6 条减少到 4 条。与使用编译器优化相比，这种手动优化在减少操作（使用移位替代乘法）和消除变量（消除循环中的数组地址计算）等方面的效果基本一致。2.15 节介绍了这两种优化和其他一些优化。

| 精解 正如前面提到的，C 编译器需要增加测试来保证 size 一定大于 0。一种方法是在循环的第一条指令之前加入一条跳转到 slt 的跳转指令。

| 理解程序性能 人们常被告知要在 C 中使用指针来获得比使用数组更高的效率。然而，"使用指针，甚至会使你自己都无法理解代码的含义"。现代的优化编译器可以为数组版本产生同样好的代码。现在大部分程序员更喜欢让编译器去做更繁重的工作。

2.15 高级内容：编译 C 语言和解释 Java 语言

本节将简要概述 C 编译器如何工作和 Java 如何执行。因为编译器将对计算机的性能产生重要影响，所以理解当今的编译器技术是理解性能的关键。"编译器设计"的相关内容一般需要 1 个或 2 个学期的学习，所以我们这里将仅介绍一些基本内容。

本节的第二部分是为对**面向对象语言**（objected oriented language）（例如 Java）在 MIPS 体系结构上执行感兴趣的读者准备的。本节将展示用于解释执行的 Java 字节码，以及与前面章节中 C 程序段对应的 Java 版本的 MIPS 代码，包括冒泡排序。本节将包括 Java 虚拟机和即时编译器。

面向对象语言：一种针对对象而不是动作的编程语言，或者针对数据而不是逻辑的编程语言。

本节的剩余内容可在配套网站上找到。

2.16 实例：ARMv7（32 位）指令集

ARM 是嵌入式设备领域中最流行的指令集体系结构，2016 年的出货量超过 1000 亿。ARM 最初代表 Acorn RISC Machine，后来被改为 Advanced RISC Machine。ARM 与 MIPS 处理器在同年发布，并遵循相同的设计思路。图 2-31 列出了 ARM 与 MIPS 的相似性。二者的主要区别是 MIPS 有更多的寄存器，而 ARM 有更多的寻址模式。

	ARM	MIPS
发布时间	1985年	1985年
指令大小（位）	32	32
寻址空间（大小，模式）	32位，平坦	32位，平坦
数据对齐	对齐	对齐
数据寻址模式	9种	3种
整数寄存器（个数，模式，大小）	15个通用寄存器×32位	31个通用寄存器×32位
I/O	存储器映射	存储器映射

图 2-31 ARM 和 MIPS 指令集的相似性

图 2-32 展示了 MIPS 与 ARM 在算术逻辑和数据传输指令方面具有相似的核心指令集。

	指令名	ARM	MIPS
寄存器-寄存器	加法	add	addu, addiu
	加法（溢出则发生自陷）	adds; swivs	add
	减法	sub	subu
	减法（溢出则发生自陷）	subs; swivs	sub
	乘法	mul	mult, multu
	除法	—	div, divu
	与	and	and
	或	orr	or
	异或	eor	xor
	取寄存器高位	—	lui
	逻辑左移	lsl[1]	sllv, sll
	逻辑右移	lsr[1]	srlv, srl
	算术右移	asr[1]	srav, sra
	比较	cmp, cmn, tst, teq	slt/i,slt/iu
数据传输	取有符号字节	ldrsb	lb
	取无符号字节	ldrb	lbu
	取有符号半字	ldrsh	lh
	取无符号半字	ldrh	lhu
	取字	ldr	lw
	存字节	strb	sb
	存半字	strh	sh
	存字	str	sw
	读、写特殊寄存器	mrs, msr	move
	原子交换	swp, swpb	ll;sc

图 2-32 ARM 的寄存器 – 寄存器指令和数据传输指令与 MIPS 核心指令是等价的。横线表示体系结构不支持该操作，或不能用一些指令来实现该操作。如果有几条可供选择的指令都与 MIPS 核心指令等价，那么用逗号分隔这些指令。ARM 中每条数据操作指令都有移位的部分，所以移位指令用了上标 1，它们基本是 move 指令的变种，例如 lsr[1]。注意 ARM 中没有除法指令

2.16.1 寻址模式

图 2-33 给出了 ARM 支持的数据寻址模式。不同于 MIPS，ARM 不需要使用专门的寄存器来保存 0 这个数值。尽管 MIPS 仅有 5 种简单的数据寻址模式（见图 2-18），ARM 的寻址模式却有 9 种之多，其中一些包括了十分复杂的计算。例如，ARM 的一种寻址模式可以把一个寄存器中的数移动任意位，将移位后的结果与另外一个寄存器中的值相加产生地址，然后将产生的新地址存入一个寄存器中。

2.16.2 比较和条件分支

MIPS 使用寄存器中的值来决定条件分支是否执行。而 ARM 使用传统的条件码来决定条件分支是否执行，ARM 的 4 位条件码存储在程序状态字中。这 4 个条件码分别是：负值（negative）、零（zero）、进位（carry）和溢出（overflow）。这些条件码可以被任何算术或逻辑指令设置，然而与早期的体系结构不同的是，ARM 的每条指令是否设置这些条件码是可选

的。明确的选项会使流水化实现变得更加容易（见第 4 章）。ARM 通过使用条件分支来测试条件码以判断所有有符号数和无符号数的关系。

寻址模式	ARM	MIPS
寄存器操作数	X	X
立即数操作数	X	X
寄存器+偏移（转移或基地址）	X	X
寄存器+寄存器（下标）	X	—
寄存器+寄存器倍乘（倍乘）	X	—
寄存器+偏移和更新寄存器	X	—
寄存器+寄存器和更新寄存器	X	—
自增，自减	X	—
相对PC的数据	X	—

图 2-33 数据寻址模式的总结。ARM 具有分离的寄存器间接寻址和寄存器+偏移寻址模式，而不是仅仅在后一种模式的偏移地址上填 0。为了增加寻址范围，如果是对半字或字进行操作，ARM 对偏移左移 1 位或 2 位

CMP 指令用一个操作数减去另一个操作数，根据它们的差设置条件码。CMN 指令将一个操作数与另一个操作数相加，根据它们的和来设置条件码。TST 指令将两个操作数进行逻辑与，然后设置除溢出位外其他的条件码。TEQ 指令根据异或结果来设置条件码的前三位。

ARM 具有一个不寻常的特征：每条指令都有一个可选的执行条件，这个条件取决于条件码。每条指令开始的 4 位字段决定这条指令将执行空操作（nop）还是执行真实的指令操作，这种选择也取决于条件码。因此，条件分支也可以被认为是有条件地执行无条件分支指令。条件执行指令可以取代仅为了跳过一条指令的分支指令，不仅占用的代码空间更少，而且也会节省运行时间。

图 2-34 展示了 ARM 和 MIPS 的指令格式。它们之间的主要区别有两点：每条指令的 4 位条件执行字段不同；因为 ARM 只用 MIPS 一半数量的寄存器，所以它具有相对较小的寄存器字段。

2.16.3 ARM 的特色

图 2-35 列举了 ARM 处理器特有的一些算术逻辑指令，这些指令在 MIPS 中是不存在的。由于没有专门的寄存器用来存储 0，因此 ARM 需要单独的操作码来完成一些在 MIPS 中可以简单使用 $zero 来完成的操作。另外，ARM 支持多个字的算术操作。

ARM 使用 12 位立即数字段的方式非常新颖。首先将右侧低 8 位的有效位填 0 扩展到 32 位，然后将所得的数循环右移，移动的位数由高 4 位的值乘以 2 决定。这种方式的优点是用少量的位数编码更多有用的常量。该技术是否能够比简单的常量字段获得更多的立即数，这是一个有趣的问题。

对操作数的移位次数并不仅限于立即数。所有算术和逻辑运算操作的第二个寄存器操作数都可以在执行操作之前进行移位。可选的移位方式是逻辑左移、逻辑右移、算术右移和循环右移。

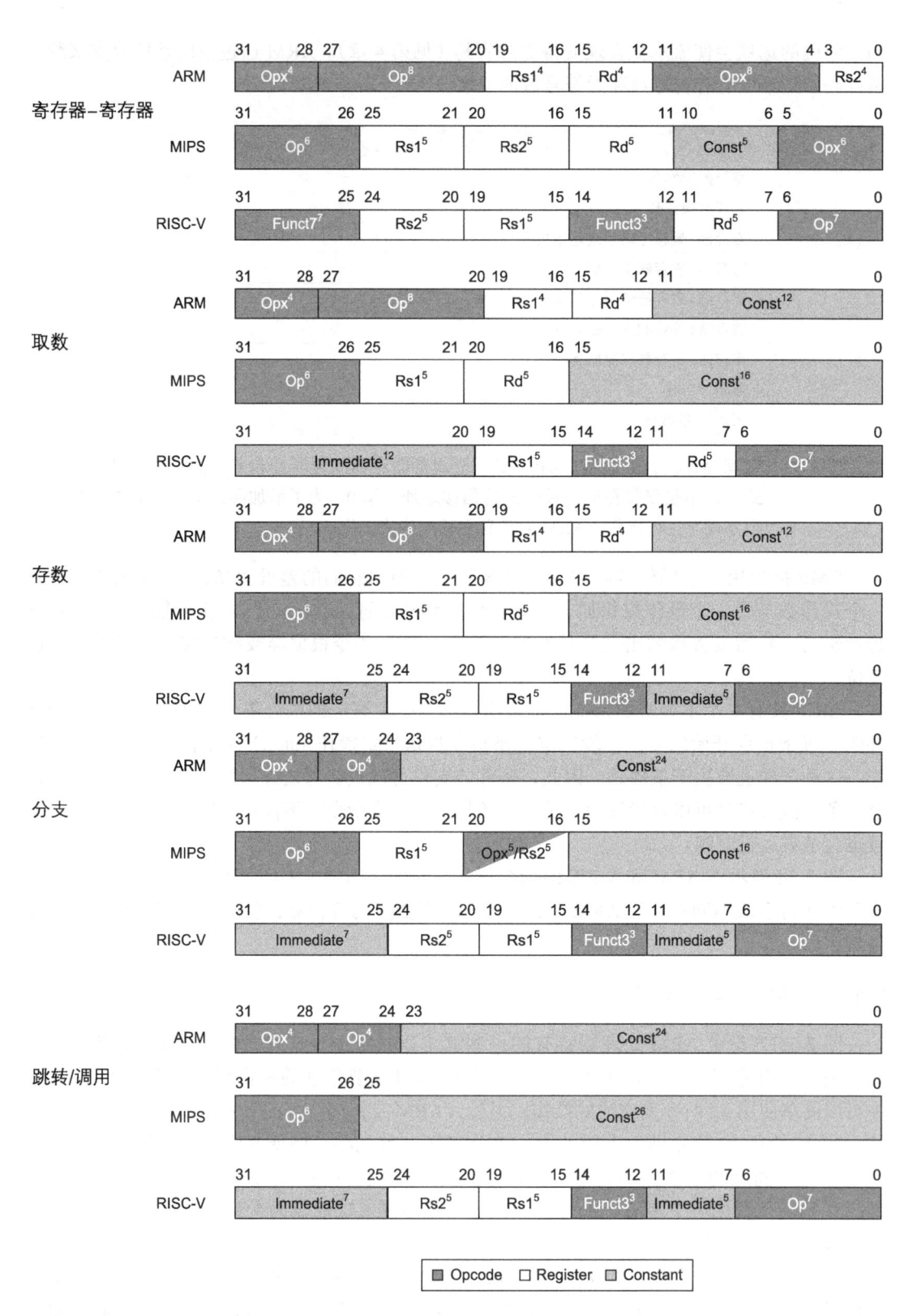

图 2-34 ARM、MIPS 和 RISC-V 的指令格式。区别在于体系结构：ARM 有 16 个寄存器，而 MIPS 和 RISC-V 有 32 个寄存器

名字	定义	ARM	MIPS
取立即数	Rd = Imm	mov	addi $0
非	Rd = ~(Rs1)	mvn	nor $0
移动	Rd = Rs1	mov	or $0
循环右移	Rd = Rs i >> i Rd$_{0...i-1}$ = Rs$_{31-i...31}$	ror	
与非	Rd = Rs1 & ~(Rs2)	bic	
反向减	Rd = Rs2 − Rs1	rsb, rsc	
支持多个整数字的加	CarryOut, Rd = Rd + Rs1 + OldCarryOut	adcs	—
支持多个整数字的减	CarryOut, Rd = Rd − Rs1 + OldCarryOut	sbcs	

图 2-35　MIPS 中没有的 ARM 算术 / 逻辑指令

ARM 还对寄存器组的操作提供了指令支持，这些指令叫作块加载和块存储（block load and store）。在指令的 16 位掩码的控制下，16 个寄存器的任意组合都可以被一条指令加载或存储到内存中。这些指令可以保存和恢复程序调用和返回时的寄存器。这些指令也可以用于存储器块的复制，也能够减小进入和离开过程的代码量。

2.17　实例：ARMv8（64 位）指令集

在一个指令集的所有潜在问题中，最难解决的就是地址空间太小的问题。x86 首次将地址扩展为 32 位，后来又扩展为 64 位地址，许多其他的指令系统都被甩在后面。例如，虽然具有 16 位地址的 MOStek 6502 指令集统治了 Apple Ⅱ，但是 Apple Ⅱ 即使是第一个成功的商用个人计算机，却也由于其地址空间上的缺陷饱受诟病。

ARM 架构师看到了 32 位的限制性，并在 2007 年开始设计 64 位地址的版本，并最终在 2013 年发布。x86 中为了使寄存器加宽为 64 位只做了很小改变，而 ARM 做了全面的改进。如果你了解 MIPS，那就非常容易了解 64 位版本的 ARMv8。

首先，与 MIPS 相比，ARM 舍弃了 v7 中并不常用的一些特性：
- v8 中没有条件执行字段，而在 v7 中几乎每条指令都有该字段。
- v8 中立即数字段仅仅是一个 12 位的常数，而在 v7 中，立即数字段是产生一个常数的功能的输入。
- ARMv8 舍弃了 Load Multiple 和 Store Multiple 指令。
- PC 不再是一个寄存器，因此如果对其进行写操作将会导致非预期的分支转移。

其次，ARM 添加了一些 MIPS 中有用的特征：
- v8 有 32 个通用寄存器，编译器设计者非常喜欢该特点。与 MIPS 相同，一个寄存器永远存放 0，虽然在 load 和 store 指令中该寄存器将由栈指针替代。
- ARMv8 的寻址方式适用于所有的字长，而在 ARMv7 中并非如此。
- ARMv8 包含了 ARMv7 中省掉的除法指令。
- ARMv8 增加了 MIPS 中的相等或不等的条件分支指令。

由于 v8 相对于 v7 而言，其指令集更像 MIPS，因此我们的结论是 ARMv7 和 ARMv8 的主要相同点仅仅是名字。

2.18 实例：RISC-V 指令集

RISC-V 指令集与 MIPS 非常类似，同样起源于学术界。对于熟悉 MIPS 的人来说，要熟悉 RISC-V 非常容易。RISC-V 是由一个名为 RISC-V International 的组织控制的开源体系结构，而 ARM、MIPS、x86 等则是属于某个公司的私有体系结构。虽然 MIPS 比 RISC-V 早发布 25 年，但是它们的设计理念相同。MIPS 和 RISC-V 都有 32 位地址和 64 位地址的版本。为了展示它们的相似性，图 2-34 对 ARM、MIPS 和 RISC-V 的指令格式进行了对比。下面是 RISC-V 和 MIPS 的相同点：

- 两种体系结构中，所有的指令长度都是 32 位。
- 两种体系结构中，都有 32 个 32 位的通用寄存器，其中一个在硬件上连接到 0。
- 两种体系结构中，只有 load 和 store 指令能够访问存储器。
- 与其他一些体系结构不同，MIPS 和 RISC-V 中没有能够对多个寄存器进行 load 和 store 操作的指令。
- 两种体系结构中，都有根据一个寄存器中的值是否等于 0 进行转移的分支指令。
- 两种体系结构中，所有的寻址模式适用于所有的数据位宽。

MIPS 和 RISC-V 的一个重要差别在于条件分支。RISC-V 的分支指令中对两个寄存器进行比较。而 MIPS 的分支指令则依赖于一条比较指令的结果，该比较指令根据比较结果是否为真将一个寄存器设置为 0 或 1。在比较指令之后，使用一条分支指令将比较指令设置的寄存器与 0 进行相等或不等比较，以确定分支的方向。遵循其极简主义的设计思路，MIPS 仅支持小于比较，其他类型的比较由程序员对操作数的顺序进行排布或者更改分支的测试条件来实现。

2.19 实例：x86 指令集

指令集的设计者有时提供比 ARM 和 MIPS 更强大的操作，目的是减少程序执行的指令数。其风险在于可能会损失简单性，并且可能增加程序的执行时间，因为指令执行变慢了。这可能是由于时钟周期变长或者是比更简单的指令序列需要更多的周期数引起的。

> 情人眼里出西施。
> *Margaret Wolfe Hungerford,*
> *Molly Bawn, 1877*

通向复杂操作的道路困难重重。2.21 节将阐述复杂性的陷阱。

2.19.1 Intel x86 的演进

ARM 和 MIPS 都是由单独的小组在 1985 年推出的。这两种体系结构的各个部分都能很好地配合在一起，并且整个体系结构能被简洁地描述。但是 x86 却不是这样，它是由一些相互独立的小组开发的，并且持续改进了超过 40 年，在原来指令集的基础上不断增加新的特性，就像有些人往包装好的包里添加衣服一样。下面是 x86 发展过程中的一些重要的里程碑。

- 1978：Intel 8086 体系结构发布，它对一款成功的 8 位微处理器 Intel8080 进行了扩展，并保持汇编语言级的兼容性。8086 是一个 16 位的体系结构，所有内部的寄存器都是 16 位长。与 MIPS 不同，它的寄存器都是专用的，因此 8086 并不是**通用寄存器**（general-purpose register，GPR）体系结构。

- 1980：Intel 8087 浮点协处理器发布。该体系结构在 8086 的基础上增加了 60 条浮点指令。它通过栈来代替寄存器

通用寄存器：可用于存储任何指令的地址或数据的寄存器。

（见 2.23 节和 3.7 节）。
- 1982：80286 在 8086 的基础上把地址空间扩展到 24 位，并设计了精妙的内存映射和保护模式（见第 5 章），还增加了一些指令来丰富整个指令集以便处理保护模式。
- 1985：80386 在 80286 体系结构的基础上将地址空间扩展到 32 位。除了 32 位的寄存器和 32 位的地址空间，80386 也增加了一些新的寻址模式和额外的操作。扩展的指令使得 80386 几乎就是通用寄存器处理器。80386 还增加了对分页的支持并提供了段寻址（参见第 5 章）。与 80286 一样，80386 也提供了能运行不经修改的 8086 程序的模式。
- 1989~1995：接下来在 1989 年发布了 80486，1992 年发布 Pentium 处理器，1995 年发布 Pentium Pro 处理器。这些处理器都以获得更高的性能为目标，仅有 4 条指令被增加到用户可见的指令集中，其中 3 条用于多处理技术（参见第 6 章），另一条是条件传送指令。
- 1997：在 Pentium 和 Pentium Pro 出产后，Intel 公司宣称将用多媒体扩展指令 MMX（Multi Media Extension）来扩展 Pentium 和 Pentium Pro 的体系结构。这个新指令集包含 57 条指令，使用浮点栈来加速多媒体和通信应用程序。MMX 通过传统的单指令多数据（single instruction, multiple data, SIMD）的方式来一次处理多个短的数据元素（参见第 6 章）。Pentium II 没有引入任何新的指令。
- 1999：Intel 添加了另外 70 条指令，将 SSE（Streaming SIMD Extension）作为 Pentium III 的一部分。主要的变化是添加了 8 个独立的寄存器，将其宽度增加到 128 位，并且增加了一个单精度浮点数据类型。因此，4 个 32 位的浮点操作就可以并行执行。为了改进内存性能，SSE 还包括 cache 的预取指令，以及可以绕过 cache 直接写内存的流存储指令。
- 2001：Intel 公司增加了另外 144 条指令，命名为 SSE2。新增加的数据类型是双精度算术类型，允许并行操作一对 64 位浮点型数据。这 144 条指令几乎都对应着一些已经存在的 MMX 和 SSE 指令，这些指令并行操作 64 位数据。这种变化不仅允许更多的多媒体操作，而且与单独的栈架构相比，编译器多了一个新的浮点操作目标。编译器可以使用 8 个 SSE 寄存器来充当浮点寄存器。这种改进大大增强了 Pentium 4（第一款包含 SSE2 指令集的微处理器）的浮点性能。
- 2003：这次是 AMD 改进了 x86 体系结构，把地址空间从 32 位增加到 64 位。与 1985 年在 80386 上从 16 位到 32 位的转变类似，AMD64 把所有的寄存器都拓宽到 64 位，并且把寄存器的数目增加到 16 个，把 128 位的 SSE 寄存器数目也增加到 16 个。ISA 的主要变化是新增了一个长模式（long mode），用 64 位的地址和数据来重新定义所有 x86 指令的执行。为了寻址更多的寄存器，给指令增加了新前缀。根据计算方式的不同，长模式还添加了 4~10 条新指令并且去掉了 27 条旧指令。PC 相对数据寻址是另一个扩展。AMD64 仍然有一个和 x86 相同的模式（传统模式），并且增加了一个模式，以限制用户程序使用 x86，但是却允许操作系统使用 AMD64 模式（兼容模式）。这些模式使其比 HP/Intel IA-64 结构更好地从 32 位过渡到 64 位寻址。
- 2004：Intel 向 AMD64 屈服，重新标记了其扩展 64 位内存技术（Extended Memory64 Technology，EM64T），主要的区别是 Intel 增加了 128 位的原子比较和交换指令，这

是一条本应在 AMD64 上的指令。同时，Intel 发布了新一代媒体扩展指令。SSE3 添加了 13 条指令来支持复杂算术运算，结构数组的图形操作、视频编码、浮点转换以及线程同步（见 2.11 节）。AMD 在后续的芯片中提供对 SSE3 的支持，并在 AMD64 中增加了原来缺少的原子交换指令，以保持与 Intel 二进制兼容。
- 2006：作为 SSE4 指令集扩展的一部分，Intel 发布了 54 条新指令。这些扩展调整了绝对差求和、数组结构的点积、窄数据到较宽数据的符号或零扩展、序列中非零的数目统计等。此外，还增加了对虚拟机的支持（见第 5 章）。
- 2007：作为 SSE5 指令集扩展的一部分，AMD 发布了 170 条指令，包括 46 条基本指令集中的指令，并增加了像 MIPS 那样的 3 操作数指令。
- 2011：Intel 发布了高级向量扩展，同时将 SSE 寄存器从 128 位扩展到 256 位，因此重新定义了 250 条指令，并新增了 128 条指令。
- 2015：Intel 发布了 AVX-512，将寄存器和操作数的宽度从 256 位扩展到 512 位，再次重新定义了几百条指令，并新增了许多条指令。

这段历史说明了兼容性这个"金手铐"对 x86 的影响，体系结构的改变不允许对已有的软件产生危害。

无论 x86 结构有多失败，该指令集仍然极大地推动了 PC 时代的发展，并在后 PC 时代的云中占据着主导地位。虽然 x86 芯片每年 2.5 亿片的产量相对于 ARMv7 芯片每年数十亿片的产量要小得多，但是由于 x86 芯片要昂贵得多，因此许多公司都想控制这个市场。无论如何，这个多变的家族带来的是一个难以解释且不讨人喜欢的体系结构。

请鼓起勇气来面对你将要看到的内容！阅读这一节时，不需要担心编写 x86 程序。实际上，本节的目的是让你熟悉这一世界上最流行的桌面计算机体系结构的优缺点。

本节主要关注 80386 的 32 位指令子集，而不是整个 16 位、32 位和 64 位指令集。我们从寄存器和寻址模式开始阐述，然后是整数操作，最后是指令编码。

2.19.2　x86 寄存器和数据寻址模式

80386 的寄存器反映了指令集的进化（如图 2-36 所示）。80386 将 16 位寄存器（除了段寄存器）扩展为 32 位，并用前缀 E 来标识 32 位版本。这些寄存器通常被称为通用寄存器（GPR）。80386 只有 8 个通用寄存器，这意味着 MIPS 程序使用 4 倍数量的寄存器，而 ARMv7 可以使用 2 倍数量的寄存器。

从图 2-37 可以看出，算术、逻辑和数据传输指令都有两个操作数。这里有两个重要的不同之处。首先，x86 的算术和逻辑指令中的一个操作数必须既是源操作数又是目的操作数，而 ARMv7 和 MIPS 的源操作数和目的操作数却是不同的寄存器。这种限制给有限的寄存器带来更大的压力，因此一个源寄存器必须被改变。第二个重要的不同之处在于一个操作数可以在存储器中。这样，任何指令都可能有一个操作数在存储器中。这与 ARMv7 和 MIPS 不同。

后面将会详细阐述数据的存储器寻址模式在指令中提供两种大小的地址。这种所谓的偏移（displacements）既可能是 8 位也可能是 32 位。

虽然存储器操作数可以使用任何寻址模式，但是每种模式使用哪些寄存器是有限制的。图 2-38 展示了 x86 寻址模式和每种模式下不允许使用哪些 GPR，并说明如何使用 MIPS 指令来达到相同效果。

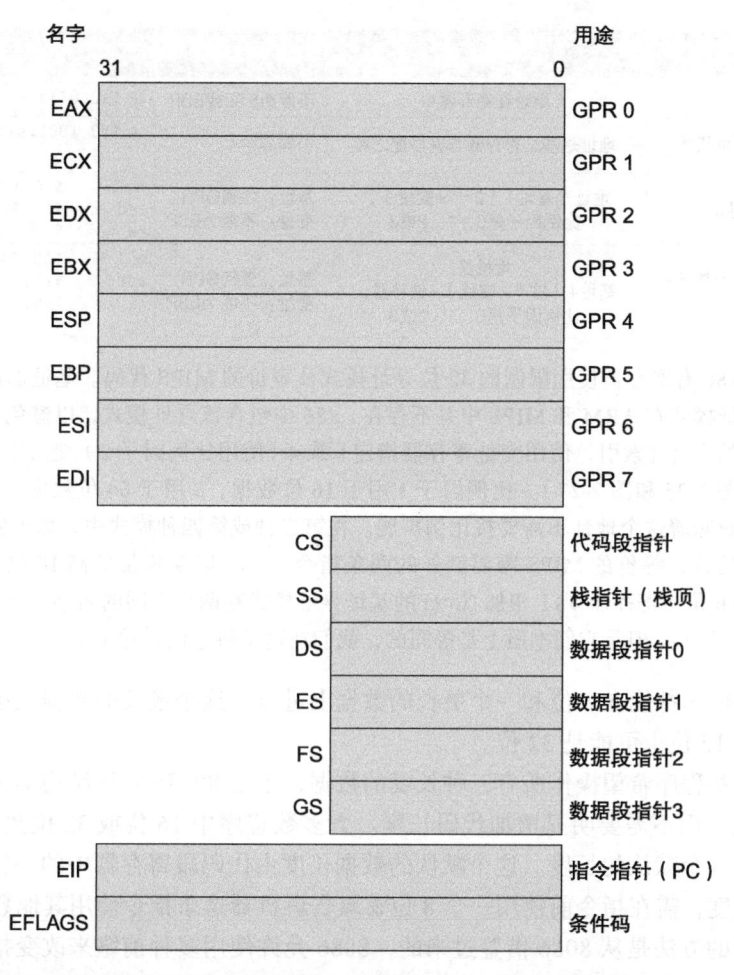

名字		用途
	31　　　　　　　　　　　　　　　0	
EAX		GPR 0
ECX		GPR 1
EDX		GPR 2
EBX		GPR 3
ESP		GPR 4
EBP		GPR 5
ESI		GPR 6
EDI		GPR 7
CS		代码段指针
SS		栈指针（栈顶）
DS		数据段指针0
ES		数据段指针1
FS		数据段指针2
GS		数据段指针3
EIP		指令指针（PC）
EFLAGS		条件码

图 2-36　80386 寄存器组。从 80386 开始，最上面的 8 个寄存器扩展到 32 位，并且可以作为通用寄存器使用

源/目的操作数类型	第二个源操作数
寄存器	寄存器
寄存器	立即数
寄存器	存储器
存储器	寄存器
存储器	立即数

图 2-37　算术、逻辑和数据传输指令的指令格式。x86 所允许的组合见图。唯一的限制是没有存储器 - 存储器模式。立即数可以是 8 位、16 位或 32 位；寄存器可以是图 2-36 中 14 个主要寄存器（不能是 EIP 或 EFLAGS）中的任意一个

2.19.3　x86 整数操作

8086 提供对 8 位（字节）和 16 位（字）数据类型的支持。80386 在 x86 结构中加入了 32 位的地址和数据（双字）。（AMD64 又增添了 64 位的地址和数据，叫作四字；本节我们将关注 80386。）数据类型的不同也造成了寄存器操作和存储器访问的不同。

模式	描述	寄存器限制	等价的MIPS
寄存器间接寻址	地址在寄存器中	不能为ESP或EBP	lw $s0,0($s1)
8位或32位偏移寻址模式	地址是基址寄存器与偏移量之和	不能为ESP	lw $s0,100($s1) #<= 16-bit # displacement

基址加比例变址寻址	地址是基址+(2^比例×变址),
	比例因子是0、1、2或3
		基址：任何GPR
		变址：不能为ESP
			mul $t0,$s2,4
			add $t0,$t0,$s1
			lw $s0,0($t0)

8位或32位偏移量的基址+比例变址寻址	地址是
	基址+(2^比例×变址)+偏移量,
	比例因子是0、1、2或3
		基址：任何GPR
		变址：不能为ESP
			mul $t0,$s2,4
			add $t0,$t0,$s1
			lw $s0,100($t0) #<=16-bit
			# displacement

图 2-38　x86 有寄存器使用限制的 32 位寻址模式及等价的 MIPS 代码。基址加比例变址寻址模式在 ARM 和 MIPS 中并不存在，x86 中包含该寻址模式，以避免将寄存器中的下标（索引，使用变址寄存器指定）乘 4（使用比例因子 2）变成字节地址（见图 2-25 和图 2-27）。比例因子 1 用于 16 位数据，3 用于 64 位数据。比例因子 0 意味着这个地址不需要按比例扩展。在第二种或第四种模式中，如果偏移量比 16 位长，等价的 MIPS 需要额外的两条指令：lui 取偏移量的高 16 位，add 将高 16 位与寄存器 $s1 相加 [Intel 的基址寻址模式有两个不同的名字——基址和变址（索引），但是它们本质上是等同的，我们在这里将它们合并]

几乎所有操作都能在 8 位和一个更长的数据上进行。这个最长的数据大小取决于运行的模式，可能是 16 位也可能是 32 位。

显然，有些程序希望操作所有三种长度的数据，于是 80386 系统结构提供一种途径来指定每一种形式，而不需要明显增加代码长度。大多数程序中 16 位或 32 位数据占绝大多数，因此可以设定一个默认的长度。这个默认的数据长度由代码段寄存器中的一位指定。若要改变默认数据长度，需在指令前使用一个 8 位前缀告诉机器这条指令使用其他数据长度。

使用前缀的方法是从 8086 借鉴过来的，8086 允许使用多种前缀来改变指令的行为。最初的三个前缀包括忽略默认的段寄存器，给总线加锁来支持同步（见 2.11 节），或重复后面的指令直到寄存器 ECX 减少到 0。最后一个前缀要配合一个字节传送指令使用，以便传送可变数目的字节。80386 还加入了一个前缀以改变默认的地址长度。

x86 整数操作主要分为 4 类：
- 数据传送指令，包括 move、push 和 pop。
- 算术和逻辑指令，包括测试、整数和小数算术运算。
- 控制流，包括条件分支、无条件跳转、调用和返回。
- 字符串指令，包括字符串传送和字符串比较。

除了算术和逻辑操作指令的目的操作数既可以是寄存器也可以是存储器外，前两种类型没有值得关注之处。图 2-39 展示了典型的 x86 指令及其功能。

与 ARMv7 类似，x86 的条件分支取决于条件码（condition code）或标志位（flag）。条件码是作为一些操作的附加操作而设置的，大部分用作将结果与 0 比较，然后使用分支指令测试条件码。PC 相对分支地址必须以字节数来指定，这与 ARMv7 和 MIPS 不同，80386 的指令并不都是 4 字节长。

字符串指令是 x86 的"祖先"8080 的一部分，在大部分程序中都不使用，这些指令常常比同等功能的软件例程要慢（见 2.21 节的谬误）。

图 2-40 列出了一些 x86 的整数指令。这些指令大部分都同时有字节和字格式。

指令	功能
je name	if equal(condition code){EIP=name}; EIP-128 <= name < EIP+128
jmp name	EIP=name
call name	SP=SP-4; M[SP]=EIP+5; EIP=name;
movw EBX,[EDI+45]	EBX=M[EDI+45]
push ESI	SP=SP-4; M[SP]=ESI
pop EDI	EDI=M[SP]; SP=SP+4
add EAX,#6765	EAX= EAX+6765
test EDX,#42	Set condition code (flags) with EDX and 42
movsl	M[EDI]=M[ESI]; EDI=EDI+4; ESI=ESI+4

图 2-39 一些典型的 x86 指令及其功能。常用操作的列表在图 2-40 中。CALL 将下一条指令的 EIP 保存在栈上（EIP 是 Intel 的程序计数器）

指令	含义
控制指令	条件分支和无条件分支
jnz, jz	条件成立跳转到EIP+8位偏移量；JNE（对于JNZ），JE（对于JZ）都是可用的名称
jmp	无条件跳转——8位或16位偏移量
call	过程调用——16位偏移量；返回地址压入栈中
ret	从栈中弹出返回地址并跳转到该地址处
loop	循环分支——递减ECX；如果ECX非零，则跳转到EIP+8位偏移处
数据传输指令	在寄存器之间或寄存器和存储器之间传递数据
move	在两个寄存器之间或寄存器和存储器之间传递数据
push, pop	将源操作数压栈；从栈顶弹出数据到寄存器中
les	从存储器中取数并加载到ES和一个GPR中
算术、逻辑指令	使用数据寄存器和存储器的算术及逻辑操作
add, sub	将源操作数与目的操作数相加；从目的操作数中减去源操作数；寄存器–存储器格式
cmp	比较源操作数和目的操作数；寄存器–存储器格式
shl, shr, rcr	左移；逻辑右移；循环右移并用条件码填充
cbw	将EAX最右8位字节转换成EAX最右16位字
test	将源操作数和目的操作数进行逻辑与，根据结果设置条件码
inc, dec	递增目的操作数，递减目的操作数
or, xor	逻辑或；异或；寄存器–存储器格式
字符串指令	在字符串操作数之间移动；由重复前缀给出长度
movs	通过递增ESI和EDI从源字符串复制到目的字符串；可能使用重复前缀
lods	从字符串中取字节、字或双字到寄存器EAX

图 2-40 一些典型的 x86 操作。很多操作使用寄存器–存储器格式，这种格式要求源操作数或目的操作数可以是存储器，另一个操作数可以是寄存器或立即数

2.19.4 x86 指令编码

把最难的留在最后——80386 的指令编码非常复杂，有多种不同指令格式。80386 的指令长度可以在 1 字节（指令没有操作数时）到 15 字节之间变化。

图 2-41 展示了图 2-39 中几条指令的格式。操作码字节中通常有一位用来表明操作数是 8 位还是 32 位。一些指令的操作码可能还包含寻址模式和寄存器，例如，很多的指令具有如下形式"寄存器＝寄存器 操作 立即数"。其他指令使用寻址模式的"后置字节"或额外的操作码字节，标记为"mod, reg, r/m"（模式，寄存器，寄存器 / 存储器）。这个后置字节在寻址存储器的很多指令中都被用到。基址加比例变址的寻址模式需要使用第二个后置字节，标记为"sc, index, base"（比例，变址，基址）。

a. JE EIP + displacement

4	4	8
JE	Condition	Displacement

b. CALL

8	32
CALL	Offset

c. MOV   EBX, [EDI + 45]

6	1	1	8	8
MOV	d	w	r/m Postbyte	Displacement

d. PUSH ESI

5	3
PUSH	Reg

e. ADD EAX, #6765

4	3	1	32
ADD	Reg	w	Immediate

f. TEST EDX, #42

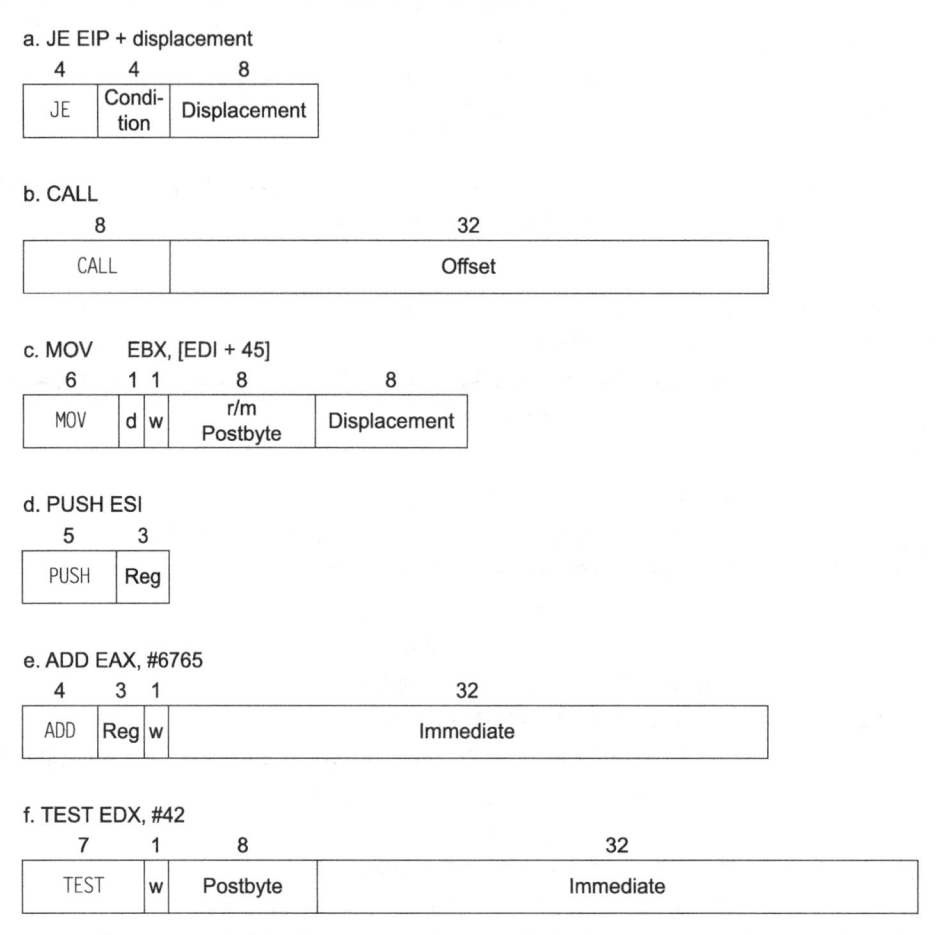

7	1	8	32
TEST	w	Postbyte	Immediate

图 2-41 典型的 x86 指令格式。图 2-42 给出后置字节（postbyte，也称为寻址方式字节）的编码。很多指令包含 1 位的 w 段，这个字段说明操作的是一个字节还是一个双字。MOV 中 d 字段用于从存储器中传出或传入数据的指令，并指明传输方向。ADD 指令需要 32 位的立即数字段，因为在 32 位模式下，立即数要么是 8 位要么是 32 位。TEST 中的立即数字段也是 32 位长，这是因为在 32 位模式下没有 8 位的立即数要判断。总的来说，指令长度可以从 1 字节到 15 字节变化。较长的长度产生于额外的 1 字节前缀，该长度具有 4 字节的立即数和 4 字节的偏移地址，使用 2 字节的操作码，并使用比例下标模式说明符，这还需要一个额外的字节

图 2-42 展示了 16 位和 32 位模式下两个后置字节地址指定的编码。不幸的是，为了全面理解哪个寄存器和哪种寻址模式可用，你需要看所有寻址模式的编码，有时甚至需要看指令编码。

reg	w = 0	w = 1		r/m	mod = 0		mod = 1		mod = 2		mod = 3
		16b	32b		16b	32b	16b	32b	16b	32b	
0	AL	AX	EAX	0	addr=BX+SI	=EAX	same	same	same	same	same
1	CL	CX	ECX	1	addr=BX+DI	=ECX	addr as	addr as	addr as	addr as	as
2	DL	DX	EDX	2	addr=BP+SI	=EDX	mod=0	mod=0	mod=0	mod=0	reg
3	BL	BX	EBX	3	addr=BP+DI	=EBX	+ disp8	+ disp8	+ disp16	+ disp32	field
4	AH	SP	ESP	4	addr=SI	=(sib)	SI+disp8	(sib)+disp8	SI+disp8	(sib)+disp32	"
5	CH	BP	EBP	5	addr=DI	=disp32	DI+disp8	EBP+disp8	DI+disp16	EBP+disp32	"
6	DH	SI	ESI	6	addr=disp16	=ESI	BP+disp8	ESI+disp8	BP+disp16	ESI+disp32	"
7	BH	DI	EDI	7	addr=BX	=EDI	BX+disp8	EDI+disp8	BX+disp16	EDI+disp32	"

图 2-42 x86 的第一个地址说明符的编码：mod，reg，r/m。前 4 列表示 3 位的 reg 字段，它依赖于操作码中的 w 位，以及机器是工作在 16 位（8086）模式还是 32 位（80386）模式。其余列解释了 mod 和 r/m 字段。3 位的 r/m 字段依赖于 2 位的 mod 字段和地址的大小。用于地址计算的寄存器列在第六列和第七列中，mod=0 时依赖于寻址模式，mod=1 时加上 8 位的偏移量，mod=2 时加上 16 位或 32 位的偏移量。例外的情况有以下几种：1. 当 mod=1 或 mod=2，在 16 位模式时，r/m=6 选择 BP 加上偏移；2. 当 mod=1 或 mod=2，在 32 位模式时，r/m=5 选择 EBP 加上偏移量；3. 当 mod 不等于 3，在 32 位模式时，r/m=4，（sib）代表使用图 2-38 中的比例下标模式。当 mod=3 时，r/m 字段指定一个寄存器，与 w 位组合在一起和 reg 字段的编码相同

2.19.5 x86 总结

Intel 推出 16 位微处理器的时间比其竞争对手早两年，尽管竞争对手后来推出了更优秀的体系结构（如 Motorola 68000），但时间的领先使得 IBM 选用 8086 作为其 PC 的 CPU。Intel 的工程师普遍认识到 x86 比 ARMv7 和 MIPS 的计算机更难制造，但是巨大的市场意味着 AMD 和 Intel 可以投入更多资源来克服这些额外的复杂性。数量上的巨大优势弥补了体系结构上的缺点，这使得 x86 前景美好。

x86 中最常使用的体系结构组成部分是不难实现的，从 1978 年开始，AMD 和 Intel 就通过整数程序性能的快速改进证实了这一点。为了获得这样的性能，编译器必须避免那些难于快速实现的体系结构部分。

然而，在后 PC 时代，虽然有大量的体系结构和制造专家基于 x86 进行工作，但是 x86 在个人移动设备里仍不具有竞争力。

2.20 加速：使用 C 语言编写矩阵乘法程序

我们从重写 1.10 节的 Python 程序开始。图 2-43 给出了使用 C 语言编写的矩阵乘法程序，该程序通常称为 DGEMM，是 Double precision General Matrix Multiply（双精度通用矩阵乘法）的缩写。因为我们将矩阵的尺寸使用参数 n 进行传递，所以这个版本的 DGEMM 使用矩阵 C、A、B 的单一尺寸版本和地址的算术计算以获取更好的性能，而在 Python 中使用更加直观的二维数组。图中的注解展示了该直观的注释。图 2-44 给出了图 2-33 中内层循环对应的汇编语言代码，以 v 开头的 5 条浮点指令在其助记符中包含了 sd，表示标量双精度操作（scalar double precision）。

图 2-45 给出了相对于 Python 程序，使用不同编译优化参数时 C 程序的性能。可以看到，即使未做优化的 C 程序都要比 Python 程序快很多。当优化级别提升时，程序执行得更快，但是需要的编译时间也越长。加速的根本原因在于，当使用编译器时，C 语言的类型声

明允许编译器生成更加高效的代码,而解释器没有这种能力。

```
1.  void dgemm (int n, double* A, double* B, double* C)
2.  {
3.    for (int i = 0; i < n; ++i)
4.      for (int j = 0; j < n; ++j)
5.      {
6.        double cij = C[i+j*n]; /* cij = C[i][j] */
7.        for( int k = 0; k < n; k++ )
8.          cij += A[i+k*n] * B[k+j*n]; /* cij += A[i][k]*B[k][j] */
9.        C[i+j*n] = cij; /* C[i][j] = cij */
10.     }
11. }
```

图 2-43 一个双精度矩阵乘法的 C 语言实现。该矩阵乘法称为 DGEMM(双精度通用矩阵乘法)

```
1.  vmovsd  (%r10),%xmm0              # Load 1 element of C into %xmm0
2.  mov     %rsi,%rcx                 # register %rcx = %rsi
3.  xor     %eax,%eax                 # register %eax = 0
4.  vmovsd  (%rcx),%xmm1              # Load 1 element of B into %xmm1
5.  add     %r9,%rcx                  # register %rcx = %rcx + %r9
6.  vmulsd  (%r8,%rax,8),%xmm1,%xmm1  # Multiply %xmm1, element of A
7.  add     $0x1,%rax                 # register %rax = %rax + 1
8.  cmp     %eax,%edi                 # compare %eax to %edi
9.  vaddsd  %xmm1,%xmm0,%xmm0         # Add %xmm1, %xmm0
10. jg      30 <dgemm+0x30>           # jump if %eax > %edi
11. add     $0x1,%r11                 # register %r11 = %r11 + 1
12. vmovsd  %xmm0,(%r10)              # Store %xmm0 into C element
```

图 2-44 内循环体的 x86 汇编语言实现,是将图 2-43 中未优化的 C 代码使用 gcc 的 -O3 优化选项进行编译生成的代码

-O0编译最快	-O1	-O2	-O3(运行最快)
77	208	212	212

图 2-45 相对于 1.10 节的 Python 程序,图 2-43 中的 C 语言程序在不同的编译优化级别下使用 GCC C 编译器编译后的性能,其中 -O0 没有对代码大小和性能进行优化,因此优化了编译的时间;-O3 针对运行时间和代码大小进行了最激进的优化。在这种情况下,-O2 和 -O3 生成相同的 x86 代码。大部分程序员使用 -O2 作为默认编译标识。GCC 还提供了一个目标为代码大小最优的 -Os 优化选项

2.21 谬误与陷阱

谬误:更强大的指令意味着更高的性能。

Intel x86 的一个强大之处在于能通过前缀来改变后续指令的执行。某个前缀可以重复执

行后面的指令直到一个计数器减少至 0。因此,为了在存储器中传输数据,看起来最自然的指令序列应该是使用加了重复前缀的 move 指令来实现 32 位的存储器到存储器的传输。

另外一种方法是使用所有计算机上都有的标准指令,将数据取到寄存器后再存回存储器。在这种方法中,程序通过代码复制来减少循环开销,复制操作大约快 1.5 倍。第三种方式是,使用更大的浮点寄存器代替 x86 的整数寄存器,复制操作比使用复杂指令快 2 倍。

|167|

谬误:使用汇编语言编程来获得最高的性能。

过去,编程语言的编译器曾产生很低级的指令序列。通过不断改进,编译器产生的代码与手工编写的代码在性能上的差距正在快速消失。事实上,为了与当今编译器竞争,汇编程序员需要深刻理解第 4 章和第 5 章中的概念(包括处理器流水线和存储器层次)。

编译器和汇编程序员之间的斗争正在消失。例如,C 语言为程序员提供了一个机会,可以指示编译器把变量保存在寄存器中而不是换出到存储器中。当编译器在寄存器分配上能力较差时,这种指示对性能至关重要。事实上,一些较老的 C 语言教科书花费大量的篇幅列举了有效使用寄存器指示的例子。今天的 C 语言编译器通常忽略这种指示,因为编译器能比程序员更好地分配寄存器。

即使手工编写会产生更快的代码,汇编语言编写还是存在很多问题:需要更多时间编码和调试,可移植性差,难于维护。软件工程中少数几个被广泛接受的公理之一是,编写的程序行数越多所花时间也越多。很明显,使用汇编语言编写的程序比用 C 语言或 Java 语言编写的更长。一旦代码编写完成,下一个问题将是这些代码会变成流行的程序。这种程序存在的时间总是比预期要长,意味着程序员需要每隔几年就更新一下代码,使新的版本可以运行在新的操作系统和新机器上。然而,使用高级语言编写的程序,不仅可以使未来的编译器为未来的机器生成代码,还可以使软件易于维护并允许程序运行在其他类型的计算机上。

谬误:商用计算机二进制兼容的重要性意味着成功的指令集不需改变。

在向后二进制兼容是神圣不可侵犯的同时,图 2-46 显示了 x86 体系结构的快速发展。在 40 多年中,平均每个月至少增加了一条新的指令。

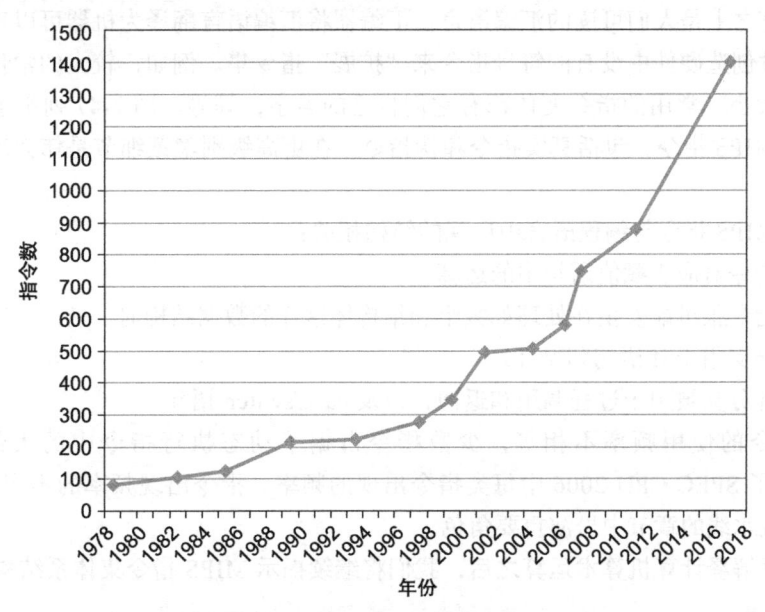

图 2-46 x86 指令集随时间的增长。这些扩展中有些是有明确技术价值的,这种迅速的变化也给其他试图生产兼容处理器的公司增加了难度

陷阱：忘记"在字节编址的机器中，连续的字地址相差不是1"。

很多汇编程序员假定下一个字地址可以通过将寄存器的值加1来获得，而不是增加一个字的字节数，因此长期以来产生了很多错误。凡事预则立！

陷阱：使用指针指向一个超过其所定义过程的自动变量。

处理指针的常见错误是，使用指向一个过程中局部数组的指针，从该过程传出结果。遵从图2-12中的栈规则，当过程返回时，包含局部数组的存储器将立即被重新使用。指向自动变量的指针会造成混乱。

2.22 本章小结

存储程序计算机的两个准则是指令的使用与数字没有区别，以及使用可变的存储器。这些准则使一台计算机可以为环境科学家、经济顾问和小说家在各自的专业领域提供服务。选择机器可

> 少就是多。
> Robert Browning, Andrea del Sarto, 1855

以理解的指令集需要精妙的平衡程序执行需要的指令数目、指令执行所需的时钟周期数和时钟的速度。就像本章所描述的，在做权衡时有3条准则可以指导设计者：

1. 简单源于规整。规整性使MIPS指令集具有很多特点：所有指令长度统一，算术指令总是需要三个寄存器操作数，寄存器字段在每种指令格式的位置相同。

2. 越小越快。对速度的要求导致MIPS只有32个寄存器而不是更多。

3. 优秀的设计需要好的权衡和折中。一个例子是MIPS在指令中提供更大地址与常数，与保持所有的指令具有相同的长度之间进行折中。

本章中的一个重点是数据没有固有的类型。一个位串可以代表一个整数值、一个字符串、一种颜色甚至一条指令。数据类型是由具体程序决定的。

"加速大概率事件"的思想不仅适用于计算机体系结构，在指令集中也同样适用。该思想在MIPS中的体现包括条件分支的PC相对寻址和大常数操作数的立即数寻址。

机器语言之上是人们可读的汇编语言。汇编器将汇编语言翻译为机器可以理解的二进制数，甚至通过创造硬件中没有的符号指令来"扩展"指令集。例如，较大的常量和地址被切割成合适的大小，常用的指令变体都有它们自己的名字，等等。图2-47列举了到目前为止我们讲过的MIPS指令，包括真实指令和伪指令。在更高级别隐藏细节是伟大思想**抽象**的另外一个例子。

每一类MIPS指令与编程语言中出现的结构相关：

- 算术指令对应于赋值语句中的运算。
- 传输指令很可能发生在处理如数组和结构体这样的数据结构时。
- 条件分支用于if语句和循环。
- 无条件分支被用于过程调用和返回，以及case/switch语句。

这些指令的使用频率不相等，少数指令占据了动态执行指令中的大部分。例如，图2-48展示了SPEC CPU 2006中每类指令出现的频率。指令出现频率的不同在数据通路、控制通路和流水线的章节中扮演重要角色。

在第3章解释计算机算术运算之后，我们将继续揭示MIPS指令集体系结构。

MIPS指令	名称	格式	MIPS伪指令	名称	格式
add	add	R	move	move	R
subtract	sub	R	multiply	mult	R
add immediate	addi	I	multiply immediate	multi	I
load word	lw	I	load immediate	li	I
store word	sw	I	branch less than	blt	I
load half	lh	I	branch less than or equal	ble	I
load half unsigned	lhu	I			
store half	sh	I	branch greater than	bgt	I
load byte	lb	I	branch greater than or equal	bge	I
load byte unsigned	lbu	I			
store byte	sb	I			
load linked	ll	I			
store conditional	sc	I			
load upper immediate	lui	I			
and	and	R			
or	or	R			
nor	nor	R			
and immediate	andi	I			
or immediate	ori	I			
shift left logical	sll	R			
shift right logical	srl	R			
branch on equal	beq	I			
branch on not equal	bne	I			
set less than	slt	R			
set less than immediate	slti	I			
set less than immediate unsigned	sltiu	I			
jump	j	J			
jump register	jr	R			
jump and link	jal	J			

图2-47 到目前为止介绍过的MIPS指令集，左侧是真实的MIPS指令，右侧是伪指令。附录A（A.10节）描述了完整的MIPS体系结构。图2-1展示了与本章相关的MIPS体系结构的更多细节。这里给出的信息可在MIPS参考数据卡的第1列和第2列查到

指令类别	MIPS范例	相应的高级语言	出现频率 整型	出现频率 浮点
算术运算	add, sub, addi	赋值语句中的操作	16%	48%
数据传输	lw, sw, lb, lbu, lh, lhu, sb, lui	对数据结构的引用，例如数组	35%	36%
逻辑	and, or, nor, andi, ori, sll, srl	赋值语句中的操作	12%	4%
条件分支	beq, bne, slt, slti, sltiu	if语句和循环	34%	8%
跳转	j, jr, jal	过程调用，返回和case/switch语句	2%	0%

图2-48 MIPS指令类型、范例、相应的高级编程语言结构，以及对应类型的定点和浮点指令在SPEC CPU 2006基准测试程序执行时所占的比例。第3章中的图3-26展示了每条MIPS指令执行时所占的平均比例

2.23 历史观点和拓展阅读

本节概述了指令集体系结构（ISA）的历史，并且介绍了编程语言和编译器的简短历史。ISA包括累加器体系结构、通用寄存器体系结构、栈体系结构和ARM及x86的简史。本节还回顾了高级语言计算机体系结构中有争议的问题以及精简指令集（RISC）体系结构。编程语言的历史包括Fortran、Lisp、Algol、C、Cobol、Pascal、Simula、Smalltalk、C++和Java。编译器的历史包括重要的里程碑和实现它们的先驱。本节剩余部分在配套网站中的2.23节中。

2.24 自学

指令如同数字。如下的二进制数：

0000000101001011010010000010000$_2$

请给出其16进制形式。

如果这是一个无符号数，请给出其十进制形式。

如果这是一个有符号数，其十进制值相比于无符号是否有变化？

如果这是一条指令，请给出其对应的汇编语言程序。

指令如同数字，且不安全。程序在存储器中像数字一样存放，第5章展示了如何通过将一段地址空间标识为只读来使计算机对程序进行保护。然而，聪明的攻击者可以利用C程序中的bug，在程序运行期间将他们自己的代码插入到受保护的程序中。

下面是一个简单的字符串拷贝程序，将用户输入的字符串拷贝到栈中的局部变量。

```
#include <string.h>
void copyinput (char *input)
{
  char copy[10];
  strcpy(copy, input);// no bounds checking in strcpy
}
int main (int argc, char **argv)
{
  copyinput(argv[1]);
  return 0;
}
```

如果用户输入超过了10个字符，将会发生什么？程序的执行结果是什么？如何使攻击者可以接管程序的执行？

加速While循环。下面是2.7.1节的第一个例题中C语言while循环的MIPS代码：

```
Loop: sll  $t1,$s3,2     # Temp reg $t1 = i * 4
      add  $t1,$t1,$s6   # $t1 = address of save[i]
      lw   $t0,0($t1)    # Temp reg $t0 = save[i]
      bne  $t0,$s5, Exit # go to Exit if save[i] ≠ k
      addi $s3,$s3,1     # i = i + 1
      j    Loop          # go to Loop
Exit:
```

假设该循环要执行10次。对该段代码进行改写，在每次迭代中，使用一条分支指令替代原先的一条跳转指令和一条分支指令，从而加速循环。

反编译。下面是一段MIPS汇编语言代码，其中前5条指令有注释信息：

```
sll $t0, $s0, 2      # $t0 = f * 4
add $t0, $s6, $t0    # $t0 = &A[f]
```

```
sll $t1, $s1, 2        # $t1 = g * 4
add $t1, $s7, $t1      # $t1 = &B[g]
lw  $s0, 0($t0)        # f = A[f]
addi $t2, $t0, 4       #
lw  $t0, 0($t2)        #
add $t0, $t0, $s0      #
sw  $t0, 0($t1)        #
```

假设将变量 f、g、h、i 和 j 分别分配给了寄存器 $s0、$s1、$s2、$s3 和 $s4。假设数组 A 和数组 B 的基地址分别在寄存器 $s6 和 $s7 中。请完成对剩余 4 条指令的注释。

自学的答案

指令如同数字。

二进制：00000001010010110100100000100000₂

十六进制：014B4820₁₆

十进制：21710880₁₀

由于二进制表示中最高位为 0，因此，无论是有符号数还是无符号数，十进制的数值都相同。

汇编语言如下：

```
add t1, t2, t3
```

机器语言如下：

31	2625	2120	1615	1110	65	0
SPECIAL	t2	t3	t1	0	ADD
000000	01010	01011	01001	00000	100000
6	5	5	5	5	6

指令如同数字，且不安全。 局部变量可以安全地对用户输入的长度不超过 9 的字符串进行复制，该字符串紧跟着一个空字符作为字符串结束标志。如果输入的字符串长度超过 9 个字符，则会覆盖栈中的其他数据。由于栈向下生长，栈之下的数据包含之前过程调用时建立的帧（stack frame），其中包含了过程的返回地址。高水平攻击者不仅能够在栈中插入代码，而且能够改写栈中的返回地址，从而使程序在过程返回时根据攻击者给定的返回地址执行写入栈中的代码。

加速 while 循环。 加速的技巧在于改变分支指令的判断条件，并使该指令跳转至循环的开始，而不是跳转至循环的结束。为了保持 while 循环的语义，代码在对 i 递增之前，必须先检查 save[i]==k 是否成立。

```
        sll $t1,$s3,2       # Temp reg $t1 = i * 4
        add $t1,$t1,$s6     # $t1 = address of save[i]
        lw  $t0,0($t1)      # Temp reg $t0 = save[i]
        bne $t0,$s5, Exit   # go to Exit if save[i] ≠ k
Loop:   addi $s3,$s3,1      # i = i + 1
        sll $t1,$s3,2       # Temp reg $t1 = i * 4
        add $t1,$t1,$s6     # $t1 = address of save[i]
        lw  $t0,0($t1)      # Temp reg $t0 = save[i]
        beq $t0,$s5, Loop   # go to Loop if save[i] = k
Exit:
```

反编译。

```
sll  $t0, $s0, 2      # $t0 = f * 4
add  $t0, $s6, $t0    # $t0 = &A[f]
sll  $t1, $s1, 2      # $t1 = g * 4
add  $t1, $s7, $t1    # $t1 = &B[g]
lw   $s0, 0($t0)      # f = A[f]
addi $t2, $t0, 4      # $t2=$t0+4 => $t2 points to A[f+1] now
lw   $t0, 0($t2)      # $t0 = A[f+1]
add  $t0, $t0, $s0    # $t0 = $t0 + $s0=> $t0 is now A[f]+A[f+1]
sw   $t0, 0($t1)      # store the result into B[g]
```

2.25 练习题

附录 A 介绍了对本章练习题有帮助的 MIPS 模拟器。尽管模拟器可以接受伪指令，但是在要求产生 MIPS 代码的习题中，尽量不要使用伪指令。学习的目的是掌握实际的 MIPS 指令集，如果问的是指令数，则答案必须反映实际执行的指令数而非伪指令数。

有些情况必须使用伪指令（例如，在汇编过程中不知道真实值时，使用 la 指令）。还有些情况下，使用伪指令会更方便并使代码可读性变好（例如，li 指令和 move 指令）。如果因为这些原因选择使用伪指令，请在伪指令开始的地方加上一两句话，说明使用伪指令的原因。

2.1 [5]<2.2> 下面的 C 语言表达式对应的 MIPS 汇编语言代码是什么？假设变量 f、g、h 和 i 分别放在寄存器 $s0、$s1 和 $s2 中。要求使用最少的 MIPS 汇编指令实现。

```
f = g + (h - 5);
```

2.2 [5]<2.2> 写出下面的 MIPS 汇编语言程序段对应的 C 语言表达式。

```
add f, g, h
add f, i, f
```

2.3 [5]<2.2, 2.3> 写出下面的 C 语言表达式对应的 MIPS 汇编代码。假设变量 f、g、h、i 和 j 分别放在寄存器 $s0、$s1、$s2、$s3 和 $s4 中。假设数组 A 和 B 的基地址分别在寄存器 $s6 和 $s7 中。

```
B[8] = A[i-j];
```

2.4 [5]<2.2, 2.3> 下面的 MIPS 汇编语言程序段对应的 C 语言表达式是什么？假设变量 f、g、h、i 和 j 分别放在寄存器 $s0、$s1、$s2、$s3 和 $s4 中。假设数组 A 和 B 的基地址分别在寄存器 $s6 和 $s7 中。

```
sll  $t0, $s0, 2      # $t0 = f * 4
add  $t0, $s6, $t0    # $t0 = &A[f]
sll  $t1, $s1, 2      # $t1 = g * 4
add  $t1, $s7, $t1    # $t1 = &B[g]
lw   $s0, 0($t0)      # f = A[f]
addi $t2, $t0, 4
lw   $t0, 0($t2)
add  $t0, $t0, $s0
sw   $t0, 0($t1)
```

2.5 [5]<2.3> 分别画出数据 0xabcdef12 在大端编址和小端编址的机器上是如何分布在存储器中的。（假定数据从地址 0 开始存储。）

2.6 [5]<2.4> 将 0xabcdef12 转化为十进制。

2.7 [5]<2.2, 2.3> 把下面的 C 代码翻译为 MIPS 代码。假定变量 f、g、h、i 和 j 分别放在寄存器 $s0、$s1、$s2、$s3 和 $s4 中。假定数组 A 和数组 B 的基地址分别存放在 $s6 和 $s7 中。

假定数组 A 和数组 B 中的元素均为 8 字节的字。

B[8] = A[i] + A[j];

2.8 ［10］<2.2, 2.3> 把下面的 MIPS 代码翻译为 C 代码。假定变量 f、g、h、i 和 j 分别放在寄存器 $s0、$s1、$s2、$s3 和 $s4 中。假定数组 A 和数组 B 的基地址分别存放在 $s6 和 $s7 中。

```
addi  $t0, $s6, 4
add   $t1, $s6, $0
sw    $t1, 0($t0)
lw    $t0, 0($t0)
add   $s0, $t1, $t0
```

2.9 ［20］<2.3, 2.5> 对于练习题 2.8 中的每条 MIPS 指令，写出操作码（OP）、源操作数（RS）、目标操作数（RD）及功能字段（funct field）的值（value）。对于 I 型指令，写出立即数字段的值。对于 R 型指令，写出目的寄存器（RD）字段的值。

2.10 假定寄存器 $s0 和 $s1 分别存放数值 0x8000000000000000 和 0xD000000000000000。

2.10.1 ［5］<2.4> 执行下面的汇编代码后，$t0 的值是多少？

```
add $t0, $s0, $s1
```

2.10.2 ［5］<2.4> $t0 中的值是期望的结果，还是发生溢出后的结果？

2.10.3 ［5］<2.4> 对于上面定义的寄存器 $s0 和 $s1 的内容，执行下面的汇编代码后，$t0 的值是多少？

```
sub $t0, $s0, $s1
```

2.10.4 ［5］<2.4> $t0 中的值是期望的结果，还是发生溢出后的结果？

2.10.5 ［5］<2.4> 对于上面定义的寄存器 $s0 和 $s1 的内容，执行下面的汇编代码后，$t0 的值是多少？

```
add $t0, $s0, $s1
add $t0, $t0, $s0
```

2.10.6 ［5］<2.4> $t0 中的值是期望的结果，还是发生溢出后的结果？

2.11 假定 $s0 中的值为 128_{10}。

2.11.1 ［5］<2.4> 对于指令 add $t0, $s0, $s1，求使结果产生溢出的 $s1 的值的范围。

2.11.2 ［5］<2.4> 对于指令 sub $t0, $s0, $s1，求使结果产生溢出的 $s1 的值的范围。

2.11.3 ［5］<2.4> 对于指令 sub $t0, $s1, $s0，求使结果产生溢出的 $s1 的值的范围。

2.12 ［5］<2.4, 2.5> 写出下面的二进制数值对应的类型和汇编语言指令：
0000 0010 0001 0000 1000 0000 0010 0000$_2$。提示：从图 2-20 可能会获取帮助。

2.13 ［5］<2.4, 2.5> 给出下面指令的类型和十六进制表示：

```
sw $t1, 32($t2)
```

2.14 ［5］<2.5> 写出用下面 MIPS 字段描述的指令的类型、汇编语言指令和二进制表示。

op=0, rs=3, rt=2, rd=3, shamt=0, funct=34

2.15 ［5］<2.5> 写出用下面 MIPS 字段描述的指令的类型、汇编语言指令和二进制表示。

op=0x23, rs=1, rt=2, const=0x4

2.16 假设可以将 MIPS 寄存器文件扩展到 128 个寄存器，并将指令集中的指令数扩展为原来的 4 倍。

2.16.1 [5]<2.5> 这将如何影响 R 型指令的每个位字段的大小？

2.16.2 [5]<2.5> 这将如何影响 I 型指令的每个位字段的大小？

2.16.3 [5]<2.5, 2.10> 在提出的这两种变化中，每种变化如何减少一个 MIPS 汇编程序的大小？另一方面，如何增大一个 MIPS 汇编程序的大小？

2.17 假设如下寄存器内容：

$t0=0xAAAAAAAA, $t1=0x12345678

2.17.1 [5]<2.6> 对于以上的寄存器内容，执行下面的指令序列后 $t2 的值是多少？

```
sll $t2, $t0, 44
or  $t2, $t2, $t1
```

2.17.2 [5]<2.6> 对于以上的寄存器内容，执行下面的指令序列后 $t2 的值是多少？

```
sll  $t2, $t0, 4
andi $t2, $t2, -1
```

2.17.3 [5]<2.6> 对于以上的寄存器内容，执行下面的指令序列后 $t2 的值是多少？

```
srl  $t2, $t0, 3
andi $t2, $t2, 0xFFEF
```

2.18 [5]<2.6> 找出完成如下功能的最短的 MIPS 指令序列：从寄存器 $t0 中提取第 16 位到第 11 位，然后使用这些位替换寄存器 $t1 的第 31 位到第 26 位，保持其他位不变。（确认在进行测试时使用 $t0=0 和 $t1 = 0xffffffffffffffff。这样做可能会揭示一个被经常忽略的问题）

2.19 [5]<2.6> 写出可用来实现下面伪指令的 MIPS 指令集的最小子集：

```
not $t1, $t2    // bit-wise invert
```

2.20 [5]<2.6> 对于下面的 C 语言表达式，写一个能够完成同样操作的最短 MIPS 汇编指令程序段。假设 $t1=A, $s0 是 C 的基地址。

```
A = C[0] << 4;
```

2.21 [5]<2.7> 假设 $t0 中存放数值 0x010100000，在执行下列指令后 $t2 的值是多少？

```
      slt $t2, $0, $t0
      bne $t2, $0, ELSE
      j DONE
ELSE: addi $t2, $t2, 2
DONE:
```

2.22 假设程序计数器（PC）被设置为 0x2000 0000。

2.22.1 [5]<2.10> 如果使用 MIPS 的跳转链接（jal）指令，可以转移到的地址范围是多少？（也就是说，跳转指令执行之后 PC 值可能的集合是什么？）

2.22.2 [5]<2.10> 如果使用 MIPS 的相等则分支（beq）指令，可以转移到的地址范围是多少？（也就是说，分支指令执行之后 PC 值可能的集合是什么？）

2.23 假如提出了一条称为 rpt 的新指令，该指令将循环条件检查和计数器递减合并到一条指令中。例如，rpt $s0,loop 的功能如下：

```
if (x29 > 0) {
       x29 = x29 – 1;
       goto loop
}
```

2.23.1 [5] <2.7, 2.10> 如果要在 MIPS 指令集中实现该条指令，哪种指令格式最适合？

2.23.2 [5] <2.7> 如果使用 MIPS 集中的指令实现该操作，请写出长度最短的指令序列。

2.24 考虑如下的 MIPS 循环：

```
LOOP:   slt   $t2, $0, $t1
        beq   $t2, $0, DONE
        subi  $t1, $t1, 1
        addi  $s2, $s2, 2
        j     LOOP
DONE:
```

2.24.1 [5] <2.7> 假设寄存器 $t1 的初始值为 10，假设 $s0 初始值为 0，则循环执行完毕时寄存器 $s0 的值是多少？

2.24.2 [5] <2.7> 对于上面的循环体，写出等价的 C 代码。假定寄存器 $s1、$s2、$t1 和 $t2 分别为整数 A、B、i 和 temp。

2.24.3 [5] <2.7> 假定寄存器 $t1 的初始值为 N，上面的 MIPS 汇编循环执行了多少条指令？

2.25 [5] <2.7> 将下面的 C 代码翻译为 MIPS 汇编代码。要求使用的指令数目最少。假设值 a、b、i 和 j 分别存放在寄存器 $s0、$s1、$t0 和 $t1 中。另外假设寄存器 $s2 中存放着数组 D 的基地址。

```
for(i=0; i<a; i++)
    for(j=0; j<b; j++)
        D[4*j] = i + j;
```

2.26 [5] <2.7> 实现练习题 2.25 中的 C 代码用了多少条 MIPS 汇编指令？如果变量 a 和 b 分别初始化为 10 和 1，并且 D 中所有元素初始化为 0，将整个循环执行完成时，一共执行了多少条 MIPS 指令？

2.27 [5] <2.7> 将下面的循环翻译成 C 代码。假定寄存器 $t1 中存放 C 语言级的整数 i，$s2 中存放 C 语言级的整数 result，$s0 存放整数数组 MemArray 的基地址。

```
        addi  $t1, $0, 0
LOOP:   lw    $s1, 0($s0)
        add   $s2, $s2, $s1
        addi  $s0, $s0, 4
        addi  $t1, $t1, 1
        slti  $t2, $t1, 100
        bne   $t2, $s0, LOOP
```

2.28 [10] <2.7> 将练习题 2.27 中的循环重写以减少执行的 MIPS 指令。提示：注意变量 i 只用于循环控制。

2.29 [30] <2.8> 使用 MIPS 汇编语言实现下面的 C 代码。提示：栈指针必须保持为 16 的整数倍。

```
int fib(int n){
    if (n==0)
        return 0;
    else if (n == 1)
        return 1;
    else
        return fib(n-1) + fib(n-2);
}
```

2.30 [20] <2.8> 对于每一次函数调用，画出调用后栈的内容。假定栈指针被初始化为 0x7ffffffc，寄存器的使用情况和图 2-11 相同。

2.31 [20]<2.8> 将下面的函数 f 翻译成 MIPS 汇编语言。如果需要使用寄存器 $t0 到 $t7，请从编号小的寄存器开始使用。假设函数 func 的声明为 "int f(int a, int b);"。函数 f 的代码如下：

```
int f(int a, int b, int c, int d){
  return func(func(a,b),c + d);
}
```

2.32 [5]<2.8> 请问上题中的函数可以使用尾调用优化吗？如果不能，请说明原因。如果能，请说明优化前后执行 f 的指令数的差别。

2.33 [5]<2.8> 在习题 2.31 中函数 f 返回之前，可以知道寄存器 $t5、$s3、$ra 和 $sp 的内容吗？（注意，我们知道函数 f 的全部，但是我们只知道函数 func 的声明。）

2.34 [30]<2.9> 用 MIPS 汇编语言写一段代码将包含十进制正整数和负整数的 ASCII 码的数串转换成整数。在程序中使用寄存器 $a0 保存由数字 0~9 组成的非空串的地址。程序应该计算与这个数字串等值的整数，并将这个整数存放在寄存器 $v0 中。如果在字符串的任意位置出现非数字字符，程序停止并将 -1 存入 $v0。例如，如果寄存器 $a0 指向 3 字节的序列 50_{10}，52_{10}，0_{10}（以空字符结尾的字符串 "24"），当程序停止的时候，寄存器 $v0 中的值应该是 24_{10}。

2.35 [5]<2.9> 对于如下代码：

```
lbu $t0, 0($t1)
sw  $t0, 0($t2)
```

假设寄存器 $t1 中存放地址 0x1000 0000，该地址存放的数据为 0x11223344。

2.35.1 [5]<2.3,2.9> 在大端地址的机器中，存储在 0x10000004 处的数据是多少？

2.35.2 [5]<2.3,2.9> 在小端地址的机器中，存储在 0x10000004 处的数据是多少？

2.36 [5]<2.10> 请编写能产生 32 位常数 0010 0000 0000 0001 0100 1001 0010 0100$_2$ 的 MIPS 代码，并将值存储到寄存器 $t1 中。

2.37 [10]<2.11> 写出能够实现下面 C 代码的 MIPS 汇编语言代码，要求使用 MIPS 的 ll/sc 指令。该 C 代码完成了取最大值（set max）的操作，变量 shvar 中包含一个共享变量的地址，如果 x 大于 shvar 指向的值，则使用 x 替换该共享变量：

```
void setmax(int* shvar, int x) {
  // Begin critical section
  if (x > *shvar)
    *shvar = x;
  // End critical section}
}
```

2.38 [5]<2.11> 以练习题 2.37 中的代码为例，解释当两个处理器同时执行这段临界区域时，将发生什么情况。假设每个处理器执行一条指令正好需要一个周期。

2.39 假设给定处理器的算术指令的 CPI 是 1，取数/存数指令的 CPI 是 10，分支指令的 CPI 是 3。假设一个程序由 5 亿条算术指令、3 亿条取数/存数指令和 1 亿条分支指令组成。

2.39.1 [5]<1.6, 2.13> 假设向指令集中添加了新的、功能更强的算术指令。通过使用这些功能更强大的算术指令平均可以减少程序执行所需要的 25% 的算术指令，而时钟周期的开销增长了 10%。请问这是好的设计选择吗？为什么？

2.39.2 [5]<1.6, 2.13> 假设可以找到一种可以使算术指令性能达到原来两倍的方法。请问机器的整体加速是多少？假设可以找到一种可以使算术指令性能达到原来 10 倍的方法，那么机器的性能整体加速又是多少？

2.40 假设一给定程序共执行了 70% 的算术指令、10% 的取数/存数指令和 20% 的分支指令。

2.40.1 ［5］<2.21> 假设执行一条算术指令、取数/存数指令和分支指令分别需要 2 个周期、6 个周期和 3 个周期，求平均 CPI。

2.40.2 ［5］<1.6, 2.13> 在取数/存数指令和分支指令执行时间不变的情况下，如果要使性能提升 25%，则算术运算指令的平均执行时间应该为多少？

2.40.3 ［5］<1.6, 2.13> 在取数/存数指令和分支指令执行时间不变的情况下，如果要使性能提升 50%，则算术运算指令的平均执行时间应该为多少？

2.41 ［10］<2.21> 假设 MIPS ISA 中包含了比例偏移的寻址方式，该寻址方式与 2.19 节（图 2-38）中给出的 x86 相应的寻址方式相同。如果要使用"比例变址取数指令"进一步减少实现练习题 2.4 中功能的汇编指令数量，请给出你的思路。

2.42 ［10］<2.21> 假设 MIPS ISA 中包含了比例偏移的寻址方式，该寻址方式与 2.19 节（图 2-38）中给出的 x86 相应的寻址方式相同。如果要使用"比例变址取数指令"进一步减少实现练习题 2.7 C 代码的汇编指令数量，请给出你的思路。

小测验答案

2.2 节　MIPS，C，Java。

2.3 节　2. 非常慢。

2.4 节　第一问：2. -8_{10}。第二问：4. 18 446 744 073 709 551 608_{10}。

2.5 节　第一问：4. sub $t2, $t0, $t1。第二问：$28_{16}$。

2.6 节　都可以。将"逻辑与"和全"1"的掩码一起使用会导致除了想要的区域之外，都变成 0。正确的左移位操作将左边的位数都移走。合适的右移将一个字最右边的区域都移走，将 0 留在字中。注意到"逻辑与"操作会保留原始的值，移位操作将需要的区域移动到字的最右边。

2.7 节　I. 全对，II. 1。

2.8 节　两个都正确。

2.9 节　I.1，II.3。

2.10 节　I. 4. +-128K，II. 6. 一个 256M 的块，III. 4. sll。

2.11 节　两个都正确。

2.12 节　4. 与机器无关。

第 3 章

Computer Organization and Design: The Hardware/Software Interface, Sixth Edition, MIPS Edition

计算机的算术运算

计算机的 5 个经典部件

3.1 引言

计算机中的字由位组成。因此，字可以用二进制数来表示。第 2 章中说明了整数可以表示成十进制或者二进制形式，但是其他常用的数据如何表示？例如：

- 小数和其他实数如何表示？
- 当一个操作生成了一个无法表示的大数时该如何处理？
- 上述问题隐含着一个秘密：硬件如何真正地进行乘法和除法运算？

本章的目的就是揭示这些秘密，包括实数的表示方法、算术运算的算法、实现这些算法的硬件，以及它们对指令集的影响。有了这些知识，读者就能解释在使用计算机的过程中遇到的一些怪异现象。另外，本章还将介绍如何使用这些知识加速算术运算密集型程序的运行。

数值的精确度是科学的灵魂。
Sir D'arcy Wentworth Thompson, *On Growth and Form*, 1917

减法：加法的微妙朋友。
No.10, *Top Ten Courses for Athletes at a Football Factory*, David Letterman et al., *Book of Top Ten Lists*, 1990

3.2 加法和减法

加法是计算机中必备的操作。数据从右到左逐位相加，同时进位也相应地向左传播，就如手动计算一样。减法也可采用加法实现：减数在简单的取反之后再进行加法操作。

例题 | 二进制加法和减法

在二进制形式下，首先计算 7_{10} 加上 6_{10}，然后计算 7_{10} 减去 6_{10}。

$$
\begin{array}{r}
0000\ 0000\ 0000\ 0000\ 0000\ 0000\ 0000\ 0111_2 = 7_{10} \\
+\quad 0000\ 0000\ 0000\ 0000\ 0000\ 0000\ 0000\ 0110_2 = 6_{10} \\
\hline
=\quad 0000\ 0000\ 0000\ 0000\ 0000\ 0000\ 0000\ 1101_2 = 13_{10}
\end{array}
$$

只有右边 4 位发生变化。图 3-1 给出了和与进位。其中，进位放在括号里，箭头指明了进位如何传递。

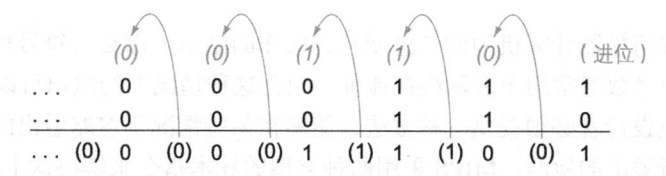

```
        (0)   (0)   (1)   (1)   (0)   （进位）
   …     0     0     0     1     1     1
   …     0     0     0     1     1     0
   … (0) 0 (0) 0 (0) 1 (1) 1 (1) 0 (0) 1
```

图 3-1　二进制加法，进位从右到左传播。最右边的位将 1 和 0 相加，得到该位的和为 1，该位的进位为 0。因此，右边第二位数的操作是 0+1+1。该操作的和为 0，进位为 1。第三位是 1+1+1 的和，得到的进位为 1，和为 1。第四位是 1+0+0，和为 1，无进位

答案 | 7_{10} 减去 6_{10} 可以直接操作：

$$
\begin{array}{r}
0000\ 0000\ 0000\ 0000\ 0000\ 0000\ 0000\ 0111_2 = 7_{10} \\
-\quad 0000\ 0000\ 0000\ 0000\ 0000\ 0000\ 0000\ 0110_2 = 6_{10} \\
\hline
=\quad 0000\ 0000\ 0000\ 0000\ 0000\ 0000\ 0000\ 0001_2 = 1_{10}
\end{array}
$$

或者通过加上 -6 的二进制补码来实现：

$$
\begin{array}{r}
0000\ 0000\ 0000\ 0000\ 0000\ 0000\ 0000\ 0111_2 = 7_{10} \\
+\quad 1111\ 1111\ 1111\ 1111\ 1111\ 1111\ 1111\ 1010_2 = -6_{10} \\
\hline
=\quad 0000\ 0000\ 0000\ 0000\ 0000\ 0000\ 0000\ 0001_2 = 1_{10}
\end{array}
$$

硬件规模总是有一定限制，如字宽只有 32 位，当运算结果超过这个限制时，就会发生溢出。加法在什么情况下会溢出呢？当相加的两个源操作数符号相异时，不会发生溢出，原因是"和"必然不会大于其中一个源操作数，如 -10+4=-6。因为操作数可以用 32 位字表示，而"和"不会大于其中一个源操作数，所以"和"也可以用 32 位来表示。因此，当正数和负数相加时不会发生溢出。

在做减法时也会有类似的情况，只不过采用的规则相反：当源操作数的符号相同时，不会发生溢出。我们知道，c-a=c+(-a)，这是因为减法是把第二个源操作数的符号进行变化后相加，所以，当两个同符号的数做减法时，实际上是把两个符号相异的数相加，也不会发生溢出。

知道溢出在加减法中何时不会发生固然重要，但当发生溢出时该如何检测呢？很明显，两个 32 位的数进行加或者减操作时可能产生需要用 33 位来表示的结果。

如果缺少了第 33 位，则溢出发生时，符号位就可能被数值位占用而产生错误。因此，当两个正数相加但结果为负时，就说明发生了溢出，反之亦然。这个"虚假"的和表示计算过程中发生了向符号位的进位操作。

在做减法时，如果用一个正数减去一个负数得到一个负的结果，或者用一个负数减去一个正数得到一个正的结果，则发生了溢出。这也意味着借位占用了符号位。图 3-2 给出了发

生溢出的条件。

操作	操作数A	操作数B	结果显示溢出
A + B	≥0	≥0	<0
A + B	<0	<0	≥0
A − B	≥0	<0	<0
A − B	<0	≥0	≥0

图 3-2　加减法的溢出条件

上面介绍了如何检测计算机中的二进制补码操作的溢出。那么无符号整数的溢出情况又如何呢？由于无符号数通常用于表示内存地址，因此这种情况下的溢出可以忽略。

因此，计算机设计者必须提供一种方法，能够在某些情况下忽略溢出的发生，而在另一些情况下则能进行溢出的检测。MIPS 采用两种类型的算术指令来解决这个问题：

- 加法（add）、立即数加法（addi）和减法（sub），这三条指令在溢出时产生异常。
- 无符号加法（addu）、立即数无符号加法（addiu）和无符号减法（subu），这三条指令在发生溢出时不会产生异常。

因为 C 语言忽略溢出，所以 MIPS C 编译器总是采用无符号的算术指令 addu、addiu 和 subu，而不必考虑变量的类型。但是 MIPS Fortran 编译器会根据操作数的类型来选择相应的算术指令。

附录 B 描述了完成加减法的**算术逻辑单元**（Arithmetic Logic Unit，ALU）的硬件实现。

> **算术逻辑单元**：用于执行加法、减法的硬件，通常也包括逻辑与、逻辑或等逻辑操作。

精解　对于 addiu 的一个常见困惑是其名字和它对立即数字段做什么操作。u 代表无符号数，这意味着加法操作不会产生溢出异常。然而，与 addi、slti 和 sltiu 指令类似，16 位立即数字段要符号扩展为 32 位。因此，即使操作是"无符号"的，立即数字段也是有符号的。

硬件/软件接口　计算机设计者必须考虑如何处理算术溢出。虽然一些编程语言（如 C 和 Java）会忽略整数溢出，但是 Ada 和 Fortran 等语言则需要通知程序有溢出发生。因此程序员或编程环境必须决定在溢出发生时应当如何处理。

MIPS 检测到溢出时会产生异常（exception），异常在许多计算机系统中也叫作中断（interrupt）。从本质上来说，异常或中断是一种计划外的过程调用。产生溢出的指令地址保存在一个寄存器中，然后计算机会跳到一个预先设定好的地址去执行相应的异常处理程序。保存异常地址的目的是，在某些条件下，异常处理程序执行完后能够返回原程序继续执行。（4.10 节给出了有关异常的更详细的论述，第 5 章和第 6 章中描述了异常和中断发生的其他条件。）MIPS 将来自处理器外部的异常称为中断。

> **异常**：在许多计算机中也叫中断，是一种打断正常程序执行过程的事件，例如，用于溢出检测。

> **中断**：来自处理器外部的异常事件。（在某些体系结构中所有的异常都称为中断。）

MIPS 使用名为异常程序计数器（Exception Program Counter，EPC）的寄存器来保存导致异常的指令地址。指令 mfc0（move from system control）用来将 EPC 存入一个通用寄存器，从而使 MIPS 软件可以在执行完异常处理程序之后，通过寄存器跳转指令返回导致异常的指令处继续执行。

小结

本节的一个要点是，无论采用哪种数的表示方法，具有有限字长的计算机在进行算术操作时都可能发生溢出。无符号数的溢出很容易检测，但无符号数通常用于地址计算，因为程序通常并不需要检测地址计算的溢出，所以通常情况下使用自然数，因此这些溢出往往被忽略。有符号数（二进制补码）的溢出检测比较麻烦，但是有些软件系统需要检测溢出，所以今天所有的计算机都支持溢出检测。

精解 饱和（saturating）操作是通用微处理器中一个不常出现的特性。饱和意味着当计算结果溢出时，结果被设置为最大的正数或者最小的负数，而不是像二进制补码运算那样采用取模操作来获得结果。饱和操作一般更适合多媒体操作。例如，当不断旋转收音机音量的旋钮时，声音逐渐增大，但如果大到一定值后声音突然变小，那么这样的收音机设计是不合理的。然而，对一台有饱和操作的收音机，当向最大值方向旋转音量旋钮到一定程度后，即使再旋转，音量也只会停在最大值上。标准指令集上的媒体扩展指令集通常提供饱和算法。

精解 MIPS 在溢出时会产生异常，但和其他许多计算机不同，它没有测试溢出的条件分支。一个 MIPS 指令序列可以发现溢出。对于有符号加法，这个序列如下（见 2.6 节描述 xor 指令的精解）：

```
addu $t0, $t1, $t2  # $t0 = sum, but don't trap
xor  $t3, $t1, $t2  # Check if signs differ
slt  $t3, $t3, $zero # $t3 = 1 if signs differ
bne  $t3, $zero, No_overflow # $t1, $t2 signs ≠,
                             # so no overflow
xor  $t3, $t0, $t1  # signs =; sign of sum match too?
                    # $t3 negative if sum sign different
slt  $t3, $t3, $zero # $t3 = 1 if sum sign different
bne  $t3, $zero, Overflow # All 3 signs ≠; goto overflow
```

对于无符号加法（$t0=$t1+$t2），测试则为：

```
addu $t0, $t1, $t2    # $t0 = sum
nor  $t3, $t1, $zero  # $t3 = NOT $t1
                      # (2's comp - 1: 2^32 - $t1 - 1)
sltu $t3, $t3, $t2    # (2^32 - $t1 - 1) < $t2
                      # ⇒ 2^32 - 1 < $t1 + $t2
bne  $t3,$zero,Overflow # if(2^32-1<$t1+$t2) goto overflow
```

精解 我们在前文中说过，可以通过 mfc0 指令将 EPC 内容复制到一个寄存器，然后通过跳转寄存器返回被中断的代码。这样做会导致一个有趣的问题：既然必须首先使用跳转寄存器将 EPC 传输到一个寄存器，那么跳转寄存器该如何返回被中断的位置，并恢复所有寄存器的原值呢？如果先恢复所有寄存器的原值，则来自 EPC 的返回地址就会被破坏（EPC 放在一个用于跳转的寄存器中）。如果在恢复所有寄存器的原值时保留那个存放返回地址的寄存器不变，这样可以进行正确跳转，但是这也意味着在程序执行的任何时刻，异常会导致一个寄存器的值无法被恢复。两者都是不可行的。

为了将硬件设计从这一困境中解救出来，MIPS 允许程序员将寄存器 $k0 和 $k1 预留给操作系统。这些寄存器在异常时不会恢复。就像 MIPS 编译器应避免使用 $at 寄存器以便汇编器可以将它作为临时寄存器（见 2.10 节的硬件/软件接口）一样，编译器也避免使用寄存器 $k0 和 $k1，从而将它们留给操作系统使用。异常处理程序将返回地址放在其中的一个寄存器中，然后利用跳转寄存器返回指令地址。

精解 尽早确定向高位传递的进位可以加快加法的执行。有多种方案可以用来加速进位产生，从而使得最坏情况下的进位传播时间是加法器位宽的 $\log_2$ 的函数，而不是加法器位宽的线性函数，其原因是信号经过了更少的门电路，所以传输得更快。而加速进位需要更多门电路，最流行的结构是超前进位（carry lookahead）加法器，见附录 B 的 B.6 节。

小测验 某些编程语言支持字节或者半字的二进制补码整数算术运算，而 MIPS 只有整字的整数算术操作。回顾一下第 2 章的内容，MIPS 中也有字节和半字的数据传送指令。那么对于字节和半字的操作，会使用哪些 MIPS 指令？

1. 取数使用 lbu、lhu，算术操作采用 add、sub、mult、div，存数采用 sb、sh。
2. 取数使用 lb、lh，算术操作采用 add、sub、mult、div，存数采用 sb、sh。
3. 取数使用 lb、lh，算术操作采用 add、sub、mult、div，采用 AND 来屏蔽每次运算的结果到 8 位或者 16 位，存数采用 sb、sh。

3.3 乘法

前面已经完成了对加法和减法的学习，本节开始分析更复杂的乘法操作。

> 乘法令人恼怒，除法更甚；
> 比例运算困扰着我，练习令我发疯。
> 佚名, *Elizabethan manuscript, 1570*

首先，通过手工计算十进制数乘法来回顾乘法的步骤和操作数的名称。为简单起见，我们只用十进制数中的 0 和 1 来作为例子，计算 1000_{10} 乘以 1001_{10}：

```
   被乘数           1000₁₀
   乘数       x     1001₁₀
                   ─────
                    1000
                   0000
                  0000
                 1000
                 ─────────
   积              1001000₁₀
```

第一个源操作数称为被乘数（multiplicand），第二个源操作数称为乘数（multiplier），最终的结果称为积（product）。回忆一下在学校学过的乘法规则：每次从右到左选取乘数的一位，乘以被乘数，然后相对上一个中间积，将当前积左移一位。

可以观察到，积的位数远远大于被乘数和乘数。事实上，如果我们忽略符号位，若被乘数为 n 位，乘数为 m 位，则需要 $n+m$ 位来表示所有可能的积。因此，像加法一样，乘法也需要处理溢出，因为我们经常需要两个 32 位长的数相乘产生一个 32 位长的积。

在这个例子中，我们只使用了十进制中的 0 和 1。因为只有两个选择，所以每一步的乘法都很简单：

1. 当乘数位为 1 时，只需要将被乘数（1× 被乘数）复制到合适的位置。
2. 当乘数位为 0 时，将 0（0× 被乘数）放置到合适的位置。

虽然上面十进制的例子限制只使用 0 和 1，但二进制数的乘法必须使用 0 和 1，因此也只有这两种选择。

分析了乘法的基本原则之后，一般来讲，下一步就会马上开始介绍乘法硬件及其优化。但为了更好地理解这一问题，本书打破这一传统，通过了解乘法硬件和算法的演进过程来更好地理解计算机中的乘法。首先，我们假设进行正数的乘法运算。

3.3.1 顺序的乘法算法和硬件

这个设计模拟我们在小学学过的算法。图 3-3 给出了硬件结构。我们给出的硬件结构中，数据流从顶向下，类似于用纸和笔计算的方法。

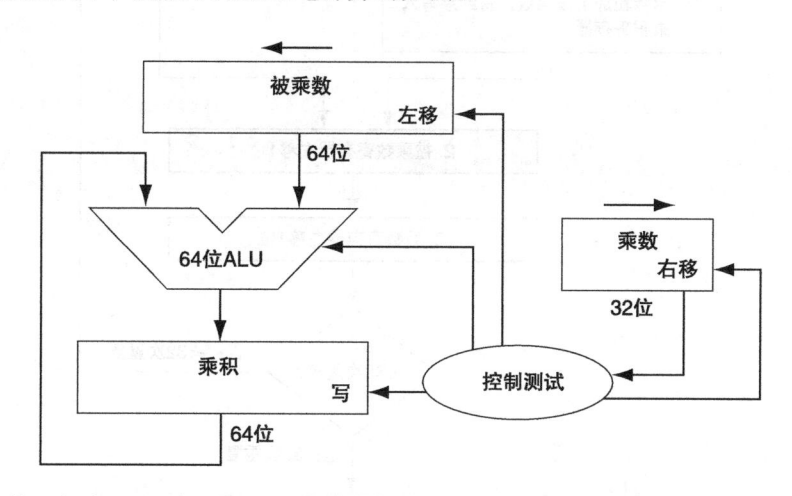

图 3-3 第一版乘法器硬件结构。被乘数寄存器、ALU 和积寄存器都是 64 位长，而乘数寄存器为 32 位长。（附录 B 对 ALU 进行了描述。）32 位的被乘数在开始时放置在被乘数寄存器的右半部分，然后每次左移一位。乘数则每次向相反的方向移动。算法开始时，积被初始化为 0。控制逻辑决定何时对被乘数和乘数寄存器进行移位，以及何时将新值写入积寄存器

假设乘数放置在 32 位的乘数寄存器中，64 位的积寄存器被初始化为 0。从采用纸和笔计算的方法中，我们可以清楚地看到被乘数在每步需要左移一位，因为它需要与前面的中间结果相加。在经过 32 步后，32 位长的被乘数被左移 32 位。因此，我们还需要一个 64 位的被乘数寄存器，且在初始化时 32 位的被乘数放在右半部分，左半部分为 0。然后，每执行一步，这个寄存器中的值就左移一位，将被乘数与 64 位积寄存器中的中间结果对齐并累加到新的中间结果。

图 3-4 给出了每一位所需的三个基本执行步骤。乘数的最低位（乘数的第 0 位）决定了被乘数是否被加到积寄存器上。第二步中的左移起着将被乘数左移的作用，就如同用纸和笔做乘法一样。第三步中的右移给出了下一个迭代中要用的乘数位。这三个步骤要重复执行 32 次来获得积。如果每步需要一个时钟周期，这个算法将需要大约 100 个时钟周期来完成两个 32 位的数相乘。乘法操作的相对重要性因程序而异，一般加法和减法出现的次数要比乘法多 5～100 倍。因此，在许多应用程序中，多周期乘法不会显著影响性能。但 Amdahl 定律（见 1.11 节）提醒我们，如果一个慢速操作在程序中占据一定比重的话，也会限制程序的性能。

138 第 3 章

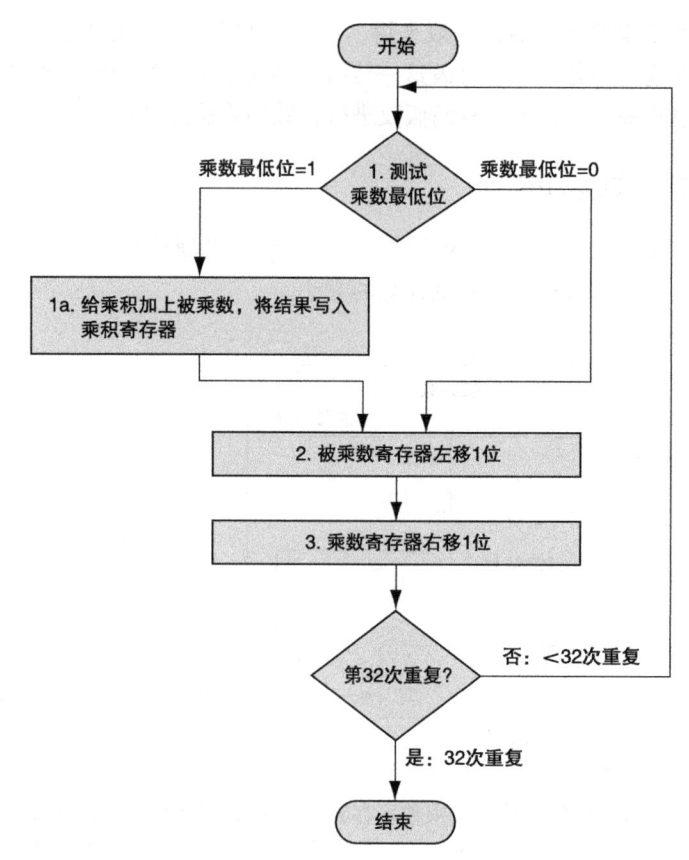

```
                    ┌──────┐
                    │ 开始 │
                    └───┬──┘
                        ↓
              ┌─────────────────┐
   乘数最低位=1 │ 1. 测试乘数最低位 │ 乘数最低位=0
        ┌─────│                 │─────┐
        ↓     └─────────────────┘     │
┌───────────────────┐                 │
│ 1a. 给乘积加上被乘数, │                 │
│   将结果写入乘积寄存器 │                 │
└─────────┬─────────┘                 │
          ↓                           │
┌───────────────────┐                 │
│ 2. 被乘数寄存器左移1位 │←────────────────┘
└─────────┬─────────┘
          ↓
┌───────────────────┐
│ 3. 乘数寄存器右移1位 │
└─────────┬─────────┘
          ↓
    ┌──────────┐
    │第32次重复?│── 否:<32次重复 ──→ (回到步骤1)
    └─────┬────┘
     是:32次重复
          ↓
       ┌────┐
       │结束│
       └────┘
```

图 3-4 第一种乘法算法,其硬件结构见图 3-3。如果乘数的最低有效位为 1,则将被乘数加在积上;否则,进入下一步。在下两步中进行被乘数的左移和乘数的右移。这三个步骤需要重复 32 次

| 例题 | 乘法算法

为了节省篇幅,本例使用 4 位长的数,计算 $2_{10} \times 3_{10}$,即 $0010_2 \times 0011_2$。

| 答案 | 图 3-5 给出了按照图 3-4 中标出的每一步执行后各个寄存器的值,最终结果为 0000 0110_2,即 6_{10}。灰色标记每一步中改变的寄存器值,带圈的位用于决定下一步的操作。

迭代次数	步骤	乘数	被乘数	乘积
0	初始值	0011	0000 0010	0000 0000
1	1a: 1⇒乘积=乘积+被乘数	0011	0000 0010	0000 0010
	2: 被乘数左移	0011	0000 0100	0000 0010
	3: 乘数右移	0001	0000 0100	0000 0010
2	1a: 1⇒乘积=乘积+被乘数	0001	0000 0100	0000 0110
	2: 被乘数左移	0001	0000 1000	0000 0110
	3: 乘数右移	0000	0000 1000	0000 0110
3	1a: 0⇒无操作	0000	0000 1000	0000 0110
	2: 被乘数左移	0000	0001 0000	0000 0110
	3: 乘数右移	0000	0001 0000	0000 0110
4	1a: 0⇒无操作	0000	0001 0000	0000 0110
	2: 被乘数左移	0000	0010 0000	0000 0110
	3: 乘数右移	0000	0010 0000	0000 0110

图 3-5 使用图 3-4 中算法的乘法例子。圈起来的数字是决定下一步操作的数位

这个算法和硬件结构可以很容易改进成每一步只需要一个时钟周期。这些操作可以并行化来加速执行：当乘数位为 1 时，乘数和被乘数进行移位，同时将被乘数和积相加。这时需要保证硬件测试的是乘数正确的位，而且得到的是被乘数移位前的值。注意到加法器和寄存器中有未使用的部分后，可以通过将加法器和寄存器的位长减半来进一步优化这个硬件结构。图 3-6 所示为改进后的硬件。

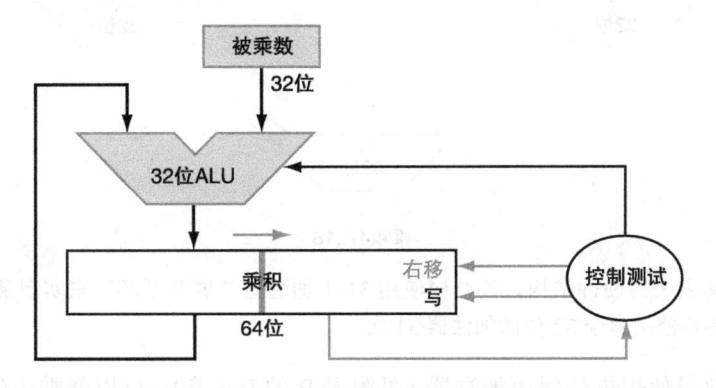

图 3-6 乘法器硬件的改进版。与图 3-3 中的第一版硬件结构相比，被乘数寄存器、ALU、乘数寄存器都是 32 位长，只有积寄存器是 64 位长。现在将积进行右移，单独的乘数寄存器也取消了。乘数放在积寄存器的右半部分（乘法寄存器实际上应该是 65 位，以保存加法器的进位，但这里给出的是 64 位，以突出从图 3-3 的演变）

| 硬件 / 软件接口 | 当乘数为常数时，乘法也可以用移位替代。一些编译器将短常数的乘法替换为一系列移位和加法。因为左移一位就是将一个数放大两倍，左移和乘以 2 为底的指数有着等同的效果。正如第 2 章所提到的，几乎每个编译器都将以 2 为底的指数乘法替换为移位来进行优化。

3.3.2 有符号乘法

到目前为止，我们处理的对象都是正数。对于理解如何处理有符号乘法，最简单的方法是首先将被乘数和乘数转化为正数，并记住原来的符号位。这样，就可用上述最后的算法迭代 31 次，而符号位不必参与运算。当被乘数和乘数的符号相异时，积的符号为负。

这表明前面的算法对于有符号数同样适用，只要知道虽然我们通常要处理无限位的数字，但在这里需要使用 32 位数据来表示它们。因此移位步骤需要对有符号数的乘积进行扩展。当算法结束时，低位字将是 32 位乘积。

3.3.3 更快速的乘法

摩尔定律为我们提供了非常充足的资源，使硬件设计者可以设计更快速的乘法器。可以在乘法运算开始时，通过检查乘数的 32 位，确定是否需要加上被乘数。更快速的乘法运算主要的思想是为乘数的每一位提供一个 32 位的加法器：一个输入是被乘数和一个乘数位相与的结果，另一个输入是上一个加法器的输出。

一种直接的方法是将每个右边加法器的输出作为左边加法器的输入，形成一个高 32 的加法器栈。另一种方法是将 32 个加法器组织成一个并行树，如图 3-7 所示。这样，我们只需要等待 $\log_2(32)$，即 5 次 32 位长加法的时间，而不是等待 32 次加法的时间。

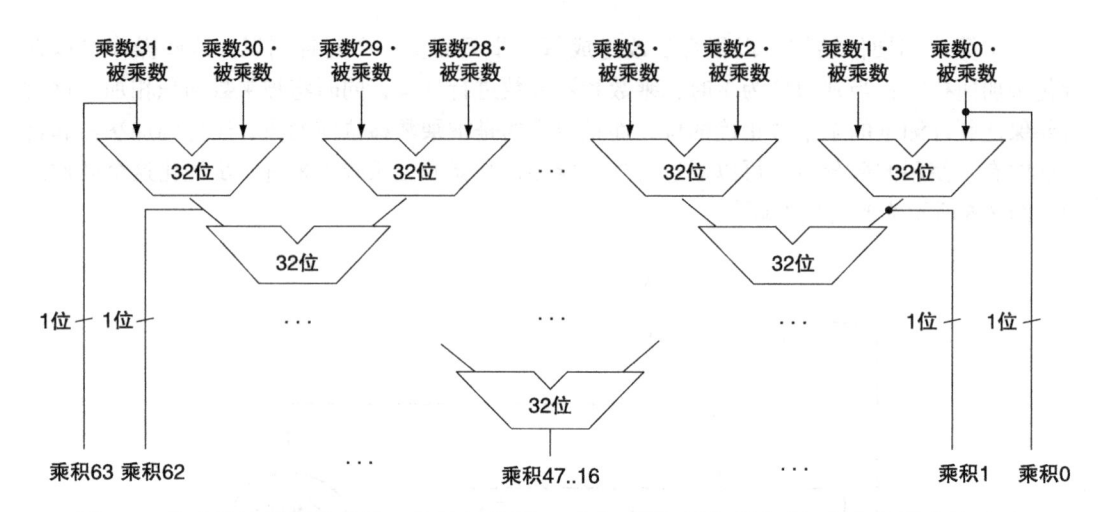

图 3-7　快速乘法器硬件结构。该结构使用 31 个加法器"展开循环"来实现最小的时延，而不再使用单个 32 位的加法器 31 次

事实上，通过使用进位保留加法器（见附录 B 的 B.6 节），可以使乘法的计算速度比 5 次加法更快，而且这种设计易于使用流水线方式执行，从而能够支持多个乘法运算同时执行（见第 4 章）。

3.3.4　MIPS 中的乘法

MIPS 提供了一对单独的 32 位寄存器来容纳 64 位的积，称为 Hi 和 Lo。为了产生正确的有符号积和无符号积，MIPS 提供了两条指令：乘法（mult）和无符号乘法（multu）。为了取得 32 位的整数积，程序员需要使用 mflo（move from lo）指令。MIPS 汇编器为乘法生成了一条伪指令，它使用了三个通用寄存器，用 mflo 和 mfhi 指令将积送入指定的寄存器。

3.3.5　小结

乘法硬件只是简单地执行移位和加法，其算法类似于采用纸和笔的计算方法。编译器甚至会用移位指令来代替乘数为 2 的幂次的乘法操作。通过使用更多硬件，可以并行进行加法操作，从而提高运算速度。

硬件/软件接口　MIPS 乘法指令都忽略溢出，所以需要由软件来检测是否因积过大而使 32 位不够表示。对于 multu 指令，如果 Hi 为 0 则无溢出；对于 mult 指令，如果 Hi 为 Lo 的符号位则也无溢出。使用指令 mfhi（move from hi）将 Hi 的值移入一个通用寄存器来检测溢出。

3.4　除法

除法是乘法的逆操作，与乘法相比，除法使用的频率更低，但在使用过程中可能会出现一些难以预料的情况，甚至可能会出现数学上的无效操作：除数为 0。

首先，通过十进制数的长除来回忆操作数的命名以及小学时学习的除法算法。与前面学习乘法类似，为简单起见，我们将每一个十进制位限制为只能是 0 和 1。下面的例子计算 1001010_{10} 除以 1000_{10}：

Divide et impera.
拉丁语，意为"分而治之"，引自 *Machiavelli* 的一句政治箴言，*1532*

```
                    1001₁₀        商
        除数 1000₁₀ ) 1001010₁₀    被除数
                   −1000
                       10
                      101
                     1010
                    −1000
                       10₁₀        余数
```

除法中的两个源操作数分别称为**被除数**（dividend）和**除数**（divisor），结果称为**商**（quotient），另外还有一个第二结果，称为**余数**（remainder）。这里用一种方式来表达它们之间的关系：

$$被除数 = 商 \times 除数 + 余数$$

这里余数要小于除数。在某些场合，程序使用除法指令只是为了获得余数，而忽视商。

小学学习的除法运算中，每次都尝试最大能减掉多少，并以此产生一位商。对我们选用的只包含 0 和 1 的十进制例子，很容易判断出可以将除数的多少倍从被除数中减去：要么是 1 倍，要么是 0 倍。因为二进制数仅包含 0 和 1，所以二进制除法也仅有这两种选择，从而简化了二进制除法。

现在假设被除数和除数都为正，因此商和余数也都非负。除法的源操作数和两个结果都是 32 位宽，我们暂且忽略符号位。

被除数：被除的数。

除数：用于对被除数进行除法的数。

商：除法的主要结果；商乘以除数并加上余数产生被除数。

余数：除法的第二个结果，余数与商和除数的乘积相加产生被除数。

3.4.1 除法算法和硬件

图 3-8 给出了模拟小学除法算法的硬件结构。在开始时，32 位的商寄存器设为 0。算法每次迭代将除数向右移一位，因此开始时需要将除数放置在 64 位除数寄存器的左半边，然后每次右移一位来与被除数对齐。余数寄存器初始化为被除数。

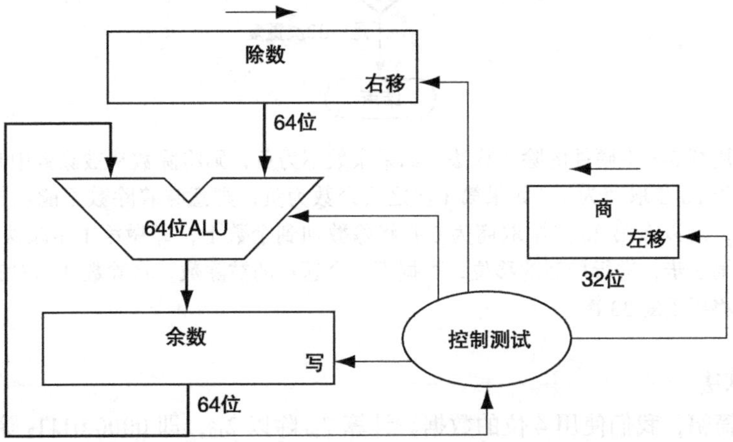

图 3-8 第一版除法器硬件结构。除数寄存器、ALU、余数寄存器都是 64 位宽，只有商寄存器是 32 位宽。32 位的除数开始放置在除数寄存器的左半部分，然后每次迭代右移一位。余数寄存器初始化为被除数。控制逻辑决定何时对除数和商寄存器进行移位，以及何时将新值写入余数寄存器

图 3-9 给出了第一种除法算法的 3 个步骤。不像人那样聪明，计算机不可能提前知道除数是否小于被除数。所以需要在第 1 步中减去除数，这与我们进行比较的操作相同。如果结果不为负，则除数小于或等于被除数，所以我们取商为 1（第 2a 步）。如果结果为负，则通过将除数加上余数来恢复上一次的值，然后取商为 0（第 2b 步）。除数右移，然后再次迭代。迭代完成后，余数和商存放在以它们命名的寄存器中。

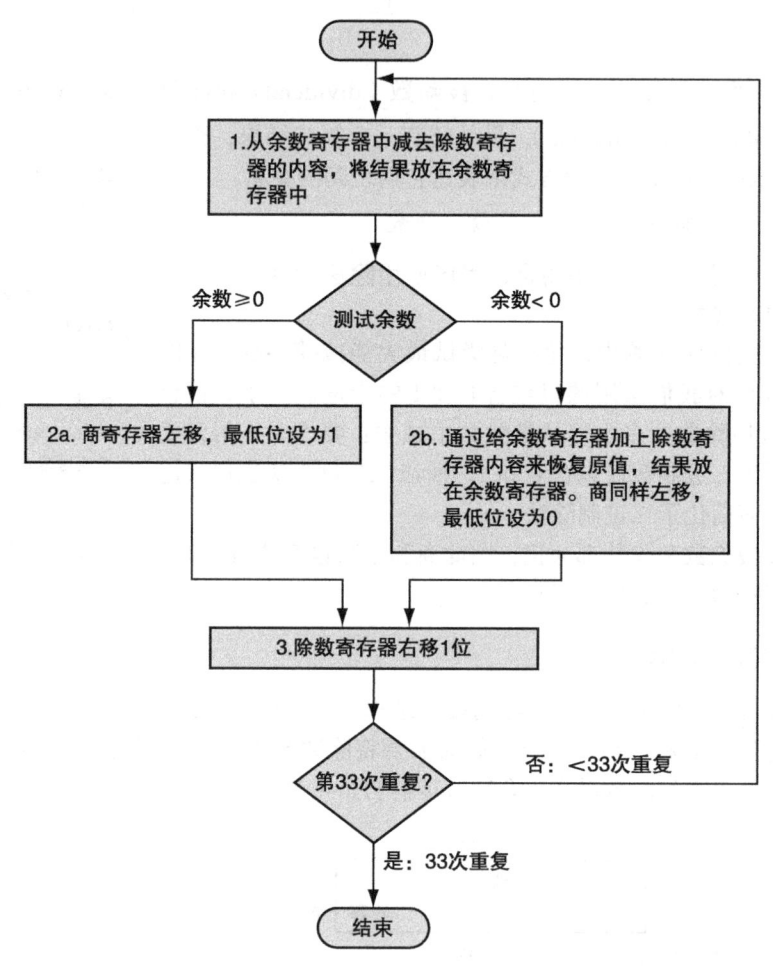

图 3-9 使用图 3-8 中硬件的除法算法。如果余数不为负，则将除数从被除数中减去，然后在第 2a 步取商为 1。如果第 1 步之后余数为负，则意味着除数不能从被除数中减去，所以在第 2b 步中取商为 0 并将除数加到余数上，即做第 1 步减法的逆操作。在第 3 步，进行最后的移位，根据下一个迭代的被除数，将除数适当对齐。这些步骤将要重复 33 次

| 例题 | 除法算法

为了节省篇幅，我们使用 4 位的数据。计算 7_{10} 除以 2_{10}，即 $0000\ 0111_2$ 除以 0010_2。

| 答案 | 图 3-10 给出了每步中各个寄存器的值，其中，商为 3_{10}，余数为 1_{10}。注意，在第 2 步中检测余数的正负只需要简单地测试余数寄存器的符号位是 0 还是 1 即可。令人惊讶的是，这个算法需要 $n+1$ 步来获得适当的商和余数。

迭代次数	步骤	商	除数	余数
0	初始值	0000	0010 0000	0000 0111
1	1：余数=余数−除数	0000	0010 0000	①110 0111
	2b：余数<0⇒+除数，商左移，商最低位=0	0000	0010 0000	0000 0111
	3：除数右移	0000	0001 0000	0000 0111
2	1：余数=余数−除数	0000	0001 0000	①111 0111
	2b：余数<0⇒+除数，商左移，商最低位=0	0000	0001 0000	0000 0111
	3：除数右移	0000	0000 1000	0000 0111
3	1：余数=余数−除数	0000	0000 1000	①111 1111
	2b：余数<0⇒+除数，商左移，商最低位=0	0000	0000 1000	0000 0111
	3：除数右移	0000	0000 0100	0000 0111
4	1：余数=余数−除数	0000	0000 0100	⓪000 0011
	2a：余数>=0⇒商左移，商最低位=1	0001	0000 0100	0000 0011
	3：除数右移	0001	0000 0010	0000 0011
5	1：余数=余数−除数	0001	0000 0010	⓪000 0001
	2a：余数>=0⇒商左移，商最低位=1	0011	0000 0010	0000 0001
	3：除数右移	0011	0000 0001	0000 0001

图 3-10　除法的例子，采用图 3-9 中的算法。图中圈起来的位用于决定下一步的操作

上述算法和对应的硬件结构分别可以改进得更快、更便宜。加速方法是将源操作数和商移位与减法同时进行。注意到寄存器和加法器有未用的部分，可以通过将加法器和寄存器的位长减半来改进硬件结构，图 3-11 所示为改进后的硬件结构。

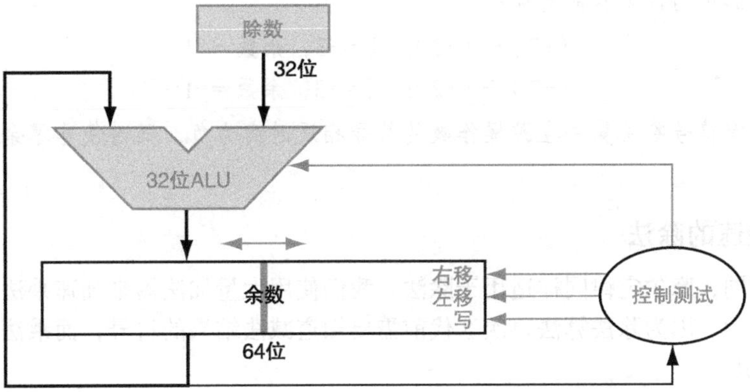

图 3-11　除法器的一种改进版本。除数寄存器、ALU、商寄存器都是 32 位，只有余数寄存器为 64 位。与图 3-8 相比，ALU 和除数寄存器都是位宽减半，余数进行左移。这个结构将商寄存器和余数寄存器的右半部分进行了拼接（正如图 3-6 中的那样，余数寄存器应该是 65 位以保证加法器的进位不会丢失）

3.4.2　有符号除法

到目前为止，我们一直忽略除法中的符号问题。最简单的办法是记住除数和被除数的符号。如果两者的符号相异，则商为负。

精解　有符号除法的一个比较麻烦的地方是必须设置余数的符号。记住，下面的公式必须满足：

$$被除数 = 商 \times 除数 + 余数$$

为了理解如何设置余数的符号，我们来考察 $\pm 7_{10}$ 除以 $\pm 2_{10}$ 的各种组合情况。第一种情况很简单：

$$(+7) \div (+2)：商 = +3，余数 = +1$$

检查结果：

$$+7 = 3 \times 2 + (+1) = 6 + 1$$

如果我们改变被除数的符号，商就会改变：

$$(-7) \div (+2)：商 = -3$$

重写基本公式来计算余数：

$$余数 = (被除数 - 商 \times 除数) = (-7) - [-3 \times (+2)] = (-7) - (-6) = -1$$

从而，

$$(-7) \div (+2)：商 = -3，余数 = -1$$

再次检查结果：

$$-7 = (-3) \times 2 + (-1) = -6 - 1$$

商是 -4 且余数是 +1 同样满足基本公式，但不能取这个结果，其原因是如果那样，商的绝对值将会根据被除数和除数的符号而改变！很明显，如果

$$-(x \div y) \neq (-x) \div y$$

编程将会面临更大的挑战。保持被除数的符号和余数的符号相同，而不管除数和商的符号如何，就可以避免这种异常的情况。

采用相同的规则计算其他情况：

$$(+7) \div (-2)：商 = -3，余数 = +1$$
$$(-7) \div (-2)：商 = +3，余数 = -1$$

因此，正确的有符号除法算法在源操作数的符号相反时商为负，同时使非零余数的符号和被除数的相同。

3.4.3 更快速的除法

与乘法相同，摩尔定律同样适用于除法。我们使用大量加法器来加速乘法，但这一方法对除法却不管用。因为除法算法每次迭代前需要知道减法结果的符号，而乘法却可以立刻生成 32 个部分积。

有一些技术可以使每步生成不仅一个商位。如 SRT 除法算法，每一步通过查找表的方法来尝试预测若干个商位，其中查找表基于被除数和余数的高位部分进行。它依赖后面的步骤来修正错误的预测。如今典型值是 4 位。算法的关键是预测要减的值。对于二进制算法，只有一种选择。可用余数的 6 位和除数的 4 位来索引查找表，从而决定每步的预测。

这个快速算法的正确性取决于查找表中的值是否合适。在 3.9 节给出了如果查找表不正确将会出现的情况。

3.4.4 MIPS 中的除法

你可能已经注意到在图 3-6 和图 3-11 中，相同的硬件结构既可以做乘法，又可以做除法。唯一需要的是一个 64 位的可左右移位的寄存器和一个能做加减法的 32 位宽的 ALU。因此，MIPS 用 32 位的 Hi 和 32 位的 Lo 寄存器来处理乘法和除法。

我们从上面的算法中可能已经猜出，在除法指令执行完后，Hi 存放着余数，Lo 存放着商。

为了处理有符号整数和无符号整数，MIPS 采用两条指令：除（div）和无符号除（divu）。MIPS 汇编器允许除法指令使用三个寄存器，且采用 mflo 或 mfhi 指令将运算结果放入指定的通用寄存器。

3.4.5 小结

乘法和除法共用硬件的方案允许 MIPS 提供一对单独的 32 位寄存器来支持乘法和除法运算，可以通过预测多位商的方法来加速除法运算，在预测错误时及时进行恢复。图 3-12 汇总了前面两节中 MIPS 体系结构的优化处理。

MIPS汇编语言

类别	指令	示例	含义	备注
算术运算	add	add $s1,$s2,$s3	$s1 = $s2 + $s3	三个操作数；检测溢出
	subtract	sub $s1,$s2,$s3	$s1 = $s2 − $s3	三个操作数；检测溢出
	add immediate	addi $s1,$s2,100	$s1 = $s2 + 100	加常数；检测溢出
	add unsigned	addu $s1,$s2,$s3	$s1 = $s2 + $s3	三个操作数；不检测溢出
	subtract unsigned	subu $s1,$s2,$s3	$s1 = $s2 − $s3	三个操作数；不检测溢出
	add immediate unsigned	addiu $s1,$s2,100	$s1 = $s2 + 100	加常数；不检测溢出
	move from coprocessor register	mfc0 $s1,$epc	$s1 = $epc	复制异常PC到专用寄存器
	multiply	mult $s2,$s3	Hi, Lo = $s2 × $s3	64位有符号积存在Hi, Lo中
	multiply unsigned	multu $s2,$s3	Hi, Lo = $s2 × $s3	64位无符号积存在Hi, Lo中
	divide	div $s2,$s3	Lo = $s2 / $s3, Hi = $s2 mod $s3	Lo=商，Hi=余数
	divide unsigned	divu $s2,$s3	Lo = $s2 / $s3, Hi = $s2 mod $s3	无符号商和余数
	move from Hi	mfhi $s1	$s1 = Hi	用来获得Hi的复本
	move from Lo	mflo $s1	$s1 = Lo	用来获得Lo的复本
数据传输	load word	lw $s1,20($s2)	$s1 = Memory[$s2 + 20]	将一个字从内存中取到寄存器中
	store word	sw $s1,20($s2)	Memory[$s2 + 20] = $s1	将一个字从寄存器中存到内存中
	load half unsigned	lhu $s1,20($s2)	$s1 = Memory[$s2 + 20]	将半字从内存中取到寄存器中
	store half	sh $s1,20($s2)	Memory[$s2 + 20] = $s1	将半字从寄存器中存到内存中
	load byte unsigned	lbu $s1,20($s2)	$s1 = Memory[$s2 + 20]	将一个字节从内存中取到寄存器中
	store byte	sb $s1,20($s2)	Memory[$s2 + 20] = $s1	将一个字节从寄存器中存到内存中
	load linked word	ll $s1,20($s2)	$s1 = Memory[$s2 + 20]	取字作为原子交换的前半部
	store conditional word	sc $s1,20($s2)	Memory[$s2+20]=$s1;$s1=0 or 1	存字作为原子交换的后半部
	load upper immediate	lui $s1,100	$s1 = 100 * 2^{16}	取立即数并放在高16位
逻辑运算	AND	AND $s1,$s2,$s3	$s1 = $s2 & $s3	三个寄存器操作数；按位与
	OR	OR $s1,$s2,$s3	$s1 = $s2 | $s3	三个寄存器操作数；按位或
	NOR	NOR $s1,$s2,$s3	$s1 = ~ ($s2 |$s3)	三个寄存器操作数；按位或非
	AND immediate	ANDi $s1,$s2,100	$s1 = $s2 & 100	和常数按位与
	OR immediate	ORi $s1,$s2,100	$s1 = $s2 | 100	和常数按位或
	shift left logical	sll $s1,$s2,10	$s1 = $s2 << 10	根据常数左移相应位
	shift right logical	srl $s1,$s2,10	$s1 = $s2 >> 10	根据常数右移相应位
条件分支	branch on equal	beq $s1,$s2,25	if ($s1 == $s2) go to PC + 4 + 100	相等检测；PC相对跳转
	branch on not equal	bne $s1,$s2,25	if ($s1 != $s2) go to PC + 4 + 100	不相等检测；PC相对跳转
	set on less than	slt $s1,$s2,$s3	if ($s2 < $s3) $s1 = 1; else $s1 = 0	比较是否小于；补码形式
	set less than immediate	slti $s1,$s2,100	if ($s2 < 100) $s1 = 1; else $s1=0	比较是否小于常数；补码形式
	set less than unsigned	sltu $s1,$s2,$s3	if ($s2 < $s3) $s1 = 1; else $s1=0	比较是否小于；自然数
	set less than immediate unsigned	sltiu $s1,$s2,100	if ($s2 < 100) $s1 = 1; else $s1 = 0	比较是否小于常数；自然数
无条件跳	jump	j 2500	go to 10000	跳转到目标地址
	jump register	jr $ra	go to $ra	用于switch语句，以及过程调用
	jump and link	jal 2500	$ra = PC + 4; go to 10000	用于过程调用

图 3-12 MIPS 核心体系结构。为了节省篇幅，没有给出 MIPS 体系结构的存储器和寄存器，但增加了 Hi 和 Lo 寄存器来支持乘法和除法。在 MIPS 参考数据卡中列出了 MIPS 机器语言

硬件/软件接口 MIPS 处理器除法指令忽略溢出,所以需要软件来检测商是否溢出。除了溢出,除法还可能产生不适当的计算:除数为 0。一些计算机会区分这两种异常事件。而同溢出一样,MIPS 软件必须通过检查除数来确定是否会发生此类情况。

精解 一种更快的算法是在余数为负时,不需要立即将除数加回去。该算法只是在下一步简单地将被除数加到移位后的余数上,因为 $(r+d) \times 2 - d = r \times 2 + d \times 2 - d = r \times 2 + d$。这种不恢复(nonrestoring)除算法每步需要一个时钟周期,将会在练习题中给出更多的分析;而前面介绍的算法称为恢复(restoring)除法。第三种算法称为不执行(nonperforming)除算法,这种算法在余数为负时,不保存减法的结果。它平均减少了三分之一的算术操作。

3.5 浮点运算

除了有符号整数和无符号整数,编程语言也支持带小数的数字,即数学上的实数。如:

- $3.14159265\cdots_{10}$(pi)
- $2.71828\cdots_{10}$(e)
- 0.000000001_{10} 即 $1.0_{10} \times 10^{-9}$(纳秒级)
- 3155760000_{10} 即 $3.15576_{10} \times 10^{9}$(一百年的秒数)

如果方向错了,再快也白搭。
美国谚语

注意,最后一个例子的数并不是小数,而是比 32 位的有符号整数能够表示的最大数还要大的数。上述例子中后两个数的记数法称为**科学记数法**(scientific notation),小数点左边只有一个有效位。一个采用科学记数法表示的数,若没有前导零且小数点左边只有一位有效位,则称为**规格化**(normalized)数。例如,$1.0_{10} \times 10^{-9}$ 就是规格化的科学记数形式,但 $0.1_{10} \times 10^{-8}$ 和 $10.0_{10} \times 10^{-10}$ 则不是规格化数。

科学记数法:小数点左边只有一位整数有效位的记数法。

规格化数:没有前导零的浮点记数法表示的数。

正如可以用科学记数法来表示十进制数那样,我们也可以用科学记数法来表示二进制数,如:

$$1.0_2 \times 2^{-1}$$

为了保持二进制数的规格化形式,需要定义一个基数,该基数可用来移位使小数点左边只保留一位非零数。只有基数为 2 才满足要求。因为基数不是 10,所以我们称这种情况下的小数点为二进制小数点(binary point)。

计算机算术支持的这类数称为**浮点数**(floating point),因为其表示的数的二进制小数点位置是不固定的,这与整数相似。C 语言中用 float 来表示这类数。正如科学记数法那样,数被表示为二进制小数点左边只有一位非零数的形式。在二进制中,其格式为:

浮点数:计算机算术术语,指二进制小数点不固定的数。

$$1.\text{xxxxxxxx}_2 \times 2^{\text{yyyy}}$$

(同其他数一样,计算机对指数也表示为以 2 为基的形式,但为了简化记数,这里我们用十进制来表示指数。)

采用规格化形式的标准科学记数法表示实数有三个优点:简化了包含浮点数的数据交换;简化了浮点算术算法;提高了用一个字存储的数的精度,因为二进制小数点右边的有效位替代了无用的前导零。

3.5.1 浮点表示

浮点表示的设计者必须在**尾数**（fraction）位宽和**指数**（exponent）位宽之间找到折中，因为字的大小是固定的，有一部分增加一位，则另一部分就要减少一位。折中是在精度和表示范围之间进行权衡：增加尾数部分会增加表示精度，而增加指数部分会增加数的表示范围。正如第 2 章中所提到的设计原则，好的设计需要好的折中。

尾数：位于浮点数的尾数字段，其值在 0 和 1 之间。

指数：在浮点运算的数值表示系统中，位于指数字段的值。

浮点数通常是多个字的宽度。MIPS 中的浮点数表示如下：s 为浮点数的符号（1 表示负数），指数字段为 8 位宽（包括指数的符号位），尾数字段为 23 位宽。这种表示称为符号和数值（sign and magnitude），因为符号和数值的位置是相互分离的。

31	30	29	28	27	26	25	24	23	22	21	20	19	18	17	16	15	14	13	12	11	10	9	8	7	6	5	4	3	2	1	0
s	指数								尾数																						
1位	8位								23位																						

一般浮点数表示为这样的形式：

$$(-1)^S \times F \times 2^E$$

F 为尾数（小数）字段的值，E 为指数字段的值。这些字段之间具体的关系后面会详细讲解。（我们将会看到 MIPS 的做法更为复杂。）

浮点数表示法使 MIPS 计算机有很大的数值表示范围——小到 $2.0_{10} \times 10^{-38}$，大到 $2.0_{10} \times 10^{38}$。虽然能够表示数的范围很大，但和无穷数不同，浮点数表示法依然有可能会出现因数太大而不能表示的情况。因此，和整数运算一样，浮点运算中也会发生溢出中断。注意，这里的**溢出（上溢）**（overflow）表示指数太大而不能在指数字段表示。

溢出（上溢）：正的指数太大而超出了指数字段的表示范围。

浮点也会出现一种新的异常事件。正如程序员想要知道何时他们计算的数太大而不能表示那样，他们同样也想知道一个非零的小数是否会因为太小而不能表示。任何一种事件都会引起程序给出错误答案。为了和上溢区分开来，将其称为**下溢**（underflow）。下溢发生的条件是负的指数太大而不能在指数字段中表示出来。

下溢：负的指数太大而超过了指数字段的表示范围。

一种减少上溢和下溢的方法是采用更大指数的格式。在 C 语言中称为 double，基于 double 的操作称为**双精度**（double precision）浮点算术；**单精度**（single precision）浮点就是前面的格式。

双精度：由两个 32 位的字表示的浮点数。

单精度：由一个 32 位的字表示的浮点数。

双精度浮点数占用了两个 MIPS 字，如下所示。其中，s 表示符号，指数字段为 11 位，尾数字段为 52 位。

31	30	29	28	27	26	25	24	23	22	21	20	19	18	17	16	15	14	13	12	11	10	9	8	7	6	5	4	3	2	1	0
s	指数											尾数																			
1位	11位											20位																			
尾数（续）																															
32位																															

MIPS 双精度的表示范围从 $2.0_{10} \times 10^{-308}$ 到 $2.0_{10} \times 10^{308}$。尽管双精度增加了指数范围，

其主要的优势还是通过提供更多的有效位数来实现更大的表示精度。

这些格式已经超出了 MIPS 体系结构。实际上它们是 IEEE 754 浮点标准的一部分，从 1980 年以来的每台计算机都遵循该标准。该标准既简化了浮点程序的接口，又提高了计算机算术的质量。

为了将更多的数据位打包到有效位数（significand）部分，IEEE 754 甚至隐藏了规格化二进制数的前导位 1。因此，在单精度下，数有 24 位宽（隐含的 1 和 23 位尾数）；在双精度下，数有 53 位宽（1+52）。为了精确，我们用术语有效位数来表示 24 位或者 53 位的数，就是隐含 1 加尾数[⊖]。因为 0 没有前导位 1，它的指数保留为 0，所以硬件就不会将前导位 1 加到尾数上。

因此 $00\cdots 00_2$ 代表 0；其他数的表示依然采用前面的形式，就是加上了隐含 1：

$$(-1)^S \times (1 + F) \times 2^E$$

其中，F 表示的是 0 和 1 之间的数，E 表示的是指数字段中的值。我们从左到右标记小数为 $s1, s2, s3, \cdots$，则数的值为

$$(-1)^S \times [1+ (s1\times 2^{-1}) + (s2\times 2^{-2}) + (s3\times 2^{-3}) + (s4\times 2^{-4}) +\cdots] \times 2^E$$

图 3-13 给出了 IEEE 754 浮点数的编码。IEEE 754 标准的其他特点是用特殊的符号来表示异常事件。例如，软件可以将结果设置成某种格式来表示 +∞ 或者 -∞，以替代除 0 中断；最大的指数保留下来标识那些特殊符号。当程序员打印结果时，程序会打印出一个无穷符号。（对于经过数学训练的人而言，无穷的目的是形成实数的拓扑闭集。）

单精度		双精度		表示对象
指数	尾数	指数	尾数	
0	0	0	0	0
0	非0	0	非0	± 非规格化数
1~254	任何值	1~2046	任何值	± 浮点数
255	0	2047	0	± 无穷
255	非0	2047	非0	NaN（非数，即不是数）

图 3-13 IEEE 754 浮点数的编码。用一个单独的符号位来决定正负。在 3.5 节的精解中描述了非规格化数。这个信息也可以在 MIPS 参考数据卡的第 4 列中找到

IEEE 754 甚至给出了一种表示无效操作结果（如 0/0 或者无穷减无穷）的符号——NaN（Not a Number），即非数的意思。设立 NaN 的目的是让程序员推迟程序中的一些测试和决断，等到方便的时候再进行。

IEEE 754 的设计者还希望浮点表示能够比较容易处理整数比较，特别是排序的时候。这就是符号放在最高位的原因，这样就可以快速测试出小于、大于、等于 0 的情况。（比起简单的整数排序，浮点稍显复杂，因为这种记数法本质上是符号和数值的形式，而不是补码形式。）

将指数放在有效数前也能简化用整数比较指令来处理的浮点数排序，因为在具有相同符号的情况下，指数大的数其值就大。

⊖ 由于"有效位"和"尾数"相比，"有效位"多了一位"1"，而在浮点运算中，常用"尾数"的术语，因此在后面多处"尾数"即表示"有效位"。——译者注

负的指数对简化排序形成一个挑战。如果我们用补码或者其他的记数法，可能会使负指数的高位为 1，从而使一个负指数看上去是一个很大的数。例如，$1.0_2 \times 2^{-1}$ 表示如下：

31	30	29	28	27	26	25	24	23	22	21	20	19	18	17	16	15	14	13	12	11	10	9	8	7	6	5	4	3	2	1	0
0	1	1	1	1	1	1	1	1	0	0	0	0	0	0	0	0	0	0	0	0	0	0	0	0	0	0	0	0	0	…	…

（需要注意的是，尾数中隐含前导 1。）而数 $1.0_2 \times 2^{+1}$ 看起来似乎是一个较小的二进制数。

31	30	29	28	27	26	25	24	23	22	21	20	19	18	17	16	15	14	13	12	11	10	9	8	7	6	5	4	3	2	1	0
0	0	0	0	0	0	0	1	0	0	0	0	0	0	0	0	0	0	0	0	0	0	0	0	0	0	0	0	0	0	…	…

因此，希望记数法能将最小的负指数表示为 $00\cdots00_2$，而最大的正指数表示为 $11\cdots11_2$。这种记数法称为带偏阶的（或移码）记数法（biased notation）。需要从带偏阶的指数中减去偏阶，才能获得真实的值。

IEEE 754 规定单精度的偏阶为 127，因此指数为 -1 则表示为 $-1+127_{10}$，即 $126_{10}=0111\ 1110_2$，而 +1 表示为 $1+127$，即 $128_{10}=1000\ 0000_2$。双精度的指数偏阶为 1023。给指数带偏阶后，浮点数表示为

$$(-1)^S \times (1+ 尾数) \times 2^{(指数-偏阶)}$$

从而，单精度数的表示范围为从

$$\pm 1.000\ 000\ 000\ 000\ 000\ 000\ 000\ 00_2 \times 2^{-126}$$

到

$$\pm 1.111\ 111\ 111\ 111\ 111\ 111\ 111\ 11_2 \times 2^{+127}$$

下面举例演示浮点表示。

| 例题 | 浮点表示

用 IEEE 754 的单精度和双精度格式来表示 -0.75_{10}。

| 答案 | -0.75_{10} 也可表示为

$$-3/4_{10} \quad 或 \quad -3/2^2{}_{10}$$

它的二进制小数形式为

$$-11_2/2^2{}_{10} \quad 或 \quad -0.11_2$$

用科学记数表示的形式为

$$-0.11_2 \times 2^0$$

采用规格化的科学记数，为

$$-1.1_2 \times 2^{-1}$$

单精度的通用表达式为

$$(-1)^S \times (1+ 尾数) \times 2^{(指数-127)}$$

将 $-1.1_2 \times 2^{-1}$ 的指数减去 127，得到

$$(-1)^1 \times (1+0.1000\ 0000\ 0000\ 0000\ 0000\ 000_2) \times 2^{(126-127)}$$

所以 -0.75_{10} 的单精度二进制表示为

150 第 3 章

31	30	29	28	27	26	25	24	23	22	21	20	19	18	17	16	15	14	13	12	11	10	9	8	7	6	5	4	3	2	1	0
1	0	1	1	1	1	1	1	0	1	0	0	0	0	0	0	0	0	0	0	0	0	0	0	0	0	0	0	0	0	0	0

1位　　　　8位　　　　　　　　　　　　23位

双精度表示为

$(-1)^1 \times (1+0.1000\ 0000\ 0000\ 0000\ 0000\ 0000\ 0000\ 0000\ 0000\ 0000\ 0000\ 0000\ 0000_2)$
　　　$\times 2^{(1022-1023)}$

31	30	29	28	27	26	25	24	23	22	21	20	19	18	17	16	15	14	13	12	11	10	9	8	7	6	5	4	3	2	1	0
1	0	1	1	1	1	1	1	1	1	1	0	1	0	0	0	0	0	0	0	0	0	0	0	0	0	0	0	0	0	0	0

1位　　　　11位　　　　　　　　　　20位

0	0	0	0	0	0	0	0	0	0	0	0	0	0	0	0	0	0	0	0	0	0	0	0	0	0	0	0	0	0	0	0

32位

下面再看一个反方向转换的例子。

| 例题 | 二进制转十进制浮点

下面的单精度浮点表示的十进制数是什么？

31	30	29	28	27	26	25	24	23	22	21	20	19	18	17	16	15	14	13	12	11	10	9	8	7	6	5	4	3	2	1	0
1	1	0	0	0	0	0	0	1	0	1	0	0	0	0	0	0	0	0	0	0	0	0	0	0	0	0	0	0	0	0	0

| 答案 | 符号位为 1，指数字段的值为 129，尾数字段的值为 1×2^{-2}=1/4，即 0.25。使用基本公式，

$$(-1)^S \times (1+尾数) \times 2^{(指数-偏阶)} = (-1)^1 \times (1+0.25) \times 2^{(129-127)}$$
$$=-1 \times 1.25 \times 2^2$$
$$=-1.25 \times 4=-5.0$$

下面将给出浮点加法和乘法的算法。其核心是对尾数进行相应的整数操作，但也需要额外的工作来处理指数部分并对结果进行规格化。我们先给出直观上的十进制算法，然后在图中给出有更多细节的二进制版本。

遵循 IEEE 准则，在标准发布 20 年后，IEEE 754 委员会依据需求对标准进行了更新。更新后的 IEEE 754-2008 标准中包含了 IEEE 754-1985 标准中几乎全部内容，并且增加了 16 位（半精度）和 128 位（四精度）。半精度数有 1 位的符号位，5 位的指数（偏阶为 15）和 10 位的尾数。四精度有 1 位的符号位，15 位的指数（偏阶为 262 143）和 112 位的尾数。到目前为止还没有硬件支持四精度，但日后必会出现。更新后的标准也支持十进制浮点运算，这在 IBM 大型机中已经实现。

| 精解 | 为了在保持尾数位宽不变的情况下增大表示范围，一些早于 IEEE 754 标准的计算机采用了大于 2 的基数。例如，IBM 360 和 370 大型计算机以 16 为基数。因此每当 IBM 机的指数改变 1，尾数就将移 4 位，所以基数为 16 的规格化数的前导零可能会多达 3 个！这也就意味着有 3 个有效位要从尾数中去掉，从而在浮点算术精度上产生较大的问题。最近

IBM 大型机不仅支持十六进制模式，也支持 IEEE 754 标准。

3.5.2 浮点加法

为了说明浮点加法中的问题，我们首先以手工过程将用科学记数法表示的两个数相加：$9.999_{10} \times 10^1 + 1.610_{10} \times 10^{-1}$。假设只有 4 位十进制有效数和两位十进制指数。

步骤 1：为了能让两数相加，我们必须对指数较小的数的小数点位置进行调整，使其与指数较大的数对齐。因此，需要将 $1.610_{10} \times 10^{-1}$ 向 $9.999_{10} \times 10^1$ 对齐。由于一个非规格化的浮点数可以有多种科学记数法的表示形式，可以利用这一特性完成指数的对齐。

$$1.610_{10} \times 10^{-1} = 0.161\,0_{10} \times 10^0 = 0.016\,10_{10} \times 10^1$$

最右边的表示形式是我们所需要的，因为它和较大的数 $9.999_{10} \times 10^1$ 的指数相同。因此，第一步要将较小数的有效数向右移动，使其指数和较大数的指数相同。由于我们只能表示 4 位十进制数，所以，移位后得到的数为

$$0.016_{10} \times 10^1$$

步骤 2：将有效数相加：

$$\begin{array}{r} 9.999_{10} \\ +\ 0.016_{10} \\ \hline 10.015_{10} \end{array}$$

和为 $10.015_{10} \times 10^1$。

步骤 3：因为和不是规格化科学记数的形式，所以需要调整：

$$10.015_{10} \times 10^1 = 1.0015_{10} \times 10^2$$

因此，在加法后，我们可能需要对和进行移位，将其变为规格化形式，同时相应地调整指数。在这个例子中是右移，但是如果一个数为正，一个数为负，则和可能会有许多前导 0，从而需要左移。无论指数是增加还是减少，都需要检查上溢或者下溢——必须保证指数能够被固定位宽的指数字段所表示。

步骤 4：因为我们假设有效数只有 4 位十进制数（不包括符号位），所以我们需要对结果进行舍入。采用常用的四舍五入方法。数

$$1.0015_{10} \times 10^2$$

舍入为有 4 个十进制有效位的数

$$1.002_{10} \times 10^2$$

这是因为第四位右边的数在 5 和 9 之间。注意，如果将 1 加到了一串 9 上，则和不能再规格化，我们需要返回到步骤 3。

图 3-14 按照上述十进制例子的计算过程给出了二进制浮点加算法。步骤 1 和步骤 2 与上例讨论的类似：调整指数较小的数的有效位，使其指数与有较大指数的数对齐，然后将两个数的有效数位相加。步骤 3 对结果规格化，并强制检查上溢和下溢。步骤 3 中上溢和下溢的检查依赖于源操作数的精度。回忆一下，指数全 0 保留下来用来表示 0；指数全 1 保留下来标记指定的值和超出正常浮点数范围的情况（见 3.5 节的精解）。在下面的例子中需要注意，对于单精度，最大的指数为 127，最小的指数为 -126。

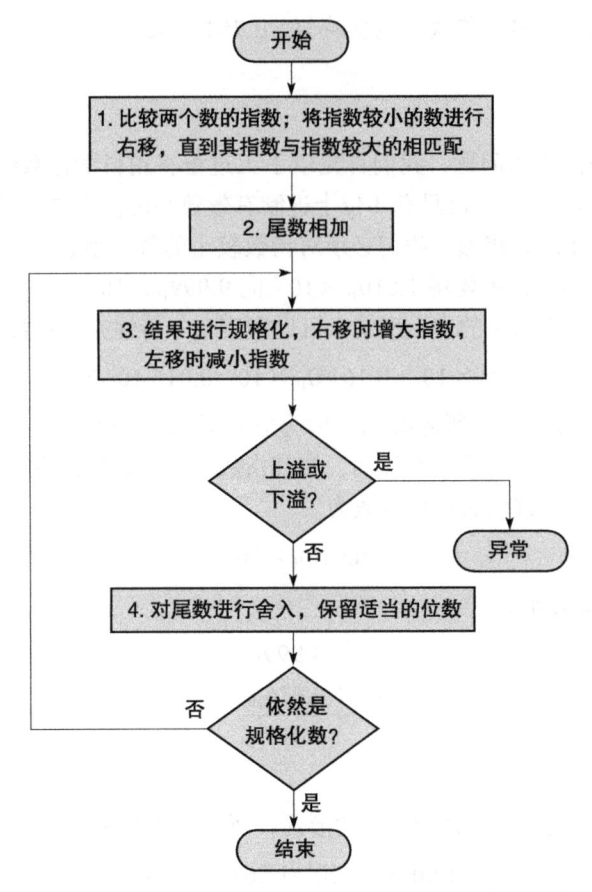

图 3-14 浮点加法。正常的路径是执行一次步骤 3 和步骤 4，但如果舍入使和变为非规格化，则需要重复步骤 3

例题 | 二进制浮点加法

按照图 3-14 中的算法，尝试将 0.5_{10} 和 $-0.437\,5_{10}$ 用二进制相加。

答案 首先，看一下这两个数用规格化科学记数法的二进制表示，这里假设使用 4 位精度：

$$0.5_{10} = 1/2_{10} = 1/2^1_{10}$$
$$= 0.1_2 = 0.1_2 \times 2^0 = 1.000_2 \times 2^{-1}$$
$$-0.437\,5_{10} = -7/16_{10} = -7/2^4_{10}$$
$$= -0.011\,1_2 = -0.011\,1_2 \times 2^0 = -1.110_2 \times 2^{-2}$$

现在，我们按照如下的算法执行。

步骤 1：将有最小指数的数（$-1.11_2 \times 2^{-2}$）的有效数进行右移，直到其指数和较大数相匹配：

$$-1.110_2 \times 2^{-2} = -0.111_2 \times 2^{-1}$$

步骤 2：将有效位相加：

$$1.000_2 \times 2^{-1} + (-0.111_2 \times 2^{-1}) = 0.001_2 \times 2^{-1}$$

步骤 3：将和规格化，并检查上溢和下溢：

$$0.001_2 \times 2^{-1} = 0.010_2 \times 2^{-2} = 0.100_2 \times 2^{-3} = 1.000_2 \times 2^{-4}$$

因为 $127 \geqslant -4 \geqslant -126$，所以没有上溢和下溢。（带偏阶的指数为 $-4+127$，即 123，其在

最小的指数 1 和最大的指数 254 之间。)

步骤 4：舍入和：

$$1.000_2 \times 2^{-4}$$

这个和已经是精确地用 4 位来表示了，所以不需要再做舍入。

然后，和是

$$1.000_2 \times 2^{-4} = 0.000\ 100\ 0_2 = 0.000\ 1_2$$
$$= 1/2^4{}_{10} \qquad = 1/16_{10} \quad = 0.062\ 5_{10}$$

即为 0.5_{10} 和 $-0.437\ 5_{10}$ 的和。

许多计算机会使用硬件来尽可能快地运行浮点操作。图 3-15 给出了浮点加的基本结构示意图。

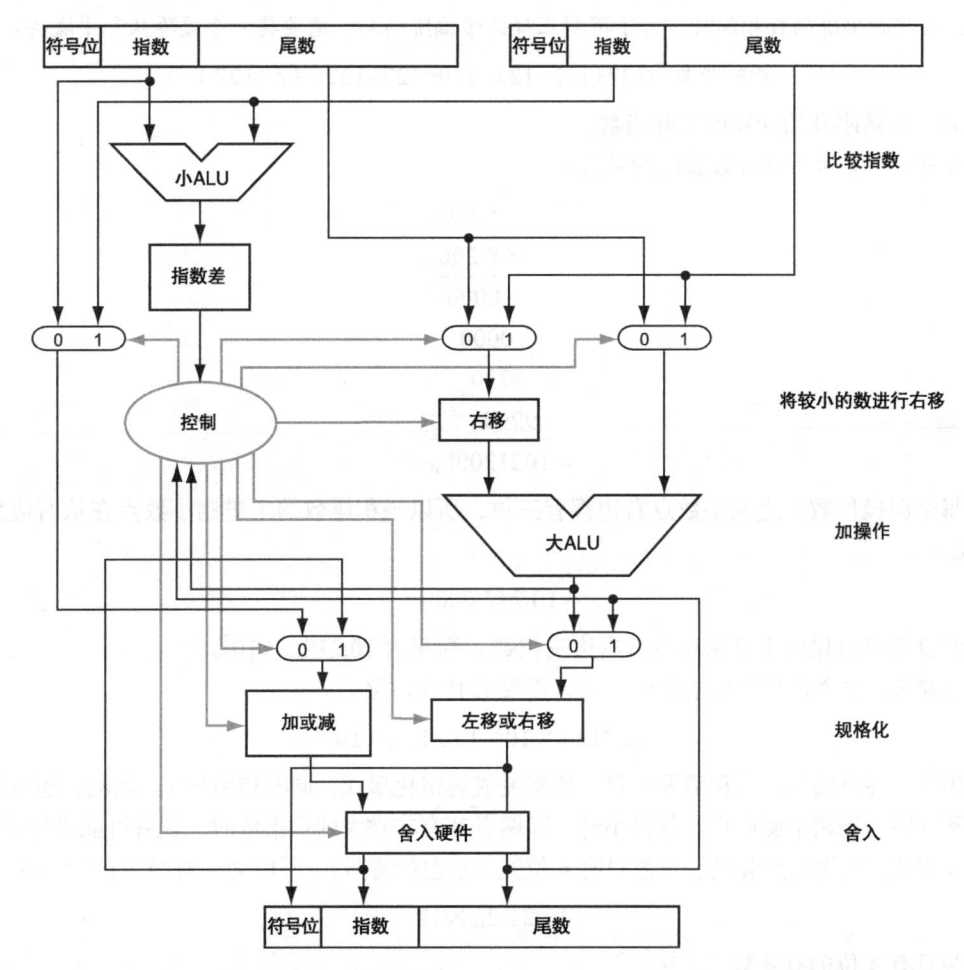

图 3-15 用于浮点加的算术单元的结构框图。图 3-14 的每步从顶向下对应到每个方框。首先，使用一个小的 ALU 将两个指数相减，来决定哪个指数大及大多少。指数差将控制三个多路选择器；从左到右，选择出较大的指数、较小数的有效数和较大数的有效数。较小数的有效数通过右移后，与较大数的有效数用一个大的 ALU 相加。规格化步骤将和左移或者右移，同时增加或者减少指数。舍入产生最后的结果，也有可能需要再次规格化以生成最终的结果

3.5.3 浮点乘法

首先，我们手算一个十进制乘法的例子，其中的数用科学记数法表示：$1.110_{10} \times 10^{10} \times 9.200_{10} \times 10^{-5}$。假设只有 4 位十进制有效数和两位十进制指数。

步骤 1：与加法不同，只需简单地将源操作数的指数相加即可计算乘积的指数：

$$\text{新的指数} = 10 + (-5) = 5$$

下面处理带有偏阶的指数，并要确定获得相同的结果：10+127=137，而 -5+127=122，所以

$$\text{新的指数} = 137+122=259$$

这个结果对于 8 位的指数字段来说太大，因此肯定有什么地方出错了！问题出在偏阶上，当将指数相加时，也对偏阶实行了相加：

$$\text{新的指数} = (10+127) + (-5+127) = (5+2 \times 127) = 259$$

因此，当将带偏阶的数相加时，为了得到正确的带偏阶的和，需要将一个偏阶从和中减去：

$$\text{新的指数} = 137+122-127=259-127=132=(5+127)$$

其中的 5 就是刚开始计算的实际指数。

步骤 2：下面计算有效数位的乘法：

$$\begin{array}{r} 1.110_{10} \\ \times\, 9.200_{10} \\ \hline 0000 \\ 0000 \\ 2220 \\ 9990 \\ \hline 10212000_{10} \end{array}$$

每个源操作数十进制小数点右边都有三位，所以乘积尾数的十进制小数点在从右边数第 6 位处：

$$10.212\,000_{10}$$

假设只可以保留十进制小数点右边三位数，则积为 $10.212_{10} \times 10^5$。

步骤 3：这个积是非规格化的，所以需要对其规格化：

$$10.212_{10} \times 10^5 = 1.0212_{10} \times 10^6$$

因此，在乘法后，乘积需要右移一位来变成规格化形式，同时指数加 1。此刻，还要检查上溢和下溢。当两个源操作数都很小时，即两者都有非常大的负指数时，就有可能发生下溢。

步骤 4：因为之前假设有效数只有 4 位宽（不包括符号），所以必须对结果进行舍入。将

$$1.021\,2_{10} \times 10^6$$

舍入为只有 4 位的有效数

$$1.021_{10} \times 10^6$$

步骤 5：乘积的符号取决于原始源操作数的符号。当它们相同时，符号为正；否则，符号为负。因此，乘积为

$$+1.021_{10} \times 10^6$$

在加法算法中，和的符号由有效数位相加来决定，但在乘法中，乘积的符号由源操作数来决定。

如图 3-16 所示，二进制浮点乘法的步骤和我们刚做完的步骤类似。首先，将带偏阶的指数相加，并减去一个偏阶，获得乘积的指数。接着是有效数位的乘法，然后需要进行规格化。指数的大小用来检查上溢和下溢，然后对乘积进行舍入。当舍入引起进一步的规格化时，需要再次检查指数的大小。最后，如果源操作数的符号相异，就将符号位设为 1（乘积为负）；如果相同，设为 0（乘积为正）。

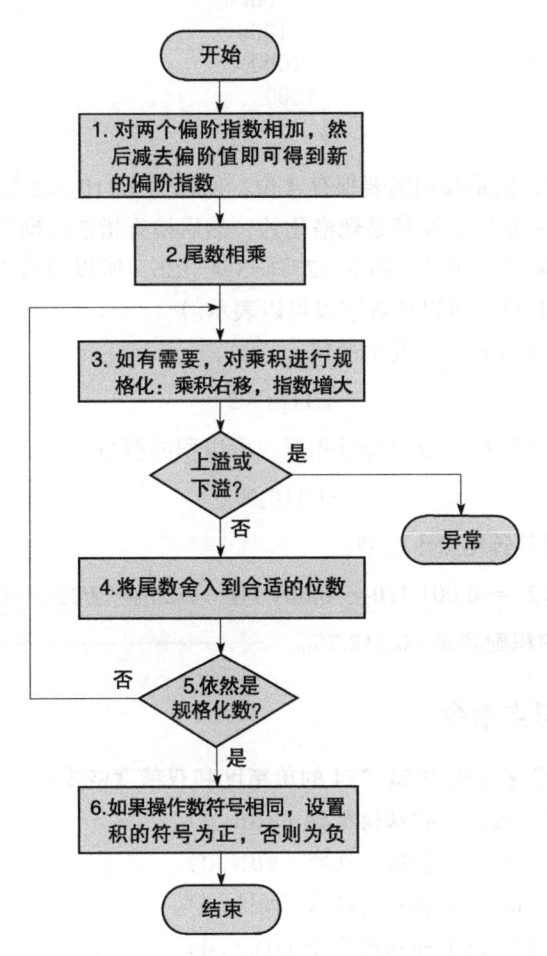

图 3-16 浮点乘法。正常的路径是执行一次步骤 3 和步骤 4，但如果舍入使积变为非规格化数，则需要重复步骤 3

| 例题 | 二进制浮点乘法

按照图 3-16 中的步骤，试计算 0.5_{10} 和 -0.4375_{10} 的乘积。

| 答案 | 在二进制下，也就是将 $1.000_2 \times 2^{-1}$ 和 $-1.110_2 \times 2^{-2}$ 相乘。

步骤 1：将不带偏阶的指数相加：

$$-1+(-2)=-3$$

或者，使用带偏阶的表达：

$$(-1+127) + (-2+127) - 127$$
$$= (-1-2) + (127+127-127)$$
$$= -3+127 = 124$$

步骤 2：将有效数位相乘：

$$\begin{array}{r} 1.000_2 \\ \times\; 1.110_2 \\ \hline 0000 \\ 1000 \\ 1000 \\ 1000 \\ \hline 1110000_2 \end{array}$$

乘积是 $1.110\,000_2 \times 2^{-3}$，但是我们需要保存 4 位，所以为 $1.110_2 \times 2^{-3}$。

步骤 3：现在检查乘积以确保其是规格化的，然后检查指数以确定上溢和下溢是否发生。这个乘积已经是规格化的，并且，因为 $127 \geq -3 \geq -126$，所以没有上溢和下溢。（使用带 2 偏阶的表达，$254 \geq 124 \geq 1$，所以指数字段可以表示。）

步骤 4：对乘积舍入没有使其发生变化：

$$1.110_2 \times 2^{-3}$$

步骤 5：因为初始的源操作数的符号相异，所以积的符号为负。因此，乘积为

$$-1.110_2 \times 2^{-3}$$

为了检查结果，将其转化为十进制：

$$-1.110_2 \times 2^{-3} = -0.001\,110_2 = -0.001\,11_2 = -7/25_{10} = -7/32_{10} = -0.218\,75_{10}$$

而 0.5_{10} 和 $-0.437\,5_{10}$ 的积确实是 $-0.218\,75_{10}$。

3.5.4 MIPS 中的浮点指令

MIPS 通过以下指令来支持 IEEE 754 的单精度和双精度格式：
- 浮点单精度加（`add.s`）和双精度加（`add.d`）。
- 浮点单精度减（`sub.s`）和双精度减（`sub.d`）。
- 浮点单精度乘（`mul.s`）和双精度乘（`mul.d`）。
- 浮点单精度除（`div.s`）和双精度除（`div.d`）。
- 浮点单精度比较（`c.x.s`）和双精度比较（`c.x.d`），其中，x 可能是等于（`eq`）、不等于（`neq`）、小于（`lt`）、小于等于（`le`）、大于（`gt`）或大于等于（`ge`）。
- 浮点比较为真分支跳转（`bclt`）和浮点比较为假分支跳转（`bclf`）。

根据比较条件，浮点比较将比较结果设为真或者假，然后浮点条件分支指令将比较结果作为条件决定是否跳转。

MIPS 中增加了单独的浮点寄存器——称为 `$f0`, `$f1`, `$f2`, ⋯——用于单精度及双精度。因此，也有单独的针对浮点寄存器的存指令和取指令：`lwcl` 和 `swcl`。浮点数据传送的基址寄存器仍然采用整数寄存器。从内存载入两个单精度数，将其相加，然后再将和存入内存的 MIPS 代码可能是这样的：

```
lwc1    $f4,c($sp)      # Load 32-bit F.P. number into F4
lwc1    $f6,a($sp)      # Load 32-bit F.P. number into F6
add.s   $f2,$f4,$f6     # F2 = F4 + F6 single precision
swc1    $f2,b($sp)      # Store 32-bit F.P. number from F2
```

双精度寄存器是一组单精度寄存器的偶数-奇数对，并使用偶数寄存器编号作为其名称。因此，一对单精度寄存器 $f2 和 $f3 形成一个双精度寄存器，称为 $f2。

图 3-17 汇总了本章介绍过的 MIPS 体系结构中的浮点部分，其中为支持浮点而增加的部分用灰色标记。类似于第 2 章中的图 2-19，图 3-18 给出了这些指令的编码。

MIPS浮点操作数

名称	示例	注释
32个浮点寄存器	$f0, $f1, $f2, ..., $f31	成对地使用MIPS浮点寄存器来保存双精度数
2^{30}个存储字	Memory[0], Memory[4], ..., Memory[4294967292]	只能通过数据传输指令访问。MIPS使用字节地址，所以连续的字地址相差4。存储器用来保存像数组这样的数据结构和在过程调用中换出的寄存器

MIPS浮点汇编语言

类别	指令	示例	含义	注释
算术运算	FP add single	add.s $f2,$f4,$f6	$f2 = $f4 + $f6	浮点加（单精度）
	FP subtract single	sub.s $f2,$f4,$f6	$f2 = $f4 - $f6	浮点减（单精度）
	FP multiply single	mul.s $f2,$f4,$f6	$f2 = $f4 × $f6	浮点乘（单精度）
	FP divide single	div.s $f2,$f4,$f6	$f2 = $f4 / $f6	浮点除（单精度）
	FP add double	add.d $f2,$f4,$f6	$f2 = $f4 + $f6	浮点加（双精度）
	FP subtract double	sub.d $f2,$f4,$f6	$f2 = $f4 - $f6	浮点减（双精度）
	FP multiply double	mul.d $f2,$f4,$f6	$f2 = $f4 × $f6	浮点乘（双精度）
	FP divide double	div.d $f2,$f4,$f6	$f2 = $f4 / $f6	浮点除（双精度）
数据传送	load word copr. 1	lwc1 $f1,100($s2)	$f1 = Memory[$s2 + 100]	32位的数据传给浮点寄存器
	store word copr. 1	swc1 $f1,100($s2)	Memory[$s2 + 100] = $f1	32位的数据传给存储器
条件分支	branch on FP true	bc1t 25	if (cond == 1) go to PC + 4 + 100	如果浮点标志为真则执行PC相对跳转
	branch on FP false	bc1f 25	if (cond == 0) go to PC + 4 + 100	如果浮点标志为假则执行PC相对跳转
	FP compare single (eq,ne,lt,le,gt,ge)	c.lt.s $f2,$f4	if ($f2 < $f4) cond = 1; else cond = 0	浮点单精度比较，如果小于则置cond
	FP compare double (eq,ne,lt,le,gt,ge)	c.lt.d $f2,$f4	if ($f2 < $f4) cond = 1; else cond = 0	浮点双精度比较，如果小于则置cond

MIPS浮点机器语言

名称	格式	示例						注释
add.s	R	17	16	6	4	2	0	add.s $f2,$f4,$f6
sub.s	R	17	16	6	4	2	1	sub.s $f2,$f4,$f6
mul.s	R	17	16	6	4	2	2	mul.s $f2,$f4,$f6
div.s	R	17	16	6	4	2	3	div.s $f2,$f4,$f6
add.d	R	17	17	6	4	2	0	add.d $f2,$f4,$f6
sub.d	R	17	17	6	4	2	1	sub.d $f2,$f4,$f6
mul.d	R	17	17	6	4	2	2	mul.d $f2,$f4,$f6
div.d	R	17	17	6	4	2	3	div.d $f2,$f4,$f6
lwc1	I	49	20	2	100			lwc1 $f2,100($s4)
swc1	I	57	20	2	100			swc1 $f2,100($s4)
bc1t	I	17	8	1	25			bc1t 25
bc1f	I	17	8	0	25			bc1f 25
c.lt.s	R	17	16	4	2	0	60	c.lt.s $f2,$f4
c.lt.d	R	17	17	4	2	0	60	c.lt.d $f2,$f4
字段大小		6位	5位	5位	5位	5位	6位	所有MIPS指令长度都是32位

图 3-17 以前介绍过的 MIPS 浮点体系结构。A.10 节有更详细的介绍。这个信息也可以在 MIPS 参考数据卡的第 2 列里找到

31-29 \ 28-26	0(000)	1(001)	2(010)	3(011)	4(100)	5(101)	6(110)	7(111)
	\multicolumn{8}{c}{op(31:26):}
0(000)	<u>Rfmt</u>	<u>Bltz/gez</u>	j	jal	beq	bne	blez	bgtz
1(001)	addi	addiu	slti	sltiu	ANDi	ORi	xORi	lui
2(010)	<u>TLB</u>	<u>FlPt</u>						
3(011)								
4(100)	lb	lh	lwl	lw	lbu	lhu	lwr	
5(101)	sb	sh	swl	sw			swr	
6(110)	lwc0	lwc1						
7(111)	swc0	swc1						

25-24 \ 23-21	0(000)	1(001)	2(010)	3(011)	4(100)	5(101)	6(110)	7(111)
	\multicolumn{8}{c}{op(31:26) = 010001 (FlPt), (rt(16:16) = 0 => c = f, rt(16:16) = 1 => c = t), rs(25:21):}
0(00)	mfc1		cfc1		mtc1		ctc1	
1(01)	bc1.c							
2(10)	f = single	f = double						
3(11)								

5-3 \ 2-0	0(000)	1(001)	2(010)	3(011)	4(100)	5(101)	6(110)	7(111)
	\multicolumn{8}{c}{op(31:26) = 010001 (FlPt), (f above: 10000 => f = s, 10001 => f = d), funct(5:0):}
0(000)	add.f	sub.f	mul.f	div.f		abs.f	mov.f	neg.f
1(001)								
2(010)								
3(011)								
4(100)	cvt.s.f	cvt.d.f			cvt.w.f			
5(101)								
6(110)	c.f.f	c.un.f	c.eq.f	c.ueq.f	c.olt.f	c.ult.f	c.ole.f	c.ule.f
7(111)	c.sf.f	c.ngle.f	c.seq.f	c.ngl.f	c.lt.f	c.nge.f	c.le.f	c.ngt.f

图 3-18 MIPS 浮点指令编码。这种表示方法是按照行和列给出指令字段值。例如，在图的顶端部分，在第 4 行（指令的 31~29 位为 100_2）和第 3 列（指令的 28~26 位为 011_2）可以找到 lw，所以 op 字段（31~26 位）相应的值为 100011_2。带下划线意味着该字段与其他字段一起使用。例如，在第 2 行第 1 列的 FlPt（op=010001_2）定义在图的底端。因此，在图底部第 0 行第 1 列的 sub.f 意味着 funct 字段（指令的 5~0 位）为 000001_2 且 op 字段（31~26 位）是 010001_2。注意在图的中间给出的 5 位 rs 字段，决定了操作是单精度（f=s，所以 rs=10000）还是双精度（f=d，所以 rs=10001）。类似地，指令的第 16 位决定了指令 bc1.c 是测试为真（16 位 =1=>bc1.t）还是为假（16 位 =0=>bc1.f）。这个信息也可以在 MIPS 参考数据卡的第 2 列里找到

硬件 / 软件接口 在支持浮点算术方面，体系结构设计者面临着一个问题：是使用和整数指令相同的寄存器，还是为浮点增加一组专用的寄存器。因为程序通常对不同的数据执行整数和浮点操作，使用不同的寄存器会略微增加程序中要执行的指令数目。主要的影响是需要建立一组独立的指令用于浮点寄存器和内存之间数据的传输。

独立的浮点寄存器的好处是倍增了寄存器数目，但指令格式中不需要使用更多的位，同

时因为使用了相互独立的整数和浮点寄存器堆使寄存器带宽加倍;另外,还可以为浮点操作定制寄存器;例如,一些计算机将寄存器中各种大小的源操作数转化为一种单一的内部格式。

| 例题 | 将浮点 C 程序编译为 MIPS 汇编代码

将华氏温度转为摄氏温度:

```
float f2c (float fahr)
    {
            return ((5.0/9.0) *(fahr - 32.0));
    }
```

假设浮点变量 fahr 存放在 $f12 中,结果存放在 $f0 中。(不像整数寄存器,浮点寄存器 0 也可以存储数据。)写出相应的 MIPS 汇编代码。

| 答案 | 假设编译器将三个浮点常数放置在内存中,并且可以很容易地通过全局指针 $gp 获得。首先前两个取数指令将常数 5.0 和 9.0 载入浮点寄存器:

```
f2c:
    lwc1 $f16,const5($gp)  # $f16 = 5.0 (5.0 in memory)
    lwc1 $f18,const9($gp)  # $f18 = 9.0 (9.0 in memory)
```

然后相除得到分数 5.0/9.0:

```
div.s $f16, $f16, $f18  # $f16 = 5.0 / 9.0
```

(许多编译器在编译的时候就做了 5.0 除以 9.0 的操作,并将单精度常数 5.0/9.0 存入内存,从而在运行的时候避免做除法。)下面,将常数 32.0 载入,然后将其从 fahr($f12)中减去:

```
lwc1 $f18, const32($gp) # $f18 = 32.0
sub.s $f18, $f12, $f18  # $f18 = fahr - 32.0
```

最后,将两个中间结果相乘,乘积作为返回结果放在 $f0 中,然后程序返回

```
mul.s $f0, $f16, $f18  # $f0 = (5/9)*(fahr - 32.0)
jr $ra                 # return
```

下面,我们做浮点矩阵操作,其代码在科学计算程序中非常常见。

| 例题 | 将浮点二维矩阵的 C 程序编译为 MIPS 汇编代码

许多浮点计算都采用双精度。现在做矩阵乘法 C=C+A*B,下面这段代码是图 2-43 中所示的 DGEMM 程序的简化版本。假定 A、B、C 都是 32×32 的矩阵。

```
void mm (double c[][], double a[][], double b[][])
{
    int i, j, k;
    for (i = 0; i != 32; i = i + 1)
        for (j = 0; j != 32; j = j + 1)
            for (k = 0; k != 32; k = k + 1)
                c[i][j] = c[i][j] + a[i][k] *b[k][j];
}
```

数组的起始地址都是参数,存放在 $a0、$a1、$a2 中。假设整数变量分别存放在 $s0、$s1、$s2 中。这段程序的 MIPS 汇编代码是什么?

| 答案 | 注意到 c[i][j] 处于上面循环的最里面。因为循环变量是 k,不影响 c[i][j],所以我们可以避免在每次迭代时载入和存储 c[i][j]。相反,编译器每次在循环外将 c[i][j] 载入一个寄存器,然后将 a[i][k] 和 b[k][j] 的乘积累加到这个寄存器里,在最内层的循环结束后将和存入 c[i][j]。

为了保持代码简洁，我们使用汇编语言的伪指令 li（将一个常数载入一个寄存器）、l.d 和 s.d（汇编器将其变为一对数据传送指令 lwc1 或 swc1，向一对浮点寄存器传送数据）。

程序段首先将循环结束条件即值 32 存入一个临时寄存器中，然后初始化三个 for 循环的循环变量：

```
mm:...
    li      $t1, 32     # $t1 = 32 (row size/loop end)
    li      $s0, 0      # i = 0; initialize 1st for loop
L1: li      $s1, 0      # j = 0; restart 2nd for loop
L2: li      $s2, 0      # k = 0; restart 3rd for loop
```

要计算 c[i][j] 的地址，首先要知道一个 32×32 的二维矩阵是如何在内存中存储的。正如你所料，其排布如同 32 个一维数组，每个数组有 32 个元素。因此，第一步跳过 i 个一维数组或者 i 行，以获得我们需要的元素。我们将第一维的索引乘以行的大小 32。因为 32 是 2 的幂次方，所以可以用移位来替代乘法：

```
    sll $t2, $s0, 5      # $t2 = i * 2^5 (size of row of c)
```

现在加上第二维的索引来获得所需行的第 j 个元素：

```
    addu $t2, $t2, $s1   # $t2 = i * size(row) + j
```

为了将这个和转化为按字节的索引，我们给它乘上矩阵元素所占的字节大小。因为每个元素都是双精度的，所以占了 8 字节，我们用左移 3 位来代替：

```
    sll $t2, $t2, 3      # $t2 = byte offset of [i][j]
```

下面将这个和加上 c 的基地址，得到 c[i][j] 的地址，然后将双精度数 c[i][j] 载入 $f4 寄存器中：

```
    addu $t2, $a0, $t2   # $t2 = byte address of c[i][j]
    l.d  $f4, 0($t2)     # $f4 = 8 bytes of c[i][j]
```

接着的 5 条指令类似于刚才的 5 条：计算双精度数 b[k][j] 的地址，然后将其载入。

```
L3: sll  $t0, $s2, 5     # $t0 = k * 2^5 (size of row of b)
    addu $t0, $t0, $s1   # $t0 = k * size(row) + j
    sll  $t0, $t0, 3     # $t0 = byte offset of [k][j]
    addu $t0, $a2, $t0   # $t0 = byte address of b[k][j]
    l.d  $f16, 0($t0)    # $f16 = 8 bytes of b[k][j]
```

类似地，下面的 5 条指令像刚才的 5 条一样：计算双精度数 a[i][k] 的地址，然后将其载入。

```
    sll  $t0, $s0, 5     # $t0 = i * 2^5 (size of row of a)
    addu $t0, $t0, $s2   # $t0 = i * size(row) + k
    sll  $t0, $t0, 3     # $t0 = byte offset of [i][k]
    addu $t0, $a1, $t0   # $t0 = byte address of a[i][k]
    l.d  $f18, 0($t0)    # $f18 = 8 bytes of a[i][k]
```

现在已经载入了所有的数据，终于可以做一些浮点操作了！我们将分别存放在 $f18 和 $f16 中的 a、b 的元素相乘，然后累加到 $f4 中。

```
    mul.d $f16, $f18, $f16  # $f16 = a[i][k] * b[k][j]
    add.d $f4, $f4, $f16    # f4 = c[i][j] + a[i][k] * b[k][j]
```

最后的部分将循环变量 k 加 1，如果索引值没到 32，则再次返回循环。如果到了 32，则结束最内层的循环，将放在 $f4 中的累加和存入 c[i][j]。

```
addiu   $s2, $s2, 1      # $k = k + 1
bne     $s2, $t1, L3     # if (k != 32) go to L3
s.d     $f4, 0($t2)      # c[i][j] = $f4
```

类似地,最后 4 条指令增加中间和最外层的循环变量,如果没有到 32 则返回循环,否则在到达 32 后退出循环。

```
addiu   $s1, $s1, 1      # $j = j + 1
bne     $s1, $t1, L2     # if (j != 32) go to L2
addiu   $s0, $s0, 1      # $i = i + 1
bne     $s0, $t1, L1     # if (i != 32) go to L1
...
```

后面的图 3-22 给出了 DGEMM 的 x86 汇编语言代码,该版本与图 3-21 中的 DGEMM 版本略有不同。

精解 上面例子中的阵列排布,称为行优先(row-major order),用于许多 C 和其他编程语言中。但 Fortran 采用的是列优先,即数组是一列一列地存储。

精解 32 个 MIPS 浮点寄存器中,只有 16 个能用于双精度操作: $f0, $f2, $f4, …, $f30。计算中,双精度使用了成对的单精度寄存器。奇数编号的浮点寄存器只是载入和存储 64 位浮点数的右半部分。MIPS-32 给指令集增加了 l.d 和 s.d 指令。MIPS-32 也为所有浮点指令增加了"单精度配对"(paired single)版本,这里每条单指令能够对两个 32 位的源操作数并行执行浮点操作,这两个 32 位的源操作数存在 64 位的寄存器中(见 3.6 节)。例如,add.ps $f0, $f2, $f4 等价于 add.s $f0, $f2, $f4 和 add.s $f1, $f3, $f5。

精解 将整数和浮点寄存器分开的另外一个原因是在 20 世纪 80 年代,处理器还没有足够的晶体管将浮点单元和整数单元放在同一个芯片上。因此,浮点单元,包括浮点寄存器,只是一个备选的辅助芯片。这个可选的加速芯片称为协处理器。按首字母缩写的 MIPS 的浮点数据存入指令 lwc1 的意思是载入一个字到协处理器 1,即浮点单元。(协处理器 0 处理虚拟内存,第 5 章对其进行描述。)自 20 世纪 90 年代早期开始,微处理器已经将浮点单元和其他功能单元集成在一个芯片上。因此,由加速器和内置存储器组成的协处理器的术语已经过时了。

精解 正如 3.4 节提到的,加速除法比乘法更有挑战性。除了 SRT,还有一种利用快速乘法器的技术,称为牛顿迭代,它将除法变换为通过寻找函数的零点来求倒数 $1/c$,然后将其乘以另一源操作数。如果不计算更多的位,迭代技术是无法进行正确舍入的。如 TI 的一款芯片通过计算倒数更多有效位的方法来解决这一问题。

精解 Java 在定义浮点数据类型和操作时遵循 IEEE 754 标准。因此,可以更好地生成第一个例子中的代码,这是一种经典的将华氏温度转换为摄氏温度的方法。

第二个例子里使用了多维矩阵,Java 不能显式支持。Java 允许在数组中嵌套数组,但是不支持像 C 中的多维数组,每个数组可能有自己的长度。与第 2 章中的例子类似,第二个例子的 Java 版本需要大量的代码来进行数组的边界检查,包括在行访问的最后对新的长度进行计算。它可能还需要检查对象引用是否非空。

3.5.5 算术精确性

与整数可以精确地表示在最大数和最小数之间的所有数不同,浮点数通常是一个无法精确表示的数的近似。原因是，即使在 0 和 1 之间，实数就有无穷多个，而双精度浮点最多可以精确表示 2^{53} 个数。我们能做到最好的就是给出最接近实际数的浮点表示。因此，IEEE 754 提出了几种舍入模式来供程序员选择所需的近似策略。

舍入听起来很简单，但精度的舍入需要硬件在计算中保持更多的有效位。在前面的例子中，中间结果占有多少位并未提及，但很明显的是，如果每个中间结果都截短成准确的位数，就没法做舍入了。因此，在中间计算中，IEEE 754 总是使右边多保留两位，分别称为**保护位**（guard）和**舍入位**（round）。下面用一个十进制的例子来说明它们的作用。

> **保护位**：在浮点数中间计算中，在右边多保留的两位中的首位；用于提高舍入精度。

> **舍入位**：在浮点数中间计算中，在右边多保留的两位中的第二位；使浮点中间结果满足浮点格式，得到最接近的数。

| **例题** | **使用保护位来舍入**

将 $2.56_{10} \times 10^0$ 和 $2.34_{10} \times 10^2$ 相加，假设只有 3 位十进制有效位。首先使用保护位和舍入位将其舍入到只有三位有效位的最近的数，然后不用保护位和舍入位再做一次（舍入）。

| **答案** | 首先右移较小数以对齐指数，所以 $2.56_{10} \times 10^0$ 变为 $0.025\ 6_{10} \times 10^2$。因为有了保护位和舍入位，所以对齐指数时可以表示两个最低有效位。保护位为 5 而舍入位为 6。求和：

$$\begin{array}{r} 2.3400_{10} \\ +\ 0.0256_{10} \\ \hline 2.3656_{10} \end{array}$$

因此，和为 $2.365\ 6_{10} \times 10^2$。因为需要舍入掉两位，所以以 50 为分水岭，在其值为 0～49 之间时舍，在 51～99 之间时入。向上舍入这个和，变为 $2.37_{10} \times 10^2$。

在计算中，在没有保护位和舍入位的情况下舍入掉两位。新的和为：

$$\begin{array}{r} 2.34_{10} \\ +\ 0.02_{10} \\ \hline 2.36_{10} \end{array}$$

答案是 $2.36_{10} \times 10^2$，比上面的结果在最低位上少 1。

舍入最坏的情况是实际的数在两个浮点表示的中间，浮点的精确性通常是用尾数的最低位上有多少位的误差来衡量。这种衡量称为**尾数最低位的单位**（unit in the last place），即 ulp。如果一个数在最低位上少 2，则称其少了 2 个 ulp。在没有上溢、下溢或无效操作异常的情况下，IEEE 754 保证了计算机使用的数的误差都在半个 ulp 以内。

> **尾数最低位的单位**：在实际数和能表达的数之间的有效数最低位上的误差位数。

| **精解** | 尽管上面的例子实际只需要多一位，但乘法需要两位。一个二进制乘积可能有一位前导 0；因此，规格化步骤必须将乘积左移一位，从而保护位移入乘积的最低有效位，留下舍入位来精确地舍入乘积。

IEEE 754 有四种舍入模式：总是向上舍入（向 $+\infty$），总是向下舍入（向 $-\infty$），截断舍入，向最靠近的偶数舍入。最后一种模式给出了当数值在中间时如何处理。美国国税局（IRS）也许为了自身的利益考虑，总是将 0.50 美元向上舍入。一种更公平的办法是：一半时间里使用向上舍入，另一半时间里使用向下舍入。IEEE 754 处理这种中间情况的方法是：如果最后一位是奇数，就加 1；如果是偶数，则截去。这种方法总是在中间情况下将最低位设为 0，正如舍入模式的名称。这种模式是用得最多的，而且是 Java 唯一支持的模式。

使用额外的舍入位的目的是让计算机获得相同的结果,就如同先以无穷的精度计算中间结果,然后执行舍入那样。为了支持这个目标并向最靠近的偶数舍入,IEEE 754 标准在保护位和舍入位之后还有一位粘贴位(sticky bit),当舍入位右边的数非零时将它置 1。粘贴位可以让计算机在舍入时,能够区分 $0.50\cdots00_{10}$ 和 $0.50\cdots01_{10}$。

粘贴位:同保护位和舍入位一样用于舍入的位,当舍入位右边有非零的数据时将其置 1。

粘贴位可能被置 1,例如,在加法中,当较小数右移时就可能出现这样的情况。假设在前面的例子里我们将 $5.01_{10} \times 10^{-1}$ 和 $2.34_{10} \times 10^2$ 相加。即使有保护位和舍入位,我们将 0.005 0 和 2.34 相加,得到 2.345 0,因为右边的非零位,粘贴位会被置 1。假设没有粘贴位来记住是否有 1 被移走,我们会假设这个数等于 $2.345\,000\cdots00$,然后向最靠近的偶数舍入得到 2.34。使用粘贴位记住这个数是大于 $2.345\,000\cdots00$ 的,我们舍入后会得到 2.35。

混合乘加:一条浮点指令,其执行一次乘法和一次加法,但只在加法后执行一次舍入。

| 精解 | PowerPC、SPARC64、AMD SSE5 和 Intel AVX 体系结构提供了一条单独的指令来对三个寄存器执行乘法和加法操作:$a = a + (b \times c)$。很明显,因为这个操作常用,所以这条指令将获得更高的浮点性能。同样重要的是不再需要两次舍入——在乘法后和在加法后——其可能在分开的指令中出现,乘加指令只是在加法后执行一次舍入。一次舍入步骤增加了乘加的精度。这样的一次舍入的操作称为混合乘加(fused multiply add)。它已被加入修订的 IEEE 754-2008 标准里(见 3.11 节)。

3.5.6 小结

下面的重点再次强调了第 2 章中存储程序的概念;不能仅仅看数据位就决定信息的含义,因为即使是相同的位也代表了不同的对象。这一节给出的计算机算术是有限精度的,因此和自然界的算术不同。例如,IEEE 754 的标准浮点表示为

$$(-1)^S \times (1+ 尾数) \times 2^{(指数 - 偏阶)}$$

几乎总是一个实数的近似。计算机系统必须小心地减少计算机算术和真实世界的算术之间的差距,而程序员有时也需要小心这种近似值的含义。

| 重点 | 位模式并没有内在的含义,它们可能表示有符号整数、无符号整数、浮点数和指令等。具体代表什么取决于对其进行操作的指令。

计算机中的数和现实世界里的数的主要不同是计算机数的大小是有限制的,因此限制了其精度;计算机中的数字有可能太大或太小,从而无法在一个字中表示。程序员必须记住这些限制并在编程时考虑这些限制。

C类型	Java类型	数据传送指令	操作
int	int	lw, sw, lui	addu, addiu, subu, mult, div, AND, ANDi, OR, ORi, NOR, slt, slti
unsigned int	—	lw, sw, lui	addu, addiu, subu, multu, divu, AND, ANDi, OR, ORi, NOR, sltu, sltiu
char	—	lb, sb, lui	add, addi, sub, mult, div AND, ANDi, OR, ORi, NOR, slt, slti
—	char	lh, sh, lui	addu, addiu, subu, multu, divu, AND, ANDi, OR, ORi, NOR, sltu, sltiu
float	float	lwc1, swc1	add.s, sub.s, mult.s, div.s, c.eq.s, c.lt.s, c.le.s
double	double	l.d, s.d	add.d, sub.d, mult.d, div.d, c.eq.d, c.lt.d, c.le.d

硬件/软件接口　上一章给出了 C 语言的存储类型（见 2.7 节的硬件/软件接口部分）。上表给出了一些 C 和 Java 的数据类型、MIPS 数据传送指令，以及在第 2 章和本章出现的对那些数据类型进行操作的指令。注意 Java 省略了无符号整数。

精解　为了进行可能包含 NaN 的比较，IEEE 754 标准包含了有序和无序作为比较的选项。因此，完整的 MIPS 指令集有许多用于比较的指令来支持 NaN。（Java 不支持无序比较。）

为了从一次浮点操作中最大限度地获得精度位，标准允许一些数以非规格化的形式出现。IEEE 允许有非规格化数（也称为非规格化或者亚规格化），目的是使 0 和最小规格化数之间的间隙更小。在指数为零而有效数非零时，允许一个有效数逐步变小直到 0，称为逐步下溢（gradual underflow）。例如，最小的正的单精度规格化数为

$$1.00000000\ 0000\ 0000\ 0000\ 000_2 \times 2^{-126}$$

而最小的单精度非规格化数为

$$0.0000\ 0000\ 0000\ 0000\ 0000\ 001_2 \times 2^{-126}，即\ 1.0_2 \times 2^{-149}$$

对于双精度，非规格化间隙为从 $1.0_2 \times 2^{-1022}$ 到 $1.0_2 \times 2^{-1074}$。

对于试图构造一个快速浮点单元的设计者来说，可能偶尔出现的非规格化源操作数是一件令人头疼的事情。因此，许多计算机在源操作数为非规格化数时产生异常，让软件来处理相应的操作。尽管软件执行可以完美地处理，但软件的低效降低了非规格化数在可移植的浮点软件中的受欢迎程度。再者，如果程序员并不期望得到非规格化数，他们所写程序可能会产生令人惊讶的结果。

小测验　假设在 IEEE 754-2008 标准中增加了一种 16 位的浮点格式，其中有 5 位指数位。那么它可能表示的数的范围是多少？

1. $1.0000\ 0000\ 00 \times 2^0$ 到 $1.1111\ 1111\ 11 \times 2^{31}$，0
2. $\pm 1.0000\ 0000\ 0 \times 2^{-14}$ 到 $\pm 1.1111\ 1111\ 1 \times 2^{15}$，$\pm 0$，$\pm \infty$，NaN
3. $\pm 1.0000\ 0000\ 00 \times 2^{-14}$ 到 $\pm 1.1111\ 1111\ 11 \times 2^{15}$，$\pm 0$，$\pm \infty$，NaN
4. $\pm 1.0000\ 0000\ 00 \times 2^{-15}$ 到 $\pm 1.1111\ 1111\ 11 \times 2^{14}$，$\pm 0$，$\pm \infty$，NaN

3.6　并行性和计算机算术：子字并行

每台桌面计算机、智能手机都有自己的图形显示，因此，随着处理器中晶体管数量的增加，微处理器中不可避免地要增加支持图形操作的功能。

许多图形系统最初都是用 8 位数据来表示三种基本颜色中的一种，外加 8 位数据来表示像素的位置。电话会议和视频游戏中使用扬声器和麦克风对声音进行支持。音频采样需要 8 位以上的精度，但是 16 位精度已经足够。

每种处理器对于字节或半字都有特殊的支持，从而使得在存储器中占据较少的空间（见 2.9 节）。然而，在典型的整数程序中，对这些数据类型的算术操作出现频率很低，因此几乎不支持除数据传送之外的操作。架构师发现，许多视频和音频应用中通常对这类数据的向量做相同的操作。通过在 128 位的加法器内对进位链进行分割，处理器可以同时对 16 个 8 位、8 个 16 位、4 个 32 位或 2 个 64 位的运算同时进行并行操作。对加法器进行这样的分割的开销非常小。

将这种在一个宽字内部进行的并行操作称为子字并行，也可将其称为更加通用的数据级并行。它们也被称为向量或 SIMD（单指令多数据，见 6.6 节）。多媒体应用的日益普及促使新的算术指令出现，这些指令支持易于并行的窄位宽操作。

例如，ARM 在 NEON 多媒体指令集中增加了 100 多条指令来支持子字并行，这些扩展的指令可以在 ARMv7 或 ARMv8 中实现。NEON 中增加了宽度为 256 字节的寄存器，它们可以当作 32 个 8 字节宽度的寄存器或者 16 个 16 字节宽度的寄存器使用。除了 64 位浮点数之外，NEON 支持你能够想到的任何子字数据类型：

- 8 位、16 位、32 位和 64 位无符号整数和带符号整数。
- 32 位浮点数。

图 3-19 给出了 NEON 基本指令的总结。

数据传送	算术运算	逻辑/比较
VLDR.F32	VADD.F32, VADD{L,W}{S8,U8,S16,U16,S32,U32}	VAND.64, VAND.128
VSTR.F32	VSUB.F32, VSUB{L,W}{S8,U8,S16,U16,S32,U32}	VORR.64, VORR.128
VLD{1,2,3,4}.{I8,I16,I32}	VMUL.F32, VMULL{S8,U8,S16,U16,S32,U32}	VEOR.64, VEOR.128
VST{1,2,3,4}.{I8,I16,I32}	VMLA.F32, VMLAL{S8,U8,S16,U16,S32,U32}	VBIC.64, VBIC.128
VMOV.{I8,I16,I32,F32}, #imm	VMLS.F32, VMLSL{S8,U8,S16,U16,S32,U32}	VORN.64, VORN.128
VMVN.{I8,I16,I32,F32}, #imm	VMAX.{S8,U8,S16,U16,S32,U32,F32}	VCEQ.{I8,I16,I32,F32}
VMOV.{I64,I128}	VMIN.{S8,U8,S16,U16,S32,U32,F32}	VCGE.{S8,U8,S16,U16,S32,U32,F32}
VMVN.{I64,I128}	VABS.{S8,S16,S32,F32}	VCGT.{S8,U8,S16,U16,S32,U32,F32}
	VNEG.{S8,S16,S32,F32}	VCLE.{S8,U8,S16,U16,S32,U32,F32}
	VSHL.{S8,U8,S16,U16,S32,S64,U64}	VCLT.{S8,U8,S16,U16,S32,U32,F32}
	VSHR.{S8,U8,S16,U16,S32,S64,U64}	VTST.{I8,I16,I32}

图 3-19 子字并行的 ARM NEON 指令总结。使用大括号 {} 表示基本操作的可选对象：{S8,U8,8} 表示 8 位有符号和 8 位无符号整数，或者与类型无关的 8 位数据，16 个这些类型的数据可映射为一个 128 位寄存器；{S16,U16,16} 表示 16 位有符号和 16 位无符号整数，或者与类型无关的 16 位数据，8 个这些类型的数据可映射为一个 128 位寄存器；{S32,U32,32} 表示 32 位有符号和 32 位无符号整数，或者与类型无关的 32 位数据，4 个这些类型的数据可映射为一个 128 位寄存器；{S64,U64,64} 表示 64 位有符号和 64 位无符号整数，或者与类型无关的 64 位数据，2 个这些类型的数据可映射为一个 128 位寄存器；{F32} 表示 32 位有符号或无符号浮点数，4 个这种类型的数据可映射为一个 128 位寄存器；向量装载（vector load）把一个 n 元的结构从存储器读入 1 个、2 个、3 个或 4 个 NEON 寄存器中。它把一个 n 元（element）的结构装载到一个线性结构中（见 6.6 节），寄存器中没有被装载的部分保持不变。向量存储（vector store）将 1 个、2 个、3 个或 4 个 NEON 寄存器中的内容写入存储器的一个结构中。

精解 除了有符号和无符号整数外，ARM 还包含 4 种大小的"定点"格式，分别是 I8、I16、I32 和 I64，16 个 I8、8 个 I16、4 个 I32 或 2 个 I64 可以映射到 1 个 128 位的寄存器。定点数的一部分是尾数（二进制小数点的右边），另一部分是整数（二进制小数点的左边）。二进制小数点的位置在软件层面上可见。许多 ARM 处理器没有浮点硬件，因此浮点操作必须使用库例程来实现。定点算术运算要比软件实现的库例程快得多，但是程序员需要做更多的工作。

3.7 实例：x86 中的流处理 SIMD 扩展和高级向量扩展

x86 中最初的 MMX（MultiMedia eXtension，多媒体扩展）指令和 SSE（Streaming SIMD Extension，流处理 SIMD 扩展）指令与 ARM NEON 中的操作类似。第 2 章中提到，2001 年 Intel 在其体系结构中增加了 144 条指令作为 SSE2 的一部分，包括了双精度浮点寄存器和操作。它包含了可用作浮点操作数的 8 个 64 位寄存器。AMD 将寄存器数量扩展到 16 个，作为 AMD64 的一部分，称为 XMM，这些寄存器被 Intel 重新定义为 EM64T。图 3-20 总结了 SSE 和 SSE2 指令。

数据传送	算术运算	比较
MOV{A/U}{SS/PS/SD/PD} xmm, mem/xmm	ADD{SS/PS/SD/PD} xmm,mem/xmm	CMP{SS/PS/SD/PD}
	SUB{SS/PS/SD/PD} xmm,mem/xmm	
MOV {H/L} {PS/PD} xmm, mem/xmm	MUL{SS/PS/SD/PD} xmm,mem/xmm	
	DIV{SS/PS/SD/PD} xmm,mem/xmm	
	SQRT{SS/PS/SD/PD} mem/xmm	
	MAX {SS/PS/SD/PD} mem/xmm	
	MIN{SS/PS/SD/PD} mem/xmm	

图 3-20 x86 的 SSE/SSE2 浮点指令。xmm 是指一个 128 位 SSE2 寄存器操作数；mem/xmm 是指该操作数要么是一个存储器操作数，要么是一个 SSE2 寄存器操作数。用大括号 {} 表示基本操作可选择的类型：{SS} 表示标量的单精度浮点数，或 128 位 SSE2 寄存器中的 1 个 32 位操作数；{PS} 表示组合的单精度浮点数，或 128 位 SSE2 寄存器中的 4 个 32 位操作数；{SD} 表示标量双精度浮点数，或 128 位寄存器中的一个 64 位操作数；{PD} 表示组合的双精度浮点数，或 128 位 SSE2 寄存器中的 2 个 64 位操作数；{A} 表示存储器中对齐的 128 位操作数；{U} 表示存储器中不对齐的 128 位操作数；{H} 表示传送 128 位操作数的高半部分；{L} 表示传送 128 位操作数的低半部分

除了能够在一个寄存器中存放一个单精度数或双精度数之外，Intel 允许将多个操作数组合在一起放在一个 128 位 SSE2 寄存器中：4 个单精度数或 2 个双精度数。因此，SSE2 的 16 个浮点寄存器实际上是 128 宽。如果操作数能够在存储器中组织为 128 位对齐的数据，则 128 位的数据传输可以使每条指令可以加载（load）或保存（store）多个操作数。这种组合的浮点数格式由可以同时计算 4 个单精度（PS）或 2 个双精度（PD）数。

2011 年，Intel 通过高级向量扩展（Advanced Vector Extension，AVX）将寄存器宽度再次加倍，现在称之为 YMM。因此，现在单精度操作可以指定 8 个 32 位浮点运算或 4 个 64 位浮点运算。而遗留的 SSE 和 SSE2 指令可以对 YMM 寄存器的低 128 位进行操作。因此，为了使用 128 位和 256 位操作，在 SSE2 汇编指令操作码前加上前缀字母 v（表示向量），然后使用 YMM 寄存器名字替代 XMM 寄存器名字。例如，进行 2 个 64 位浮点加法

    addpd %xmm0, %xmm4

变为

    vaddpd %ymm0, %ymm4

该指令进行 4 个 64 位浮点加法。

2015年，Intel再次将寄存器宽度加倍，达到了512位，称为ZMM，在一些处理器中称为AVX512。

|精解| AVX也在x86中增加了3地址指令。例如，vaddpd可以有如下形式：

vaddpd %ymm0, %ymm1, %ymm4 # %ymm4 = %ymm0 + %ymm1

而标准的2地址指令为：

addpd %xmm0, %xmm4 # %xmm4 = %xmm4 + %xmm0

（与MIPS不同，x86的目标操作数位于右边。）3地址可以减少计算所需的寄存器数量和指令数量。

3.8 加速：子字并行和矩阵乘法

回忆一下，图2-43给出了未经优化的DGEMM的C程序。为了说明子字并行对性能的影响，我们重新运行使用AVX的代码。由于编译器开发者最终能够使用x86的AVX指令生成高质量代码，因此现在我们必须使用C的内联特性，通过"欺骗"的方式，告诉编译器如何生成高质量的代码。图3-21是图2-43的加强版。

```
1.   #include <x86intrin.h>
2.   void dgemm (int n, double* A, double* B, double* C)
3.   {
4.   for (int i = 0; i < n; i+=8)
5.     for (int j = 0; j < n; ++j)
6.       {
7.         __m512d c0 = _mm512_load_pd(C+i+j*n); // c0 = C[i][j]
8.         for( int k = 0; k < n; k++ )
9.           { // c0 += A[i][k]*B[k][j]
10.            __m512d bb = _mm512_broadcastsd_pd(_mm_load_sd(B+j*n+k));
11.            c0 = _mm512_fmadd_pd(_mm512_load_pd(A+n*k+i), bb, c0);
12.          }
13.         _mm512_store_pd(C+i+j*n, c0); // C[i][j] = c0
14.      }
15.  }
```

图3-21 优化的DGEMM C版本，使用C的内联特性为x86生成AVX子字并行指令。图3-22给出了内循环编译后的汇编语言代码

图3-21中第7行的声明使用了_m512d的数据类型，用来告诉编译器变量将保存8个双精度浮点值（8×64位=512位）。第7行的内联函数_mm512_load_pd( )使用AVX指令从矩阵C中并行（_pd）取出8个双精度浮点数到c0。地址计算C+i+j*n表示元素C[i+j*n]。与之相应的是在第13行中的最后一步，使用内联函数_mm512_store_pd( )将c0中的8个双精度浮点数保存到矩阵C中。由于在每次迭代时处理8个元素，第4行中的外层for循环的循环变量i做加8操作，而不像图2-43中第3行的加1操作。

在循环体内部，首先在第10行又一次使用_mm512_load_pd( )取入A的8个元素。

为了将这些元素与 B 的一个元素相乘，使用内联函数 _mm512_broadcast_sd( ) 将标量双精度数复制为相同的 8 份——在这种情况下，B 的一个元素在一个 ZMM 寄存器中。在第 11 行中，使用 _mm512_mul_pd( ) 同时乘 8 个双精度结果，然后将 8 个乘积加到 c0 的 8 个和上。

图 3-22 给出了编译器生成的内层循环的 x86 代码。可以看到 4 条 AVX512 指令——它们全部以 v 开头，并且使用了 pd 表示并行的双精度——与前面提到的 C 内联特性一致。代码与图 2-44 中所示代码非常类似（但是使用不同的寄存器），且浮点指令的不同之处仅仅在于使用 XMM 寄存器的标量双精度（sd）和使用 ZMM 寄存器的并行双精度（pd）。不同之处在于图 3-22 的第 4 行，A 中每个元素必须与 B 中每个元素相乘。一种解决方法是将 64 位 B 元素的 8 个相同的备份依次放入 512 位的 ZMM 寄存器中，正如 vbroadcastsd 指令所做的工作。其他的不同之处在于原始程序中使用独立的浮点乘法和浮点加法操作，而 AVX512 版本则在第 6 行使用一个浮点操作来完成乘累加操作。

```
1.  vmovapd (%r11),%zmm1              # Load 8 elements of C into %zmm1
2.  mov       %rbx,%rcx               # register %rcx = %rbx
3.  xor       %eax,%eax               # register %eax = 0
4.  vbroadcastsd (%rax,%r8,8),%zmm0   # Make 8 copies of B element in %zmm0
5.  add       $0x8,%rax               # register %rax = %rax + 8
6.  vfmadd231pd    (%rcx),%zmm0,%zmm1 # Parallel mul & add %zmm0, %zmm1
7.  add       %r9,%rcx                # register %rcx = %rcx
8.  cmp       %r10,%rax               # compare %r10 to %rax
9.  jne       50 <dgemm+0x50>         # jump if not %r10 != %rax
10. add       $0x1, %esi              # register % esi = % esi + 1
11. vmovapd %zmm1, (%r11)             # Store %zmm1 into 8 C elements
```

图 3-22 编译图 3-21 中优化的 C 代码生成的嵌套循环体的 x86 汇编语言代码。注意，与图 2-44 相似，区别仅在于浮点操作现在使用 ZMM 寄存器和 pd 版本的指令来进行并行双精度操作，而不是 sd 版本的标量双精度；并且使用一条乘累加指令，而不是使用独立的乘法和加法指令

AVX 版本要比原始版本快 7.5 倍，非常接近于通过子字并行能够获得加速比的理想值（每次能够并行进行的操作数量为原先的 8 倍，故理想加速比为 8）。在第 3、4、5、6 章里使用每章介绍的内容进一步提升 DGEMM 的性能。

3.9 谬误与陷阱

算术中常见的谬误与陷阱通常是由计算机算术的有限精度和自然算术的无限精度之间的差异引起的。

谬误：正如左移指令可以代替乘以 2 的次幂的整数乘法一样，右移指令也可以代替除以 2 的次幂的整数乘法。

回忆一下二进制数 x，其中 x_i 代表第 i 位，该数表示为

$$\cdots + (x_3 \times 2^3) + (x_2 \times 2^2) + (x_1 \times 2^1) + (x_0 \times 2^0)$$

将 x 右移 n 位看起来似乎与被 2^n 相除相同。事实上，对于无符号整数确实如此。问题

> 数学可以被定义为这样的学科，我们绝不知道我们在谈论什么，也不知道我们所谈论的是否正确。
> 伯兰特·罗素，《近来关于数学原理的发言》，1901

出在有符号整数上。例如，假设我们用 -5_{10} 除以 4_{10}，商就是 -1_{10}。-5_{10} 的补码形式是

$$1111\ 1111\ 1111\ 1111\ 1111\ 1111\ 1111\ 1011_2$$

根据这个谬误，右移 2 位就是被 4_{10} 除（2^2）：

$$0011\ 1111\ 1111\ 1111\ 1111\ 1111\ 1111\ 1110_2$$

由于符号位上是 0，因此结果很明显是错的。右移后的值实际是 $1\ 073\ 741\ 822_{10}$ 而不是 -1_{10}。

一种解决办法是算术右移时，进行符号位扩展而不是移入 0。-5_{10} 算术右移 2 位得到

$$1111\ 1111\ 1111\ 1111\ 1111\ 1111\ 1111\ 1110_2$$

结果是 -2_{10} 而不是 -1_{10}，虽然很接近，但依然不正确。

陷阱：浮点加法能使用结合律。

结合律适用于一系列整型的二进制补码加法，即使在计算过程中发生溢出。然而，因为浮点数是实数的近似表示，且计算机算术精度有限，所以结合律不能适用于浮点数。假定浮点数可以表示一个很大的数的范围，当两个不同符号的大数与一个小数相加时就会出现问题。例如，对于 $c+(a+b)=(c+a)+b$，假设 $c=-1.5_{10}\times 10^{38}$，$a=1.5_{10}\times 10^{38}$，$b=1.0$，它们都是单精度数。

$$\begin{aligned}c + (a + b) &= -1.5_{10}\times 10^{38} + (1.5_{10}\times 10^{38} + 1.0)\\ &= -1.5_{10}\times 10^{38} + (1.5_{10}\times 10^{38})\\ &= 0.0\\ (c + a) + b &= (-1.5_{10}\times 10^{38} + 1.5_{10}\times 10^{38}) + 1.0\\ &= (0.0_{10}) + 1.0\\ &= 1.0\end{aligned}$$

由于浮点数精度有限且结果是实数结果的近似值，$1.5_{10}\times 10^{38}$ 远远大于 1.0_{10}，因此 $1.5_{10}\times 10^{38}+1.0$ 仍然是 $1.5_{10}\times 10^{38}$，这就是为什么 c、a、b 的和根据浮点加法的计算顺序不同有 0.0 和 1.0 两种结果，所以 $c+(a+b)\neq (c+a)+b$，因此浮点加法不能使用结合律。

谬误：并行执行策略不但适用于整型数据类型，同样也适用于浮点数据类型。

一般情况下，首先编写串行运行的程序，然后再编写并行运行的程序，这就自然产生一个问题："两个版本的程序能否得到相同的结果？"如果是否定的答案，那么你就得推断并行程序中有一个需要消除的 bug。

该方法假定将串行结构转化为并行结构时，计算机算术不会影响计算结果。这就是说，如果要将 100 万个数相加，无论使用 1 个处理器还是使用 100 个处理器应该得到相同的结果。该假定适用于二进制补码整数，因为整数加法可使用结合律。然而，因为浮点加法不能使用结合律，所以该假定不适用。

在并行机上，这个谬误可能产生一个更加令人烦恼的问题。并行机上的操作系统调度器会根据并行程序的运行情况来使用不同数目的处理器。每次运行使用的处理器不同，将造成浮点和以不同的顺序求得，即使是相同的代码和输入，每次运行也可能会得到不同的结果，这将会给那些对并行无意识的程序员造成恐慌。

在这个困境下，写并行代码并使用了浮点数的程序员需要验证结果是否可信，即便结果可能与顺序执行的结果不一致。处理这个问题的领域称为数值分析，关于该问题本身就可以写一本教科书。这也是像 LAPACK 和 SCALAPAK 这样的数学库流行的一个原因。这些数

学库在顺序和并行执行下都被验证是有效的。

陷阱：MIPS 指令 `addiu`（无符号立即数加）会对 16 位立即数字段进行符号扩展。

当我们不关心上溢时，`addiu` 经常用于将常数和有符号整数相加。由于 MIPS 没有立即数减的指令，因此 MIPS 架构师决定对该指令的立即数字段进行符号扩展，以支持立即数为负数时的需要。

谬误：只有理论数学家才会关心浮点精度。

1994 年 11 月的报纸新闻头条证明了这个观点是错误的（见图 3-23）。下面是标题背后的故事。

图 3-23　1994 年 11 月的一些报刊文章，包括《纽约时代》《圣何塞信使报》《旧金山新闻》《信息世界》。Pentium 浮点乘法 bug 甚至成为电视节目 "David Letterman Late Show" 的 "十大新闻"。Intel 最后花了 3 亿美元来替换掉有 bug 的芯片

Pentium 用一种标准的浮点除算法，每步生成多个商位，使用除数的最高几位和被除数猜测下两个商位。这个猜测是通过一个含 −2、−1、0、+1、+2 的查找表进行。猜测结果和除数相乘，然后从余数中减去，获得新的余数。像不恢复除法一样，如果前面的一个猜测使得余数太大，那么后续的执行中将对余数进行调整。

很明显，Intel 认为有 5 个来自 80486 查找表的元素不会访问到。因此，他们在 Pentium 中优化了此查找表，在一些情况下返回 0 而不是 2。但 Intel 错了：虽然前 11 位总是正确的，但错误会偶尔在 12 位和 52 位之间出现，或者说十进制下在第 4 位到第 15 位出现。

弗吉尼亚州林奇伯格学院的数学家托马斯·内斯里（Thomas Nicely）在 1994 年 9 月发现了这个 bug。在拨打了 Intel 技术支持电话但没有获得官方回应后，他将自己的发现公布在了因特网上。这引发了商业杂志上的一个故事，进一步引发了 Intel 发布了一条声

明。Intel 称其为一个"小故障"，仅对理论数学家有影响，对于电子制表软件的用户来说，该缺陷只有 27 000 年才会发生一次。IBM 研究院很快提出反对，指出电子制表软件的用户平均每 24 天就能遇到一次这样的错误。很快，1994 年 12 月 21 日，Intel 发布了如下声明：

> Intel 对最近发布的 Pentium 处理器的缺陷处理真诚地道歉。'Intel Inside'标记的含义是指您的计算机拥有一颗在质量和性能上首屈一指的微处理器。几千名 Intel 雇员为了实现这个目标而努力工作。但是，没有一款微处理器是完美的，Intel 会继续相信，从技术层面上来讲，任何一个微小的问题都有它的生命期。尽管 Intel 肯定会对 Pentium 处理器的这个版本负责到底，但我们也意识到了用户的担忧。我们要解决这种担忧。任何消费者在其计算机生命期的任何时刻，只要他们需要，Intel 会免费为其更换新的 Pentium 处理器，新版处理器中将不会再出现浮点除法缺陷。

分析家估计 Intel 这次召回花费了 5 亿美元，这一年 Intel 的工程师没有拿到圣诞节奖金。

这次事件对每个人来说，都有一些值得思考的地方。如果在 1994 年的 7 月修复了这个 bug 会少花多少钱？修复 Intel 的名声需要多大的代价？披露一个广泛应用的并依赖于微处理器的产品中的 bug，其责任有多么重大？

3.10 本章小结

在过去的几十年里，计算机算术在很大程度上被标准化，这极大地增强了程序的可移植性。在当今的每台计算机中，都有二进制补码整数算术运算，并且如果支持浮点，则提供 IEEE 754 二进制浮点算术。

计算机算术与用纸和笔手算的算术的不同之处在于计算机受到有限精度的约束。这个约束可能会因为计算中数大于或者小于预先定义的限制而导致无效操作。这种异常称为"上溢"或"下溢"，可能导致异常、中断或类似于意外的子程序调用。第 4 章和第 5 章将更详细地讨论异常。

浮点数是对实际数字的近似，这给浮点算术增加了挑战，浮点算术要小心确保所选的计算机数能最接近地表示实际数字。不精确和有限的表示带来的挑战是数值分析领域部分灵感的来源。而转向并行性的趋势使得数值分析再次被关注，在顺序计算机上是完全安全的方案，在并行计算机里需要重新考虑，在寻找快速算法的同时也要保证正确的结果。

数据级并行，特别是子字并行，为算术操作密集型（无论是整数还是浮点数操作）性能的提高开辟了一条简单的途径。我们展示了使用同时进行 8 个浮点操作的指令来将矩阵乘法加速大约 8 倍。

本章在解释计算机算术时，更多地采用 MIPS 指令集进行描述。容易混淆的一点是，这两章涉及的指令和 MIPS 芯片中执行的指令，以及 MIPS 汇编器接受的指令之间的关系。下面两幅图用来说明这一点。

图 3-24 列出了本章和第 2 章中提到的 MIPS 指令。我们将图中左边的指令集称为 MIPS 核心指令，右边的指令称为 MIPS 算术核心指令。图 3-25 的左边是包含了 MIPS 处理器执行的但图 3-24 中没有的指令。我们将全部的硬件指令集称为 MIPS-32。图 3-25 的右边是被编译器接受但不属于 MIPS-32 的指令。我们称为伪 MIPS 指令。

MIPS核心指令	名称	格式	MIPS算术核心指令	名称	格式
add	add	R	multiply	mult	R
add immediate	addi	I	multiply unsigned	multu	R
add unsigned	addu	R	divide	div	R
add immediate unsigned	addiu	I	divide unsigned	divu	R
subtract	sub	R	move from Hi	mfhi	R
subtract unsigned	subu	R	move from Lo	mflo	R
AND	AND	R	move from system control (EPC)	mfc0	R
AND immediate	ANDi	I	floating-point add single	add.s	R
OR	OR	R	floating-point add double	add.d	R
OR immediate	ORi	I	floating-point subtract single	sub.s	R
NOR	NOR	R	floating-point subtract double	sub.d	R
shift left logical	sll	R	floating-point multiply single	mul.s	R
shift right logical	srl	R	floating-point multiply double	mul.d	R
load upper immediate	lui	I	floating-point divide single	div.s	R
load word	lw	I	floating-point divide double	div.d	R
store word	sw	I	load word to floating-point single	lwc1	I
load halfword unsigned	lhu	I	store word to floating-point single	swc1	I
store halfword	sh	I	load word to floating-point double	ldc1	I
load byte unsigned	lbu	I	store word to floating-point double	sdc1	I
store byte	sb	I	branch on floating-point true	bc1t	I
load linked (*atomic update*)	ll	I	branch on floating-point false	bc1f	I
store cond. (*atomic update*)	sc	I	floating-point compare single	c.x.s	R
branch on equal	beq	I	(x = eq, neq, lt, le, gt, ge)		
branch on not equal	bne	I	floating-point compare double	c.x.d	R
jump	j	J	(x = eq, neq, lt, le, gt, ge)		
jump and link	jal	J			
jump register	jr	R			
set less than	slt	R			
set less than immediate	slti	I			
set less than unsigned	sltu	R			
set less than immediate unsigned	sltiu	I			

图 3-24 MIPS 指令集。本书集中介绍左列的指令。这个信息也可以在 MIPS 参考数据卡的第 1 列和第 2 列里找到

图 3-26 给出了 SPEC CPU2006 整数和浮点基准测试程序中 MIPS 指令的使用率。所有列出来的指令至少占执行指令的 0.2%。

注意，尽管程序员和编译器开发人员可能为了拥有更多的选择而使用 MIPS-32，但是 MIPS 核心指令在 SPEC CPU2006 整数程序中占主导地位，而整数核心以及算术核心指令在 SPEC CPU2006 浮点程序占主导地位，如下表所列。

指令子集	整数	浮点
MIPS核心	98%	31%
MIPS算术核心	2%	66%
其余的MIPS-32指令	0%	3%

在本书的剩余部分，我们专注于 MIPS 核心指令——除了乘法、除法以外的整型指令集，以使计算机设计变得易于解释。正如你所看到的，MIPS 核心包含了绝大多数流行的 MIPS 指令；我们认为，理解运行 MIPS 核心指令集的计算机将会给你足够的背景知识，去理解更为复杂的计算机。无论什么指令集或者其大小——MIPS、RISC-V、ARM、x86——永远不要忘记位模式没有内在的含义。相同的位模式可能表示一个带符号整数、无符号整

数、浮点数、串、指令，等等。在存储程序计算机中，对位模式的操作决定其含义。

其余的MIPS-32指令	名称	格式	MIPS伪指令	名称	格式
exclusive or (rs ⊕ rt)	xor	R	absolute value	abs	rd,rs
exclusive or immediate	xori	I	negate (signed or unsigned)	negs	rd,rs
shift right arithmetic	sra	R	rotate left	rol	rd,rs,rt
shift left logical variable	sllv	R	rotate right	ror	rd,rs,rt
shift right logical variable	srlv	R	multiply and don't check oflw (signed or uns.)	muls	rd,rs,rt
shift right arithmetic variable	srav	R	multiply and check oflw (signed or uns.)	mulos	rd,rs,rt
move to Hi	mthi	R	divide and check overflow	div	rd,rs,rt
move to Lo	mtlo	R	divide and don't check overflow	divu	rd,rs,rt
load halfword	lh	I	remainder (signed or unsigned)	rems	rd,rs,rt
load byte	lb	I	load immediate	li	rd,imm
load word left (unaligned)	lwl	I	load address	la	rd,addr
load word right (unaligned)	lwr	I	load double	ld	rd,addr
store word left (unaligned)	swl	I	store double	sd	rd,addr
store word right (unaligned)	swr	I	unaligned load word	ulw	rd,addr
load linked (atomic update)	ll	I	unaligned store word	usw	rd,addr
store cond. (atomic update)	sc	I	unaligned load halfword (signed or uns.)	ulhs	rd,addr
move if zero	movz	R	unaligned store halfword	ush	rd,addr
move if not zero	movn	R	branch	b	Label
multiply and add (S or uns.)	madds	R	branch on equal zero	beqz	rs,L
multiply and subtract (S or uns.)	msubs	I	branch on compare (signed or unsigned)	bxs	rs,rt,L
branch on ≥ zero and link	bgezal	I	(x = lt, le, gt, ge)		
branch on < zero and link	bltzal	I	set equal	seq	rd,rs,rt
jump and link register	jalr	R	set not equal	sne	rd,rs,rt
branch compare to zero	bxz	I	set on compare (signed or unsigned)	sxs	rd,rs,rt
branch compare to zero likely	bxzl	I	(x = lt, le, gt, ge)		
(x = lt, le, gt, ge)			load to floating point (s or d)	l.f	rd,addr
branch compare reg likely	bxl	I	store from floating point (s or d)	s.f	rd,addr
trap if compare reg	tx	R			
trap if compare immediate	txi	I			
(x = eq, neq, lt, le, gt, ge)					
return from exception	rfe	R			
system call	syscall	I			
break (cause exception)	break	I			
move from FP to integer	mfc1	R			
move to FP from integer	mtc1	R			
FP move (s or d)	mov.f	R			
FP move if zero (s or d)	movz.f	R			
FP move if not zero (s or d)	movn.f	R			
FP square root (s or d)	sqrt.f	R			
FP absolute value (s or d)	abs.f	R			
FP negate (s or d)	neg.f	R			
FP convert (w, s, or d)	cvt.f.f	R			
FP compare un (s or d)	c.xn.f	R			

图 3-25　其余的 MIPS-32 指令和 MIPS 伪指令集。f 代表单精度（s）或者双精度（d）浮点指令，s 代表有符号和无符号（u）版本。MIPS-32 也有浮点指令，包括乘和加/减（madd.f/msub.f）、向上舍入（ceil.f）、截断（trunc.f）、舍入（round.f）和倒数（recip.f）。下划线表示这个字母表示的数据类型

MIPS核心指令	名称	整数	浮点	算术核心指令+MIPS-32指令	名称	整数	浮点
add	add	0.0%	0.0%	FP add double	add.d	0.0%	10.6%
add immediate	addi	0.0%	0.0%	FP subtract double	sub.d	0.0%	4.9%
add unsigned	addu	5.2%	3.5%	FP multiply double	mul.d	0.0%	15.0%
add immediate unsigned	addiu	9.0%	7.2%	FP divide double	div.d	0.0%	0.2%
subtract unsigned	subu	2.2%	0.6%	FP add single	add.s	0.0%	1.5%
AND	AND	0.2%	0.1%	FP subtract single	sub.s	0.0%	1.8%
AND immediate	ANDi	0.7%	0.2%	FP multiply single	mul.s	0.0%	2.4%
OR	OR	4.0%	1.2%	FP divide single	div.s	0.0%	0.2%
OR immediate	ORi	1.0%	0.2%	load word to FP double	l.d	0.0%	17.5%
NOR	NOR	0.4%	0.2%	store word to FP double	s.d	0.0%	4.9%
shift left logical	sll	4.4%	1.9%	load word to FP single	l.s	0.0%	4.2%
shift right logical	srl	1.1%	0.5%	store word to FP single	s.s	0.0%	1.1%
load upper immediate	lui	3.3%	0.5%	branch on floating-point true	bc1t	0.0%	0.2%
load word	lw	18.6%	5.8%	branch on floating-point false	bc1f	0.0%	0.2%
store word	sw	7.6%	2.0%	floating-point compare double	c.x.d	0.0%	0.6%
load byte	lbu	3.7%	0.1%	multiply	mul	0.0%	0.2%
store byte	sb	0.6%	0.0%	shift right arithmetic	sra	0.5%	0.3%
branch on equal (zero)	beq	8.6%	2.2%	load half	lhu	1.3%	0.0%
branch on not equal (zero)	bne	8.4%	1.4%	store half	sh	0.1%	0.0%
jump and link	jal	0.7%	0.2%				
jump register	jr	1.1%	0.2%				
set less than	slt	9.9%	2.3%				
set less than immediate	slti	3.1%	0.3%				
set less than unsigned	sltu	3.4%	0.8%				
set less than imm. uns.	sltiu	1.1%	0.1%				

图 3-26 在 SPE C2006 整数和浮点数中 MIPS 指令的使用频率。表中的所有指令要占到至少 0.2% 的份额。伪指令在执行前转化为 MIPS-32 指令，所以这里没有出现

3.11 历史观点和拓展阅读

本节回溯到冯·诺依曼来纵览浮点的历史，包括有争议的 IEEE 标准的令人惊讶的成就，以及 x86 的 80 位浮点堆栈结构的基本原理。见配套网站上 3.11 节。

> Gresham 法则（"劣币驱逐良币"），对于计算机则是"快的淘汰慢的，即使快的是错误的"。
>
> W.Kahan，1992

3.12 自学

数据可以具有任何含义。 在第 2 章中的自学一节中，我们考察了二进制位串 00000001 01001011010010000010000 $_2$ 代表的十六进制数值、十进制数值，以及作为 MIPS 汇编语言指令。当它是一个 IEEE 754 标准的浮点数时，表示什么？

大数。 32 位二进制补码整数中，最大的正数是多少？能否将该正数使用符合 IEEE 754 标准的单精度浮点数精确地表示？如果可以，表示的数与实际值之间有多少误差？如果采用符合 IEEE 754 标准的半精度浮点数呢？

Brainy 算术。 机器学习已经能够很好地工作，并为许多工业领域带来了革新（见第 6 章的 6.7 节）。它使用浮点数进行学习，但是与科学计算程序不同，它不需要很高的精度。因此，32 位单精度浮点计算的精度已经足够了，而在科学计算程序中广泛使用的双精度浮点数对于机器学习来说有点过度了。理想情况下，机器学习可以使用半精度（16 位），因为这对于计算和存储更加高效。然而，机器学习中的训练通常要处理的数据非常小，因此数的范围很重要。

基于机器学习的需求，出现了与 IEEE 标准不兼容的 Brain Float 16（命名的原因是 Google 的脑研究分部发明了该格式）。图 3-27 对比了三种格式。

```
          符号(1) 指数(8)    尾数(23)
IEEE fp32  [   |        |                              ]

          符号(1) 指数(5) 尾数(10)
IEEE fp16  [   |     |         ]

          符号(1) 指数(8)  尾数(7)
Brain Float 16 [ |       |     ]
```

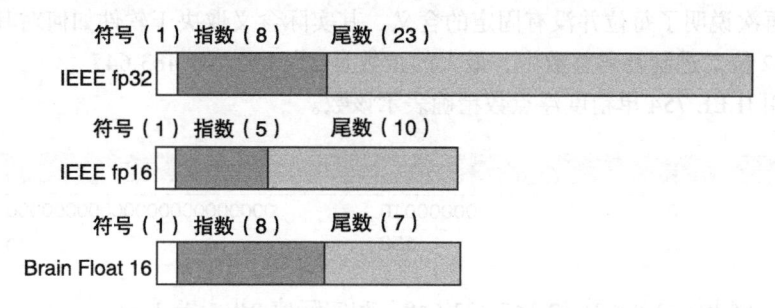

图 3-27 IEEE 754 单精度浮点数格式（fp32）、IEEE 754 半精度浮点数格式和 Brain Float 16 浮点数格式。Google TPUv3 的硬件使用 Brain Float 16（见 6.11 节）

假定 Brain Float 16 遵循与 IEEE 754 相同的约定，只是字段大小不同，请写出图 3-27 给出的三种格式分别能够表示的最小非零数的正数。Brain Float 16 中的该数分别比 IEEE fp32 和 fp16 中对应数小多少？（在该题中忽略亚规格化数或非规格化数。）

Brainy 的面积和能耗。机器学习中的一个通用操作是乘累加（与 DGEMM 类似），其中乘法操作占用了大部分的芯片面积，并消耗了大部分的能量。如果采用图 3-7 中的快速乘法器结构，则乘法器的面积和能耗是输入数据大小平方的函数。那么，对于乘法计算而言，使用三种格式时，正确的面积/能耗比是哪一个？

1. 32^2：16^2：16^2（即 fp32：fp16：Brain Float）
2. 8^2：5^2：8^2
3. 23^2：10^2：7^2
4. 24^2：11^2：8^2

Brainy 编程。Brain Float 16 和 IEEE fp32 格式中，数据的指数字段大小相同，这对软件来说有什么益处？

Brainy 选择。对于机器学习领域，下列关于 Brain Float 16 算术和 IEEE 754 半精度浮点的比较，哪些是正确的？

1. 在实现乘法器时，使用 Brain Float 16 比使用 IEEE 754 半精度浮点需要的硬件更少。
2. 在实现乘法器时，使用 Brain Float 16 比使用 IEEE 754 半精度浮点需要的能量更少。
3. 将使用 IEEE 754 全精度的软件转换为使用 Brain Float 16 的软件比转换为 IEEE 754 半精度浮点更简单。
4. 以上各项全部正确。

自学的答案

数据可以具有任何含义。将二进制数映射为 IEEE 754 单精度格式：

符号（1位）	指数（8位）	尾数（23位）
0	00000010_2	$10010110100100000100000_2$
+	2_{10}	$4\,933\,664_{10}$

由于单精度浮点的指数偏阶为 127，因此，实际的指数为 2−127，即 −125。尾数可以看

作 $4\ 933\ 664_{10}/(2^{23}-1)=4\ 933\ 664_{10}/8\ 388\ 607_{10}=0.588\ 138\ 650\ 43_{10}$。实际数值还要加上隐含的 1，因此，二进制位串代表的实际值是 $1.588\ 138\ 650\ 43_{10}\times 2^{-125}$，大约是 $3.733\ 695\ 9_{10}\times 10^{-38}$。

本练习再次说明了每位并没有固定的含义，其实际含义取决于软件如何对其进行解释。

大数。32 位二进制补码整数中，最大的正数是 $2^{31}-1=2\ 147\ 483\ 647$。

不能使用 IEEE 754 单精度浮点数精确表示该数。

符号（1位）	指数（8位）	尾数（23位）
0	00000010_2	$00000000000000000000000_2$
+	158_{10}	0_{10}

上图 $=1.0\times 2^{(158-127)}=1.0\times 2^{31}=2\ 147\ 483\ 648$，和实际值 $2^{31}-1$ 差 1。

IEEE 754 半精度能表示的最大数如下。

符号（1位）	指数（5位）	尾数（10位）
0	11110_2	1111111111_2
+	30_{10}	1023_{10}

上图 $=(1+1023/1024)\times 2^{(30-15)}=1.999\times 2^{15}=65\ 504$，和实际值相差了好几个数量级。

将整数转换为 IEEE 半精度浮点时会产生溢出。（5 位指数位为 11111_2 被保留给无穷和非数，这与单精度中指数为 11111111_2 的情况相同。）

Binary 算术。每种格式中，最小的正数为：

IEEE fp32　　　1.0×2^{-126}
IEEE fp16　　　1.0×2^{-14}
Brain Float 16　1.0×2^{-126}

由于 IEEE fp32 和 Brain Float 16 的指数字段长度相同，因此它们能够表示的最小非零正数相同，它们能够表示的最小数比 IEEE fp16 能表示的最小数小 2^{112} 倍，即大约小 5×10^{33} 倍。

Brainy 的面积和能耗。因为指数字段和符号位不参与乘法运算，所以答案是尾数大小的函数。由于在这几种格式中，尾数都有一位的隐含位，因此，正确的答案是 $4:24^2:11^2:8^2$。这使得使用 IEEE fp16 的乘法器在面积和能耗方面是使用 Brain Float 16 的大约 2 倍（121/64），而使用 IEEE fp32 则大约是 9 倍（576/64）。

Binary 编程。由于指数字段相同，因此，软件以相同的行为处理下溢、上溢、非数（NaN）、无穷等情况，这意味着在一些计算中，软件使用 Brain Float 16 替代 IEEE fp32，比使用 IEEE fp16 进行替代带来的兼容性问题更少。

Binary 选择。答案是 4，以上各项全部正确。对于机器学习应用，Brain Float 16 可以同时降低硬件设计和软件设计的难度，因此，Brain Float 16 在机器学习中非常流行，并且 Google 的 TPUv2 和 TPUv3 是首个实现 Brain Float 16 的处理器（参见第 6.11 节）。

3.13 练习题

> 永远不要放弃，永远不要放弃，永远，永远，永远——任何情况，无论大小，无论贵贱——绝不要放弃。
>
> 温斯顿·丘吉尔，在 Harrow 学校的演讲，1941

3.1 ［5］<3.2> 对于 5ED4 2 07A4，当它们是无符号 16 位十六进制数时，结果是多少？结果必须使用十六进制表示，给出解题过程。

3.2 ［5］<3.2> 对于 5ED4 2 07A4，当它们是有符号 16 位十六进制数时，结果是多少？结果必须使用十六进制表示，给出解题过程。

3.3 ［10］<3.2> 将 5ED4 转换成二进制数。使用十六进制表示计算机中的数值很具有吸引力的原因是什么？

3.4 ［5］<3.2> 对于 4365-3412，当它们是无符号 12 位八进制数时，结果是多少？结果必须使用八进制表示，给出解题过程。

3.5 ［5］<3.2> 对于 4365-3412，当它们是有符号 12 位八进制数时，结果是多少？结果必须使用八进制表示，给出解题过程。

3.6 ［5］<3.2> 假定 185 和 122 是无符号 8 位十进制整数。计算 185-122。是否有上溢或者下溢？

3.7 ［5］<3.2> 假定 185 和 122 是有符号 8 位十进制整数且以符号－数值形式存放。计算 185+122。是否有上溢或者下溢？

3.8 ［5］<3.2> 假定 185 和 122 是有符号 8 位十进制整数且以符号－数值形式存放。计算 185－122。是否有上溢或者下溢？

3.9 ［10］<3.2> 假定 151 和 214 是有符号 8 位十进制整数且以补码形式存放。使用饱和算术计算 151+214。结果必须使用十进制，给出解题过程。

3.10 ［10］<3.2> 假定 151 和 214 是有符号 8 位十进制整数且以补码形式存放。使用饱和算术计算 151-214。结果必须使用十进制，给出解题过程。

3.11 ［10］<3.2> 假定 151 和 214 是无符号 8 位十进制数。使用饱和算术计算 151+214。结果必须使用十进制，给出解题过程。

3.12 ［20］<3.3> 使用与图 3-6 类似的表格，按照图 3-3 所示的硬件描述计算八进制无符号 6 位整数 62 和 12 的乘积。必须给出每个步骤中每个寄存器的内容。

3.13 ［20］<3.3> 使用与图 3-6 类似的表格，按照图 3-5 所示的硬件描述计算十六进制无符号 8 位整数 62 和 12 的乘积。必须给出每个步骤中每个寄存器的内容。

3.14 ［10］<3.3> 如果一个整数是 8 位宽，且每个步骤的操作需要 4 个时间单位，使用图 3-3 和图 3-5 的方法计算执行一次乘法必需的时间。假定在步骤 1a 中，无论是加了被乘数还是加 0，加法都要执行。另外假设寄存器已经初始化（只需要计算执行乘法循环本身所需要的时间）。如果是在硬件中执行，对被乘数和乘数的移位可以同时进行；如果是在软件中执行，则会一个做完再做下一个。对每种情况都给出解答。

3.15 ［10］<3.3> 假设整数位宽是 8，一个加法需 4 个单位时间，计算采用书中的方法（31 个垂直的加法堆栈）来执行一次乘法所需要的时间。

3.16 ［20］<3.3> 设整数位宽是 8，一个加法需 4 个单位时间，计算采用图 3-7 中的方法来执行一次乘法所需要的时间。

3.17 ［20］<3.3> 正如书中讨论的，一种增强性能的办法是用一次移位和加法来代替一次实际的乘法。例如，因为 9×6 可以写成（2×2×2+1）×6，所以可以通过将 6 左移 3 次再加上 6 来计算 9×6。给出用移位和加／减法来计算 0×33×0×55 的最好的方法。假设输入都是 8 位无符号整数。

3.18 ［20］<3.4> 使用类似于图 3-10 中的表格，按照图 3-8 中的硬件结构计算 74 除以 21。需要给出每一步中各个寄存器的值，假设输入都是 6 位无符号整数。

3.19 ［30］<3.4> 使用类似于图 3-10 中的表格，按照图 3-11 中的硬件结构计算 74 除以 21。需要给出每一步中各个寄存器的值。假设 A 和 B 都是 6 位无符号整数。这个算法使用一个和图 3-9 中稍微不同的方法。你可能会认为很难，做一次或者两次试验，或者去网上寻找办法来让其正确工作。（提示：一种可能的解决方案是利用图 3-11 中的暗示，余数寄存器既可右移也可左移。）

3.20 [5]<3.5> 如果是补码整数，则位模式 0X0C000000 代表的十进制是多少？如果是无符号整数呢？

3.21 [10]<3.5> 如果位模式 0X0C000000 放在指令寄存器中，那么将执行什么 MIPS 指令？

3.22 [10]<3.5> 如果是浮点数，则位模式 0X0C000000 代表的十进制数是多少？使用 IEEE 754 标准。

3.23 [10]<3.5> 写出十进制数 63.25 的二进制表示。假设采用 IEEE 754 单精度格式。

3.24 [10]<3.5> 写出十进制数 63.25 的二进制表示。假设采用 IEEE 754 双精度格式。

3.25 [10]<3.5> 写出十进制数 63.25 的二进制表示。假设采用 IBM 单精度格式存储（基数为 16 而不是 2，有 7 位指数位）。

3.26 [20]<3.5> 写出 -1.5625×10^{-1} 的二进制位模式。假设采用一种类似 DEC PDP-8 使用的格式（左 12 位是以补码形式存储的指数，而右 24 位是以补码形式存储的尾数。）没有隐含 1。同 IEEE 754 标准的单精度和双精度比较，通过与 IEEE 754 标准的单精度和双精度进行对比，评估这个 36 位位模式的范围和精确度。

3.27 [20]<3.5>IEEE 754-2008 包含一种"半精度"格式，只有 16 位宽。最左边仍为符号位，指数有 5 位宽且以余 −16（excess-16）的形式存储，尾数有 10 位宽。具有一位的隐含 1。写出这种格式下 -1.5625×10^{-1} 的二进制位模式。通过与 IEEE 754 标准单精度的比较，评估这个 16 位位模式的范围和精确度。

3.28 [20]<3.5> 惠普 2114、2115 和 2116 采用这样一种格式，其最左边 16 位以补码形式存储着尾数，紧跟着的另一个 16 位字段里，左边 8 位是尾数的扩展（使尾数达到 24 位宽），右边 8 位表示指数。然而，作为一种有趣的交叉，指数以"符号−数值"的形式存储且符号位在最右端！写出这种格式下 -1.5625×10^{-1} 的二进制位模式。没有隐含 1。通过与 IEEE 754 标准单精度的比较，评估这个 32 位位模式的范围和精确度。

3.29 [20]<3.5> 手算 2.6125×10^1 和 $4.150390625 \times 10^{-1}$ 的和，设 A 和 B 以练习题 3.27 中描述的 16 位半精度格式存储。假设有 1 位保护位、1 位舍入位和 1 位粘贴位，并采用向最靠近的偶数舍入的模式。给出所有步骤。

3.30 [30]<3.5> 手算 -8.0546875×10^0 和 $-1.79931640625 \times 10^{-1}$ 的积，设 A 和 B 以练习题 3.27 中描述的 16 位半精度格式存储。假设有 1 位保护位、1 位舍入位和 1 位粘贴位，并采用向最靠近的偶数舍入的模式。给出所有步骤；然而，作为书中已经做过的例子，你可以以人们可读的格式来做这个乘法，而不用练习题 3.12 到练习题 3.14 中描述的技术。注明是否上溢或者下溢。分别以练习题 3.27 中的 16 位浮点模式和十进制数写出你的答案。你的结果精确程度如何？和你用计算器获得的结果相比呢？

3.31 [30]<3.5> 手算 8.625×10^1 除以 -4.875×10^0。给出必要的步骤。假设有 1 个保护位、1 个舍入位和 1 个粘贴位，并在必要时使用。以练习题 3.27 中的 16 位浮点格式和十进制格式给出最终的结果，并比较十进制结果和用计算器得到的结果。

3.32 [20]<3.9> 手算 $(3.984375 \times 10^{-1} + 3.4375 \times 10^{-1}) + 1.771 \times 10^3$，设每个数值都以练习题 3.27 中提到的 16 位半精度格式存储（书中也有介绍）。假设有 1 位保护位、1 位舍入位和 1 位粘贴位，并采用向最靠近的偶数舍入的模式。给出所有步骤，并以 16 位浮点格式和十进制格式给出你的答案。

3.33 [20]<3.9> 手算 $3.984375 \times 10^{-1} + (3.4375 \times 10^{-1} + 1.771 \times 10^3)$，设每个数值都以练习题 3.27 中提到的 16 位半精度格式存储（书中也有介绍）。假设有 1 位保护位、1 位舍入位和 1 位粘贴位，并采用向最靠近的偶数舍入的模式。给出所有步骤，并以 16 位浮点格式和十进制格式给出你的答案。

3.34 [10] <3.9> 根据练习题 3.32 和练习题 3.33 的结果，$(3.984\,375\times10^{-1}+3.437\,5\times10^{-1})+1.771\times10^{3}=3.984\,375\times10^{-1}+(3.437\,5\times10^{-1}+1.771\times10^{3})$ 是否成立？

3.35 [30] <3.9> 手算 $(3.417\,968\,75\times10^{-3}\times6.347\,656\,25\times10^{-3})\times1.056\,25\times10^{2}$，设每个数值都以练习题 3.27 中提到的 16 位半精度格式存储（书中也有介绍）。假设有 1 位保护位、1 位舍入位和 1 位粘贴位，并采用向最靠近的偶数舍入的模式。给出所有步骤，并以 16 位浮点格式和十进制格式给出你的答案。

3.36 [30] <3.9> 手算 $3.417\,968\,75\times10^{-3}\times(6.347\,656\,25\times10^{-3}\times1.056\,25\times10^{2})$，设每个数值都以练习题 3.27 中提到的 16 位半精度格式存储（书中也有介绍）。假设有 1 位保护位、1 位舍入位和 1 位粘贴位，并采用向最靠近的偶数舍入的模式。给出所有步骤，并以 16 位浮点格式和十进制格式给出你的答案。

3.37 [10] <3.9> 根据练习题 3.35 和练习题 3.36 的结果，$(3.417\,968\,75\times10^{-3}\times6.347\,656\,25\times10^{-3})\times1.056\,25\times10^{2}=3.417\,968\,75\times10^{-3}\times(6.347\,656\,25\times10^{-3}\times1.056\,25\times10^{2})$ 是否成立？

3.38 [30] <3.9> 手算 $1.666\,015\,625\times10^{0}\times(1.976\,0\times10^{4}+(-1.974\,4)\times10^{4})$，设每个数值都以练习题 3.27 中提到的 16 位半精度格式存储（书中也有介绍）。假设有 1 位保护位、1 位舍入位和 1 位粘贴位，并采用向最靠近的偶数舍入的模式。给出所有步骤，并以 16 位浮点格式和十进制格式给出你的答案。

3.39 [30] <3.9> 手算 $(1.666\,015\,625\times10^{0}\times1.976\,0\times10^{4})+(1.666\,015\,625\times10^{0}\times(-1.974\,4)\times10^{4})$，设每个数值都以练习题 3.27 中提到的 16 位半精度格式存储（书中也有介绍）。假设有 1 位保护位、1 位舍入位和 1 位粘贴位，并采用向最靠近的偶数舍入的模式。给出所有步骤，并以 16 位浮点格式和十进制格式给出你的答案。

3.40 [10] <3.9> 根据练习题 3.38 和练习题 3.39 的结果，$(1.666\,015\,625\times10^{0}\times1.976\,0\times10^{4})+(1.666\,015\,625\times10^{0}\times(-1.974\,4)\times10^{4})=1.666\,015\,625\times10^{0}\times(1.976\,0\times10^{4}+(-1.974\,4)\times10^{4})$ 是否成立？

3.41 [10] <3.5> 按照 IEEE 754 浮点格式，写出 $-1/4$ 的位模式。你能精确表示 $-1/4$ 吗？

3.42 [10] <3.5> 如果将 $-1/4$ 自加 4 次得到多少？ $-1/4\times4$ 是多少？它们相同吗？它们应该是多少？

3.43 [10] <3.5> 写出数值 1/3 的尾数的位模式，其浮点格式采用二进制编码的尾数。假设有 24 位，并且不需要进行规格化。这种表达精确吗？

3.44 [10] <3.5> 写出数值 1/3 的尾数的位模式，其浮点格式采用 BCD 编码（基 10）而不是基 2 的尾数。假设有 24 位，并且不需要进行规格化。这种表达精确吗？

3.45 [10] <3.5> 写出数值 1/3 的尾数的位模式，其浮点格式采用基 15 编码而不是基 2 的尾数。（基 16 编码使用符号 0~9 和 A~F。基 15 编码使用 0~9 和 A~E。）假设有 24 位，并且不需要进行规格化。这种表达精确吗？

3.46 [20] <3.5> 写出数值 1/3 的尾数的位模式，其浮点格式采用基 30 编码而不是基 2 的尾数。（基 16 编码使用符号 0~9 和 A~F。基 30 编码使用 0~9 和 A~T。）假设有 20 位，并且不需要进行规格化。这种表达精确吗？

3.47 [45] <3.6, 3.7> 下面的 C 代码实现了一个 4 阶 FIR 滤波器，其输入为数组 sig_in。假设所有的数组元素为 16 位定点数。

```
for (i = 3;i < 128;i++)
sig_out[i] = sig_in[i-3] * f[0] + sig_in[i-2] * f[1]
  + sig_in[i-1] * f[2] + sig_in[i] * f[3];
```

假设你要面向一个具有 SIMD 指令集且有 128 位寄存器的处理器，使用汇编语言对该代码进行优化。在不知道指令集细节的情况下，简要介绍一下你该怎样实现该代码，最大限度地使用子字并行操作，并且使寄存器和存储器间的数据传送量最少。阐明你对使用的指令集的假设。

小测验答案

3.2 节　2。

3.5 节　3。

第 4 章

Computer Organization and Design: The Hardware/Software Interface, MIPS Edition, Sixth Edition

处 理 器

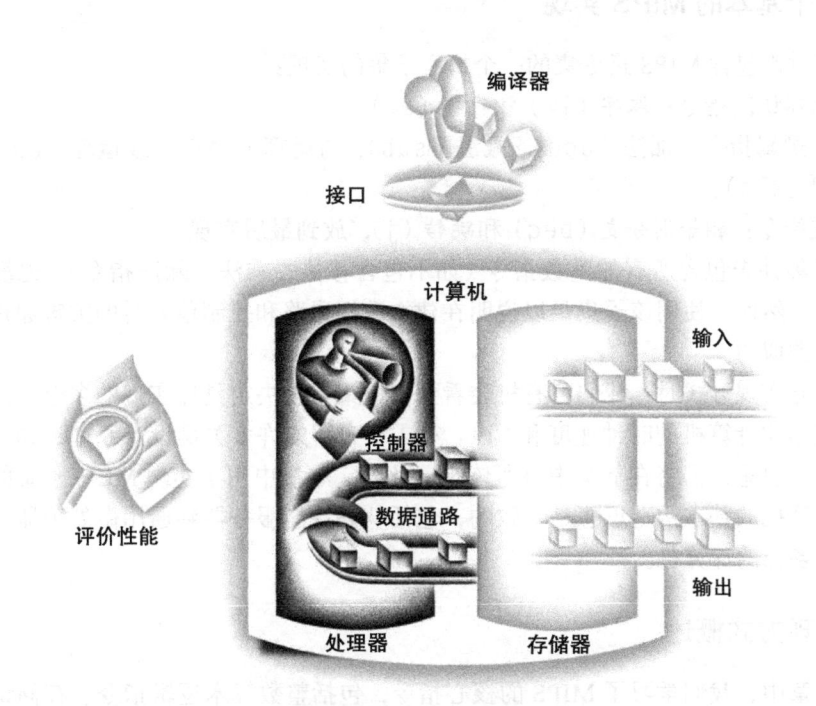

计算机的 5 个经典部件

4.1 引言

在第 1 章中，我们看到一台计算机的性能由三个关键因素决定：指令数目、时钟周期长度和每条指令所需时钟周期数（CPI）。第 2 章阐明了编译器和指令集决定了一个程序所需的指令数目。而处理器的实现方式则决定了时钟周期长度和 CPI。本章为 MIPS 指令集的两种不同实现方式分别建立数据通路和控制单元。

> 在关键问题上，没有什么细节是小事。
> 法国谚语

本章将介绍实现处理器所需的原理与技术。本节先从高度抽象和简化的概述开始，接着建立数据通路，并进一步构建一个简单的处理器以实现像 MIPS 这样的指令集。本章的主要内容还包括：一个更真实的流水式的 MIPS 实现，另有一节介绍实现更复杂的指令集（如 x86）时所需要的概念。

对理解指令的高层解释及其对程序性能的影响感兴趣的读者，可阅读本节和 4.6 节，其中给出了流水线的基本概念。4.11 节介绍了最近的趋势。4.12 节描述了最新的 Intel Core i7 和 ARM Cortex-A8 体系结构。4.13 节展示了如何通过指令级并行将 3.8 节中矩阵乘法的性能提高两倍以上。这几节为在高层次理解流水线概念提供了必要的背景知识。

对于希望深入理解处理器及其性能的读者来说，4.3 节、4.4 节和 4.7 节很有用。对如何构建处理器感兴趣的读者可以阅读 4.2 节、4.8 节、4.9 节和 4.10 节。对现代硬件设计感兴趣的读者可以参考 4.14 节，其中介绍了实现硬件时使用的硬件设计语言与 CAD 工具，以及如何使用硬件设计语言来描述一个流水化的实现。这些内容对于理解流水化硬件执行的细节有很大帮助。

4.1.1　一个基本的 MIPS 实现

本节将讨论包含 MIPS 指令集的一个核心子集的实现：
- 存储器访问指令：取字（lw）和存字（sw）。
- 算术逻辑指令：加法（add）、减法（sub）、与运算（AND）、或运算（OR）和小于则设置（slt）。
- 分支指令：相等则分支（beq）和跳转（j），放到最后实现。

这个子集并未包含所有的整数指令（如不包含移位、乘法、除法指令），也没有包含任何浮点指令。然而，使用该子集足以说明在建立数据通路和控制单元时的关键原理，实现其他指令也是类似的。

在学习此实现方式时，我们将有机会看到指令集如何决定具体实现的多个方面，以及实现策略如何影响计算机的时钟速度和 CPI。第 1 章介绍的许多关键设计原理，如"简单源于规整"的指导思想，都将在下文中有所体现。此外，本章中用于实现 MIPS 子集的大多数概念与很多计算机的基本构造思想是一致的，包括从高性能服务器到通用微处理器、嵌入式处理器等各式各样的计算机。

4.1.2　实现方式概述

在第 2 章中，我们学习了 MIPS 的核心指令，包括整数算术逻辑指令、存储访问指令及分支指令。这些指令的实现过程大致相同，而与具体的指令类型无关。实现每条指令的前两步是一样的：

1. 程序计数器（PC）指向指令所在的存储单元，并从中取出指令。
2. 通过指令字段内容，选择读取一个或两个寄存器。对于取字指令，只需读取一个寄存器，而其他大多数指令需要读取两个寄存器。

这两步之后，为完成指令而进行的步骤取决于具体的指令类型。幸运的是，对三种指令类型（存储访问、算术逻辑、分支）中的每一种而言，其动作大致相同，与具体指令无关。MIPS 指令集的简洁和规整使许多指令的执行很相似，因而简化了实现过程。

例如，除跳转指令外的所有指令在读取寄存器后，都要使用算术逻辑单元（ALU）。存储访问指令用 ALU 计算地址，算术逻辑指令用 ALU 执行运算，分支指令用 ALU 进行比较。在使用 ALU 之后，完成不同指令所需的动作就有所不同了。存储访问指令需要访问内存以便读取和存储数据。算术逻辑指令或取数指令将来自 ALU 或存储器的数据写入寄存器。对于分支指令，需要根据比较的结果决定是否改变下一条指令地址；如果不修改下一条指令地址，则下一条指令地址默认是当前指令地址加 4。

图 4-1 给出了一种 MIPS 实现的高层抽象视图，图中主要描述了不同的功能单元及其互连关系。尽管该图给出了处理器中的绝大多数数据流，但仍然忽略了指令执行过程中的两个重要方面。

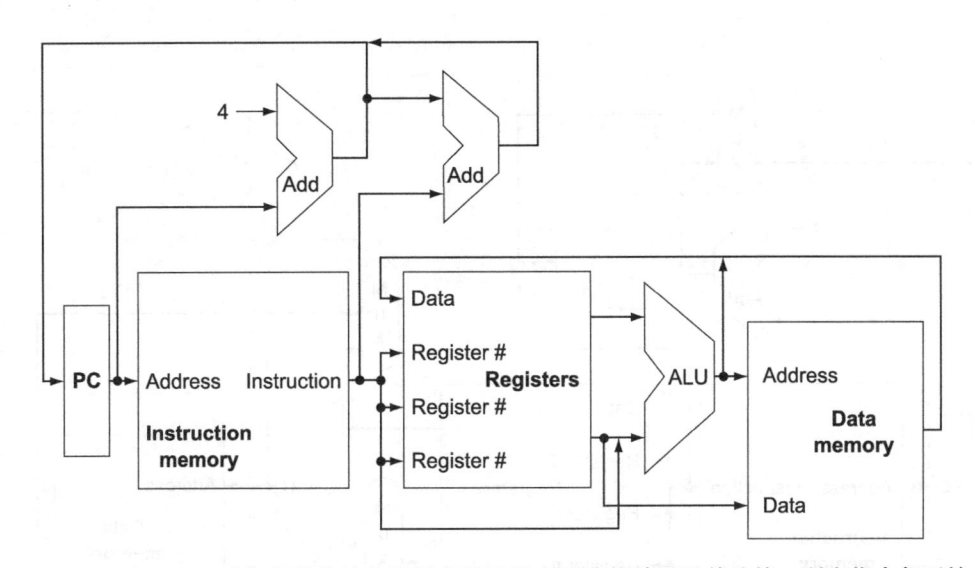

图 4-1 一个 MIPS 子集实现的抽象视图，描述了主要功能单元及其连接。所有指令都开始于使用程序计数器获得指令在指令存储器中的地址。在取到指令后，指令所使用的寄存器操作数由指令中的对应字段决定。在取到寄存器操作数之后，可以用来计算存储器地址（对于存取类指令），或者计算算术运算结果（对于整数算术逻辑类指令），或者进行比较（对于分支类指令）。如果是算术逻辑类指令，ALU 的结果必须写回寄存器；如果是存取类指令，ALU 的结果可作为读写存储器的地址。ALU 或存储器的结果可写回寄存器堆。分支操作需要使用 ALU 的输出来决定下一条指令的地址，下一条指令的地址可能来自 ALU（在 ALU 中完成 PC 值与分支偏移量相加），也可能来自加法器（当前 PC 值加 4）。连接功能单元的线表示总线，其中包含多个信号。箭头用来指示信息流动的方向。因为信号线在图上可能相交，所以在相交信号线实际相连时用一个黑点来表示

首先，在图 4-1 中有好几处表示进入某个单元的数据来自两个不同的源。例如，写入 PC 的值可能来自两个加法器中的一个，写入寄存器堆的数据可能来自 ALU 或数据存储器，ALU 的第二个输入可能来自寄存器或指令中的立即数字段。实际上，不能简单地直接将这些数据线连在一起，必须增加一个逻辑单元用以从不同的数据来源中选择一个送给目标单元。这个选择过程通常是由一个称为多路选择器（multiplexor，简称多选器）的逻辑单元完成的，尽管该单元叫数据选择器可能更合适。附录 B 详细描述了多选器根据控制信号选择不同输入的过程。控制信号主要由当前执行指令中包含的信息决定。

其次，图 4-1 中忽略的另一个方面是，有几个单元的控制依赖于当前执行指令的类型。例如，load/store 指令读/写数据存储器，而 load 指令和算术逻辑指令写入寄存器堆。很显然，ALU 根据不同的指令执行不同的操作（附录 B 给出了 ALU 的设计细节）。类似于多选器，这些操作都由控制信号确定，而控制信号是由指令的某些字段所决定的。

图 4-2 在图 4-1 的基础上增加了三个必需的多选器和主要功能单元的控制信号。图中的控制单元（control unit）以指令为输入，决定功能单元和两个多选器的控制信号。第三个多选器用于决定是将 PC+4 还是分支目的地址写入 PC，该多选器在执行 beq 指令时，根据 ALU 进行比较时设置的 Zero 标志位选择写入 PC 的数值。MIPS 指令集的简单性和规整性使得只需简单的译码即可生成控制信号。

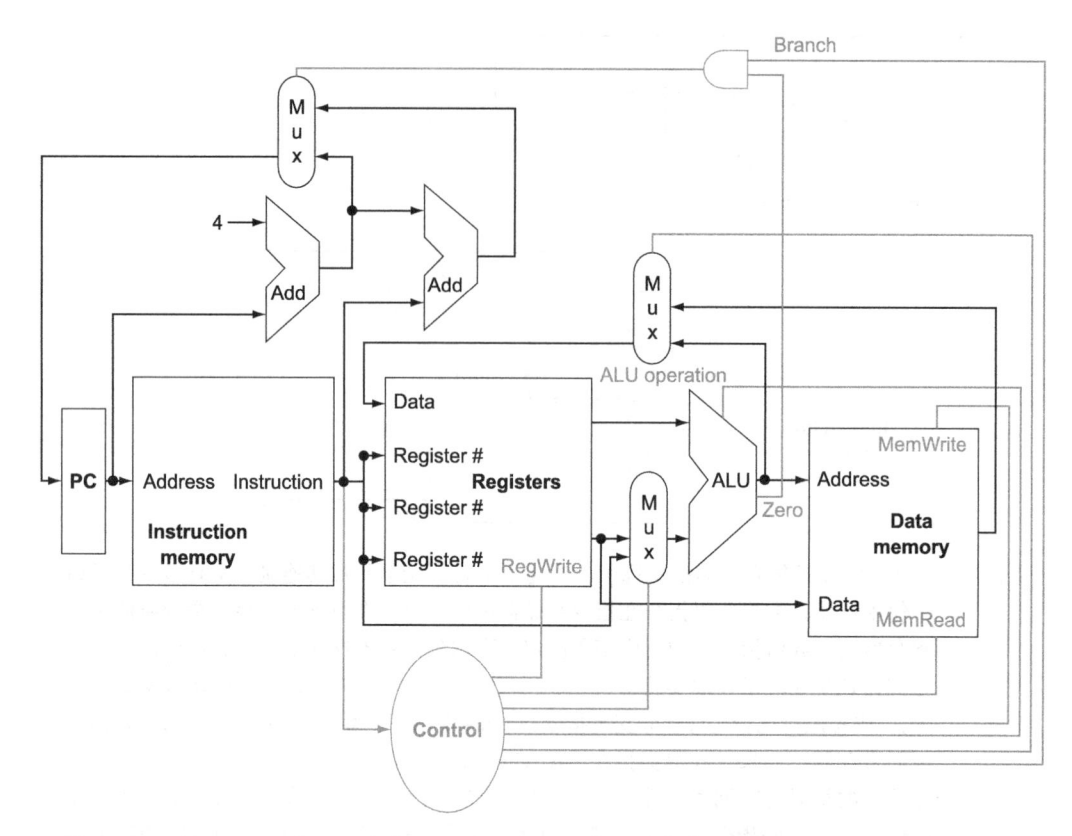

图4-2 一个 MIPS 子集的基本实现，其中包含必要的多选器和控制信号。最上面的多选器控制写入 PC 的值（PC+4 或分支目的地址），该多选器由一个门控制，该门将 ALU 的零输出与一个指示是否为分支指令的信号相"与"。中间的多选器的输出返回寄存器堆，多选择器选择将 ALU 的输出（算术逻辑指令时）还是数据存储器的输出（取数指令时）写入寄存器堆。最后，最下面的多选器决定 ALU 的第二个输入是来自寄存器堆（算术逻辑指令或分支指令时）还是指令的偏移量字段（存取指令时）。新增的控制信号直接控制 ALU 的操作、数据存储器的读写和寄存器堆的写入等。控制信号在图中用灰线标识出来

在本章后面的部分，将会为图 4-2 加入更多的细节，包括更多的功能单元和单元间的连接，并增强控制单元功能以控制不同类型的指令执行过程。4.3 节和 4.4 节描述了一种简单的实现方式，每条指令使用一个较长时钟周期执行，并遵循图 4-1 和图 4-2 的一般形式。在第一个设计中，每条指令在一个时钟沿开始执行，然后在下一个时钟沿完成执行。

尽管这种方法易于理解，但是并不实际，因为时钟周期必须足够长，以满足执行时间最长的指令。在设计完这种简单计算机的控制方式后，我们将会讨论一种流水的实现方式及其带来的复杂性，包括异常。

> **小测验** 图 4-1 和图 4-2 包含本章开始给出的计算机五大经典部件中的哪几个？

4.2 逻辑设计的一般方法

在考虑计算机的设计时，必须决定实现计算机的逻辑如何操作以及计算机如何定时。本

节将回顾一些本章大量用到的数字逻辑的关键思想。如果你缺乏数字逻辑方面的知识，那么在继续学习之前，阅读附录 B 将有所帮助。

MIPS 实现中的数据通路功能部件包括两种不同的逻辑单元：处理数据值的单元和存储状态的单元。处理数据值的单元都是**组合逻辑单元**（combinational element），它们的输出只取决于当前的输入。当输入相同时，组合逻辑单元产生的输出也相同。在图 4-1 中出现并在附录 B 中详细讨论的 ALU 就是组合逻辑单元。因为没有内部存储功能，对于给定的一组输入，总是产生同样的输出。

设计中的其他单元不是组合逻辑，而是包含状态的。如果一个单元带有内部存储功能，那么它就包含状态，称为**状态单元**（state element）。关闭计算机电源之后重新启动，通过恢复状态单元的原值，计算机就可以准确地重新恢复到断电前的状态继续执行。也就是说，这些状态单元完全描述了计算机的状态。图 4-1 中的指令存储器、数据存储器和寄存器都是状态单元。

组合逻辑单元：一个操作单元，如与门或 ALU。

状态单元：一个存储单元，如寄存器或存储器。

一个状态单元至少有两个输入和一个输出。两个必要的输入是待写入单元的数据值，以及决定何时写入的时钟信号。状态单元的输出提供了在前一个时钟信号写入单元的数据值。例如，逻辑上最简单的一种状态单元是 D 触发器（参见附录 B），它有两个输入（一个数据值和一个时钟）和一个输出。除了触发器，MIPS 的实现中还用了另外两种状态单元：存储器和寄存器，这些在图 4-1 中都已出现。时钟用于决定状态单元何时被写入。状态单元随时可读。

包含状态的逻辑部件又被称为时序（sequential）部件，因为它们的输出由输入和内部状态共同决定。例如，代表寄存器的功能单元的输出取决于所提供的寄存器号和以前写入寄存器的内容。附录 B 中详细讨论了组合逻辑和时序单元的操作及结构。

时钟策略

时钟策略（clocking methodology）规定了信号可以读出和写入的时间。规定信号读写的时间非常重要，因为若一个信号同时被读出和写入，则所读出的信号可能是写入前的值，也可能是新写入的值，甚至是两者的混合。显然，计算机设计中不允许这种不确定性。时钟策略就是为避免这种情况而提出的，以确保硬件行为是可预测的。

为简单起见，我们假定采用**边沿触发的时钟**（edge-triggered clocking）方法，即在时序逻辑单元中存储的所有值都只允许在时钟跳变的边沿时更新。时钟边沿意味着时钟信号从低到高或从高到低的跳变（见图 4-3）。因为只有状态单元能存储数据值，所有的组合逻辑都必须从状态单元接收输入，并将输出写入状态单元中。其输入为之前某个时钟周期写入的数据，而输出可在下一个时钟周期使用。

时钟策略：用来确定数据相对于时钟何时稳定和有效的方法。

边沿触发的时钟：一种所有的状态改变发生于时钟沿的时钟机制。

图 4-3 描述了一个组合逻辑单元及与其相连的两个状态单元。组合逻辑单元的操作在一个时钟周期内完成：所有信号在一个时钟周期内从状态单元 1 经组合逻辑到达状态单元 2，信号到达状态单元 2 所需的时间决定了时钟周期的长度。

186　第4章

```
状态        组合逻辑       状态
单元1                     单元2

时钟周期
```

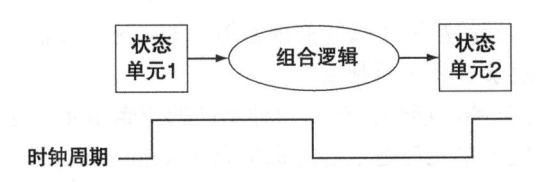

图4-3　组合逻辑、状态单元和时钟紧密相关。在一个同步数字系统中，时钟信号决定了数值何时写入状态单元。在有效的时钟边沿导致状态变化之前，状态单元的输入信号必须达到稳定（也就是说，状态单元的值保持不变，直到时钟沿到来）。本章假定所有状态单元（包括存储器）都是上升沿触发的，即这些信号都是在时钟的上升沿发生变化。

为简单起见，若某状态单元在每个有效的时钟边沿都进行写入操作，则可忽略写**控制信号**（control signal）。相反，若某状态单元不是每个周期都进行修改，那么它就需要一个显式的写控制信号。写控制信号和时钟信号都是输入信号，只有时钟边沿到来并且写控制信号有效时，状态单元才改变状态。

我们将使用术语**有效**（asserted）表示信号为逻辑高，**无效**（deasserted）表示信号为逻辑低。另外，我们之所以要使用术语"有效"和"无效"，是因为在进行硬件实现时，数字1有时表示逻辑高，有时表示逻辑低。

> **控制信号**：用来决定多选器选择或指示功能单元操作的信号；它与数据信号相对应，数据信号包含由功能单元操作的信息。

> **有效**：信号为逻辑高或真。

> **无效**：信号为逻辑低或假。

使用如图4-4所示的边沿触发策略，可以在一个时钟周期内读出一个寄存器的值，然后使之经过一些组合逻辑，同时将新值写入该寄存器。选择在时钟的上升沿（从低到高）还是下降沿（从高到低）进行写操作无关紧要，因为组合逻辑的输入只有在所规定的时钟边沿才可能发生变化。本书我们使用时钟的上升沿。这种边沿触发时钟策略在一个时钟周期内不会出现反馈，图4-4中的逻辑可以正确地工作。在附录B中，还介绍了其他的一些时序约束（如建立和保持时间）和一些时序策略。

```
     状态 ──→ 组合逻辑
     单元 ←──────┘
```

图4-4　一种边沿触发策略，支持在同一个时钟周期内同时读写状态单元，不会因竞争导致出现中间数据的情况。当然，必须保证时钟周期足够长，以使得当有效的时钟边沿到来时输入已经稳定。状态单元的改变由时钟边沿触发，所以不可能在一个时钟周期之内出现反馈。如果有反馈，这个设计就不能正常工作。本章和下一章的设计都采用边沿触发的时钟策略，结构与本图类似

对32位MIPS体系结构而言，因为处理器处理的大多数数据的宽度为32位，所以几乎所有这些状态和逻辑单元的输入和输出都为32位。若某单元的输入或输出不是32位，我们会特别指出。图示中用粗线表示总线，即宽度为1位以上的信号。有时，要把几根总线合起来构成更宽的总线，例如可能将两个16位总线合成一个32位总线。在这种情况下，总线标注将给出相应说明。另外还加上箭头以指明单元间数据传输的方向。最后，灰线表示的控制信号将其与数据信号区分开来，两者的差别将随本章的进展愈趋明显。

精解　还有一种64位版本的MIPS体系结构，其中绝大多数数据通路都是64位宽。

小测验 是非判断：由于寄存器堆在一个时钟周期内既要写入又要读出，因此任何使用边沿触发方式写入的 MIPS 数据通路中必须包含一个以上的寄存器堆的备份。

4.3 建立数据通路

设计数据通路比较合理的方法是首先分析执行每种 MIPS 指令时需要的主要部件。下面先来看看每条指令需要什么**数据通路部件**（Datapath Element）。在给出数据通路部件的同时，我们也会指出它们的控制信号。我们将自底向上开始，使用抽象方法进行说明。

图 4-5a 给出了我们需要的第一个部件：用于存储程序指令的存储单元，它能够根据给定地址提供指令。图 4-5b 展示了**程序计数器**（Program Counter，PC），在第 2 章已经介绍过，PC 用于保存当前指令的地址。最后，需要一个加法器来计算 PC 的值，使其指向下一条指令。该加法器是一个组合单元，可以用附录 B 中设计的 ALU 实现，只需将其中的控制信号设为总是进行加法操作即可。如图 4-5 所示，我们将给这样的 ALU 加上"Add"标记，以表明它一直作为加法器使用，而不能再进行其他 ALU 操作。

> **数据通路部件**：处理器中用来操作或保存数据的单元。在 MIPS 实现中，数据通路部件包括指令存储器、数据存储器、寄存器堆、ALU 和加法器。

> **程序计数器**：存放下一条将要被执行指令的地址的寄存器。

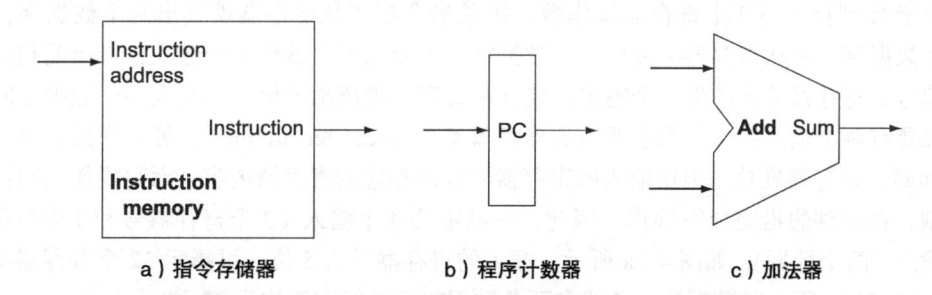

a) 指令存储器　　b) 程序计数器　　c) 加法器

图 4-5 存数和取数指令需要的两个状态单元，以及计算下一条指令地址所需要的加法器。两个状态单元分别是指令存储器和程序计数器。因为数据通路不会写入指令，所以指令存储器只提供读访问。因为指令存储器是只读的，我们将它视为组合逻辑：任意时刻的输出都反映了输入地址指向的内容，而不需要读控制信号。（在装载程序时需要写入指令存储器，但是这很容易实现，所以为了简单起见我们将其忽略。）程序计数器是一个 32 位的寄存器，它在每个时钟周期结束时都会被写入，所以不需要写控制信号。加法器采用只进行加法的 ALU，它将输入的两个 32 位数相加，将结果输出

要执行任何一条指令，首先要从存储单元中将该指令取出。为了准备执行下一条指令，必须增加程序计数器的内容，使其指向下一条指令，即向后移动 4 字节。图 4-6 给出了如何使用图 4-5 中的 3 个部件构造一个数据通路，它可以取指令并能增加 PC 以获得下一条指令的地址。

现在讨论 R 型指令（参见图 2-20）。这类指令读两个寄存器，并对它们的内容进行 ALU 操作，再写回结果。我们将这类指令称为 R 型指令或算术逻辑指令（因为它们执行算术或逻辑运算）。这个指令集合包括第 2 章介绍的 add、sub、AND、OR 和 slt 指令。此类指令的典型形式是 add $t1, $t2, $t3，它将读取 $t2 和 $t3，并将结果写回 $t1。

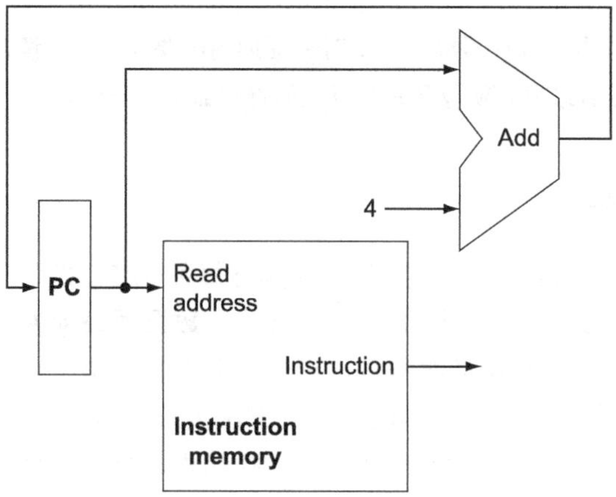

图 4-6 用于取指和增加程序计数器的数据通路部分。取出的指令被数据通路的其他部分使用

处理器的 32 个通用寄存器位于一个叫作**寄存器堆**（register file）的结构中。寄存器堆即寄存器集合，其中的寄存器都可通过指定相应的寄存器号来进行读写。寄存器堆包含了计算机的寄存器状态。另外，还需要一个 ALU 来对从寄存器读出的数值进行运算。

> **寄存器堆**：包含一系列寄存器的状态单元，可以通过提供寄存器号进行读写。

由于 R 型指令有 3 个寄存器操作数，每条指令都要从寄存器堆读出两个数据字，再写入一个数据字。要从寄存器中读出一个数据字，需要给寄存器堆一个输入，以指明相应的寄存器编号，寄存器堆将产生一个输出，包含从寄存器堆读出的值。在写入一个数据字时，寄存器堆要有两个输入：一个指明要写的寄存器编号（register number），另一个提供要写的数据（data）。寄存器堆总是根据输入的寄存器号输出相应的寄存器内容，而写操作由写控制信号控制，在时钟边沿完成写操作。因此，一共需要 4 个输入（3 个寄存器号和 1 个数据）和两个输出（两个数据），如图 4-7a 所示。输入的寄存器号为 5 位，可指示 32 个寄存器中的某一个（$32=2^5$），而一条数据输入总线和两条数据输出总线宽度均为 32 位。

图 4-7b 所示为 ALU，该 ALU 有两个 32 位输入、一个 32 位输出，还有一个 1 位输出指示其结果是否为 0。ALU 的 4 位控制信号在附录 B 中有详细的描述。在需要了解如何设置 ALU 控制信号时，我们将进行简要的回顾。

下面考虑 MIPS 的取数和存数指令，其一般形式为：lw $t1, offset_value($t2) 或 sw $t1, offset_value($t2)。在这类指令中，通过将基址寄存器 $t2 的内容与指令中的 16 位带符号偏移地址相加，得到存储器地址。如果是存数指令，要从寄存器 $t1 中读出待存储的数据；如果是取数指令，则要将从存储器中读出的数据存入指定的寄存器 $t1 中。所以，图 4-7 中的寄存器堆和 ALU 都是必需的。

另外，还需要一个单元将 16 位的偏移地址**符号扩展**（sign-extend）为 32 位的带符号值，以及一个保存读出或写入数据的存储单元。数据存储单元在存数指令时被写入，所以它有读写控制信号、地址输入和写入存储器的数据输入。图 4-8 展示了这两种单元。

beq 指令有 3 个操作数，其中两个为寄存器，用于比较是否相等，另一个是 16 位偏移量，用于计算相对于分支指令所在地址的**分支目标地址**（branch target address）。指令格式为 beq $t1, $t2, offset。为了实现该指令，我们必须将 PC 值与符号扩展后的指令偏移量字段相加，以得到分支目标地址。分支指令（见第 2 章）的定义中有两个需要注意的地方：

> **符号扩展**：为增加数据项的长度，将原数据项的最高位复制到新数据项多出来的高位。

a) 寄存器堆 　　　　　　　　　　　　　　b) ALU

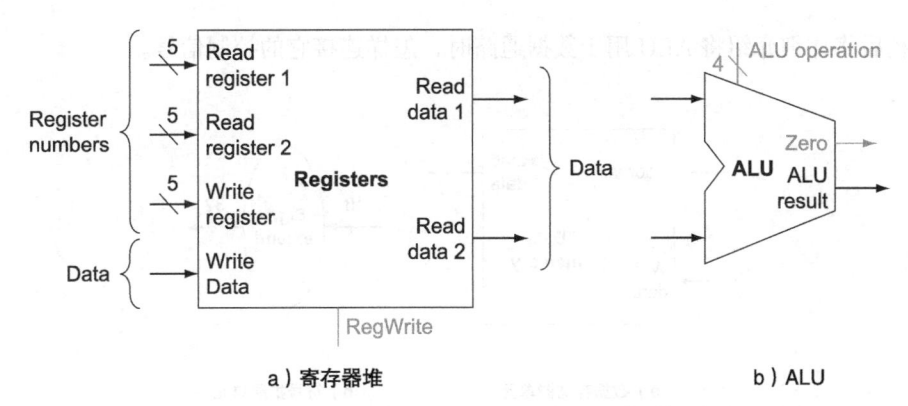

图 4-7 实现 R 型指令的 ALU 操作所需的两个单元——寄存器堆和 ALU。寄存器堆包括了所有的寄存器，有两个读端口和一个写端口。多端口寄存器堆的设计在附录 B 的 B.8 节讨论。寄存器堆的读输出总是对应于读寄存器号，不需要其他的控制信号。但是写寄存器必须明确使能写控制信号。注意写操作是边沿触发的，所以所有的写操作的输入（要写的内容、寄存器号、写控制信号）必须在时钟边沿有效。因为寄存器堆的写入是边沿触发的，故可以在同一时钟周期内读出和写入同一寄存器：读操作将读出以前写入的内容，而写入的内容在下一时钟周期才可读。寄存器号的输入都是 5 位的，数据线为 32 位。若采用附录 B 中的 ALU 设计，则 ALU 的操作可由 4 位 ALU 操作信号控制。我们使用 ALU 的零检测输出信号实现分支指令。溢出信号在 4.10 节讲述异常时才会用到，在此之前我们先将其忽略

- 指令集规定，计算分支地址时使用的基地址是分支指令的下一条指令的地址。原因是我们在取指通路中计算了 PC+4（下一条指令的地址），用这个值作为计算分支目标地址的基地址比较容易实现。
- 体系结构还规定将偏移量左移 2 位以指示以字为单位的偏移量，这样偏移量的有效范围就扩大了 4 倍。

为了处理后面这种情况，我们需要把偏移量左移 2 位。

除了计算分支目标地址，我们还必须确定是顺序执行下一条指令，还是执行分支目标地址处的指令。当分支条件为真（例如，操作数相等）时，分支目标地址成为新的 PC，我们就说**分支发生**（branch taken）了。若操作数不等，自增后的 PC 将取代当前 PC（就像其他普通指令一样），这时就说**分支未发生**（branch not taken）。

因此，分支数据通路需要进行两个操作：计算分支目标地址和比较操作数。（很快我们还将讲到，分支指令也影响数据通路的取指部分。）图 4-9 给出了数据通路中处理分支的部分。为了计算分支目标地址，分支数据通路包含了一个如图 4-8 所示的符号扩展单元和一个加法器。为了进行比较，要使用图 4-7a 的寄存器堆提供两个寄存器操作数（但不需要向寄存器堆写入数据）。另外，比较可由附录 B 中设计的 ALU 完成。因为 ALU 提供一个指示结果是否为 0 的输出信号，故可以把两个寄存器数作为输入，并将 ALU 设置为做减法。若 ALU 输出的零信号有效，则可知两操作数相等。尽管零输出信号始终指示结果是否为 0，但我们只用它来实现分支时的相等

分支目标地址：分支指令中指定的地址，如果分支发生，那么它将成为新的程序计数器（PC）。在 MIPS 体系结构中，分支目标是指令偏移字段与分支指令的下一条指令地址之和。

分支发生：分支条件满足，PC 变为分支目标地址的分支。所有的无条件跳转都是发生的分支。

分支未发生：分支条件不满足，PC 变为分支指令的下一条指令地址。

测试。稍后将详细介绍将 ALU 用于数据通路时，怎样连接它的控制信号。

a）数据存储器单元　　　　　b）符号扩展单元

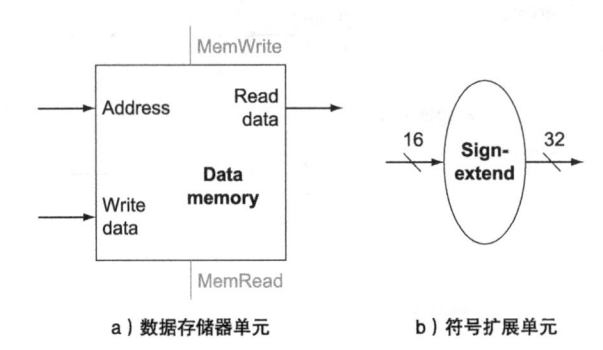

图 4-8 除了图 4-7 中的寄存器堆和 ALU，存数指令和取数指令还需要两个单元——数据存储器单元和符号扩展单元。数据存储器单元是一个状态单元，两个输入为地址和需要写入的数据，一个输出为读出的数据。读、写控制信号都是独立的，尽管任意时钟只能激活其中一个。不像寄存器，存储器单元需要一个读控制信号，因为读一个无效地址可能会出问题，我们在第 5 章会看到这种情况。符号扩展单元有一个 16 位的输入，符号扩展为 32 位后输出（见第 2 章）。假定数据存储器的写是边沿触发的。标准的存储器芯片实际上有一个写使能信号用于写操作。尽管标准存储器芯片的写使能信号不是边沿触发的，但我们的边沿触发设计可以很容易地应用于真正的存储器芯片。关于存储器芯片工作细节的讨论，见附录 B 的 B.8 节

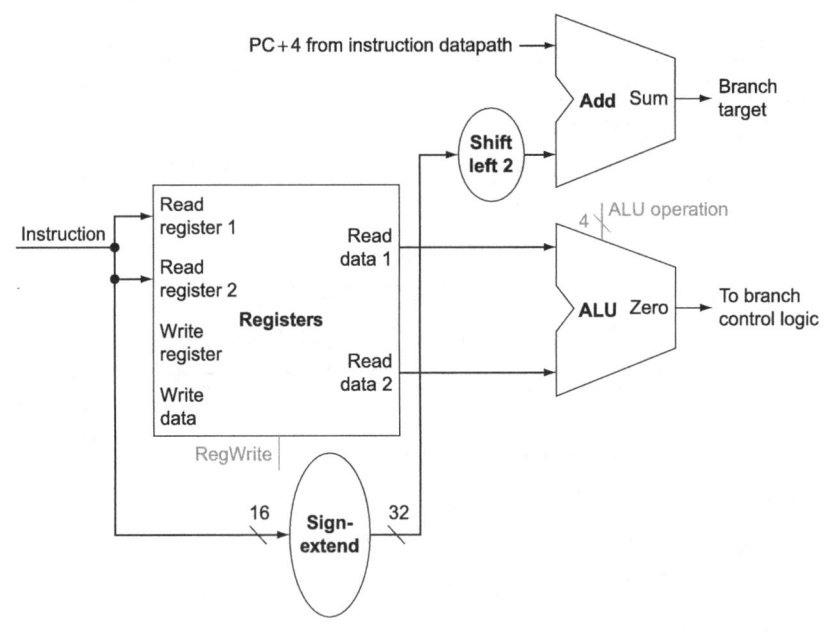

图 4-9 分支指令的数据通路，用 ALU 计算分支条件是否成立，用另外的加法器对自增后的 PC 值与将指令低 16 位（分支偏移量）符号扩展后并左移两位所得的数据相加，得到分支目标地址。标有"左移两位"（shift left 2）的单元只是输入到输出之间一条简单的数据通路，它给符号扩展后的偏移量字段的低位加上两个 0（二进制）。因为"移动"的距离是固定的，所以并不需要真正的移位电路。我们知道偏移量是从 16 位扩展而来的，所以移位只会丢掉"符号位"。控制逻辑根据 ALU 的零输出决定是用自增的 PC 还是分支目标地址来取代当前的 PC

跳转指令将偏移地址的低 26 位左移两位后，代替 PC 的低 28 位。移位通过给偏移量后面加上两个 0 实现（如第 2 章所述）。

| **精解** | 在实际 MIPS 指令集中，分支指令是"延迟的"，即无论分支条件是否满足，它之后的那条指令总被执行。条件不满足时，情况与一般分支指令相同；条件满足时，延迟的分支指令先执行它后面的那条指令，然后再跳转到指定的目标地址。将分支指令设计为延迟的原因是减轻流水线对分支的影响（见 4.9 节）。为了简单起见，本章仅实现非延迟的 beq 指令。

延迟分支：不管分支条件是否满足，分支指令之后的那条指令总被执行的一种分支。

创建一个简单的数据通路

我们已经讨论了不同指令类型所需的数据通路单元，现在可以把它们连接组成一个数据通路，并加上控制来完成实现。这个最简单的数据通路中，每个时钟周期执行一条完整的指令。这意味着每条指令执行过程中任何数据通路单元都只能使用一次，如果需要使用多次则必须将该数据通路单元复制多份。因此，我们除了需要一个指令存储器外，还需要一个数据存储器。尽管有的功能单元需要复制，但很多功能单元也可以在不同的指令流中共享。

为了在两种不同类型的指令间共享数据通路单元，我们需要允许功能单元的某个输入能够连接多个来源，通过多选器和控制信号来从多个输入来源中进行选择。

| **例题** | 建立一个数据通路

算术逻辑指令（或 R 型指令）的数据通路与访存指令的数据通路很相似。它们的主要区别为：
- 算术逻辑指令使用 ALU，其输入来自两个寄存器。访存指令也使用 ALU 来进行地址计算，但 ALU 的第二个输入是对指令中 16 位偏移地址进行符号扩展后的值。
- 存入目标寄存器中的值来自 ALU（对 R 型指令而言）或者存储器（对取数操作而言）。

试设计存数指令和算术逻辑指令操作部分的数据通路，只能使用一个寄存器堆和一个 ALU，可增加必要的多选器。

| **答案** | 为了只用一个 ALU 和一个寄存器堆来创建一个数据通路，ALU 的第二个输入和要存入寄存器堆的数据都要有两个不同的来源。所以，要在 ALU 的输入和寄存器堆的输入数据处各加入一个多选器。图 4-10 给出了合并后的数据通路。

现在，加上图 4-6 的取指数据通路、图 4-9 的分支数据通路、图 4-10 的 R 型指令和访存指令数据通路，我们可以把所有部件合并在一起，建立一个简单的 MIPS 体系结构数据通路，如图 4-11 所示。由于分支指令用主 ALU 对寄存器操作数进行比较，因此还需要图 4-9 中的加法器完成分支目标地址的计算。此外还增加了一个多选器，用于选择是将顺序的指令地址（PC+4）还是分支目标地址写入 PC。

在完成这个简单的数据通路后，可以加上控制单元。控制单元必须能够接收输入，能够产生每个状态单元的写信号、每个多选器的选择信号和 ALU 的控制信号。由于 ALU 的控制比较特殊，因此最好先设计 ALU，随后再设计控制单元的其他部分。

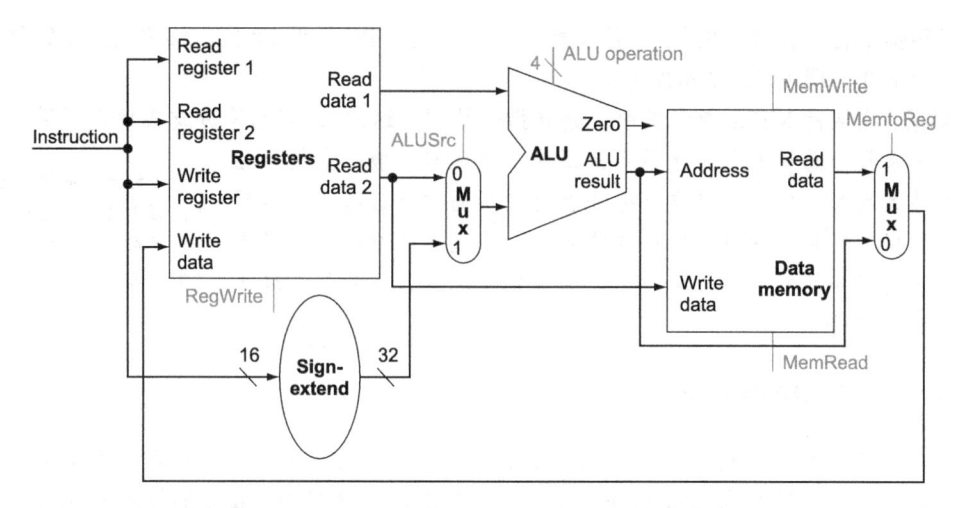

图 4-10　访存指令和 R 型指令数据通路的合并。这个例子说明了如何通过加入多选器将图 4-7 和图 4-8 合并成一个数据通路，其中增加了两个多选器

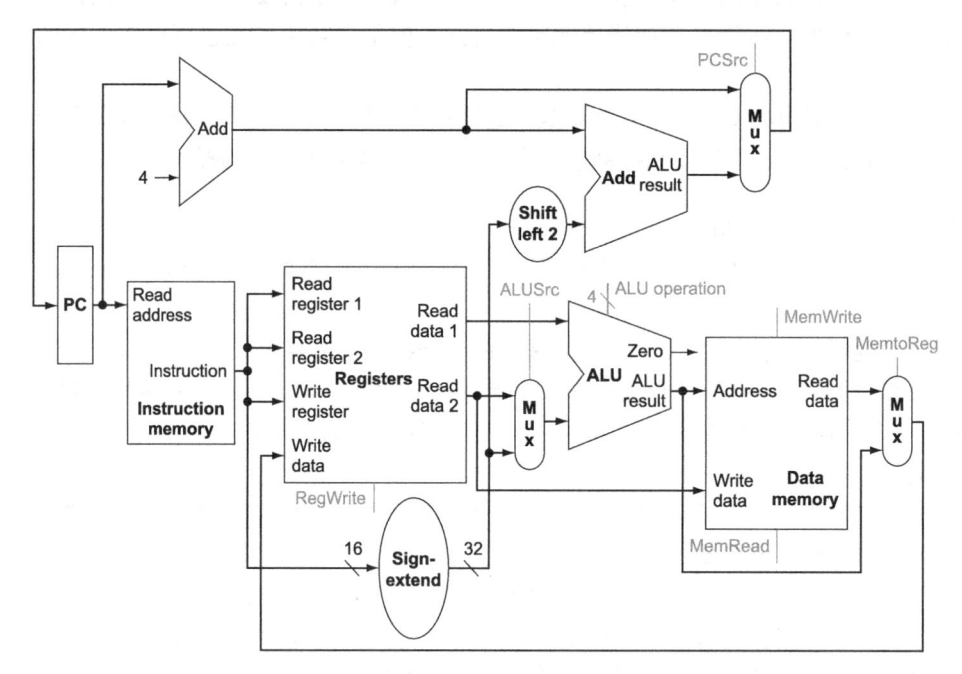

图 4-11　将不同类型指令所需的功能单元合并在一起实现的一个简单的核心 MIPS 系统结构数据通路。图中的部件来自图 4-6、图 4-9 和图 4-10。这个数据通路可以在一个时钟周期内完成基本的指令（取数/存数、ALU 操作和分支）。为了支持分支指令，还增加了一个额外的多选器。对跳转指令的支持将在以后增加

小测验

I. 对取数指令来说，以下哪项是正确的？参考图 4-10。

　　a. MemtoReg 信号线应该设置为将存储器中的数据发送至寄存器堆。

　　b. MemtoReg 信号线应该设置为将正确的目标寄存器的数据发送至寄存器堆。

　　c. 对取数指令而言，MemtoReg 信号线的设置无关紧要。

Ⅱ. 本节描述的单周期数据通路必须有独立的指令存储器和数据存储器，因为：
  a. MIPS 中指令与数据的格式是不同的，所以需要不同的存储器。
  b. 使用独立的存储器会比较便宜。
  c. 处理器在一个周期内只能对每个部件操作一次，而在一个周期内不可能对一个单端口存储器进行两次存取。

4.4 一个简单的实现机制

在本节中，我们将学习如何实现一个最简单的 MIPS 子集。我们用上一节的数据通路并增加一个简单的控制单元来构建这一简单的实现，支持了取字（lw）、存字（sw）、相等则分支（beq）和算术逻辑指令加法（add）、减法（sub）、与运算（AND）、或运算（OR）和小于则置位（set on less than)，后面我们还将实现跳转指令（j）。

4.4.1 ALU 控制

附录 B 中描述的 MIPS ALU 在 4 位控制信号上定义了 6 种有效的输入组合：

ALU控制信号	功能
0000	与
0001	或
0010	加
0110	减
0111	小于则置位
1100	或非

根据指令类型的不同，ALU 将执行上述 5 种功能中的一种。（或非操作在目前实现的 MIPS 子集中暂时没有使用。）对于取字和存字指令，ALU 用加法计算存储器地址。对于 R 型指令，根据指令低 6 位的 funct 字段（见第 2 章），ALU 执行 5 种操作中的一种（与、或、减、加、小于则置位）。对相等则分支指令，由 ALU 执行减法操作。

使用一个小的控制单元即可生成 4 位的 ALU 控制信号，该单元输入为指令的 funct 字段和 2 位的 ALUOp 字段。ALUOp 指明要进行的操作是存取指令需要的加法（00）、beq 需要的减法（01），还是由指令的 funct 字段（10）决定的操作。该 ALU 控制单元输出 4 位信号，通过生成前面介绍的 4 位控制信号，直接对 ALU 进行控制。

图 4-12 说明了怎样根据 2 位的 ALUOp 和 6 位的 funct 功能字段生成 ALU 的控制信号。在本章的后面将会看到怎样由主控制单元生成 ALUOp。

这种多级译码的方法（主控制单元生成 ALUOp 作为 ALU 控制单元的输入，再由 ALU 控制单元生成真正控制 ALU 的信号）是一种常用的实现方式。使用多级译码可以减小主控制单元的规模。使用多个小控制单元还可能提高控制单元的速度。因为控制单元的性能对时钟周期非常关键，所以这种优化是很重要的。

有多种不同方法把 2 位的 ALUOp 和 6 位的 funct 字段映射为 4 位 ALU 控制信号。因为 funct 功能字段的 64 种可能取值中只有很小一部分有意义，并且只有当 ALUOp 取值为 10 时才使用功能字段，所以我们可以用一个小逻辑单元去识别可能取的值，以生成正确的 ALU 控制信号。

194　第 4 章

指令操作码	ALUOp	指令操作	funct字段	ALU动作	ALU控制输入
LW	00	load word	XXXXXX	add	0010
SW	00	store word	XXXXXX	add	0010
Branch equal	01	branch equal	XXXXXX	subtract	0110
R-type	10	add	100000	add	0010
R-type	10	subtract	100010	subtract	0110
R-type	10	AND	100100	AND	0000
R-type	10	OR	100101	OR	0001
R-type	10	set on less than	101010	set on less than	0111

图 4-12　如何根据 ALUOp 控制位和 R 型指令的 funct 字段设置 ALU 的控制信号。第一列是操作码，操作码决定了 ALUOp 位。所有的编码以二进制给出。注意，当 ALUOp 为 00 或 01 时，ALU 的动作不依赖于 funct 字段，故功能字段记为 XXXXXX。当 ALUOp 为 10 时，funct 字段用于设置 ALU 的控制信号。详情见附录 B

设计该逻辑单元时，可以将 ALUOp 和 funct 字段有意义地组合构成一张真值表，如图 4-13 所示。该**真值表**（truth table）说明了如何根据两个输入字段得到 4 位的 ALU 控制信号。由于完整的真值表很大（2^8=256 项），并且我们并不关心所有的输入组合，因此该真值表只列出了使 ALU 控制信号有效的部分表项，而忽略那些恒为 0 或无关的项。在本章中，我们将一直采用这样的方式表示真值表（这样做的缺点在附录 D 的 D.2 节中讨论）。

ALUOp		Funct字段						操作
ALUOp1	ALUOp0	F5	F4	F3	F2	F1	F0	
0	0	X	X	X	X	X	X	0010
X	1	X	X	X	X	X	X	0110
1	X	X	X	0	0	0	0	0010
1	X	X	X	0	0	1	0	0110
1	X	X	X	0	1	0	0	0000
1	X	X	X	0	1	0	1	0001
1	X	X	X	1	0	1	0	0111

图 4-13　4 位 ALU 控制信号（称为操作）的真值表。该真值表的输入为 ALUOp 和 funct 字段。在此只列出了 ALU 控制有效的项，也包括一些无关项。例如，ALUOp 不使用编码 11，故真值表包含 1X 和 X1 项，而不是 10 和 01 项。同样，当使用 funct 字段时指令的前两位（F4 和 F5）总是 10，所以它们是无关项，在真值表中用 XX 代替

由于在许多情况下，我们对某些输入的取值并不关心，并且为了简化真值表，我们也列出**无关项**（don't-care term）。真值表中的无关项（在输入列中用 X 表示）表明，输出与该列对应的输入取值无关。如图 4-13 的第一列所示，当 ALUOp 取 00 时，无论 funct 字段取何值，ALU 控制总为 0010。这时，真值表中此行的 funct 字段就是无关项。在后面，还会有另一种无关项的例子。无关项的概念在附录 B 中有更多的讨论。

真值表建好以后，可以进行优化并转化成门电路。这是一个完全机械的过程。因此，这里不再给出最终的步骤，而是将此过程及其结果放在附录 D 中的 D.2 节讨论。

真值表：逻辑操作的一种表示方法，即列出输入的所有情况和每种情况下的输出。

无关项：逻辑函数的一个元素，表示输出与该输入取值无关。无关项可以用不同的方式指定。

4.4.2 主控制单元的设计

我们已经描述了如何使用 funct 和 2 位信号作为输入来进行 ALU 控制单元的设计,现在来看看控制的其他部分。在开始之前,首先看一条指令的各个字段和图 4-11 所示的数据通路所需的控制信号。为了理解怎样将指令的各个字段与数据通路相连,需要复习一下三种指令类型的格式:R 型指令、分支指令和存取指令,如图 4-14 所示。

字段	0	rs	rt	rd	shamt	funct
比特位位置	31:26	25:21	20:16	15:11	10:6	5:0

a) R型指令

字段	35 or 43	rs	rt	地址
比特位位置	31:26	25:21	20:16	15:0

b) 存取指令

字段	4	rs	rt	地址
比特位位置	31:26	25:21	20:16	15:0

c) 分支指令

图 4-14 三种指令类型(R 型、存数/取数和分支)使用的两种指令格式。后面我们马上会讲到,跳转指令使用另一种格式。a) R 型指令的格式,操作码为 0,寄存器操作数有 3 个:rs、rt 和 rd。rs 和 rt 字段为源操作数,rd 字段为目的操作数。funct 字段指明 ALU 功能,由前面设计的 ALU 控制单元译码。我们实现的 R 型指令有 add、sub、AND、OR 和 slt。shamt 字段只用于移位指令,本章中暂不考虑。b) 取数指令(操作码 =35_{10})和存数指令(操作码 =43_{10})的格式。rs 寄存器作为基址与 16 位的地址字段相加以得到访存地址。对取数指令,rt 是取出数据的目的寄存器。对存数指令,rt 是要存入存储器的数据所在的寄存器。c) 相等则分支指令(操作码 =4)的格式。rs 和 rt 是源寄存器,用于比较是否相等。16 位地址进行符号扩展、移位后与 PC+4 相加以得到分支目标地址

MIPS 的指令格式遵循以下规则:

- op 字段,第 2 章亦称**操作码**(opcode),位于指令的 31:26 位。我们将用 Op[5:0] 来表示。

操作码:指示指令操作和格式的字段。

- 对于 R 型指令、分支指令和存取指令,要读取的两个寄存器为 rs 和 rt 字段,分别位于 25:21 位和 20:16 位。
- 存取指令的基址寄存器位于 25:21 位(rs 字段)。
- 相等则分支指令、存取指令的 16 位偏移量位于 15:0 位。
- 有两个地方存放目标寄存器。对取数指令为 20:16 位(rt 字段),对 R 型指令为 15:11 位(rd 字段)。所以需要一个多选器,以指示要写的寄存器号在哪个字段中。

从第 2 章得到的第一个设计原则——简单源于规整——在控制器设计里就体现出来了。

根据上述信息,可以给简单的数据通路加上指令标记并增加一个多选器(用于选择寄存器堆的写寄存器号),图 4-15 展示了这些增加的部件和 ALU 控制块、状态单元的写信号、数据存储器的读信号和多路选择器的控制信号。由于所有的多路选择器都是两个输入端,因此每个多路选择器都需要一条单独的控制线。

196　第 4 章

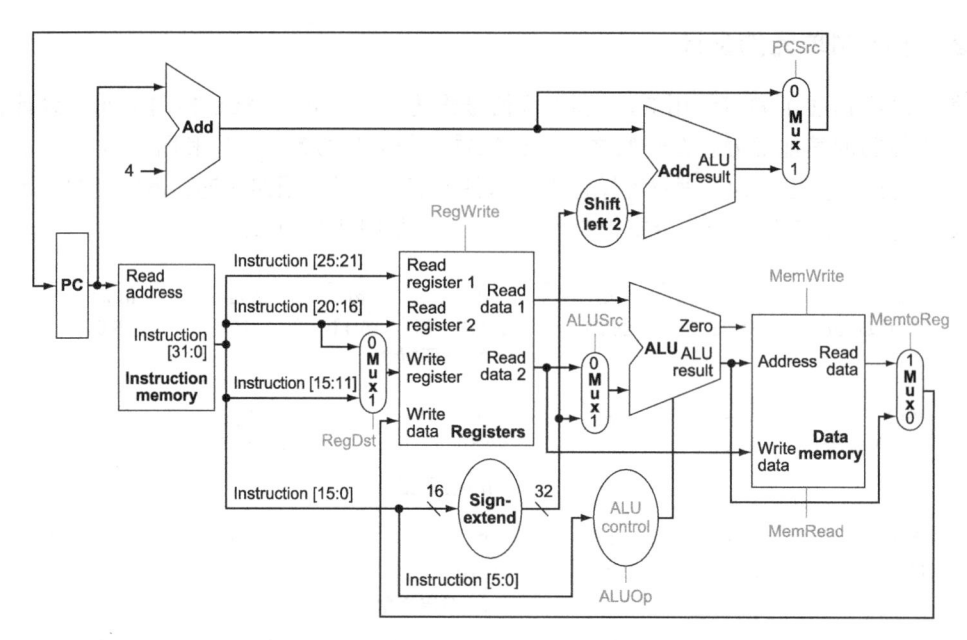

图 4-15　在图 4-11 的数据通路上增加了所有必需的多选器，并标识出了所有的控制信号。控制信号以灰线表示。还增加了 ALU 控制单元。PC 不需要写控制，因为它在每个时钟周期末都被写入一次。分支控制逻辑决定给 PC 自增还是写入分支目标地址

图 4-15 给出了 7 个 1 位控制信号和 2 位 ALUOp 控制信号。前面已经说明了 ALUOp 控制信号如何工作，在继续说明指令执行过程中如何设置这些控制信号之前，最好定义一下其他 7 个控制信号如何工作。图 4-16 说明了这 7 个控制信号的功能。

了解了每个控制信号的功能之后，我们再来看看它们如何设置。除 PCSrc 控制信号外，所有控制信号都可由控制单元只根据指令的操作码来确定。而 PCSrc 信号有效的条件是指令为相等则分支（由控制单元确定），且用于相等比较的 ALU 的零输出有效。为生成 PCSrc 信号，需将一个来自控制单元称为"Branch"（分支）的信号与 ALU 的零输出信号相"与"。

信号名	置无效时（0）的效果	置有效时（1）的效果
RegDst	写入寄存器时，目标寄存器的编号来自 rt 字段（位 20:16）	写入寄存器时，目标寄存器的编号来自 rd 字段（位 15:11）
RegWrite	无	数据写入由写寄存器输入端口指定的寄存器
ALUSrc	第二个 ALU 操作数来自第二个寄存器堆的输出（读数据 2）	第二个 ALU 操作数是指令低 16 位的符号扩展
PCSrc	PC 使用 PC+4 更新	PC 使用分支目标地址更新
MemRead	无	输入地址对应的数据存储器的内容输出到读数据输出端口
MemWrite	无	将写入数据输入端的数据写入地址输入端指定的存储单元中
MemtoReg	写入寄存器的数据来自 ALU	写入寄存器的数据来自数据存储器

图 4-16　7 个控制信号的作用。当两路多选器的控制信号有效时，选择第 1 个输入，否则选择第 0 个输入。需要注意的是，所有状态单元都有一个默认输入——时钟信号，且用于写操作的控制。在状态单元之外进行时钟门控可能导致时序问题（附录 B 中对此问题有进一步的讨论）

现在，这 9 位控制信号（图 4-16 的 7 位和 2 位 ALUOp）的状态可根据控制单元的 6 位输入信号（操作码位 31:26）来设置。图 4-17 给出了包含控制单元和控制信号的数据通路。

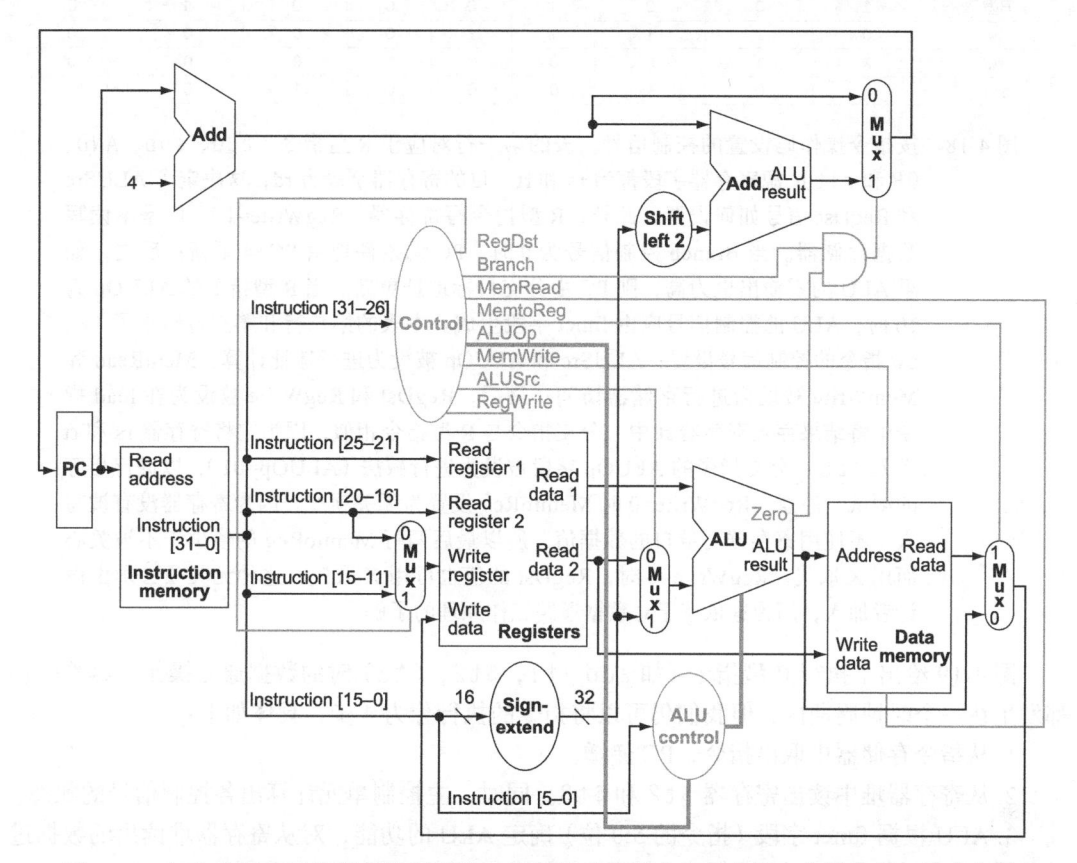

图 4-17 包含控制单元的简单数据通路。控制单元的输入为指令的 6 位操作码，输出包括 3 个 1 位的控制多选器信号（RegDst、ALUSrc 和 MemtoReg），3 个控制寄存器堆和存储器读写的信号（RegWrite、MemRead 和 MemWrite），一个决定是否可以转移的 1 位信号（Branch），和一个 ALU 的 2 位控制信号（ALUOp）。分支控制信号与 ALU 的零输出一起送入一个与门，其输出控制下一个 PC 的选择。注意 PCSrc 是一个衍生信号，而不是从控制单元直接得来。所以在图中我们没有标出这个信号名称

在设计控制单元的计算公式或真值表之前，首先对控制功能进行形式化定义。由于控制信号的状态仅由操作码决定，我们需要定义在每种操作码下每个控制信号的取值：0、1 或任意值 X。根据图 4-12、图 4-16 和图 4-17，图 4-18 定义了对应于每种操作码的控制信号状态。

数据通路的操作

根据图 4-16 和图 4-18 包含的信息，可以设计出控制单元逻辑，但在此之前，先分析一下每条指令如何使用数据通路。接下来的几幅图说明了 3 种类型的指令在数据通路上的执行过程。图中有效的控制信号和数据通路部件已着重标出。需要注意的是，对于控制信号为 0 的多选器，即使其控制信号没有着重标出，也有相应的动作。对于多位信号，只要其中任何信号有效，就将其着重标出。

指令	RegDst	ALUSrc	Memto-Reg	Reg-Write	Mem-Read	Mem-Write	Branch	ALUOp1	ALUOp0
R型	1	0	0	1	0	0	0	1	0
lw	0	1	1	1	1	0	0	0	0
sw	X	1	X	0	0	1	0	0	0
beq	X	0	X	0	0	0	1	0	1

图 4-18 按指令操作码设置的控制信号。表的第一行对应于 R 型指令（add、sub、AND、OR 和 slt）：源寄存器字段都为 rs 和 rt，目的寄存器字段为 rd，这决定了 ALUSrc 和 RegDst 信号如何设置；此外，R 型指令写寄存器（RegWrite=1），但是不读写数据存储器。当 Branch 控制信号为 0 时，PC 无条件地由 PC+4 更新；反之，如果 ALU 的零输出也为高，则 PC 由分支目标地址更新。当 R 型指令的 ALUOp 为 10 时，ALU 的控制信号应由 funct 字段生成。本表的第二行和第三行给出了 lw、sw 指令的控制信号设置：ALUSrc 和 ALUOp 被设为进行地址计算；MemRead 和 MemWrite 被设为进行存储器访问；最后，RegDst 和 RegWrite 被设为在 load 指令中将结果存入寄存器 rt 中。分支指令与 R 型指令相似，因为它将寄存器 rs 和 rt 送入 ALU；分支指令的 ALUOp 字段被设为进行减法（ALUOp=01），以进行相等的测试。注意，RegWrite=0 时 MemtoReg 设置为无关项——因为寄存器没有被写入，不使用寄存器写端口的数据值，所以最后两行 MemtoReg 的值由于不被关心而用 X 取代。RegWrite=0 时，RegDst 的值也可用 X 取代。这种无关项必须由设计者加入，因为这依赖于对数据通路工作原理的了解

图 4-19 给出了执行 R 型指令（如 add $t1, $t2, $t3）时的数据通路操作。尽管一切都发生在一个时钟周期内，但我们仍可以将指令的执行分为 4 步，具体如下：

1. 从指令存储器中取出指令，PC 递增。
2. 从寄存器堆中读出寄存器 $t2 和 $t3。同时，主控制单元计算出各控制信号的状态。
3. ALU 根据 funct 字段（指令的 5:0 位）确定 ALU 的功能，对从寄存器堆读出的数据进行操作。
4. 将 ALU 的结果写入寄存器堆，根据指令的 15:11 位选择目标寄存器（$t1）。

我们可以用与图 4-19 类似的方式描述取数指令（如 lw $t1, offset($t2)）的执行。图 4-20 给出了取数时有效的功能单元和控制信号。loda 指令的执行可以分为 5 步（类似于 R 型指令的 4 个执行步骤）：

1. 从指令存储器取址，PC 递增。
2. 从寄存器堆读出寄存器 $t2 的值。
3. ALU 将从寄存器堆读出的值与符号扩展后的指令低 16 位值（offset）相加。
4. 将 ALU 的结果作为数据存储器的地址。
5. 存储单元的数据写入寄存器堆，目标寄存器由指令的 20:16 位（$t1）指定。

最后，以同样方式说明相等则分支指令（如 beq $t1, $t2, offset）的执行过程。它的操作类似于 R 型指令，但 ALU 的零输出用于决定 PC 自增为 PC+4 还是置为分支目标地址。图 4-21 给出了执行的 4 步：

1. 从指令存储器中取指，PC 递增。
2. 从寄存器堆读出寄存器 $t1 和 $t2 的值。
3. ALU 将从寄存器堆读出的两数相减。PC+4 的值与符号扩展并左移 2 位后的指令低 16 位（offset）相加，结果即分支目标地址。
4. 根据 ALU 的零输出决定哪个加法器的结果存入 PC 中。

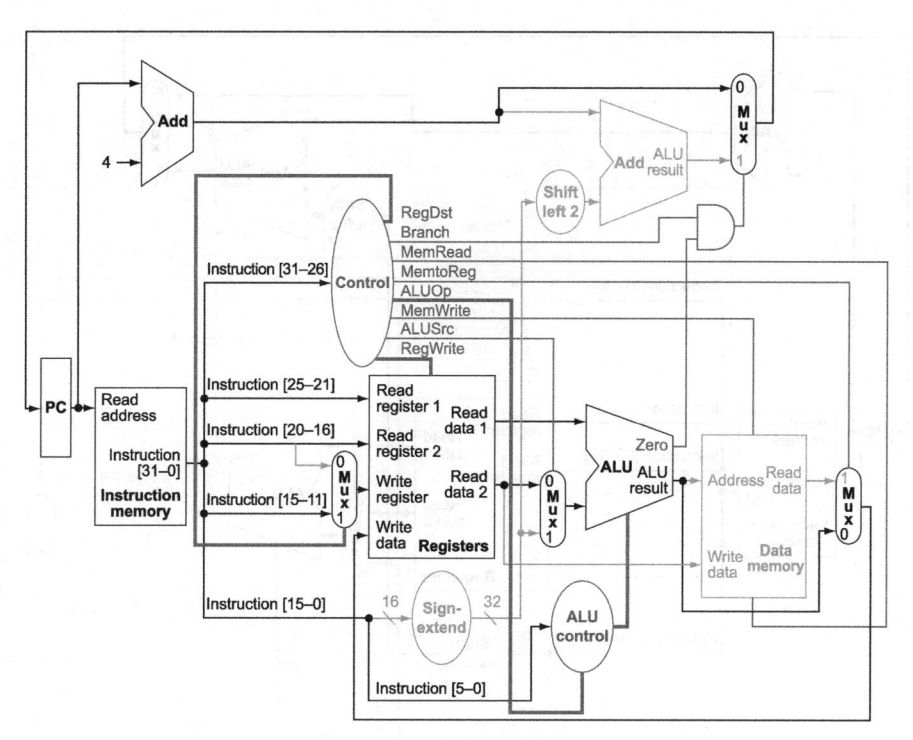

图 4-19 执行 R 型指令（如 add $t1,$t2,$t3）时数据通路的操作。操作中用到的控制信号、数据通路单元和连接均用深灰色线显示

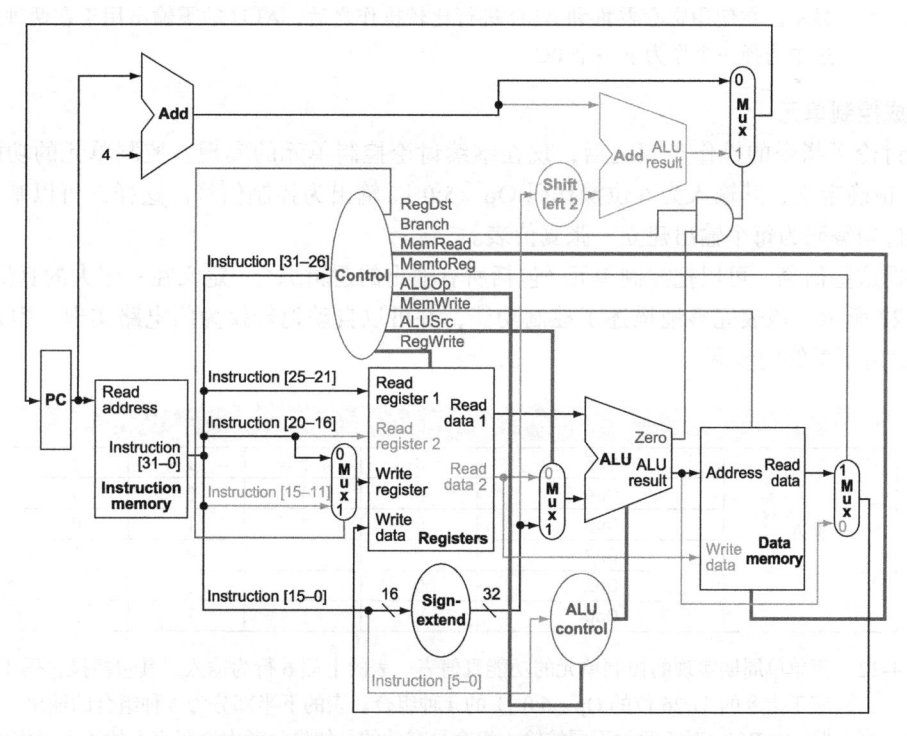

图 4-20 取数（load）指令的数据通路。操作中用到的控制信号、数据通路单元和连接用灰色线显示。存数（store）指令的操作与此类似。主要区别在于数据存储器的控制将指明要进行写操作，而不是读操作，读出的第二个寄存器的值将作为要存储的数据，并且不会有将数据存储器的内容写入寄存器的操作

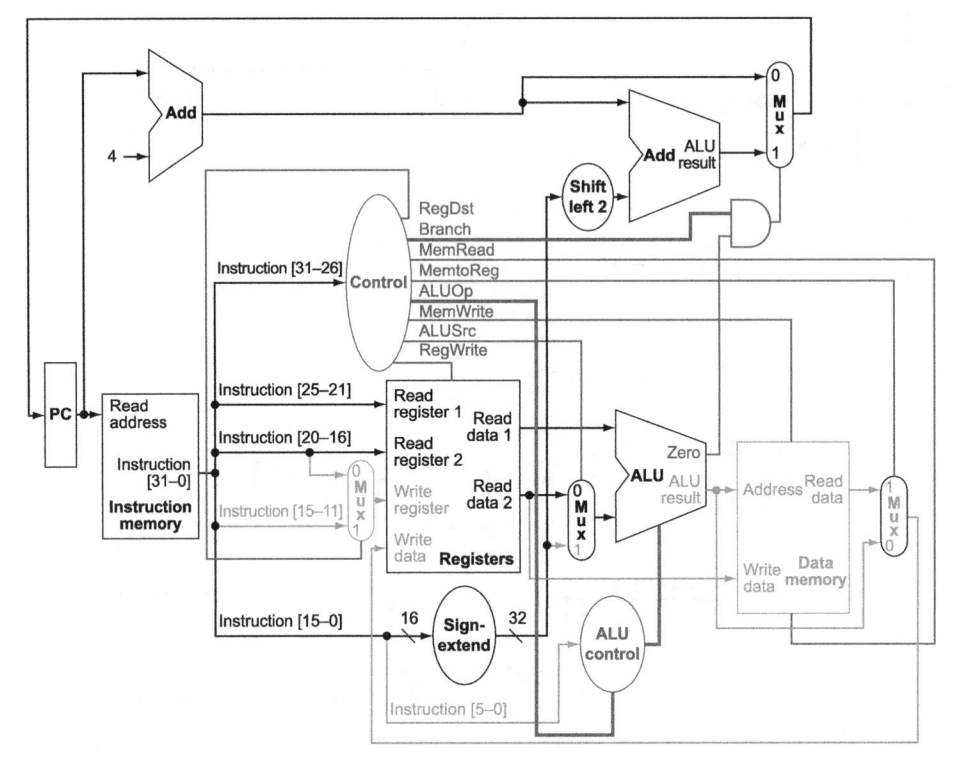

图 4-21 相等则分支（beq）指令时数据通路。控制信号、数据通路单元和连接使用灰色线显示。在使用寄存器堆和 ALU 进行比较操作之后，ALU 的零输出用于在两种后选中选择一个作为下一个 PC

完成控制单元

在讨论了指令的操作步骤之后，现在继续讨论控制单元的实现。控制单元的功能可由图 4-18 精确定义，其输入为 6 位操作码 Op [5:0]，输出为控制信号。这样，可以基于操作码的二进制编码为每个输出建立一张真值表。

根据这些信息，可以把控制单元（包括所有输出的逻辑综合）定义在一张大的真值表中，如图 4-22 所示。该表完整地描述了控制功能，并可以自动地转换为门电路实现，附录 D 的 D.2 节给出了最终的步骤。

输入或输出	信号名	R型	lw	sw	beq
	Op5	0	1	1	0
	Op4	0	0	0	0
输入	Op3	0	0	1	0
	Op2	0	0	0	1
	Op1	0	1	1	0
	Op0	0	1	1	0

图 4-22 简单单周期实现的控制单元的功能真值表。表的上面 6 行为输入，其包括操作码（对应于指令的 31:26 位的 Op [5:0]）的 4 种组合。表的下半部分为 4 种组合的输出。因此，RegWrite 对于两种不同的输入组合是有效的。如果只考虑这张表中的 4 个操作码，则可以用输入部分的无关项简化真值表。例如，可以由表达式 $\overline{Op5} \cdot \overline{Op2}$ 确定是否为 R 型指令，因为这已经足够将 R 型指令与 lw、sw 和 beq 指令区分开。之所以不用这种简化，是因为在 MIPS 指令集的完整实现中会用到其他操作码输入或输出信号名

输入或输出	信号名	R型	lw	sw	beq
输出	RegDst	1	0	X	X
	ALUSrc	0	1	1	0
	MemtoReg	0	1	X	X
	RegWrite	1	1	0	0
	MemRead	0	1	0	0
	MemWrite	0	0	1	0
	Branch	0	0	0	1
	ALUOp1	1	0	0	0
	ALUOp0	0	0	0	1

图 4-22 （续）

到目前为止，我们已经有了包含 MIPS 核心指令集中绝大多数指令的**单周期实现**（single-cycle implementation），在此基础之上我们再加上跳转指令，看看怎样通过扩展基本数据通路和控制通路，来实现指令集中的其他指令。

> **单周期实现**：也称为单时钟周期实现，即一个时钟周期执行一条指令的实现机制。虽然它很容易理解，但现实中，由于它太慢而不实用。

│例题│ 跳转指令的实现 ────

图 4-17 给出了第 2 章中提到的许多指令的实现，但缺少跳转指令。请对图 4-17 的数据通路和控制通路进行扩展，以支持跳转指令，并给出控制信号的设置方式。

│答案│ 跳转指令类似于分支指令，但它以不同的方式计算目标 PC，且是无条件的。与分支指令一样，跳转地址的最低两位恒为 00_2。32 位跳转地址的次低 26 位来自指令的 26 位立即数，如图 4-23 所示。跳转地址的高 4 位来自跳转指令的 PC+4。也就是说，实现跳转指令将下面 3 个部分拼接为跳转地址：

- 当前 PC+4 的高 4 位（下条指令地址的 31:28 位）。
- 跳转指令的 26 位立即数字段。
- 低位 00_2。

字段	000010	地址
位的位置	31:26	25:0

图 4-23 跳转指令的格式（操作码 =2）。跳转指令的目的地址由当前 PC+4 的高 4 位与跳转指令中的 26 位地址连接，再将 00 作为最低两位形成

图 4-24 所示为在图 4-17 基础上增加了对跳转指令的支持。为了在 PC+4、分支目标 PC 和跳转目标 PC 中选择新 PC 值的来源，图中增加了一个多选器。这个多选器需要一个控制信号 Jump。只有当操作码为 2，即指令为跳转指令时，该控制信号才有效。 ─────

4.4.3 为什么不使用单周期实现方式

虽然单周期设计也可以正确地工作，但效率太低，因此现代设计中并不采取这种方式。究其原因，在单周期设计中，时钟周期对所有指令等长，这样时钟周期要由执行时间最长的那条指令决定。这条指令最可能是 load 指令，它依次使用了 5 个功能单元：指令存储器、寄存器堆、ALU、数据存储器、寄存器堆。虽然 CPI 为 1（见第 1 章），但因时钟周期太长，单周期实现方式的总体性能很差。

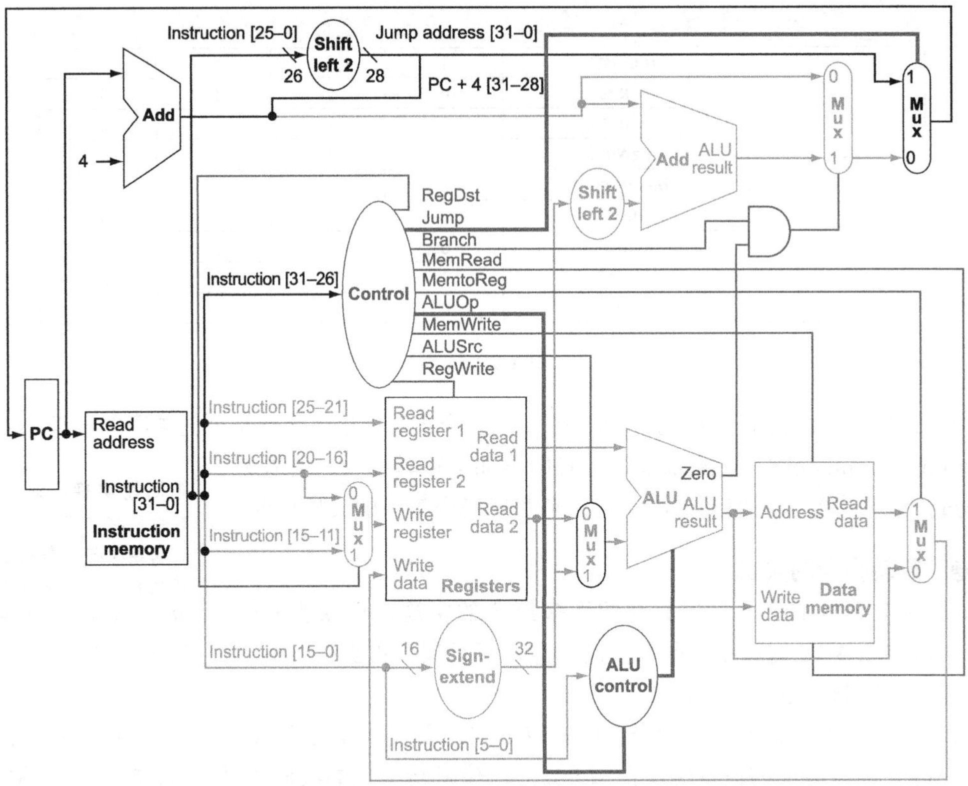

图 4-24 扩展简单数据通路和控制单元以支持跳转指令。增加了一个多选器（右上角）用来选择分支目标地址、跳转目标地址和下一指令地址三者之一。该多选器由 Jump 信号控制。跳转目标地址通过将 jump 指令中低 26 位地址左移两位，从而高效地增加 00 作为低位，然后将 PC+4 的高 4 位作为高位，从而产生 32 位地址

使用单周期设计的代价虽然很大，但对于小指令集来说，或许是可以接受的。事实上，早期具有简单指令集的计算机就曾经采用过这种实现方式。然而，若要实现包含浮点或更复杂指令的指令集，这样的单周期设计根本不能胜任。

因为时钟周期必须满足所有指令中最坏的情况，故无法使用那些缩短常用指令执行时间的技术，因为这些技术无法改进最恶劣情况下的时钟周期时间。这样，单周期实现方式违背了第 1 章中加速大概率事件这一设计原则。

在 4.6 节，我们将讨论一种称为流水线的实现技术，使用与单周期类似的数据通路，但因吞吐率更高而更高效。流水线是通过重叠多条指令的执行来提高效率的。

小测验 观察图 4-22 中的控制信号，能否将它们组合在一起？其中是否有控制信号可以被其他控制信号取反来替代（提示：将无关项考虑进去）？如果有，能否不加反相器就可以直接用一个控制信号替代另一个呢？

4.5 多周期实现

前一节中，我们将每条指令按照所需功能部件的操作分成多个执行步骤。可以使用这些步骤来构造一种多周期的实现方式，其中每个步骤执行 1 个时钟周期。在多周期实现中，一

条指令可以在不同的时钟周期多次使用同一个功能部件，这种共享可以减少所需的硬件数量，这些特点是多周期设计的主要优点。本节（在线章节）给出了 MIPS 的多周期实现方式。

虽然多周期实现能够降低硬件开销，然而，当今几乎所有的芯片都采用流水线技术来提升性能，因此一些读者希望跳过多周期技术而直接学习流水线。然而，一些教师认为在流水线之前学习多周期实现会有一定的优势，因此，我们在线上提供了多周期实现的选择。

4.6 流水线概述

流水线（pipelining）是一种实现多条指令重叠执行的技术。目前，流水线技术广泛应用。

永远不要浪费时间。
美国谚语

本节通过一个例子进行类比，对流水线的概念及其相关问题进行了概述。如果只是想对流水线技术有一个大致的了解，可以详细阅读本节，然后直接跳到 4.11 节和 4.12 节了解当前处理器（Intel Core i7 和 ARM Cortex-A8）中所使用的高级流水线技术。如果想深入了解基于流水线技术的计算机，4.7~4.10 节给出了一个很好的引导。

流水线：一种实现多条指令重叠执行的技术，与生产流水线类似。

任何一个有许多衣服需要洗涤的人都会不自觉地使用流水线技术。非流水线方式的洗衣过程包括如下几个步骤：

1. 把一批脏衣服放入洗衣机里清洗。
2. 洗衣机洗完后，把衣服取出并放入烘干机中。
3. 烘干衣服后，将衣服从烘干机中取出，然后放在桌子上叠起来。
4. 叠好衣服后，请你的室友帮忙把桌子上的衣服收好。

当你的室友把这批干净衣服从桌子上拿走后，再开始洗下一批脏衣服。

如图 4-25 所示，采用流水线的方法将节省大量的时间。当把第一批脏衣服从洗衣机里取出放入烘干机之后，就可以把第二批脏衣服放入洗衣机里进行清洗了。当第一批衣服被烘干之后，就可以将它们叠起来，同时把洗净的下一批湿衣服放入烘干机中，同时再将下一批脏衣服放入洗衣机里清洗。接着让你的室友把第一批衣服从桌子上收好，而你开始叠第二批衣服，这时烘干机中放的是第三批衣服，同时可以把第四批脏衣服放入洗衣机清洗了。这样，所有的洗衣步骤（流水线的步骤）都在同时操作。只要在每一个操作步骤中都有独立的工作单元时，我们就可以采用流水线的方式来快速完成任务了。

流水线的奇妙之处在于，对于单独的一批衣服来说，从它进洗衣机到烘干机，再到折叠、打包带走，整个过程总的处理时间并没有缩短。而在有多批任务时，流水线快的原因是所有的工作都在并行地进行。因此，单位时间内能够完成的工作量就大大地增加了。流水线实际上是改善了洗衣系统的吞吐率。虽然洗每一件衣服的时间没有缩短，但如果有很多衣服要洗，吞吐率的改善可以减少完成所有工作的时间。

如果所有的步骤所需的时间相同，并且有足够的工作可做，那么流水线带来的加速倍数和流水线中的步骤数目一致，在洗衣的例子中是 4 倍：清洗、烘干、折叠和取走。流水化洗衣比非流水方式快了 4 倍：前者洗完 20 批衣服所需的时间是洗完一批衣服所需时间的 5 倍，而后者洗完 20 批衣服所需的时间是洗完一批衣服的 20 倍。在图 4-25 中，流水线方式只将处理速度提高了 2.3 倍，原因是图中只显示了清洗 4 批衣服的处理过程。注意，图 4-25 中的流水线中，在工作负载开始和结束阶段，流水线未完全充满。当任务数量相对于流水线级数不是很大时，启动和结束将会影响流水线的性能。在本例中，如果任务数量远大于 4，那么绝大多数时候流水线都将是充满的,这时吞吐率的提升就非常接近于4倍。

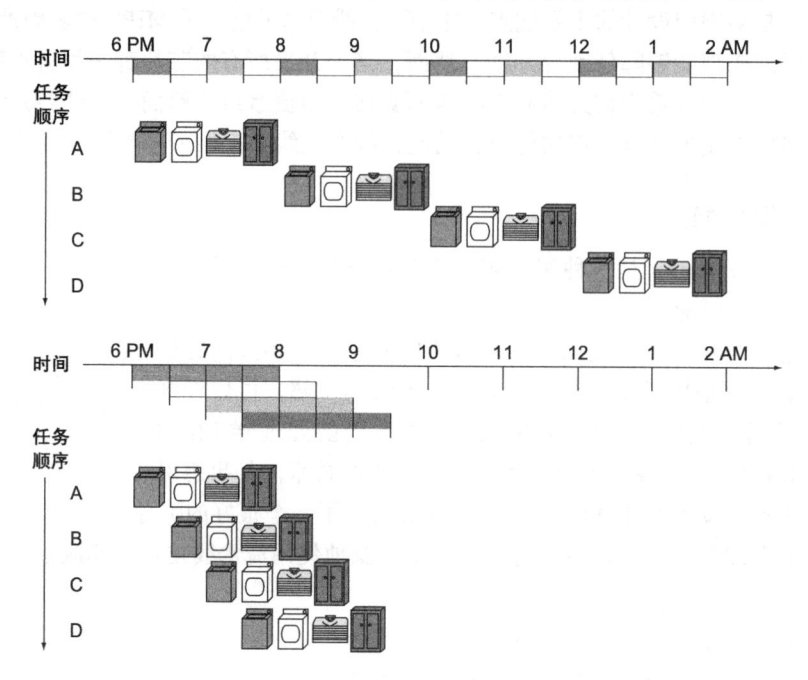

图 4-25 以洗衣店为例类比流水线。安妮、布朗、凯西和唐每个人都有一些脏衣服要清洗、烘干、折叠及取走。洗衣机、烘干机、"折叠机"和"收纳机"都需要30分钟来完成各自的任务。顺序的洗涤方法将花费8小时的时间洗完4批衣服,而流水线的洗涤方法只需要花费3.5小时。图中在二维时间线中通过资源的4次复制给出了不同工作负载的流水级,事实上每种资源只有一个

同样的原理也可以应用到处理器中,即采用流水线方式执行指令。通常,一个MIPS指令包含如下5个处理步骤:

1. 从指令存储器中读取指令。
2. 指令译码的同时读取寄存器。MIPS的指令格式允许同时进行指令译码和读寄存器。
3. 执行操作或计算地址。
4. 从数据存储器中读取操作数。
5. 将结果写回寄存器。

因此,本章讨论的MIPS流水线具有5级。正如流水线能加速洗衣店的工作一样,下面的例子将说明流水线如何加快指令的执行。

| 例题 | 单周期性能与流水线性能

为了使问题具体化,我们首先构造一个流水线结构。在本例以及本章剩余的部分中,我们将只考虑以下8条指令:取字(lw)、存字(sw)、加(add)、减(sub)、与(and)、或(or)、小于则置位(slt)和相等则分支(beq)。

本例将单周期实现(所有指令都在一个时钟周期内完成执行)中指令执行时间与流水线实现中指令执行时间进行对比。假设主要功能单元的操作时间为:存储器访问200ps,ALU操作200ps,寄存器堆的读写100ps。在单周期模型中,每一条指令都只花费一个时钟周期,因此,时钟周期必须满足最慢的指令。

答案 图 4-26 给出了 8 条指令中每一条指令所需要的执行时间。单周期模型的设计必须考虑到最慢的指令，在图 4-26 中是 lw，因此，每一条指令所需要的执行时间为 800ps。与图 4-25 类似，图 4-27 比较了三条取数指令非流水线与流水线方式的执行过程，其中在非流水线方式中，第一条与第四条指令之间的时间差是 3×800ps=2400ps。

流水线中的每个流水级（pipeline stage）都只需要一个时钟周期，因此，时钟周期必须能够满足最慢操作的执行。这就像在单周期模型中虽然有些快的指令的执行只需要 500ps，但它必须选择在最坏情况下的 800ps 作为时钟周期一样，流水线执行模型的时钟周期也必须选择最坏情况下的 200ps，尽管有些步骤可以达到的 100ps。流水线能够将性能提高 4 倍：第一与第四条指令之间的时间差距缩短为 3×200ps=600ps。

指令类型	取指令	读寄存器	ALU操作	数据存取	写寄存器	总时间
取字（lw）	200 ps	100 ps	200 ps	200 ps	100 ps	800 ps
存字（sw）	200 ps	100 ps	200 ps	200 ps		700 ps
R型（add、sub、AND、OR、slt）	200 ps	100 ps	200 ps		100 ps	600 ps
分支（beq）	200 ps	100 ps	200 ps			500 ps

图 4-26 根据各功能单元所需时间计算出来的每条指令的总执行时间。假设多选器、控制单元、PC 访问和符号扩展单元都没有延时

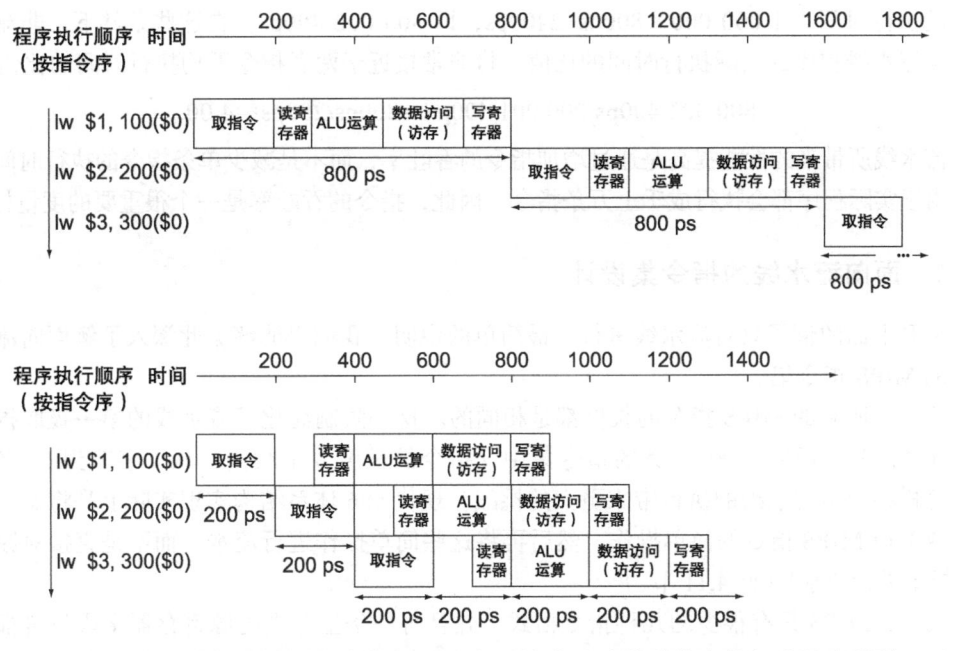

图 4-27 单周期、非流水线的指令执行过程（上图）与流水线的指令执行过程（下图）。两者采用相同的功能单元，各功能单元的处理时间如图 4-26 所示。在这种情况下，指令的执行速度提高了 4 倍，即从 800ps 降到了 200ps。将本图与图 4-25 比较。在洗衣服的例子中，我们假设所有步骤需要的处理时间都是相等的。如果烘干机运行得最慢，那么就把烘干的时间设定为一个步骤需要的处理时间。计算机流水线的处理时间也受限于最慢的处理步骤，即 ALU 操作和存储器访问。同时我们假设对寄存器堆的写操作发生在时钟周期的前半段，对寄存器堆的读操作发生在时钟周期的后半段，本章后面将一直遵循这个假设

上面讨论的流水线性能加速情况可以归纳为一个公式。如果各流水级的操作平衡，则流水线处理器中的指令执行时间为（理想情况）：

$$指令执行时间_{流水线} = \frac{指令执行时间_{非流水线}}{流水线级数}$$

即在理想情况且有大量指令的情况下，流水线所带来的加速比与流水线的级数近似相同。例如一个 5 级流水线能获得的加速比接近于 5。

这个公式说明，一个 5 级流水线在 800ps 的非流水线执行时间的基础上获得接近 5 倍的速度提高，即相当于 160ps 的时钟周期。然而，在例子中显示，各级间并不是完全平衡的。另外，流水线引入了一些开销，开销的来源问题稍后会更加清楚。所以，在流水线机器中每一条指令的执行时间会超过这个最小的可能值，因此流水线能够获得的加速比也就小于流水线的级数。

此外，虽然我们在前面的分析中宣称能将指令的执行速度提高 4 倍，但在本例中并没有反映出来，实际获得的加速比为 2400ps/1400ps，这是因为执行指令的数量不够多。如果增加执行指令的数目将会发生什么呢？我们首先将前面图中的指令增加到 1 000 003 条，也就是说，在上面的流水线例子中加入 1 000 000 条指令，每一条指令都将会使整个的执行时间增加 200ps，因此，整个的执行时间就变成 1 000 000×200ps+1400ps，即 200 001 400ps。在非流水线的例子中，我们也加入 1 000 000 条指令，每条指令的执行时间是 800ps，因此整个的执行时间为 1 000 000×800ps+2400ps，即 800 002 400ps。在这些条件下，非流水线程序与流水线程序的实际执行时间的比值，将非常接近于两者指令平均执行时间的比值，即

$$800\ 002\ 400ps/200\ 001\ 400ps \approx 800ps/200ps \approx 4.00$$

流水线所带来的性能提高是通过增加指令的吞吐率，而不是减少单条指令的执行时间实现的。由于实际程序都会执行成千上万条指令，因此，指令的吞吐率是一个很重要的度量标准。

4.6.1 面向流水线的指令集设计

尽管上面的例子只对流水线进行了最简单的说明，我们也能够据此深入了解面向流水线执行的 MIPS 指令集。

第一，所有的 MIPS 指令的长度都是相同的。这一限制简化了流水线的第一级取指与第二级（译码）。在诸如 x86 之类的指令集中，指令的长度并不相同，从 1 字节到 15 字节不等，这样将会给流水线的执行带来更大的挑战。现代 x86 体系结构实现实际上是将 x86 指令转化成类似 MIPS 指令的简单操作，然后再将这些简单操作进行流水，而不是直接对原始的 x86 指令进行流水！（见 4.11 节。）

第二，MIPS 只有很少的几种指令格式，并且每一条指令中的源寄存器字段位置都是相同的。这种对称性意味着流水线的第二级在确定取指类型的同时就能够开始读寄存器堆。如果 MIPS 的指令格式是非对称的，我们就需要将第二级一分为二，从而使得流水线的级数变为 6。稍后我们将看到深度流水线的缺点。

第三，MIPS 中的存储器操作数仅出现在 load 和 store 指令中。这一限制意味着可以利用执行级计算存储器地址，然后可以接着在下一级访问存储器。如果可以直接操作内存中的操作数（就像在 x86 中那样），那么第三级与第四级将会扩展为地址计算、存储访问和执行阶段。

第四，如第 2 章所述，所有操作数必须在存储器中对齐。因此，我们不需要担心一个数

据传输指令需要访问两次存储器的情况，所请求的数据可以在一个流水级内于处理器与存储器之间完成传输。

4.6.2 流水线冒险

流水线会出现这样一种情况，在下一个时钟周期中下一条指令不能执行。这种情况称为冒险（hazard），有三种类型的流水线冒险。

结构冒险

第一种冒险称为**结构冒险**（structural hazard），指硬件不支持多条指令在同一时钟周期执行。在洗衣店的例子中，如果用洗衣烘干一体机代替独立的洗衣机与烘干机，或者如果你的室友正在做其他事情而不能帮助你将衣服收拾好，都会发生结构冒险。如果发生上述情况，那我们精心构筑起来的流水线就会受到破坏。

> **结构冒险**：因缺乏硬件支持而导致指令不能在预定的时钟周期内执行的情况。

正如前面所述，MIPS 的指令集是为流水线设计的，这就使得设计者在设计流水线时能够非常容易地避免结构冒险。假设图 4-27 的流水线结构中只有一个存储器，而不是两个存储器，那么如果有第四条指令，第一条指令在访问存储器的同时，第四条指令将会在同一存储器中预取指令，流水线就会发生结构冒险。

数据冒险

当一个流水级必须等待另一个流水级完成，从而导致流水线造成暂停的情况称为**数据冒险**（data hazard）。假设你在折叠衣服时发现有一只短袜找不到与之配对的另一只，你可能会跑到房间里，在衣橱中翻找另一只袜子。很明显，当你在寻找的时候，已经烘干的衣服等待折叠，同时已经洗完的衣服等待烘干。

> **数据冒险**：也称为流水线数据冒险，即因无法提供指令执行所需数据而导致指令不能在预定的时钟周期内执行的情况。

在计算机流水线中，数据冒险是由于一条指令依赖于更早的一条还在流水线中的指令造成的（这是一种在洗衣店例子中不存在的情况）。例如，假设有一条加法指令，它之后紧跟着一条减法指令，而减法指令要使用加法指令的和（$s0）：

```
add  $s0, $t0, $t1
sub  $t2, $s0, $t3
```

在没有任何干预的情况下，数据冒险会严重地阻碍流水线。加法指令直到第五步才能写回它的结果，这就意味着在流水线中浪费了三个时钟周期。

虽然可以尝试通过编译器来避免这些数据冒险的发生，但结果仍很难令人满意。因为这种依赖关系经常发生，从而导致的延迟过长，因此不可能指望编译器把我们从这种困境当中解脱出去。

一种最基本的解决方法是基于以下发现：在解决数据冒险问题之前不需要等待指令的执行结束。对于上述的代码序列，一旦 ALU 生成了加法运算的结果，就可以将该结果用作减法运算的一个输入。增加硬件以便从内部资源中直接提前得到缺少的运算项的过程称为**前推**（forwarding）或者**旁路**（bypassing）。

> **前推**：也称为旁路。一种解决数据冒险的方法，具体做法是从内部缓冲器而非程序员可见的寄存器或存储器中提前取出数据。

| **例题** | 两条指令间的旁路 |

对于上述的两条指令，说明哪些流水级应当通过旁路连接起来。图 4-28 描述了流水线数据通路的五个流水级。与图 4-25 中的洗衣店流水线类似，为每条指令列出一套数据通路。

208 第 4 章

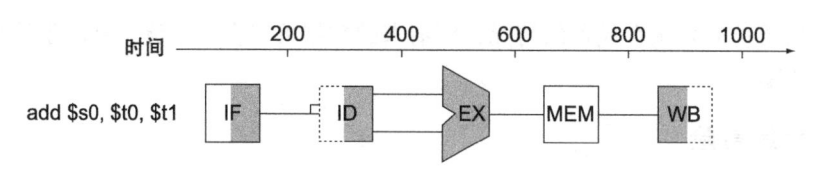

add $s0, $t0, $t1 IF — ID — EX — MEM — WB

图 4-28 指令流水线的图形表示，其与图 4-25 中的洗衣店流水线类似。本图使用图形符号来代表流水线各级使用的物理资源，这种表示方法将贯穿本章。五级流水线的符号所代表的意义分别是：IF 表示取指阶段，其外方框表示指令的存储器；ID 表示指令的译码/寄存器堆的读取阶段，外边的虚线方框表示要读取的寄存器堆；EX 表示指令的执行阶段，外边的图符表示 ALU；MEM 表示存储器访问阶段，方框代表数据存储器；WB 表示写回阶段，其虚线方框代表被写回的寄存器堆。阴影表示该资源被指令所使用。因为 add 指令在这一步并不读取数据存储器，所以 MEM 没有阴影。寄存器堆或存储器右半边的阴影表示它们在此步骤中被读取，左半边的阴影表示它们在此步骤中被写入。因此，由于第二步需要读取寄存器堆，ID 的右半边有阴影，而由于第五步中需要写入寄存器堆，WB 的左半边有阴影

答案 图 4-29 展示了旁路，把 add 指令执行级之后要写入 $s0 中的值作为 sub 指令的输入进行互连。

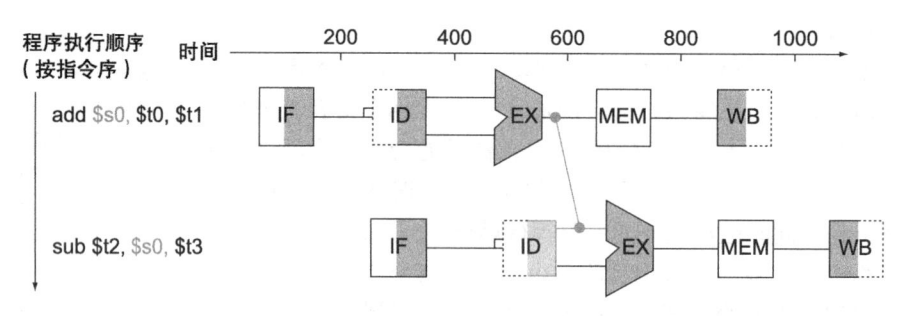

图 4-29 旁路的图形表示。图中的连接表示从 add 指令 EX 级的输出到 sub 指令 EX 级的输入的旁路路径，从而替换掉在 sub 的第二级从寄存器 $s0 读取的值

在图 4-29 中，只有当目标级在时间上晚于源级时旁路的路径才有效。例如，从前一条指令存储器访问级的输出至下一条指令执行级的输入就不能实现旁路，因为那样的话将意味着时间的倒流。

旁路可以有效工作，4.8 节将对此进行详细介绍。然而，旁路并不能够避免所有的流水线阻塞。例如，假设第一条指令不是 add，而是使用 load 指令装载 $s0 寄存器的内容，根据图 4-29 可以想象，由于数据间的依赖关系，所需要的数据只有在前一条指令流水线的第四级完成之后才能生效，这对于 sub 指令的第三级输入来说就太迟了。因此，如图 4-30 所示，即使采用了旁路机制，在遇到**取数－使用型数据冒险**（load-use data hazard）时，流水线不得不阻塞一个流水级的时间。图中显示了一个重要的流水线概念，正式的叫法是**流水线阻塞**（pipeline stall），或者经常被昵称为**气泡**（bubble）。我们经常会在流水线中看到阻塞的发生。4.8 节将给出处理这种复杂情况的方法，即采用硬件上检测和阻塞，或在软件上重新安排代码顺序，以避免取数－使用型数据冒险。

取数－使用型数据冒险：一类特殊的数据冒险，指当 load 指令要取的数还没取回来时其他指令就需要使用的情况。

流水线阻塞：也称为气泡。为了解决冒险而实施的一种阻塞。

下面的例子将对此进行说明。

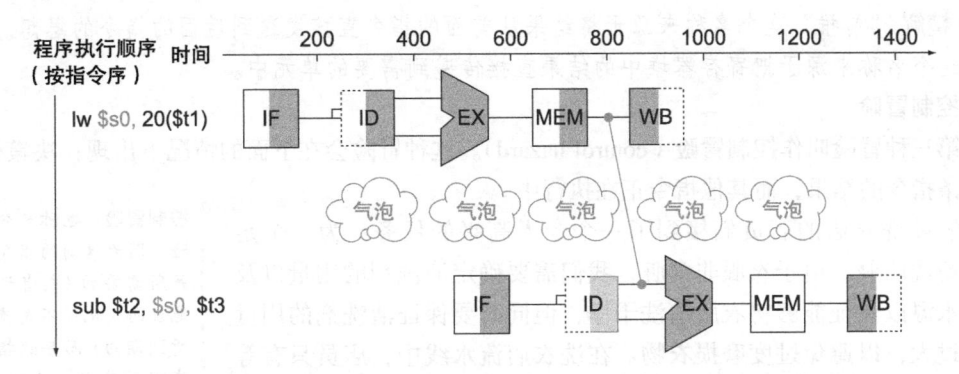

图 4-30 当一条 R 型指令紧跟在一条 load 指令之后，且需要使用 load 的结果时，即使使用了旁路机制，仍然会产生一次流水线阻塞。如果没有阻塞，从存储器访问级的输出到执行级的输入之间的路径在时间上将是倒流的，这显然是不可能的。事实上，这仅是一个示意图，因为直到减法指令取指和译码之后，我们才知道是否需要阻塞。4.8 节详细介绍了这种冒险情况

例题 | 重排代码以避免流水线阻塞

考虑下面这段 C 代码：

```
a = b + e;
c = b + f;
```

下面是这段 C 代码对应的 MIPS 指令，假设所有的变量都在存储器中，且以 $t0 为基址进行寻址：

```
lw   $t1, 0($t0)
lw   $t2, 4($t0)
add  $t3, $t1,$t2
sw   $t3, 12($t0)
lw   $t4, 8($t0)
add  $t5, $t1,$t4
sw   $t5, 16($t0)
```

试找出上述代码段中存在的冒险，并重排指令顺序以避免流水线阻塞。

答案 | 两条 add 指令都存在冒险，因为它们都依赖于上一条 lw 指令。注意，通过旁路可以消除一些潜在的冒险，包括第一条 add 指令对第一条 lw 指令的依赖，以及 sw 指令导致的冒险。而将第 3 条 lw 指令上移到第 3 条指令的位置则可以进一步消除两个冒险：

```
lw   $t1, 0($t0)
lw   $t2, 4($t0)
lw   $t4, 8($t0)
add  $t3, $t1,$t2
sw   $t3, 12($t0)
add  $t5, $t1,$t4
sw   $t5, 16($t0)
```

在一个具有旁路功能的流水线处理器中，执行这个重排序后的指令序列要比原指令序列快 2 个时钟周期。

除了 4.6.1 节提到的 4 个特点之外，旁路揭示了 MIPS 体系结构的另一个特点。即每条 MIPS 指令最多只写一个结果并且在流水线的最后一级执行。如果每条指令要写多个结果，

或写在流水线更早阶段进行，则旁路设计要复杂得多。

> **精解** "前推"这个名称来源于将结果从前面的指令直接发送到后面的指令的思想。"旁路"这个名称来源于把寄存器堆中的结果直接传递到需要的单元中。

控制冒险

第三种冒险叫作**控制冒险**（control hazard）。这种冒险会在下面的情况下出现：决策依赖于一条指令的结果，而其他指令正在执行中。

> **控制冒险**：也称为分支冒险。因为取到的指令并不是所需要的（或者说指令地址的变化并不是流水线所预期的）而导致指令不能在预定的时钟周期内执行。

假设洗衣店的店员们接到了一个令人高兴的任务：为一个足球队清洗队服。由于衣服非常脏，我们需要确定清洗剂的用量以及设置水温以保证能够将衣服清洗干净，但同时要保证清洗剂的用量不能过大，以避免过度磨损衣物。在洗衣店流水线中，店员只有等到第二阶段检查烘干的衣服以后才能确定是否需要改变洗衣机的设置。在这种情况下应该怎么办呢？

有两种办法可以解决洗衣店的控制冒险，计算机中也可以应用等价的方法。

阻塞（stall）：在第一批衣服被烘干之前按串行的方式操作，并且重复这一过程直到找到正确的洗衣设置为止。

这种保守的方法当然可以保证正常工作，但速度比较慢。

计算机中的决策就是分支指令。注意，在分支指令取出的下一周期，必须取出该分支指令的下一条指令。但是，流水线并不知道下一条真正要执行的指令是什么，因为它才刚刚从指令存储器中把分支指令给取出来！跟洗衣店的例子一样，一种可能的解决方法是取出分支指令后立即阻塞流水线，直到流水线确定分支指令的结果并确定下一条真正要执行的指令的地址。

假设可以加入足够多的硬件使得在流水线的第二级能测试寄存器、计算分支地址并更新PC（详情见 4.9 节）。通过使用这些额外的硬件，包含条件分支的流水线执行情况如图 4-31 所示。如果分支指令的判定条件失败，即分支不执行，则要执行 lw 指令，它在启动之前被阻塞一个 200ps 的额外时钟周期。

| **例题** | **阻塞对分支性能的影响** |

分支阻塞对单位指令时钟周期数（CPI）的影响。假设其他所有指令的 CPI 都为 1。

| **答案** | 第 3 章的图 3-28 指明在 SPECint2006 中，分支指令约占指令执行总数的 17%。由于其他指令的 CPI 都为 1，而分支指令阻塞要多一个时钟周期，因此平均 CPI 为 1.17。与理想的情况相比，现在的速度下降了 1.17 倍。

如果不能在第二级解决分支问题（这种情况在较深的流水线中经常发生），那么分支导致的阻塞将引起更大的速度下降。对很多计算机来说，这种阻塞的方法代价太大，因此也就产生了另外一种消除控制冒险的方法，该方法使用第 1 章中提到的伟大思想来应对控制冒险）：

预测（predict）：如果你对洗涤那些队服的正确流程很有自信，则可以预测该流程将正确工作，那么就可以在第一批衣服烘干的同时开始洗涤第二批衣服。

这种做法在预测正确的时候不会降低流水线的速度，但是一旦预测错误，就不得不将已经洗过的队服重新洗一遍。

计算机的确采用预测的方法来处理分支。一种简单的预测方法就是一直预测分支不发生。当预测正确（分支未发生）的时候，流水线会全速地执行。只有当分支发生时，流水线才会阻塞。图 4-32 给出了这样一个例子。

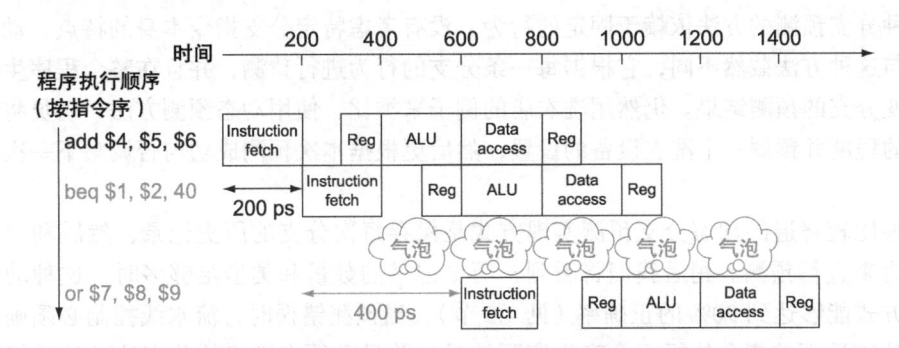

图 4-31 在每一个条件分支上阻塞是避免流水线控制冒险的一种解决方法。这个例子假设分支发生，并且分支目标地址处是一条 OR 指令。分支指令之后会插入一个周期的流水线阻塞，或者称为气泡。事实上，产生阻塞的过程有些复杂，4.9 节将会说明这一点。这种方法对性能的影响与插入一个气泡是一样的

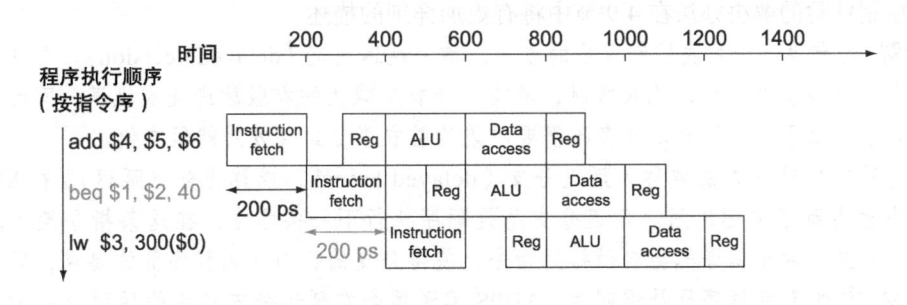

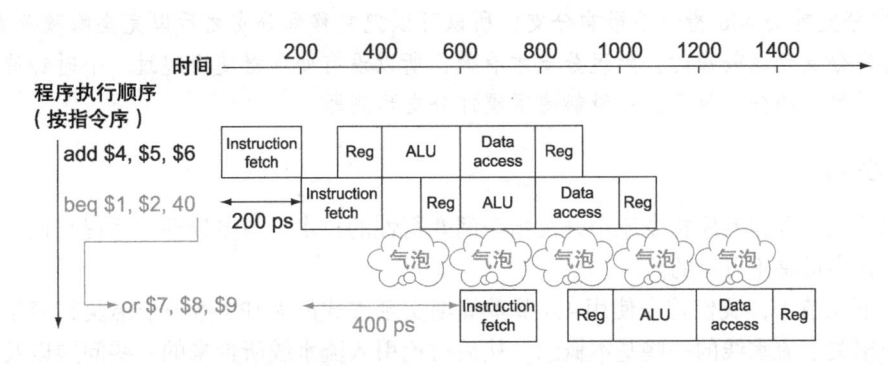

图 4-32 预测分支不发生是一种控制冒险的解决方法。上图显示的是分支不发生的流水线，下图显示的是分支发生时的流水线。正如我们在图 4-31 中提到的，这种插入气泡的方式是一种简化的表示方法，至少对紧跟分支指令的下一个时钟周期而言是这样。4.9 节将给出其中的细节

一种更加成熟的**分支预测**（branch prediction）方法是预测一些分支发生而预测另一些分支不发生。如在上面洗衣店的例子中，深色或主场比赛的队服使用一个洗衣设备设置，而浅色或客场比赛的队服则使用另一种设置。在计算机程序中，循环体底部的分支总是

分支预测：一种解决分支冒险的方法。它预测分支结果并立即沿预测方向执行，而不是等真正的分支结果确定后才开始执行。

会跳回到循环体的顶部。在此种情况下，由于分支总是发生并且向后（向分支之前的指令）跳转，因此我们可以预测分支总会发生并跳转到前面的某一地址处。

这种分支预测的方法依赖于固定的行为，没有考虑特定分支指令本身的特点。动态硬件预测器与这种方法截然不同，它根据每一条分支的行为进行猜测，并且在整个程序生命期内可能改变分支的预测结果。仍然用洗衣店的例子来类比，使用动态预测方法，店员将会观察衣服脏的程度并预测一个洗衣设备的设置，然后更根据本次预测成功与否调整下一次的预测行为。

一种比较普遍的动态分支预测实现方式是保存每次分支的历史记录，然后利用最近的历史行为来进行预测。稍后我们将看到，历史记录的数量和类型足够多时，这种动态分支预测的方式能够达到 90% 的正确率（见 4.9 节）。当预测错误时，流水线控制必须确保预测错误的分支后面的指令执行不会产生实际效果，并且必须在正确的分支地址处重新开始启动流水线。在洗衣店的例子中，我们必须停止接受新的任务，从而可以重新执行预测错误的任务。

如同其他解决控制冒险的方法一样，较深的流水线会使问题加剧，并会提高预测错误的代价。控制冒险的解决办法在 4.9 节中将有更加详细的描述。

精解 还有第三种解决控制冒险的方法，称为延迟决定（delayed decision）。与洗衣店的例子类比，每当要决定如何洗衣服时，就将一批非足球队的衣服放进洗衣机里，同时等待足球队的制服被烘干。只要有足够多不需要决策的脏衣服，这种方法就很有效。

在计算机中这种方法被称为延迟分支（delayed branch，或称为分支延迟），在 MIPS 体系结构中也得到了实际应用。延迟分支总是顺序执行下一条指令，在这条指令延迟之后再开始执行分支。由于编译器会自动排列指令，使得分支的行为达到程序员的要求，因此这个过程对 MIPS 的汇编程序员是透明的。MIPS 编译器会在延迟分支指令的后面放一条不受该分支影响的指令。已发生的分支仅会改变这条安全指令之后的指令地址。在我们的例子中，图 4-31 中分支前的 add 指令不影响分支，所以可以把它移到分支之后以完全隐藏分支延迟。因为只有当分支延迟较短时，延迟分支才有效，所以没有处理器使用超过一个时钟周期的延迟分支。对更长的分支延迟，一般都使用硬件分支预测器。

4.6.3 小结

流水线是一种在顺序指令流中开发指令间并行性的技术。与多处理器编程相比，其优势在于它对程序员是不可见的。

在以下几节中，我们首先使用 4.4 节单周期实现方式的 MIPS 指令子集及其简化的流水线方式介绍关于流水线的一些基本概念，然后讨论引入流水线所带来的一些问题以及流水线在一些典型情况下所能获得的性能提升。

如果想深入了解流水线对软件和性能的影响，并且你已经具有足够的背景知识，可以直接跳到 4.11 节。4.11 节介绍了一些高级流水线概念，如超标量、动态调度等。4.12 节介绍了一些最新的微处理器的流水线。

反之，如果你想深入了解流水线的实现方式和如何处理冒险现象，可以接着阅读后面的几节。4.7 节介绍了一个流水线的数据通路的设计和基本的控制。在 4.7 节的基础上，你可以在 4.8 节中学习旁路和阻塞的实现。紧接着 4.9 节介绍了处理分支冒险的方法。而 4.10 节则介绍了如何处理异常。

小测验 对下面每个指令序列，说明哪个必须阻塞，哪个只使用旁路就可以避免阻塞，而哪个既不需要阻塞也不需要旁路就可以执行？

指令序列1	指令序列2	指令序列3
lw $t0,0($t0)	add $t1,$t0,$t0	addi $t1,$t0,#1
add $t1,$t0,$t0	addi $t2,$t0,#5	addi $t2,$t0,#2
	addi $t4,$t1,#5	addi $t3,$t0,#2
		addi $t3,$t0,#4
		addi $t5,$t0,#5

理解程序性能 除了存储系统以外，流水线的有效运作是决定处理器 CPI 乃至其性能最重要的因素。正如我们将在 4.11 节看到的那样，理解现代多发射流水线处理器的性能是一项复杂的任务，相对简单流水线处理器而言需要理解更多的问题。不管怎样，结构冒险、数据冒险和控制冒险在简单流水线处理器和更复杂的流水线处理器中都是非常重要的。

对现代流水线而言，结构冒险经常出现在浮点单元附近，因为浮点单元是一个几乎不可能完全流水的单元。而控制冒险一般出现在整数程序中，因为其中分支出现的概率更高，也更难预测。数据冒险在整数和浮点程序中都可能成为性能瓶颈。一般来说，浮点程序中的数据冒险更容易处理，因为分支出现的频率更低，并且规则的存储器访问使得编译器有更大的空间调度指令以避免冒险。而整数程序中涉及大量的指针，存储器的访问更不规则，因此编译器的优化就要困难一些。在 4.11 节我们将看到，有很多编译器和基于硬件的技术通过调度来减少数据间的依赖性。

重点 流水线增加了同时执行的指令数目以及指令开始和结束的速率。流水线并不能够减少单条指令的执行时间［也称为延迟（latency）］。例如，一个五级流水线仍然需要 5 个时钟周期来完成一条指令。用第 1 章的术语来描述就是流水线提高了指令的吞吐率，而不是减少了单条指令的执行时间或延迟。

延迟：流水线的级数或者顺序执行过程中两条指令间的级数。

对流水线的设计者来说，指令集既可能使设计简单化，也可能使设计复杂化。流水线设计者必须解决结构冒险、控制冒险和数据冒险。而分支预测、旁路和阻塞机制能够在保证得到正确结果的前提下提高计算机的性能。

4.7 流水线数据通路与控制

图 4-33 以流水级的形式给出了 4.4 节的单周期数据通路。将指令划分为 5 个阶段意味着采用 5 级流水线，也就意味着在任何一个时钟周期内，最多会有 5 条指令在执行。因此必须把数据通路分为 5 个部分，每一部分用与之对应的指令执行阶段来命名。

看起来很多，其实不然。
Tallulah Bankhead, remark to
Alexander Woollcott, 1922

1. IF：取指令。
2. ID：指令译码，读寄存器堆。
3. EX：执行或计算地址。
4. MEM：访问数据存储器。
5. WB：写回。

214 第4章

| IF: 取指令 | ID: 指令译码/读寄存器堆 | EX: 执行/计算地址 | MEM: 访问存储器 | WB: 写回 |

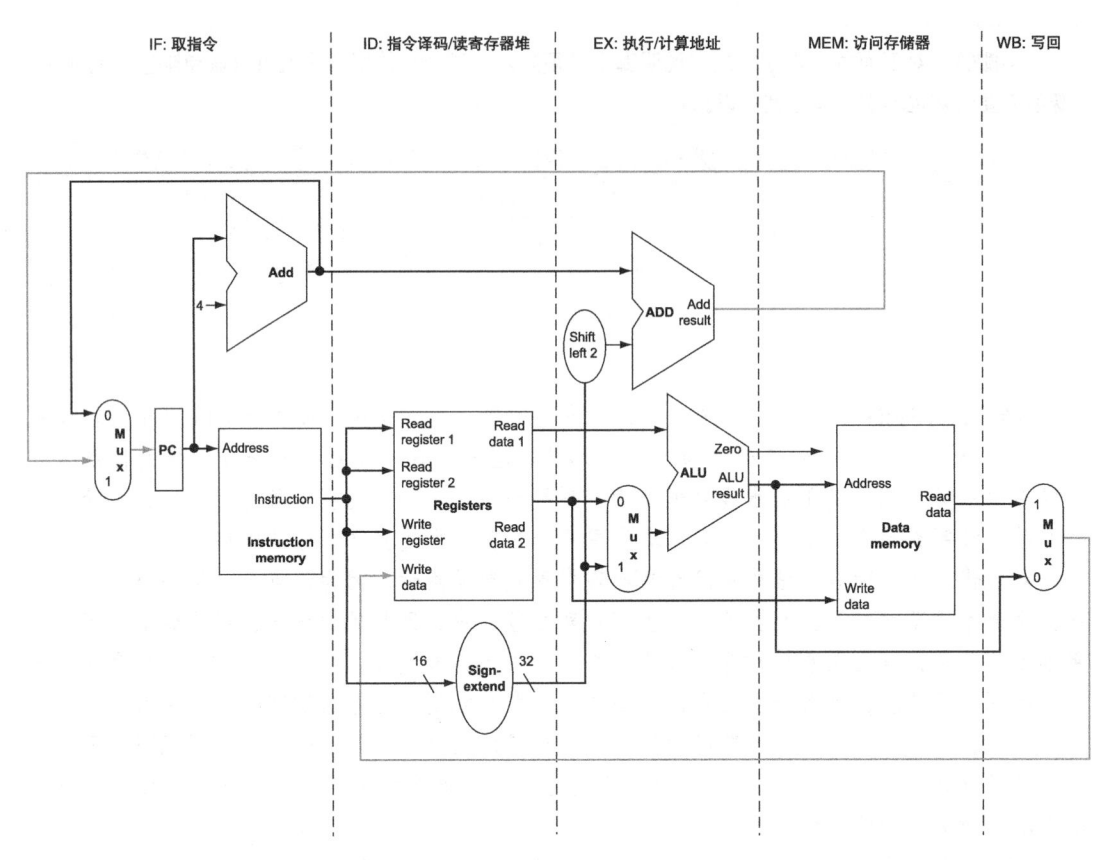

图4-33 4.4 节中的单时钟周期数据通路（与图 4-17 类似）。图中从左至右把指令的每一步映射到数据通路中。PC 更新与写回过程是唯一的例外（图中用灰线表示），它们将 ALU 结果或存储器数据送到左边的寄存器堆中（我们通常使用灰线表示控制，但在这里表示数据线）

图 4-33 的 5 个部分大致与数据通路相符：指令与数据随着执行过程从左到右依次通过五级流水线。正如洗衣店的例子一样，衣服沿着一条工作线依次完成清洗、烘干和整理，而不会反向移动。

然而，在从左到右的指令流中有两个例外：
- 写回阶段，将结果写回数据通路中间的寄存器堆中。
- 选择下一个 PC 值时，需在递增的 PC 和 MEM 级的分支地址间进行选择。

这两个从右向左的数据流不会影响当前指令；这些反向的数据移动只会影响流水线中后续的指令。需要注意的是，第一个从右到左的数据流会导致数据冒险，而第二个会导致控制冒险。

一种表示流水线数据通路的方法是假定每一条指令都有它独立的数据通路，然后把这些数据通路放在同一时间轴上表示出它们之间的关系。图 4-34 在同一时间轴上表示了图 4-27 中指令执行过程中各自的数据通路。图 4-34 展示了使用图 4-33 中的数据通路执行指令的情况。

图 4-34 中的三条指令似乎需要三条数据通路。事实上，通过增加保存中间数据的寄存器，使得在指令执行过程中可以共享部分数据通路。

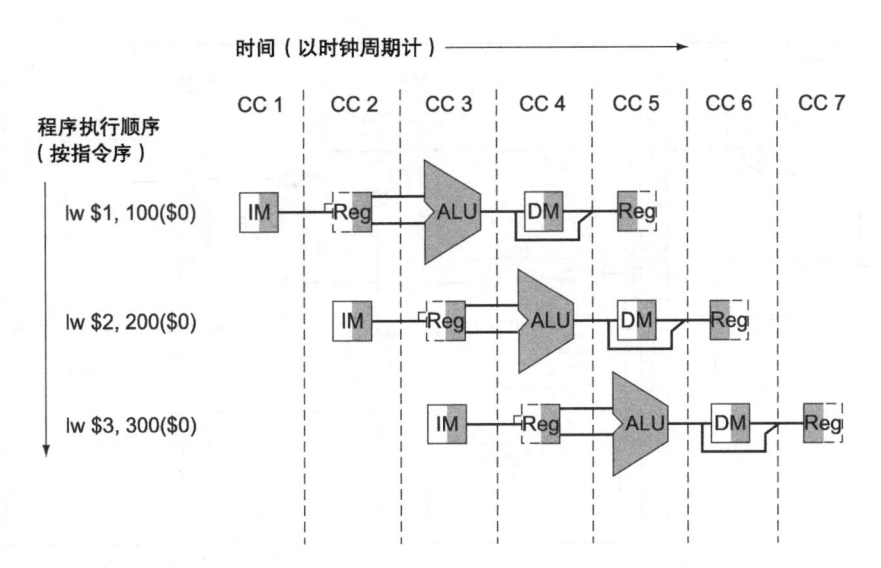

图 4-34 使用图 4-33 中的单周期数据通路的指令执行过程（假定以流水线方式执行）。与图 4-28 到图 4-30 类似，本图假设每一条指令有独立的数据通路，并根据使用情况将相应的部分涂上阴影。与这些图不同的是，流水线的每一级都用该级使用的物理资源表示，分别对应图 4-33 中数据通路的相应部分。IM 表示指令存储器以及取指阶段的 PC，Reg 表示指令译码 / 寄存器堆读取阶段（ID）的寄存器堆和符号扩展单元，等等。为了保持正确的时序，这种形式的数据通路把寄存器堆从逻辑上划分为两个部分：寄存器读取（ID）阶段的寄存器读和写回（WB）阶段的寄存器写。这种复用在图中表示为：在 ID 级，当寄存器堆没有被写入时，将没有阴影的寄存器堆的左半部分用虚线表示；而在 WB 级，当寄存器堆没有被读取时，将没有阴影的右边部分用虚线表示。与以前一样，假设在时钟周期的前半部分写寄存器堆，而在时钟周期的后半部分读寄存器堆

例如，如图 4-34 所示，指令存储器只在每条指令的 5 个步骤中的一步里面用到，因此允许指令存储器在其他 4 步中被后续的指令共享。为了在其他 4 步中保持指令的值，从指令存储器中读出的数据必须保存在寄存器中。将同样的方法应用到每个流水线级中，我们需要在图 4-33 中各级间有分割线的地方都加入寄存器。再回到洗衣店的类比中，两个步骤之间应该用一个篮子来存放下一步的衣服。

图 4-35 描述了流水线的数据通路，其中流水线寄存器用灰色表示。在每个时钟周期，所有指令都会从一个流水线寄存器传递到另一个流水线寄存器中。寄存器以被该寄存器分隔的两个阶段来命名，如 IF 和 ID 之间的流水线寄存器叫作 IF/ID。

需要注意的是，在写回级后面没有流水线寄存器。所有指令都会更新机器中的某些状态，如寄存器堆、存储器或 PC 等，因此各个流水线寄存器对于更新后的状态来说是多余的。例如，load 指令会将结果放入 32 个寄存器中的某一个，以后任何需要此数据的指令只需要读取相应的寄存器即可。

当然，每条指令都会更新 PC，不管是递增还是设置为分支目标地址。PC 可以看成一个流水线寄存器：给流水线的 IF 级提供数据。与图 4-35 中灰色的流水线寄存器不同，PC 是可见体系结构寄存器的一部分，发生异常时必须保存它的内容，而那些流水线寄存器的内容可被丢弃。用洗衣店的例子来说，你可以把 PC 看成洗涤步骤之前装脏衣服的篮子。

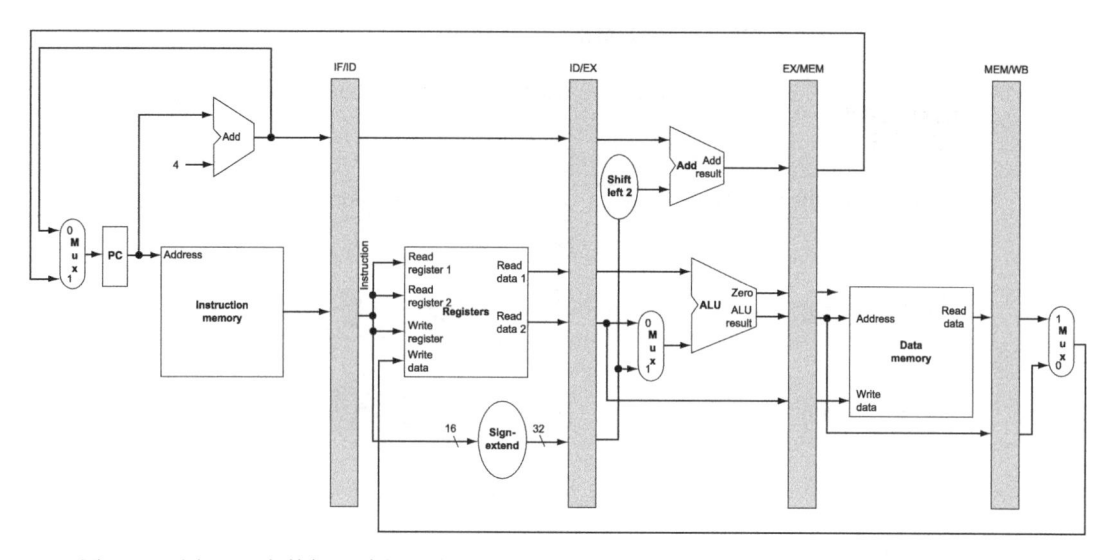

图 4-35 图 4-33 中数据通路的流水线版本。流水线寄存器（以灰色标识）将流水线的各级分开。例如，IF/ID 将取指令和指令译码阶段分开。为了存储所有穿过它的数据（用线条表示），寄存器的宽度必须足够大。例如，因为 IF/ID 寄存器必须同时保存从存储器中取出来的 32 位指令及递增的 32 位 PC 地址，所以它的宽度必须是 64 位。我们将在本章中逐渐增加寄存器宽度，目前另外三个流水线寄存器的宽度分别是 128 位、97 位和 64 位

为了描述流水线如何工作，本章将使用一系列图片以时间顺序来表示这些操作。这些内容需要一定时间去理解，但不要害怕，这些图片实际上比它们看上去的要容易理解，因为可以对比这些图片，观察每一个时钟周期内所发生的变化。4.8 节将介绍流水线指令间发生数据冒险的情况，这里暂时忽略。

图 4-36～图 4-38 是第一个系列，展示了 load 指令在通过流水线的五级时数据通路的活动部分。先讨论 load 指令是因为该指令正好使用了流水线的五个阶段。正如图 4-28～图 4-30 所显示的那样，当寄存器或存储器被读取时，其右半部分突出显示；而当它们被写入时，左半部分突出显示。

我们以每一幅图中活动的流水线级的名字来展示 lw 指令的执行。五个流水级的具体情况如下：

1. 取指令：图 4-36 的顶端表示指令使用 PC 中的地址从存储器中读取指令，然后放入 IF/ID 流水线寄存器中。PC 地址加 4，然后写回 PC 以便为下个时钟周期做好准备。增加后的地址同时也存入了 IF/ID 流水线寄存器中以备后面的指令使用（如 beq）。计算机并不知道所取指令的类型，所以必须考虑到所有可能的指令，并沿流水线传递所有可能有用的信息。

2. 指令译码与读取寄存器堆：图 4-36 的底部显示的是 IF/ID 流水线寄存器的指令部分，其中包括一个 16 位的立即数（可扩展为带符号的 32 位数）和两个寄存器号（用于读取寄存器）。这三个值和递增的 PC 地址一起存入 ID/EX 流水线寄存器中。这里同样必须传递后面指令可能需要的所有信息。

3. 执行或地址计算：图 4-37 表示 load 指令从 ID/EX 流水线寄存器中读取由寄存器 1 传过来的值以及经符号扩展后的立即数，并用 ALU 将它们相加，将得到的和值存入 EX/MEM 流水线寄存器中。

4. **存储器访问**：图 4-38 的顶端表示 load 指令使用从 EX/MEM 流水线寄存器中得到的地址读取数据存储器，并将数据存入 MEM/WB 流水线寄存器中。

5. **写回**：图 4-38 的底部表示了最后一个步骤，即从 MEM/WB 流水线寄存器中读取数据并将它写回图中部的寄存器堆。

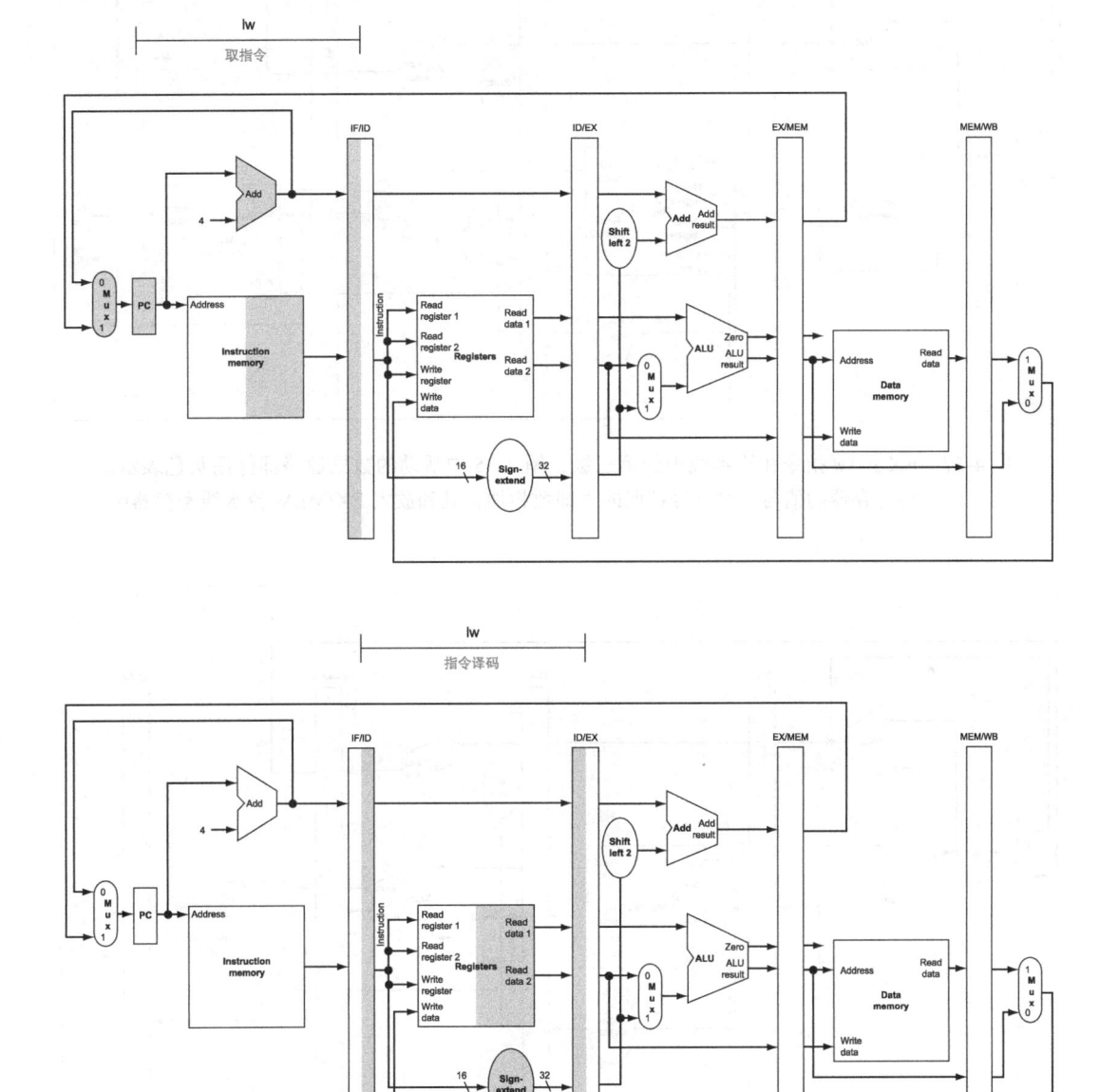

图 4-36 IF 和 ID：一条指令在流水线中的第一、二级。这种灰色的表示方法与图 4-28 相同。正如 4.2 节中介绍的那样，读写寄存器并不会发生冲突，因为寄存器内容的变化只在时钟的边缘发生。虽然 lw 指令只需要第二级中寄存器 1 的值，但由于处理器并不知道当前是哪一条指令正在被译码，因此它把符号扩展后的 16 位常量及两个寄存器的值都读入 ID/EX 流水线寄存器中。我们并不一定需要所有这三个操作数，但是保留全部三个操作数能简化控制

218   第 4 章

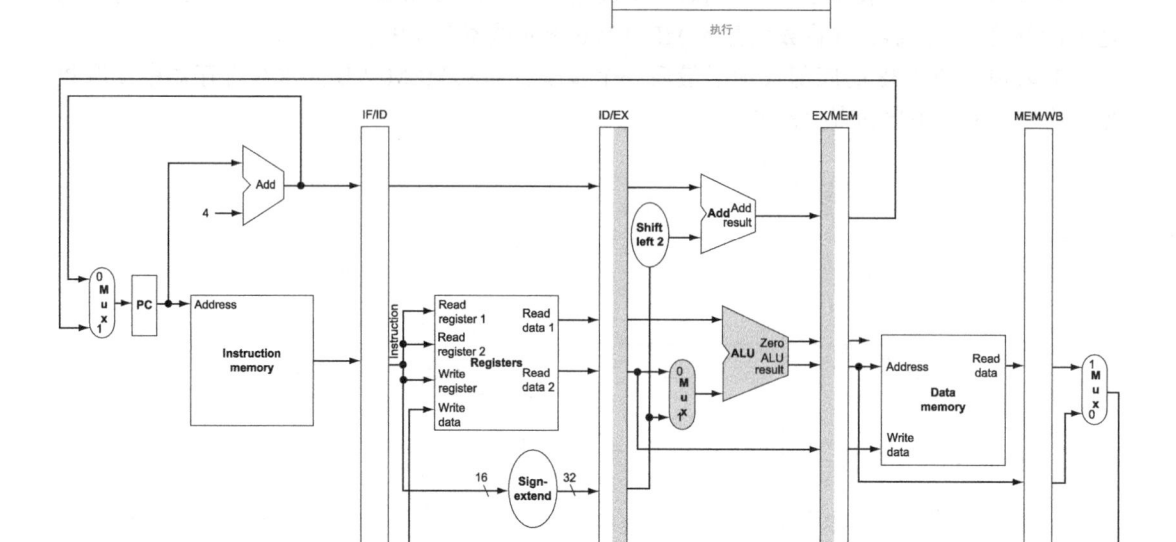

图 4-37 EX：lw 指令在流水线中的第三级，图 4-35 中活动的数据通路部件用灰色表示。将寄存器的值与经过符号扩展的立即数相加，其和放入 EX/MEM 流水线寄存器中

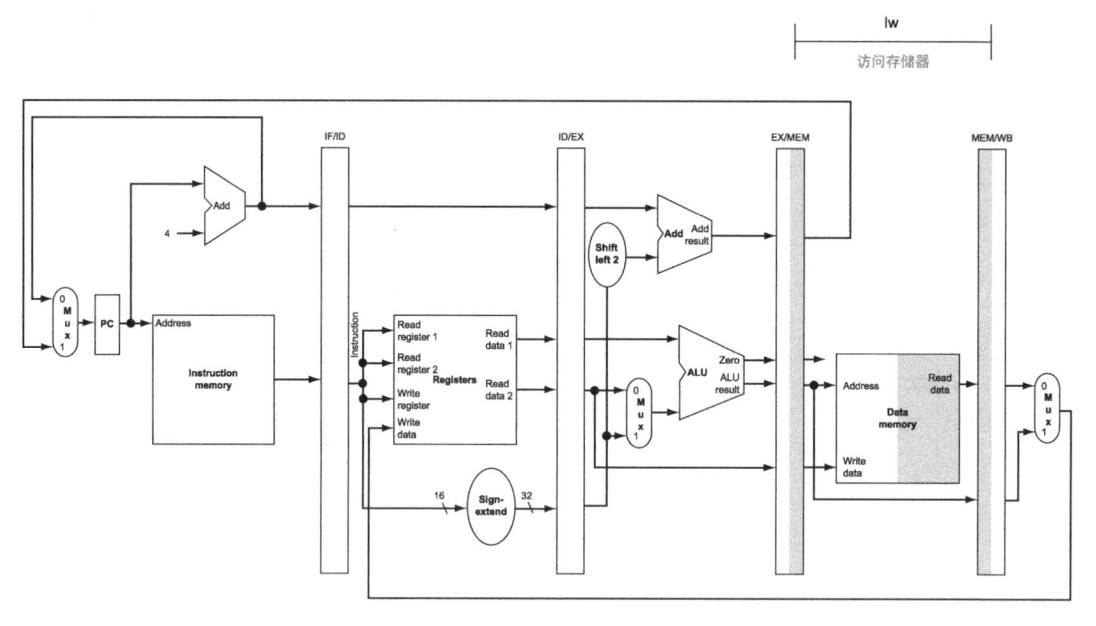

图 4-38 MEM 和 WB：load 指令在流水线中的第四级和第五级，图 4-35 中活动的数据通路部件用灰色表示。利用 EX/MEM 流水线寄存器中包含的地址读取数据存储器，并将读取的数据放入 MEM/WB 流水线寄存器中，然后从 MEM/WB 流水线寄存器中读取数据写回数据通路中部的寄存器堆。请注意：这里有一个错误，将在后面的图 4-41 中修复

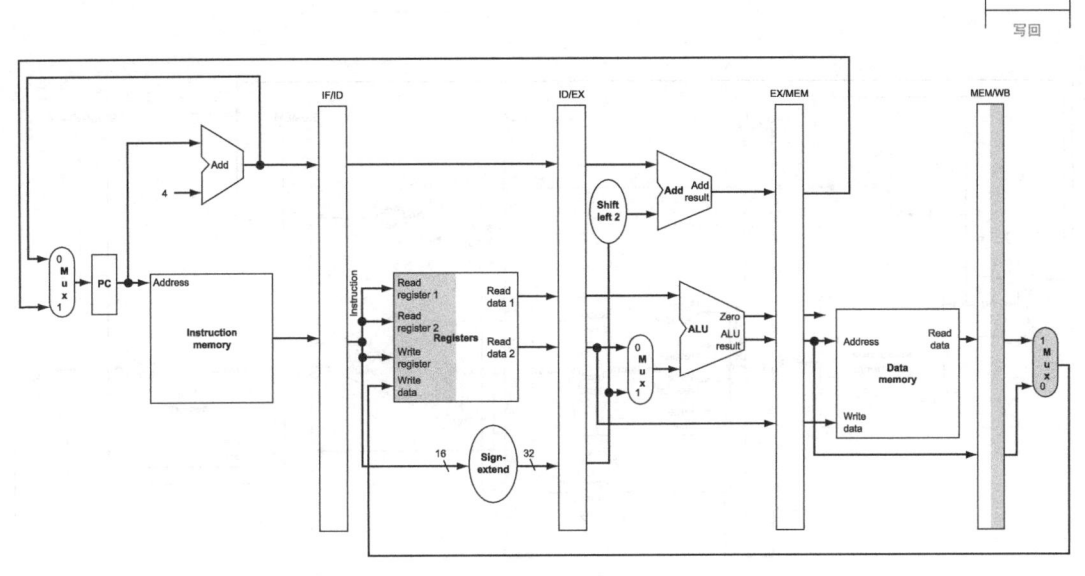

图 4-38 （续）

对 load 指令整个执行过程表明，任何后面流水线级可能用到的信息必须通过流水线寄存器传递。store 指令的执行类似，也需要将信息传递给后面各级。下面是 store 指令的 5 个执行步骤：

1. 取指令：根据 PC 中的地址从存储器中读出指令，然后将指令放入 IF/ID 流水线寄存器中。这个步骤发生在指令译码之前，所以图 4-36 中顶端部分既适用于 load 指令也适用于 store 指令。

2. 指令译码与读取寄存器堆：IF/ID 流水线寄存器中的指令包括用于读取寄存器的两个寄存器号和用于符号扩展的 16 位立即数。读出的两个寄存器值和符号扩展后的 32 位立即数都存放在 ID/EX 流水线寄存器中。图 4-36 中的底部同时也可描述 lw 指令的第二个流水级。由于此时并不知道要执行的指令类型，因此所有指令都执行这两个步骤。

3. 执行或地址计算：图 4-39 描述了 sw 指令在流水线中的第三步，有效地址存放在 EX/MEM 流水线寄存器中。

4. 存储器访问：图 4-40 的顶端描述的是数据写入存储器的过程。值得注意的是，需要写入存储器的数据在较早的流水级中已经读出并存放在 ID/EX 中。在 MEM 级唯一获得这个数据的方法就是把数据放入 EX 步骤中的 EX/MEM 流水线寄存器中，这一过程与将有效地址放入 EX/MEM 中类似。

5. 写回：图 4-40 的底部描述了 store 指令的最后一步。存数指令在写回步骤中不做任何事情。由于 store 指令后的每一条指令都已经进入流水线中，所以无法加速这些指令。因此，任何一条指令都必须经过流水线的每一个步骤，即使在这个步骤中它实际上什么都没有做，这是因为后面的指令已经按照最大的速率在流水线中进行处理。

store 指令再次说明，在流水线中为了从前面的流水级向后面的流水级传递信息，必须将信息放入流水线寄存器中，否则当下一条指令进入该流水级时这些信息将会丢失。在 store 指令中，需要将一个寄存器中的内容在 ID 级读出，然后在 MEM 级写入存储器。这些数据首先放在 ID/EX 流水线寄存器中，然后传送到 EX/MEM 流水线寄存器中。

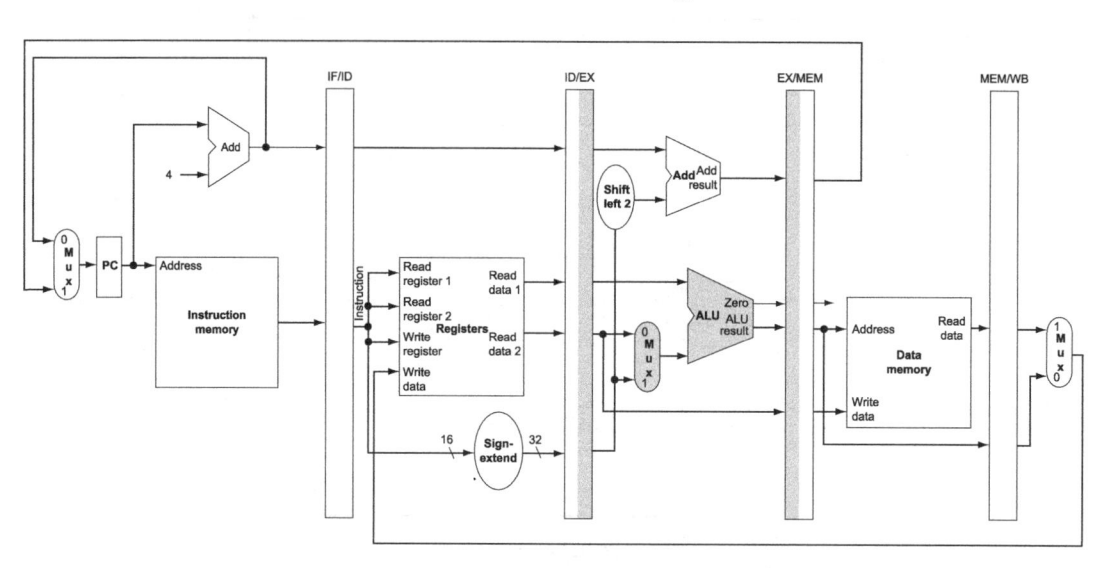

图 4-39 EX：sw 指令在流水线中的第三级。与图 4-37 中 load 指令的第三个流水级不同的是，第二个寄存器中的数据被装入 EX/MEM 流水线寄存器中，并被用于下个流水级。虽然总是将第二个寄存器中的数据装入 EX/MEM 流水线寄存器中并不会产生什么不良影响，但为了使流水线更易于理解，我们只在存数指令中才写第二个寄存器的内容

load 指令与 store 指令的执行过程还表明了另一个重要特性，即数据通路中的每一个逻辑单元（如指令存储器、寄存器读取端口、ALU、数据存储器以及寄存器写入端口）都只能在一个流水级中使用，否则就会产生结构冒险（见 4.5 节）。因此这些单元及其控制可以和一个流水级相关联。

现在我们可以修复图 4-38 中 load 指令设计的错误了。你发现这个错误了吗？在 load 指令执行的最后一级写回了哪个寄存器呢？更确切地说，哪条指令提供了写寄存器号呢？在 IF/ID 流水线寄存器中的指令提供了写寄存器号，但是很显然现在这条指令已经是 load 指令之后的指令了！

因此，我们要在 load 指令中保存目的寄存器号。就像 store 指令为了 MEM 级的写入需要将寄存器的内容从 ID/EX 传送到 EX/MEM 中一样，为了 WB 级使用的需要，load 指令必须把寄存器号从 ID/EX 经过 EX/MEM 传送到 MEM/WB 中。从另一个角度来考虑寄存器号的传递，为了共享流水线的数据通路，我们需要在 IF 中保存读取的指令，因此每一个流水线寄存器都要保存当前和后续流水级所需的部分指令。

图 4-41 给出了修正后的数据通路。首先将写寄存器号传送到 ID/EX 寄存器，然后送到 EX/MEM 寄存器，最后送到 MEM/WB 寄存器。在 WB 级使用寄存器号指定了要写入的寄存器。图 4-42 是正确数据通路图的一个简单表示，给出了从图 4-36 到图 4-38 中 load 指令在所有 5 个流水级中要使用的硬件。通过 4.9 节可以了解如何使分支指令按期望的方式工作。

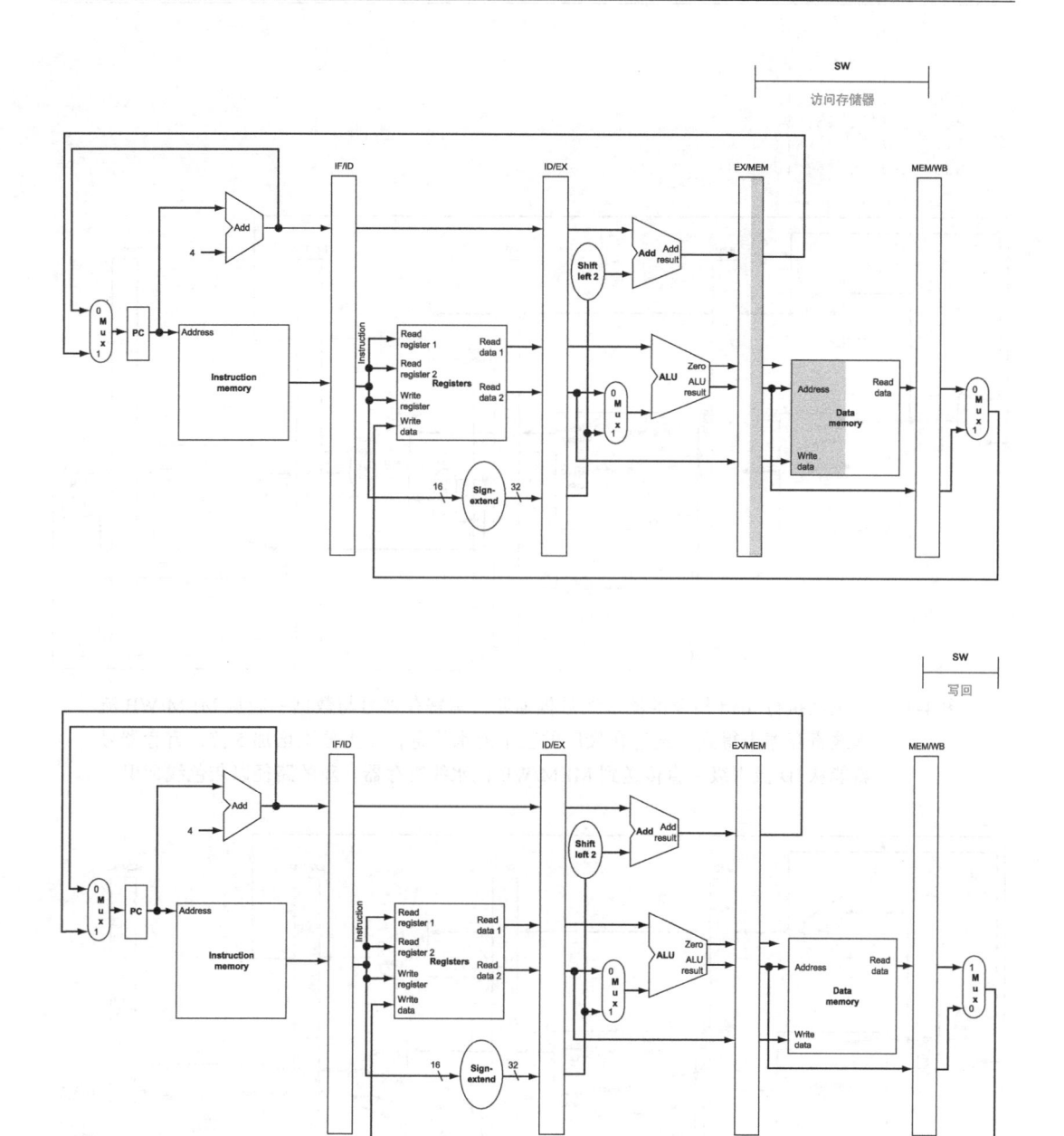

图 4-40 MEM 和 WB：store 指令在流水线中的第四级和第五级。第四级将数据写入数据存储器中，写入数据来自 EX/MEM 流水线寄存器。MEM/WB 流水线寄存器没有改变。一旦数据写入存储器，存数指令就没有什么可做的了，所以在第五级中 store 指令并不做任何处理

4.7.1 图形化表示的流水线

　　流水线技术比较难以理解，因为在每一个时钟周期内同时会有很多指令在一个数据通路中执行。为了帮助理解流水线，有两种基本的流水线图形化表示方法，即多时钟周期流水线图（见图 4-34）和单时钟周期流水线图（见图 4-36～图 4-40）。多时钟周期图虽然简单，但不包括所有的细节。下面以这 5 条指令构成的指令序列为例进行说明：

```
lw    $10, 20($1)
sub   $11, $2, $3
add   $12, $3, $4
lw    $13, 24($1)
add   $14, $5, $6
```

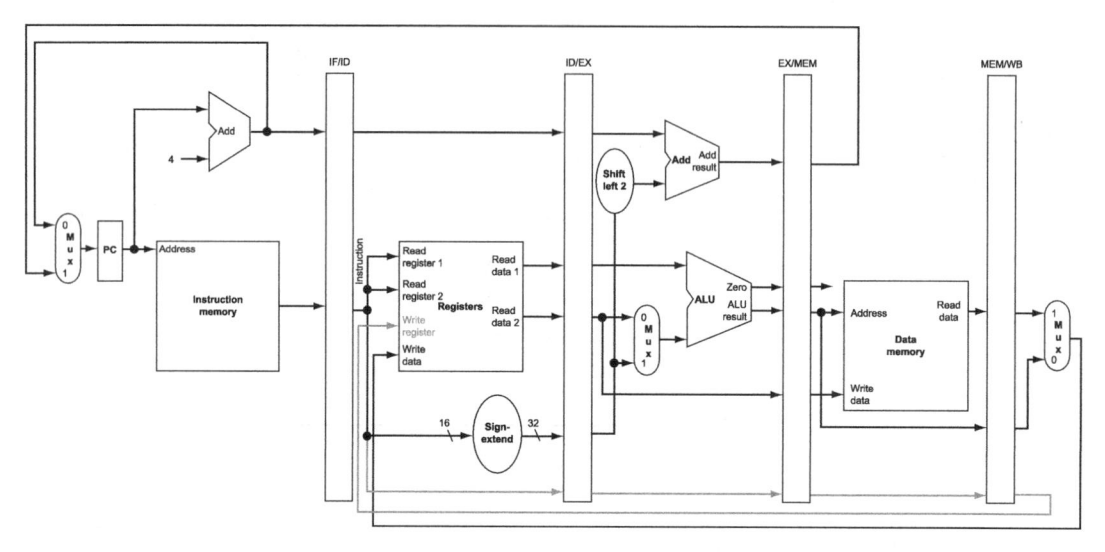

图 4-41　可正确执行 load 指令的流水线数据通路。写寄存器号与数据一起从 MEM/WB 流水线寄存器中得到。通过在最后的三个流水线寄存器上分别增加 5 位，寄存器号就能从 ID 流水级一直传送到 MEM/WB 流水线寄存器。新的路径以灰色线标识

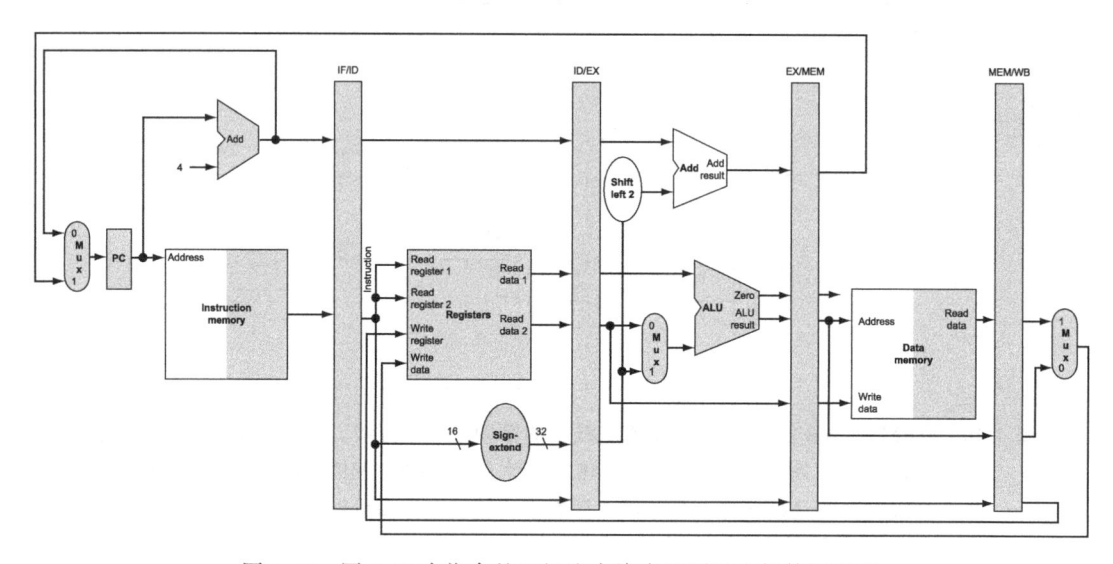

图 4-42　图 4-41 中指令的五级流水线中用到的全部数据通路

图 4-43 表示的是该指令序列的多时钟周期流水线图。与图 4-25 中洗衣店流水线的表示方法类似，时间从左到右推进，指令从上到下推进。沿着指令轴分别表示各流水级以及所占据的时钟周期。这些数据通路用图形的方式展示了流水线的 5 个阶段，但用方框来命名每个流水级也是很好的表示方法。图 4-44 给出了一个更加传统的多时钟周期流水线图的表示方法。需要注意的是，图 4-43 中描述的是每个流水级中使用的物理资源，而图 4-44 描述的是

每个流水级的名称。

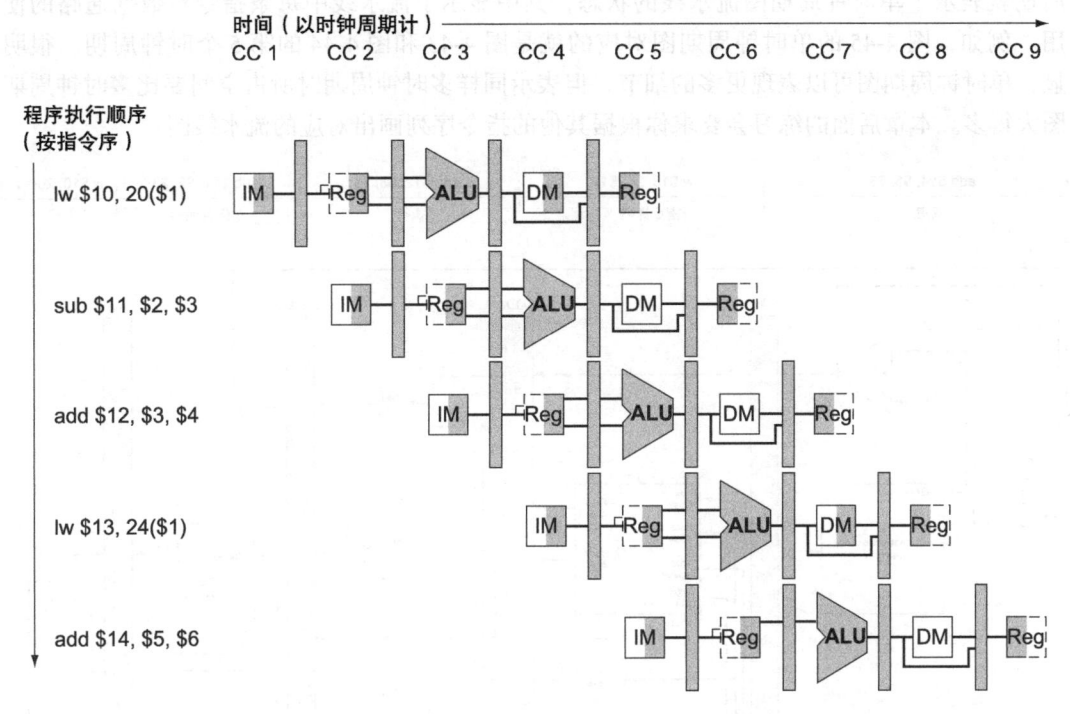

图 4-43 5 条指令的多时钟周期流水线图。此种流水线图在一幅图中表示了指令序列的完整执行过程。指令从上到下按照执行的顺序排列，时钟周期从左向右推进。与图 4-28 流水线表示方法不同的是，本图给出了每一级的流水线寄存器。图 4-44 给出了这种图更为传统的表示方法

图 4-44 图 4-43 中 5 条指令的传统多时钟周期流水线图

单时钟周期流水线图表示的是在一个时钟周期内整个数据通路的状态，通常所有 5 个流水级中的指令都在各流水级上做相应的标记。这种流水线图描述了在每一个时钟周期内流水线中所发生事件的细节。通常，可使用一组单时钟周期流水线图来表示在一系列时钟周期内的流水线操作，而使用多时钟周期流水线图对流水线总体进行全局描述。（如果你对图 4-43

的细节感兴趣，可参考 4.14 节中对单时钟周期图的描述）。从多时钟周期图中抽出一个时钟周期就表示了单时钟周期图流水线的状态，其中显示了流水线中每条指令对数据通路的使用。例如，图 4-45 的单时钟周期图对应的就是图 4-43 和图 4-44 的第 5 个时钟周期。很明显，单时钟周期图可以表现更多的细节，但表示同样多时钟周期时所占空间要比多时钟周期图大得多。本章后面的练习会要求你根据其他的指令序列画出对应的流水线图。

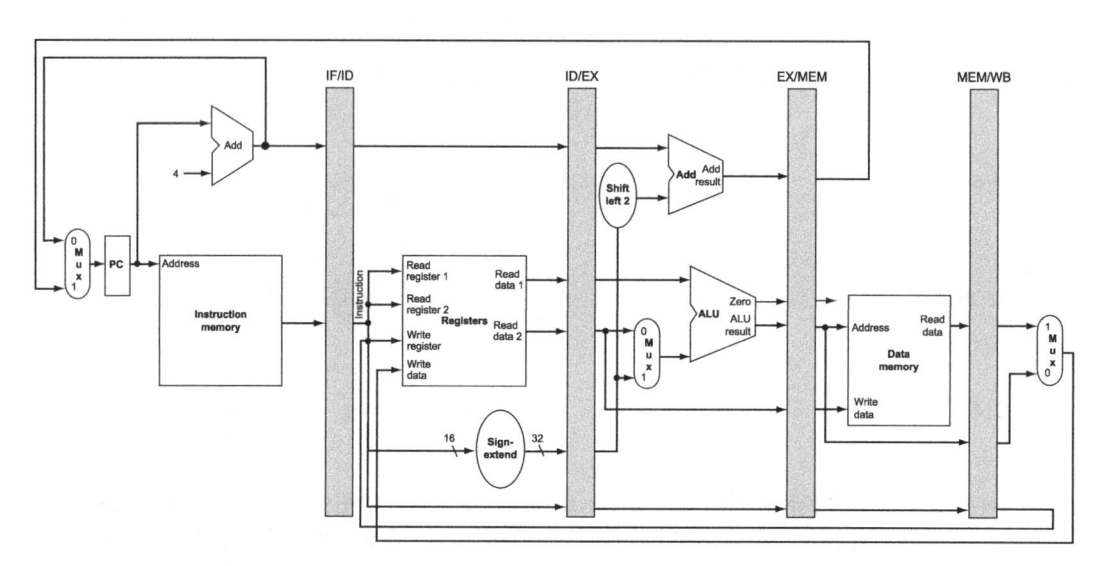

图 4-45　与图 4-43 和图 4-44 的流水线第 5 个时钟周期对应的单时钟周期流水线。从图中可以看出，单时钟周期图就是从多时钟周期图中抽出的一列

小测验　一组学生在讨论 5 级流水线的效率问题。有一个学生指出并非所有流水级中的指令都是活跃的。在忽略冒险的情况下，他们做出了以下几个断言，其中哪一个是正确的？

1. 允许跳转、分支、ALU 指令使用比 5 级（load 指令需要的级数）更少的级数，将在所有情况下增加流水线的性能。
2. 允许一些指令使用更少的级数并不能提高性能，因为吞吐率是由时钟周期决定的。每条指令所需的流水线级数仅影响它的延迟时间，而不影响吞吐率。
3. 不可能减少 ALU 指令所需的时钟周期数，因为它们需要写回结果。不过分支和跳转指令是可以减少时钟周期数的，因此存在改善性能的机会。
4. 相对于尝试减少指令所需的时钟周期数，我们可以加深流水线的级数，虽然每条指令将会花费更多的时钟周期数，但时钟周期的长度变短了，这样同样可以提高性能。

4.7.2　流水线控制

　　如同 4.3 节在单周期数据通路加入控制的方法，下面我们将介绍在流水线的数据通路中如何加入控制。我们从一个简单的设计开始，从乐观的一面来看待问题。

> 相对以前的任何计算机，6600 型计算机的控制系统大不相同。
>
> *James Thornton, Design of a Computer: The Control Data 6600, 1970*

第一项工作是在现有的数据通路上标识控制信号，如图 4-46 所示。我们尽量借用图 4-17 中简单数据通路的控制方法，特别是使用相同的 ALU 控制逻辑、分支逻辑、目的寄存器号多选器和控制信号。尽管图 4-12、图 4-16 以及图 4-18 中已给出了这些功能单元的定义，为了使下面的内容更易于理解，本节使用两页的篇幅，通过图 4-47～图 4-49 重新给出了其中的关键信息。

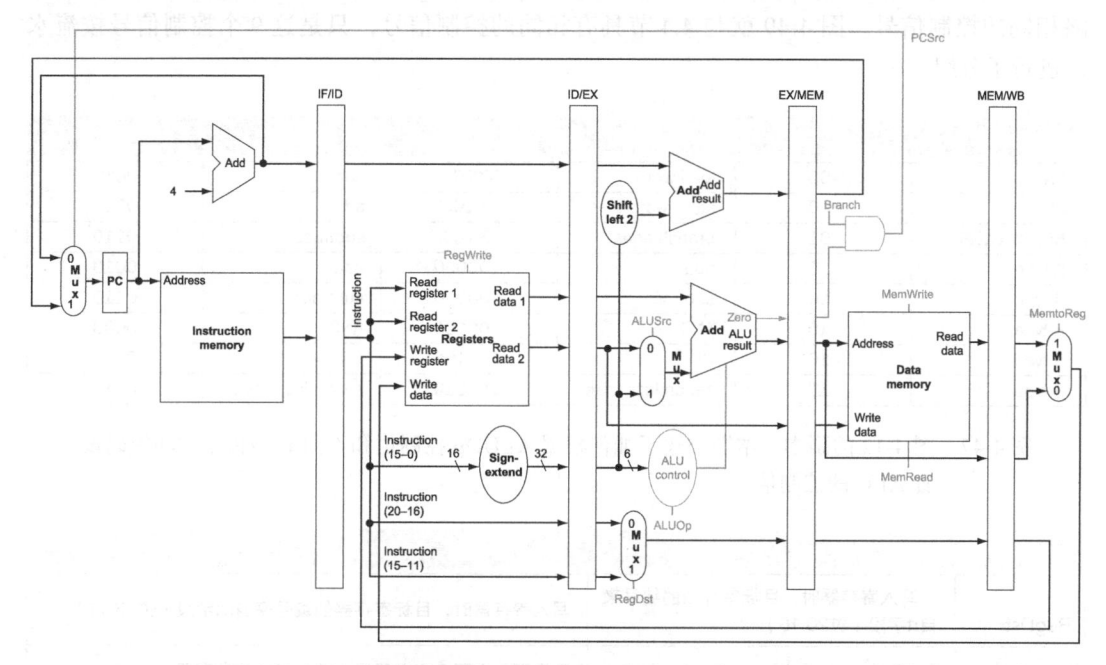

图 4-46 在图 4-41 上增加了控制信号的流水线数据通路。这个数据通路采用了与 4.4 节中相同的 PC 源控制逻辑、寄存器目标号和 ALU 控制。需要注意的是，这时在 EX 流水级中指令需要一个 6 位的功能字段（功能码）作为 ALU 控制的输入，所以该 6 位字段必须存放在 ID/EX 流水线寄存器中。而该 6 位字段是指令中立即数的低 6 位，由于在对立即数进行符号扩展时低 6 位没有发生变化，因此 ID/EX 流水线寄存器可以从立即数中获得这 6 位数

与单时钟周期实现方法一样，我们假定在每个时钟周期内都会写 PC，因此 PC 就不需要独立的写信号。同理，流水线寄存器（IF/ID、ID/EX、EX/MEM 和 MEM/WB）也不需要单独的写信号，因为它们在每个周期都会被写入。

为了详细说明如何控制流水线，我们只需要在每一个流水级中都设置相应的控制信号。由于一个控制信号只与某个流水级中的某个功能单元相关，因此我们可以根据流水线的 5 级将控制信号分成 5 组：

1. 取指令：读指令存储器和写 PC 的控制信号总是有效的，因此在取指阶段没有特别需要控制的部件。

2. 指令译码/寄存器堆读：与第一级类似，在每个时钟周期内本阶段所做的工作都是完全相同的，因此不需要设置控制信号。

3. 指令执行/地址计算：控制信号有 RegDst、ALUOp 和 ALUSrc（见图 4-47 和图 4-48）。根据这些信号选择结果寄存器、ALU 操作，并为 ALU 读取数据 2 或符号扩展后的立即数。

4. 存储器访问：这一级的控制信号有 Branch、MemRead 和 MemWrite。这些控制信号

分别由 beq 指令、load 指令和 store 指令设置。除非控制电路确定是一条分支指令并且 ALU 结果为 0，否则将选择线性地址中的下一条指令作为图 4-48 中的 PCSrc 信号。

5. 写回：控制信号有 MemtoReg 和 RegWrite，其中前者决定是将 ALU 结果还是将存储器数据传送到寄存器堆，后者决定是否写入寄存器堆。

由于采用流水线方式的数据通路并不改变控制信号的意义，因此可以使用与简单数据通路相同的控制信号。图 4-49 就与 4.4 节具有相同的控制信号，只是这 9 个控制信号按流水级进行了分组。

指令操作码	ALUOp	指令操作	功能码	ALU 操作	ALU 控制信号
LW	00	load word	XXXXXX	add	0010
SW	00	store word	XXXXXX	add	0010
Branch equal	01	branch equal	XXXXXX	subtract	0110
R-type	10	add	100000	add	0010
R-type	10	subtract	100010	subtract	0110
R-type	10	AND	100100	AND	0000
R-type	10	OR	100101	OR	0001
R-type	10	set on less than	101010	set on less than	0111

图 4-47　图 4-12 的副本。本图描述了如何根据 ALUOp 控制位和不同 R 型指令的功能码设置 ALU 的控制信号

信号名	置无效时（0）的效果	置有效时（1）的效果
RegDst	写入寄存器时，目标寄存器的编号来自 rt 字段（位20:16）	写入寄存器时，目标寄存器的编号来自 rd 字段（位15:11）
RegWrite	无	数据写入由写入寄存器输入端口指定的寄存器
ALUSrc	第二个ALU操作数来自第二个寄存器堆的输出（读数据2）	第二个ALU操作数是指令低16位的符号扩展
PCSrc	PC使用PC+4更新	PC使用分支目标地址更新
MemRead	无	输入地址对应的数据存储器的内容输出到读数据输出端口
MemWrite	无	将写入数据输入端的数据写入地址输入端指定的存储单元中
MemtoReg	写入寄存器的数据来自ALU	写入寄存器的数据来自数据存储器

图 4-48　图 4-16 的副本。图中定义了 7 个控制信号的功能。ALUOp 已经在图 4-47 的第二列中定义。当一个二路多选器的控制位有效时，多选器选择 1 对应输入；否则，如果控制位无效，多选器选择 0 对应输入。注意 PCSrc 是由图 4-46 的一个与门控制的。如果分支信号与 ALU 的零信号都有效，则 PCSrc 为 1，否则为 0。控制单元仅在 beq 指令中才设置分支信号有效，其他时候 PCSrc 都会为 0

指令	执行/地址计算阶段的控制信号					存储器存取阶段的控制信号			写回阶段的控制信号	
	RegDst	ALUOp1	ALUOp0	ALUSrc		Branch	MemRead	MemWrite	RegWrite	MemtoReg
R型	1	1	0	0		0	0	0	1	0
lw	0	0	0	1		0	1	0	1	1
sw	X	0	0	1		0	0	1	0	X
beq	X	0	1	0		1	0	0	0	X

图 4-49　按流水线最后三级分为三组的控制信号，其值与图 4-18 相同

实现控制就是为每一条指令的每一个执行级将 9 个控制信号设置合适的值，其最简单的实现方法就是扩展流水线寄存器使之包含这些控制信号。

由于控制从 EX 级开始，因此可以在指令译码阶段创建控制信号。图 4-50 描述了当指令在流水线中行进时控制信号的使用方法，这一点与图 4-41 中执行 load 指令时目的寄存器号在流水线中的传递过程类似。图 4-51 描述了完整的数据通路，其中扩展了流水线寄存器，并将控制信号连接到相应的流水级中。（如果你想知道更多的细节，4.14 节给出了更多 MIPS 代码在流水线硬件中执行的单时钟周期流水线图。）

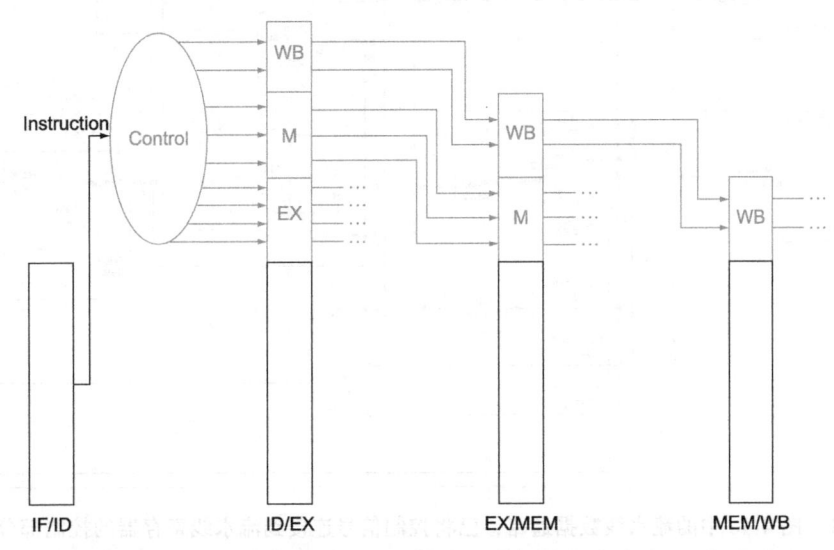

图 4-50　流水线最后三级的控制信号。需要注意的是，9 个控制信号中有 4 个用于 EX 级，而剩下的 5 个控制信号被传递到扩展的 EX/MEM 流水线寄存器中，用以保存控制信号；传递来的 5 个控制信号中，有 3 个用于 MEM 级，剩下的 2 个传递到 MEM/WB 并用于 WB 级

4.8　数据冒险：旁路与阻塞

上节的例子介绍了流水线的强大功能以及硬件如何以流水线的方式执行任务。本节我们抛开这些光环，看看流水线在实际程序中的情况。图 4-43～图 4-45 中的各指令之间是相互独立的，其中任何一条指令都没有用到任何其他指令的计算结果。然而，在 4.6 节中我们就已经发现数据冒险是影响流水线执行的主要障碍之一。

> 这是什么意思，为什么要构建它？这是旁路，你必须构建旁路。
>
> Douglas Adams, *The Hitchhiker's Guide to the Galaxy*, 1979

下面这段代码序列具有很多的依赖（或相关）性（依赖／相关关系以灰色标出）：

```
sub    $2, $1,$3       # Register $2 written by sub
and    $12,$2,$5       # 1st operand($2) depends on sub
or     $13,$6,$2       # 2nd operand($2) depends on sub
add    $14,$2,$2       # 1st($2) & 2nd($2) depend on sub
sw     $15,100($2)     # Base ($2) depends on sub
```

后 4 条指令都依赖于第一条指令得到的寄存器 $2 的结果。如果寄存器 $2 在 sub 指令执行之前的值为 10，而在 sub 指令执行之后的值为 -20，程序员认为后 4 条指令访问到的寄存器 $2 的值为 -20。

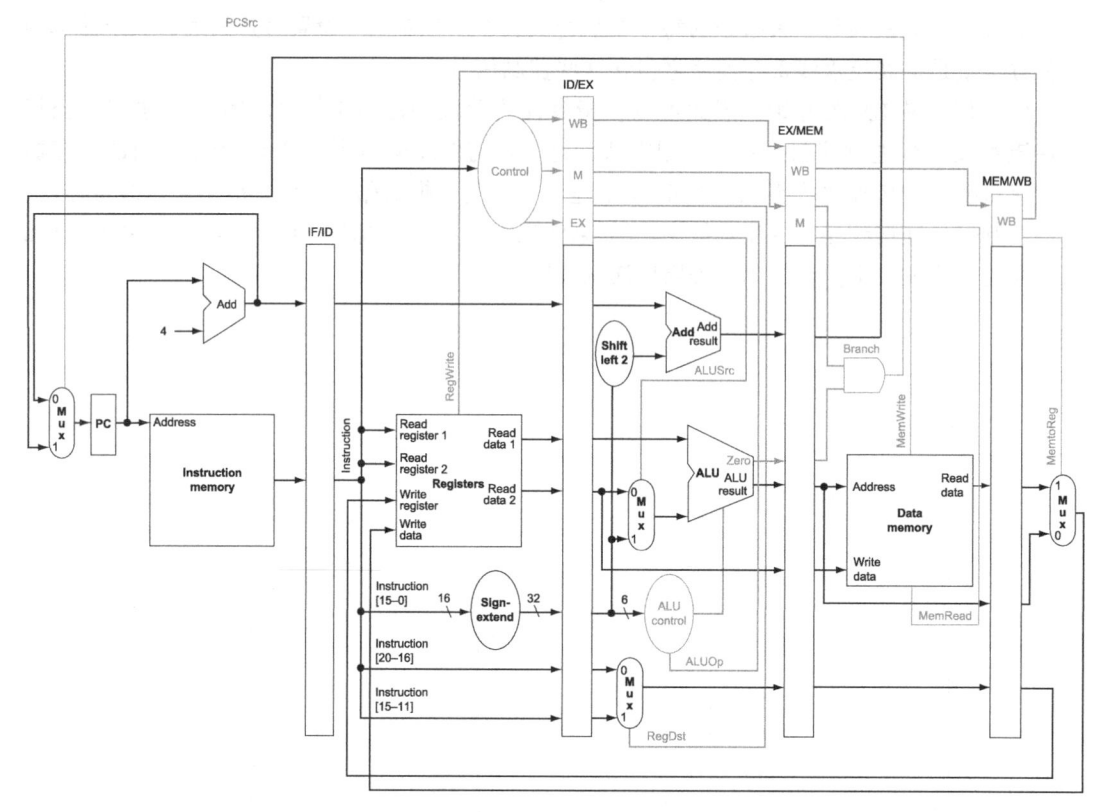

图 4-51　图 4-46 中的流水线数据通路，已将控制信号连接到流水线寄存器的控制部分。流水线最后三级的控制信号是在指令译码阶段创建的，随后放入 ID/EX 流水线寄存器。每个流水级使用相应的控制信号，并将剩余的控制信号传递到下个流水级

这个指令序列在流水线中如何执行？图 4-52 用多时钟周期流水线方式说明了这些指令的执行过程。为了在当前流水线中表示这个指令序列的执行过程，图 4-52 的顶部给出了寄存器 $2 中的值，可以看出寄存器 $2 的值在第 5 个时钟周期的中间发生改变，也就是 sub 指令写结果的时候。

add 指令潜在的冒险可以通过寄存器堆的硬件设计解决。当一个寄存器在同一时钟周期内同时读和写时会发生什么呢？这里我们假设写寄存器操作发生在时钟周期的前半段，而读寄存器操作发生在时钟周期的后半段，因此读操作将读取到最新写入的内容。大多数寄存器堆的实现方法与我们的假设是一致的，因而在这种情况下不会发生数据冒险。

图 4-52 表明如果在第 5 个时钟周期之前读寄存器 $2，读操作得到的寄存器值就不会是 sub 指令的结果。因此，指令 add 和 sw 可得到正确结果 −20，而指令 AND 和 OR 将得到错误结果 10。使用这种风格的流水线图，当一条依赖关系的方向与时间轴相反时，该问题就变得很明显。

正如 4.6 节所提到的那样，sub 指令在 EX 级（第 3 个时钟周期）的末尾就可以得到需要的结果。那么 AND 指令和 OR 指令什么时候真正需要该数据呢？应该是在 AND 指令和 OR 指令的 EX 级开始前，分别是第 4 个和第 5 个时钟周期。所以只要我们在刚得到数据时就将其旁路给所需的单元，而不是等待其可以从寄存器堆中读出来，就可以无阻塞地执行这两条指令了。

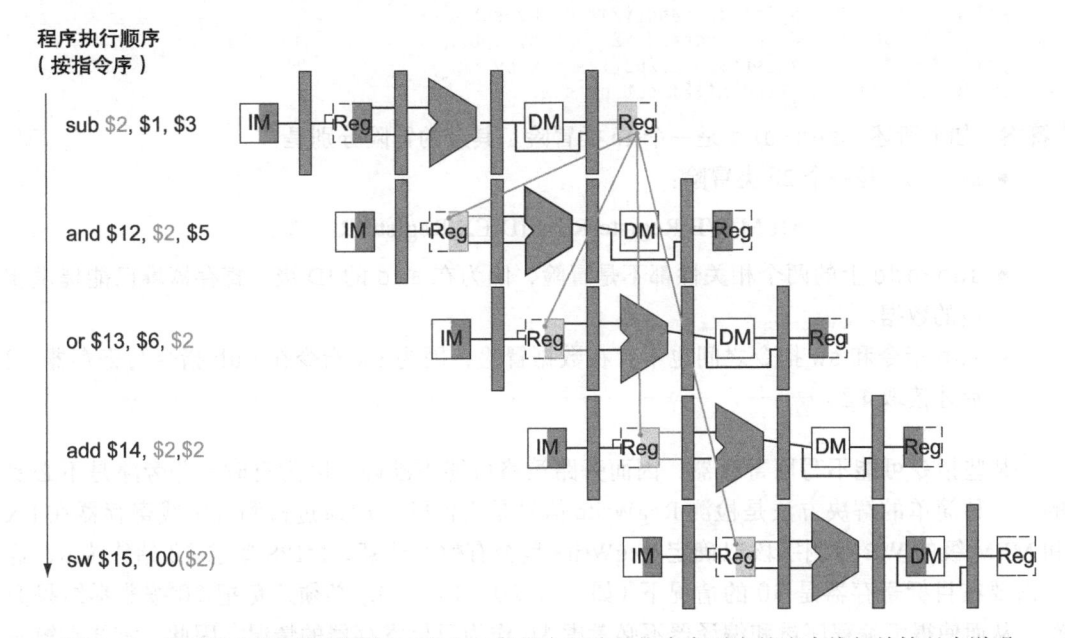

图 4-52 使用简化数据通路表示一个由 5 条指令组成的指令序列中的流水线相关情况来说明相关问题。所有的相关都用灰色标记出来,顶部的"CC 1"表示第 1 个时钟周期。指令序列中第一条指令写寄存器 $2,后 4 条指令读寄存器 $2。寄存器 $2 在第 5 个时钟周期被写入,所以在此之前它的值都是无效的。(当这样的写操作发生时,一个时钟周期中寄存器的读操作返回该周期前半段写入的值。)数据相关性用数据通路中从顶部到底部的灰线表示。那些导致时间倒退的相关就是流水线数据冒险

旁路到底是如何工作?出于简化的目的,在本节剩余部分我们仅考虑如何直接旁路 EX 段产生的数据,该数据可能是 ALU 运算的结果,也可能是地址计算的结果。这意味着如果一条指令试图在 EX 级使用的数据是前面一条指令在 WB 级才写入寄存器堆的数据时,我们需要提前将数据送到 ALU 的输入端。

一种更精确的表示相关性的方法是使用流水线寄存器字段。例如,ID/EX.RegisterRs 表示一个寄存器号,该寄存器的值从寄存器堆的第一个读端口获得,其值可在流水线寄存器中 ID/EX 中找到。这个名称的第一部分,即点号的左边,表示流水线寄存器的名称;第二部分表示寄存器中字段的名称。使用这种表示方法,4 个冒险条件分别是:

```
1a. EX/MEM.RegisterRd = ID/EX.RegisterRs
1b. EX/MEM.RegisterRd = ID/EX.RegisterRt
2a. MEM/WB.RegisterRd = ID/EX.RegisterRs
2b. MEM/WB.RegisterRd = ID/EX.RegisterRt
```

考虑本节开始给出的指令序列,第一个冒险发生在 sub $2,$1,$3 的结果和 and $12,$2,$5 的第一个读操作数之间。这个冒险在 and 指令处于 EX 级,而 sub 指令处于 MEM 级时就能检测出来,这就是冒险 1a:

$$EX/MEM.RegisterRd = ID/EX.RegisterRs = \$2$$

| 例题 | 相关性检测

将前面指令序列中的相关性进行分类：

```
sub  $2,  $1, $3    # Register $2 set by sub
and  $12, $2, $5    # 1st operand($2) set by sub
or   $13, $6, $2    # 2nd operand($2) set by sub
add  $14, $2, $2    # 1st($2) & 2nd($2) set by sub
sw   $15, 100($2)   # Index($2) set by sub
```

| 答案 | 如上所述，sub-and 是一个 1a 类冒险。其余的冒险分别是：

- sub-or 是一个 2b 类冒险：

$$MEM/WB.RegisterRd = ID/EX.RegisterRt = \$2$$

- sub-add 上的两个相关性都不是冒险，因为在 add 的 ID 级，寄存器堆已能提供相应的数据。
- sub 指令和 sw 指令之间也不存在数据冒险，因为 sw 指令在 sub 指令写寄存器 $2 后才读取 $2。

某些指令可能不写回寄存器，因而旁路策略可能不准确，因为有时一些旁路是不必要的。一种简单的解决方法是检测 RegWrite 信号是否活跃，即通过检测流水线寄存器在 EX 和 MEM 级的 WB 控制字段以确定 RegWrite 是否有效。注意，MIPS 要求 $0 始终为 0，这就需要在目标寄存器是 $0 的情况下（如 sll $0, $1, 2），必须避免把 $0 按非零结果旁路，从而使得汇编程序员和编译器不必考虑 $0 作为目标寄存器的情况。因此，需要在第一类冒险条件中加入附加条件 EX/MEM.RegisterRd ≠ 0，在第二类冒险条件中加入附加条件 MEM/WB.RegisterRd ≠ 0。

至此，我们可以检测冒险，问题已经解决了一半，但仍然需要解决旁路数据策略的问题。

图 4-53 描述了图 4-52 的指令序列中流水线寄存器和 ALU 输入间的相关性。与图 4-52 不同的是，这里的相关性开始于一个流水线寄存器，而不是等待 WB 级写操作的寄存器堆。由于流水线寄存器保存了需要旁路的数据，因此后面的指令能够获得相应的数据。

如果可以从任何流水线寄存器而不仅仅从 ID/EX 中得到 ALU 的输入，那么就可以旁路正确的数据。通过在 ALU 的输入中加入多选器和正确的控制信号，就可以在存在相关性的情况下仍然能够全速运行。

现在，假设需要旁路的指令只有 4 条 R 型指令：add、sub、AND 和 OR。图 4-54 给出了在加入旁路机制前后，ALU 和流水线寄存器的示意图。图 4-55 给出了在来自寄存器堆的值和某一旁路的数值间进行选择的 ALU 多选器的控制信号值。

因为 ALU 旁路多选器在 EX 级，所以旁路控制也在这一级中完成。因此，我们必须通过 ID/EX 流水线寄存器从 ID 级中获得操作数寄存器号，以决定是否旁路相应的值。我们已经有了 rt 字段（20~16 位）。在旁路前，ID/EX 流水线寄存器未保存 rs 字段。因此，为支持旁路，rs（25~21 位）被加入 ID/EX 流水线寄存器中。

下面将给出检测冒险的条件以及解决冒险的控制信号：

1. EX 冒险：

```
if (EX/MEM.RegWrite
and (EX/MEM.RegisterRd ≠  0)
```

```
and (EX/MEM.RegisterRd = ID/EX.RegisterRs)) ForwardA = 10
if (EX/MEM.RegWrite
and (EX/MEM.RegisterRd ≠ 0)
and (EX/MEM.RegisterRd = ID/EX.RegisterRt)) ForwardB = 10
```

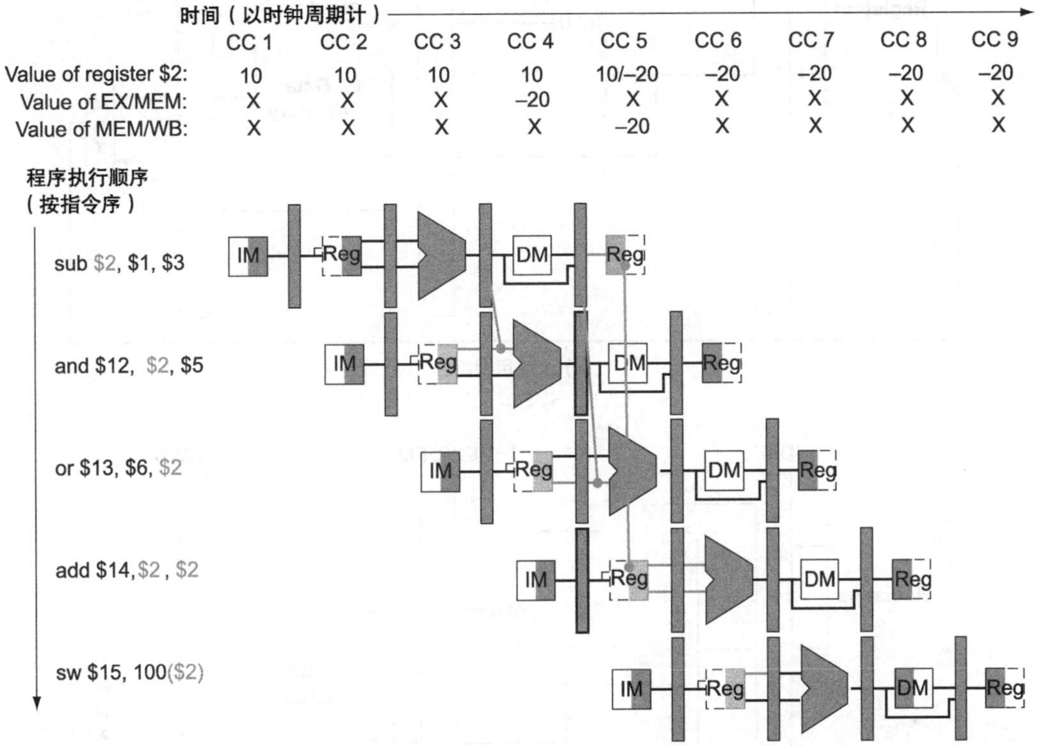

时间（以时钟周期计）	CC 1	CC 2	CC 3	CC 4	CC 5	CC 6	CC 7	CC 8	CC 9
Value of register $2:	10	10	10	10	10/–20	–20	–20	–20	–20
Value of EX/MEM:	X	X	X	–20	X	X	X	X	X
Value of MEM/WB:	X	X	X	X	–20	X	X	X	X

程序执行顺序
（按指令序）

sub $2, $1, $3

and $12, $2, $5

or $13, $6, $2

add $14, $2, $2

sw $15, 100($2)

图 4-53 流水线寄存器间的相关随着时间推动，通过旁路流水线寄存器中保存的结果就有可能提供 AND 指令和 OR 指令所需的 ALU 输入。流水线寄存器的值表明，所需的数据写入寄存器堆之前就已经有效了。假设寄存器堆可在同一时钟周期内旁路要读写的数据，add 指令就不用阻塞了。这种寄存器堆的旁路的值来自寄存器堆，而不是来自流水线寄存器。它使得寄存器 $2 中的值在第 5 个时钟周期的开始时是 10，而在周期结束时是 –20，即在这一时钟周期里读操作读到的值是写操作写入的值。在本节剩余的部分，我们将处理所有的旁路（除了存数指令要存的数值之外）

注意，EX/MEM.RegisterRd 字段是 ALU 指令（来自 Rd 字段）或 load 指令（来自 Rt 字段）的目标寄存器号。

这种情况是将前一条指令的结果旁路到任何一个 ALU 输入中。如果前一条指令要写寄存器堆，且要写的寄存器号与 ALU 输入要读的寄存器号（A 或 B）一致（只要不是寄存器 0），那么就调整多选器从流水线寄存器 EX/MEM 中读取数值。

2. MEM 冒险：

```
if (MEM/WB.RegWrite
and (MEM/WB.RegisterRd ≠ 0)
and (MEM/WB.RegisterRd = ID/EX.RegisterRs)) ForwardA = 01
if (MEM/WB.RegWrite
and (MEM/WB.RegisterRd ≠ 0)
and (MEM/WB.RegisterRd = ID/EX.RegisterRt)) ForwardB = 01
```

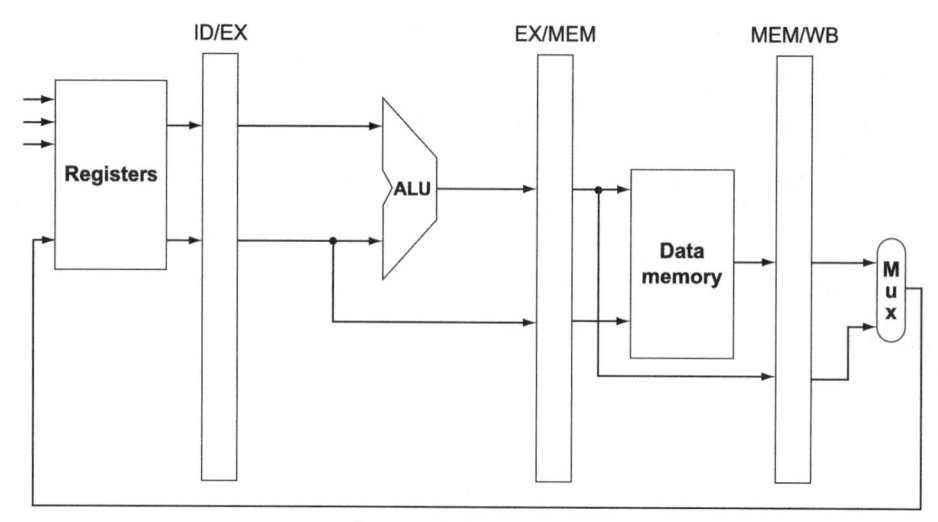

a) 未使用旁路

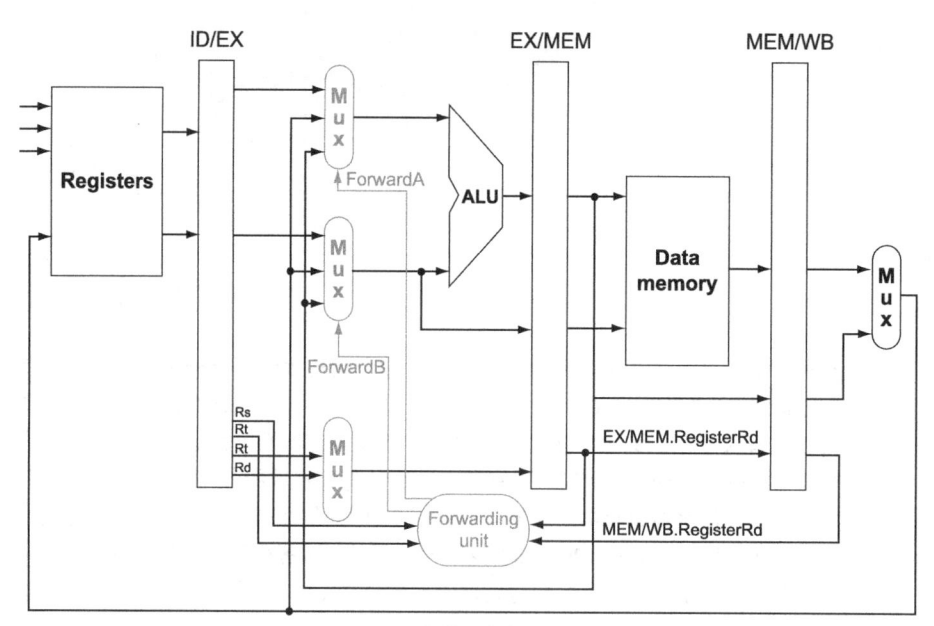

b) 使用旁路

图 4-54 上面的图是加入旁路机制前后的 ALU 和流水线寄存器。下面的图使用多选器增加了旁路路径，并标注了旁路单元。新硬件用灰色表示。本图只是一个示意图，没有标识诸如符号扩展硬件之类的细节。需要注意的是，尽管 ID/EX.RegisterRt 字段在图中出现了两次，一根连接到多选器，一根连接到旁路单元，但实际上它是一个信号。如前所述，这里还忽略了旁路存数指令中数据的情况。还有一点要注意的是，这一机制也适用于 slt 指令

如上所述，在 WB 级不会发生冒险，因为我们假设在 ID 级指令读取的寄存器与 WB 级指令写入的寄存器是同一寄存器时，寄存器堆能够提供正确的结果。这样，寄存器堆实现了另一种形式的旁路，但这种旁路只发生在寄存器堆内部。

多选器控制	源	解 释
ForwardA = 00	ID/EX	第一个ALU操作数来自寄存器堆
ForwardA = 10	EX/MEM	第一个ALU操作数由上一个ALU运算结果旁路获得
ForwardA = 01	MEM/WB	第一个ALU操作数从数据存储器或者前面的ALU结果中旁路获得
ForwardB = 00	ID/EX	第二个ALU操作数来自寄存器堆
ForwardB = 10	EX/MEM	第二个ALU操作数由上一个ALU运算结果旁路获得
ForwardB = 01	MEM/WB	第二个ALU操作数由数据存储器或者前面的ALU结果旁路获得

图 4-55 图 4-54 中旁路多选器的控制信号。作为 ALU 另一个输入的带符号立即数将在本节的"精解"部分中解释

更为复杂的情况是，发生在 WB 级指令的结果、MEM 级指令的结果和 ALU 级指令的源操作数之间的潜在数据冒险。例如，在一个寄存器中对某个向量的多个值进行求和运算时，指令序列将读写同一寄存器：

```
add $1,$1,$2
add $1,$1,$3
add $1,$1,$4
. . .
```

在这种情况下，由于 MEM 级的结果是最新的，因而需要对 MEM 级中的结果旁路。因此，对 MEM 冒险的控制策略为（额外加入的条件采用灰色表示）：

```
if (MEM/WB.RegWrite
and (MEM/WB.RegisterRd ≠ 0)
and not(EX/MEM.RegWrite and (EX/MEM.RegisterRd ≠ 0)
     and (EX/MEM.RegisterRd ≠ ID/EX.RegisterRs))
and (MEM/WB.RegisterRd = ID/EX.RegisterRs)) ForwardA = 01

if (MEM/WB.RegWrite
and (MEM/WB.RegisterRd ≠ 0)
and not(EX/MEM.RegWrite and (EX/MEM.RegisterRd ≠ 0)
     and (EX/MEM.RegisterRd ≠ ID/EX.RegisterRt))
and (MEM/WB.RegisterRd = ID/EX.RegisterRt)) ForwardB = 01
```

图 4-56 给出了为了支持旁路 EX 级结果所增加的必要硬件设备。注意，图中 EX/MEM. RegisterRd 字段是一条 ALU 指令（来自 Rd 字段）或 load 指令（来自 Rt 字段）的目标寄存器。

4.14 节给出了两段 MIPS 代码，其中存在需要使用旁路解决的冒险，你可以使用单时钟周期流水线图对这些例子进行深入分析。

精解 旁路还可以帮助解决因 store 指令依赖于其他指令而导致的冒险。由于 store 指令在 MEM 级只使用一个数据，因此旁路较为容易。但在 MIPS 体系结构中，由于存储器之间的复制很频繁，必须考虑复制时 store 指令后紧跟着的是 load 指令的情况。为了提高复制的速度，我们需要加入更多的旁路硬件。如果我们重画图 4-53，并分别使用 lw 和 sw 指令代替 sub 和 AND 指令，我们将发现这时也可能避免一次阻塞，只要 load 指令的 MEM/WB 寄存器中存在的数据能够及时地提供给 store 指令在 MEM 级使用。为了实现这个功能，我们需要在存储器访问阶段加入旁路。我们将如何对其修改作为练习留给读者。

图 4-56　通过旁路解决冒险的数据通路。与图 4-51 的数据通路相比，本图在 ALU 的输入部分加入了多选器。为了使表述更加清楚，图中忽略了完整数据通路中的一些细节，如分支硬件和符号扩展硬件等

此外，图 4-56 中省略了 load 指令和 store 指令所需的输入到 ALU 的带符号立即数。由于中央控制决定如何在寄存器和立即数之间进行选择，而且旁路单元选择流水线寄存器作为 ALU 的一个寄存器输入，因此最简单的解决方法就是加入一个 2 : 1 的多选器，以便在 ForwardB 多选器的输出和带符号立即数之间进行选择。图 4-57 描述了新增的部分。

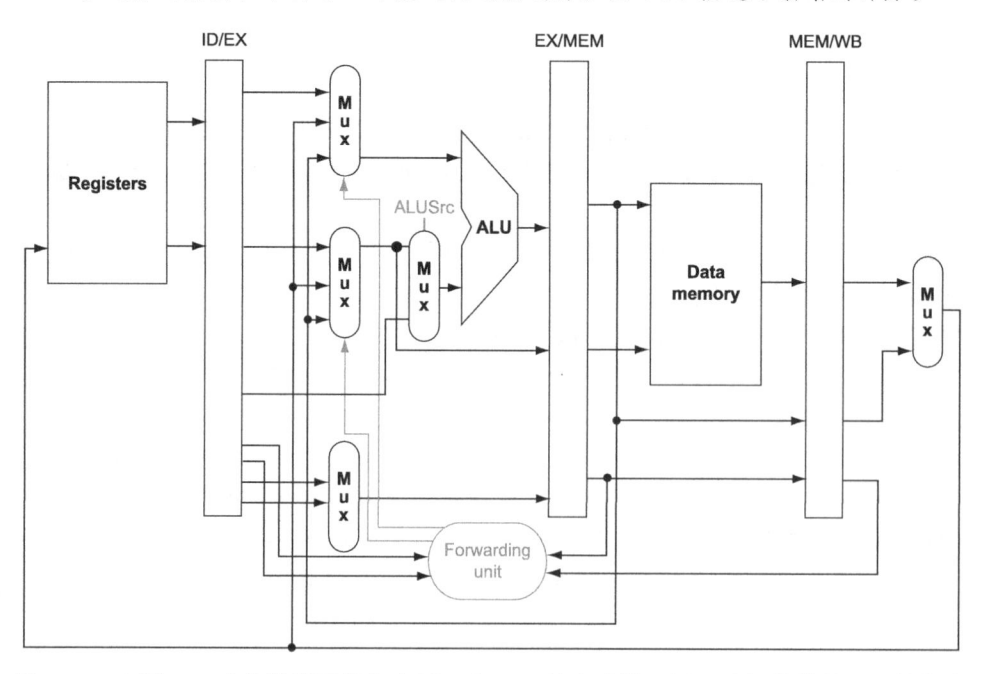

图 4-57　在图 4-54 中的数据通路加入了一个 2 : 1 的多选器，用以选择带符号立即数作为 ALU 的输入数据

冒险与阻塞

如 4.6 节所述，当一条写某个寄存器的 load 指令之后紧跟一条读取该寄存器的指令时，就无法使用旁路解决冒险了。图 4-58 说明了这个问题。第 4 个时钟周期中，load 指令正在从存储器中读出数据，同时 ALU 正在为后续指令执行操作。因此，当 load 指令后紧跟着一个需要读取它的结果的指令时，必须采用相应的机制阻塞流水线。

> 如果你第一次没有成功，那就重新定义成功。
> 佚名

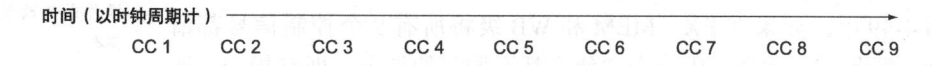

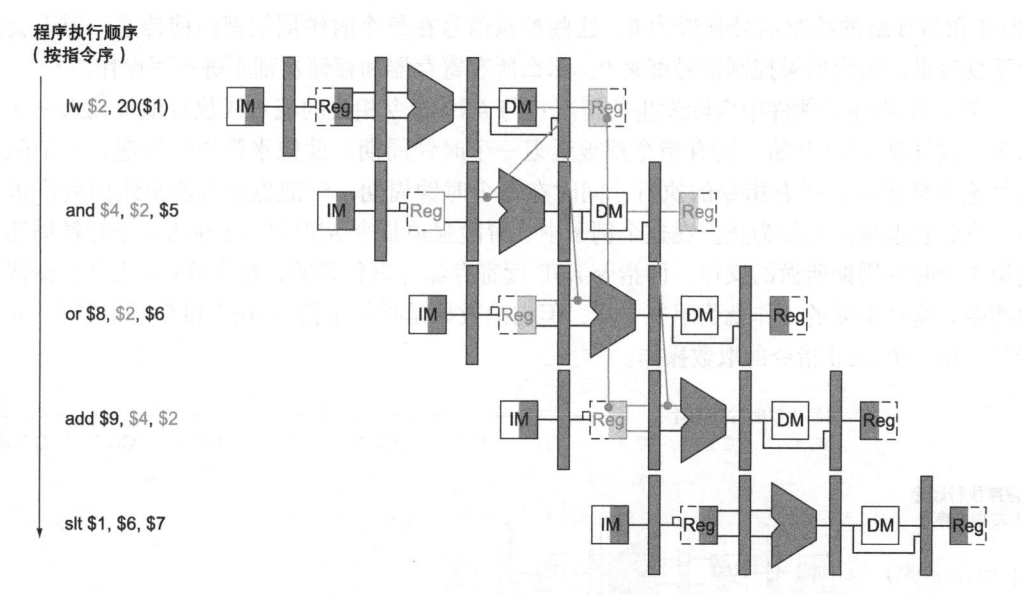

图 4-58 一个指令序列的流水线图。由于 load 指令和紧随其后的 and 指令之间的相关性在时间上是回溯的，所以这种冒险不可能通过旁路来解决。因此，这类指令组合会导致冒险检测单元产生阻塞

因此，除了一个旁路单元以外，还需要一个冒险检测单元在 ID 级进行检测，从而可以在 load 指令与紧随其后需要其结果的指令间插入阻塞。这个冒险检测单元检测 load 指令，它的控制满足如下条件：

```
if (ID/EX.MemRead and
  ((ID/EX.RegisterRt = IF/ID.RegisterRs) or
   (ID/EX.RegisterRt = IF/ID.RegisterRt)))
     stall the pipeline
```

因为读取数据存储器的指令一定是 load 指令，所以第一行检查指令是否是一条 load 指令。后面的两行是检测在 EX 级的 load 指令的目的寄存器是否与在 ID 级的指令的某一个源寄存器相匹配。如果条件成立，指令将阻塞一个时钟周期。经过这一个周期的阻塞，旁路逻辑就可以处理相关性，且指令可以继续执行（如果没有采用旁路，那么图 4-58 中的指令还需要阻塞一个周期）。

如果处于 ID 级的指令被阻塞，那么处于 IF 级的指令也必须被阻塞，否则，已经取到的

指令就会丢失。防止这两条指令继续执行的方法是保持 PC 寄存器和 IF/ID 流水线寄存器不变。如果这些寄存器内容保持不变,在 IF 级的指令将继续使用相同的 PC 取指令,而在 ID 级将继续使用 IF/ID 流水线寄存器中相同的指令字段读寄存器堆。再回到我们熟悉的洗衣店的例子,这一过程就好像是重新打开洗衣机洗相同的衣服而让烘干机继续空转一样。当然,就像烘干机一样,从 EX 开始的流水线后半部分必须"空转",它们执行的指令必须不产生任何效果,即空指令(nop)。

那么,如何在流水线中插入空指令(就像气泡一样)呢?图 4-49 中,如果在 EX、MEM 和 WB 级将所有 9 个控制信号都清除(置为 0),就会产生一个"什么都不做"的指令,即空指令。通过识别 ID 级的冒险,可以在流水线中插入一个气泡,方法是把 ID/EX 流水线寄存器的 EX、MEM 和 WB 级的控制信号都置为 0。这些控制信号在每个时钟周期都向前传递,但不会产生不良后果,因为如果控制信号都是 0,那么所有寄存器和存储器都不进行写操作。

空指令:一种不进行任何操作或不改变任何状态的指令。

图 4-59 描述了硬件中实际发生的情况:与 AND 指令相关的流水线执行槽被插入一条空指令,这样从 AND 开始,所有指令都被延迟一个时钟周期。就像水管中的气泡,一个阻塞的气泡会延缓后面所有指令的执行,同时在每个时钟周期,气泡也沿着流水线向后推进一级,直到它退出流水线为止。在这个例子中,冒险强迫指令 AND 和 OR 在第 4 个时钟周期重复第 3 个时钟周期所做的操作,即指令 AND 读寄存器并进行译码,指令 OR 从指令存储器中取指令。这种重复的工作就像阻塞一样,但它的效果是拉长了指令 AND 和 OR 的执行,并且延迟了第二个 add 指令的取数操作。

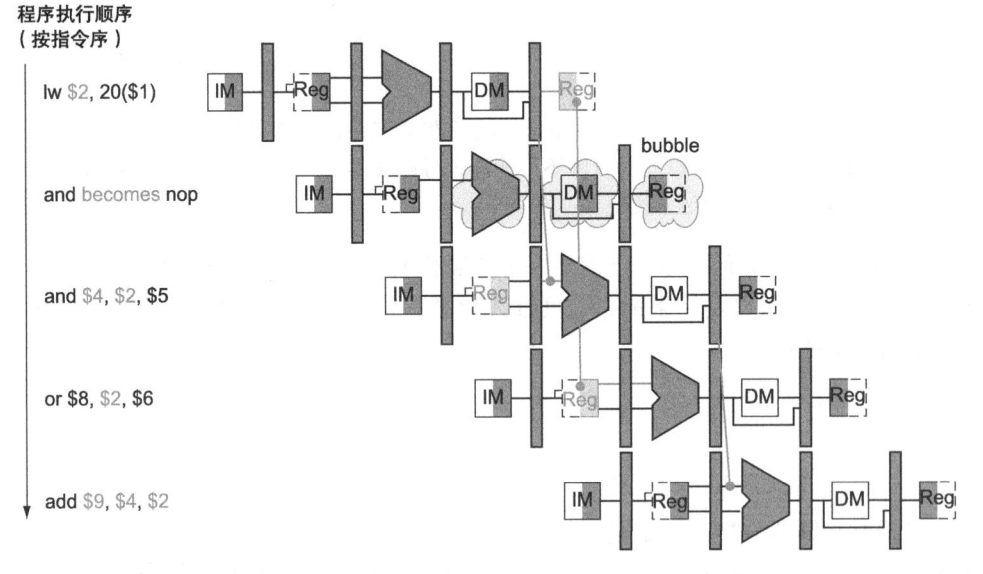

图 4-59 在流水线中插入阻塞的方法。在第 4 个时钟周期中,通过将 and 指令变成 nop 插入了一个气泡。注意,and 指令的 IF 和 ID 级在第 2 个和第 3 个时钟周期,但它的 EX 级被推迟到第 5 个时钟周期(不阻塞的话应该在第 4 个时钟周期)。与此类似,OR 指令的 IF 级在第 3 个时钟周期,但它的 ID 级被推迟到第 5 个时钟周期(不阻塞的话应该在第 4 个时钟周期)。在插入气泡后,所有的相关性沿时间前进,冒险不再发生

图 4-60 给出了冒险检测单元和旁路单元在流水线中的连接。和前面的介绍一样，旁路单元控制 ALU 多选器，从而可以用相应的流水线寄存器的值代替通用寄存器的值。冒险检测单元控制 PC 和 IF/ID 流水线寄存器的写入，以及在实际控制信号与全 0 中进行选择的多选器。如果上面的取数–使用型（load-use）冒险条件为真，冒险检测单元就阻塞并清除所有的控制字段。如果你想了解更多细节，4.14 节给出了一段 MIPS 代码的单周期流水线图，代码中含有会导致阻塞的冒险。

重点 尽管编译器通常依赖于硬件解决冒险以保证指令正确执行，但为了获得最好的效果，编译器的设计者必须了解流水线。否则，未预料到的阻塞会降低编译代码的执行效率。

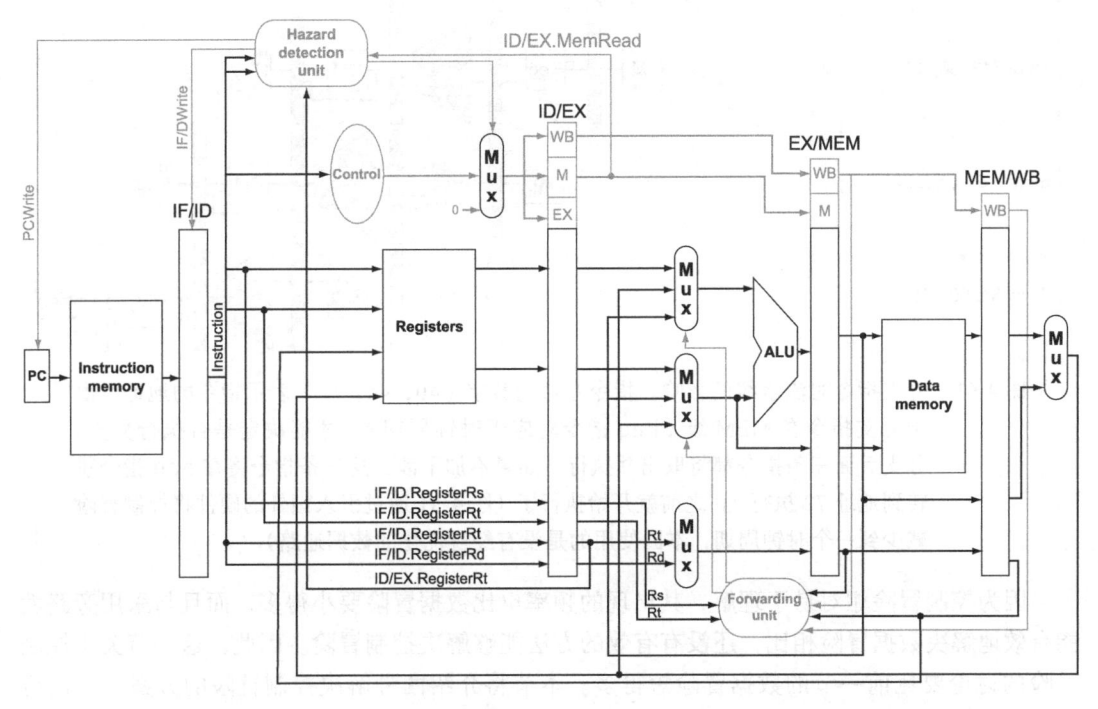

图 4-60 流水线控制概览，其中包括两个用于旁路的多选器、一个冒险检测单元和一个旁路单元。虽然简化了 ID 和 EX 级（省略了经过符号扩展的立即数和分支逻辑），但本图说明了旁路的基本硬件支持

精解 前面提到为了避免写寄存器或存储器而将所有的控制信号都置为 0。事实上，只需将信号 RegWrite 和 MemWrite 置为 0，而不用关心其他控制信号。

4.9 控制冒险

目前为止，我们只考虑了算术运算和数据传输中的冒险。然而，正如 4.6 节中所述，还有一类包含分支的流水线冒险。图 4-61 描述了一个指令序列，同时说明了在流水线中何时会发生分支。为了维持流水线的运行，每个时钟周期都必须取指，但在我们的设计中必须等到 MEM 级才能确定分支是否发生。如 4.6 节所述，与前面讨论的数据冒险相对应，这种为了确保预取正确指令而导致的延迟叫作控制冒险（control hazard）或分支冒险（branch hazard）。

> 即使对邪恶从侧面进行上千次攻击，也比不上从根源上进行一次攻击。
> *Henry David Thoreau, Walden, 1854*

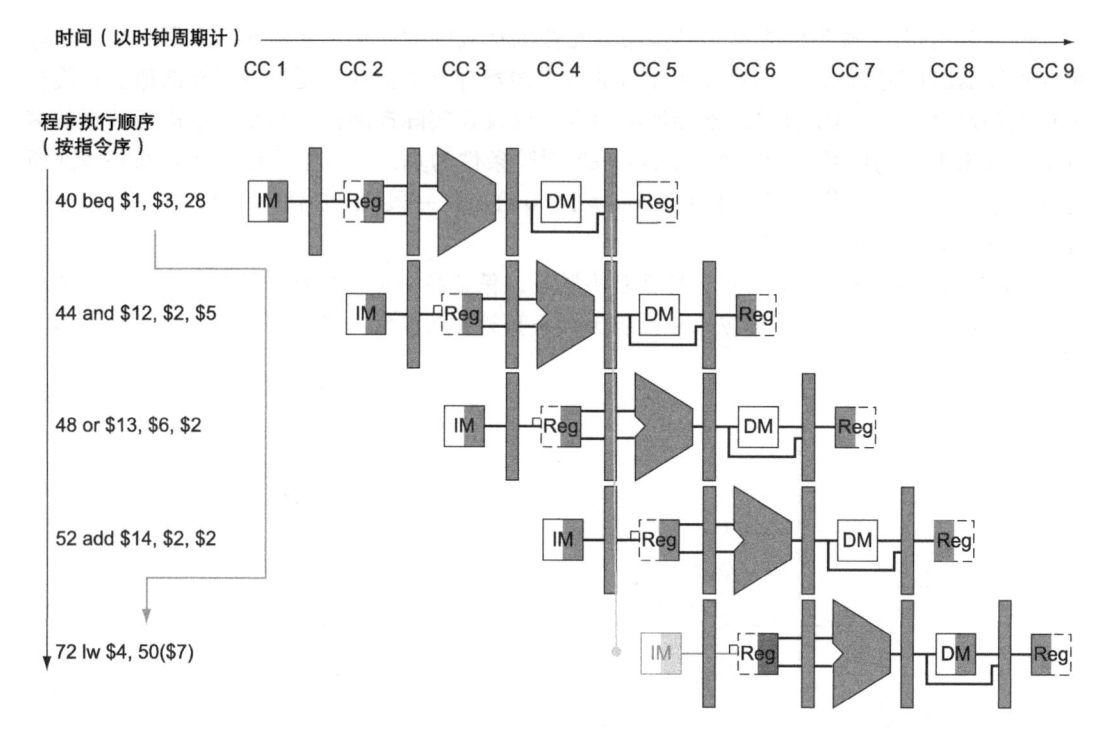

图 4-61 分支指令对流水线的影响。指令左边的数字（40，44，…）表示指令的地址。由于分支指令在 MEM 级（beq 指令对应于时钟周期 4）才能决定是否执行分支，分支后面三条指令都将取出并执行。如果不加干涉，这三条指令将在 beq 指令跳转到地址 72 执行 lw 之前就开始执行了（图 4-31 通过引入额外的硬件将控制冒险减少到一个时钟周期，本图使用的是没有经过优化的数据通路）

因为控制冒险相对易于理解，其出现的频率也比数据冒险要小得多，而且与采用旁路就能有效地解决数据冒险相比，还没有有效的方法能够解决控制冒险。因此，这一节关于控制冒险的讨论要比前一节的数据冒险短得多。本节将介绍两种解决控制冒险的方案，并进行优化。

4.9.1 假定分支不发生

如 4.6 节所述，采用阻塞直到分支判断完毕才来处理控制冒险的速度实在太慢。一种改进分支阻塞的方法是预测分支不发生，并继续执行顺序的指令流。如果分支发生，则丢弃已经读取并译码的指令，指令从分支目标处继续执行。如果分支不发生的可能性是 50%，同时丢弃指令的代价很小，那么这种优化方法可以将控制冒险的代价减半。

为了丢弃指令，只需要将最初的控制信号置为 0 即可，这一点与通过阻塞解决取数 – 使用数据冒险类似。不同之处在于当分支到达 MEM 级时必须分别改变在 IF、ID 和 EX 级的三条指令的控制信号，而对于取数 – 使用阻塞，只需要将 ID 级的控制信号置为 0，并将其从流水线中传递即可。分支冒险中的丢弃指令意味着必须能够将流水线的 IF、ID 和 EX 级的指令都清除（flush）。

清除：因发生了意外而丢弃流水线中的指令。

4.9.2 缩短分支的延迟

一种提高分支效率的方法是缩短分支的执行时间。到目前为止，我们都假设在 MEM 级才能确定分支的下一条指令的 PC。但是，确定分支目标地址的时间越早，需要清除的指令就越少。MIPS 体系结构是面向支持快速的单周期分支设计的。设计者注意到许多分支仅仅需要简单的判断（如相等或正负），这些简单的判断并不需要完整的 ALU 操作，而仅使用简单的逻辑门就足够了。如果分支条件更复杂，一般有一条单独的指令使用 ALU 来进行比较——这种情况类似于第 2 章中提到的分支条件码。

为了将分支决策提前，需要提前两个动作：计算分支目标地址和判断分支条件。分支目标地址的计算比较简单，我们在 IF/ID 流水线寄存器中已经有了 PC 的值和立即数字段，所以只需要将分支地址计算从 EX 级移到 ID 级即可。当然，尽管分支目标地址对所有指令都会计算，但仅在需要时才会使用。

分支条件的判断比较复杂。对于相等则分支的情况，需要比较从 ID 级取到的两个寄存器的值是否相等。判断相等的方法可以是先将对应的位进行异或操作，然后将结果按位进行或操作（或门的输出为 0 表示两个寄存器相等）。为了把分支条件判断提前到 ID 级，还需要额外的旁路和冒险检测硬件，因为分支条件的判断可能依赖于还在流水线中的结果。例如，为了实现相等则分支（或不等则分支），我们需要旁路结果至 ID 级进行相等检测。这里有两个比较复杂的因素：

1. 在 ID 级，必须对指令译码，决定是否需要将所需数据旁路到相等检测单元进行检测。如果是分支指令，就可以把 PC 设置为分支目标地址。分支指令操作数的旁路之前是由 ALU 旁路逻辑来完成的，但 ID 级相等检测单元的引入需要一个新的旁路单元。必须注意的是，需要旁路的分支指令的源操作数可能来自 ALU/MEM 或 MEM/WB 流水线寄存器。

2. 因为 ID 级进行分支比较所需的数据可能在后面才能产生，因此有可能会发生数据冒险，这样就需要阻塞流水线。例如，如果分支指令前刚好是一条 ALU 指令，而这条 ALU 指令的结果恰是分支指令比较所需要的，那么必然产生阻塞，因为 ALU 指令的 EX 级将在分支指令的 ID 级后发生。再举一个例子，如果分支指令前刚好是一条 load 指令，而 load 指令的结果恰是分支指令判断所需要的，则必须产生两个阻塞，因为 load 指令的结果将在 load 指令的 MEM 级结束时产生，但在分支指令的 ID 级开始时就会用到。

尽管有这些困难，将分支执行提前到 ID 级依然是一种有效的改进，因为它将分支预测错误的代价减小到只有一条指令，就是分支执行时正在被取出的那条指令。下面的例题对旁路路径和检测冒险的实现细节进行了讨论。

为了在 IF 级清除指令，我们加入了一条称为 IF.Flush 的控制信号，即将 IF/ID 流水线寄存器的指令字段置为 0。清空寄存器的结果是将预取到的指令转变成为 nop 指令，该指令不做任何操作，也不改变机器状态。

| 例题 | 流水线分支 ——————————————————————————————

假定流水线对分支不发生的情况进行了优化，并且分支的执行提前到流水线的 ID 级。试说明下面的指令序列在分支发生时的执行情况：

```
36 sub $10, $4, $8
40 beq $1,  $3,  7 # PC-relative branch to 40+4+7*4=72
44 and $12, $2, $5
48 or  $13, $2, $6
52 add $14, $4, $2
56 slt $15, $6, $7
...
72 lw $4, 50($7)
```

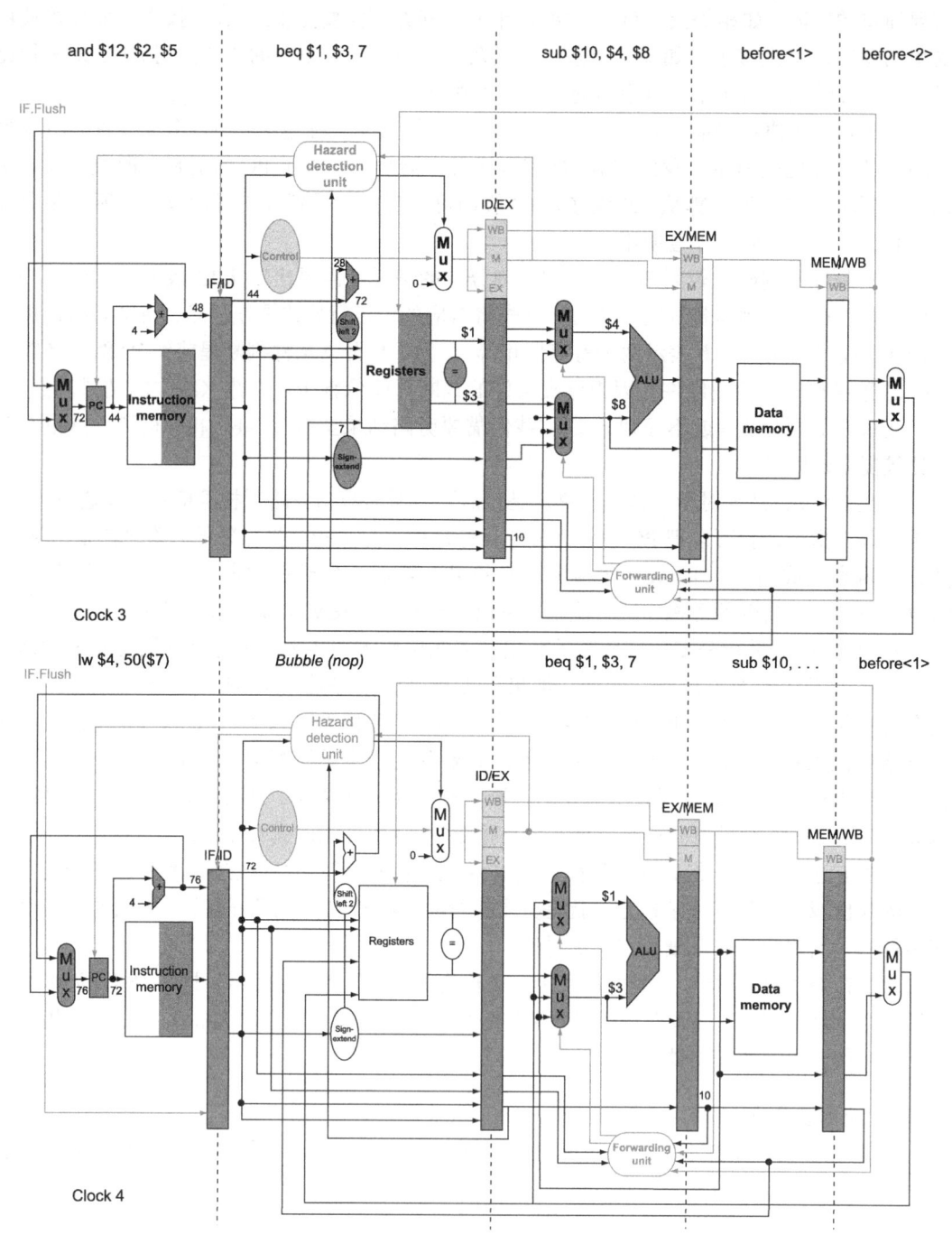

答案 图 4-62 描述了分支产生时指令序列的执行情况。与图 4-61 不同,这里在一个发生的分支上只有一个流水线气泡。

图 4-62 在第三个时钟周期 ID 级确定分支发生,因此地址 72 被选为下一个 PC 地址,同时将为下一个时钟周期预取的指令置为 0。时钟周期 4 的图描述了地址为 72 的指令被取回,并且分支发生的后果是在流水线中产生了一个气泡或者一条 nop 指令(由于 nop 指令实际上是 sll $0, $0, 0,所以时钟周期 4 的 ID 级是否应该标出还有待商榷)

4.9.3 动态分支预测

假设分支不发生是一种简单的分支预测方法。在这种情况下，总是预测分支不发生，如果预测错误就清空流水线。对简单的 5 级流水线而言，这种方法结合基于编译器的预测可能已经足够。而对于更深的流水线，分支错误将耗费更多的时钟周期。类似地，对于多发射（见 4.11 节）处理器，由于在分支错误时丢弃的指令数量增加，所以代价也将增加。这种组合意味着在一个高性能的流水线设计中，简单的静态预测机制将可能浪费大量的性能。如 4.6 节所述，通过更多的硬件支持，我们就可能实现一些其他的分支预测方法。

一种策略是通过查找指令的地址，判断该指令上一次执行时分支是否发生，如果上次执行时分支发生，就从上次分支发生的地方开始取新的指令。这种技术称为**动态分支预测**（dynamic branch prediction）。

动态分支预测：根据运行信息在执行过程中进行分支预测。

这种策略的一种实现方法是采用**分支预测缓存**（branch prediction buffer）或**分支历史记录表**（branch history table）。分支预测缓存是一小块按照分支指令的地址低位索引的存储器区，其中包括一位数据用以说明分支最近是否发生。

分支预测缓存：也称为分支历史记录表。一小块按照分支指令的低位地址索引的存储器区，其中包括一位数据用以说明分支最近是否发生。

这是最简单的一类缓存，我们实际上并不知道预测是否正确，而且可能有其他条件分支具有相同的地址低位，但这并不影响这种方法的正确性。预测只是对正确分支方向的一种假设，在这个基础上，沿着预测的方向进行取指。如果这种假设错误，预测错误的指令将被删除，预测位将取反，并返回原来的位置，继续按照正确的方向取指并执行。

使用一位预测位的简单预测方法具有性能上的缺陷：即使一个分支几乎总是发生，但仍会发生两次误预测，而不是分支不发生时的一次。下面的例子说明了这种情况。

| 例题 | 循环与预测

我们来看一个循环分支，在一行代码上分支发生了 9 次，然后有一次分支没有发生。假设分支的预测位保存在预测缓存中，这种分支预测的正确率是多少？

| 答案 | 静态预测方法会在第一次和最后一次的循环迭代时预测错误。由于分支在一行上发生了 9 次，因此预测位在最后一次循环时被设为分支发生，而且这种预测错误是不可避免的。而在第一次迭代时发生预测错误，是因为预测位在循环的上一次迭代时被前一个执行设置为不执行（在那次退出的迭代中分支并没有发生）。因此这个预测方法在分支发生 90% 的情况下预测的正确性只有 80%（两次错误预测，8 次正确预测）。

理想的情况下，在这种高度规律的分支，预测的正确率与发生分支的频率应该匹配。为了弥补这一缺陷，经常使用两位预测位的方案。在两位预测位的方案中，只有连续两次发生误预测时才改变预测的分支方向。图 4-63 给出了两位预测位的有限状态机。

分支预测缓存可以使用小容量专用缓存实现，在 IF 级通过指令地址访问。如果预测分支发生，那么一旦获得新的 PC 就从该目标地址开始取指（如 4.9.3 节所述，在 ID 级就可以获得 PC），否则就顺序取指并继续执行。如果预测的结果是错误的，就按照图 4-63 说明的方法改变预测位。

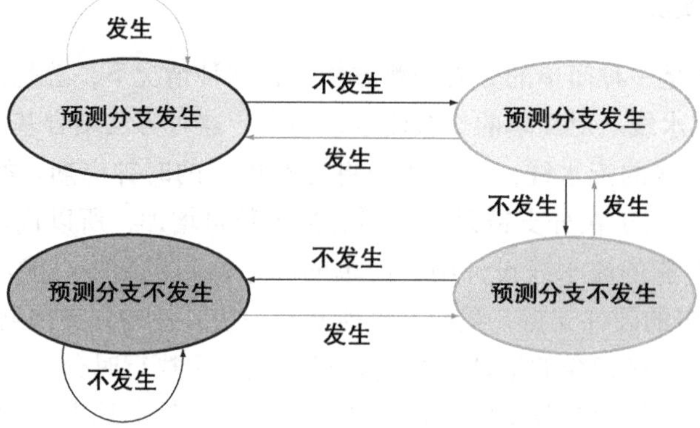

图 4-63 两位预测位机制的状态图。通过使用两位（不是一位）预测位，在分支经常发生或经常不发生的情况下（大多数分支都是这样）只会发生一次预测错误。两位数据在系统中可以表示 4 种状态。这种两位方案是基于计数器预测方法的一个应用。基于计数器的预测方法是，当预测成功时计数器加 1，预测失败时计数器减 1，然后使用计数器表示范围的中点作为分支与不分支的分界点

精解 如 4.6 节所述，在 5 级流水线中，通过重新定义分支，我们可以将控制冒险转化为一种可用的特性。延迟分支可执行下一条指令，但分支指令后的第二条指令仍将受到分支的影响。

编译器和汇编器都会试图把确定执行的一条指令放入分支指令之后的分支延迟槽（branch delay slot）。这些软件的作用就是使后续的指令有效并且有用。图 4-64 给出了三种调度分支延迟时间槽的方法。

延迟分支调度的限制在于：对能够被调度到分支延迟时间槽中的指令的限制；在编译时对分支发生与否的预测能力。

对每个时钟周期发射一条指令的五级流水线处理器而言，延迟分支是一种简单有效的方法。随着处理器向更深流水线以及每周期发射多条指令（多发射）的方向发展（见 4.11 节），分支延迟变得更长，单延迟槽实际上并没有多大作用。所以，与开销大但更灵活的动态预测方法相比，延迟分支技术已经失去了吸引力。同时，根据摩尔定律使动态预测的成本相对更低。在现代处理器中，专门用于分支预测的晶体管数量已经超过了第一块 MIPS 芯片上的晶体管数量。

分支延迟槽：紧跟延迟分支指令的时间片。在 MIPS 体系结构中，用不影响分支的一条指令填充到其中。

精解 分支预测器告诉我们分支是否会发生，但我们依然需要计算分支目标地址。在 5 级流水线中，计算分支目标地址需要一个时钟周期，即分支发生将需要一个时钟周期的开销。延迟分支是消除这个开销的一种方法。另一种方法是使用分支目标缓存（branch target buffer）保存分支目标地址或分支目标指令。

两位的动态预测机制仅使用某个特定分支的信息。研究人员发现，在使用相同数量的预测位的情况下，同时使用局部分支和最近执行分支的全局行为信息，能够产生更高的预测精度。这种预测器称为相关预测器（correlating predictor）。一个典型的相关预测器为每个分支提供两个两位的预测器，其选择依据是上次分支执行的结果（分支发生与否）。因此，全局分支行为可以被看成是在

分支目标缓存：一种用于缓存分支目标地址或分支目标指令的结构，其一般形式为带标志位的 cache，因而其硬件开销大于简单的分支预测缓存器。

相关预测器：综合考虑特定分支的局部行为和最近执行分支的全局行为的分支预测器。

预测查找表中加入额外的索引位。

a. From before
```
add $s1, $s2, $s3
if $s2 = 0 then
    [延迟槽]
```

b. From target
```
sub $t4, $t5, $t6
...
add $s1, $s2, $s3
if $s1 = 0 then
    [延迟槽]
```

c. From fall-through
```
add $s1, $s2, $s3
if $s1 = 0 then
    [延迟槽]
sub $t4, $t5, $t6
```

变成

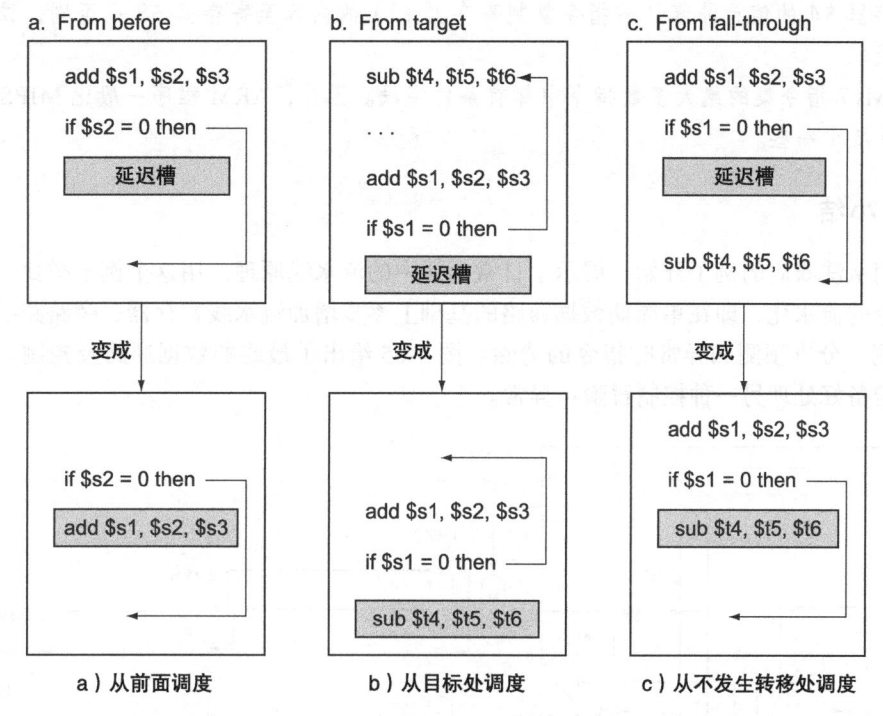

```
if $s2 = 0 then
    add $s1, $s2, $s3
```

```
add $s1, $s2, $s3
if $s1 = 0 then
    sub $t4, $t5, $t6
```

```
add $s1, $s2, $s3
if $s1 = 0 then
    sub $t4, $t5, $t6
```

a) 从前面调度　　　b) 从目标处调度　　　c) 从不发生转移处调度

图 4-64 分支延迟时间槽的调度。每一对方框中，上面一个表示调度前的代码，下面一个表示调度后的代码。在方案 a 中，将位于分支指令之前且与分支指令不相关的一条指令调度到延迟槽中，这是最佳的选择。当方案 a 无法实现时，就可以使用方案 b 和方案 c。在方案 b 和方案 c 的代码序列中，分支条件中使用了 $1，因而不能将 add 指令（其目的寄存器是 $1）移入分支延迟槽。方案 b 中的分支延迟槽中填充的指令是从分支目标地址调度而来的；由于目标指令可以通过其他路径访问到，因此通常需要将它们进行复制。当分支发生的可能性比较大时（如循环分支），一般选择方案 b。最后，也可能从分支不发生的路径上调度指令到分支延迟槽，如方案 c 所示。为了使方案 b 和方案 c 中的优化合法，sub 指令必须在分支预测错误时也能"正常"执行。"正常"意味着虽然有些工作是多余的，但程序依然能够正确执行。例如，当分支预测错误且 $t4 是未被使用的临时寄存器时，就是这种情况

还有一种分支预测方法是使用竞争预测器。竞争预测器（tournament branch predictor）对每个分支使用多个预测器，并记录哪个预测器的预测结果最好。目前竞争预测器的预测是最准确的。典型的竞争预测器对每个分支地址有两个预测：一个基于局部信息，一个基于全局分支行为。有一个选择器用于选择哪个预测器的预测结果，其操作类似于一位或两位的预测器，当然两位预测器的精度更高。最新的一些微处理器使用了这种预测器。

竞争预测器：具有多种预测机制的分支预测器，使用一个选择器从中选择一个预测器作为给定分支指令的预测结果。

|精解| 一种减少条件分支数量的方法是加入条件移动指令（conditional move instruction）。不同于条件分支指令改变 PC 值，条件移动指令将根据条件改变移动目的寄存器。如果条件不成立，条件移动指令就相当于一条 nop 指令。例如，某版本的 MIPS 体系结构指令集包

含 `movn`（move if not zero）和 `movz`（move if zero）两条指令。例如，`movn $8, $11, $4`，如果寄存器 $4 的值为非零，该指令复制寄存器 $11 的内容至寄存器 $8；否则，该指令什么也不做。

ARMv7 指令集的绝大多数指令中都有条件字段。因此，ARM 程序一般比 MIPS 程序的条件分支要少一些。

4.9.4 小结

我们从洗衣店的例子开始，展示了日常生活中的流水线原理。用这个例子类比，逐步解释了指令的流水化，即在单周期数据通路的基础上逐步增加流水线寄存器、旁路路径、数据冒险检测、分支预测和异常时指令的清除。图 4-65 给出了最终的数据通路及控制。现在我们已经准备好处理另一种控制冒险：异常。

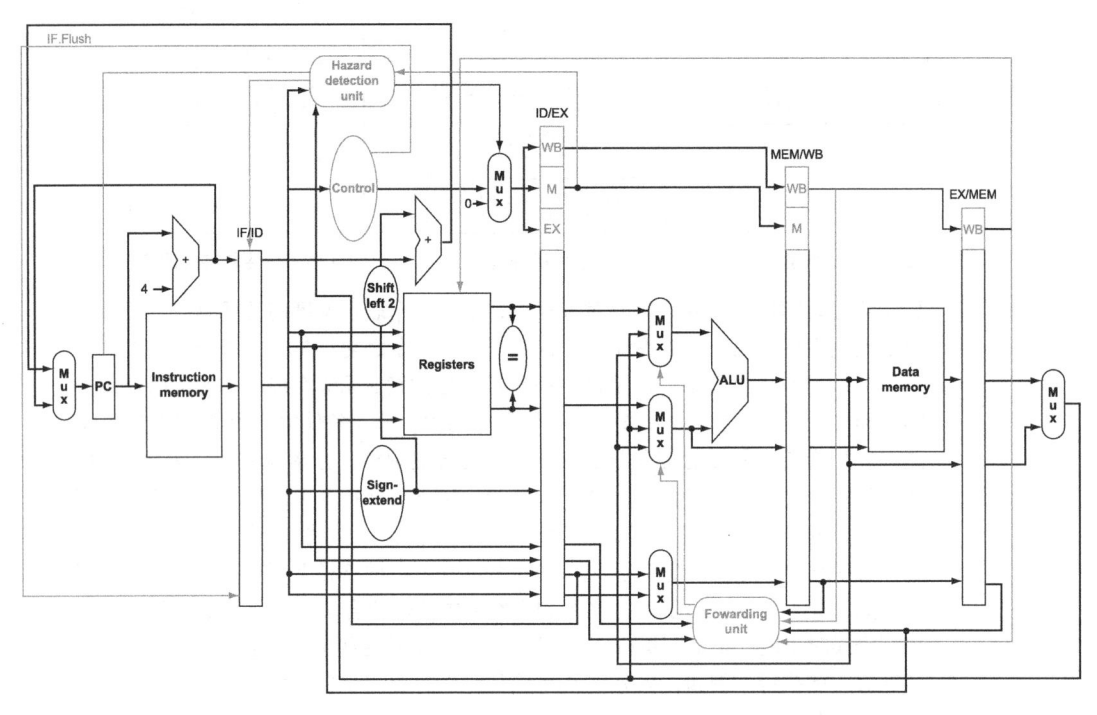

图 4-65 本章最终的数据通路与控制。注意，这是一个概略图，没有覆盖到数据通路的所有细节，缺少了图 4-57 中的 ALUsrc 多选器和图 4-51 中的多选器控制

小测验 考虑三种分支预测机制：预测分支不发生、预测分支发生和动态分支预测。假定它们在预测正确时无开销，预测错误时开销为两个时钟周期，动态预测器的平均准确率为 90%。在此情况下，对下面的分支而言，哪种预测器是最好的选择？

1. 分支发生概率为 5%。
2. 分支发生概率为 95%。
3. 分支发生概率为 70%。

4.10 异常

控制是处理器设计中最具挑战性的一个方面：它最难达到正确，也最难提高速度。控制中最难的部分之一是实现**异常**（exception）和**中断**（interrupt）——除分支以外改变正常指令执行顺序的事件。异常和中断最初是用来处理来自处理器内部的意外事件，如算术溢出。在第 5 章中我们将看到，这两种机制经过扩展，也可用于 I/O 部件与处理器的通信。

许多体系结构和作者不区分中断和异常，统称为中断，如 Intel x86。我们遵循 MIPS 的习惯，术语异常指控制流中任何意外的改变，而无论其产生原因是来自处理器内部还是外部，术语中断指由外部引起的事件。下面的 5 个例子说明了在处理器内部或外部的事件情况。

> 使一台计算机具有自动程序中断能力并非一件简单的事，因为中断发生时处于不同执行阶段的指令数量可能非常多。
>
> *Fred Brooks, Jr., Planning a Computer System: Project Stretch*, 1962

异常：也称为中断，指打断程序正常执行的突发事件，用于检测溢出等。

事件类型	来源	对应的MIPS术语
I/O设备请求	外部	中断
用户程序进行操作系统调用	内部	异常
算术溢出	内部	异常
使用未定义的指令	内部	异常
硬件故障	内部或外部	异常或中断

导致异常发生的不同情况对异常处理的支持提出了诸多要求。在第 5 章中我们将再次讨论这个话题，从而更加清楚地理解异常机制的额外支持。本节讨论两种异常的检测机制，这两种异常由我们讨论过的指令集及其实现方式产生。

中断：来自处理器外部的异常。（某些体系结构也用"中断"一词表示所有的异常。）

检测异常条件并采取适当举措，通常处于处理器的关键路径上。该路径决定了时钟周期的长度以及处理器性能。如果在控制单元的设计中没有充分考虑异常，那么在复杂实现中加入异常支持会明显降低性能，并使设计更加复杂。

4.10.1 MIPS 体系结构中的异常处理

目前的实现中可能产生的两种异常是未定义指令的执行和算术溢出。在接下来的部分，我们将使用 add $1, $2, $1 指令作为算术溢出类型异常的例子。异常发生时处理器必须进行的基本操作是：在异常程序计数器（Exception Program Counter, EPC）中保存出错指令的地址，并把控制权转交给操作系统的特定地址。

操作系统可采取适当的行动，如给用户程序提供一些服务，对溢出情况进行事先定义的操作，或者终止程序的执行并报告错误。在完成处理异常所需动作后，操作系统可以终止程序，也可以继续执行程序，此时由 EPC 决定重新开始执行的地方。在第 5 章将更详细地讨论重新开始执行的问题。

为了处理异常，操作系统除了要知道是哪条指令引起异常之外，还必须知道引起异常的原因。主要有两种方法用于表示产生异常的原因。MIPS 使用的方法是设置一个状态寄存器（称为 Cause 寄存器），其中有一个字段用于记录异常产生的原因[○]。

[○] 所有异常使用同一入口地址，操作系统根据状态寄存器确定异常原因。——译者注

第二种方法是使用**向量中断**（vectored interrupt）。在向量中断中，控制权被转移到由异常原因决定的地址处⊖。例如，为处理前面的两种异常，可定义如下的两个异常向量地址：

向量中断：由异常原因决定中断控制转移地址的中断。

异常类型	异常向量地址（十六进制）
未定义指令	$8000\ 0000_{16}$
算术溢出	$8000\ 0180_{16}$

操作系统根据异常开始的地址得知导致异常的原因。地址由 32 字节或 8 条指令进行区分，并且操作系统必须记录异常的原因，并依此顺序执行一些有限的处理。当出现的异常不属于向量异常时，单个入口点供所有异常使用，并且操作系统对状态寄存器进行译码以便找到原因。

通过给基本的实现加上一些额外的寄存器和控制信号，并将控制进行一些扩展，就可以处理异常。假定我们实现的是 MIPS 体系结构的异常处理系统，统一入口地址为 $8000\ 0180_{16}$（事实上，实现向量异常也不难），需要给当前的 MIPS 实现加上两个寄存器：

- EPC：32 位寄存器，用于保存发生异常的指令地址（向量中断也需要这样一个寄存器）。
- Cause：记录异常原因的寄存器。在 MIPS 体系结构中它是 32 位的，虽然其中一些位现在还没有用到。假定使用一个 5 位的字段对前面两种异常原因进行编码：10 表示未定义指令，12 表示算术溢出。

4.10.2 流水线实现中的异常

在流水线实现中，异常可被视作另一种形式的控制冒险。例如，假设指令 add 产生了一个算术溢出。正如上一节对分支发生的处理，我们必须清除流水线中 add 指令后的一系列指令，并从新的地址开始取指。我们将使用与之相同的机制，不过这时异常将控制信号置为无效。

在处理分支预测错误时，我们已经了解了如何通过将 IF 级的指令转换成 nop 指令来清除指令。为了清除 ID 级的指令，我们使用 ID 级已有的多选器，将控制信号清零以产生阻塞。一个称为 ID.Flush 的新控制信号与冒险检测单元的阻塞信号相或，可以清除 ID 级的指令。为了清除 EX 级的指令，我们使用一个称为 EX.Flush 的新信号，用它控制新的多选器将控制信号清零。为了从地址 $8000\ 0180_{16}$（MIPS 异常地址）开始取指令，只要简单地加入一个额外的输入到 PC 的多选器，由它将 $8000\ 0180_{16}$ 传递到 PC。图 4-66 具体描述了这种变化。

这个例子指出了异常存在的一个问题，即如果不在指令执行期间中止指令的执行，程序员将无法看到导致溢出的寄存器 $1 的原始值，因为它将作为指令 add 的目标寄存器被冲掉。这一问题可以通过下面的方法解决：溢出异常在 EX 级检测出来，可用 EX.Flush 信号避免 EX 级的指令在 WB 级写回结果。许多异常需要将异常的指令像正常指令一样执行完。做到这一点最简单的方法是先清除这条指令，然后在异常处理完后再重新执行这条指令。

异常处理的最后一步是将导致异常的指令的地址保存到 EPC 中。实际上，我们保存的是原始地址 +4，因此异常处理例程必须先从保存的地址中减去 4。图 4-66 给出了一个数据通路，其中包括分支硬件以及为处理异常所进行的必要调整。

⊖ 操作系统通过异常向量地址得知异常原因。——译者注

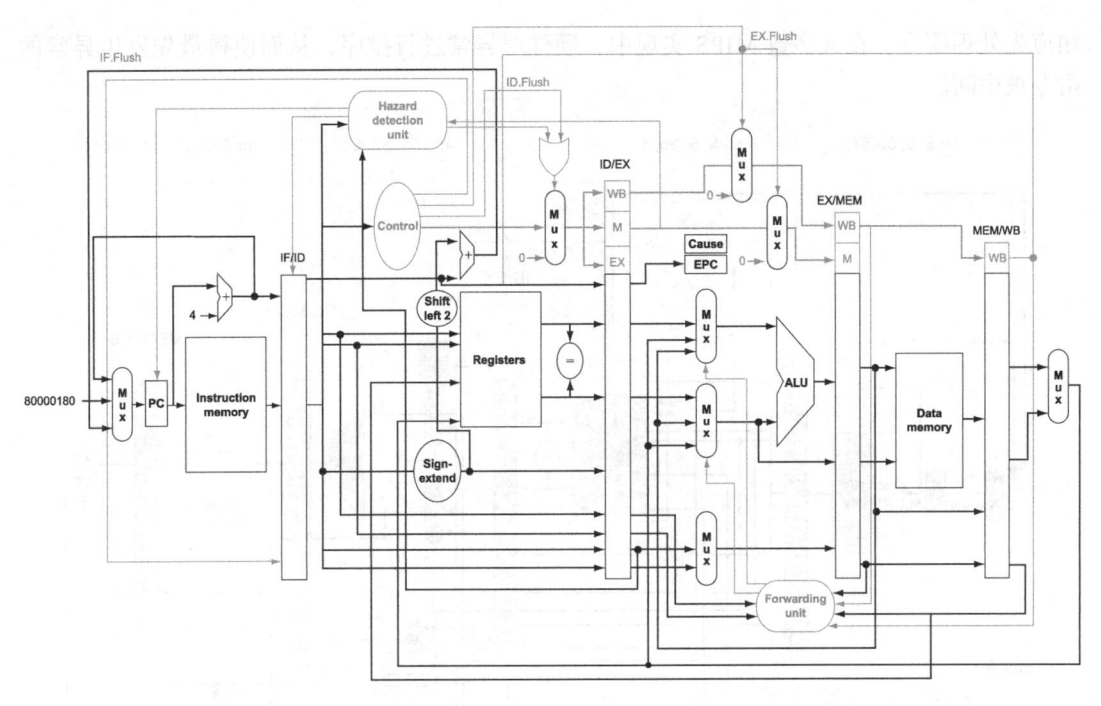

图 4-66 处理异常的数据通路与控制。主要增加了以下部分：在 PC 多选器中增加了一个新的输入 8000 0180₁₆、一个记录异常发生原因的 Cause 寄存器以及一个保存导致异常的指令地址的 EPC 寄存器。8000 0180₁₆ 是发生异常时开始取指令的地址。尽管图中没有表示出 ALU 溢出信号，但它也是控制单元的一个输入

| 例题 | 流水线计算机中的异常

给出以下指令序列：

```
40hex    sub  $11, $2, $4
44hex    and  $12, $2, $5
48hex    or   $13, $2, $6
4Chex    add  $1,  $2, $1
50hex    slt  $15, $6, $7
54hex    lw   $16, 50($7)
...
```

假定异常处理程序的开始部分如下：

```
80000180hex   sw   $26, 1000($0)
80000184hex   sw   $27, 1004($0)
...
```

如果 add 指令发生溢出异常，那么流水线中会发生什么情况？

| 答案 | 图 4-67 给出了从 add 指令的 EX 级开始发生的情况。溢出在 EX 级被检测到，8000 0180₁₆ 被强制送入 PC。在第 7 个时钟周期，add 指令及其后面的指令被清除，并且异常代码的第一条指令被取出。注意，保存的地址是 add 指令下一条指令的地址（4C₁₆+4=50₁₆）。

在前面我们曾提到 5 个异常的例子，在第 5 章还会给出其他的例子。在任何时钟周期，流水线中都有 5 条活动的指令，问题是如何确定到底是哪条指令引起了异常。而且，一个时钟周期内还可能发生多个异常。通常的解决方法是对异常划分优先级，当多个异常同时发生时就

知道先处理哪个。在大多数 MIPS 实现中，硬件对异常进行排序，从而使得最先发生异常的指令被中断。

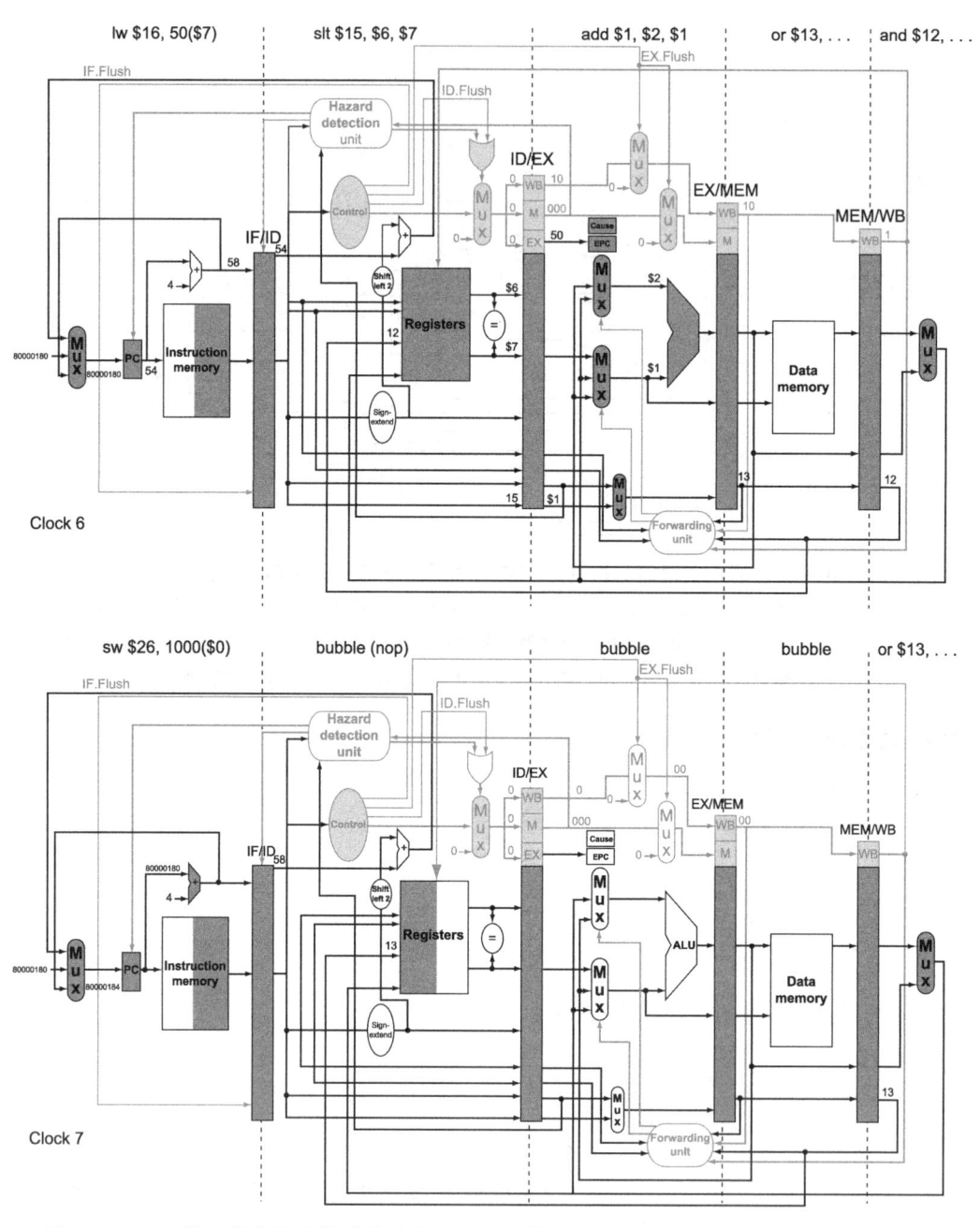

图 4-67 add 指令算术溢出导致的异常。溢出在第 6 个时钟周期的 EX 级检测到，因此将 add 后面的指令地址（4C+5=50₁₆）保存到 EPC 寄存器。溢出导致在该周期后面所有的 Flush 信号都设置为 1，并置 add 的控制信号为无效（置为 0）。时钟周期 7 显示了流水线中转化为气泡的指令和取异常处理程序的第一条指令 sw $25, 1000 ($0)（从指令地址 8000 0180₁₆ 处取得）。需要注意的是，位于 add 指令前的 AND 指令和 OR 指令仍然会执行完毕。虽然图中没有画出 ALU 溢出信号，但它也是控制单元的一个输入

I/O 设备请求与硬件故障并不和特定的指令相关，因此它们在流水线中断时机的实现上具有一定的灵活性。因此，用于其他异常的机制在这里也可以很好地工作。

EPC 捕捉中断指令的地址，而 MIPS 的 Cause 寄存器在一个时钟周期内记录下所有可能的异常，因此异常处理软件可以判断出该指令发生了何种异常。一个重要的判断依据是某一类异常可能在哪一个流水线阶段发生。例如，未定义的指令异常发生在 ID 级，而调用操作系统异常发生在 EX 级。如果在 Cause 寄存器中保存有多个异常，当优先级最高的异常处理之后，会继续导致硬件中断，从而处理后面的异常。

| 硬件 / 软件接口 | 硬件与操作系统必须协同工作，才能按照我们期望的方式处理异常。硬件一般暂停指令流中导致异常的指令，同时执行完该指令前的所有指令，清除该指令后的所有指令，并且设置一个寄存器描述异常发生的原因，保存导致异常发生的指令的地址，然后跳转到预先确定的地址开始执行。操作系统则查看异常发生的原因并采取相应的操作。对于一个未定义指令异常、硬件错误异常或算术溢出异常，操作系统通常终止执行的程序并返回对失效原因的描述。对于 I/O 设备请求或操作系统服务调用，操作系统保存程序的当前状态，执行所需的任务，然后在某个时刻重新载入程序继续运行。在 I/O 设备请求的情况下，我们可能需要在继续执行发出 I/O 设备请求的任务前先运行另一个任务，因为该任务一般在 I/O 完成之后才能继续执行。这就是保存和恢复任务状态如此重要的原因。一个最重要且频繁出现的异常是页面缺失与 TLB 异常。第 5 章描述了更多关于这些异常及其处理的细节。

| 精解 | 在流水线计算机中，将每一个异常与导致异常的相应指令对应起来的难度很大，因此一些计算机设计者在一些非关键情况下降低了这种要求，这种处理器一般称为具有非精确中断（imprecise interrupt）或者非精确异常（imprecise exception）。在上面的例子中，尽管导致异常的指令地址是 $4C_{16}$，但在检测到异常后下一个时钟周期开始时 PC 的值通常为 58_{16}。具有非精确异常处理的处理器可能会将 58_{16} 放入 EPC 中，而让操作系统确定是哪一条指令导致了异常。MIPS 以及当前的大量主流处理器都提供精确中断（precise interrupt）或精确异常（precise exception）（我们将在第 5 章中看到，原因之一是为了支持虚拟存储器）。

非精确中断：也称为非精确异常。流水线计算机中的中断或异常不与导致中断或异常的指令精确地关联。

精确中断：也称为精确异常。流水线计算机中的中断或异常与导致中断或异常的指令精确地关联。

| 精解 | 尽管 MIPS 对绝大多数异常使用 8000 0180₁₆ 作为异常入口地址，但为了提高性能，对 TLB 缺失异常使用 8000 0000₁₆ 作为异常入口地址（参见第 5 章）。

小测验 在下面的指令序列中会首先识别哪个异常？

1. `add $1, $2, $1`   # 算术溢出
2. `XXX $1, $2, $1`   # 未定义指令
3. `sub $1, $2, $1`   # 硬件错误

4.11 指令级并行

本节是对一些有趣但较为复杂的高级主题的概述。如果你希望了解更多的细节，可以参考另一本教材：《计算机体系结构：量化研究方法》（第 6 版）。本节内容在该书中扩充到近 200 页（含附录）。

流水线开发了指令间潜在的并行性。这种并行性称为**指令级并行**（instruction-level parallelism，ILP）。有两种方法可以增加潜在的指令级并行程度。第一种是增加流水线的深度，以便使更多的指令重叠执行。还是用洗衣店的例子来说明，假设洗衣机周期比其他机器的周期要长，我们可以把洗涤过程划分成三个机器的任务，分别完成原洗衣机洗涤、漂洗、甩干三个步骤。这样我们就将四级流水线变成了六级流水线。为了达到完全的加速效果，我们需要重新平衡其他步骤，以使每个步骤长度相同，这一点在处理器和洗衣店中都是一样的。因为有更多的操作可以重叠执行，所以可以开发出更高的并行性。因为时钟周期缩短的缘故，性能也会得到潜在的增强。

> **指令级并行**：指令间的并行性。
>
> **多发射**：一种单时钟周期内发射多条指令的机制。

另一种方法是复制计算机内部部件的数量，使得每个流水级可以处理多条指令。这种技术一般称为**多发射**（multiple issue）。一个多发射的洗衣店会把原有的一台洗衣机和烘干机替换为三台洗衣机和三台烘干机，同时还需要雇用更多的洗衣工来折叠和打包三倍于原来的衣服。这种方法的缺点是需要额外的工作让所有机器同时运转并将负载传到下个流水级。

每一级同时启动多条指令允许指令执行速率超过时钟速率，换句话说，就是 CPI 小于 1。正如第 1 章介绍的，有时候使用 IPC，即每时钟周期执行的指令数，作为度量会更方便。例如，一个 4GHz 四路多发射微处理器能以每秒 160 亿指令的峰值速率执行，其最好情况下的 CPI 达到 0.25，或 IPC 达到 4。假设是 5 级流水线，这个处理器任何时刻都可能有 20 条指令在同时执行。现在的高端微处理器尝试在每个时钟周期发射 3~6 条指令，甚至中端设计都有 IPC 为 2 的峰值目标。然而，一般来说存在很多约束，例如哪些类型的指令可以同时执行，以及发生相关时会发生什么新的问题等。

实现一个多发射处理器主要有两种方式，主要区别是编译器和硬件之间的工作分工。由于不同的实现方式将导致某些决策是静态进行（在编译时）还是动态进行（在执行时），因此这两种方式有时也称为**静态多发射**（static multiple issue）和**动态多发射**（dynamic multiple issue）。两种方式还有其他更通用的名字，但是这些名字可能没有那么精确，或有更多的限制。

> **静态多发射**：实现多发射处理器的一种方法，其中决策是在执行前的编译阶段做出的。
>
> **动态多发射**：实现多发射处理器的一种方法，其中决策是由处理器在执行阶段做出的。

多发射流水线必须处理以下两个问题。

1. 将指令打包到**发射槽**（issue slot）中：处理器如何确定在给定的时钟周期发射多少条指令以及发射何种指令？在大多数静态发射处理器中，这个过程至少有很大一部分是由编译器处理的。而在动态发射处理器中，这个问题一般是由处理器在运行时处理的，尽管编译器也会尽其所能通过调整指令顺序来帮助提高发射率。

> **发射槽**：在给定时钟周期内能够发射指令的位置，可以类比于短跑比赛中的起点位置。

2. 处理数据冒险和控制冒险：在静态发射处理器中，部分甚至全部的数据冒险和控制冒险是由编译器静态处理的。相反，绝大多数的动态发射处理器通过硬件技术在执行时消除某些类别的冒险。

尽管这里我们把它们看成两种不同的方法，实际上这两种方法经常借用对方的技术，没有哪一种方法可以称得上是完全独立的。

4.11.1 推测的概念

推测是寻找和开发更大 ILP 的重要方法之一。基于预测这一伟大思想，**推测**（speculation）

是一种允许编译器或处理器"猜测"指令可能的执行情况，使依赖于被推测指令的其他指令可以执行。例如，我们可以推测分支指令的结果，这样分支后的其他指令就可以提前执行。另一个例子是假设 load 指令前有一条 store 指令，我们可以推测它们不对同一存储器地址进行访问，这样就可以把 load 指令提到 store 指令前执行。推测的问题在于可能会猜错。所以，任何推测技术必须包含一种机制，它能检查推测的正确性，并在推测错误时能回卷或取消已推测执行指令的影响。实现这种回卷能力增加了额外的复杂性。

推测：一种编译器或处理器推测指令结果以消除执行其他指令对该结果依赖的方法。

推测可以由编译器或硬件来完成。例如，编译器可以利用推测对指令进行重排序，将一条指令移过分支，也可将 load 指令与 store 指令交换。使用本节后面讨论的技术，处理器硬件可以在运行时实现同样的转换。

推测错误时的恢复机制对软件和硬件来说非常不同。对软件推测来说，编译器经常插入额外的指令以检查推测的正确性，并提供专门的修复例程供推测错误时使用。对硬件推测来说，处理器经常缓存推测的结果，直至推测的结果得到确认。如果推测是正确的，缓存的结果写回寄存器堆和存储器。如果推测是错误的，硬件将清除缓存并重新执行正确的指令序列。

推测还可能导致另一个问题：对某些指令的推测会导致原本不存在的异常发生。例如，假设推测执行一条 load 指令，但是在推测错误的情况下，该指令所使用的地址是非法的。结果，一个本不应该发生的异常发生了。这个问题之所以复杂是因为，如果这条 load 指令不是推测执行，那么该异常必然发生。在基于编译器的推测中，这类问题的处理方法是加入额外的推测支持，使得这样的异常暂时被忽略，直至可以确定异常会发生为止。在基于硬件的推测中，异常被简单地缓存起来，直到导致异常的指令确定会执行。在异常真正发生时，就会执行正常的异常处理程序。

推测在设计正确时能改善性能，而使用不慎可能降低性能，所以需要做大量的工作来决定何时采用推测更为合适。在本节的后半部分，我们将介绍静态和动态的推测技术。

4.11.2 静态多发射处理器

所有的静态多发射处理器都使用编译器来帮助打包多条指令并处理冒险。在一个静态发射处理器中，可以在给定时钟周期内发射多条指令，也称为**发射包**（issue packet）。发射包可视为一条完成多个操作的长指令。这种看法不仅是为了类比。因为静态多发射处理器一般对一个时钟周期内能发射的多条指令有所限制，因此把发射包看成允许同时进行很多操作的一条指令是可行的。这种观点引出了这种方法的最初名字：**超长指令字**（Very Long Instruction Word，VLIW）。

发射包：在一个时钟周期内发射的多条指令的集合。这个包可以由编译器静态生成，也可以由处理器动态生成。

超长指令字：一类可以同时启动多个操作的指令集，其中操作在单个指令中相互独立，并且一般都有独立的操作码字段。

绝大多数静态多发射处理器也依赖编译器处理数据冒险和控制冒险。编译器的任务可能包括静态分支预测和代码调度，以减少冒险或阻止所有的冒险。下面先来看一个简单的静态多发射 MIPS 处理器的例子，这些技术将在后续描述的更先进的处理器中采用。

实例：MIPS 指令集的静态多发射

为了理解静态多发射，我们考察一个简单的双发射 MIPS 处理器，其中一条指令可以是整型 ALU 操作或分支，另一条指令可以是 load 指令或 store 指令。在某些嵌入式 MIPS 处理器中采用与此类似的设计。每个时钟周期发射两条指令意味着需要取出并译码 64 位的指令。在许多静态多发射处理器中，甚至是所有的 VLIW 处理器中，都严格限制了可同时发射的指令，以简化译码和发射过程。因此，我们要求两条指令成对地放在一个 64 位对齐的内存区域中，并且 ALU 指令或分支指令必须放在前面。此外，如果找不到另一条可以与之同时发射的指令，就用 nop 指令代替。这样，指令总是可以成对发射，当然其中可能有一条 nop 指令。图 4-68 给出了指令成对在流水线中运行的情况。

指令类型	流水级							
ALU或分支	IF	ID	EX	MEM	WB			
load或store	IF	ID	EX	MEM	WB			
ALU或分支		IF	ID	EX	MEM	WB		
load或store		IF	ID	EX	MEM	WB		
ALU或分支			IF	ID	EX	MEM	WB	
load或store			IF	ID	EX	MEM	WB	
ALU或分支				IF	ID	EX	MEM	WB
load或store				IF	ID	EX	MEM	WB

图 4-68 静态双发射流水线。ALU 指令与数据传输指令同时发射。这里假设使用与单发射相同的 5 级流水线。尽管这并非严格的要求，但这样做确实会带来一些好处。特别是使寄存器堆的写操作位于流水线的最后，可以简化异常处理和降低实现精确异常的难度，这些问题在多发射处理器中将变得更加难以处理

静态多发射处理器之间的不同在于处理潜在的数据冒险和控制冒险的方式。在有些设计中，编译器负责避免所有的冒险，它通过调度指令和插入 no-ops 等方法使代码在执行时完全不需要冒险检测和硬件产生阻塞。在另外一些设计中，硬件检测数据冒险并在两个发射包间产生阻塞，而编译器只负责避免一个指令包所有的相关。尽管如此，冒险仍会使包含相关指令的整个发射包阻塞。不管是软件必须处理所有的冒险，还是只负责减少不同发射包之间的冒险，包含多个操作的长指令都应该被加强。在这个例子中，我们假定使用第二种方法。

为了并行发射一个 ALU 操作和数据传输操作，首先需要增加一些硬件：除了通常的冒险检测和阻塞逻辑之外，还需要为寄存器堆增加额外的端口（见图 4-69）。在一个时钟周期内，我们可能需要为 ALU 操作读两个寄存器，并为 store 操作再读两个寄存器，同时 ALU 操作写一个端口，而 load 操作也写一个端口。因为 ALU 要用来进行 ALU 操作，所以需要一个额外的加法器来为数据传输计算有效地址。如果没有这些额外的硬件资源，双发射流水线将不可避免地遇到结构冒险。

显然，双发射处理器最多能将性能提高两倍。事实上，为了达到这一点，需要将双发射流水线中重叠的指令数加倍。额外的重叠使数据冒险和控制冒险带来的相对性能损失也增加了。例如，在我们简单的 5 级流水线中，load 指令有一个时钟周期的**使用延迟**（use latency），以防止一条指令无阻塞地使用其结果。在一个双发射 5 级流水线中，load 指令的结果不能在下个时钟周期使用。这意味着下两条指令不能无阻塞地使用 load 的结果。而且，原本在简单的 5 级流水线中没有使用延迟的 ALU 指令，现在有一个指令的使用延迟，因为其结果不能在与其配对的 store 指令或 load 指令中使用。为了有效地开发多发射处理器中潜在的并行性，需要使用更高级的编译器或硬件调度技术，其中静态多发射要求编

使用延迟：在 load 指令与可以无阻塞使用其结果的指令间相隔的时钟周期数。

译器来承担该任务。

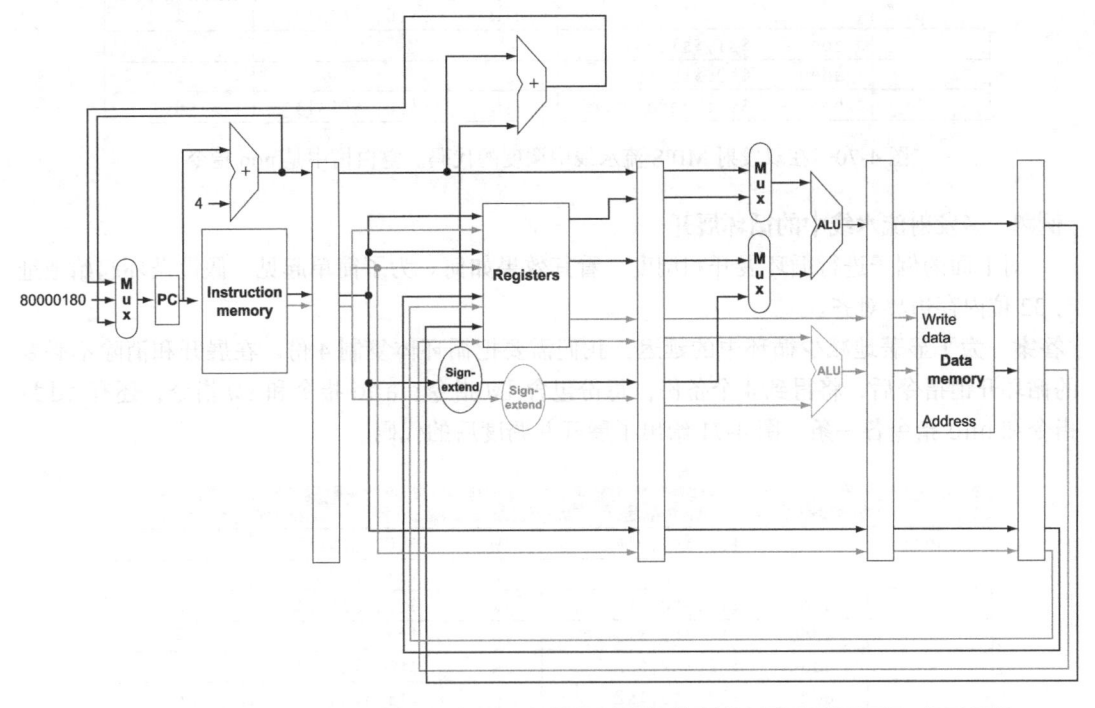

图 4-69 一个静态双发射的数据通路。双发射所需的额外硬件用灰色线显示，主要包括：来自指令存储器的额外 32 位输出，寄存器堆多出的两个读端口和一个写端口，还有一个额外的 ALU。这里假设下面那个 ALU 处理数据传输时的地址计算，而上面那个 ALU 处理所有的其他操作

| 例题 | 简单的多发射代码调度

在一个 MIPS 静态双发射流水线中，下面这个循环将如何调度？

```
Loop: lw    $t0, 0($s1)      # $t0=array element
      addu  $t0,$t0,$s2      # add scalar in $s2
      sw    $t0, 0($s1)      # store result
      addi  $s1,$s1,-4       # decrement pointer
      bne   $s1,$zero,Loop   # branch $s1!=0
```

对该指令序列进行重排序，以尽可能地避免流水线阻塞。假设分支是可预测的，即控制冒险由硬件处理。

| 答案 | 前三条指令之间以及最后两条指令之间都存在数据相关。图 4-70 给出了这些指令的最佳调度方式。注意，只有一对指令同时使用了两个发射槽。每次循环需要花费 4 个时钟周期。在 4 个时钟周期内执行 5 条指令，与最好情况下 0.5 的 CPI 和 2.0 的 IPC 相比，CPI 只有 0.8 而 IPC 只有 1.25。注意，在计算 CPI 或 IPC 时，我们没有把执行的 nop 指令也算到有效的指令中去。即使算进去能提高 CPI，也并不能提高真实的性能。

有一种重要的从循环中获得更高性能的编译技术叫**循环展开**（loop unrolling）。循环展开时循环体会被复制多份。循环展开后，通过重叠不同循环体中的指令可以获得更高的指令级并行（ILP）。

循环展开：一种从访问数组的循环中获取更多性能的技术，其中循环体会被复制多份，并且不同循环体中的指令可能会调度到一起。

254　第4章

	ALU或分支指令		数据传输指令		时钟周期
Loop:			lw	$t0, 0($s1)	1
	addi	$s1,$s1,-4			2
	addu	$t0,$t0,$s2			3
	bne	$s1,$zero,Loop	sw	$t0, 4($s1)	4

图 4-70　在双发射 MIPS 流水线中调度的代码。空白槽中是 nop 指令

| 例题 | 多发射流水线中的循环展开

对上面的例子进行循环展开和调度，看其效果如何。为了简单起见，假设循环起始地址与 32 位内存边界对齐。

| 答案 | 为了显著地减少循环中的延迟，我们需要把循环体复制 4 份。在展开和消除不必要的循环开销指令后，将得到 4 个备份，每份包含 lw 指令、add 指令和 sw 指令，还有 addi 指令和 bne 指令各一条。图 4-71 给出了展开并调度后的代码。

	ALU或分支指令		数据传输指令		时钟周期
Loop:	addi	$s1,$s1,-16	lw	$t0, 0($s1)	1
			lw	$t1,12($s1)	2
	addu	$t0,$t0,$s2	lw	$t2, 8($s1)	3
	addu	$t1,$t1,$s2	lw	$t3, 4($s1)	4
	addu	$t2,$t2,$s2	sw	$t0,16($s1)	5
	addu	$t3,$t3,$s2	sw	$t1,12($s1)	6
			sw	$t2, 8($s1)	7
	bne	$s1,$zero,Loop	sw	$t3, 4($s1)	8

图 4-71　对图 4-70 中的代码进行循环展开，并在一个静态双发射 MIPS 流水线中调度后面的代码。空白槽中是 nop 指令。因为循环中的第一条指令将寄存器 $s1 中的值减 16，而 load 指令的地址又是寄存器 $s1 中的原值，所以这个地址依次减 4、减 8、减 12

在循环展开过程中，编译器引入了几个临时寄存器（$t1、$t2、$t3）。这个过程被称为**寄存器重命名**（register renaming），目的是消除一些虚假的数据相关，这些虚假的数据相关可能导致潜在的冒险或妨碍编译器灵活地调度代码。考虑一下如果只使用 $t0，展开的代码会是什么样？在指令 sw t0,4($s1) 后面会有多对 lw $t0,0($s1) 指令和 addu $t0,$t0,$s2 指令。这些指令序列尽管都使用了寄存器 $t0，但实际是独立完成的，即一个指令序列与下一个指令序列之间没有任何数据流动。这就是**反相关**（antidependence），也称为**名字相关**（name dependence），即只是因为重用寄存器名引起的相关，而并非一个真实的数据相关。

寄存器重命名：由编译器或硬件对寄存器进行重命名以消除反相关。

反相关：也称为名字相关，因为寄存器名的重用导致的相关，并非由两条指令中使用同一个值导致的真正相关。

在循环展开中的重命名寄存器，使编译器能够移动那些不存在相关性的指令，从而更好地调度代码。重命名的过程消除了名字相关，同时保留了真正的相关。

注意，既然循环中 14 条指令中的 12 条以指令对的形式执行，4 次循环将花费 8 个时钟周期，即每次循环 2 个时钟周期，CPI 为 8/14=0.57，IPC 为 1.57。双发射加上循环展开与调度使性能提高了将近两倍，这一方面是因为减少了循环控制指令，另一方面是因为双发射执行。这

种性能提高的代价是使用了 4 个而非一个临时寄存器，同时代码长度也增大了许多。

4.11.3 动态多发射处理器

动态多发射处理器通常也称为超标量处理器，或简称**超标量**（superscalar）。在最简单的超标量处理器中，指令顺序发射，每个周期处理器决定是发射 0 条、1 条，还是多条指令。显然，在这种处理器上要达到较好的性能仍然需要编译器对指令的调度，通过消除相关关系以达到较高的指令发射速率。尽管使用了编译器进行调度，这种简单的超标量处理器与 VLIW 处理器仍有显著不同：在超标量处理器中，不管代码是否经过调度，都是由硬件来保证执行的正确性。并且，编译得到的代码应当始终正确执行，而与指令发射速率和处理器的流水线结构无关。在某些 VLIW 的设计中情况并非如此，当把代码从一个处理器移到另一个处理器上运行时，可能需要重新编译。在其他一些静态发射处理器上，代码可以在不同的处理器上实现正确运行，但效果可能很差以至于不得不进行更加有效的编译。

> **超标量**：一种高级流水线技术，可以使处理器每个周期执行的指令数超过一条。
>
> **动态流水线调度**：对指令进行重排序以避免阻塞的硬件支持。

许多超标量处理器扩展了基本的动态发射决策，将**动态流水线调度**（dynamic pipeline scheduling）也包含在内。动态流水线调度在某个时钟周期内选择要执行的指令，以避免冒险和阻塞。下面从一个简单的数据冒险的例子出发来进行说明。考虑下面的指令序列：

```
lw      $t0, 20($s2)
addu    $t1, $t0, $t2
sub     $s4, $s4, $t3
slti    $t5, $s4, 20
```

即使 sub 指令准备好执行，但也必须等待 lw 和 addu 指令先结束。如果内存很慢（第 5 章解释了有时访存操作会很慢的原因，即高速缓存缺失），sub 指令可能会等待很多个时钟周期。动态流水线调度可以部分或者完全避免这种冒险。

动态流水线调度

动态流水线调度选择后续要执行的指令，并可能重排指令以避免阻塞。在这种处理器中，流水线被划分为 3 个主要单元：取指与发射单元、多个功能单元（在 2020 年的高端处理器中有一打甚至更多）和一个**提交单元**（commit unit）。图 4-72 描述了这个模型。第一个单元进行取指和译码，然后将每条指令发送到相应的功能单元执行。每个功能单元都有自己的缓冲区，称为**保留站**（reservation station），用来保存操作数和操作（下一节我们将讨论许多最新处理器中使用的一种替代保留站的方法）。当缓冲区中包含了所有的操作数，并且功能单元就绪时，就可以计算并获得结果。结果计算出来之后，将被发送到等待该结果的保留站和提交单元。提交单元缓存这个结果，并在确定安全时，将这个结果写回寄存器堆或存储器（对 store 指令）。提交单元中的缓冲区通常称为**重排序缓冲区**（reorder buffer），它也可以用来提供操作数，其工作方式类似于静态调度流水线中的旁路逻辑。一旦结果写回寄存器堆，其值可以从寄存器堆中直接被取出，就像在普通的流水线一样。

> **提交单元**：位于动态流水线和乱序流水线中的一个单元，用以决定何时可以安全地将操作结果送至程序员可见的寄存器和存储器。
>
> **保留站**：功能单元的缓冲区，用来保存操作数和操作。
>
> **重排序缓冲区**：动态调度处理器中用于暂时保存执行结果的缓冲区，等到安全时才将其中的结果写回寄存器或存储器。

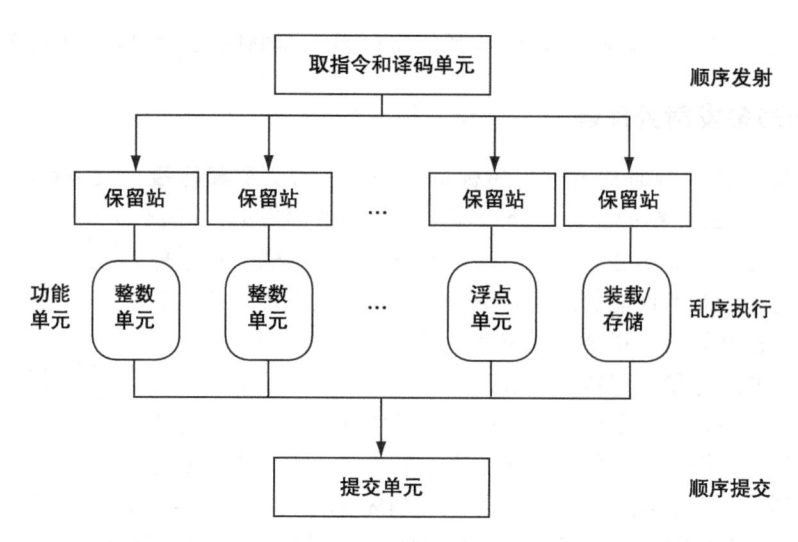

图 4-72 动态调度流水线中的三种主要单元。最后一个更新状态的步骤也称为提交

将操作数缓存在保留站中以及将结果存放在重排序缓冲区中，实际上提供了一种寄存器重命名机制，类似于前面循环展开例子中编译器所做的工作。为了在概念上分析其工作方式，考虑如下几个步骤：

1. 当一条指令发射时，该指令先被复制到合适功能单元的保留站。如果该指令的操作数在寄存器堆中或重排序缓冲区中可用，那么操作数也立即被复制到保留站中。除非所有的操作数和执行单元可用，否则指令一直缓存在保留站中。如果指令已经被发射，那么其操作数对应的寄存器堆副本不再需要，如果此时发生了对该寄存器的写请求，其值可以被覆盖。

2. 如果某个操作数不在寄存器堆或重排序缓冲区中，那么必须等待该操作数被某个功能单元计算产生。硬件将记录最终产生这个结果的功能单元。当该单元计算出结果时，这个结果将直接从功能单元复制到保留站，而跳过寄存器堆。

上面这两步可以有效地利用重排序缓冲区和保留站以实现寄存器重命名。

从概念上讲，可以把动态调度流水线想象为对程序数据流结构的分析过程。处理器在不违背程序原有的数据流顺序的前提下以某种顺序执行指令。这种执行方式称为**乱序执行**（out-of-order execution），因为执行指令的顺序可以与取指的顺序不同。

为了使程序表现得像是在一条简单的顺序流水线上执行，取指和译码单元必须能够顺序发射指令，以记录程序中的依赖关系。而提交单元也必须按照程序顺序将结果写回寄存器堆和存储器。这种保守的方案称为**顺序提交**（in-order commit）。所以当异常发生时，处理器可以找到最后执行的那条指令，并且只有这条导致异常的指令之前的指令才能对寄存器状态进行修改。虽然处理器的前端（取指和发射）和后端（提交）按照顺序操作指令，各功能单元可以在获得所需数据的条件下随时开始执行过程。目前所有的动态调度流水线都采用顺序提交。

动态调度经常与基于硬件的推测机制相结合，特别是对分支指令的推测。通过对分支指令的方向进行推测，动态调度处理器可以在推测方向上进行取指和执行。由于指令是顺序提交的，因此在预

乱序执行：流水线执行的一种情况，即执行的指令被阻塞时不会导致后面的指令等待。

顺序提交：流水线执行的结果以取指顺序写回程序员可见寄存器的一种提交方式。

测路径上任何指令提交之前就可以知道分支预测是否正确。一个推测执行的动态调度流水线同样可以支持对 load 指令的目标地址进行推测、对 load 和 store 指令进行重排序，并且利用提交单元避免错误的推测。在下一节中我们将讨论 Intel Core i7 处理器的动态调度流水线设计与推测机制。

| **硬件/软件接口** 乱序执行会产生在原始流水线（本章前面章节中给出的流水线）中未出现的冒险。当两条指令使用相同的寄存器或存储器地址（称为名字）时，就发生了名字相关，但是两条指令间没有发生通过该名字的数据流动。假设在程序中，指令 i 先于指令 j 执行，这两条指令间存在两种类型的名字相关：

1. 当指令 j 对一个寄存器或存储单元进行写操作，而指令 i 要读取同样的寄存器或存储单元时，则发生了反相关（antidepengdence）。这种情况下，为了确保指令 i 能够读取到正确的数值，必须保持原始的指令顺序。

2. 如果两条指令都要对同一个寄存器或相同的存储单元进行写操作，则发生了输出相关（output dependence）。这种情况下，为了确保最终值是由指令 j 写入的，必须保持原始的指令顺序。

原始的流水线冒险是名为真数据相关（true data dependence）的结果。

例如，下面的代码序列中，swc1 和 addiu 之间有关于寄存器 x1 的反相关，lwc1 和 add.s 之间有关于寄存器 f0 的真数据相关。在一个循环体内部不存在输出相关，但在不同的循环迭代间却存在着输出相关，例如，第一次迭代和第二次迭代中的 addiu 指令间就存在着输出相关。

```
Loop: lwc1  $f0,0(x1)      # f0=array element
      add.s $f4,$f0,$f2    # add scalar in f2
      swc1  $f4,0(x1)      # store result
      addiu x1,x1,4        # decrement pointer 8 bytes
      bne   x1,x2,Loop     # branch if x1 != x2
```

只要指令间存在着名字相关或数据相关，并且指令距离足够近使得重叠执行改变对相关的操作数的访问顺序，就会发生流水线冒险。它们导致的流水线冒险的更直观的名称如下：

1. 反相关可能会导致读后写（Write-After-Read，WAR）冒险。
2. 输出相关可能会导致写后写（Write-After-Write，WAW）冒险。
3. 真数据相关也称为写后读（Read-After-Write，RAW）冒险。

原始的流水线中，因为指令顺序执行，并且寄存器-寄存器型指令的写操作发生在最后一个流水级，load 和 store 指令在同一个流水级访问存储器，所以不存在 WAR 或 WAW 冒险。

| **理解程序性能** 既然编译器可以根据数据相关关系调度代码，为什么还需要超标量处理器来进行动态调度？主要原因有三点。

第一，并不是所有的阻塞都可以预测。尤其是存储层次中的 cache 缺失（参见第 5 章）会导致不可预测的阻塞。动态调度使得在一些指令阻塞时，处理器可以调度其他指令继续执行，从而掩盖阻塞。

第二，如果处理器采用动态分支预测来推测分支的结果，那么由于这些信息依赖于预测和分支指令的真实执行情况，因此编译器无法得知指令的精确顺序。采用动态推测而不使用动态调度，会极大地限制可开发的指令级并行度（ILP）。

第三，由于流水线延迟和发射宽度因处理器具体实现的不同有很大的差别，于是编译代码序列的最佳方法也会不同。例如，调度一个相互依赖的指令序列的具体方式与发射宽度和延迟存在着密切关系。流水线的结构同样会影响循环展开（避免可能的阻塞）的次数，同样还会影响基于编译器的寄存器重命名的过程。动态调度使得硬件将这些细节隐藏起来。因此，用户和软件发行商就不用针对同一指令集的不同处理器发行多个版本的软件了。同样，以前的代码也能从更新的处理器上受益而不用重新编译。

重点 流水线和多发射都提高了指令的吞吐率，并致力于开发指令级并行。然而，由于处理器有时必须等待相关关系明确后才能继续工作，因此程序中的数据相关和控制相关往往限制了可达性能的上限。基于软件的指令级并行开发主要依赖于编译器来寻找相关关系，并尽量减少这些相关关系可能造成的不良后果。基于硬件的指令级并行开发主要依赖于流水线和多发射机制。推测执行可以由硬件或编译器完成，它可以通过预测增加指令行并行。但是使用时必须小心，因为错误的推测可能会降低性能。

硬件/软件接口 现代的高性能微处理器可以在一个时钟周期内发射多条指令。遗憾的是，持续这样的高发射速率相当困难。例如，尽管一个处理器可以在每个时钟周期发射 4～6 条指令，但只有很少的应用程序能保持每个时钟周期发射两条以上指令。这里面主要有两个原因。

首先，由于使用了流水线，主要的性能瓶颈在于那些不能立即解决的相关性，这就限制了指令间的并行度，因此也就限制了发射速率。虽然对于真正的数据相关而言没有什么好的解决方法，但是一般情况下硬件或编译器对于相关是否确实存在都不知道，因而也就只能保守地假设存在相关。例如，使用指令的程序由于有更多的内存别名问题，往往存在隐式相关的可能性更大。反之，更为规律的数组访问允许编译器推测出没有相关存在。同样，不能在编译期间或运行期间被准确预测的分支同样会限制指令级并行的开发。一般来说，虽然可以开发额外的指令级并行，但是因为并行度较为分散（有时可能存在于上千条指令之间），编译器和硬件往往会显得力不从心。

其次，存储器层次（这是第 5 章的主题）中的缺失同样会使流水线难以满负荷运转。尽管一些访存引起的阻塞可以被掩盖掉，但是有限的指令级并行度同样会使阻塞被掩盖的程度有所下降。

4.11.4 能耗效率与高级流水线

通过动态多发射和推测执行开发指令级并行的副作用是能耗效率问题。每项创新都成功地将更多的晶体管转化为性能，但是这种转化往往极其低效。因为功耗墙问题的存在，最新的处理器都是每块芯片上集成多个处理器，并且这些处理器与前期的处理器不同，没有深度流水线，也没有激进的推测执行。

虽然简单的处理器没有复杂的处理器那么快，但是在同样的能耗下却能获得更高的性能。所以，当设计的约束更多来自能耗而非晶体管数量时，简单的处理器能在单芯片上获得更高的性能。

图 4-73 给出了一些处理器的流水线级数、发射宽度、推测级别、时钟频率、每芯片的核数和功耗等。注意从单核发展到多核时流水线级数和功耗的减少。

精解 提交单元负责寄存器堆和存储器的更新。一些动态调度处理器在执行过程中即时更新寄存器堆，使用额外的寄存器来实现重命名功能，并保存之前寄存器的副本直到更新该寄存器的指令不再是靠推测得出的。其他处理器通常把结果缓存在重排序缓冲器中，由提交单元在随后更新寄存器堆。在指令提交之前，写内存的数据必须先缓存在存储缓冲器（见第 5 章）或重排序缓冲器中。当缓冲区具有有效地址和数据，并且 store 操作不依赖于预测的分支时，提交单元允许从缓冲区中将数据写入存储器。

微处理器	年份	时钟频率	流水线级数	发射宽度	乱序/推测	核数/芯片	功耗
Intel 486	1989	25 MHz	5	1	No	1	5W
Intel Pentium	1993	66 MHz	5	2	No	1	10W
Intel Pentium Pro	1997	200 MHz	10	3	Yes	1	29W
Intel Pentium 4 Willamette	2001	2000 MHz	22	3	Yes	1	75W
Intel Pentium 4 Prescott	2004	3600 MHz	31	3	Yes	1	103W
Intel Core	2006	3000 MHz	14	4	Yes	2	75W
Intel Core i7 Nehalem	2008	3600 MHz	14	4	Yes	2-4	87W
Intel Core Westmere	2010	3730 MHz	14	4	Yes	6	130W
Intel Core i7 Ivy Bridge	2012	3400 MHz	14	4	Yes	6	130W
Intel Core Broadwell	2014	3700 MHz	14	4	Yes	10	140W
Intel Core i9 Skylake	2016	3100 MHz	14	4	Yes	14	165W
Intel Ice Lake	2018	4200 MHz	14	4	Yes	16	185W

图 4-73　Intel 微处理器的流水线复杂度、核数和功耗的发展情况。其中，Pentium 4 的流水线级数没有包括提交级，如果加上提交级，Pentium 4 的流水线级数会更深一些

精解　访存操作可以从非阻塞 cache（nonblocking cache）中受益，即在 cache 缺失（参见第 5 章）时能够继续提供 cache 访问服务。乱序执行处理器需要 cache 允许指令在 cache 缺失时继续执行。

小测验　说明下列开发指令级并行度的技术或单元主要是基于硬件还是基于软件。对某些项来说两者都有可能。

1. 分支预测
2. 多发射
3. 超长指令字（VLIW）
4. 超标量
5. 动态调度
6. 乱序执行
7. 推测机制
8. 重排序缓冲区
9. 寄存器重命名

4.12　实例：Intel Core i7 6700 和 ARM Cortex-A53

本节考察两个多发射处理器 ARM Cortex-A53 和 Intel Core i7 6700 的设计，其中前者应用于多款平板电脑和移动电话，后者是一款使用动态调度、推测执行的高端处理器，用于高端桌面和服务器应用。我们先讨论简单的处理器。本节基于《计算机体系结构：量化研究方法》（第 6 版）的 3.12 节。

4.12.1　ARM Cortex-A53

A53 是一款双发射、静态调度、动态发射检测的超标量处理器，每个时钟周期可以发射

两条指令。图 4-74 给出了流水线的整体情况。非分支整型指令的流水线有 8 级：F1，F2，D1，D2，D3/ISS，EX1，EX2 和 WB。这是一条顺序流水线，只有在目标寄存器可用⊖且前序指令已经开始执行时，一条指令才能开始执行。因此，如果后面两条指令相关，那么它们都可以执行到执行级（EX1 之前，即 ISS），但是当它们到达执行级时，必须串行执行。当流水线的发射逻辑指示第一条指令的结果可用，第二条指令才能发射。

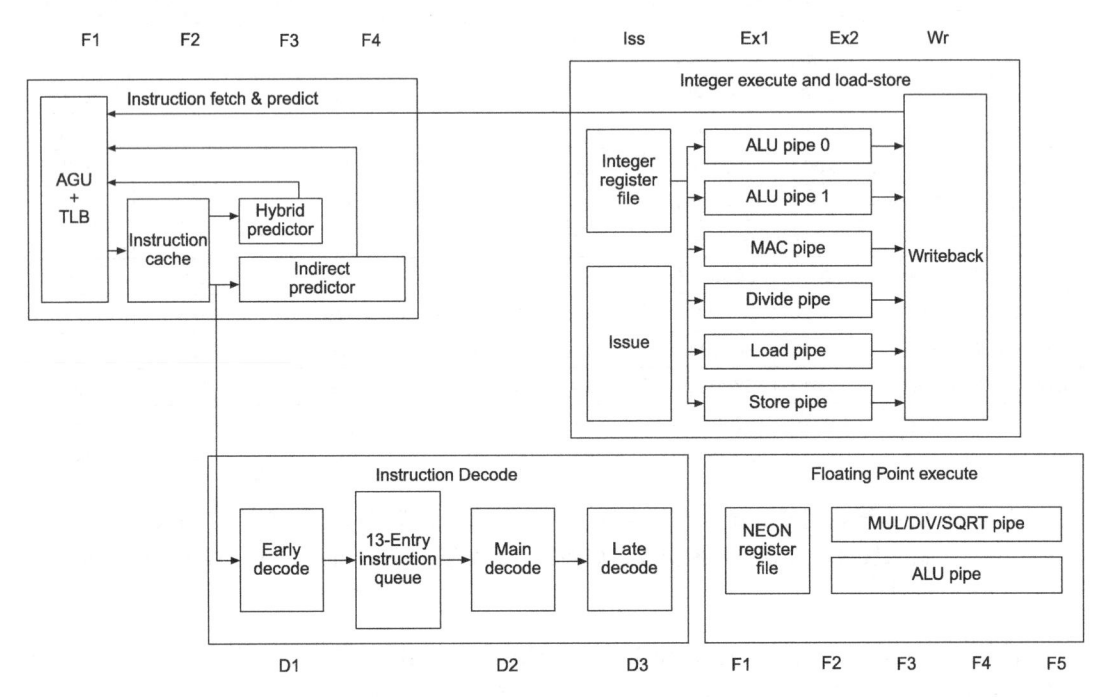

图 4-74 A53 的整型流水线包含 8 个流水级：F1 和 F2 取指令，D1 和 D2 完成基本的译码，D3 对一些复杂指令进行译码，并且与执行流水线的第一级（ISS）重叠。在 ISS 级之后，EX1、EX2 和 WB 级完成整数流水线。分支指令根据不同的类型使用了 4 个不同的预测器。除了取指和译码需要 5 个周期外，浮点执行流水线具有 5 个周期的深度，因此总共 10 个流水级。AGU 表示地址产生单元（Address Generation Unit），TLB 表示转换后援缓冲器（Transaction Lookaside Buffer，见第 5 章）。NEON 单元执行 ARM 的 SIMD 指令（来源：Hennessy J L, Patterson D A: *Computer architecture: A quantitative approach*, ed 6, Cambridge MA, 2018, Morgan Kaufmann）

取指有 4 个周期，其中包含了一个用于产生下一个 PC 的地址产生单元，该 PC 值要么是对当前 PC 值的递增，要么来源于下列 4 个预测器之一。

1. 分支目标缓存：一个入口包含两条缓存的指令（即分支指令之后的两条指令，假定分支预测正确）。在第一个取指周期检测该目标缓存，如果命中，则由目标缓存提供后面的两条指令。在分支目标缓存命中且预测正确的情况下，分支无延迟地执行。

2. 一个具有 3072 个入口的混合预测器，用于在 F3 阶段处理分支目标缓存未命中的所有指令。使用该预测器处理的分支具有 2 个周期的延迟。

3. 一个具有 256 个入口的间接预测器，在 F4 阶段使用，使用该预测器处理的分支在预

⊖ 为了避免写后写冒险。——译者注

测正确时有 3 个周期的延迟。

4. 一个深度为 8 的返回堆栈，在 F4 阶段使用，会带来 3 个周期的延迟。

在 ALU 的 pipe0 对分支进行确认，这将导致误预测会有 8 个周期的开销。图 4-75 给出了在 A53 上运行 SPECint2006 时的误预测率。浪费的工作量与误预测率和在误预测之后的开销紧密相关。图 4-76 给出了浪费的工作量与误预测率之间的关系。

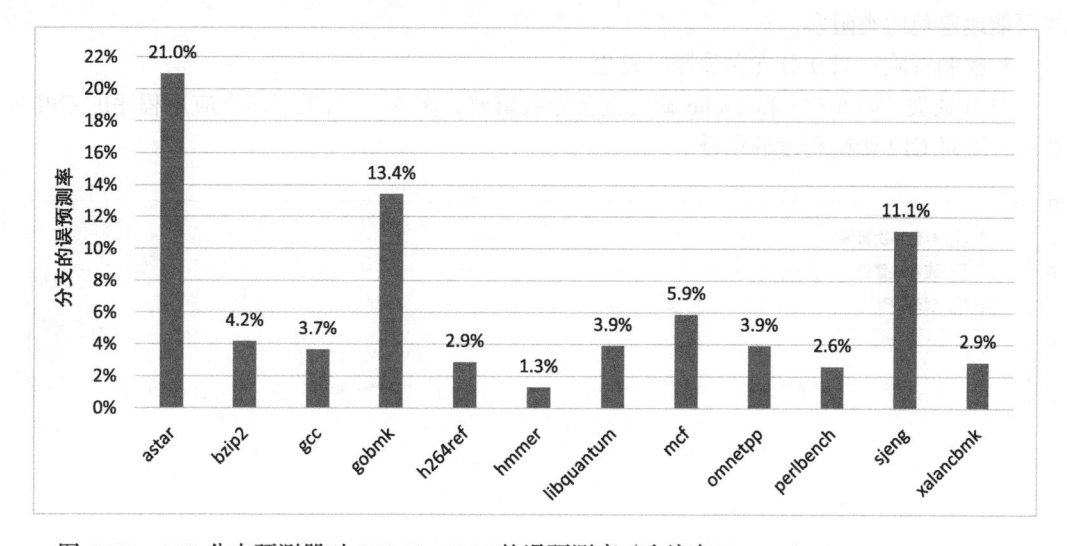

图 4-75 A53 分支预测器对 SEPCint2006 的误预测率（改编自 Hennessy J L, Patterson D A: *Computer architecture: A quantitative approach*, ed 6, Cambridge MA, 2018, Morgan Kaufmann.）

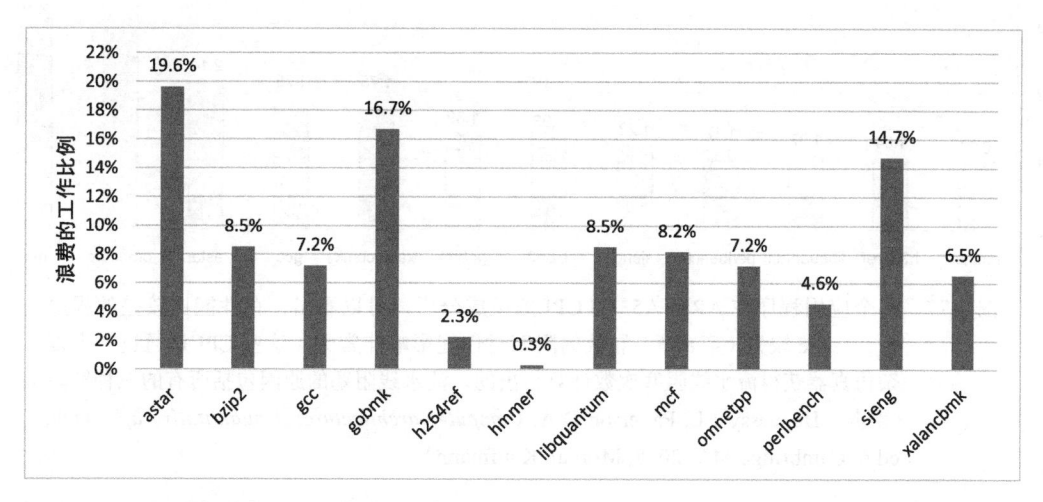

图 4-76 在 A53 处理器上，由于分支的误预测导致的工作浪费。由于 A53 是一个顺序机器，浪费的总工作量依赖于众多因素，包括数据相关和 cache 缺失，它们都会引起暂停（改编自 Hennessy J L, Patterson D A: *Computer architecture: A quantitative approach*, ed 6, Cambridge MA, 2018, Morgan Kaufmann）

4.12.2 A53 流水线的性能

由于是双发射，因此 A53 的理想 CPI 是 0.5。但是，以下三种原因可能导致流水线阻塞。

1. 功能（结构）冒险：同时发射的两条相邻指令使用相同的流水级。因为 A53 采用静态调度，所以编译器试图避免这类冲突。当出现这种情况时，在执行流水线开始时，相关的指令将串行执行，只允许第一条指令开始执行。

2. 数据冒险：在流水线早期就能检测出来，要么阻塞指令对中的全部两条指令（如果第一条指令不能发射，则第二条指令一直阻塞），要么阻塞指令对中的第二条指令。编译器也尽可能地避免此类阻塞。

3. 控制冒险：只在分支误预测时发生。

TLB 缺失（第 5 章）和 cache 缺失也会导致阻塞，图 4-77 给出了多个应用程序的 CPI 及各种冒险对 CPI 影响程度的估计。

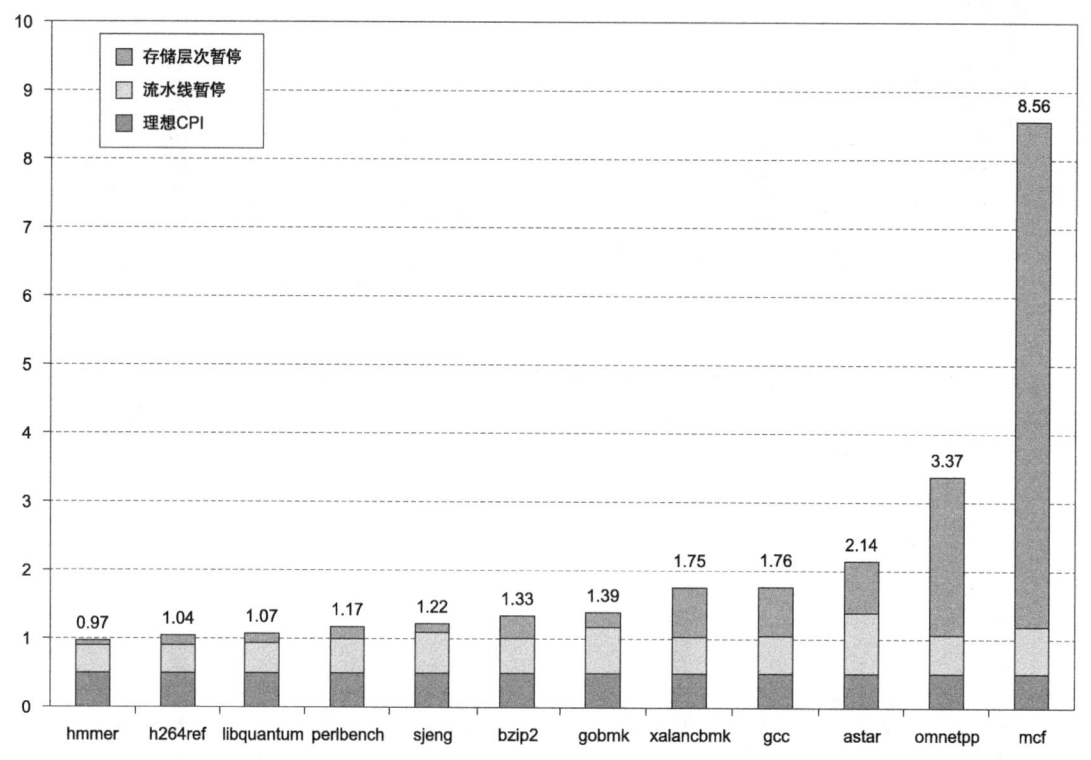

图 4-77 多个应用程序在 ARM A53 的 CPI 的组成分析，可以看出，在性能比较差的程序中，cache 缺失（第 5 章）导致的阻塞对性能影响非常大。这些 CPI 是通过一个复杂仿真器获得流水线阻塞次数计算得出的。流水线阻塞的原因包括所有的三种冒险（来源：Hennessy J L, Patterson D A: *Computer architecture: A quantitative approach*, ed 6, Cambridge MA, 2018, Morgan Kaufmann）

A53 使用了一个深度较浅的流水线，使用了相对较为激进的分支预测器，在适中的功耗条件下获得了较高的时钟频率，同时导致了适中的流水线开销。与 i7 相比，对一个四核处理器来说，A53 的功耗只有大约 i7 的 1/200。

精解 Cortex-A53 是一个支持 ARMv8 指令集的可配置内核，以 IP（Intellectual Property，知识产权）核方式交付使用。IP 核是嵌入式、个人移动设备和相关市场中用于交付的主要形式；数十亿的 ARM 和 MIPS 处理器都是由这种 IP 核产生的。

注意，IP 核与 Intel i7 多核计算机中的核不同。一个 IP 核（自身可能就是多核）的设计目标是与其他逻辑集成在一起（因此是一个芯片的"核心"）形成一个对某种应用优化的处理器，这里其他逻辑包括专用处理器（例如视频编解码器）、I/O 接口和存储器接口。虽然处理器核在逻辑上几乎相同，但最终的芯片可能有许多不同。一个参数就是 L2 cache 的容量，它在不同的应用中的差别可以高达 168 倍。

4.12.3　Intel Core i7 6700

　　x86 微处理器采用了复杂的流水线技术，在其 14 级流水线中综合使用了动态多发射、乱序执行和推测执行的动态流水线调度技术。然而，正如第 2 章中提到的，这些处理器依然面临着实现复杂 x86 指令集的挑战。Intel 取出 x86 指令，将其翻译为类似于 MIPS 的中间指令，称为微操作。微操作由复杂的基于推测执行的动态调度流水线执行，该流水线每个时钟周期最多可执行 6 个微操作。本节集中讨论微操作流水线。

　　当我们考虑复杂的动态调度处理器的设计时，功能单元、cache 和寄存器堆、指令发射以及整个流水线控制的设计将混在一起，难以把数据通路从流水线中分离出来。因此，许多工程师和研究人员使用术语微体系结构（microarchitecture）来描述处理器内部体系结构的细节。

　　Intel Core i7 使用重排序缓冲区和寄存器重命名技术来解决反相关和推测错误。寄存器重命名技术显式地将处理器中的体系结构寄存器（architectural register）（在 64 位版本的 x86 体系结构中是 16 个）重命名为一组更大的物理寄存器集合。Core i7 使用寄存器重命名技术来消除反相关。寄存器重命名需要处理器维护体系结构寄存器和物理寄存器之间的映射关系，要能指出哪个物理寄存器才是某个体系结构寄存器的最新备份。通过跟踪已经发生的重命名，寄存器重命名提供了另一种推测错误时的恢复方法：简单地撤销所有第一条推测错误指令后建立的所有映射。这会使处理器的状态返回到最后一条正确执行的指令处，并保持结构寄存器与物理寄存器之间的正确映射关系。

　　图 4-78 给出了 Core i7 的整体组成和流水线结构。我们从取指令开始，直到提交，介绍图中给出的 8 个流水级。

　　1. 取指令——处理器使用一个多级分支目标缓冲器在速度和预测准确性方面进行平衡。另外还有一个返回地址栈用于加速函数返回。误预测将导致 17 个周期的开销。取指部件使用预测地址从指令 cache 中取入 16 字节。

　　2. 这 16 字节放入预译码指令缓冲器——预译码级将这 16 字节转换为独立的 x86 指令。因为 x86 指令长度可以是 1～15 字节不等，预译码操作必须扫描多个字节以确定指令长度，所以预译码操作非常复杂。每条 x86 指令放入一个 18 入口的指令队列。

　　3. 微操作译码——每条 x86 指令被翻译为微操作。有三个译码器将 x86 指令直接翻译为一个微操作。而对于具有复杂语义的 x86 指令，则使用一个微代码引擎产生一个微操作序列；它可以在每个周期生成 4 个微操作，直到必需的微操作序列生成为止。这些微操作按照 x86 指令顺序放入具有 28 入口的微操作缓冲器。

　　4. 微操作缓冲器执行循环流检测——如果有一个小的指令序列（少于 64 条指令）包含一个循环，循环流检测器将识别该循环，并直接从缓冲器中发射微操作，从而减少了指令预取和指令译码。

　　5. 执行基本指令发射——在将微操作发射到保留站之前，在寄存器表中查找寄存器位置、对寄存器进行重命名、分配重排序缓冲器入口、从寄存器或重排序缓冲中取结果。每个时钟周期可以处理多达 4 个微操作，给它们分配下一个可用的重排序缓冲入口。

6. i7 使用一个被 6 个功能单元共享的 36 入口的集中式保留站。在每个周期内最多可以向功能单元分派 6 个微操作。

7. 各个功能单元执行微操作，并将执行结果送回等待的保留站以及寄存器提交部件，当确定指令不再是推测执行时，更新寄存器状态。重排序缓冲中与指令对应的入口标记为完成。

8. 当重排序缓冲头部的一条或多条指令已经被标记为完成，则执行寄存器提交部件中等待的写操作，指令从重排序缓冲器中移走。

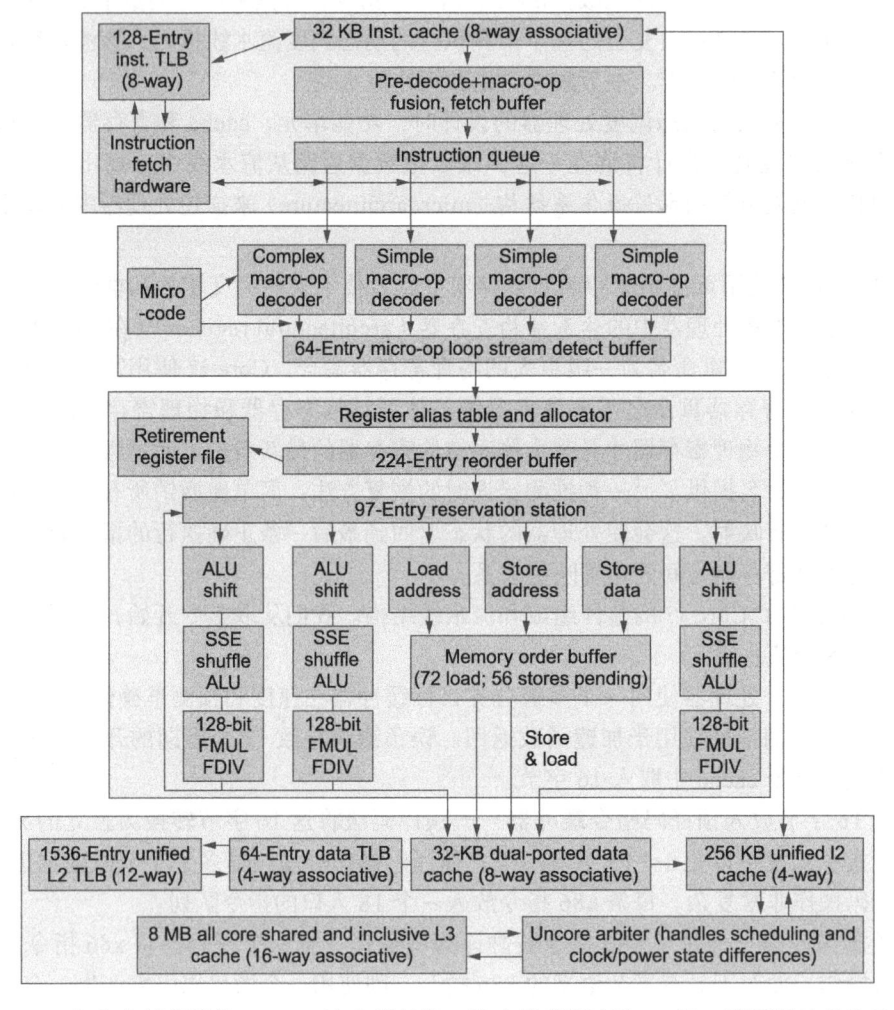

图 4-78　包含存储部件的 Core i7 流水线结构。流水线总深度为 14 级，误预测的代价是 17 个时钟周期。该设计可以缓存 72 个 load 操作和 56 个 store 操作。6 个独立的功能部件在每个时钟周期可以开始执行一个 RISC 操作。可以同时最多对 4 个微操作进行寄存器重命名。第一款 i7 处理器于 2008 年发布；i7 6700 是第六代产品。i7 处理器的基本结构类似，但是后续产品通过更改 cache 策略、提升存储器带宽、增加能够同时处理的指令数目、增强分支预测和改进图形支持等手段提升性能（来源：Hennessy J L, Patterson D A: *Computer architecture: A quantitative approach*, ed 6, Cambridge MA, 2018, Morgan Kaufmann）

| 精解 | 第二步和第四步中的硬件能够将操作进行合并，从而减少需要执行的微操作的数量。第二步中的宏操作合并进行 x86 指令的合并，例如将比较后面紧跟一个分支合并成一个操作。第四步中的微操作合并将 load/ALU 操作和 ALU/store 之类的微操作对进行合并，并将它们发射到一个保留站中（在这里它们依旧可以独立发射），从而提高了缓冲器的利用率。在研究微操作合并和宏操作合并在内的 Intel 核体系结构时，Bird 等人（2007）发现微操作合并对性能影响很小，而宏操作合并似乎对整数性能有适度的正面影响，对浮点性能影响很小。

4.12.4　Intel Core i7 的性能

由于使用了激进的分支推测技术，因此想要精确评估理想性能和实际性能之间的差距比较困难。因为 6700 中保留站、重命名寄存器和重排序缓冲数量较少，所以更长的队列和更深的缓冲器极大地减少了阻塞的可能性。

因此，性能损失主要源于分支误预测或 cache 缺失。分支误预测的开销是 17 个周期，而 L1 cache 缺失的开销大约是 10 个周期（第 5 章），L2 cache 缺失的开销将近 L1 缺失的 3 倍，L3 cache 缺失的开销大约是 L1 缺失的 13 倍（130～135 个周期）。虽然在 L2 或 L3 cache 缺失期间，处理器试图寻找其他指令继续执行，但是往往在缺失处理完成之前，一些缓冲器就会被填满，从而导致处理器停止指令发射。

图 4-79 给出了运行 19 个 SPECCPUint2006 基准测试程序的整体 CPI。在 i7 6700 上运行时，平均 CPI 为 0.71。图 4-80 给出了 Intel i7 6700 分支预测器的误预测率，与图 4-76 所示的 A53 的情况相比，由于 i7 6700 采用了更加激进的体系结构技术，因此分支误预测率大约是 A53 的一半，CPI 小于 A53 的一半——中位数分别为 2.3%:3.9% 和 0.64:1.36。i7 的时钟频率为 3.4GHz，而 A53 只有 1.3GHz，因此，在每条指令的平均执行时间方面，i7 为 $0.64\times 1/3.4\text{GHz}=0.18\text{ns}$，而 A53 为 $1.36\times 1/1.3\text{GHz}=1.05\text{ns}$，i7 比 A53 快了 5 倍多。另一方面，i7 的功耗是 A53 的 200 倍！

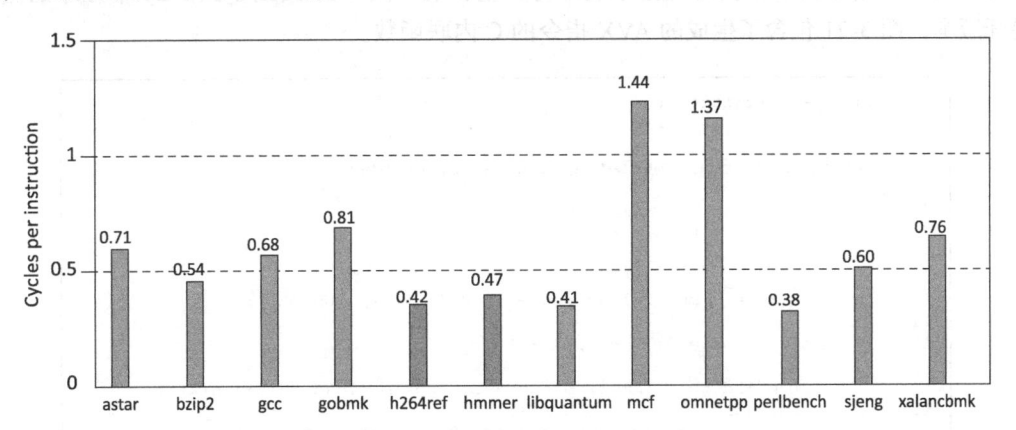

图 4-79　在 Intel i7 6700 上运行 SPECCPUint2006 基准测试程序时的 CPI。本节的数据是由 Louisiana State University 的 Lu Peng 教授和博士生 Qun Liu 提供的（改编自 Hennessy J L, Patterson D A: *Computer architecture: A quantitative approach*, ed 6, Cambridge MA, 2018, Morgan Kaufmann）

Intel Core i7 组合使用一个 14 级的流水线和激进的多发射来获取高性能。在保持背对背操作低延迟的同时，也消除了数据相关的影响。对运行在这个处理器上的程序而言，最严重的潜在性能瓶颈在哪里呢？下面列出了一些潜在的性能问题，最后三个问题在任何高性能流水线处理器中都会以某种形式出现。
- 使用了不能映射成若干条简单微操作的 x86 指令。
- 难于预测的分支会导致预测错误时的阻塞和推测失败时的重启。
- 长相关——典型情况是执行时间很长的指令或存储器层次——这会导致阻塞。
- 存储器访问延迟增大（见第 5 章）将导致的处理器阻塞。

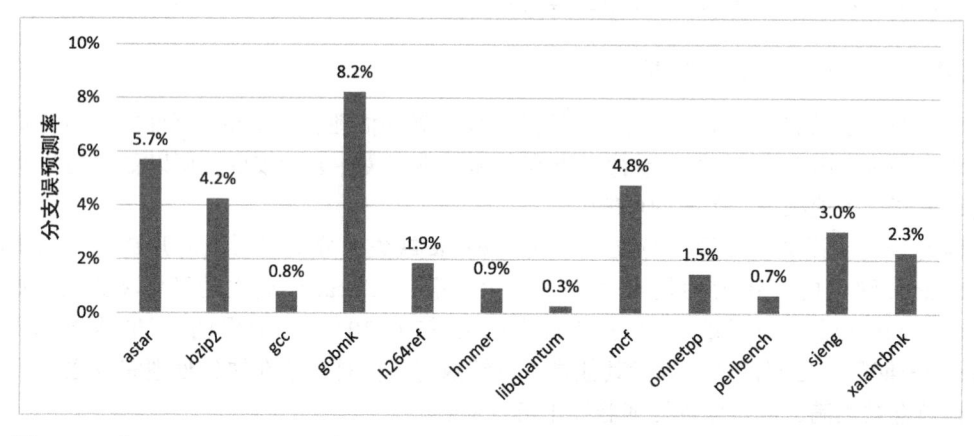

图 4-80 在 Intel i7 6700 上运行 SPECCPUint2006 基准测试程序时，分支预测的误预测率（改编自 Hennessy J L, Patterson D A: *Computer architecture: A quantitative approach*, ed 6, Cambridge MA, 2018, Morgan Kaufmann）

4.13 加速：指令级并行和矩阵乘法

回到第 3 章的 DGEMM 的例子，我们可以看到通过循环展开使多发射乱序执行处理器有更多的指令用于调度，从而对指令级并行产生影响。图 4-81 给出了图 3-21 中程序的循环展开版本，图 3-21 包含了生成的 AVX 指令的 C 内联函数。

```
1   #include <x86intrin.h>
2   #define UNROLL (4)
3
4   void dgemm (int n, double* A, double* B, double* C)
5   {
6     for (int i = 0; i < n; i+=UNROLL*8)
7       for (int j = 0; j < n; ++j){
8         __m512d c[UNROLL];
9         for (int r=0;r<UNROLL;r++)
10          c[r] = _mm512_load_pd(C+i+r*8+j*n); //[ UNROLL];
11
12        for( int k = 0; k < n; k++ )
13        {
14          __m512d bb = _mm512_broadcastsd_pd(_mm_load_sd(B+j*n+k));
15          for (int r=0;r<UNROLL;r++)
16            c[r] = _mm512_fmadd_pd(_mm512_load_pd(A+n*k+r*8+i), bb, c[r]);
17        }
18
19        for (int r=0;r<UNROLL;r++)
20          _mm512_store_pd(C+i+r*8+j*n, c[r]);
21      }
22  }
```

图 4-81 优化的 DGEMM C 版本，使用生成 x86 AVX 子字并行指令（图 3-21）的 C 的内联函数，并使用循环展开提升开发指令级并行的机会。图 4-82 给出了使用编译器产生的内循环的汇编语言，将 3 个 for 循环体进行展开以显示指令级并行

处理器　267

与前面的图 4-71 中的循环展开的例子一样，我们将循环展开 4 次（在 C 代码中使用常数 UNROLL 来控制希望展开的次数）。与图 3-21 中手动将 C 循环中每个循环体复制 4 份不同，我们可以使用 gcc 编译器的 –O3 优化选项来展开。我们将每个循环体使用一个简单的 for 循环包起来形成 4 个迭代（第 9、15 和 19 行），将图 3-22 中的向量 C0 使用一个 4 元数组 c[]（第 8、10、16 和 20 行）替换。

图 4-82 给出了展开后的汇编语言代码。正如所期望的一样，图 3-22 中的每条 AVX 指令在图 4-82 中有 4 个版本，只有一个例外。因为在循环中，我们可以反复使用寄存器 %ymm0 中的 B 元素的 4 个副本，所以只需要一个 vbroadcastd 指令的副本。因此，图 3-22 中的 5 条 AVX 指令变成了图 4-82 中的 13 条。另外，虽然常数和地址根据循环展开进行变化，但是 7 条整数指令在两种情况下没有变化。所以，即使循环展开了 4 次，循环体中的指令数目只是翻倍：由 11 条变为 20 条。

```
1   vmovapd       (%r11),%zmm4               # Load 8 elements of C into %zmm4
2   mov           %rbx,%rcx                  # register %rcx = %rbx
3   xor           %eax,%eax                  # register %eax = 0
4   vmovapd       0x20(%r11),%zmm3           # Load 8 elements of C into %zmm3
5   vmovapd       0x40(%r11),%zmm2           # Load 8 elements of C into %zmm2
6   vmovapd       0x60(%r11),%zmm1           # Load 8 elements of C into %zmm1
7   vbroadcastsd  (%rax,%r8,8),%zmm0         # Make 8 copies of B element in %zmm0
8   add           $0x8,%rax                  # register %rax = %rax + 8
9   vfmadd231pd   (%rcx),%zmm0,%zmm4         # Parallel mul & add %zmm0, %zmm4
10  vfmadd231pd   0x20(%rcx),%zmm0,%zmm3     # Parallel mul & add %zmm0, %zmm3
11  vfmadd231pd   0x40(%rcx),%zmm0,%zmm2     # Parallel mul & add %zmm0, %zmm2
12  vfmadd231pd   0x60(%rcx),%zmm0,%zmm1     # Parallel mul & add %zmm0, %zmm1
13  add           %r9,%rcx                   # register %rcx = %rcx
14  cmp           %r10,%rax                  # compare %r10 to %rax
15  jne           50 <dgemm+0x50>            # jump if not %r10 != %rax
16  add           $0x1, %esi                 # register % esi = % esi + 1
17  vmovapd       %zmm4, (%r11)              # Store %zmm4 into 8 C elements
18  vmovapd       %zmm3, 0x20(%r11)          # Store %zmm3 into 8 C elements
19  vmovapd       %zmm2, 0x40(%r11)          # Store %zmm2 into 8 C elements
20  vmovapd       %zmm1, 0x60(%r11)          # Store %zmm1 into 8 C elements
```

图 4-82　对图 4-81 中循环展开后的 C 代码编译生成的嵌套循环体的 x86 汇编语言

循环展开使性能接近翻倍。相对于图 3-21 中的未优化的 DGEMM，子字并行和指令集并行的优化获得了 4.4 的加速比。与第 1 章中的 Python 版本相比，运行时间快了 4600 倍。

精解　尽管寄存器 %zmm5 在图 4-82 的第 9~12 行被重用，但由于 Intel Core i7 流水线对寄存器进行了重命名，因此没有流水线阻塞。

小测验　判断下列表述的正误。
1. Intel Core i7 使用多发射流水线直接执行 x86 指令。
2. A53 和 Core i7 都使用动态多发射。
3. Core i7 微体系结构中的寄存器比 x86 的更多。
4. Intel Core i7 的流水线级数比早期 Intel Pentium 4 Prescott 的一半还少（见图 4-73）。

4.14 高级主题：数字设计概述——使用硬件设计语言进行流水线建模以及更多流水线示例

现代数字设计采用硬件描述语言和现代的计算机辅助综合工具完成，其中综合工具能使用库和逻辑综合将描述转化为具体的硬件设计。关于这些语言和它们在数字设计中的使用有相关书籍说明。本节（在配套网站上）仅进行简单的介绍，并展示如何用一种硬件设计语言（Verilog）分别从行为级和硬件可综合的形式描述 MIPS 控制。接着提供了用 Verilog 描述的 MIPS 5 级流水线行为级模型。最初的模型忽略了冒险，随后增加的部分着重于支持旁路、数据冒险和分支冒险所做的改变。

我们接着提供了大量使用单时钟周期图形化流水线表示的示意图，以帮助读者更好地理解执行一连串 MIPS 指令时流水线的工作细节。

4.15 谬误与陷阱

谬误：流水线是一种简单的结构。

本书证明了正确执行的流水线有许多精妙之处。我们另一本书《计算机体系结构：量化研究方法》的第 1 版尽管经过了上百人的审阅，并且曾经在 18 个大学的课堂上使用过，但它仍然存在一个流水线方面的错误。直到有人根据该书设计处理器时才发现了这个错误。用 Verilog 来描述一个如 Intel Core i7 的流水线需要几千行代码，由此可以看出流水线的复杂性，因此设计流水线必须非常小心。

谬误：流水线概念的实现与工艺无关。

当芯片上晶体管的数量和晶体管的速度决定 5 级流水线是最好的解决方案时，延迟分支（见 4.3 节的精解）是一种简单的控制冒险的方法。但对于深度流水线、超标量执行和动态分支预测，延迟分支就成为多余的方法了。在 20 世纪 90 年代初期，动态流水线调度需要耗费大量资源并且无法得到很好的性能，但随着晶体管的数量持续加倍以及逻辑电路变得比存储器更快，多个功能单元和动态流水线变得更有意义。当今，由于要考虑功耗问题，因此不能采用太激进的设计。

陷阱：没有考虑指令集的设计反过来会影响流水线。

许多流水线中遇到的困难都是由指令集的复杂性造成的，例如下面的例子：

- 在指令级层次，指令长度和指令运行时间变化太大会导致各流水级的不均衡，大幅增加了流水线设计中冒险检测的复杂度。这个问题已经解决，最初在 20 世纪 80 年代后期的 DEC VAX 8500 中，采用了微操作和微流水线的方案，这也是今天的 Intel Core i7 所采用的方案。当然，在微操作和实际指令间的转化和一致性维护上依然存在开销。
- 复杂的寻址模式可能引起很多问题。更新寄存器的寻址模式会使冒险的检测更为复杂。而需要多次访问存储器的寻址模式会使流水线的控制复杂化，并且难以保持流水线平稳流动。
- 最好的例子可能是 DEC Alpha 和 DEC NVAX。通过比较可以看到，Alpha 的新指令集使其性能是 DEC NVAX 性能的两倍。另一个例子是，Bhandarkar 和 Clark（1991）使用 SPEC 基准测试程序比较了 MIPS M/2000 和 DEC VAX 8700，得到了如下结论：尽管 MIPS M/2000 执行了更多的指令，但是 VAX 的平均时钟周期数是 MIPS 的 2.7 倍，所以总体上 MIPS 更快一些。

4.16 本章小结

在本章我们看到，处理器的数据通路和控制通路的设计，可以从指令集体系结构和对工艺基本特性的理解开始。在 4.3 节，我们看到了如何基于体系结构构造 MIPS 处理器的数据通路，以及如何实现单周期处理器。当然，底层的工艺也影响着许多设计决策，如数据通路中哪些部件可用，以及单周期实现是否有意义等。

> 智慧十之八九体现在恰当的时机。
> *美国谚语*

流水线提高了吞吐率，但不能提高指令固有的执行时间 [**指令延迟**（instruction latency）]；对某些指令而言，指令延迟与单周期实现的延迟类似。多发射在数据通路中增加了额外的硬件，从而允许每个时钟周期发射多条指令，但是却增加了有效延迟。为了减少简单的单周期实现数据通路的时钟周期，提出了流水线技术。相比之下，多发射关注减少每条指令的时钟周期数（CPI）。

> **指令延迟**：执行一条指令固有的执行时间。

流水线和多发射都试图开发指令级并行。数据相关和控制相关是开发更高指令级并行的主要限制因素。在软硬件上都使用预测来调度和推测，这是降低相关带来的影响的主要手段。

我们展示了将 DGEMM 的循环展开 4 次来开发指令级并行，从而充分利用 Core i7 的乱序执行引擎的优势，使性能提升一倍以上。

20 世纪 90 年代中期开始使用更深的流水线、多发射和动态调度，这些技术帮助维持了从 20 世纪 80 年代早期以来处理器性能每年 60% 的增长速度。正如第 1 章中所提到的，这些微处理器依旧使用顺序执行程序模型，但是最终会遇到功耗墙问题。因此，工业界被迫转向在更粗粒度上开发并行性的多核处理器（第 6 章的主题）。这种趋势也迫使设计者对 20 世纪 90 年代中期发明的一些功耗-性能含义重新进行评估，其结果是在最新的微体系结构中使用了更简单的流水线。

为了维持通过并行处理器带来的计算性能提高，Amdahl 定律预言了系统中的其他部件会成为瓶颈。这个瓶颈就是下一章要讨论的主题——**存储器层次**。

4.17 历史观点和拓展阅读

本节放在配套网站中，讨论了第一个流水线处理器、最早的超标量处理器、乱序执行与推测执行技术的发展，以及同时期编译器技术的发展。

4.18 自学

高性能处理器具有比 5 级更深的流水线，而一些非常廉价或能耗非常低的处理器具有深度更浅的流水线。假定数据通路部件的时序使用图 4-26 和图 4-27 中的数据。

3 级流水。对于 3 级流水线，该如何将数据通路按照流水级划分？

时钟频率。忽略流水线寄存器和旁路逻辑对时钟周期时间的影响，请将 5 级流水线和 3 级流水线的时钟频率进行对比。假定数据通路部件的时序使用图 4-26 和图 4-27 中的数据。

寄存器读/写数据冒险？在 3 级流水线中是否存在此类冒险？如果存在，如何处理？

取数-使用型数据冒险？在 3 级流水线中是否存在此类冒险？如果存在，如何处理？

控制冒险？在 3 级流水线中是否存在此类冒险？如果存在，如何处理？

CPI。3 级流水线的 CPI 比 5 级流水线的 CPI 高还是低？

自学的答案

3 级流水。有多种可能的答案，下面这个答案是一种比较合理的划分：
1. 取指令，读寄存器（300ps）
2. ALU（200ps）
3. 访问数据，写寄存器（300ps）

```
          300       600       900      1200      1500
| 取指令和读寄存器 |    ALU    | 访问数据和写寄存器 |
          | 取指令和读寄存器 |    ALU    | 访问数据和写寄存器 |
                    | 取指令和读寄存器 |    ALU    | 访问数据和写寄存器 |
```

时钟频率。图 4-27 给出的 5 级流水线的时钟周期是 200ps，因此时钟频率是 1/200ps，即 5GHz。3 级流水线中，流水级中最长的流水级延迟为 300ps，因此时钟频率是 1/300ps，即 3.33GHz。

寄存器读/写数据冒险。从画出的流水线中可以看出，3 级流水线里仍然存在读/写冒险。第 1 条指令在其第 3 级结束之前没有完成寄存器写入，而第 2 条指令在其第 2 级开始阶段就需要新的数据值。因为第 1 条指令的 ALU 运算结果在第 2 条指令第 2 级开始时已经准备好，所以图 4-8 中的旁路解决方案在该 3 级流水线中能够很好地工作。

取数－使用型数据冒险。与 4.8 节中的情况类似，即使对于 3 级流水线，取数－使用型数据冒险必须阻塞一个时钟周期。在 load 指令的第 3 级之前，数据没有准备好，而后续指令在自己的第 2 级开始时就要使用数据。

控制冒险。该类冒险在 3 级流水线中依然存在。可以使用与 4.9 节相同的优化方法，在 ALU 级之前计算分支地址，并对寄存器进行相等比较（与图 4-62 中所示类似）。地址计算在取下一条指令之前进行，因此提前的分支逻辑可以在没有流水线开销的情况下解决控制冒险。

CPI。3 级流水线的 CPI 将减少（变好），主要原因如下：
- 因为时钟周期加长，访问 DRAM 所需的时钟周期数量减少，这将在 cache 缺失（见第 5 章）时影响 CPI。
- 分支指令只需一个时钟周期，而在 5 级流水线中，用于加速分支指令的任何软件和硬件策略都在某些情况下失效，从而增加有效的 CPI。
- 5 级流水线中 ALU 可能支持多于一个周期的复杂操作，例如整数乘法或除法操作。3 级流水线中，由于时钟周期比 ALU 的运算时间长，因此对于这些复杂操作，需要的时钟周期数量少于 5 级流水线。

4.19 练习题

4.1 考虑如下指令：
指令：and rd, rs1, rs2
解释：Reg[rd]=Reg[rs1] and Reg[rs2]

4.1.1 [5]<4.3> 对上述指令，图 4-10 中的控制单元将产生哪些控制信号？

4.1.2 [5]<4.3> 对上述指令，将用到哪些功能单元？

4.1.3 [10]<4.3> 哪些功能单元会产生输出，但输出不会被以上指令用到？对以上指令，哪些功能单元不产生任何输出？

4.2 [10]<4.4> 解释图 4-18 中的每个"无关项"。

4.3 考虑下面的指令组合：

R-type	I-type (non-lw)	Load	Store	Branch	Jump
24%	28%	25%	10%	11%	2%

4.3.1 [5]<4.4> 多少指令会用到数据存储器？

4.3.2 [5]<4.4> 多少指令会用到指令存储器？

4.3.3 [5]<4.4> 多少指令会用到符号扩展？

4.3.4 [5]<4.4> 不需要符号扩展输出的时钟周期内，符号扩展部件在做什么？

4.4 在制造硅芯片时，材料（例如，硅）的缺陷和制造错误会导致电路失效。一种非常常见的缺陷是信号线损坏，使得信号线总是为逻辑 0，称为"固定 0"（stuck-at-0）故障。

4.4.1 [5]<4.4> 如果 `MemToReg` 信号线固定为 0，哪些指令将不能正常操作？

4.4.2 [5]<4.4> 如果 `ALUSrc` 信号线固定为 0，哪些指令将不能正常操作？

4.5 本题将详细考察一条指令在单周期数据通路中如何执行。本题中的问题都是在一个时钟周期内，其中处理器取入的指令字为：`0x00c6ba23`。

4.5.1 [10]<4.4> 对该指令，ALU 控制单元的输入值是什么？

4.5.2 [10]<4.4> 该指令执行后，新的 PC 地址是多少？高亮标出该值决定的路径。

4.5.3 [10]<4.4> 给出指令执行过程中，每个多路选择器的输入和输出值。列出寄存器 `Reg[xn]` 的输出值。

4.5.4 [10]<4.4> ALU 和两个加法单元的输入值是什么？

4.5.5 [10]<4.4> 寄存器单元的所有输入值是什么？

4.6 4.4 节没有讨论像 `addi` 或 `andi` 一类的 I 型指令。

4.6.1 [5]<4.4> 如果在图 4-21 中的 CPU 中增加 I 型指令，需要增加哪些逻辑块？在图 4-21 中增加必需的逻辑块，并解释增加这些逻辑块的目的。

4.6.2 [10]<4.4> 列出控制单元为 `addi` 指令产生的控制信号值，并解释所有"无关"控制信号的原因。

4.7 本题假定在实现一个处理器的数据通路时，逻辑模块的延时如下：

I-Mem / D-Mem	Register File	Mux	ALU	Adder	Single gate	Register Read	Register Setup	Sign extend	Control
250ps	150ps	25ps	200ps	150ps	5ps	30ps	20ps	50ps	50ps

"寄存器读"是指时钟上升沿到来后寄存器值出现在输出端所需的时间。这个值只适用于 PC。"寄存器建立"时间是指时钟上升沿到来之前，寄存器输入数据必需保持稳定的时间。这个值同时适用于 PC 和寄存器堆。

4.7.1 [5]<4.4> R 型指令的延迟是多少？（即 R 型指令正确执行需要多长的时钟周期？）

4.7.2 [10]<4.4> `lw` 指令的延迟是多少？（仔细检查你的答案。许多学生在关键路径上放置了额外的多路选择器）

4.7.3 [10]<4.4> `sw` 指令的延迟是多少？（仔细检查你的答案。许多学生在关键路径上放置了额外的多路选择器。）

4.7.4 [5]<4.4> `beq` 指令的延迟是多少？

4.7.5 [5]<4.4> 一条算术指令、逻辑指令或 I 型的移位（非 load）指令的延迟是多少？

4.7.6 [5]<4.4> 该 CPU 的最小时钟周期是多少？

4.8 [10]<4.4> 假设你能够设计一个 CPU，其每条指令的时钟周期都不同。对于下面的指令使用频度，该新 CPU 相对于图 4-21 中的 CPU 的性能加速比是多少？

R-type/I-type (non-lw)	lw	sw	beq
52%	25%	11%	12%

4.9 考虑图 4-21 中所示的 CPU，如果在其中增加一个乘法器后，ALU 的延迟增加了 300ps，但指令数减少了 5%（因为不再需要模拟乘法指令）。

4.9.1 ［5］<4.4> 改进前后的时钟周期各是多少？

4.9.2 ［10］<4.4> 改进后获得的性能加速比是多少？

4.9.3 ［10］<4.4> 在仍能改进性能的前提下，ALU 最慢（即最长延迟）是多少？

4.10 处理器设计师改进处理器的数据通路时，通常依赖于开销/性能之间的折中。在下面三个问题中，假设从图 4-21 给出的数据通路开始，采用和练习题 4.7 中相同的延迟，开销如下表所示：

I-Mem	Register File	Mux	ALU	Adder	D-Mem	Single Register	Sign extend	Sign gate	Control
1000	200	10	100	30	2000	5	100	1	500

假设将通用寄存器的数量从 32 个增加到 64 个时，将把 lw 和 sw 指令的数量减少 12%，但将寄存器堆的延迟从 150ps 增加到 160ps，开销从 200 增加到 400.（采用练习题 4.8 给出的指令使用频度，忽略练习题 2.18 中讨论的指令集体系结构的其他影响。）

4.10.1 ［5］<4.4> 改进后的性能加速比能达到多少？

4.10.2 ［10］<4.4> 比较性能的变化和开销的变化。

4.10.3 ［10］<4.4> 结合计算出的开销/性能比，分别描述哪种情况下可以增加更多的寄存器，哪种情况下增加寄存器数量是没有意义的。

4.11 考察将指令 lwi.d rd,rs1,rs2（递增取数）添加到 MIPS 指令集中的难度。
解释：Reg[rd]=Mem[Reg[rs1]+Reg[rs2]]

4.11.1 ［5］<4.4> 该指令需要哪些新的功能块（如果有）？

4.11.2 ［5］<4.4> 哪些已经存在的功能块（如果有）需要修改（如果有）？

4.11.3 ［5］<4.4> 该指令需要哪些新的数据通路（如果有）？

4.11.4 ［5］<4.4> 需要控制器中哪些新的控制信号（如果有）来支持该指令？

4.12 考察将指令 swap rs,st 添加到 MIPS 指令集中的难度。
解释：Reg[rt]= Reg[rs], Reg[rs]= Reg[rt]

4.12.1 ［5］<4.4> 该指令需要哪些新的功能块（如果有）？

4.12.2 ［10］<4.4> 哪些已经存在的功能块（如果有）需要修改（如果有）？

4.12.3 ［5］<4.4> 该指令需要哪些新的数据通路（如果有）？

4.12.4 ［5］<4.4> 需要控制器中哪些新的控制信号（如果有）来支持该指令？

4.12.5 ［5］<4.4> 修改图 4-21，给出这条新指令的实现方式。

4.13 考察将指令 ss rt,rs,imm（存和）添加到 MIPS 指令集中的难度。
解释：MEM[Reg[rt]]= Reg[rs]+immediate

4.13.1 ［5］<4.4> 该指令需要哪些新的功能块（如果有）？

4.13.2 ［10］<4.4> 哪些已经存在的功能块（如果有）需要修改（如果有）？

4.13.3 ［5］<4.4> 该指令需要哪些新的数据通路（如果有）？

4.13.4 ［5］<4.4> 需要控制器中哪些新的控制信号（如果有）来支持该指令？

4.13.5 ［5］<4.4> 修改图 4-21，给出这条新指令的实现方式。

4.14 ［5］<4.4> 哪条指令（如果有）使得立即数产生（Imm Gen）模块处于关键路径上？

4.15 lw 是 4.4 节 CPU 中延迟最长的指令。如果修改 lw 和 sw 指令，去掉偏移量（offset）计算（例如，在使用 lw 或 sw 指令之前，必须将地址计算出来并存放在 rs 中），那么就没有指令同时使用 ALU 和数据存储器。这种修改可以减少时钟周期。然而，这也增加了指令数，因为许多 lw 和 sw 指令需要换成 lw/add 或 sw/add 的指令组合。

4.15.1 [5]<4.4> 新的时钟周期是多少？

4.15.2 [10]<4.4> 由练习题 4.7 中的混合指令构成的程序在这个新 CPU 上运行更快还是更慢？快或慢多少？（为了简化，假设每条 lw 和 sw 指令分别由连续的两条指令替代。）

4.15.3 [5]<4.4> 影响程序在新 CPU 上的运行速度的主要因素是什么？

4.15.4 [5]<4.4> 原来的 CPU（图 4-21 所示）与新的 CPU 相比，哪个的整体设计更好？

4.16 本练习讨论流水线对处理器时钟周期的影响。假设数据通路中各流水级的延迟如下：

IF	ID	EX	MEM	WB
250ps	350ps	150ps	300ps	200ps

另外，假定处理器中各种指令的使用频度如下：

ALU/Logic	Jump/Branch	Load	Store
45%	20%	20%	15%

4.16.1 [5]<4.6> 流水线处理器与非流水线处理器的时钟周期分别是多少？

4.16.2 [10]<4.6> lw 指令在流水线处理器和非流水线处理器中的总延迟分别是多少？

4.16.3 [10]<4.6> 如果可以将原流水线数据通路的一级拆分为两级，每级的延迟是原级的一半，那么你会选择哪一级进行拆分？拆分后处理器的时钟周期为多少？

4.16.4 [10]<4.6> 假设没有阻塞和冒险，数据存储器的利用率是多少（占总周期数的百分比）？

4.16.5 [10]<4.6> 假设没有阻塞和冒险，寄存器堆的写寄存器端口的利用率是多少？

4.17 [10]<4.6> 在一个具有 k 级流水线的 CPU 中，执行 n 条指令需要的最少时钟周期数是多少？列出公式并证明。

4.18 [5]<4.6> 假设寄存器 $s0 的初值为 11，$s1 的初值为 22。在 4.6 节所述的不处理数据冒险（即程序员需要在必要的地方插入 NOP 指令来处理数据冒险）的流水线中执行下面的代码，寄存器 $s2 和 $s3 的最终结果分别是多少？

```
addi    $s0, $s1, 5
add     $s2, $s0, $s1
addi    $s3, $s0, 15
```

4.19 [10]<4.6> 假设寄存器 $s0 的初值为 11，$s1 的初值为 22。在 4.6 节所述的不处理数据冒险（即程序员需要在必要的地方插入 NOP 指令来处理数据冒险）的流水线中执行下面的代码，寄存器 $s5 的最终结果分别是多少？假设寄存器堆在时钟周期开始时写，在时钟周期结束时读，那么，ID 级可以返回 WB 级在同一个是时钟周期内产生的结果。4.8 节和图 4-51 有详细的说明。

```
addi    $s0, $s1, 5
add     $s2, $s0, $s1
addi    $s3, $s0, 15
add     $s4, $s0, $s0
```

4.20 [5]<4.6> 在下面的代码中添加 NOP 指令，确保代码能够在无法处理数据冒险的流水线中正确执行。

```
addi  $s0, $s1, 5
add   $s2, $s0, $s1
addi  $s3, $s0, 15
add   $s4, $s2, $s1
```

4.21 考虑 4.6 节所述的无法处理数据冒险的流水线（即程序员需要在必要的地方插入 NOP 指令来处理器数据冒险）。假设（优化之后）一个典型的 n 条指令的程序需要增加 $0.4n$ 条 NOP 指令来处理数据冒险。

4.21.1 [5]<4.6> 假设该流水线（没有旁路）的时钟周期是 250ps，并假设增加旁路硬件可以将 NOP 指令的数量从 $0.4n$ 减少到 $0.05n$，但时钟周期会增加到 300ps。和原先的流水线相比，新流水线的加速比是多少？

4.21.2 [10]<4.6> 不同的程序需要不同数量的 NOP 指令。当一个典型程序运行在带旁路的流水线之前，程序中还有多少 NOP 指令（用指令条数的百分比表示）？

4.21.3 [10]<4.6> 重做练习题 4.21.2，但使用 x 代表相对于 n 的 NOP 指令的数量（练习题 4.21.2 中，x 为 0.4），答案用 x 表示。

4.21.4 [10]<4.6> 一个只用 $0.075n$ 条 NOP 指令的程序能否在带旁路的流水线中执行得更快？请解释原因。

4.21.5 [10]<4.6> 如果想要程序在有旁路的流水线中执行得更快，最少需要有多少 NOP 指令（用指令条数的百分比表示）？

4.22 [5]<4.6> 考虑下面的 MIPS 汇编代码段：

```
sd    $s5, 12($s3)
ld    $s5, 8($s3)
sub   $s4, $s2, $s1
beqz  $s4, label
add   $s2, $s0, $s1
sub   $s2, $s6, $s1
```

假设我们可以修改流水线，只保留一个存储器（指令和数据共用一个存储器）。在这种情况下，如果同一个时钟周期内同时取指令和访问数据，将产生结构冒险。

4.22.1 [5]<4.6> 画出上述代码的流水线图，展示是否产生阻塞。

4.22.2 [5]<4.6> 一般来说，重排代码能否减少阻塞或 NOP 指令的数量？

4.22.3 [5]<4.6> 上述结构冒险必须使用硬件处理吗？数据冒险能够通过添加 NOP 指令消除，结构冒险能使用相同的方法处理吗？如果能，给出解决方案；如果不能，请解释原因。

4.22.4 [5]<4.6> 该结构冒险将导致一个典型的程序产生多少阻塞（使用练习题 4.8 中给出的指令组合）？

4.23 如果使用寄存器作为 load/store 指令的存储器地址（无偏移量），那么这些指令将不再需要使用 ALU（参见练习题 4.15）。因此，MEM 和 EX 流水级可以重叠，流水线只有 4 级。

4.23.1 [10]<4.6> 流水线深度的减少对时钟周期有何影响？

4.23.2 [5]<4.6> 这种改变将如何提升流水线的性能？

4.23.3 [5]<4.6> 这种改变将如何降低流水线的性能？

4.24 [10]<4.8> 下面的两个流水线示意图中，哪个更好的描述了流水线冒险检测单元的操作？为什么？

选择 1:

```
ld  x11, 0(x12):     IF ID EX ME WB
add x13, x11, X14:   IF ID EX..ME WB
or  x15, x16, X17:   IF ID..EX ME WB
```

选择 2：

```
ld  x11, 0(x12):       IF ID EX ME WB
add x13, x11, x14:     IF ID..EX ME WB
or  x15, x16, x17:     IF..ID EX ME WB
```

4.25 考虑下面的循环：

```
LOOP: ld   $s0, 0($s3)
      ld   $s1, 8($s3)
      add  $s2, $s0, $s1
      addi $s3, $s3, -16
      bnez $s2, LOOP
```

假设使用了完美的分支预测（即没有控制相关引起的阻塞），没有延迟槽，流水线支持完全旁路机制，分支处理在 EX 级（不是在 ID 级）进行。

4.25.1 ［10］<4.8> 画出该循环前两次迭代的流水线执行图。

4.25.2 ［10］<4.8> 标记出做无用功的流水级。流水线满负荷工作，某个时钟周期中 5 个流水级全部都在进行有效工作的频率是多少？（从 addi 指令位于 IF 级的时钟周期开始，到 bnez 指令位于 IF 级的时钟周期结束。）

4.26 本练习讨论流水线处理器中旁路的成本/复杂度/性能之间的折中。参考图 4-43 的流水线数据通路，假设指令中有部分存在 RAW（read after write，写后读）数据相关。RAW 数据相关根据生成结果的流水级（EX 或 MEM）和使用结果的下一条指令（产生结果的指令后紧跟的第 1 条或第 2 条指令）检测。假设在时钟周期的前半部分写寄存器，在后半部分读寄存器，这样"EX 到第 3 条指令"和"MEM 到第 3 条指令"的相关不会产生数据冒险。最后假设无数据冒险时处理器的 CPI 为 1。

EX to 1st Only	MEM to 1st Only	EX to 2nd Only	MEM to 2nd Only	EX to 1st and EX to 2nd
5%	20%	5%	10%	10%

假定各级流水线延迟如下。其中 EX 级给出了不同旁路情况下的延迟。

IF	ID	EX (no FW)	EX (full FW)	EX (FW from EX/MEM only)	EX (FW from MEM/WB only)	MEM	WB
120ps	100ps	110ps	130ps	120ps	120ps	120ps	100ps

4.26.1 ［5］<4.8> 对于上面列出的每种 RAW 相关，给出至少 3 条汇编语句来表示该相关。

4.26.2 ［5］<4.8> 对于上面列出的每种 RAW 相关，需要在练习题 4.26.1 中你所提供的代码中插入多少 NOP 指令，才能在没有旁路机制或冒险检测的流水线中正确执行？给出 NOP 指令插入的位置。

4.26.3 ［10］<4.8> 如果在没有旁路机制或冒险检测的流水线中执行程序时，对每条指令独立进行分析，计算需要额外执行的 NOP 指令的数量。写一个 3 条汇编语句组成的代码序列，当单独分析每条指令时，插入的阻塞数将比该序列为了避免数据相关实际所需要的阻塞数多。

4.26.4 ［5］<4.8> 假设没有其他冒险，上表中的程序在没有旁路的流水线中运行时，CPI 是多少？阻塞的时钟周期所占的比例是多少？（为了简化，假设所有必须的条件都在上表中列出，并都能单独进行分析处理。）

4.26.5 ［5］<4.8> 如果采用全旁路机制（旁路转发所有能够转发的结果），CPI 是多少？阻塞的时钟周期所占比例是多少？

4.26.6 [10]<4.8> 假设无法提供全旁路机制所需的三输入多路选择器。现在需要判断只从 EX/MEM 流水线寄存器进行转发（下一时钟周期转发）的效果好，还是只从 MEM/WB 流水线寄存器转发（两个周期后转发）的效果好。每种选择的 CPI 是多少？

4.26.7 [5]<4.8> 对于给出的冒险发生的可能性和各个流水级的延迟，相对于无旁路机制的流水线，每类旁路机制（EX/MEM、MEM/WB 或全旁路）获得的加速比分别是多少？

4.26.8 [5]<4.8> 如果采用"穿越"转发机制来消除所有的数据相关，与练习题 4.26.7 提供的最快处理器相比，此时获得的额外加速比是多少？假设这种带实现的"穿越"转发机制使得全转发的 EX 级的延迟增加 100 ps。

4.26.9 [5]<4.8> 冒险类型表区分了" EX to 1st "以及" EX to 1st and EX to 2nd "的入口。为什么没有"MEM to 1st and MEM to 2nd"的入口？

4.27 本题用到下面的指令序列。假设该指令序列在一个 5 级流水线的数据通路中执行：

```
add  $s3, $s1, $s0
lw   $s2, 4($s3)
lw   $s1, 0($s4)
or   $s2, $s3, $s2
sw   $s2, 0($s3)
```

4.27.1 [5]<4.8> 如果没有旁路或者冒险检测，插入 NOP 指令以保证该序列能够正确执行。

4.27.2 [10]<4.8> 现在，修改或重排该指令序列，来将需要的 NOP 指令减到最少。假设在修改后的代码中，寄存器 $t0 用于存储临时变量。

4.27.3 [10]<4.8> 假设处理器有旁路机制，但忘记了实现冒险检测单元，那么题目提供的原始代码在执行时会发生什么情况？

4.27.4 [10]<4.8> 假设有旁路机制，在代码执行的前 7 个时钟周期，图 4-59 中的旁路单元和冒险检测单元在每个时钟周期将发出哪些信号？

4.27.5 [10]<4.8> 如果没有旁路机制，图 4-59 中的冒险检测单元需要哪些新的输入和输出信号？用本题提供的指令作为例子，解释每个信号增加的原因。

4.27.6 [20]<4.8> 对于练习题 4.26.5 提供的新的冒险检测单元，说明指令序列执行的前 5 个时钟周期都发出了哪些输出信号。

4.28 一个好的分支预测器的作用取决于条件分支执行的频率，它与分支预测器的精度共同决定误预测导致的阻塞时间长短。在本练习中，假设指令的动态执行频度如下：

R-type	beqz/bnez	jal	lw	sw
40%	25%	5%	25%	5%

假定分支预测器的精度如下：

分支总发生	分支总不发生	2位预测器
45%	55%	85%

4.28.1 [10]<4.9> 误预测导致的阻塞将增加 CPI。对分支总发生预测器而言，误预测将导致 CPI 增加多少？假设没有数据冒险且不使用延迟槽，分支结果在 ID 级产生，在 EX 级使用。

4.28.2 [10]<4.9> 重做练习题 4.28.1，这次改为使用分支总不发生预测器。

4.28.3 [10]<4.9> 重做练习题 4.28.1，这次改为使用 2 位分支预测器。

4.28.4 [10]<4.9> 对 2 位分支预测器而言，将一半分支指令用 ALU 指令替代（一条 ALU 指令替代一条分支指令）将获得的加速比是多少？假设被正确预测的分支指令和被不正确预测的分支

4.28.5 [10] <4.9> 对 2 位分支预测器而言，将一半分支指令用 ALU 指令替代（两条 ALU 指令替代一条分支指令）将获得的加速比是多少？假设被正确预测的分支指令和被不正确预测的分支指令被取代的概率相同。

4.28.6 [10] <4.9> 有些分支是非常容易预测的。假设 80% 的分支指令都是非常容易预测的循环回环（loop-back）分支，那么 2 位分支预测器对剩下的 20% 分支指令的预测精度是多少？

4.29 本练习讨论不同分支预测器对给定分支模式（如循环）的预测精度。给定的分支模式为：T, NT, T, T, NT。

4.29.1 [5] <4.9> 对该分支模式，分支总发生预测器与分支总不发生预测器的准确率分别是多少？

4.29.2 [5] <4.9> 对该分支模式的前 4 个分支而言，2 位分支预测器的准确率是多少？假设预测器的初始状态与图 4-61 左下角状态相同（预测不发生）。

4.29.3 [10] <4.9> 如果该分支模式一直重复下去，2 位分支预测器的准确率是多少？

4.29.4 [30] <4.9> 如果该分支模式一直重复下去，设计一个能取得最高准确率的预测器。这个预测器必须是一个时序电路，有一个输出表示预测结果（1 表示发生，0 表示未发生），除了时钟和指示当前指令是条件分支指令的信号外没有其他输入。

4.29.5 [10] <4.9> 如果有一个分支模式与该分支模式完全相反且一直重复下去，那么在练习题 4.29.4 中设计的预测器对这个分支的准确率是多少？

4.29.6 [20] <4.9> 重做练习题 4.29.4，这次设计的预测器最终（可能需要一个热身过程）可以同时完美地预测该分支模式及完全相反的分支模式（假设分支模式一直重复下去）。这个预测器应该有一个输入告诉它真实的分支结果。提示：这个输入可以帮助预测器判断是两个分支模式中的哪一个。

4.30 本练习题讨论异常处理对流水线设计的影响。根据下面两条指令回答前三个问题：

指令1	指令2
beqz $s0, LABEL	ld $s0, 0($s1)

4.30.1 [5] <4.10> 每条指令分别可能产生什么异常？对每个可能产生的异常，指出其将在哪个流水级被检测到。

4.30.2 [10] <4.10> 如果每个异常都有独立的异常处理程序入口地址，流水线应该怎样设计才能处理异常？假设设计处理器时已知每个异常处理程序入口地址。

4.30.3 [10] <4.10> 如果第二条指令紧跟第一条指令之后立即被取出，试说明第一条指令发生异常（见练习题 4.30.1）时流水线的运行情况。给出从第一条指令取指开始到异常处理程序第一条指令完成时的流水线运行图。

4.30.4 [20] <4.10> 在向量化异常处理中，异常处理程序的入口地址表存放在数据存储器的一个固定位置。改变流水线的实现以支持向量化异常处理。重做练习题 4.30.3，这次使用支持向量化异常处理的流水线。

4.30.5 [15] <4.10> 我们想要在仅有一个固定处理程序地址的处理器上模拟向量异常处理（见练习题 4.30.4），写出相应的程序。提示：这段程序应识别异常类型，从异常向量表中获得正确地址，然后跳转到该异常处理程序处。

4.31 本练习比较单发射和双发射处理器的性能，并考虑对双发射处理器进行程序优化。本题使用下面的循环（C 语言编写）：

```
for(i=0;i!=j;i+=2)
    b[i]=a[i]-a[i+1];
```

278　第4章

进行少量优化或不进行优化的编译器可能产生下面这段 MIPS 汇编代码：

```
        li    $s0, 0
        jal   ENT
TOP:    sll   $t0, $s0, 3
        add   $t1, $s2, $t0
        lw    $t2, 0($t1)
        lw    $t3, 8($t1)
        sub   $t4, $t2, $t3
        add   $t5, $s3, $t0
        sw    $t4, 0($t5)
        addi  $s0, $s0, 2
ENT:    bne   $s0, $s1, TOP
```

上面的代码用到下面这些寄存器：

i	j	a	b	Temporary values
$s0	$s1	$s2	$s3	$t0-$t5

假设本题中的双发射、静态调度处理器具有如下特性：

1. 一条指令必须是存储器操作，另一条指令必须是算术/逻辑运算指令或一条分支指令。
2. 处理器流水线的各级之间有所有可能的旁路路径（包括到 ID 级的用于解决分支问题的路径）。
3. 处理器有完美的分支预测。
4. 如果一条指令与另外一条指令相关，两条指令不会在同一个包中一起发射（见 4.11.2 节）。
5. 如果需要阻塞，发射包中的两条指令都需要阻塞（见 4.11.2 节）。

做完这些练习你会发现，要获得达到近似最优加速比的代码需要做多少工作。

4.31.1 [30] <4.11> 画出一个流水线执行图，展示上述 MIPS 代码在双发射处理器上如何执行。假设两个迭代后循环退出。

4.31.2 [10] <4.11> 从单发射处理器到双发射处理器的加速比是多少？（假设循环迭代数千次。）

4.31.3 [10] <4.11> 重排或重写上述 MIPS 代码，以便在双发射处理器上获得更好的性能。提示：如果 j=0，使用指令 `beqz $s1, DONE` 直接跳出循环。

4.31.4 [20] <4.11> 重排或重写上述 MIPS 代码，以便在双发射处理器上获得更好的性能，但不要展开循环。

4.31.5 [30] <4.11> 重复练习题 4.31.1，此次使用练习题 4.31.4 中的优化代码。

4.31.6 [10] <4.11> 执行练习题 4.31.3 和练习题 4.31.4 中的优化代码，从单发射处理器到双发射处理器的加速比是多少？

4.31.7 [10] <4.11> 将练习题 4.31.3 中的 MIPS 代码进行循环展开，展开的循环中每个迭代可以处理原代码中的两个迭代。然后，重排或重写展开的代码，以便在单发射处理器上获得更好的性能。假设 j 是 4 的倍数。

4.31.8 [20] <4.11> 将练习题 4.31.4 中的 MIPS 代码进行循环展开，展开的循环中每个迭代可以处理原代码中的两个迭代。然后，重排或重写展开的代码，以便在双发射处理器上获得更好的性能。假设 j 是 4 的倍数。（提示：重新组织循环，使得一些计算出现在循环体的外面和循环结束处。可以假设临时寄存器中的值在循环之后不再需要。）

4.31.9 [10] <4.11> 执行练习题 4.31.7 和练习题 4.31.8 中循环展开以及优化后的代码，从单发射处理器到双发射处理器的加速比是多少？

4.31.10 [30] <4.11> 重复练习题 4.31.8 和练习题 4.31.9，但此次假设双发射处理器能同时执行两条算术/逻辑指令。（也就是说，发射包中的第一条指令可以是任意类型的指令，但第二条指令必须是算术或逻辑指令。两条存储器操作指令不能同时被调度。）

4.32 本题讨论能效与性能的关系。假设数据通路各部件（指令存储器、寄存器、数据存储器）的活动功耗如下表所示，其他部件的功耗可以忽略（寄存器读和寄存器写只针对寄存器堆）。

I-Mem	1 Register Read	Register Write	D-Mem Read	D-Mem Write
140pJ	70pJ	60pJ	140pJ	120pJ

假定数据通路上的部件延迟如下表所示，其他功能部件的延迟可以忽略。

I-Mem	Control	Register Read or Write	ALU	D-Mem Read or Write
200ps	150ps	90ps	90ps	250ps

4.32.1 ［5］<4.3，4.7，4.15> 在单周期处理器和 5 级流水线处理器中执行一条加法指令，分别消耗多少能量？

4.32.2 ［10］<4.7，4.15> 消耗能量最大的 MIPS 指令是哪一条？执行这条指令的能耗是多少？

4.32.3 ［10］<4.7，4.15> 如果降低能耗是最重要的，应该怎样修改流水线设计？改进之后，执行一条 lw 指令时的能耗降低的比例是多少？

4.32.4 ［10］<4.7，4.15> 还有哪些指令能从练习题 4.32.3 的改进中潜在收益？

4.32.5 ［10］<4.7，4.15> 练习题 4.32.3 的改进如何影响 CPU 的性能？

4.32.6 ［10］<4.7，4.15> 我们可以去掉 MemRead 控制信号，即每个周期都读数据存储器（MemRead 恒为 1）。解释为什么去掉该控制信号后处理器依然能正常工作。它对时钟频率和能耗又有什么影响？

4.33 在制造硅芯片时，材料（例如，硅）的缺陷和制造错误会导致电路失效。一个非常普遍的问题是一根线上的信号会对相邻线上的信号产生影响，这被称为串扰。有一类串扰问题是这样的，某些线上的信号为常值（如电源线），该线附近的线也被固定为 0（stuck-at-0）或 1（stuck-at-1）。下面问题中的缺陷发生在图 4-21 中寄存器堆的写寄存器输入端的第 0 位。

4.33.1 ［10］<4.3，4.4> 假设这样测试处理器的缺陷：（1）先给 PC、寄存器堆、数据和指令存储器中设置一些值（可以自己选择），（2）执行一条指令，（3）然后读出 PC、寄存器堆和存储器中的值；最后检查这些值以判断处理器中是否存在缺陷。能否设计一个测试（PC、存储器以及寄存器的值）方案，检查该信号上是否有固定为 0 缺陷？

4.33.2 ［10］<4.3，4.4> 重做练习题 4.33.1，这次检查固定为 1 缺陷。你能只设计一个测试方案同时检查固定为 0 缺陷和固定为 1 缺陷吗？如果可以，请解释如何实现；如果不能，请说明理由。

4.33.3 ［10］<4.3，4.4> 如果我们知道一个处理器在该信号上有一个固定为 1 缺陷，那么这个处理器还能用吗？为了使这个处理器仍然可用，我们必须将原来能在正常 MIPS 处理器上运行的程序做一些变换，使之可以在这个处理器上运行。假设指令存储器和数据存储器都很大，足够容纳变换后的程序。

4.33.4 ［10］<4.3，4.4> 重做练习题 4.33.1，此次检测的错误是，Branch 控制信号为 0 时，MemRead 控制信号是否变为 0，变化则有缺陷，否则无缺陷。

4.33.5 ［10］<4.3，4.4> 重做练习题 4.33.1，此次检测的错误是，RegDst 控制信号为 1 时，MemRead 信号是否变为 1，变化则有缺陷，否则无缺陷。提示：该题需要操作系统的知识，考虑一下什么会引起段错误（segmentation fault）。

小测验答案

4.1 节　5 个中的 3 个：控制器、数据通路、存储器。省略了输入和输出。

4.2 节　错。边沿触发状态单元可以同时进行读写。

4.3 节　I.a；II.c。

4.4 节　是，Branch 与 ALUOp0 是相同的。而且，MemtoReg 和 RegDst 是相反的，不需要额外的反相器。仅使用另外一个信号，并翻转多路选择器的输入即可。

4.5 节　1. 错误。2. 可能；如果信号 PCSource[0] 一直为 0，当它是无关项时（大多数情况），与 PCWriteCond 相同。

4.6 节　1. 因为 lw 的结果而阻塞；2. 旁路第一个 add 的结果写入 $t1；3. 不需要阻塞或旁路。

4.7 节　2 和 4 正确，其余错误。

4.9 节　1. 预测不发生；2. 预测发生；3. 动态预测。

4.10 节　第一条指令，因为在逻辑上它最先执行。

4.11 节　1. 都有；2. 都有；3. 软件；4. 硬件；5. 硬件；6. 硬件；7. 都有；8. 硬件；9. 都有。

4.13 节　前两个错误，后两个正确。

第 5 章

Computer Organization and Design: The Hardware/Software Interface, MIPS Edition, Sixth Edition

大容量和高速度：开发存储器层次结构

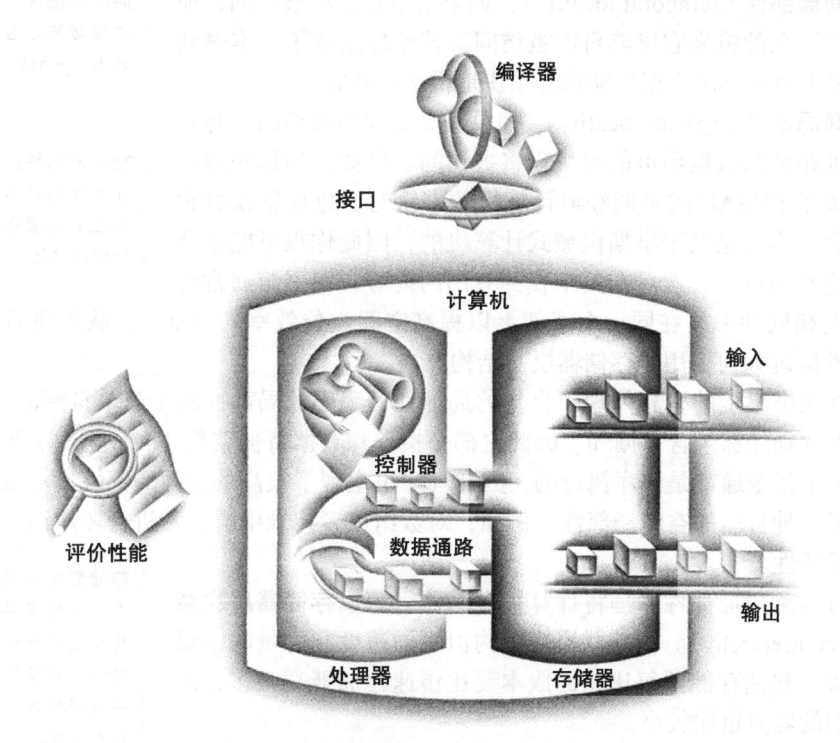

计算机的 5 个经典部件

5.1 引言

从最早期的计算开始，程序员就希望拥有一个具有无限容量的快速存储器。本章主要探讨如何帮助程序员实现这一"梦想"。首先，我们通过简单的类比来介绍将要使用的关键原理和机制。

假如你是一名学生，正在撰写一份关于计算机硬件重要发展历史的论文，你可以从图书馆的书架上精心挑选一些经典计算机书籍，并将它们放在书桌上。你从这些书中找到了需要描述的几种重要的计算机，但是没有找到关于 EDSAC 的资料。因此，你返回书架去寻找其他书，并找到了一本关于早期英国计算机的书籍，其中包含了有关 EDSAC 的内容。一旦书桌上有了一些选好的书，你就有可能从这些书中找到你需要的内容，这样一来，你的大部分时间只需花在阅读这些书上，而无须返回书架。相比于只拿一本书并反复返回书架去拿别的书，将多本书放在书桌上会更省时间。

同样，我们可以构建一个大容量的虚拟存储器，它能像小容量的存储器那样被快速访问。就像你不会同时以相同的概率查阅图书馆中的所有书籍那样，一个程序也不会同时以相

在理想情况下，我们希望存储器容量无限大，这样，任何特定的情况下……都可以立刻得到需要用到的字……在实际中，我们需要构建一个具有层次结构的存储器，其中的每一层都比它的上一层拥有更大的容量，但访问速度更慢。
A. W. Burks、H. H. Goldstine 和 J. von Neumann, Preliminary Discussion of the Logical Design of an Electronic Computing Instrument, 1946

同的概率访问全部的代码或数据。否则，不可能让存储器在保持大容量的同时又能进行快速访问，就像你不可能把图书馆中所有的图书放在书桌上，并从中快速找到所需的图书那样。

局部性原理不仅适用于在图书馆查找资料的工作方式，还适用于程序的执行。局部性原理表明了在任何时间内，程序访问的只是地址空间相对较小的一部分内容，就像你仅仅查阅图书馆中很少一部分资料那样。有两种不同类型的局部性：

- **时间局部性**（temporal locality）：如果某个数据项被访问，那么在不久的将来它可能再次被访问。就像你刚拿了一本书到书桌上查阅，那么很可能你会很快地再次查阅它。

> **时间局部性**：某个数据项在被访问之后可能很快被再次访问的特性。

- **空间局部性**（spatial locality）：如果某个数据项被访问，与它地址相邻的数据项可能很快也将被访问。例如，当你找到一本关于 EDSAC 的早期经典计算机的书籍时，也许紧挨着它的另一本书是关于早期机械式计算机的，因此你很可能也会把这本书带走，然后在其中找到有用的内容。图书馆通常将主题相同的书放在同一个书架上以提高空间定位效率。本章中，我们将看到空间局部性原理如何应用于存储器层次结构。

> **空间局部性**：某个数据项在被访问之后，与其地址相近的数据项可能很快被访问的特性。

正如查阅书桌上的资料体现了自然的局部性，程序的局部性源于简单自然的程序结构。例如，大多数程序都包含了循环，因此这部分指令和数据将被重复访问，呈现了很高的时间局部性。由于指令通常是顺序执行的，因此程序也呈现了很高的空间局部性。对数据的访问同样体现了一种自然的空间局部性。例如，对数组或者记录中的元素进行顺序访问体现了高度的空间局部性。

我们可以利用局部性原理将计算机存储器组织成**存储器层次结构**（memory hierarchy）。存储器层次结构由不同速度和容量的多级存储器构成。快速存储器每比特的成本要比慢速存储器高很多，因而通常它们的容量也比较小。

> **存储器层次结构**：一种由多个存储器层次组成的结构，随着离处理器距离的增加，存储器的容量和访问时间增加，而每比特的成本降低。

如图 5-1 所示，较快的存储器靠近处理器，而较慢的、便宜的存储器层次较低。其目的是以成本最低的工艺向用户提供尽可能大的存储容量，同时存取速度与最快的存储器相当。

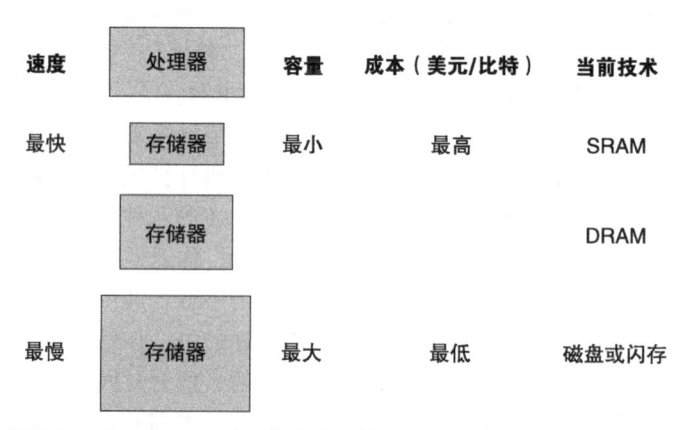

速度		容量	成本（美元/比特）	当前技术
最快	处理器			
	存储器	最小	最高	SRAM
	存储器			DRAM
最慢	存储器	最大	最低	磁盘或闪存

图 5-1 存储器层次的基本结构。通过将存储系统以层次结构实现，用户对于存储器的感觉就是：它的容量和容量最大的那层存储器相同，而访问速度和最快的那层存储器相当。在很多个人移动终端设备中，闪存已经代替了磁盘，对于台式计算机和服务器来说可能会在存储器层次中引入新的一层，见 5.2 节

同样，数据也可以组织成层次化结构：靠近处理器那一层中的数据是那些较远层次中的子集，所有的数据则被存在最低层。我们依然使用图书馆的例子来进行类比，书桌上的书籍是图书馆藏书的一个子集，同时也是学校中所有图书馆藏书的一个子集。而且，离处理器越远的层次访问时间也越长，就像我们在学校图书馆系统中可能遇到的情况一样。

存储器层次结构可以由多个层次构成，但是数据每次只能在相邻的两个层次之间进行复制。因此我们将注意力集中在两个层次上。高层的存储器靠近处理器，比低层存储器容量小但访问速度更快，这是因为它采用了成本更高的工艺来实现。如图 5-2 所示，我们将两级层次结构中存储信息的最小单元称为**块**（block）或**行**（line），就像在图书馆中，一个信息块就是一本书。

> **块（或行）**：存储器层次间信息传输的最小单元。

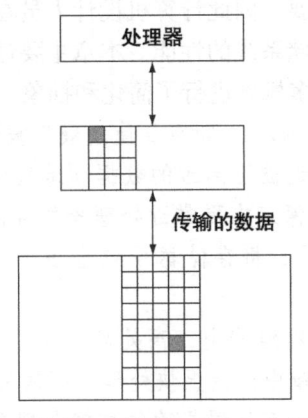

图 5-2 可以将存储器层次结构中的每两个层次看作一个是高层次，一个是低层次。在每一层中，存储信息的最小单元称为块或者行。通常在层次之间复制时按整块进行传输

如果处理器需要的数据存放在高层存储器的某个块中，则称为一次命中（就像你从书桌上的一本书中找到所需的信息一样）。如果在高层存储器中没有找到所需的数据，这次数据请求则称为一次缺失。随后访问低层存储器来寻找包含所需数据的那一块（如同从书桌旁走到书架前去寻找所需的书籍）。**命中率**（hit rate）或命中比率（hit ratio）是在高层存储器中找到数据的存储访问比例，通常被当成存储器层次结构性能的一个衡量标准。**缺失率**（miss rate）(1−命中率)则是在高层存储器中没有找到数据的存储访问比例。

> **命中率**：在高层存储器中找到目标数据的存储访问比例。

> **缺失率**：在高层存储器中没有找到目标数据的存储访问比例。

追求高性能是我们使用存储器层次结构的主要目的，因而命中时间和缺失时间就显得尤为重要。**命中时间**（hit time）是指访问存储器层次结构中的高层存储器所需要的时间，包括了判断当前访问是命中还是缺失所需的时间（相当于浏览书桌上书籍所花费的时间）。**缺失代价**（miss penalty）是将相应的块从低层存储器替换到高层存储器中的时间，以及将该信息块传送给处理器的时间之和（也就是从书架上取另一本书并将它放到桌上的时间）。由于较高存储器层次容量较小并且使用了快速的存储器部件，因此比起对存储器层次中较低层的访问，命中时间要少得多，这也是缺失代价的主要

> **命中时间**：访问某存储器层次结构所需要的时间，包括了判断当前访问是命中还是缺失所需的时间。

> **缺失代价**：将相应的块从低层存储器替换到高层存储器所需的时间，包括访问块、将数据逐层传输、将数据插入发生缺失的层和将信息块传送给请求者的时间。

组成部分。(同样,查找书桌上书籍的时间比站起来到书架前查找一本新书所需的时间要少得多。)

在本章中我们将看到,用来构建存储器层次结构的这些概念将影响计算机的许多其他方面,包括操作系统如何管理存储器和 I/O,编译器如何产生代码,甚至对应用程序如何使用计算机也产生一定影响。当然,由于所有程序花费大量时间访问存储器,因而存储系统必然成为评估机器性能的一个主要指标。利用存储器层次结构来达到性能的提升,意味着在过去程序员可以把存储器看成一个线性的随机访问的存储设备,而现在必须理解存储器层次结构如何工作才能获得良好的性能。稍后我们将在图 5-18 的示例中说明其重要性,在 5.14 节说明如何使矩阵乘法运算性能加倍。

由于存储系统对性能至关重要,因此计算机设计人员在这些系统上花费了大量精力,并致力于开发复杂的机制来提高存储系统的性能。本章主要讨论概念性的观点,为了不至于使内容篇幅过长且太过复杂,对许多概念进行了简化和抽象。

重点 程序不仅表现出时间局部性(即重复使用最近被访问的数据项的趋势),同时也表现出了空间局部性(即访问与最近被访问过的数据项地址空间相近的数据项的趋势)。存储器层次结构将最近访问的数据项保存在更靠近处理器的存储层次中,这利用了时间局部性。而对于空间局部性的利用,则通过将存储器中包含多个相邻字的块移动到上层存储器中实现。

如图 5-3 所示,在存储器层次结构中,离处理器越近的层次容量越小,速度越快。因此,数据在层次结构中最高层的命中能被很快处理。而缺失后,需要访问容量大但速度慢的低层存储器。如果命中率足够高,存储器层次结构就会拥有接近最高(而且最快)层次的访问速度和接近最低(也是最大)层次的容量。

在很多系统中,存储器是一个真实的层次结构,这意味着除非数据存在于第 $i+1$ 层,否则绝不可能存在于第 i 层。

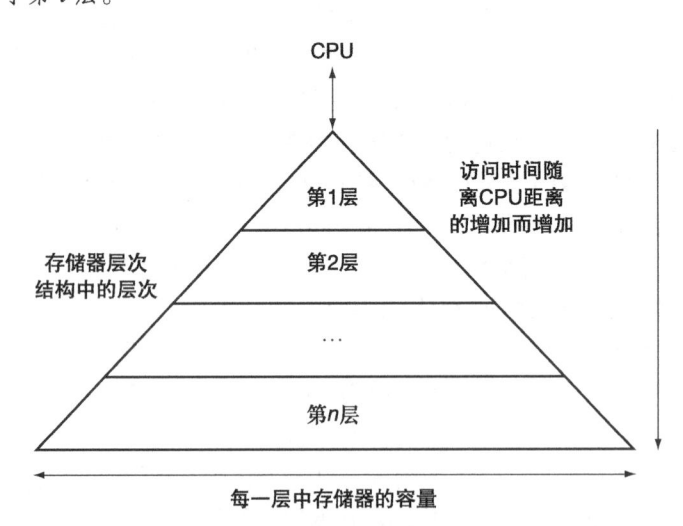

图 5-3 该图说明了存储器层次结构:离处理器越远,容量越大。当采用合适的操作机制时,这种结构允许处理器的访问时间主要由层次结构中的第 1 层来决定,而整个存储器的容量和第 n 层一样大。本章的主题就是实现这种结构。尽管本地磁盘或闪存一般位于存储器层次结构的底层,但是一些系统会使用磁带或者局域网内的文件服务器作为层次结构的更下一层

小测验 下面哪些表述通常是正确的?
1. 存储器层次利用了时间局部性。
2. 在一次读操作中,返回的值取决于哪些块在 cache 中。
3. 存储器层次结构的大部分成本处于最高层。
4. 存储器层次结构的大部分容量处于最低层。

5.2 存储器技术

目前,存储器层次结构中主要使用了 4 种技术。主存储器由 DRAM(动态随机存取存储器)实现,靠近处理器(cache)的层次则由 SRAM(静态随机存取存储器)实现。DRAM 每比特成本要低于 SRAM,但是速度比 SRAM 慢。价格的差异源于 DRAM 每比特占用的存储器空间较少,因此等量的硅制造的 DRAM 的容量会比 SRAM 的要大。速度的差异则由多种因素造成,附录 B 的 B.9 节对此进行了介绍。第三种技术是闪存,这种非易失存储器用作个人移动设备中的二级存储器。第四种技术是磁盘,通常是服务器中容量最大且速度最慢的一层。这 4 种技术的访问时间和每比特的成本变化很大,如下表所示(表中使用的是 2020 年的典型数据)。

存储器技术	典型访问时间(ns)	2020年每GiB的价格(美元)
SRAM	0.5~2.5	500~1 000
DRAM	50~70	3~6
闪存	5 000~50 000	0.06~0.12
磁盘	5 000 000~20 000 000	0.01~0.02

本节余下的部分将对每种存储器技术进行介绍。

5.2.1 SRAM 技术

SRAM 是一种具有存储阵列结构的简单集成电路,通常具有一个读写端口,可以提供读或写功能。虽然读写访问时间可能不同,但 SRAM 对任何数据的访问时间都是固定的。

SRAM 不需要刷新,并且其访问时间与周期时间非常相近。周期时间是指两次存储器访问之间的时间。为了防止读操作时信息丢失,SRAM 的一个基本存储单元通常由 6~8 个晶体管组成。在空闲模式下,SRAM 只需要最小的功率来保持电荷。

过去,在大多数 PC 和服务器系统中通常使用独立的 SRAM 芯片实现一级、二级甚至三级 cache。由于摩尔定律的推动,当今的处理器芯片中集成了多层次的 cache,因此独立的 SRAM 芯片几乎在市场上消失了。

5.2.2 DRAM 技术

只要持续供电,SRAM 中的数值就会一直保持不变。而在动态 RAM(DRAM)中,存储单元使用电容保存电荷的方式来存储数据。DRAM 中使用一个晶体管对存储的电荷进行访问,以实现对保存的电荷进行读取或写入。因为 DRAM 每比特的存储都只使用一个晶体管,所以它比 SRAM 的密度要高得多,且价格也更便宜。由于 DRAM 在电容上保存电荷,因此不能长久地保持数据,必须周期性地刷新。与 SRAM 相比,这就是将该存储结构称为动态的原因。

为了对 DRAM 单元进行刷新,只需要读出其内容然后写回即可。DRAM 单元中的电荷可以保持几微秒。如果 DRAM 中的每个比特需要独立地读出后写回，则必须不停地进行刷新操作，这将导致没有时间可用于正常的访问操作。幸运的是，DRAM 采用了一种两级译码结构，可以通过在一个读周期后紧跟一个写周期的方式一次刷新一整行（一行单元共用一个字线）。

图 5-4 给出了 DRAM 的内部组织结构，图 5-5 给出了多年来 DRAM 的密度、成本、访问时间的变化。

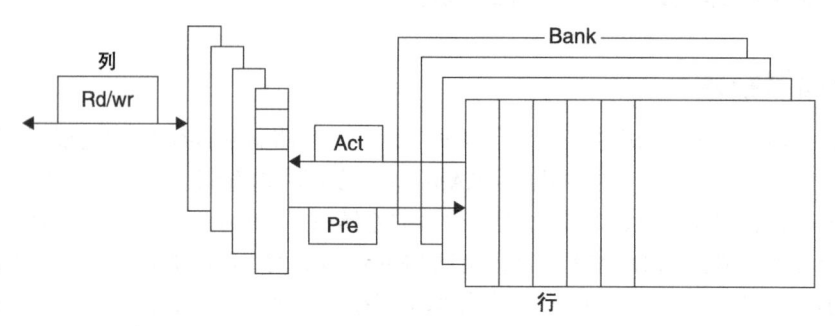

图 5-4　DRAM 的内部组织。现代 DRAM 以 bank（存储块）方式组织，典型的 DDR4 中有 4 个 bank。每个 bank 由多个行组成。发送一条 Pre（预充电）命令能够打开或者关闭一个 bank。使用 Act（激活）命令发送一个行地址，将对应行中的数据传送到一个缓冲区中。当一行数据在缓冲区中时，无论 DRAM 数据宽度（典型情况为 4、8 或 16 位）是多少，都可以通过指定要传送的数据块大小和数据块在缓冲区中的起始地址的方式来连续传送相邻地址的数据。与数据块的传送一样，每条命令使用时钟进行同步

生产年份	芯片容量	每GiB价格（美元）	访问新的一行/一列的总时间（ns）	访问缓冲区中一列的平均时间（ns）
1980	64 Kib	6 480 000	250	150
1983	256 Kib	1 980 000	185	100
1985	1 Mib	720 000	135	40
1989	4 Mib	128 000	110	40
1992	16 Mib	30 000	90	30
1996	64 Mib	9 000	60	12
1998	128 Mib	900	60	10
2000	256 Mib	840	55	7
2004	512 Mib	150	50	5
2007	1 Gib	40	45	1.25
2010	2 Gib	13	40	1
2012	4 Gib	5	35	0.8
2015	8 Gib	7	30	0.6
2018	16 Gib	6	25	0.4

图 5-5　直到 1996 年，DRAM 芯片的容量每 3 年增加到原来的 4 倍，之后增长速度迅速变慢。访问时间的减少虽然很慢，但是仍然在持续减小。虽然价格受到其他诸如可用性和需求等因素的影响，但是也基本上随着存储密度的增加在降低。每 GiB 的价格没有按照通货膨胀进行调整。价格源于 https://jcmit.net/memoryprice.htm

行组织结构不但有助于刷新，还有助于性能的提高。为了提高性能，DRAM 对行进行缓存以便重复访问。缓冲区与 SRAM 类似，在下一行被访问之前，可通过改变地址来访问缓冲区中的任何一个比特。由于访问该行中数据的时间短了很多，因此极大地减少了数据访问时间。更宽的芯片也可以增加芯片的存储器带宽。当一行数据在缓冲区中时，无论

DRAM 数据宽度（典型情况为 4、8 或 16 位）是多少，都可以通过指定要传送的数据块大小和数据块在缓冲区中的起始地址的方式连续传送相邻地址的数据。

为了进一步优化与处理器的接口，DRAM 增加了时钟，因此称之为同步 DRAM，简写为 SDRAM。SDARM 的优势在于使用时钟消除了存储器和处理器同步的时间。其速度上的优势主要源于不需要额外指定地址位以突发方式传送多个数据的能力，而这种连续传送需要在时钟控制下进行。最快的版本称为双数据速率（DDR）SDRAM。该名称表示在时钟的上升沿和下降沿都要传送数据，因此可以获得双倍的数据带宽。该技术的最新版本是 DDR4。一个 DDR4-3200 DRAM 每秒可以传输 3 200 兆次，即其时钟频率为 1 600MHz。

要维持如此高的带宽需要在 DRAM 内部进行精心组织。与只有一个快速的行缓冲区不同，DRAM 内部可以对多个 bank 进行读或写操作，每个 bank 都有独立的行缓冲区。向不同的 bank 发送一个地址可以允许同时对它们进行读或写操作。例如，对于 4 个 bank 而言，只需要一次访问时间，然后以轮转方式对这 4 个 bank 进行访问就可以提供 4 倍的带宽。这种轮转的访问方式称为地址交叉。

虽然 iPad（见第 1 章）之类的个人移动设备使用独立的 DRAM 芯片，但服务器的存储器（内存）通常是以称为双列直插式存储器模块（Dual Inline Memory Module，DIMM）的小电路板方式售卖。DIMM 通常含有 4～16 块 DRAM 芯片，并针对服务器系统组织成 8 字节宽。一个使用 DDR4-3200 SDRAM 的 DIMM 每秒可以传送 8 × 3 200 = 25 600MB。这类 DIMM 以其带宽进行命名：PC25600。一个 DIMM 可以有如此多的 DRAM 芯片，但是在特定的传送中只使用其中一部分，因此需要一个术语来表示 DIMM 上共享公共地址线的芯片子集。为了避免与 DRAM 内部的行和 bank 的名字混淆，使用存储器 rank 来表示 DIMM 中芯片的一个子集。

精解 一种测试 cache 之外的存储器系统性能的方法是使用流基准程序（McCalpin，1995）。该测试集用来测试长向量操作的性能，没有时间局部性，并且访问的阵列比测试的计算机中的 cache 要大。

5.2.3 闪存

闪存是一种电可擦除的可编程只读存储器（EEPROM）。

与磁盘和 DRAM 不同，但与其他 EEPROM 技术类似，对闪存的写操作会使存储位产生损耗。为了应对该限制，大多数闪存产品都有一个控制器，用来将写操作从已经写入很多次的块中重映射到写入次数较少的块中，从而使写操作尽量分散。这种技术称为损耗均衡（wear leveling）。采用损耗均衡技术，个人移动设备很难超过闪存的写极限。这种均衡技术虽然降低了闪存的潜在性能，但却是必需的，除非有更高一级的软件来监控存储块的损耗情况。通过将生产制造过程中出错的存储单元屏蔽掉，实现损耗均衡的闪存控制器也能够提高闪存的成品率。

5.2.4 磁盘存储器

如图 5-6 所示，一个磁质硬盘包含一组圆形磁盘

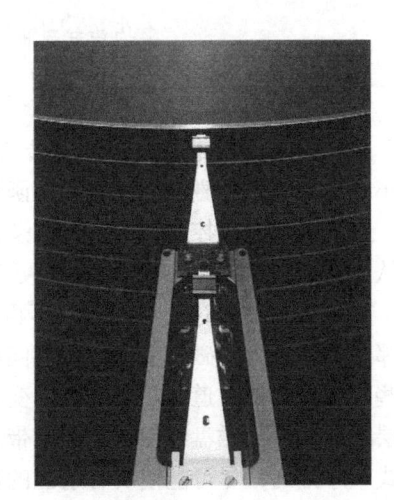

图 5-6 具有 10 个盘面和读写头的磁盘。当今磁盘的直径是 2.5 或 3.5 英寸，并且每个驱动器通常有 1 或 2 个圆形磁盘片

片，绕着轴心每分钟转动 5 400～15 000 圈。金属盘片的两侧均被磁性存储材料覆盖，其磁性材料与盒式磁带和录像带的材料类似。为了对硬盘上的信息进行读写，每层的表面有一个包含小型电磁线圈的读写磁头。整个驱动器被永久地密封起来以控制驱动器中的环境，从而使得磁头可以与驱动器表面距离非常近。

每个磁盘的表面划分为同心圆盘，称为**磁道**（track）。每个面通常有几万个磁道。每个磁道被划分为用于存储信息的**扇区**（sector）；每个磁道有几千个扇区，每个扇区的容量通常是 512～4 096 字节。信息在磁介质上保存的顺序为扇区号、间隙、包含该扇区纠错码（见 5.5 节）的信息、间隙、下一扇区的扇区号。

访问每个盘面的磁头连在一起相互协调运动，因此每个盘面的磁头位于相同的扇区。术语柱面用来表示磁头在给定点访问到所有盘面上的所有扇区的集合。

为了访问数据，操作系统必须对磁盘进行三步操作。第一步是将磁头移动到适当的磁道上。这称为**寻道**（seek），将磁头移动到目标磁道所需的时间称为寻道时间。

磁盘供应商在产品手册中给出寻道的最小、最大和平均时间。前面两个寻道时间数据比较容易测量，但是平均寻道时间却因与寻道距离相关而难以测量。工业界计算平均寻道时间的方法是对所有可能的寻道时间取平均值。平均寻道时间通常在 3～13ms，但是，由于应用程序以及磁盘访问调度策略的不同，且磁盘数据具有局部性，因此实际的平均寻道时间通常只有标称数据的 25%～33%。由于对同一文件通常会做连续访问，操作系统也会尽量把这些访问一起进行调度，因此这种局部性会增加。

一旦磁头到达了正确的磁道，就必须等待要访问的扇区转动到读写头下面。该等待时间称为**旋转延迟**（rotational latency）。平均延迟通常是磁盘转动一周时间的一半。磁盘的转速通常为 5 400～15 000RPM。5 400RPM 的磁盘的平均旋转延时为

$$平均旋转延时 = \frac{0.5周}{5\ 400RPM} = \frac{0.5周}{5\ 400RPM/(60s/m)}$$
$$= 0.005\ 6s = 5.6ms$$

磁盘访问的最后一部分是传输时间，即传输一块数据需要的时间。传输时间是扇区大小、旋转速度和磁道信息密度的函数。2020 年的传输速率在每秒 150～250MB。

大多数磁盘控制器的一个复杂问题是，它有一个仅保存最近传输过的扇区数据的 cache，从 cache 中传输数据的速率通常更高，在 2020 年到了每秒 1 500MB（每秒 12Gb）。

现在，块号存放在哪里已不再直观了。前面所述的扇区-磁道-柱面模型有如下假定：邻近的块在同一磁道上；因为访问同一柱面上的块不需要寻道时间，所以访问时间较短；一些磁道与其他磁道距磁头更近。变化的原因是磁盘接口层次的提升。为了加速数据传输，高层次的接口将磁盘组织得更像磁带，而不像随机访问设备。在一个磁面上，逻辑块以弯曲形式顺序排列，尽可能使所有扇区的数据密度相同，从而获得最好的性能。因此，顺序的块可能位于不同的磁道上。

概括起来，磁盘和半导体存储器技术的主要差别是磁盘的访问速度慢，这主要是因为它们是机械器件——闪存比磁盘快 1 000 倍，DRAM 比磁盘快 100 000 倍——但是它们却因

磁道：位于磁盘表面的数万个同心圆环中的任意一个圆环。

扇区：构成磁盘上磁道的基本单位，是磁盘上数据读写的最小单位。

寻道：把读写磁头移动到适当的磁道上的过程。

旋转延迟：在磁头定位后，指定扇区通过读写头的所需时间。通常是磁盘转动一周时间的一半。

为使用适度的成本即可获得很大的存储容量而使得每比特的成本低了许多——磁盘会便宜 6~300 倍。与闪存类似，磁盘是非易失的，但不存在写损耗问题。然而，闪存更加坚实，因此更加适用于个人移动设备。

5.3 cache 的基本原理

在前面介绍的图书馆例子中，书桌就好比是高速缓存（cache）——一个存放待用事物（书籍）的安全场所。在早期的商业计算机中，cache 用于代表处理器和主存之间额外的存储层次。在第 4 章的数据通路中，存储器可以简单地被 cache 替代。现在，尽管这仍然是 cache 的主要用途，但该术语也用来指代那些基于局部性原理来管理的存储器。cache 最早出现在 20 世纪 60 年代早期的研究型计算机中，后期则应用于商业计算机。如今生产的每一台通用计算机，从服务器到低功耗嵌入式处理器，都有 cache。

> **cache**：一个隐藏或者存储信息的安全场所。
> Webster's New World Dictionary of the American Language, Third College Edition, 1988

在本节中，我们先来看一个简单的 cache，处理器每次请求一个字，每个块也由一个单独的字组成（已经熟悉 cache 基本原理的读者可以跳至 5.4 节）。图 5-7 展示了一个简单的 cache，要访问的数据项最初不在 cache 中。在请求发出之前，cache 中保存了最近所访问过的数据项 X_1，X_2，…，X_{n-1} 的集合，而当前处理器所请求的数据项 X_n 并不在 cache 中。该请求导致了一次缺失，X_n 被从主存调入 cache 之中。

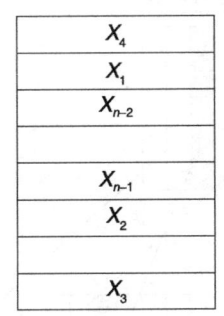

图 5-7 对字 X_n 访问前后 cache 中的内容，最初 X_n 不在 cache 中。这次访问导致了一次缺失，并强制 cache 从存储器中取回 X_n，随后将 X_n 放入 cache 中

观察图 5-7，有两个问题需要解决：如何知道一个数据项是否在 cache 中？如果数据项在 cache 中，如何找到该数据项？这两个问题的答案是相关的。如果每个字都只能放在 cache 中确定的位置，那么只要它在 cache 中，我们就能直接找到它。在 cache 中为主存中的每个字分配一个位置的最简单方法就是根据这个字的主存地址进行分配，这种 cache 结构称为**直接映射**（direct mapped），即每个存储器地址对应到 cache 中一个确定的地址。对直接映射 cache 来说，主存地址和 cache 位置之间的映射通常比较简单。例如，几乎所有的直接映射 cache 都使用以下映射方法：

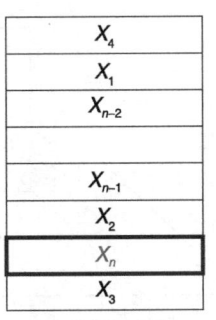

> **直接映射**：一种 cache 结构，其中每个存储器地址仅仅映射到 cache 中的一个确定位置。

（块地址）mod（cache 中的块数）

如果 cache 中的块数是 2 的幂，取模的计算就很简单，只需要取地址的低 $\log_2$（块中的 cache 容量）位。因此，一个 8 块的 cache 使用块地址中最低的三位（$8 = 2^3$）。例如，图 5-8

中，直接映射的 cache 块大小为 8 个字，存储器地址 1_{10}（00001_2）和 29_{10}（11101_2）映射到 cache 中 1_{10}（001_2）和 5_{10}（101_2）的位置。

cache 中每个位置可能对应于主存中多个不同的地址，那么我们如何知道 cache 中的数据项是否是所请求的字呢？即如何知道所请求的字是否在 cache 中？我们可以在 cache 中增加一组**标记**（tag），标记中包含了地址信息，这些地址信息可以用来判断 cache 中的字是否就是所请求的字。标记只需包含地址的高位，也就是没有用来检索 cache 的那些位。例如，在图 5-8 中，标记位只需使用 5 位地址中的高两位，地址低 3 位的索引字段则用来选择 cache 中的块。按照定义，cache 块中任何一个地址的索引字段必定是该块的块号，因此标记为可以省略冗余的索引位。

> **标记**：存储器层次结构使用的表中的一个字段，包含了地址信息，这些地址信息可以用来判断 cache 中的字是否就是所请求的字。

我们还需要一种方法来判断 cache 块中没有包含有效信息的情况。例如，当一个处理器启动时，cache 中没有数据，标记字段中的值没有意义。甚至在执行了许多指令后，cache 中的一些块依然为空，如图 5-7 所示。因此，在 cache 中，这些块的标记应该被忽略。最常用的方法就是增加一个**有效位**（valid bit）来标识一个块是否含有有效地址。如果该位没有被设置，则不能使用该块中的内容。

> **有效位**：存储器层次结构使用的表中的一个字段，用来标识一个块是否含有有效数据。

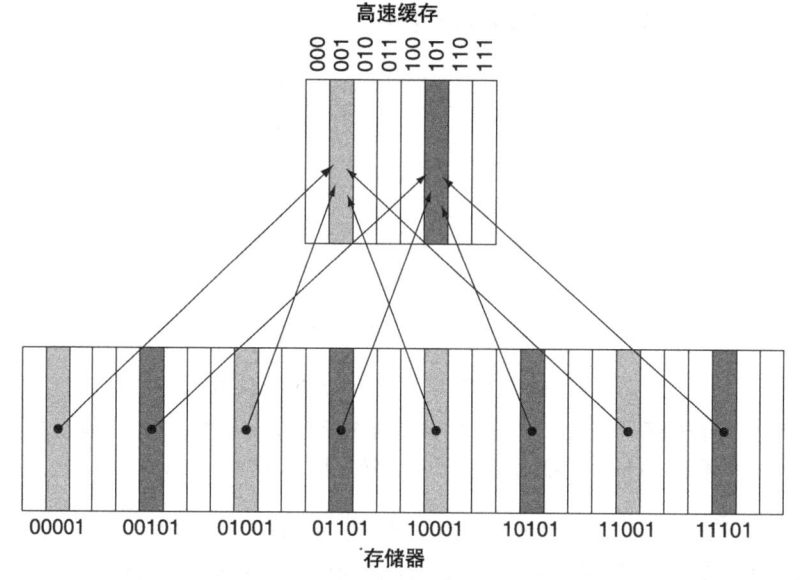

图 5-8 具有 8 个项的直接映射 cache 中，主存地址 0~31 之间的字被映射到 cache 中的相同位置。由于 cache 中有 8 个字，地址 X 被映射到直接映射 cache 字 X mod 8，即低 $\log_2 8 = 3$ 位被用作 cache 索引。因此，地址 00001_2、01001_2、10001_2 和 11001_2 都对应于 cache 中第 001_2 块，而地址 00101_2、01101_2、10101_2 和 11101_2 都对应于 cache 中第 101_2 块

在本节剩余部分将重点说明如何在 cache 中进行读操作。通常来说，由于读操作不会改变 cache 中的内容，因而处理时比写操作要简单一些。在探讨了读操作和 cache 缺失如何处理的基本原理后，我们将介绍实际计算机中 cache 的设计并详细讨论 cache 如何处理写操作。

重点 cache 可能是预测思想中最重要的例子。它依赖于局部性原理，尽可能在存储器层

次结构的更高层中寻找需要的数据，并且在预测错误时能够提供从存储器层次的更低一层中获取正确数据的机制。现代计算机中 cache 预测命中率通常在 95% 以上（见图 5-47）。

5.3.1 cache 访问

下面是对一个容量为 8 块的空 cache 进行 9 次访问的一个序列，包括每次访问的行为。图 5-9 给出了每一次缺失后 cache 内容的变化。由于 cache 中有 8 个块，地址的低 3 位给出了块号。

访问的十进制地址	访问的二进制地址	在cache中命中/缺失	分配的cache块（查找或放置的位置）
22	10110_2	缺失（图5-9b）	$(10110_2 \bmod 8) = 110_2$
26	11010_2	缺失（图5-9c）	$(11010_2 \bmod 8) = 010_2$
22	10110_2	命中	$(10110_2 \bmod 8) = 110_2$
26	11010_2	命中	$(11010_2 \bmod 8) = 010_2$
16	10000_2	缺失（图5-9d）	$(10000_2 \bmod 8) = 000_2$
3	00011_2	缺失（图5-9e）	$(00011_2 \bmod 8) = 011_2$
16	10000_2	命中	$(10000_2 \bmod 8) = 000_2$
18	10010_2	缺失（图5-9f）	$(10010_2 \bmod 8) = 010_2$
16	10000_2	命中	$(10000_2 \bmod 8) = 000_2$

索引	V	标记	数据
000	N		
001	N		
010	N		
011	N		
100	N		
101	N		
110	N		
111	N		

a）上电后cache的初始状态

索引	V	标记	数据
000	N		
001	N		
010	N		
011	N		
100	N		
101	N		
110	Y	10_2	Memory (10110_2)
111	N		

b）处理地址（10110_2）缺失后的cache状态

索引	V	标记	数据
000	N		
001	N		
010	Y	11_2	Memory (11010_2)
011	N		
100	N		
101	N		
110	Y	10_2	Memory (10110_2)
111	N		

c）处理地址（11010_2）缺失后的cache状态

索引	V	标记	数据
000	Y	10_2	Memory (10000_2)
001	N		
010	Y	11_2	Memory (11010_2)
011	N		
100	N		
101	N		
110	Y	10_2	Memory (10110_2)
111	N		

d）处理地址（10000_2）缺失后的cache状态

图 5-9 每次请求缺失后 cache 中的内容、索引和标记字段（二进制表示）。cache 初始为空，所有的有效位关闭（N）。处理器请求以下地址：10110_2（缺失）、11010_2（缺失）、10110_2（命中）、11010_2（命中）、10000_2（缺失）、00011_2（缺失）、10000_2（命中）、10010_2（缺失）以及 10000_2（命中）。这些图依次给出了每次缺失处理后 cache 中的内容。当地址 10010_2（18）被访问时，地址为 11010_2（26）中的项就要被替换掉，随后再访问 11010_2 会引起缺失。标记字段只包含地址的高位部分。cache 块 i、标记字段为 j 的字的完整地址是 $j \times 8 + i$，或者等效为标记字段 j 和索引 i 的级联。例如，图 f 中，索引 010_2、标记为 10_2 的块，对应地址 10010_2。

索引	V	标记	数据
000	Y	10_2	Memory (10000_2)
001	N		
010	Y	11_2	Memory (11010_2)
011	Y	00_2	Memory (00011_2)
100	N		
101	N		
110	Y	10_2	Memory (10110_2)
111	N		

e）处理地址（00011_2）缺失后的cache状态

索引	V	标记	数据
000	Y	10_2	Memory (10000_2)
001	N		
010	Y	10_2	Memory (10010_2)
011	Y	00_2	Memory (00011_2)
100	N		
101	N		
110	Y	10_2	Memory (10110_2)
111	N		

f）处理地址（10010_2）缺失后的cache状态

图 5-9 （续）

由于 cache 初始为空，第一次访问一些数据时将会发生缺失。图 5-9 对每一次访问行为进行了描述。第 8 次访问将会对 cache 中的一个块产生冲突的请求。地址 18（10010_2）的字将被取到 cache 的第 2 块（010_2）中。因此，它将替换掉原先存在于 cache 第 2 块（010_2）中的地址为 26（11010_2）中的字。这种行为使得 cache 具有时间局部性：最近访问过的字替换掉较早访问的字。

这种情况就好比要从书架上取一本书，而书桌上已经没有任何地方可以放这本书了，因此原先摆在书桌上的某本书必须被放回书架。在直接映射 cache 中，只有一个位置可以存放最新请求的数据项，因此对于哪个数据项被替换也只有一种选择。

对每个可能的地址，在 cache 中进行如下查找：地址的低位用来找到 cache 中与该地址匹配的唯一一项。图 5-10 说明地址如何划分：

- 标记字段：用来与 cache 中标记字段的值进行比较。
- cache 索引：用来选择块。

cache 块的索引以及标记唯一确定了 cache 块中存放内容的主存地址。由于索引字段用来寻址，而且一个 n 位的字段有 2^n 个值，因此直接映射 cache 中项的总数必须为 2 的幂。在 MIPS 体系结构中，由于字是以 4 字节的倍数对齐的，每个地址至少有两位用来指定字中的一个字节，因此当选择块中的一个字时最低两位被忽略。

由于 cache 不仅存储数据也存储标记位，cache 所需的总位数是 cache 大小和地址位数的函数。在前文中提及的块大小为 1 个字，但通常块大小为多字。对于下面的情况：

- 32 位地址。
- 直接映射 cache。
- cache 大小为 2^n 个块，因此 n 位被用来索引。
- 块大小为 2^m 个字（2^{m+2} 字节），因此 m 位用来查找块中的字，2 位是字节偏移信息。

标记字段的大小为

$$32 - (n + m + 2)$$

直接映射 cache 的总位数为

$$2^n \times （块大小 + 标记字段大小 + 有效位字段大小）$$

由于块大小为 2^m 个字（2^{m+5} 位），同时需要 1 位有效位，因此这样一个 cache 的位数是

$$2^n \times (2^m \times 32 + (32-n-m-2)+1) = 2^n \times (2^m \times 32+31-n-m)$$

尽管以上计算是实际的大小，但是通常对 cache 命名只考虑数据的大小，而不考虑标记字段和有效位字段的大小。因此，对于图 5-10 中所示的 cache，即使其存储器的总容量为 1.375KiB（用于存放标记和有效位）加上 4KiB（用于存放数据），仍然称之为一个 4KiB 的 cache。

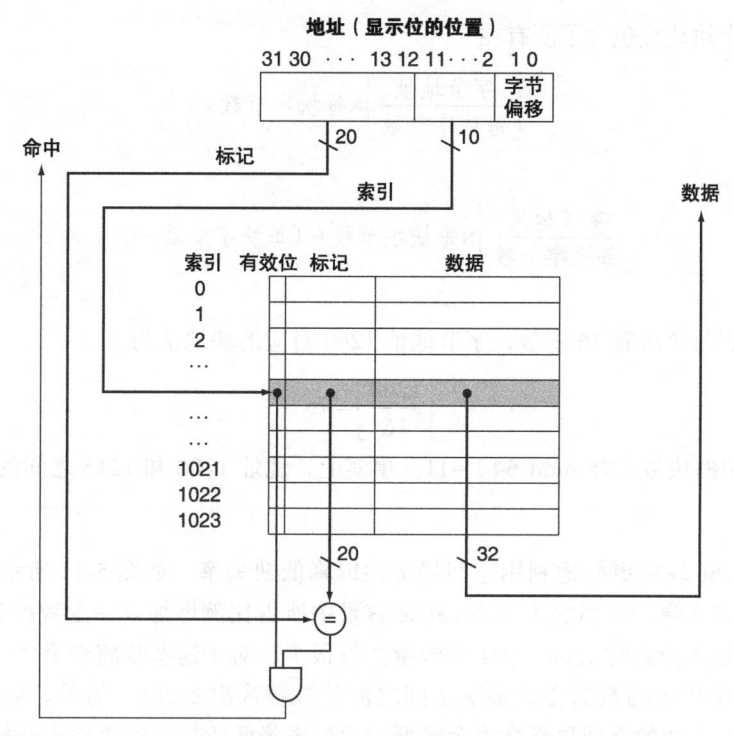

图 5-10 对这个 cache，地址的低位用来选择由数据字和标记组成的一个 cache 项。这个 cache 中有 1024 个字，即 4KiB。除非特殊说明，本章假设使用 32 位的地址。cache 中的标记与地址高位相比较，判断 cache 中的项是否符合请求的地址。由于 cache 有 2^{10}（1024）个字，块大小为 1 个字，因此，索引 cache 需要 10 位，剩下的 32-10-2 = 20 位用来和标记相比较。如果标记和地址的高 20 位相等，并且有效位为 1，那么请求在 cache 中命中，相应的字被提供给处理器。否则，发生缺失

| 例题 | cache 中的位数

假设一个直接映射 cache 有 16KiB 的数据，块大小为 4 个字，地址为 32 位，那么该 cache 总共需要多少位？

| 答案 | 我们知道 16KiB 是 4096（2^{12}）个字，块大小是 4 个字（2^2），那么就有 1024（2^{10}）个块。每个块有 4×32 即 128 位的数据，加上 32-10-2-2 位的标记字段，再加上一个有效位，因此，总的 cache 大小是

$$2^{10} \times (4 \times 32 + (32-10-2-2) + 1) = 2^{10} \times 147 = 147 \text{Kib}$$

即 16KiB 的 cache 总共需要 18.4KiB 的容量。这个 cache 的总位数是数据存储量的 1.15 倍。

| 例题 | 将一个地址映射到多字大小的 cache 块中

考虑一个 cache 有 64 个块，每块大小为 16 字节，那么字节地址 1200 将被映射到 cache 中的哪一块？

| 答案 | 根据本节开始给出的公式，块由下面的公式给出：

（块地址） mod （cache 中的块数）

其中块地址为

$$\frac{\text{字节地址}}{\text{每块字节数}}$$

注意，这个块地址包含了所有在

$$\left\lfloor \frac{字节地址}{每块字节数} \right\rfloor \times 每块字节数$$

和

$$\left\lfloor \frac{字节地址}{每块字节数} \right\rfloor \times 每块字节数 + (每块字节数 - 1)$$

之间的地址。

因此，由于每个块有 16 字节，字节地址 1200 对应的块地址为

$$\left\lfloor \frac{1200}{16} \right\rfloor = 75$$

对应于 cache 中的块号（75 mod 64）=11。事实上，地址 1200 和 1215 之间的所有地址都映射在这一块。

较大的 cache 块能更好地利用空间局部性以降低缺失率。如图 5-11 所示，增加块大小通常会使缺失率下降。而当块大小在 cache 容量中所占比例增加到一定程度时[⊖]，缺失率也随之增加。这是因为此时 cache 中块的数量变得很少，对于这些块将会有大量的竞争发生。结果就造成一个块中的数据在被多次访问之前就被替换出 cache。另外，对于一个太大的块，块中各个字之间的空间局部性也会降低，缺失率降低所带来的收益也会相应减少。

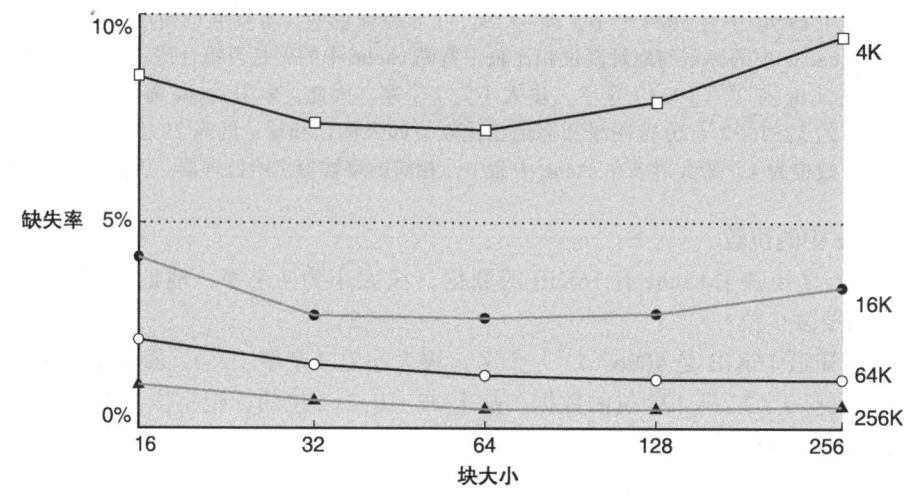

图 5-11 缺失率与块大小。注意，如果相对于 cache 容量来说块大小太大，缺失率实际上是增加的。每条曲线代表不同容量的 cache（图中没有考虑相联度，稍后讨论）

仅仅增加块大小所带来的一个更加严重的后果是缺失成本的增加。由较低存储器层次取出块并存放至 cache 中所花费的时间决定了缺失代价。取出块的时间可以分为两部分：第一个字的延迟时间和块中剩余部分的传输时间。很显然，除非改变存储系统，否则，传输时间，也就是缺失代价，将随着块大小的增大而增加。此外，当块越来越大时，缺失率的改善也开始降低。而当块过大时，缺失代价的增加超过了缺失率的降低，因此 cache 的性能也随之降低。当然，如果把存储器设计成能更有效地传输较大的块，我们就能增加块的大小并且

⊖ 即 cache 块大小 /cache 容量的数值，该数值越大，cache 块数越少。——译者注

进一步改善 cache 性能。这一点我们将在下一节讨论。

|精解| 缺失时，较大的块会带来长延迟从而增加缺失代价。要减少这一部分延迟尽管比较困难，但我们可以通过隐藏一些传输时间来有效地降低缺失代价。最简单的方法是提前重启（early restart），即块中所需的字一旦返回就马上继续执行，而不需要等到整个块都传过来之后再执行。许多处理器利用这种技术进行指令访问，效果甚佳。大部分指令访问都具有连续性，因此存储系统每个时钟周期都能传送一个字，只要存储系统能保证及时传递新的指令字，那么当所请求的字返回时，处理器就可以重新开始操作。将这种技术应用于数据 cache 时效率要低一些，这是因为所请求的字可能以一种无法预知的方式分布，而在传输结束前处理器请求另一块中的字的可能性也很高。如果数据传输正在进行，处理器就无法访问数据 cache，因而它必然阻塞。

另一种更复杂的机制是重新组织存储器，使得被请求的字先从存储器传到 cache 中，然后再传送该块的剩余部分，从所请求的字的下一个地址开始传送，再回到块的开始。这种技术称为请求字优先（requested word first）或者关键字优先（critical word first），它比提前重启要快一些，但与提前重启一样，会因为同样的问题而受到限制。

5.3.2 cache 缺失处理

在研究一个真实系统中的 cache 之前，我们先来看一下控制单元是如何处理 **cache 缺失**（cache miss）的（5.9 节将详细介绍 cache 控制器）。控制单元必须能检测到缺失，然后从主存（或者较低一级 cache）中取回所需的数据来处理缺失。如果在 cache 中命中，计算机继续使用该数据，就好像什么都没有发生过。

cache 缺失：由于数据不在 cache 中而导致被请求的数据不能及时获得。

处理器的控制器不需要太多修改就能够处理命中，但缺失时需要增加一些额外的工作。cache 缺失处理由两部分共同完成：处理器控制单元，以及一个进行初始化主存访问和重新填充 cache 的独立控制器。cache 缺失引起流水线阻塞（见第 4 章），这与异常或中断不同，异常或中断发生时需要保存所有寄存器的状态。当 cache 缺失需要等待主存操作完成时，阻塞整个处理器，冻结临时寄存器和程序员可见的寄存器中的内容。与之相比，更为复杂的乱序执行处理器在等待 cache 缺失处理的同时，依然能执行其他一些指令。但是，在本节中，我们均假定为顺序执行处理器，当 cache 缺失时其被阻塞。

我们再进一步讨论指令发生缺失时将如何处理，同样的方法略加修改便可以用来处理数据缺失。如果指令访问引起一次缺失，那么指令寄存器中的内容无效。为了将正确的指令取回 cache，我们必须通知存储器层次结构中的较低层次执行一次读操作。由于在执行的第一个时钟周期，程序计数器已经进行了自加计算，因此产生缺失的指令地址等于程序计数器中的值减 4。当地址产生时，就可以通知主存执行一次读操作，并且等待存储器的响应（访问主存可能需要多个时钟周期），随后把取回的字写入 cache。

现在我们可以定义发生指令 cache 缺失的处理步骤：

1. 把程序计数器（PC）的原始值（当前 PC-4）送到存储器中。
2. 通知主存执行一次读操作，并等待主存访问完成。
3. 写 cache 项，将从主存取回的数据写入 cache 中存放数据的部分，并将地址的高位（从 ALU 中得到）写入标记字段，设置有效位。
4. 重启指令执行第一步，重新取指，这次该指令在 cache 中。

数据访问时对 cache 的控制基本相同：发生缺失时，处理器发生阻塞，直到从存储器中取回数据后才响应。

5.3.3 写操作处理

写操作略微不同。如果有一个 store 指令，我们只将该数据写入数据 cache（而不改变主存的内容）；在写入 cache 之后，主存与 cache 相应位置中的值将不同。在这种情况下，cache 和主存被认为不一致（inconsistent）。保持主存和 cache 一致性最简单的方法就是将这个数据同时写入主存和 cache 中，这种方法称为**写直达**（write-through）。

> **写直达**：也译为写通过或写穿。写操作总是同时更新 cache 和下一存储层次，以保持二者的一致性。

写操作要考虑的另一个主要方面是发生写缺失的情况。我们首先从主存中取出包含所需字的块。数据块被取回并存入 cache 中后，我们就可以将引起缺失的字重新写入 cache 中。同时，我们使用全地址（即完整的地址）将该字写入主存。

尽管这种设计方案能简单地处理写操作，但无法提供良好的性能。使用写直达的机制，每次写操作都要把数据写入主存中。这些写操作将花费大量的时间，可能至少要花费 100 个处理器时钟周期，并且大大降低了机器速度。例如，假设 10% 的指令是 store 指令，没有 cache 缺失的情况下 CPI 为 1.0，每次写操作要额外花费 100 个周期，就使得 CPI 为 1.0 + 100×10% = 11，性能降低 10 倍多。

这个问题的一种解决方法是采用**写缓冲**（write buffer）。当一个数据在等待被写入主存时，先将它放入写缓冲区。当把数据写入 cache 和写缓冲区后，处理器可以继续执行。当写主存操作完成后，写缓冲区里的数据项也得到释放。如果写缓冲区已经满了，那么当处理器执行到一个写操作时就必须停下来，直到写缓冲区中有一个空位置。当然，如果存储器完成写操作的速度比处理器产生写操作的速度慢，那么再多的缓冲区也没有用，因为产生写操作比存储系统接收它们要快。

> **写缓冲**：一个保存等待写入主存数据的缓冲队列。

产生写操作的速度也可能比存储器接收它们的速度慢，尽管这样，仍有可能发生阻塞。当写操作以突发模式产生时，这种情况就会发生。为了减少这种阻塞的发生，通常需要增加处理器写缓冲区的深度。

除了写直达，另一种可供选择的方法为**写回**（write-back）。在写回机制中，当发生写操作时，新值仅仅被写入 cache 块中。只有当修改过的块被替换时才需要写到较低层存储结构中。写回机制可以提高系统的性能，尤其是当处理器产生写操作的速度和主存处理写操作的速度一样快甚至更快时。但是，写回机制的实现也比写直达要复杂得多。

> **写回**：当发生写操作时，新值仅仅被写入 cache 块中，只有当修改过的块被替换时才写到较低层存储结构中。

在本节的剩余部分，我们介绍实际处理器中的 cache，探讨它们如何处理读和写操作。在 5.8 节，我们会对写操作进行更详细的介绍。

精解 写操作将读操作中不存在的一些复杂情况引入了 cache。这里我们讨论其中的两种情况：写缺失时的策略以及使用写回机制的 cache 中写操作的有效执行。

考虑在写直达机制下的 cache 缺失，最常使用的策略是在 cache 中分配一块，称为写分配（write allocate）。数据块从主存中取回，并且在该块中的恰当区域重写数据。另一种策略则是只更新主存中块的一部分，而不写入 cache 中，这种方法称为写不分配（no write allocate）。这种机制产生的原因是，有时程序会写整个块，就像有时操作系统会将存储器中的一页全部填零一样。在这种情况下，由初始的写缺失引起的取数据就不必要了。一些计算机允许基于每一页来更改写分配策略。

实际上，使用写回策略的 cache 实现有效的写比使用写直达策略的 cache 复杂得多。在写直达的 cache 中，可以将数据写入 cache 并且读标记，如果标记不匹配，就发生缺失。由于 cache 采用写直达策略，在 cache 中重写数据块并不会有危险，因为主存中存储了正确的值。在写回 cache 中，如果 cache 中的数据被重写过并且此时发生缺失，就必须把整块写回主存中。如果在不知道 cache 是否命中（在写直达的 cache 中可以知道）的情况下就简单地根据存储指令重写块，那么就破坏了块的内容，而块本身也没有在存储层的较低层进行备份。

在写回 cache 中，由于无法重写块，store 操作需要两个周期（一个周期用来检查命中情况，下一个周期才真正执行写操作），或者需要一个写缓冲区来保存数据——通过流水线有效地使 store 操作只花费一个周期。如果使用存储缓冲区，处理器在正常的 cache 访问周期内查找 cache 并把数据放入存储缓冲区中。如果 cache 命中，在下一个还没有用到的 cache 访问周期，新数据被从存储缓冲区写入 cache 中。

相比较而言，在写直达 cache 中，写操作总是可以在一个周期内完成。我们读标记位，并且写被选择块的部分。如果标记与被写块的地址相同，处理器通常可以继续执行，因为正确的块已经被更新过了。如果标记与被写块的地址不同，处理器产生写缺失并去取对应于该地址块的剩余部分。

很多写回机制的 cache 也使用写缓冲区，当发生缺失替换一个被修改的块时，写缓冲区可以起到降低缺失代价的作用。在这种情况下，被修改的数据块移入与 cache 相联的写回缓冲区，同时从主存中读出所需要的数据块。随后，写回缓冲区再将数据写入主存。如果下一次缺失没有立刻发生，当脏数据块必须被替换时，这种方法可以使缺失代价减少一半。

5.3.4 cache 实例：Intrinsity FastMATH 处理器

Intrinsity FastMATH 处理器是一个嵌入式微处理器，采用 MIPS 体系结构和简单的 cache 实现。在本章的最后，我们将了解 ARM 和 Intel 微处理器中更为复杂的 cache 设计，但是出于教学的目的，我们首先分析这个简单的实例。图 5-12 给出了 Intrinsity FastMATH 处理器数据 cache 的结构。

该处理器采用 12 级流水线。当以峰值速度执行时，处理器每个时钟周期可以请求一个指令字和一个数据字。为了满足不阻塞流水线的需求，使用了分离的指令 cache 和数据 cache。每个 cache 容量为 16KiB，即 4096 个字，每块有 16 个字。

对 cache 的读请求很简单，由于使用了分离的指令 cache 和数据 cache，读写每个 cache 都需要各自独立的控制信号（记住当发生缺失时，需要更新指令 cache）。因此，对任何一个 cache 执行读请求的步骤如下：

1. 将地址送到适当的 cache 中去，该地址来自程序计数器（对于指令访问），或者来自 ALU（对于数据访问）。

2. 如果 cache 发出命中信号，请求的字就出现在数据线上。由于在请求的数据块中有 16 个字，因此需要选择那个正确的字。块索引字段用来控制多路选择器（如图 5-12 底部所示），从检索到的块中选择 16 个字中的某个字。

3. 如果 cache 发出缺失信号，我们把地址送到主存。当主存返回数据时，把该数据写入 cache 后再读出以满足请求。

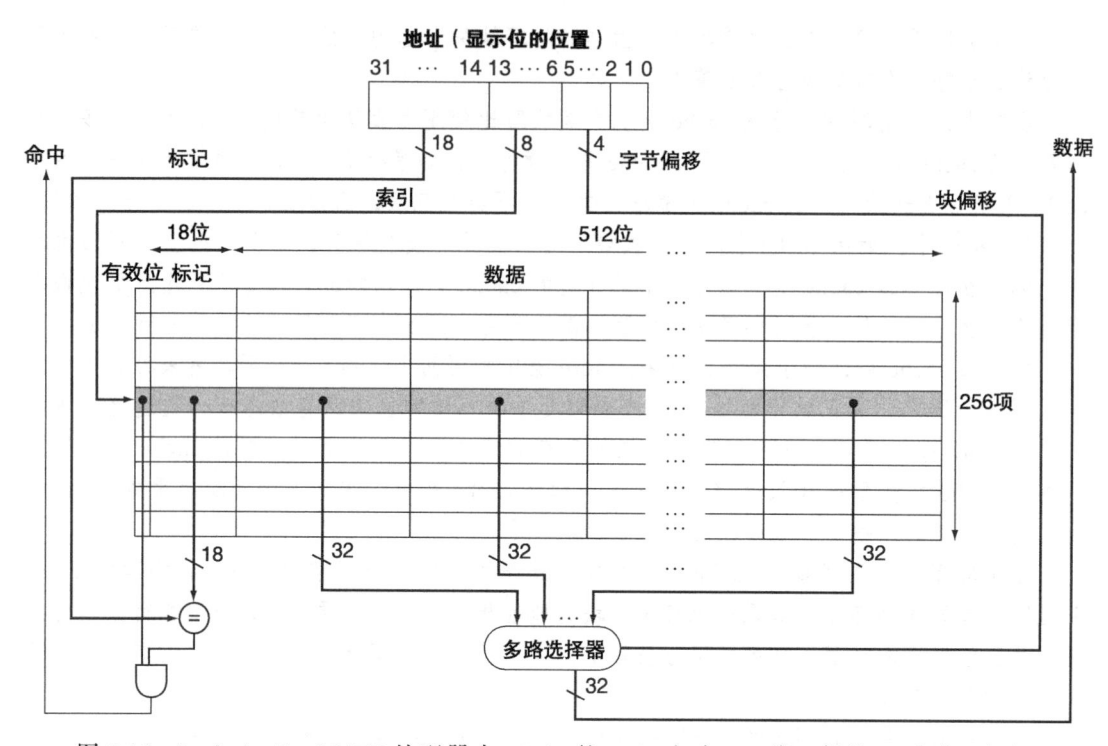

图 5-12 Intrinsity FastMATH 处理器中 16KiB 的 cache 包含 256 块，每块 16 个字。标记字段是 18 位，索引字段是 8 位，另有一个 4 位（2～5 位）的字段用来索引块，并使用一个 16 选 1 的多路选择器从块中选择所需的字。实际上，为了消除多路选择器，cache 使用一个大容量的 RAM 单独存放数据和一个更小的 RAM 来存放标记，大容量数据 RAM 所需的额外地址位由块偏移提供。这样，大容量 RAM 中字长为 32 位，字数必须为 cache 中块数的 16 倍

对于写操作，Intrinsity FastMATH 处理器同时提供写直达和写回机制，由操作系统来决定某种应用该使用哪个机制。此外，Intrinsity FastMATH 还有一个只包含一项的写缓冲区。

Intrinsity FastMATH 处理器采用的 cache 结构的缺失率如何？图 5-13 给出了指令 cache 和数据 cache 的缺失率。综合缺失率是在考虑了指令和数据的不同访问频率后每个程序每次访问的实际缺失率。

指令缺失率	数据缺失率	实际综合缺失率
0.4%	11.4%	3.2%

图 5-13 Intrinsity FastMATH 处理器执行 SPEC CPU2000 基准测试程序时指令和数据的近似缺失率。综合缺失率是将 16KiB 的指令 cache 和 16KiB 的数据 cache 结合起来考虑的实际缺失率。它是以指令和数据访问频率为权重，分别考虑指令和数据缺失率后得到的

尽管缺失率是 cache 设计的一个重要标准，但最终的衡量标准是存储系统对程序执行时间的影响。稍后我们将简要介绍缺失率与执行时间之间的关系。

精解 混合 cache 容量等于两个分离 cache（split cache）容量的总和。通常来说，混合 cache 具有较高的命中率，其原因是混合 cache 没有将指令用的 cache 块数与数据用的 cache 块数严格区分出

分离 cache：一级 cache 由两个独立的 cache 组成，两者可以并行工作，一个处理指令，另一个处理数据。

来。不过，很多处理器使用分离的指令和数据 cache 以提高 cache 的带宽（同时也可以减少冲突引起的缺失，见 5.8 节）。

下面是与 Intrinsity FastMATH 处理器中 cache 容量相同的 cache 的缺失率，混合 cache 的容量等于两个分离 cache 容量之和。

- 总的 cache 容量：32KiB。
- 分离 cache 的实际缺失率：3.24%。
- 混合 cache 的缺失率：3.18%。

分离 cache 的缺失率只是稍差一点。

通过支持指令和数据同时访问来使 cache 带宽加倍，这一优点很容易就克服了缺失率稍微增加的缺点。这一事实也提醒我们缺失率不是衡量 cache 性能的唯一标准，正如 5.4 节所示。

5.3.5 小结

本节从最简单的 cache 开始：每块只有一个字的直接映射 cache。在这样的 cache 结构中，命中和缺失都很简单，因为每个字都明确地被写入一个位置，同时每个字都有单独的标记。为了保持 cache 和主存的一致性，可以使用写直达机制，这样，每次对 cache 进行写操作都会引起主存的更新。不同于写直达机制，写回机制仅在 cache 中有需要被替换的块时才将相应的块复制到主存中。在后面的章节中，我们将进一步讨论这一机制。

为了利用空间局部性，cache 中的块大小必须大于一个字。使用较大的块可以降低缺失率，减少 cache 中与数据存储量相关的标记存储量，从而提高 cache 的效率。尽管块容量的增大可以降低缺失率，但同时也会带来缺失代价的增加。如果缺失代价与块容量呈线性增长，那么较大的数据块很轻易就能导致性能变差。

为了避免性能损失，可以通过增加主存的带宽来更高效地传输 cache 块。增加 DRAM 外部带宽最常用的方法包括：增加存储器位宽和交叉存取。DRAM 设计者还改进了处理器和存储器之间的接口以增加突发模式下传输的带宽，从而减少使用更大 cache 块带来的开销。

> **小测验** 存储系统的速度影响了设计人员如何选择 cache 块的大小。下面哪些 cache 设计者的指导思想是正确的？
> 1. 存储器延迟越短，cache 块越小。
> 2. 存储器延迟越短，cache 块越大。
> 3. 存储器带宽越大，cache 块越小。
> 4. 存储器带宽越大，cache 块越大。

5.4 cache 性能的评估和改进

本节首先探讨评估和分析 cache 性能的方法，随后探讨两种不同的 cache 性能改进技术。第一种技术通过减少存储器中不同数据块争用 cache 中同一位置的概率来降低缺失率。第二种技术通过在存储器层次结构中额外增加一层来减少缺失代价。这种技术称为多级高速缓存（multilevel caching），最初出现在 1990 年售价超过 100 000 美元的高端计算机中，此后该技术广泛应用于个人移动设备中，而售价只有几百美元。

CPU 时间可以划分为 CPU 执行程序花费的时钟周期和 CPU 等待存储系统花费的时钟周期。通常来说，我们假定 cache 访问命中的开销是 CPU 正常执行周期的一部分。因此，

CPU 时间 =（CPU 执行时钟周期数 + 存储器阻塞的时钟周期数）× 时钟周期

假设存储器阻塞的时钟周期数主要来自 cache 缺失，同时我们将讨论限制在存储系统的简化模型上。在实际的处理器中，由读、写操作引起的阻塞可能十分复杂，并且对性能的准确预测通常需要对处理器和存储系统进行细致的模拟。

存储器阻塞的时钟周期数可以定义为读操作与写操作引起阻塞的时钟周期数之和：

存储器阻塞时钟周期数 = 读操作引起阻塞的时钟周期数 + 写操作引起阻塞的时钟周期数

读操作阻塞的时钟周期数可以根据每个程序中读的次数、读操作发生缺失时的代价（缺失处理需要的时钟周期）以及读缺失率来定义：

$$读操作阻塞的时钟周期数 = \left(\frac{读的次数}{程序}\right) \times 读缺失率 \times 读缺失代价$$

写操作的情况就更复杂一些。对于写直达机制，有两种情况会引起阻塞：一种是写缺失，它通常要求在继续执行写操作之前取回数据块（详情参考 5.3.3 节精解中关于写处理的详细介绍）；另一种是写缓冲区阻塞，当写操作发生时写缓冲已满则可能发生这种情况。因此，写操作阻塞的时钟周期数为这两种情况阻塞的时钟周期数之和：

$$写操作阻塞的时钟周期数 = \left(\frac{写的次数}{程序} \times 写缺失率 \times 写缺失代价\right) + 写缓冲区阻塞数$$

由于写缓冲区阻塞不仅仅取决于频率，还取决于写操作的执行时机，因此这样的阻塞不能由一个简单公式来计算。幸运的是，如果系统中写缓冲区的深度合适（例如，4 个或多个字），并且存储器接收写操作的速率要明显超过程序中平均写频率（例如，是它的两倍），写缓冲区的阻塞将变得很少，可以将其忽略。如果系统不能达到这些标准，则说明它设计得不够好；设计人员应该使用更深的写缓冲区或者使用写回机制。

写回机制同样可能产生额外的阻塞。阻塞的产生原因是，当数据块被替换时需要将其写回到主存中。我们将在 5.8 节中对此进行更详细的讨论。

在大多数写直达 cache 结构中，读和写的缺失代价是一样的（都是从主存中取回数据块的时间）。如果假设写缓冲区阻塞可以被忽略，那么我们可以合并读写操作，并使用单一的缺失率和缺失代价：

$$存储器阻塞时钟周期数 = \frac{存储器访问次数}{程序} \times 缺失率 \times 缺失代价$$

也可以表示如下：

$$存储器阻塞时钟周期数 = \frac{指令数}{程序} \times \frac{缺失数}{指令} \times 缺失代价$$

让我们通过一个简单的例子来帮助理解 cache 的性能对处理器性能的影响。

| 例题 | 计算 cache 性能 ─────────────────────────────────

假设指令 cache 的缺失率为 2%，数据 cache 的缺失率为 4%，处理器的 CPI 为 2，没有存储器阻塞，且每次缺失的代价为 100 个时钟周期，如果使用一个从不发生缺失的理想的 cache，处理器的速度快多少？这里假定全部 load 和 store 的频率为 36%。

| 答案 | 根据指令计数器（I），由指令缺失引起的时钟周期损失数为

指令缺失时钟周期数 = I × 2% × 100 = 2.00 × I

由于所有 load 和 store 出现的频率为 36%，我们可以计算出数据访问缺失引起的时钟周

期损失数：

$$\text{数据缺失时钟周期数} = I \times 36\% \times 4\% \times 100 = 1.44 \times I$$

总的存储器阻塞时钟周期数为 $2.00 \times I + 1.44 \times I = 3.44 \times I$，每条指令的存储器阻塞超过 3 个时钟周期。因此，包括存储器阻塞在内的总的 CPI 是 $2 + 3.44 = 5.44$。由于指令计数器或时钟频率都没有改变，CPU 执行时间的比率为

$$\frac{\text{有阻塞的CPU执行时间}}{\text{配置理想cache的CPU执行时间}} = \frac{I \times CPI_{阻塞} \times \text{时钟周期}}{I \times CPI_{理想} \times \text{时钟周期}}$$

$$= \frac{CPI_{阻塞}}{CPI_{理想}} = 5.44/2$$

因此，配置了理想的 cache 的 CPU 的性能是原来的 $5.44/2 = 2.72$ 倍。

如果处理器速度很快，而存储系统的速度却没有跟上，又会发生什么？在第 1 章介绍的 Amdahl 定律提醒我们这样一个事实：存储器阻塞花费的时间占据执行时间的比例会上升。一些简单的例子就能说明这个问题有多严重。假设我们加速上面例子中的计算机，通过改进流水线，在不改变时钟频率的情况下，将 CPI 从 2 降到 1。那么具有 cache 缺失的系统的 CPI 为 $1+3.44=4.44$，而配置理想 cache 的系统性能是它的 $4.44/1 = 4.44$ 倍。存储器阻塞所花费的时间占据整个执行时间的比例则从

$$\frac{3.44}{5.44} = 63\%$$

上升到

$$\frac{3.44}{4.44} = 77\%$$

同样，仅仅提高时钟频率而不改进存储系统也会因 cache 缺失的增加而加剧性能的损失。

前面的例子和公式是建立在命中时间不计入计算 cache 性能的假设之上。很明显，如果命中时间增加，那么从存储系统中存取一个字的总时间也会增加，继而导致处理器时钟周期的增加。稍后我们还将看到其他一些提高命中时间的例子，一个例子是 cache 容量的增加。显然，大容量的 cache 访问时间也较长，就像图书馆的书桌很大（有 $3m^2$），要找到桌上的一本书必然要花费更长的时间。命中时间的增加可能要增加一级流水线，因为 cache 命中操作需要多个时钟周期完成。尽管计算深度流水对性能的影响更为复杂，但在某种程度上，大容量 cache 命中时间的增加可能会抵消命中率提升带来的好处，从而导致处理器性能的下降。

为了分别找到在命中和缺失情况下数据访问时间对性能影响的证据，设计人员有时会使用平均存储器访问时间（Average Memory Access Time，AMAT）作为另一种检测 cache 设计的方法。平均存储器访问时间是综合考虑了命中、缺失以及不同访问的频率后得出的访存平均时间，计算公式为：

$$AMAT = \text{命中时间} + \text{缺失率} \times \text{缺失代价}$$

| 例题 | 计算平均存储器访问时间

处理器时钟周期的时间为 1ns，缺失代价是 20 个时钟周期，缺失率为每条指令 0.05 次缺失，cache 访问时间（包括命中判断）为 1 个时钟周期。假设读操作和写操作的缺失代价

相同并且忽略其他写阻塞。请计算 AMAT。

| **答案** | 每条指令的平均存储器访问时间为

$$\text{AMAT} = \text{命中时间} + \text{缺失率} \times \text{缺失代价} = 1 + 0.05 \times 20 = 2 \text{ 个时钟周期}$$

即 2ns。

下一节我们将讨论另一种 cache 组织结构，这种结构减少了缺失率，但是有时可能会增加命中时间。在 5.15 节中我们将给出其他的例子。

5.4.1 通过更灵活地放置块来减少 cache 缺失

到目前为止，我们将一个块放入 cache 中，采用的是最简单的映射机制：一个块只能放到 cache 中一个确定的位置。正如前面所述，这种方法称为直接映射，因为存储器中任何一块都被直接映射到存储器层次结构中较高层的唯一位置。实际上，有一整套放置块的方法。直接映射是一种极端的情况，此时一个块被精确地放到一个位置。

另一种极端方式是：一个块可以被放置在 cache 中的任何位置。这种机制称为**全相联**（fully associative），因为存储器中的块可以与 cache 中任何一项相关。要在全相联 cache 中查找一个指定的块，由于该块可能被存放在 cache 中的任何位置，因此需要检索 cache 中所有的项。为了使检索更加有效，检索由一个与 cache 中每个项都相关的比较器并行完成。这些比较器加大了硬件开销，因而，全相联只适合块数较少的 cache。

全相联 cache：cache 的一种组织方式，块可以放置到 cache 中的任何位置。

组相联 cache：cache 的另一种组织方式，块可以放置到 cache 中的部分位置（至少两个）。

介于直接映射和全相联之间的设计是**组相联**（set associative）。在组相联 cache 中，每个块可被放置的位置数是固定的。每个块有 n 个位置可放的 cache 称作 n 路组相联 cache。一个 n 路组相联 cache 由很多个组构成，每个组中有 n 块。根据索引字段，存储器中的每个块对应到 cache 中唯一的组，并且可以放在这个组中的任何一个位置上。因此，组相联映射将直接映射和全相联映射结合起来：一个块首先被直接映射到一个组，然后检索该组所有的块以判断是否匹配。例如，图 5-14 是根据这三种策略，块 12 被放置在一个容量为 8 块的 cache 中的情况。

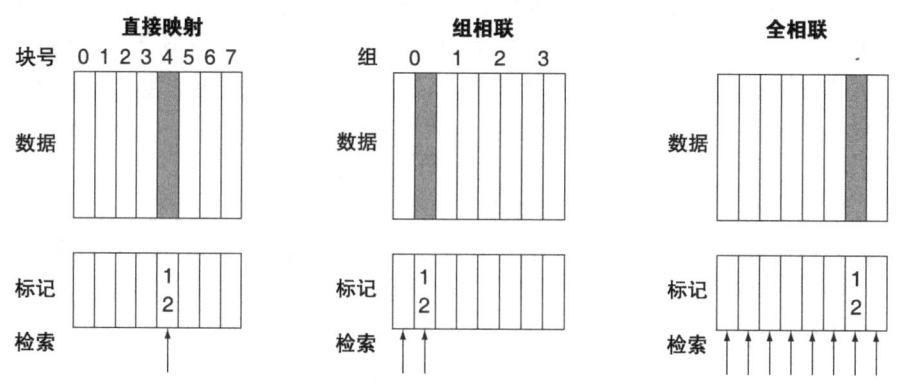

图 5-14 采用直接映射、组相联以及全相联机制时，地址为 12 的主存块在 cache 中的位置，其中 cache 容量为 8 块。在直接映射方式下，主存块 12 只能放置在 cache 中唯一的块中，该块为（12 mod 8）= 4。在两路组相联 cache 中，有 4 个组，主存块 12 必须放在第（12 mod 4）= 0 组中；主存块可以放在该组的任何位置。在全相联方式下，块地址为 12 的主存块可以放在 cache 中 8 个块的任意一块

回顾直接映射的cache，一个存储块的位置是这样给出的：

（块号）mod（cache中的块数）

而在组相联cache中，包含存储块的组是这样给出的：

（块号）mod（cache中的组数）

由于该块可能被放在组中的任何一个位置，因此组中所有块的标记都要被检索。而在全相联cache中，块可以被放在任何位置，因此cache中全部块的标记都要被检索。

我们同样可以把所有的块定位策略看作组相联的一个特例。图5-15显示了一个8块的cache可能的相联结构。直接映射cache是一个简单的一路组相联cache：cache的每项有一个块，并且每组只有一个元素。有m项的全相联cache可以看作一个简单的m路组相联cache，它只有一个组，组里有m块，每一项可以放在该组的任何一块中。

提高相联度的好处在于它通常能够降低缺失率，如下例所示。而主要的缺点则是增加了命中时间，稍后我们将详细讨论。

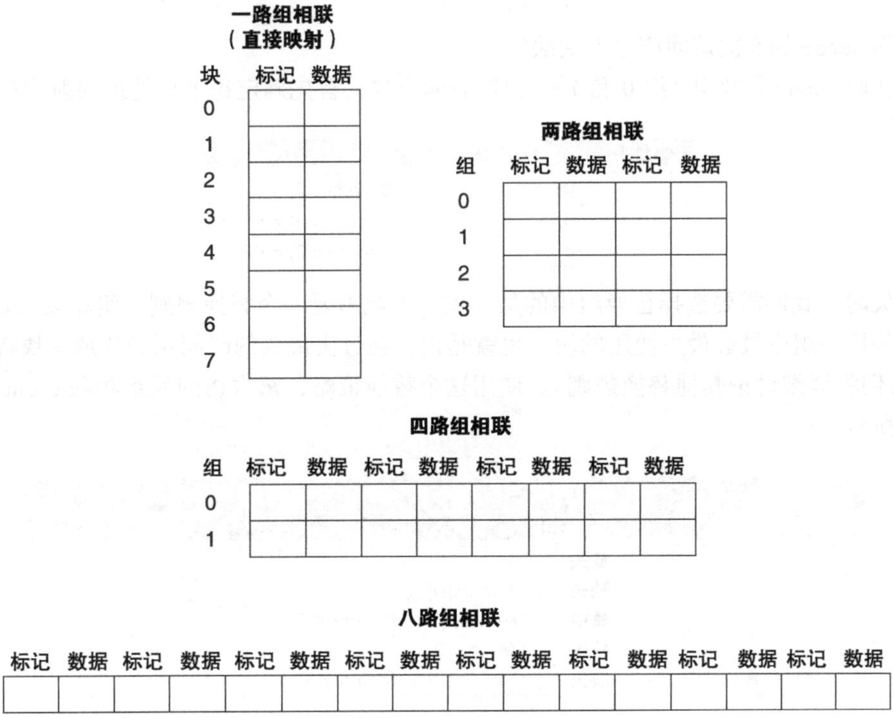

图 5-15 一个拥有8个块的cache被配置成直接映射、两路组相联、四路组相联以及全相联结构。cache中块的总数等于组数乘以相联度。因此，对于一个固定大小的cache，增加相联度减少了组数，同时也就增加了每组的块数。对于容量为8个块的cache，一个八路组相联的cache也就等同于一个全相联cache

| 例题 | cache的缺失与相联度 |

假设有三个小容量的cache，每个cache都有4个块，块大小为1个字。第一个cache是全相联方式，第二个是两路组相联，第三个是直接映射。若按以下地址0、8、0、6、8依次访问时，求每个cache的缺失次数。

| 答案 | 直接映射cache最简单，首先让确定每个地址对应的cache块：

块地址	cache 块
0	(0 modulo 4) = 0
6	(6 modulo 4) = 2
8	(8 modulo 4) = 0

现在，我们在每次访问后填入 cache 的内容，空白项表示无效的块。灰色的项表示在相关访问中，有一个新的项被加入 cache 中，其他项则表示 cache 中旧的项。

被访问的存储器的块地址	命中/缺失	访问后cache中的内容			
		0	1	2	3
0	缺失	Memory[0]			
8	缺失	Memory[8]			
0	缺失	Memory[0]			
6	缺失	Memory[0]		Memory[6]	
8	缺失	Memory[8]		Memory[6]	

直接映射 cache 的 5 次访问产生 5 次缺失。

组相联 cache 有两组（组 0 和 1），每组有两个块，首先确定每个块地址映射到哪一组。

块地址	cache组
0	(0 modulo 2) = 0
6	(6 modulo 2) = 0
8	(8 modulo 2) = 0

由于缺失时，我们需要选择替换组中的某一项，因此需要一个替换规则。组相联 cache 通常会选择替换一组中最近最少使用的块；也就是说，在过去最久的时间用到的那一块将被替换（稍后我们将详细讨论其他替换规则）。使用这个替换策略，每次访问后组相联 cache 中的内容如下所示。

被访问的存储器的块地址	命中/缺失	访问后cache中的内容			
		组0	组0	组1	组1
0	缺失	Memory[0]			
8	缺失	Memory[0]	Memory[8]		
0	命中	Memory[0]	Memory[8]		
6	缺失	Memory[0]	Memory[6]		
8	缺失	Memory[8]	Memory[6]		

注意，当块 6 被访问时，它将块 8 替换掉了，因为比起块 0，块 8 是最近最少使用的那一块。两路组相联 cache 总共有 4 次缺失，比直接映射的 cache 少一次。

全相联 cache 有 4 个块（在一组中），存储器中任意一块可放到 cache 的任何位置。全相联 cache 性能最好，仅有 3 次缺失。

被访问的存储器的块地址	命中/缺失	访问后cache中的内容			
		块0	块1	块2	块3
0	缺失	Memory[0]			
8	缺失	Memory[0]	Memory[8]		
0	命中	Memory[0]	Memory[8]		
6	缺失	Memory[0]	Memory[8]	Memory[6]	
8	命中	Memory[0]	Memory[8]	Memory[6]	

对于这一系列的访问,三次缺失是我们可以得到的最好结果,因为有三个不同地址的块被访问。注意,如果 cache 中有 8 个块,两路组相联 cache 将不会发生替换(请读者自行验证),并且缺失次数与全相联 cache 的缺失次数一样多。同样,如果有 16 块,这 3 种 cache 会有相同的缺失次数。上面的例子已经说明了在判断 cache 性能时,cache 容量和相联度不能分开考虑。

相联度能使缺失率下降多少呢?图 5-16 显示了一个容量为 64KiB,块大小为 16 字的数据 cache,当相联度从直接映射到八路组相联变化时性能的改进情况。从一路组相联到两路组相联,缺失率下降了大约 15%,但是更高的相联度对缺失率的改善就很小了。

相联度	数据缺失率
1	10.3%
2	8.6%
4	8.3%
8	8.1%

图 5-16 使用与 Intrinsity FastMATH 处理器相似的 cache 结构,相联度从一路到八路,采用 SPEC CPU2000 基准测试程序测出的数据 cache 缺失率。10 个 SPEC CPU2000 基准测试程序的结果来自 Hennessy 和 Patterson(2003)

5.4.2 在 cache 中查找块

现在,我们考虑在组相联的 cache 中如何查找一个 cache 块。正如在直接映射 cache 中一样,组相联 cache 中每一块都包含一个地址标记用来确定块地址。在被选中的组中每一块的标记都要进行检测,从而判断是否和来自处理器的块地址相匹配。图 5-17 解析了地址。索引值用来选择包含所需地址的组,该组中所有块的标记都将被检索。由于速度是最重要的性能之一,因此并行检索被选中的组中所有块的标记。就像在全相联 cache 中一样,顺序检索将使组相联 cache 的命中时间太长。

标记	索引	块偏移

图 5-17 组相联或者直接映射 cache 中地址的三个组成部分。索引位用来选择一个组,标记位用来与选中组中的块进行比较来选择块,块偏移是块中被请求数据的地址

如果 cache 总容量保持不变,提高相联度就增加了每组中的块数,也就是并行查找时同时比较的次数:相联度每增加一倍就会使每组中的块数加倍而使组数减半。相应地,相联度每增加一倍,检索位就会减少 1 位,标记位增加 1 位。在全相联 cache 中,只有一组有效,并且所有块必须并行检测。因此没有索引,除了块偏移地址,整个地址都需要和每个 cache 块的标记进行比较。换句话说,我们不使用索引位就可以查找整个 cache。

在直接映射 cache 中,只需要一个比较器,这是因为每一项只能对应 cache 中唯一的块,并且通过索引就能很简单地访问 cache。图 5-18 是一个四路组相联 cache,需要 4 个比较器以及一个 4 选 1 的多路选择器,用来在选定组中的 4 个成员之间进行选择。cache 访问包括检索相应的组,然后在组中检测标记。一个组相联 cache 的开销包括额外的比较器以及由于对组里数据块进行比较和选择而产生的延迟。

在存储器层次结构中选择直接映射、组相联,或全相联映射,需要在缺失代价和相联度实现的代价之间进行权衡,既要考虑时间,也要考虑额外的硬件。

精解 内容可寻址存储器(Content Addressable Memory,CAM)是一种将比较器和存

单元集成在一个部件上的电路结构。CAM 不像 RAM 那样根据地址读数据，而是由用户提供数据，然后 CAM 查看它是否有副本并且返回匹配行的索引。CAM 的出现意味着设计者能提供更高的相联度，这比在 SRAM 和比较器之外还需要构建硬件才能实现的相联度还要高。在 2020 年，CAM 更大的容量和功耗使得两路和四路组相联结构一般采用标准的 SRAM 和比较器构建，八路以及更多路组相联的结构则由 CAM 构建。

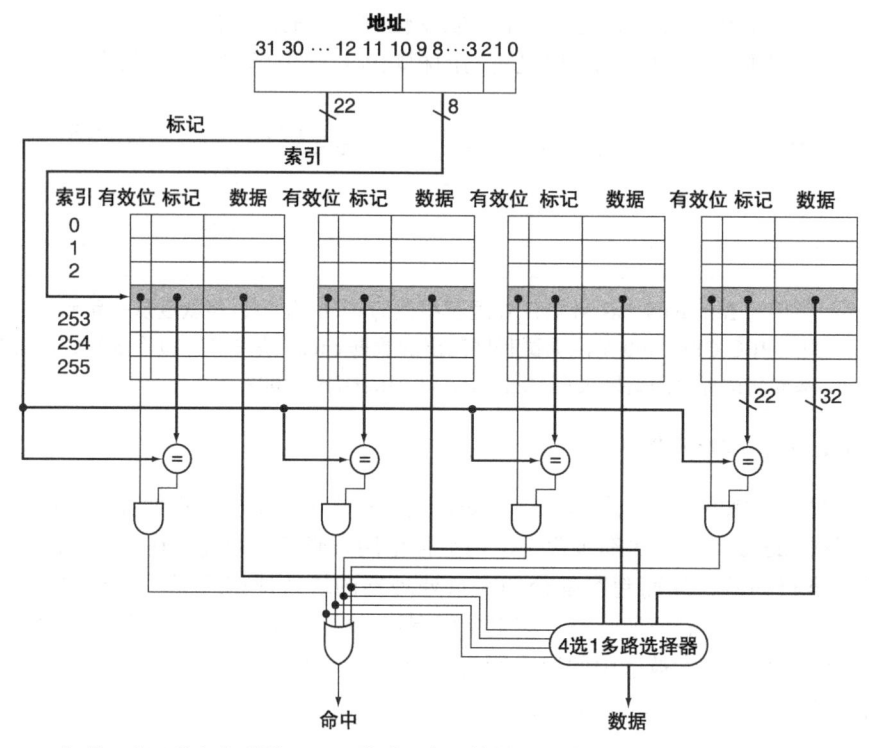

图 5-18　实现一个四路组相联的 cache 需要 4 个比较器和一个 4 选 1 的多路选择器。比较器判断被选中的组中哪一个单元（如果有）与标记匹配。比较器的输出通过使用带有译码选择信号的多路选择器在选中组里的 4 个块之中选择一个数据。在一些具体实现中，cache RAM 数据部分的输出使能信号可以用来选择驱动输出的组中的数据项。输出使能信号来自比较器，使匹配的单元驱动数据的输出。这种结构不需要使用多路选择器

5.4.3　替换块的选择

当直接映射的 cache 发生缺失时，被请求的块只能放置于 cache 中唯一位置，而原先占据那个位置的块就必须被替换掉。在相联的 cache 中，被请求的块放置在什么位置需要进行选择，因此替换哪一块也要进行选择。在全相联 cache 中，所有的块都将可能被替换。在组相联 cache 中，我们将在选中的组中挑选被替换的块。

最常用的方法是**最近最少使用**（Least Recently Used，LRU）法，也是在前面例子中使用的方法。在 LRU 算法中，被替换的块是最久没有使用的那一块。5.4.1 节组相联的例子就使用了 LRU 算法，这也是为什么我们替换主存（0）而不是主存（6）。

最近最少使用：一种替换策略，总是替换很长时间没有使用的块。

LRU 替换算法通过跟踪每一块的相对使用情况来实现。对于一个两路组相联 cache，跟踪组中两个数据项的使用情况可以这样实现：在每组中单独保留一位，当某个元素被访问时，通过设置该位指出该元素。当相联度提高时，LRU 的实现就变得困难些；在 5.8 节中，

我们将会讨论另一种替换机制。

| 例题 | 标记位大小与组相联

提高相联度需要更多比较器，同时 cache 块中的标记位数也需要增加。假设一个 cache 有 4096 个块，块大小为 4 个字，地址为 32 位，请分别计算在直接映射、两路组相联、四路组相联和全相联映射中，cache 的总组数以及总的标记位数。

| 答案 | 由于块大小为 16（=2^4）字节，32 位地址字段中的 32-4 = 28 位用来提供索引和标记位。直接映射中组数和块数一样，由于 $\log_2(4096) = 12$，因此有 12 位是索引位；于是总的标记位数是（28-12）×4096 = 16×4096 = 66Kb。

相联度每增加 1 倍，组数就会减少 1/2，因此用来索引 cache 的位数也要相应减 1，而标记位则是增 1。因此，对于一个两路组相联 cache，有 2048 个组，总的标记位数为（28-11）×2×2048 = 34×2048 = 70Kb。而四路组相联中组数为 1024，那么总的标记位数为（28-10）×4×1024 = 72×1024 = 74Kb。

对于全相联 cache，只有一个有 4096 个块的组，标记位是 28 位，因此总的标记位数是 28×4096×1 = 115Kb。

5.4.4 使用多级 cache 结构减少缺失代价

所有现代计算机都使用 cache。为了进一步减小现代处理器高时钟频率与日益增长的 DRAM 访问时间之间的差距，大多数微处理器都会增加额外一级 cache。这种二级 cache 通常位于芯片内，当一级 cache 缺失时就会访问二级 cache。如果二级 cache 中包含所需要的数据，那么一级 cache 的缺失代价就是二级 cache 的访问时间，这要比访问主存快得多。如果一级和二级 cache 中均不包含所需的数据，就需要访存，这样就会产生更大的缺失代价。使用二级 cache 后，性能能改进多少？下面这个例子将会告诉我们。

| 例题 | 多级 cache 的性能

假定一个处理器的基本 CPI 为 1.0，所有访问在一级 cache 中均命中，时钟频率为 4GHz。假设主存访问时间为 100ns，其中包括缺失处理时间。设一级 cache 中每条指令缺失率为 2%。如果增加一个二级 cache，命中或缺失访问的时间都是 5ns，而且容量大到必须使访问主存的缺失率减少到 0.5%，这时的处理器速率能提高多少？

| 答案 | 主存的缺失代价为

$$\frac{100\text{ns}}{0.25\frac{\text{ns}}{\text{时钟周期}}} = 400 \text{个时钟周期}$$

只有一级 cache 的处理器的有效 CPI 由下列公式给出：

总的 CPI = 1.0 + 每条指令的存储器阻塞时钟周期 = 1.0 + 2%×400 = 9

对于两级 cache，一级 cache 缺失时可以由二级 cache 或者主存来处理。访问二级 cache 时的缺失代价为

$$\frac{5\text{ns}}{0.25\frac{\text{ns}}{\text{时钟周期}}} = 20 \text{个时钟周期}$$

如果缺失能由二级 cache 处理，那么这就是整个缺失代价。如果缺失处理需要访存，总的缺失代价就是二级 cache 和主存的访问时间之和。

因此，对于二级 cache，总的 CPI 是二级 cache 的阻塞时钟周期和基本 CPI 的总和：

总的 CPI = 1 + 一级 cache 中每条指令的阻塞 + 二级 cache 中每条指令的阻塞
= 1 + 2%×20 + 0.5%×400 = 1 + 0.4 + 2.0 = 3.4

因此，有二级 cache 的处理器性能是没有二级 cache 处理器性能的 9.0/3.4 = 2.6 倍。

我们还可以使用另一种方法来计算阻塞时间。在二级 cache 命中的阻塞周期为（2%-0.5%）×20 = 0.3。而访问主存的阻塞周期必须同时包括访问二级 cache 和访问主存的时间，为 0.5%×（20 + 400）= 2.1。对它们求和为 1.0 + 0.3 + 2.1，同样等于 3.4。

一级 cache 和二级 cache 的设计思想明显不同，这是因为对于单级 cache，其他 cache 的存在改变了最佳选择。特别是两级 cache 的结构中，一级 cache 致力于减少命中时间以获得较短的时钟周期或者较少的流水级，二级 cache 则侧重于改善缺失率以减少长时间的访存代价。

通过将每一级 cache 与最优化单级 cache 的设计进行比较，我们可以看出这些变化对两级 cache 的影响。与单级 cache 相比，**多级** cache（multilevel cache）中的一级 cache 通常很小。另外，一级 cache 的块容量通常也很小，与较小的 cache 容量相匹配，并且使得缺失代价降低。相比之下，由于二级 cache 的访问时间不是关键，因此二级 cache 的容量比一般的单级 cache 要大得多，块容量也比单级 cache 中的要大。它还经常使用比一级 cache 更高的相联度以减少缺失率。

多级 cache：存储系统由多级 cache 组成，而不仅仅只有主存和一个 cache。

理解程序性能 程序员已经对排序进行了详尽的分析，已找到更好的算法，如冒泡排序（Bubble Sort）、快速排序（Quicksort）和基数排序（Radix Sort）等。图 5-19a 给出了使用基数排序和快速排序时，指令执行的情况。正如预期的那样，对于大的数组，在操作次数上，基数排序比快速排序要有优势。图 5-19b 是每个排序项平均所需的时间，而不是执行的指令数。我们可以看到开始两条曲线的轨迹与图 5-19a 中相似，但是随着排序数据的增加，基数排序的曲线开始偏离，这是为何？图 5-19c 用每项排序平均 cache 缺失数解答了这个问题：快速排序中，每个排序项的缺失数要比基数排序少得多。

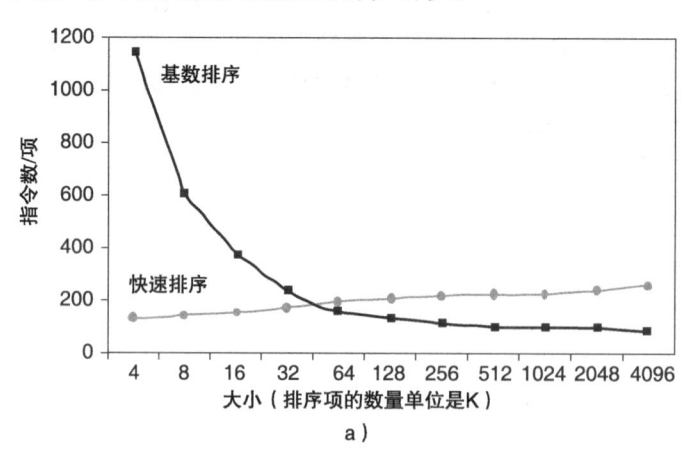

图 5-19 比较快速排序和基数排序。a) 每个排序项平均执行指令数；b) 每个排序项平均时间；c) 每个排序项平均 cache 缺失数。数据来自 LaMarca 和 Ladner 在 1996 年的一篇文章。由于这些结果，人们又发明了新的基数排序算法，将存储器层次结构考虑进来，以重新获得算法的优势（见 5.15 节）。cache 优化的基本思想是在某个块被替换前，重复使用该块中所有的数据

图 5-19 （续）

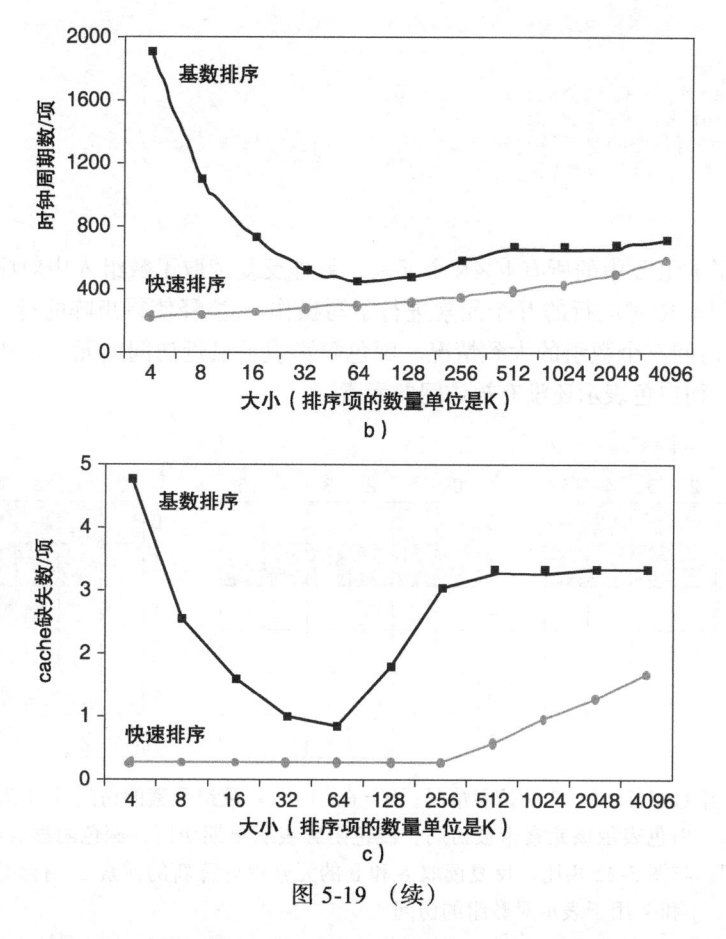

标准算法分析通常会忽视存储器层次结构的影响，正如更快的时钟频率和摩尔定律让架构师从指令流中获取所有的性能，合理地使用存储器层次结构是获得高性能的关键。如我们在概述中所说的，理解存储器层次结构的行为对于理解当今计算机的程序性能是十分关键的。

5.4.5 通过分块进行软件优化

由于存储器层次对程序性能具有非常重要的影响，因此许多软件优化技术通过对 cache 中的数据进行重用，提升了数据的时间局部性并因此降低缺失率，这些优化技术可以大大提高 cache 的性能。

在处理数组时，如果能够将数组元素按照访问顺序存放在存储器中，则能够获得更好性能。假定要处理多个数组，有些数组按行访问，而另外一些按列访问。因为在每次循环迭代中，既有按行访问的数组，又有按列访问的数组，所以无论采用按行存储还是按列存储的方式都不能解决问题。

与对一个数组进行整行或整列操作不同，分块算法对子矩阵（或称为块）进行操作。其目标是在数据被替换出去之前，最大限度地对已装入 cache 的数据进行访问，即通过提升时间局部性的方法来降低 cache 缺失率。

例如，DGEMM 的内循环（第 2 章中图 2-43 中的 4~9 行）如下：

```
    for (int j = 0; j < n; ++j)
    {
        double cij = C[i+j*n]; /* cij = C[i][j] */
        for( int k = 0; k < n; k++ )
            cij += A[i+k*n] * B[k+j*n]; /* cij += A[i][k]*B[k][j] */
        C[i+j*n] = cij; /* C[i][j] = cij */
    }
}
```

431 该程序段读取了数组 B 中的所有 N×N 个元素，另外反复读取了数组 A 中对应行中的 N 个元素，并且对数组 C 中对应行的 N 个元素进行了写操作。（注释使得矩阵的行列更容易识别。）图 5-20 给出了访问三个数组的大致情况。深色阴影表示最近访问的元素，浅色阴影表示早期访问的元素，而白色表示还没有被访问的元素。

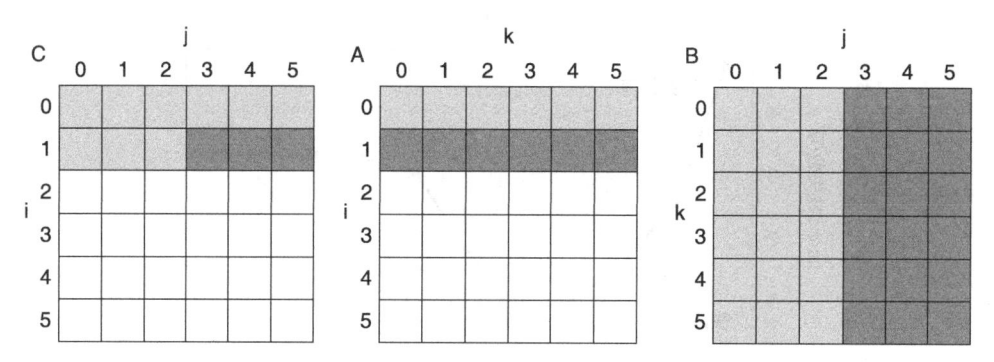

图 5-20　三个数组 C、A、B 的访问情况，N = 6，i = 1。数组元素的访问时间情况用阴影表示：白色表示该元素未被访问，浅色阴影表示早期访问，深色阴影表示最近的访问。与图 5-22 相比，反复读取 A 和 B 的元素以计算新的元素 C。行列边上的变量 i、j 和 k 用于表示对数组的访问

显然，缺失次数依赖于 N 和 cache 的容量。如果 3 个 N×N 矩阵都能放在 cache 中，并且没有 cache 冲突，则没有任何问题。我们使用与第 3 章和第 4 章相同 DGEMM 中的矩阵尺寸。

如果 cache 中能够容纳一个 N×N 的矩阵和一个长度为 N 的行，则 A 的第 i 行和数组 B 可驻留在 cache 中。如果 cache 容量再小，将可能导致 B 和 C 访问都缺失。在最坏情况下，N^3 次操作需要 $2N^3 + N^2$ 次存储器字的访问。

为了确保正在访问的元素能够在 cache 中命中，可把原先的程序改为每次循环迭代只计算一个子矩阵。因此，可通过参数 BLOCKSIZE 使得第 4 章图 4-81 中的 DGEMM 程序循环处理大小为 BLOCKSIZE×BLOCKSIZE 的数组，其中 BLOCKSIZE 称为分块因子（blocking factor）。

图 5-21 给出了 DGEMM 的分块版本。do_block 函数使用三个新的参数 si、sj 和 sk 表示每个子数组的起始位置。do_block 的内层循环以 BLOCKSIZE 为步进长度进行计算，而不是以整个 B 和 C 的长度。gcc 优化器通过"inling"函数去除任何调用开销，即直接插入代码以避免传统的参数传递和返回地址的保存与恢复。

图 5-22 显示了使用分块之后对三个数组的访问情况。只考虑容量失效，访问存储器的总字数为 $2N^3/\text{BLOCKSIZE} + N^2$ 次，大约降低到原来的 1/BLOCKSIZE。分块技术同时利用了空间局部性和时间局部性，其中访问 A 时利用了空间局部性，访问 B 时利用了时间局部性。根据计算机及矩阵尺寸的不同，分块技术可以将新能提升 2 倍到 10 倍以上（见 5.14 节）。

```
1   #define BLOCKSIZE 32
2   void do_block (int n, int si, int sj, int sk, double *A, double
3   *B, double *C)
4   {
5       for (int i = si; i < si+BLOCKSIZE; ++i)
6           for (int j = sj; j < sj+BLOCKSIZE; ++j)
7           {
8               double cij = C[i+j*n];/* cij = C[i][j] */
9               for( int k = sk; k < sk+BLOCKSIZE; k++ )
10                  cij += A[i+k*n] * B[k+j*n];/* cij+=A[i][k]*B[k][j] */
11              C[i+j*n] = cij;/* C[i][j] = cij */
12          }
13  }
14  void dgemm (int n, double* A, double* B, double* C)
15  {
16      for ( int sj = 0; sj < n; sj += BLOCKSIZE )
17          for ( int si = 0; si < n; si += BLOCKSIZE )
18              for ( int sk = 0; sk < n; sk += BLOCKSIZE )
19                  do_block(n, si, sj, sk, A, B, C);
20  }
```

图 5-21 图 3-21 中 DGEMM 的 cache 分块版本。假定 C 初始化为 0。do_block 函数来源于第 2 章中的基本 DGEMM，使用了新参数来指明大小为 BLOCKSIZE 的子矩阵的起始位置。gcc 优化器通过内联 do_block 函数消除函数开销

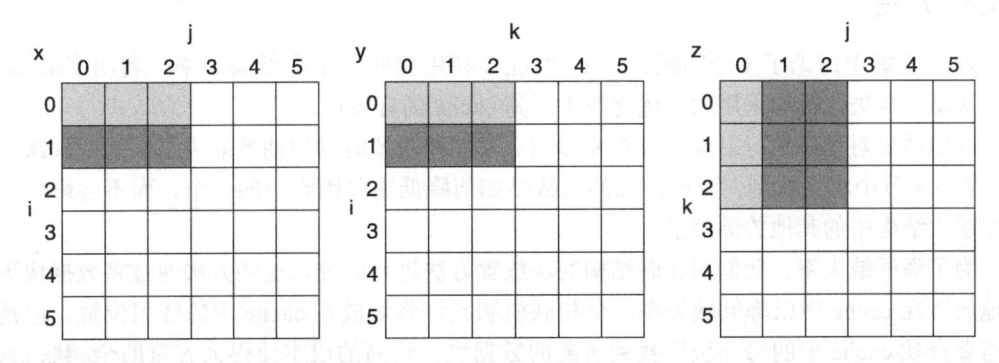

图 5-22 当 BLOCKSIZE = 3 时数组 C、A 和 B 的访问时间。注意，与图 5-20 相比，访问的元素减少了

虽然分块技术的目标是降低 cache 缺失率，但也可用来帮助寄存器的分配。通过采用较小的分块，使一个块可以驻留在寄存器中，程序中可以将 load 和 store 操作的数量大大减少，从而提高性能。

精解 使用多级 cache 会产生一些复杂情况。首先，存在多种不同类型的缺失以及相应的缺失率。在 5.4.4 节的例子中，我们看见了一级 cache 缺失率以及全局缺失率（global miss rate），即在所有级 cache 中都缺失的访问比率。同时二级 cache 也有缺失率，是二级 cache 所有缺失次数和访问次数的比率。这个缺失率称为二级 cache 的局部缺失率（local miss rate）。由于一级 cache 过滤了一些访问，特别是那些具有较好的空间局部性和时间局部性的访问，这就使得二级 cache 的局部缺失率要大大高于全局缺失率。在 5.4.4 节的例子中，可以计算出二级 cache 的局部缺失率为 0.5%/2%=25%！幸运的是，全局缺失率决定了访问主存的频度。

全局缺失率：在多级 cache 的所有级中都缺失的访问比率。

局部缺失率：在多级 cache 中，某一级 cache 的缺失率。

精解 乱序处理器（见第 4 章）在缺失时仍能执行指令，因而性能更加复杂。我们使用每条指令缺失数来代替指令缺失率和数据缺失率，公式如下：

$$\frac{存储器阻塞周期数}{指令数} = \frac{缺失数}{指令数} \times (总的缺失延迟 - 重叠的缺失延迟)$$

计算重叠的缺失延迟没有通用的方法，因此对乱序处理器的存储器层次结构进行评估需要模拟处理器和存储器层次结构。只有观测到每次缺失时处理器的执行情况，我们才能知道缺失时处理器是阻塞下来等待数据还是在执行其他工作。一个指导原则是处理器通常会隐藏在一级 cache 缺失而在二级 cache 命中时的那部分缺失代价中，但是却很少隐藏二级 cache 的缺失代价。

| **精解**　算法性能的挑战在于：对相同的结构采用不同的实现方法，包括 cache 容量、相联度、块大小以及 cache 的数量，都会使存储器层次结构变得多样化。为了应对这些变化，近来一些数值库将它们的算法变得参数化，通过实时搜索参数空间来找到特定计算机上的最佳组合。这种方法称为自动调节（autotuning）。

小测验　有关多级 cache 的设计，下面哪些是正确的？
1. 一级 cache 更关注命中时间，二级 cache 则更关注缺失率。
2. 一级 cache 更关注缺失率，二级 cache 则更关注命中时间。

5.4.6　小结

这一节集中讨论了 4 个问题：cache 性能、利用相联度来降低缺失率、利用多级 cache 结构来降低缺失代价和采用软件优化技术提高 cache 的有效性。

存储系统对程序执行时间有着重要影响。存储器阻塞时钟周期数取决于缺失率和缺失代价。在 5.8 节中将会看到，我们面临的挑战是如何降低这些因素中的一个，而不会影响到存储器层次结构中的其他关键因素。

为了降低缺失率，我们对相联结构的块放置方法进行研究。这些方法通过将数据块更灵活地放置在 cache 中以降低缺失率。全相联机制允许将块放在 cache 中的任何位置，但是仍然需要查找 cache 中的每一块以找到所需的数据块。较高的成本使得大容量的全相联 cache 的实现不切实际。而组相联 cache 则更加可行，我们只需要在索引唯一选中的组中进行查找。组相联 cache 缺失率更高，但是访问速度更快。使用何种相联度能达到最佳性能不仅取决于技术本身，还取决于实现的细节。

我们探讨了多级 cache 技术，通过使用一个大的二级 cache 来处理一级 cache 的缺失，从而降低了缺失代价。二级 cache 已经逐渐普遍，这是因为设计者发现由于硅的局限以及高时钟频率的要求，一级 cache 的容量已经无法更大了。而二级 cache 的容量通常是一级 cache 的 10 倍甚至更多，因而能处理很多一级 cache 缺失引起的访问。在这些情况下，缺失代价就是二级 cache 的访问时间（通常小于 10 个处理器周期）而不是主存访问时间（通常大于 100 个处理器周期）。和相联度的考虑相似，在二级 cache 容量和访问时间之间的权衡取决于实现过程中的很多方面。

最后，针对存储器层次对性能影响的重要性，我们讨论了如何对算法进行变换来提高 cache 性能，主要讨论了针对大数组进行分块的技术。

5.5　可信存储器层次

本章前面所有的讨论集中在如何提高存储器层次的性能上，但是如果存储系统存在不可信性，即使速度再快也不具有吸引力。正如在第 1 章所述，实现可信性的一个有效方法是冗余技术。本节将首先重温与失效相关的术语定义和度量标准，然后将讨论如何通过冗余技术构造可信的存储器。

5.5.1 失效的定义

针对某类服务的需求，用户可以看到一个系统在两种交付的服务状态之间进行切换：
- 服务完成：交付的服务与需求相符。
- 服务中断：交付的服务与需求不符。

失效导致状态 1 到状态 2 的转换，而由状态 2 转换到状态 1 的过程称为恢复。失效可以是永久性的，也可以是间歇性的。间歇性失效更加复杂，因为当一个系统因间歇性失效在两个状态间摇摆时，诊断将会非常困难。而永久性失效的诊断要容易许多。

这种定义将引出两个相关的术语：可靠性和可用性。

可靠性是一个系统或模块从某个参考点开始能够持续提供用户需求的服务的度量，即从开始使用到失效的时间间隔。因此，平均无故障时间（Mean Time To Failure，MTTF）是一种可靠性度量方法。与之相关的一个术语是年失效率（Annual Failure Rate，AFR），它指在给定 MTTF 情况下，在一年内预期的器件失效比例。由于从 MTTF 中可能会得到误导性的结果，因此 AFR 会获得更加直观的结果。

| 例题 | 磁盘的 MTTF 和 AFR

当今的一些磁盘号称其 MTTF 为 1 000 000 小时，大约是 1 000 000/（365×24）= 114 年，这意味着这些磁盘永远不会失效。运行搜索引擎等网络服务的仓储式计算机（见 6.8 节）可能有 50 000 台服务器，假定每台服务器有两块磁盘，使用 AFR 计算每年将会有多少块磁盘失效。

| 答案 | 一年有 365×24 = 8760 小时。1 000 000 小时的 MTTF 意味着 AFR 为 8760/1 000 000 = 0.876%。由于系统中有 100 000 块磁盘，因此每年将有 876 块磁盘失效，即平均每天有超过两块磁盘失效！

服务中断使用平均修复时间（Mean Time To Repair，MTTR）来度量。平均失效间隔时间（Mean Time Between Failure，MTBF）=MTTF+MTTR。虽然 MTBF 广泛应用，MTTF 却更加确切。可用性是指系统正常工作时间在连续两次服务中断间隔时间中所占的比例：

$$可用性 = \frac{MTTF}{MTTF+MTTR}$$

需要注意的是，可靠性和可用性是可以量化的，而可信性是不可量化的。与增加 MTTF 类似，减少 MTTR 同样可以提高可用性。例如，可以采用故障检测、诊断和修复的工具来减少故障维修花费的时间，从而提高可用性。

我们希望系统具有很高的可用性。一种简化的表示方法是"每年中可用性的 9 的数量"。例如，一个很好的网络服务器可提供 4 个或 5 个 9 的可用性。一年有 365×24×60 = 526 000 分钟，简化表示如下：

    1 个 9：   90%   =>   36.5 天的维修时间 / 年
    2 个 9：   99%   =>   3.65 天的维修时间 / 年
    3 个 9：   99.9%   =>   526 分钟的维修时间 / 年
    4 个 9：   99.99%   =>   52.6 分钟的维修时间 / 年
    5 个 9：   99.999%   =>   5.26 分钟的维修时间 / 年

以此类推。

为了提高 MTTF，可以提高器件的质量，也可以设计能够在器件失效的情况下继续工作的系统。由于一个器件的失效可能不会导致系统的失效，因此需要根据具体情况定义失效。为了明晰差别，使用术语故障（fault）来表示一个器件的失效。有如下三种方式可以提高系统的 MTTF：

- 故障避免技术（fault avoidance）：通过合理构建系统来避免故障的出现。
- 故障容忍技术（fault tolerance）：采用冗余措施，当发生故障时，通过冗余措施保证系统仍然正常工作。
- 故障预测技术（fault forecasting）：对故障进行预测，从而允许在器件失效前进行替换。

5.5.2 纠正一位错、检测两位错的汉明编码（SEC/DED）

理查德·汉明（Richard Hamming）发明了一种广泛应用于存储器的冗余技术，并因此获得 1968 年的图灵奖。二进制数间的距离对于理解冗余码很有帮助。两个等长二进制数的汉明距离（Hamming Distance）是两个数对应位置不同的位的数量。例如，0<u>11</u>0<u>11</u> 和 0<u>01</u>1<u>11</u> 的距离为 2。在编码时，如果码字之间的最小距离为 2，且其中有 1 位错误，将会发生什么？这将会将一个有效的码字转化为无效码字。因此，如果能够检测出一个码字是否有效，则可检测出 1 位的错误，称为 1 位**错误检测编码**。

> **错误检测编码**：这种编码方式能够检测出数据中有 1 位错误，但是不能对错误位置进行精确定位，因此不能纠正错误。

汉明使用奇偶校验码进行错误检测。在奇偶校验码中，计算码字中 1 的数量是奇数个还是偶数个。当一个字写入存储器时，奇偶校验位也被写入（1 代表奇数，0 代表偶数）。这就是说，$N+1$ 位码字中 1 的个数永远为偶数。因此，当读出数据时，校验码也被读出并进行检测。如果计算出的校验码与保存的不符，则说明发生了错误。

| 例题 |

计算十进制数 31 对应的 8 位二进制数的奇偶性，并写出存储器中的表示形式。假设奇偶校验位在最右边，并且假定存储器中最高位发生了翻转，然后将其读回。请问能否检测到错误？如果最高两位同时翻转呢？

| 答案 | 十进制数 31 的二进制形式为 00011111_2，有 5 个 1。为了使编码后的码字为偶性，需要向校验位写入 1，也就是 000111111_2。如果最高位发生翻转，读回的将是 100111111_2，具有 7 个 1。由于期望码字为偶性，但是计算结果却是奇性，因此将产生一个错误信号。如果最高两位同时发生翻转，则得到 110111111_2，具有 8 个 1 或者说具有偶性，因此不能产生错误信号。

如果有两位同时出错，该情形下码字的奇偶性不变，因此一位奇偶校验无法检测到该错误。（实际上，一位奇偶校验可以检测到任意奇数个错误，但实际情况是，出现三位错的概率远小于出现两位错的概率，因此一位奇偶校验码主要用于检测 1 位出错。）

当然，奇偶校验码不能纠正错误，汉明想要做到检错的同时又能纠错。如果我们采用的编码最小距离为 3，那么任意一个发生 1 位错的码字与其对应的合法码之间的距离要小于该非法码与其他合法码字的距离。汉明提出了一种易于理解的映射方法，该方法将数据映射到距离为 3 的码字，为了表达对他的敬意，这种编码方法称为汉明纠错码（Hamming Error

Correction Code,ECC)。我们采用额外的校验位确定单个错误的位置。下面是计算汉明纠错码的步骤。

1. 对数据部分从左到右由 1 开始依次编号,这跟通常采用的从最右边开始由 0 开始编号的做法不同。
2. 将所有编号为 2 的整数次幂的位标记为奇偶校验位(1,2,4,8,16,…)。
3. 其他位置用作数据位(位置 3,5,6,7,9,10,11,12,13,14,15,…)。
4. 奇偶校验位的位置决定了被检查的数据位的序列(图 5-23 用图形的方式进行了说明),如下所示:

- 校验位 1(0001_2)检查第 1,3,5,7,9,11,…位,这些数位编号的二进制形式最右边一位均为 1(0001_2,0011_2,0101_2,0111_2,1001_2,1011_2,…)。
- 校验位 2(0010_2)检查第 2,3,6,7,10,11,14,15,…位,这些数位编号的二进制形式右边起第 2 位均为 1。
- 校验位 4(0100_2)检查第 4~7,12~15,20~23,…位,这些数位编号的二进制形式右边起第 3 位均为 1。
- 校验位 8(1000_2)检查第 8~15,24~31,40~47,…位,这些数位编号的二进制形式右边起第 4 位均为 1。

注意,每个数据位都被至少两个奇偶校验位覆盖。

5. 设置奇偶校验位,对各组进行偶校验。

如同变魔术一样,你可以通过查看校验位来确定数据位是否出错。采用图 5-23 中的 12 位编码,如果 4 个校验位组成的二进制数(p_8,p_4,p_2,p_1)是 0000_2,这说明没有发生错误。但是,如果校验位组成的二进制数为 1010_2,也就是十进制数 10 时,汉明纠错码告诉我们第 10 位(d_6)出错了。由于是二进制数,因此只需将第 10 位的数进行取反,就完成了纠错。

位的位置		1	2	3	4	5	6	7	8	9	10	11	12
编码后的数据		p_1	p_2	d_1	p_4	d_2	d_3	d_4	p_8	d_5	d_6	d_7	d_8
奇偶检验位覆盖范围	p_1	X		X		X		X		X		X	
	p_2		X	X			X	X			X	X	
	p_4				X	X	X	X					X
	p_8								X	X	X	X	X

图 5-23 用于 8 位数据的汉明纠错码,包括奇偶校验位、数据位及覆盖范围

| 例题 |

假定某个单字节数据为 10011010_2。首先写出对应的汉明纠错码,然后把第 10 位取反,说明纠错码如何找到并纠正该错误。

| 答案 | 将校验位的位置空出来,12 位的码字是 _ _ 1 _ 0 0 1 _ 1 0 1 0。

位置 1 检查第 1,3,5,7,9,11 位,为使该组为偶校验,我们应当把第 1 位填 0。
位置 2 检查第 2,3,6,7,10,11 位,为使该组为偶校验,我们在第 2 位填入 1。
位置 4 检查第 4,5,6,7,12 位,所以我们在第 4 位填入 1。
位置 8 检查第 8,9,10,11,12 位,所以我们在第 8 位填入 0。

最终得到的码字为0111001**0**1010。把数据位第 10 位取反之后变成 0111001**0**1110。

校验位 1 为 0（0**1**1**1**00**1**0**1**1**1**0 有 4 个 1，为偶性，故该组无错误）。
校验位 2 为 1（0**1****1**1**0****0**1**0****1**1**1**0 有 5 个 1，为奇性，故该组某个位置上有错误）。
校验位 4 为 1（011**1001**0**1110** 有两个 1，为偶性，故该组无错误）。
校验位 8 为 1（01110**0101110** 有 3 个 1，为奇性，故该组某个位置上有错误）。

校验位 2 和 8 不正确。因为 2+8=10，第 10 位肯定是错的。因此，我们将其翻转为 0111001**0**1010，即完成了纠错。

汉明并没有止步于 1 位纠错码。通过增加 1 位的代价，可以让码字中的最小汉明距离变到 4。这就意味着我们可以纠正 1 位错并检测 2 位错。该方法增加了 1 位奇偶校验码，对整个字进行计算校验。以 4 位的数据字为例，只需要 7 位就能完成 1 位错检测。计算出汉明奇偶校验位 H(p_1 p_2 p_3)，这里仍然采用偶校验，最后计算出整个字的偶校验位 p_4：

1　2　3　4　5　6　7　**8**
p_1　p_2　d_1　p_3　d_2　d_3　d_4　**p_4**

上述用于纠正 1 位错同时检测 2 位错的算法仍像之前那样，先计算出纠错码组（H）的奇偶性，然后再计算全组的奇偶校验位 p_4。以下是可能出现的 4 种情况。

1. H 为偶并且 p_4 为偶，这表明没有错误发生。
2. H 为奇并且 p_4 为奇，这表明出现了一位可纠正错误。（当出现 1 位错时，p_4 应当为奇。）
3. H 为偶并且 p_4 为奇，这表明出现的仅仅是 p_4，因此将 p_4 取反即可。
4. H 为奇并且 p_4 为偶，这表明出现了两位错。（当出现两位错时，p_4 应当为偶。）

纠 1 位错 / 检 2 位错（SEC/DED）的技术现在广泛应用于服务器的内存。方便的是，8 字节的数据块做 SEC/DED 时只需要恰好一个字节的额外开销。这也是许多 DIMM（双列直插式存储模块）宽度为 72 位的原因。

精解　为了计算出 SEC 需要的位数，假定 p 表示校验位的位数，d 表示数据位的位数，则整个码字为 $p+d$ 位。如果采用 p 个纠错位指示错误（码字长度为 $p+d$ 的情况下），再加上没有出现错误的情况，不难得到下面的不等式：

$$2^p \geq p+d+1 \text{ 位}, \quad \text{因此 } p \geq \log(p+d+1)$$

例如，对 8 位的数据而言，$d=8$，并且 $2^p \geq p+8+1$，所以 $p=4$。类似地，数据长度为 16 位时 $p=5$，32 位时 $p=6$，64 位时 $p=7$，以此类推。

精解　在大型系统中，出现多位错的概率和宽内存芯片出错的概率变得显著起来。为解决这一问题，IBM 引进了一种叫作 chipkill 的技术，之后很多大型系统都应用了该项技术（Intel 称他们的版本为 SDDC）。chipkill 本质上类似于磁盘阵列中采用的 RAID 技术（见 5.11 节），将数据和校验码分散开来，因此当某一内存芯片完全失效时，可以通过其他内存芯片中的内容对出错的内容进行重建。假定现有一个由 10 000 个处理器构成的集群，其中每个处理器配备 4GiB 内存，IBM 针对为期三年的运行时间计算出了以下不可恢复内存错误出现的比率：

- 仅采用奇偶校验——出现大约 90 000 次不可恢复（或者不可检测）错误，也就是说，每 17 分钟就出现一次。
- 仅采用 SEC/DED——出错大约 3500 次，也就是说，每 7.5 小时出现一次不可检测或者不可恢复的错误。

- 采用 chipkill——出错 6 次，也就是说，每两个月出现一次不可检测或不可恢复的错误。因此，chipkill 成为数据仓库级别的计算机的一个重要需求（见 6.8 节）。

精解 虽然存储器系统出现 1 位错或者 2 位错的情况比较典型，但是网络系统中可能会出现突发型错误。解决该问题的一个方法是采用循环冗余校验。对于一个具有 k 位的字块来说，发送端生成一个 $n-k$ 位长度的帧校验序列。这样最终发送出的是一个长度为 n 位的序列，并且该序列构成的数字可以被某个数整除。接收端用那个数去除接收到的帧。如果余数为 0，就认为没有发生错误。如果余数不为 0，接收端将收到的消息丢弃，并通知发送端重新发送。从第 3 章你不难猜到，对于某些二进制数，可以利用移位寄存器方便地完成除法运算，这使得即便在硬件价格十分昂贵的时代，CRC 校验码也可以广为采用。更进一步，里德-索罗蒙（Reed-Solomon）编码使用伽罗瓦（Galois）字段来纠正多位传输错误，数据被看作多项式系数，校验码被看作多项式的值。里德-索罗蒙计算复杂度远远高于二进制除法运算！

5.6 虚拟机

虚拟机（Virtual Machine，VM）最早出现于 20 世纪 60 年代中期，多年来一直是大型机中的重要组成部分。尽管在 20 世纪 80 年代和 90 年代期间，它们被单用户计算机时代忽略，但最近又受到关注，这是因为：

- 在现代计算机系统中，隔离和安全的重要性在持续增长。
- 标准操作系统在安全性和可靠性方面存在缺陷。
- 在多个不相关的用户间共享一台计算机，尤其是在云计算中。
- 在过去几十年里，处理器速度大幅增长，使得虚拟机引起的开销降至可接受的范围内。

最广泛的虚拟机的定义包括所有基本的仿真方法，这些方法提供一个标准的软件接口，如 Java 虚拟机。在本节中，我们对虚拟机感兴趣的地方在于，在二进制指令集体系结构（ISA）的层次上提供一个完整的系统级环境。尽管一些虚拟机运行与本地硬件上不同的指令集体系结构，但我们假设它们都能与硬件匹配。这样的虚拟机称为（操作）系统虚拟机（system virtual machine），如 IBM VM/370、VirtualBox、VMware ESX Server 以及 Xen。

系统虚拟机让用户觉得自己在独立使用包括操作系统副本在内的整个计算机。一台运行多个虚拟机的计算机可以支持多个不同的操作系统。在传统的平台上，一个单独的操作系统拥有所有的硬件资源，但是通过使用虚拟机，多个操作系统可共享硬件资源。

支持虚拟机的软件称为虚拟机监视器（Virtual Machine Monitor，VMM）或者管理程序（hypervisor）；VMM 是虚拟机技术的核心。底层的硬件平台称为主机（host），其资源被客户端（guest）虚拟机共享。VMM 决定如何将虚拟资源映射到物理资源：物理资源可能是分时共享、划分，甚至通过软件模拟的。VMM 比传统的操作系统小很多；一个 VMM 的隔离区可能只需要 10 000 行代码。

尽管我们所感兴趣的是虚拟机可以提供保护功能，但是在商业意义上，虚拟机还有其他两个重要的优势：

- 软件管理：虚拟机提供一个可以运行完整软件栈的抽象，甚至包含像 DOS 这样的古老操作系统。虚拟机典型的调度包括：一些虚拟机运行旧的操作系统，多数虚拟机运行当前的操作系统，少数虚拟机用来测试下一代操作系统版本。

- **硬件管理**：需要多个服务器的一个原因是为了让每个应用程序运行在一台单独的拥有兼容操作系统的计算机上，因为这样的分隔能改善可信性。虚拟机允许这些独立的软件栈在共享硬件的同时独立运行，因此合并了服务器的数量。另一个例子是，一些 VMM 支持将正在运行的虚拟机移植到另一台计算机上，这样可以平衡负载或在硬件故障时实施迁移。

硬件/软件接口 亚马逊 Web 服务（AWS）在其云计算平台中使用虚拟机提供 EC2 主要有 5 个原因。

1. 在用户共享同一个服务器时，AWS 可提供用户间的保护。
2. 它简化了仓储式计算机上软件的分布。用户只需要安装一个虚拟机映象，并配置合适的软件，AWS 就可以为用户分配其所需的所有服务。
3. 当用户完成工作时，用户（和 AWS）可以"杀死"一个 VM 来控制资源的使用。
4. 虚拟机隐藏了运行用户应用软件的硬件特性，这意味着 AWS 可以在继续使用老的服务器时引入更有效的新服务器。用户希望所获得的机器性能与"EC2 计算单元"能够匹配，AWS 将其定义为：提供与 1.0~1.2 GHz 2007 AMD Opteron 或 2007 Intel Xeon 处理器相等的 CPU 能力。新的服务器能够提供更多的 EC2 计算单元，但是出于经济型的考虑，AWS 仍然能够继续出租旧服务器。
5. 虚拟机监视器可以控制一个 VM 使用处理器、网络和磁盘空间的比率，这就使得 AWS 可以在相同的底层硬件上提供许多价格不同的节点类型。例如，2020 年时 AWS 提供 200 多种不同类型的节点：从 0.0047 美元/小时的小标准节点到超过 25 美元/小时的高性能节点。价格范围为 5000:1。

通常来说，处理器虚拟化的开销取决于工作量。用户级处理器绑定的程序没有虚拟化开销，这是因为操作系统很少被调用，因此所有的程序都能以本地速度运行。I/O 密集型负载通常也是操作系统密集型的，它们会执行许多系统调用和特权指令，从而导致很高的虚拟化开销。另外，如果 I/O 密集型负载同样也是 I/O 绑定型的，由于在等待 I/O 时，处理器通常处于空闲状态，因此处理器的虚拟化开销就完全能被掩藏。

开销取决于需要由 VMM 进行模拟的指令数目以及模拟速度的快慢。因此，假设客户端虚拟机和主机运行同样的 ISA 时，体系结构和 VMM 的目标是尽可能在本地硬件上运行所有指令。

5.6.1 虚拟机监视器的必备条件

虚拟机监视器需要做什么？它给客户软件提供了一个软件接口，将每个客户端的状态进行分隔，并且需要将自己从客户端软件中（包括客户操作系统）隔离。定性的需求是：

- 除了性能相关的行为或因多虚拟机共享而造成的固定资源限制以外，客户软件在虚拟机上的运行应该和它在本地硬件上的运行完全相同。
- 客户软件不能直接改变实际系统中的资源分配。

为了对处理器进行"虚拟化"，VMM 必须能控制一切——访问特权状态、I/O、异常和中断——尽管客户虚拟机和当前运行的操作系统临时使用它们也不受影响。

例如，在定时器中断的情况下，VMM 需要挂起当前正在运行的客户虚拟机，保存其状态，处理中断，然后决定下面该运行哪个客户虚拟机，并加载其状态。依赖定时器中断的客户虚拟机由 VMM 提供的一个虚拟定时器和模拟的定时器中断。

为了方便管理，VMM 必须运行在一个比用户虚拟机更高的特权级别上，其中，用户虚拟机通常运行在用户模式，这也确保了任何特权指令的执行都需要由 VMM 来处理。系统级虚拟机的基本必备条件如下：
- 至少两个处理器模式，系统级和用户级。
- 特权级指令集合只能在系统模式下使用，如果在用户模式下执行将会产生 trap 中断，所有系统资源只能由这些指令控制。

5.6.2 指令集体系结构（缺乏）对虚拟机的支持

如果在 ISA 设计过程中考虑了虚拟机的使用，那么减少 VMM 执行的指令数目和提高其模拟速度就会相对容易。允许虚拟机直接在硬件上执行的体系结构称为可虚拟化（virtualizable），IBM 370 就是如此。

由于虚拟机只是近期才考虑应用于 PC 和服务器，因此大部分指令集在创建时都没有考虑虚拟化的思想。x86 和大部分 RISC 体系结构，包括 ARM v7 和 MIPS，都是如此。

由于 VMM 必须保证客户系统只能和虚拟资源交互，因此传统的客户操作系统在 VMM 的顶层运行用户模式程序。如果客户操作系统试图通过特权指令访问或者修改相关硬件资源的信息——例如，读写一个状态位来启动中断——那么会向 VMM 发出 trap 中断。VMM 会进行适当的调整来对应实际资源。

因此，如果任何指令试图在用户模式下读写这样敏感的信息，就会发生 trap，VMM 可以将其拦截，并提供一个客户操作系统所需的敏感信息的虚拟版本。

如果没有上述支持，那么需要采用其他的方法。VMM 必须使用特殊的预防措施来定位所有存在问题的指令，并且确保它们能被客户操作系统正确执行，这就增加了 VMM 的复杂度，同时也降低了虚拟机的运行性能。

5.6.3 保护和指令集体系结构

实现保护需要同时依赖于体系结构和操作系统，但是随着虚拟存储器的广泛使用，架构师需要对指令集体系结构中一些不方便使用的细节进行修改。

例如，x86 的指令 POPF 从存储器堆栈的顶部加载标志寄存器。其中有一个标志是中断使能（IE）标记位。如果在用户模式下运行 POPF，那它只是简单地改变除了 IE 位以外的所有标记位，而不是发生 trap 中断。如果在系统模式下，它确实会改变 IE 位。因此会产生一个问题，运行在虚拟机用户模式下的客户操作系统希望看见 IE 位的改变。

在过去，IBM 的大型机硬件和 VMM 采用以下三个步骤来改善虚拟机的性能。
1. 降低处理器虚拟化的开销。
2. 降低由虚拟化引起的中断开销。
3. 中断发生时交给相应的虚拟机，而不调用 VMM，从而降低中断开销。

2006 年，AMD 和 Intel 提出新的计划尽力满足第一个要点，即降低处理器虚拟化的开销。体系结构和 VMM 需要经过多少代的改进才能完全满足上面三点？21 世纪的虚拟机需要经过多长时间才能像 20 世纪 70 年代的 IBM 大型机和 VMM 一样有效呢？这些问题都非常有趣。

精解 体系结构中需要虚拟化的最后一部分是 I/O。由于计算机中 I/O 设备数量和类型不断增加，I/O 虚拟化就变成了系统虚拟化中最困难的一部分。另外一个难点是多个虚拟机之间共享实际的设备。还有一个问题是要支持大量的设备驱动程序，这在一个支持多个用户操作系统的虚拟系统上更加严重。它为每种虚拟机中各种类型的 I/O 设备提供一个通用的驱动，并且将其留给 VMM 以管理实际的 I/O，可使 VM 虚拟化得到维持。

5.7 虚拟存储器

前面的章节讨论了 cache 如何对程序中最近访问的代码和数据提供快速访问。与之类似，主存也可以为通常由磁盘实现的辅助存储器（或称为"二级存储器"）充当"cache"。这项技术称为**虚拟存储器**（virtual memory）。从历史观点来说，构造虚拟存储器主要有两个动机：允许在多个程序间有效且安全地共享存储器，例如云计算在多个虚拟机之间的共享存储器；消除一个小的容量受限的主存对程序设计造成的影响。在虚拟机提出的 50 年后，第一条变成主要设计动机。

> 已经设计出这样的系统，将核心磁鼓组合起来形成一个单级存储器呈现给程序员，自动进行需要的传输。
> *Kilburn 等，One-level storage system, 1962*

当然，为了允许多个虚拟机共享同一个存储器，虚拟机之间必须进行保护，确保每个程序只能对分配给它的那部分主存进行读写操作。主存只需存放众多虚拟机中的活跃部分，就像 cache 中只存放一个程序的活跃部分一样。因此，局部性原理也同样适用于虚拟存储器，虚拟存储器使我们能更有效地共享处理器和主存。

虚拟存储器：一种将主存用作辅助存储器高速缓存的技术。

物理地址：主存储器的地址。

在编译的时候，我们不知道哪些虚拟机将和其他虚拟机共享存储器。事实上，当虚拟机在执行的时候，虚拟机共享存储器的情况是动态变化的。由于这种动态的相互影响，我们希望将每个程序都编译到它自己的**地址空间**（address space）——存储器中只能由该程序访问的一系列独立存储位置。虚拟存储器实现程序地址空间到**物理地址**（physical address）的转换。这种地址转换过程加强了各个程序地址空间之间的**保护**（protection）。

保护：一系列机制确保共享处理器、主存、I/O 设备的多个进程之间不能相互干涉，不能有意地或无意地读写其他进程的数据，这些保护机制可以将操作系统和用户的进程隔离开来。

使用虚拟存储器的第二个动机就是允许单用户程序使用超过主要存储器的容量。以前，如果一个程序对存储器来说太大，那么将它变成合适的大小就是程序员的责任。程序员将程序划分成许多段，并且确定其中互斥的部分。这些程序段（overlay）在执行过程中由用户程序控制装入或换出，由程序员保证程序不会访问没有装载的程序段，并且装载的程序段不会超过存储器的总容量。传统的程序段被组织成模块，每个模块都包含了代码和数据。不同模块之间的过程调用将导致一个模块与另一个模块的重叠。

缺页：访问的页不在主存储器中。

虚拟地址：虚拟空间的地址，当需要访问主存时需要通过地址映射转换为物理地址。

可以想象，这种责任对程序员来说是很大的负担。虚拟存储器的发明就是为了将程序员从这些困境中解脱出来，它自动管理由主存（为了区别虚拟存储器，有时也称为物理存储器）和辅助存储器组成的两级存储器层次结构。

尽管虚拟存储器和 cache 的工作原理相同，但是不同的历史根源决定它们要使用不同的术语。虚拟存储器中，块被称为页（page），访问缺失则被称为**缺页**（page fault）。在虚拟存储器中，处理器产生一个**虚拟地址**（virtual address），由软件和硬件结合，将其转换成一个物理地址（physical address），然后用来访问主存。图 5-24 显示了虚拟地址编址的存储空间，其中的页映射到主存。这个过程称作地址映射或者**地址转换**（address translation）。如今，个人移动设备中，由虚拟存储器控制的两级存储器层次结构是 DRAM 和闪存，而在服务器中则是 DRAM 和磁盘（见 5.2 节）。如果还拿图书馆作类比，我们可以认为一本书的书名就是虚拟地址，物理地址则是这本书在图书馆中的位置，它可能是图书馆的索书号。

地址转换：也称为地址映射。在访问内存时将虚拟地址映射为物理地址的过程。

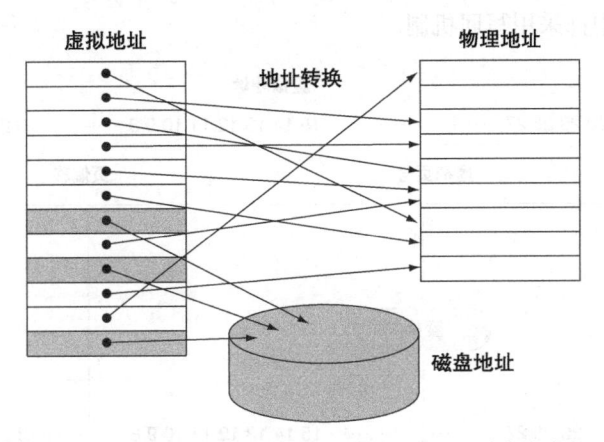

图 5-24 在虚拟存储器中，主存中的块（称为页）从一组地址（称为虚拟地址）映射到另一组地址（称为物理地址）。访问主存使用物理地址，而处理器产生虚拟地址。虚拟存储器和物理存储器都被划分成页，因此一个虚拟页被映射到一个物理页。当然，一个虚拟页也可能不在主存中，因此无法映射到物理地址；在这种情况下，页存在磁盘上。物理页可以被两个指向相同物理地址的虚拟地址共享。这种方法用来使两个不同的程序共享数据或代码

虚拟存储器还提供重定位（relocation）来简化执行时的程序加载过程。在用地址访存之前，重定位将程序所用的虚拟地址映射到不同的物理地址。重定位的方法允许我们将程序加载到主存中的任何位置。另外，现今所有的虚拟存储器系统将程序重定位成一组固定大小的块（页），从而不需要在主存中寻找连续的块来放置程序，只需操作系统在主存中找到足够数量的页。

在虚拟存储器中，地址被划分为虚拟页号（virtual page number）和页偏移（page offset）。图 5-25 所示是虚拟页号到物理页号（physical page number）的转换。物理页号构成物理地址的高位部分，而页偏移不变，构成物理地址的低位部分。页偏移字段的位数决定了页的大小。虚拟地址可寻址的页数与物理地址可寻址的页数可以不同。正是因为可以拥有比物理页数多得多的虚拟页，虚拟存储器才可以给人们一个容量无限大的假象。

页缺失引发的高代价是虚拟存储系统具有多种设计选择的重要原因。一次缺页处理将花费数百万个时钟周期（5.2 节表明，主存储器大概比磁盘快 100 000 倍）。这一巨大的缺失代价，主要由取得标准大小的页中第一个字所需的时间来确定，导致在设计虚拟存储系统时需要考虑一些关键性的因素：

- 为了分摊较长的访问时间，页应该足够大。目前典型的页大小从 4~16KiB。正进行研发的新型桌面计算机和服务器能支持 32~64KiB 页，但是新的嵌入式系统走的是相反的方向，页大小为 1KiB。
- 能降低缺页率的组织结构具有吸引力。这里用到的主要技术是允许主存储器中的页以全相联方式放置。

- 缺页可以用软件处理，这是因为与访问磁盘的时间相比，软件处理的开销不算大。此外，软件可以使用一些更先进的算法来选择如何放置页面，因为缺失率的微小改善就足以弥补算法的开销。
- 由于写时间太长，因此在虚拟存储器中，写直达机制不能很好地管理写操作。故虚拟存储系统中都采用写回机制。

虚拟地址

```
31 30 29 28 27 ············ 15 14 13 12 11 10 9 8 ········· 3 2 1 0
┌─────────────────────────────┬─────────────────────────────┐
│           虚拟页号          │          页偏移              │
└─────────────────────────────┴─────────────────────────────┘
```

变换

```
         29 28 27 ············ 15 14 13 12 11 10 9 8 ········· 3 2 1 0
        ┌──────────────────────┬─────────────────────────────┐
        │       物理页号       │          页偏移              │
        └──────────────────────┴─────────────────────────────┘
```

物理地址

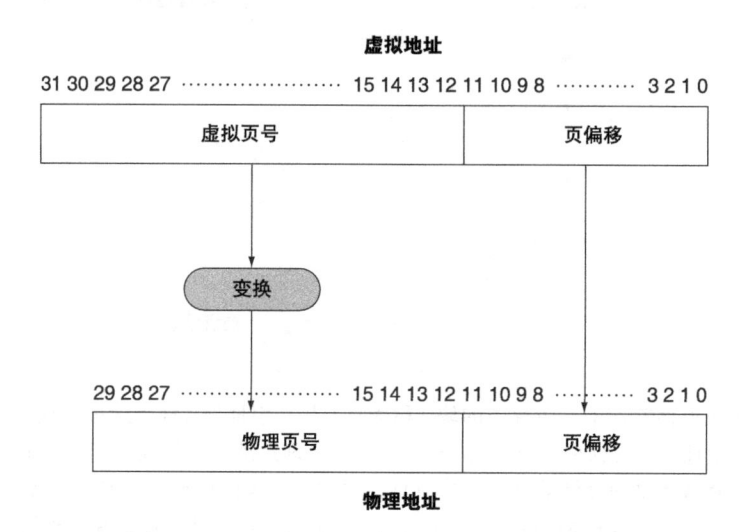

图 5-25 虚拟地址到物理地址的映射。页大小为 2^{12} = 4KiB。由于物理页号有 18 位，存储器中物理页数为 2^{18}。因此，最多可以支持 1GiB（2^{30}）的主存，而虚拟地址空间为 4GiB（2^{32}）

下面几节将把这些因素融入虚拟存储器的设计中。

精解 我们引入虚拟存储器是由于许多虚拟机器共享存储器，但是，虚拟存储器发明的最初原因是在分时系统中，许多程序可以共享一台计算机。由于当今的许多读者没有使用分时系统的经验，本节使用虚拟机作为引入共享存储器的动机。

精解 对服务器和 PC 来说，32 位地址的处理器是有问题的。通常我们认为虚拟地址要远大于物理地址，但是如果相对于存储技术，处理器地址字较小的时候，相反的情况也会出现。单个程序或虚拟机不会受益，但是一组程序或虚拟机同时执行就可能因无须交换出主存，或者在并行处理器上执行而受益。

精解 本书对虚拟存储器的讨论主要集中在分页上，即使用固定大小的块。还有一种可变长度块的机制，称为段式管理（segmentation）。在段式存储管理中，地址由两部分组成：段号和段内偏移。段号被映射到物理地址，然后与段内偏移量相加来找到实际物理地址。因为段大小是可变的，所以还需要进行边界检查以确定偏移量是否在段内。分段最主要的应用就是支持更多有效的保护方法，以及共享地址空间。与分页相比，大多数操作系统教科书都会更多地讨论分段，以及如何利用分段来逻辑共享地址空间。分段的主要缺点在于它将地址空间划分为许多逻辑上独立的分片（piece），这些分片必须作为两部分地址来操作：段号和段内偏移。相反，分页使得页号和偏移量的界限对于程序员和编译器都是不可见的。

段式管理：一种可变长度的地址映射策略，其中每个地址由两部分组成：映射到物理地址的段号和段内偏移。

分段也曾被用作不改变计算机字的大小而扩展地址空间的方法。然而这些尝试都没有获得成功，这是由于程序员和编译器必须意识到使用两部分地址本身的不便和性能代价。

许多体系结构将地址空间划分成固定大小的大块以简化操作系统和用户程序之间的保护，同时提高分页实现的效率。尽管这些划分通常称为"段"，但是这种结构比块大小可变的分段要简单得多，并且对用户程序不可见。稍后我们对此进行详细讨论。

5.7.1 页的存放和查找

由于缺页的代价高得惊人，设计人员通过对页的放置进行优化从而降低缺页频率。如果允许一个虚拟页映射到任何一个物理页，那么当缺页发生时，操作系统可以选择任意一个页进行替换。例如，操作系统可以使用复杂的算法和复杂的数据结构来跟踪页的使用情况，以选择在较长一段时间内不会被用到的页。使用更先进更灵活的替换策略降低了缺页率，也使全相联方式下页的放置变得更简单。

正如在 5.4 节中提到的，全相联映射的困难在于入口的定位，这是由于它可能在较高的存储器层次中的任何位置。全部进行检索是不切实际的。在虚拟存储系统中，我们使用一个索引主存的表来定位页，这种结构称为**页表**（page table），它存放在主存中。页表使用虚拟地址中的页号作为索引，以找到相应的物理页号。每个程序都有自己的页表，用来将程序的虚拟地址空间映射到主存中。与图书馆进行类比，页表对应于书名和藏书位置之间的映射。就像卡片目录可能会包含学校中另一个图书馆中书的条目，而不仅仅是本地的分馆，我们将看到页表也可能含有不在主存中的页的条目。为了指出页表在主存中的位置，硬件包含一个指向页表首地址的寄存器，称为页表寄存器（page table register）。现在假定页表存在一个固定的连续区域内。

页表：保存着虚拟地址和物理地址之间转换关系的表。页表保存在主存中，通常使用虚页号来索引，如果这个虚页当前在主存中，页表中的对应项（入口）将包含虚页对应的物理页号。

| 硬件/软件接口 | 页表、程序计数器以及寄存器定义了一个虚拟机的状态（state）。如果我们想让另一个虚拟机使用处理器，就必须保存该状态。随后，在恢复了该状态之后，虚拟机就可以继续执行。通常称该状态为一个进程（process）。如果一个进程占用了处理器，那么这个进程就是活跃的（active），否则就认为是非活跃的（inactive）。操作系统可以通过加载进程的状态使一个进程变为活跃的，加载的状态包括程序计数器，从而使进程会从程序计数器中数值所指的位置开始执行。

进程的地址空间及其在主存中可以访问的所有数据，都由驻留在主存中的页表定义。操作系统只是简单地通过加载页表寄存器来指向它想激活的进程的页表，而不是保存整个页表。由于不同进程使用相同的虚拟地址，因此每个进程有各自的页表。操作系统负责分配物理主存和更新页表，因此不同进程的虚拟地址空间不会发生冲突。我们稍后会看到，使用独立的页表同样能提供进程间的保护。

图 5-26 使用页表寄存器、虚拟地址以及被指定的页表来说明硬件如何形成物理地址。如同 cache 一样，每个页表项使用 1 位有效位。如果该位为无效，则该页不在主存中，并且发生一次缺页。如果该位为有效，则该页在主存中，并且该项包含物理页号。

由于页表包含了每个可能的虚拟页的映射，因此不需要标记位。用来访问页表的索引包含了整个块地址，这里即为虚拟页号。

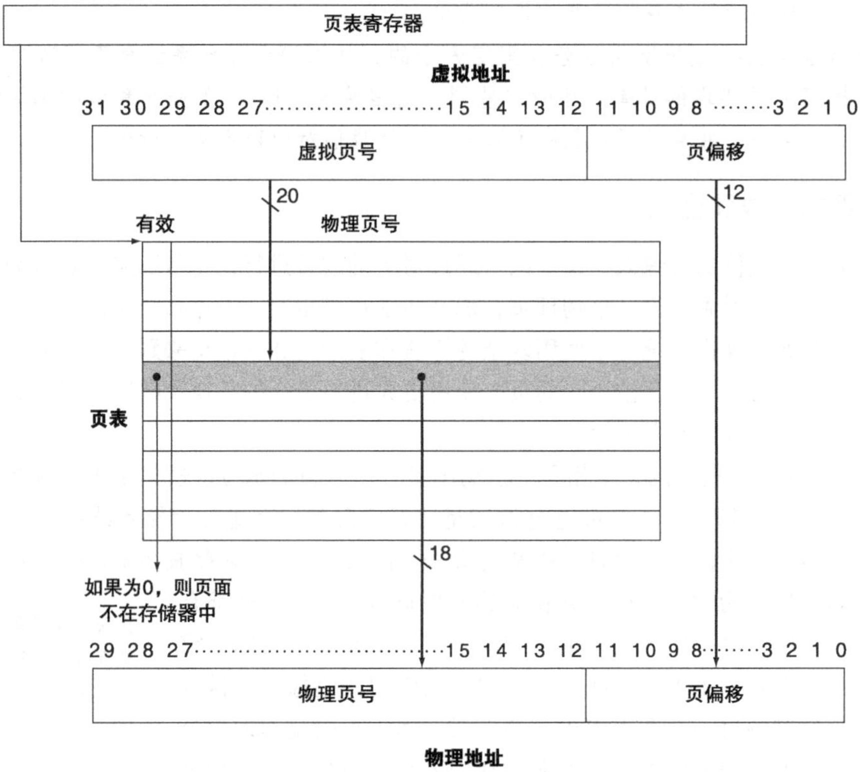

图 5-26 用虚拟页号来索引页表，以获得对应的物理地址部分。假定地址为 32 位。页表的首地址由页表指针给出。在本图中，页大小为 2^{12} 字节，即 4KiB，虚拟地址空间为 2^{32} 字节，即 4GiB，物理地址空间为 2^{30} 字节，可以支持高达 1GiB 的主存。页表项数为 2^{20}，即 100 万项。每一项的有效位都指出了映射是否合法。如果该位为 0，那么该页就不在主存中。尽管图中所示的页表项宽度只需 19 位，但为了寻址方便，通常将其扩大为 32 位。其他位用来存放每页都要保留的基本的附加信息，如保护信息

5.7.2 缺页故障

如果虚拟页的有效位无效，就会发生缺页故障。操作系统必须获得控制权。控制权的转移由异常机制完成，这点在第 4 章已经看到并将在本节稍后进行讨论。一旦操作系统获得控制权，它必须在下一级存储器层次（通常是闪存或磁盘）中找到该页，然后决定将其放到主存中的某个位置。

虚拟地址本身并不会马上告诉我们页在磁盘中的位置。仍然以图书馆的例子进行类比，我们不能仅仅依靠书名就找到图书的具体位置。而是按目录查找，获得书在书架上的位置信息，比如说图书馆的索引书号。同样，在虚拟存储系统中，我们必须保持跟踪记录虚拟地址空间的每一页在磁盘上的位置。

由于我们无法提前获知存储器中的某一页什么时候被替换出去，因此操作系统在创建进程的时候通常会在闪存或磁盘上为进程中所有的页创建空间。这一磁盘空间称为**交换区**（swap space）。同时，操作系统也会创建一个数据结构来记录每个虚拟页在磁盘上的存放位置。这个数据结构可能是页表中的一部分，也可能是辅助数据结构，其寻址方式和页表

交换区：为进程的全部虚拟地址空间所预留的磁盘空间。

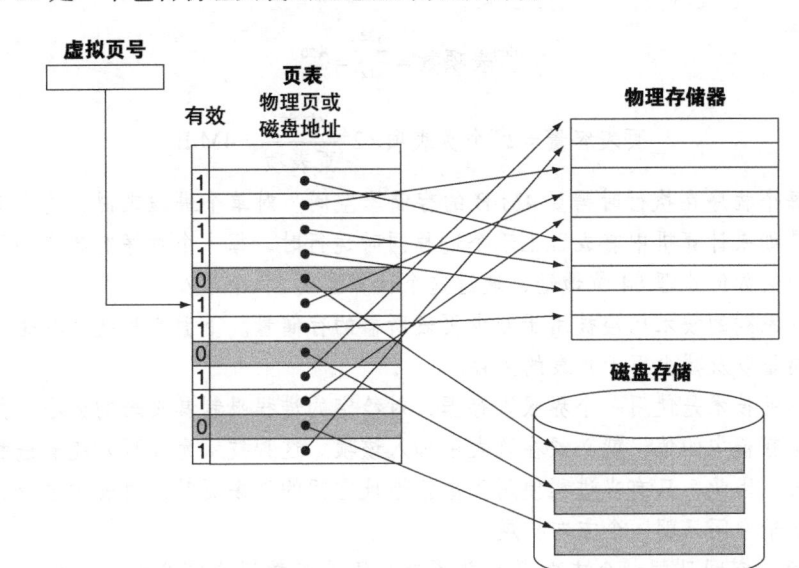

一样。图 5-27 是一个包含物理页或磁盘地址的表的结构。

图 5-27 页表将虚拟存储器中的每一页映射到主存中的一页或者存储结构的下一层（磁盘上）的一页。虚拟页号用来检索页表。如果有效位有效，页表提供虚拟页对应的物理页号（如存储器中该页的首地址）。如果有效位无效，那么该页就只存在磁盘上的某个指定的磁盘地址。在许多系统中，物理页地址和磁盘页地址的表在逻辑上是一个表，但是保存在两个独立的数据结构中。因为即使有些页当前不在主存中，我们也必须保存所有页的磁盘地址，所以使用双表在某种程度上是合理的。请记住主存中的页和磁盘上的页大小相等

操作系统同样会创建一个数据结构来跟踪记录使用每个物理页的是哪些进程和哪些虚拟地址。当一次缺页发生时，如果主存中所有的页都在使用，操作系统仍必须选择一页进行替换。因为希望将缺页次数减到最小，所以大多数操作系统都会选择它们认为近期内不会被使用的页进行替换。使用过去的信息来预测未来的使用情况，操作系统遵循我们在 5.4 节中提到的最近最少使用（LRU）替换策略。操作系统查找最近最少使用的页，假定某一页在很长一段时间都没有被访问，那么该页再被访问的可能性比最近经常访问的页的可能性要小。被替换的页写入磁盘的交换区。可以把操作系统看作另一个进程，而那些控制主存的表也在主存中；这看起来似乎有些矛盾，稍后将具体解释。

硬件/软件接口 实现完全准确的 LRU 算法代价太高，因为每次存储器访问时都需要更新数据结构。作为替代，大多数操作系统采用近似的 LRU 算法，跟踪记录哪些页最近被使用，哪些页最近没有被使用。为了帮助操作系统估算最近最少使用的页，一些计算机提供了一个引用位（reference bit）或者称为使用位（use bit），当一页被访问时该位被置位。操作系统定期将引用位清零，然后重新记录，这样就可以判定在这段特定时间内哪些页被访问过。有了这些使用信息，操作系统就可以从那些最近最少访问的页中选择一页（通过检查其引用位是否无效）。如果硬件没有提供这一位，操作系统就要通过其他的方法来估计哪些页被访问过。

引用位：也称为使用位。每当访问一个页面时该位被置位，通常用来实现 LRU 或其他替换策略。

精解 虚拟地址为 32 位，页大小为 4KiB，页表每一项为 4 字节，可以计算出总的页表

容量为：

$$页表项数 = \frac{2^{32}}{2^{12}} = 2^{20}$$

$$页表容量 = 2^{20}个页表项 \times 2^2 \frac{字节}{页表项} = 4\text{MiB}$$

也就是说，每个程序在执行时需要 4MiB 的存储器空间。对单个进程来说，这个容量开销可以接受。但是如果计算机中有成百上千个进程同时运行时，每一个程序有各自的页表，这将会怎样？我们又如何处理 64 位地址，通过这个计算需要 2^{52} 个字？

目前，一系列的技术已经被用于减少页表所需的存储量。下面 5 种技术都是针对减少所需的最大存储量以及减少用于页表的主存。

1. 最简单的技术是使用一个界限寄存器，对给定的进程限制其页表的大小。如果虚拟页号大于界限寄存器中的值，就必须在页表中加入该项。这种技术允许页表随着进程消耗空间的增多而增长。因此，只有当进程使用了虚拟地址空间的许多页时，页表才会变得很大。这种技术要求地址空间只朝一个方向扩展。

2. 允许地址空间只朝一个方向增长并不够，因为多数语言需要两个大小可扩展的区字段：一个用来保留栈，一个用来保留堆。由于这种二元性，如果将页表划分，使其既能从最高地址向下扩展，也能从最低地址向上扩展，就方便多了。这就意味着有两个独立的页表和两个独立的界限。使用两个页表将地址空间分成两段。地址的高位用来判断该地址使用了哪个段和哪个页表。由于段由地址的高位部分决定，每一段可以有地址空间的一半大。每段的界限寄存器指定了当前段的大小，该大小以页为单位增长。这种类型的段应用于包括 MIPS 在内的很多体系结构。与 5.7 节第二个精解中讨论的段不同，这种形式的段对应用程序是不可见的，尽管它对操作系统可见。这种机制主要的缺陷在于，当以一种稀疏方式使用地址空间而不是一组连续的虚拟地址时，其执行效果就不太好。

3. 另外一种减小页表容量的方法是对虚拟地址使用哈希函数，这样，页表需要的容量仅仅是主存中的物理页数。这种结构称为反向页表（inverted page table）。当然，反向页表的查找过程略微有些复杂，因为我们不能仅仅依靠索引来访问页表。

4. 多级页表同样可以用来减少页表存储量。第一级映射到虚拟地址空间中较大的固定大小的块，一共有 64~256 页。这些大的块有时候称为段，而第一级的映射表有时称为段表，对用户来说段表是不可见的。段表中的每一项指出了该段中是否有页被分配，如果有，就指向该段的页表。地址转换发生在第一次段表查找时，使用地址的高位部分。如果段地址有效，下一组高位地址则用来索引由段表项指向的页表。这种机制允许以一种稀疏的方式（多个不相连的段同时处于活跃状态）来使用地址空间而不用分配整个页表。对很大的地址空间和在需要非连续地址分配的软件系统中，这种机制尤为有效。但是这种两级映射方式的主要缺陷在于地址转换过程更为复杂。

5. 为了减少页表占用的实际主存空间，现在，多数系统也允许将页表再分页。尽管听起来这很复杂，但是它的工作原理和虚拟存储器一样，并且允许页表驻留在虚拟地址空间中。另外，还有一些很小却很关键的问题，例如，要避免不断出现的缺页。如何克服这些问题需要描述得很细节，并且一般对机器的依赖性很高。简而言之，要避免这些问题，可以将全部页表置于操作系统地址空间中，并且至少要把操作系统中一部分页表放在主存中的可物理寻址的一块区字段中，这部分页表总是存在于主存而非磁盘中。

5.7.3 关于写

访问 cache 和主存的时间相差上百个时钟周期，我们可以使用写直达机制，但是需要一个写缓冲区来隐藏写延迟。在虚拟存储器系统中，对存储器层次结构中下一层（磁盘）的写操作需要数百万个处理器时钟周期。因此，创建一个缓冲区用来允许系统用写直达的方式对磁盘进行写的方法是完全不可行的。相反，虚拟存储器系统必须使用写回机制，对存储器中的页进行单独的写操作，并且在该页被替换出存储器时再被复制（写回）到磁盘中。

硬件/软件接口 在虚拟存储系统中，写回机制还有另一个主要的优点。因为相对于磁盘访问时间，其传输时间要少得多，所以把整页复制回磁盘比把单个字写回高效得多。尽管写回操作比传输单个字更高效，但是开销却很大。因此，当某一页被替换时，我们希望知道该页是否需要被写回。为了追踪读入主存中的页是否被写过，可以在页表中增加一个脏位（dirty bit）。当页中任何字被写时就将这一位置位。如果操作系统选择替换某一页，脏位指明了在把该页所占用的主存让给另一页之前，是否需要将该页写回磁盘。因此，一个修改过的页也通常称为脏页（dirty page）。

5.7.4 加快地址转换：TLB

由于页表存放在主存中，因此程序每次访存至少需要两次：第一次访存先获得物理地址，第二次访存才获得数据。提高访问性能的关键在于依靠页表的访问局部性。当一个转换的虚拟页号被使用时，它可能在不久的将来再次被用到，因为对该页中字的引用同时具有时间局部性和空间局部性。

因此，现代处理器都包含一个特殊的 cache 以跟踪最近使用过的地址变换。这个特殊的地址转换 cache 通常称为**快表**（Translation-Lookaside Buffer，TLB）（将其称为地址变换高速缓存更精确）。TLB 相当于用来记录在（图书馆）卡片目录中查找的一组书的位置的小纸片；我们在纸片上记录一些书的位置，并且将小纸片当成图书馆索书号的 cache，这样就不用一直在整个目录中搜索了。

快表：用于记录最近使用地址的映射信息的高速缓存，从而可以避免每次都要访问页表。

如图 5-28 所示，TLB 的每个标记项中存放虚拟页号的一部分，每个数据项中存放一个物理页号。由于我们每次访问的是 TLB 而不是页表，因此 TLB 需要包括其他状态位，如脏位和引用位。

每次访问都要在 TLB 中查找虚拟页号。如果命中，物理页号就用来形成地址，相应的引用位被置位。如果处理器执行的是写操作，脏位同样要被置位。如果 TLB 发生缺失，我们必须判断是发生缺页还是仅仅是一次 TLB 缺失。如果该页在主存中，那么 TLB 缺失只是一次转换缺失。在这种情况下，处理器可以通过将页表中的变换信息装载到 TLB 中并且重新访问来进行缺失处理。如果该页不在主存中，TLB 缺失就是一次真的缺页。在这种情况下，处理器调用操作系统的异常处理。由于 TLB 中的项比主存中的页数少得多，发生 TLB 缺失会比缺页频繁得多。

TLB 缺失既可以通过硬件处理，也可以通过软件处理。实际上，两种方法的性能差别很小，这是因为无论哪种方法，需要执行的基本操作都是一样的。

在发生了 TLB 缺失，并且已经在页表中找到了缺失的转换时，我们就需要从 TLB 中选择一项进行替换。由于 TLB 表项中包含了引用位和脏位，因此当替换某一项时，需要把这些位复制回页表项中。这些位是 TLB 表项中唯一可以修改的部分。利用写回策略——只是在缺失的时候将这些表项写回，而不是任何写操作都写回——是非常有效的，因为我们期望

TLB 缺失率更低。一些系统使用其他技术来近似引用位和脏位的功能,以消除除了缺失后装入新表项之外的写入 TLB 的需求。

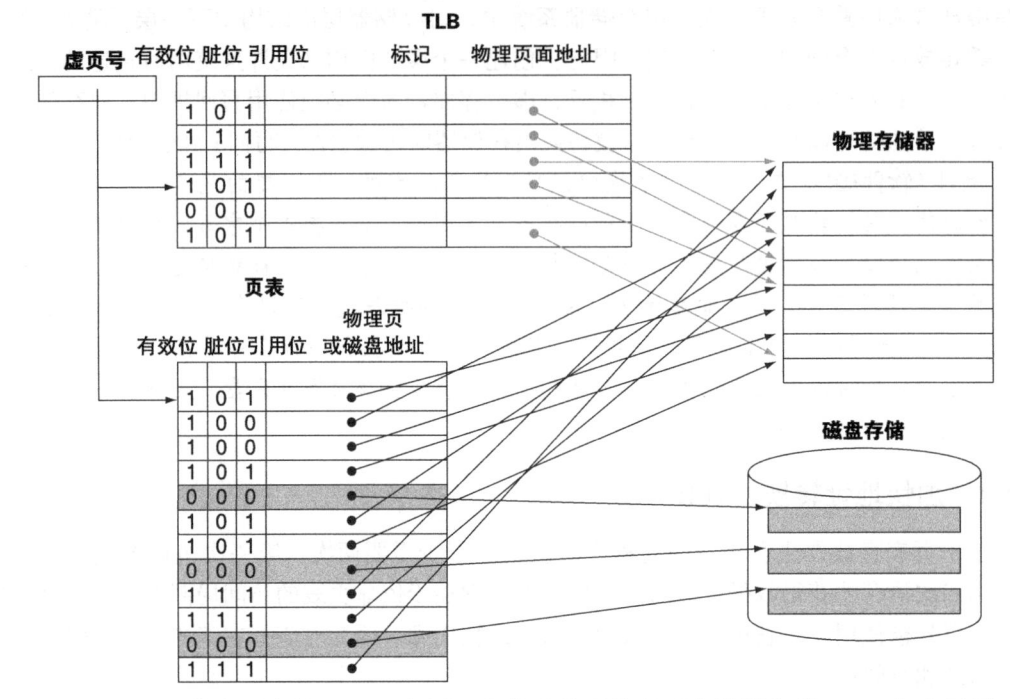

图 5-28 TLB 作为页表的 cache,仅用于存放映射到物理页中的那些项。TLB 包含了页表中虚拟页到物理页映射的一个子集。TLB 映射以灰线显示。因为 TLB 是一个 cache,所以必须有标记字段。如果一个页在 TLB 中没有匹配的项,就必须检查页表。在检查页表时,要么提供该页的物理页号,该信息可用于创建一个 TLB 项,要么指明该页在磁盘上,此时就会发生缺页。由于页表对于每个虚拟页都有一个相应的项,并不需要标记;换句话说,不同于 TLB,页表并不是 cache

TLB 的一些典型参数为:
- TLB 大小:16~512 个项。
- 块大小:1~2 个页表项(通常每个为 4~8 字节)。
- 命中时间:0.5~1 个时钟周期。
- 缺失代价:10~100 个时钟周期。
- 缺失率:0.01%~1%。

设计者在 TLB 设计中使用了多种相联度的配置。有些系统使用小的全相联的 TLB,因为全相联有较低的缺失率。此外,由于 TLB 很小,因此全相联映射的成本也不会太高。其他一些系统通常使用相联度低且容量大的 TLB。在全相联映射的方式下,由于用硬件实现 LRU 策略的代价很大,因此替换项的选择就很复杂。另外,由于 TLB 的缺失比缺页要频繁得多,因此需要用较低的代价来处理缺失,而不能像缺页处理那样选择一个开销大的软件算法。所以很多系统都支持随机地选择替换表项的方法。在 5.8 节中我们将会详细讨论替换策略。

Intrinsity FastMATH TLB

为了理解这些理念如何在实际处理器中应用,我们进一步研究 Intrinsity FastMATH 的

TLB。存储系统中，页大小为 4KiB，地址空间为 32 位，因此，虚拟页号为 20 位长，如图 5-29 顶部所示。物理地址和虚拟地址长度相等。TLB 包含了 16 个项，采用全相联映射，由指令和数据共享。每个表项宽为 64 位，包含了 20 位的标记位（作为该 TLB 表项的虚拟页号）、相应的物理页号（也是 20 位）、一个有效位、一个脏位以及一些其他管理操作位。与大多数 MIPS 系统类似，采用软件来处理 TLB 缺失。

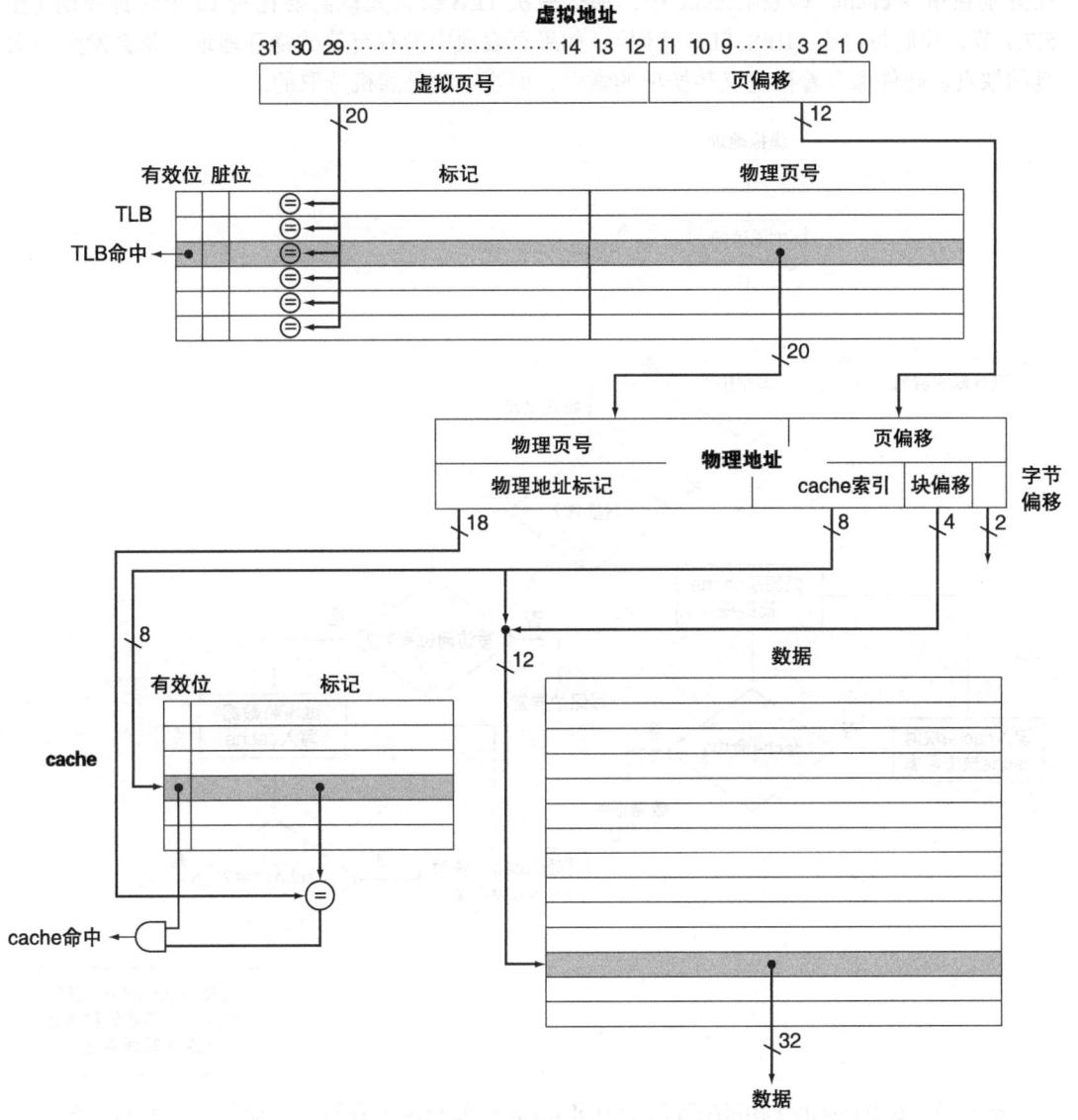

图 5-29 Intrinsity FastMATH 中 TLB 和 cache 实现了从虚拟地址到数据项的转换过程。本图描述了 TLB 和数据 cache 的结构，这里假设页大小是 4KiB。本图主要处理读操作，图 5-30 则描述了如何处理写操作。注意到，不同于图 5-12，标记和数据 RAM 是分开的。用 cache 索引和块偏移来寻址长而窄的数据 RAM，无须使用 16∶1 的多路选择器也能选出块中所需的字。当 cache 采用直接映射方式时，TLB 是全相联的。由于需要的项可能在 TLB 中的任何位置，因此要实现全相联 TLB，就需要将每个 TLB 标记都与虚拟页号进行比较（参考 5.4.2 节精解的内容）。如果匹配表项的有效位有效，那么 TLB 访问命中，物理页号与页偏移中的位共同形成访问 cache 的索引

图 5-29 给出了 TLB 和一个 cache，图 5-30 则展示了处理一次读或写请求的步骤。当一次 TLB 缺失发生时，MIPS 硬件把被访问的页号保存在一个特殊寄存器中，并产生一次异常。异常请求操作系统通过软件处理缺失。为了找到缺失的页的物理地址，TLB 缺失处理程序用虚拟地址的页号，以及能指出活跃进程页表起始地址的页表寄存器来检索页表。通过使用一系列更新 TLB 的特殊指令，操作系统将页表中的物理地址放入 TLB 中。假设代码和页表项分别在指令 cache 和数据 cache 中，那么一次 TLB 缺失大概需要花费 13 个时钟周期（在 5.7.7 节，我们将讨论 MIPS TLB 代码）。如果页表项中没有有效的物理地址，就会发生一次真的缺页。硬件保存着被建议替换项的索引，而这一项是随机选取的。

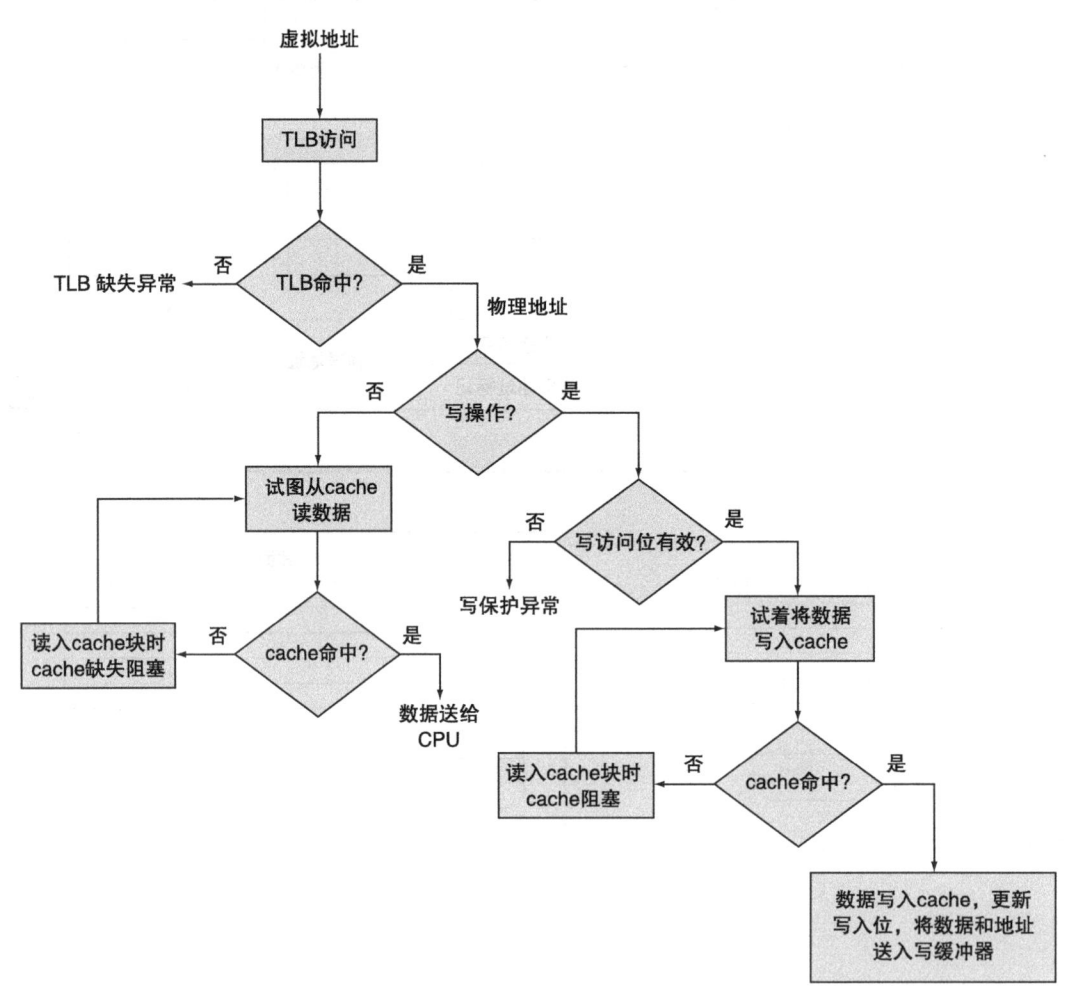

图 5-30 在 Intrinsity FastMATH 的 TLB 和 cache 中处理读或者写直达操作。如果 TLB 命中，最终的物理地址就可以用来访问 cache。对于读操作，当从存储器中取数据时，cache 产生命中或缺失，提供数据或者引起阻塞。对于写操作，若命中，cache 某数据项中的一部分内容将被重写，如果采用写直达策略，还要将数据送到写缓冲区中。写缺失和读缺失相同，只是在数据块从存储器中读出后会被修改。写回策略需要将 cache 写入位置位，并且只有当读或写缺失时，如果被替换的块处于修改状态，才能将整块写入写缓冲。注意，TLB 命中和 cache 命中是相互独立的事件，但是 cache 命中只可能发生在 TLB 命中之后，这就意味着数据必须在主存中。TLB 缺失和 cache 缺失之间的联系将在接下来的例子和本章最后的习题中进一步研究

对于写请求来说，有一个额外的复杂情况：必须检查 TLB 中的写访问位。该位可以阻止程序向其仅具有读权限的页中进行写操作。如果程序试图写，且写访问位无效，则会产生异常。写访问位构成了保护机制的一部分，我们将在稍后讨论。

5.7.5 集成虚拟存储器、TLB 和 cache

虚拟存储器和 cache 系统一起构成一个层次结构，因此，如果数据不在主存中，那么它不可能在 cache 中。操作系统帮助管理该层次结构，当它决定将某一页移到磁盘上去时，就在 cache 中将该页中的内容清空。同时，操作系统修改页表和 TLB，而后尝试访问该页上的数据都将发生缺页。

在最好的情况下，虚拟地址由 TLB 进行转换，然后被送到 cache，找到相应的数据，取回并送入处理器。在最坏的情况下，访问在存储器层次结构的 TLB、页表和 cache 这三个部件中都发生缺失。下面的例子将详细介绍这些交互过程。

| 例题 | 存储器层次结构的全部操作 |

在一个类似于图 5-29 的存储器层次结构中，包含一个 TLB 和一个 cache。一次存储器访问可能遇到三种不同类型的缺失：TLB 缺失、缺页以及 cache 缺失。考虑这三种缺失发生一个或多个时所有可能的组合（7 种可能性）。对于每种可能性，说明这种情况是否会真的发生，以及在什么条件下发生。

| 答案 | 图 5-31 说明了所有可能发生的组合以及事实上它们是否真的可能发生。

TLB	页表	cache	这种情况可能发生？如果可能，在什么情况下发生？
命中	命中	缺失	可能，但若 TLB 命中就不可能检查页表
缺失	命中	命中	TLB 缺失，但在页表中找到表项；重试后在 cache 中找到数据
缺失	命中	缺失	TLB 缺失，但在页表中找到表项；重试后在 cache 中未找到数据
缺失	缺失	缺失	TLB 缺失，随后发生缺页；重试后在 cache 中必找不到数据
命中	缺失	命中	不可能：如果页不在主存中，TLB 中没有此转换
命中	缺失	缺失	不可能：如果页不在主存中，TLB 中没有此转换
缺失	缺失	命中	不可能：如果页不在主存中，数据不允许在 cache 中存在

图 5-31 在 TLB、虚拟存储器系统以及 cache 中可能发生的事件组合。在这些组合中，有三种是不可能的，有一种是可能的但是永远不可能检测到（TLB 命中，虚拟存储器命中，cache 缺失）

| 精解 | 图 5-31 假定在访问 cache 之前，所有存储器地址都被转换成物理地址。在这种结构中，cache 是按物理地址索引（physically indexed）并且是物理标记（physically tagged）的（所有 cache 的索引和标记都用物理地址，而不是虚拟地址）。在这个系统中，假定 cache 命中，那么访问主存的时间要包括对 TLB 访问和 cache 访问的时间，当然，这些访问可以流水地执行。

另外，处理器可以用一个完整的或者部分虚拟的地址来索引 cache。这称为虚拟寻址 cache（virtually addressed cache），它使用虚拟地址作为标记，因此这种 cache 是按虚拟地址索引（virtually indexed）并且是虚拟标记（virtually tagged）的。在这种 cache 中，地址转换硬件（TLB）在正常的 cache 访问过程中没有被用到，这是因为使用没有被转换成物理地址的虚拟地址访问 cache。这样就把 TLB 排除在关键路径之外，减少了 cache 延

虚拟寻址 cache：一种使用虚拟地址而不是物理地址访问的 cache。

时。当cache访问缺失时，处理器需要将该地址转换成物理地址，以便从主存中取出cache块。

当使用虚拟地址访问cache，并且进程之间共享页（进程可能使用不同的虚拟地址访问页）时，就可能有别名（aliasing）存在。当同一个对象有两个名字时就会产生别名——在这种情况下，两个虚拟地址对应于同一个页。这种多义性就会产生一个问题，由于页上的一个字可能存在于cache中的两个不同位置，每个位置对应不同的虚拟地址。这就会出现一个程序写数据，而另一个程序并不知道数据已经改变的情况。完全采用虚拟地址的cache或者对cache和TLB的设计进行限制以减少别名，或者操作系统也可以让用户来采取措施以保证别名不会发生。

这两种设计观点之间一个常用的折中方法是采用虚拟地址索引的cache——有时仅仅使用地址的页偏移部分，由于这部分没有被转换，因此实际上是物理地址——但使用物理标记。这些采用虚拟索引和物理标记的设计，试图同时拥有虚拟地址索引cache的优越性能以及物理寻址cache（physical addressed cache）的简单结构。例如，在这种情况下就没有别名的问题。图5-29假定的页大小为4KiB，但实际上有16KiB，因此Intrinsity FastMATH就使用了这种方法。要实现这种方法，必须在最小页大小、cache大小以及相联度之间进行谨慎的权衡。

> **别名**：使用两个地址访问同一个目标的情形，一般发生在虚拟存储器中两个虚拟地址对应到同一个物理页时。
>
> **物理寻址cache**：使用物理地址寻址的cache。

5.7.6 虚拟存储器中的保护

当今，虚拟存储器最重要的功能就是允许多个进程共享一个主存，同时为这些进程和操作系统提供存储保护。保护机制必须确保：即使多个进程在共享同一个主存，但是无论有意或是无意，一个恶意进程不能写另一个用户进程或者操作系统的地址空间。TLB中的写访问位可以防止一个页被改写。如果没有这一级保护，计算机病毒将更加泛滥。

硬件/软件接口　为了使操作系统能保护虚拟存储系统，硬件至少提供下面总结的三种基本能力。注意，由于前两都是虚拟机需要的，因此其需求相同。

> **管理模式**：也称作核心模式（kernel mode）。运行操作系统进程的模式。

1. 支持至少两种模式，并指出当前运行的进程是用户进程还是操作系统进程，操作系统进程也称为超级用户管理（supervisor）进程、核心进程或者主管进程。

2. 提供一部分处理器的状态，这部分内容是用户进程可读而不可写的。这包括指示处理器是处于用户态还是管理态的用户/管理模式位、页表指针以及TLB。操作系统可以通过使用只能在管理态下可用的特殊指令对它们进行写操作。

> **系统调用**：将控制权从用户模式转换到管理模式的特殊指令，触发进程中的一个异常机制。

3. 提供能让处理器在用户态和管理态下相互切换的机制。从用户态到管理态的转换通常是由系统调用（system call）异常处理完成的，它用特殊指令（如MIPS指令集中的syscall）将控制权传到管理代码空间的指定位置。和其他异常处理一样，系统调用处的程序计数器中的值被保存在异常程序计数器中（EPC），处理器置于管理态。从异常中返回至用户模式，使用异常返回（return from exception）指令，将重置为用户模式，并且跳转到EPC中的地址处。

通过使用这些机制并且把页表保存在操作系统的地址空间中，操作系统可以更改页表，并且阻止用户进程改变它们，确保用户进程只能访问由操作系统提供给它的存储部分。

我们同样要防止一个进程读取另一个进程的数据。例如，我们不希望学生程序读到处理器主存中存放的教师评分。一旦开始共享主存，我们必须为进程提供保护，防止数据被其他进程读写；否则，共享主存将变得乱七八糟。

每个进程有自己的虚拟地址空间。因此，如果操作系统管理页表的组织，使独立的虚拟页映射到不相交（disjoint）的物理页上，那么一个进程将无法访问另一个进程的数据。当然，这也要求一个用户进程不能改变页表的映射。如果操作系统能防止用户进程更改自己的页表，那么安全性也就有了保证。然而，这样一来，操作系统必须负责修改页表。将页表放在操作系统的保护地址空间就能满足所有要求。

当进程希望以受限的方式共享信息时，操作系统必须提供支持，这是因为访问另一个进程的信息需要改变访问进程的页表。写访问位可以把共享限制为只读，并且和页表中其他位一样，该位只能被操作系统修改。为了允许一个进程，设为P1，去读属于另一个进程P2的一页，P2就要请求操作系统在P1地址空间中为一个虚拟页生成页表项，指向P2想要共享的物理页。如果P2要求，操作系统可以使用写保护位以防止P1对数据进行改写。由于只有TLB缺失才会访问页表，因此任何决定页的访问权限的位不仅要包含在页表中，还要包含在TLB中。

精解 当操作系统决定从执行进程P1切换到执行进程P2（称为上下文切换（context switch），或者进程切换）时，必须保证P2不能访问P1的页表，否则不利于数据保护。如果没有TLB，只要把页表寄存器转而指向P2的页表（而不是P1的）就足够了；如果有TLB，我们必须在其中清除属于P1的表项——不仅为了保护P1的数据，还为了迫使TLB装入P2的表项。如果进程切换的频率很高，这一举措的效率就很低。例如，在操作系统切换回P1之前，P2可能只装入了很少的TLB表项。不幸的是，P1随后发现它所有的表项都不见了，因此不得不通过TLB缺失来重新加载这些表项。产生这个问题是因为P1和P2使用同一个虚拟地址空间，并且我们必须清除TLB以防止地址混淆。

上下文切换：为允许另一个不同的进程使用处理器，改变处理器内部的状态，并保存当前进程返回时需要的状态。

另一种常用的方法则是通过增加进程标识符（process identifier）和任务标识符（task identifier）来扩展虚拟地址空间。为此，Intrinsity FastMATH有一个8位地址空间标识字段（ASID）。这个字段标识了当前正在运行的进程；当进程切换时，它保存在由操作系统装入的寄存器中。进程标识符与TLB的标记部分相连接，因此只有在页号和进程标识符同时匹配时，TLB才会发生命中。这样的话，除非特殊情况，否则我们就不需要清除TLB。

同样的问题可能在cache中发生，这是由于在进程切换的时候，cache包含正在执行的进程的数据。对物理寻址和虚拟寻址的cache来说，这些问题以不同方式产生，并且有不同的解决方法，比如使用进程标识符来确保一个进程只能获得它自己的数据。

5.7.7 处理TLB缺失和缺页

尽管当TLB命中时，利用TLB将虚拟地址转换成物理地址简单直接，但是处理TLB缺失和缺页要复杂得多。当TLB中没有一个表项能匹配虚拟地址时，TLB缺失就会发生。TLB缺失有下面两种可能性：

1. 页在主存中，只需要创建缺失的TLB表项。
2. 页不在主存中，需要将控制权交给操作系统来处理缺页。

MIPS通常采用软件来处理TLB缺失。从主存中取出页表项装入TLB，然后重新执行引起TLB缺失的那条指令，这时就会发生TLB命中。如果页表项指出该页不在主存中，此时就会发生缺页异常。

处理 TLB 缺失或者缺页需要使用异常机制来中断活跃的进程，将控制权传给操作系统，然后恢复执行被中断的进程。缺页将在主存访问时钟周期的某一时刻被发现。为了在缺页处理完毕后重新启动引起缺页的指令，必须保存该指令的程序计数器中的值。正如第 4 章所述，异常程序计数器（Exception Program Counter，EPC）用来保存这个值。

另外，TLB 缺失或者缺页异常必须在访存发生的同一个时钟周期的末尾被判定，因此下一个时钟周期就开始进行异常处理，而不是继续正常指令的执行。如果在这个时钟周期没有断定缺页发生，一条 load 指令可能改写寄存器，而当我们试图重新启动指令时，这可能是灾难性的错误。例如，考虑指令 lw $1,0($1)：计算机必须防止写流水级发生，否则就不能重新启动指令，因为 $1 的内容将被破坏。store 指令也会发生类似复杂的情况。当发生缺页而没有完成处理时，我们必须阻止写主存的操作；这通常是通过使主存写控制线为无效来完成。

硬件/软件接口 在操作系统开始进行异常处理和保存处理器所有状态位的时候，操作系统特别脆弱。例如，如果操作系统正在处理第一个异常时，另一个异常又发生了，控制单元将重写异常程序计数器，此时就不能返回引起缺页的那条指令。我们可以通过提供禁止异常（disable exception）和使能异常（enable exception）来避免这种错误发生。当异常第一次发生时，处理器设置一个管理态模式位，禁止其他异常的发生；这可以与处理器设置管理态模式位同时进行。随后操作系统保存足够的状态，如果有另一个异常发生——异常程序计数器（EPC）和异常原因寄存器也能保存这些状态。异常程序计数器和异常原因寄存器是协助处理异常、TLB 缺失以及缺页的两个特殊控制寄存器；图 5-32 列出了其他的寄存器。而后操作系统可以重新允许异常发生。这些步骤保证了异常不会使处理器丢失任何状态，因此也就不会出现无法重新执行中断指令的情况。

异常使能：也称为中断使能（interrupt enable），用于控制处理器是否响应异常的信号或动作；在处理器安全地保存重启所需信息之前，必须阻止异常的发生。

一旦操作系统知道了引起缺页的虚拟地址，就必须完成以下三个步骤。

1. 使用虚拟地址查找页表项，并在磁盘上找到被访问的页的位置。

2. 选择替换一个物理页；如果被选中的页被修改过，需要再把新的虚拟页装入之前将这个物理页写回到磁盘上。

3. 启动读操作，将被访问的页从磁盘上取回到所选择的物理页的位置上。

寄存器	CP0寄存器号	说明
EPC	14	异常之后重启的位置
Cause	13	异常的原因
BadVAddr	8	引发异常的地址
Index	0	TLB中读/写的位置
Random	1	TLB中伪随机位置
EntryLo	2	物理页地址和标记位
EntryHi	10	虚页地址
Context	4	页表地址和页号

图 5-32　MIPS 控制寄存器。这些寄存器被视为位于协处理器 0 中，因此读时使用 mfc0，写时使用 mtc0

当然，最后一个步骤将花费数百万个时钟周期（如果被替换的页是脏页，那么第二步也需要花费这么多时间）；因此，操作系统通常都会选择另一个进程在处理器上执行，直到磁盘访问结束。由于操作系统已经保存了当前进程的状态，因此可以很方便地将控制权交给另一个进程。

当从磁盘读页的操作完成后，操作系统可以恢复原先引起缺页的进程的状态，并且执行从异常返回的指令。该指令将处理器从核心态恢复到用户态，同时也恢复程序计数器的值。用户进程接着重新执行引发缺页的那条指令，成功地访问请求的页，然后继续执行。

数据访问引起的缺页异常很难处理，这是由于以下三个特性：
1. 它们发生于指令中间，不同于指令缺页。
2. 在异常处理前指令没有结束。
3. 异常处理之后，指令必须重新执行，就好像什么都没发生过。

要使指令**可重新启动**（restartable），这样异常被处理之后，指令也能继续执行，这在类似于 MIPS 的结构中的实现相对简单。因为每条指令只能写一个数据项并且只能在指令周期的最后进行写操作，我们就可以阻止指令的完成（不执行写操作）并且在开始处重新启动指令。

可重启指令：一种在异常被处理之后能从异常中恢复而不会影响执行结果的指令。

我们再来看 MIPS 的一些细节。当 TLB 发生缺失时，MIPS 的硬件将被引用的页号保存在一个叫 BadVAddr 的特殊寄存器里（见图 5-33），然后产生异常。

		保存状态	
保存GPR	addi	$k1,$sp,-XCPSIZE	# save space on stack for state
	sw	$sp, XCT_SP($k1)	# save $sp on stack
	sw	$v0, XCT_V0($k1)	# save $v0 on stack
	...		# save $v1, $ai, $si, $ti,... on stack
	sw	$ra, XCT_RA($k1)	# save $ra on stack
保存hi, lo	mfhi	$v0	# copy Hi
	mflo	$v1	# copy Lo
	sw	$v0, XCT_HI($k1)	# save Hi value on stack
	sw	$v1, XCT_LO($k1)	# save Lo value on stack
保存异常	mfc0	$a0, $cr	# copy cause register
寄存器	sw	$a0, XCT_CR($k1)	# save $cr value on stack
	...		# save $v1,.....
	mfc0	$a3, $sr	# copy status register
	sw	$a3, XCT_SR($k1)	# save $sr on stack
设置sp	move	$sp, $k1	# sp = sp - XCPSIZE
		寄存器允许嵌套异常	
	andi	$v0, $a3, MASK1	# $v0 = $sr & MASK1, enable exceptions
	mtc0	$v0, $sr	# $sr = value that enables exceptions
		调用C异常处理程序	
Set $gp	move	$gp, GPINIT	# set $gp to point to heap area
Call C code	move	$a0, $sp	# arg1 = pointer to exception stack
	jal	xcpt_deliver	# call C code to handle exception
		恢复状态	
Restore most	move	$at, $sp	# temporary value of $sp
GPR, hi, lo	lw	$ra, XCT_RA($at)	# restore $ra from stack
	...		# restore $t0,....., $a1
	lw	$a0, XCT_A0($k1)	# restore $a0 from stack
恢复状态	lw	$v0, XCT_SR($at)	# load old $sr from stack
寄存器	li	$v1, MASK2	# mask to disable exceptions
	and	$v0, $v0, $v1	# $v0 = $sr & MASK2, disable exceptions
	mtc0	$v0, $sr	# set status register
		异常返回	
Restore $sp	lw	$sp, XCT_SP($at)	# restore $sp from stack
and rest of	lw	$v0, XCT_V0($at)	# restore $v0 from stack
GPR used as	lw	$v1, XCT_V1($at)	# restore $v1 from stack
temporary	lw	$k1, XCT_EPC($at)	# copy old $epc from stack
registers	lw	$at, XCT_AT($at)	# restore $at from stack
Restore ERC	mtc0	$k1, $epc	# restore $epc
and return	eret	$ra	# return to interrupted instruction

图 5-33 异常时保存状态和恢复状态的 MIPS 码

这个异常请求操作系统通过软件来处理缺失。控制权被传到地址 8000 0000₁₆——TLB 缺失**处理程序**（handler）的位置。为了找到缺失页的物理地址，TLB 缺失处理程序使用虚拟地址的页号，以及指向活动进程页表起始地址的页表寄存器来检索页表。为了能快速地检索，MIPS 将所需的一切信息都放在特殊的现场寄存器（Context）中：高 12 位是页表的基准地址，接下来的 18 位是缺失页的虚拟地址。每个页表项是 1 个字，因此最后两位为 0。所以，头两条指令将现场寄存器中的内容复制到内核临时寄存器 $k1 中，然后根据其中的地址将页表项装入 $k1。回想 $k0 和 $k1 是为操作系统保留的不做保存的寄存器；这样做的主要原因是可以使 TLB 缺失处理程序执行得更快。下面是典型的 TLB 缺失处理程序的 MIPS 代码：

> **处理程序**：用于"处理"异常或中断的软件程序的名字。

```
TLBmiss:
    mfc0    $k1,Context     # copy address of PTE into temp $k1
    lw      $k1,0($k1)      # put PTE into temp $k1
    mtc0    $k1,EntryLo     # put PTE into special register EntryLo
    tlbwr                   # put EntryLo into TLB entry at Random
    eret                    # return from TLB miss exception
```

正如上面所示，MIPS 有一组特殊的系统指令用来更新 TLB。指令 tlbwr 把控制寄存器 EntryLo 中的内容复制到由控制寄存器 Random（图 5-33）所选择的 TLB 表项中。Random 实现随机替换，所以它基本上是一个独立运行的计数器。TLB 缺失大概要花费十几个时钟周期。

注意，TLB 缺失处理程序并不检查页表项是否有效。因为发生 TLB 表项缺失异常比缺页异常要频繁得多，所以操作系统对页表中的表项并不做检查就直接装入 TLB 并重新执行指令。如果表项无效，另一个不同的异常发生，操作系统认为缺页。这种方法让频繁发生的 TLB 缺失处理得快一些，但是对不频繁发生的缺页处理就会有一些性能损失。

一旦产生缺页的进程被中断，控制权就被转到 8000 0180₁₆，这是一个与 TLB 缺失处理程序不相同的地址。它是处理异常的通用地址；TLB 缺失有一个专门的入口点是为了减少 TLB 缺失代价。操作系统使用异常原因寄存器来判断产生异常的原因。由于是缺页异常，操作系统知道需要进一步处理。因此，不同于 TLB 缺失，它保存了活动进程的全部状态，包括所有的通用寄存器和浮点寄存器、页表地址寄存器、EPC 和异常原因寄存器的状态。由于浮点寄存器在异常处理程序不常使用，因此通用入口点并没有保存它们，而是留给少数需要它们的处理者。

图 5-35 描述了异常处理程序的 MIPS 代码。我们使用 MIPS 代码来保存和恢复状态，注意何时允许和禁止异常，但是我们调用 C 代码来处理特殊的异常。

引发故障的虚拟地址取决于当前的故障是指令故障还是数据故障。产生缺失的指令地址在 EPC 中。如果是指令缺页故障，EPC 中包含了缺失页的虚拟地址；否则，缺失页的虚拟地址可以通过查看指令（指令地址在 EPC 中），找到基址寄存器和偏移量来计算得到。

精解 这个简化版本假设了堆栈指针（sp）有效。为了避免执行低层异常代码时发生缺页的问题，MIPS 预留了一部分不会产生缺页的地址空间，称为非映射（unmapped）。操作系统将异常入口点代码和异常堆栈存放在非映射的内存中。MIPS 硬件将虚拟地址 8000 0000₁₆～BFFF FFFF₁₆ 转换成物理地址时，虚拟地址的高位忽略不计，即把这些地址放在物理内存的低地址段。因此，操作系统就将异常入口点和异常堆栈放置于非映射的主存中。

> **非映射**：地址空间中的一个部分，在这个区字段不会导致缺页异常。

精解 图5-35中的代码显示了MIPS-32的异常返回序列。早先的MIPS-I体系结构采用rfe和jr来代替eret。

精解 对于有着更为复杂指令的处理器来说，可能会访问主存中的很多位置并且写很多数据项，这就使指令重新启动变得更加困难。处理一条指令可能在指令中间产生多次缺页。例如，x86处理器有能访问成百上个千数据字的块移动指令。在这样的处理器中，指令通常无法像在MIPS中那样从起始位置重新启动。相反，指令必须被中断，稍后从执行中断处继续执行。在执行的中间恢复一条指令通常需要保存一些特殊状态，处理异常，然后恢复那些特殊状态。正确地执行这项工作需要在操作系统的异常处理代码和硬件中进行细致而周密的协调。

精解 与每次存储器访问都需要一次间接寻址不同，虚拟机支持一个影子页表（shadow page table）用于进行从用户虚拟地址到硬件物理地址的转换。通过检测对用户页表的所有修改，虚拟机可以确保硬件正在用于转换的影子页表表项与用户操作系统中的页表表项一致，不同的是在用户页表中使用正确的物理地址替代了实地址。因此，虚拟机必须在用户操作系统试图改变其页表或访问页表指针时产生自陷。这通常由用户操作系统通过对用户页表进行写保护和对页表指针的任何访问产生自陷来实现。如前所述，如果是特权操作访问页表指针后会发生后面一种情况。

精解 除了要对指令集进行虚拟之外，另一个挑战是虚拟存储器的虚拟化，这主要是因为每种虚拟机上的操作系统要维护自己的页表。为了完成这个工作，虚拟机中实存储器和物理存储器是两个不同的概念（这两个概念通常被认为是相同的），实存储器是位于虚拟存储器和物理存储器之间的一个独立的层次。（有人使用虚拟存储器、物理存储器和机器存储器来表示相同的三个层次。）用户操作系统通过其页表将虚拟存储器映射到实存储器，虚拟机页表将用户实存储器映射到物理存储器，虚拟存储器体系结构要么如IBM VM/370和x86一样通过页表实现，要么如MIPS一样通过TLB实现。

5.7.8 小结

虚拟存储器是管理主存和辅助存储器之间数据缓存的一级存储器层次。虚拟存储器允许单个程序将地址空间扩展到主存的界限之外。更重要的是，虚拟存储器以一种保护的方式，同时支持多个活跃的进程共享主存。

因为缺页的代价很高，所以管理主存和磁盘之间的存储器层次结构很具有挑战性。通常采用下面一些技术来降低缺失率：

- 增大页的容量以便利用空间局部性并降低缺失率。
- 实现虚拟地址和物理地址之间映射的页表采用全相联的方式，这样虚拟页就可以被放置到主存中的任何位置。
- 操作系统使用类似LRU和访问位之类的技术来选择替换哪一页。

写辅助存储器的代价很高，因此虚拟存储器使用写回机制并且跟踪是否有一页更改过（采用脏位），以避免把没有变化的页写回。

虚拟存储器机制提供了从程序使用的虚拟地址到用于访问主存的物理地址空间之间的转换。这个地址转换允许对主存进行受保护的共享，同时还提供了很多额外的好处，如简化了存储器分配。为了保证进程间受到保护，要求只有操作系统才能改变地址变换，这是通过防止用户程序更改页表来实现的。可以在操作系统的帮助下实现在进程之间受控制的共享页，页表中的访问位用来指出用户程序对页进行读访问还是写访问。

如果对于每一次访问，处理器不得不访问主存中的页表来进行转换，那么虚拟存储器的开销将很大，cache 也将失去意义。相反，对于页表，TLB 扮演了地址转换 cache 的角色，利用 TLB 中的变换，将虚拟地址转换为物理地址。

cache、虚拟存储器以及 TLB 都建立在一组共同的原理和策略基础上。下一节将对此进行讲解。

理解程序性能 尽管虚拟存储器能使一个小容量的存储器看起来像大容量的存储器，但辅助存储器和主存之间的性能差异意味着，如果一个程序经常访问的虚拟存储器比其拥有的物理存储器多，程序运行速度就会很慢。这样的程序会不断地在存储器和磁盘之间交换页面，称为抖动（thrashing）。抖动的发生将会造成灾难，但抖动本身很少发生。如果你的程序产生抖动，那么最简单的解决方法就是让该程序在一个有着更大存储器的计算机上运行，或者为你的计算机增加存储器。一个复杂的办法是重新检查所使用的算法和数据结构，看看能否改变它的局部性，从而减少程序同时使用的页数。这一组页通常称为工作集（working set）。

一个更常见的性能问题是 TLB 缺失。由于 TLB 同时只能处理 32~64 个页表项，因此一个程序很容易会有较高的 TLB 缺失率，这是因为处理器只能直接访问不到 64×4KiB = 0.25MiB。例如，对于基数排序，TLB 缺失通常是一个挑战。为了缓解这个问题，现在很多计算机体系结构都支持可变的页大小。例如，除了 4KiB 的标准页面，MIPS 硬件还支持 16KiB、64KiB、256KiB、1MiB、4MiB、16MiB、64MiB 和 256MiB 大小的页面。因此，如果一个程序使用大容量的页面，就能直接访问更多主存而不会有 TLB 缺失。

实际的挑战在于令操作系统允许程序选择这些大容量的页面。同样，减少 TLB 缺失更为复杂的方法是重新检查算法和数据结构，以减少页面工作集；另外，由于存储器访问对于性能以及 TLB 缺失频率至关重要，因此一些工作集较大的程序已经在这方面做了重新设计。

小测验 将左边的存储器层次结构组成部分与右边最匹配的说明连线。

1. 一级 cache   a. cache 的 cache
2. 二级 cache   b. 磁盘的 cache
3. 主存   c. 主存的 cache
4. TLB   d. 页表项的 cache

5.8 存储器层次结构的一般框架

到目前为止，你可能已经发现不同类型的存储器层次结构都有一个共同的思想。尽管存储器层次结构中很多方面都有量的区别，但是决定层次结构如何运作的许多策略和特征在本质上是相同的。图 5-34 给出了存储器层次结构的一些定量特征的区别。在本节的剩余部分，我们将讨论存储器层次结构的一些通用操作，以及这些操作将如何决定它们的行为。我们通过 4 个问题来考察存储器层次结构中任意两个层次之间使用的策略，为了简单起见，我们主要使用 cache 中的术语。

特征	一级cache的典型值	二级cache的典型值	页式存储器的典型值	TLB的典型值
块的总容量	250~2 000	2 500~25 000	16 000~250 000	40~1024
以KB计量的总容量	16~64	125~2 000	1 000 000~1 000 000 000	0.25~16
块的字节数	16~64	64~128	4 000~64 000	4~32
缺失代价的时钟周期数	10~25	100~1 000	10 000 000~100 000 000	10~1 000
缺失率（二级cache是全局缺失）	2%~5%	0.1%~2%	0.000 01%~0.000 1%	0.01%~2%

图 5-34　计算机中存储器层次结构主要组成部分的关键是定量设计参数。本图是这些层次2020年的典型值。值的范围很大，一部分原因是随着时间推移的许多值都是相关的；例如，当cache容量变大以克服较高的缺失代价时，块容量也随之增长。图中没有显示的是，当今的服务器处理器中还有三级cache，容量通常为4~50MiB，块数比二级cache多很多。三级cache使二级cache的缺失代价降低到30~40个时钟周期

5.8.1　问题1：块放在何处

我们已经看到，高层存储器层次结构中有很多块放置策略，从直接映射到组相联，再到全相联。如前所述，这些机制都可以看作组数和每组块数各不相同的组相联方案的特例：

机制名称	组数	每组块数
直接映射	cache中的块数	1
组相联	cache中的块数 / 相联度	相联度（一般为2~16）
全相联	1	cache中的块数

增加相联度的好处在于它通常能降低缺失率。缺失率的改进来自减少竞争同一位置而产生的缺失。我们稍后将详细讨论。首先来看能获得多少性能改进。图 5-35 显示了不同的cache容量，在相联度从直接映射到八路组相联之间变化的缺失率。最大的改进出现在直接映射变化到两路组相联，缺失率下降了20%~30%。当cache容量增加时，相联度的提高对性能改进的作用很小；这是因为大容量cache的总的缺失率很低，从而改进缺失率的机会减少，并且由相联度引起的缺失率的绝对改进明显减少。如前所述，相联度增加的潜在缺点是增加了代价以及访问时间。

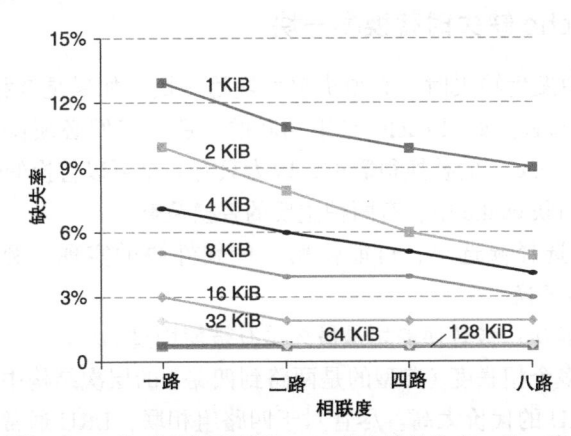

图 5-35　当相联度增加时，8种不同容量数据cache各自的缺失率。从一路（直接映射）到两路组相联变化时获益明显，进一步增加相联度所获得的好处相对小一些（例如，从两路到四路提高了1%~10%，而从一路到两路提高了20%~30%）。从四路到八路组相联，缺失率的改进更小，接近于全相联cache的缺失率。容量小的cache由于其本身缺失率较高，因此从相联度所获得的好处就很明显。图 5-16 解释了这些数据是如何收集的

5.8.2 问题2：如何找到块

选择一个块的存放位置取决于块放置机制，因为它指明了可能存放位置的数量。这些机制可以总结如下：

相联度	定位方法	需要比较的次数
直接映射	索引	1
组相联	索引组，查找组中元素	相联度
全相联	查找所有cache项	cache的容量
	独立的查找表	0

在存储器层次结构中选择直接映射、组相联还是全相联映射取决于缺失代价和相联度实现代价之间的权衡，包括时间和额外的硬件开销。在片内包含二级 cache 允许实现更高的相联度，因为命中时间不再关键，设计者也不用依靠标准 SRAM 芯片来构建块。除非容量很小，否则 cache 不使用全相联映射方式。在小容量 cache 中，比较器的开销并不是压倒性的因素，而绝对缺失率的改进才是最明显的。

在虚拟存储器系统中，页表是一个独立的映射表，用来索引存储器。除了表本身需要占用存储资源外，使用索引表还会引起额外的存储器访问。选择全相联映射和额外的页表有以下几个原因：

1. 全相联可以带来收益，因为缺失的代价非常高。
2. 全相联允许软件使用复杂的替换策略以降低缺失率。
3. 全映射很容易被索引，而不需要额外的硬件，也不需要进行查找。

因此，虚拟存储系统通常使用全相联映射。

组相联映射通常用于 cache 和 TLB，访问时包括索引和在一个小组内查找。一些系统使用直接映射的 cache，这是因为访问时间短并且实现简单。访问时间短是因为不需要比较就能找到被请求的块。这样的设计选择取决于许多的细节实现，如 cache 是否集成在片上，实现 cache 的技术以及 cache 访问时间对处理器时钟周期长短的重要性。

5.8.3 问题3：cache 缺失时替换哪一块

在相联的 cache 中发生缺失时，必须决定替换哪一块。如果是全相联 cache，那么所有的块都是被替换的候选者。如果 cache 是组相联的，那么我们必须在某一组的块中进行选择。当然，直接映射的 cache 的替换很简单，因为只有一个可以替换的候选者。

在组相联或者全相联 cache 中，有两种主要的替换策略：

- 随机法：随机选择候选块，可能使用一些硬件协助实现。例如，对于 TLB 缺失，MIPS 支持随机替换。
- 最近最少使用算法：被替换的块是最久没有被使用过的块。

实际应用中，在多个相联度（典型的是两路到四路）的层次结构中，跟踪使用信息的代价很高，因此实现 LRU 的代价太高。尽管对于四路组相联，LRU 通常也是近似实现的——例如，跟踪记录哪一对块是最近最少使用的（需要使用1位），然后跟踪记录每对块中哪一块又是最近最少使用的（要求每对使用1位）。

对于更高的相联度的层次结构，可以用近似的 LRU 算法，也可以采用随机替换策略。在 cache 中，替换算法是由硬件实现的，这意味着算法应该容易实现。随机替换算法用硬件很容易实现，而对于两路组相联的 cache，使用随机替换算法的缺失率要比 LRU 替换算法的缺失率高 1.1 倍。随着 cache 变得更大，所有替换策略的缺失率都下降了，绝对差别也变小了。事实上，有时候，随机替换算法的性能比用硬件简单实现的近似 LRU 算法的性能还要好。

在虚拟存储器中，一些 LRU 都是近似的，因为当缺失代价很大时，缺失率即使只有微小的降低都是很重要的。通常提供引用位或者其他等价的功能使操作系统更方便地追踪一组最近最少使用的页。由于缺失的代价特别高，并且相对来说不经常发生，因此主要用软件来近似这项信息的做法是可行的。

5.8.4　问题 4：写操作如何处理

对任何存储器层次结构来说，一个关键的问题是如何处理写操作。我们已经看到了两种基本选项：

- 写直达：信息被同时写到 cache 的块和存储器层次结构较低层的块中（对 cache 来说是主存）。5.3 节中的 cache 使用这个机制。
- 写回：信息仅仅写到 cache 中的块。被改写的块只有在被替换时才写回到存储器层次结构的较低层中。虚拟存储器系统通常采用写回策略，原因在 5.7 节中讨论过。

写回和写直达策略有其各自的优点，写回的主要优点如下：

- 处理器可以以 cache 而不是存储器能接收的速度写单个的字。
- 多次写同一块中的字只需对存储器层次结构较低层进行一次写操作。
- 当块被写回时，由于写一整块，系统可以充分利用高带宽传输。

写直达的优点如下：

- 缺失比较简单，缺失代价也较小，因为不需要把整个块写回到较低层存储系统中。
- 尽管为了可行性，写直达的 cache 需要一个写缓冲区，然而写直达还是比写回更易于实现。

|重点| cache、TLB 和虚拟存储器可能一开始看起来非常不同，但是它们都基于相同的两个局部性原理，并且可以通过对以下 4 个问题的回答来理解。

问题 1：一个块可以被放在何处？

答：一个位置（直接映射），一些位置（组相联），或者是任何位置（全相联）。

问题 2：如何找到一个块？

答：有 4 种方法：索引（在直接映射的 cache 中），有限的查找（在组相联的 cache 中），全部查找（在全相联的 cache 中）和单独的查找表（在页表中）。

问题 3：当 cache 缺失时替换哪一块？

答：通常是最近最少使用的块或者是随机选取的一块。

问题 4：写操作如何处理？

答：层次结构中的每一层都可以使用写直达或者写回策略。

在虚拟存储器系统中，由于写较低存储层次（磁盘）的延迟很大，因此只有写回策略是可行的。尽管允许存储器的物理、逻辑宽度更宽，并对 DRAM 采用突发模式，然而处理器产生写操作的速度通常还是超过存储系统可以处理它们的速度。因此，现在最低一级的 cache 通常采用写回策略。

5.8.5 3C：一种理解存储器层次结构行为的直观模型

本节介绍一个模型，通过该模型能够很好地洞察存储器层次结构中引起缺失的原因，以及层次结构的变化对缺失的影响。我们以 cache 来解释这个观点，尽管这个观点对其他层次也直接适用。在这个模型中，所有的缺失被分成下面三类（3C 模型（three Cs model））：

- **强制缺失**（compulsory miss）：对从未在 cache 中出现的块第一次进行访问引起的缺失。也称为冷启动缺失（cold-start miss）。
- **容量缺失**（capacity miss）：由于 cache 容纳不了一个程序执行所需要的所有块而引起的 cache 缺失，当某些块被替换出去，随后再被调入时，将发生容量缺失。
- **冲突缺失**（conflict miss）：在组相联或者直接映射的 cache 中，多个块竞争同一个组时引起的 cache 缺失。冲突缺失在直接映射或组相联 cache 中存在，而在同样大小的全相联 cache 中不存在。这种 cache 缺失也称为**碰撞缺失**（collision miss）。

图 5-36 显示了缺失率如何划分为以上三种原因。改变 cache 设计中的某一方面就能直接影响这些缺失的原因。冲突缺失是因为争用同一个 cache 块引起的，因此提高相联度就可以减少冲突缺失。然而，提高相联度会延长访问时间，导致整个性能降低。

> **3C 模型**：将所有的 cache 缺失都归为三种类型之一，三类分别为：强制缺失、容量缺失和冲突缺失。因其三类名称的英文单词首字母均为 c 而得名。
>
> **强制缺失**：也称为冷启动缺失。对从未在 cache 中出现过的块第一次访问时产生的缺失。
>
> **容量缺失**：由于 cache 在全相联时都不可能容纳所有请求的块而导致的缺失。
>
> **冲突缺失**：也称为碰撞缺失。在组相联或者直接映射 cache 中，很多块为了竞争同一个组导致的缺失。这种缺失在使用相同大小的全相联 cache 中是不存在的。

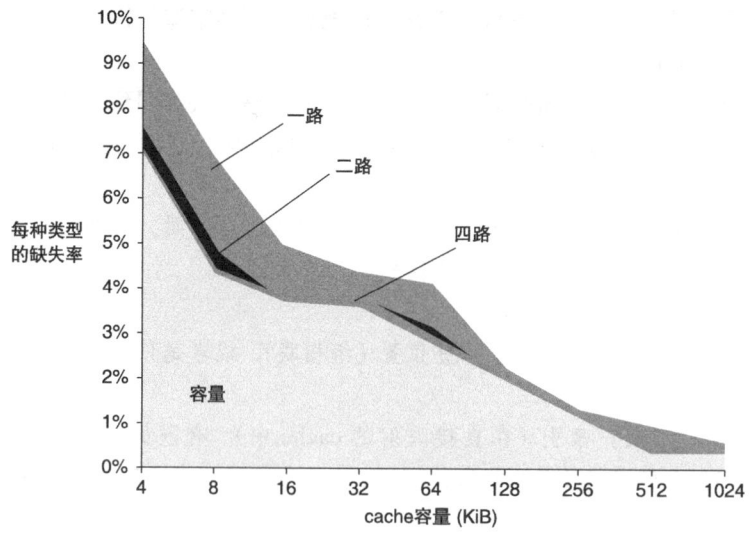

图 5-36 缺失率根据缺失原因分为三种。该图显示了不同容量 cache 的总缺失率及其组成部分。数据与图 5-35 出自同一来源，都是由 SPEC CPU 2000 整型和浮点基准程序测试得到的。强制缺失部分只占 0.006%，在图中看不出来。下一部分是容量缺失，取决于 cache 的容量。冲突缺失部分既取决于相联度，又取决于 cache 的容量，图中给出了相联度从一路到八路的冲突缺失率。在每种情况下，当相联度从下一个（更高）相联度度变化到该相联度时，图中标记的地方对应缺失率的增加。例如，标有两路的部分说明当 cache 相联度从四路变化到两路时缺失增加。因此，同样大小的直接映射 cache 和全相联 cache 的缺失率的差别由标记着八路、四路、两路和一路的各部分之和给出。八路和四路之间变化太小，以至于在图中很难看出

容量缺失可以简单地通过增大 cache 容量来减少；的确，多年来二级 cache 的容量总是在不断地增加。当然，在增大 cache 的同时，我们也必须注意访问时间的增加，这将导致整体性能降低。因此，尽管一级 cache 也在增大，但是增大得非常缓慢。

由于强制缺失是对块的第一次访问产生的，因此，对 cache 系统来说，减少强制缺失次数最主要的方法是增加块的大小。由于程序将由较少的 cache 块组成，因此减少了对程序每一块都要访问一次的情况下的总的访问次数。如前所述，块容量增加太多可能对性能产生负面影响，因为缺失代价会增长。

将缺失分成 3C 是个有用的定性模型。在实际 cache 设计中，许多设计的选择是相互影响的，改变 cache 的一个特征通常会影响另一些缺失率的组成部分。尽管存在这些缺点，3C 模型对于观察 cache 设计的性能来说仍是一种有效的方法。

重点 存储器层次结构设计面临的挑战在于：任何一个改进缺失率的设计同时也可能对整体性能产生负面的影响，如图 5-37 所示。正面与负面作用的结合就使得存储器层次结构的设计令人关注。

设计变化	对缺失率的影响	可能对性能产生的负面影响
增加cache容量	减少了容量缺失	可能增加访问时间
提高相联度	由于减少了冲突缺失，因此降低了缺失率	可能增加访问时间
增加块的容量	由于空间局部性，因此对很宽范围内变化的块大小，都能降低缺失率	增加缺失代价，块太大还会增加缺失率

图 5-37 存储器层次结构设计面临的挑战

小测验 下面哪些表述（如果有）是正确的？
1. 没有减少强制缺失的方法。
2. 全相联 cache 中没有冲突缺失。
3. 在减少缺失方面，相联度比容量更为重要。

5.9 使用有限状态机来控制简单的 cache

就像在第 4 章中对单周期、流水线数据通路实现控制一样，现在我们可以实现对 cache 的控制。本节从定义一个简单的 cache 开始，随后对有限状态机（Finite-State Machine，FSM）进行介绍。最后介绍了这个简单 cache 控制器的有限状态机。5.12 节用一种新的硬件描述语言更深入地介绍了 cache 和控制器。

5.9.1 一个简单的 cache

我们将为一个简单的 cache 设计控制器。cache 的关键特征如下：
- 直接映射的 cache。
- 写回机制，采用写分配策略。
- 块大小为 4 个字（16 字节或者 128 位）。
- cache 大小为 16KiB，可以容纳 1024 个块。
- 32 位地址。
- cache 中每个块包含一个有效位和一个写入位。

根据 5.3 节，我们可以计算出 cache 的地址字段：

- cache 索引位为 10 位。
- 块偏移为 4 位。
- 标记位为 32-(10+4) = 18 位。

处理器和 cache 之间的信号为：
- 1 位读/写信号。
- 1 位有效信号，指示是否有一个 cache 操作。
- 32 位地址。
- 32 位数据（从处理器到 cache）。
- 32 位数据（从 cache 到处理器）。
- 1 位准备好信号，指示 cache 操作完成。

存储器和 cache 之间的接口与处理器和 cache 之间有相同的字段，除了数据字段是 128 位宽。如今，一般的微处理器都有更大的存储器位宽，在处理器中可以处理 32 位或 64 位的字，而 DRAM 控制器通常是 128 位。为了简化设计，可以使 cache 块匹配 DRAM 的位宽。下面是一些信号：

- 1 位读/写信号。
- 1 位有效信号，指示是否有一个存储器操作。
- 32 位地址。
- 128 位数据（从 cache 到存储器）。
- 128 位数据（从存储器到 cache）。
- 1 位准备好信号，指示存储器操作完成。

注意，到存储器的接口并没有固定的周期数。假设当存储器读或写完成后，存储器控制器会通过准备信号来通知 cache。

在介绍 cache 控制器之前，我们需要回顾一下有限状态机，通过有限状态机可以控制一个需要多个时钟周期的操作。

5.9.2 有限状态机

为了给单周期的数据通路设计控制单元，我们使用真值表，根据指令的分类来指定控制信号的设置。对于 cache，由于操作可以是一系列的步骤，因此控制变得更加复杂。对 cache 的控制既要指定在任何步骤中的信号设置，又要依次指出下一个步骤。

最常见的多步控制方法基于**有限状态机**（finite-state machine），通常以图形化表示。有限状态机由一组状态以及状态改变的方向组成。方向由**下一状态函数**（next-state function）来定义，将当前的状态和输入映射到一个新的状态。当使用有限状态机控制时，每个状态还要定义在当前状态下的一组输出值。有限状态机的实现通常假定那些没有明确置为有效的输出是无效的。类似地，对数据通路的正确执行需要将没有明确设置为有效的信号设置成无效状态，而不是将信号置为无关项。

多路选择控制略微有些不同，因为多路选择器从输入中选择一个输出，不管输入值是 0 还是 1。因此，在有限状态机中，要定义所有我们关注的多路选择控制信号。当我们使用逻辑实现有限状态机时，可以将一个控制信号设置为 0 作为默认值，那么就不需要任何门电

有限状态机：由一组输入和输出，以及下一状态函数和输出函数组成的时序逻辑函数。下一状态函数将当前状态和当前输入映射为一个新的状态，输出函数将当前状态和当前输入映射为一组确定的输出。

下一状态函数：根据当前状态及当前输入来确定有限状态机下一状态的组合函数。

路。附录 B 中给出了一个简单有限状态机的例子，如果不熟悉有限状态机的概念，在继续学习之前，读者可能需要花一些时间来研究附录 B。

一个有限状态机的实现包括：一个保持当前状态的临时寄存器和一个组合逻辑，组合逻辑用来决定有效的数据通路信号和下一状态。图 5-38 给出了这种实现的示意图。附录 D 详细介绍了如何使用该结构实现有限状态机。在 B.3 节中，有限状态机的组合逻辑由 ROM（Read-Only Memory，只读存储器）或 PLA（Programmable Logic Array，可编程逻辑阵列）来实现。（附录 B 中对这些逻辑单元也进行了描述。）

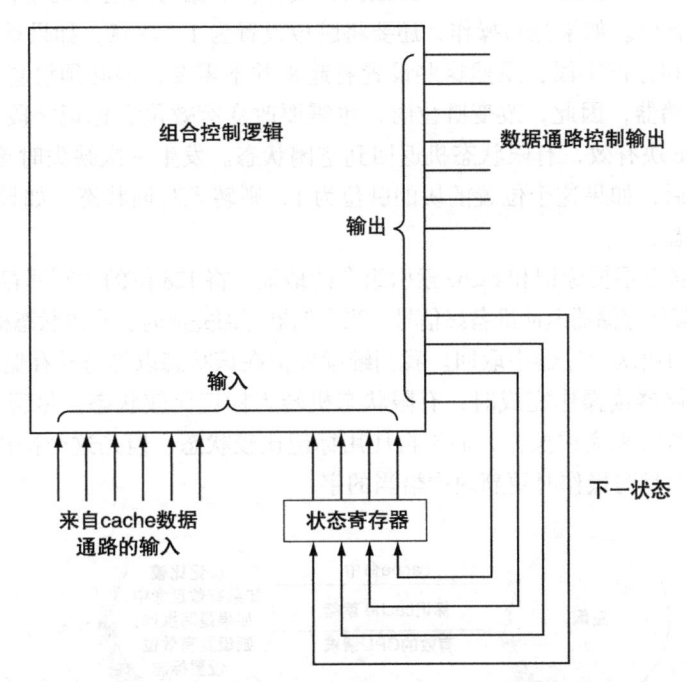

图 5-38 典型的有限状态机控制器由一个组合逻辑和一个保存当前状态的寄存器来实现。组合逻辑的输出是下一个状态以及当前状态的有效控制信号。组合逻辑的输入是当前的状态以及用来决定下一状态的一些输入。注意，在本章所使用的有限状态机中，输出仅由当前状态来决定，而与输入无关。对此，精解更详细地进行了解释

精解 注意，这种简单的设计称为阻塞式（blocking）cache，处理器必须等到 cache 处理完请求之后才能继续执行。5.12 节中将会讲述另外一种称为非阻塞式 cache 的结构。

精解 本书中的有限状态机的类型称作 Moore 型有限状态机，以 Edward Moore 来命名。其特征是输出仅仅取决于当前的状态。对于 Moore 型有限状态机，组合控制逻辑分为两部分：一部分包括控制输出，并且仅有状态输入；另一部分仅包含下一状态输出。

另一种状态机是 Mealy 型有限状态机，以 George Mealy 命名。Mealy 型有限状态机的输出取决于输入和当前的状态。Moore 型有限状态机潜在的实现优势在于速度和控制单元的规模。由于在时钟周期开始就需要控制输出，而该输出与输入无关，仅仅取决于当前的状态，因此有助于速度的提升。在附录 B 中，用逻辑门就可以实现这种有限状态机，因而可以很明显地看出它在规模上的优势。Moore 型有限状态机潜在的缺点是它可能需要额外的状态。例如，在两个状态序列中仅有一个状态不同的情况下，Mealy 状态机会通过使用输出依赖输入的方法将状态统一。

5.9.3 一个简单 cache 控制器的有限状态机

图 5-39 给出了一个简单 cache 控制器的 4 个状态：
- **空闲**：这个状态等待从处理器发出有效的读/写请求，使得有限状态机转移到标记比较的状态。
- **标记比较**：如名称所示，这个状态主要检测该读/写请求是命中还是缺失。地址的索引部分用来选择比较用的标记。如果它的有效位和地址的标记部分与标记位相匹配，则命中。这时，从选中的字中读出数据，或者将数据写入选中的字，随后 cache 准备好信号被置位。如果是写操作，还要将脏位设置为 1。注意，如果是写命中，还要设置有效位和标记字段；虽然这些设置看起来并不需要，但必须设置，因为标记使用单独的存储器，因此，改变脏位时，也需要改变有效位和标记字段。如果请求命中并且 cache 块有效，有限状态机返回到空闲状态。发生一次缺失时首先要更新 cache 标记，随后，如果这个位置的块的脏位为 1，则转入写回状态；如果脏位为 0，则进入分配状态。
- **写回**：该状态根据标记和 cache 索引组合的地址，将 128 位的块写回存储器。继续停留在该状态等待存储器返回准备好信号。当存储器写回完成时，有限状态机进入分配状态。
- **分配**：新的块从存储器中取回。我们继续停留在该状态以等待从存储器返回准备好信号。当存储器读操作完成时，有限状态机转入标记比较状态。尽管我们可以转移到一个新的状态来完成操作，而不再使用标记比较状态，但是这个操作中有很多重复，包括当访问是写操作时更新块中恰当的字。

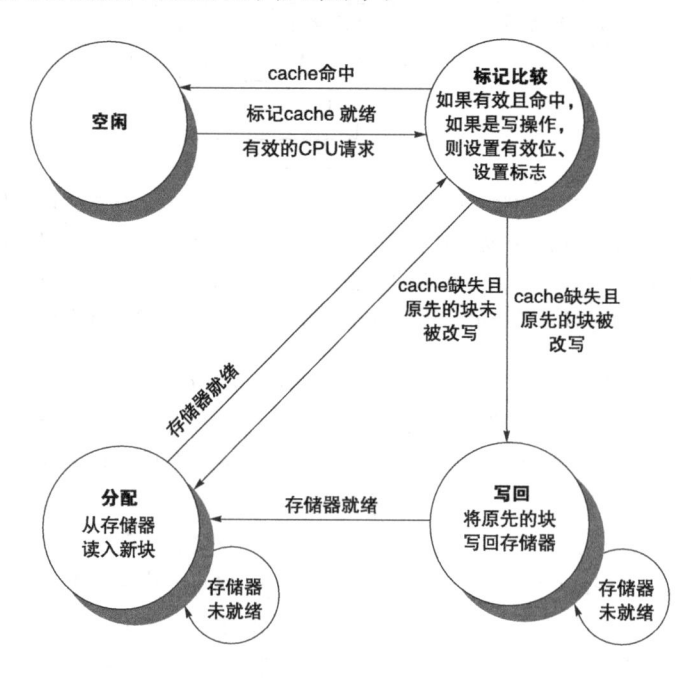

图 5-39 简单控制器的 4 个状态

这个简单的模型可以很方便地扩展到多个状态以改进性能。例如，标记比较状态在一个单独的时钟周期里既要比较，又要读/写 cache 数据。通常，比较和 cache 访问被放在分离的状态中，以改进时钟周期。另一个优化是增加一个写缓冲，这样我们就可以先保存脏块，然后再读出新的块。这样，当一个脏块缺失时，处理器就不用等待两次存储器访问。随后，cache 将从写缓冲器中将脏块写回，同时处理器正在处理被请求的数据。

5.12 节将对有限状态机进行更深入的研究，给出了整个控制器的硬件语言描述，以及这个简单 cache 的状态转换图。

5.10 并行与存储器层次结构：cache 一致性

多核多处理器意味着在单芯片上有多个处理器，这些处理器可能会共享一个公共的物理地址空间。cache 共享数据带来了一个新的问题，由于两个不同的处理器所得到的存储器中的数据是通过各自的 cache 得到的，如果没有其他的防范措施，两个处理器可能分别得到两个不同的值。图 5-40 说明了这个问题，并且说明了为什么两个不同的处理器对存储器相同位置进行操作会得到不同的值。这个问题通常称为 cache 一致性问题。

时间	事件	CPU A的cache内容	CPU B的cache内容	存储器位置X的内容
0				0
1	CPU A读X	0		0
2	CPU B读X	0	0	0
3	CPU A向X写入1	1	0	1

图 5-40 cache 一致性问题：两个处理器（A 和 B）对同一个存储器位置 X 进行读写操作。假设最初两个 cache 中都不包含该变量并且 X 的值为 0。同时、假设是写直达 cache；如果是写回 cache 则会带来额外的更加复杂的情况。当 X 的值被 A 改写后，A 的 cache 和存储器中的副本都做了更新，但是 B 的 cache 没有，如果 B 读 X，得到的值为 0

一般情况下，如果在一个存储器系统中读取任何一个数据项的返回结果总是最近写入的值，那么可以认为该存储器具有一致性。这个定义尽管看起来是正确的，但仍很模糊，而且过于简单；实际情况要复杂得多。这个简单的定义包括了存储器系统行为的两个不同方面，它们对于编写正确的共享存储程序至关重要。第一个方面称为一致性（coherence），定义了读操作可以返回什么数值。第二个方面称为连贯性（consistency），定义了写入的数据什么时候才能被读操作返回。

首先来看一致性。如果一个存储系统满足如下条件，那么认为该存储系统是一致的。
1. 处理器 P 对位置 X 的写操作后面紧跟着处理器 P 对 X 的读操作，并且在这次读操作和写操作之间没有其他处理器对 X 进行写操作，这时读操作总是返回 P 写入的数值。因此，在图 5-40 中，如果 CPU A 在时间 3 之后读 X，它将得到数值 1。
2. 在其他处理器对 X 的写操作后，处理器 P 对 X 执行读操作，这两个操作之间有足够的间隔并且没有其他处理器对 X 进行写操作，这时，读操作返回的是写入的数值。因此，在图 5-40 中，我们需要一个机制，以便在时间 3，CPU A 向存储器地址 X 写入数据 1 之后，CPU B 的 cache 中的数值 0 被数值 1 所替换。
3. 对同一个地址的写操作是串行执行的（serialized）；也就是说，任何两个处理器对同一个地址的两个写操作在所有处理器看来都有相同的顺序。例如，如果在时间 3 之后，CPU B 又向存储器地址 X 中写入 2，那么处理器绝不会从该地址中先读出 2 再读出 1。

第一个性质保证了程序的顺序——即使在单处理器中也要保证这个性质。第二个性质定义了存储器的一致性意味着什么：如果一个处理器总是读到旧的数值，我们就认为这个存储器是非一致性的。

写操作串行化的要求更加微妙，但也同等重要。假如没有将写操作串行化，处理器 P1 写入地址 X 之后，紧跟着处理器 P2 也会写入地址 X。写操作串行化保证了每个处理器都能在某个时间看到 P2 写入的结果。如果没有将写操作串行化，就会出现一些处理器先看到 P2 写入的结果再看到 P1 写入的结果，从而可能保留了 P1 写入的数值。避免这种情况最简单的方法就是保证对同一个地址的写操作在所有处理器看来都具有相同的顺序，这个性质称为写串行化（write serialization）。

5.10.1 实现一致性的基本方案

在支持 cache 一致性的多处理器系统中，cache 提供共享数据的迁移（migration）和复制（replication）。

- 迁移：数据项可以移入本地 cache 并以透明的方式使用。迁移不但减少了访问远程共享数据项的延迟，而且减少了对共享存储器带宽的需求。
- 复制：当共享数据被同时读取时，cache 在本地对数据项做了备份。复制减少了访问延迟和读取共享数据时的竞争现象。

迁移和复制对于访问共享数据的性能来说至关重要，因此许多多处理器引入硬件协议来维护 cache 一致性。这些用于维护多个处理器一致性的协议称为 cache 一致性协议（cache coherence protocol）。实现 cache 一致性协议的关键在于跟踪所有共享数据块的状态。

最常用的 cache 一致性协议是监听（snooping）协议。每个含有物理存储器中数据块副本的 cache 还要保留该数据块共享状态的副本，但是并不集中地保存状态。cache 可以通过一些广播媒介（总线或者网络）访问，所有的 cache 控制器对媒介进行监视或者监听，来确定它们是否含有总线或者交换机上请求的数据块副本。

在后面章节我们将介绍用共享总线实现基于监听的 cache 一致性方法，任何可以向所有处理器广播 cache 缺失的通信媒介都可以用来实现基于监听的一致性机制。这种向所有 cache 广播的方法使监听协议的实现变得简单，但是也限制了其可扩展性。

5.10.2 监听协议

实现一致性的一种方法是：在处理器写数据之前，保证该处理器能独占地访问该数据项。这种协议称为写无效协议（write invalidate protocol），因为在执行写操作的时候令其他副本无效。独占访问确保了写操作执行时不存在其他可读或可写的数据项副本：其他 cache 中该数据项的所有副本都是无效的。

图 5-41 给出了一个基于监听总线的写无效协议的例子，其中 cache 使用写回机制。为了说明这个协议如何保证一致性，考虑写操作后面紧跟着其他处理器执行读操作的情况：由于写操作需要独占访问，执行读操作的处理器中保存的任何副本就要被置无效（协议因此得名）。因此，当执行读操作时，在 cache 中发生缺失，cache 需要取回新的数据副本。对于写操作，我们要求执行写操作的处理器可以独占访问，以防止其他处理器同时执行写操作。如果两个处理器试图同时对同一个数据项进行写操作，它们中的一个会在竞争中获胜，这就使得另一个处理器的副本被置为无效。竞争失败的处理器要完成写操作，就必须取得新的数据副本，这个副本中已经包含了更新后的数据。因此，这个协议也强制了写操作的串行化。

处理器动作	总线动作	CPU A的 cache内容	CPU B的 cache内容	存储器中 位置X的内容
				0
CPU A读X	X在cache中缺失	0		0
CPU B读X	X在cache中缺失	0	0	0
CPU A向X写1	令X无效	1		0
CPU B读X	X在cache中缺失	1	1	1

图 5-41 以对单个 cache 块 X 读写的过程为例（采用写回机制），说明监听总线上执行无效协议的过程。假设最初两个 cache 中都没有 X，而在存储器中 X 的值为 0。CPU 和 X 的存储器内容是处理器和总线动作都完成后的数值。空格表示没有动作或者没有存放副本。当 B 发生第二次缺失时，CPU A 回应，同时取消来自存储器的响应。随后，B 的 cache 和 X 的存储器内容都得到更新。这种当块共享时对存储器进行更新的方法简化了协议，但是可能要跟踪记录所有权，并且只有当块被替换时才强制写回。这就需要引入一个称为"所有者"（owner）的额外状态，以表明块可以被共享，但是当块被改变或被替换时，由所有者处理器负责更新其他处理器和存储器

硬件/软件接口　一种观点认为块大小对 cache 一致性起着重要作用。例如，对一个 cache 进行监听，cache 的块大小为 8 个字，两个处理器可以对块中的一个字进行读/写操作。多数协议会在两个处理器之间交换整个块，因此增加了所需要的一致性带宽。

大的块同样会引起所谓的假共享（false sharing）：当两个不相关的共享变量存在相同的 cache 块中时，尽管每个处理器访问的是不同的变量，但是在处理器之间还是将整个块进行交换。因此，程序员和编译器需要谨慎放置数据以避免发生假共享。

> **假共享**：当两个不相关的共享变量放在相同的 cache 块中时，尽管每个处理器访问的是不同的变量，但是在处理器之间还是将整个块进行交换。

精解　尽管前面的三个属性已经能充分保证一致性，但是何时能看见写入的值，这个问题同样很重要。让我们来看看为什么。注意到在图 5-40 中，我们不能要求对 X 的读操作立刻能看见其他处理器对 X 执行写操作的值。例如，假设一个处理器对 X 的写操作稍稍先于另一个处理器对 X 的读操作，这样就不能保证读操作返回的数值是被写的数据，因为在那一刻，被写的数据可能甚至还没有离开处理器。连贯性模型详细定义了写数据何时能被读操作看见。

我们做下面两个假设：第一，直到所有处理器都看到写操作的结果，一个写操作才能完成（没有完成时可以允许下一个写操作发生）；第二，处理器不能改变与存储器访问相关的写操作的次序。这两个条件意味着：如果处理器在写位置 X 之后再写位置 Y，那么，任何处理器在看到 Y 的新值时也必须看见 X 的新值。这些限制条件允许处理器对读操作重新排序，但是强制处理器以程序执行的顺序完成写操作。

精解　由于输入操作可在不改变 cache 内容的情况下改变存储器内容，另外，在写回 cache 中，输出操作需要最新的存储器内容，因此在单处理器系统中也存在 I/O 和 cache 之间一致性问题，这与多处理器间 cache 一致性问题相同。cache 一致性问题对于多处理器和 I/O（见第 6 章）来说，尽管原因相同，但是却有不同的特性，从而影响了解决方法。与几乎很少拥有多个数据副本的 I/O 不同——只要可能有就应该避免——程序运行在多个处理器上时，cache 中通常都有相同数据的副本。

精解　除了分布地保存共享块状态的监听式 cache 一致性协议，基于目录的 cache 一致性协议将物理存储器共享块的状态存放在一个地点，称为目录（directory）。尽管基于目录的

一致性比监听式一致性的实现开销略高一些，但是这种方法可以减少 cache 之间的通信，并且因此可以扩展更多的处理器。

5.11 并行与存储器层次结构：廉价冗余磁盘阵列

本节内容在网站上，讲述了如何采用多块磁盘并行工作来提高吞吐率，该技术是廉价冗余磁盘阵列（Redundant Arrays of Inexpensive Disks, RAID）产生的灵感所在。然而，RAID 技术真正流行的原因在于其通过采用适当数量的冗余磁盘来提高可靠性。本节讲述了不同 RAID 级别在性能、开销和可靠性等方面的差别。

5.12 高级内容：实现 cache 控制器

本节内容在网站中，介绍了如何实现 cache 的控制，就像我们在第 4 章中实现对单周期、流水的数据通路的控制一样。本节开始介绍了有限状态机以及在简单的数据 cache 中实现 cache 控制器，包括用硬件描述语言来描述 cache 控制器。随后详细介绍了一个 cache 一致性协议的实例以及实现的难点。

5.13 实例：ARM Cortex-A53 和 Intel Core i7 的存储器层次结构

本节将考察第 4 章中提到的两种微处理器（ARM Cortex-A53 和 Intel Core i7）的存储器层次。本节内容基于《计算机体系结构：量化研究方法》(第 6 版) 的 2.6 节。

Cortex-A53 是一个支持 ARMv8A 指令集体系结构的可重构 IP（Intellectual Property）核，具有 32 位和 64 位两种工作模式。该 IP 核面向基于电池供电的 PMD（个人移动设备）的关键需求，采用高能效设计技术，广泛应用于平板电脑和智能电话。为了支持高端 PMD，该 IP 核可配置为单片多核，但本节我们主要集中讨论单核。Cortex-A53 工作时钟频率高达 1.3GHz，且每个时钟周期可以发射两条指令。

Intel Core i7 支持 x86 指令集体系结构的 64 位扩展——x86-64 指令集体系结构，它是一个四核乱序执行处理器。本节我们从单核的视角讨论其存储系统设计和性能。每个核使用多发射、动态调度、16 级流水线（如第 4 章所述），每个时钟周期可同时执行高达 4 条 x86 指令。i7 最多支持 3 个存储器通道，每个通道包含一套能够并行传输数据的 DIMM。使用 DDR3-1066，其峰值存储带宽可超过 25GB/s。

图 5-42 总结了这两种处理器的地址大小和 TLB。注意，A53 包含了 3 个各具有 32 位虚拟地址空间和物理地址空间的 TLB。而 Core i7 中包含了 3 个各具有 48 位虚拟地址空间和 36 位物理地址空间的 TLB。虽然 Core i7 中的 64 位寄存器能够支持更大的虚拟地址空间，但是没有软件需要如此大的空间，48 位的虚拟地址不但缩小了页表占据的踪迹（footprint），也简化了 TLB 的硬件。

图 5-43 给出了这两款处理器的 cache。每个核都有一级指令 cache 和一级数据 cache，cache 块均为 64 字节。A53 的 Cache 相联度为两路组相联，而 i7 的为八路。i7 每个核的一级数据 cache 容量为 32 KiB，而 A53 每个核的一级数据 cache 容量可在 8 KiB 到 64 KiB 之间进行配置。两者一级指令 cache（每核）组织方式相同，均为 32 KiB 四路组相联。两款处理器中每个核都有指令和数据统一的二级 cache，cache 块均为 64 字节，A53 的二级 cache 容量为 128 KiB 到 1 MiB，而 Core i7 的二级 cache 容量固定为 256 KiB。由于 Core i7 用于服务器，因此也提供了共享的片上 L3 cache。

特点	ARM Cortex-A53	Intel Core i7
虚拟地址	48位	48位
物理地址	40位	36位
页表	大小可变：4、16、64KiB，1、2MiB、1GiB	可变：4KiB，2/4MiB
TLB组织	1个指令TLB和1个数据TLB 两个L1 TLB均为全相联，10个入口，轮转替换策略 混合L2 TLB均为四路组相联，512入口 硬件处理TLB缺失	每核1个指令TLB和1个数据TLB 两个L1 TLB均为四路组相联，LRU替换策略 L1 I-TLB对于小尺寸页面有128个入口，每线程对于大页面有7个入口 L1 D-TLB对于小页面有64个入口，大页面有32个入口 L2 TLB 四路组相联，LRU替换策略 L2 TLB有512个入口 硬件处理TLB缺失

图 5-42 ARM Cortex-A53 和 Intel Core i7 920 的地址转换和 TLB 硬件。两个处理器均支持用于操作系统或映射为帧缓冲器的大页面。大页面技术避免了将一个对象映射到多个入口的情况

特点	ARM Cortex-A53	Intel Core i7
L1 cache组织	数据、指令分离的cache	数据、指令分离的cache
L1 cache容量	数据/指令cache容量为8~64KiB	每个核的数据/指令cache均为32KiB
L1 cache相联度	两路（I），两路（D）组相联	八路（I），八路（D）组相联
L1替换策略	随机	近似LRU
L1块大小	64字节	64字节
L1写策略	写回，写分配（？）	写回，不写分配
L1命中时间（load-use）	1个时钟周期	4个时钟周期，流水执行
L2 cache组织	统一（指令和数据）	每个核统一（指令和数据）
L2 cache容量	128KiB~2MiB	256KiB（0.25MiB）
L2 cache相联度	八路组相联	四路组相联
L2替换策略	近似LRU	近似LRU
L2块大小	64字节	64字节
L2写策略	写回，写分配	写回，写分配
L2命中时间	11个时钟周期	12个时钟周期
L3 cache组织	—	统一（指令和数据）
L3 cache容量	—	2MiB/核，共享
L3 cache相联度	—	16路组相联
L3替换策略	—	近似LRU
L3块大小	—	64字节
L3写策略	—	写回，写分配
L3命中时间	—	44个时钟周期

图 5-43 ARM Cortex-A53 和 Intel Core i7 6700 的 cache。A53 的 L1 cache 缺失代价是 13 个时钟周期，L2 cache 的缺失代价是 124 个时钟周期

Core i7 采用了另外一些优化技术来降低缺失开销。第一种是请求字优先策略。在 cache 缺失时，继续执行访问数据 cache 的指令，设计者在设计乱序执行处理器时，为了隐藏 cache 缺失开销通常采用的该技术，称为**非阻塞 cache**（nonblocking cache）。他们实现了

非阻塞 cache：在处理器处理前面的 cache 缺失时仍可正常访问的 cache。

无阻塞的两个特点，缺失下的命中（hit under miss）允许在缺失期间有其他的 cache 命中；缺失下的缺失（miss under miss）允许有多个未解决的 cache 缺失。这两者中前者致力于用其他工作来隐藏一部分缺失延迟，而后者的目标在于重叠两个不同缺失的延迟。

对多个未完成的缺失重叠大部分的缺失时间，需要一个高带宽的存储系统来并行地处理多个缺失。在个人移动设备中，存储器只能获得这项功能的有限的益处，但是大型服务器的存储系统能并行处理多个未完成的缺失。

Core i7 对数据访问采用了预取技术，在数据缺失前，根据缺失数据的特点来预测下次数据访问的地址，并使用该地址进行数据预取。该技术在访问循环中的数组时非常有效。在大多数情况下，预取的仅仅是 cache 中的下一行。

这些芯片的存储器层次非常复杂，且芯核上很大一部分用作 cache 和 TLB。这些都是为了解决处理器运行和存储访问速度之间巨大差异的结果。

Cortex-A53 和 Core i7 存储器层次的性能

测量 Cortex-A53 存储层次时的配置包括：每核容量为 32KiB 的 L1 cache、一个容量为 1MiB 的 L2 cache，运行 SPECInt2006 基准测试程序。这些测试程序的 L1 指令 cache 缺失率就非常小：大部分接近于 0% 且小于 1%。缺失率如此低的原因可能是 SPECCPU 程序的计算密集型特征以及两路组相联的 cache 组织方式消除了绝大多数的冲突缺失。

图 5-44 给出了 Cortex-A53 的数据 cache 测试结果，其 L1 和 L2 的缺失率都比较高。不同测试程序的 L1 数据 cache 的缺失率相差 75 倍，为 0.5%～37.2%，中值为 2.4%。L2 数据 cache 的缺失率相差 180 倍，为 0.05%～9.0%，中值为 0.3%。基准测试程序 MCF 被称为 cache 破坏者，其 cache 缺失率最高，显著地影响着缺失率的平均值。L2 的全局缺失率明显低于 L2 的局部缺失率，例如，L2 局部缺失率的中值为 15.1%，而全局缺失率仅有 0.3%。

使用图 5-43 和图 5-45 中给出的缺失代价来展示数据访问平均开销。虽然 L1 缺失率大约是 L2 缺失率的 7 倍，但是由于 L2 的缺失代价高达 L1 缺失代价的 9.5 倍，因此，L2 缺失是影响存储系统性能的主要因素。

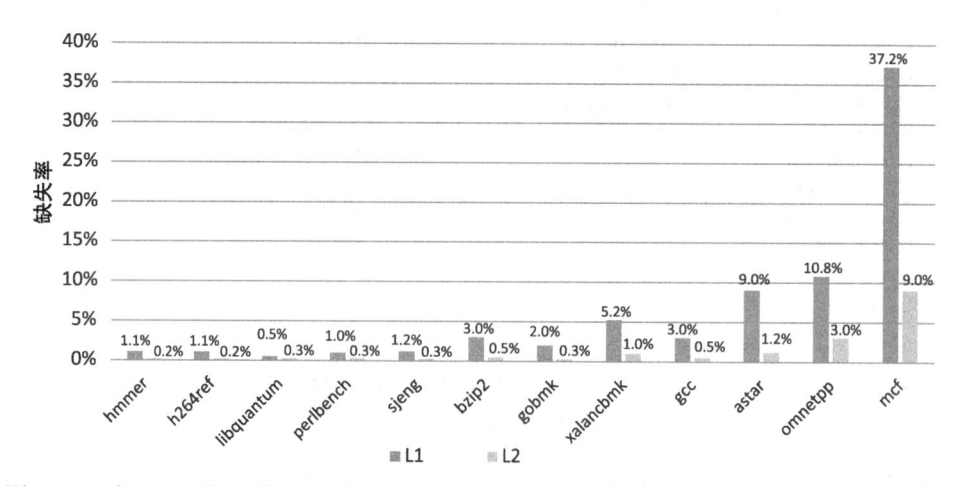

图 5-44 在 ARM 处理器上运行 SPECInt2006 时的 L1 数据 cache 缺失率和 L2 全局数据 cache 缺失率，其中 L1 的容量的 32KiB，L2 的容量为 1MiB。可以看到，应用程序对缺失率的影响非常大。对存储器需求大的应用的 L1 cache 和 L2 cache 的缺失率较高。需要注意的是，L2 cache 缺失率是全局缺失率，也就是说，包括那些 L1 cache 命中的所有访问。mcf 是公认的对 cache 不友好的程序

大容量和高速度：开发存储器层次结构　353

[图表：L1 和 L2 cache 访存开销柱状图]

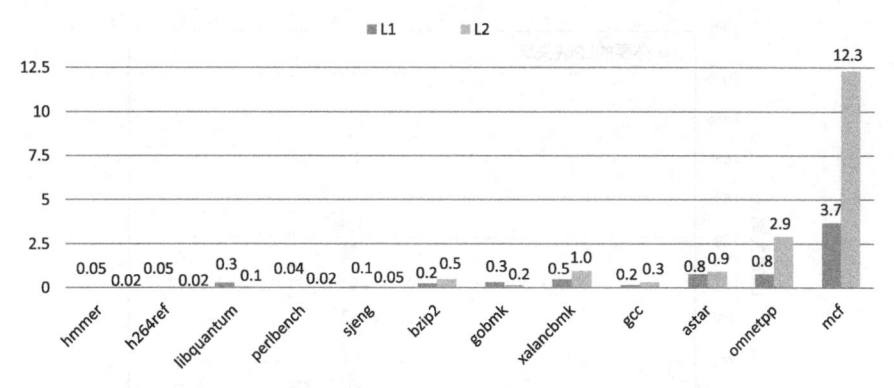

程序	L1	L2
hmmer	0.05	0.02
h264ref	0.05	0.02
libquantum	0.3	0.1
perlbench	0.04	0.02
sjeng	0.1	0.05
bzip2	0.2	0.5
gobmk	0.3	0.2
xalancbmk	0.5	1.0
gcc	0.2	0.3
astar	0.8	0.9
omnetpp	0.8	2.9
mcf	3.7	12.3

图 5-45　在 A53 处理器上运行 SPECInt2006 时，每次数据存储器访问时一级和二级 cache 的平均访存开销（以时钟周期计）。虽然 L1 cache 的缺失率非常高，但是 L2 cache 的缺失开销高了 5 倍以上，这意味着 L2 cache 缺失对性能影响非常大

i7 的指令预取部件试图每周期取入 16 字节，因为每周期取入多条指令（平均约为 4.5 条），所以使指令 cache 缺失率的比较变得较为复杂。由于指令 cache 的容量为 32KiB，且采用八路组相联的结构，因此 SPECInt2006 程序的指令 cache 缺失率很低，通常小于 1%。指令预取部件由于 I-cache 缺失进行等待的频率同样也很低。

图 5-46 和图 5-47 给出了必要的存储器访问的 L1 和 L2 cache 的缺失率，其中的数据都是相对于 L1 的访问次数（读操作和写操作）。因为 L3 的缺失开销超过了 100 个时钟周期，所以 L3 非常关键。虽然 L3 数据 cache 的缺失率仅为 0.5%，小于 L2 数据 cache 缺失率的 1/3，比 L1 的必要缺失率低 10 倍，但其缺失率仍然是很高的。

[图表：SPECInt2006 基准测试程序的 L1 数据 cache 缺失率柱状图]

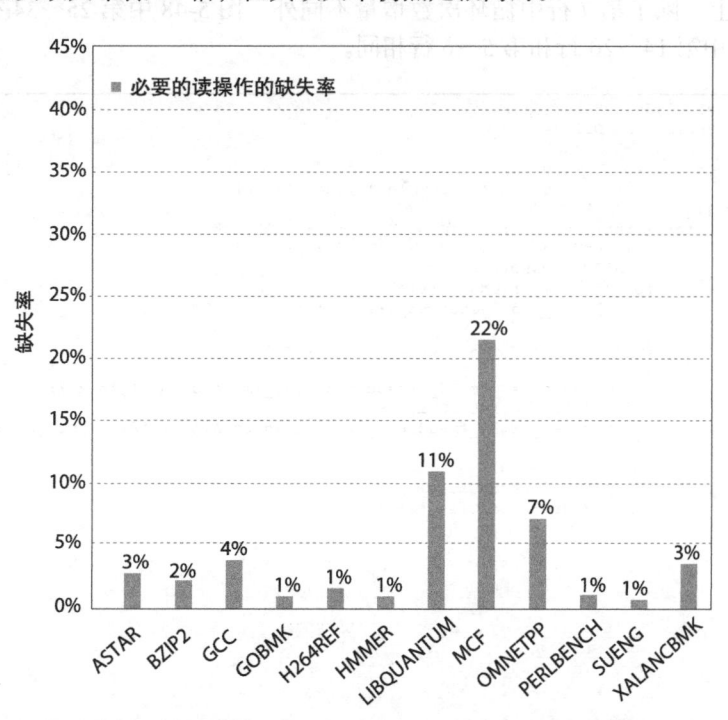

必要的读操作的缺失率

程序	缺失率
ASTAR	3%
BZIP2	2%
GCC	4%
GOBMK	1%
H264REF	1%
HMMER	1%
LIBQUANTUM	11%
MCF	22%
OMNETPP	7%
PERLBENCH	1%
SUENG	1%
XALANCBMK	3%

图 5-46　SPECInt2006 基准测试程序的 L1 数据 cache 缺失率，这些数据是相对于必要的存储器访问（不包含预取）的。这些数据与本节后面的数据都是由路易斯安那州立大学 Lu Peng 教授和博士生 Qun Liu 收集的，参见文献（peng et al., 2008）

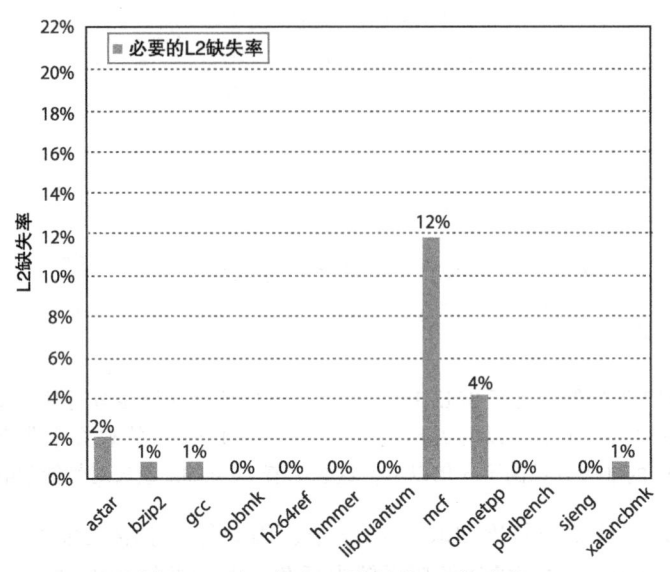

图 5-47 相对于 L1 访问的 L2 缺失率

5.14 加速：cache 分块和矩阵乘法

在第 3 章和第 4 章中已经通过子字并行和指令级并行来优化 DGEMM 的性能，可进一步通过在硬件上采用 cache 分块技术继续对其性能进行优化。图 5-48 给出了图 4-80 中 DGEMM 的分块版本。其变化与从图 2-43 中未做优化的 DGEMM 版本到图 5-21 的分块版本类似。此处使用第 4 章中循环展开后的 DGEMM 版本，并将其在 A、B、C 的子矩阵上调用多次。事实上，除了第 7 行中循环次数增量不同外，图 5-48 中第 25～34 行和第 7～8 行分别与图 5-21 中第 14～20 行和第 5～6 行相同。

```
1   #include <x86intrin.h>
2   #define UNROLL (4)
3   #define BLOCKSIZE 32
4   void do_block (int n, int si, int sj, int sk,
5                  double *A, double *B, double *C)
6   {
7     for ( int i = si; i < si+BLOCKSIZE; i+=UNROLL*8 )
8       for ( int j = sj; j < sj+BLOCKSIZE; j++ ) {
9         __m512d c[UNROLL];
10        for (int r=0;r<UNROLL;r++)
11          c[r] = _mm512_load_pd(C+i+r*8+j*n); //[ UNROLL];
12
13        for( int k = sk; k < sk+BLOCKSIZE; k++ )
14        {
15          __m512d bb = _mm512_broadcastsd_pd(_mm_load_sd(B+j*n+k));
16          for (int r=0;r<UNROLL;r++)
17            c[r] = _mm512_fmadd_pd(_mm512_load_pd(A+n*k+r*8+i), bb, c[r]);
18        }
19
20        for (int r=0;r<UNROLL;r++)
21          _mm512_store_pd(C+i+r*8+j*n, c[r]);
22      }
23  }
24
25  void dgemm (int n, double* A, double* B, double* C)
26  {
27    for ( int sj = 0; sj < n; sj += BLOCKSIZE )
28      for ( int si = 0; si < n; si += BLOCKSIZE )
29        for ( int sk = 0; sk < n; sk += BLOCKSIZE )
30          do_block(n, si, sj, sk, A, B, C);
31  }
```

图 5-48 对图 4-80 中的 DGEMM 使用 cache 分块优化后的 C 版本。这些变化与图 5-21 中的相同。编译器为 do_block 函数生成的汇编代码与图 4-81 中的代码几乎相同。需要再次强调的是，由于编译器采用内联函数调用，do_block 的调用没有开销

分块方法的收益随着矩阵规模的增大而增长。由于对每个矩阵元素进行浮点操作的数量相同，且与矩阵规模无关，因此，我们可以使用每秒计算的浮点操作次数来评估性能。图 5-49 使用 GFLOP/s 为单位，对未优化的 C 版本和采用子字并行、指令级并行以及 cache 优化的性能进行了对比。对于中等规模的矩阵，分块相对于展开的 AVX 代码，性能提升了 1.5～1.7 倍，而对于大矩阵，性能提升了 10 倍。由于最小的矩阵能够完全放入 L1 cache，因此分块没有提升性能。如果同时采用这三种优化技术，则性能提高 14～41 倍，且矩阵越大，性能提升幅度越大。

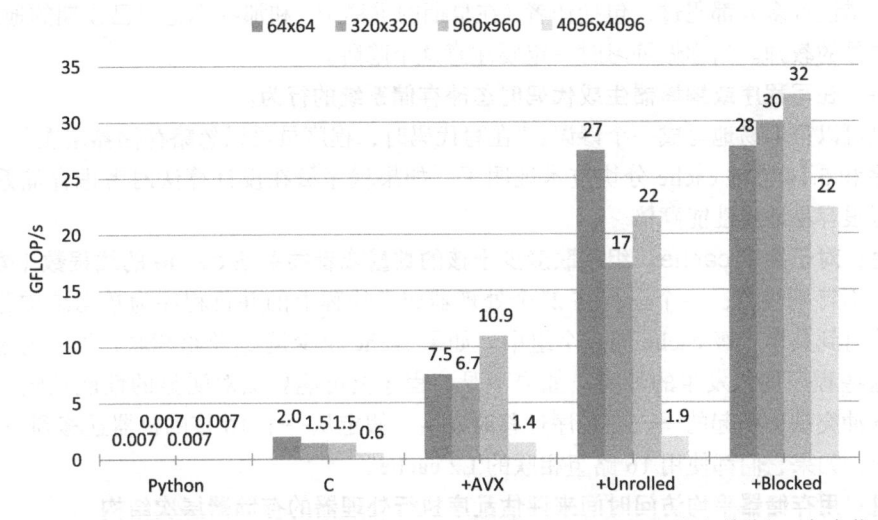

图 5-49　矩阵规模变化时，多个版本 DGEMM 的性能（以 GFLOP/ 秒为单位）。完全优化的代码的性能是第 2 章中 C 版本的 14～32 倍。对于所有规模的矩阵，Python 的运行速度只有 0.007 GFLOP/ 秒。Intel i7 硬件通过从 L3 cache 预取数据到 L1 和 L2 cache 进行推测执行，但是分块技术取得的收益没有在一些处理器上的收益高

5.15　谬误与陷阱

作为计算体系结构中最自然的定量原则，存储器层次结构似乎不太容易受到谬误和陷阱的影响。但实际上却并非如此，不仅有很多谬误传播，还遇到了陷阱，而且其中的一些还导致了重大的负面结果。下面以学生在练习和考试中经常遇到的陷阱开始讲解。

陷阱：在模拟 cache 的时候，忘记说明字节编址或者 cache 块大小。

当模拟 cache 的时候（手动或者通过计算机），我们必须保证，在确定一个给定的地址被映射到哪个 cache 块中时，一定要考虑字节编址和多字块的影响。例如，一个容量为 32 字节的直接映射的 cache，块大小为 4 字节，则字节地址 36 映射到 cache 的块 1，因为字节地址 36 是块地址 9，且（9 mod 8）= 1。另外，如果地址 36 是字地址，那么它就映射到块（36 mod 8）= 4。保证清楚地说明地址的基。

同样，我们必须说明块的大小。假设一个 256 字节大小的 cache，块大小为 32 字节。那么字节地址 300 将落入哪一块中？如果我们将地址 300 划分成字段，就能看到答案：

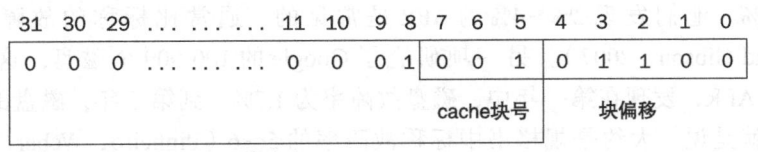

31 30 29 ... ... 11 10 9 8	7 6 5	4 3 2 1 0
0 0 0 ... ... 0 0 0 1	0 0 1	0 1 1 0 0
块地址	cache 块号	块偏移

字节地址 300 是块地址

$$\left\lfloor \frac{300}{32} \right\rfloor = 9$$

cache 中的块数是

$$\left\lfloor \frac{256}{32} \right\rfloor = 8$$

块号 9 对应于 cache 块号（9 mod 8）=1。

这个错误许多人都犯过，包括作者（在早期的书稿中）和那些忘记自己预期的地址是字、字节或块号的教师。当你做练习时一定要注意这个陷阱。

陷阱：在写程序或编译器生成代码时忽略存储系统的行为。

这也可以很容易地写成一个谬误："在写代码时，程序员可以忽略存储器层次"。图 5-19 中的排序和 5.14 节的 cache 分块技术证明了，如果程序员在设计算法时考虑存储系统的行为，则可很容易地将性能翻倍。

陷阱：对于共享 cache，组相联度少于核的数量或者共享该 cache 的线程数（第 6 章）。

如果不特别注意，一个运行在 2^n 个处理器或者线程上的并行程序为数据结构分配的地址可能映射到共享二级 cache 同一个组中。如果 cache 至少是 2^n 路组相联，那么通过硬件可以隐藏这些程序偶尔发生的冲突。如果不是，程序员可能要面对明显的性能缺陷——由于 L2 cache 冲突缺失引起的——在程序迁移时发生，假定从一个 16 核的机器迁移到一个 32 核的机器上，如果它们都使用 16 路组相联的 L2 cache。

陷阱：用存储器平均访问时间来评估乱序执行处理器的存储器层次结构。

如果处理器在 cache 缺失时阻塞，那么你可以分别计算存储器阻塞时间和处理器执行时间，因此可以使用存储器平均访问时间来独立地评估存储器层次结构（见 5.4 节）。

如果处理器在 cache 缺失时继续执行指令，甚至可能维持更多的 cache 缺失，那么唯一可以用来准确评估存储器层次结构的办法是模拟乱序处理器和存储器结构。

陷阱：通过在未分段地址空间的顶部增加段来扩展地址空间。

在 20 世纪 70 年代，许多程序都变得很大，以至于不是所有的代码和数据都能仅用 16 位地址寻址。于是，计算机修改为 32 位地址，一种方法是直接使用未分段的 32 位地址空间（也称为平面地址空间），另一种方法是将 16 位的段地址添加到已经存在的 16 位地址上。从市场观点来看，增加程序员可见的段，并迫使程序员和编译器将程序划分成段，这样可以解决寻址问题。但遗憾的是，任何时候，一种程序设计语言要求的地址大于一个段的范围就会有麻烦，比如大数组的索引、无限制的指针或者是引用参数。此外，增加段可以将每个地址变成两个字——一个是段号，另一个是段内偏移——这些在使用寄存器中的地址时就会出现问题。

谬误：实际的磁盘故障率和规格书中声明的一致。

两项研究评估了大量磁盘，目的是检查实际结果和规格之间的关系。其中一项研究了将近 100 000 个磁盘，这些磁盘标称其 MTTF 为 1 000 000~1 500 000 小时，或 AFR 为 0.6%~0.8%。他们发现 2%~4% 的 AFR 是常见的，通常比标称的故障率高 3~5 倍（Schroeder and Gibson, 2007）。另一项研究了 Google 的 100 000 个磁盘，这些磁盘标称具有 1.5% 的 AFR，发现在第一年中，磁盘故障率为 1.7%，到第三年，磁盘的故障率上升到 8.6%，也就是说，大约是规格书中标称故障率的 5~6（Pinheiro, Weber, and Barroso,

2007）。

谬误：操作系统是调度磁盘访问最好的地方。

如 5.2 节所提到的，高层磁盘接口为宿主操作系统提供逻辑块地址。考虑这一高层抽象，OS 所能做的提升性能最好的方法是将逻辑块地址按照递增的顺序排序。然而，由于磁盘知道逻辑地址被映射到实际的物理扇区、磁道上以及磁面上，因此可以通过调度减少旋转以及寻道的时间。

例如，假设工作负载是 4 个读操作（Anderson，2003）：

操作	LBA的起始地址	长度
读	724	8
读	100	16
读	9987	1
读	26	128

宿主 OS 可能对 4 个读操作重新进行调度，编排成逻辑块的读操作的顺序：

操作	LBA的起始地址	长度
读	26	128
读	100	16
读	724	8
读	9987	1

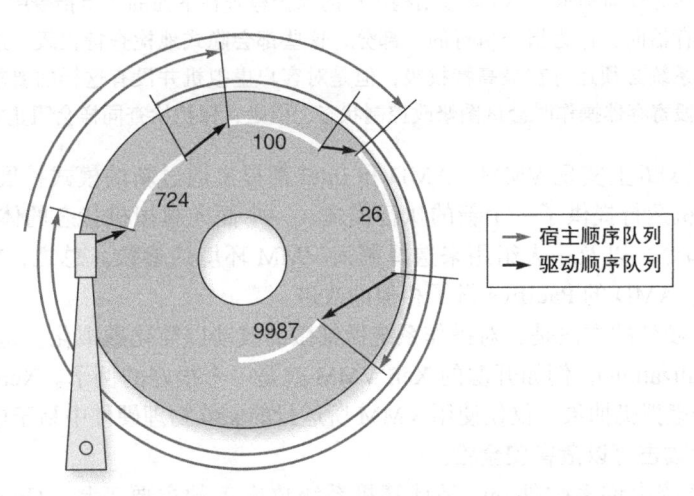

依赖于数据在磁盘中的相对位置，如图 5-50 所示，重新编排 I/O 顺序可能会使情况变得更糟。磁盘调度的读操作在磁盘的 3/4 的旋转周期就全部完成，而操作系统调度的读操作花费了 3 个旋转周期。

图 5-50 OS 调度与磁盘调度访问的例子，标记为宿主顺序队列和驱动顺序队列。前者完成 4 个读操作需要 3 个旋转周期，而后者完成 4 个读操作仅仅在一个 3/4 的旋转周期即可完成 [资料来源：Anderson（2003）]

陷阱：在不面向虚拟化设计的指令集体系结构上实现虚拟机监视器。

在 20 世纪 70 年代和 80 年代，很多计算机体系结构设计者并未确保所有读写与硬件相关信息的指令都是特权指令。这种放任的态度导致了 VMM 在这些体系结构上存在问题，包括 x86，这里我们就以它为例。

图 5-51 给出了 18 条指令造成虚拟化问题的指令（Robin and Irvine，2000）。其中两大

类指令是：
- 在用户模式下读控制寄存器，暴露客户操作系统运行在一个虚拟机上（如前面提到的 POPF）。
- 检查段式体系结构所需的保护，但假设操作系统在最高的特权级运行。

问题种类	x86的问题指令
当运行在用户模式时，访问敏感寄存器无须trap中断	存储全局描述符表寄存器（SGDT） 存储局部描述符表寄存器（SLDT） 存储中断描述符表寄存器（SIDT） 存储机器状态字（SMSW） 标志入栈（PUSHF，PUSHFD） 标志出栈（POPF，POPFD）
在用户模式下访问虚拟存储机制时，x86保护检查指令失效	从段描述符读取访问权限（LAR） 从段描述符读取段的边界（LSL） 检查段描述符是否可读（VERR） 检查段描述符是否可写（VERW） 段寄存器出栈（POP CS，POP SS，…） 段寄存器入栈（PUSH CS，PUSH SS，…） 远调用不同的特权级（CALL） 远返回至不同的特权级（RET） 远跳转至不同的特权级（JMP） 软中断（INT） 存储段选择寄存器（STR） 移入/移出段寄存器（MOVE）

图 5-51　造成虚拟化问题的 18 条 x86 指令的概述（Robin and Irvine，2000）。上面一组的前 5 条指令允许程序在用户模式下读控制寄存器（如描述符表寄存器），而不会造成自陷（trap）。标志出栈指令会修改包含敏感信息的控制寄存器，但在用户模式下将失效而无任何提示。x86 体系结构中段的保护检查在下面的一组指令中，当读取控制寄存器时，作为指令执行的一部分，这些都会隐式地检查特权级。进行检查时操作系统必须运行在最高特权级，但是对客户虚拟机并没有这样的要求。只有在移入段寄存器操作时会试图修改控制状态，但是，保护检查同样会阻止它这么做

为了简化在 x86 上实现 VMM，AMD 和 Intel 都提出通过新的模式扩展体系结构。Intel 的 VT-x 为虚拟机运行提供了一个新的执行模式、一个面向虚拟机状态的体系结构定义、快速虚拟机切换指令，以及一大组用来选择调入 VMM 环境的参数。总之，VT-x 在 x86 中加了 11 条新指令。AMD 的 Pacifica 做了相似的改进。

另一种修改硬件的方法是，对操作系统做细微的改动以简化虚拟化。这种技术称为泛虚拟化（paravirtualization），例如开源的 Xen VMM 就是一个很好的例子。Xen VMM 提供给客户操作系统一个虚拟机抽象，仅仅使用 VMM 所运行的 x86 物理硬件中易于虚拟化的一部分。

陷阱：硬件攻击可以危害安全性。

由于操作系统中许多软件 bug 是计算机系统攻击者的主要工具，Google 在 2015 年证实，一个用户程序可以通过利用 DDR3 DRAM 芯片中的一个弱点来破坏虚拟存储保护。考虑到 DRAM 内部的二维结构和 DDR3 DRAM 的存储单元非常小，研究者发现通过对 DDR3 DRAM 中的一行重复进行写操作 [称为"敲击"（hammering）]，可以导致邻近的行产生干扰错误，使得受害的行中发生位翻转。聪明的攻击者能够使用"row hammer"技术来改变页表入口中的保护位，从而获得操作系统试图保护的存储区域的访问权。后来，微处理器和 DRAM 中采用了检测 row hammer 攻击并进行防御的机制。

许多安全性研究者在此之前都认为硬件不存在安全性问题，该攻击方法颠覆了他们的认知。我们将在第 6 章的谬误与陷阱中看到，row hammer 仅仅是这类新型攻击载体中的一种。

5.16 本章小结

无论在最快的计算机还是最慢最便宜的计算机中，构成主存的原材料——DRAM 本质是相同的，这使构建一个和快速处理器保持同步的存储系统变得非常困难。

局部性原理可以用来克服存储器访问的长延迟——这个策略的正确性已经在存储器层次结构的各级中都得到了证明。尽管这些层次从量的角度来看非常不同，但是在操作过程中都遵循相似的策略，并且利用相同的局部性原理。

多级 cache 可以更方便地使用更多的优化，这有两个原因。第一，较低级 cache 的设计参数与一级 cache 不同。例如，由于较低级 cache 的容量一般很大，因此可以使用更大的块。第二，较低级 cache 并不像一级 cache 那样经常被处理器用到。这使得我们考虑当较低级 cache 空闲时需要让它做一些事情，以预防将来的缺失。

另一个趋势是寻求软件的帮助。使用多种程序转换和硬件设备有效地管理存储器层次结构，是增强编译器作用的主要焦点。现在有两种不同的观点。一种是重新组织程序结构以增强其空间和时间局部性。这种方法主要针对以大数组为主要数据结构的面向循环的程序；大规模的线性代数问题就是一个典型的例子，例如 DGEMM。通过重新组织访问数组的循环增强了局部性，也因此改进了 cache 性能。

还有一种方法是预取（prefetching）。在预取机制中，一个数据块在真正被访问之前就被取入 cache 中了。许多微处理器使用硬件预取尝试预测存储器的访问，这对于软件可能比较困难。

预取：使用特殊指令将未来可能用到的指定地址的 cache 块提前搬到 cache 中的一种技术。

第三种方法是使用优化存储器传输的特殊 cache 感知（cache-aware）指令。例如，在第 6 章的 6.11 节中，微处理器使用了一个优化设计：当发生写缺失时，由于程序要写整个块，因而并不从主存中取回一个块。对于一个内核来说，这种优化明显减少了存储器的传输。

我们将在第 6 章中看到，对并行处理器来说，存储系统也是一个核心设计问题。存储器层次结构决定系统性能的重要性在不断增长，这也意味着在未来的几年内，这一领域对设计者和研究者来说将持续成为焦点。

5.17 历史观点和拓展阅读

本节内容可从本书网站获取，描述了存储器技术的概况，从汞延迟线到 DRAM、存储器层次结构的发明、保护机制以及虚拟机，最后以操作系统的简单发展历史作为总结，包括 CTSS、MULTICS、UNIX、BSD UNIX、MS-DOS、Windows 和 Linux。

5.18 自学

访存次数越多命中率越高？ 图 5-9 给出了一个小容量的直接映射 cache 在 9 次访存之后的状态，其中最后一次的访存地址是 16。假设之后的 5 次访存来源于一个循环，地址分别为 18、20、22、24 和 26。这 5 次访存中的命中次数是多少？cache 状态如何？

相联度越高越好？ 假设使用两路组相联替代图 5-9 中的直接映射，对访存地址 18、20、22、24 和 26，能否将其中的缺失变为命中？请说明原因，使用 3C 模型解释你的答案。

冷藏/冷冻的类比。 从图书馆到洗衣房，本书使用类比来解释计算机的相关概念。这次要求你使用对食物进行冷藏来解释存储层次。对于下列食物冷藏机制和事件，能够类比存储层次中的哪一级或哪个概念？

1. 厨房中的冰箱（注意，这里的冰箱仅仅具有冷藏功能）。
2. 集成冷冻功能的冰箱（将冷藏和冷冻集成在一个机器中，通常上层是冷藏室，下层是冷冻室）。
3. 位于车库或地下室中的冰柜（仅具有冷冻功能的设备）。
4. 一个食品杂货店中存放冷冻食物的冰柜。
5. 为杂货店提供冷冻食物的供货商。
6. 从冰箱中取出用于烹饪的食物。
7. 从冰箱中取出食物所花费的时间。
8. 将烹饪好的食物放入冰箱。
9. 在烹饪前，将食物从冷冻室取出并放入冷藏室进行解冻。
10. 冷冻室食物的解冻时间。
11. 将食物从冷藏室转到冷冻室以便以后食用。
12. 在冰柜和集成冰箱之间移动食物。
13. 从食品杂货店购买新的食物并保存在集成冰箱中。

冷藏 / 冷冻框架。5.8 节给出了一个存储器层次的通用框架。该框架中哪些思想可以移植到冷藏 / 冷冻食物中？哪些思想不能移植？

冷藏 / 冷冻的 C 模型。5.8 节也给出了理解 cache 缺失的 3C 模型。哪些模型能够用于冷藏 / 冷冻框架中？对每种模型给出一个实例进行类比，如果哪个模型不适用该架构，给出理由。

冷藏 / 冷冻失效。计算机存储器层次中哪些概念或思想不适于类比食物的冷藏 / 冷冻？至少给出 3 个例子。

敲击（hammering）虚拟机。对于如 Amazon Web Services 的云计算公司，为什么硬件的安全缺陷（例如 5.18 节的 Row Hammer）的危害性非常大？

自学的答案

访存次数越多命中率越高？ 下表是 5 次访存的地址和 cache 的访问情况。

访问的十进制地址	访问的二进制地址	在cache中命中/缺失	分配的cache块（查找或放置的位置）
18	10010	命中	$(10010_2 \bmod 8)= 010_2$
20	10100	缺失	$(10100_2 \bmod 8)= 110_2$
22	10110	命中	$(10110_2 \bmod 8)= 110_2$
24	11000	缺失	$(11000_2 \bmod 8)= 000_2$
26	11010	缺失	$(11010_2 \bmod 8)= 010_2$

因此这 5 次访存中，2 次命中，3 次缺失。

下表是使用地址 26 访问之后的 cache 状态。

索引	V	标记	数据
000	Y	10_2	Memory (11000_2)
001	N		
010	Y	10_2	Memory (11010_2)
011	Y	00_2	Memory (00011_2)
100	Y	10_2	Memory (10100_2)
101	N		
110	Y	10_2	Memory (10110_2)
111	N		

相联度越高越好？ 块 20 和块 24 是首次访问，因此这两次缺失是 3C 模型中的强制缺失，提高相联度对它们没有帮助。

在 5.3 节，块 26 在第 2 次访存时取入 cache，并放置在 cache 中的块 2。在第 8 步使用地址 18 访存时，由于地址 18 也映射到 cache 的块 2，因此在直接映射 cache 中发生了冲突缺失，块 26 被替换出去。两路组相联 cache 可以避免这种冲突缺失，使得在考察的 5 个访存地址中多了一次命中。

为了准确给出所有的命中与缺失，由于地址映射会随着相联度的不同而改变，因此必须在两路组相联映射结构中对原先的 9 个地址和要考察的 5 个地址进行重新评估，以确定每次访存命中与否，从而看到具体影响。我们把这个工作作为练习留给读者。

冷藏 / 冷冻的类比。 根据将冰柜类比成 L3 cache 或存储器，存储层次结构有两种合理的解释。在本解答中将其类比为 L3 cache。

1. L1 cache：厨房中的冰箱。
2. L2 cache：集成冷冻功能的冰箱。
3. L3 cache：位于车库或地下室中的冰柜。
4. 内存：一个食品杂货店中存放冷冻食物的冰柜。
5. 二级（或辅助）存储器：为杂货店提供冷冻食物的供货商。
6. L1 cache 读操作：从冰箱中取出用于烹饪的食物。
7. L1 cache 读命中时间：从冰箱中取出食物所花费的时间。
8. L1 cache 写操作：将烹饪好的食物放入冰箱。
9. L1 cache 缺失时访问 L2 cache：在烹饪前，将食物从冷冻室取出并放入冷藏室进行解冻。
10. L2 cache 读命中时间：冷冻室食物的解冻时间。
11. L1 cache 和 L2 cache 之间的数据传输，例如，在 L1 cache 缺失或写回时需要的数据传输：将食物从冷藏室转到冷冻室以便以后食用。
12. L2 cache 和 L3 cache 之间的数据传输，例如，在 L2 cache 缺失或写回时需要的数据传输：在冰柜和集成冰箱之间移动食物。
13. L3 cache 读操作缺失，访问内存：从食品杂货店购买新的食物并保存在集成冰箱中。

冷藏 / 冷冻框架。
- **一个块可以放置在何处？** 在对食物进行冷藏或冷冻时，对食物的放置位置没有限制，因此在每个层次最接近于全相联映射。而食物杂货店是一个例外，这里的食物按类型分组，并且每个冷冻室都有一个索引来标记食物的类型。
- **如何找到一个块？** 由于食物放置采用全相联模式，因此需要在整个存储空间进行查找（食物杂货店除外）。
- **cache 缺失时替换哪一块？** 比较合理的类比是，根据食物包装上的失效日期选择购买时间最长的食物进行替换。
- **如何进行写操作？** 在进行写操作时，存储器层次通常拷贝数据，而不是移动数据，因此冷藏 / 冷冻框架中没有合适的类比，最接近的选项是写回。

冷藏 / 冷冻的 C 模型。 3C 模型包括：
1. 强制缺失
2. 容量缺失
3. 冲突缺失

一个强制缺失的类比是，你需要一盘巧克力冰激凌，但是厨房中的冰箱、集成冷冻功能的冰箱、冰柜中都没有了，因此，你不得不到食物杂货店去购买。如果食物杂货店里也没有巧克力冰激凌，则发生了冷藏/冷冻的页面异常！如果食物杂货店里有巧克力冰激凌，则可满足你的需求，但是花费的时间比你预期的要长得多。

容量缺失也适合该框架。在你所处的层次中，由于没有足够的空间容纳需求的数量，必须从下一个层次中取入，此时就发生了容量缺失。

冷藏/冷冻的组织方式与实际 cache 的全相联一样，因此没有冲突缺失。

冷藏/冷冻失效。下面是存储器层次中一些不能类比食物的冷藏/冷冻的情况。

1. 固定的块大小。食物有各种形状，且占据的空间大小也各不相同，因此不能使用一个"相等的块"为单位来表示。与之最接近的可能是军用的即时餐（Meals Ready to Eat, MRE），但是大部分人都不食用此类食物。

2. 空间局部性。由于食物没有一个"块大小"，因此很难给出空间局部性的类比。但是食品杂货店是例外，数量较多的同种食物通常放置在一起，因此表现出空间局部性。

3. 对 L3 cache 的写回。很显然，食品杂货店不会允许你将冰柜中的食物以下面的原因退回："我很长时间没有吃这个食物，现在我需要在冰柜中保存其他食物，你能否帮我保存该食物到我需要的时候？"

4. L1 cache 缺失和数据完整性。虽然冷冻室之间的类比能够很好地工作，但是大多数食物不能反复地解冻之后再次进行冷冻，而不进行烹饪，因此在类比 L1 cache 缺失时会存在问题。如果计算机按照这种类比的方式工作，数据可能会在一些 cache 缺失之后被破坏，这将可能是灾难性的。

5. 层次间的包含性。包含性是最流行的 cache 策略，是指某一级 cache 中的所有数据在下一存储器层次中均有备份，因为对数据进行复制很简单。(写回和其他情况会造成不一致的值，但是数据的一些版本位于更低的层次。) 我们不可能为更低存储器层次立即复制物理对象，因此我们在此期间遵循的是独占策略，即数据只存在于一个存储层次。

敲击（Hammering）虚拟机。诸如 Amazon Web Services 之类的公司通过多个虚拟机共享一台服务器的方式提供价格低廉的云服务，并使用虚拟存储器和虚拟机提供保护机制。如果 AWS 能够确保这些保护机制中没有安全性的 bug，那么即使具有竞争关系的客户同时在同一硬件上运行各自的程序，也不可能访问到对方的敏感数据。尽管软件设计得非常完美，但是通过使用诸如 row hammer 的硬件攻击，对手依然能够接管服务器并获取竞争者的敏感数据。

为了应对这些潜在的弱点，AWS 为客户提供了另外一种选择，即可以独占服务器完成任务，但是每小时的使用价格要增加 5%（2020 年的数据）。

5.19 练习题

5.1 本题考察矩阵计算中存储器的局部特性。下面的代码用 C 语言编写，同一行中的元素连续存放。假定每个字是 32 位整数。

```
for (I=0; I<8; I++)
  for (J=0; J<8000; J++)
    A[I][J]=B[I][0]+A[J][I];
```

5.1.1 [5] <5.1>16 字节的 cache 块中可以存放多少个 32 位的整数？

5.1.2 [5]<5.1> 访问哪些变量会显示出时间局部性？

5.1.3 [5]<5.1> 访问哪些变量会显示出空间局部性？

局部性同时受访问顺序和数据存放位置的影响。同样的计算也可以用下面的 MATLAB 语言编写，但与 C 语言代码不同的是，矩阵元素按列连续存放。

```
for I=1:8
  for J=1:8000
    A(I,J)=B(I,0)+A(J,I);
  end
end
```

5.1.4 [10]<5.1> 存放全部将被访问的 32 位矩阵元素需要多少 16 字节的 cache 块？

5.1.5 [5]<5.1> 访问哪些变量会显示出时间局部性？

5.1.6 [5]<5.1> 访问哪些变量会显示出空间局部性？

5.2 cache 为处理器提供了一个高性能的存储器层次结构，因此十分重要。下面是一个 32 位存储器地址引用的列表，给出的是字地址。

0x03, 0xb4, 0x2b, 0x02, 0xbf, 0x58, 0xbe, 0x0e, 0xb5, 0x2c, 0xba, 0xfd

5.2.1 [10]<5.3> 已知一个直接映射 cache，有 16 个块，块大小为 1 个字。对于每次访问，请标识出二进制地址、标记以及索引。假设 cache 最开始为空，那么请列出每次访问是命中还是缺失。

5.2.2 [10]<5.3> 已知一个直接映射 cache，有 8 个块，块大小为 2 个字。对于每次访问，请标识出二进制地址、标记以及索引。假设 cache 最开始为空，那么请列出每次访问是命中还是缺失。

5.2.3 [20]<5.3, 5.4> 对已知的访问优化 cache 的设计。这里有三种直接映射 cache 设计方案，每个容量都为 8 个字：

- C1 块大小为 1 个字。
- C2 块大小为 2 个字。
- C3 块大小为 4 个字。

5.3 按照惯例，cache 根据包含的数据量进行命名（例如一个 4KiB 的 cache 可以存放 4KiB 的数据），然而，cache 还需要使用 SRAM 存储元数据，例如标记和有效位。在本题中，将会看到 cache 的配置如何影响所需的 SRAM 容量以及不同配置对 cache 性能的影响。假定 cache 按字节编址，且地址和字都是 64 位。

5.3.1 [10]<5.3> 要实现一个 32KiB、块大小为 2 个字的 cache，计算所需的 SRAM 总位数。

5.3.2 [10]<5.3> 要实现一个 64KiB、块大小为 16 个字的 cache，计算所需的 SRAM 总位数。这个 cache 比练习题 5.3.1 中的 cache 大了多少？（注意，通过改变块的大小，将数据容量增加了一倍，但整个 cache 的大小并没有增加一倍。）

5.3.3 [5]<5.3> 对于 64KiB 的 cache，请解释为什么尽管其数据规模较大，但性能可能会比第一个 cache 低。

5.3.4 [5]<5.3, 5.4> 请给出一系列的读请求，使其在 32KiB 的两路组相联 cache 上的缺失率小于练习 5.3.1 中的 cache。

5.4 [15]<5.3> 5.3 节展示了对直接映射 cache 进行索引的典型方法，即（块地址）mod（cache 中的块数）。假设有一个 64 位地址的 cache，其中含有 1024 个块，考虑一种不同的索引方法：块地址的 [63:54] 位与块地址的 [53:44] 位进行异或运算。能否使用该方法来索引直接映射

cache？如果可以，请解释原因并讨论cache可能需要的修改。如果不行，请解释原因。

5.5 对于一个32位地址的直接映射cache，下面的地址位用来访问cache。

标记	索引	偏移量
31~10	9~5	4~0

5.5.1 [5]<5.3>cache块大小是多少（单位为字）？

5.5.2 [5]<5.3>cache有多少项？

5.5.3 [5]<5.3>这样的cache实现时所需的总位数与数据存储位数之间的比率是多少？

下表记录了从上电开始的cache访问的字节地址。

					地址					
十六进制	00	04	10	84	E8	A0	400	1E	8C	C1C	B4	884
十进制	0	4	16	132	232	160	1024	30	140	3100	180	2180

5.5.4 [20]<5.3> 对于每个访问，请列出：(1)标记、索引、偏移；(2)是否命中或缺失；(3)哪些字节被替换（如果有）。

5.5.5 [10]<5.3> 命中率是多少？

5.5.6 [20]<5.3> 列出cache的最终状态，每个有效项表示为<索引，标记，数据>的形式。

5.6 回忆一下两个写策略和写分配策略，它们结合起来既可以在一级cache（L1）中实现，也可以在二级cache（L2）中实现。假定一级和二级cache的选择如下：

L1	L2
写直达，写不分配	写回，写分配

5.6.1 [5]<5.3, 5.8> 在存储器层次结构中的不同层使用缓冲区（buffer）来降低访问延迟。对这个给定的配置，列出L1 cache与L2 cache之间，以及L2 cache与存储器之间可能需要的缓冲区。

5.6.2 [20]<5.3, 5.8> 描述处理L1 cache写缺失的过程，考虑涉及的组件以及替换一个脏块的可能性。

5.6.3 [20]<5.3,5.8> 对于一个多级不包含（exclusive）cache（一个块只能存放在一个cache层次中，要么在L1 cache中，要么在L2 cache中）配置，描述处理L1 cache写缺失的过程，考虑涉及的组件以及替换一个脏块的可能性。

5.7 考虑下面的程序和cache行为。

每1000条指令中数据读的次数	每1000条指令中数据写的次数	指令cache缺失率	数据cache缺失率	块大小（字节）
250	100	0.30%	2%	64

5.7.1 [10]<5.3, 5.8> 假定一个CPU使用写直达法、写分配策略的cache，CPI为2，那么RAM和cache之间的读写带宽是多少（以每周期字节数来度量）？（假设每个缺失产生一个块的请求。）

5.7.2 [5]<5.3, 5.8> 对于一个使用写回法、写分配策略的cache，假定30%被替换的数据块为脏块，如果CPI为2，那么所需的最小读写带宽是多少？

5.8 播放音频或视频文件的多媒体应用是一类被称为"流"的负载的一部分，即取回大量的数据，但是大部分数据都不会再使用。考虑一个视频流负载依次访问一个512KiB的工作集的情况，地址流如下：

0, 1, 2, 3, 4, 5, 6, 7, 8, 9, …

5.8.1 [10] <5.4, 5.8> 假设有一个 64KiB 的直接映射 cache，cache 块大小为 32 字节。那么对于上面的地址流，缺失率是多少？当 cache 容量或者工作集大小变化时，cache 的缺失率如何随之变化？根据 3C 模型，这些缺失如何被分类？

5.8.2 [5] <5.1, 5.8> 当 cache 块大小分别为 16 字节、64 字节和 128 字节时，重新计算缺失率。该负载所采用的是哪种局部性？

5.8.3 [10] <5.13> "预取"技术：当一个特殊 cache 块被访问时，利用可预测的地址模式推测地取回其他 cache 块。预取的一个例子是流缓冲区，当一个特定的 cache 块被取回时，将与其相邻的 cache 块也依次预取回一个独立的缓冲区中。如果所需的数据在预取缓冲区中，那么看成是一次命中并且将数据移入 cache，同时预取下一个 cache 块。假设一个流缓冲区有两项，并且假设 cache 延迟满足在先前 cache 块的计算完成之前可以加载下一个 cache 块。那么对于上面的地址流，缺失率是多少？

5.9 cache 块大小（B）会影响缺失率和缺失延迟。假设一台 CPI 为 1 的机器中，每条指令的平均访问次数（指令和数据）为 1.35，对于下列不同容量和不同的 cache 缺失率，请找出最优的 cache 块大小。

8: 4%	16: 3%	32: 2%	64: 1.5%	128: 1%

5.9.1 [10] <5.3> 缺失延迟为 20×B 个周期时，最佳的块大小是多少？

5.9.2 [10] <5.3> 缺失延迟为 24+B 个周期时，最佳的块大小是多少？

5.9.3 [10] <5.3> 缺失延迟为恒定值时，最佳的块大小是多少？

5.10 本题将研究不同容量对整体性能的影响。通常来说，cache 访问时间与 cache 容量成比例。假设访问主存需要 70ns，并且在所有指令中有 36% 的指令需要访问数据存储器。下表是 P1 和 P2 两个处理器各自的 L1 cache 数据。

	L1 cache 容量	L1 cache 缺失率	L1 cache 命中时间
P1	2KB	8.0%	0.66 ns
P2	4KB	6.0%	0.90 ns

5.10.1 [5] <5.4> 假定 L1 cache 的命中时间决定了 P1 和 P2 的周期时间，它们各自的时钟频率是多少？

5.10.2 [5] <5.4> P1 和 P2 各自的 AMAT（平均存储器访问时间）分别是多少？

5.10.3 [5] <5.4> 假定在没有任何存储器阻塞时基本的 CPI 为 1.0，P1 和 P2 各自的总 CPI 分别是多少？哪个处理器更快？（当我们说"基本 CPI 为 1.0"时，是指指令在一个时钟周期完成，除非访问指令或数据时发生 cache 缺失。）

对下面三个问题，我们考虑在 P1 中增加 L2 cache，以弥补 L1 cache 的容量限制。在解决这些问题时，依然使用上表中 L1 cache 的容量和命中时间。L2 cache 缺失率是它的局部缺失率。

L2 cache 容量	L2 cache 缺失率	L2 cache 命中时间
1 MB	95%	5.62 ns

5.10.4 [10] <5.4> 增加 L2 cache 后，P1 的 AMAT 是多少？有了 L2 cache，AMAT 是更好还是更差了？

5.10.5 [5] <5.4> 假定在没有任何存储器阻塞时基本的 CPI 为 1.0，增加 L2 cache 后，P1 的总的

CPI 是多少？

5.10.6 [10]<5.4> 要使有 L2 cache 的 P1 比没有 L2 cache 的 P1 更快，L2 cache 的缺失率应该是多少？

5.10.7 [10]<5.4> 要使有 L2 cache 的 P1 比没有 L2 cache 的 P2 更快，L2 cache 的缺失率应该是多少？

5.11 本题研究了不同 cache 设计的效果，特别比较 5.4 节中的相联 cache 和直接映射 cache。对于这些练习题，参照下面的字地址序列：

0x03, 0xb4, 0x2b, 0x02, 0xbe, 0x58, 0xbf, 0x0e, 0x1f, 0xb5, 0xbf, 0xba, 0x2e, 0xce

5.11.1 [10]<5.4> 请给出一个三路组相联、块大小为 2 个字、总容量为 48 个字的 cache 的大体组织结构。你给出的大体结构应类似于图 5-18，但请明确给出标记和数据字段的宽度。

5.11.2 [10]<5.4> 跟踪练习题 5.11.1 中 cache 的行为，假设采用真正的 LRU 替换策略。对于每次访问，请指出：
- 二进制字地址
- 标记
- 索引
- 偏移
- 该访问是命中还是缺失
- 每个访问被处理后 cache 每一路中的标记是什么

5.11.3 [5]<5.4> 请给出一个全相联、块大小为 1 个字、总容量为 8 个字的 cache 的大体组织结构。你给出的大体结构应类似于图 5-18，但请明确给出标记和数据字段的宽度。

5.11.4 [10]<5.4> 跟踪练习题 5.11.3 中 cache 的行为，假设采用真正的 LRU 替换策略。对于每次访问，请指出：
- 二进制字地址
- 标记
- 索引
- 偏移
- 该访问是命中还是缺失
- 每个访问被处理后 cache 中的内容是什么

5.11.5 [5]<5.4> 请给出一个全相联、块大小为 2 个字、总容量为 8 个字的 cache 的大体组织结构。你给出的大体结构应类似于图 5-18，但请明确给出标记和数据字段的宽度。

5.11.6 [10]<5.4> 跟踪练习题 5.11.5 中 cache 的行为，假设采用真正的 LRU 替换策略。对于每次访问，请指出：
- 二进制字地址
- 标记
- 索引
- 偏移
- 该访问是命中还是缺失
- 每个访问被处理后 cache 中的内容是什么

5.11.7 [10]<5.4> 使用最近使用（Most Recently Used，MRU）替换策略重做练习题 5.11.6。

5.11.8 [15]<5.4> 使用优化替换策略（例如缺失率最低的策略）重做练习题 5.11.6。

5.12 多级 cache 是一项重要技术，它克服了 L1 cache 提供的空间有限的不足，同时仍然保持了速度。假设一个处理器的参数如下：

没有存储器阻塞的基本CPI	处理器速度	主存访问时间	每条指令的L1 cache失效率	直接映射的L2 cache的速度	包含直接映射的L2 cache时的全局缺失率	八路组相联的二级cache的速度	包含八路组相联的L2 cache时的全局缺失率
1.5	2GHz	100ns	7%	12个周期	3.5%	28个周期	1.5%

注：L1 cache 缺失率是对于每条指令的。假设 L1 cache 的总缺失数量（包含指令和数据）为总指令数的 7%。

5.12.1 [10] <5.4> 计算表中处理器的 CPI：（1）只有 L1 cache；（2）一个直接映射的 L2 cache；（3）一个八路组相联的 L2 cache。如果主存访问时间加倍，CPI 如何变化（CPI 的绝对变化量以及百分比）？注意 L2 cache 能够隐藏慢速内存影响所能达到的程度。

5.12.2 [10] <5.4> 拥有比两级 cache 更多的 cache 层次是可能的。已知上述的处理器拥有一个直接映射的 L2 cache，一个设计者希望增加一个 L3 cache，其访问时间为 50 个周期，并且缺失率为 13%。这种设计能提供更好的性能吗？通常来说，增加一个 L3 cache 的优点和缺点分别是什么？

5.12.3 [20] <5.4> 在以前的处理器如 Intel Pentium 或 Alpha 21264 中，L2 cache 在远离主处理器和 L1 cache 的片外（放置在不同的芯片上）。这使得 L2 cache 很大，访问延迟也高得多，同时由于 L2 cache 以较低的频率运行，因此带宽通常较低。假设一个 512KB 的片外 L2 cache 的全局缺失率为 4%。如果 cache 每增加 512KB 容量可以降低 0.7% 的全局缺失率，并且 cache 总的访问时间为 50 个周期，那么 cache 容量为多大时才能匹配表中直接映射的 L2 cache 的性能？

5.13 平均失效间隔时间（Mean Time Between Failure, MTBF）、平均修复时间（Mean Time To Repair, MTTR）、平均无故障时间（Mean Time To Failure, MTTF）对于评估存储资源的可靠性和可用性非常有用。通过使用如下参数回答下列问题，探索上述参数：

MTTF	MTTR
3年	1天

5.13.1 [5] <5.5> 计算表中每台设备的 MTBF。

5.13.2 [5] <5.5> 计算表中每台设备的可用性。

5.13.3 [5] <5.5> 如果 MTTR 接近于 0，则可用性如何变化？这是一个合理的情形吗？

5.13.4 [5] <5.5> 如果 MTTR 非常高，例如一台设备非常难维修，则可用性如何变化？这是否意味着该设备可用性很低？

5.14 本练习题考察纠正一位错检测两位错（纠1检2，SEC/DED）的汉明码。

5.14.1 [5] <5.5> 如果要对 128 位字采用 SEC/DED 编码进行保护，最少需要多少位的奇偶位？

5.14.2 [5] <5.5> 5.5 节指出，现代服务器存储器模块（DIMM）采用 SEC/DEC ECC 进行保护，每 64 位数据使用 8 位奇偶位。计算该编码的开销/性能比，并与练习题 5.14.1 进行比较。在这里开销是指所需的相对奇偶位，性能是指能够纠正的相对错误数量。哪种编码比较好？

5.14.3 [5] <5.5> 考虑一个采用 4 位奇偶位来保护 8 位字的 SEC。如果读出值为 0X375，是否有错？如果有错，对错误进行纠正。

5.15 对于一个高性能系统，如 B-tree 索引数据库，页的大小主要由数据量和磁盘性能决定。假设一个 B-tree 索引页平均使用了 70% 的固定大小的项。使用的页就是 B-tree 的深度，用 $\log_2$(项数) 来计算。下表中每项 16 字节，且已使用 10 年的磁盘延迟为 10ms，传输率为 10MB/s，最优的页大小是 16K。

页大小（KB）	页效用或B-tree深度 （保存的磁盘访问次数）	索引页的访问开销（ms）	效用/代价
2	6.49 (或 $\log_2$(2048/16×0.7))	10.2	0.64
4	7.49	10.4	0.72
8	8.49	10.8	0.79
16	9.49	11.6	0.82
32	10.49	13.2	0.79
64	11.49	16.4	0.70
128	12.49	22.8	0.55
256	13.49	35.6	0.38

5.15.1 [10] <5.7> 如果项变为 128 字节，最佳的页大小是多少？

5.15.2 [10] <5.7> 根据练习题 5.15.1，如果页处于半满状态，最佳的页大小是多少？

5.15.3 [20] <5.7> 根据练习题 5.15.2，如果使用的是最新的磁盘，延迟为 3ms，而传输率为 100MB/s，最佳的页大小是多少？请解释为什么未来的服务器可能用较大的页。

在 DRAM 中保存"频繁使用"的页（即"热"页）可以减少磁盘访问次数，但是对于一个系统，我们如何确定"频繁使用"的精确含义？数据工程师利用 DRAM 和磁盘访问之间的开销比率对热页的重用时间阈值进行量化。磁盘访问的开销是 $disk/accesses_per_sec，而将页保存在 DRAM 中的开销是 $DRAM_MB/page_size。在一些时间节点上，典型的 DRAM 和磁盘开销以及典型的数据库页大小如下表所示：

年份	DRAM开销 （$/MB）	页大小（KB）	磁盘开销 （$/disk）	磁盘访问率 （访问/s）
1987	5000	1	15 000	15
1997	15	8	2000	64
2007	0.05	64	80	83

5.15.4 [10] <5.7> 如果保持使用相同的页大小（从而避免重写软件），那么其他哪些因素会有所改变？以当前的技术和成本发展趋势，探讨其可能性。

5.16 如 5.7 节所述，虚拟存储器使用一个页表来追踪虚拟地址到物理地址之间的映射。本练习题说明了当地址被访问时页表如何更新。下表是在一个系统上可见的虚拟地址流。假设使用 4KiB 的页，一个 4 项的全相联 TLB，并使用真正的 LRU 替换算法。如果必须从磁盘中取回页，那么增加下一个最大的页号：

地址						
十六进制	4669	2227	13916	34587	48870	12608	49225
十进制	0x123d	0x08b3	0x365c	0x871b	0xbee6	0x3140	0xc049

TLB

有效位	标记	物理页号	最后一次访问以来的时间
1	11	12	4
1	7	4	1
1	3	6	3
0	4	9	7

页表

索引	有效位	物理页/磁盘中
0	1	5
1	0	磁盘
2	0	磁盘
3	1	6
4	1	9
5	1	11
6	0	磁盘
7	1	4
8	0	磁盘
9	0	磁盘
a	1	3
b	1	12

5.16.1 ［10］<5.7> 对于以上每次访问，请列出：
- 访问在 TLB 中命中还是缺失
- 访问在页表中命中还是缺失
- 访问是否产生页面故障
- TLB 更新后的状态

5.16.2 ［15］<5.7> 重做练习题 5.16.1，但是这次使用 16KiB 的页来代替 4KiB 的页。使用更大的页有哪些好处？又有哪些缺点？

5.16.3 ［15］<5.7> 重做练习题 5.16.1，但是这次使用 4KiB 的页和一个两路组相联的 TLB。

5.16.4 ［15］<5.7> 重做练习题 5.16.1，但是这次使用 4KiB 的页和一个直接映射的 TLB。

5.16.5 ［10］<5.4，5.7> 讨论为什么 CPU 必须要使用 TLB 来获得高性能。如果没有 TLB，如何处理虚拟存储器访问？

5.17 有一些参数会对整个页表大小产生影响。下面列出一些关键的页表参数。

虚拟地址位数	页大小	页表项大小
32位	8KB	4字节

5.17.1 ［5］<5.7> 根据上表中的参数，一个系统用了一半的内存来运行 5 个应用程序，计算该系统使用的总页表大小。

5.17.2 ［10］<5.7> 根据上表中的参数，一个系统用了一半的虚拟存储器来运行 5 个应用程序，假定使用一个两级页表，其中第一级有 256 项，计算该系统总的页表大小。假设主页表中每项是 6 字节，计算页表所需的最小和最大内存容量。

5.17.3 ［10］<5.7> 一名 cache 设计人员希望将一个 4KiB 的虚拟索引、物理标记的 cache 容量增大，对于以上页大小，假设块大小为 2 个 64 位字，那么能否构建一个 16KiB 的直接映射 cache？设计者如何增加 cache 的数据大小？

5.18 在本练习题中，我们将研究页表的空间/时间优化。下表是一个虚拟存储器系统的参数。

虚拟地址（位）	物理DRAM	页大小	PTE大小（字节）
43	16GB	4KB	4

5.18.1 ［10］<5.7> 对于一个单级页表，需要多少页表项（PTE）？存放页表需要多少物理存储空间？

5.18.2 ［10］<5.7> 通过仅在物理存储器中保存活跃的 PTE，多级页表可以降低消耗的物理存储空间。如果不限制段表（高一级页表）的大小，那么需要多少级的页表？如果 TLB 缺失，那么地址转换需要访问多少次存储器？

5.18.3 [10]<5.7> 假设将段限制为 4KiB 页大小的倍数（从而可以分页）。对于所有的页表项（包括在段表中的项），4 字节大小是否足够大？

5.18.4 [10]<5.7> 如果将段限制为 4KiB 页大小的倍数，那么需要多少级页表？

5.18.5 [15]<5.7> 反向页表可以用来进一步优化空间和时间。存放页表需要多少 PTE？假设实现一个哈希表，当 TLB 缺失时，在正常情况下和最差情况下的存储器访问次数分别是多少？

5.19 下表是一个有 4 项内容的 TLB：

ID	有效位	虚拟地址页	修改位	保护位	物理地址页
1	1	140	1	RW	30
2	0	40	0	RX	34
3	1	200	1	RO	32
4	1	280	0	RW	31

5.19.1 [5]<5.7> 在什么情况下第 2 项的有效位被置为 0？

5.19.2 [5]<5.7> 当一条指令写入虚拟地址页号 30 处时，会发生什么？什么时候软件管理的 TLB 比硬件管理的 TLB 速度快？

5.19.3 [5]<5.7> 当一条指令写入虚拟地址页号 200 处时，会发生什么？

5.20 本练习题将研究替换策略如何影响缺失率。假设一个两路组相联 cache，有 4 个块，每块 1 个字。考虑下面的字地址序列：0, 1, 2, 3, 4, 2, 3, 4, 5, 6, 7, 0, 1, 2, 3, 4, 5, 6, 7, 0。

5.20.1 [5]<5.4, 5.8> 假定使用 LRU 替换策略，哪些访问命中？

5.20.2 [5]<5.4, 5.8> 假定使用 MRU（最近最常使用）替换策略，哪些访问命中？

5.20.3 [5]<5.4, 5.8> 通过掷硬币来模拟随机替换策略。例如，"正面"表示逐出组中第一块，"反面"表示逐出组中第二块。在这组地址序列中有多少次命中？

5.20.4 [10]<5.4, 5.8> 描述该序列的一种最优替换策略，并说明使用该策略时哪些访问命中。

5.20.5 [10]<5.4, 5.8> 请说明为什么实现对所有地址序列来说都是最优的 cache 替换策略很难。

5.20.6 [10]<5.4, 5.8> 假设在每次主存引用时，可以决定被请求的地址是否要被缓存，这对缺失率有什么影响？

5.21 虚拟机广泛使用的最大障碍是运行虚拟机所产生的性能开销。下表列出了不同的性能参数和应用程序行为。

基本的CPI	每10 000条指令中的特权O/S访问次数	陷入客户O/S的性能开销	陷入VMM的性能开销	每10 000条指令中的I/O访问次数	I/O访问时间（包括陷入客户O/S的时间）
1.5	120	15个时钟周期	175个时钟周期	30	1100个时钟周期

5.21.1 [10]<5.6> 假设没有 I/O 访问，计算上述系统的 CPI。如果 VMM 性能开销加倍，那么 CPI 是多少？如果减半呢？如果一个虚拟机软件公司希望将性能损失限制在 10% 以内，那么陷入 VMM 的最大开销可能是多少？

5.21.2 [10]<5.6> I/O 访问对系统整体性能有很大的影响。假设一台机器具有上面的性能特征值，并且是非虚拟化的系统，计算其 CPI。如果使用虚拟化的系统，CPI 又是多少？如果系统中 I/O 访问减半，那么这些 CPI 如何变化？

5.22 [30]<5.6, 5.7> 比较虚拟存储器和虚拟机的概念。它们各自的目标是什么？各自的利弊是什么？列出一些需要虚拟存储器的情况，以及一些需要虚拟机的情况。

5.23 [20] <5.6> 5.6 节讨论了虚拟化，假设虚拟化的系统和底层硬件运行相同的 ISA。然而，虚拟化的一种可能用途是对非本地的 ISA 进行仿真。QEMU 就是这样一个例子，可以用来仿真多种 ISA，如 MIPS、SPARC 以及 PowerPC。与这种虚拟化相关的难点是什么？被模拟的系统可能比在本地 ISA 上运行得更快吗？

5.24 本练习题将研究处理器的 cache 控制器中带写缓冲区的控制单元。使用图 5-39 的有限状态机作为设计有限状态机的起点。假设 cache 控制器适用于 5.9 节图 5-39 所描述的简单直接映射 cache，但是需要增加一个写缓冲区，其容量为 1 个块。

写缓冲区的目的是用来临时存储，因此在发生脏块缺失时，处理器就不用等待两次存储器访问。比起在读新的块之前就写回脏块，写缓冲区缓存了脏块并且立即开始读新块，从而在处理器工作时，脏块可以随后被写入主存。

5.24.1 [10] <5.8, 5.9> 如果处理器发出一个请求并且在 cache 中命中，同时一个块正在从写缓冲区被写回到主存，此时会发生什么？

5.24.2 [10] <5.8, 5.9> 如果处理器发出一个请求并且在 cache 中缺失，同时一个块正在从写缓冲区被写回到主存，此时会发生什么？

5.24.3 [30] <5.8, 5.9> 设计一个能够使用写缓冲区的有限状态机。

5.25 cache 一致性关注的是多个处理器看到同一个 cache 块。下面的数据给出了两个处理器以及它们对一个 cache 块 X 中两个不同字的读写操作（初始值 X[0]=X[1]=0）。假定整数为 32 位。

P1	P2
X[0]++; X[1] = 3;	X[0] = 5; X[1] += 2;

5.25.1 [15] <5.10> 当执行一个正确的 cache 一致性协议时，列出给定 cache 块可能的值。如果协议没有保证 cache 一致性，列出至少一个 cache 块可能的值。

5.25.2 [15] <5.10> 对于监听协议，列出每个处理器/cache 完成上面的读写操作的有效操作顺序。

5.25.3 [10] <5.10> 在最好和最差情况下，完成以上列出的读写指令，cache 缺失次数分别是多少？存储器一致性考虑的是多个数据项。下面的数据给出了两个处理器以及它们对不同的 cache 块的读写操作（A 和 B 的初始值为 0）。

P1	P2
A = 1; B = 2; A+=2; B++;	C = B; D = A;

5.25.4 [15] <5.10> 对于所有确保 5.10 节给出的两个一致性协议的实现，请列出 C 和 D 的值。

5.25.5 [15] <5.10> 如果假设不成立，列出至少一对 C 和 D 可能的值。

5.25.6 [15] <5.3, 5.10> 对于写策略和写分配策略的不同组合，哪些组合可以简化协议的实现？

5.26 片上多处理器（Chip MultiProcessor，CMP）在单个芯片上有多个核和各自的 cache。设计 CMP 的片上 L2 cache 时会进行有趣的权衡。下表列出了两个基准测试程序在私有 L2 cache、共享 L2 cache 两种情况下的缺失率和命中延迟。假设 L1 cache 的缺失率为 3%，并且访问时间为 1 个周期。

	私有	共享
基准测试程序A的缺失率	10%	4%
基准测试程序B的缺失率	2%	1%

假设命中延迟如下：

私有cache	共享cache	存储器
5	20	180

5.26.1 [15]<5.13> 对于每个基准测试程序，哪种 cache 设计更好？请用数据来支持你的结论。

5.26.2 [15]<5.13> 随着 CMP 规模的增长，片外带宽称为瓶颈。该瓶颈如何影响私有和共享 cache 系统？影响有何不同？如果片外存储器访问延迟加倍，请选出最佳的设计。

5.26.3 [10]<5.13> 讨论共享 L2 cache 和私有 L2 cache 对于执行单线程、多线程以及多道程序负载的优缺点。如果还有片上 L3 cache，请重新考虑这些问题。

5.26.4 [15]<5.13> 如果在 CMP 中使用非阻塞 L2 cache，那么，共享 L2 cache 和私有 L2 cache 中，哪个对性能的改进更多？为什么？

5.26.5 [10]<5.13> 假设新一代的处理器核数每 18 个月翻倍。为了保证每个核的性能处于相同水平，那么一个 3 年后发布的处理器需要多少片外存储器带宽？

5.26.6 [15]<5.13> 考虑整个存储器层次结构，哪种优化可以改进同时发生的缺失数量？

5.27 本练习题给出了网络服务器日志的定义，并且考察了代码优化以改进日志处理速度。日志的数据结构定义如下：

```
struct entry {
  int srcIP;        // remote IP address
  char URL[128];    // request URL (e.g., "GET index.html")
  long long refTime; // reference time
  int status;       // connection status
  char browser[64]; // client browser name
} log [NUM_ENTRIES];
```

假定日志的处理函数如下：

```
topK_sourceIP (int hour);
```

该函数决定了给定时间内最频繁观察到的源 IP。

5.27.1 [5]<5.15> 对于给定的日志处理函数，一个日志项中的哪些字段将被访问？假设 cache 块为 64 字节，没有预取，那么给定的函数平均每项会引发多少次 cache 缺失？

5.27.2 [5]<5.15> 为了改善 cache 的效用和访问局部性，如何重新组织数据结构？

5.27.3 [10]<5.15> 请举例说明另一种不同数据结构的日志处理函数。如果两个函数都很重要，为了改进整体性能，将如何重写程序？用代码片段和数据补充讨论。

5.28 对于下面的问题，一对基准测试程序使用的数据来自"SPEC CPU2000 基准测试程序的 cache 性能"(http://www.cs.wisc.edu/multifacet/misc/spec2000cache-data/)，如下表所示。

| a. | Mesa/gcc |
| b. | mcf/swim |

5.28.1 [10]<5.15> 对于不同相联度的 64KiB 数据 cache，每个基准测试程序中每种缺失类型（强制、容量和冲突缺失）的缺失率分别是多少？

5.28.2 [10]<5.15> 为两个基准测试程序共享的 L1 数据 cache 选择组相联度，其中 cache 容量为 64KiB。如果 L1 cache 是直接映射的，那么为 1MiB 的 L2 cache 选择组相联度。

5.28.3 [20]<5.15> 请给出一个缺失率表的例子说明较高的相联度实际上能增加缺失率，并构建一个 cache 配置以及访问流来给出证明。

5.29 为了支持多虚拟机，需要对两级存储器进行虚拟化。每个虚拟机依然控制从虚拟地址（VA）到物理地址（PA）之间的映射，同时管理程序将每个虚拟机的物理地址（PA）映射到实际的机器地址（MA）。为了加速映射过程，一种被称为"影子分页"（shadow paging）的软件方法在管理程序中复制了每个虚拟机的页表，并且侦听从虚拟地址到物理地址的映射变化，以保证两个副本的一致性。为了消除影子页表（shadow page table）的复杂性，一种被称为嵌套页表（Nested Page Table，NPT）的硬件方法可以支持两种页表（VA=>PA 和 PA=>MA），并且完全依靠硬件来查找这些表。

考虑下面的操作序列：（1）创建进程；（2）TLB 缺失；（3）缺页；（4）上下文切换。

5.29.1 [10]<5.6，5.7> 对于给定的操作序列，影子页表和嵌套页表分别会产生什么影响？

5.29.2 [10]<5.6，5.7> 假设一个基于 x86 架构的 4 级页表同时存放在客户页表（guest page table）和嵌套页表中，那么在处理本地页表（native page table）TLB 缺失和嵌套页表 TLB 缺失时，分别需要多少次存储器访问？

5.29.3 [15]<5.6，5.7> 在 TLB 缺失率、TLB 缺失延迟、缺页率、缺页处理延迟中，对影子页表来说，哪些度量标准更重要？而对于嵌套页表来说，哪些度量标准更重要？

假设影子分页系统的参数如下表所示：

每1000条指令 的TLB缺失次数	NPT TLB缺失延迟	每1000条指令的 页面故障次数	影子页面故障代价
0.2	200个时钟周期	0.001	30 000个时钟周期

5.29.4 [10]<5.6> 一个基准测试程序的本地执行 CPI 为 1，如果使用影子页表，CPI 是多少？如果使用嵌套页表（假设只有页表虚拟化开销），CPI 又是多少？

5.29.5 [10]<5.6> 使用什么技术可以减少影子页表所带来的开销？

5.29.6 [10]<5.6> 使用什么技术可以减少嵌套页表所带来的开销？

小测验答案

5.1 节　1 和 4。（3 是错误的，因为每个计算机的存储器层次结构的开销是不同的，但是在 2013 年开销最高的通常是 DRAM。）

5.3 节　1 和 4。更低的缺失代价可以允许使用更小的 cache 块，因为没有更多的延迟需要分摊；而更高的存储带宽通常导致更大的块，因为缺失代价只是稍微大了一些。

5.4 节　1。

5.7 节　1-a，2-c，3-b，4-d。

5.8 节　2。（大容量的块和预取都能降低强制缺失，因此 1 是错误的。）

第6章

Computer Organization and Design: The Hardware/Software Interface, MIPS Edition, Sixth Edition

从客户端到云的并行处理器

多处理器和集群

6.1 引言

计算机架构师一直在寻求计算机设计的"黄金之城"(理想国)：只需将现有的多个较小的计算机简单地连接在一起来构成功能强大的计算机。这就是**多处理器**（multiprocessor）产生的根源。在理想情况下，用户可以按照自己的支付能力购买足够多的处理器，从而获得相应的性能。因而，多处理器软件必须设计为能在不同数量的处理器上工作。如第1章所述，无论是数据中心还是微处理器，功耗都已经成为首要问题。在软件可以有效地使用每个处理器的情况下，用很多小而高效的处理器代替大而低效的处理器，可在每焦耳能量上获得更高的性能。这样，对多处理器而言，改善的能量效率提供了扩展的可能。

多处理器软件支持可变数量的处理器，并且一些设计支持在受损的硬件上正常工作。也就是说，如果在包含 n 个处理器的多处理器系统中有一个处理器失效，该系统将继续使用 $n-1$ 个处理器提供服务。因此，多处理器也提高了可用性（见第5章）。

对于独立的任务，高性能意味着高吞吐量，称为**任务级并行**（task-level parallelism）或**进程级并行**（process-level parallelism）。这些任务是独立的单线程应用程序，在多处理器中非常重要并且普遍使用。与之相对的方法是在多个处理器上运行单一任务。我们使用术语**并行处理程序**（parallel processing program）来表示同时运行

> 我奋力挥舞，用尽一切力量，要么获得巨大的成功，要么一败涂地。我喜欢拼尽全力活得精彩。
> Babe Ruth，美国棒球运动员

> 在月球的山脉上，沿着阴影笼罩的山谷，前进，勇敢地前进——如果你在寻找理想中的黄金之城！
> 埃德加·爱伦·坡，《理想国》，第4节，1849

多处理器：至少含有两个处理器的计算机系统。与之对应的概念是单处理器（uniprocessor），单处理器现在越来越少了。

任务级并行或进程级并行：通过同时运行独立程序的方法来利用多处理器。

并行处理程序：同时运行在多个处理器上的单一程序。

在多个处理器上的单一程序。

在过去数十年里，很多科学问题都需要更快的计算机，同时这些问题也用于评价新型并行计算机的性能。其中一些问题在今天处理起来很简单，使用由安装在不同独立服务器上的多个微处理器组成的**集群**（cluster）即可完成（见 6.8 节）。除了科学问题以外，集群还可以运行有类似要求的应用程序，如搜索引擎、Web 服务器、电子邮件服务器和数据库。

> **集群**：通过局域网连接的一组计算机，其作用等同于一个大型的多处理器。

如第 1 章所述，多处理器成为研究焦点，因为功耗问题意味着未来处理器性能的提高不能仅仅依赖于主频的提高或 CPI 的改进，还应借助于硬件并行。就像在第 1 章所看到的，为了避免名称上的冗长，我们采用**多核微处理器**（multicore microprocessor）这一名称，而不是多处理器微处理器。因此，处理器在多核芯片内一般称为核（core）。核的数量预计随硬件工艺的提高而增多。这些多核处理器通常都是**共享内存处理器**（Shared Memory Processor，SMP），因为它们通常共享一个单独的物理地址空间。我们会在 6.5 节更深入地讨论 SMP。

> **多核微处理器**：在单一集成电路上包含多个处理器（"核"）的微处理器。目前所有的桌面机和服务器基本上都是多核微处理器。

> **共享内存处理器**：共享一个物理地址空间的并行处理器。

当今的技术状态意味着关心性能的编程人员必须成为并行程序员（参见 6.12 节）。业界面临的巨大挑战是如何构建易于正确编写并行处理程序的软硬件系统，使得单芯片中的核数增加时，程序执行的性能和能耗依旧表现良好。

微处理器设计的这种突然转变让很多设计人员措手不及，因此产生了很多关于术语及其内涵的混淆。图 6-1 试图阐述串行（serial）、并行（parallel）、顺序（sequential）和并发（concurrent）等术语之间的差异。图中的每一列代表本身是顺序或并发的软件，每一行表示串行或并行的硬件。例如，编写编译器的程序员认为编译器是顺序程序，因为编译的主要过程包含分析、代码生成和优化等。与之相反，编写操作系统的程序员一般认为操作系统是并发程序，因为操作系统需要协同处理一个计算机中多个独立作业产生的各种 I/O 事件。

		软件	
		顺序	并发
硬件	串行	在Intel Pentium4上运行的使用MATLAB编写的矩阵乘法	在Intel Pentium4上运行的Windows Vista操作系统
	并行	在Intel Core i7上运行的使用MATLAB编写的矩阵乘法	在Intel Core i7上运行的Windows Vista操作系统

图 6-1　硬/软件分类以及若干并发应用程序与并行硬件的对比实例

图 6-1 说明，并发软件既可以运行于串行硬件上（如操作系统可以运行在 Intel Pentium 4 单处理器上），也可以运行于并行硬件上（如操作系统可以运行在 Intel Core i7 上）。对于串行软件也是如此，如 MATLAB 程序员认为矩阵乘是顺序执行的，但是它既可以串行地在 Intel Pentium 4 上运行，也可以并行地在 Intel Core i7 上运行。

也许你会认为并行的唯一挑战是如何使一个顺序的软件在并行硬件上获得更高的性能，但如何让并发程序在多处理器上随处理器数量增加而提高性能也是一个难点。为了加以区别，本章后面的部分使用并行处理程序（parallel processing program）或并行软件（parallel software）表示运行在并行硬件上的顺序软件或并发软件。下一节讲述为什么很难编写高效的并行处理程序。

在进一步讨论并行方法之前，先回顾一下前面章节的相关内容：
- 2.11 节　并行与指令：同步
- 3.6 节　并行性和计算机算术：子字并行
- 4.11 节　指令级并行
- 5.10 节　并行与存储器层次结构：cache 一致性

> **小测验**　判断：为了从多处理器获益，应用程序必须是并发的。

6.2　创建并行处理程序的难点

并行的难点不在于硬件，而是目前只有极少重要的应用程序经过重写，以便在多处理器上更快地执行。事实上，在多处理器上编写程序来提高执行效率很困难，而且随着处理器数量的增加会变得更加困难。

为什么会这样呢？为什么并行处理程序相对于顺序程序更难开发呢？

首要原因是必须使用并行处理程序才能在多处理器上获取更高的性能或更好的能效；否则，还不如在单处理器上使用顺序程序，因为编写顺序程序相对简单得多。事实上，单处理器设计技术（如超标量和乱序执行）充分利用了指令级并行（见第 4 章），而且通常不需要程序员的介入。这些技术减少了改写程序的需求，因此程序员不做任何事情就可以使他们的串行程序在新计算机上运行更快。

为什么编写快速的并行处理程序非常困难（尤其是处理器数量增加时）？在第 1 章中我们打了个比方，让 8 个记者同时编写同一故事，希望以 8 倍的速度完成该项工作。为了实现目标，任务必须被分解为等量的 8 份，否则会有一些记者处于空闲状态等待，而其他记者忙于完成较大的片段。另外一个影响加速的障碍是记者们必须花费大量时间进行交流，而不是专心编写自己负责的那部分故事。无论是这个类比还是并行编程，都要面临如下挑战：调度、将任务分割成可并行的部分、负载均衡、同步时间和通信开销。而且，相对于使用更多记者完成一篇新闻报道，使用多处理器完成并行编程时，面临的挑战更为严峻。

我们在第 1 章中还讨论了另外一个障碍，即 Amdahl 定律。它提示我们，为了充分利用多核，即使程序中一个很小的部分也需要并行化。

> **例题**　**加速比的挑战**
>
> 如果希望在 100 个处理器上获得的加速比为 90，请问，原始计算中最多有多少可以是顺序执行的？
>
> **答案**　根据第 1 章描述的 Amdahl 定律：
>
> $$\text{改进后的执行时间} = \frac{\text{受改进影响的执行时间}}{\text{改进量}} + \text{未受改进影响的执行时间}$$
>
> 使用相对于初始执行时间的加速比形式重新表示 Amdahl 定律：
>
> $$\text{加速比} = \frac{\text{改进前的执行时间}}{(\text{改进前的执行时间} - \text{受改进影响的执行时间}) + \frac{\text{受改进影响的执行时间}}{\text{改进量}}}$$
>
> 该公式通常被改写为假定改进前的执行时间为 1 个时间单元的形式，受改进影响的执行时间可以被视作与原始执行时间的比例：

$$加速比 = \frac{1}{(1-受改进影响的执行时间比例) + \frac{受改进影响的执行时间比例}{改进量}}$$

将加速比替换为 90，将改进量替换为 100，代入上述公式中：

$$90 = \frac{1}{(1-受改进影响的执行时间比例) + \frac{受改进影响的执行时间比例}{100}}$$

然后简化该公式并对受改进影响的执行时间比例进行求解：

$$90 \times (1 - 0.99 \times 受改进影响的执行时间比例) = 1$$
$$90 - 90 \times 0.99 \times 受改进影响的执行时间比例 = 1$$
$$90 - 1 = 90 \times 0.99 \times 受改进影响的执行时间比例$$

$$受改进影响的执行时间比例 = \frac{89}{89.1} = 0.999$$

因此，为了在 100 个处理器上获得的加速比为 90，顺序执行部分最多占 0.1%。

然而，还是有些应用程序具有较高的并行性，我们将在下面看到。

| **例题** | **加速比的挑战：更大规模的问题**

假设要执行两个加法：一个加法是 10 个标量的求和，另一个加法是一对 10×10 二维矩阵的求和。假设只有矩阵求和可以并行化，以后我们会讨论如何对标量求和进行并行化。使用 10 个和 40 个处理器能够达到的加速比分别是多少呢？如果矩阵维数是 20×20 呢？

| **答案** | 假定性能是加法时间 t 的函数，那么有 10 次加法不能从并行处理器中获益，100 次加法可以获益。如果在单处理器上的执行时间为 $110t$，那么在 10 个处理器上的执行时间是

$$改进后的执行时间 = \frac{受改进影响的执行时间}{改进量} + 未受改进影响的执行时间$$

$$= \frac{100t}{10} + 10t = 20t$$

所以使用 10 个处理器的加速比是 $\frac{110t}{20t} = 5.5$。使用 40 个处理器的执行时间是

$$改进后的执行时间 = \frac{100t}{40} + 10t = 12.5t$$

所以使用 40 个处理器的加速比是 $\frac{110t}{12.5t} = 8.8$。因此，对于该问题规模，我们使用 10 个处理器达到了潜在加速比的 55%，但是使用 40 个处理器仅达到了潜在加速比的 22%。

当增大矩阵规模时会发生什么？顺序程序的执行时间为 $10t + 400t = 410t$。使用 10 个处理器的执行时间是

$$改进后的执行时间 = \frac{400t}{10} + 10t = 50t$$

所以使用 10 个处理器的加速比是 $\frac{410t}{50t} = 8.2$。使用 40 个处理器的执行时间是

$$改进后的执行时间 = \frac{400t}{40} + 10t = 20t$$

所以使用 40 个处理器的加速比是 $\frac{410t}{20t} = 20.5$。

因此，对于较大的问题规模，我们使用 10 个处理器获得了大约 82% 的潜在加速比，使用 40 个处理器获得了超过 51% 的潜在加速比。

这些例子说明，在保持问题规模不变的情况下获得较高加速比的难度大于加速规模更大的问题。为此，我们引入两个术语来描述按比例缩放的方式。

强比例缩放（strong scaling）指在保持问题规模固定情况下所测得的加速比。**弱比例缩放**（weak scaling）指问题规模与处理器数量成比例增长。假定问题规模 M 是主存中的工作集，处理器数量为 P，那么每个处理器所占用的内存对于强比例缩放大约是 M/P，对于弱比例缩放大约是 M。

> **强比例缩放**：固定规模的问题在多处理器上可获得的加速比。
>
> **弱比例缩放**：在问题规模与处理器数量按比例增长的多处理器上可获得的加速比。

注意，传统认知认为弱比例缩放会比强比例缩放简单，但是存储器层次结构可能对这一传统认知产生影响。例如，如果弱比例缩放数据集不再适用于多核微处理器的最外层 cache，会导致系统的性能比使用强比例缩放更加糟糕。

可根据不同的应用程序选择不同的比例缩放方法。例如，TPC-C 借贷数据库基准测试程序需要根据每分钟内的事务处理次数成比例地增加客户数量。这是因为如果银行装备了更快的计算机，我们也不能假定客户从此以后每天使用 100 次 ATM，很明显这是没有实际意义的。因此，如果希望证明系统可以将每分钟内处理的事务次数提高 100 倍，应当在顾客数量提高 100 倍的情况下进行实验。更大规模的问题需要更多的数据，这是弱比例缩放方法的特征。

最后一个例子说明了负载均衡的重要性。

| 例题 | 加速比的挑战：负载均衡

在上个例子中，为了使 40 个处理器在较大问题规模中实现 20.5 的加速比，我们假定了负载是完全均衡的。也就是说，40 个处理器中，每一个都完成 2.5% 的工作。事实上，如果一个处理器的负载高于其他处理器，则加速比会受到影响。请计算其中一个处理器完成两倍负载（5%）和五倍负载（12.5%）时的加速比。对于其他处理器的利用率如何？

| 答案 | 如果一个处理器负责 5% 的并行负载，那么它需要完成 5% 乘以 400，即 20 次加法，其余 39 个处理器分担剩余的 380 次加法。由于它们是同时运算的，我们可以取两者工作时间的最大值。

$$\text{改进后的执行时间} = \text{Max}\left(\frac{380t}{39}, \frac{20t}{1}\right) + 10t = 30t$$

加速比从 20.5 降低至 $410t/30t = 14$。剩下的 39 个处理器的利用率不及原来的一半：当等待任务最重的处理器完成 $20t$ 时，它们只执行了 $380t/39=9.7t$。

如果一个处理器完成 12.5% 的负载，它必须执行 50 次加法。公式为

$$\text{改进后的执行进间} = \text{Max}\left(\frac{350t}{39}, \frac{50t}{1}\right) + 10t = 60t$$

加速比进一步降低至 $410t/60t = 7$。其余处理器的利用率不到 20%（$9t/50t$）。这个例子说明了负载均衡的重要性：仅在一个处理器的负载是其他处理器的两倍时，加速比几乎降低了三

分之一；一个处理器的负载是其他处理器的 5 倍时，加速比几乎降低了三分之二。

现在我们对并行处理的目标和挑战有了更好的理解，这里给出本章后面内容的一个概览。下一节（6.3 节）介绍了一个比图 6-1 更古老的分类方法。另外，该节也给出了两种可以支持串行程序运行在并行硬件上的指令集体系结构，即单指令多数据（SIMD）和向量（vector）。6.4 节介绍了多线程（multithreading），这个概念常常容易与多进程（multiprocessing）混淆，一部分原因是它们都依赖于程序中相似的并行性。6.5 节介绍了基本并行硬件的两种类型，它们的区别在于系统中所有处理器是否采用单一的物理地址。这两种类型的常见形式分别是共享内存多处理器（shared memory multiprocessor）和集群（cluster），而该节讲述的是前者。6.6 节介绍了一种来自图形硬件处理领域的相对较新的计算机，称为图形处理单元（Graphics-Processing Unit，GPU），它同样只有单一的物理地址空间。（附录 C 更详细地介绍了 GPU）。6.7 节介绍了领域专用体系结构（Domain Specific Architecture，DSA），这种处理器是为高效处理某种领域的应用而定制的，并不适用于所有的应用程序。6.8 节介绍了集群，这是常见的一种使用多个物理地址空间的计算机。6.9 节介绍了将多个处理器（可以是集群中的多个服务节点，也可以是微处理器中的多个核）链接起来的拓扑结构。6.10 节介绍了通过以太网使集群中的多个节点进行通信的硬件和软件。该节展示了如何使用客户软件和硬件优化性能。接下来，在 6.11 节探讨了寻找并行测试集程序的困难。该节包含了一个简单但是很有启发意义的性能模型，这个模型可用于辅助应用程序及体系结构的设计。在 6.12 节，我们同时使用该模型和并行测试集程序对一个 DSA 和一个 GPU 进行比较。6.13 节展示了加速矩阵乘法这一旅程的最后也是最庞大的一个步骤。如果增加矩阵的规模（弱比例缩放），使用 48 个核进行并行处理获得 12～17 倍的性能加速。本章最后分析了一些常见谬误和陷阱，并进行了总结。

下一节，将介绍代表不同并行计算机类型的英文首字母缩写，这些你可能以前已经见过了。

> **小测验** 判断：强比例缩放不受 Amdahl 定律的约束。

6.3 SISD、MIMD、SIMD、SPMD 和向量机

20 世纪 60 年代提出了一种并行硬件的分类方法，并且一直沿用至今。该分类基于指令流的数量和数据流的数量，如图 6-2 所示。按照这种分类方法，常规的单处理器具有单一的指令流和单一的数据流，而常规的多处理器具有多个指令流和多个数据流，对应的类别分别称为 SISD 和 MIMD。

SISD：单指令流单数据流的单处理器。

MIMD：多指令流多数据流的多处理器。

虽然可以分别编写在 MIMD 计算机中不同处理器上运行的程序，但是为了实现更宏大和更协调的目标，程序员会编写能在 MIMD 计算机中所有处理器上运行的单一程序，不同的处理器通过条件语句执行不同的代码段。这种编程风格称为单程序多数据（Single Program Multiple Data，SPMD），是 MIMD 计算机编程的常用方法。

SPMD：单程序多数据流。传统的 MIMD 编程模型，一个程序运行在所有处理器之上。

		数据流	
		单	多
指令流	单	SISD：Intel Pentium 4	SIMD：x86的SSE指令
	多	MISD：至今没有实例	MIMD：Intel Core i7

图 6-2　基于指令流和数据流数量的硬件分类和实例：SISD、SIMD、MISD 和 MIMD

最接近**多指令流单数据流**（MISD）的处理器应该是"流处理器"了，流处理器在流水线中对一个单独的数据流执行一系列计算：从网络中解析输入，分析数据，解压数据，查找匹配，等等。相反，SIMD 更常见一些。SIMD 计算机对向量数据进行操作。例如，一条 SIMD 指令可以把 64 个数相加，只需要把 64 个数据流发送到 64 个 ALU，就可以在一个时钟周期内得到 64 个和。3.6 节和 3.7 节中的子字并行指令是 SIMD 的另一个例子；实际上，Intel 的 SSE 中的第二个 S 就代表 SIMD。

> **SIMD**：单指令流多数据流。同样的指令在多个数据流上操作，和在向量处理器中的类似。

SIMD 的优点是所有并行执行单元都是同步的，它们都对源自同一程序计数器（PC）的同一指令做出响应。从程序员的角度来看，非常接近已经熟悉的 SISD。尽管每个单元都执行相同指令，但是每个执行单元都有自己的地址寄存器，这样每个单元都有不同的数据地址。因此，根据图 6-1，一个顺序应用程序编译后可能运行于组织为 SISD 的串行硬件上，也可能运行于组织为 SIMD 的并行硬件上。

SIMD 的初衷是在几十个执行单元之间分摊控制单元成本。另外一个优点是降低指令宽度和空间——SIMD 只需要同时执行代码的一个副本，而消息传递的 MIMD 可能需要在每个处理器都有一份副本，共享内存 MIMD 可能需要多个指令 cache。

SIMD 在处理 `for` 循环语句中的数组最为有效。因此，为了在 SIMD 中并行工作，必须有大量相同结构的数据，一般称之为**数据级并行**（data-level parallelism）。SIMD 在使用 `case` 或 `switch` 语句时效率最低，此时每个执行单元必须根据不同的数据执行不同的操作。带有错误数据的执行单元必须摒弃，而带有正确数据的执行单元将继续执行。若有 n 个 `case` 语句，SIMD 处理器将会以峰值性能的 $1/n$ 运行。

> **数据级并行**：对不同的数据执行相同的操作所获得的并行。

促使 SIMD 类型产生的阵列处理器已经不再流行（见 6.7 节和网站上的 6.16 节），但是直到现在 SIMD 的两种解释依然在使用。

6.3.1　x86 中的 SIMD：多媒体扩展

如第 3 章所述，1996 年，对窄位宽整型数据进行子字并行激发了 x86 多媒体扩展（Multimedia Extension，MMX）指令集的产生。随着摩尔定律的持续发展，MMX 中加入了更多的指令，产生了最初的 SSE（Stream SIMD Extension）指令集，现在为 AVX（Advanced Vector Extension）指令集。AVX 支持 4 个 64 位浮点数据同时执行。操作和寄存器的位宽编码到多媒体指令的操作码中。随着操作和寄存器位宽的增加，多媒体指令的操作码数量也在增加，现在已经有数百条 SSE 和 AVX 指令（见第 3 章）。

6.3.2　向量机

SIMD 的一个更古老、更优雅的称呼是向量体系结构（vector architecture），它非常接近

Seymour Cray 在 20 世纪 70 年代开始制造的计算机。向量体系结构非常适合大量数据并行的问题。与早期的阵列处理器类似，向量体系结构将 ALU 流水化，而不是使用 64 个 ALU 并行执行 64 次加法，从而在低成本下获得高性能。向量体系结构的基本理念是从存储器中收集数据元素，并将它们按顺序放到一大组寄存器中，然后使用流水化的执行单元对寄存器中的数据依次操作，最后将结果写回存储器。向量体系结构的关键特征是拥有一组向量寄存器。因此，向量体系结构可能拥有 32 个向量寄存器，每个寄存器包含 64 个 64 位宽的数据元素。

| 例题 | 向量机代码与常规代码的比较

假设我们基于 MIPS 指令集体系结构进行扩展，在其中增加向量指令和向量寄存器。向量操作沿用 MIPS 的操作名称，但是在其后增加一个字母"V"。例如，addv.d 表示将两个双精度向量相加。向量指令的输入可以是一对向量寄存器（addv.d），也可以一个是向量寄存器，另一个是标量寄存器（addvs.d）。对于后者，标量寄存器的值用作所有操作的输入——addvs.d 操作将会把标量寄存器的内容加到向量寄存器中每个数据元素上。关键词 lv 和 sv 分别代表向量的读入（load）和存储（store），它们完成整个双精度数据向量的读入或存储。lv 和 sv 的一个操作数是要读入或存储的向量寄存器；另一个操作数是一个 MIPS 的通用寄存器，用来给出向量在存储器中的起始地址。在简要说明之后，给出下面表达式的常规 MIPS 代码以及向量 MIPS 代码：

$$Y = a \times X + Y$$

其中 X 和 Y 是 64 位双精度浮点向量，并且最初保存在存储器中；a 是一个双精度标量。（这个例子就是所谓的 DAXPY 循环，其构成了 Linpack 基准测试程序的内部循环。DAXPY 表示 double precision a×X plus Y。）假定 X 和 Y 的起始地址分别保存在 $s0 和 $s1 中。

| 答案 | 下面是 DAXPY 的常规（即标量）MIPS 代码：

```
       l.d     $f0,a($sp)       #load scalar a
       addiu   $t0,$s0,#512     #upper bound of what to load
loop:  l.d     $f2,0($s0)       #load x(i)
       mul.d   $f2,$f2,$f0      #a x x(i)
       l.d     $f4,0($s1)       #load y(i)
       add.d   $f4,$f4,$f2      #a x x(i) + y(i)
       s.d     $f4,0($s1)       #store into y(i)
       addiu   $s0,$s0,#8       #increment index to x
       addiu   $s1,$s1,#8       #increment index to y
       subu    $t1,$t0,$s0      #compute bound
       bne     $t1,$zero,loop   #check if done
```

下面是 DAXPY 的向量 MIPS 代码：

```
       l.d     $f0,a($sp)           #load scalar a
       lv      $v1,0($s0)           #load vector x
       mulvs.d $v2,$v1,$f0          #vector-scalar multiply
       lv      $v3,0($s1)           #load vector y
       addv.d  $v4,$v2,$v3          #add y to product
       sv      $v4,0($s1)           #store the result
```

对上例中的两段代码进行比较，你会发现一些有趣的地方。最引人注目的是向量处理器大大降低了动态指令带宽需求，仅用 6 条指令就完成了接近 600 条 MIPS 指令的工作。降低的原因一是向量操作在 64 个数据元素上同时进行，二是 MIPS 中接近一半开销的循环指令在向量机代码中不存在了。正如你所预期的一样，取指和执行次数的降低也会节省能耗。

另外一个重要的不同点是流水线发生冒险的频率（见第 4 章）。在直接编写的 MIPS 代码中，每个 add.d 必须等待 mul.d，并且每个 s.d 必须等待 add.d，另外每个 add.d 和 mul.d 必须等待 l.d。在向量处理器中，每条向量指令只会在每个向量的起始数据元素处阻塞，随后的数据元素都会顺畅地通过流水线。因此，在每次向量操作时，流水线阻塞只会发生一次，而不是每次对向量数据元素进行操作时都会发生一次。在这个例子中，MIPS 中的流水线阻塞频率大约比 MIPS 向量版本的阻塞频率高 64 倍。当然，MIPS 可以采用循环展开技术降低流水线阻塞频率（见第 4 章），但是指令带宽的巨大差异是无法减小的。

由于向量元素是相互独立的，因此它们可以并行操作，类似于 AVX 指令的子字并行。所有现代向量计算机都包含具有多条并行流水线 [称为向量通道（vector lane），见图 6-2 和图 6-3] 的向量功能单元，每条流水线在一个时钟周期可以产生两个甚至更多的结果。

| 精解　上面例子中的循环次数恰好与向量长度匹配。当循环次数更小时，向量体系结构可以使用寄存器来减小向量的长度。当循环次数变大时，我们可以增加循环标记（book-keeping）代码来对全长度向量操作进行迭代，最后处理剩余部分。后面的处理过程称作循环切分（strip mining）。

6.3.3　向量与标量

与常规的指令集体系结构（这里将其称为标量体系结构）相比，向量指令具有几个重要的属性：

- 一条向量指令可以指定很多工作——等价于执行整个循环。因而对取指和译码带宽的需求显著降低了。
- 通过使用向量指令，编译器或程序员能够确认向量中每个结果的计算与同一向量中其他结果的计算是不相关的，因而硬件无须检查一条向量指令内的数据相关。
- 相对于 MIMD 多处理器，使用向量体系结构和编译器能够更加容易地编写出高效的应用程序（包含数据级并行）。
- 硬件只需在两条向量指令之间对每个向量操作数检查一次数据相关，而不是对向量内每个数据元素检查一次，检查次数的降低也会使得能耗降低。
- 访问存储器的向量指令具有确定的存取模式。如果向量元素的地址是连续的，那么从一组高度交叉存储体（bank）中取回一个向量将会很快。因此，对整个向量而言，主存延迟的开销看上去只有一次，而不是对向量中每个字都有一次。
- 因为整个循环用具有预定义行为的向量指令替换，所以循环分支引起的控制相关就不存在了。
- 节省的指令带宽和相关检查以及存储器带宽的有效使用，使得向量体系结构在能耗方面优于标量体系结构。

由于这些原因，在同样的数据量前提下，向量操作比一组标量操作序列更快，并且如果应用程序可以频繁使用这些向量操作，就会促使设计者加入向量单元。

6.3.4　向量与多媒体扩展

与 x86 AVX 多媒体指令扩展类似，向量指令可以指定多种操作。然而，多媒体扩展一般仅指定少数几个操作，而向量可以指定几十个操作。与多媒体扩展不同的是，向量操作中元素的数量不在操作码中，而是在一个单独的寄存器中。这个区别意味着不同版本的向量体系结构只需修改该寄存器的值,就能实现不同版本的向量体系结构,并且能保持二进制代码的兼容性。相比之下,在 x86 的多媒体扩展体系结构中(MMX、SSE、SSE2、AVX、AVX2……),每次"向量"长度改变时都需要加入大量新的操作码。

还有一点与多媒体扩展不同,向量的数据传输不必是连续的。向量同时支持按步长访问(strided access)和按索引访问(indexed access),前者是硬件每隔 n 个存储器中的数据元素读取一次,后者是按照数据项地址读取到向量寄存器中。按索引访问也称作聚集-分散(gather-scatter),按索引的读取(load)操作将内存中的数据元素聚集成连续的向量元素,按索引存储(store)操作将向量元素分散到内存中。

与多媒体扩展类似,向量体系结构可以灵活地支持不同数据宽度,因此它既可以在 32 个 64 位数据上进行向量操作,也可以在 64 个 32 位数据、128 个 16 位数据或者 256 个 8 位数据上进行向量操作。向量指令的并行特性可以使其采用一个深度流水的功能单元、一个并行功能单元阵列或并行功能单元与流水功能单元的组合来实现。图 6-3 说明了如何通过并行流水线执行一条向量加法指令来提高向量的性能。

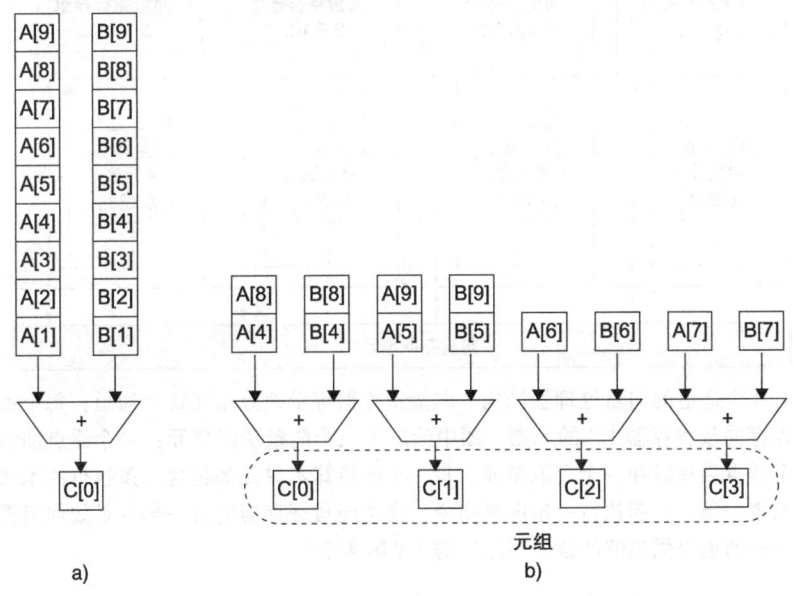

图 6-3 使用多个功能单元来提升单个向量加法指令 C = A + B 的性能。左侧的向量处理器有一条加法流水线,一个周期完成 1 个加法操作。右侧的向量处理器有 4 条加法流水线(或通道),一个周期可以完成 4 个加法操作。一条向量加法指令的数据元素被交叉地放到 4 个通道中

向量算术运算指令通常只允许一个向量寄存器的元素 N 与另一个向量寄存器的元素 N 进行计算。这极大地简化了高度并行化的向量单元的实现,即可以通过多个**向量通道**(vector lane)的方式构建高度并行化的向量单元。就像高速公路一样,我们可以通过增加更多的通道数量来提高向量单元的峰值吞吐率。图 6-4 展示了四通道的向量单元的结构。因此,通过将通道数从 1 个增至 4 个,使每条向量指令的周期数减少至约为原来的 1/4。要使多通道结构具有优势,应用程序和体系结构都必须支持长向量。否则,指令会很快地执行完毕以至于没有新的指令去执行,那

向量通道:一个或多个向量功能单元以及一部分向量寄存器。由为提高交通流量的高速公路的道路数启发而来,多个通道同时执行向量操作。

么就需要使用类似第 4 章介绍的指令级并行技术来提供足够的向量指令。

总的来说，向量体系结构是执行数据并行处理程序的一种有效途径。相对于多媒体扩展，向量体系结构与编译器技术更加匹配，并且相对于对 x86 体系结构进行多媒体扩展，向量技术更加容易随时间推移而得到不断改进。

在给出了这些经典的分类方法之后，我们接下来考察如何发掘指令的并行流来提高一个单处理器的性能，我们还会将该方法应用到多处理器中。

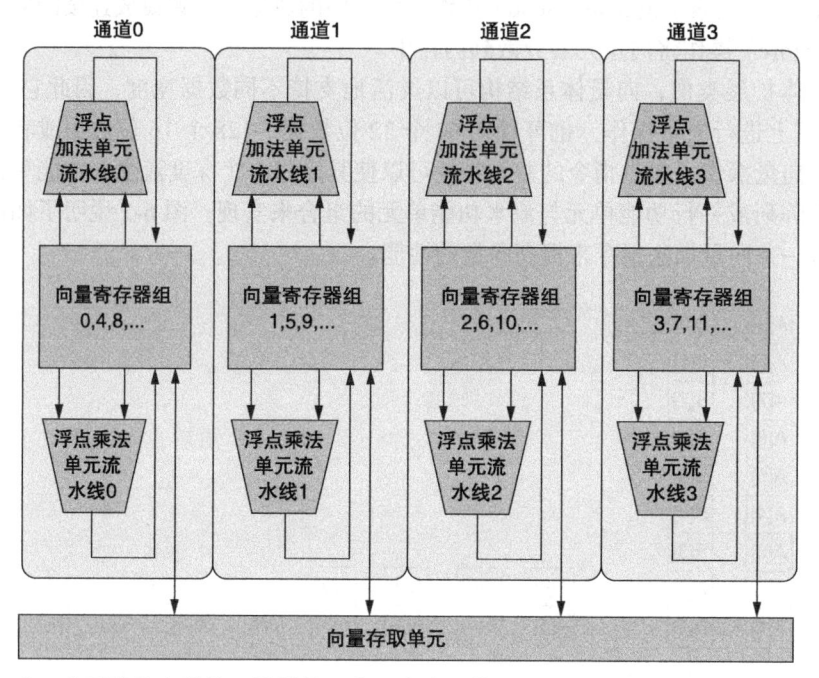

图 6-4 有 4 个通道的向量处理器结构。向量寄存器等量地分布在每个通道，每个通道依次保存向量寄存器 1/4 的元素。图中给出了三个向量功能单元：一个浮点加法器、一个浮点乘法器和一个存取单元。每一个向量算术单元都包含 4 条执行流水线，每个通道一条，一起执行一条向量指令。注意向量寄存器的每一部分是如何只需要为自己的通道提供足够的读和写端口的（见第 4 章）

| 精解 | 既然向量体系结构具有如此之多的优点，为何向量机却没有在高性能计算之外的领域流行呢？主要原因包括：向量寄存器的巨大状态增加了上下文切换时间；向量存取产生的缺页故障难以处理；SIMD 指令也可以获得向量指令的部分优势。另外，只要指令级并行可以提供摩尔定律要求的性能提升，就没有理由去改变体系结构的类型。

| 精解 | 向量和多媒体扩展的另外一个优点是，使用这些指令可以相对容易地扩展一个标量指令集体系结构并提高数据并行操作。

| 精解 | Intel 的 Haswell x86 处理器支持 AVX2 指令集，AVX2 指令级只有聚集（gather）操作而没有分散（scatter）操作。而 Skylake 和后续的处理器支持 AVX512，并增加了分散操作。

小测验 判断：以 x86 为例，多媒体扩展可以被视作一种采用短向量的向量体系结构，仅支持顺序向量数据传输。

6.4 硬件多线程

从程序员的角度来看，**硬件多线程**（hardware multithreading）是一个和 MIMD 相关的概念。MIMD 依靠多个**进程**（process）或**线程**（thread）来试图使多个处理器处于忙碌状态，而硬件多线程允许多个线程以重叠的方式共享一个处理器的功能单元，以有效地利用硬件资源。为了支持这种共享，处理器必须复制每个线程的独立状态。例如，每个线程必须拥有寄存器堆和 PC 的独立备份。存储器本身可以通过虚拟存储器机制实现共享，多道程序设计中已经支持这种方法。此外，硬件必须具有以相对较快的速度切换线程的能力。特别地，线程切换相对进程切换应该更加有效，线程切换可以是实时的，而进程切换一般需要数百个到数千个处理器周期。

硬件多线程主要有两种实现方法。**细粒度多线程**（fine-grained multithreading）在每条指令执行后都进行线程切换，从而使得在多个线程之间交叉执行。这种交叉通常以轮转（round-robin）方式进行，并在每个时钟周期跳过处于阻塞状态的线程。为了实现细粒度多线程，处理器必须能够在每个时钟周期进行线程切换。细粒度多线程的一个主要优点是可同时隐藏由短阻塞和长阻塞引起的吞吐量损失，因为当一个线程阻塞时可以执行其他线程的指令。细粒度多线程的主要缺点是降低了单个线程的执行速度，因为处于就绪状态且没有阻塞的线程会因为其他线程而延迟执行。

粗粒度多线程（coarse-grained multithreading）是细粒度多线程的一种替代方案。粗粒度多线程仅在高开销阻塞（最后一级缓存缺失）时才进行线程切换。这种改变降低了对高速线程切换的要求，并且几乎不会降低单个线程的执行速度，因为粗粒度多线程仅在当前线程遇到高开销阻塞时才会发射其他线程的指令。然而，粗粒度多线程有一个严重的缺点：它在隐藏吞吐量损失的能力方面受限，特别是短阻塞。这种限制源自粗粒度多线程中的流水线启动开销。因为粗粒度多线程处理器从单一线程发射指令，在阻塞发生时，必须清空或冻结流水线。阻塞之后开始执行的新线程必须在导致阻塞的指令能够完成之前填充流水线。由于启动开销，粗粒度多线程更加适合用来降低高开销阻塞带来的性能损失，因为在这种情况下，与阻塞时间相比，流水线重新填充时间是可以忽略的。

同时多线程（Simultaneous MultiThreading，SMT）是硬件多线程的一个变种，使用多发射动态调度流水线处理器资源来挖掘线程级并行，并同时开发指令级并行（见第 4 章）。SMT 提出的主要原因是多发射处理器中通常有单线程难以充分利用的多个并行功能单元。而且，借助于寄存器重命名和动态调度（见第 4 章），来自不同线程的多条指令能够在不需考虑它们之间相关性的情况下被发射；相关性的解决可以由动态调度机构来处理。

由于 SMT 依赖于现有的动态机制，因此不需要在每个周期切换资源。事实上，SMT 总是执行来自多个线程的指令，由硬件将指令槽和重命名寄存器与适当的线程关联起来。

硬件多线程：在一个线程阻塞时，处理器可切换到另一个线程以提高处理器的利用率。

进程：一个进程包含一个或多个线程、地址空间和操作系统。因此一次进程切换通常需要调用操作系统，但是线程切换不需要。

线程：一个线程包含程序计数器、寄存器状态和栈。线程是轻量级的进程；多个线程通常共享一个地址空间，而进程则不是。

细粒度多线程：硬件多线程的一种形式，每条指令执行之后都进行线程切换。

粗粒度多线程：硬件多线程的一种形式，仅在一些重要事件（如最后一级缓存缺失）发生时进行线程切换。

同时多线程：多线程的一种形式，利用多发射、动态调度微体系结构中的资源实现多线程，从而降低多线程的开销。

图 6-5 说明了不同配置下处理器开发超标量资源时能力上的差别。上面的部分表示 4 个线程如何在不支持多线程的超标量处理器上独立运行。下面的部分表示 4 个线程如何以 3 种不同的多线程方式在处理器上更加有效地运行：

- 支持粗粒度多线程的超标量
- 支持细粒度多线程的超标量
- 支持同时多线程的超标量

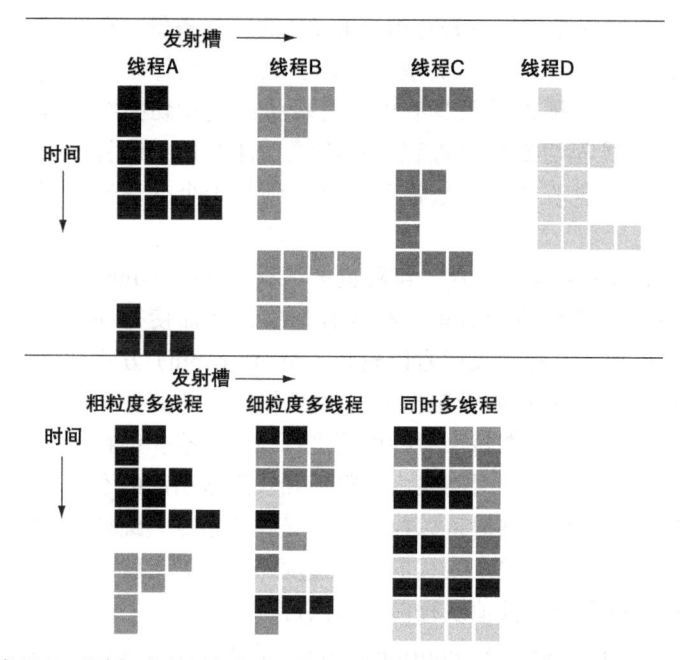

图 6-5 4 个线程以不同方式利用超标量处理器中的发射槽。上面的 4 个线程表示独立运行在不支持多线程的标准超标量处理器上的情况。下面给出了 3 个线程以 3 种不同多线程模式一起执行时的情况。水平方向表示每个时钟周期的指令发射量。垂直方向表示时钟周期的序列。空块（白块）表示在该周期没有使用相应的发射槽。不同灰度表示多线程处理器中的 4 个不同线程。尽管粗粒度多线程中额外的流水线启动开销在本图中没有标识出来，但这个开销会导致更多的吞吐量损失

在不支持硬件多线程的超标量处理器中，指令发射槽的使用受到指令级并行性的限制。而且，一个重要的阻塞（如指令缓存缺失）会使整个处理器空闲。

在粗粒度多线程超标量处理器中，通过切换到其他使用该处理器资源的线程可以隐藏部分长阻塞。尽管这能降低完全空闲的时钟周期数量，但是流水线的启动开销仍然会带来空闲周期，并且 ILP 的限制意味着并非所有发射槽都能得到有效利用。在细粒度多线程中，线程的交替执行几乎不会出现发射槽全空的情况。但是，由于在一个给定的时钟周期仅有单一线程发射指令，指令级并行的限制仍会导致某些时钟周期出现空闲发射槽。

在 SMT 中，线程级并行和指令级并行都得到了开发，在一个时钟周期内多个线程共同使用发射槽。理想情况下，发射槽的使用仅受多个线程间资源不平衡和资源可用性的限制。实际上，还有一些其他因素限制了可用发射槽的数量。尽管图 6-5 大大简化了这些处理器的真实操作情况，但是它确实从整体上体现了多线程和（特别是）SMT 潜在的性能优势。

图 6-6 给出了在 Intel Core i7 960 的一个处理器上运行多线程时的性能和能耗优势，Intel Core i7 960 支持两个线程，更新的 i7 6700 也是如此。i7 960 和 i7 6700 之间的差别相对较小，因此在 i7 6700 上的结果与图中给出的结果变化不大。平均加速比为 1.31，考虑到硬件多线程中有适度的额外资源，这个结果并不算坏。平均能耗效率提升为 1.07，效果很好。总之，在能耗不变的前提下性能得到了提升，这总是令人高兴的事情。

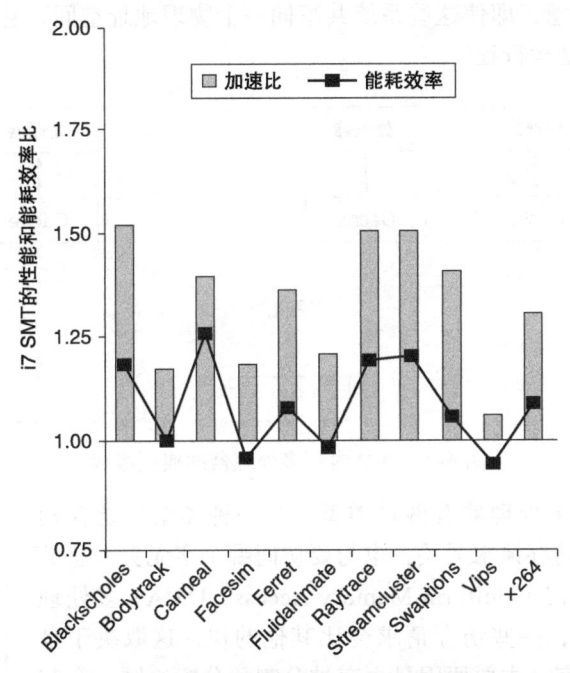

图 6-6 在 i7 960 的一个处理器上使用多线程运行 PARSEC 测试集程序（见 6.10 节），平均加速比为 1.31，平均能耗效率提升为 1.07。该数据由 Esmaeilzadeh 等人（2011）收集并分析

现在我们看到了如何通过多个线程更有效地使用一个处理器的资源，接下来将展示如何利用多线程来发掘多处理器的资源。

小测验

1. 判断：多线程和多核都依赖并行从芯片中获得更高效率。
2. 判断：同时多线程（SMT）使用线程提高动态调度乱序处理器的资源使用率。

6.5 多核和其他共享内存多处理器

尽管硬件多线程以适度的代价提升了处理器的效率，如何通过有效的编程来利用单芯片上数量不断增长的处理器，以使性能按照摩尔定律继续增长已经成为一大挑战。

由于对原有程序进行重写，使之在并行硬件上很好地运行有困难，因此一个自然的问题是计算机设计者如何简化该工作。一种方法是为所有处理器提供一个共享的统一物理地址空间，以便程序不必考虑它们的数据在哪里，只要知道程序能够并行执行就可以了。在这种方法中，一个程序的所有变量对其他任何处理器在任何时刻都是可见的。另一种方法是每个处理器采用独立的地址空间，并且必须进行显式共享。我们将在 6.8 节描述这种情况。当物理地址空间公用时，通常由硬件提供 cache 一致性，以便保证共享内存的一致性（参见 5.8 节）。

综上所述，为所有处理器提供统一物理地址空间的多处理器称为共享内存多处理器（Shared Memory Multiprocessor，SMP）——这是多核芯片的常见情况——尽管更准确的术语应该是共享地址多处理器（shared-address multiprocessor）。处理器通过存储器中的共享变量互相通信，所有处理器都能通过 load/store 指令访问存储器的任何位置。图 6-7 给出了 SMP 的典型组成。注意，即使这些系统共享同一个物理地址空间，它们仍然可以在自己的虚拟地址空间中独立地运行程序。

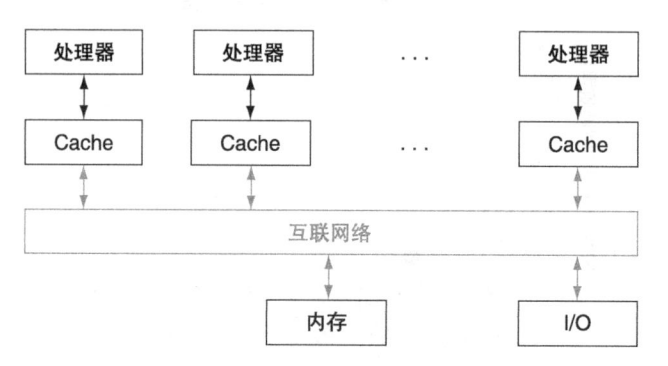

图 6-7 共享内存多处理器的典型组成

统一地址空间的多处理器有两种类型。第一种类型的访存延迟与哪个处理器发出访存请求无关，也与要访问哪个字无关。这类机器称为**一致存储访问**（Uniform Memory Access，UMA）多处理器。对于第二种类型，一些访存请求会比其他的快，这取决于是哪个处理器访问哪个字，主要原因是主存被分割并分配给同一个芯片上的不同处理器或内存控制器。这类机器称为**非一致存储访问**（Nonuniform Memory Access，NUMA）多处理器。NUMA 多处理器的编程难度要高于 UMA 多处理器，但 NUMA 机器可以扩展到更大规模，并且 NUMA 访问附近的存储器时具有较低的延迟。

由于并行执行的处理器一般都需要共享数据，因此在操作共享数据时需要进行协调；否则，一个处理器可能会在其他处理器尚未完成对共享数据的操作时就开始使用该数据了。这种协调称为**同步**（synchronization），如第 2 章中所介绍的。当统一地址空间支持共享时，必须提供一套独立的同步机制。一种方法是为每个共享变量使用**锁**（lock）。在一个时刻只能有一个处理器获得锁，其他需要操作该共享数据的处理器必须等待，直到之前的处理器解锁该变量为止。2.11 节描述了 MIPS 中关于锁操作的指令。

一致存储访问：一种处理器类型，无论访存请求是由哪个处理器发出的，主存中任何一个字的访问延迟都大致相同。

非一致存储访问：使用统一地址空间多处理器的一种类型，某些存储访存速度高于其他访存，访存速度与访问哪个处理器及访问哪个字相关。

同步：对可能运行于不同处理器上的两个或者更多进程的行为进行协调的过程。

锁：一个时刻仅允许一个处理器访问数据的同步装置。

| 例题 | 一个共享地址空间的简单并行处理程序

假设要在一个共享内存的多处理器计算机上对 64 000 个数求和，该计算机具有统一的存储器访问时间，处理器的数量为 64。

| 答案 | 第一步是保证每个处理器的负载是均衡的，因此我们将这组数分成等量的子集。由于该机器具有统一的存储器空间，因此我们不把这些子集分配到不同的存储器空间上，而是

只给每个处理器分配不同的起始地址。用 Pn 表示不同处理器的编号，编号范围在 0~63 之间。所有处理器通过运行一个对数据子集进行求和的循环来启动程序：

```
sum[Pn] = 0;
for (i = 1000*Pn; i < 1000*(Pn + 1); i += 1)
    sum[Pn] += A[i]; /*sum the assigned areas*/
```

（注意，在 C 程序代码中，i+=1 是 i=i+1 的简写形式。）

下一步是将这 64 个部分和加起来，称为**归约**（reduction），我们采用分而治之的方法。首先用一半处理器对部分和相加，然后再用四分之一处理器对新的部分和相加，以此类推直到获得最终的和。图 6-8 对归约的过程进行了说明。

归约：处理一个数据结构并返回单一值的函数。

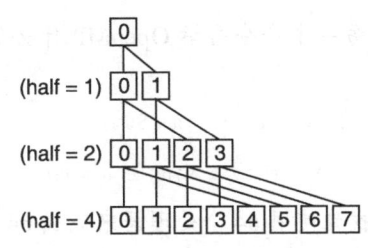

图 6-8 自底向上对每个处理器结果求和的归约过程的最后 4 级。对于所有编号 i 小于 half 的处理器，将自己产生的部分和与编号 i+half 的处理器产生的部分和相加

在该例子中，"消费者"处理器在读取由"生产者"处理器写入结果的存储器位置之前，两个处理器必须同步；否则，消费者可能读取到数据的旧值。我们希望每个处理器拥有自己的循环计数器变量 i，因此我们将其声明为"私有"变量。下面是相应的代码（half 也是私有变量）：

```
half = 64; /*64 processors in multiprocessor*/
do
    synch(); /*wait for partial sum completion*/
    if (half%2 != 0 && Pn == 0)
        sum[0] += sum[half-1];
        /*Conditional sum needed when half is
        odd; Processor0 gets missing element */
    half = half/2; /*dividing line on who sums */
    if (Pn < half) sum[Pn] += sum[Pn+half];
while (half > 1); /*exit with final sum in Sum[0] */
```

| **硬件 / 软件接口** 长久以来人们对并行编程都有着浓厚的兴趣，现在已经创建了上百种并行编程系统。一个有局限性但是很常用的例子就是 OpenMP。OpenMP 只是一个应用程序接口（Application Programmer Interface，API），带有一系列编译器选项、环境变量和运行时库例程，能够对现有标准语言进行扩展。OpenMP 为共享内存的多处理器提供了一个可移植、可扩展的简单编程模型。其最初目标是对循环进行并行化以及进行归约。

OpenMP：一个为运行在 UNIX 或 Microsoft 平台上的 C、C++ 或 Fortran 语言的共享内存多处理器的 API。它包含了一些给编译器的提示及一个库和一些运行时提示。

大部分 C 语言编译器已经提供了对 OpenMP 的支持。在 UNIX C 语言编译器中使用 OpenMP API 的命令如下：

```
cc -fopenmp foo.c
```

OpenMP 使用 pragma 对 C 语言进行扩展，类似于 C 宏预处理器命令 #define 和 #include。与上面的例子一样，我们要使用 64 个处理器，命令如下：

```
#define P 64 /* define a constant that we'll use a few times */
#pragma omp parallel num_threads(P)
```

这样，运行时库就会使用 64 个并行线程。

要将一个串行的 for 循环变为一个并行的 for 循环，并且要把任务等份地在线程间等分，我们只需要写如下代码（这里假设 sum 初始为 0）：

```
#pragma omp parallel for
for (Pn = 0; Pn < P; Pn += 1)
  for (i = 0; 1000*Pn; i < 1000*(Pn+1); i += 1)
    sum[Pn] += A[i]; /*sum the assigned areas*/
```

对于归约，我们可以使用另一个命令告诉 OpenMP 什么是归约操作符和用什么变量代替归约运算的结果。

```
#pragma omp parallel for reduction(+ : FinalSum)
for (i = 0; i < P; i += 1)
  FinalSum += sum[i]; /* Reduce to a single number */
```

注意，现在要靠 OpenMP 库来找到使用 64 个处理器来完成 64 个数字相加的有效代码。

尽管 OpenMP 使编写并行代码更加简单，但是对于调试并不是很有帮助，所以很多并行程序员使用比 OpenMP 更复杂的并行编程系统，就像今天有很多程序员使用比 C 语言效率更高的编程语言一样。

以上给出了一个经典的 MIMD 硬件和软件的例子，下一步介绍一个类型不同的 MIMD 结构，它使用了不同的设计理念，并对并行编程提出了新的挑战。

精解 一些作者使用 SMP 作为对称多处理器（symmetric multiprocessor）的简称，以此来说明无论哪个处理器访问存储器，延时都是一样的。这么做是为了和大规模 NUMA 多处理器进行区别，因为两者都共享同一个地址空间。由于集群比大规模 NUMA 多处理器更为常见，在本书中，我们仍然使用 SMP 来表示它最原始的含义（即共享内存多处理器），并用它来区别使用多个地址空间的处理器，例如集群。

精解 除了共享物理地址空间之外，还有一种方法是使用独立的物理地址空间，但共享同一虚地址空间，由操作系统负责处理通信。这种方法已经有过尝试，但为了向注重性能的程序员提供一个实用的共享内存抽象，它的开销显得过大。

小测验 判断：共享存储多处理器不能利用任务级并行性的优势。

6.6 图形处理单元

最初将 SIMD 指令添加到现有体系结构中的理由是，许多微处理器都连接到 PC 或工作站中的图形显示设备上，并且用于图形显示的处理时间所占比例越来越大。因此，当微处理器设计中可用晶体管数量随着摩尔定律增加时，提高图形处理能力就很有必要了。

提高图形处理能力的主要动力是计算机游戏产业，包括 PC 和专用的游戏终端（如 Sony PlayStation）。快速增长的游戏市场使许多公司增加了快速图形硬件方面的研发，这种正反馈使得图形处理能力的增长超过了主流微处理器的通用处理能力。

图形和游戏的开发与微处理器开发的目标不同，故而图形处理采用了自己的风格和术语。随着图形处理器的处理能力日益强大，人们将其命名为图形处理单元（Graphics Processing Unit，GPU），以便和 CPU 进行区分。

如今，人们可以只花费几百美元，就能够购买到具有上百个并行浮点运算单元的 GPU，这使得进行高性能计算更加容易。这种趋势与易于进行 GPU 编程的程序设计语言结合，促进了 GPU 的快速发展。因此，很多科学计算和多媒体应用的编程人员需要仔细考虑使用 CPU 还是 GPU。

（本节专注于使用 GPU 进行计算。如需了解 GPU 计算如何与传统的图形加速器相结合，请参阅附录 C。）

下面是 GPU 与 CPU 的几个主要差别：

- GPU 是对 CPU 功能进行补充的加速器，因此不必执行 CPU 的全部任务。这种定位使得 GPU 将其资源专注于图形处理。对于一个同时具有 GPU 和 CPU 的系统来说，GPU 执行某些任务时效率很低，甚至不能执行，这种情况也是允许的，因为可以让 CPU 在必要的时候完成这些工作。
- GPU 解决的问题规模通常为几百 MB 到 GB，而不是几百 GB 到 TB。

这些差异导致了体系结构的不同设计风格：

- 最大的差别可能就是 GPU 不像 CPU 那样依赖多级缓存来隐藏访问存储器的长延迟，而是依赖硬件多线程（6.4 节）来隐藏访存延迟。也就是说，在存储器请求和数据到达之间，GPU 会执行数以百计甚至数以千计与该请求无关的线程。
- GPU 的主存是面向带宽而非面向延迟的。甚至有面向 GPU 的特殊图形 DRAM 芯片，相对于面向 CPU 的 DRAM，其宽度更大并能提供更大带宽。除此之外，GPU 的存储器历来都比常规微处理器的存储器要小。在 2020 年，GPU 一般有 4~16GiB 的存储器，有时甚至更少，而 CPU 的存储器一般为 32~256GiB，有时甚至更多。最后需要注意的是，对于通用计算，因为 GPU 是一个协处理器，所以必须考虑数据在 CPU 存储器和 GPU 存储器之间的传输时间。
- 除了通过多线程并行执行来获取高存储器带宽外，GPU 还可以包含许多并行处理器（MIMD）。因此，每个 GPU 相比于 CPU 有更多的线程，并且拥有更多的处理器。

硬件/软件接口 尽管 GPU 是面向众多应用程序中很小的一部分设计的，但是一些程序员希望能以某种形式定义他们的应用，从而利用 GPU 潜在的高性能。在厌倦了使用图形 API 语言描述问题之后，他们开发了类 C 编程语言，可以直接在 GPU 上编程。NVIDIA 的 CUDA（Compute Unified Device Architecture）就是其中一个例子，它使程序员可以编写直接在 GPU 运行的 C 程序（尽管仍有一些限制）。附录 C 给出了 CUDA 代码的例子。（OpenCL 是一个由多个公司发起并开发的一种轻型编程语言，它可以利用 CUDA 中的很多优势。）

NVIDIA 决定将所有形式的并行都定义为 CUDA 线程（CUDA thread）。将这种最底层的并行作为编程原语，编译器和硬件可以在 GPU 上将上千个 CUDA 线程聚集起来使用各种类型的并行：多线程、MIMD、SIMD 和指令级并行。这些线程被聚集成线程块，以 32 个为一组一起执行。GPU 内部的多线程处理器执行这些线程块，一个 GPU 一般包含 8~128 个这种多线程处理器。

6.6.1 NVIDIA GPU 体系结构简介

因为 NVIDIA 是 GPU 体系结构的代表，所以我们使用它作为例子。特别地，我们沿用

CUDA 并行编程语言中的术语，并使用 Fermi 体系结构作为例子。

与向量体系结构一样，GPU 只对数据级并行问题效果较好。这两种体系结构都有聚集-分散数据传输，但是 GPU 处理器拥有比向量处理器更多的寄存器。与向量体系结构不同，GPU 也依赖于单个多线程 SIMD 处理器中的硬件多线程以隐藏访存延迟（见 6.4 节）。

多线程 SIMD 处理器与向量处理器类似，但是前者有很多并行功能单元，而不像后者只有少数几个高度流水化的功能单元。

如前所述，GPU 包含多个多线程 SIMD 处理器，也就是说，GPU 是一个由多个多线程 SIMD 处理器组成的 MIMD 处理器。例如 2020 年，NVIDIA 的 Tesla 结构有 4 种不同的实现，根据价格的不同分别有 15、24、56 或 80 个多线程 SIMD 处理器。对于含有不同数量多线程 SIMD 处理器的 GPU，为了实现透明的伸缩性，线程块调度器（thread block scheduler）硬件将线程块分配给多线程 SIMD 处理器。图 6-9 给出了一个简化的多线程 SIMD 处理器的结构图。

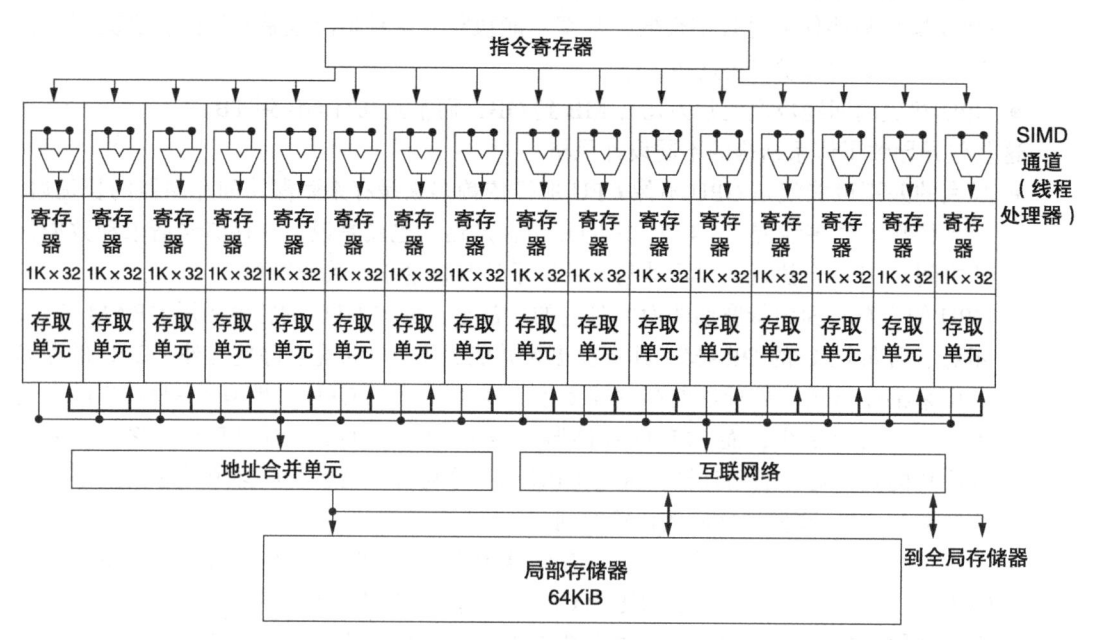

图 6-9 多线程 SIMD 处理器数据通路的简化结构图。它有 16 个 SIMD 通道。SIMD 线程调度器有很多相互独立的 SIMD 线程供处理器选择执行

往下深入一层，硬件产生、管理、调度并执行的机器目标代码是一个由 SIMD 指令组成的线程（thread of SIMD instruction），也称为 SIMD 线程（SIMD thread）。这是一个传统意义上的线程，但是包含互斥的 SIMD 指令。这些 SIMD 线程有自己的程序计数器，并且在一个多线程 SIMD 处理器上运行。SIMD 线程调度器含有一个控制器，以确定哪些 SIMD 指令线程已经准备就绪并可以执行，并且将这些线程送给分派单元，然后分派到多线程 SIMD 处理器上执行。这个调度器同传统多线程处理器中的硬件线程调度器（见 6.4 节）一样，只是它调度的是 SIMD 指令。因此，GPU 硬件有两层硬件调度器：

- 线程块调度器（thread block scheduler）将线程块分配到多线程 SIMD 处理器上。
- 当 SIMD 线程准备就绪时，SIMD 处理器内部的 SIMD 线程调度器进行调度。

这些线程的 SIMD 指令的宽度为 32，所以每一个 SIMD 指令线程都会对 32 个元素进行计算。由于线程是由 SIMD 指令组成的，SIMD 处理器必须有并行功能单元来执行这些操作。我们称其为 SIMD 通道（SIMD lane），它们同 6.3 节的向量通道非常相似。

精解 每个宽度为 32 的 SIMD 指令线程被映射到 16 个 SIMD 通道上，所以一个 SIMD 指令线程中的每条指令需要两个时钟周期来完成。每一个 SIMD 指令线程都是锁步执行的。继续将 SIMD 处理器比作一个向量处理器，我们可以说它有 16 个通道，并且向量宽度为 32。由于这种宽而浅的特性，我们称之为 SIMD 处理器而不是向量处理器，因为这样更直观一些。

根据定义，SIMD 指令线程之间是相互独立的，SIMD 线程调度器可以挑选任何准备就绪的线程去执行，而不必一定要使用同一线程中顺序的下一条 SIMD 指令。因此，若使用 6.4 节中的术语，此处使用的是细粒度多线程。

为了保存数据元素，一个 SIMD 处理器有多达 32 768 个 32 位寄存器。就像向量处理器一样，这些寄存器根据向量通道（或称为 SIMD 通道）进行逻辑划分。每个 SIMD 线程最多有 64 个寄存器，所以可以认为一个 SIMD 线程最多有 64 个向量寄存器，且每个向量寄存器可以存放 32 个 32 位宽的数据元素。

由于有 16 个 SIMD 通道，因此共有 2048 个寄存器。每个 CUDA 线程可以从其中的每个向量寄存器中获得一个数据。注意，CUDA 线程只是将一个 SIMD 指令中的线程进行纵向划分，对应一个 SIMD 通道执行的一个数据元素。注意，CUDA 线程与 POSIX 线程大不相同，因为不能在一个 CUDA 线程中执行系统调用和同步操作。

6.6.2 NVIDIA GPU 存储结构

图 6-10 展示了 NVIDIA GPU 的存储结构。我们将每个多线程 SIMD 处理器的片上存储器称为本地/局部存储器（local memory），由同一个多线程 SIMD 处理器中的所有 SIMD 通道所共享，但是不在多个多线程 SIMD 处理器之间共享。我们称整个 GPU 和所有线程块共享的片外存储器为 GPU 存储器（GPU memory）。

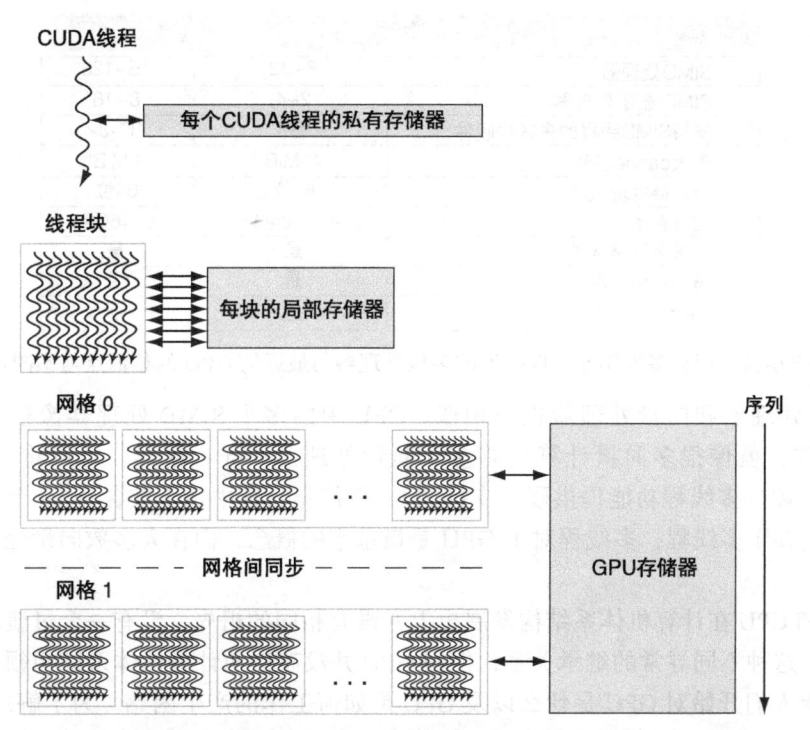

图 6-10 GPU 存储器结构。GPU 存储器由向量化的循环共享。同一个线程块中的所有 SIMD 指令线程共享局部存储器

与依赖于大容量的 cache 来保存整个应用程序的工作集不同，因为这些工作集通常为上百 MB，所以多核处理器的最后一级 cache 无法容纳全部数据，因此 GPU 通常使用小容量的流 cache 和大量多线程 SIMD 指令线程来隐藏访问 DRAM 的延迟。为了使用硬件多线程来隐藏访问 DRAM 时的延迟，处理器中用于 cache 的芯片面积在 GPU 中替换为计算资源和大量的寄存器（用来保存大量 SIMD 指令线程的状态）。

精解 尽管隐藏访存延迟是基本的原则，但是，最新的 GPU 和向量处理器都增加了 cache。增加的 cache 要么被看作带宽滤波器来减少对 GPU 内存的需求，要么被看作少数不能使用多线程隐藏访问延迟的变量的加速器。因为在函数调用时延迟很重要，所以为栈帧、函数调用和寄存器溢出而设计的局部存储器可以与 cache 很好地匹配。因为访问片上 cache 需要的能耗比访问多个片外 DRAM 要小很多，所以 cache 对减少能耗非常友好。

6.6.3　GPU 展望

在高层次上，拥有 SIMD 指令扩展的多核计算机的确与 GPU 有一些共同点。图 6-11 总结了两者之间的异同。两者都通过使用多个 SIMD 通道来实现 MIMD 功能，但 GPU 有更多的处理器和更多的通道数。两者都通过使用硬件多线程来提高处理器利用率，但 GPU 的硬件支持更多线程。两者都有 cache 结构，但 GPU 使用的是小容量的流 cache，而多核计算机使用的是多级 cache（以试图将整个工作集都放进去）。两者都使用 64 位的地址空间，但 GPU 的物理主存小很多。虽然 GPU 提供页面级的内存保护，但是它还不支持请求页面调度。

特点	使用SIMD的多核	GPU
SIMD处理器	8~32	15~128
SIMD通道/处理器	2~4	8~16
支持SIMD线程的多线程硬件	2~4	16~32
最大cache容量	48MiB	6MiB
存储器地址大小	64位	64位
主存容量	64~1024GiB	4~16GiB
页面级存储保护	是	是
请求页面调度	是	否
cache一致性	是	否

图 6-11　带有多媒体 SIMD 扩展的多核处理器与最近的 GPU 的相似点与不同点

SIMD 处理器和向量处理器也很相似。GPU 中的多个 SIMD 处理器像独立的 MIMD 核一样工作，就像很多向量计算机有多个向量处理器一样。这样，可以将 Volta V1000 视为一个对硬件多线程功能提供硬件支持的 80 核机器，其中每个核含有 16 个通道。两者最大的区别在于多线程，多线程对于 GPU 是最基本的概念，而在大多数向量处理器中却不存在。

GPU 和 CPU 在计算机体系结构发展史上并没有相同的祖先，没有一个过渡环节能解释这种现象。这种不同寻常的继承关系，使得 GPU 并没有使用计算机体系结构领域中常用的术语，这让人们开始对 GPU 是什么以及 GPU 是如何工作的产生困惑。为了解决这个问题，图 6-12（从左到右）列出了本节使用的更具描述性的术语，首先是主流计算领域中最接近的术语，然后是 NVIDIA GPU 官方的术语（如果你感兴趣），最后是对该术语的简单解释。这个

"GPU 罗塞塔石碑"可以将本节的内容和想法与附录 C 中介绍的更传统的 GPU 描述联系起来。

分类	描述性名称	传统描述名称	CUDA/NVIDIA官方术语	教科书的定义
程序抽象	可向量化循环	可向量化循环	网格	在GPU上执行的可向量化循环由一个或多个可并行执行的线程块（向量化后的循环体）组成
	向量化的循环体/循环展开后的程序块	（切分）向量化循环体/循环展开后的程序块	线程块	在SIMD多线程处理器上执行的向量化后的循环体，由一个或多个SIMD指令线程组成。这些线程间的数据通信通过局部存储单元实现
	SIMD通道操作序列	标量循环的一次迭代	CUDA线程	一个SIMD指令线程对应于一个SIMD通道的执行序列。根据屏蔽寄存器存储结果
机器目标代码	SIMD指令的一个线程	向量指令线程	Warp块	一个仅包含SIMD指令的传统线程，在SIMD多线程处理器中执行。根据屏蔽寄存器存储结果
	SIMD指令	向量指令	PTX指令	横跨多个SIMD通道执行的一条SIMD指令
处理硬件	多线程SIMD处理器	（多线程）向量处理器	流多线程处理器	独立于其他SIMD处理器，一个多线程处理器执行SIMD指令的多个线程
	线程块调度器	标量处理器	千兆线程引擎	分配多个线程块（向量化后的循环体）到多SIMD处理器上
	SIMD线程调度器	一个多线程处理器中的线程调度器	Warp调度器	当SIMD指令线程准备好执行时，对它们进行调度并发射的硬件单元，其中包含用于跟踪SIMD线程执行情况的计分板
	SIMD通道	向量通道	线程处理器	一个SIMD通道执行处理单个元素的SIMD指令线程操作，根据屏蔽寄存器存储结果
存储器硬件	GPU片外存储器	主存储器	全局存储器	GPU中所有多线程处理器均可访问的DRAM存储器
	本地存储器	本地存储器	共享存储器	一个多线程SIMD处理器私有的快速本地SRAM存储器，其他SIMD处理器不能访问
	SIMD通道寄存器	向量通道寄存器	线程处理器寄存器	在整个线程块（向量化后的循环体）中为每个SIMD通道分配的寄存器

图 6-12　GPU 术语的快速介绍。第一列给出了硬件术语。这 12 个术语被分成 4 组。从上到下为：程序抽象、机器目标代码、处理硬件和存储器硬件

尽管 GPU 正在向主流计算进军，但并未放弃在图形加速方面的发展。由于投入的硬件可以很好地进行图形处理，那么当架构师开始考虑如何扩展 GPU 的性能并为更多类型的应用服务时，GPU 设计就更有意义。

GPU 是第一个提高某个专用领域（此处是计算机图形处理）处理性能的加速器的成功实例。下节将给出更多领域专用加速器的实例，包括正在获得广泛关注的机器学习（Machine Learning，ML）领域的加速器。

> **小测验**　判断：GPU 依靠图形 DRAM 芯片来减少访存延迟，并以此来提高图形应用程序的性能。

6.7 领域专用体系结构

在摩尔定律变缓、Dennard 按比例缩小定律终结以及摩尔定律对多核性能的实际限制等因素的综合作用下，**领域专用体系结构**（Domain Specific Architecture，DSA）成为当前公认的能够进一步提升能效比的唯一道路。与 GPU 类似，虽然 DSA 适用的领域范围有限，但能够在特定领域高效地工作，因此，就像过去几十年里多核必然取代单核一样，架构师现在投入 DSA 的设计中也完全是形势所迫。

> **领域专用体系结构**：与通用计算机相对，领域专用体系结构是面向一个特定应用领域的专用计算机。

新的计算机除了包含运行传统大型程序（例如操作系统）的标准处理器之外，通常还包含领域专用处理器。可以预料，与过去的同构多核芯片相比，现在（或未来）的计算机大多是异构的。本节是本书的新内容，来源于《计算机体系结构：量化研究方法》（第 6 版）中新增的 DSA 一章，在那本书中，DSA 一章有 80 页。如果读者对此感兴趣，可以深入地阅读那一章。

DSA 遵循以下 5 个原理。

1. **使用专用存储器来减小数据移动的距离**。通用微处理器中的多级 cache 使用了大量的芯片面积和能耗来为程序优化数据移动。例如，一个两路组相联的 cache 的能耗是等容量软件控制的便签存储器（scratchpad memory）能耗的 2.5 倍。根据定义，DSA 的编译器设计者和程序员理解其应用领域，因此不需要硬件来支持数据移动。DSA 的存储器面向专用功能进行定制，并通过软件进行控制，从而减少了数据移动的次数。

2. **丢弃通用处理器中先进的微体系结构优化，将节省的资源用于集成更多的算术单元和更大容量的存储器**。架构师对 CPU 和 GPU 的优化从追逐摩尔定律转向资源密集型设计：乱序执行、推测、多线程、多处理、预取、多级 cache 等传统提升处理器性能的技术被丢弃。由于对面向特定领域的应用程序的执行情况有更加深入的理解，因此，丢弃这些技术省出的资源能够更好地用于设计更多的处理单元和更大容量的片上存储器。

3. **面向专用领域，使用最简单的并行模式**。大多数情况下，DSA 的目标领域都具有固有的并行性。DSA 的一个关键问题是如何利用这种并行性，如何使其对软件可见。答案是按照领域应用并行性的自然粒度设计 DSA，并将该并行性对编程模型可见。例如，对于数据级并行，如果 SIMD 适用于该领域，那么，相比于 MIMD 程序员和编译器设计者的负担就要轻很多。同样，如果 VLIW 能够表示领域应用的并行性，那么，相比于乱序执行，该设计更加小巧，且能效比更高。

4. **根据领域应用特征，将支持的数据大小和类型减到最少**。许多领域的应用是存储器受限的（memory-bound），因此，可以使用更窄的数据类型来增加有效存储带宽和片上存储器的利用率。越窄越简单的数据使人们可以在相同的芯片面积和能耗约束下集成更多的算术计算单元。

5. **使用领域专用语言对 DSA 编程**。专用体系结构的一个传统挑战是使应用程序在新体系结构上运行。幸运的是，在架构师被迫将其注意力集中于 DSA 之前，专用体系结构的编程语言已经很普及了。例如，用于视频处理器的 Halide 和用于机器学习的 TensorFlow 等专用编程语言。编程抽象层次的提升使得对 DSA 编写应用程序更加可行。

DSA 除了对图形进行加速之外，还可应用于生物信息处理、图像处理和仿真等，但最流行的应用可能就要数人工智能了。与早期通过一大套逻辑规则构造 AI 系统不同，过去十年中 AI 的焦点转向了使用样本数据的机器学习，这已经成为最有前途的发展道路。用于学习的数据量和计算量远远超过了人们的想象。21 世纪的仓储式计算机（Warehouse Scale Computer，WSC）能够通过互联网收集数亿用户及其智能手机中的数据（数量可达 petabyte）并进行存储，从而提供足够的学习数据。我们同样低估了从海量数据中进行学习的计算量，但是在 WSC 中，数以千计的服务器里都嵌入了 GPU（具有很高的单精度浮点运算性价比），从而提供了足够的计算能力。

2012 年以来，深度神经网络（Deep Neural Network，DNN）已经成为机器学习领域的明星。DNN 几乎每个月都能促进一项技术突破，例如目标识别、语言翻译、机器程序首次战胜人类围棋世界冠军等。

DNN DSA 的一个杰出实例是 Google 的张量处理单元（Tensor Processing Unit，TPUv1）。早在 2006 年，Google 的工程师就开始讨论在其数据中心部署 GPU、FPGA 或定制芯片。当时的结论却是，能够运行在专用硬件上的应用，很难无开销地使用大型数据中心的大量资源运行，并且很难无开销地进行优化。到 2013 年情况发生了变化，如果每人每天使用语音识别 DNN 3 分钟来进行声音搜索，则需要将 Google 数据中心的处理能力加倍以满足计算需求。使用传统 CPU 将会非常昂贵，并且会很耗时，因此，Google 启动了一个高优先级的项目来进行 DNN 专用芯片的快速开发，其目标是将 CPU 或 GPU 的性价比提升 10 倍。在这种情况下，TPU 的设计、验证、制造和在数据中心的部署仅花了 15 个月的时间。如果你在使用 Google 的应用，则有可能使用过自 2015 年部署的 TPUv1。

图 6-13 给出了 TPUv1 的模块框图，其内部模块通常采用宽度为 256 字节的通路进行互连。从右上角开始的矩阵乘法单元是 TPU 的核心，其中包含一个 256×256 的 ALU 阵列，遵循 DSA 设计指导方针——将 CPU 中节省的资源用于更多的算术计算单元。TPU 中 ALU 的数量是先进服务器 CPU 中的 250 倍，是先进 GPU 中的 25 倍。对这 65 536 个 ALU 使用 SIMD 模式进行并行执行遵循了"使用最简单的并行模式来适应领域需求"的设计原则。另外，TPUv1 将当代 CPU 中典型的 32 位浮点数类型简化为 8 位和 16 位整数类型，8 位和 16 位整数对 DNN 应用来说已经足够。根据"使用专用存储器"的设计原则，矩阵单元的乘积被收集到累加器的 4MiB 存储器中，中间结果被保存在 24MiB 的统一缓存（unified buffer）中，统一缓存中的数据可以作为矩阵乘法单元的输入。TPUv1 的片上存储器容量几乎是同等 GPU 的 4 倍。最后，TPUv1 使用 TensorFlow 进行编程，简化了为该 DSA 编写 DNN 应用的难度。

虽然 TPUv1 的时钟频率不高，仅为 700MHz，但可以使 65 536 个 ALU 获得每秒 90 Tera 次操作的峰值性能。其芯片面积不到先进 CPU 和 GPU 的 1/2，75W 的功耗也不到先进 CPU 和 GPU 的 1/2。

在 DNN 应用平均需要 6 个乘积的情况下，TPUv1 的速度是先进 CPU 的 29.2 倍，是先进 GPU 的 15.3 倍。对于数据中心而言，我们在关注性能的同时，同样关注性价比。数据中心成本的最佳评价指标是所有者总开销（Total Cost of Ownership，TCO）：购买设备的开销加上若干年运营需要的电力、冷却及厂房空间开销。TPUv1 的最初目标为获得 10 倍于 CPU 或 GPU 的性价比，但是，TCO 中的数据基本上都是保密的，因此无法进行比较。好消息是 TCO 与功耗相关，而功耗则是可以获取的数据。以每瓦的性能（performance per watt）进行衡量，TPUv1 的能效比是先进 GPU 的 29 倍，是先进 CPU 的 83 倍，远远超过了预期的目标。

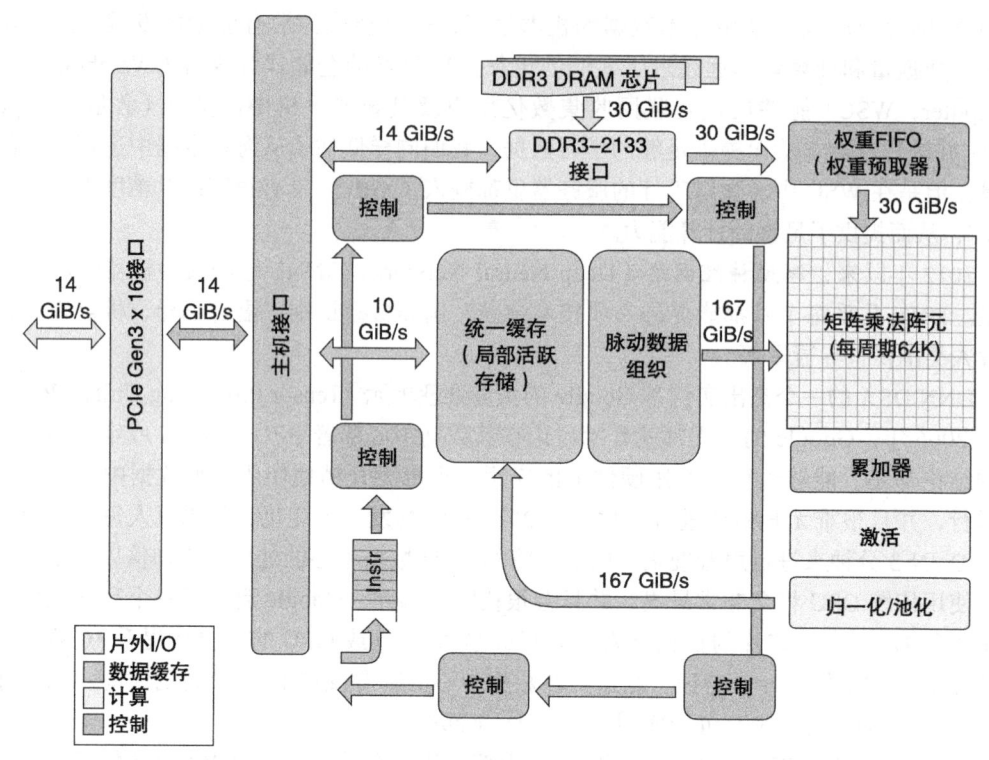

图 6-13 TPUv1 的模块框图。主计算部分是位于右上角的矩阵乘法单元，其输入为权重 FIFO 和统一缓存，其输出是累加器。24MiB 的统一缓存占据了 TPUv1 近 1/3 的芯片面积，具有 65 536 个乘累加 ALU 的矩阵乘法单元占据了 1/4 的芯片面积，即数据通路占据了整个芯片面积的 2/3。而在 CPU 中，多级 cache 通常占有 2/3 的芯片面积

下一节将回到更加传统的体系结构，介绍并行处理器，其中每个处理器都有自己的私有地址空间，从而很容易地构建更大的系统。人们每天使用的互联网服务依赖于这些大规模的系统，Google 在这些大规模系统中部署了 TPUv1。

小测验 判断：DSA 针对其应用领域比 CPU 或 GPU 更高效的原因是，可以使用更大的芯片实现领域应用。

6.8 集群、仓储级计算机和其他消息传递多处理器

对处理器来说，共享地址空间的另一种方法是每个处理器具有自己私有的物理地址空间。图 6-14 给出了具有多个私有地址空间的多处理器的典型组成。这种多处理器必须通过显式的**消息传递**（message passing）进行通信，传统上也把这类计算机称为消息传递计算机。系统提供**发送消息例程**（send message routine）和**接收消息例程**（receive message routine），通过消息传递协调工作，因为发送处理器知道何时发送消息，接收处理器也知道消息何时到达。如果发送者需要确认消息已经送达，那么接收处理器可以向发送者返回一个确认消息。

消息传递：通过显式发送和接收信息的方式在多处理器之间进行的通信。

发送消息例程：具有私有存储器的机器中，一个处理器将消息发送给另一个处理器的例程。

接收消息例程：具有私有存储器的机器中，一个处理器接收来自其他处理器消息的例程。

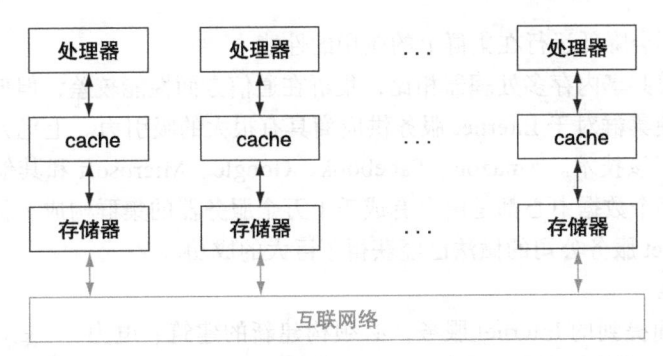

```
处理器        处理器              处理器
  ↕            ↕                  ↕
 cache        cache              cache
  ↕            ↕                  ↕
存储器        存储器              存储器
  ↕            ↕                  ↕
┌─────────────────────────────────────┐
│            互联网络                  │
└─────────────────────────────────────┘
```

图 6-14　具有多个私有地址空间的多处理器的组成，传统上称为消息传递多处理器。与图 6-7 中的 SMP 不同，互联网络不在 cache 和存储器之间，而是在处理器-存储器的节点之间。

历史上曾经有过几次基于高性能消息传递网络构建大规模计算机的尝试。相对于使用局域网构建的集群，它们确实可以提供更高的性能。事实上，当今很多超级计算机使用自己的专用网络。但问题是它们比以太网这样的局域网成本更高。目前，除了高性能计算之外，很少有应用程序需要更高的通信性能，而更好的通信性能意味着更高的成本。

硬件/软件接口　相比于 cache 一致性共享内存，依赖于消息传递机制的计算机对于硬件设计者来说更容易构建（见 5.8 节）。这对于编程人员来说也有好处，那就是通信都是显式的，这意味着相比于 cache 一致性共享内存的隐式通信来说性能方面的意外更少。对于编程人员而言，其缺点是把顺序程序移植到消息传递机制的计算机上更困难，因为所有的通信都需要提前识别，否则程序就不会工作。cache 一致性共享内存允许硬件指明哪些数据需要进行通信，这使得移植更容易。考虑到隐式通信的优点与不足，关于哪种方式是获得高性能的最佳途径存在分歧，但是在今天的市场上却并没有这种困惑。多核微处理器使用共享物理内存机制进行通信，而集群的节点之间使用消息传递机制进行通信。

一些并发程序可以在并行硬件上运行良好，与该硬件提供的是共享地址机制还是消息传递机制无关。特别地，使用任务级并行和通信比较少的应用程序——如 Web 搜索、邮件服务器和文件服务器——不需要共享地址机制也可以良好运行。因此，**集群**（cluster）已经成为当今基于消息传递机制的并行计算机最普遍使用的例子。由于有独立的存储器，集群的每一个节点都运行操作系统的一个独立的副本。相反，微处理器的所有核在芯片上通过高速的互联网络相连，使用独立的操作系统，并且多个芯片共享的存储系统通过存储互联网络通信。存储互联网络具有更高的带宽和更低的延时，使得共享内存的多处理器有更好的通信性能。

> **集群**：通过标准的网络开关将 I/O 连接起来的计算机集合，以形成一个消息传递机制的多处理器。

从并行编程的角度看，用户私有内存的缺点成为系统可靠性（见 5.5 节）的一个优点。由于集群由通过局域网络连接起来的独立计算机组成，所以相比于共享内存多处理器，在不影响整体系统性能的前提下替换其中的某一个计算机更加容易。从根本上讲，共享地址意味着如果没有操作系统和硬件设计，很难将一个处理器隔离并进行替换。当一个服务器发生故障时，整个系统很容易降级，因此提高了可靠性。由于集群上的软件运行在每个独立计算机的本地操作系统之上，因此对于发生故障的计算机，很容易断开并且进行替换。

由于集群是由多个计算机和独立可扩展的互联网络组成的，这种隔离使得很容易对系统进行扩展，并且不会降低运行在集群上的应用的性能。

尽管与大规模共享内存多处理器相比，集群在通信方面性能较差，但低成本、高可用性和快速可扩展性使集群对于 Internet 服务供应商具有很大的吸引力。上亿人每天都在使用的搜索引擎就依赖于该技术。Amazon、Facebook、Google、Microsoft 和其他商业巨头都有多个数据中心，而每个数据中心都是由含有成千上万个服务器的集群构成。很显然，将多个处理器应用在 Internet 服务公司的做法已经获得了巨大的成功。

仓储级计算机

为了支持前面提到的 Internet 服务，必须构建新的建筑、电力系统以及对 50 000 台服务器进行冷却。尽管它们可以被归类为大型的集群，但是其体系结构和操作更为复杂。它们就像一个巨大的计算机，连接和安放 50 000 台服务器，机房、电力和冷却系统、服务器以及互联设备总共需要 15 亿美元的成本。我们把它们归类于一类新的计算机，叫作仓储式计算机（Warehouse-Scale Computer，WSC）。

> 每个人都可以构建一个快速的 CPU，诀窍是如何构建一个快速的系统。
>
> Seymour Cray，超级计算机之父

硬件/软件接口 WSC 中批处理最流行的架构是 MapReduce（Dean，2008）及其开源孪生兄弟 Hadoop。受 Lisp 中同名函数的启发，Map 首先对每个逻辑输入记录使用一个程序员提供的函数，然后 Map 在数以千计的服务器上运行并产生键–值对（key-value pair）组成的中间结果。Reduce 将这些分布的任务的输出结果收集起来，并使用另外一个程序员提供的函数来对其进行压缩。通过适当的软件处理，这两部分可以高度并行化并且易于理解和使用。在 30 分钟内，一个编程新手就可以在上千台服务器上运行 MapReduce。

例如，一个 MapReduce 程序要计算一大堆文档中每个单词出现的次数。下面是该程序的一个简化版本，只给出了最内层的循环，并且假设在一个文档中所有英文单词只出现一次。

```
map(String key, String value):
    // key: document name
    // value: document contents
    for each word w in value:
        EmitIntermediate(w, "1"); // Produce list of all words
    reduce(String key, Iterator values):
    // key: a word
    // values: a list of counts
        int result = 0;
        for each v in values:
            result += ParseInt(v); // get integer from key-value pair
        Emit(AsString(result));
```

Map 函数中使用的 `EmitIntermediate` 函数可以将文档中的每一个单词及值 "1" 输出。然后 Reduce 函数将每个文档中每个词的所有值加起来，使用 `ParseInt()` 函数得到每个词在所有文档中出现的次数。MapReduce 运行时环境将 Map 任务和 Reduce 任务调度到 WSC 中的服务器上。

在这种极端的规模下，WSC 需要在电源分布、冷却、监控和操作上都做出创新，WSC 可以算是 20 世纪 70 年代的超级计算机的后代——这使得 Seymour Cray 成为当今 WSC 体系结构之父。他的超级计算机可以解决其他计算机无法解决的问题，但是却过于昂贵，以至于只有少数几个公司有能力购买。现在 WSC 的目标是为全世界提供信息技术，而不是专门为科学家和工程师提供高性能计算。因此，WSC 在今天的社会中扮演着比 Cray 的超级计算机在那个年代更加重要的角色。

尽管与服务器在目标上有一些共同点，但是 WSC 有以下 3 点主要区别。

1. **大量简单的并行**：对于服务器架构师，一个需要着重考虑的因素是目前市场上的应用程序是否具有能在并行硬件上运行的足够的并行性，以及为了发掘这些并行性而使用足够多的硬件是否代价过高。但是 WSC 架构师却没有这方面的顾虑。首先，像 MapReduce 这样的批处理程序可以从大量需要独立处理的数据集中获益，例如 Web 爬虫中数以亿计的网页。其次，交互式互联网服务应用，也称作**软件即服务**（Software as a Service, SaaS），可以从数以百万计的相互独立的交互式互联网服务用户中获益。在 SaaS 中，读和写之间相关关系很少，所以 SaaS 基本上不使用同步操作。例如，查找操作只使用一个只读的索引，而电子邮件通常是读写独立的信息。我们将这种简单的并行称作请求级并行（request-level parallelism），因为很多独立的工作可以很自然地执行，并且只需要很少的通信和同步操作。

软件即服务：相比于出售那些安装并运行在用户计算机上的软件，SaaS 的软件是运行在远程站点上的，并且通过互联网（通常是面向用户的网页接口）向用户提供服务。SaaS 客户是基于是否使用而非是否拥有来收费的。

2. **运营成本**：传统上，服务器架构师通常在开销预算内设计可以达到最佳性能的系统，并且考虑能耗，确保不会超过系统的冷却能力。他们经常忽略服务器的经营开销，假定和购买成本相比，运营开销可以忽略。WSC 拥有更长的寿命——建筑和电力以及冷却系统通常在 10 年甚至更长时间内分摊开销——所以经营成本（能耗、电源分布和冷却系统）的总和在这 10 年中要超过 WSC 价格的 30%。

3. **规模以及规模带来的机遇和问题**：为了建造一个 WSC，你必须购买 50 000 台服务器以及配套设施，这意味着会有总额折扣。WSC 的内部如此庞大，以至于即使只有少数的 WSC，你也会得到一定的规模经济。这种规模经济导致了云计算（cloud computing）的出现，因为每个单元更低的成本意味着云计算公司可以用比用户自己购买这些服务更低的价格将服务出租给用户以获得利润。规模经济的负面影响就是需要解决这种规模下的故障率。即使一个服务器有着高达 25 年（约 200 000 小时）的平均无故障时间（mean time to failure），WSC 架构师也要考虑每天会出现 5 个服务器故障的可能。5.15 节提到了 Google 测试得到的年均磁盘故障率（AFR）为 2%~4%。如果每个服务器有 4 个磁盘并且它们的年均故障率为 4%，WSC 架构师应该每小时都发现一张磁盘故障。因此，容错性对于 WSC 架构师比服务器架构师重要得多。

WSC 带来的规模经济使得长久以来人们梦寐以求的将计算变成一种设施的梦想成为现实。云计算意味着任何人在任何地方，只要有一个好的想法、一个商业模式以及一张信用卡，就可以使用数以千计的服务器向全世界传播自己的想法。

考虑到云计算的增长率，2012 年亚马逊网络服务（AWS）宣布每天都会增加足够的服务器来支持其全球的基础设施，增加的数量相当于 2003 年亚马逊所有的服务器数量，那时候亚马逊年收入 52 亿美元，拥有 6000 名员工。在 2020 年，虽然云计算只占亚马逊营业额的 10%，但亚马逊的主要利润来源于云计算，AWS 的年增长率为 40%。

对于云计算而言，现在我们理解了消息传递机制多处理器的重要性，接下来要介绍 WSC 中各节点的互连方法。归功于每芯片上不断增加的核数，现在芯片内部也需要互联网络，所以这些拓扑结构无论在小规模计算机上还是大规模计算机上都很重要。

精解 MapReduce 架构在 Map 阶段的最后将键-值对进行重组（shuffle）和排序（sort），并生成所有共享相同关键值的组，然后这些组会被传递给 Reduce 阶段。

精解 另一种大规模计算是网格计算（grid computing），所有计算机分布在很大的区域内，运行于其上的软件通过长距离的网络进行通信。网格计算中最流行和最独特的形式要属 SETI@home 项目首创。当数以百万计的计算机空闲的时候，若有人开发出一个可以使用这些计算机的软件，并且能够把任务分成独立的部分分配给这些计算机运行，这些计算机就会被征集起来并充分利用。最早的一个例子是寻找外星智慧项目（Search for ExtraTerrestrial Intelligence，SETI），该项目是 1999 年在加州大学伯克利分校启动的。超过 200 个国家的 500 万计算机用户签署了 SETI@home 项目，其中有超过 50% 的非美国用户。到 2013 年 6 月，SETI@home 网格计算的平均性能为 668 PetaFLOPS，是 2013 年最快的超级计算机的 50 倍。

> **小测验**
> 1. 判断：与 SMP 相同，消息传递机制的计算机基于锁来进行同步操作。
> 2. 判断：集群有独立的存储器，所以需要操作系统的多个副本。

6.9 多处理器网络拓扑简介

多核芯片需要使用片上网络将各个核连接到一起，集群需要局域网将服务器连接到一起。本节讨论不同互联网络拓扑的优点与缺点。

网络成本包括开关的数量、每个开关连接到网络上的链路数量、每条链路的宽度（比特数）以及网络映射到芯片时链路的长度。例如，某些核或服务器可能是相邻的，而其他的可能在芯片或数据中心的另一端。网络性能也是多方面的，包括：在一个无负载的网络中发送和接收消息的延迟，在给定时间周期内能够传输的最大消息数量的吞吐量，由于网络冲突导致的延迟，以及由通信模式决定的可变性能。网络的另一责任是容错，因为系统可能需要在一些部件受损的情况下继续工作。最后，在这个系统能耗受限的时代，不同组织结构的能效应该是最受关注的问题。

网络通常采用图形表示，图中的每条边表示通信网络中的一条链路。在本章的图中，处理器-存储器节点用一个黑色方块表示，而开关用一个灰色圆点表示。假设所有链路都是双向的；也就是说，信息可以向任一方向流动。所有网络都由开关（switch）构成，开关负责建立处理器-存储器节点和其他开关的链接。第一个网络将若干节点顺序连接在一起：

该拓扑叫作环（ring）。由于一些节点不是直接连接的，一些信息将不得不经过中间节点的转发（或跳步，hop），最终到达目标节点。

和总线不同——总线允许一组连线向所有相连的节点发送广播——环可以同时进行多个传输。

因为有众多的拓扑可以选择，所以需要使用性能指标来区分这些设计。有两个常用的性能指标。第一个是总**网络带宽**（network bandwidth），即每条链路带宽与链路数量的乘积。该指标表示带宽的峰值。对于上面的环网络，如果处理器数量为 P，那么总网络带宽就是一条链路带宽的 P 倍；一条总线的总网络带宽仅仅是该总线的带宽。

为了避免只评估最好情况下的性能，我们引入一个接近于最差情况的指标：**对分带宽**（bisection bandwidth）。它的计算是通过将机器分割为两半，然后将跨越假想分割线的链路带宽加起来。环的对分带宽是链路带宽的两倍，是总线链路带宽的一倍。如果一条链

网络带宽：非正式用语，用于表示网络传输速度的峰值；既可以指单一链路的速度，也可以指网络中全部链路的共同传输速度。

对分带宽：多处理器中两个相等部分之间的带宽。该度量表示对多处理器进行分割的最坏情况。

路和总线一样快,那么环在最坏情况下是总线速度的两倍,而在最好情况下是总线的 P 倍。

某些网络拓扑是非对称的,那么在切分网络时会产生一个问题:在何处进行切分。由于对分带宽是一个针对最坏情况的度量,因此答案就是选择会导致最差网络性能的切分方式。换句话说,就是计算所有可能的对分带宽,然后选择其中最小的一个作为最终结果。之所以选择这种最差情况,是因为并行程序常常受通信链中最薄弱链路的限制。

相对于环的另一个极端是**全连接网络**(fully connected network),其中每个处理器与其他处理器之间都有一个双向链路。全连接网络的总网络带宽是 $P \times (P-1)/2$,而对分带宽是 $(P/2)^2$。

全连接网络:通过专用通信链路连接所有处理器-存储器节点的网络。

然而,全连接网络对性能的极大提升被成本的急剧增加抵消。这激励工程师不断开发出新型网络拓扑,使其兼具环形网络的低成本和全连接网络的高性能。评估新型拓扑是否成功,很大程度上依赖于计算机上所运行的并行程序负载的通信特征。

虽然已经公开发布的各种拓扑可能难以计数,但是只有少数拓扑在商业并行处理器中得到了应用。图 6-15 给出了两种常见拓扑。

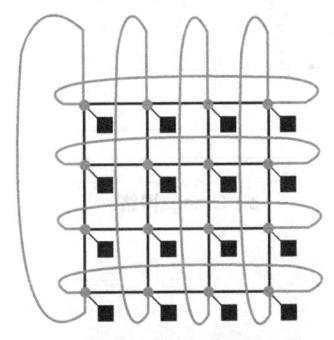

a)16 个节点的 2-D 网格结构   b)8 个节点的 n-立方树(由于 $8 = 2^3$,所以 $n = 3$)

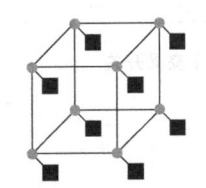

图 6-15 已经应用于商业并行处理器中的网络拓扑。其中灰色圆点表示开关,而黑色方块表示处理器-存储器节点。尽管一个开关可以有多个链路,但是通常只有一个连接到处理器。布尔 n 维立方体拓扑是一个使用 2^n 个节点构成的 n 维互连结构,每个开关需要 n 个链路(并加上一个处理器链路),因而存在 n 个最近相邻节点。这些基本拓扑常常会补充一些额外链路,从而提高性能和可靠性

除了在网络中每个节点都放置一个处理器之外,也可以在某些节点只保留开关。与处理器-存储器节点相比,开关的规模更小,因此可以更密集地放置,进而缩短距离提高性能。这样的网络一般称为**多级网络**(multistage network),因为信息需要多级传输才能到达目的地。多级网络的类型和单级网络是一样多的;图 6-16 给出了两种常见的多级结构。全连接网络或**交叉开关网络**(crossbar network)允许任何节点在通过网络时与任何其他节点进行通信。Omega 网络相对交叉开关网络使用更少的硬件(前者需要 $2n \log_2 n$ 个开关,后者需要 n^2 个开关),但是消息之间可能会发生冲突,具体情况取决于通信模式。例如,图 6-16 中的 Omega 网络在从 P_0 向 P_6 发送信息的同时,不能从 P_1 向 P_4 发送信息。

多级网络:每个节点提供一个小开关的网络。

交叉开关网络:允许任何节点在通过网络时与任何其他节点进行通信的网络。

网络拓扑实现

本节对所有网络简单分析的时候,忽略了在网络构建时需要考虑的实际因素。在高速时钟下,链路的距离影响通信的成本——一般来说,距离越长,在高速时钟下的成本越高。对

于较短的距离，更加容易将更多的连线增加到同一链路中，因为连线越短，驱动连线的能耗就会越低。较短的连线也比较长的连线便宜。另外一个实际限制是三维拓扑连线必须映射到芯片的二维媒介上。最后一点需要考虑的是能耗。例如，能耗可能迫使多核芯片必须采用简单网格拓扑。总之，在纸面上画得很美的拓扑，在使用硅工艺制造时或在数据中心构建时可能是不切实际的。

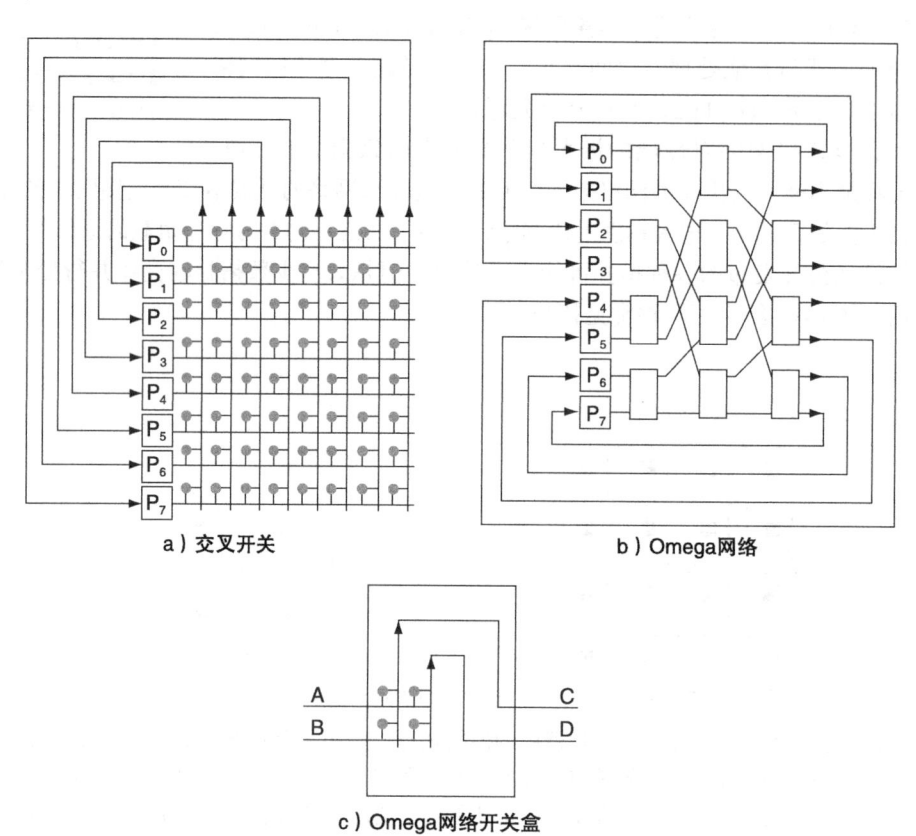

a) 交叉开关

b) Omega网络

c) Omega网络开关盒

图 6-16 常见的八节点多级网络拓扑。本图中的开关相对前面的更加简单，因为本图的链路是单向的；数据从左边进入，从右边的链路退出。图 C 中的开关盒可以将 A 传送到 C、将 B 传送到 D，或将 B 传送到 C、将 A 传送到 D。交叉开关使用 n^2 个开关，其中 n 是处理器的数量，而 Omega 网络需要 $2n \log_2 n$ 个大的开关盒，其中每个开关盒逻辑上由 4 个更小的开关组成。在这种情况下，交叉开关网络需要 64 个开关，而 Omega 网络需要 12 个开关盒，相当于 48 个开关。但是，交叉开关网络可以支持处理器消息传递的任意组合，而 Omega 网络却不能

现在我们已经了解了集群的重要性，并且看到了将它们连接起来的方法，接下来我们要看一看网络与处理器的软硬件接口。

小测验 判断：对于一个有 P 个节点的环，总网络带宽与对分带宽的比为 $P/2$。

6.10 与外界通信：集群网络

本节内容在本书的配套网站上。本节讲述了用来连接集群节点的网络硬件和软件。例子中使用了采用 PCIe 连接到计算机上的 10Gb/s 的以太网。这个例子展示了如何通过软硬件优

化提升互联网络的性能，包括零拷贝消息传递、用户空间通信、使用轮询机制代替 I/O 中断以及使用硬件计算校验总和。尽管例子讲的是互联网络，但本节介绍的这些技术也可以应用到存储控制器和其他的 I/O 设备。

本节内容从底层详细讲述了互联网络的性能，下节从更高的层次介绍如何测试评价各种类型的多处理器。

6.11 多处理器基准测试程序和性能模型

在第 1 章中我们看到，基准测试系统一直是一个敏感话题，因为它是判断哪个系统更好的一种高度直观的方式。测试结果不仅影响商业系统的销售，而且影响这些系统设计者的声誉。因此，每个参加测试者都希望自己获胜，但是如果别人获胜，他们也希望获胜者的系统确实更好。这些期望导致测试结果不能只是针对测试程序的简单工程技巧，而应该能真正促进实际应用程序性能的提高。

为了避免可能的作弊，一个典型的原则是不能修改基准测试程序。源代码和数据集是固定的，并且只有唯一的正确结果。对这些原则的任何违反都会导致测试结果无效。

许多多处理器基准测试程序都遵守这些惯例。一个共同的例外是允许增加问题规模，从而可以在具有不同数量处理器的系统上运行基准测试程序。也就是说，许多基准测试程序允许弱比例缩放而不是强比例缩放，但即便如此，在比较不同问题规模的程序结果时仍要小心。

图 6-17 是对几种并行基准测试程序的总结。描述如下：

- Linpack 是一组线性代数例程，是由执行高斯消元的例程构成的基准测试程序。3.5.6 节给出的 DGEMM 例程是 Linpack 基准测试程序源代码中的一小部分，但占用了该基准测试程序的大部分执行时间。它允许弱比例缩放，让用户选择任何规模的问题。而且，它允许使用者以几乎任何形式和任何语言重写 Linpack，只要保持计算结果的正确性以及对于同样规模大小的问题进行相同次数的浮点运算。每隔两年，www.top500.org 会公布计算 Linpack 最快的 500 台计算机。排名第一的计算机被媒体认为是世界上最快的计算机。当今，由于能效非常重要，该组织也公布了一个 Green500 的列表，对超级计算机按照运行 Linkpack 时获得的每瓦特性能排出 500 强，从而选出最高效的超级计算机。

- SPECrate 是一个基于 SPEC CPU 基准测试程序（如 SPEC CPU 2017，见第 1 章）的吞吐量指标。SPECrate 不是报告单个程序的性能，而是同时运行程序的很多副本。因此，它主要测量任务级并行，因为这些任务之间没有通信。程序的副本数量是不受限制的，因此这也是弱比例缩放的形式。

- SPLASH 和 SPLASH 2（Stanford Parallel Applications for Shared Memory）是斯坦福大学在 20 世纪 90 年代的研究成果，目的是提供类似于 SPEC CPU 的并行基准测试程序。它由核心程序和应用程序构成，许多都来自高性能计算领域。尽管该程序提供了两组数据集，但仍需要强比例缩放。

- NAS（NASA Advanced Supercomputing）并行基准测试程序是 20 世纪 90 年代以来对多处理器基准测试程序的另一尝试。它由 5 个核心程序构成，都是来源于流体动力学。NAS 允许通过定义几个数据集实现弱比例缩放。像 Linkpack 一样，这些基准测试程序可以被重写，但是编程语言只能使用 C 或 Fortran。

- 最近的 PARSEC（Princeton Application Repository for Shared Memory Computer）基准测试程序集由采用 Pthread(POSIX 线程) 和 OpenMP(Open MultiProcessing，见 6.5 节)

的多线程程序组成。它们主要专注于计算领域，由9个应用程序和3个内核程序构成。其中8个依赖数据并行，3个依赖流水并行，另外一个依赖非结构化并行。

> **Pthread**：创建和操作线程的一个UNIX API，被组织成一个库的形式。

- 在云的前端，Yahoo! Cloud Serving Benchmark（YCSB）的目标是比较云数据服务的性能，通过使用Cassandra和HBase作为具有代表性的例子，提供了一个易于让用户评测新数据服务的框架。（Cooper，2010）
- 加州大学伯克利分校的研究人员提出了一种方法。他们确定了13个面向未来应用程序的设计模式。这些设计模式使用框架或核心实现。实例包括稀疏矩阵、结构化网格、有限状态机、MapReduce和图遍历等。通过将定义保持在高级别层次，他们希望鼓励在系统的任何层次进行创新。因此，速度最快的稀疏矩阵求解的系统除了使用新型体系结构和编译器之外，还可以使用任何数据结构、算法和编程语言。

基准测试程序	可缩放？	可编程？	描述
Linpack	弱	是	稠密矩阵线性代数（Dongarra，1979）
SPECrate	弱	否	独立任务并行化（Henning，2007）
SPLASH2 (Woo et al., 1995)	强（虽然提供了两种问题规模）	否	复杂1D FFT 模块化LU分解 模块化稀疏Cholesky分解 整数基数排序 Barnes Hut 适应性快速多极算法 海洋仿真 层次辐射 光线跟踪 声音渲染器 空间数据结构的水仿真 非空间数据结构的水仿真
NAS并行基准测试程序 (Bailey et al., 1995)	弱	是（只能是C或Fortran）	EP：高度并行 MG：简化的多重网格计算 CG：面向共轭梯度方法的非结构化网格 FT：使用FFT的3-D偏微分方程 IS：大型整数排序
PARSEC基准测试程序集 (Bienia et al., 2008)	弱	否	Blackscholes——使用Blackscholes PDE的期权定价 Bodytrack——人体跟踪 Canneal——使用cache感知的模拟退火进行布线优化 Dedup——采用数据去重的下一代压缩 Facesim——人脸运动仿真 Ferret——内容相似性搜索服务器 Fluidanimate——SPH方法的流体动力学动画 Freqmine——频繁项集挖掘 Streamcluster——输入流的在线分类 Swaptions——互换期权的证券组合定价 Vips——图像处理 x264——H.264视频编码
伯克利设计数据集 (Asanovic et al., 2006)	强或弱	是	有限状态机 组合逻辑 图的遍历 结构化网格 稠密矩阵 稀疏矩阵 光谱法（FFT） 动态程序设计 N体问题 MapReduce 反向跟踪/分支与边界 图模型推导 非结构化网格

图6-17　并行基准测试程序的实例

对基准测试程序的这种约束所造成的负面影响是其创新主要受限于体系结构和编译器。更好的数据结构、算法、编程语言等通常不能使用，因为这些可能导致容易令人误解的结果。这样系统可能因为其他原因（例如算法）获得更高性能，而不是因为硬件或编译器。

尽管这些准则在计算基础相对稳定时是可以理解的——就像 20 世纪 90 年代和这 10 年中的前 5 年一样——但是，这些准则在编程变革中早就不合时宜了。为了变革的成功，我们需要鼓励在所有层次上的创新。

MLPerf 最初不是一个并行计算的基准测试程序，近期已经发展成为运行在并行计算机上的 ML 基准测试程序。MLperf 中包含程序、数据集和基本规则。为了紧跟 ML 快速发展的步伐，每 3 个月就会发布 MLperf 的新版本。为了对不同规模的计算机进行归一化，MLPerf 包含了运行基准测试程序的功耗。一个新的基准测试特色是提供了封闭的和开放的（closed and open）两部分测试程序。封闭的程序具有严格控制的控制规则，以确保在系统间进行公平的比较。而开放的程序鼓励革新，包括更好的数据结构、算法、编程系统等等。开放的部分只需要在相同的数据集上执行相同的任务。我们将在下一节使用 MLPerf 来评估 DSA。

6.11.1 性能模型

和基准测试程序相关的一个话题是性能模型。就像我们在本章中看到的不断增加的体系结构多样性——多线程、SIMD、GPU、TPU——如果我们拥有一个简单的模型来分析不同体系结构设计的性能，这将是十分有益的。这个模型不需要是完美的，只要有所见地即可。

第 5 章用于 cache 性能评测的 3C 模型是性能模型的一个例子，它并不是一个完美的性能模型，因为它忽略了一些潜在的重要因素，如块大小、块分配策略和块替换策略。而且，它还含有一些含糊其辞的地方。例如，在一个设计中缓存缺失的原因可能是因为容量，但在另一个相同大小的缓存中可能是因为冲突。然而 3C 模型已经流行了 30 年，因为它提供了深刻理解程序行为的一个途径，有助于体系结构设计者和程序员基于模型的观察来改进他们的创新。

为了找到这样一个并行计算机的模型，让我们从小的核心程序开始，就像图 6-17 中的 13 个 Berkeley 设计模式。尽管这些核心程序的不同数据类型有许多版本，但是浮点在几种实现中是最常见的。因此，在给定的计算机上峰值浮点性能是这类核心程序的速度瓶颈。对于多核芯片，峰值浮点性能是芯片上所有处理器核峰值性能的总和。如果系统中包含多个处理器，那么应当将每芯片的峰值性能与芯片数量相乘。

对内存系统的需求可以用峰值浮点性能除以每字节访问所包含浮点操作数的平均值来估算：

$$\frac{浮点操作数/秒}{浮点操作数/字节} = 字节/秒$$

存储器每访问一字节所包含的浮点操作比例称作**算术密度**（arithmetic intensity）。它的计算可以用程序中总的浮点操作数除以程序执行期间主存传输数据总的字节数。图 6-18 给出了图 6-17 中几种 Berkeley 设计模式的算术密度。

算术密度：一个程序中浮点操作数量与访问主存的字节数量的比值。

408　第 6 章

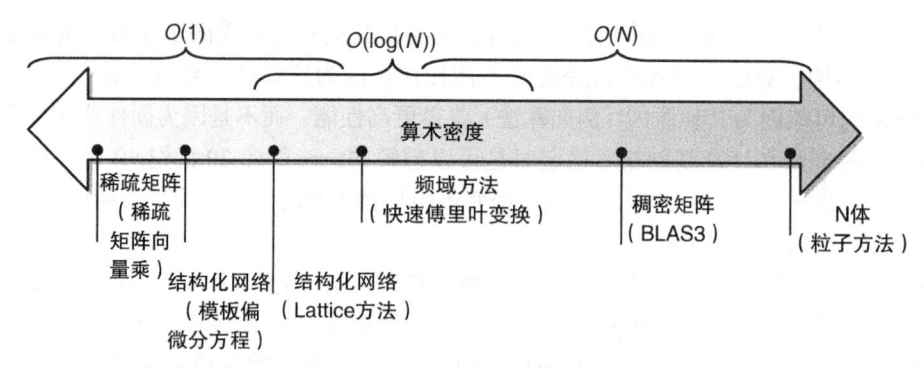

```
         O(1)        O(log(N))        O(N)
    ←——————————————— 算术密度 ———————————————→
       •    •         •              •        •
    稀疏矩阵         频域方法        稠密矩阵    N体
    （稀疏         （快速傅里叶变换）（BLAS3）（粒子方法）
    矩阵向
    量乘） 结构化网络 结构化网络
          （模板偏  （Lattice方法）
           微分方程）
```

图 6-18　算术密度，计算方式为用运行程序中总的浮点操作数除以访问主存总的字节数（Williams，Waterman Patterson，2009）。一些核心程序的算术密度与问题规模成比例扩展，如稠密矩阵，但是也有许多核心程序与问题规模无关。对于前者，弱比例缩放会导致不同的结果，因为它对存储系统的需求不是很大

6.11.2　Roofline 模型

本节提出的简单模型将浮点性能、算术密度和存储性能结合在一张二维图中（Williams，Waterman，and Patterson，2009）。峰值浮点性能可以在上面提到的硬件规格说明书中找到。这里考虑的核心程序的工作集不适合使用片上 cache，因此峰值存储器性能可以用 cache 之后的存储器来定义。获得峰值存储性能的一种方法是使用流式（Stream）基准测试程序。（见 5.2.2 节的精解。）

图 6-19 展示了这一模型，该模型是针对一台计算机的，而不是针对每个核心程序的。纵轴 Y 表示浮点性能，从 0.5GFLOP/s 到 64.0 GFLOP/s。横轴 X 表示算术密度，从 1/8 FLOP/DRAM 字节到 16 FLOP/DRAM 字节。注意该图采用 log-log 的比例。

对给定的核心程序，我们可以基于其算术密度在 X 轴找到对应点。如果在该点画一条垂直线，那么核心程序在该计算机上的性能一定在该垂直线的某个位置上。我们可以画一条水平线表示该计算机的峰值浮点性能。显然，实际的浮点性能不会超过该水平线，因为这是一个硬件上限（hardware limit）。

我们如何画出峰值存储性能呢（单位为字节/秒）？因为 X 轴是 FLOP/byte，Y 轴是 FLOP/s，所以 byte/s 只是图中一条对角线。因此，我们画出第三条线来表示对于给定的算术密度，该计算机存储系统所能支持的最大浮点性能。我们可以用下面的公式表示该界限，以便在图 6-19 中画出该线：

可达到的 GFLOP/s = Min（峰值存储器带宽 × 算术密度，峰值浮点性能）

水平线和对角线给出了简单模型的名称并标出了对应值。这个"屋顶线"（Roofline）根据其算术密度设置核心程序性能的上限。给定一台计算机的 Roofline 模型，你可以重复地使用它，因为它不会随核心程序的不同而变化。

如果我们认为算术密度是支撑屋顶的一根杆，那么它要么支撑屋顶的倾斜部分，这表示性能受存储器带宽限制；要么支撑屋顶的平坦部分，这表示性能受计算限制。在图 6-19 中，核心程序 1 属于前者，而核心程序 2 属于后者。

需要注意的是"脊点"（ridge point），它是屋顶平坦部分与倾斜部分的交叉点，它提供了一些有趣的信息。如果该点过于靠右，那么只有极高算术密度的核心程序才能获得计算机的

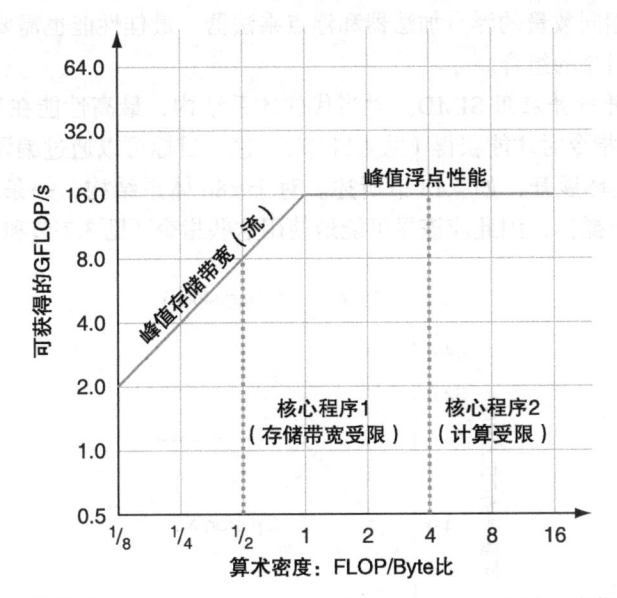

最大性能。如果它过于靠左,那么几乎所有核心程序都可以达到最大性能。

图 6-19　Roofline 模型(Williams,Waterman,and Patterson,2009)。本例具有 16GFLOP/s 的峰值浮点性能和 16GB/s 的峰值存储带宽,数据来自流基准测试程序(由于流实际上是 4 次测量,图中的线是 4 次的均值)。左边的灰色点垂线表示核心程序 1,其计算密度为 0.5FLOP/byte。在 Operon X2 上,它受限于不超过 8GFLOP/s 的存储器带宽。右边的点垂线表示核心程序 2,计算密度为 4FLOP/byte,它只受限于 16GFLOP/s 的计算。该数据基于 AMD Opteron X2(版本 F),使用运行在双插槽系统中的 2GHz 的双核

6.11.3　两代 Opteron 的比较

　　四核的 AMD Opteron X4(Barcelona)是两核 Opteron X2 的后续版本。为了简化主板设计,Opteron X4 使用了与 Opteron X2 相同的插座。因此,它们具有相同的 DRAM 通道,从而具有相同的峰值存储带宽。除了将核心程序数量加倍之外,Opteron X4 还将每核的峰值浮点性能提高到原来的两倍:Opteron X4 核每时钟周期可发射两条浮点 SSE2 指令,而 Opteron X2 核最多只能发射一条。由于我们比较的两个系统具有接近的时钟频率——Opteron X2 为 2.2GHz,Opteron X4 为 2.3GHz——因此 Opteron X4 的峰值浮点性能是 Opteron X2 的 4 倍,而两者 DRAM 带宽完全相同。Opteron X4 还有 2MB 的 L3 cache,而 Opteron X2 没有。

　　图 6-20 比较了两个系统的 Roofline 模型。正如我们所期望的那样,脊点向右进行了移动,从 Opteron X2 的 1 移到了 Opteron X4 的 5。因此,为了看到下一代 Opteron 处理器性能的改进,核心程序的算术密度必须大于 1,或者核心程序的工作集必须适合 Opteron X4 的 cache。

　　Roofline 模型给出了性能的上界。假设你的程序远远低于该上界,那么应进行哪些优化呢?这些优化的优先级顺序是什么?

　　为了克服计算瓶颈,下面的两种优化可以改进几乎任何核心程序。

　　1. 浮点操作组合。对一台计算机而言,峰值浮点性能通常需要相同数量的几乎同时进行

的加法和乘法运算。这种均衡不仅因为计算机支持融合的乘加指令（见 3.5.5 节的精解），也因为浮点单元具有相同数量的浮点加法器和浮点乘法器。最佳性能也需要大部分指令组合是浮点操作和非整数指令的组合。

2. 提高指令级并行并应用 SIMD。对当代的体系结构，最高性能在每个时钟周期取指、执行并提交 3~4 条指令时才能获得（见 4.11 节）。这一目标可以通过编译器改进代码来增加 ILP。一种方法是循环展开，如 4.13 节所述。对于 x86 体系结构，一条 AVX 指令可以对 4 个双精度操作数进行操作，因此应该尽可能地使用这些指令（见 3.7 节和 3.8 节）。

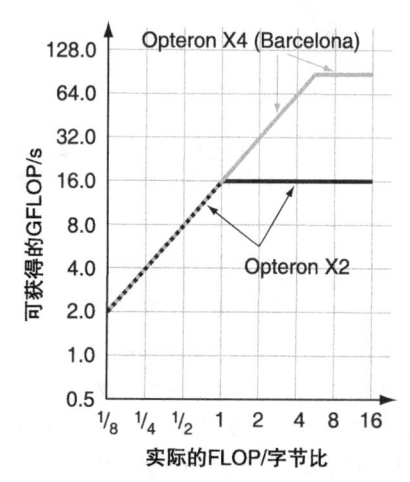

图 6-20　两代 Opteron 的 Roofline 模型。Opteron X2 的屋顶线与图 6-19 相同，使用黑色绘制，而 Opteron X4 的屋顶线使用灰色绘制。Opteron X4 更大的脊点意味着原来在 Opteron X2 中是计算受限的核心程序在 Opteron X4 中可能是存储性能受限的

为了克服存储瓶颈，可以采用下面的两种优化方法。

1. 软件预取（software prefetching）。要获得最高性能通常需要保持许多存储器操作一直运行，这通过执行软件预取指令来预测访存更加容易，而不用等到计算需要该数据时才进行访存。

2. 内存关联（memory affinity）。现在大多数的微处理器都在片内包含了内存控制器，从而能够提高存储器层次的性能。如果系统中含有多个芯片，就会使一些地址访问本地 DRAM，而其他地址需要通过芯片互连才能访问其他芯片的本地 DRAM。这种分隔导致了在 6.5 节介绍的非一致性存储访问。通过另一个芯片进行访存会降低性能。第二种优化方法是分配数据后尽量让线程操作属于同一存储器–处理器对上的数据，这样处理器几乎不会访问其他芯片上的存储器。

Roofline 模型可以帮助我们决定选用哪些优化，以及优化的实施顺序。我们可以认为每一种优化方法都是适当屋顶线下面的一层"天花板"，也就是说，在没有实施相应优化的情况下不能突破该层天花板。

计算性能屋顶线可以在手册中找到，而存储屋顶线则可以通过运行流基准测试程序获得。计算性能天花板（如浮点均衡）也可以从该计算机的手册中找到。存储天花板（例如存储器关联）需要在每台计算机上运行实验，从而决定它们之间的差距。一个好消息是这一过程在每台计算机上只需进行一次，只要有人完成了对该计算机天花板的评估，任何人都可以将该结果用于指导该计算机优化的先后次序。

图 6-21 在图 6-19 中的屋顶线模型增加了天花板，其中上图给出了计算天花板，下图给出了存储带宽天花板。尽管较高的天花板没有标识两种优化，但是其隐含使用了全部优化手段；为了突破最高的天花板，首先必须突破所有下面的天花板。

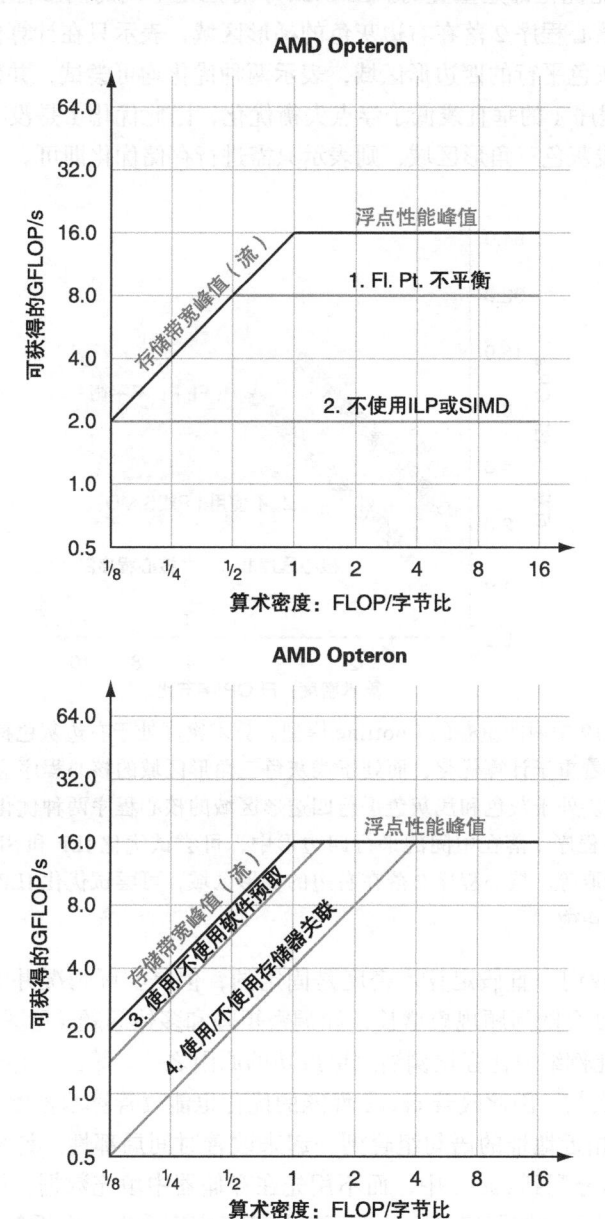

图 6-21 带有天花板的 Roofline 模型。其中上面的图表示计算性能的"天花板"，浮点操作组合失衡情况下性能为 8GFLOP/s，2 表示同时未使用 ILP 和 SIMD 下的性能为 2GFLOP/s。下面的图表示存储带宽的天花板，其中 3 表示没有软件预取时的带宽为 11GB/s，没有优化内存关联的带宽为 4.8GB/s

天花板与下一个上限之间的宽度是可能优化的空间。因此，图 6-21 建议优化 2 和 4。其中 2 是改善 ILP，对于改善该计算机的计算有很大益处；4 是改善内存关联，对于改善该计算机的存储带宽有很大益处。

图 6-22 将图 6-21 中的天花板整合到一张图中。核心程序的算术密度决定了优化的区域，优化区域反过来又给出了哪些优化手段可以尝试。需要注意的是，对大多数算术密度，计算优化和存储带宽优化都是重叠的。图 6-22 中有三处不同的阴影标记，用于区分不同的优化策略。例如，核心程序 2 落在右边灰色的梯形区域，表示只在计算优化上工作。核心程序 1 落在灰色与浅灰色平行的四边形区域，表示两种优化均可尝试，并建议从优化 2 和优化 4 开始。注意核心程序 1 的垂直线低于浮点失衡优化，因此优化 1 是没有必要的。如果核心程序落在左下角的浅灰色三角形区域，则表示只需进行存储优化即可。

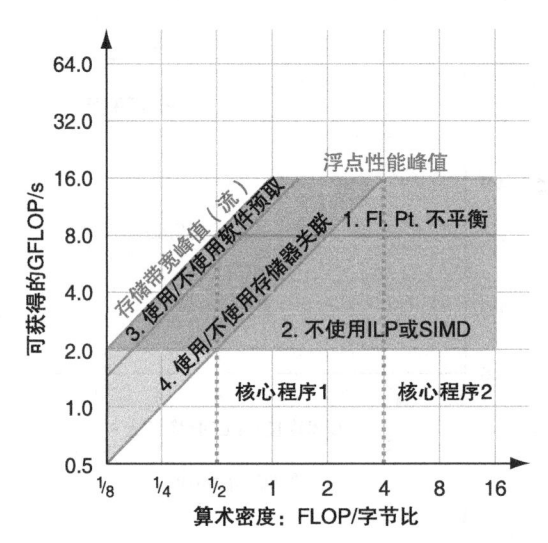

图 6-22 将图 6-19 中两图重叠的 Roofline 模型。算术密度处于右边灰色梯形区域的核心程序应当着重于计算优化，而处于浅灰色三角形区域的核心程序应当着重于存储带宽优化。处于灰色和浅灰色平行四边形区域的核心程序两种优化都应当考虑。例如核心程序 1 落在中间的平行四边形中，可尝试优化 ILP 和 SIMD、内存关联、软件预取等。核心程序 2 落在右边的梯形区域，可尝试优化 ILP 和 SIMD 以及浮点操作均衡

到目前为止，我们一直假定算术密度是固定的，但是实际情况并非如此。第一，有些核心程序的算术密度会随问题规模增长，如稠密矩阵和多体问题（见图 6-18）。事实上，这就是程序员处理弱比例缩放比强比例缩放更成功的原因之一。第二，存储器层次结构的效应影响存储器的访问次数，因此改善 cache 性能的优化也能改善算术密度。一个例子是通过循环展开，并将使用相近地址的语句组合到一起来改善时间局部性。许多计算机提供特殊的 cache 指令，将数据分配到 cache 中，而不用先在存储器中填充数据，因为数据可能很快被改写。这些优化降低了存储器流量，从而可以将算术密度乘以一个系数（如 1.5）向右移动。这种右移会使核心程序移到一个不同的优化区域。

虽然上面的例子展示了如何帮助程序员提高程序的性能，但架构师也可以利用这个模型决定硬件的哪些部分应该优化，以提升他们认为重要的核心程序的性能。

下一节使用 Roofline 模型比较一个 DSA 和一个 GPU 的性能差异，以及这些差异是否反映了真实程序的性能。

精解 天花板是分层次的，较低的天花板更容易优化。显然，程序员可以按任意顺序优化，但是遵从建议的顺序可以避免将时间浪费在因其他约束而无效的优化上。和 3C 模型类

似，只要Roofline模型进行了抽象，就会存在一些理想的假设。例如，屋顶线模型假定程序在所有处理器间的负载是均衡的。

|精解| 流基准测试程序的一种替换方法是使用原始DRAM带宽作为屋顶线。尽管原始带宽构成了硬件上界，但是存储器的实际性能往往与此相差甚远，因此可用性不高。也就是说，没有程序能够接近该上界。使用流的负面作用是非常精细的编程有可能获得高于流的结果，因此存储器屋顶线不像计算屋顶线那样坚实。我们坚持使用流是因为很少有程序员能够发掘超出流所能获得的内存带宽。

|精解| 尽管屋顶线模型是针对多核处理器的，但是它也可以用于单处理器。

小测验 判断：评测并行计算的常规方法的主要缺陷是确保公平性的同时压制了软件创新。

6.12 实例：Google TPUv3 超级计算机和 NVIDIA Volta GPU 的评测

在6.7节介绍的DNN包含两个阶段：训练和推理。其中训练用于建立精确的模型，推理使用这些模型进行服务。训练可能需要几天或几周时间来进行计算，而推理通常只需要几毫秒。TPUv1的设计目标是推理。本节基于论文"A Domain-Specific Supercomputer for Training Deep Neural Networks"来探究Google如何为异常复杂的训练问题构建DSA产品。该论文发表在2020年的Communication of the ACM上，作者包括N. P. Jouppi、D. Yoon、G. Kurian、S. Li、N. Patil、J. Laudon、C. Young 和 D. A. Patterson。

6.12.1 DNN 的训练和推理

首先快速回顾DNN。训练由巨大的数据集开始，训练集由已知正确结果的（input、result）样本组成。样本可能是图片，并且图片描绘的内容已知。DNN训练的另外一个起点是一个神经网络模型，该模型通过使用权重（weight）进行密集计算将输入转化为输出结果，而权重的初始值随机产生。模型通常定义为一个层次图，每层包含线性代数部分（通常是使用权重的矩阵乘法或卷积运算），后跟一个非线性激活函数（通常是一个基于元素的标量函数，其结果称为激活值）。训练的目标是对权重进行学习，从而提升从输入推断出结果的准确度（即提升推理的准确率）。

如何从随机初始化的权重获得训练好的权重？当前最好的方法是随机梯度下降算法（Stochastic Gradient Descent, SGD）的变体。SGD包含三个步骤的多次迭代：前向传播、反向传播和权重更新。

1. 前向传播随机选择训练样本作为模型的输入，然后通过各层的计算产生一个结果（使用随机的初始权重计算，第一次的结果应该没有用处）。前向传播在功能上与DNN的推理相同，如果是在构造一个推理加速器，那么推理到此结束。而对于训练，只完成了不到1/3的工作。下一步将使用一个损失函数（loss function）对训练集中样本在模型上计算的结果和已知的正确结果之间的差异或误差进行评估。

2. 反向传播对模型一层一层地进行反向计算，对于每一层的输出产生一组误差/损失值。这些损失值用来评估推理输出与期望输出之间的偏离程度。

3. 最后，权重更新综合使用每层的输入和损失值计算一组差别（delta），以此为依据对权重进行改变，当改变量加到权重上时，将会使损失值接近于0。权重的更新可能只改变很小的数量级。

SGD 的每一步依据一个（input、result）样本对权重进行微小的调整来改进模型。SGD 逐渐将随机初始化的权重转化为一个训练好的模型，报纸上的文章报道，有时候模型的精度会超过人类的识别准确率。

6.12.2 DSA 超级计算机网络

DNN 训练的计算量需求本质上是无限的，因此，Google 选择构建一个 DSA 超级计算机来替代 CPU 集群，该 DSA 超级计算机中部署了用于 TPUv1 的 DSA 芯片。这样做的首要原因是训练时间非常长。一块 TPUv3 芯片可以在几个月内训练一个 Google 的产品级应用，因此，一个典型的应用可能希望使用几百块芯片。第二个原因是，DNN 的优势在于使用更大的数据集加上更强大的机器将会带来更大的突破。

现代超级计算机的关键体系结构特征是其芯片如何通信：链路的速度、互连的拓扑结构、采用集中式还是分布式交换（switch）等。在 DSA 超级计算机中，该选择变得非常容易，因为其中的通信模式有限，并且已经非常明确。对于训练，大部分通信来源于权重更新后所有机器节点上产生的降维计算结果，因此，所有的降维结果可以有效地映射到一个 2D torus 拓扑（见图 6-15a）上，通过片上交换机对消息进行路由。为了实现 2D torus，TPUv3 芯片有 4 个定制的核间互连链路（Inter-Core Interconnect，ICI），在每个方向提供 656Gb/s 的带宽。芯片间使用 ICI 直接相连，从而在很小芯片面积开销的情况下实现了一台超级计算机。

TPUv3 超级计算机使用 32×32 的 2D torus（1024 块芯片）网络结构，对分带宽为 64 条链路 ×656Gb/s=42.3Tb/s。相比之下，一个 Infiniband 交换机（在 CPU 集群中使用）能够连接到 64 个主机（每个有 16 个 DSA 芯片），具有 64 个 100Gb/s 的链路，对分带宽最多为 6.4Tb/s。TPUv3 超级计算机提供的对分带宽是传统集群的 6.6 倍，而传统集群中还有 Infiniband 网卡、Infiniband 交换机的开销，以及通过集群中 CPU 主机的通信延迟。

6.12.3 DSA 超级计算机节点

TPUv3 超级计算机的节点遵循 TPU v1 的主要思想：一个大的二维矩阵乘法单元（MXU）加上软件控制的大容量片上存储器（而非 cache）。与 TPUv1 不同，TPUv3 在每块芯片上集成了 2 个核。片上的全局线并未随着工艺尺寸的缩小而缩短，因此相对延迟有所增加。由于训练可以使用很多处理器，因此，每个核上集成两个小的 TensorCore 避免了独占芯片的大核上的超长延迟。因为对片上"较强大"的两个核进行编程的效率要比对许多个"简单"核进行编程的效率高得多，所以 Google 未在芯片上集成更多的核。

图 6-23 给出了 TensorCore 的 6 个主要模块。

1. 核间互连（Inter-Core Interconnece，ICI），这在前面已经进行了说明。
2. 高带宽存储器（High Bandwidth Memory，HBM）。TPUv1 面向的大部分应用都是存储带宽受限的（Jouppi，2018）。Google 通过使用高带宽存储器（HBM）DRAM 解决 TPUv1 中的存储器带宽问题。HBM DRAM 通过使用硅中介层基底（interposer substrate）提供比 TPUv1 DRAM 高 25 倍的带宽，该基底使用 64 位总线将 TPUv3 芯片和 4 块堆叠的 DRAM 芯片相联。传统的 CPU 服务器虽然也支持更多的 DRAM 芯片，但是最多使用 8 条 64 位的总线，因此带宽要低很多。
3. 核序列生成器（Core Sequencer）执行来自片上多核、软件控制的指令存储器（Imem）

的 VLIW 指令，使用 4K 32 位的标量数据存储器（Smem）和 32 个 32 位的标量寄存器（Sreg）指令标量操作，并将向量指令转发到 VPU。322 位宽的 VLIW 指令可以发起 8 个操作：2 个标量 ALU、2 个向量 ALU、向量 load 和 store 以及一对用于矩阵乘法和转置单元的输入/输出数据进行排序的单元。

4. 向量处理单元（Vector Processing Unit，VPU）使用大容量片上向量存储器（Vmem）和 32 个 2D 的向量寄存器（Vreg）来执行向量操作。其中 Vmem 总容量为 16MiB，包含 32K 个 128×32 位的元素；每个 Vregs 的容量为 4KiB，包含 128×8 个 32 位的元素。VPU 通过数据级并行（2D 矩阵和向量功能单元）和指令级并行（每条指令 8 个操作）对 Vmem 进行数据收集和分配。

5. MXU 从 16 位浮点数据产生 32 位的浮点乘积并进行 32 位的累加。除了送往 MXU 输入的结果要转化为 16 位浮点之外，所有其他的计算都是 32 位浮点。TPUv3 的每个 TensorCore 中有两个 MXU。

6. 转置降维排列单元对每个 VPU 通道的 128×128 矩阵进行转置、降维和重排列。

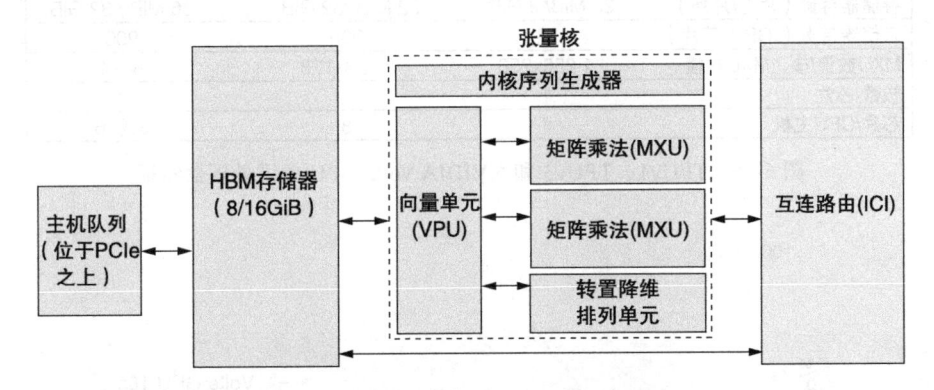

图 6-23 TPUv3 TensorCore 的模块框图

图 6-24 展示了 TPUv3 超级计算机和 TPUv3 节点主板，图 6-25 以列表形式给出了 TPUv1、TPUv3 和 NIVIDA Volta GPU 的特点，我们将它们进行对比。图 6-26 给出了它们的屋顶线（roofline），形状非常类似。它们的存储带宽相同（900Gbytes/s），对于 16 位浮点操作的屋顶线，TPUv3 和 Volta 几乎不能区分（123 TeraFLOP/s 和 125 TeraFLOP/s），而对于 32 位浮点操作有着比较小的差别（14 TeraFLOP/s 和 16 TeraFLOP/s）。对于两款芯片来说，16 位和 32 位算术运算的性能都有较大差别。

图 6-24 包含多达 1024 块芯片的 TPUv3 超级计算机（上图），大约 6 英尺高、40 英尺长。一块 TPUv3 主板（下图）有 4 块芯片，并使用液冷

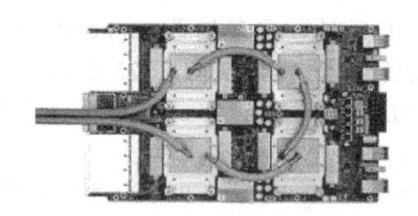

图 6-24（续）

特征	TPUv1	TPUv3	Volta
峰值 TeraFLOPS/芯片	92 (8b int)	123 (16b), 14 (32b)	125 (16b), 16 (32b)
网络链路 X Gb/s/芯片	—	4 x 656	6 x 200
最多芯片数量/超级计算机	—	1024	Varies
时钟频率（MHz）	700	940	1530
TPD（Watts）/芯片	75	450	450
芯核尺寸（mm²）	<310	<685	815
芯片加工工艺	28 nm	>12 nm	12 nm
存储器容量（片上/片外）	28 MiB / 8 GiB	32 MiB / 32 GiB	36 MiB / 32 GiB
存储器带宽（GB/s/芯片）	34	900	900
MXU数量/核，MXU规模	1 256x256	2 128x128	8 4x4
核数/芯片	1	2	80
芯片/CPU主机	4	8	8或16

图 6-25 TPUv1、TPUv3 和 NVIDIA Volta GPU 关键处理器特征

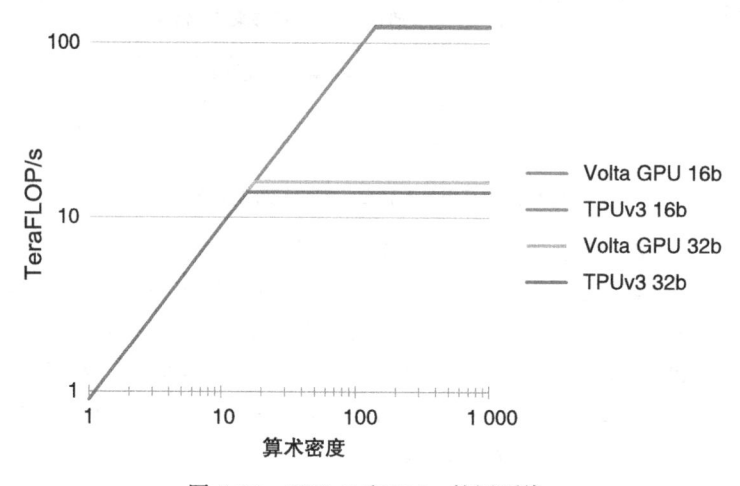

图 6-26 TPUv3 和 Volta 的屋顶线

6.12.4 DSA 算术运算

在进行矩阵乘法时，使用 16 位浮点替代 32 位浮点可以使峰值性能提升 8 倍（见图 6-23），因此，使用 16 位浮点进行计算对于获得最高性能至关重要。由于 Google 已经使用标准的 IEEE 半精度（fp16）和单精度（fp32）浮点格式（见图 3-27）设计 MXU，因此，他们首先检查在 DNN 中使用 16 位浮点操作的精度。他们发现：

- 矩阵乘法输出和内部求和必须保持使用 fp32。
- 对于矩阵乘法，采用 fp16 时，由于 5 位指数表示数的范围太小使得计算出错，如果使用 fp32 则可避免这种情况。

- 将矩阵乘法输入的尾数由 fp32 的 23 位减到 7 位不会造成精度损失。

由此产生的 Brain 浮点格式（bf16）的指数为 8 位，与 fp32 相同，而尾数缩短为 7 位。因为指数字段与 fp32 相同，所以不会由于指数太小发生浮点下溢，从而丢失很小的权重更新数值，因此，本节在 TPUv3 上的所有程序都使用 bf16 不会遇到很多困难。然而，fp16 要求对训练软件进行调整以确保收敛及效率。Micikevicius 等人在 GPU 上使用了损失缩放，通过对损失进行按比例缩放保留了来自小梯度的影响，从而适应 fp16 的较小指数范围（Micikevicius et al., 2017；Kalamkar et al., 2019）。

由于浮点乘法器的规模按尾数宽度的平方增长，因此，bf16 乘法器的规模和能耗都是 fp16 乘法器的一半。bf16 实现了一种罕见的结合：在通过取消损失按比例缩小简化软件的同时，降低了硬件规模和能耗。

6.12.5　TPUv3 与 Volta GPU 的比较

在对性能进行比较之前，我们先对 TPUv3 和 Volta GPU 的体系结构进行对比。

TPUv3 通过 ICI 实现了多芯片级并行，并通过编译器支持降维操作。同样规模的多芯片 GPU 系统使用分层网络方法，机架内使用 NVIDA NVLink、使用主机控制的 InfiniBand 网络和交换机将对多个机架连在一起。

TPUv3 使用面向 DNN 的 bf16 算术运算实现 128×128 的乘法器阵列，其硬件和能耗都是 IEEE fp16 乘法器的一半。Volta GPU 也包含一个细粒度的算术运算阵列，可以根据软件或硬件需求在 4×4 和 16×16 的规模之间选择，但使用的是 fp16，而非 bf16。因此，Volta GPU 可能需要软件来执行损失按比例缩放，并有额外的芯片面积和能耗开销。

TPUv3 是一个双核、顺序执行的机器，编译器对计算、访存和网络传输进行重叠。Volta GPU 是延迟容忍（latency-tolerant）的 80 核机器，每个核具有很多个线程，从而具有很大（20MiB）的寄存器堆。通过线程硬件加 CUDA 编码约定来支持操作的重叠。

TPUv3 使用软件控制（由编译器调度）的 32MiB 便签存储器（scratchpad memory），而 Volta 具有硬件管理的 6MiB cache 和软件管理的 7.5MiB 便签存储器。TPUv3 编译器通过 TPUv3 上的 DMA 控制器直接连续访问 DRAM，而 GPU 使用多线程和硬件来实现同样的功能。

除了体系结构上的差别，TPU 和 GPU 芯片采用不同的加工工艺，芯片面积、时钟频率和功耗也不同。图 6-27 给出了这些系统中三个相关的开销度量：根据工艺调整的近似芯片面积、含有 16 块芯片的系统功耗、每芯片的云价格。调整后的 GPU 芯片面积几乎是 TPU 的两倍，这意味着芯片价格加倍，因为每个晶圆上能加工的 TPU 是 GPU 的两倍。GPU 的功耗是 TPU 的 1.3 倍，这意味着 GPU 的运行成本更高，因为 TCO 与功耗相关。最后，使用 GPU 的 Google 云引擎每小时的租金是 TPU 的 1.6 倍。这三个不同指标使得 TPUv3 的成本（或价格）是 Volta GPU 的一半到 3/4。

	芯片面积	调整后的芯片面积	TDP（kW）	云价格（美元）
Volta	815	815	12.0	3.24
TPUv3	<685	<438	9.3	2.00

图 6-27　GPU 和 TPUv3 的对比（调整后的数据）。芯片尺寸根据工艺尺寸的平方调整，因为 TPUv3 的半导体工艺尺寸与 TPU 相同，但比 GPU 的工艺尺寸大且旧。基于图 6-25 中的信息，Google 为 TPU 挑选了 15nm 的工艺。Thermal Design Power（TDP）是 16 芯片系统的数据

6.12.6 性能

在展示 TPUv3 超级计算机的性能之前，我们先了解单芯片的优势，因为从 1024 个弱功能芯片获得 1024 倍的加速比不会吸引人。图 6-28 给出了两组程序在 TPUv3 上运行时相对于在 Volta GPU 芯片上的性能。第一组是 Google 和 NVIDIA 提交给 MLPerf 0.6 的 5 个程序，它们都使用 16 位算术操作，NVIDIA 软件执行损失缩放。这些程序在 TPUv3 上的性能几何平均数是 Volta 上的 0.95，因此它们的速度大约相同。Google 还希望能够像在 6.7 节测量 TPUv1 的性能一样，测量它们对产品级工作负载的性能。对于产品级工作负载，TPUv3 获得了相对于 Volta 4.8 倍的加速比，主要原因是在 GPU 上使用了相对于 fp16（图 6-26）慢 8 倍的 fp32。这些负载不是简单的基准测试程序，而是持续改进的大型产品级负载，因此，要将它们全部运行起来需要大量的工作，要使它们很好地运行需要的工作更多。由于应用程序员每天都要使用 TPUv3，因此他们没有热情使用 fp16 的损失按比例缩放。

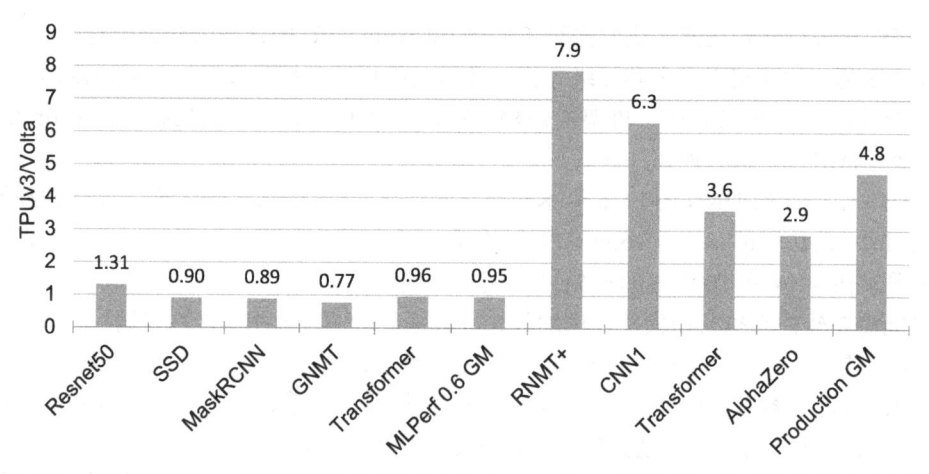

图 6-28 相对于 Volta，在 TPUv3 上运行五个 MLPperf 0.6 基准程序和四个产品级应用的性能

不幸的是，MLPerf 0.6 中只有 ResNet-50 能够扩展到超过 1000 个 TPU 和 GPU 上。图 6-29 给出了 ResNet-50 的测试结果；NVIDIA 系统在一个包含 96 个 DGX-2H 的集群上运行 ResNet-50，每个 DGX-2H 含有由 Infiniband 交换机连接的 16 个 Volta 芯片，整个系统有 1536 块 Volta 芯片，能够获得线性加速比（inear scale-up，指性能按芯片数量线性长）的 41%。MLPerf 0.6 基准测试程序要比产品级应用小得多，其训练时间比产品级应用的训练时间短几个数量级。Google 使用产品级应用来说明有大量的程序性能能够按照超级计算机的规模增长。图 6-29 中，一个程序能够获得 1024 块芯片性能线性加速比的 96%，3 个程序能够达到 99%。

图 6-30 给出了 AlphaZero 在 TPUv3 上运行和另外两个位列 Top500 和 Green500 列表上运行基准测试程序时的 PetaFLOPs/s 和 FLOPs/Watt 的数据。这个比较并不完美：传统的超级计算机使用 32 位和 64 位数据，而不是 TPU 使用的 16 位和 32 位数据。然而，TPU 上运行对实际数据进行处理的实际程序，而非其他系统中对合成数据进行处理的弱缩放 Linpack 基准测试程序。TPUv3 超级计算机使用实际程序处理实际数据可以获得峰值性能的 70%，该指标高于通用超级计算机运行 Linpack 程序时的数据。另外，TPUv3 运行产品级应用的能效比（以性能 / 瓦特度量）是 Green500 列表上排名第一的机器运行 Linpack 的 10 倍，是 Top500 列表上排名第四的机器的 44 倍。

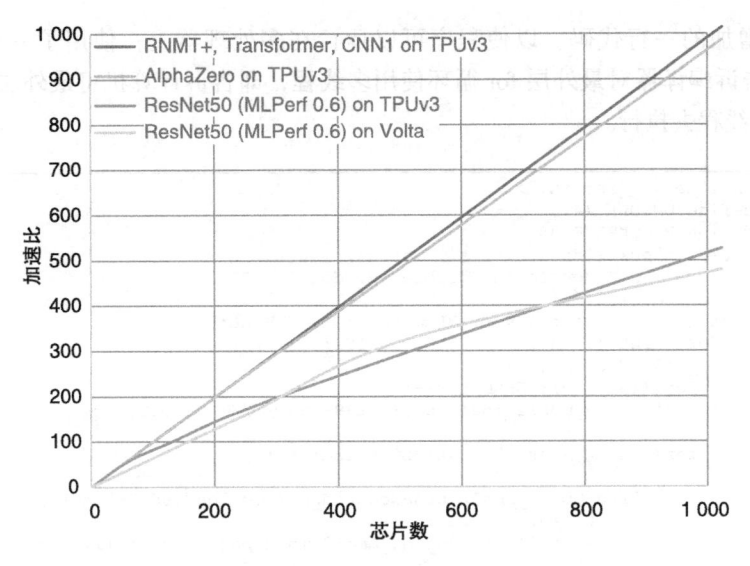

图 6-29 超级计算机性能缩放：TPUv3 和 Volta

名称	核数	基准测试程序	Peta Flop/s	峰值性能%	Megawatts	GFlop/W	Top500	Green500
Tianhe	4865k	Linpack	61.4	61%	18.48	3.3	4	57
SaturnV	22k	Linpack	1.1	59%	0.97	15.1	469	1
TPUv3	2k	AlphaZero	86.9	70%	0.59	146.3	4	1

图 6-30 传统超级计算机（运行 Linpack）与 TPUv3 超级计算机（运行 AlphaZero）在 Top500 和 Green500 的比较

TPUv3 成功的原因包括内置的 ICI 网络、大规模乘法阵列和 bf16 算术运算。虽然使用的是旧的加工工艺，且在硬件/软件层次栈的多个层次没有 CPU 和 GPU 成熟，但 TPUv3 的芯片面积较小，且云价格较低。即使采用的加工工艺处于劣势，这些特性依然使 TPU DSA 具有较高的投入-产出比，未来能够产生高效的体系结构。

到目前为止，我们已经看到了评测多种不同体系结构所得出的很多结果，下面我们回到 DGEMM 的例子，看看程序的 C 代码需要进行多少修改才能发挥多处理器的优势。

精解 TPUv3 的原始文章中包含了另外两个产品级应用：MLP0 和 MLP1。它们依赖于插入代码（embedding）。DNN 模型开始的一段插入代码将稀疏表示转化为适用线性代数计算的稠密表示；插入代码中也包含权重。插入代码可以使用向量，此时特征值可以用向量之间的距离表示。代码插入设计到查找表、链表遍历和长度可变的数据字段，因此非常不规则，且要大量访存。由于面向 GPU 的插入代码 TensorFlow 内核（kernel）还未开发出来，因此 Google 舍弃了 MLP。由于受到插入代码的限制，在具有 1024 块芯片的 TPUv3 上，两个 MLP 应用的加速比分别只有 14% 和 40%。

6.13 加速：多处理器和矩阵乘法

本节继续调整 DGEMM，使其适应 Intel Core i7（Skylake）底层硬件以获得性能的提升，这是对 DGEMM 进行优化的最后一步，也是性能提升最大的一步。每个 Core i7 有 24 个核，我们用的计算机有 2 个 Core i7。所以一共有 48 个核来运行 DGEMM 程序。

图 6-31 给出了使用这些核的 OpenMP 版本的 DGEMM 程序。注意，第 27 行是相对于

图 5-48 唯一增加的一行代码,以使程序可以运行在多处理器上:使用了一个 OpenMP 的 pragma 语句告诉编译器对最外层 for 循环使用多线程,即告诉计算机将最外层 for 循环的任务分配给所有线程去执行。

```
1   #include <x86intrin.h>
2   #define UNROLL (4)
3   #define BLOCKSIZE 32
4   void do_block (int n, int si, int sj, int sk,
5                  double *A, double *B, double *C)
6   {
7     for ( int i = si; i < si+BLOCKSIZE; i+=UNROLL*8 )
8       for ( int j = sj; j < sj+BLOCKSIZE; j++ ) {
9         __m512d c[UNROLL];
10        for (int r=0;r<UNROLL;r++)
11          c[r] = _mm512_load_pd(C+i+r*8+j*n); //[ UNROLL];
12
13        for( int k = sk; k < sk+BLOCKSIZE; k++ )
14        {
15          __m512d bb = _mm512_broadcastsd_pd(_mm_load_sd(B+j*n+k));
16          for (int r=0;r<UNROLL;r++)
17            c[r] = _mm512_fmadd_pd(_mm512_load_pd(A+n*k+r*8+i), bb, c[r]);
18        }
19
20        for (int r=0;r<UNROLL;r++)
21          _mm512_store_pd(C+i+r*8+j*n, c[r]);
22      }
23   }
24
25   void dgemm (int n, double* A, double* B, double* C)
26   {
27   #pragma omp parallel for
28     for ( int sj = 0; sj < n; sj += BLOCKSIZE )
29       for ( int si = 0; si < n; si += BLOCKSIZE )
30         for ( int sk = 0; sk < n; sk += BLOCKSIZE )
31           do_block(n, si, sj, sk, A, B, C);
32   }
```

图 6-31　图 5-48 中的 DGEMM 程序的 OpenMP 版。第 27 行是唯一一条 OpenMP 语句,使最外层的 for 循环并行执行。这一行代码是本图与图 5-48 中的唯一区别

图 6-32 给出了一个经典的多处理器加速比图,展示了当线程数量增加时,相对于单线程的性能提升。这个图可以很容易地看到强比例缩放相对于弱比例缩放的挑战。当所有数据都可以放入一级数据 cache 中时,例如 64×64 矩阵,增加线程的数量实际上会降低性能。在这种情况下,48 个线程的 DGEMM 程序的性能只是单线程的一半。相反,最大的那两个矩阵在使用 48 个线程时,性能提升了 17 倍,从而得到了图 6-32 最上面的两条线。

图 6-33 给出了当线程数量从 1 增加到 48 时的绝对性能增长。对于 960×960 的矩阵,DGEMM 程序以 308GLOPS 的速率执行。图 2-32 给出的未经任何优化的 C 版本的 DGEMM 程序仅仅以 2GFOPS 的速率执行,因此,通过第 3～6 章基于硬件对代码进行的优化,性能提升了 150 倍。如果从 Python 版本开始优化,C 版本的 DGEMM 通过综合使用数据级并行、指令级并行、存储层和线程级并行,加速比将近 50 000。

接下来我们给出了多进程的谬误与陷阱。在许多失败的计算机系统结构中,很多并行处理项目忽略了这些谬误与陷阱。

精解　虽然 Skylake 支持每个核两个硬件线程,但是当使用 96 个线程时,只能对 4096×4096 的矩阵获得更高的性能:64 线程的峰值性能是 364GFLOPS,而在 96 线程时降为 344 GFLOP。因为一个 AVX 硬件被同一个核上的两个线程共享,所以当为一个核分配两个线程时,如果没有足够的数据保持线程都处于忙状态,实际上会因为复用开销而损害性能。

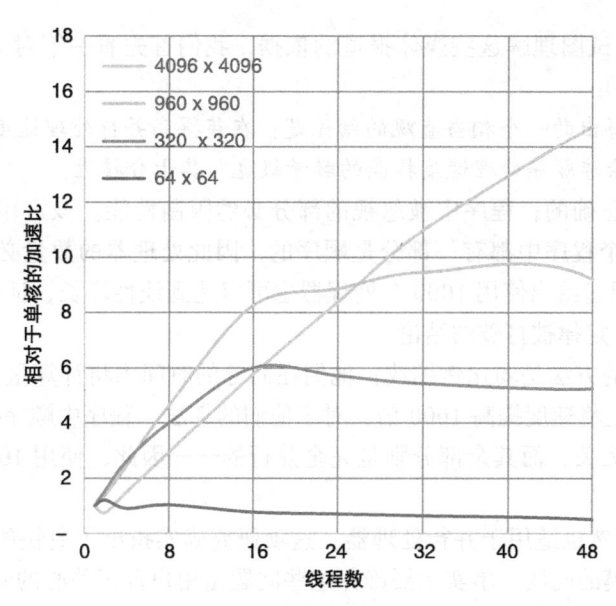

图 6-32 当线程数增加时，性能相对于单线程的提升。最客观的方法是将多线程的性能与最优的单线程的性能相比，这也是我们的做法。与本图进行对比的是图 5-48 中未使用 OpenMP pragma 语句的代码

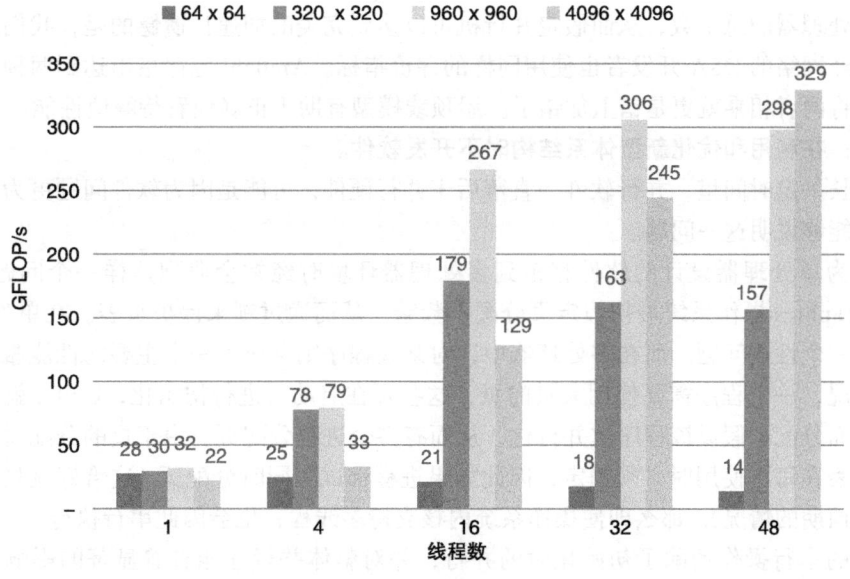

图 6-33 4 个不同大小的矩阵的 DGEMM 程序的性能。对于 960×960 矩阵，在使用 32 个线程时与图 2-43 中的未经任何优化的代码相比，性能提升了 150 倍

6.14 谬误与陷阱

大量的研究工作揭示了并行处理的诸多谬误和陷阱。我们在这里讨论其中 4 个。

谬误：Amdahl 定律不适用于并行计算机。

1987 年，一个研究组织的负责人宣称一台多处理器打破了

> 真正令我懊恼是的，对于 Iliac IV 进行编程非常困难，并且其体系结构可能对一些要在其上运行的应用并不适合。
>
> David Kuck, the sole software architect of the Illiac IV SIMD computer, circa 1975

Amdahl 定律。为了试图理解这些媒体报道的依据，我们首先看一下对 Amdahl 定律的相关引用（1967，p.483）：

> 此时可以得出的一个相当直观的结论是：在获得高并行处理速度上花费的努力都是无用的，除非顺序处理速度提高的数量级也与其十分接近。

这句话确实是正确的；程序中被忽视的部分必然限制性能。该定律的一种解释可得到下面一条引理：每个程序中都有一部分是顺序的，因此处理器的数量必然有一个经济的上界——比如 100。通过给出使用 1000 个处理器也可以达到线性增长，证明该引理是错误的；因而得出了 Amdahl 定律被打破的结论。

这些研究人员的方法是弱比例缩放：他们在同等的时间内将计算量提高 1000 倍，而不是在相同的数据集上将速度提高 1000 倍。对于他们的算法，程序中顺序执行的部分是常数，与问题的输入规模无关，而其余部分则是完全并行的——因此，使用 1000 个处理器时依然为线性增长。

Amdahl 定律显然也适用于并行处理器。这项研究确实指出了更快的计算机的主要用途之一是完成更大规模的问题。事实上要确保这些问题是用户真正关心的问题，而不是为了购买一个更昂贵的计算机而特意寻找的能使许多处理器保持忙碌的问题。

谬误：峰值性能可代表实际性能。

超级计算机行业在市场中曾经使用峰值性能作为度量方法，并且该谬误在并行机中更加严重。市场营销人员不仅在单处理器节点使用这种几乎不可能达到的峰值性能指标，而且还将其乘以处理器的总个数，从而假定并行机可以达到完美的加速！遗憾的是，我们近期看到了面向神经网络的 DSA 开发者也使用同样的评价指标。Amdahl 定律指出达到两种峰值是多么困难；将两者相乘就更是错上加错了。屋顶线模型有助于正确地看待峰值性能。

陷阱：在利用和优化新型体系结构时不开发软件。

在很长一定时间里，并行软件一直落后于并行硬件，可能是因为软件问题更为困难。有许多例子能够说明这一问题。

在将为单处理器设计的软件移植到多处理器环境时经常会遇到这样一个问题，例如，Silicon Graphics 操作系统最初假定页分配不频繁，从而通过锁来保护页表。在单处理器中，这并不是一个性能问题。而在多处理器中，对某些程序则会成为一个主要的性能瓶颈。考虑这样的情况，一个程序需要使用大量的页，这些页在启动时进行初始化，UNIX 就是这样进行静态页面分配。假设该程序被并行化，从而有多个进程分配页。由于页的分配需要使用页表，而页表在每次使用时必须锁定，因此如果进程都试图同时分配页（这恰好就是我们在初始化时所预期的情况），那么即使操作系统内核支持多线程，也会因此串行执行。

页表的串行操作消除了初始化时的并行，并对整体并行性能有着显著的影响。该性能瓶颈甚至在任务级并行中也存在。例如，假设我们将并行处理程序分为若干独立的作业并运行，在一个处理器上运行一个作业，这样在不同作业之间就没有任何共享。（这恰好是用户的做法，因为他合乎情理地相信性能问题是由应用程序中非预期的共享或冲突造成的。）不幸的是，锁机制依然将所有工作串行化——因此，即使互相独立的作业性能也会很低。

该陷阱说明，当软件在多处理器上运行时，可能会出现一些微妙但显著的性能缺陷。和其他关键主要软件一样，操作系统的算法和数据结构在多处理器上需要重新考虑。在页表的较小区域加锁可以有效地避免这个问题。

该陷阱最近的一个例子来源于面向 DNN 的 DSA。在 2020 年，有超过 100 家公司在开发此类 DSA，并使用 MLPerf 基准测试程序来判断它们的成功程度。一种常见的失败模式在不考虑软件栈的情况下开发新型硬件以提高硬件的优势，这种模式已经导致一些初创公司只存活了几年。

谬误：可以在不提升存储器带宽的前提下获得良好的向量计算性能。

从 Roofline 模型中可以看到，存储带宽对各种体系结构都很重要。DAXPY 每个浮点操作需要 1.5 个存储访问，对于很多科学计算代码而言，这是一个很标准的比例。即使浮点操作不需要花费时间，但由于存储受限，Cray-1 计算机也不会增加 DAXPY 向量序列的性能。当编译器使用阻塞机制改变计算（使数据可以保存在向量寄存器中）时，Cray-1 运行 Linpack 的性能有了跳跃式提升。这个方法降低了每个浮点运算的访存次数并使性能提升了将近两倍。因此，Cray-1 的存储带宽对于之前有更多带宽需求的循环来说足够了，这正是 Roofline 模型所预期的。

陷阱：假设指令级体系结构（ISA）完全隐藏了所有的硬件实现属性。

从 20 世纪 80 年代开始，时间信道（timing channel）被认为是一个计算机安全隐患，但是，大多数架构师错误地认为该问题实际上并不重要[⊖]。然而，诸如时序等实现的属性能够影响功能。2018 出现的幽灵（Spectre）攻击证明了该陷阱的巨大危害性。Spectre 利用微架构层面的推测将用户级沙箱（sandbox）、内核或管理程序的私有信息泄露给用户级的攻击代码。Spectre 利用了以下三个微体系结构技术。

1. 指令推测执行：处理器核能够在进行分支推测时尝试执行分支指令之后的数十条指令，直到确认推测正确才修改 ISA 的状态，当推测错误时则将程序回卷到正确位置执行。而 Spectre 在明知道程序要被回卷的情况下仍然推测执行指令。Spectre 的目标是保留（或"窃取"）一些对程序员已经隐藏了的微体系结构"痕迹"。

2. Caching：Cache 对于 ISA 不可见。根据传统计算机体系结构的理念，组相联中最近最少使用的块一般不会对程序的正确性产生影响，因此在推测失败时不需要恢复其状态。然而，Spectre 能够利用该漏洞在其中遗留一些"痕迹"，并在之后通过找回这些"痕迹"来恢复秘密信息。因此，Spectre 将 cache 内容作为侧信道（side channel）来传输（秘密）数据。

3. 硬件多线程：如果攻击程序能够在目标程序附近运行，就能很容易地获取一些细微的时序变化。硬件多线程中，由于一个程序中的指令能够与其他程序的指令混合执行，因此简化了这种恶意攻击任务。因为硬件攻击危害极大，所以云供应商现在为用户提供了这样一种选择，即不与其他客户共享服务器。例如，AWS 提供了"专用实体机器"（Dedicated Instance）的服务，该服务的价格比传统的共享机器贵大约 5%。

6.15 本章小结

自从最早的计算机时代开始，人们就梦想着通过简单地聚合多个处理器来构建计算机。然而，构建并充分有效利用并行处理器的进程是缓慢的。其原因一方面是受软件的限制，另一方面是为了提高可用性和效率，多处理器体系结构的改进之路同样漫长。本章讨论了许多软件方面的挑战，包括由于 Amdahl 定律而导致的编写高

> 我们正在将未来产品的开发专注于多核设计。我们相信这对工业界是一个重要转折点。……这不是一场竞争。这是计算领域翻天覆地的变化……
>
> *Paul Otellini，Intel 总裁，Intel 开发者论坛，2004*

⊖ 该陷阱来源于在 Mark Hill 的帮助下撰写的论文"Why 'Correct' Computers Can Leak Your Information"，该论文于 2020 年在 Communication of the ACM 上发表。

加速比程序的困难。不同并行体系结构之间往往存在巨大差异，而且许多并行体系结构的生命周期非常短暂且能力有限，这些因素使得软件更加困难。网络内容 6.16 节讨论了这些多处理器的历史。要对本章所讲述的主题有更深入的理解，请参阅《计算机体系结构：量化研究方法》(第 6 版) 第 4 章中的更多关于 GPU 以及 CPU 与 GPU 之间进行对比的内容，还有第 6 章中关于 WSC 的内容以及第 7 章中关于 DSA 的更多内容。

正如第 1 章所述，尽管过去的道路漫长而坎坷，但信息产业的未来已经与并行计算紧密联系在一起了。下面是现状与过去情况不同的一些原因：

- 显然，软件即服务（SaaS）的重要性不断增长，并且集群已经被证明是提供此类服务的一种非常成功的方法。通过在更高层次提供冗余，包括地理分布的数据中心，此类服务可以为全世界的客户提供 24×7×365 的可用性。
- 仓储式计算机（WSC）正在改变服务器设计的目标和原则，就像移动客户端的需求正在改变微处理器设计的目标和原则一样。这两者同样也造成了软件产业的革命。性价比和能效比驱动着移动客户端硬件和 WSC 硬件的发展，而并行是达到这些目标的关键。
- SIMD 和向量操作很适合在后 PC 时代占据重要地位的多媒体应用。它们比传统的并行 MIMD 编程更容易，并且能效比也更高。
- 迅速普及的机器学习正在改变应用的性质，驱动机器学习的神经网络模型自然也是并行的。另外，与 C++ 编程相比，领域专用软件平台（如 PyTorch 和 TensorFlow）对阵列进行操作，从而可以更加容易地表示和开发数据级并行。
- 为了获得更高性能，所有的桌面和服务器微处理器制造商正在生产多处理器，与过去不同的是，顺序应用程序不再有获取更高性能的捷径。
- 过去，微处理器和多处理器在成功上的定义是不同的。提升单处理器性能时，如果单线程性能随硅面积的开方增长，微处理器设计者会感觉很满意。也就是说，他们满足于性能随资源数量的亚线性增长。多处理器的成功在过去通常定义为与处理器数量相关的线性加速比函数，并假定 n 个处理器的购买成本或管理成本是单处理器的 n 倍。目前并行正在以片上多核的形式实现，我们可以使用已经获得成功的传统微处理器标准来评测亚线性的性能提升。
- 与过去不同的是，开放源码已经成为软件业的关键组成部分。开源可以改善工程解决方案，促进开发者之间的知识共享。同时也鼓励了创新，改变旧软件，欢迎新语言和新软件产品。这种开放式的文化必将有益于目前日新月异的时代。

为使读者接受这种变革，我们通过快速浏览第 3～6 章的"加速"小节来展示如何通过 Intel Core i7（Skylake）处理器发掘矩阵乘法的潜在并行：

- 第 3 章中的数据级并行通过使用 512 位操作数的 AVX 指令并行执行 8 个 64 位浮点运算使性能提升了 7.8 倍，展示了 SIMD 的价值。
- 第 4 章中的指令级并行通过 4 次循环展开给乱序执行的硬件提供了更多的指令去调度，使性能提升了 1.8 倍。
- 第 5 章中的 cache 优化使用 cache 阻塞来减少 cache 缺失，使得不能放进 L1 cache 的矩阵性能提升了 1.5 倍。
- 本章中的线程级并行通过使用多核芯片上的所有 48 个核，使无法放入单一 L1 cache 的矩阵的性能提升了 12～17 倍，展示了 MIMD 的价值。并且只通过加入了一行 OpenMP pragma 语句就能实现。

使用本书中的方法并根据该计算机对软件进行改变，在 DGEMM 程序上加了 21 行代码。通过这 20 多行代码和本书的方法得到的总的性能加速比超过了 150！

当前，在 Dennard 按比例缩小不再持续、摩尔定律发展变缓、Amdahl 定律完全有效的共同作用下，通用处理器核的性能提升速度只有每年百分之几。正如工业界自 2005 年起花了十余年时间开发并行处理一样，我们认为下一个 10 年的挑战将是 DSA 的开发及编程。

这一变革将在 IT 界内外提供许多新的研究和商业前景，并且主导 DSA 时代的公司并不是那些当今主导 DSA 的公司。在理解了硬件发展的趋势以及学会了如何根据硬件来改变软件之后，也许你就会成为创新者中的一员，抓住未来出现的机会。我们期待从你的发明创造中获益！

6.16 历史观点和拓展阅读

本节主要给出了近 50 年来多处理器的发展历史（精彩且充满波折）。

6.17 自学

DSA 导致有更多的计算形态，从而需要在不同的方案之间进行成本比较。例如，如何比较一个程序在通用 CPU、GPU 和 FPGA 上的运行开销？成本通常难于比较，因为标价可能不是客户的实际购买价格，实际购买价格受到购买数量的影响。

云价格（Cloudy Prices）。对每个人来说，一个价格固定且公开的市场是云。考察一个云供应商租用 CPU、FPGA 和 GPU 的每小时的价格。对于 Amazon Web Services（AWS），FPGA 和 GPU 的租用价格是 CPU 的多少倍？

- CPU：r5.2xlarge
- FPGA：f1.2 xlarge
- GPU：xlarge

提升基因分析能力。估计在 2020 年，已经进行基因测序的总人数大约为 100 万人。基因测序价格的降低将导致对原始序列数据进行分析的巨大需求。Wu 等人（2019）的一篇研究论文使用基于 FPGA 的 DSA 对基因关键片段的分析进行了加速，使分析时间从 42 小时（使用 CPU）减少到 31 分钟（使用 FPGA）。尽管 Wu 等人因不同线程负载的不平衡而怀疑程序在 GPU 会运行得更快，为了避免争论，我们假设程序在 GPU 上运行比在 CPU 上快 3 倍。使用云价格所得的答案，在每个平台上进行一个基因测序的价格是多少？在 FPGA 和 GPU 上的价格是 CPU 上价格的多少倍？

基因分析能力的实际提升。粗略估计，设计采用专用芯片实现的速度至少是 FPGA 中等效实现的 10 倍。然而，问题是专用芯片的开发开销（Non-recurring Cost，一次性开销，NRE）比 FPGA 高得多。Michael Tayor 和他的学生做了一些有趣的调查来确定这些开销（Magaki et al., 2016；Khazraee et al., 2017）。ASIC NRE 必须包括制造掩模版的费用，这是总费用中重要的组成部分，下表给出了 2017 年的一些设计的费用情况（Khazraee et al., 2017）。作者指出 ASIC 的速度比其他实现方式要快很多，但主要问题是如何支付 NRE 费用。

加工工艺（nm）	40	28	16
掩模版费用（美元）	1 250 000	2 250 000	5 700 000
占总NRE费用的百分比	38	52	66
总NRE费用（美元）	3 259 000	4 301 000	8 616 000

对于每种 ASIC 设计，需要对多少基因进行测序采用收回 NRE 费用？ wet lab 2020 年的基因测序费用大约为每个基因 700 美元。你会使用 FPGA 或 ASIC 进行数据处理吗？

自学的答案

2020 年，美国东部 AWS 的**云价格**：
- CPU r5.2xlarge：每小时 0.504 美元。
- FPGA f1.2 xlarge：每小时 1.65 美元，是 CPU 的 3.3 倍。
- GPU p3.2xlarge：每小时 3.06 美元，是 CPU 的 6.1 倍。

提升基因分析能力：
- 使用 CPU 对一条基因测序的价格：42 小时×0.504 美元/小时 =21.27 美元。
- 使用 FPGA 对一条基因测序的价格：31 分钟/(60 分钟/小时)×1.65 美元/小时 = 0.85 美元，是使用 CPU 价格的 0.04（1/25）。
- 使用 GPU 对一条基因测序的价格：42/3 小时×3.06 美元/小时 = 42.84 美元，是使用 CPU 价格的 2.0 倍。

基因分析能力的实际提升：

加工工艺（nm）	40	28	16
总NRE费用（美元）	3 259 000	4 301 000	8 616 000
使用FPGA的基因测序单价（美元）	0.85	0.85	0.85
收回NRE费用需要测试的基因数量	3 834 118	5 060 000	10 136 471

基于这些假设，与 wet lab 的价格相比，对一条基因的数据处理开销已经非常便宜了，因此很难确定 ASIC 是有效的实现方法，除非基因测序的需求能够达到每台设备每年 1000 万条以上。

6.18 练习题

6.1 首先对你每天（工作日）的日常活动进行列表。例如，起床、淋浴、穿衣服、吃早饭、弄干头发、刷牙。确保列表中至少包含 10 项活动。

6.1.1 ［5］<6.2> 考虑哪些活动已经利用了某种形式的并行性（例如，是同时刷多颗牙还是一次只刷一颗牙；是一次只带一本书到学校，还是将所有书装到背包里"并行"携带）。分析活动是否已经并行工作，如果没有，分析其原因。

6.1.2 ［5］<6.2> 接下来考虑哪些活动可以并发执行（例如，吃早餐和听新闻）。分析哪些活动可以成对并发执行。

6.1.3 ［5］<6.2> 对练习题 6.1.2，如何改变现有系统（例如，淋浴设备、衣服、电视机、汽车等）从而并行执行更多的任务？

6.1.4 ［5］<6.2> 如果你想尽可能多地并行执行任务，估计完成这些任务可以缩短的时间是多少？

6.2 假设需要你制作 3 块蓝莓蛋糕。蛋糕的配料如下：
- 1 杯黄油，软化备用
- 1 杯糖
- 4 个大鸡蛋
- 1 茶匙香草精

- 0.5 茶匙盐
- 0.25 茶匙肉豆蔻
- 1.5 杯面粉
- 1 杯蓝莓

蛋糕的制作流程如下：

- 第 1 步：烤箱预热至 325°F（160℃）。在烤盘上抹黄油和面粉。
- 第 2 步：在一只大碗中使用搅拌器以中速将奶油和糖混合在一起，直到变为稀松的糊状。再加鸡蛋、香草精、盐和肉豆蔻，搅拌到完全混合。将搅拌器降到低速，一次加入 0.5 杯面粉，搅拌到完全混合。
- 第 3 步：最后慢慢加入蓝莓，将蛋糕均匀地放在烤盘中，烘烤 60 分钟。

6.2.1 ［5］<6.2> 你的任务是尽可能高效率地完成 3 块蛋糕。假定只有一个能容纳一块蛋糕的烤箱、一个大碗、一个烤盘、一个搅拌器，请做出合理的调度以尽可能快地完成任务，并分析瓶颈所在。

6.2.2 ［5］<6.2> 假设你现在有 3 个碗、3 个蛋糕盘子和 3 个搅拌器。在增加了资源后，工序加快了多少？

6.2.3 ［5］<6.2> 假设你现在有两个朋友可帮你烹饪，并且你有一个可容纳 3 个蛋糕的大烤箱。这些将对练习题 6.2.1 中的计划有何改变？

6.2.4 ［5］<6.2> 将制作蛋糕与并行计算机中循环的单个迭代进行类比。分析制作蛋糕的循环中存在的数据级并行和任务级并行。

6.3 许多计算机应用程序需要在一组数据中进行搜索和排序。为了减少这些任务的执行时间，已经出现了多种高效的搜索和排序算法。在本练习题中，我们将考虑如何最好地并行化这些任务。

6.3.1 ［10］<6.2> 考虑下面的二分制搜索算法（一种经典的分而治之算法），该算法可以在已经排序的 N 元素数组 A 中搜索值 X，并返回匹配项的索引号：

```
BinarySearch(A[0..N-1], X) {
    low = 0
    high = N -1
    while (low <= high) {
        mid = (low + high) / 2
        if (A[mid] >X)
            high = mid -1
        else if (A[mid] <X)
            low = mid + 1
        else
            return mid // found
    }
    return -1 // not found
}
```

假设 BinarySearch 运行在具有 Y 个核的多核处理器上，且 Y 远远小于 N。请问预期的加速比是多少？请画图表示。

6.3.2 ［5］<6.2> 接下来，假设 Y 与 N 相同，这会对你前面的结论有何影响？如果要求你获得尽可能高的加速比（强比例缩放），请问该如何修改代码？

6.4 考虑下面的 C 代码片段：

```
for (j = 2;j<1000;j++)
    D[j] = D[j-1]+D[j-2];
```

与之对应的 MIPS 代码如下所示：

```
        li    $s0, 8000
        add   $s1, $a0, $s0
        addi  $s2, $a0, 16
loop:   l.d   $f0, -16($s2)
        l.d   $f2, -8($s2)
        add.d $f4, $f0, $f2
        s.d   $f4, 0($s2)
        addi  $s2, $s2, 8
        bne   $s2, $s1, loop
```

每种指令的延迟如下（以周期为单位）：

add.d	l.d	s.d	addiu
4	6	1	2

6.4.1 [10]<6.2> 执行该代码需要多少周期？

6.4.2 [10]<6.2> 对该代码重排序以减少阻塞。重排序之后执行该代码需要多少周期？（提示：可以通过改变 fsd 指令的偏移量来减少额外的阻塞。）

6.4.3 [10]<6.2> 在循环中，如果后面迭代中的指令会依赖于前面迭代指令（同一循环中）产生的结果，我们说循环的迭代存在循环相关性（loop-carried dependence）。请分析上面代码中的循环相关性，识别其中相关的程序变量和汇编级寄存器。可忽略循环变量 j。

6.4.4 [15]<6.2> 重写代码，使用寄存器保存迭代之间的数据（与从内存中存储和重载数据相反）。指出代码在哪里阻塞，并计算执行所需的周期数。注意，你会用到汇编伪指令 "mov .drd, rs"，表示将浮点寄存器 rs 中的数值写入浮点寄存器 rd 中。假设 mov, d 的执行需要一个周期。

6.4.5 [10]<6.2> 第 4 章中描述了循环展开。对上述循环进行展开并优化从而使每个展开的循环处理 3 个之前循环的迭代过程。指出代码在哪里阻塞，并计算执行所需的周期数。

6.4.6 [10]<6.2> 因为循环迭代的次数恰好为 3 的倍数，所以练习题 6.4.5 中的循环展开运行效率高。如果编译时无法知道要迭代的次数，那么会发生什么？如果总的迭代次数不是循环展开的迭代次数的整数倍，那么该如何有效地处理这些迭代呢？

6.4.7 [15]<6.2> 考虑将此代码运行在一个具有 2 个节点的分布式存储器消息传递系统中。假定我们采用 6.7 节描述的消息传递机制，操作 send(x,y) 可向节点 x 发送值 y，操作 receive() 等待接收传递给它的消息。假定 send 操作的发射需要 1 个周期（也就是说，同一节点的后续指令可在下个周期执行），而接收节点需要多个周期来接收。receive 指令会阻塞接收节点上后续指令的执行，直到接收到消息。你能使用这样的系统来加速本例中的代码吗？如果可以，那么可以接收到消息的可容忍最大延迟是多少？如果不行，为什么？

6.5 考虑下面的归并排序算法（另一种经典的分而治之算法）。归并排序由 John von Neumann 于 1945 年首次提出。其基本思想是将含有 m 个元素的未排序序列 x 分为两个子序列，其中每个序列长度都大约是原来的一半。然后对每个子序列重复类似的动作，直到每个子序列的长度均为 1。再从长度为 1 的子序列开始，将两个子序列"归并"为一个排序的序列。

```
Mergesort(m)
    var list left, right, result
    if length(m) ≤ 1
        return m
    else
        var middle = length(m) / 2
        for each x in m up to middle
            add x to left
        for each x in m after middle
            add x to right
        left = Mergesort(left)
        right = Mergesort(right)
```

```
    result = Merge(left, right)
    return result
```

下面的代码实现归并步骤：

```
Merge(left,right)
 var list result
 while length(left) >0 and length(right) > 0
   if first(left) ≤ first(right)
     append first(left) to result
     left = rest(left)
   else
     append first(right) to result
     right = rest(right)
   if length(left) >0
     append rest(left) to result
   if length(right) >0
     append rest(right) to result
   return result
```

6.5.1 [10] <6.2> 假设 MergeSort 运行在具有 Y 个核的多核处理器上，且 Y 远远小于长度 m。请问预期的加速比是多少？请画图表示。

6.5.2 [10] <6.2> 接下来，假设 Y 与长度 m 相同，这会对你前面的结论有何影响？如果要求获得尽可能高的加速比（例如，强比例缩放），请问该如何修改代码？

6.6 矩阵乘在大量应用中都扮演重要角色。两个矩阵可以相乘的条件是第一个矩阵的列数和第二个矩阵的行数相同。

假设有一个 $m \times n$ 的矩阵 A，还有一个 $n \times p$ 的矩阵 B 与之相乘。乘法结果为一个 $m \times p$ 的矩阵 AB（或 $A \cdot B$）。如果令 $C = AB$，$c_{i,j}$ 代表在矩阵 C 中 (i, j) 位置处的值，则 $1 \leq i \leq m$ 且 $1 \leq j \leq p$，$c_{i,j} = \sum_{k=1}^{n} a_{i,k} \cdot b_{j,k}$。现在将考虑是否可以将 C 的计算并行化。假设矩阵在存储器中的存放顺序为：$a_{1,1}, a_{2,1}, a_{3,1}, a_{4,1}, \cdots$。

6.6.1 [10] <6.5> 假设我们分别在单核/四核共享内存的系统计算 C，请问四核相对于单核的预期加速比是多少？可忽略存储器相关的问题。

6.6.2 [10] <6.5> 如果对 C 的更新会导致 cache 缺失（例如更新一行中连续的元素时可能引起伪共享），重新计算练习题 6.6.1 中的问题。

6.6.3 [10] <6.5> 有什么办法消除可能出现的伪共享问题？

6.7 下面的两个不同程序同时运行在一个包含 4 个处理器的 SMP（对称多核处理器）中。假设在开始运行之前，x 和 y 的初值均为 0。

核 1：x = 2;

核 2：y = 2;

核 3：w = x + y + 1;

核 4：z = x + y;

6.7.1 [10] <6.5> w、x、y、z 所有可能的结果分别是什么？对每种可能的情况，通过分析指令的交错情况，解释其产生的原因。

6.7.2 [5] <6.5> 采用什么措施能使执行更具有确定性，从而只产生一组可能的结果。

6.8 哲学家就餐问题是一个经典的同步和并发问题。该问题假设就座于一个圆桌周围的哲学家们可以做两件事之一：吃饭或思考。当他们吃饭时不能思考，反之亦然。在圆桌中心有一碗通心粉。每两个哲学家之间有一只叉子，这样每个哲学家左面有一把叉子，右面也有一把叉子。按常规，哲学家需要两把叉子才能吃通心粉，而且只能使用紧挨着他左右的两把叉子。

哲学家不能和其他人说话。

6.8.1 [10] <6.8> 请描述没有任何哲学家可以吃通心粉的情景。什么样的事件序列会导致该情景发生？

6.8.2 [10] <6.8> 解释如何通过引入优先级的概念来解决这一问题？这样可以使所有哲学家都能得到公平对待吗？请解释原因。

现在假定增加一个服务员负责为哲学家分配叉子。只有在服务员允许之下他们才可以拿起叉子。服务员也知道所有叉子的状态。如果要求所有哲学家总是先请求拿起左边的叉子再请求拿起右边的叉子，这样可以避免死锁。

6.8.3 [10] <6.8> 实现请求时，可以将请求放入一个队列，也可以周期性地重试请求。采用队列方式，请求可以按收到的顺序依次处理。但问题是即使请求排在队列的最前面，也不能保证总是为其提供服务，因为可能缺乏所需的资源。试描述这样一个情景，使用 1 个队列为 5 个哲学家服务，即使有的哲学家左右两把叉子都可用，但仍然不能为其服务（因为他的请求排在队列的后部）。

6.8.4 [10] <6.8> 如果周期性地重复请求，直到资源变为可用，这样能否解决练习题 6.8.3 中的问题？请给出原因。

6.9 考虑下面 3 种 CPU 结构：

CPU SS：一个双核超标量微处理器，支持在两个功能单元（FU）上的乱序发射。每个核一次只能运行一个线程。

CPU MT：一个细粒度多线程处理器，支持来自两个线程中指令并发执行（也就是说，有两个功能单元），尽管每个周期只能从一个线程发射一条指令。

CPU SMT：SMT 处理器支持来自两个线程的指令并发执行（也就是说，有两个功能单元），并且发射的指令可来自任一线程或者两个线程。

假定我们在这些 CPU 上运行线程 X 和线程 Y，具体操作如下：

线程X	线程Y
A1：需三个周期执行	B1：需两个周期执行
A2：无相关	B2：与B1使用的一个功能单元冲突
A3：与A1使用的一个功能单元冲突	B3：需要B2的结果
A4：需要A3的结果	B4：无相关性并且需要两个周期执行

除非特别标记或者遇到冒险，假定所有的指令都是单周期执行。

6.9.1 [10] <6.4> 如果使用一个 SS CPU，执行这两个线程需要多少个周期？冒险阻塞浪费了多少发射槽？

6.9.2 [10] <6.4> 如果使用两个 SS CPU，执行这两个线程需要多少个周期？冒险阻塞浪费了多少发射槽？

6.9.3 [10] <6.4> 如果使用一个 MT CPU，执行这两个线程需要多少个周期？冒险阻塞浪费了多少发射槽？

6.9.4 [10] <6.4> 如果使用一个 SMT CPU，执行这两个线程需要多少个周期？冒险阻塞浪费了多少发射槽？

6.10 虚拟化软件正在用于降低管理高性能服务器的成本。包括 VMWare、Microsoft 和 IBM 在内的很多公司正在开发一系列的虚拟化产品。第 5 章中介绍的管理程序层（hypervisor layer）位于硬件和操作系统之间，使得多个操作系统可以共享同一物理硬件。管理程序层负责分配 CPU 和存储器资源，同时处理通常由操作系统完成的服务（如 I/O）。

虚拟化为底层（宿主）硬件提供了一个抽象层，以承载操作系统和应用软件。这使得我们需要重新考虑未来如何设计多核和多处理器系统,来对支持多个操作系统并发地共享 CPU 和存储器。

6.10.1 [30]<6.4> 选择市场上的两种管理程序,比较它们是如何虚拟化和管理底层硬件(CPU 和存储器)的。

6.10.2 [15]<6.4> 为了更好地满足未来多核 CPU 平台的资源需求,可采取哪些措施?例如,多线程技术是否可以减轻计算资源间的竞争?

6.11 我们希望尽可能高效地执行下面的循环。假设有两种不同的机器,一种是 MIMD,另一种是 SIMD。

```
for (i = 0; i < 2000; i++)
    for (j = 0; j < 3000; j++)
        X_array[i][j] = Y_array[j][i] + 200;
```

6.11.1 [10]<6.3> 对一个包含 4 个 CPU 的 MIMD 机器,请给出每个 CPU 上执行的 MIPS 指令序列。此 MIMD 机器的加速比是多少?

6.11.2 [20]<6.3> 对一个宽度为 8 的 SIMD 机器(也就是说,包含 8 个并行的 SIMD 功能单元),使用你自己的对 MIPS 的 SIMD 扩展编写一个执行该循环的汇编程序,并比较 SIMD 和 MIMD 上执行指令的数量。

6.12 脉动阵列(systolic array)是 MISD 机器的一个例子。它是一个由数据处理单元构成的流水线网络或"波阵面"。这些单元都不需要程序计数器,因为执行是通过数据到达触发的。时钟脉动阵列以与每个处理器相"锁步"的方式进行计算,而这些处理器承担了交替的计算和通信。

6.12.1 [10]<6.3> 分析脉动阵列的各种实现机制(可以在互联网或出版物中查找相关资料),然后使用 MISD 模型对练习题 6.11 中的循环进行编程,并对遇到的问题进行讨论。

6.12.2 [10]<6.3> 应用数据级并行中的各种术语,分析 MISD 和 SIMD 之间的相似点和不同点。

6.13 假定我们想在本章讲述的 NVIDIA 8800 GTX GPU 上执行 6.3.2 节中给出的 DAXPY 循环汇编代码。在该问题中,假定所有的算术操作是单精度浮点数运算(因此我们将其重新命名为 SAXPY)。假定指令的执行周期数如下所示。

Loads	Stores	Add.S	Mult.S
5	2	3	4

6.13.1 [20]<6.6> 请描述在 8 核处理器中如何构建 warp 来完成 SAXPY 循环?

6.14 从 https://developer.nvidia.com/cuda-downloads 下载 CUDA Toolkit 和 SDK。确保使用代码的 emurelease(Emulation Mode)版本(此版本可在没有 NVIDIA 硬件的情况下运行)。编译 SDK 中提供的示例程序,并确认它们运行在仿真器上。

6.14.1 [90]<6.6> 以 SDK 的示例程序为起点,编写一个完成如下向量操作的 CUDA 程序:

1)$a-b$(向量减法)

2)$a \cdot b$(向量点积)

向量 $a = [a_1, a_2, \cdots, a_n]$ 和 $b = [b_1, b_2, \cdots, b_n]$ 的点积定义如下:

$$a \cdot b = \sum_{i=1}^{n} a_i b_i = a_1 b_1 + a_2 b_2 + \cdots + a_n b_n$$

运行编写的程序并验证结果是否正确。

6.14.2 [90]<6.6> 如果你有可用的 GPU 硬件,请完成对程序的性能分析,并查看在向量大小不同的情况下 GPU 和一个 CPU 版本的计算时间,并对结果进行解释。

6.15 AMD 最近宣布将把 GPU 与 x86 核集成到一个封装中,尽管两者的时钟不同。这是异构多处理器系统的一个实例。设计的关键之一是如何支持 CPU 和 GPU 之间的高速数据通信。在 AMD Fusion 体系结构之前，CPU 和 GPU 芯片之间必须进行通信。目前的计划是采用多个（至少 16 个）PCI express 通道来实现高速通信。

6.15.1 [25]<6.6> 比较这两种互联技术的带宽和延迟。

6.16 参照图 6-15b 中给出的 3 阶 n 维立方体互连拓扑结构，其将 8 个节点进行了互连。n 维立方体互连拓扑的一个优势是，在部分互连损坏的情况下依然可以保持连接性。

6.16.1 [10]<6.9> 设计一个公式，计算 n 维立方体中最多有多少互连损坏时，还能保证有一个未间断的链接存在，已连接其中的任何节点。

6.16.2 [10]<6.9> 比较 n 维立方体和全互联网络的可靠性。画图比较，将可靠性的比较作为两种拓扑中增加的链路数的函数。

6.17 基准测试程序用于在指定的计算平台上运行有代表性的工作负荷，从而比较不同系统之间的性能。在本练习题中，我们将比较两种基准测试程序：Whetstone CPU 基准测试程序和 PARSEC 基准测试集。从 PARSEC 中选择一个程序（所有程序都可从网上免费下载）。考虑在 6.11 节中描述的各个系统上运行 Whetstone 的多份副本或 PARSEC 基准测试程序。

6.17.1 [60]<6.11> 两种工作负载运行在这些多核系统上的本质区别是什么？

6.17.2 [60]<6.11> 使用 Roofline 模型的相关术语，分析在运行了这些基准测试程序时，运行情况与工作负荷中共享和同步数量的相关性有多大？

6.18 在计算稀疏矩阵时，存储器的延迟至关重要。由于稀疏矩阵缺乏矩阵操作中常见的空间局部性，因此需要研究新的矩阵表示方法。

最早的稀疏矩阵表示方法之一是 Yale 稀疏矩阵格式。它使用 3 个一维数组存储一个初始的 $m \times n$ 矩阵，M 为三个一维数组的行。令 R 代表 M 中的非零项数目。我们构造一个长度为 R 的数组 A 存储 M 中的所有非零项（按照从左到右、从上到下的顺序）。我们再构造一个长度为 $m+1$ 的数组 IA。IA(i) 包含第 i 行中第一个非零项在 A 中的索引号。原矩阵中的第 i 行的元素可从 A(IA(i)) 扩展到 A(IA($i+1$)−1)。第三个数组 JA 包含 A 中每个元素的列号，因此其长度也为 R。

6.18.1 [15]<6.11> 分析下面的稀疏矩阵 X，并编写 C 程序将其存储为 Yale 稀疏矩阵格式。

```
Row 1 [1, 2, 0, 0, 0, 0]
Row 2 [0, 0, 1, 1, 0, 0]
Row 3 [0, 0, 0, 0, 9, 0]
Row 4 [2, 0, 0, 0, 0, 2]
Row 5 [0, 0, 3, 3, 0, 7]
Row 6 [1, 3, 0, 0, 0, 1]
```

6.18.2 [10]<6.11 在存储空间方面，假定矩阵 X 中的每个元素都是单精度浮点格式，如果用 Yale 稀疏矩阵格式存储上面的矩阵，请计算共需多少存储空间。

6.18.3 [15]<6.11 执行下面给出的矩阵 X 和矩阵 Y 的矩阵乘。

[2, 4, 1, 99, 7, 2]

将该计算放入循环中，并对执行过程进行计时。确保增加循环执行的次数，以在时间测量中获得较好的分辨率。比较矩阵的原始表示的运行时间和 Yale 稀疏矩阵格式的运行时间。

6.18.4 [15]<6.11> 你是否能够找到更加有效的稀疏矩阵表示方法（考虑空间和计算开销）？

6.19 在未来的系统中，我们期待能够看到由异构 CPU 构成的异构计算平台。在嵌入式处理相关市场，一些同时包含浮点 DSP 和微控制器 PU 的多芯片模块包的系统已经开始出现。

假定你有三类 CPU：

- CPU A——每周期可执行多条指令的中速多核 CPU（有浮点单元）。
- CPU B——每周期可执行单条指令的快速单核整型 CPU（例如，无浮点单元）。
- CPU C——每周期可执行同样指令的多个副本的慢速向量 CPU（具备浮点能力）。

假定我们的处理器在下面的频率运行：

CPU A	CPU B	CPU C
1 GHz	3 GHz	250 MHz

在每个时钟周期，CPU A 可以执行 2 条指令，CPU B 可以执行 1 条指令，CPU C 可以执行 8 条指令（尽管是相同指令）。假定所有的操作在单周期延迟中完成执行，且没有任何冒险。三个 CPU 均可执行整型算术，尽管 CPU B 不能直接执行浮点算术。CPU A 和 B 具有与 MIPS 处理器相似的指令集。CPU C 仅能执行浮点加、减和存储器存、取操作。假定所有 CPU 均可访问共享内存，并且同步的开销为零。

你的任务是比较两个矩阵 X 和 Y，它们每个都包含 1024×1024 个浮点元素。输出结果应是指示矩阵 X 中的元素值比矩阵 Y 中对应位置的元素值大或相等的总个数。

6.19.1 [10] <6.12> 请描述如何将该问题划分到 3 个不同的 CPU 上，以获得最佳性能。

6.19.2 [10] <6.12> 你会向向量 CPU C 中增加哪类指令，以获得更好的性能？

6.20 本练习题着眼于给定最大事务处理速率的系统中发生的排队数量，以及事务的平均延迟时间。延迟包括服务时间（由最大速率计算得出）和排队时间。假定一个四核计算机系统能够以每秒所要求速率的最大稳定状态速率进行数据库查询。同时假定，每个事务平均花费固定的时间来处理。下表给出了几对事务延迟和处理速率。

平均事务延迟	最大事务处理速率
1 ms	5000/s
2 ms	5000/s
1 ms	10 000/s
2 ms	10 000/s

对于表中的每一对数据，回答如下问题：

6.20.1 [10] <6.12> 在任意给定的时刻，平均有多少请求被处理？

6.20.2 [10] <6.12> 如果移到 8 核的系统中，理想情况下，系统的吞吐量将发生什么变化（例如，计算机每秒处理多少请求）？

6.20.3 [10] <6.12> 讨论为什么通过简单地增加核的数量，很少能有这种加速？

小测验答案

6.1 节　错误。任务级并行可以帮助串行应用，可以使串行应用在并行硬件上运行，尽管会有很多挑战。

6.2 节　错误。弱缩放可以补偿程序的串行部分，强缩放的缩放性会被串行部分限制。

6.3 节　正确。但是它们缺少可以提升向量体系结构性能的特性，如聚集 – 分散和向量长度寄存器。（就像这节中的精解中提到的，AVX2 SIMD 扩展通过聚集操作提供了变址加载，但不通过分散操作提供变址存储。Haswell x86 微处理器是第一个支持 AVX2 的处理器。）

6.4 节　1. 正确。2. 正确。

6.5 节　错误。由于共享地址是物理地址，且多任务中的每个任务都在它们自己的虚拟地址空间中，因此可在共享内存多处理器上良好地运行。

6.6 节　错误。图形 DRAM 因其更高的带宽而受到重视。

6.7 节　错误。GPU 和 CPU 使用冗余技术来提升芯片成品率，由于它们的出货量很高，因此较大的芯片开销是能够负担的，而 DSA 的情况则完全不同。DSA 的优势省去了 CPU 和 GPU 中与领域应用无关的功能，将省出来的芯片面积用于集成更多的算术运算单元和更大容量的存储器，用于加速解决领域问题。

6.8 节　1. 错误。发送和接收消息是一个隐式的同步，同样也是一种共享数据的方式。2. 正确。

6.9 节　正确。

6.10 节　正确。我们或许需要在硬件的所有层次和软件栈上进行革新，以使并行计算成功。

附录 A

Computer Organization and Design: The Hardware/Software Interface, MIPS Edition, Sixth Edition

汇编器、链接器和 SPIM 仿真器

James R. Larus
微软研究院

A.1 引言

对计算机而言，指令使用二进制编码非常自然且有效，然而人类对这些数字进行理解和处理却有很大的困难。对人类而言，读写符号（文字）要比读写一长串数字容易得多。第 2 章说明了我们不需要在数字和文字之间做出选择，因为计算机指令可以有很多种表达方式。人类对符号进行读写，并且计算机可以执行等价的二进制数字。本附录描述将人类可读的程序转换为计算机可执行格式的处理过程，提供一些编写汇编程序的提示，并且解释如何在 SPIM（能够执行 MIPS 程序的仿真器）上运行这些程序。

汇编语言是计算机二进制编码——**机器语言**（machine language）的符号表示。因为汇编语言使用符号表示，而不是使用二进制数字，所以汇编语言的可读性比二进制语言更好。因为汇编语言中的符号（如操作码和寄存器指示符）通常以位串模式命名，所以便于阅读和记忆。另外，汇编语言允许程序员使用标签（label）来指定和命名保存指令或数据的内存字。

一个称为**汇编器**（assembler）的工具将汇编语言转换成二进制指令。汇编器提供了比机器能够识别的 0 和 1 更友好的表达方式，简化了程序的编写和阅读。操作和地址的符号名称是这种表达方式的一个方面。另一个方面是增加了程序的清晰度。例如，A.2 节讨论的**宏**（macro）允许程序员通过定义新操作来扩展汇编语言。

汇编器读入一个汇编语言的源文件并产生一个目标文件，目标文件中不但包含机器指令，还包含能够帮助将几个目标文件整合成一个程序的簿记信息。图 A-1-1 说明了如何构建一个程序。大多数程序由多个文件（通常也称为模块）组成，这些文件独立编写、独立编译、独立汇编。程序可能会使用程序库中提供的预先写好的例程。模块通常包含子例程的引用以及对其他模块和库中定义的数据的引用。如果模块中的代码包含对其他目标文件定义的或库中标签的**未决引用**（unresolved reference，即这些标签的入口地址尚未确定），那么代码不能执行。另一个称为**链接器**（linker）的工具将目标代码和库文件整合成一个可执行文件，可执行文件能够被计算机执行。

> 对恶意中伤的恐惧，不能成为阻止言论和集会自由的借口。
> Louis Brandeis, Whitney v. California, 1927

> **机器语言**：用于在计算机系统内部进行通信的二进制表示。

> **汇编器**：将符号指令转换为二进制指令的程序。

> **宏**：一种模式匹配和替换机制，提供了简单的机制来定义经常使用的指令序列。

> **未决引用**：一个需要从外部源代码获取更多信息才能完成的引用。

> **链接器**：也称为链接编辑器，是一个将独立的汇编机器语言程序组装起来，并确定其中未决标签从而生成可执行文件的系统程序。

A-609
~
A-611

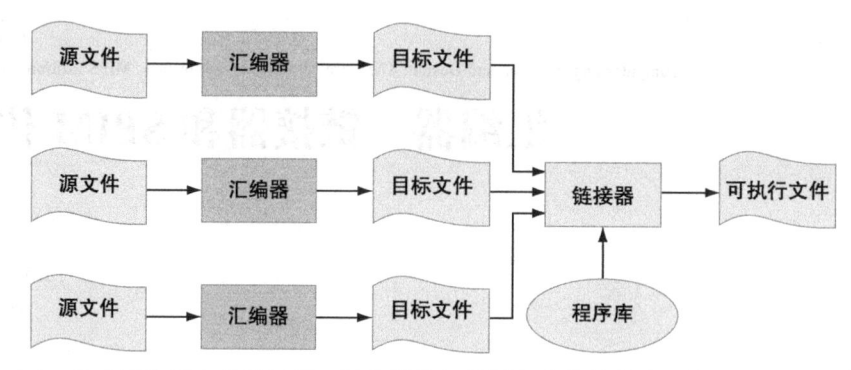

图 A-1-1 生成可执行文件的过程。汇编器将汇编语言文件转换为目标文件，目标文件与其他文件和库链接在一起形成可执行文件

为了理解汇编语言的优势，考虑下面一系列图，这些图包含了一个用来计算并打印输出 0～100 的整数平方和的短程序。图 A-1-2 给出了 MIPS 计算机执行的机器语言。使用第 2 章指令表中的编码和指令格式，通过付出很大努力才可以将指令转换成类似图 A-1-3 中的符号化程序。图 A-1-3 中的程序非常容易阅读，因为其中的操作和操作数使用符号，而不是使用二进制位串给出。然而，因为内存位置是通过地址来指定，而不是通过符号化标签来指定，所以汇编语言仍然难以理解。

A-612

```
00100111011110111111111100000
10101111101111110000000000010100
10101111101001000000000000100000
10101111101001010000000000100100
10101111101000000000000000011000
10101111101000000000000000011100
10001111101011100000000000011100
10001111101011100000000000011000
00000001110011100000000000011001
00100101110010000000000000000001
00101001000000010000000001100101
10101111101010000000000000011100
00000000000000001111000000010010
00000011000011111100100000100001
00010100001000001111111111110111
10101111101011100000000000011000
00111100000001000001000000000000
10001111101001010000000000011000
00001100000100000000000011101100
00100100100001000000010000110000
10001111101111110000000000010100
00100111101111010000000000100000
00000011111000000000000000001000
00000000000000010001000000100001
```

```
addiu    $29, $29, -32
sw       $31, 20($29)
sw       $4, 32($29)
sw       $5, 36($29)
sw       $0, 24($29)
sw       $0, 28($29)
lw       $14, 28($29)
lw       $24, 24($29)
multu    $14, $14
addiu    $8, $14, 1
slti     $1, $8, 101
sw $8,   28($29)
mflo     $15
addu     $25, $24, $15
bne      $1, $0, -9
sw       $25, 24($29)
lui      $4, 4096
lw       $5, 24($29)
jal      1048812
addiu    $4, $4, 1072
lw       $31, 20($29)
addiu    $29, $29, 32
jr       $31
move     $2, $0
```

图 A-1-2 用来计算和打印出 0 ~ 100 的整数平方和的 MIPS 机器语言代码

图 A-1-3 同一个程序（图 A-1-2）的汇编语言版本。然而，这个程序的代码没有寄存器或者内存地址的标记，也没有包含注释

图 A-1-4 展示了使用助记符来表示内存地址的汇编语言指令。很多程序员喜欢使用这种方式。以点开头的名字（例如 .data 和 .globl）称为**汇编指示符**（assem-bler directive），用来指示汇编器如何翻译程序，但是它们不会产生机器指令。后跟一个冒号的名字（如 str：或 main：）是下一个内存地址的标签。除了没有明确的注

汇编指示符：一个指示汇编器如何翻译程序，但是不会产生机器指令的操作，通常以圆点开头。

释，这个程序和汇编语言程序一样具有可读性，但是它还是比较难以理解，因为需要很多简单的操作来完成简单的任务，也因为汇编语言缺乏控制流结构，从而只能为程序操作提供很少的提示。

```
        .text
        .align  2
        .globl  main
main:
        subu    $sp, $sp, 32
        sw      $ra, 20($sp)
        sd      $a0, 32($sp)
        sw      $0, 24($sp)
        sw      $0, 28($sp)
loop:
        lw      $t6, 28($sp)
        mul     $t7, $t6, $t6
        lw      $t8, 24($sp)
        addu    $t9, $t8, $t7
        sw      $t9, 24($sp)
        addu    $t0, $t6, 1
        sw      $t0, 28($sp)
        ble     $t0, 100, loop
        la      $a0, str
        lw      $a1, 24($sp)
        jal     printf
        move    $v0, $0
        lw      $ra, 20($sp)
        addu    $sp, $sp, 32
        jr      $ra

        .data
        .align  0
str:
        .asciiz "The sum from 0 .. 100 is %d\n"
```

图 A-1-4 使用带有标签（label）的汇编语言写的同一个程序，但是没有注释。以圆点开始的指令是汇编指示符（见 A.10 节）。.text 指示后续的行包含指令。.data 指示它们包含数据。.align n 指示后面这些行的元素应该按照 2^n 边界对齐。因此，.align 2 就是下一个元素按照字对齐。.globl main 声明了 main 是一个全局的符号，应当对于其他文件中的代码来说是可见的。最后，.asciiz 保存了内存中的空终结符

对比之下，图 A-1-5 中的 C 程序因为使用助记符表示变量，且循环可以显式地使用专门的指令来构造，而不是使用分支来构造，所以简短且清晰。实际上，C 程序是唯一一种由我们自己编写的程序，其他形式的程序都由 C 编译器和汇编器产生。

```
        #include <stdio.h>
int
main (int argc, char *argv[])
{
    int i;
    int sum = 0;
    for (i = 0; i <= 100; i = i + 1) sum = sum + i * i;
    printf ("The sum from 0 .. 100 is %d\n", sum);
}
```

图 A-1-5 使用 C 语言编写的程序

通常，汇编语言扮演两个角色（见图 A-1-6）。一个角色是编译器的输出语言。编译器将使用高级语言（C 或者 Pascal）编写的程序翻译成机器语言或者汇编语言表示的等价程序。高级语言称为**源语言（source language）**，而编译器的输出是目标语言。

源语言：一种直接用来编写程序的高级语言。

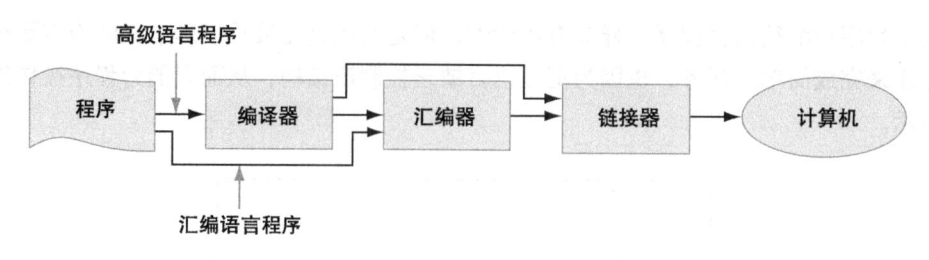

图 A-1-6　汇编语言由程序员编写或由编译器输出

汇编语言的另一个角色是作为一种编程语言，这通常是其主要功能。然而，由于当今的计算机系统具有大容量的内存以及更好的编译器，因此很多程序员使用高级语言编写程序，而且很少能看见计算机执行的指令。然而，在执行速度和程序大小很关键或者为了开发硬件特性，而高级语言中没有这些特性的情况下，汇编语言仍然很重要。

虽然本附录主要关注 MIPS 汇编语言，但其他机器中的汇编语言编程也非常相似。CISC 机器（如 VAX）中的额外指令以及寻址模式，可使汇编程序变短，但是不会改变程序的汇编流程，而且为汇编语言提供了高级语言的一些优势特征，例如类型检测以及结构控制流。

A.1.1　汇编语言的应用场合

与高级语言相比，使用汇编语言编程的主要原因是，它在速度和代码大小方面具有优势，而这两者极为重要。例如，一台计算机控制着机器的一个部分，如汽车刹车。这台计算机被集成到另一个设备中，例如一辆汽车，该计算机就被称作嵌入式计算机。这种类型的计算机需要对外部世界的事件做出快速的可预测反应。由于编译器对操作时间引入了不确定性，程序员可能很难保证使用高级语言编写的程序能在给定的时间间隔（传感器检测到轮胎打滑后的一毫秒内）做出响应。另外，汇编语言程序员具有对指令执行的严格控制。此外，在嵌入式应用中，由于代码的减少，可使用更少的存储芯片，从而减少嵌入式计算机的代价。

一种综合的方法是同时使用这两种语言来编程，其中大部分程序用高级语言编写，而时间关键部分用汇编语言编写。通常，程序执行的大部分时间花费在源代码中的很少一部分上。这种发现与 cache 中的局部性原理类似（见 5.1 节）。

通过对程序进行分析能够评估一个程序在哪里花费了时间，并能够找出其时间中关键的部分。大多数情况下，时间关键的部分可以使用更好的数据结构或者算法来实现。然而，有时候，只能通过使用汇编语言重写关键代码来显著提升性能。

这种改进并不意味着高级语言编译器的失效。在为整个程序产生统一的高质量机器代码方面，编译器通常比程序员做得更好。然而，程序员对程序算法和行为的理解比编译器更加深入，而且能够通过大量的努力和精巧的设计提高小段代码的质量。尤其是编程人员在编写代码时，同时考虑好几个子程序段。编译器通常对程序段进行独立编译，而且必须遵守严格的规则，在程序段的边界处管理寄存器的使用。通过在寄存器中保存那些经常被使用的值，甚至跨越程序边界，编程人员可以使程序运行得更快。

汇编语言的另一个主要优点是能够利用专门的指令——例如，字符串复制指令或者模式匹配指令。很多时候，编译器不能确定一个循环程序能不能被一条指令替代。然而，编写循环的程序员能够很容易地使用一个指令将其替换。

目前，随着编译技术的进步以及机器流水线复杂度的提升（见第 4 章），程序员很难比编译器更具优势。

使用汇编语言的最后一个原因是，对于有些特定的计算机，没有合适的高级语言。很多古老的或定制的计算机没有编译器，所以程序员唯一的选择就是汇编语言。

A.1.2 汇编语言的缺点

汇编语言的很多缺点极大地限制了其广泛使用。其主要缺点可能就是使用汇编语言编写的程序本质上是针对特定机器的，而且如果需要在另一种体系结构的计算机中运行，就必须对程序进行重写。第 1 章讨论了计算机的快速发展，这意味着体系结构很容易过时。一个汇编语言程序仍旧和它的原始体系结构紧紧地绑定在一起，即使该计算机已被崭新、快速、性价比更高的机器所替代。

汇编语言的另一个缺点是，汇编程序比等价的高级语言程序更长。例如，图 A-1-5 的 C 程序仅有 11 行，但是图 A-1-4 的汇编程序有 31 行。在更复杂的程序中，汇编语言和高级语言程序的比率（扩展因子）将更大，远不止像这个例子中的约 3 倍。不幸的是，实际的研究表明，程序员每天大约能够编写同高级语言行数一样多的汇编语言。这就意味着程序员使用高级语言大约会产生 x 倍的生产率，这里的 x 是汇编语言扩展因子。

长程序更难阅读和理解，而且这些代码会包含更多的错误，使情形更为恶化。汇编语言使这种情形恶化，原因是汇编语言是完全非结构化的。如 if-then 语句和循环等常见的编程语法，在汇编语言中必须通过分支和跳转来实现，这将会导致程序变得很难读懂，因为读者必须从汇编语言的每一句来重新构建每个高级语言结构，且一条语句的每种实现可能还稍有不同。例如，按照图 A-1-4 回答问题：使用的是什么类型的循环？它的下界和上界分别是什么？

|精解| 编译器不需要借助汇编器即可直接产生机器语言。与使用汇编器作为编译的一部分的那些编译器相比，这些编译器通常执行得更快。然而，产生机器码的编译器必须执行一个汇编器通常执行的任务，例如，确定地址，将指令编码成二进制数字等。必须在编译速度和编译器的简洁性之间进行折中。

|精解| 尽管汇编语言有多种优势，但一些嵌入式应用依然使用高级语言编写。很多嵌入式应用的程序很大，而且很复杂，这样的程序必须极其可靠。相对于高级语言程序，汇编语言程序更长而且更难编写，这极大地增加了使用汇编语言编写程序的代价，使得验证这些程序的正确性极其困难。事实上，这些考虑导致为这些嵌入式系统买单的国防部门开发了 Ada——一种编写嵌入式系统的新高级语言。

A.2 汇编器

汇编器将汇编语言文件翻译成二进制机器指令和二进制数据组成的文件。翻译过程有两个主要步骤。第一步，找到标签（label）对应的内存地址，因此助记符和地址之间的关系在指令被翻译的时候就确定了。第二步，通过将操作码、寄存器指示符和标签对应的二进制数字组合对每条汇编语句进行翻译。如图 A-1-1 所示，汇编器产生一个输出文件，叫作目标文件，目标文件包含机器指令、数据和预定义的信息。

因为目标文件引用了其他文件中的过程或数据，所以通常不能执行。如果标签指向的目标可以被定义它的文件之外的其他文件引用，那么该标签就是**外部标签**（external label）（也称为**全局标签**）。如果标签仅能在定义它的文件内部被引用，则是局部的。很多汇编器默认标签是局部的，而全局标签必须显式声明。由于子程序和全局变量会被许多文件引用，因此它们需要定义为外部标签。**局部标签**（local label）隐藏了对别的模块不可见的名字——例如，C 中的静态函数仅仅被同一个文件中的函数所调用。另外，编译产生的名字——例如，一个循环的开始处的指令——就是局部的，这样编译器就不需要为每个文件产生唯一的名字。

> **外部标签**：也称为全局标签。标签对应一个目标，该目标可以在定义这个标签的文件之外被引用。
>
> **局部标签**：指向一个目标的标签，该目标仅可以被定义这个标签的文件内部引用。

| 例题 | 局部标签和全局标签

考虑图 A-1-4 中的程序。程序具有一个外部（全局）标签 main，它包含了两个局部标签——loop 和 str——这两个标签仅在这个汇编文件中可见。最后，程序中引用了未确定（unresolved）的外部标签 printf，printf 是一个打印数值的库程序。图 A-1-4 中的哪个标签能被另一个文件引用？

| 答案 | 仅全局标签在外部是可见的，所以仅 main 标签可以在外部被引用。

由于汇编器独立地处理每一个文件，它仅知道每个局部标签的地址。汇编器依赖于别的工具（如链接器（linker））将目标文件以及库文件整合起来，并对外部标签进行处理，从而形成可执行文件。汇编器通过提供标签的列表以及未确定的引用来辅助链接器工作。

然而，局部标签对汇编器来说还是个令人感兴趣的挑战。和大部分高级语言中的名字不同，汇编标签可能在定义之前就使用。例如，在图 A-1-4 中，标签 str 在定义之前就被 la 指令使用。这样可能的**前向引用**（forward reference）迫使汇编器将程序翻译过程分成两步：首先找到所有的标签，然后再生成指令。在该例子中，当汇编器看到指令 la 时，并不知道这个标签为 str 的字在何处，甚至不知道 str 这个标签代表的到底是指令还是数据。

> **前向引用**：一个标签在定义之前就被使用。

第一遍，汇编器将汇编文件的每一行读入，将其分解成几个部分。这些部分叫作词汇单元，都是独立的字、数字和标点符号。例如，下面一行代码

```
ble $t0, 100, loop
```

包含 6 个词汇单元：ble 指令的操作码、寄存器指示符 $t0、逗号、数字 100、逗号，还有符号 loop。

如果一行以标签作为开始，汇编器在其**符号表**（symbol table）中记录标签的名字，以及指令在内存中的字地址。汇编器接着计算当前行中这条指令占据多少个内存字。通过跟踪指令大小，汇编器可以确定下一条指令的起始地址。为了计算一个可变长度的指令大小（如 VAX），汇编器必须仔细地确定这些内容。然而，对于固定长度的指令（如 MIPS），仅仅需要简单计算。汇编器采用类似的方法计算数据定义需要的空间。当汇编器到达一个汇编文件末尾时，符号表记录了文件中每个标签的位置。

> **符号表**：用来将标签的名字和指令占用的内存字地址相匹配的一个表。

第二遍，汇编器使用整个文件的符号表中的信息，在这一步生成机器代码。汇编器再一次检查文件中每一行。如果一行中包含了指令，汇编器将其指令码和操作数（寄存器指示符或者内存地址）组合成一条合法的指令。这个过程和 2.5 节的做法很相似。引用在另一个文件中定义的外部标签的指令和数据字不能完全地汇编（因为它们是未决的），因为标签的地址不在符号表中。汇编器确实对这些未决的引用无能为力，因为对应的标签很可能在另一个文件中定义。

重点 汇编语言是一种编程语言。它和高级语言（如 BASIC、Java 和 C）的主要不同是汇编语言只能提供少量简单类型的数据以及控制流。汇编语言程序不能指定一个变量中的数据类型。相反，编程人员必须对一个值使用恰当的操作（例如，整数或者浮点加法）。另外，在汇编语言中，程序的所有控制流必须使用 go to 语句实现。这两个因素使得汇编语言编程对于任何机器——MIPS 或者 x86——都比使用高级语言编程更困难且更容易出错。

A-620

精解 如果汇编器的速度比较重要，这种两步的处理过程可以采用反向修补（backpatching）技术一次遍历汇编文件来实现。在这种一次遍历中，汇编器构建每条指令的一个（可能不完整的）二进制表示。如果指令引用了一个还没有定义的标签，汇编器在表中记录下这个标签和指令。当标签被定义后，汇编器查询这个表，找到包含对标签的所有前向（forward）引用的所有指令。汇编器回卷并校正它们的二进制表示，然后将它们并入标签地址。反向修补技术能加速汇编的原因在于：汇编器对输入只读一次。然而，它需要汇编器将程序的整个二进制表示保持在内存中，这样指令才可以被反复修补。这个需求会限制被汇编的程序大小。这个过程被那种具有几种类型的跨度范围不同的分支的机器复杂化了。当汇编器第一次在分支指令中见到没有处理的标签时，它必须选择：要么使用最大的分支，要么冒险返回去，并且重新调整很多指令，以便为大的分支指令腾出位置。

反向修补：一种将汇编语言翻译成机器指令的办法，其中汇编器在第一遍扫描程序时就构建出一个（可能不完整的）包含每条指令的二进制表示，然后返回对前面没有定义的标签进行替换。

A.2.1 目标文件的格式

汇编器生成目标文件。UNIX 系统中的目标文件包含 6 个不同的部分（见图 A-2-1）：

- 目标文件头描述了文件中其他段的大小和位置。
- **代码段**（text segment）包含了源文件中例程的机器语言代码。这些例程可能是不可执行的，因为包含了未确认的引用。
- **数据段**（data segment）包含了源文件中数据的二进制表示。数据可能是不完整的，因为未确认标签的引用可能包含在其他文件中。
- **重定位信息**（relocation information）指明依赖于**绝对地址**（absolute address）的指令和数据字。如果程序的某些部分在内存中被移动，这些引用必须改变。
- 符号表包含源文件中外部标签对应的地址，并列出未确认的引用。
- 调试信息包含了被编译程序的简洁描述，这样调试器可以找

代码段：UNIX 目标文件的一个段，包含源文件例程的机器语言代码。

数据段：UNIX 目标文件或者可执行文件的一个段，包含程序初始所使用的数据的二进制表示。

重定位信息：UNIX 目标文件的一个段，指明依赖于绝对地址的指令和数据字。

绝对地址：变量或者例程在内存中的实际地址。

到源文件中对应行的指令地址，而且能够打印出可读形式的数据结构。

| 目标文件头 | 代码段 | 数据段 | 重定位信息 | 符号表 | 调试信息 |

图 A-2-1　目标文件。UNIX 汇编器生成具有 6 个不同段的目标文件

A-621　　汇编器生成包含程序和数据的二进制表示的目标文件，以及其他有助于将程序的片段连接起来的信息。因为当一个程序片段或者数据块和程序剩余的部分链接后，汇编器不知道这些程序或者代码将会被存放到内存的什么位置，所以重定位信息非常必要。一个文件的程序和数据被保存在内存中的一个连续的区域，但是汇编器不知道这段内存如何定位。汇编器还会将一些符号表入口传递给链接器。尤其是，汇编器必须记录哪个外部符号在一个文件中定义，且这个文件中还有哪些引用没有确定。

精解　为方便起见，汇编器假设每个文件以相同的地址开始（例如，地址 0），当它们在内存中分配地址时，期望链接器对代码和数据进行重新定位。汇编器产生重定位信息，重定位信息包含一个描述文件中每条指令和数据字引用的绝对地址的入口。在 MIPS 中，仅子程序调用、load 和 store 指令引用绝对地址。如使用 PC 相对寻址的分支指令，则不需要进行重定位。

A.2.2　附加工具

汇编器提供一些方便的特性使汇编程序变得更短而且容易编写，但是没有从根本上改变汇编语言。例如，数据布局指示符允许程序员以一种比二进制方式更简明和自然的方式来表示数据。

在图 A-1-4 中，指示符

```
.asciiz "The sum from 0 .. 100 is %d\n"
```

在内存中保存字符串中的字符。将这行代码和它的各个字符的 ASCII 值（这些字符的 ASCII 表示见 2-15）进行比较：

```
.byte 84, 104, 101, 32, 115, 117, 109, 32
.byte 102, 114, 111, 109, 32, 48, 32, 46
.byte 46, 32, 49, 48, 48, 32, 105, 115
.byte 32, 37, 100, 10, 0
```

A-622　　使用 .asciiz 指示符的描述方式更容易读懂，因为它使用字母表示字符，而不是使用二进制数字。汇编器能够比人更快速且更准确地将字符转换成它们的二进制表示。数据布局指示符指定一个人类可读的数据格式，汇编器将其转换成二进制。其布局指示符在 A.10 节描述。

例题 | **字符串指示符**

定义使用该指示符生成定义字节序列：

```
.asciiz "The quick brown fox jumps over the lazy dog"
```

答案

```
.byte 84, 104, 101, 32, 113, 117, 105, 99
.byte 107, 32, 98, 114, 111, 119, 110, 32
```

```
        .byte  102, 111, 120, 32,  106, 117, 109, 112
        .byte  115, 32,  111, 118, 101, 114, 32,  116
        .byte  104, 101, 32,  108, 97,  122, 121, 32
        .byte  100, 111, 103, 0
```

宏是一种模式匹配和替换工具，提供一种简单的机制来命名一个经常使用的指令序列，从而不用每次使用同样的指令时重复输入。程序员只要启动宏，汇编器使用对应的指令序列替换这个宏调用。与子程序类似，宏允许程序员为一个公用操作进行抽象并命名。和子程序不同的是，宏不会导致一个子程序调用，也不会在程序运行时返回，因为一个宏的调用会在程序汇编的时候被一个宏体替换。在替换完毕后，产生的汇编程序和没有使用宏的对等程序没有区别。

| 例题 | 宏

例如，假设程序员需要打印很多数字。一个库例程 printf 接受一个固定格式的字符串，以及一个或多个要打印的值作为其参数。程序员能够使用下面的指令打印出寄存器 $7 中的整数：

```
        .data
int_str: .asciiz "%d"
        .text
        la     $a0, int_str  # Load string address
                             # into first arg
        mov    $a1, $7       # Load value into
                             # second arg
        jal    printf        # Call the printf routine
```

.data 指示符告诉汇编器将字符串保存到程序的数据段，而且 .text 指示符告诉汇编器将指令保存到代码段。

然而，以这种方式打印很多数字（的程序写起来）相当乏味，而且产生的冗长的程序让人很难读懂。一种可供选择的办法是引入宏 print_int 来打印一个整数：

```
        .data
int_str: .asciiz "%d"
        .text
        .macro print_int($arg)
        la $a0, int_str    # Load string address into
                           # first arg
        mov $a1, $arg  # Load macro's parameter
                       # ($arg) into second arg
        jal printf     # Call the printf routine
        .end_macro
print_int($7)
```

宏有一个**形式参数**（formal parameter）$arg，它是用来为宏的参数命名。当宏被展开时，贯穿宏体的形式参数被来自调用的参数替换。之后汇编器使用最新扩展的宏体替换这个宏调用。对于第一次 print_int 的调用，参数是 $7，所以宏展开成以下代码：

形式参数：过程或者宏的参数变量，一旦这个变量被参数替换，宏就被展开。

```
la $a0, int_str
mov $a1, $7
jal printf
```

在第二次调用 print_int 时，也就是 print_int($t0)，参数是 $t0，宏被展开为：

```
la $a0, int_str
mov $a1, $t0
jal printf
```

A-624　调用 print_int($a0) 展开后的结果是什么？

答案

```
la $a0, int_str
mov $a1, $a0
jal printf
```

这个例子暴露了宏的一个缺点。程序员使用该宏时必须意识到 print_int 使用寄存器 $a0，所以不能正确地打印那个寄存器的值。

硬件/软件接口　一些编译器也实现了伪指令（pseudoinstruction），伪指令是由汇编器提供的，但是在硬件上没有实现。第 2 章包含很多 MIPS 汇编器如何综合使用伪指令和寻址方式的例子，这些伪指令和寻址方式来自 spartan MIPS 硬件指令集。例如，2.7 节描述了汇编器如何从其他两个指令（slt 和 bne）组合成 blt 指令。通过扩展指令集，MIPS 汇编器使汇编语言编程更加容易，而没有使硬件变得更复杂。很多伪指令能够使用宏来模拟，但是有这些指令，MIPS 汇编器能产生更好的代码，因为能够使用专用的寄存器（$at），从而优化产生的代码。

精解　汇编器有条件地将代码组织起来，这允许当对程序进行汇编时，程序员可以将一组指令包含进去，或者将一组指令剔除出去。当几个版本的程序略有不同时，这个特性尤其有用。程序员通常将几个版本融合成一个文件，而不是将这些程序放在单独的文件中——这样会将通用代码中的固定错误（bug）复杂化。代码的一个特定版本被有条件地汇编，以使组织程序的其他版本时，这部分代码可排除在外。

如果宏和条件汇编有用，为什么 UNIX 系统很少提供汇编器？一个原因是，在这些系统上很多程序员使用像 C 这样的高级语言编写程序。大部分汇编代码由编译器产生，编译器发现重复代码比定义宏更方便。另一个原因是，UNIX 上的其他工具——例如，C 的预处理器 cpp，或者一个通用的宏处理器 m4——能提供汇编程序的宏定义以及条件汇编。

A-625

A.3　链接器

单独编译（separate compilation）允许将程序分割成多个片段，并保存在不同的文件中。每个文件包含一个逻辑上的子程序以及数据结构组成的模块，这些文件形成一个大的程序。因为文件能够被编译，而且和其他的文件一样单独被汇编，所以一个模块的修改不需要重新编译整个程序。就像我们在上面讨论的，单独编译需要一个额外的链接步骤，以将单独的模块组成一个目标文件，将其未确认的引用进行确认。

> **单独编译**：将程序划分成多个文件，每个文件被编译时，并不知道其他文件的信息。

将多个文件融合在一起的工具叫作链接器（linker）（见图 A-3-1）。它执行三个任务：
- 查找程序库，为程序寻找库例程。
- 为每个模块中的代码将要占用的内存确定内存地址，通过调整绝对引用将这些指令重定位。
- 确定文件间的引用。

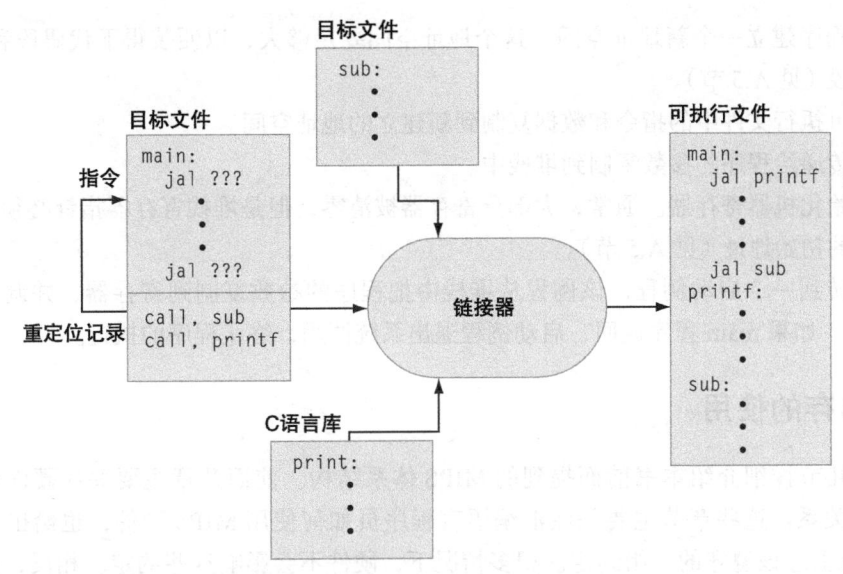

图 A-3-1　链接器搜索一组目标文件和程序库，寻找在程序中使用的非局部例程，将其合并成一个可执行文件，并且确定不同文件间例程的引用

链接器的第一个任务是确保程序不包含没有定义的标签。链接器匹配外部的符号以及程序文件中未确认的引用。如果一个文件中外部符号和另一文件中的引用具有相同名字的标签，则未决的引用被确定。不匹配的引用意味着引用了一个未在程序中定义的符号。

在链接期间发现未确定的引用并不一定意味着程序员犯了错误。程序可能引用了一个库函数，该库函数的代码不在传递到链接器的目标代码中。在完成对程序中符号的匹配后，链接器搜寻系统的程序库，目的是寻找程序中引用的预定义的子程序以及数据结构。基本库包含了读数据和写数据、分配和收回内存、执行数字操作的例程。其他库包含访问数据库或者操作终端窗口的例程。一个引用了不在任何一个库中的未确认符号的程序是错误的，而且不能被链接。当程序使用了库例程，链接器从库中提取例程代码，并将其合并到程序的代码段。这个新的例程反过来可能依赖于别的库例程，所以链接器继续读取别的库例程，直到确认了所有外部引用或者找到了所有例程。

如果所有的外部引用被确认了，链接器接下来确定每个模块将占用的内存地址。因为文件在汇编上是独立的，汇编器不会知道一个模块的指令或者数据相对于其他模块的放置位置。当链接器在内存中放置一个模块时，所有的绝对引用必须进行重定位，以便反映其真实的地址。由于链接器具有指示所有重定位引用的重定位信息，因此能够高效地找到这些引用并进行反向修补。

链接器产生一个能够在计算机上运行的可执行文件。除了不包含未确认的引用或者重定位信息，可执行文件具有和目标文件一样的格式。

A.4　加载

程序在链接阶段没有错误就可以运行。在运行之前，程序以文件形式保存在磁盘一类的二级存储中。在 UNIX 系统中，操作系统核心将一个程序加载到内存并且开始运行。为了启动一个程序，操作系统执行以下步骤：

1. 读取可执行文件的头（header）信息以确定代码段和数据段的大小。

2. 为程序建立一个新地址空间。这个地址空间要足够大，以便装得下代码段和数据段，还有堆栈段（见 A.5 节）。

3. 将可执行文件中的指令和数据复制到新建立的地址空间。

4. 将传递给程序的参数复制到堆栈中。

5. 初始化机器寄存器。通常，大部分寄存器被清零，但是堆栈寄存器指针必须被赋值为堆栈地址的初始地址（见 A.5 节）。

6. 跳转到一个启动例程，该例程从堆栈中把程序的参数复制到寄存器，并调用程序的 main 程序。如果 main 程序返回，启动例程退出系统调用，终止程序的执行。

A.5 内存的使用

下面几节详细介绍本书前面提到的 MIPS 体系结构。前面几章主要关注硬件和底层软件之间的关系。这些章节主要关注汇编语言程序员如何使用 MIPS 硬件，也给出了在许多 MIPS 系统上应该遵守的一组约定。很多情况下，硬件不会影响这些约定。相反，这些约定代表了编程人员必须遵守的一套规则，从而使由不同人员编写的程序能够一起工作，并能有效地利用 MIPS 的硬件。

基于 MIPS 的系统通常将内存分割成三个部分（见图 A-5-1）。接近地址空间底部（起始地址是 400000_{16}）的第一部分是代码段（text segment），用于保存程序的指令。

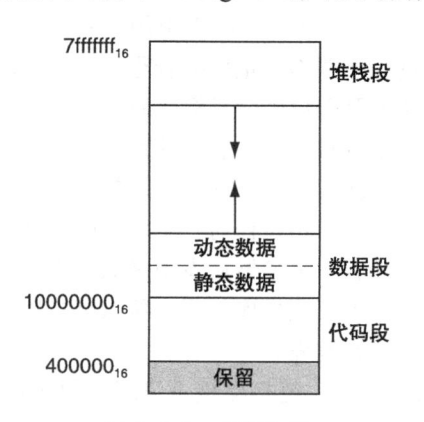

图 A-5-1 内存布局

代码段之上的第二部分称为数据段，它被进一步划分为两部分。其中的**静态数据**（static data）（开始地址是 10000000_{16}）包含在编译时已知大小的对象，其内容在整个程序执行期间一直有效。例如，在 C 语言中，全局变量通常是静态分配的，因为它们在程序执行的任何时候都可以被引用。链接器既为静态对象在数据段分配地址，也处理对这些对象的引用。

静态数据：包含在编译时已知大小的数据的那部分内存，其生命周期为整个程序的运行时间。

静态数据之上的就是*动态数据*。如其名字的含义，动态数据是在程序执行过程中分配的。在 C 程序中，malloc 库例程寻找并返回一个新的内存块。由于编译器不能预测一个程序需要分配多大的内存，因此操作系统能够对动态内存数据区域进行扩展。如图 A-5-1 中向上的箭头所示，malloc 通过使用系统调用 sbrk 扩展了动态区域，调用这个函数会导致操作系统在动态数据段之上为程序的虚拟地址空间加载更多的页（见 5.7 节）。

硬件/软件接口 由于数据段的起始地址远远高于程序的起始地址 10000000_{16}，load 和 sotre 指令不能直接使用指令的 16 位偏移量引用数据对象（见 2.5 节）。例如，为了取出位于数据段地址 10010020_{16} 的字到寄存器 $v0 需要两条指令：

```
lui $s0, 0x1001 # 0x1001 means 1001 base 16
lw $v0, 0x0020($s0) # 0x10010000 + 0x0020 = 0x10010020
```

（数字之前的 0x 表示这个数字是十六进制的值。例如，0x8000 是 8000_{16} 或者 32768_{10}。）

为了避免在每个 load 或 store 操作时重复使用 lui 指令，MIPS 系统通常使用一个专用的寄存器（$gp）作为全局指针，以指向静态数据段。这个寄存器包含了地址 10008000_{16}，因此，load 和 store 指令可以使用 16 位的偏移来访问静态数据段的第一个 64KB。有了全局指针，我们可以将以上例子改写为一条指令：

```
lw $v0, 0x8020($gp)
```

当然，一个全局指针寄存器使得寻址 10000000_{16}～10010000_{16} 比别的堆地址定位要快。MIPS 编译器通常将全局变量存储在这个范围，因为这些变量具有固定的地址，而且比别的全局数据（例如数组）更合适。

第三部分是位于虚拟地址空间的顶部（从地址 $7fffffff_{16}$ 开始）的程序**堆栈段**（stack segment）。与动态数据类似，程序堆栈段的最大尺寸无法预先知道。当程序向堆栈段压入变量时，操作系统会向下（数据段方向）扩展堆栈段。

堆栈段：程序用来保存过程调用帧的内存段。

这种对内存进行三段分割不是唯一的格局。然而，它具备两个重要的特性：两个动态可扩展的段相隔尽可能远，以便尽可能提高整个程序地址空间的利用率。

A.6 过程调用规范

当程序中的过程被分别编译时，必须规范对寄存器的使用。为了编译一个给定的过程，编译器必须知道需要哪些寄存器，以及哪些寄存器的信息需要为其他过程保留。寄存器使用的规则称为**寄存器使用规范**（register use convention）或者**过程调用规范**（procedure call convention）。顾名思义，大多数情况下，这些规则主要用于约束软件，而不是硬件必须遵守的。然而，因为违反这些规则会导致诡异的错误，所以很多编译器以及程序员努力地遵循这些规范。

寄存器使用规范：又称为过程调用规范。管理过程（调用）使用寄存器的软件协议。

本节描述的调用规范是 gcc 编译器遵循的规范。原始的 MIPS 编译器使用一个更为复杂的规范，该规范会使程序执行得比较快。

MIPS CPU 包含 32 个通用目的寄存器，它们的编号是 0～31。寄存器 $0 的值总是 0。

- 寄存器 $at（1）、$k0（26）和 $k1（27）是预留给汇编器和操作系统的，用户程序或者编译器不能使用这些寄存器。
- 寄存器 $a0～$a3（4～7）用来传递最前面 4 个参数到子程序或函数（其他的参数通过堆栈进行传递）。寄存器 $v0 以及 $v1（2，3）用来返回子程序或函数的结果。
- 寄存器 $t0～$t9（8～15，24，25）是**调用者保存的寄存**

调用者保存的寄存器：调用程序保存的寄存器。

器（caller-saved register），用来保存临时变量，这些值在调用的时候不需要保存（见 2.8 节）。

- 寄存器 $s0~$s7（16~23）称为**被调用者保存的寄存器**（callee-saved register），用来保存生命周期比较长的数值，这些值应当在程序调用时保存。

> **被调用者保存的寄存器**：程序调用时，由被调用者程序保存的寄存器。

- 寄存器 $gp（28）是一个全局指针，指向 64K 的静态数据内存块。
- 寄存器 $sp（29）是堆栈指针，指向堆栈的栈顶。寄存器 $fp（30）是数据帧指针。jal 指令执行时，将过程调用的返回地址写入寄存器 $ra（31）。这两个寄存器将在下一节说明。

两个字母的缩写以及这些寄存器的名字（如 $sp 代表的是栈指针）反映了寄存器在过程调用规范中所起的作用。在描述该规范时，我们将使用寄存器的名字，而不是寄存器的编号。图 A-6-1 列出了这些寄存器及其用途。

寄存器名称	编号	使用规则
$zero	0	恒为0
$at	1	为汇编器保留
$v0	2	表达式求值以及函数的结果
$v1	3	表达式求值以及函数的结果
$a0	4	参数1
$a1	5	参数2
$a2	6	参数3
$a3	7	参数4
$t0	8	临时（过程调用不保留）
$t1	9	临时（过程调用不保留）
$t2	10	临时（过程调用不保留）
$t3	11	临时（过程调用不保留）
$t4	12	临时（过程调用不保留）
$t5	13	临时（过程调用不保留）
$t6	14	临时（过程调用不保留）
$t7	15	临时（过程调用不保留）
$s0	16	保存临时值（过程调用保留）
$s1	17	保存临时值（过程调用保留）
$s2	18	保存临时值（过程调用保留）
$s3	19	保存临时值（过程调用保留）
$s4	20	保存临时值（过程调用保留）
$s5	21	保存临时值（过程调用保留）
$s6	22	保存临时值（过程调用保留）
$s7	23	保存临时值（过程调用保留）
$t8	24	临时（过程调用不保留）
$t9	25	临时（过程调用不保留）
$k0	26	为OS内核保留
$k1	27	为OS内核保留
$gp	28	全局指针
$sp	29	堆栈指针
$fp	30	帧指针
$ra	31	返回地址（函数调用使用）

图 A-6-1 MIPS 寄存器和使用规则

A.6.1 过程调用

本节描述一个程序（调用者，caller）调用另一段程序（被调用者，callee）的步骤。使用像 C 或者 Pascal 这样的高级语言编程时，因为编译器负责底层的工作，所以程序员看不到一个程序调用另一个程序的细节。然而，汇编语言程序员必须明确地实现每个程序调用和返回。

很多与调用相关的底层操作围绕着一个称为**过程调用帧**（procedure call frame）的内存块。这段内存用作以下目的：

> **过程调用帧**：用来保存被调用过程的参数，保存可能会被过程修改的寄存器的值，但是这些寄存器的值不会被调用者所修改，并为被调用程序的局部变量提供空间。

- 容纳作为参数传递给过程的数值。
- 保存一个过程可能会修改的寄存器，但是过程的调用者却不希望这些寄存器的值被修改。
- 为一个过程的局部变量提供空间。

在大部分编程语言中，过程调用和返回遵循一个严格的后进先出（LIFO）的顺序，所以这些内存可以在一个栈中实现分配与释放，这就是为什么这些内存块有时称作堆栈帧。

图 A-6-2 给出了一个典型的堆栈帧，由以下部分组成：指向帧中第一个字的帧指针（$fp）和指向帧中最后一个字的栈指针（$sp）。栈从内存的高地址开始向下增长，所以帧指针指向栈指针的上方。一个过程的执行使用帧指针来快速地访问堆栈帧中的数据。例如，一个堆栈帧中的参数可以使用以下命令来加载到寄存器 $v0：

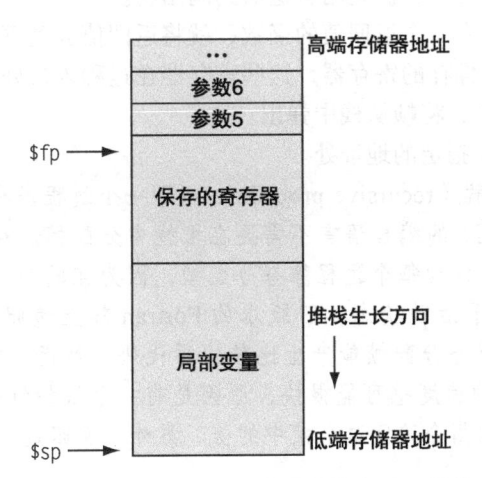

```
lw $v0, 0($fp)
```

图 A-6-2 堆栈帧的示意图。帧指针（$fp）指向当前执行过程的栈帧中第一个字。栈指针（$sp）指向该帧中最后一个字。最前面 4 个参数被传递到寄存器中，所以第五个参数成为栈中第一个被保存的参数

堆栈帧可以有多种不同的构建方式；然而，调用者和被调用者必须遵从一系列步骤。下面来描述在大部分 MIPS 机器上使用的调用规范。该规范在过程调用中的三个阶段出现：在调用者激活被调用者之前，被调用者开始执行，以及被调用者返回调用者之前。在第一种情况下，调用者将过程调用参数放在指定的地方，激活被调用者做以下事情。

1. 传递参数。根据规范，第一批 4 个参数传递到寄存器 $a0~$a3。剩余的参数将压入堆栈中，而且出现在被调用过程栈帧的开始。

2. 保存调用者需要保持寄存器。被调用过程可以直接使用这些寄存器（$a0~$a3 以及 $t0~$t9），而不需要首先保存这些寄存器的值。如果调用者在调用之后还想使用这些寄存

器，那么它必须在调用之前保存寄存器的值。

3. 执行一条 jal 指令（见2.8节），该指令跳转到被调用者的第一条指令，并将返回地址保存到寄存器 $ra 中。

在一个被调用的例程开始运行之前，必须经过以下几步来建立栈帧。

1. 通过将栈指针减去帧容量来为帧分配内存空间。

2. 在帧中保存被调用者保存的寄存器。由于调用者期望这些寄存器中的内容在调用之后保持不变，因此被调用者必须在修改这些寄存器之前保存这些寄存器的内容（$s0~$s7、$fp 和 $ra）。每个过程都保存寄存器 $fp，该指针为过程分配一个新的栈帧。然而如果被调用者调用其他程序，寄存器 $ra 仅仅需要被调用者保存。其他被调用者保存的寄存器被使用的话，也必须保存。

3. 设置栈帧指针，其值为 $sp 加上栈帧大小减去4，保存在寄存器 $fp 中。

硬件/软件接口 MIPS 寄存器使用规范给出需要被调用者以及调用者保存的寄存器，因为这两种类型的寄存器在不同的环境中各具优势。被调用者保存的寄存器最好用来保存生存期长的数值，例如来自用户程序的变量。如果被调用者期望使用这个寄存器，这个寄存器就仅仅在过程调用中被保存。另一方面，调用者保存的寄存器最好用来保存生命期较短的数值，这些值在过程调用中不长期存在，例如地址计算中的立即数。在一个过程调用中，被调用者也可以使用这些寄存器保存生命期较短的临时变量。

最后，通过执行以下几步，被调用者返回到调用者。

1. 如果被调用者是具有一个返回值的函数，就将返回值放到寄存器 $v0 中。
2. 恢复所有被调用者保存的寄存器，这些寄存器在过程入口处被保存。
3. 向 $sp 加上帧大小，将帧从栈中弹出。
4. 跳转到寄存器 $ra 指定的地址处。

精解 不允许递归过程（recursive procedure）（即一个过程多次间接或者直接地调用自己）的编程语言不需要在堆栈中分配帧。在一个非递归的语言中，可以为每个过程静态分配帧，因为在同一时刻，仅允许一个过程处于活动状态。旧版本的 Fortran 禁止递归，在一些比较老的机器中静态分配帧能产生比较快得代码。然而，在类似 MIPS 这样的 load/store 体系结构中，栈帧的速度也可能很快，原因是有一个栈指针寄存器直接指向活动的栈帧，这允许使用一条 load 指令访问这个帧中的值。另外，递归是一种很有价值的编程技巧。

递归过程：就是指某个过程能通过调用链直接或间接地调用自己。

A.6.2 过程调用举例

以下面的 C 程序为例：

```
main ()
{
    printf ("The factorial of 10 is %d\n", fact (10));
}
int fact (int n)
{
    if (n < 1)
        return (1);
    else
        return (n * fact (n - 1));
}
```

该程序计算而且打印 10！（10 的阶乘，10! = 10×9×…×1）。fact 是一个递归例程，通过 n 乘以 (n-1)！来计算 n!。这段代码对应的汇编代码说明程序如何管理栈帧。

在入口处，main 创建程序一个栈帧，而且保存将会被调用者修改的两个寄存器：$fp 和 $ra。一个帧的大小比两个寄存器大，因为调用规范所需要的一个栈帧最小是 24 字节。最小的帧可以容纳 4 个寄存器参数（$a0～$a3）以及 $ra 中存放的返回地址，并填充到双字边界（一共 24 字节）。由于 main 也需要保存 $fp，它的栈帧必须再大两个字（注意：堆栈指针保持双字对齐）。

```
        .text
        .globl main
main:
        subu    $sp,$sp,32      # Stack frame is 32 bytes long
        sw      $ra,20($sp)     # Save return address
        sw      $fp,16($sp)     # Save old frame pointer
        addiu   $fp,$sp,28      # Set up frame pointer
```

main 程序然后调用阶乘例程，并将它的唯一参数 10 传给阶乘例程。在 fact 函数返回后，main 调用 printf，并给 printf 传递一个格式化字符串，从 fact 返回的结果是两个参数。

```
        li      $a0,10          # Put argument (10) in $a0
        jal     fact            # Call factorial function

        la      $a0,$LC         # Put format string in $a0
        move    $a1,$v0         # Move fact result to $a1
        jal     printf          # Call the print function
```

最后打印出阶乘结果后，main 返回。但是，首先必须恢复以下这些寄存器的值，并将它们从栈中弹出：

```
        lw      $ra,20($sp)     # Restore return address
        lw      $fp,16($sp)     # Restore frame pointer
        addiu   $sp,$sp,32      # Pop stack frame
        jr      $ra             # Return to caller

        .rdata
$LC:
        .ascii  "The factorial of 10 is %d\n\000"
```

阶乘例程的结构和 main 程序很相似。首先，阶乘例程创建一个栈帧，把它可能会使用的被调用者寄存器保存起来。然后，还要保存 $ra 以及 $fp，fact 例程也保存它的参数（$a0），这个参数在递归调用的时候会被使用：

```
        .text
fact:
        subu    $sp,$sp,32      # Stack frame is 32 bytes long
        sw      $ra,20($sp)     # Save return address
        sw      $fp,16($sp)     # Save frame pointer
        addiu   $fp,$sp,28      # Set up frame pointer
        sw      $a0,0($fp)      # Save argument (n)
```

fact 例程的核心执行 C 程序的计算，该例程测试其参数是否比 0 大。如果参数不大于 0，例程返回值 1。如果参数比 0 大，例程递归地调用自己，计算 fact(n-1)，然后再乘以 n：

```
        lw      $v0,0($fp)      # Load n
        bgtz    $v0,$L2         # Branch if n > 0
        li      $v0,1           # Return 1
        jr      $L1             # Jump to code to return
$L2:
        lw      $v1,0($fp)      # Load n

        subu    $v0,$v1,1       # Compute n - 1
        move    $a0,$v0         # Move value to $a0
```

```
        lw    $v1 ,0($fp)       # Load n
        mul   $v0,$v0,$v1       # Compute fact(n-1) * n
```

最后，阶乘例程恢复被调用者保存的那些寄存器，并且返回寄存器 $v0 中的值：

```
$L1:                            # Result is in $v0
        lw    $ra, 20($sp)      # Restore $ra
        lw    $fp, 16($sp)      # Restore $fp
        addiu $sp, $sp, 32      # Pop stack
        jr    $ra               # Return to caller
```

| 例题 | 递归过程中的栈

图 A-6-3 展示了调用 fact(7) 时栈的情况。main 最先运行，所以它的帧在栈的最深处。main 调用了 fact(10)，它们的栈帧挨着。对 fact 例程的每次调用用于计算更低一级的阶乘。栈帧和这些例程的调用按照 LIFO 的顺序排列。当 fact(10) 返回的时候，栈将是什么状态？

| 答案 |

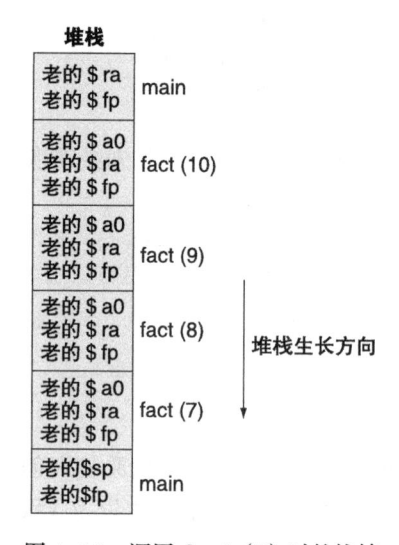

堆栈

老的 $ra 老的 $fp	main
老的 $a0 老的 $ra 老的 $fp	fact (10)
老的 $a0 老的 $ra 老的 $fp	fact (9)
老的 $a0 老的 $ra 老的 $fp	fact (8)
老的 $a0 老的 $ra 老的 $fp	fact (7)
老的$sp 老的$fp	main

堆栈生长方向 ↓

图 A-6-3　调用 fact(7) 时的栈帧

精解 MIPS 编译器和 gcc 编译器之间的差异是，MIPS 编译器通常不需要帧指针，因此，该寄存器可作为另一个被调用者保存寄存器 $s8 使用。这种改变在过程调用和返回序列中节省了一对指令。然而，这使得代码产生变得复杂，因为一个过程必须使用 $sp 来访问栈帧，如果有数值被压到栈中，它的值可以在一个过程执行中变化。

A.6.3　另外一个过程调用的例子

以下面的程序作为例子，该程序计算 tak 函数，这是一个被广泛使用的基准测试程序，由 Ikuo Takeuchi 创建。这个函数不做任何有用的计算，但它是一个深度递归程序，可以用来说明 MIPS 调用的规范。

```
int tak (int x, int y, int z)
{
    if (y < x)
```

```
            return 1+ tak (tak (x - 1, y, z),
                tak (y - 1, z, x),
                tak (z - 1, x, y));
        else
            return z;
}
int main ()
{
    tak(18, 12, 6);
}
```

该程序的汇编代码如下。由于例程可能会使用寄存器 $a0~$a2 以及 $ra，因此，tak 函数将返回地址保存到其栈帧中，将参数保存到被调用者保存的寄存器中。函数使用被调用者保存的寄存器，原因是这些寄存器中的值在函数的整个生命期中保持有效，函数在其生命周期中可能会调用能够修改这些寄存器的函数。

```
        .text
        .globl  tak
tak:
    subu    $sp, $sp, 40
    sw      $ra, 32($sp)

    sw      $s0, 16($sp)        # x
    move    $s0, $a0
    sw      $s1, 20($sp)        # y
    move    $s1, $a1
    sw      $s2, 24($sp)        # z
    move    $s2, $a2
    sw      $s3, 28($sp)        # temporary
```

如果 y<x，例程开始执行。否则，分支转到标签 L1 处，如下所示。

```
    bge     $s1, $s0, L1        # if (y < x)
```

如果 y<x，则执行例程的主体，其中包含了 4 个递归的调用。第一个调用使用几乎和其母体相同的参数：

```
    addiu   $a0, $s0, -1
    move    $a1, $s1
    move    $a2, $s2
    jal     tak                 # tak (x - 1, y, z)
    move    $s3, $v0
```

注意，第一个递归调用的结果被保存到寄存器 $s3，这样便于不久后使用。

现在，函数为第二个递归调用准备参数。

```
    addiu   $a0, $s1, -1
    move    $a1, $s2
    move    $a2, $s0
    jal     tak                 # tak (y - 1, z, x)
```

在下面的指令中，来自递归调用的结果保存到寄存器 $s0。但是我们首先需要从该寄存器中读取保存的第一个参数值，同时也是最后一次读取。

```
    addiu   $a0, $s2, -1
    move    $a1, $s0
    move    $a2, $s1
    move    $s0, $v0
    jal     tak                 # tak (z - 1, x, y)
```

在三个内部递归调用之后，我们准备执行最后的递归调用。调用之后，函数的结果保存到 $v0 中，并控制跳转至函数流程的结尾。

```
        move    $a0, $s3
        move    $a1, $s0
        move    $a2, $v0
        jal     tak             # tak (tak(...), tak(...),
                                  tak(...))
        addiu   $v0, $v0, 1
        j       L2
```

标号 L1 处的代码是一个 if-then-else 语句序列,仅仅将参数 z 的值传递到返回寄存器并且进入函数流程的结尾。

```
L1:
        move    $v0, $s2
```

以下的代码是函数结尾,恢复被保存的寄存器并将函数结果返回给它的调用者。

```
L2:
        lw      $ra, 32($sp)
        lw      $s0, 16($sp)
        lw      $s1, 20($sp)
        lw      $s2, 24($sp)
        lw      $s3, 28($sp)
        addiu   $sp, $sp, 40
        jr      $ra
```

main 函数使用最初的参数来调用 tak 函数,然后得到计算结果 result (7),并使用 SPIM 系统调用来打印整数的值。

```
        .globl  main
main:
        subu    $sp, $sp, 24
        sw      $ra, 16($sp)

        li      $a0, 18
        .globl  main
main:
        subu    $sp, $sp, 24
        sw      $ra, 16($sp)

        li      $a0, 18
        li      $a1, 12

        li      $a2, 6
        jal     tak             # tak(18, 12, 6)

        move    $a0, $v0
        li      $v0, 1          # print_int syscall
        syscall

        lw      $ra, 16($sp)
        addiu   $sp, $sp, 24
        jr      $ra
```

A.7 异常和中断

4.9 节介绍了 MIPS 异常机制,包括指令执行中发生错误导致的异常以及 I/O 设备引起的外部中断。本节介绍异常以及**中断处理**(interrupt handling)的更多细节[⊖]。在 MIPS 处理器中,CPU 中的协处理器 0(coprocessor 0)记录处理异常和中断的软件所需的信息。MIPS 仿真器 SPIM 没有

中断处理程序:由异常或中断引起执行的一段代码

⊖ 本节讨论 MIPS-32 体系结构中的异常,这些异常在 SPIM 的 7.0 及以后的版本进行了实现。SPIM 的早期版本实现了 MIPS-1 体系结构,其中对异常的处理有些不同。由于只有状态和原因寄存器字段发生了变化,且使用 rfe 指令替换 eret 指令,因此将这些版本的程序移植到 MIPS-32 上并不困难。

实现协处理器 0 的所有寄存器，其原因是许多寄存器要么在仿真器中没有用处，要么是存储系统的一部分，从而使得 SPIM 不需要实现。然而，SPIM 提供下列协处理器 0 寄存器。

寄存器名称	寄存器编号	用途
BadVAddr	8	一个引发内存引用冲突的内存地址
Count	9	定时器
Compare	11	与定时器进行比较，当相等时则引发中断
Status	12	中断掩码以及中断使能位
Cause	13	异常类型以及未决（即等待处理）的中断位
EPC	14	引起异常的指令地址
Confg	16	机器的配置

这 7 个寄存器是 coprocessor 0 处理器中寄存器的一部分，通过 mfc0 以及 mtc0 指令对它们进行访问。异常发生之后，寄存器 EPC 包含了发生异常的指令地址。如果异常是由外部中断引起的，那么指令不需要重新执行。除了出现问题的指令处于分支或跳转指令的延迟槽中之外，所有其他的异常均是由执行 EPC 处的指令引起。在这种情况下，EPC 指向分支或者跳转指令，同时原因寄存器中的 BD 位被置位。当该位被置位后，异常处理程序必须访问 EPC+4 来获得引起异常的指令。然而，两种情况下，异常处理程序通过返回到 EPC 指向的指令以恢复被中断的程序。

如果引发异常的指令做了内存访问，寄存器 BadVAddr 包含发生异常的内存地址。

Count 寄存器是一个计数器，当 SPIM 运行时，它按照一定的频率递增（默认情况是每 10 毫秒递增一次）。当 Count 寄存器中的值和比较寄存器中的值相等时，就会产生处于第 5 优先级的硬件中断。

图 A-7-1 给出了 MIPS 仿真器 SPIM 实现的状态寄存器字段。interrupt mask 字段为 6 个硬件中断和 2 个软件中断各提供了一位的屏蔽位。如果屏蔽位的值是 1，则允许处理器处理相应级别上的中断；如果屏蔽位的值是 0，则不允许处理器处理该级别上的中断。当中断到达时，即使对应的屏蔽位设置为不允许中断，中断 Cause 寄存器中对应的挂起（pending）位也要置位。当一个中断被挂起时，如果随后其屏蔽位被设置为允许中断时，它会中断处理器的执行。

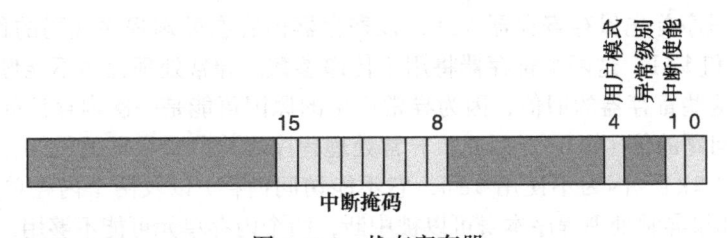

图 A-7-1 状态寄存器

如果处理器运行在核心态，则用户模式位是 0；如果用户模式位是 1，则说明处理器处于用户态。因为 SPIM 处理器没有实现核心模式，所以在 SPIM 中，该位固定为 1。虽然异常级别位通常是 0，但是当异常发生时就被设置成 1。该位为 1 时禁止中断，而且如果此时另一个异常发生，EPC 也不会更新。该位阻止一个异常处理被别的中断或者异常打断，但是应当在异常处理结束时可以复位。interrupt enable 位为 1 表示允许响应中断，否则禁止响应中断。

图 A-7-2 给出了 SPIM 中实现的 Cause 寄存器字段的子集。如果最近的异常由位于分支延迟槽中的指令产生，则分支延迟位（the delay slot bit）置为 1。当一个中断是由给定的硬件或者软件产生时，中断挂起位变成 1。异常代码寄存器通过以下代码给出了一个异常的原因：

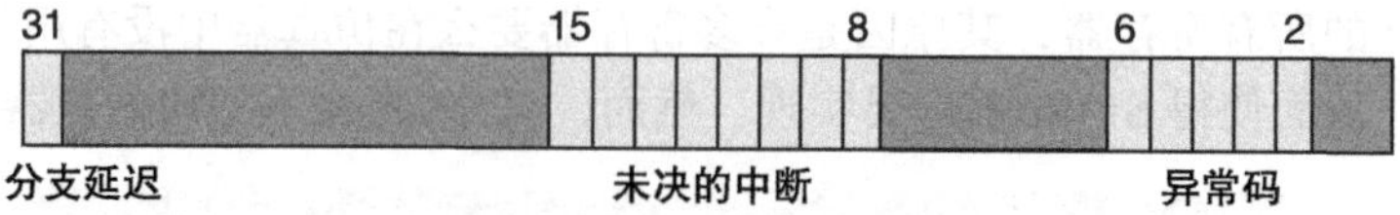

图 A-7-2 原因寄存器

编号	名称	异常产生的原因
0	Int	中断（硬件）
4	AdEL	地址错误异常（load或预取指令）
5	AdES	地址错误异常（store）
6	BE	取指令引起的总线错误
7	DBE	load或store引起的总线错误
8	Sys	系统调用异常
9	Bp	断点异常
10	RI	保留指令异常
11	CpU	未实现协处理器
12	Ov	算术溢出异常
13	Tr	陷阱
15	FPE	浮点

异常和中断导致 MIPS 处理器跳转到地址为 80000180_{16}（核心态地址空间，而非用户地址空间）的一段代码，该段代码称作异常处理程序（exception handler）。该段代码检查异常的原因，并跳转到操作系统中一个适当的位置执行。操作系统对异常处理程序的响应要么是通过终止产生异常的进程，要么是执行另外一些操作。如果进程产生错误的原因是诸如执行了一条未实现的指令等，该进程就会被操作系统终止执行。而其他类型的异常请求操作系统执行相应的服务，例如在进程给操作系统发出的缺页故障时，操作系统会从磁盘取回一个页面。操作系统在处理这些请求后恢复进程的执行。最后一种类型的异常是外部设备发出的中断，它们通常会请求操作系统将数据搬运到 I/O，或者从 I/O 把数据搬运回来，然后恢复被中断的进程。

下面例子中的代码是一个简单的异常处理程序，启动一个为每个异常（不是中断）打印消息的例程。这段代码与 SPIM 仿真器使用的异常处理程序（exceptions.s）类似。

例题 | 异常处理程序

异常处理程序首先保存寄存器 $at，该寄存器内容在处理程序代码的伪代码中使用，然后保存 $a0 和 $a1，这两个寄存器将用于传递参数。异常处理程序不能像一般程序一样在堆栈中保存这些寄存器的旧值，因为异常产生的原因可能是一次内存访问使用了堆栈指针中的一个有问题的值（如 0）。因此，异常处理程序将这些寄存器的值保存在一个异常处理程序寄存器（$k1，因为不使用 $at，它不能访问内存）以及两个内存单元（save0 和 save1）中。如果异常处理程序本身可以被中断，两个内存单元可能不够用，其原因是第二个异常可能会改写第一个异常保存的这些值。然而，在允许中断之前，下面这个简单的异常处理程序将结束运行，所以不会出现这些问题。

```
        .ktext 0x80000180
        mov $k1, $at    # Save $at register
        sw $a0, save0   # Handler is not re-entrant and can't use
        sw $a1, save1   # stack to save $a0, $a1
                        # Don't need to save $k0/$k1
```

异常处理程序然后将原因寄存器（Cause）和 EPC 寄存器保存到 CPU 的寄存器中。原因寄存器和 EPC 寄存器不是 CPU 寄存器的一部分，而是协处理器 0 内的寄存器，协处理器 0 是 CPU 中处理异常的一部分。指令 mfc0 $k0,$13 将协处理器 0 的寄存器 13（原因寄存器）

保存到 CPU 的寄存器 $k0。注意，异常处理程序不需要保存寄存器 $k0 和 $k1，其原因是一般认为用户程序不会使用这些寄存器。异常处理程序使用原因寄存器的内容来测试异常是否是由一个中断引起（参见前面的表）。如果是由中断引起的，则异常会被忽略。如果异常不是中断，程序就会调用 print_excp 来打印一条信息。

```
    mfc0    $k0, $13        # Move Cause into $k0
    srl     $a0, $k0, 2     # Extract ExcCode field
    andi    $a0, $a0, 0xf
    bgtz    $a0, done       # Branch if ExcCode is Int (0)
    mov     $a0, $k0        # Move Cause into $a0
    mfc0    $a1, $14        Move EPC into $a1
    jal     print_excp      # Print exception error message
```

在返回之前，异常处理程序清除原因寄存器；为了允许中断清除状态寄存器，并且清除 EXL 位，允许后续异常修改 EPC 寄存器；还要恢复寄存器 $a0、$a1 和 $at。然后执行 eret 指令（异常返回），该指令返回 EPC 所指向的指令。该异常处理程序返回到发生异常的指令之后的那条指令，因此不会重新执行引发异常的指令，从而不会再次引起异常。

```
done:   mfc0    $k0, $14        # Bump EPC
        addiu   $k0, $k0, 4     # Do not re-execute
                                # faulting instruction
        mtc0    $k0, $14        # EPC

        mtc0    $0, $13         # Clear Cause register

        mfc0    $k0, $12        # Fix Status register
        andi    $k0, 0xfffd     # Clear EXL bit
        ori     $k0, 0x1        # Enable interrupts
        mtc0    $k0, $12

        lw      $a0, save0      # Restore registers
        lw      $a1, save1
        mov     $at, $k1

        eret                    # Return to EPC

        .kdata
save0:  .word 0
save1:  .word 0
```

精解 在实际的 MIPS 处理器中，从异常处理程序返回的过程相当复杂。异常处理程序不能一直跳转到 EPC 的下一条指令。例如，如果引起异常的指令处于分支指令的延迟槽中（见第 4 章），下一条被执行的指令可能就不是内存中的下一条指令（即紧接着延迟槽中指令的指令）。

A.8 输入和输出

SPIM 模拟一个 I/O 设备：一个可以由程序完成读写字符的内存映射控制台。当一个程序正在运行时，SPIM 将其终端（X-window 版本的 xspim 或 Windows 版本的 PCSpim 中的一个独立控制台窗口）连接到处理器上。运行在 SPIM 上的一个 MIPS 程序可以读取用户输入的字符。另外，如果 MIPS 程序将字符输出到终端，则字符将会在 SPIM 的终端或者控制台窗口显示。该规则的一个例外是 control-C：该字符不会传递到程序中，而是导致 SPIM 停止运行，从而返回到命令行模式。当程序停止运行（例如，因为用户输入 control-C，或者程序遇到一个断点）时，终端将重新连接到 SPIM，这样用户就可以输入 SPIM 指令了。

为了使用内存映射的 I/O（见下面），启动 spim 或者 xspim 时必须使用 -mapped_io

选项。PCSpim可以通过一个命令行选项或者在对话框中进行设置使能内存映射的 I/O。

终端设备由两个独立的单元组成：一个接收者和一个发送者。接收者读取来自键盘输入的字符。发送者将字符显示在终端（控制台）上。两个单元完全独立，这意味着从键盘输入的字符并不是自动地在显示器上进行显示，而是通过一个程序从接收者读取一个字符，并将其传送给发送者来实现。

一个程序使用 4 个内存映射的设备寄存器控制终端，如图 A-8-1 所示。"内存映射"意味着每个寄存器都是一个特殊的内存地址。接收者控制寄存器映射到地址 ffff0000$_{16}$，实际仅用到其中的两位，第 0 位称作"ready"（准备好）：如果它是 1，这意味着一个字符从键盘读入，但是还没有从接收者数据寄存器中读出。ready 位是只读的：对其进行的写操作会被忽略。当从键盘输入一个字符时，ready 位从 0 变为 1，而当从接收者数据寄存器读取字符时，ready 位从 1 变为 0。

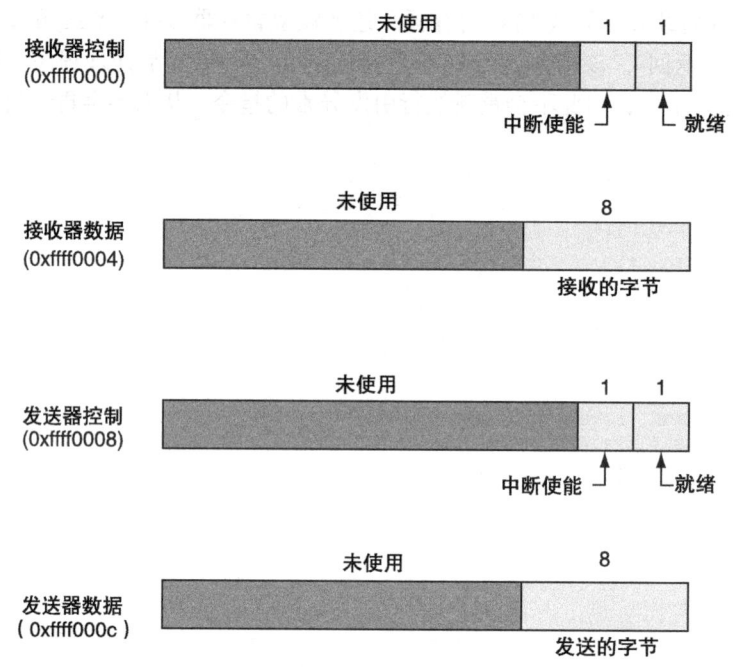

图 A-8-1 终端由 4 个设备寄存器控制，每个寄存器映射为一个给定的内存地址。仅使用了这些寄存器中的少数数据位，对寄存器进行读操作时，其余位返回 0，而对它们的写操作则被忽略

接收者控制寄存器的第 1 位是键盘"中断使能位"，该位可以被程序读取，也可以被程序写入。中断使能位初始值为 0。如果它被程序设置为 1 后，则无论何时键入字符，终端请求一个 1 级硬件中断。然而，因为中断会影响到处理器的执行，所以中断必须在状态寄存器中使能（见 A.7 节）。接收者控制寄存器的其余位都没有使用。

第二个终端设备寄存器是接收者数据寄存器（映射到地址 ffff0004$_{16}$）。该寄存器的低 8 位存放从键盘输入的最新字符，其余位都是 0。这是一个只读寄存器，并且仅当从键盘输入一个新字符时其内容才改变。对接收者数据寄存器进行读取将会使接收者控制寄存器的 ready 位复位为 0。如果接收者控制寄存器为 0，则接收者数据寄存器中的值未定义。

第三个终端设备寄存器是发送者控制寄存器（映射到地址 ffff0008$_{16}$）。该寄存器只有低两位被使用，它们的行为与接收者控制寄存器很相似。第 0 位称为"ready"，而且是只读的。

如果该位为 1，则发送者准备好接收一个要输出的新字符；如果为 0，则说明发送者将仍然忙于输出前一个字符。第 1 位是"中断使能位"，该位可读可写。如果这个位被设置为 1，无论发送者何时准备好一个新的字符，终端将请求一个 0 级硬件中断，然后 ready 位变为 1。

最后一个设备寄存器是*发送者数据寄存器*（映射到地址 ffff000c$_{16}$）。当向该地址单元写入一个数据时，数据的低 8 位（例如，图 2-15 中的一个 ASCII 字符）被发送到控制台。当发送者数据寄存器被写入数据时，发送者控制寄存器的 ready 位被设置为 0。Ready 位将一直保持为 0，直到字符发送到终端为止；然后 ready 位又一次变为 1。只有当发送者控制寄存器的 ready 位为 1 时，发送者数据寄存器可以被写入。如果发送者没有准备好，写入到发送者数据寄存器的数据会被忽略（写入会成功，但是字符不会输出）。

实际的计算机将字符发送到控制台或者终端需要时间，SPIM 仿真器可以模拟这些时间延迟。例如，在发送者开始写入一个字符之后，发送者的 ready 位不久就变为 0。SPIM 按照指令的执行来估算时间，而不是按照实际的时间。这就意味着在处理器执行完固定数量的指令之前，发送者不会再次变为 ready。如果停止机器运行并且查看其 ready 位，它是不会改变的。然而，如果让机器运行，该位最终会变为 1。

A.9 SPIM

SPIM 是一个软件仿真器，运行为实现 MIPS-32 体系结构（版本 1）的处理器编写的汇编语言程序，MIPS-32 体系结构版本 1 具备固定的内存映射、没有 cache 且仅仅有协处理器 0 和协处理器 1⊖。SPIM 的名字恰恰是 MIPS 的倒写拼法。SPIM 能够在读入汇编语言文件后立即执行。SPIM 是一个用于运行 MIPS 程序的自包含（self-contained）系统，包含一个调试器，并提供一些类似操作系统的服务。SPIM 比实际的计算机要慢得多（100 倍或更多）。然而，它在实现代价和可用性方面是真实硬件所无法比拟的。

一个显而易见的问题是，"现在人们的 PC 中包含比 SPIM 运行快得多的处理器，为什么还要使用仿真器？"原因之一是这些 PC 中的处理器是 Intel 的 80x86，与 MIPS 处理器相比，它们的结构非常不规则且非常复杂，以至于更难理解、更难编程。MIPS 结构是一个简单、整洁的 RISC 机器的缩影。

另外，由于比实际的计算机能够检测出更多的错误，并且能够提供一个更好的界面，因此仿真器能够为汇编编程提供一个比实际机器更好的环境。

最后，仿真器是研究计算机和在其上运行的程序的有用工具。因为仿真器不是使用硅实现的，而是以软件方式实现的，所以对于添加新指令，构建诸如多处理器、仅仅收集数据的新系统等，使用仿真器不但容易验证，而且容易进行修改。

A.9.1 虚拟机的仿真

由于延迟分支、延迟加载、受限制的地址模式等原因，很难在基本的 MIPS 体系结构上直接编程。由于设计这些计算机的初衷是使用高级语言编程，并为编译器提供接口，而不是使用直接汇编语言编程，因此，这个困难是可以接受的。延迟执行的指令（即延迟槽中的指令）是导致编程复杂的一个重要原因。一个延迟的分支需要两个周期来执行（见 4.5 节和 4.8

⊖ SPIM 的早期版本（7.0 以前的版本）实现了在原始的 MIPS R2000 处理器中使用的 MIPS-1 的体系结构。该体系结构几乎是 MIPS-32 体系结构的一个子集，不同之处在于异常处理的方式。MIPS32 引入了将近 60 条新指令，SPIM 也支持这些指令。可以在 SPIM 的早期版本中运行，并且不使用异常的程序可以不加修改地在新版本 SPIM 上运行。使用异常的程序将需要少许的修改。

节的精解)。在第二个周期,执行紧跟分支的指令。这条指令可能执行有用的工作,而正常情况下该工作可能在分支指令之前已经完成。该指令也可能是没有任何操作的 nop 指令。同样,延迟加载(load)需要两个周期来将一个值从内存中取回,所以紧跟其后的指令无法使用这个值(见 4.2 节)。

MIPS 一般通过汇编语言实现的**虚拟机**(virtual machine)来隐藏这种复杂性。虚拟计算机好像没有延迟的分支、加载(load),而且具有比实际硬件更丰富的指令集。汇编器将指令重新组织(分派)以填充延迟槽。虚拟机也提供伪指令,伪指令看起来和汇编语言程序中的真实指令一样。然而,硬件完全不认识这些伪指令,所以汇编器必须将其翻译成实际机器指令的等价序列。例如,MIPS 硬件仅仅提供根据寄存器值是否为 0 进行转移的分支指令,对于其他的条件分支,例如根据两个寄存器中数值大小关系决定转移成功与否的分支指令,会被综合(或汇编)为两个寄存器的比较,然后根据其比较的结果是否为真(非零)确定是否转移。

> **虚拟机**:一种虚拟计算机,其分支和取数(load)指令没有延迟,且指令集比实际硬件更丰富。

默认情况下,SPIM 模拟指令集更丰富的虚拟机,因为这是一个对很多程序员来说很有用的机器。然而,SPIM 也能模拟实际硬件中延迟分支以及延迟取数操作。下面,我们描述虚拟机并且仅提及其和实际的硬件没有关系的特性。这样做,我们遵循了 MIPS 的汇编程序员(汇编器)的约定,他们可以将扩展的机器当作由硅实现的机器一样使用。

A.9.2 开始使用 SPIM

本附录剩余的部分介绍 SPIM 和 MIPS R2000 汇编语言。读者不用关注过多的细节,然而,太多的信息很多时候会使以下事实变得模糊:SPIM 是个简单易用的程序。本节先从 SPIM 的快速使用教程开始,教会读者加载、调试、运行简单的 MIPS 程序。

对于不同类型的计算机系统,SPIM 有多种不同的版本。其中经久不变的是一个称为 spim 的最简单版本,它是一个运行在控制台窗口中的命令行驱动程序。其操作类型和很多控制台程序类似:输入一行文本,按 return 键,然后 spim 执行输入的命令。尽管 spim 缺乏精美的界面,但它可以实现具有精美界面的版本可以完成的任何功能。

spim 拥有两个具有界面精美的版本。运行在 UNIX 或者 Linux 系统中 X-windows 环境的版本称为 xspim。与 spim 相比,xspim 的指令总是在屏幕上显示,且持续显示机器的寄存器和内存,因此更易于学习和使用。另一个版本是运行在微软 Windows 系统上的 PCspim。

A.9.3 令人惊讶的特性

尽管 SPIM 如实地仿真了 MIPS 计算机,但作为一个仿真器,SPIM 和实际计算机必定有所不同。最明显的区别在于指令时序和内存系统的不同。SPIM 不模拟 cache 和存储器延迟,也不会精确反映浮点操作、乘法或者除法指令的延迟。另外,浮点指令对许多错误条件不进行检测,而这些错误条件在实际机器上将会引发异常。

另一个令人惊讶的特性(这种情形在真实机器上也会发生)是伪指令会扩展为多条机器指令。当进行单步调试或者检查存储器时,执行的指令和源程序会有所不同。由于 SPIM 并没有为了填充延迟槽而重组指令,因此两组指令之间的对应关系相当简单。

A.9.4 字节顺序

处理器能对字中的字节进行编号,编号最小的字节不是在最左边就是在最右边。机器使用的约定称为字节顺序。MIPS 处理器可以按照大端字节顺序或者小端字节顺序进行操作。例如，在大端机器下，指示符 .byte 0,1,2,3 将定义一个内存字如下：

字节号			
0	1	2	3

但在小端机器下，该字的内容如下：

字节号			
3	2	1	0

SPIM 支持两种字节顺序的操作。SPIM 的字节顺序和运行仿真器的底层机器的字节顺序相同。例如，在 Intel 80x86 处理器上，SPIM 是小端，然而在 Macintosh 或者 Sun SPARC 处理器上，SPIM 是大端。

A.9.5 系统调用

SPIM 通过系统调用（syscall）指令提供了一些类似操作系统的服务。为了请求一个服务，程序将系统调用代码（见图 A-9-1）加载到寄存器 $v0，并将参数加载到寄存器 $a0～$a3（使用 $f12 传送浮点参数）。系统调用将返回值放到 $v0（$f0 用于浮点返回值）。例如，下面的代码将打印 "the answer = 5"：

```
        .data
str:
        .asciiz "the answer = "
        .text
li      $v0, 4      # system call code for print_str
la      $a0, str    # address of string to print
syscall             # print the string

li      $v0, 1      # system call code for print_int
li      $a0, 5      # integer to print
syscall             # print it
```

服务	系统调用代码	参数	结果
print_int	1	$a0 = integer	
print_float	2	$f12 = float	
print_double	3	$f12 = double	
print_string	4	$a0 = string	
read_int	5		integer (in $v0)
read_float	6		float (in $f0)
read_double	7		double (in $f0)
read_string	8	$a0 = buffer, $a1 = length	
sbrk	9	$a0 = amount	address (in $v0)
exit	10		
print_char	11	$a0 = char	
read_char	12		char (in $v0)
open	13	$a0 = filename (string), $a1 = flags, $a2 = mode	file descriptor (in $a0)
read	14	$a0 = file descriptor, $a1 = buffer, $a2 = length	num chars read (in $a0)
write	15	$a0 = file descriptor, $a1 = buffer, $a2 = length	num chars written (in $a0)
close	16	$a0 = file descriptor	
exit2	17	$a0 = result	

图 A-9-1 系统服务

给 `print_int` 系统调用传递一个整数并在终端上打印出来。`print_float` 打印一个单精度浮点数；`print_double` 打印一个双精度数；而给 `print_string` 传递一个指向以空字符为终止符的字符串的指针，该字符串会写到终端上。

系统调用 `read_int`、`read_float` 以及 `read_double` 用来读取一个完整的输入行及换行符。数字后面的字符将被忽略。`read_string` 具有和 UNIX 库例程 **fgets** 相同的语义，它将读取的 $n-1$ 个字符存到缓冲区，并使用一个空字节作为结束符。如果当前行中的字符数少于 $n-1$ 个，`read_string` 将先读取所有的字符，然后读取换行符，并再将一个空字节作为字符串的结束符。警告：使用系统调用从终端读取数据的程序不应当使用内存映射的 I/O（见 A.8 节）。

`sbrk` 返回一个指向包含 n 个额外字节块的存储器指针。`exit` 可以终止 SPIM 正在执行的程序。`exit2` 终止 SPIM 程序，并且当 SPIM 仿真器终止时，传递给 `exit2` 的参数将变成返回值。

`print_char` 和 `read_char` 分别读写单个字符。`open`、`read`、`write` 和 `close` 是 UNIX 的标准库调用。

A.10 MIPS R2000 汇编语言

MIPS 处理器由整数处理单元（CPU）和一系列协处理器（用于执行辅助工作或诸如浮点等其他数据类型的操作）组成（见图 A-10-1）。SPIM 模拟了两个协处理器，协处理器 0 用于处理异常和中断。协处理器 1 是浮点运算单元，SPIM 模拟本单元的大多数功能。

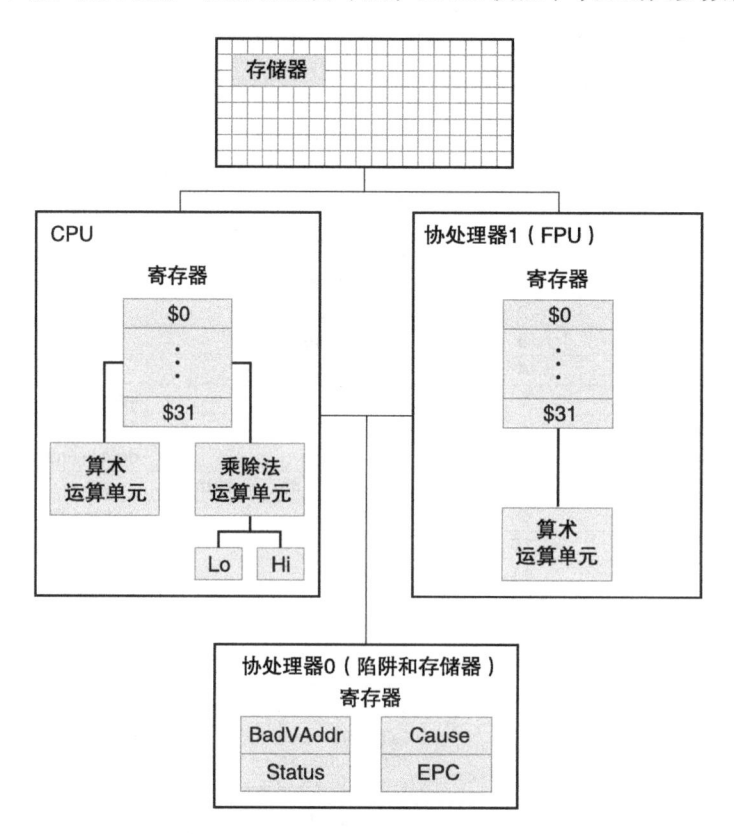

图 A-10-1 MIPS R2000 CPU 和 FPU

A.10.1 寻址模式

MIPS 是 load/store 体系结构，也就是说，只有 load 和 store 指令访问存储器。计算类指令只对寄存器中的数据进行处理。机器本身只提供一种存储器寻址模式：c(rx)，把立即数 c 和寄存器 rx 中的数据相加作为地址。虚拟机则为 load 和 store 指令提供了以下几种寻址方式。

格式	地址计算
（寄存器）	寄存器内容
立即数	立即数
立即数（寄存器）	立即数+寄存器内容
标号	地址标号
标号±立即数	地址标号+或−立即数
标号±立即数（寄存器）	地址标号+或−（立即数+寄存器内容）

大多数 load 和 store 指令处理对齐数据。以字节为单位，当数据所在的存储器地址是其大小的整数倍时，该数据就是对齐的。因此，半字对象必须存放在偶地址，而全字对象必须存放在 4 的整数倍的地址。但是，MIPS 还提供了另外一些指令，可以对非对齐数进行操作（如 lwl、lwr、swl 和 swr）。

精解 MIPS 汇编器和 SPIM 通过在对数据存取之前产生一条或多条指令来计算复杂的地址，因此它也支持一些复杂的寻址模式。例如，假设标号 table 指向存储器地址 0x10000004，并且程序包含一条这样的指令：

    ld $a0, table + 4($a1)

汇编器会将这条指令转化为下面三条指令：

    lui $at, 4096
    addu $at, $at, $a1
    lw $a0, 8($at)

第一条指令将标号地址的高位送入寄存器 $at（该寄存器是汇编器为自己保留的）。第二条指令将寄存器 $a1 的内容加到标号的部分地址上。最后，load 指令用硬件寻址模式将标号地址的低位和寄存器 $at 中相对原始指令的偏移量相加。

A.10.2 汇编语法

汇编文件中的注释行以"#"开始。所有以"#"开头的行都会被忽略。

标识符由字母、数字、下划线（_）和点（.）构成，但不能以数字开头。指令操作码是一些保留字，不能用作标识符。标号通过将其放在行首，并且后跟冒号（:）来进行声明。例如：

            .data
    item: .word 1
            .text
            .globl main   # Must be global
    main: lw $t0, item

数值默认是十进制。如果数值以 0x 开始，则表明是十六进制数。因此，256 和 0x100 所表示的数值是相同的。

字符串用双引号(")括起来。字符串中的特殊字符遵从 C 语言规范：

- 换行   \n
- 制表   \t
- 引号   \"

SPIM 还支持以下 MIPS 汇编指示符。

.align n	数据在 2^n 字节边界对齐。例如，.align 2 将数据按字边界对齐；.align 0 关闭 .half、.word、.float 和 .double 的对齐方法，直到再次出现 .data 或 .kdata 指示符为止。
.ascii str	将字符串 str 存入主存中，但不以空字符结束。
.asciiz str	将字符串 str 存入主存，并以空字符结束。
.byte b1,…,bn	将 n 个数据值存入主存的连续字节中。
.data <addr>	将跟在后面的数据项存入数据段中。如果给出了可选参数 addr，则跟在后面的数据存入以 addr 开始的主存地址中。
.double d1,…,dn	将 n 个双精度浮点数存入连续的主存单元。
.extern sym size	声明存储在 sym 中大小为 size 字节的全局变量。该指示符允许汇编器将数据存放到数据段中，这样可以用寄存器 \$gp 快速存取。
.float f1,…,fn	将 n 个单精度浮点数存入连续的主存单元。
.globl sym	声明 sym 是可以在其他文件中引用的全局标号。
.half h1,…,hn	将 n 个 16 位数据存入连续的主存单元。
.kdata <addr>	将跟在后面的数据项存入核心数据段中。如果给出了可选参数 addr，则跟在后面的数据项存入以 addr 开始的主存地址中。
.ktext <addr>	将跟在后面的数据项放入核心代码段。在 SPIM 中，这些跟在后面的数据项只能是指令或字（参看下面的 .word 指示符）。如果给出了可选参数 addr，则跟在后面的数据项存入以 addr 开始的主存地址中。
.set noat 和 .set at	前一指示符阻止 SPIM 对后续指令中使用寄存器 \$at 的警告，后一指示符恢复这种警告。由于伪指令展开成指令时会用到寄存器 \$at，程序员必须谨慎地使用寄存器 \$at。
.space n	在当前段分配 n 字节（SPIM 中则必须为数据段）。
.text <addr>	将跟在后面的数据项送入用户代码段中。在 SPIM 中，这些跟在后面的数据项只能是指令或字（参看下面的 .word 指令）。如果给出了可选参数 addr，则跟在后面的数据项存入以 addr 开始的主存地址中。
.word w1,…,wn	将 n 个 32 位数据存入连续的主存字中。

SPIM 不区分数据段的不同部分（.data、.rdata 和 .sdata）。

A.10.3 MIPS 指令编码

图 A-10-2 解释了 MIPS 指令是如何以二进制数进行编码的。每一列包含指令字段（连续的一组二进制位）的编码。左边的数字是对应字段的值。例如，操作码 j 在操作码字段的值为 2。每列顶上的文字定义了一个字段，并且指出了占用指令中的哪些位。例如，op 字段对应指令中的 26～31 位。该字段对大多数指令进行了编码。然而，有些指令组用到了附加字段以区别相关的指令。例如，不同的浮点数指令用 0～5 位进行区别。第一列的箭头表明哪些操作码用到了这些附加字段。

A.10.4 指令格式

本附录的剩余部分将对由 MIPS 硬件实现的指令和 MIPS 汇编器实现的伪指令进行描述。这两种指令很容易区分。实际指令的字段用对应的二进制来表示。

加法操作（带溢出位）

add rd, rs, rt

0	rs	rt	rd	0	0x20
6	5	5	5	5	6

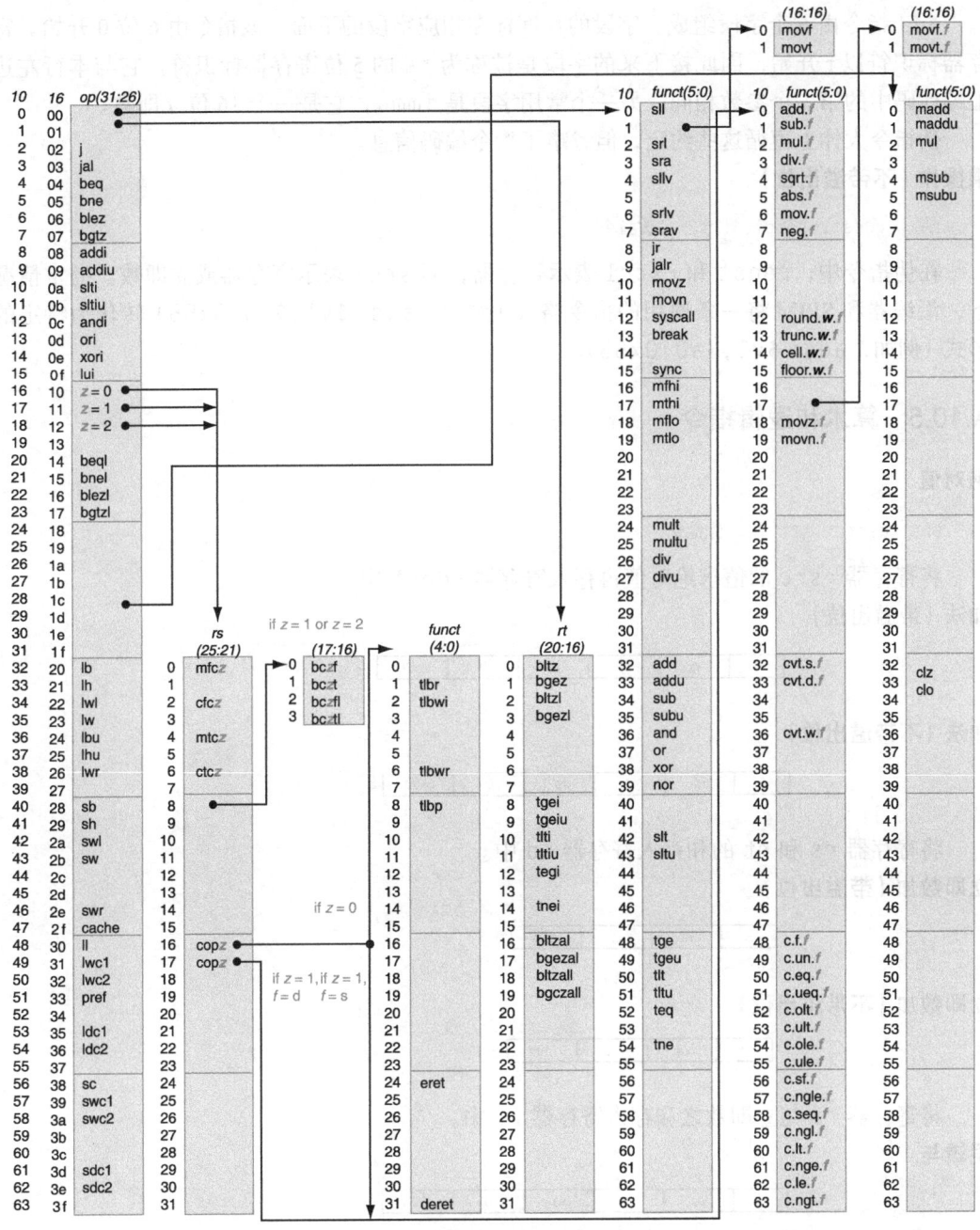

图 A-10-2 MIPS 操作码图。每个字段的数值在其左侧显示。第一列、第二列是第三列中操作符字段（31~26 位）对应的十进制值和十六进制值。该操作符字段能表达除了 6 个操作数（0，1，16，17，18，19）以外的任何 MIPS 操作。这些操作由其他字段确定，由指针进行识别。如果 rs=16，op=17，最后的字段（funct）用"f"表示"s"；如果 rs=17，op=17，则"f"表示"d"。如果 op=16，17，18，19，则第二列（rs）用"z"分别表示"0""1""2""3"。如果 rs=16，则操作由别处定义：如果 z = 0，则操作在第四个字段中定义（4~0 位）；如果 z = 1，则操作在最后的字段中，并且 f = s。如果 rs=17 且 z = 1，则操作在最后的字段中，且 f = d add 指令由 6 个字段组成。字段的长度标在相应字段的下面。该指令由 6 位 0 开始。寄存器标识符以 r 开始，因此接下来的字段是被称为 rs 的 5 位寄存器标识符。它与本行左边汇编代码中的第二个参数相同。另一个常用字段是 imm_{16}，它是一个 16 位立即数。

伪指令大体上遵循这些约定，但省略了指令编码信息。

乘操作（不带溢出位）

```
mull rdest, rsrc1, src2    伪指令
```

在伪指令中，rdest 和 rsrc1 表示寄存器，而 src2 表示寄存器或立即数。通常情况下，汇编器和 SPIM 将一条通用的指令格式（例如，add $v1,$a0,0x55）转化为特定的形式（例如，addi $v1,$a0,0x55）。

A.10.5 算术和逻辑指令

绝对值

```
abs rdest, rsrc    伪指令
```

将寄存器 rsrc 的值求绝对值再存入寄存器 rdest 中。

加法（带溢出位）

```
add rd, rs, rt
```

0	rs	rt	rd	0	0x20
6	5	5	5	5	6

加法（不带溢出位）

```
add rd, rs, rt
```

0	rs	rt	rd	0	0x21
6	5	5	5	5	6

将寄存器 rs 和 rt 的和存入寄存器 rd 中。

立即数加（带溢出位）

```
addi rt, rs, imm
```

8	rs	rt	imm
6	5	5	16

立即数加（不带溢出位）

```
addiu rt, rs, immr
```

9	rs	rt	imm
6	5	5	16

将寄存器 rs 与立即数之和存入寄存器 rt 中。

逻辑与

```
and rd, rs, rt
```

0	rs	rt	rd	0	0x24
6	5	5	5	5	6

将寄存器 rs 与 rt 进行逐位逻辑与，结果存入寄存器 rd。

立即数与

```
addi rt, rs, immr
```

0xc	rs	rt	imm
6	5	5	16

将寄存器 rs 同立即数进行逐位逻辑与，结果存入寄存器 rt。

统计前导 1 的个数

```
clo rd, rs
```

0x1c	rs	0	rd	0	0x21
6	5	5	5	5	6

统计前导 0 的个数

clz rd, rs

0x1c	rs	0	rd	0	0x20
6	5	5	5	5	6

将寄存器 rs 中前导 1（0）的个数存入寄存器 rd，如果字中都是 1（0），则结果为 32。

除法（带溢出位）

div rs, rt

0	rs	rt	0	0x1a
6	5	5	10	6

除法（不带溢出位）

divu rs, rt

0	rs	rt	0	0x1b
6	5	5	10	6

寄存器 rs 被寄存器 rt 除，将商存入寄存器 lo，将余数存入寄存器 hi。如果其中有某个操作数是负数，则余数取决于运行 SPIM 的计算机系统，而与 MIPS 体系结构无关。

除法（带溢出位）

div rdest, rsrc1, src2   伪指令

除法（不带溢出位）

divu rdest, rsrc1, src2   伪指令

将寄存器 rsrc1 和 src2 的商存入寄存器 rdest。

乘法

mult rs, rt

0	rs	rt	0	0x18
6	5	5	10	6

无符号数乘法

multu rs, rt

0	rs	rt	0	0x19
6	5	5	10	6

将寄存器 rs 和 rt 的数据相乘，乘积的低位字和高位字分别存入寄存器 lo 和 hi。

乘法（不带溢出位）

mul rd, rs, rt

0x1c	rs	rt	rd	0	2
6	5	5	5	5	6

将 rs 和 rt 乘积的低 32 位存入寄存器 rd 中。

乘法（带溢出位）

mulo rdest, rsrc1, src2   伪指令

无符号数相乘（带溢出位）

mulou rdest, rsrc1, src2   伪指令

将寄存器 rsrc1 和 src2 的乘积结果的低 32 位存入寄存器 rdest。

乘加

madd rs, rt

0x1c	rs	rt	0	0
6	5	5	10	6

无符号乘加

maddu rs, rt

0x1c	rs	rt	0	1
6	5	5	10	6

将寄存器 rs 和 rt 的乘积所得的 64 位结果与连接寄存器 lo 和 hi 中的 64 位值相加。

乘减

msub rs, rt	0x1c	rs	rt	0	4
	6	5	5	10	6

无符号乘减

msub rs, rt	0x1c	rs	rt	0	5
	6	5	5	10	6

将寄存器 rs 和 rt 的乘积所得的 64 位结果与连接寄存器 lo 和 hi 中的 64 位值相减。

求相反数（带溢出位）

neg rdest, rsrc	伪指令

求相反数（不带溢出位）

negu rdest, rsrc	伪指令

将寄存器 rsrc 的相反数存入寄存器 rdest。

异或

nor rd, rs, rt	0	rs	rt	rd	0	0x27
	6	5	5	5	5	6

将寄存器 rs 和 rt 的异或结果存入寄存器 rd。

取反

not rdest, rsrc	伪指令

将寄存器 rsrc 逐位取反存入寄存器 rdest。

逻辑或

or rd, rs, rt	0	rs	rt	rd	0	0x25
	6	5	5	5	5	6

将寄存器 rs 和 rt 按位逻辑或的结果存入寄存器 rd。

逻辑或（立即数）

ori rt, rs, imm	0xd	rs	rt	imm
	6	5	5	16

将寄存器 rs 和 0 扩展立即数按位逻辑或的结果存入寄存器 rt。

求余数

rem rdest, rsrc1, rsrc2	伪指令

求无符号数的余数

remu rdest, rsrc1, rsrc2	伪指令

寄存器 rsrc1 被寄存器 rsrc2 除，将余数存入寄存器 rdest。注意，如果其中有某个操作数是负数，则余数取决于运行 SPIM 的计算机系统，而与 MIPS 体系结构无关。

逻辑左移

sll rd, rt, shamt	0	rs	rt	rd	shamt	0
	6	5	5	5	5	6

逻辑左移变量

0	rs	rt	rd	0	4
6	5	5	5	5	6

sllv rd, rt, rs

算术右移

0	rs	rt	rd	shamt	3
6	5	5	5	5	6

sra rd, rt, shamt

算术右移变量

0	rs	rt	rd	0	7
6	5	5	5	5	6

srav rd, rt, rs

逻辑右移

0	rs	rt	rd	shamt	2
6	5	5	5	5	6

srl rd, rt, shamt

逻辑右移变量

0	rs	rt	rd	0	6
6	5	5	5	5	6

srlv rd, rt, rs

由立即数 shamt 或寄存器 rs 指定寄存器 rt 的左移或右移位数，并将结果存入寄存器 rd。注意，变量 rs 被 sll、sra 和 srl 所忽略。

循环左移

rol rdest, rsrc1, rsrc2	伪指令

循环右移

ror rdest, rsrc1, rsrc2	伪指令

将寄存器 rsrc1 左移或右移由 rsrc2 指定的位数，然后将结果存入寄存器 rdest。

减法（带溢出位）

0	rs	rt	rd	0	0x22
6	5	5	5	5	6

sub rd, rs, rt

减法（不带溢出位）

0	rs	rt	rd	0	0x23
6	5	5	5	5	6

subu rd, rs, rt

将寄存器 rs 减去寄存器 rt 并将结果存入寄存器 rd。

异或

0	rs	rt	rd	0	0x26
6	5	5	5	5	6

xor rd, rs, rt

将寄存器 rs 和 rt 按位逻辑异或的结果存入寄存器 rd。

异或（同立即数）

0xe	rs	rt	Imm
6	5	5	16

xori rt, rs, imm

将寄存器 rs 和 0 扩展立即数按位逻辑异或的结果存入寄存器 rt。

A.10.6 常数操作指令

立即数高位取指令

0xf	0	rt	imm
6	5	5	16

lui rt, imm

将立即数 imm 的低半字位存入寄存器 rt 的高半字位地址，并将寄存器的低位值置为 0。

取立即数

| li rdest, imrr | 伪指令 |

将立即数 imm 存入寄存器 rdest。

A.10.7 比较指令

小于指令

slt rd, rs, rt

0	rs	rt	rd	0	0x2a
6	5	5	5	5	6

小于无符号数指令

sltu rd, rs, rt

0	rs	rt	rd	0	0x2b
6	5	5	5	5	6

若寄存器 rs 比 rt 小，则将寄存器 rd 置为 1；否则，将 rd 置为 0。

小于立即数

slti rt, rs, imm

0xa	rs	rt	imm
6	5	5	16

小于立即数（无符号数）

sltiu rt, rs, imm

0xb	rs	rt	imm
6	5	5	16

若寄存器 rs 比符号扩展立即数小，则将寄存器 rt 置为 1；否则，将 rt 置为 0。

等于

| seq rdest, rsrc1, rsrc2 | 伪指令 |

若寄存器 rsrc1 与寄存器 rsrc2 的数值相等，则将寄存器 rdest 置为 1；否则，将 rdest 置为 0。

大于等于

| sge rdest, rsrc1, rsrc2 | 伪指令 |

大于等于无符号数

| sgeu rdest, rsrc1, rsrc2 | 伪指令 |

若寄存器 rsrc1 大于等于寄存器 rsrc2 的值，则将寄存器 rdest 置为 1；否则，将 rdest 置为 0。

大于

| sgt rdest, rsrc1, rsrc2 | 伪指令 |

大于无符号数

| sgtu rdest, rsrc1, rsrc2 | 伪指令 |

如果寄存器 rsrc1 的值大于 rsrc2 的值，那么令寄存器 rdest 的值为 1，否则为 0。

小于等于

| sle rdest, rsrc1, rsrc2 | 伪指令 |

小于等于无符号数

sleu rdest, rsrc1, rsrc2	伪指令

如果寄存器 rsrc1 的值小于等于 rsrc2 的值,那么令寄存器 rdest 的值为 1,否则为 0。

不等

sne rdest, rsrc1, rsrc2	伪指令

如果寄存器 rsrc1 的值不等于 rsrc2 的值,那么令寄存器 rdest 的值为 1,否则为 0。

A.10.8 分支指令

分支指令使用了一个有符号的 16 位指令偏移域;因此,指令跳转的范围可以是向前的 $2^{15}-1$ 条指令(非字节),或者向后的 2^{15} 条指令。跳转指令包含了一个 26 位的地址域。在实际的 MIPS 处理器中,分支指令是延迟的分支,直到分支指令后面的指令(延迟槽)执行后,才能进行控制转移(见第 4 章)。当分支发生时,由于需要计算相关的延迟槽指令(PC+4)的地址,因此延迟的分支会影响偏移量的计算。除非明确指定 -bare 或者 -delayed_branch 的标志,否则 SPIM 不模拟延迟槽。

在汇编语言中,偏移量并不具体指定为数字。而是用一个指向标记的指令,并用汇编器计算出分支指令和目标指令之间的距离。

在 MIPS-32 中,所有实际的(非伪)条件分支指令都有相似的变体(例如,与 beq 相似的变体是 beql),如果分支没有发生,那么分支延迟槽中的指令就不能执行。不要使用这些指令,在后续的体系结构版本中,它们可能将被删除。SPIM 实现了这些指令,但并没有进行深入讨论。

分支指令

b label	伪指令

无条件转移到标记的指令。

分支协处理器假

0x11	8	cc	0	Offset
6	5	3	2	16

bc1f cc label

分支协处理器真

0x11	8	cc	1	Offset
6	5	3	2	16

bc1t cc label

如果浮点协处理器条件标记 cc 为假(真),条件转移的指令数由偏移量所指定。如果 cc 被指令所忽略,条件码标记为 0。

相等分支

4	rs	rt	Offset
6	5	5	16

beq rs, rt, label

如果寄存器值 rs 和 rt 相等,条件转移的指令数由偏移量所指定。

大于等于 0 分支

1	rs	1	Offset
6	5	5	16

bgez rs, label

如果寄存器 rs 的值大于等于 0，条件转移的指令数由偏移量所指定。

大于等于 0 分支并链接

1	rs	0x11	Offset
6	5	5	16

bgezal rs, label

如果寄存器 rs 的值大于等于 0，条件转移的指令数由偏移量所指定，并将下一条指令地址保存在寄存器 31 中。

大于 0 分支

7	rs	0	Offset
6	5	5	16

bgtz rs, label

如果寄存器 rs 的值大于 0，条件转移的指令数由偏移量所指定。

小于等于 0 分支

6	rs	0	Offset
6	5	5	16

blez rs, label

如果寄存器 rs 的值小于等于 0，条件转移的指令数由偏移量所指定。

小于 0 分支并链接

1	rs	0x10	Offset
6	5	5	16

bltzal rs, label

如果寄存器 rs 的值小于 0，条件转移的指令数由偏移量所指定，并将下一条指令地址保存在寄存器 31 中。

小于 0 分支

1	rs	0	Offset
6	5	5	16

bltz rs, label

如果寄存器 rs 的值小于 0，条件转移的指令数由偏移量所指定。

不相等分支

5	rs	rt	Offset
6	5	5	16

bne rs, rt, label

如果寄存器 rs 与 rt 中的值不相等，条件转移的指令数由偏移量所指定。

等于 0 分支

| beqz rsrc, label | 伪指令 |

如果 rsrc 等于 0，条件转移到标记的指令那里。

大于等于分支

| bge rsrc1, rsrc2, label | 伪指令 |

大于等于无符号数分支

| bgeu rsrc1, rsrc2, label | 伪指令 |

如果寄存器 rsrc1 的值大于等于 rsrc2 的值，条件转移到标记的指令那里。

大于分支

| bgt rsrc1, src2, label | 伪指令 |

大于无符号数分支

| bgtu rsrc1, src2, label | 伪指令 |

如果寄存器 rsrc1 的值大于 src2 的值，条件转移到标记的指令那里。

小于等于分支

| ble rsrc1, src2, label | 伪指令 |

小于等于无符号数分支

| bleu rsrc1, src2, label | 伪指令 |

如果寄存器 rsrc1 的值小于等于 src2 的值，条件转移到标记的指令那里。

小于分支

| blt rsrc1, rsrc2, label | 伪指令 |

小于无符号数分支

| bltu rsrc1, rsrc2, label | 伪指令 |

如果寄存器 rsrc1 的值小于 rsrc2 的值，条件转移到标记的指令那里。

不等于 0 分支

| bnez rsrc, label | 伪指令 |

如果寄存器 rsrc 的值不等于 0，条件转移到标记的指令那里。

A.10.9 跳转指令

跳转

j target		2	target
		6	26

无条件跳转到目标指令。

跳转并链接

jal target		3	target
		6	26

无条件跳转到目标指令，并将下一条指令地址保存到寄存器 $ra 中。

跳转并链接到寄存器

jalr rs, rd		0	rs	0	rd	0	9
		6	5	5	5	5	6

无条件跳转到由寄存器 rs 指定的指令（指令地址在寄存器 rs 中），并将下一条指令地址保存在寄存器 rd 中（默认为 31）。

寄存器跳转

jr rs		0	rs	0	8
		6	5	15	6

无条件跳转到由寄存器 rs 指定的指令。

A.10.10 陷阱指令

等于陷阱

teq rs, rt		0	rs	rt	0	0x34
		6	5	5	10	6

如果寄存器 rs 的值等于寄存器 rt 的值，引发陷阱异常。

等于立即数陷阱

1	rs	0xc	imm
6	5	5	16

teqi rs, imm

如果寄存器 rs 的值等于符号扩展值 imm，引发陷阱异常。

不等于陷阱

0	rs	rt	0	0x36
6	5	5	10	6

teq rs, rt

如果寄存器 rs 的值不等于寄存器 rt 的值，引发陷阱异常。

不等于立即数陷阱

1	rs	0xe	imm
6	5	5	16

teqi rs, imm

如果寄存器 rs 的值不等于符号扩展值 imm，引发陷阱异常。

大于等于陷阱

0	rs	rt	0	0x30
6	5	5	10	6

tge rs, rt

大于等于无符号数陷阱

0	rs	rt	0	0x31
6	5	5	10	6

tgeu rs, rt

如果寄存器 rs 的值大于或等于寄存器 rt 的值，引发陷阱异常。

大于等于立即数陷阱

1	rs	8	imm
6	5	5	16

tgei rs, imm

大于等于无符号立即数陷阱

1	rs	9	imm
6	5	5	16

teqi rs, imm

如果寄存器 rs 的值大于等于符号扩展值 imm，引发陷阱异常。

小于陷阱

0	rs	rt	0	0x32
6	5	5	10	6

tlt rs, rt

小于无符号数陷阱

0	rs	rt	0	0x33
6	5	5	10	6

tltu rs, rt

如果寄存器 rs 的值小于寄存器 rt 的值，引发陷阱异常。

小于立即数陷阱

1	rs	a	imm
6	5	5	16

tlti rs, imm

小于无符号立即数陷阱

1	rs	b	imm
6	5	5	16

tltiu rs, imm

如果寄存器 rs 的值小于符号扩展值 imm，引发陷阱异常。

A.10.11 取数指令

取地址

| la rdest, address | 伪指令 |

将计算的地址——不是地址中的内容——保存到寄存器 rdest 中。

取字节

    lb rt, address

0x20	rs	rt	Offset
6	5	5	16

取字节（无符号）

    lbu rt, address

0x24	rs	rt	Offset
6	5	5	16

将地址 address 中的字节内容存入寄存器 rt 中，字节由 lb 符号扩展，而不是由 lbu。

取半字

    lh rt, address

0x21	rs	rt	Offset
6	5	5	16

取半字（无符号）

    lhu rt, address

0x25	rs	rt	Offset
6	5	5	16

将地址 address 中 16 位数值（半字）存入寄存器 rt 中，半字由 lh 而不是由 lhu 符号扩展。

取字

    lw rt, address

0x23	rs	rt	Offset
6	5	5	16

将地址 address 中 32 位数值（字）存入寄存器 rt 中。

协处理器 1 取字

    lwcl ft, address

0x31	rs	rt	Offset
6	5	5	16

将地址 address 中的字以浮点单元的形式存入寄存器 ft 中。

取左半字

    lwl rt, address

0x22	rs	rt	Offset
6	5	5	16

取右半字

    lwr rt, address

0x26	rs	rt	Offset
6	5	5	16

将可能非对齐地址 address 中值的左（右）半字存入寄存器 rt 中。

取双字

| ld rdest, address | 伪指令 |

将地址 address 对应的 64 位数值存入寄存器 rdest 和 rdest+1 中。

非对齐地址中取半字

| ulh rdest, address | 伪指令 |

非对齐地址中取半字（无符号）

| ulhu rdest, address | 伪指令 |

将可能非对齐地址 address 中 16 位数值（半字）存入寄存器 rdest 中，半字由 ulh 符号扩展，而不是由 ulhu。

非对齐地址中取字

| ulw rdest, address | 伪指令 |

将可能非对齐地址 address 中 32 位数值（字）存入寄存器 rdest 中。

链接取

ll rt, address	0x30	rs	rt	Offset
	6	5	5	16

将 address 中 32 位数值存入寄存器 rt 中，并且开始执行原子读-修改-写操作。该操作由条件存指令（sc）来完成，但如果其他处理器对包含有被取字的块进行写操作时，该操作将失败。由于 SPIM 不能模拟多处理器，因而条件存操作总是可以成功执行的。

A.10.12 存数指令

存字节

sb rt, address	0x28	rs	rt	Offset
	6	5	5	16

将寄存器 rt 的低字节保存到地址 address 中。

存半字

sh rt, address	0x29	rs	rt	Offset
	6	5	5	16

将寄存器 rt 的低 16 位值（半字）保存到地址 address 中。

存字

sw rt, address	0x2b	rs	rt	Offset
	6	5	5	16

将寄存器 rt 中的字保存到地址 address 中。

协处理器 1 存字

swc1 ft, address	0x31	rs	rt	Offset
	6	5	5	16

将浮点协处理器中寄存器 ft 的值以浮点类型存入地址 address 中。

协处理器 1 存双字

sdc1 ft, address	0x3d	rs	rt	Offset
	6	5	5	16

将浮点协处理器中寄存器 ft 和 ft+1 的数值以浮点类型存入地址 address 中。寄存器 ft 必须偶数化。

存左半字

swl rt, address	0x2a	rs	rt	Offset
	6	5	5	16

存右半字

0x2e	rs	rt	Offset
6	5	5	16

`swr rt, address`

将寄存器 rt 中的左（右）半字保存到可能非对齐地址 address 中。

存双字

`sd rsrc, address` 伪指令

将寄存器 rsrc 和 rsrc+1 中的 64 位数值保存到地址 address 中。

非对齐地址中存半字

`ush rsrc, address` 伪指令

将寄存器 rsrc 中的低 16 位（半字）保存到可能的非对齐地址 address 中。

非对齐地址中存字

`usw rsrc, address` 伪指令

将寄存器 rsrc 中的字保存到可能的非对齐地址 address 中。

条件存

0x38	rs	rt	Offset
6	5	5	16

`sc rt, address`

将寄存器 rt 中的 32 位数值（字）存入内存地址 address 中，并完成原子读 – 修改 – 写操作。

如果原子操作成功执行，内存中的字被修改，寄存器 rt 的值设置为 1。如果由于其他处理器对包含地址字的块进行写操作而导致原子操作失败，该指令则不能修改内存，并将寄存器 rt 的值设置为 0。由于 SPIM 不能模拟多处理器，因此该指令总是可以成功执行的。

A.10.13 数据传送指令

传送指令

`move rdest, rsrc` 伪指令

将寄存器 rsrc 中的数值传送到寄存器 rdest 中。

从 hi 寄存器传送

0	0	rd	0	0x10
6	10	5	5	6

`mfhi rd`

从 lo 寄存器传送

0	0	rd	0	0x12
6	10	5	5	6

`mflo rd`

乘法和除法单元将处理的结果存入 hi 和 lo 这两个额外的寄存器中。这些指令向（从）这些寄存器中传送数据。乘、除、取余伪指令像使用通用寄存器那样使用这些单元，并在计算结束后传送结果。

将寄存器 hi（lo）中的数值传送到寄存器 rd 中。

传送至 hi 寄存器

0	rs	0	0x11
6	5	15	6

`mthi rs`

传送至 lo 寄存器

```
mtlo rs
```

0	rs	0	0x13
6	5	15	6

将寄存器 rs 的值传送至 hi (lo) 寄存器。

从协处理器 0 中传送

```
mfc0 rt, rd
```

0x10	0	rt	rd	0
6	5	5	5	11

从协处理器 1 中传送

```
mfc1 rt, fs
```

0x11	0	rt	fs	0
6	5	5	5	11

协处理器有它们自己的寄存器集合。这些指令在协处理器的寄存器和 CPU 寄存器之间传送数据。

将协处理器中寄存器 rd (在 FPU 中是 fs) 的值传送至 CPU 寄存器 rt 中。浮点单元使用协处理器 1。

从协处理器 1 中传送双字

```
mfc1.d rdest, frsrc1
```
伪指令

将浮点寄存器 frsrc1 和 frsrc1+1 中的值传送到 CPU 寄存器 rdest 和 rdest+1 中。

传送到协处理器 0

```
mtc0 rd, rt
```

0x10	4	rt	rd	0
6	5	5	5	11

传送到协处理器 1

```
mtc1 rd, fs
```

0x11	4	rt	fs	0
6	5	5	5	11

将 CPU 中寄存器 rt 的值传送到协处理器的寄存器 rd 中 (或者 FPU 的寄存器 fs 中)。

非零条件传送

```
movn rd, rs, rt
```

0	rs	rt	rd	0xb
6	5	5	5	11

如果寄存器 rt 的值不为 0,将寄存器 rs 中的数值传送到寄存器 rd 中。

零条件传送

```
movz rd, rs, rt
```

0	rs	rt	rd	0xa
6	5	5	5	11

如果寄存器 rt 的值为 0,将寄存器 rs 中的数值传送到寄存器 rd 中。

FP 值为假时条件传送

```
movf rd, rs, cc
```

0	rs	cc	0	rd	0	1
6	5	3	2	5	5	6

如果 FPU 条件码标记 cc 为 0,将 CPU 寄存器 rs 中的值传送至寄存器 rd 中。如果 cc 被指令忽略,那么条件码标记为 0。

FP 值为真时条件传送

```
movt rd, rs, cc
```

0	rs	cc	1	rd	0	1
6	5	3	2	5	5	6

如果 FPU 条件码标记 cc 为 1，将 CPU 寄存器 rs 中的值传送至寄存器 rd 中。如果 cc 被指令忽略，那么条件码标记为 0。

A.10.14 浮点运算指令

MIPS 中有专门的浮点协处理器（序号为 1），可以执行单精度浮点数（32 位）和双精度浮点数（64 位）。协处理器有自己的寄存器，寄存器从 $f0 ~ $f31。由于这些寄存器位宽为 32 位，因此两个浮点寄存器一起使用可以实现双精度浮点数值。浮点协处理器还有 8 个条件码（cc）标记，序号 0~7，由比较指令设置，分支（bclf 和 bclt）和条件转移指令完成校验。

lwcl、swcl、mtcl 和 mfcl 指令每次能从寄存器传送或者移出一个字（32 位）。ldcl 和 sdcl 指令，或者像下面描述的 l.s、l.d、s.s 和 s.d 伪指令每次能向寄存器传送或者移出一个双字（64 位）。

在下面的实际指令中，单精度指令的 21~26 位为 0，双精度指令的 21~26 位则为 1。在下面的伪指令中，fdest 是浮点寄存器（如 $f2）。

双精度浮点数的绝对值

abs.d fd, fs	0x11	1	0	fs	fd	5
	6	5	5	5	5	6

单精度浮点数的绝对值

abs.s fd, fs	0x11	0	0	fs	fd	5
	6	5	5	5	5	6

计算寄存器 fs 中双精度（单精度）浮点数的绝对值，并将计算结果存入寄存器 fd 中。

双精度浮点加法

add.d fd, fs, ft	0x11	0x11	ft	fs	fd	0
	6	5	5	5	5	6

单精度浮点加法

add.s fd, fs, ft	0x11	0x10	ft	fs	fd	0
	6	5	5	5	5	6

计算寄存器 fs 和 ft 中双精度（单精度）浮点数之和，并将计算结果存入寄存器 fd 中。

浮点数向上舍入

ceil.w.d fd, fs	0x11	0x10	0	fs	fd	0xe
	6	5	5	5	5	6

ceil.w.s fd, fs	0x11	0x10	0	fs	fd	0xe

将寄存器 fs 中双精度（单精度）数值向上舍入，并转换成 32 位的定点值，将结果存放在寄存器 fd 中。

双精度相等比较

c.eq.d cc fs, ft	0x11	0x11	ft	fs	cc	0	FC	2
	6	5	5	5	3	2	2	4

单精度相等比较

c.eq.s cc fs, ft	0x11	0x11	ft	fs	cc	0	FC	2
	6	5	5	5	3	2	2	4

比较寄存器 fs 和 ft 中双精度（单精度）浮点数是否相等，如果相等，将浮点条件标记

位 cc 设置为 1。如果 cc 被忽略，条件码标记为 0。

双精度小于等于比较

c.le.d cc fs, ft

0x11	0x11	ft	fs	cc	0	FC	0xe
6	5	5	5	3	2	2	4

单精度小于等于比较

c.le.s cc fs, ft

0x11	0x10	ft	fs	cc	0	FC	0xe
6	5	5	5	3	2	2	4

将寄存器 fs 和 ft 中双精度（单精度）浮点数进行比较，如果 fs 中的数值小于等于 ft 中的数值，将浮点条件标记位 cc 设置为 1。如果 cc 被忽略，条件码标记为 0。

双精度小于比较

c.lt.d cc fs, ft

0x11	0x11	ft	fs	cc	0	FC	0xc
6	5	5	5	3	2	2	4

单精度小于比较

c.lt.s cc fs, ft

0x11	0x10	ft	fs	cc	0	FC	0xc
6	5	5	5	3	2	2	4

将寄存器 fs 和 ft 中双精度（单精度）浮点数进行比较，如果 fs 中的数值小于 ft 中的数值，将浮点条件标记位 cc 设置为 1。如果 cc 被忽略，条件码标记为 0。

单精度到双精度的转换

cvt.d.s fd, fs

0x11	0x10	0	fs	fd	0x21
6	5	5	5	5	6

整型到双精度的转换

cvt.d.w fd, fs

0x11	0x14	0	fs	fd	0x21
6	5	5	5	5	6

将寄存器 fs 中的单精度浮点数或者整型数转换成双精度（单精度）浮点数，并存入寄存器 fd 中。

双精度到单精度的转换

cvt.s.d fd, fs

0x11	0x11	0	fs	fd	0x20
6	5	5	5	5	6

整型到单精度的转换

cvt.s.w fd, fs

0x11	0x14	0	fs	fd	0x20
6	5	5	5	5	6

将寄存器 fs 中的双精度浮点数或者整型数转换成单精度浮点数，并存入寄存器 fd 中。

双精度到整型的转换

cvt.w.s fd, fs

0x11	0x11	0	fs	fd	0x24
6	5	5	5	5	6

单精度到整型的转换

cvt.w.s fd, fs

0x11	0x10	0	fs	fd	0x24
6	5	5	5	5	6

将寄存器 fs 中的双精度浮点数或者单精度浮点数转换成整型数，并存入寄存器 fd 中。

双精度浮点除法

div.d fd, fs, ft

0x11	0x11	ft	fs	fd	3
6	5	5	5	5	6

单精度浮点除法

0x11	0x10	ft	fs	fd	3
6	5	5	5	5	6

`div.s fd, fs, ft`

将寄存器 fs 和 ft 中的双精度（单精度）浮点数相除，并将计算结果存入寄存器 fd 中。

浮点数向下舍入

`floor.w.d fd, fs`

0x11	0x11	0	fs	fd	0xf
6	5	5	5	5	6

`floor.w.s fd, fs`

0x11	0x10	0	fs	fd	0xf
6	5	5	5	5	6

将寄存器 fs 中的双精度（单精度）数值向下舍入，并将结果存放在寄存器 fd 中。

取双精度浮点数

`l.d fdest, address`   伪指令

取单精度浮点数

`l.s fdest, address`   伪指令

将地址 address 相应的双精度（单精度）浮点数存入寄存器 fdest 中。

双精度浮点数的传送

`mov.d fd, fs`

0x11	0x11	0	fs	fd	6
6	5	5	5	5	6

单精度浮点数的传送

`mov.s fd, fs`

0x11	0x10	0	fs	fd	6
6	5	5	5	5	6

将寄存器 fs 中的双精度（单精度）浮点数传送到寄存器 fd 中。

条件为假时双精度浮点数传送

`movf.d fd, fs, cc`

0x11	0x11	cc	0	fs	fd	0x11
6	5	3	2	5	5	6

条件为假时单精度浮点数传送

`movf.s fd, fs, cc`

0x11	0x10	cc	0	fs	fd	0x11
6	5	3	2	5	5	6

如果条件码标记 cc 为 0，将寄存器 fs 中的双精度（单精度）浮点数传送到寄存器 fd 中。如果 cc 被忽略，条件码标记为 0。

条件为真时双精度浮点数传送

`movt.d fd, fs, cc`

0x11	0x11	cc	1	fs	fd	0x11
6	5	3	2	5	5	6

条件为真时单精度浮点数传送

`movt.s fd, fs, cc`

0x11	0x10	cc	0	fs	fd	0x11
6	5	3	2	5	5	6

如果条件码标记 cc 为 1，将寄存器 fs 中的双精度（单精度）浮点数传送到寄存器 fd 中。如果 cc 被忽略，条件码标记为 0。

非零条件双精度浮点数传送

`movn.d fd, fs, rt`

0x11	0x11	rt	fs	fd	0x13
6	5	5	5	5	6

非零条件单精度浮点数传送

movn.s fd, fs, rt

0x11	0x10	rt	fs	fd	0x13
6	5	5	5	5	6

如果处理器寄存器 rt 中的值不等于 0，那么将寄存器 fs 中的双精度（单精度）浮点数传送到寄存器 fd 中。

等于零条件双精度浮点数传送

movz.d fd, fs, rt

0x11	0x11	rt	fs	fd	0x12
6	5	5	5	5	6

等于零条件单精度浮点数传送

movz.s fd, fs, rt

0x11	0x10	rt	fs	fd	0x12
6	5	5	5	5	6

如果处理器寄存器 rt 中的值等于 0，那么将寄存器 fs 中的双精度（单精度）浮点数传送到寄存器 fd 中。

双精度浮点乘

mul.d fd, fs, ft

0x11	0x11	ft	fs	fd	2
6	5	5	5	5	6

单精度浮点乘

mul.s fd, fs, ft

0x11	0x10	ft	fs	fd	2
6	5	5	5	5	6

将寄存器 fs 和 ft 中的双精度（单精度）浮点数相乘，并将计算结果存入寄存器 fd 中。

对双精度数求反

neg.d fd, fs

0x11	0x11	0	fs	fd	7
6	5	5	5	5	6

对单精度数求反

neg.s fd, fs

0x11	0x10	0	fs	fd	7
6	5	5	5	5	6

对寄存器 fs 中的双精度（单精度）浮点数求反，并将结果存入寄存器 fd 中。

对浮点数四舍五入

round.w.d fd, fs

0x11	0x11	0	fs	fd	0xc
6	5	5	5	5	6

round.w.s fd, fs

0x11	0x10	0	fs	fd	0xc
6	5	5	5	5	6

将寄存器 fs 中的双精度（单精度）数四舍五入，转换成 32 位的定点数，并存入寄存器 fd 中。

对双精度数求平方根

sqrt.d fd, fs

0x11	0x11	0	fs	fd	4
6	5	5	5	5	6

对单精度数求平方根

sqrt.s fd, fs

0x11	0x10	0	fs	fd	4
6	5	5	5	5	6

对寄存器 fs 中的双精度（单精度）数求平方根，并存入寄存器 fd 中。

输入			输出		描述
a	b	CarryIn	CarryOut	Sum	
0	0	0	0	0	0 + 0 + 0 = 00$_2$
0	0	1	0	1	0 + 0 + 1 = 01$_2$
0	1	0	0	1	0 + 1 + 0 = 01$_2$
0	1	1	1	0	0 + 1 + 1 = 10$_2$
1	0	0	0	1	1 + 0 + 0 = 01$_2$
1	0	1	1	0	1 + 0 + 1 = 10$_2$
1	1	0	1	0	1 + 1 + 0 = 10$_2$
1	1	1	1	1	1 + 1 + 1 = 11$_2$

图 B-5-3　1 位加法器的输入和输出定义

如果 $a \cdot b \cdot$ CarryIn 为真，则剩余的三个乘积项也必然为真，因此我们可以根据真值表的第 4 行将最后一项省略掉。简化后的等式为：

$$\text{CarryOut} = (b \cdot \text{CarryIn}) + (a \cdot \text{CarryIn}) + (a \cdot b)$$

图 B-5-5 显示了加法器黑盒子内部的硬件，其中 CarryOut 由 3 个与门和一个或门组成。三个与门分别对应上式中括号内的乘积项，或门用来得到三个乘积项的和。

输入		
a	b	CarryIn
0	1	1
1	0	1
1	1	0
1	1	1

图 B-5-4　当 CarryOut 为 1 时，各个输入的值　　图 B-5-5　加法器中产生 CarryOut 信号所需的硬件。加法器硬件的剩余部分是等式中和（Sum）的输出逻辑

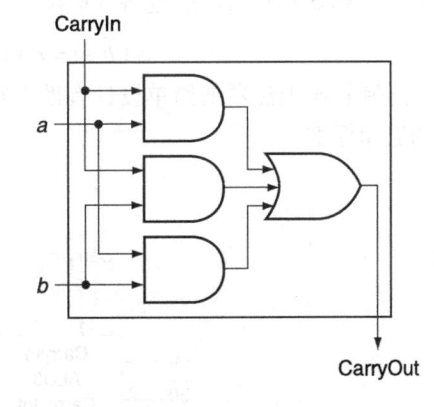

当有一个输入为 1 或三个输入都为 1 时，Sum 设置为 1。Sum 对应的布尔等式较为复杂（回忆一下，$\bar{a}$ 表示 NOT a），如下所示：

$$\text{Sum} = (a \cdot \bar{b} \cdot \overline{\text{CarryIn}}) + (\bar{a} \cdot b \cdot \overline{\text{CarryIn}}) + (\bar{a} \cdot \bar{b} \cdot \text{CarryIn}) + (a \cdot b \cdot \text{CarryIn})$$

如何画出加法器中 Sum 对应的逻辑，留给读者作为练习。

图 B-5-6 所示的是用加法器和之前的部件组成的 1 位 ALU。有时设计人员也希望 ALU 能完成更多的简单操作，比如生成 0。增加操作最简单的方法是扩大由操作线控制的多路选择器，例如，将 0 直接连到扩展的多路选择器的新输入端。

B.5.2　32 位 ALU

既然已经实现了 1 位的 ALU，那么 32 位 ALU 就可以通过将相邻的"黑盒子"连接构成。用 xi 表示 x 的第 i 位，图 B-5-7 所示的是一个 32 位的 ALU。犹如一块石头能使一个

保存双精度浮点数

s.d fdest, address	伪指令

保存单精度浮点数

s.s fdest, address	伪指令

将寄存器 fdest 中的双精度（单精度）浮点数存入地址 address 中。

双精度浮点减法

0x11	0x11	ft	fs	fd	1
6	5	5	5	5	6

sub.d fd, fs, ft

单精度浮点减法

0x11	0x10	ft	fs	fd	1
6	5	5	5	5	6

sub.s fd, fs, ft

将寄存器 fs 和 ft 中的双精度（单精度）浮点数相减，并将计算结果存入寄存器 fd 中。

将浮点数截取为字

0x11	0x11	0	fs	fd	0xd
6	5	5	5	5	6

trunc.w.d fd, fs

0x11	0x10	0	fs	fd	0xd
6	5	5	5	5	6

trunc.w.s fd, fs

对寄存器 fs 中的双精度（单精度）浮点数进行截取操作，转换成 32 位定点数，并将结果存入寄存器 fd 中。

A.10.15 异常和中断指令

异常返回

0x10	1	0	0x18
6	1	19	6

eret

将协处理器 0 的状态寄存器中的 EXL 位设置为 0，并返回协处理器 0 中 EPC 寄存器指向的指令。

系统调用

0	0	0xc
6	20	6

syscall

寄存器 $v0 中保存了 SPIM 提供的系统调用的个数（见图 A-9-1）。

跳出

0	code	0xd
6	20	6

break code

产生异常码，异常 1 为调试程序保留。

空操作

0	0	0	0	0	0
6	5	5	5	5	6

nop

不做任何操作。

A.11 小结

用汇编语言进行程序设计需要程序员放弃高级语言中的一些有益的特点——如数据结

构、类型检查以及控制结构——以获得对机器执行指令的完全控制。一些应用的外部约束，如响应时间、程序大小等，需要程序员密切关注每条指令。然而，和高级语言程序相比，这种级别的关注带来的是更长、编写更费时、更难维护的汇编语言程序。

此外，三个趋势导致不必再用汇编语言来编写程序。第一个趋势是编译器的改进。现在，编译器生成的代码可以与手工书写的最好的代码相媲美——有时候甚至会更好。第二个趋势是新处理器的速度不仅更快，而且对于那些可以同时执行多条指令的处理器，手工编程也变得更加困难。此外，现代计算机的快速发展也使得高级语言程序不再依赖单一的体系结构。最后，我们见证了日渐复杂的应用趋势，不仅有复杂的图形界面，而且还有许多先前不曾遇见的特征。由程序员组成的团队合作开发的大规模应用程序需要有由高级语言提供的模块化设计思想和语义检查的特点。

拓展阅读

Aho, A., Sethi, R., & Ullman, J. (1985). *Compilers: Principles, Techniques, and Tools.* Reading, MA: Addison-Wesley.*Slightly dated and lacking in coverage of modern architectures, but still the standard reference on compilers.*

Sweetman, D. (1999). *See MIPS Run.* San Francisco, CA: Morgan Kaufmann Publishers.*A complete, detailed, and engaging introduction to the MIPS instruction set and assembly language program ming on these machines.*

Detailed documentation on the MIPS-32 architecture is available on the Web:

MIPS32™ Architecture for Programmers Volume I: Introduction to the MIPS32™ Architecture *(http://mips.com/content/Documentation/MIPSDocumentation/ProcessorArchitecture/ArchitectureProgrammingPublicationsforMIPS32/MD00082-2B-MIPS32INT-AFP-02.00.pdf/getDownload)*

MIPS32™ Architecture for Programmers Volume II: The MIPS32™ Instruction Set *(http://mips.com/content/Documentation/MIPSDocumentation/ProcessorArchitecture/ArchitectureProgrammingPublicationsforMIPS32/MD00086-2B-MIPS32BIS-AFP-02.00.pdf/getDownload)*

MIPS32™ArchitectureforProgrammersVolumeIII:TheMIPS32™PrivilegedResource Architecture *(http://mips.com/content/Documentation/MIPSDocumentation/ProcessorArchitecture/ArchitectureProgrammingPublicationsforMIPS32/MD00090-2B-MIPS32PRA-AFP-02.00.pdf/getDownload)*

A.12 练习题

A.1 ［5］<A.5>A.5 节描述了在大多数 MIPS 系统中，内存是如何划分的。请采用其他的方法，实现相同结果。

A.2 ［20］<A.6> 用更少的指令重写 fact 程序。

A.3 ［5］<A.7> 用户程序使用寄存器 $k0 或 $k1 时总是安全的吗？

A.4 ［25］<A.7>A.7 节介绍了一种非常简单的异常处理代码。这种处理方式的一个严重缺陷在于需要长时间来使中断无效。这意味着快速 I/O 设备发出的中断会丢失。请编写更好的可中断的异常处理程序，能尽快使中断有效。

A.5 ［15］<A.7> 简单的异常处理程序总是跳回异常之后的指令。这种操作运行良好，除非导致异常的指令处在分支指令的延迟槽中。这种情况下，下一条指令即是转移的目标。编写更好的程序，使用 EPC 寄存器来决定异常之后执行哪一条指令。

A.6 [5] <A.9> 使用 SPIM 编写、验证一个加法器程序：重复读入整数并对它们相加求和。当输入为 0 时停止程序，并输出累加和。使用 A.9 节介绍的 SPIM 系统调用。

A.7 [5] <A.9> 使用 SPIM 编写、验证一个程序：读入三个整数，对两个最大的数求和并输出结果。使用 A.9 节介绍的 SPIM 系统调用。你可以任意中断程序。

A.8 [5] <A.9> 使用 SPIM 编写、验证一个程序：使用 SPIM 的系统调用读入一个正整数。如果整数为非正，程序终止，输出 "Invalid Entry"；否则程序输出整数每个数字的名称，以空格分隔。例如，如果用户输入 "728"，输出 "Seven Two Eight"。

A.9 [25] <A.9> 用 MIPS 汇编语言编写程序并验证：计算并输出前 100 个素数。如果除了 1 和 n 之外没有哪个数能整除 n，那么 n 为素数。你应该实现两个例程：

- test_prime(n)：如果 n 是素数，返回 1；如果不是，则返回 0。
- main()：循环测试每个整数是否为素数，并输出前 100 个素数。

在 SPIM 上验证你的程序。

A.10 [10] <A.6,A.9> 使用 SPIM，编写、验证一个递归程序，来解决汉诺塔问题（需要使用堆栈帧来支持递归）。汉诺塔有三根杆子（1、2 和 3）和 n 个盘子（n 是可变的，典型的数值在 1~8 之间）。盘子 1 比盘子 2 小，盘子 2 比盘子 3 小，以此类推，盘子 n 是最大的。最开始，所有的盘子都在杆子 1 上，盘子 n 在最下面，上面是盘子 $n-1$，以此类推，盘子 1 在最上面。目标是将所有的盘子移到杆子 2 上。每次只能移动一个盘子，也就是说，任何一个杆子最上面的盘子只能移到另外两个杆子的顶端。此外，还不能将大盘子放置在小盘子上。

下面的 C 程序会对你用汇编语言编程有所帮助。

```c
/*  move n smallest disks from start to finish using
extra */

void hanoi(int n, int start, int finish, int extra){
     if(n != 0){
          hanoi(n-1, start, extra, finish);
          print_string("Move disk");
          print_int(n);
          print_string("from peg");
          print_int(start);
          print_string("to peg");
          print_int(finish);
          print_string(".\n");
          hanoi(n-1, extra, finish, start);
     }
}
main(){
     int n;
     print_string("Enter number of disks>");
     n = read_int();
     hanoi(n, 1, 2, 3);
     return 0;
}
```

附录 B

Computer Organization and Design: The Hardware/Software Interface, MIPS Edition, Sixth Edition

逻辑设计基础

B.1 引言

本附录仅对逻辑设计的基本原理进行了讨论，无法替代逻辑设计的课程，也不能保证你能够设计出工作良好的重要逻辑系统。如果你很少接触或者根本没有接触过逻辑设计，那么本附录将为你提供足够的背景知识，以便了解本书中提到的内容。另外，本附录将帮助你了解计算机内部的实现机制。如果你对该部分内容感兴趣，附录后面的参考文献还可以提供更多的信息。

> 我一直很喜欢这个词：布尔。
> Claude Shannon, IEEE Spectrum, April 1992（Shannon 的硕士论文提出，由 George Boole 在 19 世纪初发明的代数可以代表电器开关的工作原理）

B.2 节介绍了逻辑的基本单元：门。B.3 节中使用这些逻辑门来构建不含存储器的简单组合逻辑。如果你对逻辑电路或数字电路有所了解，那么对前两节的内容将不会感到陌生。B.5 节讲述了如何利用 B.2 节和 B.3 节的概念来设计 MIPS 处理器中的 ALU。B.6 节讲述了如何设计一个快速加法器，如果对该部分不感兴趣，直接跳过即可。B.7 节简单介绍了时钟，如果想知道存储器如何工作，必须对时钟（时序）有所了解。B.8 节介绍了存储单元，B.9 节对存储单元进行了扩充，重点介绍了随机访问存储器，这两节不仅介绍了存储器的特点，而且讲述了构建存储层次结构的背景知识。其中，了解存储器的特点对如何使用存储器很重要，详细内容在第 4 章介绍，构建存储体系的背景知识在第 5 章进行介绍。B.10 节介绍了如何设计和使用时序逻辑块——有限状态机。如果你要阅读附录 D 的内容，那么你需要了解 B.2~B.10 节所有的内容。如果你只希望掌握第 4 章的知识，则可以直接跳到 B.11 节。B.11 节是为需要深入了解时钟方法和时序的读者准备的，这一部分介绍了边缘触发时钟的工作原理，引入了另一种时钟策略，并且简要介绍了异步输入的同步问题。

附录 B 中，对于一些逻辑模块，我们也给出了其对应的 Verilog 描述（附录 B.4 节介绍了 Verilog 语言）。更加深入和完整的 Verilog 教程可以在本书的配套网站上找到。

B.2 门、真值表和逻辑方程式

现代计算机的内部电路为*数字电路*。数字电路仅工作在两个电压：高电压和低电压。其他所有的电压值均为瞬时值，只在高低电压值之间的过渡阶段产生。（正如本节稍后要讨论的，数字电路设计中可能存在一个陷阱，当无法确定电压值属于高电压还是低电压时，则对该电压进行采样。）计算机是数字电路这一事实也是计算机采用二进制数的一个关键原因，因为二进制系统可以和数字电路中的底层抽象相匹配。在各种逻辑大家庭中，两个电压值之间的关系和对应的值有所不同。因此，我们不去关注电压值的高低，而讨论信号值是 1 或 0。其中逻辑 1 也称为"**逻辑真**"或**有效**（asserted），逻辑 0 也称为"**逻辑假**"或**无效**（deasserted）。值 0 和 1 之间也称为互补或反相。

> **有效信号**：信号为逻辑真或 1。
>
> **无效信号**：信号为逻辑假或 0。

根据是否包含存储器件，逻辑电路被分为两大类。不包含存储器件的逻辑电路称为组合逻辑，组合逻辑的输出只取决于当前的输入。而包含有存储器件的电路中，输出不仅与当前的输入有关，而且与存储器件中存储的值有关，其中存储的值称为逻辑电路的状态。在 B.2 节和 B.3 节中，我们只介绍**组合逻辑**（combinational logic）。在 B.8 节中介绍完各种存储元件后，我们再介绍包含电路状态的**时序逻辑**（sequential logic）。

组合逻辑：组合逻辑不包含存储元件，因此相同的输入产生相同的输出。

时序逻辑：时序逻辑包含有存储元件，因此输出取决于输入和当前存储元件的内容。

B.2.1 真值表

由于组合逻辑不包含存储元件，因此完全可以对每个可能的输入集定义对应的输出值。通常用真值表来描述组合逻辑。对一个包含 n 个输入的组合电路来说，有 2^n 种可能的输入组合，因此真值表中有 2^n 项。真值表中的每一项都指定了特定输入组合对应的所有输出值。

| 例题 | 真值表 |

假设一个逻辑函数包含三个输入 A、B、C 和三个输出 D、E、F。函数的定义如下：如果有一个输入为真，则 D 为真；如果有两个输入为真，则 E 为真；如果三个输入都为真，则 F 为真。请写出该函数的真值表。

| 答案 | 真值表包含 $2^3 = 8$ 项。如下所示：

输入			输出		
A	B	C	D	E	F
0	0	0	0	0	0
0	0	1	1	0	0
0	1	0	1	0	0
0	1	1	1	1	0
1	0	0	1	0	0
1	0	1	1	1	0
1	1	0	1	1	0
1	1	1	1	0	1

真值表可以描述任意的组合逻辑函数，但是真值表中的规模随着输入的增加而增长很快，可能会变得不容易理解。有时，我们需要构造一个逻辑函数，其中很多输入组合均为 0，此时我们只需要描述非 0 的输出组合。这种方法在第 4 章和附录 D 中使用。

B.2.2 布尔代数

另一种描述组合逻辑函数的方法是使用逻辑方程式，这可以通过使用布尔代数（以 19 世纪数学家布尔的名字命名）来完成。在布尔代数中，所有的变量均取值为 0 或 1，在典型的表达式中，包含如下三种操作符：

- 或（OR）操作，记为 +，例如 $A+B$。或操作的结果如下：如果任意一个变量为 1，则或操作的结果为 1。由于任一变量为 1，或操作结果都为 1，因此或操作也称为逻辑和。
- 与（AND）操作，记为 ·，例如 $A \cdot B$。只有当所有输入均为 1 时，与操作的结果才为 1。由于所有输入为 1 时，与操作结果才为 1，因此与操作也称为逻辑乘。

- 非（NOT）操作，记为 $\overline{A}$，如果输入为 0，则非操作的结果为 1。非操作将会对逻辑值进行取反操作（如果输入为 0，则输出为 1，反之亦然）。

布尔代数中有几条定律对逻辑方程式的处理很有帮助。

- 同一律：$A+0 = A$，$A \cdot 1 = A$
- 0 和 1 律：$A+1 = 1$，$A \cdot 0 = 0$
- 互补律：$A + \overline{A} = 1$，$A \cdot \overline{A} = 0$
- 交换律：$A + B = B + A$，$A \cdot B = B \cdot A$
- 结合律：$A + (B + C) = (A + B) + C$，$A \cdot (B \cdot C) = (A \cdot B) \cdot C$
- 分配律：$A \cdot (B + C) = (A \cdot B) + (A \cdot C)$，$A + (B \cdot C) = (A + B) \cdot (A + C)$

另外，还有两条很有用的定律，称为德·摩根定律，德·摩根定律将在练习题中进行深入介绍。

任何逻辑函数都可以写成一系列的逻辑方程式，其中等式的左边为输出，等式右边为变量及上述三种操作符的组合。

| 例题 | 逻辑方程式

请写出上个例题中逻辑函数 D、E、F 的逻辑方程式。

| 答案 | D 的逻辑方程式为：

$$D = A + B + C$$

F 的逻辑方程式为：

$$F = A \cdot B \cdot C$$

逻辑函数 E 需要一点技巧。将其分为两部分：E 肯定为真的情况（三个输入中的两个必须为真），E 肯定不会为真的情况（三个输入都不能为真）。由此 E 的逻辑方程式可以描述为：

$$E = ((A \cdot B) + (A \cdot C) + (B \cdot C)) + \overline{(A \cdot B \cdot C)}$$

我们也可以通过另一种方法得到 E 的逻辑方程式。考虑到只有当两个输入为真时，E 才为真，因此我们可以将 E 写成三个式子的或操作，其中每个式子为两个输入为真，一个输入为假的与操作，如下所示：

$$E = (A \cdot B \cdot \overline{C}) + (A \cdot C \cdot \overline{B}) + (B \cdot C \cdot \overline{A})$$

在练习题中将验证两个逻辑方程式是等价的。

在 Verilog 中，我们可以通过赋值语句来描述组合逻辑，这部分将在 B.4 节中进行描述。我们可以通过 Verilog 中的异或操作来定义 E：assign E=(A ^ B ^ C)*(A+B+C)*(A * B * C)，这也是一种表示逻辑函数的方法。D 和 F 的定义就更加简单了，与 C 语言的差别不大，如下所示：D = A | B | C，F=A & B & C。

B.2.3 门

逻辑电路是由实现基本逻辑功能的门（gate）构成的。例如，一个与门可以实现与操作，或门可以实现或操作。因为与和或操作是可交换、可结合的操作，因此与门、或门可以有多种输入，输出为所有输入的与、或操作的结果。非操作通过一个反相器实现，反相器只有一个输入。这三种逻辑门的标准表示形式如图 B-2-1 所示。

门：实现基本逻辑功能的器件，比如与门、或门。

逻辑设计基础 489

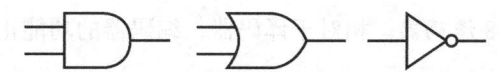

图 B-2-1 从左到右，依次为与门、或门、非门的标准表示形式。每个门的左侧信号为输入信号，右侧信号为输出信号。与门和或门有两个输入信号，非门只有一个输入信号

在描述非门时，更常见的形式并不是明确地画出反相器，而是在需要取反的输入或输出中加一个"气泡"（即小圆圈）。如图 B-2-2 所示，对于逻辑操作 $\overline{\overline{A}+B}$，左侧为使用反相器的表示形式，右侧为使用"气泡"的表示形式。

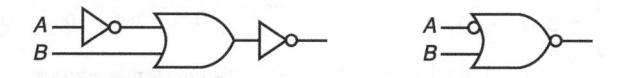

图 B-2-2 用逻辑门实现 $\overline{\overline{A}+B}$，左侧的输入输出均明确地画出了反相器，右侧则使用了"气泡"。该逻辑函数可以简化为 $A \cdot \overline{B}$，或使用 Verilog 来表示 A & ~ B

任何逻辑函数都可以通过与门、或门和非门来实现，有几个练习题要求使用门来实现一些常见的逻辑函数。下一节中，我们将介绍如何通过这些门来实现任意的逻辑函数。

事实上，所有逻辑函数都可以通过单一的某种门来实现，只要这种门是反相的。两种常见的门为**或非门**（NOR gate）和**与非门**（NAND gate），其中或非门是对或门的输出进行取反操作，与非门是对与门的输出进行取反操作。或非门和与非门称为万能门，因为任何逻辑函数都可以通过其中的一种门来实现。下面的练习题将进一步探索这种观点。

| **或非门**：或门的输出进行取反。

| **与非门**：与门的输出进行取反。

小测验 下面的两个逻辑表达式是否等价？如果不等价，给出一组取值来证明它们不等价。
- $(A \cdot B \cdot \overline{C}) + (A \cdot C \cdot \overline{B}) + (B \cdot C \cdot \overline{A})$
- $B \cdot (A \cdot \overline{C} + C \cdot \overline{A})$

B.3 组合逻辑

本节将介绍几种经常使用的较大的逻辑块。同时，我们将讨论结构化逻辑块的设计，这些逻辑块可以通过一种翻译程序，自动由逻辑方程式或真值表来实现。最后，我们将讨论逻辑块组成的阵列。

B.3.1 译码器

在设计大型逻辑单元时，**译码器**（decoder）是经常用到的一种逻辑块。最常见的译码器有 n 个输入，2^n 个输出，对每一种输入组合，只有一个输出信号置为 1。译码器将输入的 n 位数据转化为对应于该数据的二进制形式。因此，译码器的输出常使用数字来编号，如 Out0、Out1…Out2^{n-1}。如果输入数据对应的值为 i，则 Out$i$ 被置为 1，其他所有的输出信号均为 0。图 B-3-1 为一个 3 位译码器及对应的真值表。由于这种译码器有 3 个输入和

| **译码器**：拥有 n 位输入和 2^n 输出的逻辑块。对每一种输入组合，只有一个输出信号为真。

8 个输出，因此也成为 3-8 译码器。相对于译码器，编码器的功能正好相反，编码器有 2^n 个输入和 n 个输出。

输入			输出							
I2	I1	I0	Out7	Out6	Out5	Out4	Out3	Out2	Out1	Out0
0	0	0	0	0	0	0	0	0	0	1
0	0	1	0	0	0	0	0	0	1	0
0	1	0	0	0	0	0	0	1	0	0
0	1	1	0	0	0	0	1	0	0	0
1	0	0	0	0	0	1	0	0	0	0
1	0	1	0	0	1	0	0	0	0	0
1	1	0	0	1	0	0	0	0	0	0
1	1	1	1	0	0	0	0	0	0	0

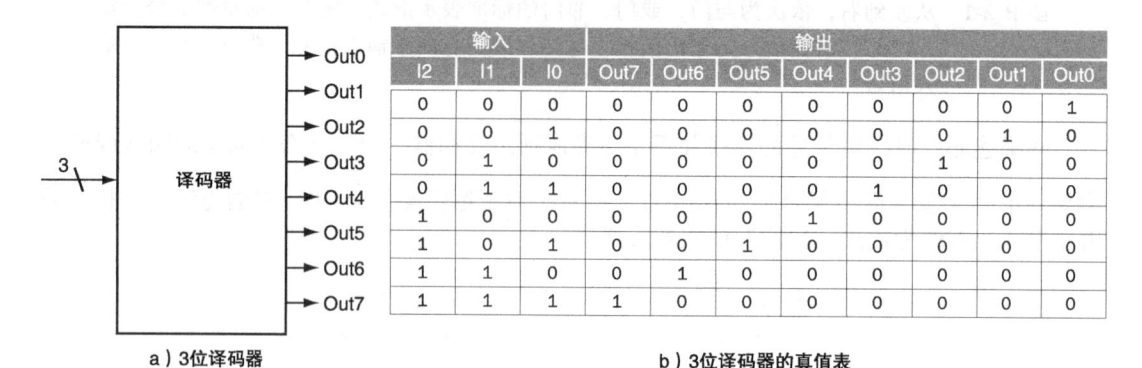

a）3位译码器　　　　　　　　　　　　b）3位译码器的真值表

图 B-3-1　3 位译码器包含 3 个输入（I2、I1、I0）和 8 个输出（Out0～Out7）。正如真值表所示，只有与输入二进制数据对应的输出被置为 1。译码器输入端的 3 表示输入信号为 3 位宽

B.3.2　多路选择器

第 4 章中经常用到一种逻辑块：多路选择器。将多路选择器称为选择器可能更为恰当，因为其输出由控制信号从多个输入中选择一个产生。下面考虑两输入多路选择器。图 B-3-2 左侧给出了该多路选择器，包含三个输入：两个数据信号和一个**选择（控制）信号** [selector（control）value]。其中控制信号决定哪一个输入信号将成为输出信号。图 B-3-2 右侧给出了两输入多路选择器的门级形式，对应的逻辑函数为 $C = (A \cdot \overline{S}) + (B \cdot S)$。

选择信号：也称为控制信号。控制信号用来从多路选择器的多个输入信号中选择一个来作为多路选择器的输出信号。

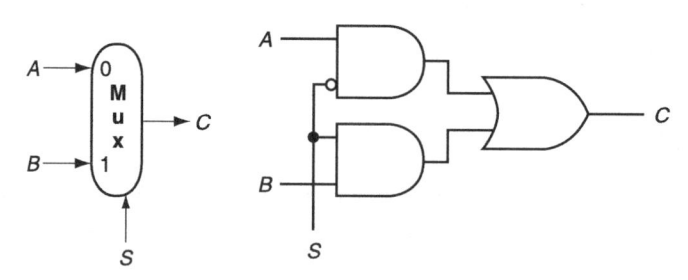

图 B-3-2　左侧为两输入的多路选择器，右侧为对应的门级实现。多路选择器包含两个输入（A 和 B），分别标记为 0 和 1，并且包含一个选择输入信号（S）和一个输出信号（C）。用 Verilog 来实现多路选择器需要稍多一点的工作量，尤其是当输入信号数量大于 2 时，我们将在 B.4 节中进行介绍

多路选择器可以有任意数量的输入信号。当只有两个输入信号时，只需要一个选择信号，如果选择信号为 1 时，选择其中的一个输入作为输出；如果选择信号为 0，则选择另一个输入作为输出。如果有 n 个数据输入，则需要 $\lceil \log_2 n \rceil$ 个选择信号。因此，多路选择器由三个部分组成：

- 生成 n 个信号的译码器，每一个信号代表一个不同的输入值。

- n 个与门构成的阵列，每个与门都将一个输入与来自译码器的一个信号组合在一起。
- 一个较大的或门，用来将与门的输出进行合并。

为了将输入信号与控制信号联系起来，我们经常将数据输入用数字进行标记（如 0，1，2，…，n-1），同时将控制信号解释为二进制形式。有时，我们也使用未译码的选择信号。

在 Verilog 中，通过 if 语句可以很简单地描述多路选择器。对于大型的多路选择器，使用 case 语句将更加方便，但是在对组合逻辑进行综合的时候，需要十分小心。

B-700

B.3.3 两级逻辑和 PLA

如上一节所述，任何逻辑函数都可以通过与门、或门和非门实现。事实上，还有更加规整的实现方法。任意逻辑函数都可以描述成规范形式，即输入信号要么为真，要么为假，并且只有两级门——与门和或门，如果需要，可以在最后的输出进行反相（即需要加一个反相器）。这类表示法称为两级表示法，它有两种形式：**积之和**（sum of products），**和之积**（product of sums）。积之和表示所有乘积（即与操作）的逻辑和（即或操作），和之积正好相反。在前面的例子中，输出 E 有两种形式：

积之和：一种逻辑表达形式，即对所有乘积（由与操作实现）进行逻辑求和（或操作）。

$$E = ((A \cdot B) + (A \cdot C) + (B \cdot C)) \cdot (\overline{A \cdot B \cdot C})$$

和

$$E = (A \cdot B \cdot \overline{C}) + (A \cdot C \cdot \overline{B}) + (B \cdot C \cdot \overline{A})$$

其中第二个表达形式即为积之和：它包含两级逻辑，并且非操作只发生在单个变量上面。第一个表达形式包含三级逻辑。

| **精解** | 我们也可以将 E 写成和之积的形式：

$$E = \overline{(\overline{A} + \overline{B} + C) \cdot (\overline{A} + \overline{C} + B) \cdot (\overline{B} + C + A)}$$

为了得到这种表达形式，需要使用德·摩根定律，德·摩根定律在练习题中讨论。

本书中，我们使用积之和的形式。显而易见，对于任何逻辑函数来说，我们都可以从它的真值表中构造出积之和的形式。真值表中该函数为真（1）的表项对应一个乘积项。乘积项为所有输入或输入取反后的乘积，是否取反取决于真值表中该变量对应的信号是 1 还是 0。而逻辑函数则是函数值为真的那些乘积项的逻辑和。通过一个例子可以更容易理解。

B-701

| **例题** | **积之和** |

写出下面真值表中 D 的积之和的表达式。

输入			输出
A	B	C	D
0	0	0	0
0	0	1	1
0	1	0	1
0	1	1	0
1	0	0	1
1	0	1	0
1	1	0	0
1	1	1	1

答案 由于真值表中有 4 个表项对应的 D 为 1，因此总共有 4 个乘积项，如下：

$$\overline{A} \cdot \overline{B} \cdot C$$
$$\overline{A} \cdot B \cdot C$$
$$A \cdot \overline{B} \cdot \overline{C}$$
$$A \cdot B \cdot C$$

由此，我们可以写出 D 的积之和的形式：

$$D = (\overline{A} \cdot \overline{B} \cdot C) + (\overline{A} \cdot B \cdot C) + (A \cdot \overline{B} \cdot \overline{C}) + (A \cdot B \cdot C)$$

注意，真值表中只有输出为 1 的表项，才能生成对应的乘积项。

利用真值表和两级门表示方法之间的关系，可以为任何逻辑函数生成一个门级的实现。一个逻辑函数集对应一个包含多个输出列的真值表，正如在 B.2 节中的例子所示。每一个输出列都对应一个不同的逻辑函数，这些逻辑函数都可以直接从真值表中构造出来。

积之和的表示方法对应一种常见的称为**可编程逻辑阵列**（Programmable Logic Array，PLA）的结构化逻辑实现方法。PLA 包含一组输入、输入取反的信号（通过反相器来实现）和两级逻辑。第一个逻辑是一个与门阵列，用来生成**乘积项**（product term）[也称为**最小项**（minterm）]，每一个乘积项都由输入信号或对应的反向信号构成。第二级为一个或门阵列，每一个或门都生成任意数量的乘积项的逻辑和。图 B-3-3 显示了 PLA 的基本构成。

可编程逻辑阵列：是一种结构化逻辑单元。PLA 由一组输入信号或其反向信号和一个两级逻辑构成。其中第一级逻辑用来生成输入信号和其反向信号的乘积项，第二级逻辑用来生成这些乘积项的和。因此，PLA 通过乘积项的和时序逻辑函数。

最小项：也称为乘积项。由一组输入信号通过与操作形成。乘积项构成了 PLA 的第一级逻辑。

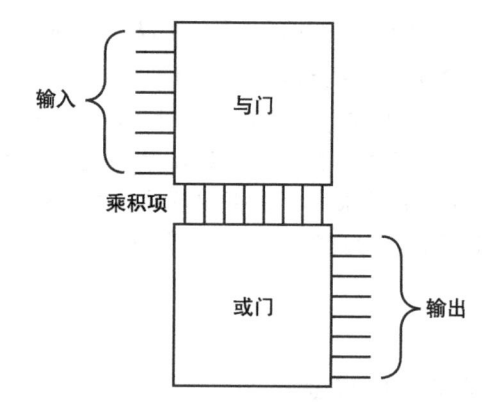

图 B-3-3 PLA 由一个与门阵列和紧跟的或门阵列构成。与门阵列的每一个输入都是若干输入信号或其反向信号的乘积。或门阵列的每一个输入为若干数量的乘积项的和

PLA 可以直接实现多输入多输出逻辑函数的真值表。真值表中输出为真的表项需要一个乘积项，在 PLA 中就有一行与之对应。真值表中每一个输出都与或门阵列中潜在的某一行对应。或门的数量与真值表中输出为真的数量相对应。如图 B-3-3 所示，PLA 的大小等于与门阵列和或门阵列的大小之和。通过观察图 B-3-3 可以发现，与门阵列的大小等于输入信号的数量乘以不同乘积项的数量，或门阵列的大小等于输出信号的数量乘以乘积项的

数量。

PLA 有两个特点使其成为实现逻辑函数的有效方法。首先，真值表的每一项中，至少一个输出为真时，才需要对应的逻辑门。其次，不同的乘积项只对应一个输入，即使该乘积项被多个输出使用也不例外。下面让我们来看一个例子。

| 例题 | PLA

考虑 B.2 节中定义的一组逻辑函数。写出 D、E、F 的 PLA 实现方法。

B-703

| 答案 | 这是我们前面构造的真值表。

输入			输出		
A	B	C	D	E	F
0	0	0	0	0	0
0	0	1	1	0	0
0	1	0	1	0	0
0	1	1	1	1	0
1	0	0	1	0	0
1	0	1	1	1	0
1	1	0	1	1	0
1	1	1	1	0	1

由于真值表中至少有一个输出为 1 的表项共有 7 个，因此与门阵列将有 7 列。与门阵列中行数为 3（因为共有 3 个输入信号），同时或门阵列中也将包含 3 行（因为共有 3 个输出信号）。图 B-3-4 为最终的 PLA，其中的乘积项与真值表中自顶向下的表项相对应。

图 B-3-4 将所有的门都画了出来，事实上，设计者常常只画出与门和或门的位置。当乘积项对应的信号线与输入信号或输出信号交叉时，需要使用点来标注需要的与门和或门。图 B-3-4 中的 PLA 使用这种方法时，结果如图 B-3-5 所示。PLA 的功能在创建时就固定下来了。也存在类似 PLA 结构的逻辑块，称为 PAL，当设计者需要时，可以通过电子编程的方式来使用 PAL。

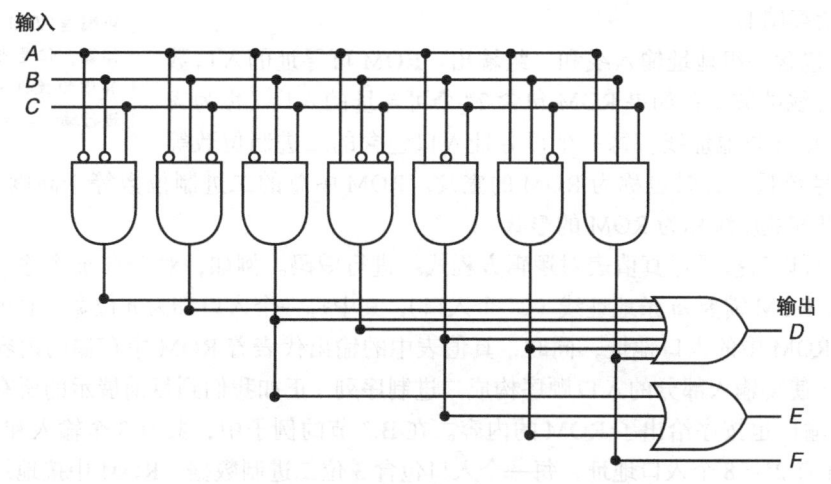

图 B-3-4 例题中逻辑函数对应的 PLA 实现结果

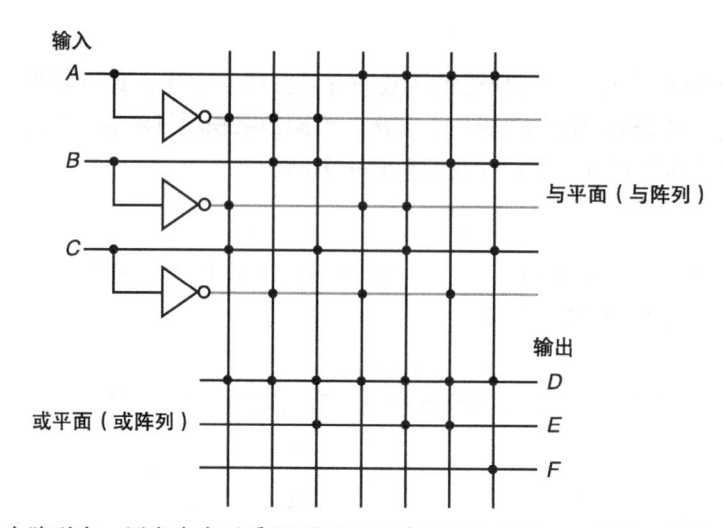

图 B-3-5 在阵列中，用点来表示乘积项及这些乘积项之和的 PLA 结构。图中，在门的选择上没有使用反相器，而是所有输入信号以实际值及其互补的信号连接到与阵列的每个输入上。与阵列中的一个点表示该输入，或其反相值出现在乘积项中。或阵列中的一个点表示相应的乘积项出现在相应的输出上

B.3.4 ROM

另一类可以实现一组逻辑函数的结构化逻辑叫作**只读存储器**（Read-Only Memory，ROM）。ROM 被称为存储器是因为它包含一组可以进行读操作的存储单元，然而，这些存储单元的内容一般在制造的时候就固定下来。除此之外，还有一种**可编程只读存储器**（Programmable ROM，PROM），当设计者知道内容时，可以电子化编程写入。还有可擦除 PROM，这类器件需要一个缓慢的擦除过程，该过程中需要使用紫外线，因此除了设计和调试外，这类设备只用作只读存储器。

ROM 包含一组地址输入线和一组输出。ROM 可寻址的入口数决定了地址线的数量：如果 ROM 包含 2^m 个可寻址的入口（称为高度），则需要 m 条地址线。每一个可寻址入口包含的二进制位数等于输出信号数量，有时也称为 ROM 的宽度。ROM 中总的二进制位数等于高度乘以宽度。有时将高度和宽度统称为 ROM 的形状。

ROM 可以直接通过真值表对逻辑方程式组进行编码。例如，对于有 m 个输入的 n 个方程组来说，ROM 需要 m 条地址线（2^m 个入口），其中每一个入口都为 n 位宽。真值表中的输入代表着 ROM 中的入口地址，同时，真值表中的输出代表着 ROM 中存储的内容。如果组织真值表，使得输入部分的入口顺序构成二进制序列（正如我们到目前展示的所有真值表一样），那么输出也按序给出了 ROM 的内容。在 B.3 节的例子中，共有 3 个输入和 3 个输出，因此 ROM 有 $2^3 = 8$ 个入口地址，每一个入口包含 3 位二进制数据。ROM 中按地址递增顺序排列的各入口对应的数据可直接由上面例子中真值表的输出得到。

ROM 和 PLA 间联系很密切。ROM 是完全译码的：对每一个可能的输入组合，都会输出一个字。而 PLA 是部分译码的。这意味着 ROM 比 PLA 包含更多的入口项。如前面的真

只读存储器：一类存储器，它的数据在制造时就固定下来，之后其数据只能被读出。ROM 作为结构化逻辑，可以将逻辑函数组中的项作为输入地址、将输出作为存储器中的一个字，以此来实现逻辑函数组。

可编程 ROM：一类只读存储器，但是当设计者知道其中的数据时，可以对其进行编程写入。

值表所示，ROM 包含了所有可能的 8 个输入入口，而 PLA 只包含了 7 个乘积项。随着输入数量的增加，ROM 中的入口数量呈指数增长。与此相反，对实际的逻辑函数来说，乘积项数量的增长要缓慢很多（参考附录 D 中的例子）。ROM 和 PLA 间的这种差异，使得 PLA 成为实现组合逻辑函数更有效的方法。ROM 的优势在于，当输入、输出数量匹配时，ROM 可以实现任意的逻辑函数。这种优势使得当逻辑函数发生变化时，ROM 中的内容很容易就随之变化，原因在于 ROM 的大小不需要改变。

除了 ROM 和 PLA 外，现代的逻辑综合系统也将小的组合逻辑块转化为一系列门的组合，自动完成布局布线。尽管一些小的门组合通常占有相对较大的面积，但对于有效的逻辑函数，面积开销仍比 ROM 和 PLA 的刚性结构要小，因此成为逻辑实现的首选方法。

如果要全定制或半定制的集成电路之外的逻辑，更常用的方法是使用现场可编程器件，我们将在 B.12 节中进行讨论。

B.3.5 无关项

在实现组合逻辑时，有时我们并不在乎某些输出的值，其原因可能是另一个输出为真，或者是输入组合的子集决定了输出的值。我们称这种情况为无关项。因为可以简化逻辑函数的实现，所以无关项很重要。

无关项包含两种类型：输出无关项和输入无关项，两者都可以在真值表中体现。当我们对一些输入组合产生的输出不太关心时，就产生了输出无关项。这类输出在真值表中以 X 代替。当一个输出对于一些输入的组合来说属于无关项时，设计者或逻辑优化程序就可以自由地对这些输入产生的输出赋值为 1 或 0。当输出只取决于一部分输入时，就产生了输入无关项，在真值表中也记为 X。

| 例题 | 无关项

考虑一个包含 A、B、C 三个输入的逻辑函数，其定义如下：
- 不管 B 的值为多少，只要 A 或 C 为真，则输出 D 为真。
- 不管 C 的值为多少，只要 A 或 B 为真，则输出 E 为真。
- 虽然 D 和 E 都为真时，我们不关心 F 的值，但是如果三个输入中一个为真，则输出 F 为真。

请写出这个逻辑函数完整的真值表和带有无关项时的真值表。对每一个真值表，PLA 各需要多少个乘积项？

| 答案 | 下面是不带无关项的完整的真值表：

输入			输出		
A	B	C	D	E	F
0	0	0	0	0	0
0	0	1	1	0	1
0	1	0	0	1	1
0	1	1	1	1	0
1	0	0	1	1	1
1	0	1	1	1	0
1	1	0	1	1	0
1	1	1	1	1	0

在没有优化时，这个真值表对应的 PLA 需要 7 个乘积项。带有输出无关项的真值表如下：

附录 B

输入			输出		
A	B	C	D	E	F
0	0	0	0	0	0
0	0	1	1	0	1
0	1	0	0	1	1
0	1	1	1	1	X
1	0	0	1	1	X
1	0	1	1	1	X
1	1	0	1	1	X
1	1	1	1	1	X

当加入输入无关项时，真值表可以被进一步简化，如下所示：

输入			输出		
A	B	C	D	E	F
0	0	0	0	0	0
0	0	1	1	0	1
0	1	0	0	1	1
X	1	1	1	1	X
1	X	X	1	1	X

简化后的真值表对应的 PLA 只需要 4 个最小项，或者采用一个两输入的与门和三个或门来实现（其中两个或门包含三个输入，另一个包含两个输入）。而原始的真值表需要 7 个最小项，可能需要 4 个与门。

逻辑最小化对获得高效的逻辑实现很重要。对任一逻辑进行手工最小化的一个有效工具是卡诺图（Karnaugh map）。卡诺图将真值表以图的形式表示出来，因此可以很容易看出哪些乘积项可以进行合并。但是，由于卡诺图的尺寸和其复杂性，对实际逻辑函数进行手工最小化是不太可能的。幸运的是，逻辑最小化的过程已经高度机械化，可以通过设计工具来完成。在最小化的过程中，设计工具利用了无关项的这个优势，因此，识别出哪些是无关项很重要。附录最后的参考文献中提供了更多的内容，包括逻辑最小化、卡诺图和逻辑最小化算法背后的原理。

B.3.6 逻辑单元阵列

对数据进行的很多组合逻辑操作经常需要一次处理整个字（32 位二进制数）。因此我们希望构建一个逻辑单元的阵列，将一个操作作用在整个输入的集合中。很多时候，我们要在机器内部的一对总线中进行选择。**总线**（bus）是若干数据线的集合，这些数据线被当作单一的逻辑信号对待。（名词"总线"也用来表示一组由多个信号源共享使用的信号线。）

> **总线**：在逻辑设计中，将一组数据线作为一个逻辑信号进行处理，即有多个源和用途的一组共享线。

例如，在 MIPS 指令集中，指令运行的结果被写入寄存器中，而寄存器中的数据可能有两个来源。此时，需要用一个多路选择器来决定哪一个总线上的数据（32 位）将被写入寄存器中。前面提到的 1 位多路选择器，在这里需要被复制 32 次。

在画图时，我们用粗线来区分信号线是总线还是 1 位信号线。大多数总线都是 32 位宽，如果不是 32 位宽，就明确地写出其位宽。当一个逻辑单元的输入和输出为总线时，意味着逻辑单元必须被复制足够的次数来满足输入的位宽。图 B-3-6 显示了一个多路选择器，这个多路选择器在一对 32 位宽的总线间进行选择。同时，图中也显示了该多路选择器是如何通过 1 位多路选择器实现的。有时，我们需要构造逻辑单元的阵列，其中有些单元的输入来自前面单元的输出。例如，多位宽的 ALU 就是这样构造的。在这一类例子中，我们必须明确地显示出如何构造更宽的阵列，因为此时阵列中的单个元件并不是独立存在的。正如 32 位宽多路选择器的例子所示。

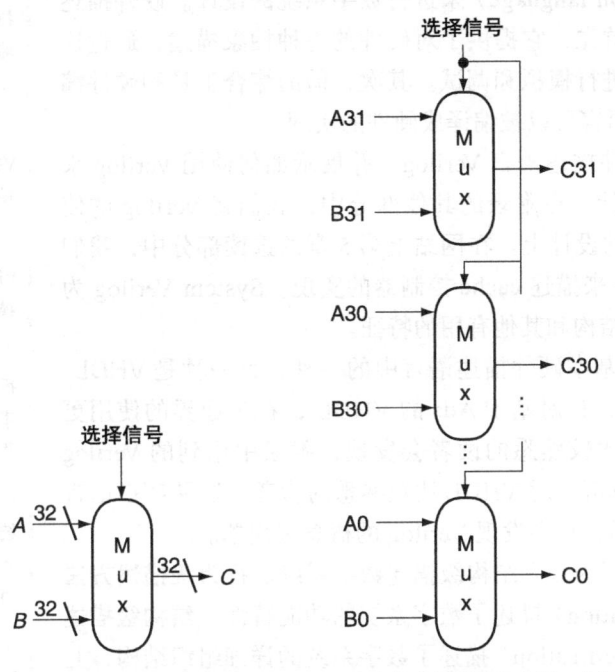

图 B-3-6　为了在两个 32 位宽的输入中进行选择，多路选择器需要被复制 32 次。需要注意，对所有 32 个 1 位多路选择器来说，只使用一位的数据选择信号

小测验　对于奇偶校验函数来说，其输出取决于输入中 1 的数量。对于偶校验函数来说，如果输入中 1 的数量为偶数，则输出 1。假设用 ROM 来实现包含 4 位输入的偶校验函数，A、B、C、D 中哪一个可以表示 ROM 中的内容？

地址	A	B	C	D
0	0	1	0	1
1	0	1	1	0
2	0	1	0	1
3	0	1	1	0
4	0	1	0	1
5	0	1	1	0
6	0	1	0	1
7	0	1	1	0
8	1	0	0	1
9	1	0	1	0
10	1	0	0	1
11	1	0	1	0
12	1	0	0	1
13	1	0	1	0
14	1	0	0	1
15	1	0	1	0

B.4 使用硬件描述语言

当前，处理器和相关硬件系统的设计都是通过**硬件描述语言**（hardware description language）来进行数字系统的设计。硬件描述语言有两个作用。首先，它提供了对硬件的一种抽象描述，通过这种描述可以对设计进行模拟和调试。其次，借助综合工具和硬件编译工具，硬件描述语言可以被编译成硬件的实现。

本节将介绍硬件描述语言 Verilog，并展示如何使用 Verilog 来进行组合逻辑的设计。在附录的其他部分中，我们将 Verilog 的使用扩展到时序逻辑的设计上。在网站上第 5 章的选读部分中，我们使用 System Verilog 来描述 cache 控制器的实现。System Verilog 为 Verilog 增加了一些结构和其他有用的特征。

Verilog 是两种基本硬件描述语言中的一种，另一种是 VHDL。Verilog 基于 C 语言，相对基于 Ada 的 VHDL，在工业界的使用更为广泛。对 C 语言比较熟悉的读者会发现，附录中用到的 Verilog 的基本原理很容易理解。对 VHDL 比较熟悉的读者，如果对 C 语言的语法有所了解的话，将会发现 Verilog 的概念很简单。

Verilog 可以在行为级和结构级描述数字系统。**行为级描述方法**（behavioral specification）描述了数字系统的功能特性。**结构级描述方法**（structural specification）描述了数字系统的详细组织结构，并且通常采用层次描述。结构级描述可以在基本元件的层次结构描述硬件系统，比如在门级和开关级。因此，Verilog 可以用来描述真值表的具体内容和最后一节中的数据通路。

随着**硬件综合工具**（hardware synthesis tool）的出现，大多数设计者都使用 Verilog 或 VHDL，只对数据通路进行结构级描述，之后通过逻辑综合从行为级描述中生成控制系统。另外，大多数 CAD 系统都提供了广泛的标准元件库，如 ALU、多路选择器、寄存器、存储器和可编程逻辑块，当然也包含基本的门电路。

利用库和逻辑综合进行设计时，如果想得到可接受的结果，需要着眼于最终的综合及所需的输出，并据此来写描述语言。对于简单的设计而言，需要考虑的是哪些需要用组合逻辑来实现、哪些需要用时序逻辑来实现。在本节及剩余附录中的大部分例子中，写 Verilog 代码时，我们需要考虑最终的综合结果。

B.4.1 Verilog 的数据类型和操作类型

Verilog 包含两种基本数据类型：
- wire 表示一个组合信号。
- reg（寄存器）存储一个数据，该数据随着时间的推移而变化。尽管实际实现中 reg 常常与一个寄存器相关联，但并不意味着 reg 必须对应一个实际的寄存器。

假设有一个 wire 或 reg，命名为 X，当 X 为 32 位宽时，可以声明为：reg[31:0] X 或 wire[31:0] X，通过最后的索引 0

硬件描述语言：一种描述硬件的编程语言，用来模拟硬件设计，同时也作为综合工具的输入来生成实际的硬件。

Verilog：两种最常用硬件描述语言中的一种。

VHDL：两种最常用硬件描述语言中的一种。

行为级描述：描述一个数字系统如何在功能方面操作运行。

结构级描述：描述一个数字系统是如何通过基本元件的层次化连接进行组织的。

硬件综合工具：一种计算机辅助设计软件，该软件可以通过数字系统的行为级描述来生成门级的设计结果。

wire：在 Verilog 中表示一个组合逻辑信号。

reg：在 Verilog 中表示一个寄存器。

来指定最低有效位。由于经常需要访问 reg 或 wire 的子字段，因此可以通过 [starting bit: ending bit] 访问 reg 或 wire 的一段连续的位，其中的起始位和结束位必须为常数。

reg 阵列可以用来表示寄存器堆或存储器。因此，声明为：

```
reg [31:0] registerfile[0:31]
```

上述语句声明了一个等效于 MIPS 中的寄存器堆，其中寄存器 0 是第一个寄存器。当访问存储阵列时，与 C 语言一样，我们可以使用 registerfile[regnum] 访问其中某个数据。

Verilog 中 reg 或 wire 型数据可能的取值有：

- 0 或 1，表示逻辑假或真。
- X，表示取值未知，所有寄存器初值、未被连接的 wire 数据均为 X。
- Z，表示三态门处于高阻态，在该附录中不对其进行讨论。

常量可以被指定为十进制、二进制、八进制或十六进制。通常我们需要确切地知道一个常量包含多少二进制位，这可以通过在常量前面加一个前缀来表示该常量包含多少二进制位，例如：

- 4'b0100 表示值为 4 的 4 位二进制常量，等价于 4'd4。
- -8'h4 表示值为 -4 的 8 位常量（二进制补码表示）。

数值也可以在 {} 中使用逗号分隔实现连接。{x{bit field}} 表示将 bit field 复制 x 次。例如：

- {16{2'01}} 创建了一个具有 0101⋯01 模式的 32 位数值。
- {A[31:16], B[15:0]} 创建了一个数值，其中高 16 位来自 A，低 16 位来自 B。

Verilog 从 C 语言中继承了一元组和二进制操作符，包括算术运算符（+、-、*、/）、逻辑运算符（&、|、~）、比较运算符（==、!=、>、<、<=、>=）、移位运算符（<<、>>）和 C 语言的条件运算符（?，使用格式为 condition ? expr1 : expr2，当 condition 为真时返回 expr1，否则返回 expr2）。Verilog 中增加了一组逻辑归约运算符（&、|、^），这类运算符对操作数的所有位均进行逻辑操作。例如，&A 返回 A 中所有位进行与操作的结果。^A 返回 A 中所有位异或的结果。

小测验 下面的定义中，哪些定义了相同的数值？

1. 8'b1111 0000
2. 8'hF0
3. 8'd240
4. {{4{1'b1}},{4{1'b0}}}
5. {4'b1,4'b0}

B.4.2 Verilog 程序的结构

Verilog 程序是由模块的组合构成的。这些模块最小可以是一个逻辑门，最大可以是一个完整的系统。Verilog 中的模块类似于 C++ 中的类，但没有类那样强大的功能。模块定义了它的输入和输出，输入和输出分别对应了模块与外部进行连接时的输入接口和输出接口。模块也可能声明一些附加的变量。一个模块的主体由以下几个部分构成：

- initial 结构，该结构对 reg 型变量进行初始化。
- 连续赋值语句，这类语句只出现在组合逻辑中。
- always 结构，该结构既可以用在组合逻辑中，也可以用在时序逻辑中。

- 模块实例化，该结构用来对已经定义的模块进行实例化操作。

B.4.3 Verilog 构造复杂的组合逻辑

关键字 `assign` 表示连续赋值语句，连续赋值语句对应的组合逻辑函数为：输出被连续地赋值，并且只要输入的值发生变化，输出的值也马上发生变化。wire 型变量只能通过连续赋值语句进行赋值。通过连续赋值语句，我们可以定义一个模块来实现半加器，如图 B-4-1 所示。

```
module half_adder (A,B,Sum,Carry);
   input A,B; //two 1-bit inputs
   output Sum, Carry; //two 1-bit outputs
   assign Sum = A ^ B; //sum is A xor B
   assign Carry = A & B; //Carry is A and B
endmodule
```

图 B-4-1 使用连续赋值语句定义的一个半加器 Verilog 模块

使用 Verilog 来构造组合逻辑时，推荐使用连续赋值语句。但是，当需要构造更复杂的结构时，连续赋值语句将变得笨拙和乏味。另一种描述组合逻辑的方法是使用 `always` 块语句，但是使用时需要多加小心。`always` 块中允许使用控制语句，比如 if-then-else、case 语句、for 语句和 repeat 语句。这些语句与 C 语言中的类似，只有少许变化。

`always` 块指定了一个信号列表，表明该块对列表中的信号敏感（信号列表以 @ 开始）。如果敏感信号列表中任一信号发生变化，`always` 块都将重新执行。如果省略了敏感信号列表，则 `always` 块将一直被不停地重新执行。当 `always` 语句块表示组合逻辑时，**敏感信号列表**（sensitivity list）需要包含所有的输入信号。如果 `always` 语句块中包含多条 Verilog 语句，这些语句将被关键字 `begin` 和 `end` 环绕，就像 C 语言中的 { 和 }。`always` 块的示例如下所示：

敏感信号列表：一些信号构成的列表，当这些信号中任一信号发生变化时，always 块都将重新执行。

```
always @(list of signals that cause reevaluation) begin
    Verilog statements including assignments and other
control statements end
```

`reg` 型变量只能在 `always` 块内部进行赋值，需要使用过程性赋值语句（与前面介绍的连续赋值语句不同）。有两种不同的过程赋值语句。其中赋值操作符"="与 C 语言中的类似，右侧语句计算出结果，并赋值给左侧变量。而且，与 C 语言的执行一致，在下一个赋值语句执行前，该赋值语句完成执行。因此，操作符"="被称为**阻塞性赋值**（blocking assignment）。阻塞性赋值对构造时序逻辑来说很有用，我们很快会再次介绍它。另一种过程赋值语句为**非阻塞赋值**（nonblocking assignment），记为"<="。在 `always` 块中的非阻塞赋值语句，当所有非阻塞赋值语句计算出右侧的结果时，就立即赋值给对应的左侧变量。图 B-4-2 为 4 选 1 多路选择器的实现，该例子为使用 `always` 语句块实现的组合逻辑，为了简化程序结构，我们使用了 `case` 语句。`case` 语句与 C 语言中的 `switch` 语句类似。图 B-4-3 给出了 MIPS 中 ALU 的实现，其中也使用了 `case` 语句。

阻塞赋值：Verilog 中，在下一个赋值语句执行前，阻塞赋值完成执行。

非阻塞赋值：一种赋值语句，只有计算出所有非阻塞语句右侧结果时，才进行赋值。

由于在 `always` 块中只能给 reg 型变量赋值，如果希望使用一个 `always` 块描述组合逻辑，则必须非常小心，以确保这个 reg 变量不被综合为一个寄存器，下面的"精解"中给出了许多"陷阱"。

```
module Mult4to1 (In1,In2,In3,In4,Sel,Out);
    input [31:0] In1, In2, In3, In4; /four 32-bit inputs
    input [1:0] Sel; //selector signal
    output reg [31:0] Out;// 32-bit output
    always @(In1, In2, In3, In4, Sel)
    case (Sel) //a 4->1 multiplexor
        0: Out <= In1;
        1: Out <= In2;
        2: Out <= In3;
        default: Out <= In4;
    endcase
endmodule
```

图 B-4-2 使用 case 语句实现的 4 选 1 多路选择器，该多路选择器包含 32 位输入。case 语句与 C 语言中的 switch 语句类似，不同之处在于，在 Verilog 中，只有被 case 选择到的语句才会被执行（就好像每一个 case 状态后面都加了 break 一样），并且不能转到下一个分支

```
module MIPSALU (ALUctl, A, B, ALUOut, Zero);
    input [3:0] ALUctl;
    input [31:0] A,B;
    output reg [31:0] ALUOut;
    output Zero;
    assign Zero = (ALUOut==0); //Zero is true if ALUOut is 0; goes anywhere
    always @(ALUctl, A, B) //reevaluate if these change
        case (ALUctl)
            0: ALUOut <= A & B;
            1: ALUOut <= A | B;
            2: ALUOut <= A + B;
            6: ALUOut <= A - B;
            7: ALUOut <= A < B ? 1:0;
            12: ALUOut <= ~(A | B); // result is nor
            default: ALUOut <= 0; //default to 0, should not happen;
        endcase
endmodule
```

图 B-4-3 MIPS 中 ALU 的 Verilog 行为级定义。通过使用包含基本算术和逻辑操作的模块库，就可以对其进行综合

精解 连续赋值语句总是产生组合逻辑，但是在其他一些 Verilog 结构，即使在 always 块中，也可能在逻辑综合中会产生想不到的结果。最常见的问题是，使用已经存在的锁存器或寄存器来实现时序逻辑，这将导致生成的结果比预期的要慢，并且开销更大。为了保证你设计的组合逻辑可以按这种方式被综合，请务必做到以下几点：

- 将所有的组合逻辑放在连续赋值语句或 always 块中。
- 保证作为输入的所有信号都出现在 always 块的敏感信号列表中。
- 保证每一个通过 always 块的数据通路，都将值赋给同一位组。

最后一点是最容易被忽略的。图 B-5-15 中的例子说明为何要坚持最后这条准则。

小测验 假设所有变量都初始化为 0，下面的 Verilog 包含在 always 块中，则执行完下面的语句后，A、B 的值分别为多少？

```
C=1;
A <= C;
B = C;
```

B.5 构建基本的算术逻辑单元

算术逻辑单元（Arithmetic Logic Unit，ALU）是计算机的核心，ALU 用于执行算术运算，比如加法和减法，也可以用于执行逻辑运算，比如与操作和或操作。本节通过 4 个硬件块（与门、或门、反相器和多路选择器）来构造一个 ALU，并展示组合逻辑是如何工作的。下一节中，我们将展示如何通过更加聪明的设计来加速加法操作。

> ALU：被所有计算机系统作为标准来使用的一个随机数生成器。
>
> Stan Kelly-Bootle，魔鬼词典，1981

因为 MIPS 中一个字为 32 位宽，所以我们需要一个 32 位宽的 ALU。假设我们使用 32 个 1 位宽 ALU 来构建所需的 ALU，那么我们将从如何构建 1 位宽 ALU 开始。

B.5.1 1 位 ALU

逻辑操作是最简单的，因为它们直接映射为图 B-2-1 中的硬件元件。

AND 和 OR 对应的 1 位逻辑单元如图 B-5-1 所示。多路选择器选择是进行 *a* AND *b* 操作还是 *a* OR *b* 操作，如何选择取决于 Operation 的值为 0 还是 1。为了与数据信号线进行区分，多路选择器的控制信号线用灰色表示。需要注意的是，我们需要为多路选择器的控制线和输出线进行重新命名，以便反映它们在 ALU 中的功能。

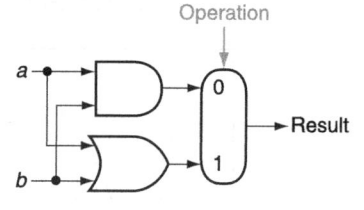

图 B-5-1 与和或的 1 位逻辑单元

下一个需要加入的功能是加法。加法器必须包含两个输入操作数，并输出一位和。同时，需要另外一个输出来传递进位，称为 CarryOut。因为来自相邻加法器的进位是作为输入对待的，因此加法器需要第三个输入，这个输入称为 CarryIn。图 B-5-2 显示了一位加法器的输入和输出。由于我们知道加法操作的作用是什么，因此我们可以通过输入来指定对应的输出，如图 B-5-3 所示。

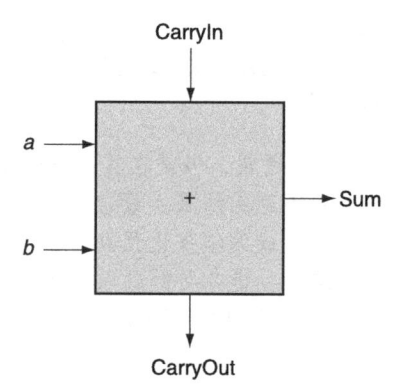

图 B-5-2 1 位加法器。该加法器称为全加器，也称为（3，2）加法器，因为它有 3 个输入端和 2 个输出端。如果一个加法器只有 *a* 和 *b* 两个输入，则称为（2，2）加法器或半加器

我们可以用逻辑方程式来表示输出信号 CarryOut 和 Sum，这些逻辑方程式又可以通过逻辑门来实现。以 CarryOut 为例。图 B-5-4 显示了当 CarryOut 为 1 时，对应输入的值。我们可以将真值表转化为逻辑方程式：

Carry Out = ($b \cdot$ CarryIn) + ($a \cdot$ CarryIn) + ($a \cdot b$) + ($a \cdot b \cdot$ CarryIn)

平静的湖激起涟漪，最低有效位的进位（Result0）能通过所有的加法器传播，使得最高有效位（Result31）产生进位。因此，将 1 位加法器进位直接相连的加法器称为行波进位加法器。从 B.6 节开始我们将看到一种更快连接 1 位加法器的方法。

减法和加上操作数的相反数是等价的，因此可以使用加法器执行减法。快速对一个二进制数补码求相反数的方法是，将这个数按位取反，然后加 1。为了反转每一位，我们只需在 b 和 $\bar{b}$ 之间添加用来选择的 2:1 多路选择器，如图 B-5-8 所示。

假设将 32 个 1 位的 ALU 连接到一起，如图 B-5-7 所示。所添加的多路选择器根据 Binvert 信号选择 b 或其按位取反之后的结果，但是这仅是求二进制数补码相反数的一个步骤。注意，最低位仍然有一个 CarryIn 信号，即使它对加法是不必要的。如果我们用 1 代替 0 来设置 CarryIn 信号，将会发生什么？

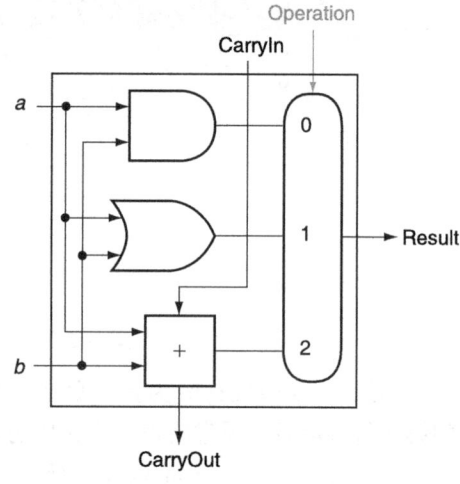

图 B-5-6 完成"与""或"和"加法"运算的一个 1 位 ALU（见图 B-5-5）

加法器会计算 $a+b+1$。通过将 b 取反，就能得到我们想要的结果：

$$a+\bar{b}+1=a+(\bar{b}+1)=a+(-b)=a-b$$

二进制补码加法器的简单设计有助于解释为什么二进制的补码表示已经成为整数计算机运算的通用标准。

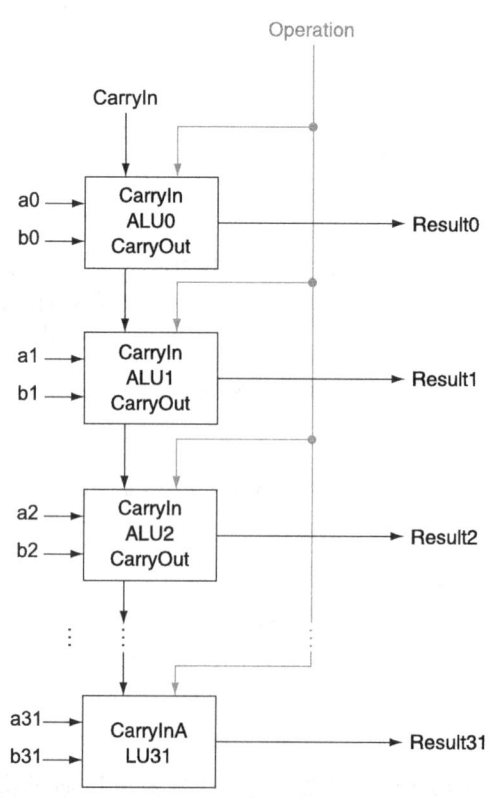

图 B-5-7 由 32 个 1 位 ALU 构成的 32 位 ALU。最低有效位的 CarryOut 信号连接到较高有效位的 CarryIn 信号上，这种组成方式称为行波进位

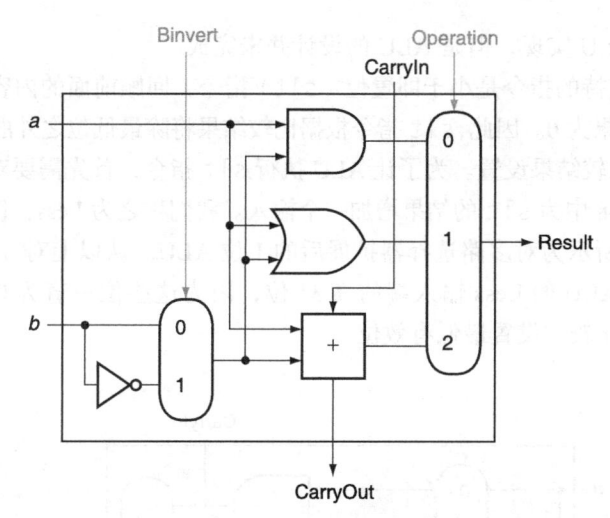

图 B-5-8 一个执行"与""或"以及对 a 和 b 以及 a 和 $\overline{b}$ 执行加法的 1 位 ALU。通过选择 $\overline{b}$（Binvert=1），并将最低有效位上的 CarryIn 设置为 1，从而完成从 a 减去 b 的二进制补码减法，而不在 a 上加 b

MIPS ALU 还需要或非（NOR）功能，我们可以通过重复使用 ALU 内部已经有的硬件来实现这种功能，而不是单独增加一个或非门。或非表达式表示如下：

$$\overline{(a+b)} = \overline{a} \cdot \overline{b}$$

即 a 或 b 的非和非 a 与非 b 是相等的，这也被称为德·摩根定律，在练习题中将进行更加深入的探究。

ALU 上已经有了与和非 b，只需要再增加非 a，图 B-5-9 所示的是改变后的结构。

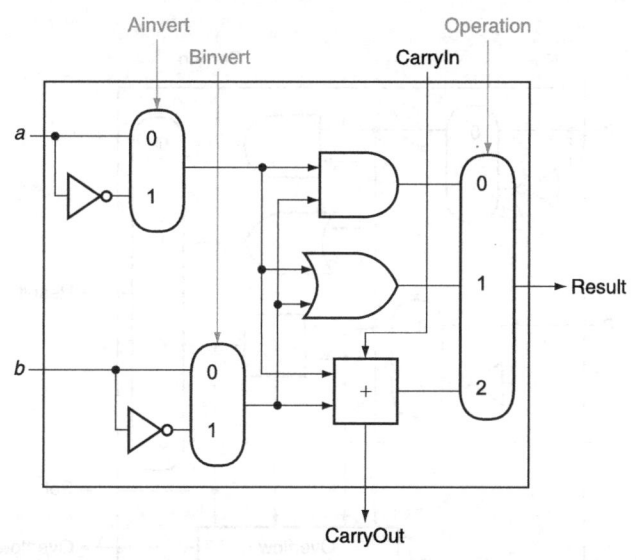

图 B-5-9 执行"与""或"以及对 a 和 b 以及 $\overline{a}$ 和 $\overline{b}$ 执行加法的 1 位 ALU。通过选择 a（Ainvert=1）和 b（Binvert=1），能得到 a NOR b 而不是 a AND b

B.5.3 实现 MIPS 的 32 位 ALU

加、减、与、或 4 个操作几乎在每一台计算机的 ALU 中都能找到，并且大多数的

MIPS 指令都能由 ALU 实现，但是 ALU 的设计并未完成。

还有一条需要支持的指令是小于即置位（slt）指令，回顾前面的内容，如果 rs<rt，操作结果为 1，反之，结果为 0。因此，slt 指令根据比较结果将除最低位之外的所有位都设置为 0，而最低有效位根据比较结果设置。为了让 ALU 执行 slt 指令，首先需要对输入的多路选择器进行扩展，在图 B-5-8 中为 slt 的结果增加一个输入。我们称之为 Less，仅在 slt 中使用。

图 B-5-10 顶部所示为对多路选择器扩展后的 1 位 ALU。从以上对 slt 的描述，我们得知必须将 0 连接到 ALU 的 Less 输入端的高 31 位，因为这些位一直为 0。剩下要考虑的是在 slt 指令中如何比较和设置最低有效位。

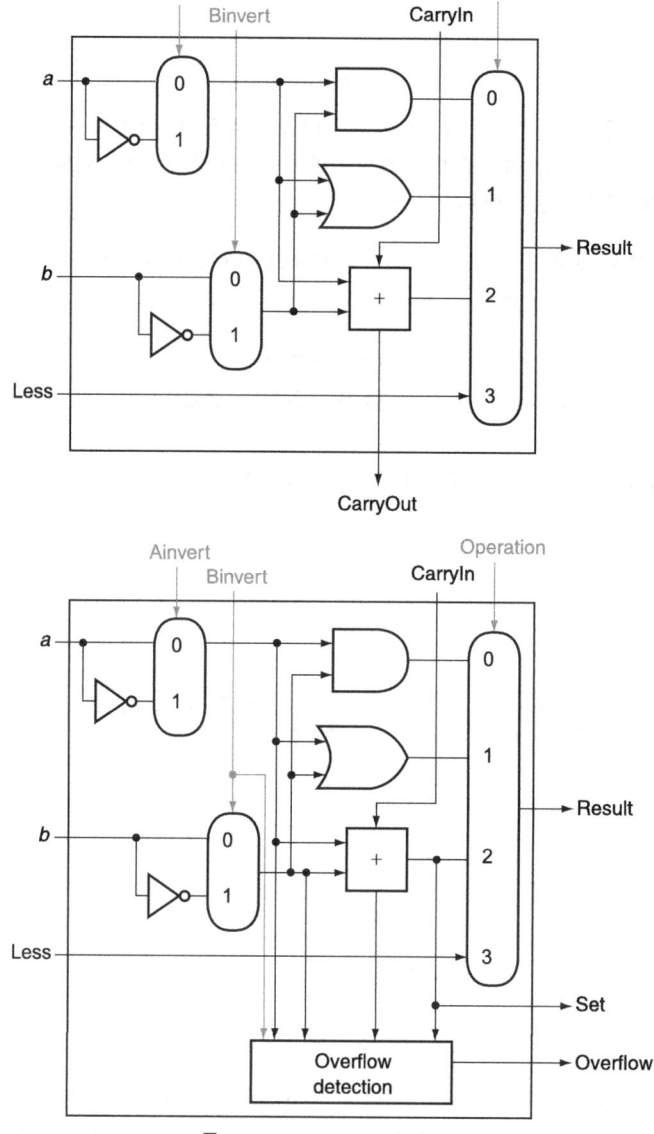

图 B-5-10　顶部为对 a 和 b 或者 $\overline{b}$ 进行"AND""OR"以及加法操作的 1 位 ALU，底部为处理最高有效位的 1 位 ALU。顶部图中有一个直接输入，用来执行 slt 操作（见图 B-5-11）；底部图中的加法器有一个名为 Set 的直接输出，用于指示小于比较的结果（见附录末的练习题 B.24，了解如何用较少的输入计算溢出）

如果用 a 减去 b 会发生什么？如果结果为负值，那么 $a<b$，因为

$$(a-b) < 0 \Rightarrow ((a-b)+b) < (0+b)$$
$$\Rightarrow a < b$$

如果 $a < b$，我们就把 slt 操作中最低位设置为 1；也就是说，$a-b$ 为负数时结果为 1，为正时结果为 0。期望的结果完全与符号位的值对应：1 代表负值，0 代表正值。按照这个结论，仅需要将加法器输出的符号位连接到最低位上，即可得到 slt 的结果。

不幸的是，图 B-5-10 顶部的 ALU 中，在进行 slt 操作时，ALU 输出的 Result 的最高位不是加法器的输出，而是输入值 Less。

因此，最高有效位需要一个新的 1 位 ALU，它有额外的输出位：加法器的输出。图 B-5-10 底部所示的设计是有新输出 Set 的加法器，并且仅用在 slt 中。由于我们需要一个特殊的 ALU 来处理最高有效位，因此增加了溢出检测逻辑，因为它和最高位密切相关。

由于溢出的存在，slt 的检测比之前描述得更加复杂，我们将在练习题中进行探究。图 B-5-11 所示的是 32 位的 ALU。

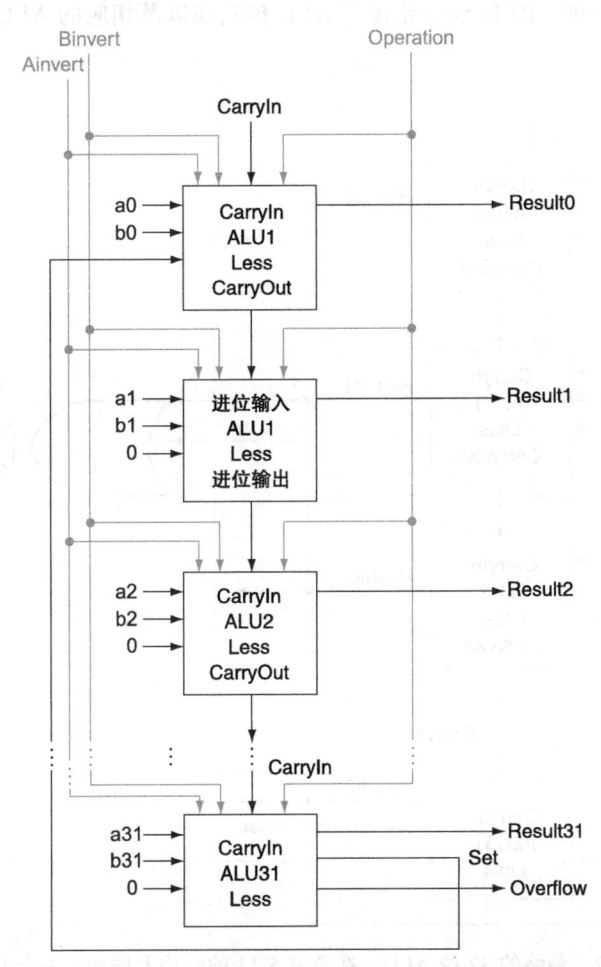

图 B-5-11 复制 31 个图 B-5-10 顶部结构和一个图 B-5-10 底部结构组成的 32 位 ALU。除了最低有效位，输入 Less 都连接到 0，最低位连接至最高有效位的 Set 输出。如果 ALU 执行 $a-b$，并且我们选择图 B-5-10 中多路选择器的输入端为 3，那么如果 $a < b$，则 Result = 0⋯001，其他情况下 Result = 0⋯000

注意，每当要 ALU 做减法运算时，都要将 CarryIn 和 Binvert 信号置为 1。对于加法或者逻辑运算，这两条控制线均为 0。因此可以通过将 CarryIn 和 Binvert 结合为一根控制线，称为 Bnegate，从而简化了 ALU 的控制。

为了使 ALU 更进一步适合 MIPS 指令集，必须支持条件分支指令。这些指令根据两个寄存器相等或不相等进行分支。通过 ALU 检测是否相等最简单的方法是执行 $a-b$ 的操作，并测试其结果是否为 0，由于

$$(a-b=0) \Rightarrow a=b$$

因此，如果增加硬件来测试结果是否为 0，就能测试是否相等。最简单的测试方法是将所有的输出进行或操作，并将结果连接至反相器：

$$\text{Zero} = \overline{(\text{Result31} + \text{Result30} + \cdots + \text{Result2} + \text{Result1} + \text{Result0})}$$

图 B-5-12 给出了修改后的 32 位 ALU。考虑将 1 位 Ainvert 线、1 位 Binvert 线以及 2 位的 Operation 线作为 4 位的 ALU 控制线结合在一起，用以指示执行加、减、与、或，或者 `slt` 指令中的哪一种。图 B-5-13 给出了 ALU 控制线以及相应的 ALU 操作。

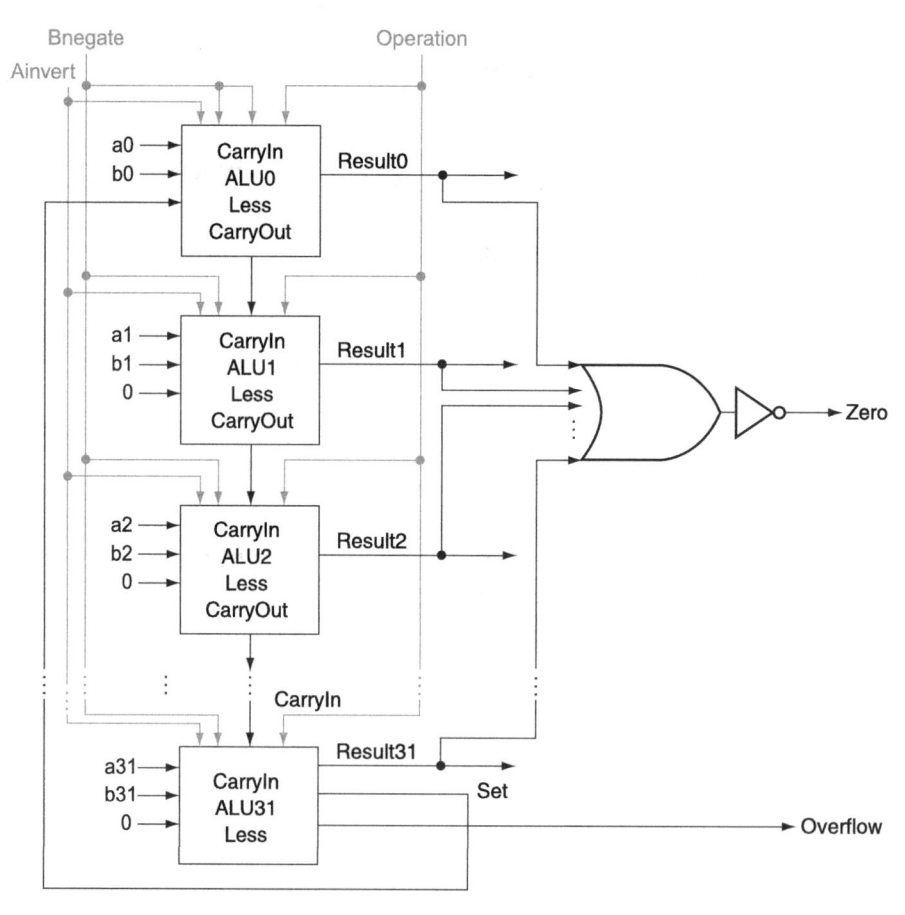

图 B-5-12　最终的 32 位 ALU。在图 B-5-11 的结构上增加了一个 0 检测器

最后，我们看到了一个 32 位的 ALU 的内部结构，我们用通用符号表示一个完整的 ALU，如图 B-5-14 所示。

逻辑设计基础　509

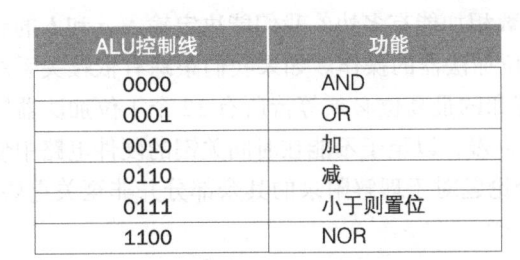

ALU控制线	功能
0000	AND
0001	OR
0010	加
0110	减
0111	小于则置位
1100	NOR

图 B-5-13　ALU 三个控制线、Bnegate 和 Operation 的值以及对应的操作

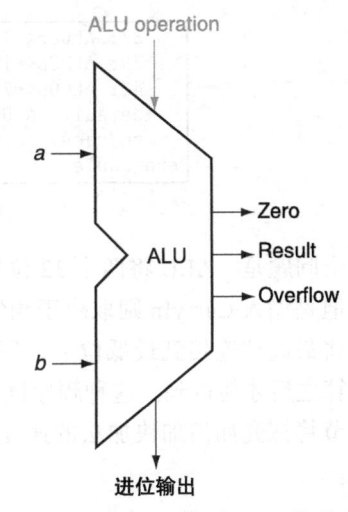

图 B-5-14　图 B-5-12 所示 ALU 的符号图。该符号也被用来表示加法器，因此通常使用 ALU 或 Adder 标记

B.5.4　用 Verilog 定义 MIPS ALU

图 B-5-15 展示了如何用 Verilog 实现 MIPS ALU（组合逻辑），这样的实现方式可能会通过实例化标准单元库中的加法器来编译。为了完整性，图 B-5-16 中展示了 MIPS 的 ALU 控制器（在第 4 章使用过），在这个控制器上我们建立了一个 Verilog 版本的 MIPS 数据通路。

```
module MIPSALU (ALUctl, A, B, ALUOut, Zero);
    input [3:0] ALUctl;
    input [31:0] A,B;
    output reg [31:0] ALUOut;
    output Zero;
    assign Zero = (ALUOut==0); //Zero is true if ALUOut is 0
    always @(ALUctl, A, B) begin //reevaluate if these change
        case (ALUctl)
            0: ALUOut <= A & B;
            1: ALUOut <= A | B;
            2: ALUOut <= A + B;
            6: ALUOut <= A - B;
            7: ALUOut <= A < B ? 1 : 0;
            12: ALUOut <= ~(A | B); // result is nor
            default: ALUOut <= 0;
        endcase
    end
endmodule
```

图 B-5-15　MIPS ALU 的 Verilog 行为级定义

```
module ALUControl (ALUOp, FuncCode, ALUCtl);
    input [1:0] ALUOp;
    input [5:0] FuncCode;
    output [3:0] reg ALUCtl;
    always case (FuncCode)
        32: ALUOp<=2; // add
        34: ALUOp<=6; //subtract
        36: ALUOP<=0; // and
```

图 B-5-16　MIPS ALU 控制：简单的组合控制逻辑

```
37: ALUOp<=1; // or
39: ALUOp<=12; // nor
42: ALUOp<=7; // slt
default: ALUOp<=15; // should not happen
endcase
endmodule
```

图 B-5-16 （续）

下一个问题是，ALU 将两个 32 位的操作数相加能有多快？我们能决定输入 a 和 b 的到来时间，但是输入 CarryIn 则取决于相邻的 1 位加法器的操作。如果我们跟踪有依赖关系的进位链，将最高位连接到最低位上，那么所有和的最高位必须等待所有 32 个 1 位加法器顺序完成计算之后才能得到。这种顺序链的反应太慢，以至于不能在时间关键的硬件电路中使用。下一节将探究如何加快加法的速度，这个论题对于理解附录的其余部分并非至关重要，可以跳过。

小测验 假设想增加 NOT (a AND b) 操作，称为与非（NAND），应如何修改 ALU？
1. 没有改变。你可以用当前的 ALU 快速计算出 NAND，因为 $\overline{(a \cdot b)} = \overline{a} + \overline{b}$，而且已经有 $\overline{a}$、$\overline{b}$ 以及或门。
2. 必须扩展多路选择器以增加另外的输入，然后增加新的逻辑电路来计算 NAND。

B.6 快速加法：超前进位

提高加法器速度的关键在于提高向高位进位的速度。有多种方案来预测进位，使得进位延迟的最坏情况是加法位宽的对数（log2）函数。由于进位经过的逻辑门较少，因此这些预测信号执行得比较快，但需要增加更多的逻辑门来进行预测。

理解快速进位的关键是要理解：无论输入何时改变，硬件都是并行执行的，这一点与软件不同。

B.6.1 使用"无限"硬件的快速进位

正如前面提到的，任何一个逻辑方程式都能用两级逻辑表示。因为外部输入仅有两个操作数和加法器最低位的进入输入 CarryIn，所以，理论上我们可以仅使用两级逻辑来计算所有剩余位的 CarryIn 值。

例如，加法器 bit2 的 CarryIn 实际上是 bit1 的 CarryOu，因此公式为

$$\text{CarryIn2} = (b1 \cdot \text{CarryIn1}) + (a1 \cdot \text{CarryIn1}) + (a1 \cdot b1)$$

类似地，CarryIn1 可以定义为

$$\text{CarryIn1} = (b0 \cdot \text{CarryIn0}) + (a0 \cdot \text{CarryIn0}) + (a0 \cdot b0)$$

用 ci 代替 CarryIni，上式改写为

$$c2 = (b1 \cdot c1) + (a1 \cdot c1) + (a1 \cdot b1)$$
$$c1 = (b0 \cdot c0) + (a0 \cdot c0) + (a0 \cdot b0)$$

将表达式 c1 带入第一个公式 c2，可得：

$$c2 = (a1 \cdot a0 \cdot b0) + (a1 \cdot a0 \cdot c0) \cdot (a1 \cdot b0 \cdot c0)$$
$$+ (b1 \cdot a0 \cdot b0) + (b1 \cdot a0 \cdot c0) + (b1 \cdot b0 \cdot c0) + (a1 \cdot b1)$$

可以想象一下，对于加法器中的更高位，方程式会如何扩大？它将随着位数的增加而快速增加。这一复杂性极大地影响了快速进位的硬件开销，因此这一简单方案对于宽位加法器过于昂贵。

B.6.2 采用第一级抽象快速进位：进位传播和进位生成

大多数快速进位方法对方程式的复杂性进行限制以简化硬件，同时与行波进位相比，速度得到了大幅度提高，其中一种方法称为超前进位加法器（carry-lookahead adder）。在第1章中，已经介绍了计算机系统使用不同的抽象级别来处理其复杂性。超前进位加法器依赖于其实现的抽象层次。

首先考虑原始方程：

$$c_{i+1} = (b_i \cdot c_i) + (a_i \cdot c_i) + (a_i \cdot b_i)$$
$$= (a_i \cdot b_i) + (a_i + b_i) \cdot c_i$$

如果用这个公式重写 c2 的方程，我们将会看到一些重复的部分：

$$c2 = (a1 \cdot b1) + (a1 \cdot b1) \cdot ((a0 \cdot b0) + (a0 + b0) \cdot c0)$$

注意到（$a_i \cdot b_i$）和（$a_i + b_i$）在上面的公式中重复出现，这两个重要函数通常称为进位生成函数（g_i）和进位传播函数（p_i）：

$$g_i = a_i \cdot b_i$$
$$p_i = a_i + b_i$$

用它们来定义 c_{i+1}，可得：

$$c_{i+1} = g_i + p_i \cdot c_i$$

为了理解信号是从哪里得到的，假设 $g_i = 1$，即

$$c_{i+1} = g_i + p_i \cdot c_i = 1 + p_i \cdot c_i = 1$$

也就是说，加法器生成的进位输出（c_{i+1}）独立于进位输入（c_i）。假设 $g_i = 0$，$p_i = 1$，则

$$c_{i+1} = g_i + p_i \cdot c_i = 0 + 1 \cdot c_i = c_i$$

即，加法器将进位输入 CarryIn 传播到进位输出 CarryOut。将以上二者放在一起可得，$g_i = 1$ 或者 $p_i = 1$ 且 CarryIn$_i$ = 1，可得 CarryIn$_{i+1}$ = 1。

作为比喻，想象一排多米诺骨牌，假设两张牌之间没有间隙，那么推倒远处的一张牌便可以使最后一张牌被推倒。类似地，一个进位可以通过生成因子而使其为真，只要它们之间所有的传播因子均为真。

根据传播因子和生成因子的定义，我们将其作为第一级抽象，能更加方便地描述进位输入信号。下面所示的是4位的：

$$c1 = g0 + (p0 \cdot c0)$$
$$c2 = g1 + (p1 \cdot g0) + (p1 \cdot p0 \cdot c0)$$
$$c3 = g2 + (p2 \cdot g1) + (p2 \cdot p1 \cdot g0) + (p2 \cdot p1 \cdot p0 \cdot c0)$$
$$c4 = g3 + (p3 \cdot g2) + (p3 \cdot p2 \cdot g1) + (p3 \cdot p2 \cdot p1 \cdot g0)$$
$$+ (p3 \cdot p2 \cdot p1 \cdot p0 \cdot c0)$$

这些公式只代表一般情况：如果之前的加法器生成了一个进位，并且所有中间的加法器传播了这个进位，那么 CarryIn$_i$=1。图 B-6-1 采用管道来解释超前进位。

即便这种简化的形式也会导致方程式变得很长，因此，即使是一个 16 位的加法器也会有规模相当可观的逻辑。下面我们试着转到两个抽象层次来实现。

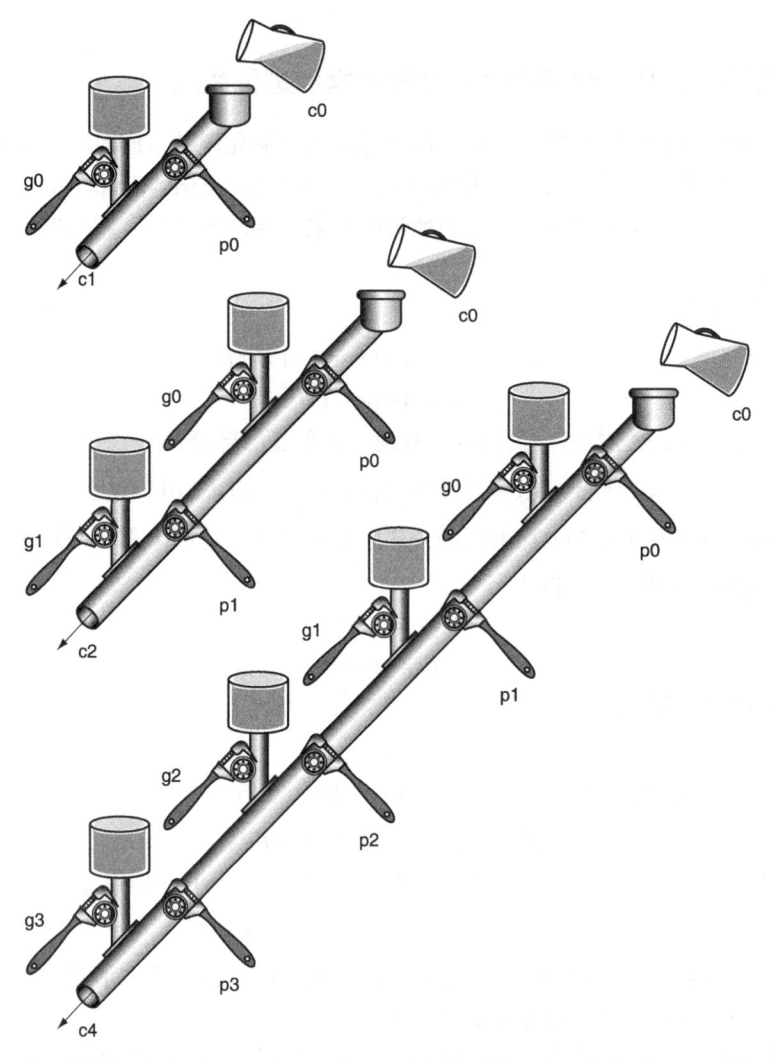

图 B-6-1　使用管道和阀门类比 1 位、2 位、4 位超前进位。扳手用于打开和关闭阀门，水用灰色部分表示，如果最近的进位生成因子的值（gi）处于打开状态，或者第 i 个进位传播因子（pi）也是打开的，并且上游有水（来自之前生成的或从后面传过来的水），那么管道的输出（ci+1）会变满。CarryIn(c0) 能在没有任何进位生成因子的情况下生成一个进位输出，但是需要所有的进位传播因子的帮助

B.6.3　采用第二级抽象快速进位

首先，我们考虑 4 位的加法器，其超前进位逻辑作为一个单独块。如果将 4 位加法器以行波进位形式相连接，从而形成一个 16 位的加法器，那么加法运算将比原来更快，并且只增加了少量硬件。

为了执行得更快，需要将超前进位放置在更高层上。为了实现 4 位加法器的超前进位，需要将传播因子和生成因子也置于较高的层次。下面是 4 位加法器的块：

$$P0 = p3 \cdot p2 \cdot p1 \cdot p0$$
$$P1 = p7 \cdot p6 \cdot p5 \cdot p4$$
$$P2 = p11 \cdot p10 \cdot p9 \cdot p8$$
$$P3 = p15 \cdot p14 \cdot p13 \cdot p12$$

因此，当且仅当组中每一位都将传播一个进位时，用于 4 位抽象的"超级"传播信号（Pi）为真。

对于"超级"生成信号（Gi），我们只关心 4 位的组中最高有效位是否有一个进位。如果最高有效位生成因子为真，那么这些情况是显而易见的。如果较早的一个生成因子为真，而且包括最高有效位在内的所有中间传递因子也为真，以上情况也是会出现的。

$$G0 = g3 + (p3 \cdot g2) + (p3 \cdot p2 \cdot g1) + (p3 \cdot p2 \cdot p1 \cdot g0)$$
$$G1 = g7 + (p7 \cdot g6) + (p7 \cdot p6 \cdot g5) + (p7 \cdot p6 \cdot p5 \cdot g4)$$
$$G2 = g11 + (p11 \cdot g10) + (p11 \cdot p10 \cdot g9) + (p11 \cdot p10 \cdot p9 \cdot g8)$$
$$G3 = g15 + (p15 \cdot g14) + (p15 \cdot p14 \cdot g13) + (p15 \cdot p14 \cdot p13 \cdot g12)$$

图 B-6-2 用管道作为类比，以显示 P0 和 G0。

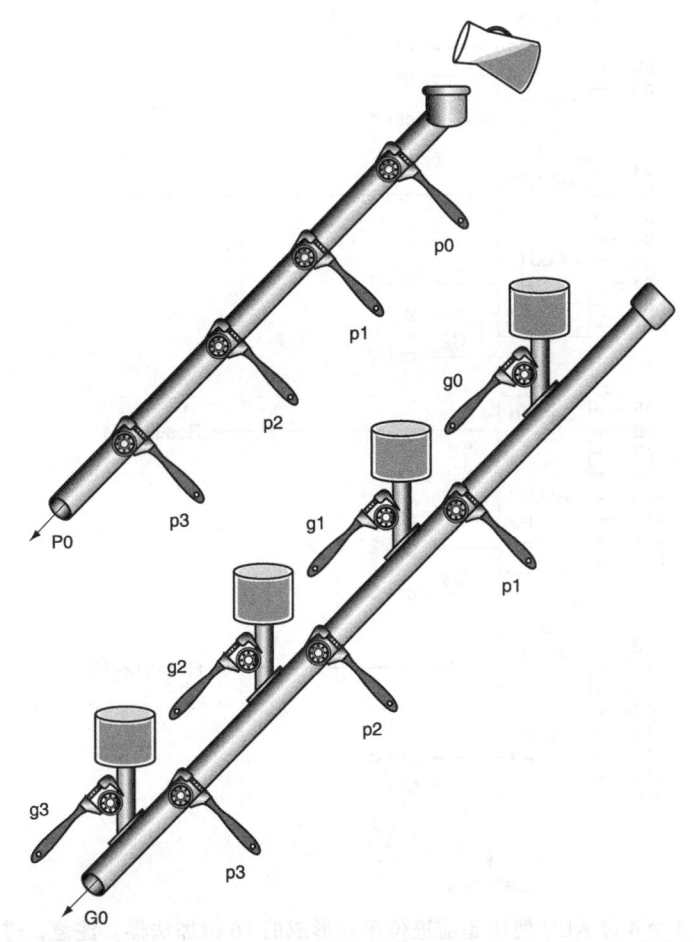

图 B-6-2 下一级超前进位信号 P0 和 G0 的管道类比。仅当所有的 4 个进位传播因子（pi）都打开时 P0 打开，G0 里有水流，仅当至少有一个进位生成因子（gi）打开，并且从该生成因子开始，下游所有的进位传播因子都是打开的

对 16 位加法器的每一个 4 位组的进位在较高的层次上抽象为 C1、C2、C3、C4（如图 B-6-3 所示），类似于 B.6.2 节中 4 位加法器的 c1、c2、c3、c4：

$$C1 = G0 + (P0 \cdot c0)$$
$$C2 = G1 + (P1 \cdot G0) + (P1 \cdot P0 \cdot c0)$$
$$C3 = G2 + (P2 \cdot G1) + (P2 \cdot P1 \cdot G0) + (P2 \cdot P1 \cdot P0 \cdot c0)$$
$$C4 = G3 + (P3 \cdot G2) + (P3 \cdot P2 \cdot G1) + (P3 \cdot P2 \cdot P1 \cdot G0)$$
$$\qquad + (P3 \cdot P2 \cdot P1 \cdot P0 \cdot c0)$$

B-731 ~ B-733

图 B-6-3 中，4 位加法器连接到这样一个超前进位单元。练习题中会探究这些进位方案间速度的差异、多位传播信号和生成信号的不同表示，并讨论 64 位加法器的设计。

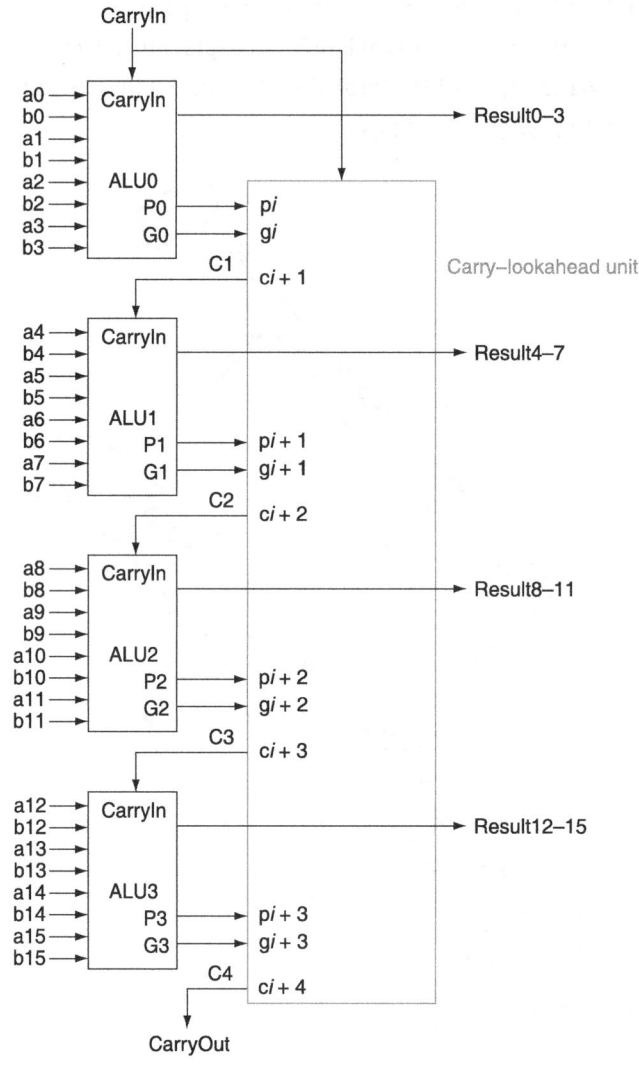

图 B-6-3　用 4 个 4 位 ALU 使用超前进位单元形成的 16 位加法器。注意，进位均来自超前进位单元，而不是 4 位的 ALU

| 例题 | 进位传播因子和进位生成因子 ─────────────────────

确定两个 16 位数的 gi、pi、Pi 以及 Gi 值：

```
a:    0001  1010  0011  0011₂
b:    1110  0101  1110  1011₂
```

同样，CarryOut15（C4）的值是多少？

答案 将各位对齐，很容易得到进位生成因子 gi（ai·bi）和进位传播因子 pi（ai+bi）的值：

```
a:    0001  1010  0011  0011
b:    1110  0101  1110  1011
gi:   0000  0000  0010  0011
pi:   1111  1111  1111  1011
```

从左到右依次标记为 15~0，"超级"进位传播因子（P3、P2、P1、P0）是低级进位传播因子的简单相与。

$$P3 = 1 \cdot 1 \cdot 1 \cdot 1 = 1$$
$$P2 = 1 \cdot 1 \cdot 1 \cdot 1 = 1$$
$$P1 = 1 \cdot 1 \cdot 1 \cdot 1 = 1$$
$$P0 = 1 \cdot 0 \cdot 1 \cdot 1 = 0$$

"超级"进位生成因子较复杂一些，用下式表示：

$$G0 = g3 + (p3 \cdot g2) + (p3 \cdot p2 \cdot g1) + (p3 \cdot p2 \cdot p1 \cdot g0)$$
$$\quad = 0 + (1 \cdot 0) + (1 \cdot 0 \cdot 1) + (1 \cdot 0 \cdot 1 \cdot 1) = 0 + 0 + 0 + 0 = 0$$
$$G1 = g7 + (p7 \cdot g6) + (p7 \cdot p6 \cdot g5) + (p7 \cdot p6 \cdot p5 \cdot g4)$$
$$\quad = 0 + (1 \cdot 0) + (1 \cdot 1 \cdot 1) + (1 \cdot 1 \cdot 1 \cdot 0) = 0 + 0 + 1 + 0 = 1$$
$$G2 = g11 + (p11 \cdot g10) + (p11 \cdot p10 \cdot g9) + (p11 \cdot p10 \cdot p9 \cdot p8)$$
$$\quad = 0 + (1 \cdot 0) + (1 \cdot 1 \cdot 0) + (1 \cdot 1 \cdot 1 \cdot 0) = 0 + 0 + 0 + 0 = 0$$
$$G3 = g15 + (p15 \cdot g14) + (p15 \cdot p14 \cdot g13) + (p15 \cdot p14 \cdot p13 \cdot g12)$$
$$\quad = 0 + (1 \cdot 0) + (1 \cdot 1 \cdot 0) + (1 \cdot 1 \cdot 1 \cdot 0) = 0 + 0 + 0 + 0 = 0$$

最后，CarryOut15 为：

$$C4 = G3 + (P3 \cdot G2) + (P3 \cdot P2 \cdot G1) + (P3 \cdot P2 \cdot P1 \cdot G0)$$
$$\quad\quad + (P3 \cdot P2 \cdot P1 \cdot P0 \cdot c0)$$
$$\quad = 0 + (1 \cdot 0) + (1 \cdot 1 \cdot 1) + (1 \cdot 1 \cdot 1 \cdot 0) + (1 \cdot 1 \cdot 1 \cdot 0 \cdot 0)$$
$$\quad = 0 + 0 + 1 + 0 + 0 = 1$$

因此，这两个 16 位的数相加之后会有一个进位输出。

超前进位能快速进位的原因是，当时钟周期开始时所有的逻辑单元同时开始计算，并且一旦每个门停止变化，结果就不会改变。通过利用更少的门发送进位信号这种快捷方式，门的输出将很快停止变化，因此加法器延迟时间就变少了。

为了更好地理解超前进位的优点，我们可以计算它与行波进位加法器之间的相对性能。

例题 行波进位加法器和超前进位加法器速度的比较

一个为逻辑建立时间模型的简单方法是，假设通过每个与门或者或门的延迟相同。简单计算通过逻辑路径上门的数量来估计时间，比较两个 16 位加法器路径上门延迟的数量，一个用行波进位，另一个用的是两级的超前进位。

答案

B.5 节中的图 B-5-5 所示的每个进位输出信号需要两个门延迟，最低位上的进位输入和最高位上的进位输出之间的门延迟为 16×2 = 32。

对超前进位加法器来说，最高有效位的进位输出正是例子中定义的 C4。用 Pi 和 Gi 两级逻辑上（几个 AND 组成的 OR 式）定义 C4。Pi 在一级逻辑（与门）中用 pi 定义，Gi 在两级逻辑中用 pi 和 gi 定义。因此，下一级抽象最差的情况是两级逻辑。pi 和 gi 都是用 ai 和 bi 定义的一级逻辑。在这个方程中，如果假设每个逻辑级都是一个门延迟，那么最坏的情况是 2 + 2 + 1 = 5 个门延迟。

因此，采用这种简单的硬件速度估算方法，对于一个进位输入到进位输出的通路，16 位超前进位加法器的速度是行波进位加法器的 6 倍。

B.6.4　小结

超前进位加法器提供了比 32 个 1 位加法器构成的 32 位行波进位更快的速度，这个快速通路由两个主要信号构造，分别是进位生成因子和进位传播因子。前者忽略了进位输入，后者沿着进位传播。超前进位加法器又是一个很好的示例，说明了抽象思想在计算机设计中解决复杂化问题的重要性。

> **小测验**　用门延迟对硬件执行速度进行简单评估，8 位的行波进位加法器和一个 64 位的超前进位加法器的相对性能如何？
> 1. 64 位超前进位加法器快 3 倍：8 位加法器有 16 个门延迟，64 位则有 7 个门延迟。
> 2. 它们的速度大约相等，因为 64 位加法在 16 位加法器需要更多的逻辑层次。
> 3. 8 位行波进位加法器比 64 位超前进位加法器快，即使有超前进位。

精解　除了一个算术逻辑操作之外，我们已经描述了核心 MIPS 指令集的全部操作：图 B-5-14 中的 ALU 省略了对移位指令的支持。可以将 ALU 的多路选择器加宽，以包括左移一位和右移一位。硬件设计人员设计了一种电路，称为桶形移位器（barrel shifter），它可以完成 1~32 位之间的任何数位的移位，消耗的时间和将两个 32 位的数字相加的时间相差不大，所以移位操作通常在 ALU 外部完成。

精解　B.5 节中，全加器 Sum 输出的逻辑方程式可以用一个比与门和或门能力更强的门来简单表示，即异或门。如果两个操作数不同，异或门输出为真，即

$$x \neq y \Rightarrow 1, x == y \Rightarrow 0$$

在一些实现工艺中，异或门比与门和或门的执行效率更高，用 ⊕ 来表示异或运算，则等式可以重新表达为：

$$\text{Sum} = a \oplus b \oplus \text{CarryIn}$$

同样，我们用这种传统的门级表示方法来表示 ALU 电路。当今的计算机都是用 CMOS 晶体管（开关）设计的，CMOS ALU 以及桶形移位器利用了开关的优点，而且比文中的设计使用的多路选择器少，但是设计原则是相似的。

精解　当有两个以上的级别时，用小写和大写字母来区分进位生成和进位传播因子的层次结果。g$_{i..j}$ 和 p$_{i..j}$ 代表从 i 位到 j 位的进位生成因子和进位传播因子，因此，位 1 生成 g$_{1..1}$，位 4 到 1 生成 g$_{4..1}$，同样，位 16 到 1 生成 g$_{16..1}$。

B.7 时钟

在我们讨论存储元件和时序电路之前，有必要简要地讨论一下时钟。本节主要讨论这一主题，内容同 4.2 节的讨论类似。更多的关于时钟和时序策略的细节在 B.11 节讨论。

时钟在时序电路中非常重要，它决定了包含状态的存储元件何时被更新。时钟是一个具有固定周期时间的不停运转的信号，时钟频率是周期时间的倒数。如图 B-7-1 所示，时钟周期时间或者说时钟周期被分为两部分，即时钟高电平和时钟低电平。本书中，我们只使用**边沿触发时钟**（edge-triggered clocking）。这意味着所有的状态改变都将发生在时钟边沿。我们之所以使用基于边沿触发的时钟策略，是因为该策略更易于解释。从工艺学的角度来看，很难说基于边沿触发的时钟策略是**时钟同步方法**（clocking methodology）的最好选择。

边沿触发时钟：一种时钟机制，在这种机制下所有的状态改变都发生在时钟边沿。

时钟同步方法：一种根据时钟来决定数据何时有效和稳定的方法。

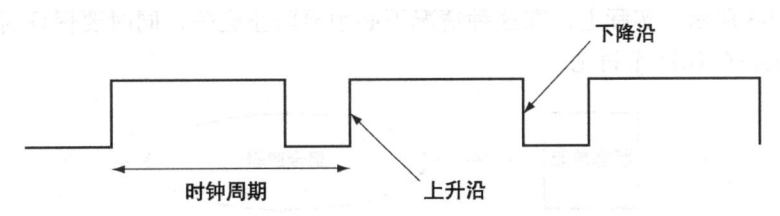

图 B-7-1 时钟信号在高电平和低电平之间振荡。时钟周期是一个完整周期时间。在边沿触发的设计中，可使用有效的上升沿或者下降沿来改变状态

在边沿触发的方法中，可使用有效的上升沿或者下降沿来改变状态。在下一节中我们将会看到，边沿触发设计中的**状态单元**（state element），其内容仅在有效的时钟沿改变。选择哪一个时钟边沿作为有效边沿受实现策略的影响，且不会影响逻辑设计中所涉及的概念。

状态单元：一种存储元件。

时钟边沿作为一个采样信号，会导致状态单元的输入值被采样且存储在状态单元中。使用一个边沿触发器意味着采样过程实际上是瞬时的，可以消除信号在很小的时间差内被采样可能导致的问题。

时钟系统即**同步系统**（synchronous system），最主要的限制是被写入状态单元的信号在有效时钟边沿必须是有效的。信号稳定（不改变）时才是有效信号，并且在输入不变时，信号值不会改变。由于组合电路没有反馈，因此，在组合逻辑的输入没有改变的情况下，组合逻辑单元的输出最终会变为有效。

同步系统：使用时钟的存储系统，且只有当时钟表明信号值处于稳定状态时，数据信号才可以被读出。

图 B-7-2 显示了一个同步时序逻辑设计中状态单元和组合逻辑单元间的关系。状态单元的输出只在时钟边沿之后改变，并为组合逻辑块提供有效的输入。为了保证在有效时钟边沿写入状态单元的数据是有效的，时钟周期必须足够长，才能保证所有在组合逻辑块中的信号都稳定后，在时钟边沿采样这些数据，并将其存储在状态单元中。这个约束设置了时钟周期长度的下限，即时钟周期必须足够长，以满足所有状态单元的输入有效。

在附录的其他部分和第 4 章，我们通常忽略时钟信号，因为我们假设所有的状态单元都会在同一时钟边沿更新。一些状态单元会在所有的时钟边沿被写入，而其他一些仅仅在确定的条件下被写入（如某个寄存器被更新）。在这种情况下，我们会使用一个显式的写信号来

控制这个状态单元。写信号同时钟信号一起控制状态单元的更新，只有在时钟边沿且写信号有效时状态单元才会被更新。我们将在下一节学习和使用这一机制。

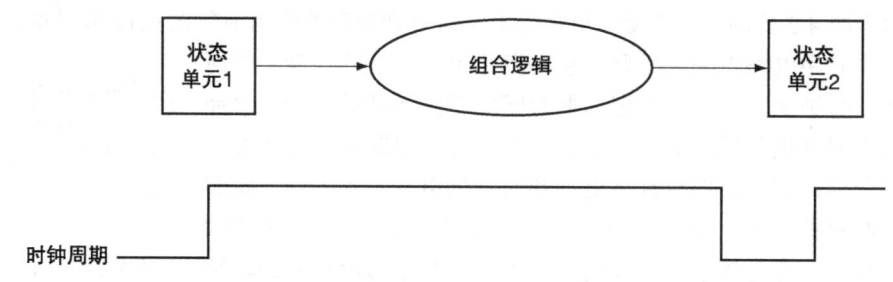

图 B-7-2　组合逻辑块的输入来自状态单元，同时其输出也将写入状态单元。时钟边沿决定了状态单元的内容何时被更新

边沿触发机制的另一优势是可以将一个状态单元同时作为同一组合逻辑块的输入和输出，如图 B-7-3 所示。实际上，在这种情况下必须要防止竞争，同时要保证时钟周期足够长。这一问题将在 B.11 节讨论。

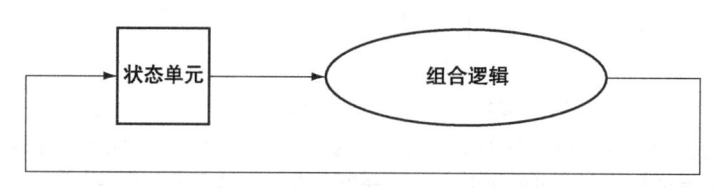

图 B-7-3　边沿触发策略允许一个状态单元在同一个时钟周期内被读写，不会引起导致不确定数据的竞争。时钟周期必须足够长，在有效时钟沿到来前所有状态单元的输入都是稳定的

现在我们已经讨论了时钟是如何用来更新状态单元的，我们将讨论如何构建状态单元。

精解　设计者经常发现，在大多数状态单元中，使少量状态单元在相反的时钟沿进行状态变化非常有用。但是在使用这种方法时需要十分小心，因为会影响到状态单元的输入和输出。为什么设计者还要这么做呢？考虑这样的情况，一部分作为状态单元输入或者输出的组合逻辑十分小，以至于它们可以在半个周期内完成，而不是通常的完整时钟周期。因此状态单元可以在半个周期的时钟边沿被写入，因为输入和输出在半个时钟后期都是有效的。这种技术经常被用在寄存器堆（register file）中，简单的寄存器堆读写通常发生在半个周期。第 4 章使用这种策略来减少流水线开销。

寄存器堆：包含一系列寄存器的状态单元，通过寄存器号进行读写。

B.8　存储元件：触发器、锁存器和寄存器

在本节及下一节中，我们将讨论存储元件的基本原理，从触发器、锁存器开始，再介绍寄存器堆，最后介绍存储器。所有的存储元件都存储着一些状态：存储元件的输出不仅取决于当前的输入，而且与当前存储的数据值有关。因此所有包含存储元件的逻辑块都包含有状态信息，属于时序逻辑。

最简单的存储元件类型是无时钟的，即这些元件都没有任何的时钟输入。因为无时钟的锁存器是最简单的存储元件，所以我们将先讨论这种元件，尽管本书中我们只使用带时钟的存储元件。图 B-8-1 为一个 S-R 锁存器（set-reset 锁存器），该锁存器由一对或非门构成（或

门加输出反相)。输出信号 Q 和 $\overline{Q}$ 表示存储的数据及其反相数据。当 S 和 R 都无效时，交叉耦合的或非门就作为一对反相器，存储先前的 Q 和 $\overline{Q}$ 的值。

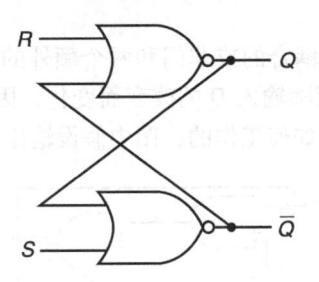

图 B-8-1　一对交叉耦合的 NOR（或非门）可以存储一位数据。输出信号 Q 取反后得到 $\overline{Q}$，然后再对 $\overline{Q}$ 取反后得到 Q。如果 R 或 $\overline{Q}$ 中的一个为有效信号时，Q 就变为无效，反之亦然

例如，如果输出 Q 为真，那么下面的反相器将产生一个值为假的输出（即 $\overline{Q}$），这个输出又成为上面反相器的输入，上面的反相器产生一个值为真的输出，即 Q，之后一直循环下去。如果 S 有效，输出 Q 无效，$\overline{Q}$ 有效；如果信号 R 有效，则输出 Q 有效，输出 $\overline{Q}$ 无效。如果 S 和 R 都无效，则 Q 和 $\overline{Q}$ 最后的数值将被存储在交叉耦合结构内。如果同时将 S 和 R 置为有效信号，可能会导致错误的操作：这取决于 S 和 R 是如何被拉高的，对锁存器来说，结果可能会不停地摆动，也可能处于亚稳态（这部分将在 B.11 节中详细介绍）。

这种交叉耦合结构是构造复杂存储元件的基本结构，构造出来的复杂存储元件可以存储数据。这些存储元件包含额外的门用来存储信号，并且在包含时钟时对存储的数据状态进行更新。下一节将讲述如何构建这些存储元件。

B.8.1 触发器和锁存器

触发器（flip-flop）和**锁存器**（latch）是最简单的存储元件。在触发器和锁存器中，输出信号的值都与存储元件中存储的状态一致。而且，与上面提到的S-R锁存器不同，从现在开始，我们使用的所有触发器和锁存器都是带时钟的，这意味着这些存储元件将包含时钟输入信号，并且状态的改变由时钟触发。触发器与锁存器间的差别在于，引起存储状态发生变化的时间点不同。在包含时钟的锁存器中，只要时钟信号有效，输入信号发生变化就会引起存储状态的变化。然而在触发器中，只有在时钟信号的边沿，存储元件的状态才会变化。因为本书中，我们使用边沿触发的时钟方法，即存储状态只在时钟边沿发生变化，所以我们只使用触发器。触发器大都由锁存器构成，因此我们先介绍简单的带时钟的锁存器，然后再讨论由这些锁存器构成的触发器的一些操作。

触发器：一种存储元件，其输出与内部存储的状态一致，并且内部状态只在时钟的边沿发生变化。

锁存器：一种存储元件，其输出与内部存储的状态一致，当时钟有效时，只要输入发生变化，存储状态就会随之发生变化。

对计算机应用程序来说，触发器和锁存器的功能都是存储信号。一个 D 锁存器或 D 触发器（D flip-flop）将输入的数据信号存储在内部元件中。尽管有很多类型的锁存器和触发器，但 D 触发器是我们所需的唯一基本器件。D 锁存器包含两个输入和两个输出。两个输入中一个是要存储的数据（D），一个是时钟信号（C），时钟信号用来指示锁存器什么时候读取输入 D 的值并进行存储。输出信号就是内部状态 Q 和其反

D 触发器：包含一个输入数据的触发器，这类触发器只在时钟信号的边沿，才能将输入信号存储到内部元件中。

向信号 $\overline{Q}$。当输入时钟 C 有效时，锁存器称为打开状态，此时输出信号 Q 的值为输入信号 D 的值。当输入时钟无效时，锁存器处于关闭状态，此时锁存器的输出 Q 等于锁存器最后一次打开时所存储的数据。

图 B-8-2 显示了如何用交叉耦合的或非门和两个额外的门来构造 D 锁存器。由于当锁存器处于打开状态时，输出 Q 的值随输入 D 的改变而变化，因此这种结构有时也称为透明锁存器。图 B-8-3 显示了 D 锁存器是如何工作的，图中假设输出 Q 初始化为假，并且 D 先改变。

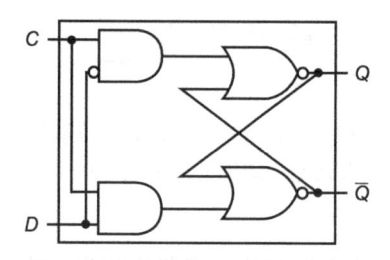

图 B-8-2 一个用或非门实现的 D 锁存器。如果其他的输入为 0，则或非门作为反相器使用。因此，交叉耦合的或非门存储状态值，直到输入时钟 C 变为有效。此时，输入 D 将替代 Q，并被存储起来。在时钟信号 C 由有效变为无效时，必须保证输入信号 D 的稳定

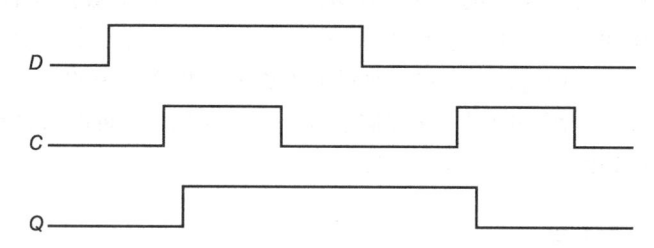

图 B-8-3 D 锁存器的操作，假设输出信号被初始化为无效。当时钟 C 有效时，锁存器被打开，输出信号 Q 的值立即变为输入 D 的值

正如前面提到的那样，我们使用触发器作为基本构造单元，而不是使用锁存器。触发器不是透明的：其输出只在时钟边沿发生变化。触发器可以设计成在时钟上升沿或下降沿进行触发，在本书的设计中我们可以使用任意一种类型。图 B-8-4 显示了如何用一对 D 锁存器来构造下降沿触发的 D 触发器。在 D 触发器中，输出在时钟边沿存储。图 B-8-5 显示了这个 D 触发器是如何操作的。

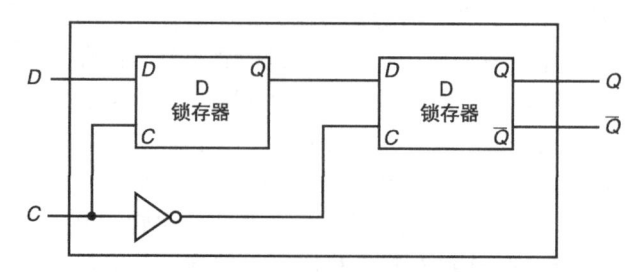

图 B-8-4 下降沿触发的 D 触发器。第一个锁存器称为主锁存器。当输入时钟 C 有效时，主锁存器打开，接收输入数据 D。当输入时钟 C 变为无效时，主锁存器关闭，但第二个锁存器打开，并且主锁存器的输出作为第二个锁存器的输入信号。第二个锁存器称为从锁存器

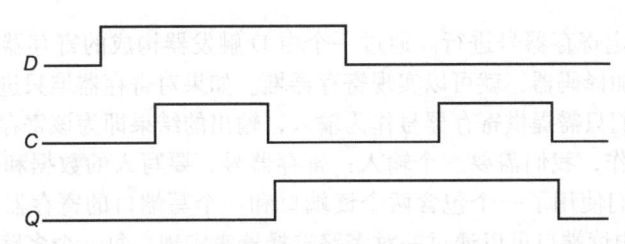

图 B-8-5　下降沿触发的 D 触发器的操作，假设其输出被初始化为无效。当时钟 C 从有效变为无效时，输出 Q 将存储输入信号 D 的值。与图 B-8-3 中的 D 锁存器相比，在带时钟的锁存器中，只要时钟 C 为高电平，存储的数据和输出 Q 就发生变化，相反，触发器只在时钟翻转时才发生变化

下面是上升沿触发的 D 触发器的 Verilog 代码，假设信号 C 为输入时钟，D 为输入数据：

```
module DFF(clock,D,Q,Qbar);
    input clock, D;
    output reg Q; // Q is a reg since it is assigned in an always block
    output Qbar;
    assign Qbar = ~ Q; // Qbar is always just the inverse of Q
    always @(posedge clock) // perform actions whenever the clock rises
    Q = D;
endmodule
```

由于输入 D 在时钟边沿被采样，因此在时钟边沿之前和之后的这段时间内，D 必须保持有效。在时钟发生跳变前，输入信号必须保持有效的最短时间，称为**建立时间**（setup time）；在时钟跳变后，输入信号必须保持有效的最短时间，称为**保持时间**（hold time）。因此任何触发器（或任何由触发器构造的设备）的输入必须在一个时间窗口内保持有效，这个时间窗口开始于时钟跳变前 t_{setup} 时间，结束于时钟跳变后的 t_{hold} 时间，如图 B-8-6 所示。B.11 节将更详细地介绍时钟和时序约束，包括触发器的传播延时。

> 建立时间：在时钟发生跳变前，输入信号必须保持有效的最短时间。
>
> 保持时间：在时钟跳变后，输入信号需要保持有效的最短时间。

B-743

图 B-8-6　下降沿触发的 D 触发器的建立时间和保持时间。输入信号在时钟跳变前和跳变后的一段时间内保持有效。时钟跳变前，输入信号必须保持有效的最短时间称为建立时间；时钟跳变后，输入信号必须保持有效的最短时间称为保持时间。如果违反了最小建立时间和最小保持时间，触发器的输出可能变得不可预测，正如 B.11 节所述。保持时间要么为 0，要么是一个很小的值，因此不需要担心建立时间

我们可以使用 D 触发器的阵列来构建一个寄存器，寄存器可以存储多位数据，比如一个字节或一个字。在第 4 章中，我们在数据通路中使用了寄存器。

B.8.2　寄存器堆

寄存器堆是数据通路中一个重要的核心结构。寄存器堆包含一组可读写的寄存器，寄

存器的读写通过指定寄存器号进行。通过一个由 D 触发器构成的寄存器阵列，并对每一个输入或输出端口添加译码器，就可以实现寄存器堆。如果对寄存器堆只进行读操作，不会改变其状态，那么我们只需提供寄存器号作为输入，输出的结果即为该寄存器号对应寄存器中的数据。对于写操作，我们需要三个输入：寄存器号、要写入的数据和一个控制写入的时钟。第 4 章中，我们使用了一个包含两个读端口和一个写端口的寄存器堆。该寄存器堆如图 B-8-7 所示。其中读端口可以通过一对多路选择器来实现，每一个多路选择器的位宽与寄存器堆中单个存储器的位宽相等。图 B-8-8 为 32 位宽寄存器堆两个读端口的实现方法。

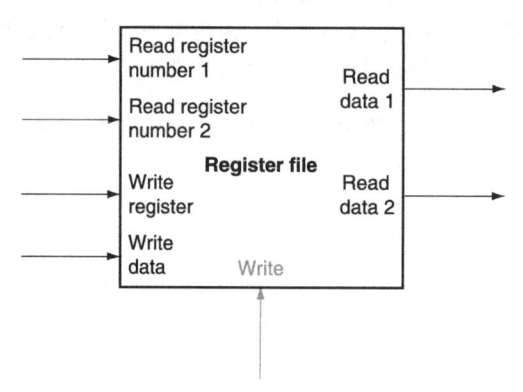

图 B-8-7　一个包含两个读端口和一个写端口的寄存器堆，该寄存器堆包含 5 个输入和 2 个输出。写控制信号用灰色表示

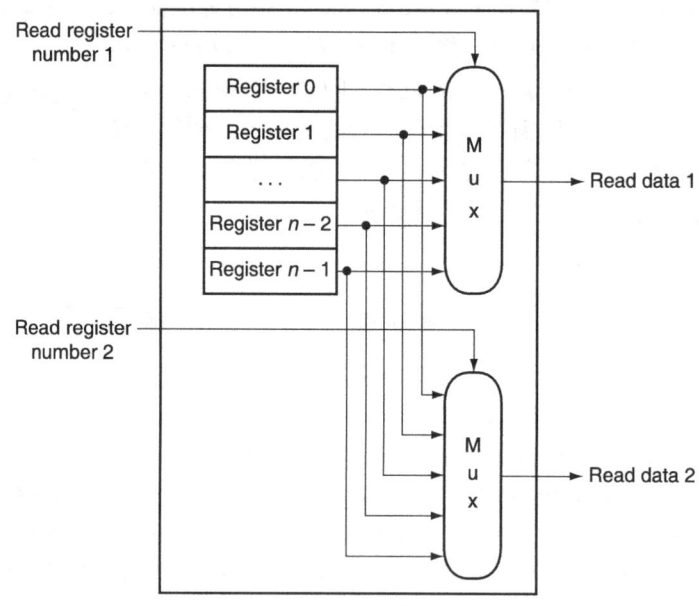

图 B-8-8　寄存器堆（含有 n 个寄存器）的两个读端口，可以通过一对 n 选 1 多路选择器来实现读端口，每个多路选择器为 32 位宽。读操作时的寄存器号用作多路选择器的选择信号。图 B-8-9 显示了如何实现写端口

实现寄存器写端口有点复杂，因为我们只能更改指定寄存器的内容。为了达到这个目的，可以使用一个译码器来生成一个信号，用该信号来决定要对哪个寄存器进行写操作。图 B-8-9 显示了如何实现寄存器堆的写端口。需要注意的是，触发器的状态只在时钟边沿发生变化。在第 4 章中，我们明确地为寄存器堆中连接了写信号，并且假设图 B-8-9 中的时钟是默认连接的。

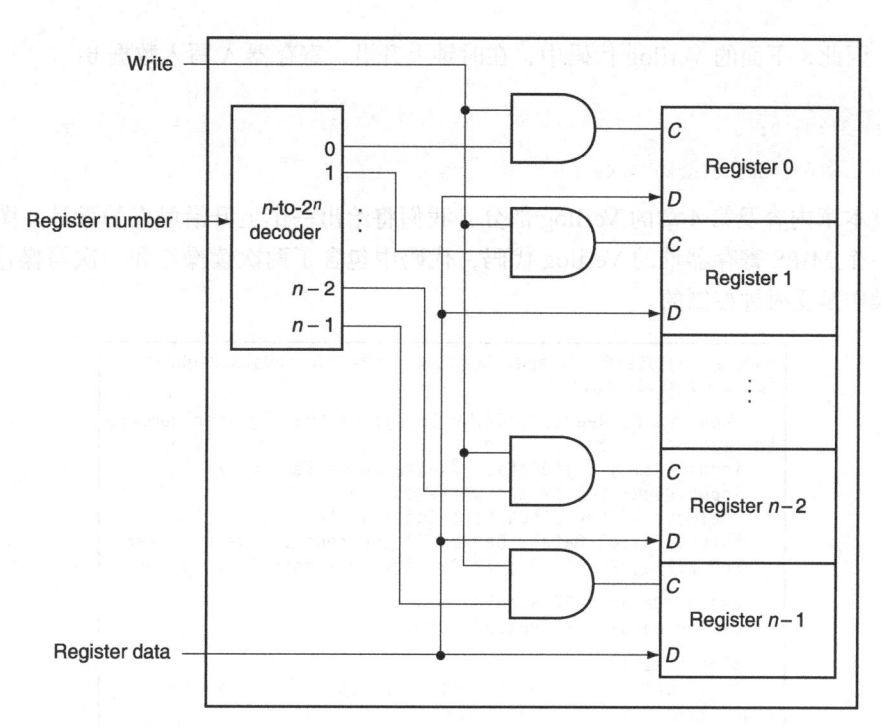

图 B-8-9 寄存器堆的写端口通过一个译码器来实现,译码器与写控制信号一起生成信号 C 并输入寄存器。所有的三个输入(寄存器号、数据、写控制信号)都存在建立时间和保持时间的约束,以保证正确的数据被写到寄存器堆中

如果在一个时钟周期中,对寄存器同时进行读写,将会发生什么?因为写寄存器堆出现在时钟边沿,因此在读操作时,寄存器是有效的,正如图 B-7-2 中所示。读出的数据将是上一个时钟周期写入的数据。如果我们想要读出当前正在写入的数据,则需要在寄存器内部或外部添加额外的逻辑。第 4 章广泛使用了这类寄存器。

B.8.3 用 Verilog 描述时序逻辑

用 Verilog 来描述时序逻辑,我们必须知道如何生成时钟,如何描述何时将数据写入寄存器中,以及如何指定时序控制。我们先来描述一个时钟。时钟并不是 Verilog 中预定义的变量,我们可以在一个语句前使用符号 #n 来生成一个时钟,这将导致该语句在 n 个模拟时间单位之后被执行。在大多数 Verilog 模拟器中,也可以产生一个时钟来作为外部输入,允许用户在模拟过程中,指定需要模拟器运行的时钟周期数。

图 B-8-10 中的代码实现了一个简单的时钟,该时钟高电平和低电平都保持一个模拟时间单元,之后进行状态翻转。为了实现时钟,我们使用了延迟和阻塞赋值语句。

```
reg clock; // clock is a register
always
  #1 clock = 1; #1 clock = 0;
```

图 B-8-10 一个时钟的 Verilog 描述

接下来,我们定义边沿触发寄存器的操作。在 Verilog 中,这是通过使用 always 块的敏感信号列表实现的,并且相应地使用 posedge 或 negedge 来指定上升沿触发还是下降沿触发。因此，下面的 Verilog 代码中，在时钟上升沿，寄存器 A 写入数据 b：

```
reg [31:0] A;
wire [31:0] b;
always @(posedge clock) A <= b;
```

通过本章内容及第 4 章的 Verilog 部分，我们将给出一个上升沿触发的设计。图 B-8-11 显示了一个 MIPS 寄存器堆的 Verilog 代码，代码中包含了两次读操作和一次写操作，其中只有写操作是受时钟控制的。

```
module registerfile (Read1,Read2,WriteReg,WriteData,RegWrite,
Data1,Data2,clock);
   input [5:0] Read1,Read2,WriteReg; // the register numbers
to read or write
   input [31:0] WriteData; // data to write
   input RegWrite, // the write control
     clock; // the clock to trigger write
   output [31:0] Data1, Data2; // the register values read
   reg [31:0] RF [31:0]; // 32 registers each 32 bits long
   assign Data1 = RF[Read1];
   assign Data2 = RF[Read2];
   always begin
      // write the register with new value if Regwrite is high
      @(posedge clock) if (RegWrite) RF[WriteReg] <= WriteData;
   end
endmodule
```

图 B-8-11 用行为级描述的 MIPS 寄存器堆。该寄存器堆在时钟上升沿进行写操作

> **小测验**　图 B-8-11 中寄存器堆的 Verilog 代码中，正在进行读操作的寄存器对应的输出端口使用的是连续赋值语句。但是寄存器的写入使用的是 always 块。下面哪一项是其原因？
> a. 没有特殊原因，只是为了方便。
> b. 因为 Data1 和 Data2 是输出端口，WriteData 是输入端口。
> c. 因为读操作是一个组合事件，而写操作则是一个时序事件。

B.9 存储元件：SRAM 和 DRAM

寄存器和寄存器堆可以作为基本构建单元来构造小容量存储器，但是，大容量存储器由 SRAM（Static Random Access Memory，静态随机访问存储器）或者 DRAM（动态随机访问存储器）来构建。我们首先讨论比较简单的 SRAM，然后讨论 DRAM。

> SRAM：一种存储器，其中的数据是静态存储的（如触发器），而不是动态存储的（如 DRAM）。SRAM 比 DRAM 快，但是密度较小，每位的价格更高。

B.9.1 SRAM

SRAM 是包含存储阵列的简单集成电路，存储阵列通常包含一个访问端口，该端口可以用来提供读或写。SRAM 对任一单元的访问时间都是固定的，尽管读操作和写操作的特征不同。根据可寻址单元的数量和每个可寻址单元的位宽，SRAM 芯片有特定的配置。例如，一个 4M × 8 的 SRAM，可以提供 4M 的入口，每个入口 8 位宽。因此它共有 22 条地址线（4M = 2^{22}）、8 位宽的输出数据线和 8 位宽的输入数据线。与 ROM 类似，可寻址单元的个数称为高度，每个可寻址单元的位宽称为宽度。因为多种技术原因，最新最快的 SRAM

常常使用较窄的配置：×1 和 ×4。图 B-9-1 显示了一个 2M×16 的 SRAM 的输入和输出信号。

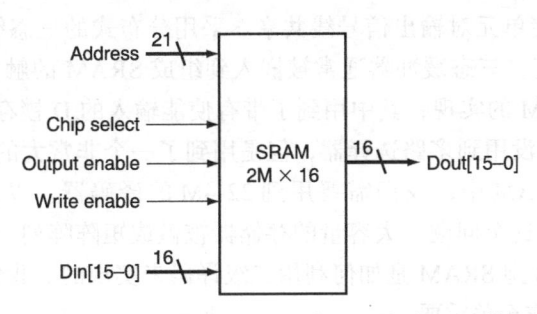

图 B-9-1　一个 2M×16 的 SRAM，其中包括 21 位地址线（2M=2^{21}）和 16 位输入线，3 条控制线和 16 位输出线

为了启动读写操作，片选信号（Chip select）必须处于有效状态。对于读操作，必须激活并使用输出使能信号（Output enable），该信号用来控制被地址选中的数据能否驱动到管脚上。输出使能信号允许多个存储器连接到单输出总线上，并且用于决定由哪个存储器来驱动总线。SRAM 读取数据所需的时间通常被定义为从输出使能信号有效一直到数据输出到总线上为止。2004 年，最快的基于 CMOS 的 SRAM 的读取时间为 2～4ns，但这样的 SRAM 容量较小，数据宽度较窄，更大容量（2004 年时以达到 32M 数据以上）的 SRAM 的读取时间为 8～20ns。过去 5 年间，消费类产品和数码设备对低功耗 SRAM 的需求增长很快，这些 SRAM 通常具有更低的待机和访问功耗，但速度通常要比普通的 SRAM 慢 5～10 倍。最近，类似同步 DRAM（下一节讨论）的同步 SRAM 也开发出来了。

进行写操作时，输入端必须提供要写入的数据、目的地址以及写控制信号。当写使能信号和片选信号为真时，数据线上的值就写入由地址线指定的存储单元中。与 D 触发器和 D 锁存器类似，SRAM 地址线和数据线上的信号也有建立时间和保持时间的要求。同时，写使能信号不是时钟触发边沿，而是有最小宽度要求的脉冲。写操作完成时间则由建立时间、保持时间以及写使能脉冲宽度共同决定。

大容量的 SRAM 不能通过寄存器堆的方式实现。寄存器堆中的 32-1 多路选择器是切实可行的，但想把 64K-1 多路选择器用于 64K×1 的 SRAM 是不切实际的。大容量存储器不采用多路选择器，而是通过一条共享的输出信号线（称为位线）来完成，存储阵列中有多个存储单元可以驱动位线。为了满足多个存储单元驱动一条信号线，需要用到三态缓冲器。三态缓冲器有两个输入：数据信号和输出使能信号，还有一个输出信号，输出信号有三种状态：有效、无效或高阻。如果输出使能信号有效，其输出值为输入值（无论是否有效）。否则，其输出为高阻态，这时将由其他的输出使能有效的三态缓冲器决定共享输出的数据。

图 B-9-2 描述了用一组三态缓冲器和译码

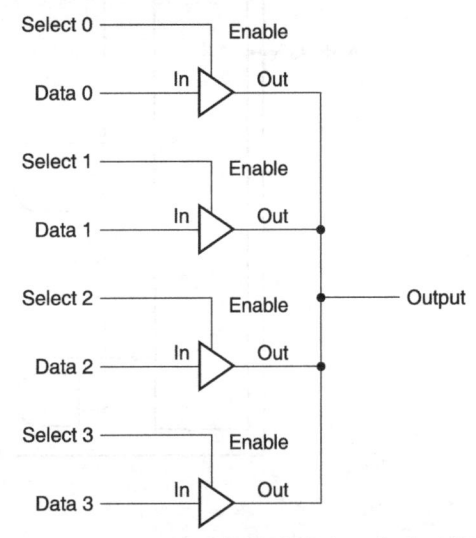

图 B-9-2　用 4 个三态缓冲器实现多路选择器。4 个选择输入信号（select）中只能有一个有效。三态缓冲器在输出使能信号无效时输出高阻态，在输出使能有效时驱动共享的输出线

后输入构成的多路选择器。该电路的关键在于，任意时刻至多允许一个缓冲器的输出使能有效；否则，三态缓冲器将会发生输出线竞争现象。在 SRAM 中，每个存储单元使用三态缓冲器，就能实现存储单元对输出信号线共享。采用分布式的三态缓冲器比大规模集中式的多路选择器效率更高。三态缓冲器通常被嵌入到组成 SRAM 的触发器中。图 B-9-3 描述了小容量的 4×2 SRAM 的实现，其中用到了带有使能输入的 D 锁存器来控制三态输出。

图 B-9-3 的设计中没用到多路选择器，但是用到了一个非常大的译码器和大量的字线。例如，在 4M×8 型 SRAM 中，我们需要用到 22-4M 的译码器，以及 4M 条字线（用于各触发器使能）！为解决这个问题，大容量的存储器被做成矩阵阵列，并且使用了二级译码。图 B-9-4 给出了 4M×8 型 SRAM 是如何利用二级译码来实现的。我们可以看到，二级译码对于理解 DRAM 的运作至关重要。

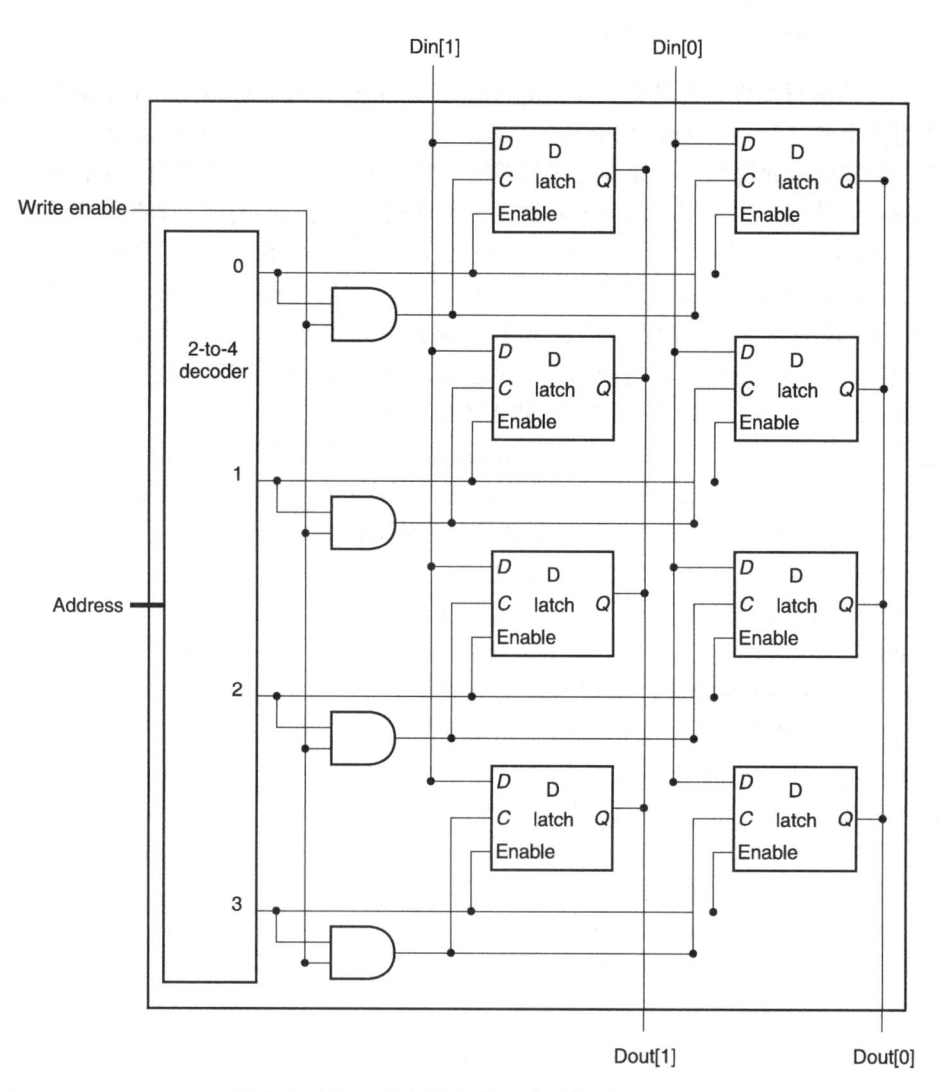

图 B-9-3　4×2 SRAM 的基本结构，其中译码器用来选择哪一对单元有效。被激活的单元采用三态输出连接到垂直的位线，而选择单元的地址信息则通过水平地址线中的某条线（称为字线）传送。简单起见，此处省略了输出使能信号和片选信号，但它们很容易通过与门接入

近年来，同步 SRAM 和同步 DRAM 都在发展。同步 RAM 的优点在于能将存储阵列中或存储行中一系列顺序地址内的数据以突发（burst）方式传输。突发传输要定义一个起始地址和突发传输长度。同步 RAM 的速度优势在于，在突发传输时，无须指定额外的地址位，而是使用时钟控制传输连续的数据位。在突发传输模式下，省去指定地址的开销将大大增加邻数据块的传输效率。正因为这个优点，同步 SRAM 和同步 DRAM 在计算机存储系统中大量应用。在下一节和第 5 章中，更详细地讨论了存储系统中同步 DRAM 的使用。

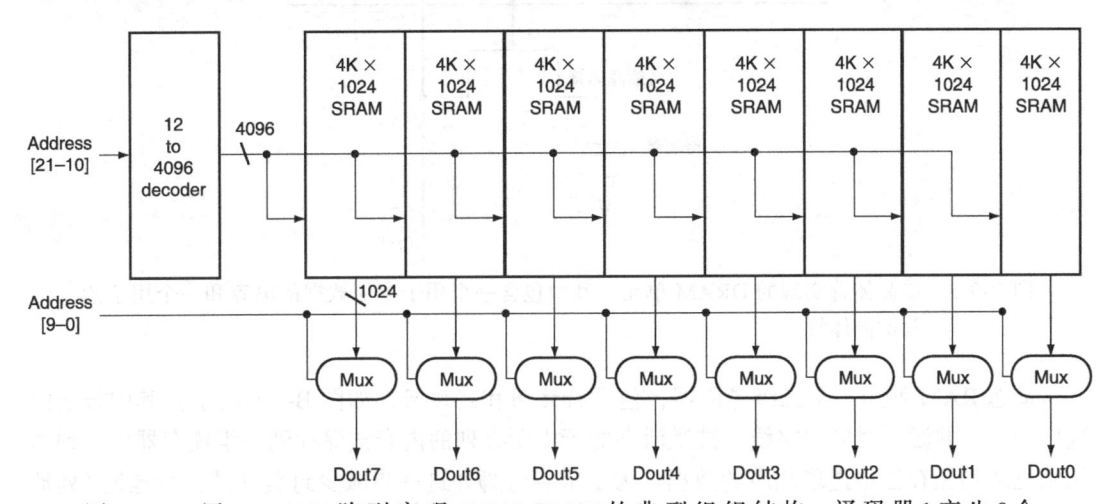

图 B-9-4 用 4K×1024 阵列实现 4M×8 SRAM 的典型组织结构。译码器 1 产生 8 个 4K×1024 阵列的地址，然后由多路选择器（Mux）从每个 1024 位宽的阵列中选出 1 位。该设计远比单级译码器简单，单级译码器需要一个庞大的多路选择器。实际上，现在这个大小的 SRAM 可能使用更多数量的模块，并且每一块会更小

B.9.2 DRAM

在静态 RAM（SRAM）中，一个单元中的数据保存在一对反相门电路中，所以持续供电，数据就会一直保持。而在动态 RAM（DRAM）中，数据是以电荷量的形式被保存在电容中，通过晶体管来存取数据。在动态 RAM 中，对每一位数据的读取只用到了一个晶体管，其密度更高，单位价格更低。相比而言，静态 RAM 中每单位比特（每一位）就需要 4～6 个晶体管。由于动态 RAM 中的数值是以电荷量的形式保存在电容中，因此不能永久保存，需要不断刷新来保持数值。这就是该存储结构称作"动态"的缘由。

为实现对存储单元的刷新，我们需要定期读出该内容并且回写到原单元中去。电荷量通常能维持几毫秒，相当于 100 万个时钟周期。目前，单芯片存储控制器能独立于处理器完成刷新功能。如果我们只能将动态 RAM 中的内容逐位读出再逐位回写，那么对于容量为几兆字节的存储器，必须持续进行刷新，而没有时间对数据进行存取操作。幸好 DRAM 中也采用了二级译码结构，这就可以在读周期后紧跟一个写周期实现整行刷新（共享一条字线）。通常，刷新工作只占了 DRAM 的 1%～2% 的活跃周期，剩下的 98%～99% 的时间可以用来处理数据存取。

精解 动态 RAM 如何实现读/写存储器单元的信息？单元内的晶体管实际是一个开关，允许存放在电容中的电荷量被读取或写回。图 B-9-5 就是单个晶体管存储单元的结构。传输晶体管的开关作用如下：当字线上的信号有效时，开关闭合，将电容连到字线上。如果是写操作，相应的写入数据就被放到该字线上。如果该数值为 1，则电容被充电；否则电容放电。

由于动态 RAM 必须能检测到电容中极少的电量,因此读操作略微复杂。通常,在激活字线准备读出数据前,位线先被充电到额定电压的一半状态。然后通过激活字线,电容上的电荷可被读出到位线。这导致位线向高电平或低电平方向稍稍偏移,并且这种变化能够通过敏感放大器(能够检测电平上很小的变化)进行检测。

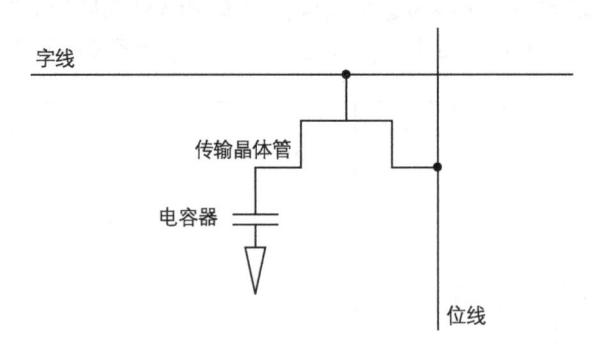

图 B-9-5 单晶体管实现的 DRAM 单元。其中包含一个用于存储数据的电容和一个用于读写的晶体管。

动态 RAM 使用一个二级译码器,包含行访问和列访问,如图 B-9-6 所示。其中行访问选中一行,并激活对应的字线。被激活态的行中所有列的内容被保存到一组锁存器中。列访问则是从列锁存器中选取相应的数据。为了节省管脚并进一步减少封装开销,行地址/列地址将共享地址线。由一对信号线 RAS(Row Access Strobe,行访问选通脉冲)和 CAS(Column Access Strobe,列访问选通脉冲)来表明是行地址还是列地址。刷新过程只是简单地将列信息读入列锁存器,然后再写回相同的值到存储单元中。于是在一个周期之内就可以完成行刷新。二级寻址方法,再加上中间转换电路,会导致 DRAM 的存取时间变长,一般为静态 RAM 的 5~10 倍。2004 年,典型的 DRAM 访问时间为 45~65ns,256Mbit 的 DRAM 已量产,2004 年第一季度第一个 1GB 的 DRAM 样品也被生产出来了。单位比特更低的成本使得 DRAM 成为主存的首选,而更快的访问速度使得 SRAM 成为 cache 的首选。

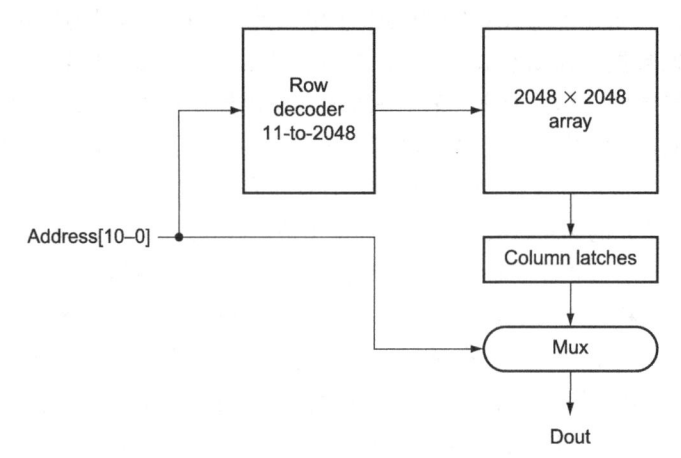

图 B-9-6 用 2048×2048 阵列组成 4M×1 DRAM。采用 11 位地址选择一行,然后再锁存到 2048 个 1 位锁存器中。多路选择器从 2048 个锁存器中选择输出。RAS 和 CAS 信号则分别控制地址线送给行译码器还是列多路选择器

读者可能会注意到,64M×4 的 DRAM 在每次行访问时实际能访问 8K 位,而在列访问

时就丢弃了几乎所有位，只剩下 4 位。DRAM 设计师早已通过 DRAM 内部结构实现了更宽的带宽。这通过允许在行地址不变的情况下，不断改变列地址来实现对列锁存器中其他位的访问。为了使这个过程更快更精确，地址输入受时钟的控制，这样便产生了目前主要使用的 DRAM 形式：同步 DRAM 或称为 SDRAM。

1999 年以来，SDRAM 成为大多数基于 cache 的主存系统中存储芯片的首选。在时钟信号的控制下，SDRAM 在一个突发周期内顺序传输一行中的连续数据位，从而提供数据的快速访问。2004 年，DDRRAM（Double Date Rate RAM，双倍数据传输率 RAM）是使用最多的 SDRAM 类型。之所以称为双倍数据传输率，是因为在外部时钟的上升沿和下降沿都能传输数据。如第 5 章所讨论的，这些高速传输模式可用于提高主存储器的可用带宽，以满足处理器和 cache 的需要。

B.9.3 纠错

因为在大容量存储器中可能发生数据损坏的情况，故而大多数计算机系统都会采用各种校验码来检测可能的数据错误。一种简单且常用的校验码是奇偶校验码。奇偶校验码对数据中 1 的个数进行计数。如果数据中 1 的个数为奇数，则属于奇校验，否则属于偶校验。当数据往内存写入时，校验位也被写入（奇校验为 1，偶校验为 0）。同时，当数据被读出时，校验位也被读出并校验。如果所存储的数据的奇偶性和读出的校验位不一致时，说明数据出错。

1 位奇偶校验能检测出最多 1 位错。如果数据中有两位出错，那么 1 位校验法就可能不再奏效，因为校验位正好会与两个错误匹配。（实际上，1 位校验法能测出任何有奇数位出错的数据，但因为出错位数超过 3 位的概率实在很小，所以我们常用 1 位校验码来检测数据中是否有一位出错。）当然，该方法无法确定数据中哪位出错。

1 位奇偶校验是一种**检错码**（error detection code）；另一种称为纠错码（Error Correction Code，ECC）的编码则既能检测错误，还能对错误进行纠正。对于大容量主存，许多系统采用的纠错码不仅能检测出两位之内出错的情况，并且还具有纠正功能。这些方法采用多位编码方式，例如，主存采用的典型编码为每 128 位数据中需要 7 位或 8 位校验码。

检错码：能够检查数据是否出错，但无法确定出错位置且无法纠正错误的校验码。

精解 1 位奇偶校验码是距离为 2 的编码方法，这就是说，对于数据和校验位而言，任何 1 位数字的改变都会被检测出该数据出错。例如，当改变某个数据位时，校验位就出错，反之亦然。当然，如果我们同时改变两位（两个数据位，或一个数据位和一个校验位），那么奇偶校验位同数据依旧匹配，也就无法检测出错误了。因此，我们将这种校验定义为距离为 2 的校验码。

为了能检测出多于 1 个的错误或纠正一个错误，我们需要距离为 3 的校验码。也就是说，为了判别带校验码的数据是否正确，纠错码和数据位的任何组合至少需要有 3 位数字与其他组合不同。假设存在这样的校验码，并且数据中有一位出错，这时，我们就能检测到数据中有一位出错，并能纠正；如果有两位出错，我们能检测到错误的发生，但无法纠正。下面参考一个例子，表中为一个 4 位数据项数据字和距离为 3 的纠错码。

数据	校验位	数据	校验位
0000	000	1000	111
0001	011	1001	100
0010	101	1010	010
0011	110	1011	001
0100	110	1100	001
0101	101	1101	010
0110	011	1110	100
0111	000	1111	111

为了说明校验过程，我们不妨以 0110 为例。0110 的纠错码是 011。该数据发生一位错误的可能情况有以下 4 种：1110, 0010, 0100, 0111。注意，011 既是数据 0110 的校验码，也是数据 0001 的校验码。如果校验电路接收到含有 1 位错的数据（4 个可能错误的数据之一），那么肯定是数据 0110 或 0001 出错。这 4 个错误的数据和正确的 0110 只有 1 位不同，每个都和 0001 有 2 位不同，因此该校验码可以很容易地判断 0110 数据有误，同时还能加以纠正。为了使两位错误能够被检测出来，简单的方法就是发生两位错的所有组合都有另外一种编码。使用相同编码的方法使码字中有三位不同。但是如果想纠正 2 位错误，就会得到错误的结果，因为该纠正机制仅对 1 位出错有用。如果我们想实现对 1 位、2 位都具有纠错功能，那就需要一个距离为 4 的校验码。

我们在上例中将数据和校验码给区分出来。但事实上，纠错码把编码和数据看作一个更长的字（在例子中是 7 位）。因此，编码和数据中的错误等同对待。

尽管上例中的 n 位数据需 n−1 位校验码，但随着数据位数的增加，校验的位数增长较慢。例如，在距离为 3 的校验码中，64 位数据只需 7 位校验码，128 位数据只需 8 位校验码就能实现。这种校验码叫汉明码，以 R. Hamming 命名，他首先发明了该校验码的编码方法。

B.10 有限状态机

前面已经讲过，数字逻辑电路可分为组合电路和时序电路。时序系统的状态存放在存储器中，其行为不仅依赖于输入信号，同时也与存储器中的内容和系统的初始状态有关。因此，时序系统无法用真值表加以描述，而可以用**有限状态机**（finite-state machine）来描述。有限状态机有一组状态量和两个函数 [输出函数和**下一状态函数**（next-state function）]。状态集对应于内部存储器中所有可能的值，因此，对于 n 位存储器，就可能有 2^n 个状态量。下一状态函数是一种组合函数，根据给定输入值和当前状态量来确定后续状态。输出函数根据当前状态量和输入量产生一组输出。图 B-10-1 是有限状态机的图示。

有限状态机：一个包含一组输入、输出函数和下一状态函数的时序逻辑函数。其中下一状态函数根据当前状态和输入产生一个新的状态，输出函数根据当前状态和输入（有时不需要输入）确定输出的控制信号。

下一状态函数：一个组合函数，根据输入和当前状态确定有限状态机的下一状态。

本节和第 4 章讨论的状态机都是同步的。也就是说，状态随着时钟周期变化，并且每个时钟周期都会计算新的状态。因此，状态元件仅在时钟边沿更新。本节和整个第 4 章都使用了该方法，但通常不显式地显示时钟。在第 4 章中，我们使用状态机来控制处理器的执行，并实现了数据路径操作。

为了说明有限状态机的操作和设计过程，我们引用简单经典的"交通灯控制"实例加以说明（第 4、5 章详细描述了利用有限状态机来控制处理机的执行过程）。若将有限状态机用作控制器，输出函数将仅仅依赖于当前状态，这样的状态机称作摩尔机（Moore Machine）。在本书中，我们都采用了这种有限状态机。如果输出函数既依赖于当前输入，也依赖于当前状态，这样的状态机称为米利机（Mealy Machine）。这两种状态机在功能上是等价的，二者可以互相转化。摩尔机的优点是快速，而米利机则是结构小巧（因为后者的状态量个数比摩尔机少）。第 5 章已详细讨论了它们之间的差别，并给出了使用米利状态机的 Verilog 版本。

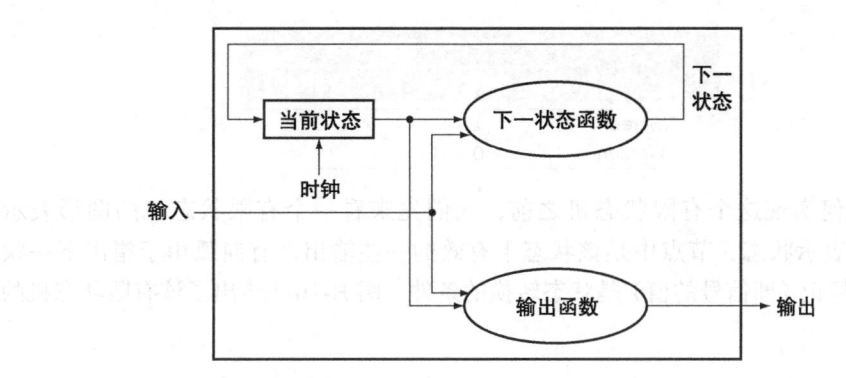

图 B-10-1　状态机包含存储状态的内部存储单元和两个组合函数：下一状态函数和输出函
数。通常，输出函数被限制为将当前状态作为输入，这样就不会改变时序机的
能力，但会对内部值造成影响

假设在东西大道和南北大街相交的十字路口有一个交通灯需要控制。简单起见，这里只考虑红灯和绿灯（练习题中有加上黄灯的逻辑设计）。我们希望每个方向上灯切换的周期≤30 秒。因此采用了频率为 0.033Hz 的时钟信号，这样就能保证状态间的控制周期≤30 秒。其中有两个输出信号：

- **NSlite**：当信号有效时，南北方向的交通灯为绿色；反之为红色。
- **EWlite**：当信号有效时，东西方向的交通灯为绿色，反之为红色。

另外还有两个输入：

- **NScar**：说明有汽车在探测器处，探测器置于南北方向交通灯前方的路基上。
- **EWcar**：说明有汽车在探测器处，探测器置于东西方向交通灯前方的路基上。

只有当其他方向有汽车在等待时，交通灯才会在红绿灯之间切换；否则，交通灯的状态保持为绿色，直到该方向上所有汽车都顺利通过为止。

为实现这个简单的控制，我们还需要两个状态量：

- **NSgreen**：南北方向的交通灯为绿色。
- **EWgreen**：东西方向的交通灯为绿色。

下面，我们建立一个下一状态函数表：

	输入		
	NScar	EWcar	Next state
NSgreen	0	0	NSgreen
NSgreen	0	1	EWgreen
NSgreen	1	0	NSgreen
NSgreen	1	1	EWgreen
EWgreen	0	0	EWgreen
EWgreen	0	1	EWgreen
EWgreen	1	0	NSgreen
EWgreen	1	1	NSgreen

注意，算法中并没有提及当两个方向同时有汽车通行时该怎么办。如果出现这样的情况，上面的下一状态函数需要修改以保证不会导致某一方向出现交通堵塞。

有限状态机可通过指定输出函数加以实现。

	输出	
	NSlite	EWlite
NSgreen	1	0
EWgreen	0	1

在考察如何实现这个有限状态机之前,我们先来看一个有限状态机的图形表示。在图解中,节点表示状态,节点中是该状态下有效的一些输出,有向弧用于指出下一状态函数值,弧上的标记(即信号的值)是状态转换的条件。图 B-10-2 给出了该有限状态机的图形表示。

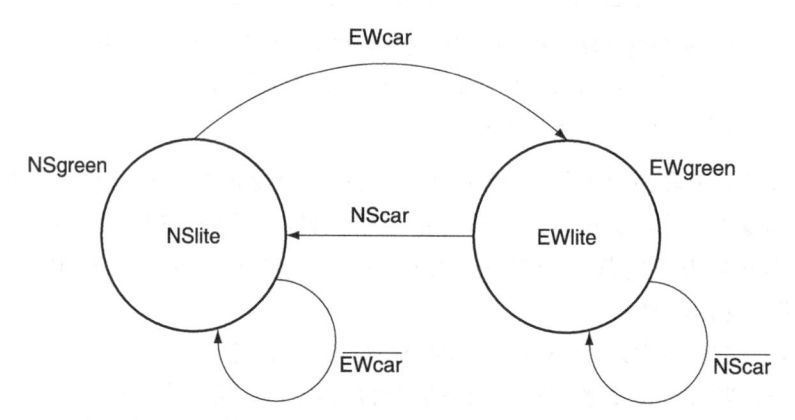

图 B-10-2 两个状态的交通信号灯控制器的图形表示。其中简化了状态传递的逻辑函数。例如,状态表中的 NSgreen 到 EWgreen 的转换条件是 $(\overline{\text{NScar}} \cdot \text{EWcar}) + (\text{NScar} \cdot \text{EWcar})$,与 EWcar 相等

有限状态机可这样实现:由寄存器保持当前状态,组合电路计算出下一状态函数和输出函数。图 B-10-3 描述了一个状态为 4 位(16 种状态)的有限状态机的框图。在实现有限状态机之前,我们先将每个状态编号,该过程称为状态分配。例如,我们将 NSgreen 标为状态 0,EWgreen 标为状态 1。状态寄存器只有 1 位。下一状态函数可由以下公式得以计算:

$$\text{NextState} = \overline{(\overline{\text{CurrentState}} \cdot \text{EWcar})} + (\text{CurrentStaet} \cdot \overline{\text{NScar}})$$

其中 CurrentState(当前状态)是状态寄存器的内容(0 或 1)。NextState 是下一状态函数的输出,将在时钟周期结束时被写入寄存器。输出函数也很简单:

$$\text{NSlite} = \overline{\text{CurrentState}}$$
$$\text{EWlite} = \text{CurrentState}$$

组合电路通常采用结构化的逻辑电路实现,譬如采用 PLA。PLA 能自动根据下一状态表和输出函数表自动构建。CAD(Computer-Aided Design,计算机辅助设计)工具可以将图形化或文本化表示的有限状态机自动实现并进行优化。在第 4、5 章中,有限自动机用于控制处理器的执行。附录 D 详细讨论了用 PLA 和 ROM 来实现这些控制。

为了说明我们如何使用 Verilog 写出控制逻辑,图 B-10-4 给出了一个用于综合的 Verilog 版本。注意,对于这个简单的控制功能,米利机没有用处,但是在第 5 章中为实现控制功能使用的这种类型定义就是米利机,它比摩尔机控制器拥有的状态更少。

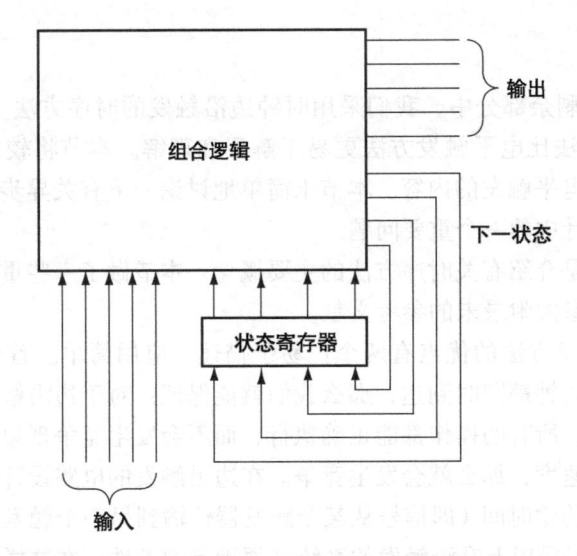

图 B-10-3 有限状态机的实现，包括一个用来保存当前状态的状态寄存器和一个用来计算下一状态和输出函数的组合逻辑。后面的两个功能通常采用分离的逻辑模块进行实现，这可能需要更少的门电路

```
module TrafficLite (EWCar,NSCar,EWLite,NSLite,clock);
   input EWCar, NSCar,clock;
output EWLite,NSLite;
reg state;
initial state=0;   //set initial state
//following two assignments set the output, which is based
only on the state variable
assign NSLite = ~ state; //NSLite on if state = 0;
assign EWLite = state; //EWLite on if state = 1
always @(posedge clock) // all state updates on a positive clock edge
   case (state)
      0: state = EWCar; //change state only if EWCar
      1: state = NSCar; //change state only if NSCar
   endcase
endmodule
```

图 B-10-4 交通灯控制器的 Verilog 描述

小测验 要满足米利机所需的状态数比摩尔机所需的状态数少这个条件，摩尔机最少的状态数是多少？

a. 2，因为 1 个状态的米利机有可能做相同的事情。

b. 3，因为可以构造一个简单的摩尔机，跳转到两个不同状态之一，并且在此之后总是返回先前状态。对于这种简单的机器，2 个状态的米利机是可能的。

c. 需要至少 4 个状态，才能体现出米利机的优越性。

B.11 时序方法

本附录以及本书剩余部分中，我们采用时钟边沿触发的时序方法（或时序策略）。这是因为时钟边沿触发方法比电平触发方法更易于解释和理解。本节将较为详细地阐述时序方法，同时也介绍有关电平触发的内容。本节末简单地讨论一下有关异步信号和同步信号的基本原理，这是数字设计中的一个重要问题。

本节的主要目的是介绍有关时序方法的主要概念。本节做了一些重要假设。若你想要深入了解时序方法，可参阅附录末的参考文献。

采用时钟边沿触发方法的优点有两个：易于描述，应用简单。首先，我们假设时钟信号足够长，并且所有时钟都同时到达，那么我们就能保证：对于边沿触发的寄存器位于组合逻辑电路之间的系统，所有的操作都能正确执行，而不会发生竞争现象。如果状态值依赖于不同逻辑单元的相对速度，那么就会发生竞争。在边沿触发的电路设计中，时钟周期必须足够长，这样才能满足传输时间（即信号从某个触发器传输到另一个触发器必须满足的建立时间）。图 B-11-1 描述了采用上升沿触发的系统必须满足的条件。在这样的系统中，时钟周期必须至少达到：

$$t_{\text{prop}} + t_{\text{combinational}} + t_{\text{setup}}$$

3 个分量表示最差情况下的 3 个延时，分别定义如下：

- t_{prop} 是信号通过触发器传播的时间，有时也称为 clock-to-Q。
- $t_{\text{combinational}}$ 是组合逻辑（两端为两级触发器）的最长延时。
- t_{setup} 是时钟上升沿到来之前，触发器输入必须有效的时间。

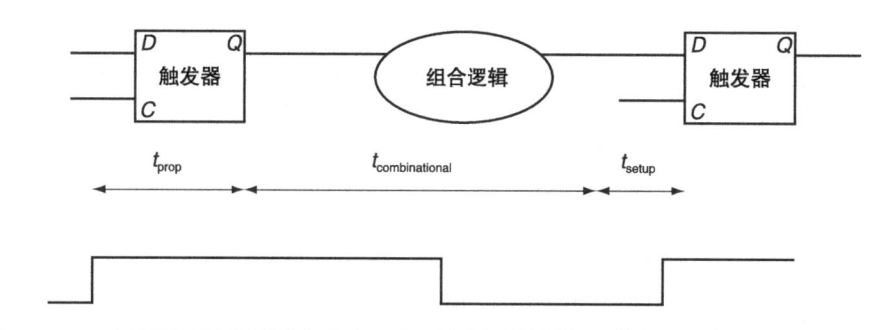

图 B-11-1 在边沿触发的逻辑电路中，需要保证时钟周期足够长，以保证在下一个时钟沿到来之前信号在建立时间内已经有效。信号从触发器输入端传播到触发器输出端的时间为 t_{prop}，然后经过 $t_{\text{combinational}}$ 的时间通过组合逻辑，并在下一个时钟沿到来之前至少 t_{setup} 时刻有效

另一个假设条件是触发的保持时间要求已满足。这在现代逻辑设计中几乎就不是一个问题。

在边沿触发的设计中还必须考虑的一个复杂问题是**时钟偏斜**（clock skew）。时钟偏斜是指两个状态单元看到同一个时钟沿时的绝对时间差。时钟偏斜产生的原因是时钟信号经常沿两条不同的路径传播，导致到达两个状态单元在时间上有差异。如果时钟偏斜足够大，有可能导致如下情况：一个状态单元（第一级触发器）发生变化，使得下一级触发器（第二级触发器）的输入端在时钟沿（逻辑上与第一触发器输出发生变化的时钟沿是同一个）到来之前就发生了变化。

> **时钟偏斜**：两个状态单元看到时钟沿的绝对时间差。

图 B-11-2 剖析了该问题的产生，其中忽略了建立时间和触发器的传输延时。为避免这种错误，可增加时钟周期以容忍最大时钟偏移。这样，时钟周期至少应大于：

$$t_{prop} + t_{combinational} + t_{setup} + t_{skew}$$

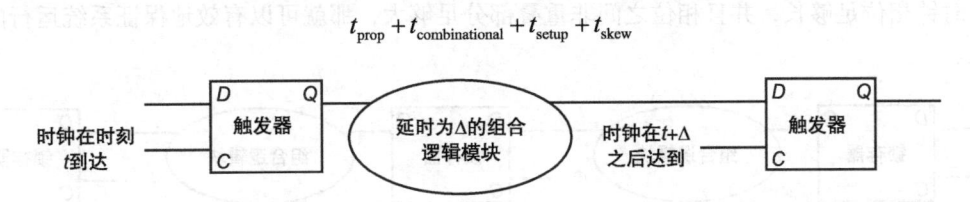

图 B-11-2　时钟偏斜如何引发竞争现象，引起错误操作。由于两个触发器看到时钟信号的时刻存在差异，则可能导致存储在第一个触发器的信号会向前竞争传输，并在时钟沿到达第二个触发器之前改变第二个触发器的输入值

有了这一时钟周期约束，即使两个时钟的到达先后次序颠倒，即第二个时钟早到了 t_{skew}，整个电路依旧能正常工作。设计人员为减少时钟偏斜，通常需要仔细对时钟信号进行布局，争取将偏斜减少到最小。另外，聪明的设计师还通过对时钟周期留出一些时间余量的方法来减少时钟偏斜。这允许器件和电源的变化。因为时钟偏斜会影响保持时间，所以使偏斜尽量小至关重要。

边沿触发有两个缺点：需要额外的逻辑电路，有时会增加时延。比较 D 触发器和电平敏感的锁存器，我们会发现前者需要更多的逻辑电路。另一种方法是采用**电平敏感时钟**（level-sensitive clocking）。因为电平敏感机制下状态变化不是瞬间完成的，为使各项操作能正确执行，该方法会更加复杂，需要考虑更多因素。

电平敏感时钟：一种在时钟高电平或低电平期间进行状态改变的时序控制方法，与边沿触发设计中状态变化瞬时发生不同。

B-764

B.11.1　电平敏感时序

在电平敏感时序中，状态量的改变发生在高电平或低电平期间，因为它们不采用时钟边沿触发，所以这些变化并不能瞬间完成，因此很容易产生竞争现象。为了保证在时钟足够慢的情况下，电平敏感的设计仍能正常工作，设计人员使用了一种双相时钟。双相时钟使用了两个互不重叠的时钟信号 Φ_1 和 Φ_2。因此，在任何时刻，至多只有一个时钟信号处于高电平，如图 B-11-3 所示。这样，我们采用双相时钟构建系统，这样的系统包含电平敏感的锁存器，但没有竞争现象，效果与边沿触发电路一样。

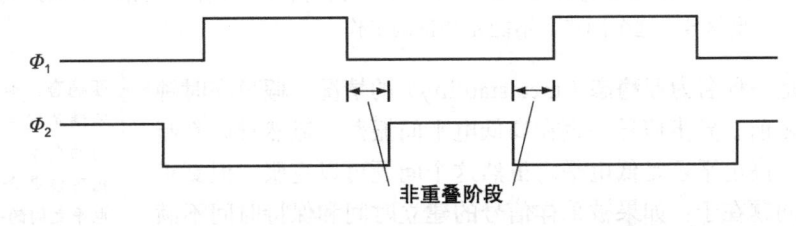

图 B-11-3　双相时钟机制下展示了每个时钟周期及非重叠的阶段

设计这种系统的一种简单方法是交替使用在 Φ_1 打开的锁存器和在 Φ_2 打开的锁存器。因为两个时钟不是同时处于有效状态，所以不可能产生竞争现象。如果组合电路的输入控制信号为 Φ_1，那么其输出态将被 Φ_2 时钟锁存。当输入锁存器关闭时，其输出值只能在 Φ_2 的有效信号期间开放，于是能保证输出信号有效。图 B-11-4 给出了双相时序以及交替锁存

器系统是如何工作的。如同在边沿触发的设计中那样，必须注意时钟偏斜，尤其是在两个时钟相位之间。通过增加两个相位之间非重叠的长度，就可以减少潜在出错的概率。如果每个时钟相位足够长，并且相位之间非重叠部分足够大，那就可以有效地保证系统运行的正确性。

图 B-11-4 在交替锁存器的双相时序机制下，系统在两个相位上的运行情况。锁存器的输出在与其输入 C 相反的相位上是稳定的。所以在 Φ_2 期间，第一个组合块有一个稳定的输入，其输出则可以被 Φ_2 锁存。同理，第二个（最右边的）组合块以相反的方式工作，Φ_1 期间输入稳定。因此经过组合块的时延决定了各时钟必须有效的最短时间。非重叠时域的长度则由任意逻辑块的最大时钟偏移和最小时延共同决定

B.11.2 异步输入和同步器

通过使用单个时钟或双相时钟，如果能够避免时钟偏斜问题，就能完全消除竞争现象。但是，要想在整个系统中仅使用一个时钟信号并且使时钟偏斜很小，这在实际电路中不太现实。实际系统中，CPU 可以使用单个时钟，而 I/O 设备可能也有自己的时钟信号。异步设备可以通过一系列握手步骤与 CPU 进行通信。为了将异步输入信号转化为同步信号并用于改变系统的状态，就需要使用同步器。同步器的输入为异步信号和一个时钟信号，其输出信号与时钟同步。

我们首先尝试使用边沿触发的 D 触发器设计同步器，其中输入 D 是异步信号，如图 B-11-5 所示。因为我们采用握手协议进行通信，所以有效的异步信号在当前时钟还是后续时钟被检测到并不重要，因为异步信号会一直保持着有效状态直到被确认。因此，你可能会认为这种简单的设计足以准确地对信号进行采样，但这里有一个需要考虑的小问题。

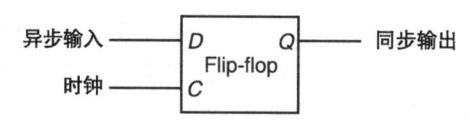

图 B-11-5 由 D 触发器组成的同步器。用于采样异步信号，并将产生和时钟保持同步的输出信号。这个同步器不能完全正确工作

该问题是一种名为**亚稳态**（metastability）的情况。假设在时钟触发沿到来之前，异步信号一直在高低电平间振荡，显然难以判断到底是信号的高电平还是低电平。虽然这个问题可以克服，但真正令人头痛的问题在于：如果被采样信号的建立时间和保持时间不满足基本要求，触发器可能会进入一种亚稳态。这时，输出信号既不是高电平也不是低电平，而是介于二者之间的电平。并且无法保证触发器在有限的时间内稳定下来。此时，与该触发器相关的逻辑模块测到其输出信号也不一致：有时是 0，有时是 1，这种现象叫作同**步失败**（synchronizer failure）。

亚稳态：如果采样时信号不满足建立时间和保持时间的要求，采样所得的数据可能是介于高电平和低电平之间的一个错误值。

同步失败：触发器进入亚稳态状态，并且有些逻辑模块读到触发器输出为 0，而另外一些模块读到触发器的输出为 1。

在同步系统中，通过确保建立时间和保持时间满足要求，可以避免同步失败，但是当输入是异步信号时会出现例外。唯一可能的解决方案是，在检测触发器的输出信号之前等待足够长的时间，以确保其处于稳定状态或者已退出亚稳态（如果之前触发器已进入亚稳态）。那究竟该等多长时间呢？触发器处于亚稳态的概率是随时间按指数级衰减的，在较短的时间之后，触发器处于亚稳态的概率就非常低了，但永远不会为 0！因此设计人员需要等待足够的时间才能使同步失败的概率很小，而同步失败出现的频率可能是几年甚至几千年一次。

对于大多数的触发器，通常情况下，经过几个建立时间后，同步失败的概率就非常小了。如果时钟周期比亚稳态周期要长，那么就可以用两个 D 触发器构造一个安全的同步器（见图 B-11-6）。有兴趣的读者可进一步阅读参考文献。

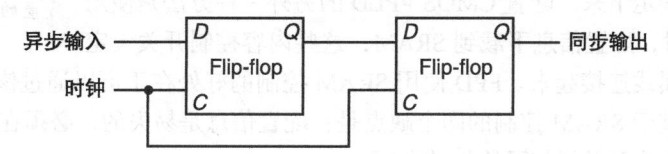

图 B-11-6　只要亚稳态的时间小于时钟周期，该同步信号器就能工作正常。尽管第一个触发器的输出端可能会是亚稳态，但任何其他的逻辑单元在第二个时钟之前看不到亚稳态。第二个 D 触发器在第二个时钟采样信号时，第一个触发器的输出将不再处于亚稳态

小测验　假设设计中具有非常大的时钟偏斜，且超过了寄存器的**传播时间**（propagation time）。那么是否有可能通过设计来减慢时钟，从而使逻辑操作能正确运行？

　　a. 可以，即使时钟偏斜非常大，但是只要时钟慢到一定的程度，那么信号总是能正常地传输，整个电路设计就能正确运行。

　　b. 不可以，因为有可能存在这样一种情况：两个寄存器看到同一个时钟边沿时间相差过大，以至于一个寄存器被触发，其输出被第二个寄存器在逻辑上同一时钟边沿看到。

传播时间：将触发器的输入传播到触发器的输出需要的时间。

B.12　现场可编程器件

对于全定制或半定制芯片，设计者可以利用底层结构提供的灵活性方便地实现组合或时序逻辑。对于那些不想使用全定制或半定制 IC 的设计者，如何利用高级集成电路实现复杂逻辑功能的设计呢？除全定制和半定制 IC 之外，**现场可编程器件**（Field Programmable Device，FPD）是实现时序逻辑和组合逻辑最常用的器件。FPD 是一种包含组合逻辑和可能的存储器件的集成电路，FPD 可由最终用户配置。

FPD 主要分为两个阵营：**可编程逻辑器件**（Programmable Logic Device，PLD）是纯粹的组合逻辑；**现场可编程门阵列**（Field Programmable Gate Array，FPGA）提供组合逻辑和触发器。PLD 由两种形式组成：**简单 PLD**（Simple PLD，SPLD），就是通常的 PLA 或者**可编程阵列逻辑**（Programmable Array Logic，PAL）；复杂 PLD，

现场可编程器件：一种包含组合逻辑，可能也包含存储设备的集成电路，最终用户可以对其进行配置。

可编程逻辑器件：一种包含组合逻辑的集成电路，功能由最终用户进行配置。

现场可编程门阵列：一种包含组合逻辑模块和触发器的可配置集成电路。

简单 PLD：一种可编程逻辑器件，通常包含一块 PAL 或 PLA。

包括多于一个的逻辑模块以及模块间的可配置互连线路。当谈到 PLD 中的 PLA 时，通常是指带有用户可编程与阵列和或阵列的 PLA。PAL 类似于 PLA，但其或阵列是固定的。

可编程阵列逻辑：由一个可编程的与阵列后跟一个固定的或阵列组成的可编程逻辑电路。

在讨论 FPGA 以前，先来看看 FPD 是如何配置的。配置的主要问题就是在何处建立或打破连接。门电路和寄存器是固定的，但是连接是可配置的。注意，通过配置连接，用户可以决定实现何种逻辑功能。考虑一个可配置的 PLA：通过决定与阵列和或阵列在何处连接，用户决定 PLA 实现什么样的逻辑功能。FPD 中的连接既可以是永久的，也可以是可配置的。永久连接涉及在两个连线之间建立或破坏连接。现在的 FPLD 都使用**反熔丝**（antifuse）技术，允许在编程时建立连接然后再永久固定下来。配置 CMOS FPLD 的另外一种方法是使用 SRAM。在上电时，配置信息下载到 SRAM，这些内容控制开关设定进而决定哪些金属线连接起来。FPD 使用 SRAM 控制的好处在于可以通过修改 SRAM 的内容进行重新配置。基于 SRAM 控制的两个缺点是：配置信息是易失的，必须在上电时重新加载；使用有源晶体管作为开关增加了连接的电阻。

反熔丝：集成电路中的一种结构，当对其进行编程时，将导致线间的永久性连接。

查找表：现场可编程器件中的单元的名称，包含少量的逻辑和 RAM。

FPGA 包含逻辑和存储器件，通常组织为二维阵列结构，由通道划分为行和列，用于阵列单元间的全局互连。每个单元是门和触发器的组合，可以编程执行特定功能。因为它们基本上是容量很小的可编程 RAM，因此也被称为**查找表**（Lookup Table，LUT）。更新的 FPGA 包括更复杂的构建模块，例如加法器和用来构建寄存器堆的存储模块。一些大型的 FPGA 甚至包含 32 位的 RISC 核。

除了可以对每个单元进行编程以执行特定的功能外，单元间的互连也是可编程的，这就使得现在包含上百模块和成千上万门电路的 FPGA 可以实现复杂的逻辑功能。互连是可定制芯片中的最大挑战，对于 FPGA 更是如此，因为单元不能表示结构化设计的自然功能单元。许多 FPGA 有 90% 的面积用来实现互连，只有 10% 是逻辑和存储模块。

正如你不可能不使用 CAD 工具来设计全定制或半定制芯片一样，你也需要 CAD 工具来设计 FPD。已经开发出针对 FPGA 的逻辑合成工具，允许从结构级或行为级 Verilog 描述中使用 FPGA 生成系统。

B.13 结论

本附录介绍了逻辑设计的一些基本概念和原理。在了解了这些内容之后，可以继续第 4、5 章。这两章使用了本附录中讨论的内容。

拓展阅读

关于逻辑电路设计，有很多好书，以下列出了其中一些。

Ciletti, M. D. (2002). *Advanced Digital Design with the Verilog HDL*. Englewood Cliffs, NJ: Prentice Hall. *A thorough book on logic design using Verilog.*

Katz, R. H. (2004). *Modern Logic Design* (2nd ed.). Reading, MA: Addison-Wesley. *A general text on logic design.*

Wakerly, J. F. (2000). *Digital Design: Principles and Practices* (3rd ed.). Englewood Cliffs, NJ: Prentice Hall. *A general text on logic design.*

B.14 练习题

B.1 [10]<B.2> 除了本节讨论过的基本定律之外，还有两个重要的定律，叫作德·摩根定律：

$$\overline{A+B} = \overline{A} \cdot \overline{B} \quad \overline{A \cdot B} = \overline{A} + \overline{B}$$

使用下面的真值表对上面的德·摩根定律进行证明：

A	B	$\overline{A}$	$\overline{B}$	$\overline{A+B}$	$\overline{A} \cdot \overline{B}$	$\overline{A \cdot B}$	$\overline{A}+\overline{B}$
0	0	1	1	1	1	1	1
0	1	1	0	0	0	1	1
1	0	0	1	0	0	1	1
1	1	0	0	0	0	0	0

B.2 [15]<B.2> 用德·摩根定律和 B.2 节中介绍的公理证明例题中关于 E 的两个表达式是等价的。

B.3 [10]<B.2> 给出一个 n 输入的逻辑函数，对应的真值表有 2^n 项。

B.4 [10]<B.2> 异或函数具有多种用途（可用于加法器或用来计算校验码）。对于二输入的异或函数，当且仅当一个输入值为"真"时输出才为"真"。写出二输入异或函数的真值表，并用与门、或门和反相器实现该函数。

B.5 [15]<B.2> 通过使用二输入的或非门实现与、或、非三种逻辑功能，证明利用或非门可以实现任何逻辑功能。

B.6 [15]<B.2> 通过使用二输入的与非门实现与、或、非三种逻辑功能，证明利用与非门可以实现任何逻辑功能。

B.7 [10]<B.2, B.3> 写出四输入奇校验函数的真值表（关于错误校验的内容参见 B.9.3 节）。

B.8 [10]<B.2, B.3> 用输入端和输出端带有反向小圆圈的与门和或门实现四输入的奇校验函数。

B.9 [10]<B.2, B.3> 用 PLA 实现四输入的奇校验函数。

B.10 [15]<B.2, B.3> 通过使用多路选择器实现与非门（或者或非门），证明二输入多路选择器可以实现任何逻辑功能。

B.11 [5]<4.2, B.2, B.3> 假设 X 由 $x2$、$x1$、$x0$ 等三位组成。分别写出下列 4 个逻辑表达式（当且仅当满足下面的条件时逻辑表达式为"真"）：

- X 中只有一个 0。
- X 中有偶数个 0。
- 当 X 被当作无符号二进制数时，X 小于 4。
- 当 X 被当作有符号二进制数（二进制补码）时，X 是负数。

B.12 [5]<4.2, B.2, B.3> 用 PLA 实现练习题 B.11 的 4 个逻辑函数。

B.13 [5]<4.2, B.2, B.3> 假设 X 由 $x2$、$x1$、$x0$ 等三位组成，Y 由 $y2$、$y1$、$y0$ 等三位组成。写出下列 3 个逻辑表达式（当且仅当满足下面的条件时逻辑表达式为"真"）：

- 当 X、Y 被当作无符号二进制数时，$X<Y$。
- 当 X、Y 被当作有符号（二进制补码）数时，$X<Y$。
- $X = Y$。

使用可以扩展到多位的层次表达方法，写出如何扩展为 6 位比较。

B.14 [5]<B.2, B.3> 用逻辑电路实现开关网络：输入为 A 和 B；输出为 C 和 D；控制信号为 S。当 $S=1$ 时，网络为直通模式，即 $C=A$，$D=B$；当 $S=0$ 时，网络为交叉模式，即 $C=B$，$D=A$。

B.15 [15]<B.2, B.3> 由 B.2 节中 E 的"和之积"形式推出其"积之和"形式。你需要使用德·摩根定律。

B.16 [30]<B.2, B.3> 设计一个算法，该算法能够对任何包含与、或、非逻辑的函数构建其"积

B.17 [5]<B.2, B.3> 写出多路选择器的真值表（输入为 A、B 和 S，输出为 C），使用可能的无关项来简化真值表。

B.18 [5]<B.3> 下面的 Verilog 模块实现了何种功能：

```
module FUNC1 (I0, I1, S, out);
    input I0, I1;
    input S;
    output out;
    out = S? I1: I0;
endmodule

module FUNC2 (out,ctl,clk,reset);
    output [7:0] out;
    input ctl, clk, reset;
    reg [7:0] out;
    always @(posedge clk)
        if (reset) begin
               out <= 8'b0 ;
        end
        else if (ctl) begin
               out <= out + 1;
        end
        else begin
               out <= out - 1;
        end
endmodule
```

B.19 [5]<B.4> B.8.1 节给出了 D 触发器的 Verilog 代码，请给出 D 锁存器的 Verilog 代码。

B.20 [10]<B.3, B.4> 写出 2-4 译码器（与 / 或编码器）的 Verilog 模块实现。

B.21 [10]<B.3, B.4> 根据下面给出的累加器逻辑图，写出它的 Verilog 模块实现。假定使用上升沿触发寄存器和异步 Rst。

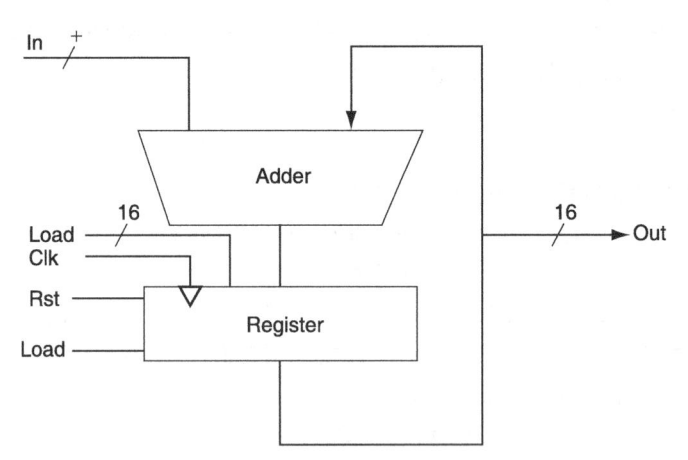

B.22 [20]<B.3, B.4, B.5>3.3 节介绍了乘法器的基本操作和可能的实现。这个实现的基本单元是一个移位器和一个加法单元。给出这个单元的 Verilog 实现，并说明如何使用这个单元构建 32 位乘法器。

B.23 [20]<B.3, B.4, B.5> 根据上一题，实现无符号除法器。

B.24 [15]<B.5> 仅使用加法器的符号位，ALU 可以支持设置小于（slt）。用这种方法比较 -7_{10} 和 6_{10}，为简单起见，使用 4 位二进制表示 1001_2 和 0110_2。

$1001_2 - 0110_2 = 1001_2 + 1010_2 = 0011_2$

这个结果表示 −7>6，显然是错误的。因此在判断时必须考虑到溢出。修改图 B-5-10 中的 1 位 ALU 来正确处理 slt。为了节省时间可以直接复印图，并在图上修改。

B.25 ［20］<B.6> 在加法中检查溢出的一个简单方法是看最高有效位的 CarryIn 是否和最高有效位的 CarryOut 相同。证明这个方法和图 3-2 是一样的。

B.26 ［5］<B.6> 使用新定义重写 B.6.3 节中 16 位加法器的超前进位逻辑公式。首先，使用每个加法器中各自 CarryIn 信号的名字，即使用 c4、c8、c12、⋯，而不是使用 C1、C2、C3、⋯；另外，$P_{i,j}$ 表示 i 位到 j 位的传播信号，$G_{i,j}$ 表示 i 位到 j 位的生成信号，例如，公式

$$C2 = G1 + (P1 \cdot G0) + (P1 \cdot P0 \cdot c0)$$

可改写成

$$c8 = G_{7,4} + (P_{7,4} \cdot G_{3,0}) + (P_{7,4} \cdot P_{3,0} \cdot c0)$$

这个更通用的定义在建立位数更宽的加法器时非常有用。

B.27 ［15］<B.6> 使用练习题 B.26 的新定义写出 64 位加法器的超前进位逻辑公式，使用 16 位加法器作为基础模块。并给出类似图 B-6-3 的图。

B.28 ［10］<B.6> 下面计算加法器的相对性能。假定任一公式对应的硬件只包含 AND 或者 OR（例如 B.6.2 节的 pi 和 gi 公式），运行时间为一个时间单位 T。由 OR 和若干 AND 运算构成的公式（例如 B.6.2 节中的公式 c1、c2、c3 和 c4）运行时间为 $2T$。这个时间包括 AND 运算的时间 T 和 OR 运算的时间 T。分别计算 4 位行波进位加法器和超前进位加法器的运算次数和性能的比。如果公式中的项由其他公式定义，则增加中间公式带来的相应时延，反复迭代直到公式中使用的都是加法器的实际输入为止。画出每个加法器，并且标出每个加法器的计算时延，并标明最坏情况时延的路径。

B.29 ［15］<B.6> 类似练习题 B.28，不过这次只计算 16 位的相对速度，加法器的结构分别是：（1）行波进位加法器；（2）4 位一组，组内超前进位，组间行波进位；（3）采用 B.6.2 节所示的超前进位加法器。

B.30 ［15］<B.6> 与练习题 B.28 和 B.29 类似，本题计算 64 位加法器的相对速度，加法器的结构分别是：（1）行波进位加法器；（2）4 位一组，组内超前进位，组间行波进位；（3）16 位一组，组内超前进位，组间行波进位；（4）采用练习题 B.27 中的超前进位加法器。

B.31 ［10］<B.6> 如果我们不把加法器看成一个将两个数相加然后与进位连接到一起的装置，而是将其看成可以把三个数（a_i，b_i，c_i）相加，并且产生两个输出（s，c_{i+1}）的硬件装置。当进行两个数的加法时，我们并不能据此做些什么。但是当我们进行两个以上操作数的加法时，就可以通过上述想法降低进位开销。该想法是构造两个独立的"和"，分别叫作 S'（和数位）和 C'（进位位）。在这一过程的末尾，我们需要用一个普通的加法器把 S' 和 C' 加到一起。这个把进位传播推迟到加法运算最后阶段的技巧称为**进位保留加法**。图 B-14-1 右下角的模块图显示了该加法器的结构，该结构中两个进位保留加法器通过一个普通加法器连接到一起。

对于具有 4 个 16 位二进制数的加法运算，分别计算采用完全超前进位加法器和带有超前进位加法器（用来形成最终的累加和）的进位保留加法器的时延（时间单位 T 与练习题 B.28 相同）。

B.32 ［20］<B.6> 在计算机中最有可能同时把多个数相加到一起的情况，可能出现在试图在一个时钟周期中通过采用多个加法器将多个数相加的办法来加快乘法运算的速度。相比于第 3 章提到的乘法算法，具有多个加法器的进位保留方案可以实现 10 倍以上的乘法运算速度。本练习题对采用组合逻辑乘法器计算两个 16 位正数乘法的开销和速度进行评估。假设存在 16 个部分积 $M15$，$M14$，⋯，$M0$，这些部分积分别表示被乘数与乘数的每一位（$m15$，$m14$，⋯，$m0$）进行"与"运算的结果。我们的想法是用进位保留加法器将 n 个操作数减少到 $2n/3$ 个并行组，每组 3 个，反复迭代直至得到两个大数，最后用普通加法器把二者加到一起。

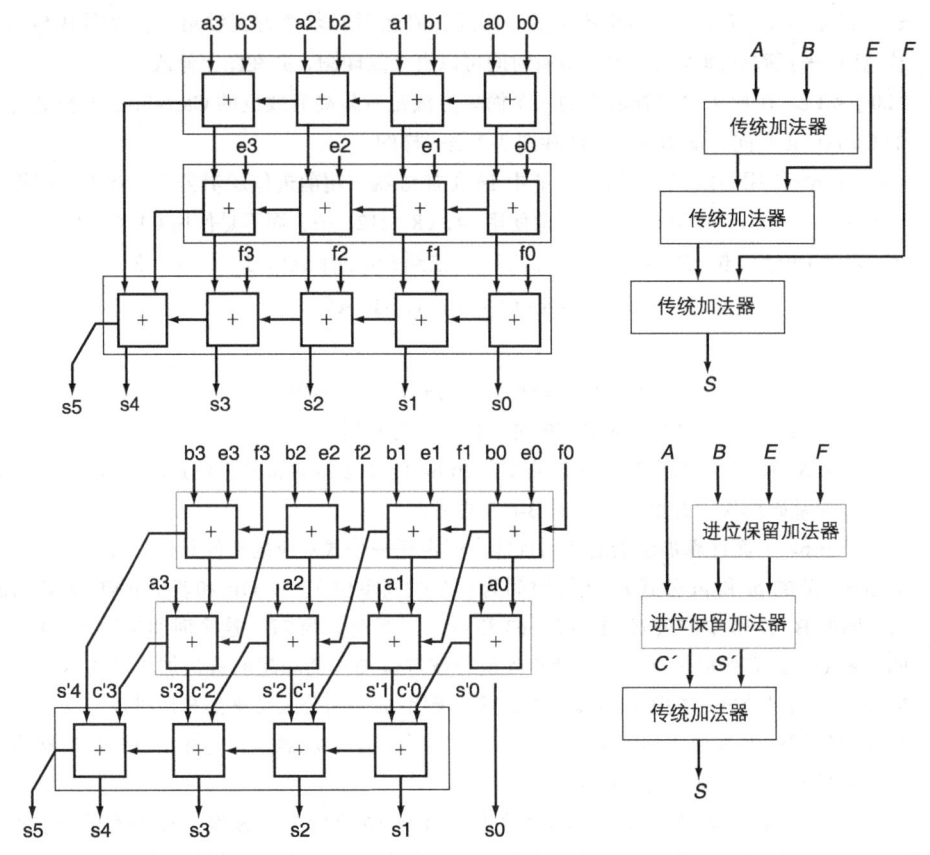

图 B-14-1　4 个 4 位数相加的传统行波进位和进位保留加法器。加法器细节见左边，单独信号小写表示，相应高层模块见右图，组合信号大写表示。注意，4 个 n 位数的和需要 $n+2$ 位

首先，根据图 B-14-1 右半部分所示，画出 16 位进位保留加法器的组织结构，用来实现 16 个部分积的相加。然后计算把这 16 项加到一起的时延。将计算出的结果与第 3 章中的迭代乘法方案进行比较，但需要注意的是，这里假定 16 次迭代过程中使用的是具有完全超前进位的 16 位加法器，该加法器的速度在练习题 B.29 中已经计算过。

B.33 [10] <B.6> 有时用户想要将一组数加在一起。例如，使用 1 位全加器将 4 个 4 位数（A, B, E, F）加起来。现在忽略超前进位，将 1 位加法器按图 B-14-1 的组织形式连接起来。在传统组织形式之下是全加器的全新组织形式。使用这两种组织结构实现 4 个数的加法，并确保能够得到相同结果。

B.34 [5] <B.6> 首先，画出将 16 项相加的 16 位进位保留加法器的组织结构图，如图 B-14-1 所示。假定通过一个 1 位加法器的时间是 $2T$，计算分别采用上下两个组织结构进行 4 个 4 位数加法所需的时间。

B.35 [5] <B.8> 很多时候你可能希望得到这样的时序图，该时序图包含了对发生在数据输入端 D 和时钟输入端 C（类似于图 B-8-3 和图 B-8-6）的变化的描述，通常 D 锁存器和 D 触发器的输出端波形（Q）是不同的。用一两句话描述使二者输出端波形相同的条件（即输入信号需要满足的条件）。

B.36 [5] <B.8> B.8 节图 B-8-8 描述了 MIPS 数据通路中寄存器堆实现。假设需要建立一个新的寄存器堆，但是只有两个寄存器和一个读端口，并且每个寄存器只有两位数据。重绘图 B-8-8，

使得每根连接线仅与一位数据相连（不像图 B-8-8 中那样，有些连接线为 5 位，有些则为 32 位）。采用 D 触发器重绘图中的寄存器。无须画出 D 触发器或多路选择器的具体实现。

B.37 ［10］<B.10> 有个朋友想让你帮忙设计一个仿安全装置的"电子眼"。该设备由排成一行的三个灯组成，这三个灯分别受输出 Left、Middle 和 Right 控制，即当这三个信号当中的某一个有效时，对应的灯被点亮。每次仅有一个灯被点亮，并且灯光先从左到右"移动"，然后再从右到左，这样可以吓跑那些误以为该设备正在监控其行踪的小偷。画出用于控制该"电子眼"的有限状态机图示。需要注意的是，"眼睛"的移动速率受时钟速度（不应当过高）的控制，并且根本没有输入信号。

B.38 ［10］<B.10> 为上题中的有限状态机分配状态编码，并写出对应于每个输出信号以及下一状态位的逻辑表达式。

B.39 ［15］<B.2，B.8，B.10> 用 3 个 D 触发器和若干逻辑门构造一个 3 位计数器。计数器的输入包括复位信号 reset，计数值增加信号 inc。计数结果作为计数器输出。当计数值为 7 并且继续增加时，计数值应当重新归零。

B.40 ［20］<B.10> 格雷码是一个二进制序列，序列中相邻的两个编码最多有一位不同。例如，下面是一个 3 位格雷码序列：000，001，011，010，110，111，101 和 100。用三个 D 触发器和一个 PLA 实现一个 3 位格雷码计数器，要求该计数器具有两个输入信号：复位信号 reset 和增量信号 inc，其中 reset 信号将计数器设为 000，inc 信号将使计数器进入序列中的下一状态。需要注意的是，该编码序列是循环的，所以 100 的下一个值为 000。

B.41 ［25］<B.10> 我们希望在 B.10 节的交通灯例子中添加一个黄灯。通过将时钟频率改为 0.25Hz（时钟周期 4 秒，即黄灯的持续时间）。为防止绿灯和红灯循环过快，我们加入了一个 30 秒的计时器。该计时器只有一个输入信号 TimerReset，该信号用于对计时器进行重启；计时器输出信号 TimerSignal 表示 30 秒时间已经满。而且，为了把黄灯包含进去，我们必须重新定义交通信号。通过给每个灯定义两个输出信号（green 和 yellow）来实现。如果输出 NSgreen 有效，绿灯被点亮；如果输出 NSyellow 有效，黄灯被点亮。如果两个信号都无效，则红灯被点亮。green 和 yellow 信号不能同时有效，否则美国司机见到之后肯定会感到困惑，即使欧洲司机明白其中的含义！画出上述改进后的控制器对应的有限状态机图示。状态名称不要和输出信号同名。

B.42 ［15］<B.10> 写出练习题 B.41 中交通灯控制器的下一状态表和输出函数表。

B.43 ［15］<B.2，B.10> 为练习题 B.41 的交通灯分配状态编码，并根据练习题 B.42 的表格写出每个输出信号的逻辑表达式，包括下一状态的输出。

B.44 ［15］<B.3，B.10> 用 PLA 实现练习题 B.43 的逻辑表达式。

小测验答案

B.2 节　否。如果 $A=1$，$C=1$，$B=0$，那么第一个为真，第二个为假。
B.3 节　C。
B.4 节　全部相同。
B.4 节　$A=0$，$B=1$。
B.5 节　2。
B.6 节　1。
B.8 节　c。
B.10 节　b。
B.11 节　b。

索 引

索引中的页码为英文原书页码，与书中页边标注的页码一致。

1-bit ALU（一位 ALU），B-716-719，见 Arithmetic logic unit（ALU）
 adder（加法器），B-717
 CarryOut（进位输出），B-718
 for most significant bit（最高有效位），B-723
 illustrated（图示），B-719
 logic unit for AND/OR（与/或逻辑运算单元），B-717
 performing AND，OR，and addition（执行与、或以及加法），B-721，B-723
32-bit ALU（32 位 ALU），B-719-725，见 Arithmetic logic unit（ALU）
 defining in Verilog（在 Verilog 中定义），B-725-728
 from31 copies of 1-bit ALU（复制 31 个 1 位 ALU），B-724
 illustrated（图示），B-726
 ripple carry adder（行波进位加法器），B-719
 tailoring to MIPS（适用于 MIPS），B-721-725
 with 321-bit ALU（用 32 个 1 位 ALU），B-720
32-bit immediate operands（32 位立即数），118-119

A

Absolute references（绝对引用），132
Abstractions（抽象）
 hardware/software interface（软/硬件分界面），22
 principle（原理），22
 to simplify design（为简化设计），10-11
Acronyms（首字母缩略词），9
Active matrix（主动矩阵式），18
add（Add，加），70
add.d（FP Add Double，双精度浮点数加法），A-681
add.s（FP Add Single，单精度浮点数加法），A-682
Add unsigned instruction（无符号整数加法指令），190
addi（Add Immediate，加立即数），70
Addition（加法），182-192，见 Arithmetic
 binary（二进制），188-189
 floating-point（浮点），213-216，211，A-681-682
 instructions（指令），A-659
 operands（操作数），189
 significands（有效位），213
 speed（速率），192
addiu（Add Imm. Unsigned，加无符号整型立即数），125
Address interleaving（地址交叉），399
Address space（地址空间），466，449
 extending（扩展），497
 flat（平面），497
 ID（ASID，地址空间标识符），464
 shared（共享的），543-544
 single physical（单一物理地址空间），541
 unmapped（未映射的），468
 virtual（虚拟的），464
Address translation（地址转换）
 for ARM cortex-A8（ARM 公司 cortex-A8 芯片），489
 defined（定义），447
 fast（快速），456-457
 for Intel core i7（英特尔酷睿 i7），490
 TLB for（快表），456-457
Addresses（地址）

索引

32-bit immediates（32位立即寻址），119-122
base（基址），75
byte（字节型），75
defined（定义），74
memory（主存/内存），83
virtual（虚拟的），446-447，468
Addressing（寻址）
 32-bit immediates（32位立即寻址），119-122
 base（基址），122
 displacement（偏移），122
 immediate（立即数），122
 in jumps and branches（跳转和分支），119-122
 MIPS modes（MIPS模式），122-124
 PC-relative（PC相对寻址），120，122
 pseudodirect（伪直接），122
 register（寄存器），122
 x86 modes（x86模式），160
Addressing modes（寻址模式），A-653-655
addu（Add Unsigned，加无符号整数），70
Advanced Vector Extensions（AVX，高级向量扩展），235，236
Aliasing（别名），462
Alignment restriction（对齐限制），75-76
ALU control（ALU控制），见 Arithmetic logic unit（ALU），271-273
 bits（位），272
ALU control block（ALU控制块），275
ALUOp（ALU操作码），272
 bits（比特），272，273
 control signal（控制信号），275
Amazon Web Services（AWS，亚马逊网络服务），443
AMD Opteron X4［Barcelona，超微半导体公司皓龙处理器X4（巴塞罗那）］，571-572
AMD64（又称"x86-64"或"x64"，是一种64位的计算机处理器架构），159，234
Amdahl's law（Amdahl定律），419，527
 corollary（推论），51
 defined（定义），51
 fallacy（谬误），589
and（AND，与），70
AND gate（与门），B-702
AND operation（与操作），94
AND operation（与操作），A-660，B-696

andi（And Immediate，立即数与），70
Annual failure rate（AFR，年失效率），436
 versus. MTTF of disks（与磁盘平均无故障时间比较），437-438
Antidependence（反依赖/反相关），350
Antifuse（反熔丝），B-768
Apple iPhone Xs Max（苹果Xs Max型号的iPhone），20
 logic board of（逻辑主板），20
 processor integrated circuit of（处理器集成电路），21
Application binary interface（ABI，应用程序二进制接口），22
Architectural registers（体系结构级寄存器），362
Arithmetic（算术运算），176-244
 addition（加法），188-189
 addition and subtraction（加减法），188-192
 division（除法），199-205
 fallacies and pitfalls（谬误与陷阱），237-241
 floating-point（浮点），206-232
 historical perspective（历史观点），245
 multiplication（乘法），193-198
 parallelism and（并行与操作），232-233
 Streaming SIMD Extensions and advanced vector extensions in x86（x86中的单指令流多数据流扩展和高级向量扩展指令集），234-235
 subtraction（减法），188-192
 subword parallelism（子字并行），232-233
 subword parallelism and matrix multiply（子字并行和矩阵乘法），235-237
Arithmetic instructions（算术运算指令），见 Instructions
 logical（逻辑），263
 MIPS（每秒百万条指令），A-659-665
 operands（操作数），72-79
Arithmetic intensity（算术密度），570
Arithmetic logic unit（ALU，算术逻辑运算单元），见 ALU control；Control units
 1-bit（1比特），B-716-719
 32-bit（32比特），B-719-725
 before forwarding（在转发之前），321
 branch datapath（分支数据通路），266
 hardware（硬件），190
 memory-reference instruction use（存储器访问

指令的使用），257
  for register values（寄存器值），264
  R-format operations（寄存器型操作），265
  signed-immediate input（有符号立即数输入），324
ARM Cortex-A53（ARM Cortex-A53 芯片），256，358-360
  address translation for（地址转换），490
  caches in（高速缓存），490
  data cache miss rates for（数据 cache 缺失率），492
  memory hierarchies of（存储器层次体系），489-494
  performance of（性能），491-494
  TLB hardware for（快表硬件），490
ARM instructions（ARM 指令），151-153
  12-bit immediate field（12 位立即数字段），155
  addressing modes（寻址模式），151
  block loads and stores（块加载和存储），155
  calculations（运算），151-152
  compare and conditional branch（比较和条件转移），153
  condition field（条件字段），336
  data transfer（数据传送），152
  features（特性），153-155
  formats（格式），154
  logical（逻辑），155
  MIPS similarities（类 MIPS），152
  register-register（寄存器 - 寄存器型），152
ARMv7（ARMv7），68
ARMv8（ARMv8），155-156
Arrays（数组），433
  logic elements（逻辑元件），B-708-709
  multiple dimension（多维），228
  pointers（指针），147-151
  procedures for setting to zero（置零程序），148
ASCII
  binary numbers（二进制数），107
  character representation（字符表示），112
  defined（定义），112
  symbols（标志），115
Assembler directives（汇编指示符），A-613
Assemblers（汇编器），130-132，A-618-625
  conditional code assembly（条件语句汇编代码），A-625
  defined（定义），14，A-612

function（函数），131，A-618
  macros（宏命令），A-612，A-623-625
  number acceptance（数据接收），131
  object file（目标文件），131
  pseudoinstructions（伪指令），A-625
  relocation information（重定位信息），A-621，A-622
  speed（速率），A-621
  symbol table（符号表），A-620
Assembly language（汇编语言），15
  defined（定义），14，129
  drawbacks（缺陷），A-617-618
  floating-point（浮点），222
  high-level languages versus（高级语言），A-620
  illustrated（图示），15
  MIPS（每秒百万条指令），70，90，A-653-688
  production of（生产），A-616-617
  programs（程序集），129
  translating into machine language（翻译为机器语言），90
  when to use（何时使用），A-615-617
Asserted signals（声明信号，即使信号处于有效值），262，B-694
Associativity（相联度）
  in caches（在高速缓存中），423
  degree（度），increasing（增加），422，473
  increasing（增加），427
  set（设置），tag size（标记位大小），427
Atomic compare and swap（原子操作比较与交换），129
Atomic exchange（原子交换），127
Atomic fetch-and-increment（原子取数后递增），129
Automobiles（车载），computer application in（计算机应用），4
Average memory access time（AMAT，平均访存时间），402
  calculating（计算），421

B

Backpatching（反向修补），A-621
Bandwidth（带宽），30-31
  bisection（二分法），564
  external to DRAM（DRAM 外部），416
  memory（主存 / 内存），398-399，416

network（网络），564
Base addressing（基地址），75，122
Base registers（基址寄存器），75
Basic block（基本块），99
Benchmarks（基准测试程序），567-577
 defined（定义），46
 Linpack（Linpack 软件包），567
 multicores（多核），546-553
 multiprocessor（多处理器），567-577
 NAS parallel（NAS 并行），568-569
 parallel（并行），567
 PARSEC suite（PARSEC 程序集），569
 SPECCPU（SPEC CPU），46-48
 SPEC power（SPEC 功耗），48-49
 SPECrate（SPEC 分值），567-568
 Stream（流），574
beq（Branch On Equal，相等则转移），70
bge（Branch Greater Than or Equal，大于等于则转移），131
bgt（Branch Greater Than，大于则转移），131
Biased notation（移码表示法），85，210
Big-endian byte order（大端字节次序），76，A-651
Binary numbers（二进制数），87-88
 ASCII（ASCII 码），107
 conversion to decimal numbers（转换为十进制数），82
 defined（定义），79
Bisection bandwidth（对分带宽），564
Bit maps（位图）
 defined（定义），18，79
 goal（目标），18
 storing（存储），18
Bits（二进制数字），
 ALUOp（ALU 操作码），272-273
 defined（定义），14
 dirty（脏数据），455
 guard（保护），230
 patterns（模式），230-231
 reference（引用），453
 rounding（舍入），230
 sign（符号），81
 sticky（粘贴），230
 valid（有效），401
ble（Branch Less Than or Equal，小于等于则转移），131
Blocking assignment（阻塞赋值），B-714
Blocking factor（分块因子），432
Blocks（块）
 combinational（组合的），B-694
 defined（定义），394
 finding（查找），474
 flexible placement（灵活放置），420-422
 least recently used（LRU，最近最少使用），427
 loads/stores（取 / 存），155
 locating in cache（位于高速缓存内），425-426
 miss rate and（失效率），409
 multiword mapping addresses to（多字地址映射），408
 placement locations（放置位置），472-474
 placement strategies（放置策略），422
 replacement selection（替换选择），427
 replacement strategies（替换策略），475
 spatial locality exploitation（开发空间局部性），409
 state（状态），B-694
 valid data（有效数据），404
blt（Branch Less Than，小于则转移），131
bne（Branch On Not Equal，不相等则转移），70
Bonding（绑定），27
Boolean algebra（布尔代数），B-696
Bounds check shortcut（边界检查的简便方法），101
Branch datapath（分支数据通路）
 ALU（算术逻辑单元），266
 operations（操作），266
Branch delay slots（分支延迟槽）
 defined（定义），334
 scheduling（调度），335
Branch equal（相等则转移），330
Branch instructions（转移指令），A-667-671
 jump instruction（跳转指令），282
 list of（列表），A-668-671
 pipeline impact（流水线的影响），329
Branch not taken（分支未发生）
 assumption（假定），330
 defined（定义），266
Branch prediction（分支预测）
 as control hazard solution（控制冒险解决方案），296

buffers（缓冲区），333，334
defined（定义），295
dynamic（动态的），295-296，333-335
static（静态的），347
Branch predictors（分支预测器）
　accuracy（准确性），334
　correlation（相关），336
　information from（信息来源），336
　tournament（竞赛），336
Branch taken（分支发生）
　cost reduction（成本降低），330
　defined（定义），266
Branch target（分支目标）
　addresses（地址），266
　buffers（缓冲区），336
Brahches（分支），见 Conditional branches
　addressing in（地址输入），119-122
　compiler creation（编译器创建），97
　condition（条件），267
　decision（决策），moving up（上移），330
　delayed（延迟），102，267，296-297，330-331，334，336
　ending（结束），99
　execution in ID stage（在指令译码级执行），331
　pipelined（流水线），330
　target address（目标地址），330
　unconditional（无条件），97
Branch-on-equal instruction（相等则转移指令），280
Bubble Sort（冒泡排序），146
Bubbles（气泡），326
Buses（总线），B-709
Bytes（字节），
　addressing（寻址），76
　order（顺序），76，A-651

C

C language（C 语言）
　assignment compiling into MIPS（赋值语句编译为 MIPS 指令），71-72
　compiling（编译），151
　compiling assignment with registers（使用寄存器编译赋值语句），73-74
　compiling while loops in（编译 while 循环），98
　matrix multiply in（矩阵乘法），166-167

sort algorithms（排序算法），147
translation hierarchy（翻译层次），130
translation to MIPS assembly language（翻译为 MIPS 汇编语言），71
variables（变量），108
Cache blocking and matrix multiply（cache 分块和矩阵相乘），494-495
Cache coherence（cache 一致性），484-488
　coherence（一致性），484
　consistency（连贯性），484
　enforcement schemes（强制执行），485-486
　migration（迁移），485
　problem（问题），484，485，488
　protocols（协议），486
　replication（复制），486
　snooping protocol（监听协议），486-487
Cache controllers（cache 控制器），488
Cache hits（cache 命中），461
Cache misses（cache 缺失）
　block replacement on（块替换），475
　capacity（容量），477
　compulsory（强制的），477
　conflict（冲突），477
　defined（定义），410
　direct-mapped cache（直接映射 cache），422
　fully associative cache（全相联 cache），424
　handling（处理），410-411
　memory-stall clock cycles（存储器停顿时钟周期），417
　reducing with flexible block placement（通过灵活的块替换降低），420-422
　set-associative cache（组相联 cache），423
　steps（步骤），411
　in write-through cache（在写直达式 cache 中），411
Cache performance（cache 性能），416-435
　calculating（计算），418
　hit time and（命中时间），419-420
　impact on processor performance（对处理器性能的影响），418
Cache-aware instructions（cache 感知指令），501
Caches，401-416，见 Blocks
　accessing（访问），404-407
　in ARM cortex-A8（在 ARM cortex-A8 上），490

associativity in（结合性），423-424
bits in（位数），408
bits needed for（需要的位数），408
contents illustration（内容说明），405
defined（定义），21，401-402
direct-mapped（直接映射），402，403，408，420
empty（空），479-480
FSM for controlling（有限状态机控制），479-480
fully associative（全相联映射），421
inconsistent（不一致的），411
index（索引），406
in Intel Core i7（英特尔酷睿 i7 处理器），490
Intrinsity FastMATH example（Intrinsity FastMATH 处理器），413-416
locating blocks in（块定位），425-426
locations（位置），403
multilevel（多级），416，428
nonblocking（非阻塞），491
physically addressed（物理地址），461
physically indexed（物理索引），461
physically tagged（物理标记），461
primary（主要的），428，435
secondary（次要的），428，435
set-associative（组相联映射），421
simulating（模拟），496
size（尺寸），407
split（分离），415
summary（小结），415-416
tag field（标记字段），406
virtual memory and TLB integration（虚拟存储器的快表集成），458-459
virtually addressed（虚拟地址），461
virtually indexed（虚拟索引），461
virtually tagged（虚拟标记），461
write-back（写回），412-413，476
write-through（写直达），411，413，475
writes（写操作），411-413
Callee（被调用者），104，105
Callee-saved register（被调用者保存的寄存器），A-631
Caller（调用者），104
Caller-saved register（调用者保存的寄存器），A-631
Capacity misses（容量缺失），477
Carry lookahead（先行进位），B-728-737

4-bit ALU using（4 位 ALU 的使用），B-735
adder（加法器），B-729
fast（快速），with first level of abstraction（用第一级抽象），B-729-730
fast（快速），with "infinite" hardware（使用"无限"硬件），B-728-729
fast（快速），with second level of abstraction（用第二级抽象），B-730-736
pluming analogy（管道类比），B-732-733
ripple carry speed（行波进位速率），B-736
summary（小结），B-736-737
Carry save adders（进位保留加法器），198
Cause register（原因存储器），
defined（定义），339
fields（字段），A-642-643
Cell phones（移动电话），7
Central processor unit（CPU，中央处理器），见 Processors
classic performance equation（经典的性能方程），36-40
coprocessor0（协处理器 0），A-641-642
defined（定义），19
execution time（执行时间），32，33-34
performance（性能），33-35
system time（系统时间），32
time（时间），417
time measurements（时间测定），33-34
user time（用户时间），32
Characters（字符）
ASCII representation（ASCII 码表示法），112
in Java（在 Java 中），115-117
Chips（芯片），19，25-26
manufacturing process（制造工艺），26
Clock cycles（时钟周期）
defined（定义），33
memory-stall（访存阻塞），417
number of registers and（寄存器数量），73
worst-case delay and（最坏情况下延迟），284
Clock cycles per instruction（CPI，每条指令执行的时钟周期数），35，294
one level of caching（一级 cache），428
two levels of caching（两级 cache），428
Clock rate（时钟频率）
defined（定义），33

frequency switched as function of（频率转换功能），41
  power and（功率），40
Clocking methodology（时钟同步法），261-263，B-738
  edge-triggered（边沿触发），261，B-738，B-763
  level-sensitive（电平敏感），B-764，B-765-766
  for predictability（可预测性），261
Clocks（时钟），B-738-740
  edge（边沿），B-738，B-740
  in edge-triggered design（边沿触发设计），B-763
  skew（偏斜），B-764
  specification（说明书），B-747
  synchronous system（同步系统），B-738-739
Cloud computing（云计算），562
  defined（定义），7
Cluster networking（集群网络），566-567
CMOS（complementary metal oxide semiconductor，互补金属氧化物半导体），41
Coarse-grained multithreading（粗粒度多线程），538
Cold-start miss（冷启动失效），477
Collision misses（冲突失效），477
Column major order（按列顺序），431
Combinational blocks（组合块），B-694
Combinational elements（组合元素），260
Combinational logic（组合逻辑），261，B-693，B-699-710
  arrays（数组），B-708-709
  decoders（译码器），B-699
  defined（定义），B-695
  don't cares（无关项），B-707-708
  multiplexors（多路选择器），B-700
  ROM（只读存储器），B-704-706
  two-level（二级），B-701-704
  Verilog（Verilog 语言），B-713-716
Commit units（提交单元）
  buffer（缓冲区），351-352
  defined（定义），351-352
  in update control（更新控制），356
Common case fast（加速大概率事件），11
Communication（通信），23-24
  overhead reducing（开销减少），44-45
Comparison instructions（比较指令），A-665-667
  floating-point（浮点），A-682-683
  list of（列表），A-665-667

Comparisons（比较），99
  constant operands in（常量操作数），99
  signed versus unsigned（有符号数与无符号数），100-101
Compilers（编译器），129-130
  branch creation（创建分支），98
  defined（定义），14
  function（函数），14，129-130，A-613-614
  Just In Time（JIT，即时），138
  machine language production（机器语言生成），A-616-618
  optimization（优化），147
  speculation（推测），345-346
Compiling（编译）
  C assignment statements（C 赋值语句），71-72
  C language（C 语言），98-99，151
  floating-point programs（浮点运算程序），224-227
  if-then-else（if-then-else 语句），97
  procedures（过程），104，107-108
  recursive procedures（递归过程），107-108
  while loops（while 循环），98-99
Compulsory misses（强制性失效），477
Computer architects（计算机架构师），10-12
  abstraction to simplify design（简化设计抽象），10-11
  common case fast（加速大概率事件），11
  dependability via redundancy（通过冗余增加可靠性），12
  hierarchy of memories（存储层次结构），11-12
  parallelism（并行），11
  pipelining（流水线），11
  prediction（预测），11
Computers（计算机）
  application classes（应用类别），5-6
  applications（应用程序），4
  arithmetic for（算法），176-236
  component organization（组成结构），17
  components（组件），17，177
  design measure（设计尺度），53
  desktop（桌面机），5
  embedded（嵌入式），5，A-615
  in information revolution（信息革命），4
  instruction representation（指令表示），86-93

PostPC Era（后计算机时代），6-7
principles（原则/原理），92
servers（服务器），5
Condition field（条件字段），336
Conditional branches（条件分支）
　ARM（Advanced RISC Machines 公司），153-155
　changing program counter with（更改程序计数器），336
　compiling if-then-else into（将 if-then-else 语句编译为），97
　defined（定义），96
　implementation（实现），102
　in loops（in 循环），121
　PC-relative addressing（PC 相对寻址），120
Conditional move instructions（条件移动指令），336
Conflict misses（冲突失效），477
Constant operands（常数操作数），78-79
　in comparisons（与……比较），99
　frequent occurrence（频发），78
Constant-manipulating instructions（常量操作指令），A-665
Content Addressable Memory（CAM，按内容访问存储器），426
Context switch（上下文切换），464
Control（控制）
　ALU（运算器），271-273
　challenge（挑战），337-338
　finishing（完成），281-282
　forwarding（转发/旁路），319
　for jump instruction（跳转指令），282
　pipelined（流水线），312-315
Control functions（控制功能）
　defining（定义），276
　for single-cycle implementation（单周期实现），281
Control hazards（控制冒险），294，328-337
　branch delay reduction（减少分支延迟），330-331
　branch not taken assumption（假定不跳转），330
　branch prediction as solution（使用分支预测作为解决方案），295
　delayed decision approach（延迟决定方法），296
　dynamic branch prediction（动态分支预测），333-335
　pipeline stalls as solution（流水线停顿解决方案），295
　pipeline summary（流水线小结），336
　simplicity（简单），329
　solutions（解决方案），295
　static multiple-issue processors（静态多发射处理器），347-348
Control lines（控制线）
　asserted（有效），276
　in datapath（在数据通路中），275
　execution/address calculation（执行/地址计算），312
　final three stages（最后三个流水级），315
　instruction decode/register file read（指令译码/读寄存器堆），312
　instruction fetch（取指令），312
　memory access（存储器访问），314
　setting of（一组），276
　values（数值），312
　write-back（写回），314
Control signals（控制信号）
　ALUOp（ALU 操作），275
　defined（定义），262
　effect of（影响），276
　multi-bit（多比特），276
　pipelined datapaths with（流水线数据通路），312-315
Control units（控制单元），259，见 Arithmetic logic unit（ALU）
　illustrated（图示），277
　main designing（主要部分设计），273-276
　output（输出），271-273
Conversion instructions（转换指令），A-683-684
Coprocessors（协处理器），A-641-642
　defined（定义），228
　move instructions（传送指令），A-679-680
Core MIPS instruction set（核心 MIPS 指令集），244，见 MIPS
　abstract view（抽象图），258
　implementation（实现），256-260
　implementation illustration（实现举例），259
　overview（综述），257
　subset（子集），256

Cores（核）
    defined（定义），43
    number per chip（每片数量），43
Correlation predictor（相关预测器），336
Count register（计数寄存器），A-642
CPU（中央处理器），9
Critical word first（关键字优先），410
Crossbar networks（交叉开关网络），564
CUDA programming environment（CUDA 程序设计环境），547
Cyclic redundancy check（循环冗余校验），441
Cylinder（柱面），399

D

D flip-flops（D 触发器），B-741，B-743
D latches（D 型锁存器），B-741，B-742
Data bits（数据位），439
Data hazards（数据冒险），290，315-328，见 Hazards
    forwarding（转发/旁路），291，315-328
    load-use（装载-使用），292，330
    stalls and（停顿/阻塞），325-328
Data layout directives（数据布局规则），A-622
Data movement instructions（数据传送指令），A-678-681
Data race（数据竞争），127
Data segment（数据段），A-621
Data selectors（数据选择器），258
Data transfer instructions（数据传送指令），见 Instructions
    defined（定义），74
    load（装载），74
    offset（偏移量），75
    store（存储），77
Datacenters（数据中心），7
Data-level parallelism（数据级并行），532
Datapath elements（数据通路部件）
    defined（定义），263
    sharing（共享），268
Datapaths（数据通路）
    branch（分支），266
    building（构建/搭建），263-271
    control unit（控制单元），277
    defined（定义），19
    design（设计），263

exception handling（异常处理），341
for fetching instructions（取指令），265
for hazard resolution via forwarding（通过旁路解决冒险），323
for jump instruction（跳转指令），282
for memory instructions（访存指令），268
for MIPS architecture（MIPS 体系结构），269
in operation for branch-on-equal instruction（相等则转移指令执行），280
in operation for load instruction（装入指令执行），279
in operation for R-type instruction（寄存器型指令执行），278
operation of（……的操作），276-281
pipelined（流水的），298-315
for R-type instructions（寄存器型指令），268，276-277
single creating（单一创建），268
single-cycle（单周期），297
static two-issue（静态双发射），348
Deasserted signals（无效信号），262，B-694
Debugging information（调试信息），A-621
Decimal numbers（十进制数）
    binary number conversion to（二进制数转换），82
    defined（定义），79
Decision-making instructions（决策指令），96-102
Decoders（译码器），B-699
    two-level（两级），B-755
Decoding machine language（机器语言译码），124-126
Defect（缺陷），26
Delayed branches（延迟转移），102，见 Branches
    as control hazard solution（作为分支冒险的解决方案），296
    defined（定义），267
    for five-stage pipelines（五级流水线），26，335-336
    reducing（裁剪），330-331
    scheduling limitations（调度限制），335
Delayed decision（决策延迟），296
DeMorgan's theorems（德·摩根定理），B-701
Denormalized numbers（非规格化数），232
Dependability via redundancy（通过冗余提高可靠

性），12
Dependable memory hierarchy（可靠存储器体系层次），436-441
    failure defining（失效定义），436
Dependences（相关）
    between pipeline registers（在流水线寄存器之间），320
    between pipeline registers and ALU inputs（在流水线寄存器和 ALU 输入之间），320
    bubble insertion and（气泡插入），326
    detection（检测），318-320
    name（命名），350
    sequence（时序），316
Design（设计）
    compromises and（折中），170
    datapath（数据通路），263
    digital（数字），368
    logic（逻辑），260-263
    main control unit（主控制单元），273-276
    memory hierarchy challenges（存储器体系层次挑战），478
    pipelining instruction sets（流水化的指令集），289-290
Desktop computers defined（桌面计算机定义），5
DGEMM（Double precision General Matrix Multiply，双精度通用矩阵相乘），235，367，431，586
    cache blocked version of（cache 分块版本），433
    optimized C version of（优化的 C 版本），236，494
Dicing（切割），26-27
Dies（模具），25
Digital design pipeline（数字设计流水线），368
Direct-mapped caches（直接映射 cache），见 Caches
    address portions（地址部分），425
    choice of（……的选择），474
    defined（定义），402，420
    illustrated（图示），403
    memory block location（存储器块定位），421
    misses（缺失），423
    single comparator（一位比较），425
    total number of bits（总比特数），408
Dirty bit（脏位），455
Dirty pages（脏页），455
Disk memory（磁盘存储器），399-401
Displacement addressing（偏移寻址），122

div（Divide，除法），A-660
div.d（FP Divide Double，双精度浮点除法），A-684
div.s（FP Divide Single，单精度浮点除法），A-684
Divide algorithm（除法算法），200
Dividend（被除数），199
Division（除法），199-205
    algorithm（算法），201
    dividend（被除数），199
    divisor（除数），199
Divisor（除数），199
divu（Divide Unsigned，无符号数除法），A-660，见 Arithmetic
    faster（更快的），204
    floating-point（浮点），221，A-684
    hardware（硬件），199-202
    hardware improved version（硬件改进版），202
    instructions（指令），A-660-661
    in MIPS（在 MIPS 指令集中），204
    operands（操作数），199
    quotient（商），199
    remainder（余数），199
    signed（有符号数），202-204
    SRT（一种除法算法的名称），204
Domain specific architecuture（DSA，领域专用体系结构），555-558
Don't cares（无关项），B-707-708
    example（实例），B-707-708
    term（术语），273
Double data rate（DDR，双倍数据速率），397
Double Data Rate RAM（DDRRAM，双倍数据速率 RAM），397-398，B-755
Double precision（双精度），见 Single precision
    defined（定义），208
    representation（表达），211
Double words（双字），160
Dual inline memory module（DIMM，双列直插存储器模块），399
Dynamic branch prediction（动态分支预测），333-335，见 Control hazards
    branch prediction buffer（分支预测缓冲器），333
    loops and（循环），333-335
Dynamic hardware predictors（动态硬件预测器），295
Dynamic multiple-issue processors（动态多发射处

理器),345,351-353,见 Multiple issue
pipeline scheduling(流水线调度),351-353
superscalar(超标量),351
Dynamic pipeline scheduling(动态流水线调度),351-353
　　commit unit(提交单元),351-352
　　concept(概念),351-352
　　hardware-based speculation(基于硬件的推断),353
　　primary units(主单元),352
　　reorder buffer(重排序缓冲器),356
　　reservation station(保留站),351-352
Dynamic random access memory(DRAM,动态随机访问存储器),396,397-399,B-753-755
　　bandwidth external to(外部带宽),416
　　cost(代价),23
　　defined(定义),19,B-753
　　Double Date Rate(DDR,双倍数据速率),397-398
　　growth of capacity(容量的增长),25
　　internal organization of(内部组织),398
　　pass transistor(传输晶体管),B-753
　　single-transistor(单晶体管),B-754
　　size(尺寸),416
　　speed(速率),23
　　synchronous[SDRAM,同步的(同步动态随机存储器)],397-398,B-750,B-755
　　two-level decoder(两级译码器),B-755
Dynamically linked libraries(DLL,动态链接库),135-137
　　defined(定义),135
　　lazy procedure linkageversion(惰性过程链接版本),136

E

Early restart(提前重启),410
Edge-triggered clocking methodology(边沿触发时钟策略),261-262,B-738,B-763
　　advantage(优势),B-739
　　clocks(时钟),B-763
　　drawbacks(弊端),B-764
　　illustrated(举例说明),B-740
　　rising edge/falling edge(上升沿/下降沿),B-738
Electrically erasable programmable read-only memory(EEPROM,电可擦除可编程只读存储器),399
Elements(元素)
　　combinational(组合的),260
　　datapath(数据通路),263,268
　　memory(存储器),B-740-748
　　state(状态),260,262,264,B-738,B-740
Embedded computers(嵌入式计算机),5
　　application requirements(应用需求),6
　　defined(定义),A-615
　　design(设计),5
Encoding(编码)
　　floating-point instruction(浮点指令),223
　　MIPS instruction(MIPS 指令),89,125,A-657
　　ROM logic function(ROM 逻辑函数),B-705
　　x86 instruction(x86 指令),164-165
Error correction(纠错),B-755-757
Error detection(错误检测),B-756
Error detection code(错误检测码),438
Ethernet(以太网),23
EX stage(执行阶段)
　　load instructions(加载指令),304
　　overflow exception detection(溢出异常检测),340
　　store instructions(存储指令),306
Exception enable(异常使能),465
Exception handlers(异常处理程序),A-644-646
　　defined(定义),A-643
　　return from(从……返回),A-646
Exception program counters(EPC,异常程序计数器),338
　　address capture(地址捕获),343
　　copying(复制),191
　　defined(定义),191,339
　　in restart determination(重启决策),338-339
　　transferring(转移),192
Exceptions(异常),337-344,A-641-646
　　association(关联),343-344
　　datapath with controls for handling(带有控制处理的数据通路),341
　　defined(定义),190,338
　　detecting(检测),338
　　event types and(事件类型),338
　　imprecise(不精确的),343-344

索引　555

instructions（指令），A-688
 interrupts versus（与中断相对），337-338
 in MIPS architecture（在 MIPS 体系结构中），338-339
 overflow（溢出），341
 PC（程序计数器），463，464-465
 pipelined computer example（流水线计算机实例），340
 in pipelined implementation（在流水线实现中），339-344
 precise（精确的），344
 reasons for（原因），338-339
 result due to overflow in add instruction（由于加法指令溢出所产生的结果），342
 saving/restoring stage on（存储/取出级），468
Exclusive OR（XOR）instructions（异或指令），A-665
Executable files（可执行文件），A-612
 defined（定义），132
 linker production（链接程序生成），A-627
Execute or address calculation stage（执行或地址计算级），304
Execute/address calculation（执行/地址计算）
 control line（执行或地址计算控制线），312
 load instruction（加载指令），204
 store instruction（存储指令），204
Execution time（执行时间）
 as valid performance measure（作为有效的性能指标），52
 CPU（中央处理器），32，33-34
 pipelining and（流水线技术），298
Exponents（指数），207-208
External labels（外部标记），A-618

F

Facilities（设备），A-622-625
Failures synchronizer（失效/故障同步器），B-767
Fallacies（谬误），见 Pitfalls
 add immediate unsigned（加无符号立即数），239
 Amdahl's law（Amdahl 定律），589
 arithmetic（算术运算），237-241
 assembly language for performance（汇编语言性能），168
 commercial binary compatibility importance（商用计算机二进制兼容的重要性），168

 defined（定义），50
 low utilization uses little power（低利用率低能耗），52
 peak performance（峰值性能），589
 pipelining（流水线技术），369-370
 powerful instructions mean higher performance（强大的指令意味着更高的性能），167-168
 right shift（右移），237
False sharing（假共享），487
Fast carry（快速进位）
 with "infinite" hardware（带有"无限的"硬件），B-728-729
 with first level of abstraction（第一级抽象），B-729-730
 with second level of abstraction（第二级抽象），B-730-736
Fault avoidance（故障避免），437
Fault forecasting（故障预测），437
Fault tolerance（容错），437
Fermi architecture（Fermi 体系结构），549
Field programmable devices（FPD，现场可编程器件），B-768
Field programmable gate arrays（FPGA，现场可编程门阵列），B-768
Fields（字段）
 Cause register（原因寄存器），A-642，A-643
 defined（定义），88
 MIPS（每秒百万条指令），88-89
 names（名字），88
 Status register（状态寄存器），A-642，A-643
Files（文件），Register（寄存器），264，269，B-740，B-744-746
Fine-grained multithreading（细粒度多线程），538
Finite-state machines（FSM，有限状态机），469-484，B-757-762
 controllers（控制器），482
 for simple cache controller（简单的高速缓存控制器），482-482
 implementation（实现），481，B-760
 Mealy（米利机），481
 Moore（摩尔），481
 next-state function（下一状态函数），481，B-757
 output function（输出函数），B-757，B-759
 state assignment（状态分配），B-760

state register implementation（状态寄存器实现），B-761
style of（类型），481
synchronous（同步），B-757
traffic light example（交通灯实例），B-758-760
Flash memory（闪存），399
　characteristics（特征），23
　defined（定义），23
Flat address space（单层地址空间），497
Flip-flops（触发器）
　D flip-flops（D触发器），B-741，B-43
　defined（定义），B-741
Floating point（浮点），206-232，234
　assembly language（汇编语言），222
　binary to decimal conversion（二-十进制转换），212
　branch（分支），221
　challenges（挑战），241
　division（除法），221
　form（形态），207
　fused multiply add（乘法加法混合），230
　guard digits（保护位），228-229
　IEEE 754 standard（IEEE 754标准），208，209
　instruction encoding（指令编码），223
　intermediate calculations（中间计算器），228
　machine language（机器语言），222
　MIPS instruction frequency for（MIPS指令频率），244
　MIPS instructions（MIPS指令），221-223
　operands（操作数），222
　overflow（溢出），208
　packed format（压缩格式），234
　precision（精度），238
　procedure with two-dimensional matrices（带有二维矩阵的过程），225-227
　programs（程序），compiling（编译），224-227
　registers（寄存器），227
　representation（表述），207-212
　rounding（舍入），228-229
　sign and magnitude（符号和幅值），207
　SSE2 architecture（流处理单指令多数据扩展结构），234-235
　subtraction（减法），221
　underflow（下溢），208

units（单位），229
in x86（在x86中），234
Floating-point addition（浮点数加法），213-216
　arithmetic unit block diagram（算术运算器框图），217
　binary（二进制），214
　illustrated（举例说明），215
　instructions（指令），211，A-681-682
　steps（步骤），213-214
Floating-point instructions（浮点指令），A-681-688
　absolute value（绝对值），A-681
　addition（加法），A-681-682
　comparison（比较），A-682-683
　conversion（转换），A-683-684
　division（除法），A-684
　load（加载），A-684-685
　move（移动），A-685-686
　multiplication（乘法），A-686
　negation（逻辑非），A-686-687
　square root（平方根），A-687
　store（存储），A-687
　subtraction（减法），A-687-688
　truncation（截断），A-688
Floating-point multiplication（浮点乘法），216-220
　binary（二进制），220-221
　illustrated（举例说明），219
　instructions（指令），221
　significands（有效的），216
　steps（步骤），216-220
Flushing instructions（冲刷指令），330，331
　defined（定义），331
　exceptions and（异常），343
For loops（for循环），147
Formal parameters（形式参数），A-624
Forward references（向前引用），A-619
Forwarding（转发/旁路），315-328
　ALU before（算术逻辑单元），321
　control（控制），319
　datapath for hazard resolution（冒险决策数据通路），323
　defined（定义），291
　functioning（功能），318
　graphical representation（图解表示法），291-292
　multiple results and（多个返回值），293

multiplexors（多路选择器），322
pipeline registers before（流水线寄存器），321
with two instructions（带有两条指令），291
Fractions（分数），207-208
Frame buffer（帧缓冲器），18
Frame pointers（帧指针），109
Fully associative caches（全相联 cache），见 Caches
  block replacement strategies（块替换策略），475
  choice of（选择），474
  defined（定义），421
  memory block location（存储器块定位），421
  misses（缺失），424
Fully connected networks（全互连网络），564
Function code（功能码），88
Fused-multiply-add（FMA）operation（混合乘加操作），230

G

Gates（门），B-693，B-698
  AND（与），B-702
  delays（延迟），B-736
  NAND（与非），B-698
  NOR（或非），B-698，B-740
Gather-scatter（聚集－分散），537，549
General-purpose registers（通用寄存器），157
Generate（生成）
  defined（定义），B-730
  example（实例），B-734
  super（超级），B-731
Global miss rates（全局缺失率），434
Global pointers（全局指针），108
Graphics displays（图像显示）
  computer hardware support（计算机硬件支持），18
  LCD（液晶显示屏），18
Graphics processing units（GPU，图形处理单元），546-553，见 GPU computing
  as accelerators（加速器），546
  defined（定义），46，530
  memory（主存），547
  multilevel caches and（多级 cache），546
  NVIDA architecture（NVIDA 体系结构），547-550
  parallelism（并行性），547

perspective（观点），551-553
Gresham's Law（Gresham 法则），245
Grid computing（网格计算），562
Guard digits（保护位）
  defined（定义），228
  rounding with（舍入），229

H

Halfwords（半字），115
Hamming, Richard，438
Hamming distance（汉明距离），438
Hamming Error Correction Code（ECC，汉明纠错码），438-439
  calculating（计算），438-439
Handlers（处理程序）
  defined（定义），467
  TLB miss（TLB 缺失），466
Hard disks（硬盘）
  access times（访问时间），23
  defined（定义），23
Hardware（硬件）
  as hierarchical layer（作为分层的层次），13
  language of（……的语言），14-16
  operations（操作），69-72
  supporting procedures in（支持过程），102-112
  synthesis（综合），B-711
  virtualizable（可虚拟化的），444
Hardware description languages（硬件描述语言），见 Verilog
  defined（定义），B-710
  using（使用），B-710-716
  VHDL（一种硬件描述语言），B-710-716
Hardware multithreading（硬件多线程），538-541
  coarse-grained（粗粒度的），538
  options（选项），540
  simultaneous（同时的），539-541
Hardware-based speculation（基于硬件的推测），353
Hazard detection units（冒险检测单元），325-326
  functions（函数），326
  pipeline connections for（流水线连接），326
Hazards（冒险），见 Pipelining
  control，294，328-337
  data（数据），290，315-328
  forwarding and（旁路），322

structural（结构的），290，306
Heap（堆）
　　allocating space on（在……上分配空间），110-112
　　defined（定义），110
Hexadecimal numbers（十六进制数），87-88
　　binary number conversion to（将二进制数转换为……），87-88
Hierarchy of memories（存储器层次），11-12
High-level languages（高级语言），14-16，A-614
　　benefits（收益），16
　　importance（重要性），16
Hit rate（命中率），394
Hit time（命中时间）
　　cache performance and（cache 性能），419-420
　　defined（定义），394
Hit under miss（缺失下命中），491
Hold time（保持时间），B-744
Human genome project（人类基因组计划），4

I

I/O benchmarks（输入/输出基准测试程序），见 Benchmarks
ID stage（译码阶段）
　　branch execution in（分支执行），331
　　load instructions（load 指令），304
　　store instruction in（store 指令），303
IEEE 754 floating-point standard（IEEE 754 浮点标准），见 Floating point first chips（最早的芯片），208，209
　　rounding modes（舍入模式），229
If statements（条件语句），120
I-format（I 格式），89
If-then-else（If-then-else 语句），97
Immediate addressing（立即寻址），122
Immediate instructions（立即指令），78
Imprecise interrupts（不精确中断），343
Index-out-of-bounds check（索引越界检查），100-101
In-order commit（按序提交），353
Input devices（输入设备），16
Inputs（输入），273
Instruction count（指令计数），36，38
Instruction decode/register file read stage（指令译码/读寄存器堆阶段）
　　control line（控制线），312
　　load instruction（load 指令），301
　　store instruction（store 指令），306
Instruction fetch stage（取指令阶段）
　　control line（控制线），312
　　load instruction（load 指令），301
　　store instruction（store 指令），306
Instruction formats（指令格式），164
　　ARM（ARM 公司），155
　　defined（定义），87
　　I-type（I 型），89
　　J-type（J 型），119
　　jump instruction（跳转指令），282
　　MIPS（每秒百万条指令），153
　　R-type（R 型），89，273
　　x86（x86 计算机），164
Instruction latency（指令延迟），370
Instruction mix（指令混合比），39
Instruction set architecture（指令集体系结构），591
　　ARM（ARM 公司），151-155
　　branch address calculation（转移地址计算），266
　　defined（定义），22，53
　　history（历史），172
　　maintaining（维护），53
　　protection and（保护），445
　　virtual machine support（虚拟机支持），444-445
Instruction sets（指令集），243
　　ARM（ARM 公司），336
　　design for pipelining（流水线设计），289-290
　　MIPS（每秒百万条指令），68，169，242
　　MIPS-32（MIPS-32 指令集），243
　　Pseudo MIPS（伪 MIPS 指令），241
　　x86 growth（x86 增长），169
Instruction-level parallelism（ILP，指令级并行），344，见 Parallelism
　　defined（定义），43，345
　　exploitation increasing（开发增长），356
　　and matrix multiply（矩阵乘法），366-368
Instructions（指令），60-175，见 Arithmetic instructions；MIPS；Operands
　　add immediate（加立即数），78
　　addition（加法），190，A-659
　　arithmetic-logical（算术-逻辑），263，A-659-665

索引

ARM（ARM 公司），151-155
assembly（汇编），72
basic block（基本块），99
branch（分支），A-667-671
cache-aware（cache 感知），501
comparison（比较），A-665-667
conditional branch（条件分支），96
conditional move（条件传送），336
constant-manipulating（常量操作），A-665
conversion（转换），A-683-684
core（核），244
data movement（数据移动），A-678-681
data transfer（数据传送），74
decision-making（决策制定），96-102
defined（定义），14，68
division（除法），A-660-661
as electronic signals（电子信号），86
encoding（编码），89
exception and interrupt（异常和中断），A-688
exclusive OR（异或），A-665
fetching（读取），265
fields（字段），86
floating-point（x86）[浮点型（x86）]，234
floating-point（浮点），221-223，A-681-688
flushing（冲刷），330，331，343
immediate（立即的），78
introduction to（引言），68-69
jump（跳转），101，103，A-671-672
left-to-right flow（从左向右流动），299-300
load（装入），74，A-674-676
load linked（装入链接），128
logical operations（逻辑运算），93-95
memory-reference（存储器引用/访问），257
multiplication（乘法），198，A-661-662
negation（逻辑非），A-662
nop（空操作），326
performance（性能），35-36
pipeline sequence（流水顺序），325
remainder（余数），A-663
representation in computer（在计算机中的表示），86-93
restartable（可重启的），468
resuming（恢复），468
RISC-V，156-157

R-type（R 型），264
shift（移位），A-663-664
store（存储），77，A-676-678
store conditional（条件存储），128
subtraction（减法），190，A-664-665
trap（陷阱），A-672-674
vector（向量），534
as words（以字的形式），68
x86（x86 计算机），157-165
Instructions per clock cycle（IPC，每时钟周期执行的指令条数），345
Integrated circuits（IC，集成电路），19，见 specific chips
  cost（成本/开销），27
  defined（定义），25
  manufacturing process（制造工艺），26
  very large-scale（VLSI，超大规模集成电路），25
Intel Core i7（英特尔酷睿 i7），46-49，256，527
  address translation for（地址转换），490
  architectural registers（体系结构级寄存器），362
  caches in（……中的 cache），490
  memory hierarchies of（存储器层次），489-494
  microarchitecture（微体系结构），350
  performance of（……的性能），491
  SPEC CPU benchmark（SPEC CPU 基准测试程序），46-48
  SPEC power benchmark（SPEC 功耗基准测试程序），48-49
  TLB hardware for（TLB 硬件），490
Intel Core i7 920（英特尔酷睿 i7 920），362-365
  microarchitecture（微体系结构），362
Intel Core i7 Pipelines（英特尔酷睿 i7 流水线技术），358，362-365
  memory components（存储组件），363
  performance（性能），365-366
  program performance（程序性能），366
Intel x86 microprocessors（英特尔 x86 微处理器）
  clock rate and power for（时钟频率和功率），40
Interleaving（交叉存取），416
Interrupt enable（中断使能），465
Interrupt handlers（中断处理程序），A-641
Interrupts（中断）

defined（定义），190，338
event types and（事件类型），338
exceptions versus（异常与……），337-338
imprecise（不精确的），343
instructions（指令），A-688
precise（精确的），344
vectored（向量），339
Intrinsity FastMATH processor（Intrinsity FastMATH 处理机），413-416
  caches（高速缓存），414
  data miss rates（数据缺失率），415，425
  read processing（读处理），460
  TLB（快表），458
  write-through processing（写直达处理），460
Inverted page tables（反置页表），454
Issue packets（发射包），346

J

j（Jump）（跳转），70
jal（Jump And Link，跳转链接指令），70
Java
  bytecode（字节码），137
  characters in（……特性），115-117
  goals（目标），137
  interpreting（解释），137，151
  programs（程序），starting（开始），137-138
  sort algorithms（排序算法），147
  strings in（字符串），115-117
  translation hierarchy（翻译层次结构），137
Java Virtual Machine（JVM，Java 虚拟机），151
jr（Jump Register，跳转寄存器），70
J-type instruction format（J 型指令格式），119
Jump instructions（跳转指令），266
  branch instruction versus（分支指令与……），282
  control and datapath for（控制和数据通路），283
  implementing（实现），282
  instruction format（指令格式），282
  list of（……的清单），A-671-672
Just In Time（JIT）compilers（准时制编译器），138

K

Karnaugh maps（卡诺图），B-708
Kernel mode（核心态），462

L

Labels（标签）
  global（全局），A-618-619
  local（局部），A-619
LAPACK（LAPACK 程序包），239
Latches（锁存器）
  D latch（D 锁存器），B-741-742
  defined（定义），B-741
Latency（延迟）
  instruction（指令），370
  pipeline（流水线），298
  use（使用），348-349
lbu（Load Byte Unsigned，无符号数装入寄存器），70
Leaf procedures（叶子过程），见 Procedures
  defined（定义），106
  example（实例），115
Least recently used（LRU，最近最少使用）
  as block replacement strategy（作为块替换策略），475
  defined（定义），427
  pages（页），452
Least significant bits（最低有效位），B-722
  defined（定义），80
Left-to-right instruction flow（从左向右指令流），299-300
Level-sensitive clocking（对层次敏感的时钟），B-764，B-765-766
  defined（定义），B-764
  two-phase（二相），B-765
lhu（Load Halfword Unsigned，装入半字节无符号数），70
li（Load Immediate，立即数装入），171
Linkers（链接器），132-135，A-626-627
  defined（定义），132，A-612
  executable files（可执行文件），132，A-627
  function illustration（功能说明），A-627
  steps（步骤），132
  using（使用），132-135
Linking object files（目标文件链接），132-135
Linpack（Linpack 软件包），567
Liquid crystal displays（LCD，液晶显示器），18
Little-endian byte order（小端低址字节次序），A-651
ll（Load Linked，装入链接），70

Load balancing（负载平衡），529-530
Load instructions（Load 指令），见 Store instructions
　base register（基址寄存器），274
　block（块），155
　compiling with（用……编译），77
　datapath in operation for（运行中的数据通路），279
　defined（定义），74
　details（细节），A-674-676
　EX stage（执行阶段），304
　floating-point（浮点），A-684-685
　halfword unsigned（半字无符号数），115
　ID stage（指令译码阶段），303
　IF stage（取指阶段），303
　linked（已链接的），128-129
　list of（……的列表），A-674-676
　load byte unsigned（无符号数装入寄存器），82
　load half（装入半字），115
　load upper immediate（装入立即数高字节），118-119
　MEM stage（访存阶段），305
　pipelined datapath in（流水线数据通路），308
　signed（有符号的），82
　unit for implementing（执行单元），267
　unsigned（无符号的），82
　WB stage（写回阶段），305
Load word（装入字），74，77
Loaders（装载器），135
Loading（装载），A-627-628
Load-use data hazard（Load-use 数据冲突），292，330
Load-use stalls（Load-use 停顿），330
Local area networks（LAN，局域网），23，见 Networks
Local labels（局部标记），A-619
Local miss rates（局部缺失率），434
Locality（局部性）
　principle（原则），392
　spatial（空间的），392，395
　temporal（时间的），392，395
Lock synchronization（同步锁），127
Locks（锁），542
Logic（逻辑）
　combinational（组合的），262，B-695，B-699-710

components（组件），261
design（设计），260-263
equations（方程式），B-697
minimization（最小化），B-708
programmable array（PAL，可编程阵列），B-768
sequential（顺序的），B-695，B-746-748
two-level（两级），B-701-704
Logical operations（逻辑操作），93-95
　AND（与），94，A-660
　ARM（ARM 公司），157
　MIPS（每秒百万条指令），A-659-665
　NOR（或非），95，A-662
　NOT（非），95，A-663
　OR（或），95，A-663
　shifts（转换），93
Lookup tables（LUT，查找表），B-769
Loop unrolling（循环展开），
　defined（定义），350
　for multiple-issue pipelines（多发射流水线），350
　register renaming and（寄存器重命名），350
Loops（循环），98-99
　conditional branches in（条件分支），120
　for（for 语句），147
　prediction and（预测），333-335
　test（测试），148-149
　while compiling（while 语句编译），98-99
lui（Load Upper Imm.，装入立即数高位），70
lw（Load Word，装入字），70
lwc1（Load FP Single，装入单精度浮点数），A-681

M

Machine code（机器代码），87
Machine instructions（机器指令），87
Machine language（机器语言），15
　branch offset in（分支偏移），121
　decoding（译码），124-126
　defined（定义），14，87，A-611
　floating-point（浮点），222
　illustrated（举例说明），15
　MIPS（每秒百万条指令），91
　SRAM（静态随机存储器），21
　translating MIPS assembly language into（将 MIPS 汇编语言转换为），90
Macros（宏命令）

defined（定义），A-612
example（实例），A-623-625
use of（用于……），A-623
Main memory（主存储器），446，见 Memory
 defined（定义），22-23
 page tables（页表），455
 physical addresses（物理地址），446
Matrix multiply（矩阵乘法），235-237，586-589
Mealy machine（Mealy 有限状态机），481-482，B-758，B-761-762
Mean time to failure（MTTF，平均无故障时间），436
 improving（改进），437
 versus AFR of disks（相对于磁盘的容许故障率），437-438
Memory（存储器）
 addresses（地址），83
 affinity（紧密程度），574
 bandwidth（带宽），398-399，415
 cache（高速缓冲存储器），21，401-435
 CAM（内容相联存储器），426
 defined（定义），19
 DRAM（动态随机存取存储器），19，379-398，B-753-755
 flash（闪存），23
 GPU（图形处理单元），547
 instructions datapath for（指令……的数据通路），268
 layout（布局），A-629
 main（主要的），23
 nonvolatile（非易失性），22
 operands（操作数），74-75
 read-only（ROM，只读存储器），B-704-706
 SDRAM（同步动态随机存储器），397-398
 secondary（辅助的），23
 SRAM（静态随机存储器），B-748-752
 stalls（停顿），418
 technologies for building（生成技术），24-28
 usage（用法），A-628-630
 virtual（虚拟），446-471
 volatile（易失性），22
Memory access stage（访存阶段）
 control line（控制线），314
 load instruction（load 指令），304
 store instruction（store 指令），304
Memory bandwidth（存储器带宽），574，580
Memory consistency model（存储一致性模型），487
Memory elements（存储单元），B-740-748
 clocked（时钟控制），B-741
 D flip-flop（D 触发器），B-741，B-743
 D latch（D 锁存器），B-742
 DRAMs（动态随机存取存储器），B-753-755
 flip-flop（触发器），B-741
 hold time（保持时间），B-744
 latch（锁存器），B-741
 setup time（建立时间），B-743-744
 SRAMs（静态随机存储器），B-748-752
 unclocked（不受时钟约束），B-741
Memory hierarchies（存储器层次），574
 of ARM cortex-A8（ARM cortex-A8 芯片），489-494
 block（or line）（块（或行）），394
 cache performance（cache 性能），416-435
 caches（高速缓存），401-435
 common framework（通用框架），472-429
 defined（定义），393
 design challenges（设计挑战），479
 exploiting（开发），390-522
 of Intel core i7（英特尔酷睿 i7 处理器），489-494
 level pairs（层对），394
 multiple levels（多层次），393
 overall operation of（整体操作），461-462
 parallelism and（并行度），484-488
 pitfalls（陷阱），496-500
 program execution time and（程序执行时间），435
 quantitative design parameters（定量设计参数），472
 redundant arrays and inexpensive disks（廉价磁盘冗余阵列），488
 reliance on（利用／依赖），394
 structure（结构），393
 structure diagram（结构图），396
 variance（变化），434
 virtual memory（虚拟存储器），446-471
Memory rank（存储体），399
Memory technologies（存储技术），396-401

disk memory（磁盘存储器），399-401
DRAM technology（动态随机存取存储器技术），396-399
flash memory（闪存），399
SRAM technology（静态随机存取存储器技术），396-397
Memory-stall clock cycles（存储器停顿时钟周期），417
Message passing（消息传送）
    defined（定义），553
    multiprocessors（多处理器），553-562
Metastability（亚稳态），B-766
Methods（方法）
    static（静态），A-628
mfc0（Move From Control，从控制器中移出），A-679
mfhi（Move From Hi，从 Hi 中移出），A-679
mflo（Move From Lo，从 Lo 中移出），A-679
Microarchitectures（微体系结构），362
    Intel Core i7（英特尔酷睿i7处理器），362
Microprocessors（微处理器）
    design shift（设计转换），527
    multicore（多核），8，43，527
Migration（迁移），485
Million instructions per second（MIPS，每秒百万条指令），52
Minterms（最小项）
    defined（定义），B-702
MIPS（MIPS 技术公司），70，90，A-653-688
    addressing for 32-bit immediates（32 位立即数寻址），122-124
    addressing modes（寻址模式），A-653-655
    arithmetic core（算术核心），241
    arithmetic instructions（算术运算指令），69，A-659-665
    ARM similarities（类似 ARM），152
    assembler directive support（汇编指令支持），A-655-657
    assembler syntax（汇编语法），A-655-657
    assembly instruction mapping（汇编指令映射），86-87
    branch instructions（分支指令），A-667-671
    comparison instructions（比较指令），A-665-667
    compiling C assignment statements into（将 C 赋值语句编译为……），71
    compiling complex C assignment into（将复杂的 C 赋值编译为……），71-72
    constant-manipulating instructions（常量操作指令），A-665
    control registers（控制寄存器），466
    CPU（中央处理器），A-654
    divide in（分成），204
    exceptions in（……中的异常），338-339
    fields（字段），88-89
    floating-point instructions（浮点指令），221-223
    FPU（浮点运算单元），A-654
    instruction classes（指令类型），172
    instruction encoding（指令编码），89，125，A-657
    instruction formats（指令格式），126，154，A-657-659
    instruction set（指令集），68，171，242
    jump instructions（跳转指令），A-671-672
    logical instructions（逻辑运算指令），A-659-665
    machine language（机器语言），91
    memory addresses（存储器地址），76
    memory allocation for program and data（程序和数据的存储器分配），110
    multiply in（在……中相乘），198
    opcode map（操作码映射），A-658
    operands（操作数），70
    Pseudo（伪），241，243
    register conventions（寄存器使用约定），111
    static multiple issue with（静态多发射），347-350
MIPS core（MIPS 核）
    architecture（体系结构），205
    instruction set（指令集），241，256-260
MIPS-32 instruction set（MIPS32 位指令集），243
Miss penalty（缺失损失）
    defined（定义），394
    determination（决策），409-410
    multilevel caches（多级高速缓存），reducing（减少），428
Miss rates（缺失率）
    block size versus（块的大小），410
    data cache（数据高速缓存），473
    defined（定义），394
    global（全局），434
    improvement（改进），409-410
    Intrinsity FastMATH processor（Intrinsity FastMATH 处理器），415

local（本地），434
miss sources（缺失原因），478
split cache（分离的 cache），415
Miss under miss（缺失情况下的缺失），491
MMX（MultiMedia eXtension，多媒体扩展），234
Modules（模块），A-612
Moore machines（摩尔机），481-482，B-758，B-761-762
Moore's law（摩尔定律），397，546
Most significant bit（最高有效位）
　1-bit ALU for（1 位 ALU），B-723
　defined（定义），80
move（传送），145
Move instructions（传送指令），A-678-681
　coprocessor（协处理器），A-679-680
　details（细节），A-678-681
　floating-point（浮点），A-685-686
mul.d（FP Multiply Double，双精度浮点乘法），A-686
mul.s（FP Multiply Single，单精度浮点乘法），A-686
mult（Multiply，乘法），A-661
Multicore（多核），541-545
Multicore multiprocessors（多核多处理器），8，43
　defined（定义），8，527
Multilevel caches（多级缓存），见 Caches
　complications（并发性），434
　defined（定义），416，434
　miss penalty reducing（减少缺失代价），428
　performance of（性能），428
　summary（总结），435
Multimedia extensions（多媒体扩展）
　vector versus（矢量），535-536
Multiple dimension arrays（多维数组），228
Multiple instruction multiple data（MIMD，多指令多数据），592
　defined（定义），531-532
Multiple instruction single data（MISD，多指令单数据），531
Multiple issue（多发射），344-351
　code scheduling（代码调度），349-350
　dynamic（动态），345，351-353
　issue packets（发射包），346
　loop unrolling and（循环展开），350
　processors（处理器），344-345

static（静态的），345-351
throughput and（吞吐量），355
Multiple processors（多个处理器），586-589
Multiple-clock-cycle pipeline diagrams（多时钟周期流水线图），308-309
　five instructions（五条指令），310
　illustrated（说明），310
Multiplexors（多路选择器），B-700
　controls（控制），481
　in datapath（数据通路），275
　defined（定义），258
　forwarding control values（转发/旁路控制值），322
　selector control（选择控制），268-269
　two-input（双输入），B-700
Multiplicand（被乘数），193
Multiplication（乘法），193-198，见 Arithmetic
　fast hardware（快速，硬件），198
　faster（更快），197-198
　first algorithm（第一种算法），195
　floating-point（浮点），216-218，A-686
　hardware（硬件），194-196
　instructions（指令），198，A-661-662
　in MIPS（在 MIPS 中），198
　multiplicand（被乘数），193
　multiplier（乘法器），193
　operands（操作数），193
　product（乘积），193
　sequential version（时序版本），194-196
　signed（有符号的），197
Multiplier（乘法器），193
Multiply algorithm（乘法算法），195
Multiprocessors（多处理器）
　benchmarks（基准程序），567-577
　defined（定义），500
　historical perspective（历史观点），594
　message-passing（消息传递），553-562
　organization（组织），525，553
　for performance（性能），592
　shared memory（共享存储器），527，541-545
　software（软件），527
　UMA（一致性存储器访问），542
Multistage networks（多级网络），564
multu（Multiply Unsigned，无符号乘法），A-662

索引 565

Mutual exclusion（互斥），127

N

Name dependence（名字相关），350
NAND gates（与非门），B-698
NAS（NASA Advanced Supercomputing，一种并行的基准测试程序），568-569
Negation instructions（求相反数的指令），A-662，A-668-687
Negation shortcut（求相反数的简便方法），82
Nested procedures（嵌套过程），106-108
 compiling recursive procedure showing（对递归过程进行编译的展示），107-108
Network topologies（网络拓扑结构），563-566
 implementing（实现），565
 multistage（多级），566
Networks（网络），23
 advantages（优势），23
 bandwidth（带宽），564
 crossbar（交叉开关），564
 fully connected（全互连），564
 local area（LAN，局域网），23
 multistage（多级），564
 wide area（WAN，广域网），23
Newton's iteration（牛顿迭代），228
Next-state function（下一状态函数），481，B-757
 defined（定义），481
No write allocation（没有写分配），412
Nonblocking assignment（非阻塞分配），B-714
Nonblocking caches（非阻塞高速缓存），357，491
Nonuniform memory access（NUMA，非一致性存储器访问），542
Nonvolatile memory（非易失性存储器），22
Nops（空操作），326
nor（NOR，或），70
NOR gates（或门），B-698
 cross-coupled（交叉耦合），B-740
 D latch implemented with（D 锁存实现），B-742
NOR operation（或操作），95，A-662
NOT operation（非操作），95，A-663，B-696
Numbers（数）
 binary（二进制），79
 computer versus real-world（计算机与现实世界），231

 decimal（十进制），79，82
 denormalized（非规格化），232
 hexadecimal（十六进制），87-88
 signed（有符号），79-84
 unsigned（无符号），79-84
NVIDIA GPU architecture（NVIDIA 图形处理单元结构），547-550

O

Object files（目标文件），131，A-612
 debugging information（调式信息），130
 defined（定义），A-618
 format（格式），A-621-622
 header（头部），131，A-621
 linking（链接），132-135
 relocation information（重定位信息），131
 static data segment（静态数据段），131
 symbol table（符号表），131-132
 text segment（正文段），131
Object-oriented languages（面向对象的语言），见 Java
One's complement（补码），85，B-719
Opcodes（操作码）
 control line setting and（控制线的设置），276
 defined（定义），88，274
OpenMP（Open MultiProcessing，开放多处理器），544，569
Operands（操作数），72-79，见 Instructions
 32-bit immediate（32 位立即数），118-119
 adding（加），189
 arithmetic instructions（算术运算指令），72
 compiling assignment when in memory（编译分配存储器），75
 constant（常量），78-79
 division（除法），199
 floating-point（浮点），222
 memory（存储器），74-75
 MIPS（一种采用精简指令集的处理器架构），70
 multiplication（乘），193
 shifting（移位），155
Operating systems（操作系统）
 defined（定义），13
 encapsulation（封装），22

Operations（操作）
　　atomic implementing（原子实现），127
　　hardware（硬件），69-72
　　logical（逻辑），93-95
　　x86 integer（x86 整数），160-162
Optimization（优化）
　　compiler（编译器），147
　　manual（手册），150
or（或），70
OR operation（或操作），95，A-663，B-696
ori（Or Immediate，或立即数），70
Out-of-order execution（乱序执行）
　　defined（定义），353
　　performance complexity（性能复杂性），434
　　processors（处理器），357
Output devices（输出装置），16
Overflow（溢出）
　　defined（定义），80，208
　　detection（检测），190
　　exceptions（异常），341
　　floating-point（浮点），208
　　occurrence（事件），81
　　saturation and（饱和度），191
　　subtraction（减法），189

P

Packed floating-point format（打包浮点格式），234
Page faults（缺页故障），452，见 Virtual memory
　　for data access（数据访问），468
　　defined（定义），446-447
　　handling（处理），447，464-471
　　virtual address causing（虚拟地址导致的），467-468
Page tables（页表），474
　　defined（定义），450
　　illustrated（举例说明），453
　　indexing（索引），450
　　inverted（倒置），454
　　levels（级），454-455
　　main memory（主存储器），455
　　register（寄存器），450
　　storage reduction techniques（存储减少技术），454-455

　　updating（更新），450
　　VMM（虚拟机），470
Pages（页），见 Virtual memory
　　defined（定义），446-447
　　dirty（脏），455
　　finding（查找），450-452
　　LRU（最近最少使用算法），452
　　offset（偏移），447
　　physical number（物理页号），447
　　placing（放置），450-452
　　size（尺寸），448
　　virtual number（虚拟页号），447
Parallel execution（并行执行），127
Parallel processing programs（并行处理器程序），526-531
　　creation difficulty（创造难度），526-531
　　defined（定义），526
　　for message passing（消息传递），543-544
　　for shared address space（共享地址空间），543-544
Parallel software（并行软件），527
Parallelism（并行性），11，43，344-357
　　and computers arithmetic（计算机算术），232-233
　　data-level（数据级），241，532
　　GPU and（图形处理单元），547
　　instruction-level（指令级），43，344，356
　　memory hierarchies and（存储器层次），484-488
　　multicore and（多核），541
　　multiple issue（多发射），344-351
　　multithreading and（多线程），541
　　performance benefits（性能提升），44-45
　　process-level（进程级），526
　　redundant arrays and inexpensive disks（廉价磁盘冗余阵列），488
　　task-level（任务级），526
Paravirtualization（部分虚拟化），500
PARSEC（Princeton Application Repository for Shared Memory Computers，多线程应程序组成的测试程序集），569
Pass transistor（导通晶体管），B-753
PCI-Express（PCIe），566
PC-relative addressing（PC 相对寻址），120，122
Peak floating-point performance（浮点性能峰值），

570
Pebibyte（2的50次方字节），6
Pentium bug morality play（Pentium bug 闹剧），239-240
Performance（性能），28-36
　assessing（评估），28
　classic CPU equation（经典的CPU方程），36-40
　components（组件），38
　CPU（图形处理单元），33-35
　defining（定义），29-32
　equation using（方程使用），36
　improving（改善），34-35
　instructions（指令），35-36
　measuring（测量），33-35
　program（程序），39-40
　ratio（比率），31
　relative（相对的），31-32
　response time（响应时间），30-31
　throughput（吞吐量），30-31
　time measurement（时间测量），32
Personal computers（PC，个人计算机），7
　defined（定义），5
Personal mobile device（PMD，个人移动设备）
　define（定义），7
Physical addresses（物理地址），446
　mapping to（映射），446-447
　space（空间），541，545
Physically addressed caches（物理地址高速缓存），461
Pipeline registers（流水线寄存器）
　before forwarding（转发前），321
　dependence（相关），320
　forwarding unit selection（转发单元选择），324
Pipeline stall（流水线阻塞），292
　avoiding with code reordering（避免代码重排序），293
　data hazards and（数据冒险），325-328
　insertion（插入），327
　load-use（加载使用），330
　as solution to control hazards（作为解决方案以控制冒险），295
Pipelined branches（流水线分支），331
Pipelined control（流水线控制），312-315，见Control

control lines（控制线），312，315
overview illustration（概述说明），328
specifying（指定），312
Pipelined datapaths（流水线数据通路），298-315
　with connected control signals（连接的控制信号），316
　with control signals（控制信号），312-315
　corrected（纠正），308
　illustrated（举例说明），301
　in load instruction stages（加载指令阶段），308
Pipelined dependencies（流水线相关），317
Pipelines（流水线）
　branch instruction impact（分支指令的影响），329
　execute and address calculation stage（执行和地址计算阶段），302，304
　five-stage（5阶段），287，302，311
　graphic representation（图示），291-292，308-312
　instruction decode and register file read stage（指令译码和读寄存器文件阶段），301，304
　instruction fetch stage（取指令阶段），302，304
　instruction sequence（指令序列），325
　latency（延迟），298
　memory access stage（存储器访问阶段），302，304
　multiple-clock-cycle diagrams（多时钟周期图），308-309
　performance bottlenecks（性能瓶颈），356
　single-clock-cycle diagrams（单时钟周期图），308-309
　stages（阶段），287
　static two-issue（静态双发射），347
　write-back stage（写回阶段），302，306
Pipelining（流水线），11，285-298
　advanced（先进/高级），356-357
　benefits（收益），285
　control hazards（控制冒险），294
　data hazards（数据冒险），290
　exceptions and（异常），339-344
　execution time and（执行时间），298
　fallacies（谬误），369-370
　hazards（冒险），290-291
　instruction set design for（指令集设计），289-290
　laundry analogy（以洗衣为例），286
　overview（概述），285-298

568 索引

paradox（悖论），285
performance improvement（性能提高），289
pitfall（陷阱），369-370
simultaneous executing instructions（同时执行指令），298
speed-up formula（加速比公式），228
structural hazards（结构冒险），290，306
summary（总结），297
throughput and（吞吐量），298
pitfalls（陷阱），见 Fallacies
address space extension（地址空间扩展），479
arithmetic（算术），237-241
associativity（相联度），497
defined（定义），50
ignoring memory system behavior（忽略存储器系统行为），496
memory hierarchies（存储器层次），496-500
out-of-order processor evaluation（乱序处理器评估），497
performance equation subset（性能方程子集），52-53
pipelining（流水线），369-370
pointer to automatic variables（指向自动变量的指针），168-169
sequential word addresses（连续的字地址），168
simulating cache（模拟高速缓存），496
software development with multiprocessors（多处理器软件发展），590
VMM implementation（虚拟机实现），498-500
Pixels（像素），18
Pointers（指针）
arrays versus（阵列），147-151
frame（帧），109
global（全局），108
incrementing（递增），149
stack（栈），104，108
Pop（弹出），104
Power（功率）
clock rate and（时钟速率），40
critical nature of（关键特性），54
efficiency（效率），356-357
relative（相对的），41
Precise interrupts（精准中断），344
Prediction（预测），11

2-bit scheme（2 位方法），334
accuracy（准确的），333，336
dynamic branch（动态分支），333-335
loops and（循环），333-335
steady-state（稳态），333
Prefetching（预取），501，505
Procedure calls（过程调用）
convention（约定），A-630-641
examples（示例），A-635-638
frame（帧），A-631
preservation across（在……期间保持不变），108
Procedures（过程），102-112
compiling（编译），104
compiling showing nested procedure linking（编译显示嵌套过程链接），107-108
execution steps（执行步骤），102
frames（帧），109
leaf（叶子），106
nested（嵌套），106-108
recursive（递归），111，A-634-635
for setting arrays to zero（设置阵列为 0），148
sort（排序），141-145
strcpy（字符串复制），113-115
string copy（字符串复制），113-115
swap（交换），139
Process identifiers（进程标识符），464
Process-level parallelism（进程级并行），526
Processors（处理器），242-370
as cores（作为核心），43
control（控制），19
datapath（数据通路），19
defined（定义），17，19
dynamic multiple-issue（动态多发射），345
multiple-issue（多发射），345
out-of-order execution（乱序执行），357，434
performance growth（性能提高），44
speculation（推测），345-346
static multiple-issue（静态多发射），345-351
superscalar（超标量），351，539-540
technologies for building（生成技术），24-28
two-issue（双发射），348-349
vector（矢量），532-534
VLIW（超长指令字），347
Product（乘积），193

Product of sums（和的乘积），B-701
Program counters（PC，程序计数器），263
    changing with conditional branch（条件分支转换），336
    defined（定义），104，263
    exception（异常），463，465
    incrementing（递增），263，265
    instruction updates（指令更新），301
Program libraries（程序库），A-612
Program performance（程序性能）
    elements affecting（元素影响），39
    understanding（理解），9
Programmable array logic（PAL，可编程阵列逻辑），B-768
Programmable logic array（PLA，可编程逻辑阵列）
    component dots illustration（组成点说明），B-706
    defined（定义），B-702
    example（示例），B-703-704
    illustrated（描述），B-703
    ROMs and（只读存储器），B-705-706
    truth table implementation（真值表实现），B-703
Programmable logic device（PLD，可编程逻辑器件），B-768
Programmable ROM（PROM，可编程 ROM），B-704
Programming languages（编程语言），见 specific languages
    object-oriented（面向对象的），151
    variables（变量），73
Programs（程序）
assembly language（汇编语言），129
    Java starting（Java 开始），137-138
    parallel processing（并行处理），526-531
    starting（开始），129-138
    translating（翻译），129-138
Propagate（传播）
    defined（定义），B-730
    example（示例），B-734
    super（超级），B-731
Protection（保护）
    defined（定义），446
    implementing（实现），462-464
    VMs for（虚拟机），442
Pseudo MIPS（伪 MIPS）
    defined（定义），241

    instruction set（指令集），243
Pseudodirect addressing（伪直接寻址），122
Pseudoinstructions（伪指令）
    defined（定义），130
    summary（总结），131
Pthreads（POSIX thread，线程的一个标准），569
Push（压栈）
    defined（定义），104
    using（使用），106
Python（Python），49-50
    Optimization of matrix multiply program（矩阵乘法程序的优化），50

Q

Quad word（四字），160
Quicksort（快速排序），429，430
Quotient（商），199

R

Race（竞争），B-763
Radix sort（基数排序），429，430
RAID，见 Redundant arrays of inexpensive disks（RAID）
RAM（随机访问存储器），9
Raster refresh buffer（光栅刷新缓冲区），18
Read-only memories（ROM，只读存储器），B-704-706
    logic function encoding（逻辑函数编码），B-705
    PLAs and（可编程逻辑阵列 PLA），B-705-706
    programmable（PROM，可编程 ROM），B-704
Read-stall cycles（读停顿周期），417
Read-write head（读写头），399
Receive message routine（接收消息例程），553
Receiver Control register（接收控制寄存器），A-647
Receiver Data register（接收数据寄存器），A-646-647
Recursive procedures（递归过程），111，A-634-635，见 Procedures
    clone invocation（克隆调用），106
    stack in（堆栈中），A-637-638
Reduction（减少），543
Reference bit（参考位），453
References（参考文献）
    absolute（完全的），132

forward（转发 / 旁路），A-619
unresolved（未决的），A-612，A-626
Register addressing（寄存器地址），122
Register files（寄存器文件），B-740，B-744-746
　　defined（定义），264，B-740，B-744
　　in behavioral Verilog（Verilog 行为），B-747
　　single（单个），269
　　two read ports implementation（两个读端口的实现），B-745
　　with two read ports/one write port（两个读端口 / 一个写端口），B-745
　　write port implementation（写端口实现），B-746
Registers（寄存器），160-162
　　architectural（结构），337-334
　　base（基于），75
　　callee-saved（被调用方保存），A-631
　　caller-saved（调用者保存），A-631
　　Cause（导致），A-643
　　clock cycle time and（时钟周期时间），73
　　compiling C assignment with（C 编译赋值），73-74
　　Count（计数），A-642
　　defined（定义），72
　　destination（目的），89，274
　　floating-point（浮点），227
　　left half（左半边），302
　　mapping（映射），86
　　MIPS conventions（MIPS 约定），111
　　number specification（指定号码），264
　　page table（页表），450
　　pipeline（流水线），320-321，324
　　primitives（基元），72
　　Receiver Control（接收控制），A-647
　　Receiver Data（接收数据），A-646-647
　　renaming（重命名），350
　　right half（右半边），302
　　spilling（溢出），77
　　Status（状态），339，A-643
　　temporary（暂时），73，105
　　Transmitter Control（发送控制），A-647-648
　　Transmitter Data（发送数据），A-648
　　usage convention（使用约定），A-632
　　use convention（使用约定），A-630
　　variables（变量），73

Relative performance（相对性能），31-32
Relative power（相对功率），41
Reliability（可靠性），436
Relocation information（重定位信息），A-621-622
Remainder（余数）
　　defined（定义），199
　　instructions（指令），A-663
Reorder buffers（重排序缓冲器），356
Replication（复制），486
Requested word first（请求字优先），410
Request-level parallelism（请求级并行），561
Reservation stations（保留站）
　　buffering operands in（缓冲操作数），352-353
　　defined（定义），351-352
Response time（响应时间），30-31
Restartable instructions（重启指令），466
Return address（返回地址），103
Return from exception（ERET，从异常中返回），463
R-format（R 格式），274
　　ALU operations（ALU 操作），265
　　defined（定义），89
Ripple carry（行波进位）
　　adder（加法器），B-719
　　carry lookahead speed versus（先行进位速度），B-736
RISC-V instructions（RISC-V 指令），156-157
Roofline model（Roofline 模型），571-572
　　with ceilings（天花板），574-575
　　computational roofline（可计算的屋顶轮廓线），574
　　illustrated（举例说明），571
　　Opteron generations（皓龙处理器时代），572-573
　　with overlapping areas shaded（阴影部分的重叠面积），578
　　peak floating-point performance（峰值浮点性能），571
　　peak memory performance（峰值存储性能），572
　　with two kernels（两个内核），576
Rotational delay（旋转延迟），见 Rotational latency
Rotational latency（旋转延迟），401
Rounding（舍入），228
　　accurate（精确），228

索引 571

bits（位），230
    with guard digits（带保护位的数字），229
    IEEE 754 modes（IEEE754 格式），229
Row-major order（行优先顺序排列），227，431
R-type instructions（R 型指令），264
    datapath for（数据通路），276-277
    datapath in operation for（数据通路操作），278

S

Saturation（饱和），191
sb（Store Byte，存储字节），70
sc（Store Conditional，存储条件），70
SCALAPAK（SCALAPAK），239
Scaling（规模）
    strong（强缩放），529，531
    weak（弱缩放），529
Scientific notation（科学记数法）
    adding numbers in（加入数字），213
    defined（定义），206
    for reals（对实数），207
Search engines（搜索引擎），4
Secondary memory（辅助存储器），23
Sectors（扇区），399
Seek（寻找），400
Segmentation（分段），449
Selector values（选择符值），B-700
Semiconductors（半导体），25
Send message routine（发送消息例程），553
Sensitivity list（敏感值列表），B-714
Sequential logic（时序逻辑），B-695
Service accomplishment（服务完成），436
Service interruption（服务中断），436
Set instructions（设置指令），99
Set-associative caches（组相连高速缓存），421，见 Caches
    address portions（高速缓存地址部分），425
    block replacement strategies（块替换策略），475
    choice of（选择），474
    four-way（四路），422，425
    memory-block location（存储器块位置），421
    misses（缺失），423-424
    n-way（n 路），421
    two-way（2 路），422
Setup time（建立时间），B-743-744

sh（Store Halfword，存储半字），70
Shared memory multiprocessors（SMP，共享主存多处理器），541-545
    defined（定义），527，541
    single physical address space（单一物理地址空间），541
    synchronization（同步），542
Shift amount（移动数量），88
Shift instructions（移位指令），93，A-663-664
Sign and magnitude（符号和大小），207
Sign bit（符号位），82
Sign extension（符号扩展），266
    defined（定义），82
    shortcut（简便方法），78
Signals（信号）
    asserted（有效），262，B-694
    control（控制），262，275-276
    deasserted（无效），262，B-694
Signed division（有符号数除法），202-204
Signed multiplication（有符号数乘法），197
Signed numbers（有符号的数字），79-84
    sign and magnitude（符号和大小），81
    treating as unsigned（作为无符号数处理），100-101
Significands（有效数），208
    addition（另外的，额外的），213
    multiplication（乘），216
Silicon（硅），25
    as key hardware technology（作为关键技术硬件），54
    crystal ingot（晶锭），26
    defined（定义），26
    wafers（晶圆），26
Silicon crystal ingot（硅晶锭），26
SIMD（Single Instruction Multiple Data，单指令多数据），531-532，592
    vector architecture（向量结构），532-534
    in x86（在 x86 中），532
Simple programmable logic devices（SPLD，简单的可编程逻辑器件），B-768
Simplicity（简化），169
Simultaneous multithreading（SMT，同时多线程），539-541
    support（支持），539

thread-level parallelism（线程级并行），541
unused issue slots（未使用的发射槽），539
Single error correcting/Double error correcting（SEC/DEC，纠正单位/两位错误），438-440
Single instruction single data（SISD，单指令单数据），531
Single precision（单精度），见 Double precision
    binary representation（二进制表示），211
    defined（定义），208
Single-clock-cycle pipeline diagrams（单时钟周期流水图），308-309
    illustrated（说明），311
Single-cycle datapaths（单周期数据通路），见 Datapaths
    illustrated（描述），299
    instruction execution（指令执行），300
Single-cycle implementation（单周期执行）
    control function for（控制功能），281
    defined（定义），282
    nonpipelined execution versus pipelined execution（非流水执行和流水执行），288
    non-use of（未使用），283-284
    penalty（代价），283-284
    pipelined performance versus（流水线性能），287
sll（Shift Left Logical，逻辑左移），70
slt（Set Less Than，小于则置位），70
slti（Set Less Than Imm.，小于立即数置位），70
sltiu（Set Less Than Imm.Unsigned，小于无符号立即数则置位），70
sltu（SetLess Than Unsig.，无符号数操作，小于则置位），70
Smart phones（智能手机），7
Snooping protocol（监听协议），486-488
Software optimization（软件优化）
    via blocking（通过阻塞），431-435
Sort algorithms（排序算法），147
Software（软件）
    layers（层），13
    multiprocessor（多处理器），526
    parallel（并行），527
    as service（服务），7，561，592
    systems（系统），13
Sort procedure（排序过程），141-145，见 Procedures
    code for body（整体的代码），141-143

full procedure（全过程），141-145
    passing parameters in（传递参数），144
    preserving registers in（保持寄存器不变），144
    procedure call（过程调用），143
    register allocation for（寄存器分配），141
Source files（源文件），A-612
Source language（源语言），A-614
Space allocation（空间分配）
    on heap（堆上的空间分配），110-112
    on stack（堆栈中），109
Spatial locality（空间局部性），392
    large block exploitation of（大块区的开发），409
    tendency（趋势），396
Speculation（推测），345-346
    hardware-based（基于硬件的），353
    implementation（实现），346
    performance and（性能），346
    problems（问题），346
    recovery mechanism（恢复机制），346
Speed-up challenge（提高速度的挑战），527-529
    balancing load（负载均衡），529-530
    bigger problem（更大的问题），528-529
Spilling registers（换出寄存器），77，104
SPIM（SPIM），A-648-653
    byte order（字节顺序），A-651
    features（特征），A-650-651
    getting started with（从……开始），A-650
    MIPS assembler directives support（MIPS 汇编指令的支持），A-655-657
    speed（速度），A-649
    system calls（系统调用），A-651-653
    versions（版本），A-650
    virtual machine simulation（虚拟机模拟），A-649-650
Split caches（拆分缓存），415
Squareroot instructions（平方根指令），A-687
sra（Shift Right Arith，算术右移），A-664
srl（Shift Right Logical，逻辑右移），70
Stack pointers（堆栈指针）
    adjustment（调整），106
    defined（定义），104
    values（值），106
Stack segment（堆栈段），A-630
Stacks（堆栈）

索引 573

allocating space on（分配栈空间），109
 forarguments（参数），146
 defined（定义），104
 pop（弹出），104
 push（压入），104，106
 recursive procedures（递归过程），A-637-638
Stalls（暂停），293
 as solution to control hazard（作为解决方案以控制冒险），295
 avoiding with code reordering（避免代码重排序），293
 data hazards and（数据冒险），325-328
 insertion into pipeline（插入流水线），327
 load-use（装载使用），330
 memory（存储器），418
 write-back scheme（回写方案），417
 write buffer（写缓冲区），417
State（状态）
 in 2-bit prediction scheme（在2比特预测方案中的状态），334
 assignment（分配），B-760
 exception（异常），saving/restoring（保存/恢复），468
 logic components（逻辑部件），261
 specification of（规范），450
State elements（状态元素）
 clock and（时钟），262
 combinational logic and（组合逻辑与），262
 defined（定义），260，B-738
 inputs（输入），261
 in storing/accessing instructions（存储/访问指令），264
 register file（寄存器文件），B-740
Static branch prediction（静态分支预测），347
Static data（静态数据）
 as dynamic data（动态数据），A-629
 defined（定义），A-628
 segment（段），110
Static multiple-issue processors（静态多发射处理器），345-351，见 Multiple issue
 control hazards and（控制冒险），347-348
 instruction sets（指令集），347
 with MIPS ISA（MIPS 指令集体系结构），347-350

Static random access memories（SRAM，静态随机访问存储器），96-97，B-748-752
 array organization（阵列组织），B-752
 basic structure（基本结构），B-751
 defined（定义），21，B-748
 fixed access time（固定访问时间），B-748
 large（大），B-749
 read/write initiation（读/写启动），B-749
 synchronous（SSRAM，同步），B-750
 three-state buffers（三态缓冲器），B-749-750
Static variables（静态变量），108
Status register（状态寄存器）
 fields（状态寄存器字段），A-642-643
Steady-state prediction（稳态预测），333
Sticky bits（粘结位），230
Store buffers（存储缓冲区），356
Store instructions（存储指令），见 Load instructions
 base register（基址寄存器），274
 block（块），155
 compiling with（用……进行编译），77
 conditional（有条件的），128
 defined（定义），77
 details（细节），A-676-678
 EX stage（执行阶段），306
 floating-point（浮点），A-687
 ID stage（译码阶段），303
 IF stage（取指阶段），303
 instruction dependency（指令相关），324
 list of（列表），A-676-678
 MEM stage（访存阶段），307
 unit for implementing（实现单元），267
 WB stage（写回阶段），307
Store word（存储字），77
Stored program concept（存储程序概念），69
 as computer principle（计算机原理），92
 illustrated（举例说明），92
 principles（原理），169
Strcpy procedure（字符串复制过程），113-115，见 Procedures
 as leaf procedure（作为叶子程序），115
 pointers（指针），115
Stream benchmark（流基准测试程序），574
Streaming SIMD Extension 2（SSE2，流处理 SIMD

扩展 2），
　　floating-point architecture（浮点结构），234
Streaming SIMD Extensions（SSE）and advanced vector extensions in x86（单指令多数据流扩展和 x86 中的高级向量扩展），234-235
Strings（字符串）
　　defined（定义），107
　　in Java（在 Java 中），115-117
　　representation（表述），107
Strip mining（露天开采），534
Strong scaling（强缩放比例），529，541
Structural hazards（结构冒险），290，306
sub（Subtract，减法），70
sub.d（FP Subtract Double，双精度浮点减法），A-687
sub.s（FP Subtract Single，单精度浮点减法），A-688
Subnormals（亚规格化），232
Subtraction（减法），188-192，见 Arithmetic
　　binary（二进制），188-189
　　floating-point（浮点），221，A-664-665
　　instructions（指令），A-664-665
　　negative number（负数），189
　　overflow（溢出），189
subu（Subtract Unsigned，无符号减法），125
Subword parallelism（子字并行），222-223，367
　　and matrix multiply（矩阵乘法），235-237
Sum of products（乘积和），B-701-702
Superscalars（超标量）
　　defined（定义），351
　　dynamic pipeline scheduling（动态流水线调度），351
　　multithreading options（多线程选项），540
sw（StoreWord，存储字），70
Swap procedure（交换过程），139，见 Procedures
　　body code（程序体代码），141
　　full（满），141，144-145
　　register allocation（寄存器分配），139
Swap space（交换空间），452
swcl（Store FP Single，存储单精度一的浮点数），A-681
Symbol tables（符号表），131，A-620-621
Synchronization（同步），127-129，544
　　defined（定义），542
　　lock（锁），127
　　overhead（开销），reducing（减少），44-45
　　unlock（未死锁），127
Synchronizers（同步器）
　　defined（定义），B-766
　　failure（失败），B-767
　　from D flip-flop（D 触发器），B-766
Synchronous DRAM（SRAM，同步 DRAM），397-398，B-750，B-755
Synchronous SRAM（SSRAM，同步 SRAM），B-750
Synchronous system（同步系统），B-738
System calls（系统调用），A-651-653
　　code（代码），A-651-652
　　defined（定义），463
　　loading（加载），A-651
Systems software（系统软件），13

T

Tablets（表），7
Tags（标记）
　　defined（定义），402
　　in locating block（本地块），425
　　page tables and（页表），452
　　size of（尺寸），427
Tail call（尾调用），111-112
Task identifiers（任务标识符），464
Task-level parallelism（任务级并行），526
Tebibyte（TiB，2 的 40 次方字节），5-6
Temporal locality（时间局部性），392
　　tendency（趋势），396
Temporary registers（临时寄存器），73，105
Terabyte（TB，1000 的 4 次方字节），6
defined（定义），5
Text segment（文本段），A-621
Thrashing（系统颠簸），471
Thread blocks（线程块），552
Three Cs model（3C 模式），477-479
Three-state buffers（三态缓冲寄存器），B-749-750
Throughput（吞吐量）
　　defined（定义），30-31
　　multiple issue and（多发射），355
　　pipelining and（流水线），298，355
Timing（时间）
　　asynchronous inputs（异步输入），B-766-767
　　level-sensitive（电平敏感），B-765-766

methodologies（方法），B-762-767
 two-phase（两相），B-765
TLB misses（TLB 缺失），457，见 Translation-lookaside buffer（TLB）
 entry point（入口指针），467
 handler（处理程序），467
 handling（处理），464-471
 occurrence（事件），464
 problem（问题），471
Touchscreen（触摸屏），19
Tournament branch predicators（Tournament 分支预测器），336
Tracks（轨迹），399-400
Transfer time（传输时间），401
Transistors（晶体管），24-25
Translation-Lookaside buffer（TLB，前瞻转换缓冲），456-457，见 TLB misses
 associativities（相关性），457
 illustrated（举例说明），456
 integration（集成），458-449
 Intrinsity FastMATH（内建 FastMATH），458
 typical values（典型值），457
Transmitter Control register（发送控制寄存器），A-647-648
Transmitter Data register（发送数据寄存器），A-648
Trap instructions（陷阱指令），A-672-674
Truth tables（真值表），B-695
 for control bits（控制位），272-273
 defined（定义），272
 example（例子），B-695
 PLA implementation（PLA 实现），B-703
Two's complement representation（二进制补码表示），81-82
 advantage（优势），81-82
 negation shortcut（求反的简便方法），82
 rule（规则），85
 sign extension shortcut（符号扩展），84
Two-level logic（两级逻辑），B-701-704
Two-phase clocking（两相时钟），B-765

U

Unconditional branches（无条件分支），97
Underflow（下溢），208
Unicode（同一的字符标准编码）

alphabets（字母表），115
 defined（定义），115
 example alphabets（字母表示例子），115
Uniform memory access（UMA，一致性存储器访问），542
 multiprocessors（多处理器），543
Units（单位）
 commit（提交确认），351-352，356
 control（控制），259-260，271-273
 defined（定义），229
 floating point（浮点），229
 hazard detection（冒险检测），325-327
 for load/store implementation（装载/存储执行），267
Unlock synchronization（同步解锁），127
Unresolved references（未决的引用）
 defined（定义），A-612
 linkers and（链接器），A-626
Unsigned numbers（无符号数），79-84
Use latency（利用延迟时间）
 defined（定义），348-349
 one-instruction（一条指令），348-349

V

Vacuum tubes（真空管），53
Valid bit（有效位），404
Variables（变量）
 C language（C 语言），108
 programming language（编程语言），73
 register（寄存器），73
 static（静态），108
 storage class（存储类别），108
 type（类型），108
Vector lanes（向量通道），536
Vector processors（向量处理器），532-534，见 Processors
 conventional code comparison（传统代码比较），533-534
 instructions（指令），534
 multimedia extensions and（多媒体扩展），535-536
 scalar versus（标量），534-535
Vectored interrupts（向量中断），339
Verilog（一种硬件描述语言）

behavioral definition of MIPS ALU（MIPS ALU 的行为定义），B-715
blocking assignment（阻塞赋值），B-714
combinational logic（组合逻辑），B-713-716
datatypes（数据类型），B-711-712
defined（定义），B-710
MIPS ALU definition in（MIPS ALU 定义），B-725-728
modules（模块），B-713
nonblocking assignment（非阻塞赋值），B-714
operators（运算符），B-712
program structure（程序结构），B-713
reg（寄存器），B-711-712
sensitivity list（敏感列表），B-714
sequential logic specification（时序逻辑定义），B-746-748
structural specification（结构定义），B-711
wire（线型），B-711-712
Very large-scale integrated（VLSI）circuits（超大规模集成电路），25
Very Long Instruction Word（VLIW，超长指令字）
defined（定义），346-347
processors（处理器），347
VHDL（一种硬件编程语言），B-710-711
Virtual addresses（虚拟地址）
causing page faults（导致缺页），467
defined（定义），447
mapping from（映射），446-447
size（尺寸），448
Virtual machine monitors（VMM，虚拟机监控器）
defined（定义），442
implementing（实现），498-500
laissez-faire attitude（不干涉的态度），498
page tables（页表），470
in performance improvement（在提高性能方面），445
requirements（要求），444
Virtual machines（VM，虚拟机），442-445
benefits（收益），442
defined（定义），A-649
illusion（描述），470
instruction set architecture support（指令集体系结构支持），444-445
performance improvement（性能提高），445

for protection improvement（防护的改进），442
simulation of（模拟的），A-649-650
Virtual memory（虚拟存储器），446-471，见 Pages
address translation（地址转换），447，456-457
integration（集成），458-459
mechanism（机制），470-471
motivations（动机），446-447
page faults（缺页），447，452
protection implementation（保护的实现），462-464
segmentation（分段），449
summary（总结），470-471
virtualization of（虚拟化），470
writes（写），455
Virtualizable hardware（虚拟化硬件），444
Virtually addressed caches（虚地址缓存），461
Volatile memory（易失性存储器），22

W

Wafers（晶元），26
defects（缺陷），26
dies（小片），26-27
yield（产量），27
Warehouse Scale Computers（WSC，仓储式计算机），7，558-563，592
Warps，552
Weak scaling（弱缩放），529
Wear levelling（损耗均衡），399
While loops（while 循环），98-99
Wide area networks（WAN，广域网），23，见 Networks
Words（字）
accessing（访问），74
defined（定义），72
double（双两个），160
load（负载），74，77
quad（四个），160
store（存储），77
Working set（工作集），471
World Wide Web（万维网），4
Worst-case delay（最坏情况下的延迟），284
Write buffers（写缓冲器）
defined（定义），412
stalls（栈），417
write-back cache（写回模式的高速缓存），413

索 引 577

Write invalidate protocols（写无效协议），486-487
Write serialization（系列写），485
Write-back caches（写回高速缓存），见 Caches
    advantages（优点），476
    complexity（复杂性），413
    defined（定义），412，476
    stalls（栈），417
    write buffers（写缓冲），413
Write-back stage（写回阶段）
    control line（控制线），314
    load instruction（加载指令），304
    store instruction（存储指令），306
Writes（写）
    complications（并发），412
    expense（开销），471
    handling（处理），411-413
    memory hierarchy handling of（存储器层次的处理），475-476
    schemes（方案），412
    virtual memory（虚拟存储），455
    write-back cache（写回式高速缓存），412-413
    write-through cache（写直达高速缓存），412-413
Write-stall cycles（写停顿周期），418
Write-through caches（写直达高速缓存），见 Caches
    advantages（优点），476
    defined（定义），411，475
    tag mismatch（标签不匹配），412

X

x86（x86 计算机），157-165
    Advanced Vector Extensions in（高级矢量扩展），235

conclusion（结论），165
data addressing modes（数据寻址模式），160-162
evolution（评估），157-160
first address specifier encoding（首地址符编码），165
historical timeline（历史时间表），157-160
instruction encoding（指令编码），164-165
instruction formats（指令格式），164
instruction set growth（指令集增长），169
instruction types（指令类型），161
integer operations（整数运算），160-164
registers（寄存器），160-162
SIMD in（单指令流多数据流），531-532
Streaming SIMD Extensions in（单指令多数据流扩展），234-235
typical instructions/functions（典型的指令/功能），164
typical operations（典型操作），164
XMM（扩充过的一种寄存器），234

Y

Yahoo! Cloud Serving Benchmark（YCSB，云服务基准测试程序），569
Yield（收益），26-27
YMM（将寄存器宽度再次扩充的一种寄存器），235
Yobibyte（2 的 80 次方字节），6

Z

Zebibyte（2 的 70 次方字节），6
Zettabyte（1000 的 7 次方字节），6

推荐阅读

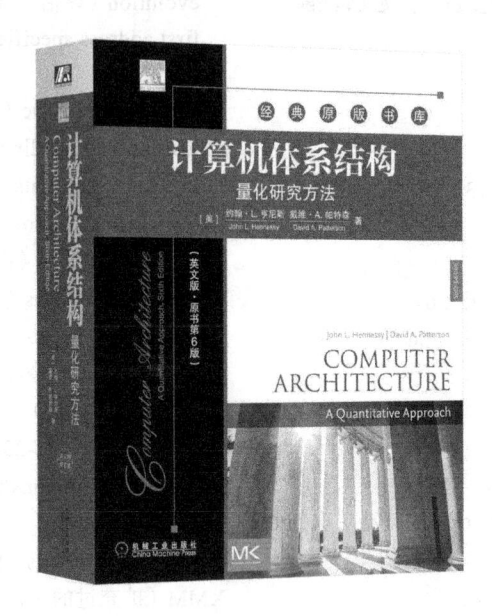

计算机体系结构：量化研究方法（英文版·原书第6版）

作者：John L. Hennessy 等 ISBN：978-7-111-63110-1 定价：269.00元

这本书是我的大爱，它出自工程师之手，专为工程师而作。书中阐明了数学给计算机科学的发展施加的限制，以及材料科学为之带来的可能性。通过一个个实例，你将理解体系结构设计师在构建系统的过程中，是如何进行分析、度量以及必要的折中的。

当前，摩尔定律逐渐失效，而深度学习的算力需求如无底洞般膨胀。在这一关键节点，第6版的推出恰逢其时，新增的关于领域特定体系结构的章节讨论了一些有前景的方法，并预言了计算机体系结构的重生。就像文艺复兴时期的学者一样，今天的设计师必须先了解过去，再把历史教训与新兴技术结合起来，去创造我们的世纪。

—— **Cliff Young，Google**

第6版在技术革新、成本变化、行业实例和参考文献方面做了全面修订，同时依然保留了那些经典的概念。特别是，本版采用RISC-V指令集，开启了开源体系结构的新篇章。

—— **Norman P. Jouppi，Google**

此书之经典犹如佳酿，历久弥香。遥想第一次阅读时，我才本科毕业，而今，它仍然是我最常参考的书籍之一。

—— **James Hamilton，Amazon Web Service**

还记得当年的第1版吗？那时，学校里的研究生要用5万个晶体管来组装计算机。现在，仓储式计算机集群包含众多服务器，每个服务器包含数十个独立处理器和数十亿个晶体管。技术突进马不停蹄，而本书的每一版都对新涌现的重要思想进行了准确的阐释和分析，记载着计算机体系结构的每一次飞跃。

—— **James Larus，Microsoft Research**

推荐阅读

计算机组成与设计：硬件/软件接口（英文版·原书第6版·MIPS版）
作者：David A. Patterson, John L. Hennessy ISBN：978-7-111-69570-7 定价：229.00元

计算机组成与设计：硬件/软件接口（英文版·原书第5版·RISC-V版）
作者：David A. Patterson, John L. Hennessy ISBN：978-7-111-63111-8 定价：229.00元

计算机组成与设计：硬件/软件接口（英文版·原书第5版·ARM版）
作者：David A. Patterson, John L. Hennessy ISBN：978-7-111-66835-0 定价：169.00元

推荐阅读

计算机组成与设计：硬件/软件接口（原书第5版·RISC-V版）

作者：David A. Patterson, John L. Hennessy　译者：易江芳 刘先华 等
ISBN：978-7-111-65214-4　定价：169.00元

计算机组成与设计：硬件/软件接口（原书第5版·ARM版）

作者：David A. Patterson, John L. Hennessy　译者：陈微
ISBN：978-7-111-60894-3　定价：139.00元